● 中学数学拓展丛书

本册书是湖南省教育厅科研课题"教育数学的研究"（编号06C510）成果之四

数学方法溯源

SHUXUE FANGFA SUYUAN

第2版

沈文选　杨清桃　著

哈尔滨工业大学出版社
Harbin Institute of Technology Press

内 容 提 要

本书共分22章,包括切分原理、程序原理、数学归纳法原理、容斥原理、缩小原理、局部调整原理、排序原理、配对原理、关系、映射、反演原理、逆反转换原理、重叠原理、重现原理、开关原理、最小数原理、最短长度原理、极端原理、对称原理、相似原理、守恒原理、出入相补原理、祖暅原理、不动点原理.

本书可作为高等师范院校、教育学院、教师进修学院数学专业及国家级、省级中学数学骨干教师培训班的教材或教学参考书,是广大中学数学教师及数学爱好者的数学视野拓展读物.

图书在版编目(CIP)数据

数学方法溯源/沈文选,杨清桃著. —2 版. —哈尔滨:
哈尔滨工业大学出版社,2018.8
(中学数学拓展丛书)
ISBN 978-7-5603-7228-0

Ⅰ.①数… Ⅱ.①沈…②杨… Ⅲ.①中学数学课-
教学参考资料 Ⅳ.①G633.603

中国版本图书馆 CIP 数据核字(2018)第 022585 号

策划编辑	刘培杰 张永芹
责任编辑	张永芹 刘家琳
封面设计	孙茵艾
出版发行	哈尔滨工业大学出版社
社　　址	哈尔滨市南岗区复华四道街 10 号　邮编 150006
传　　真	0451-86414749
网　　址	http://hitpress.hit.edu.cn
印　　刷	哈尔滨市石桥印务有限公司
开　　本	787mm×1092mm　1/16　印张 31.5　字数 787 千字
版　　次	2008 年 1 月第 1 版　2018 年 8 月第 2 版 2018 年 8 月第 1 次印刷
书　　号	ISBN 978-7-5603-7228-0
定　　价	68.00 元

(如因印装质量问题影响阅读,我社负责调换)

序

我和沈文选教授有过合作,彼此相熟.不久前,他发来一套数学科普读物的丛书目录,内容涉及数学眼光、数学思想、数学应用、数学模型、数学方法、数学史话等,洋洋大观.从论述的数学课题来看,该丛书的视角新颖,内容充实,思想深刻,在数学科普类出版物中当属上乘之作.

阅读之余,忽然觉得公众对数学的认识很不相同,有些甚至是彼此矛盾的.例如:

一方面,数学是学校的主要基础课,从小学到高中,12年都有数学;另一方面,许多名人在说"自己数学很差"的时候,似乎理直气壮,连脸也不红,好像在宣示:数学不好,照样出名.

一方面,说数学是科学的女王,"大哉数学之为用",数学无处不在,数学是人类文明的火车头;另一方面,许多学生说数学没用,一辈子也碰不到一个函数,解不了一个方程,连相声也在讽刺"一边向水池注水,一边放水"的算术题是瞎折腾.

一方面,说"数学好玩",数学具有和谐美、对称美、奇异美,歌颂数学家的"美丽的心灵";另一方面,许多人又说,数学枯燥、抽象、难学,看见数学就头疼.

数学,我怎样才能走近你,欣赏你,拥抱你? 说起来也很简单,就是不要仅仅埋头做题,要多多品味数学的奥秘,理解数学的智慧,抛却过分的功利,当你把数学当作一种文化来看待的时候,数学就在你心中了.

我把学习数学比作登山,一步步地爬,很累,很苦.但是如果你能欣赏山林的风景,那么登山就是一种乐趣了.

登山有三种意境.

首先是初识阶段.走入山林,爬得微微出汗,坐拥山色风光.体会"明月松间照,清泉石上流"的意境.当你会做算术,会记账,能够应付日常生活中的数学的时候,你会享受数学给你带来的便捷,感受到好似饮用清泉那样的愉悦.

其次是理解阶段.爬到山腰,大汗淋漓,歇足小坐.环顾四周,云雾环绕,满目苍翠,心旷神怡.正如苏轼名句:"横看成岭侧成峰,远近高低各不同;不识庐山真面目,只缘身在此山中."数学理解到一定程度,你会感觉到数学的博大精深,数学思维的缜密周全,数学的简捷之美,使你对符号运算能够有爱不释手的感受.不过,理解了,还不能创造."采药山中去,云深不知处."对于数学的伟大,还莫测高深.

最后是登顶阶段.攀岩涉水,越过艰难险阻,到达顶峰的时候,终于出现了"会当凌绝顶,一览众山小"的局面.这时,一切疲乏劳顿、危难困苦,全都抛到九霄云外."雄关漫道真如铁",欣赏数学之美,是需要代价的.当你破解了一道数学难题,"蓦然回首,那人却在,灯火阑珊处"的意境,是用语言无法形容的快乐.

好了,说了这些,还是回到沈文选先生的丛书.如果你能静心阅读,它会帮助你一步步攀登数学的高山,领略数学的美景,最终登上数学的顶峰.于是劳顿着,但快乐着.

信手写来,权作为序.

张奠宙
2016 年 11 月 13 日
于沪上苏州河边

附 文

(沈文选先生编著的丛书,是一种对数学的欣赏.因此,再次想起数学思想往往和文学意境相通,2007 年年初曾在《文汇报》发表一短文,附录于此,算是一种呼应.)

数学和诗词的意境
张奠宙

数学和诗词,历来有许多可供谈助的材料.例如:

一去二三里,烟村四五家;
楼台七八座,八九十支花.

把十个数字嵌进诗里,读来琅琅上口.郑板桥也有题为《咏雪》的诗云:

一片二片三四片,五片六片七八片;
千片万片无数片,飞入梅花总不见.

诗句抒发了诗人对漫天雪舞的感受.不过,以上两诗中尽管嵌入了数字,却实在和数学没有什么关系.

数学和诗词的内在联系,在于意境.李白《送孟浩然之广陵》诗云:

　　故人西辞黄鹤楼,烟花三月下扬州.
　　孤帆远影碧空尽,唯见长江天际流.

数学名家徐利治先生在讲极限的时候,总要引用"孤帆远影碧空尽"这一句,让大家体会一个变量趋向于 0 的动态意境,煞是传神.

近日与友人谈几何,不禁联想到初唐诗人陈子昂《登幽州台歌》中的名句:

　　前不见古人,后不见来者.
　　念天地之悠悠,独怆然而涕下!

一般的语文解释说:上两句俯仰古今,写出时间绵长;第三句登楼眺望,写出空间辽阔;在广阔无垠的背景中,第四句描绘了诗人孤单寂寞悲哀苦闷的情绪,两相映照,分外动人.然而,从数学上看来,这是一首阐发时间和空间感知的佳句.前两句表示时间可以看成是一条直线(一维空间).陈老先生以自己为原点,"前不见古人"指时间可以延伸到负无穷大,"后不见来者"则意味着未来的时间是正无穷大.后两句则描写三维的现实空间:天是平面,地是平面,悠悠地张成三维的立体几何环境.全诗将时间和空间放在一起思考,感到自然之伟大,产生了敬畏之心,以至怆然涕下.这样的意境,数学家和文学家是可以彼此相通的.进一步说,爱因斯坦的四维时空学说,也能和此诗的意境相衔接.

贵州六盘水师专的杨老师告诉我他的一则经验.他在微积分教学中讲到无界变量时,用了宋朝叶绍翁的题为《游园不值》中的诗句:

　　满园春色关不住,一枝红杏出墙来.

学生每每会意而笑.实际上,无界变量是说,无论你设置怎样大的正数 M,变量总要超出你的范围,即有一个变量的绝对值会超过 M.于是,M 可以比喻成无论怎样大的园子,变量相当于红杏,结果是总有一枝红杏越出园子的范围.诗的比喻如此恰切,其意境把枯燥的数学语言形象化了.

数学研究和学习需要解题,而解题过程需要反复思索,终于在某一时刻出现顿悟.例如,做一道几何题,百思不得其解,突然添了一条补助线,问题豁然开朗,欣喜万分.这样的意境,想起了王国维用辛弃疾的词来描述的意境:"众里寻它千百度,蓦然回首,那人却在,灯火阑珊处."一个学生,如果没有经历过这样的意境,数学大概是学不好的.

前言

> 音乐能激发或抚慰情怀,绘画使人赏心悦目,诗歌能动人心弦,哲学使人获得智慧,科技可以改善物质生活,但数学却能提供以上的一切.
>
> ——Klein

> 必须认识到,对于数学中所有的部分都存在着许多不同的方法.掌握所有的方法是重要的,因为许多问题扩展后,需要不同的方法来解.
>
> ——R. Bellman

> 方法就是把我们应注意的事物进行适当的整理和排列.
>
> ——Descartes

人们喜爱音乐,因为它不仅有神奇的乐谱,而且有悦耳的优美旋律!

人们喜爱画卷,因为它不仅描绘出自然界的壮丽,而且可以描绘人间美景!

人们喜爱诗歌,因为它不仅是字词的巧妙组合,而且是抒发情怀的韵律!

人们喜爱哲学,因为它不仅是自然科学与社会科学的浓缩,而且使人更加聪明!

人们喜爱科技,因为它不仅是一个伟大的使者或桥梁,而且是现代物质文明的标志!

而数学之为德,数学之为用,难以用旋律、美景、韵律、聪明、标志等词语来表达!

你看,不是吗?

数学精神,科学与人文融合的精神,它是一种理性精神!一种求简、求统、求实、求美的精神!数学精神似一座光辉的灯塔,指引数学发展的航向!精学精神似雨露阳光滋润人们的心田!

数学眼光,使我们看到世间万物充满着带有数学印记的奇妙的科学规律,看到各类书籍和文章的字里行间有着数学的踪迹,使我们看到满眼绚丽多彩的数学洞天!

数学思想,使我们领悟到数学是用字母和符号谱写的美妙乐曲,充满着和谐的旋律,让人难以忘怀,难以割舍!让我们在思疑中启悟,在思辨中省悟,在体验中领悟!

数学方法,它是人类智慧的结晶,也是人类的思想武器!它像画卷一样描绘着各学科的异草奇葩般的景象,它是令人目不暇接!它的源头又是那样地寻常!

数学解题,它是人类学习与掌握数学的主要活动,也是数学活动的一个兴奋中心!数学解题理论博大精深,提高其理论水平是永远的话题!

数学技能,它是人类在数学知识的学习过程中逐步形成并发展的一种大脑操作方式,它是一种智慧!它是数学能力的一种标志!操握数学技能是追求的一种基础性目标!

数学应用,给我们展示出了数学的神通广大,它在各个领域与角落闪烁着人类智慧的火花!

数学建模,呈现出了人类文明亮丽的风景!特别是那呈现出的抽象彩虹——一个个精巧的数学模型,璀璨夺目,流光溢彩!

数学竞赛,许多青少年喜爱的一种活动.这种数学活动有着深远的教育价值!它是选拔和培养数学英才的重要方式之一.这种活动可以激励青少年对数学学习的兴趣,可以扩大他们的数学视野,促进创新意识的发展!数学竞赛中的专题培训内容展示了竞赛数学亮丽的风采!

数学测评,检验并促进数学学习效果的重要手段,测评数学的研究是教育数学研究中的一朵奇葩!我们正期待着测评数学的深入研究!

数学史话,充满了诱人的前辈们的创造与再创造的心血机智,让我们可以从中汲取丰富的营养!

数学欣赏,对数学喜爱的情感的流淌.这是一种数学思维活动的崇高情怀!数学欣赏,引起心灵震撼!真、善、美在欣赏中得到认同与升华!从数学欣赏中领略数学智慧的美妙!从数学欣赏走向数学鉴赏!从数学文化欣赏走向文化数学研究!

因此,我们可以说,你可以不信仰上帝,但不能不信仰数学.

从而,提高我国每一个人的数学文化水平及数学素养,是提高我国各个民族整体素质的重要组成部分,这也是数学基础教育中的重要目标.为此,笔者构思了《中学数学拓展丛书》.

这套丛书是笔者学习张景中院士的教育数学思想,对一些数学素材和数学研究成果进行再创造并以此为指导思想来撰写的;是献给中学师生,试图为他们扩展数学视野、提高数学素养以响应张奠宙教授的倡议:建构符合时代需求的数学常识,享受充满数学智慧的精彩人生的书籍.

不积小流,无以成江河;不积跬步,无以至千里.没有积累便没有丰富的素材,没有整合创新便没有鲜明的特色.这套丛书的写作,是笔者在多年资料的收集、学习笔记的整理及笔者已发表的文章的修改并整合的基础上完成的.因此,每册书末都列出了尽可能多的参考文献,在此,衷心地感谢这些文献的作者.

这套丛书,作者试图以专题的形式,对中小学中典型的数学问题进行广搜深掘来串联,并以此为线索来写作的.

本册书是《数学方法溯源》.

数学本身就是一种教人聪明的方法,就是一种科学方法与技术.在中学数学中谈数学方法,主要是谈数学解题方法.

所谓方法,是指人们为了某种目的而采取的手段、途径和行为方式中所包含的可操作的规则或模式,或者说解决一类问题可采用的共同手段或计策.解决问题所需要的特殊手段或计策常称为技巧(或招术),其实技巧常能在某些问题中发挥特殊的作用,并且技巧累积到规律化的程度就出现了方法.

"法"的可仿效性带有较为"普适"的意义,而"技巧"的"普适"要差一些,但是它们也是相互依存的:只有注意技巧,才能揭示方法的产生,共性寓于个性之中,方法正是从门路、技巧之处变通发展而来;实施技巧要以能实施管着它的方法为前提.例如,待定系数法是一种特别有用的"法".求二次函数的解析式时,用待定系数法根据图像上三个点的坐标求出解析式可看作第一"技巧";根据顶点和另一点的坐标求出解析式可看作第二"技巧";根据与 x 轴的交点和另一点的坐标求出解析式可看作第三"技巧".这三个技巧各有奇妙之处.哪一技巧更好使用,要看条件和管着它们的"法"而定.教师授予学生"用待定系数法求二次函数的解析式",最根本、最要紧的"法旨"就在于让学生明确二次函数的解析式中自变量、函数值和图像上点的横、纵坐标的对应关系;至于一般的点和特殊的点(例如顶点及与 x 轴的交点),解析式可以有不同的反映.因此,我国古代传说中经常提到的某些师傅对待弟子"给'招'(技巧)不给'法'"的现象,在现代的数学教育、教学中应该尽量避免.

人们通过长期的实践,发现了许多运用数学思想的手段、门路、技巧和程序.同一手段、门路、技巧、程序被重复运用了多次,并且都达到了预期的目的,便成为数学方法.数学方法是以数学为工具进行科学研究的方法,即用数学语言表达事物的状态、关系和过程,经过推理、运算和分析,以形成解释、判断和预言的方法.

数学方法具有以下三个基本特征:一是高度的抽象性和概括性;二是精确性,即逻辑的严密性及结论的确定性;三是应用的普遍性和可操作性.

数学方法在科学技术研究中具有举足轻重的地位和作用:一是提供简洁精确的形式化语言;二是提供数量分析及计算的方法;三是提供逻辑推理的工具.

现代科学技术特别是电脑的发展,与数学方法的地位和作用的强化正好是相辅相成.

数学方法是人类在数学研究与学习中积累起来的宝贵精神财富,有着广阔的领域和丰富的内容.中学数学中的解题方法更是如此.

探寻数学解题方法的根源,探讨数学解题方法的灵活应用,这是中学数学教学中的一个重要话题,也是一些师生常考虑的问题,本书希望在这方面做一些揭示与介绍.

在日常生活中,有许多至为明显的事实,由于它们实在太简单了,人们反而觉得平淡无奇,而将它们轻易地放过去了.一旦我们注意到它们,则能使之成为我们解答数学问题的极为有用的方法原理.诸如水总是由高处流向低处;全班学生中必有一个年纪最小的;四本书放到三个抽屉里,必有一个抽屉放两本或两本以上的书,等等,均蕴含着深刻的数学解题方法原理.揭示与发掘这样的解题方法原理,是研究数学方法的重要内容.

数学之为用,除了工具价值、文化价值,还有更为重要的育人价值.而数学的育人,主要是通过培养思维能力来实现的.数学解题方法原理在数学思维中起着十分重要的作用.如果把数学知识比作一池清水,则数学解题方法原理就是渠道,水有渠道才能流出来.人们掌握了解题方法原理就有了思维方向;通晓了解题方法原理,就保证了思维畅通无阻,并向纵深发展.这时,迂回曲折的解题思维过程就会展现出来,就会使我们举一反三而受到启发,从而理出头绪.可以说,离开了数学解题方法原理的数学思维,只能是杂乱无章的胡思乱想.

数学能力是以数学知识为基础,以数学解题方法原理为支柱,以技能、技巧和规律为结晶的逻辑思维能力、直觉判断能力等诸能力的综合.而技能、技巧是深入理解数学知识,灵活运用解题方法原理进行合情推理判断、严密逻辑思维的结果.因此,掌握、通晓数学解题方法原理,是提高数学能力必不可少的条件.

数学解题作为数学教育教学论的一个科研专题,受到越来越多的国内外数学工作者和数学教育专家的关注,大有使这一课题科学化、理论化的趋势.他们提出了"问题就是数学的心脏""掌握数学就意味着解题"(G. Polya)"数学家存在的主要理由是解问题"(P. R. Halmos)的新观念;指出了"发展解决问题的能力应当成为数学教育工作者的努力方向",吹响了把数学解题研究提高到新的理论高度来认识的号角.各高师院校数学系(科)也开设了"数学解题研究""数学解题方法研究"等必修课(或选修课).而研究解题方法原理,是数学解题研究的一个重要方面;讲授解题方法原理,是讲授解题研究的一个重要内容.

数学竞赛是国际公认的智力活动,从古到今,从小学到中学、到大学,参赛人数之多,竞赛范围之广,竞赛难度之高决不比亚运会、奥运会逊色.它成了亿万青少年喜爱的活动之一,它也是数学工作者日常工作的重要组成部分.在数学竞赛中,那些灵巧而有趣的命题,以构思优美和精巧而吸引着广大数学爱好者;以丰富的知识、技巧、思想给我们的研究留下了思考和开掘的广阔余地.追本溯源,是命题者调动和活化了初等数学中很多潜在的知识、数学解题方法原理,并以此作为深刻的背景,用日常生活的语言把它陈述得饶有趣味,富有新意.因此,研究数学解题方法原理、运用数学解题方法原理解题,也是我们开展数学课外活动,进行数学竞赛培训的重要内容.

忠心感谢张奠宙教授在百忙中为本套丛书作序!

忠心感谢刘培杰数学工作室,感谢刘培杰老师、张永芹老师、刘家琳老师等诸位老师,是他们的大力支持,精心编辑,使得本书以这样的面目展现在读者面前!

忠心感谢我的同事邓汉元教授,我的朋友赵雄辉、欧阳新龙、黄仁寿,我的研究生们:羊明亮、吴仁芳、谢圣英、彭熹、谢立红、陈丽芳、谢美丽、陈淼君、孔璐璐、邹宇、谢罗庚、彭云飞等对我写作工作的大力协助,还要感谢我的家人对我们写作的大力支持!

沈文选 杨清桃

2017年3月于岳麓山下

第一章 切分原理

1.1 切分原理Ⅰ及其应用 ············ 1
1.1.1 分域法 ············ 1
1.1.2 分组、分类法 ············ 3
1.1.3 叠加法 ············ 15

1.2 切分原理Ⅱ及其应用 ············ 22
1.2.1 考虑元素的特殊性分类分划 ············ 23
1.2.2 考虑位置的特殊性分类分划 ············ 25
1.2.3 考虑参量的取值范围分类分划 ············ 28

思考题 ············ 29
思考题参考解答 ············ 31

第二章 程序原理

2.1 程序原理Ⅰ及其应用 ············ 37
2.1.1 中途点法 ············ 37
2.1.2 递推法 ············ 42
2.1.3 消数法 ············ 47
2.1.4 消点法 ············ 51

2.2 程序原理Ⅱ及其应用 ············ 53
2.2.1 证明排列组合公式 ············ 54
2.2.2 求解计数问题 ············ 56

思考题 ············ 58
思考题参考解答 ············ 59

第三章 数学归纳法原理

3.1 运用数学归纳法证题时应注意的事项与技巧 ············ 66
3.1.1 三个步骤缺一不可 ············ 66
3.1.2 第一步中的注意事项与技巧 ············ 67
3.1.3 第二步中的注意事项与技巧 ············ 71

3.2 数学归纳法的几种其他形式 ············ 85
3.2.1 第二数学归纳法 ············ 86

3.2.2　跳跃数学归纳法 …………………………………………………… 87
3.2.3　倒推数学归纳法(反向归纳法) …………………………………… 88
3.2.4　分段数学归纳法 …………………………………………………… 89
3.2.5　二元有限数学归纳法 ……………………………………………… 90
3.2.6　双向数学归纳法 …………………………………………………… 90
3.2.7　跷跷板数学归纳法 ………………………………………………… 91
3.2.8　同步数学归纳法 …………………………………………………… 91
3.3　数学归纳法的适度运用 ………………………………………………… 92
思考题 ……………………………………………………………………… 92
思考题参考解答 …………………………………………………………… 94

第四章　容斥原理

4.1　容斥原理Ⅰ与Ⅱ的应用 ………………………………………………… 105
4.2　容斥原理Ⅱ的推广及应用 ……………………………………………… 111
思考题 ……………………………………………………………………… 114
思考题参考解答 …………………………………………………………… 114

第五章　缩小原理

5.1　逐步排除,去伪存真 …………………………………………………… 117
5.2　灵活推导,逐步逼近 …………………………………………………… 118
5.3　提炼特征,寻求规律 …………………………………………………… 123
5.4　放缩夹逼,限定范围 …………………………………………………… 124
5.5　降维减元,简化处理 …………………………………………………… 132
5.6　毛估猜测,检验论证 …………………………………………………… 133
5.7　设立主元,缩围击破 …………………………………………………… 135
思考题 ……………………………………………………………………… 137
思考题参考解答 …………………………………………………………… 137

第六章　局部调整原理

6.1　求最(极)值 …………………………………………………………… 140
6.2　证明不等式 ……………………………………………………………… 143
6.3　论证平衡状态问题 ……………………………………………………… 149
6.4　等周问题的证明 ………………………………………………………… 150
6.5　磨光变换 ………………………………………………………………… 152
思考题 ……………………………………………………………………… 153
思考题参考解答 …………………………………………………………… 154

第七章　排序原理

7.1　积和(方幂)式排序不等式 …………………………………………… 156
7.2　应用排序不等式Ⅰ证不等式 …………………………………………… 157

7.2.1 注意揭示两组数是同序的	157
7.2.2 注意多次应用排序不等式Ⅰ	158
7.2.3 注意所证不等式的变换	160
7.2.4 注意构造新的序列	161
7.2.5 运用排序不等式Ⅰ证著名不等式	161
7.3 运用排序不等式Ⅰ设计最佳方案	163
7.4 排序不等式Ⅰ的拓广形式	163
7.5 商式排序不等式	168
7.6 正弦和排序不等式	170
7.7 排序原理Ⅱ	172
思考题	173
思考题参考解答	174

第八章 配对原理

8.1 运用配对原理求解数学问题	179
8.1.1 利用图形	179
8.1.2 利用符号	180
8.1.3 利用规律	181
8.1.4 抓住特殊元素	182
8.1.5 抓住特殊式子	183
8.2 运用配对原理,证明两组东西一样多	187
思考题	189
思考题参考解答	189

第九章 关系、映射、反演原理

9.1 运用换元法解题	193
9.1.1 整体代换	193
9.1.2 常值代换	193
9.1.3 比值代换	194
9.1.4 标准量代换(包括平均量代换)	194
9.1.5 关于三角形边长命题的"切线长代换"	195
9.2 运用反函数法解题	195
9.3 运用对数法解题	195
9.4 运用坐标法解题	196
9.5 运用参数法解题	200
9.5.1 量度参数	200
9.5.2 增量参数	200
9.5.3 参数方程法	201
9.6 运用面积法、体积法解题	203
9.7 运用复数法解题	205
9.8 运用向量法解题	206

9.9 运用母函数法解题 ·················· 209
9.10 运用导数、积分、概率知识法解题 ·············· 210
9.11 运用数字化方法解题 ·················· 213
9.12 运用数学模型法解题 ·················· 215
思考题 ······························ 228
思考题参考解答 ························ 228

第十章 逆反转换原理

10.1 逆推法 ························ 230
10.2 分析法 ························ 232
10.3 补集法 ························ 233
10.4 等由不等转化 ···················· 234
10.5 反客为主法 ····················· 237
10.6 取倒数法 ······················ 240
10.7 反证法 ························ 244
10.8 举反例 ························ 250
思考题 ····························· 252
思考题参考解答 ······················· 252

第十一章 重叠原理

11.1 离散型重叠原理及应用 ················ 257
  11.1.1 要善于设计集合 ················ 258
  11.1.2 设计集合的几种常用方法 ············ 258
  11.1.3 通过转化应用重叠原理Ⅱ ············ 262
  11.1.4 分成几种情形应用重叠原理Ⅱ ·········· 263
  11.1.5 多次连续应用重叠原理Ⅱ ············ 263
  11.1.6 同一题可划分不同的集合来运用重叠原理Ⅱ解题 ·· 264
  11.1.7 重叠原理Ⅲ、重叠原理Ⅳ的应用例子 ······· 264
  11.1.8 重叠原理Ⅰ的另一种表现形式 ·········· 265
11.2 连续型重叠原理及应用 ················ 265
  11.2.1 平均量重叠原理 ················ 265
  11.2.2 不等式重叠原理 ················ 271
  11.2.3 面积重叠原理 ················· 272
  11.2.4 连续型重叠原理的推广 ············· 273
思考题 ····························· 275
思考题参考解答 ······················· 276

第十二章 重现原理

12.1 余数重现原理 ···················· 278
  12.1.1 同余在算术中的应用 ·············· 279

| 12.1.2 利用同余求解末尾几位数码问题 ············ 281
| 12.1.3 利用同余处理整数问题 ············ 282
| 12.1.4 利用同余的性质证明某些著名定理 ············ 283
| 12.2 个位数重现原理 ············ 284
| 12.3 映射象重现原理 ············ 287
| 12.3.1 分圆多项式 ············ 287
| 12.3.2 周期函数 ············ 290
| 12.3.3 线性分式函数的 n 次迭代周期 ············ 295
| 12.3.4 周期数列 ············ 298
| 12.3.5 其他周期现象 ············ 302
| 思考题 ············ 303
| 思考题参考解答 ············ 303

第十三章 开关原理

| 13.1 奇偶分析法 ············ 306
| 13.1.1 末位数问题 ············ 306
| 13.1.2 整除性问题 ············ 308
| 13.1.3 方程问题 ············ 308
| 13.1.4 存在性问题 ············ 309
| 13.1.5 探讨性问题 ············ 311
| 13.1.6 对弈问题 ············ 312
| 13.2 二进位制分析法 ············ 312
| 13.3 两个原理的综合应用 ············ 316
| 思考题 ············ 317
| 思考题参考解答 ············ 318

第十四章 最小数原理

| 14.1 最小数原理Ⅰ及应用 ············ 320
| 14.2 最小数原理Ⅱ及应用 ············ 322
| 14.2.1 论证存在性问题 ············ 322
| 14.2.2 论证唯一性问题 ············ 322
| 14.2.3 论证不存在性问题 ············ 323
| 14.2.4 无穷递降法 ············ 324
| 14.2.5 论证"除法定理" ············ 327
| 14.2.6 论证数学归纳法原理 ············ 327
| 14.2.7 推出归纳公理 ············ 328
| 14.3 最小空间角原理及应用 ············ 328
| 14.4 最大数原理及应用 ············ 329
| 附录 数学归纳法原理另外几种形式的证明 ············ 332
| 思考题 ············ 333
| 思考题参考解答 ············ 333

第十五章　最短长度原理

15.1　最短长度原理Ⅰ及应用 …………………………………… 336
15.1.1　最佳选点、最佳路径问题 …………………………… 336
15.1.2　不等式、最值问题 …………………………………… 338
15.1.3　覆盖问题 ……………………………………………… 339
15.1.4　阿基米德第二公理 …………………………………… 340
15.2　最短长度原理Ⅱ及应用 …………………………………… 342
思考题 …………………………………………………………… 344
思考题参考解答 ………………………………………………… 344

第十六章　极端原理

16.1　解答问题,运用极端原理奠基 …………………………… 346
16.2　求解问题,运用极端原理探路 …………………………… 348
16.3　定值问题,先用极端原理探求 …………………………… 350
16.4　穷举问题,运用极端原理筛选 …………………………… 351
16.5　某些规律,运用极端原理发现 …………………………… 353
16.6　获得结论对否,运用极端原理检验 ……………………… 354
16.7　讨论题解,运用极端原理完善 …………………………… 355
思考题 …………………………………………………………… 357
思考题参考解答 ………………………………………………… 357

第十七章　对称原理

17.1　研究对称获结论 …………………………………………… 359
17.1.1　对称原理Ⅱ及应用 …………………………………… 359
17.1.2　对称原理Ⅲ及其他 …………………………………… 362
17.1.3　对称原理Ⅳ …………………………………………… 364
17.2　看清对称明思路 …………………………………………… 365
17.2.1　看清对称图形 ………………………………………… 365
17.2.2　看清对称式子 ………………………………………… 366
17.2.3　看清对称地位 ………………………………………… 368
17.2.4　看清对称作用 ………………………………………… 369
17.3　联想对称得辅图 …………………………………………… 371
17.4　想到对称得方法 …………………………………………… 373
思考题 …………………………………………………………… 374
思考题参考解答 ………………………………………………… 375

第十八章　相似原理

18.1　重视相似性推理 ·················· 378
　18.1.1　利用相似性,简化解答过程 ·················· 378
　18.1.2　注意相似性,应用图形性质 ·················· 379
　18.1.3　根据相似性,做出判断、推广 ·················· 380
　18.1.4　发现相似性,提高认识水平 ·················· 380
　18.1.5　运用相似性,创立新的学说 ·················· 381
18.2　掌握相似性方法 ·················· 381
　18.2.1　借助相似性,运用比较法 ·················· 381
　18.2.2　捕捉相似性,纵横来类比 ·················· 382
　18.2.3　发掘相似性,巧用模式法 ·················· 384
　18.2.4　猎取相似性,采用模拟法 ·················· 386
　18.2.5　揭示相似性,善用移植法 ·················· 387
　18.2.6　把握相似性,优化探索法 ·················· 388
思考题 ·················· 390
思考题参考解答 ·················· 390

第十九章　守恒原理

19.1　配凑型方法 ·················· 394
　19.1.1　代数式的和差变形法 ·················· 394
　19.1.2　配方法 ·················· 396
　19.1.3　拆开法 ·················· 397
　19.1.4　乘1法 ·················· 404
19.2　代换型方法 ·················· 410
　19.2.1　待定系数法 ·················· 410
　19.2.2　参量分离法 ·················· 420
　19.2.3　化"1"代换法 ·················· 420
　19.2.4　等和代换法 ·················· 424
思考题 ·················· 425
思考题参考解答 ·················· 425

第二十章　出入相补原理

20.1　等形出入相补 ·················· 430
20.2　等积形出入相补 ·················· 432
20.3　数、式出入相补 ·················· 434
思考题 ·················· 437
思考题参考解答 ·················· 437

第二十一章 祖暅原理

思考题 …………………………………………………………………… 442
思考题参考解答 …………………………………………………………… 442

第二十二章 不动点原理

22.1 函数不动点 ……………………………………………………… 444
    22.1.1 利用 $f(x)$ 的不动点,求 $f(x)$ 的 n 次迭代函数的解析式 … 444
    22.1.2 利用 $f(x)$ 的不动点解方程 ………………………………… 445
    22.1.3 利用 $f(x)$ 的不动点求递推数列的通项 ……………………… 446
    22.1.4 利用 $f(x)$ 的不动点讨论数列的单调性 …………………… 451
    22.1.5 利用 $f(x)$ 的不动点求递推数列的极限 …………………… 455
    22.1.6 对有无限多个不动点的函数问题的讨论 ……………………… 456
22.2 组合不动点 ……………………………………………………… 457
22.3 几何不动点 ……………………………………………………… 459
22.4 拓扑不动点 ……………………………………………………… 460
思考题 …………………………………………………………………… 461
思考题参考解答 …………………………………………………………… 461

参考文献 ………………………………………………………………… 463
作者出版的相关书籍与发表的相关文章目录 ………………………………… 464
编辑手记 ………………………………………………………………… 467

第一章 切分原理

常常有这样的情形,面对一个问题,在处理时找不到下手的地方怎么办?想想我们是怎样吃西瓜的,谁也不能一口吞下整个西瓜,我们总是先把西瓜切成小块,然后一块一块地吃.我们由此得到启示,为了处理一个不易下手的问题,就先把这个问题分解成几个简单的、容易解决的小问题,然后分别处理这些小问题,从而最终把原问题处理好,这就是我们处理问题的切分原理.

这条整体等于局部的和的原理,其实质揭示着分解相加的思想,其量化表示着加法公式. 这条原理是通过大量的事实与长期经验的积累认识到的,它不需要证明而已被人们所承认并得到广泛的应用. 下面我们从"质"与"量"两个方面具体介绍切分原理的内容与应用.

1.1 切分原理 I 及其应用

切分原理 I 解决一个问题(或做一件事),先将待解决的问题适当分解(或分域、分类、分组或分拆)成若干个比较简单无顺序、层次的小问题,再将分解所得的每个小问题各个击破,分别加以解决,最后根据原问题的条件将它们相加(或叠加,或组合)起来,使问题得以顺利解决.

下面从三个方面列举一些应用的例子.

1.1.1 分域法

分域法是切分原理 I 的一个基本应用.

不少数学问题,由于涉及需要讨论的概念(如绝对值、判别式等),或给定的条件和结论不相"匹配",表现为条件较宽或较少,因而当题解到某一步后,不能再统一进行,必须分别讨论才能获得完满的结论. 这就需要根据数学概念、定义"分域";根据函数性质或方程解的变化"分域";根据运算法则的区别"分域";根据图形变化"分域";根据问题的特殊要求"分域";根据出现的特殊情况"分域",等等. "分域"的原则有五条,即全域的确定性(不乱);划分的完整性(不漏);分域的逐级性(不越);分域的互斥性(不重);标准的同一性(不混).

例1 解方程 $2^{|x+2|} - |2^{x+1} - 1| = 2^{x+1} + 1$.

分析 此例含有绝对值式子,应进行零点分域.

解 令 $x + 2 = 0$ 及 $x + 1 = 0$,则有 $x = -2$ 及 $x = -1$,故可把实数集分域成三个子集: $\{x \mid x < -2\}, \{x \mid -2 \leq x \leq -1\}, \{x \mid x > -1\}$.

当 $x < -2$ 时,则 $x = -3$;

当 $-2 \leq x \leq -1$ 时,则 $x = -1$;

当 $x > -1$ 时,原方程变为恒等式,即 $x > -1$.

故原方程的解为 $x \geq -1$ 或 $x = -3$.

例2 若 $a \in \mathbf{R}$，求证：$f(a) = a^{12} - a^9 + a^4 - a + 1 > 0$.

分析 在 $f(a)$ 中，偶次幂项前面都是"+"号，奇次幂项前面都是"−"号，所以当 $a \leq 0$ 时，有 $f(a) > 0$；又当 $a \geq 1$ 时，$\begin{cases} a^3 \geq 1 \\ a^9 \geq 0 \end{cases} \Rightarrow a^{12} \geq a^9$. 同理 $a^4 \geq a$，即当 $a \geq 1$ 时，$f(a) > 0$. 看来，0,1 是关键点，不妨把实数集划分为三个子集 $\{a \mid a \leq 0\}$，$\{a \mid 0 < a < 1\}$，$\{a \mid a \geq 1\}$ 来研究.

证明 当 $a \leq 0$ 时，$f(a) > 0$ 成立（见分析）；

当 $a \geq 1$ 时，$f(a) > 0$ 成立（见分析）；

当 $0 < a < 1$ 时，有 $0 < a^5 < 1 \Rightarrow \begin{cases} 1 - a^5 > 0 \\ a^4 > 0 \end{cases} \Rightarrow \begin{cases} a^4 - a^9 > 0 \\ 1 - a > 0 \end{cases} \Rightarrow f(a) = a^{12} + (a^4 - a^9) + (1 - a) > 0$.

因 $\{a \mid a \leq 0\} \cup \{a \mid 0 < a < 1\} \cup \{a \mid a \geq 1\} = \mathbf{R}$

则当 $a \in \mathbf{R}$ 时，$f(a) = a^{12} - a^9 + a^4 - a + 1 > 0$.

例3 已知 x, y, z 为正实数，且 $x + y + z = 1$. 若 $\dfrac{a}{xyz} = \dfrac{1}{x} + \dfrac{1}{y} + \dfrac{1}{z} - 2$，求实数 a 的取值范围.

解 由于 x, y, z 为正实数，且 $x + y + z = 1$，知 $x, y, z \in (0, 1)$，$1 - x, 1 - y, 1 - z \in (0, 1)$. 一方面，易得 $a = xy + yz + zx - 2xyz > xy > 0$. 当 $x, y \to 0, z \to 1$ 时，$a \to 0$. 另一方面，易得 $a = (1 - x)x + (1 - 2x)yz$.

(i) 当 $0 < x \leq \dfrac{1}{2}$ 时，$1 - 2x \geq 0$.

因为 $yz \leq \left(\dfrac{y + z}{2}\right)^2 = \left(\dfrac{1 - x}{2}\right)^2$，所以

$$a \leq (1 - x)x + \dfrac{1}{4}(1 - 2x)(1 - x)^2 = \dfrac{1}{4} + \dfrac{1}{4}x^2(1 - 2x) \leq$$

$$\dfrac{1}{4} + \dfrac{1}{4}\left(\dfrac{x + x + 1 - 2x}{3}\right)^3 = \dfrac{7}{27}$$

(ii) 当 $\dfrac{1}{2} < x < 1$ 时，$1 - 2x < 0$.

因为 $yz > 0$，所以，$a < (1 - x)x \leq \dfrac{1}{4}$.

综上所述，有 $a \in \left(0, \dfrac{7}{27}\right)$.

例4 解方程 $[3 - 2x] + \left[\dfrac{1 + x}{2}\right] = 2$. 其中 $[x]$ 表示不超过 x 的最大整数.

解 因为

$$2 - 2x < [3 - 2x] \leq 3 - 2x$$

$$\dfrac{x - 1}{2} < \left[\dfrac{1 + x}{2}\right] \leq \dfrac{1 + x}{2}$$

相加得 $\dfrac{3 - 3x}{2} < 2 \leq \dfrac{7 - 3x}{2}$，即 $-\dfrac{1}{3} < x \leq 1$.

(i) 当 $x = 1$ 时,$\frac{1+x}{2} = 1, 3 - 2x = 1$,此时,$[3 - 2x] + \left[\frac{1+x}{2}\right] = 2$ 成立,所以,$x = 1$ 是方程的一个解.

(ii) 当 $-\frac{1}{3} < x < 1$ 时,$\frac{1}{3} < \frac{1+x}{2} < 1$,此时,$\left[\frac{1+x}{2}\right] = 0$,代入方程得 $[3 - 2x] = 2$.

于是,有 $2 \leqslant 3 - 2x < 3$,即 $-1 \leqslant -2x < 0$,所以,$0 < x \leqslant \frac{1}{2}$.

反之,当 $0 < x \leqslant \frac{1}{2}$ 时,由

$$2 \leqslant 3 - 2x < 3, \frac{1}{2} < \frac{1+x}{2} \leqslant \frac{3}{4}$$

知 $[3 - 2x] = 2, \left[\frac{1+x}{2}\right] = 0$. 此时,$[3 - 2x] + \left[\frac{1+x}{2}\right] = 2$ 成立,所以,$0 < x \leqslant \frac{1}{2}$ 是方程的解.

综上所述,原方程的解集为 $\left\{x \mid x = 1 \text{ 或 } 0 < x \leqslant \frac{1}{2}\right\}$.

1.1.2 分组、分类法

有些问题,如果在给定的条件下有多种情形,那么需要运用分组、分类方法把可能存在的一切情况都列举出来,一一加以研究,然后加以总括做出结论.

分域是分组、分类中的一种分法,分组、分类也要遵循分域中的五条原则.

例1 设 a 是一个实数,若对于任何实数 x,不等式 $x^2 \log_{\frac{1}{2}}(a^2 - 2a - 3) - 2x + 1 \geqslant 0$ 恒成立,求 a 的取值范围.

解 根据对数的真数必须为正及二次函数值要非负,则可得

$$\begin{cases} a^2 - 2a - 3 > 0 \\ \log_{\frac{1}{2}}(a^2 - 2a - 3) > 0 \\ \Delta = 4 - 4\log_{\frac{1}{2}}(a^2 - 2a - 3) \leqslant 0 \end{cases} \Leftrightarrow \begin{cases} 0 < a^2 - 2a - 3 < 1 \\ \log_{\frac{1}{2}}(a^2 - 2a - 3) \geqslant 1 \end{cases} \Leftrightarrow$$

$$0 < a^2 - 2a - 3 \leqslant \frac{1}{2} \Leftrightarrow$$

$$4 < a^2 - 2a + 1 \leqslant \frac{9}{2} \Leftrightarrow$$

$$2^2 < (a-1)^2 \leqslant \left(\frac{3}{\sqrt{2}}\right)^2$$

当 $a > 1$ 时,$2 < a - 1 \leqslant \frac{3}{\sqrt{2}}$,即 $3 < a \leqslant 1 + \frac{3}{\sqrt{2}}$;

当 $a < 1$ 时,$2 < 1 - a \leqslant \frac{3}{\sqrt{2}}$,即 $1 - \frac{3}{\sqrt{2}} \leqslant a < -1$.

例2 设 $a_n = 2n - 1(n \in \mathbf{N}_+)$,证明:$\frac{9}{11} < \frac{1}{a_{n+1}} + \frac{1}{a_{n+2}} + \cdots + \frac{1}{a_{10n}} < \frac{13}{8}$.

证明 设 $S_n = \frac{1}{a_{n+1}} + \frac{1}{a_{n+2}} + \cdots + \frac{1}{a_{10n}}$,当 $a, b > 0$ 时

$$\frac{1}{a} + \frac{1}{b} \geq \frac{4}{a+b}$$

则

$$2S_n = \left(\frac{1}{a_{n+1}} + \frac{1}{a_{10n}}\right) + \left(\frac{1}{a_{n+2}} + \frac{1}{a_{10n-1}}\right) + \cdots + \left(\frac{1}{a_{10n}} + \frac{1}{a_{n+1}}\right) =$$

$$\left(\frac{1}{2n+1} + \frac{1}{20n-1}\right) + \left(\frac{1}{2n+3} + \frac{1}{20n-3}\right) + \cdots +$$

$$\left(\frac{1}{20n-1} + \frac{1}{2n+1}\right) >$$

$$\overbrace{\left(\frac{4}{22n} + \frac{4}{22n} + \cdots + \frac{4}{22n}\right)}^{9n\text{个}} = \frac{18}{11}$$

故

$$S_n > \frac{9}{11}$$

再证 $S_n < \frac{13}{8}$，有

$$S_n = \left(\frac{1}{a_{n+1}} + \cdots + \frac{1}{a_{2n}}\right) + \left(\frac{1}{a_{2n+1}} + \cdots + \frac{1}{a_{3n}}\right) + \cdots + \left(\frac{1}{a_{9n+1}} + \cdots + \frac{1}{a_{10n}}\right) =$$

$$\left(\frac{1}{2n+1} + \cdots + \frac{1}{4n-1}\right) + \left(\frac{1}{4n+1} + \cdots + \frac{1}{6n-1}\right) + \cdots +$$

$$\left(\frac{1}{18n+1} + \cdots + \frac{1}{20n-1}\right) \text{（每组 } n \text{ 项，共 9 组）} <$$

$$\frac{n}{2n+1} + \frac{n}{4n+1} + \frac{n}{6n+1} + \cdots + \frac{n}{18n+1} <$$

$$\frac{1}{2} + \frac{1}{4} + \frac{1}{6} + \cdots + \frac{1}{18} = \frac{1}{2}\left(1 + \frac{1}{2} + \frac{1}{3} + \cdots + \frac{1}{9}\right) <$$

$$\frac{1}{2}\left(1 + \frac{1}{2} + \frac{1}{2} + \frac{1}{4} + \frac{1}{4} + \frac{1}{4} + \frac{1}{4} + \frac{1}{8} + \frac{1}{8}\right) = \frac{13}{8}$$

例 3 设 $a_n = 3^n - (-2)^n$，证明：$\frac{1}{a_1} + \frac{1}{a_2} + \cdots + \frac{1}{a_n} < \frac{1}{2}\left[1 - \left(\frac{1}{3}\right)^{n+\frac{1-(-1)^n}{2}}\right]$ $(n \in \mathbf{N}_+)$.

证明 当 k 为奇数时，有

$$\frac{1}{a_k} + \frac{1}{a_{k+1}} - \frac{4}{3^{k+1}} = \frac{1}{3^k + 2^k} + \frac{1}{3^{k+1} - 2^{k+1}} - \frac{4}{3^{k+1}} =$$

$$\frac{(3^{k+1} - 2^{k+1}) \times 3^{k+1} + (3^k + 2^k) \times 3^{k+1} - 4(3^k + 2^k)(3^{k+1} - 2^{k+1})}{(3^k + 2^k) \times (3^{k+1} - 2^{k+1}) \times 3^{k+1}} =$$

$$\frac{-7 \times 6^k + 8 \times 4^k}{(3^k + 2^k) \times (3^{k+1} - 2^{k+1}) \times 3^{k+1}}$$

又

$$\frac{8}{7} < \frac{3}{2} \leq \left(\frac{3}{2}\right)^k = \left(\frac{6}{4}\right)^k$$

即

$$\frac{-7 \times 6^k + 8 \times 4^k}{(3^k + 2^k) \times (3^{k+1} - 2^{k+1}) \times 3^{k+1}} < 0$$

所以
$$\frac{1}{a_k} + \frac{1}{a_{k+1}} < \frac{4}{3^{k+1}}$$

(1) 当 n 为偶数时,有
$$\frac{1}{a_1} + \frac{1}{a_2} + \cdots + \frac{1}{a_n} = \left(\frac{1}{a_1} + \frac{1}{a_2}\right) + \left(\frac{1}{a_3} + \frac{1}{a_4}\right) + \cdots + \left(\frac{1}{a_{n-1}} + \frac{1}{a_n}\right) <$$
$$\left(\frac{1}{3} + \frac{1}{3^2}\right) + \left(\frac{1}{3^3} + \frac{1}{3^4}\right) + \cdots + \left(\frac{1}{3^{n-1}} + \frac{1}{3^n}\right) =$$
$$\frac{\frac{1}{3}\left(1 - \frac{1}{3^n}\right)}{1 - \frac{1}{3}} = \frac{1}{2}\left(1 - \frac{1}{3^n}\right)$$

(2) 当 n 为奇数时,有
$$\frac{1}{a_1} + \frac{1}{a_2} + \cdots + \frac{1}{a_n} < \left(\frac{1}{a_1} + \frac{1}{a_2}\right) + \left(\frac{1}{a_3} + \frac{1}{a_4}\right) + \cdots + \left(\frac{1}{a_n} + \frac{1}{a_{n+1}}\right) <$$
$$\left(\frac{1}{3} + \frac{1}{3^2}\right) + \left(\frac{1}{3^3} + \frac{1}{3^4}\right) + \cdots + \left(\frac{1}{3^n} + \frac{1}{3^{n+1}}\right) =$$
$$\frac{\frac{1}{3}\left(1 - \frac{1}{3^{n+1}}\right)}{1 - \frac{1}{3}} = \frac{1}{2}\left(1 - \frac{1}{3^{n+1}}\right)$$

综上
$$\frac{1}{a_1} + \frac{1}{a_2} + \cdots + \frac{1}{a_n} < \frac{1}{2}\left[1 - \left(\frac{1}{3}\right)^{n + \frac{1-(-1)^n}{2}}\right] \quad (n \in \mathbf{N}_+)$$

例 4 设 a, b, c, m 满足条件
$$\frac{a}{m+2} + \frac{b}{m+1} + \frac{c}{m} = 0$$
且 $a \geq 0, m > 0$. 求证: 方程 $ax^2 + bx + c = 0$ 有一根 $x_0 \in (0, 1)$.

证明 (i) 当 $a = 0$ 时, 若 $b \neq 0$, 则 $x_0 = -\frac{c}{b} = \frac{m}{m+1} \in (0, 1)$; 若 $b = 0$, 则 $c = 0$. 此时, 任意实数均为方程的根, 故存在一根 $x_0 \in (0, 1)$.

(ii) 当 $a > 0$ 时, 令 $f(x) = ax^2 + bx + c$, 则
$$f\left(\frac{m}{m+1}\right) = a\left(\frac{m}{m+1}\right)^2 + b \cdot \frac{m}{m+1} + c =$$
$$a\left(\frac{m}{m+1}\right)^2 + \frac{-am}{m+2} = \frac{-am}{(m+1)^2(m+2)} < 0$$

若 $c > 0$, 则 $f(0) = c > 0$, 故 $f(x) = 0$ 在区间 $\left(0, \frac{m}{m+1}\right)$ 内有一实根;

若 $c \leq 0$, 则

$$f(1) = a + b + c = (m+2) \cdot \frac{a}{m+2} + (m+1) \cdot \frac{b}{m+1} + c =$$

$$\frac{a}{m+2} + (m+1)\left(\frac{a}{m+2} + \frac{b}{m+1} + \frac{c}{m}\right) - \frac{c}{m} =$$

$$\frac{a}{m+2} + \left(-\frac{c}{m}\right) > 0$$

此时，$f(x) = 0$ 在区间 $\left(\frac{m}{m+1}, 1\right)$ 内有一实根.

例 5 已知 a,b 都是不等于 0 的常数，变量 θ 满足不等式组
$$\begin{cases} a\sin\theta + b\cos\theta \geq 0 \\ a\cos\theta - b\sin\theta \geq 0 \end{cases}$$

试求 $\sin\theta$ 的最大值.

解 令 $x = \cos\theta, y = \sin\theta$，则由题设得

$$\begin{cases} x^2 + y^2 = 1 & \text{①} \\ bx + ay \geq 0 & \text{②} \\ ax - by \geq 0 & \text{③} \end{cases}$$

其中 $|x| \leq 1, |y| \leq 1$.

当式②③取等号时，直线

$$bx + ay = 0 \qquad\qquad ④$$

与

$$ax - by = 0 \qquad\qquad ⑤$$

互相垂直，问题转化为"求区域

$$G = \{(x,y) \mid bx + ay \geq 0, ax - by \geq 0, |x| \leq 1, |y| \leq 1\}$$

内圆弧线 $C = \{(x,y) \mid x^2 + y^2 = 1\}$ 上最高点的纵坐标".

根据 a,b 的符号，分 4 种情况讨论：

(i) $a > 0, b > 0$.

如图 1.1.1，即求直线⑤与圆 O 的交点 P_1 的纵坐标，得出

$$y_{\max} = y_{P_1} = \frac{a}{\sqrt{a^2 + b^2}}$$

(ii) $a < 0, b < 0$.

如图 1.1.2，即求直线④与圆 O 的交点 P_2 的纵坐标，得出

$$y_{\max} = y_{P_2} = \frac{-b}{\sqrt{a^2 + b^2}}$$

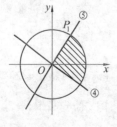

图 1.1.1

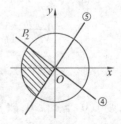

图 1.1.2

(iii) $a > 0, b < 0$.

如图 1.1.3，即求 y 轴与圆 O 的交点 P_3 的纵坐标，得出
$$y_{\max} = y_{P_3} = 1$$

(iv) $a < 0, b > 0$.

如图 1.1.4，直线④与圆 O 的交点 P_4 的纵坐标 $y_{P_4} = \dfrac{-b}{\sqrt{a^2+b^2}}$；直线⑤与圆 O 的交点 P_5 的纵坐标 $y_{P_5} = \dfrac{a}{\sqrt{a^2+b^2}}$.

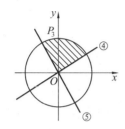

图 1.1.3

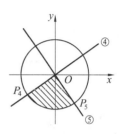

图 1.1.4

比较 y_{P_4}, y_{P_5} 可知：

当 $a \leqslant -b$ 时，$y_{\max} = y_{P_4} = \dfrac{-b}{\sqrt{a^2+b^2}}$；

当 $a > -b$ 时，$y_{\max} = y_{P_5} = \dfrac{a}{\sqrt{a^2+b^2}}$.

例6 P, Q 是棱长为 a 的正方体的表面上的两点，求 $|PQ|$ 的最大值.

分析 先固定一点 P 于一个表面上，则另一点 Q 在变动时，有以下几种情况

$$\begin{cases} Q \text{ 与 } P \text{ 在同一侧面上} \\ Q \text{ 与 } P \text{ 不在同一侧面上} \begin{cases} \text{分别在相邻的两个侧面上} \\ \text{分别在相对的两个侧面上} \end{cases} \end{cases}$$

解 把"P, Q 两点在正方体的表面上"划分为三类：(i) P, Q 在同一侧面上；(ii) P, Q 分别在相邻的两个侧面上；(iii) P, Q 分别在相对的两个侧面上.

(i) 当 P, Q 在同一侧面上，$|PQ|$ 不大于这个侧面的对角线，所以
$$|PQ| \leqslant \sqrt{2}a$$

(ii) 当 P, Q 分别在相邻的两个侧面上时，如图 1.1.5，正方体 AC_1 的一边 $AB = a$. 令 P, Q 分别在侧面 ADD_1A_1 和 $A_1B_1C_1D_1$ 上. 过 Q 作 $QR \parallel B_1A_1$ 交 A_1D_1 于 R，过点 R 作与 A_1A 平行的直线和过点 P 作与 DA 平行的直线，交点为 S. 联结 SQ, PQ.

$$\begin{cases} D_1R \perp SR \\ D_1R \perp QR \end{cases} \Rightarrow \begin{cases} D_1R \perp \text{面 } RSQ \\ PS \parallel D_1R \end{cases} \Rightarrow PS \perp SQ \Rightarrow$$

$$PQ^2 = PS^2 + SQ^2 = PS^2 + SR^2 + RQ^2$$

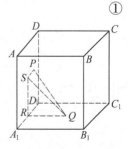

图 1.1.5

因 $\qquad PS \leqslant AD, SR \leqslant A_1A, RQ \leqslant AB$

则
$$PQ^2 = PS^2 + SR^2 + RQ^2 \leqslant AD^2 + AA_1^2 + AB^2 = 3a^2$$
即
$$|PQ| \leqslant \sqrt{3}\,a \qquad ②$$

(iii) 当 P,Q 分别在相对的侧面上时,如图 1.1.6,令 P,Q 分别在侧面 ADD_1A_1 和 BCC_1B_1 上. 作 $PS // A_1B_1$ 交平面 BCC_1B_1 于 S,过 S 与 B_1C_1 平行的直线和过 Q 与 CC_1 平行的直线交于 R. 联结 RQ,SQ.

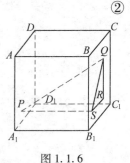

图 1.1.6

$$\begin{cases} A_1B_1 \perp \text{面 } QSR \\ PS // A_1B_1 \end{cases} \Rightarrow PS \perp \text{面 } QSR \Rightarrow PS \perp QS \Rightarrow PQ^2 =$$
$$PS^2 + QS^2 = PS^2 + SR^2 + RQ^2$$

因
$$PS = A_1B_1, SR \leqslant B_1C_1$$
$$RQ \leqslant B_1B$$
则
$$PQ^2 \leqslant B_1A_1^2 + B_1C_1^2 + B_1B^2 = 3a^2$$
因此
$$|PQ| \leqslant \sqrt{3}\,a \qquad ③$$

由式①②③得知, $|PQ|$ 的最大值是 $\sqrt{3}\,a$.

例7 过抛物线 $y^2 = 4x$ 的焦点 F 作直线 l 与抛物线交于点 A,B.

(Ⅰ)求证: $\triangle AOB$ 不是直角三角形.

(Ⅱ)当 l 的斜率为 $\dfrac{1}{2}$ 时,抛物线上是否存在点 C,使 $\triangle ABC$ 为直角三角形? 若存在,求出所有的点 C;若不存在,说明理由.

解 (Ⅰ)如图1.1.7,抛物线的焦点为 $F(1,0)$,过点 F 且与抛物线交于点 A,B 的所有直线可设为
$$ky = x - 1$$
与抛物线 $y^2 = 4x$ 联立,消去 x 得
$$y^2 = 4ky + 4$$
有
$$y_A y_B = -4$$
进而
$$x_A x_B = \dfrac{y_A^2}{4} \cdot \dfrac{y_B^2}{4} = 1$$

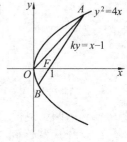

图 1.1.7

又
$$|\overrightarrow{OA}| \cdot |\overrightarrow{OB}| \cos \angle AOB = \overrightarrow{OA} \cdot \overrightarrow{OB} = x_A x_B + y_A y_B = 1 - 4 = -3 < 0$$

得 $\angle AOB$ 为钝角,故 $\triangle AOB$ 不是直角三角形.

(Ⅱ)当直线 AB 的方程为 $x - 2y - 1 = 0$ 时,解方程组
$$\begin{cases} x - 2y - 1 = 0 \\ y^2 = 4x \end{cases}$$
可得
$$A(9 + 4\sqrt{5}, 4 + 2\sqrt{5}), B(9 - 4\sqrt{5}, 4 - 2\sqrt{5})$$

假设抛物线上存在点 $C(t^2, 2t)$,使 $\triangle ABC$ 为直角三角形,分三种情况讨论:

(i) $\angle ACB$ 为直角.

此时,以 AB 为直径的圆的方程为
$$(x - x_A)(x - x_B) + (y - y_A)(y - y_B) = 0$$

把点 A, B, C 的坐标代入得
$$(t^2 - 9 - 4\sqrt{5})(t^2 - 9 + 4\sqrt{5}) + (2t - 4 - 2\sqrt{5})(2t - 4 + 2\sqrt{5}) = 0$$

整理得
$$t^4 - 14t^2 - 16t - 3 = 0$$

因为点 A, B 在圆上,故当 $t = 2 \pm \sqrt{5}$ 时,必为方程的解. 注意到
$$[t - (2 + \sqrt{5})][t - (2 - \sqrt{5})] = t^2 - 4t - 1$$

故方程可分解为
$$(t^2 + 4t + 3)(t^2 - 4t - 1) = 0$$

异于点 A, B 的点 C 必对应方程
$$t^2 + 4t + 3 = 0$$

的解,有 $t_1 = -1, t_2 = -3$.

故使 $\angle ACB = 90°$ 的点 C 有两个
$$C_1(1, -2), C_2(9, -6)$$

(ii) $\angle ABC$ 为直角.

此时,以 AC 为直径的圆的方程为
$$(x - x_A)(x - x_C) + (y - y_A)(y - y_C) = 0$$

把点 A, B, C 的坐标代入得
$$(-8\sqrt{5})(9 - 4\sqrt{5} - t^2) + (-4\sqrt{5})(4 - 2\sqrt{5} - 2t) = 0$$

整理得
$$t^2 + t - (11 - 5\sqrt{5}) = 0$$

解得 $t_1 = 2 - \sqrt{5}$ 对应点 $B, t_2 = -3 + \sqrt{5}$ 对应点 C.

故存在 $C_3(14 - 6\sqrt{5}, -6 + 2\sqrt{5})$ 使 $\triangle ABC_3$ 为直角三角形.

(iii) $\angle BAC$ 为直角.

此时,以 BC 为直径的圆的方程为
$$(x - x_B)(x - x_C) + (y - y_B)(y - y_C) = 0$$

把点 A, B, C 的坐标代入得
$$8\sqrt{5}(9 + 4\sqrt{5} - t^2) + 4\sqrt{5}(4 + 2\sqrt{5} - 2t) = 0$$

整理得
$$t^2 + t - (11 + 5\sqrt{5}) = 0$$

解得 $t_1 = 2 + \sqrt{5}$ 对应点 $A, t_2 = -3 - \sqrt{5}$ 对应点 C.

故存在 $C_4(14 + 6\sqrt{5}, -6 - 2\sqrt{5})$ 使 $\triangle ABC_4$ 为直角三角形.

综上知,存在 4 个点 C,使 $\triangle ABC$ 为直角三角形: $C_1(1, -2), C_2(9, -6), C_3(14 - 6\sqrt{5}, -6 + 2\sqrt{5}), C_4(14 + 6\sqrt{5}, -6 - 2\sqrt{5})$.

例8 设椭圆 $C: \dfrac{x^2}{a^2} + \dfrac{y^2}{b^2} = 1 (a > b > 0)$,$PQ$ 是椭圆 C 的垂直于 x 轴的一条动弦,$M(m,0)$,$N(n,0)$ 是 x 轴上的两个定点,求直线 PM 与 NQ 的交点 R 的轨迹.①②

解 设 $R(x,y)$,$P(u,v)$,则 $Q(u,-v)$.

直线 PM

$$y = \frac{v}{u-m}(x-m) \qquad ①$$

直线 NQ

$$y = \frac{-v}{u-n}(x-n) \qquad ②$$

由方程①②解得

$$u = \frac{(m+n)x - 2mn}{2x - m - n}$$

$$v = \frac{(n-m)y}{2x - m - n}$$

又由点 P 在椭圆 C 上有

$$b^2 u^2 + a^2 v^2 - a^2 b^2 = 0$$

所以

$$b^2 \left[\frac{(m+n)x - 2mn}{2x - m - n}\right]^2 + a^2 \left[\frac{(n-m)y}{2x - m - n}\right]^2 - a^2 b^2 = 0$$

上式经整理得

$$b^2 [(m+n)^2 - 4a^2] x^2 + 4b^2 (m+n) + (a^2 - mn)x + a^2 (m-n)^2 y^2 + b^2 [4m^2 n^2 - a^2(m+n)^2] = 0 \qquad ③$$

Ⅰ. 若 $(m+n)^2 - 4a^2 = 0$,即 $|m+n| = 2a$,则式③变为

$$a^2 (m-n)^2 y^2 \pm 8ab^2(a^2 - mn)x + 4b^2(m^2 n^2 - a^4) = 0$$

它表示的曲线为抛物线.

Ⅱ. 若 $(m+n)^2 - 4a^2 \neq 0$,则式③可化为

$$\frac{\left[x + \dfrac{2(m+n)(a^2 - mn)}{(m+n)^2 - 4a^2}\right]^2}{\left[\dfrac{a(m-n)^2}{(m+n)^2 - 4a^2}\right]^2} + \frac{y^2}{\dfrac{b^2(m-n)^2}{(m+n)^2 - 4a^2}} = 1 \qquad ④$$

(i) 当 $(m+n)^2 - 4a^2 > 0$,即 $|m+n| > 2a$ 时,方程④表示的曲线为椭圆或圆,特别地,当 $mn = a^2$ 时,方程④变为 $\dfrac{x^2}{a^2} + \dfrac{y^2}{b^2} = 1$.

(ii) 当 $(m+n)^2 - 4a^2 < 0$,即 $|m+n| < 2a$ 时,方程④表示的曲线为双曲线,特别地,当 $m = a, n = -a$ 时,方程④变为 $\dfrac{x^2}{a^2} - \dfrac{y^2}{b^2} = 1$.

类似于例8的求解,我们有以下结论.

---

① 姜坤崇. 圆锥曲线之间的一个变换[J]. 数学通报, 2003(10): 25-26.
② 姜坤崇. 抛物线到圆锥曲线的另两个变换[J]. 数学通报, 2005(9): 44.

结论 1 设椭圆 $C: \dfrac{x^2}{a^2} + \dfrac{y^2}{b^2} = 1 (a > b > 0)$，$PQ$ 是椭圆 C 的垂直于 y 轴的一条动弦，$M(0,m), N(0,n)$ 是 y 轴上的两个定点，则直线 PM 与 NQ 交点 R 的轨迹：

(i) 当 $|m+n| = 2b$ 时为抛物线；

(ii) 当 $|m+n| > 2b$ 时为椭圆或圆，特别地，当 $mn = b^2$ 时，R 的轨迹仍为椭圆 C；

(iii) 当 $|m+n| < 2b$ 时为双曲线，特别地，当 $m=b, n=-b$ 时，R 的轨迹为双曲线：$-\dfrac{x^2}{a^2} + \dfrac{y^2}{b^2} = 1$.

结论 2 设圆 $C: x^2 + y^2 = r^2$，PQ 是圆 C 的垂直于 x 轴的一条动弦，$M(m,0), N(n,0)$ 是 x 轴上的两个定点，则直线 PM 与 NQ 交点 R 的轨迹：

(i) 当 $|m+n| = 2r$ 时为抛物线；

(ii) 当 $|m+n| > 2r$ 时为椭圆或圆，特别地，当 $mn = r^2$ 时，R 的轨迹仍为圆 C；

(iii) 当 $|m+n| < 2r$ 时为双曲线，特别地，当 $m=r, n=-r$ 时，R 的轨迹为等轴双曲线：$x^2 - y^2 = r^2$.

结论 3 设双曲线 $C: \dfrac{x^2}{a^2} - \dfrac{y^2}{b^2} = 1 (a>0, b>0)$，$PQ$ 是双曲线 C 的垂直于 x 轴的一条动弦，$M(m,0), N(n,0)$ 是 x 轴上的两个定点，则直线 PM 与 NQ 交点 R 的轨迹：

(i) 当 $|m+n| = 2a$ 时为抛物线；

(ii) 当 $|m+n| > 2a$ 时为双曲线，特别地，当 $mn = a^2$ 时，R 的轨迹仍为双曲线 C；

(iii) 当 $|m+n| < 2a$ 时为椭圆，特别地，当 $m=a, n=-a$ 时，R 的轨迹为椭圆：$\dfrac{x^2}{a^2} + \dfrac{y^2}{b^2} = 1$.

结论 4 设抛物线 $C: y^2 = 2px(p>0)$，PQ 是抛物线 C 的垂直于 x 轴的一条动弦，$M(m,0), N(n,0)$ 是 x 轴上的两个定点，则直线 PM 与 NQ 交点 R 的轨迹：

(i) 当 $m+n = 0 (m \neq 0)$ 时为抛物线 C；

(ii) 当 $m+n < 0$ 时为椭圆或圆；

(iii) 当 $m+n > 0$ 时为双曲线.

结论 5 设抛物线 $C: y^2 = 2px(p>0)$，$M(m,0)(m \neq 0)$ 是 x 轴上的一定点，直线 $l: x = n (n \neq 0)$ 是一条定直线，P 是抛物线 C 上的动点，$PQ \perp l$，Q 是垂足，则直线 PM 与 QO（O 为原点）交点 R 的轨迹：

(i) 当 $m+n = 0$ 时为抛物线 C；

(ii) 当 $m+n < 0$，且 $m \neq -\dfrac{n^2}{2p} - n$ 时为椭圆，当 $m = -\dfrac{n^2}{2p} - n$ 时为圆；

(iii) 当 $m+n > 0$ 时为双曲线.

结论 6 设抛物线 $C: y^2 = 2px(p>0)$，$M(m,0)(m \neq 0), N(n,0)(n \neq -m)$ 是两个定点，直线 $l: x = -m$ 是一条定直线，P 是抛物线 C 上的动点，$PQ \perp l$，Q 是垂足，则直线 PM 与 QN 交点 R 的轨迹：

(i) 当 $n = 0$ 时为抛物线 C；

(ii) 当 $n > 0$ 时为椭圆或圆；

(iii) 当 $n < 0$ 时为双曲线.

例 9 已知 $a, b, \lambda \in \mathbf{R}_+$,试确定

$$g(a,b) = \sqrt{\frac{a}{a + \lambda b}} + \sqrt{\frac{b}{b + \lambda a}}$$

的取值范围.

解 以 $\dfrac{a}{a+b}, \dfrac{b}{a+b}$ 分别代替 a, b,且 $g(a,b)$ 不变,故在 $a + b = 1$ 条件下,求 $g(a,b)$ 的范围,有

$$g^2(a,b) = \frac{a}{a + \lambda b} + \frac{b}{b + \lambda a} + 2\sqrt{\frac{ab}{(a + \lambda b)(b + \lambda a)}} =$$

$$\frac{\lambda + 2(1-\lambda)ab}{\lambda + (1-\lambda)^2 ab} + 2\sqrt{\frac{ab}{\lambda + (1-\lambda)^2 ab}}$$

当 $\lambda \neq 1$ 时

$$g^2(a,b) = \frac{1}{1-\lambda}\left[2 - \frac{\lambda(1+\lambda)}{\lambda + (1-\lambda)^2 ab}\right] + \frac{2}{|1-\lambda|}\sqrt{1 - \frac{\lambda}{\lambda + (1-\lambda)^2 ab}}$$

令

$$t = \sqrt{1 - \frac{\lambda}{\lambda + (1-\lambda)^2 ab}}$$

因为 $a + b = 1$,则 $ab \in \left(0, \dfrac{1}{4}\right)$,故

$$t \in \left(0, \frac{|\lambda - 1|}{1 + \lambda}\right)$$

记

$$f(t) = \frac{2}{1-\lambda} - \frac{1+\lambda}{1-\lambda}(1 - t^2) + \frac{2}{|1-\lambda|} \cdot t =$$

$$\frac{1+\lambda}{1-\lambda} \cdot t^2 + \frac{2}{|1-\lambda|} \cdot t + 1$$

当 $0 < \lambda < 1$ 时

$$f(t) = \frac{1+\lambda}{1-\lambda} \cdot t^2 + \frac{2}{1-\lambda} \cdot t + 1 = \frac{1+\lambda}{1-\lambda}\left(t + \frac{1}{1+\lambda}\right)^2 + \frac{\lambda^2}{\lambda^2 - 1}$$

易知 $f(t)$ 在 $\left(0, \dfrac{1-\lambda}{1+\lambda}\right]$ 上为增函数,所以

$$f(0) < f(t) \leq f\left(\frac{1-\lambda}{1+\lambda}\right)$$

即

$$1 < f(t) \leq \frac{4}{1+\lambda}$$

当 $\lambda > 1$ 时

$$f(t) = \frac{1+\lambda}{1-\lambda}\left(t - \frac{1}{1+\lambda}\right)^2 + \frac{\lambda^2}{\lambda^2 - 1} \quad \left(t \in \left(0, \frac{\lambda - 1}{\lambda + 1}\right]\right)$$

(i) $1 < \lambda < 2$,易知 $f(t)$ 在 $\left(0, \dfrac{\lambda - 1}{1+\lambda}\right]$ 上为增函数,所以

$$f(0) < f(t) \leq f\left(\frac{1-\lambda}{1+\lambda}\right)$$

即
$$1 < f(t) \leq \frac{4}{1+\lambda}$$

(ii) $2 \leq \lambda < 3$,结合图像知
$$f(0) < f(t) \leq f\left(\frac{1}{1+\lambda}\right)$$

即
$$1 < f(t) \leq \frac{\lambda^2}{\lambda^2-1}$$

(iii) $\lambda \geq 3$,结合图像知
$$f\left(\frac{\lambda-1}{\lambda+1}\right) \leq f(t) \leq f\left(\frac{1}{1+\lambda}\right)$$

即
$$\frac{4}{1+\lambda} \leq f(t) \leq \frac{\lambda^2}{\lambda^2-1}$$

当 $\lambda = 1$ 时,显然有
$$1 < f(t) \leq 2 = \frac{4}{1+\lambda}$$

综上可得:

当 $0 < \lambda < 2$ 时,$1 < g(a,b) \leq \frac{2}{\sqrt{1+\lambda}}$;

当 $2 \leq \lambda < 3$ 时,$1 < g(a,b) \leq \frac{\lambda}{\sqrt{\lambda^2-1}}$;

当 $\lambda \geq 3$ 时,$\frac{2}{\sqrt{1+\lambda}} \leq g(a,b) \leq \frac{\lambda}{\sqrt{\lambda^2-1}}$.

当且仅当 $a = b$ 时,$g(a,b) = \frac{2}{\sqrt{1+\lambda}}$ 成立;

当且仅当 $\frac{a}{b} = \frac{\lambda^3 - 3\lambda \pm (\lambda^2-1)\sqrt{\lambda^2-4}}{2}$ 时,$g(a,b) = \frac{\lambda}{\sqrt{\lambda^2-1}}$ 成立.

从上面几例可以看出,由于题设条件所涉及的情形有多种(有限种),我们可分类求解每一类情形. 因为每一类情形,附加有分类的条件,从而增加了求解条件,使解答容易完成.

用如上的分类法解题,其实也就是运用普通归纳法(或完全归纳法)解题. 由此可知,普通归纳法是切分原理 I 的一个重要应用.

在分域或分类时,"二分法"是一种常用的手法. 二分法是把考虑的情形分为A与非A两类.

普通高中课程标准实验教科书《数学1·必修·A版》讲述了"用二分法求方程的近似解",其原理是"如果函数 $y = f(x)$ 在区间 $[a,b]$ 上的图像是一条连续不断的曲线,并且有 $f(a) \cdot f(b) < 0$,那么函数 $y = f(x)$ 在区间 (a,b) 内有零点,即存在 $c \in (a,b)$,使得 $f(c) = 0$,这个 c 也就是方程 $f(x) = 0$ 的一个根".

下面,我们应用这个二分法原理求解几个问题.

例 10 若 x_1 满足 $2x + 2^x = 5$,x_2 满足 $2x + 2\log_2(x-1) = 5$,则 $x_1 + x_2 =$ ( )

(A) $\frac{5}{2}$ (B) 3   (C) $\frac{7}{2}$ (D) 4

解 选(C). 可设 $f(x) = 2x + 2^x - 5$，因为 $f(1) < 0, f\left(\dfrac{3}{2}\right) > 0$，所以函数 $f(x)$ 有零点 $x_1 \in \left(1, \dfrac{3}{2}\right)$；设 $g(x) = 2x + 2\log_2(x-1) - 5$，因为 $g(2) < 0, g\left(\dfrac{5}{2}\right) > 0$，所以函数 $g(x)$ 有零点 $x_2 \in \left(2, \dfrac{5}{2}\right)$. 于是 $x_1 + x_2 \in (3,4)$. 又函数 $f(x), g(x)$ 均为单调递增函数，故由排除法知选(C).

例 11 解下列不等式：

(1) $(2^x - 1)(3^x - 9) > 0$；

(2) $(2^x - 1)(3^x - 9)(5^x - 125) > 0$；

(3) $(2^x - 1)(3^x - 9)(5^x - 125)^2 > 0$；

(4) $\dfrac{(3^x - 9)(5^x - 125)^2 \ln(x+1)}{x - 1} > 0$；

(5) $\dfrac{(|x| - 4)(3^x - 9)(5^x - 125)^2 \ln(x+7)}{x - 1} > 0$.

解 (1) 设 $f(x) = (2^x - 1)(3^x - 9)$，令 $f(x) = 0$，得 $x = 0$ 或 $x = 2$.

根据求方程根的二分法的原理知，函数 $f(x)$ 在区间 $(-\infty, 0)$ 内的值恒正或恒负(否则连续函数 $f(x)$ 在区间 $(-\infty, 0)$ 内有零点). 同理，函数 $f(x)$ 在区间 $(0,2), (2, +\infty)$ 内的值均恒正或恒负，从而用特殊值法可列出下表：

x	$(-\infty, 0)$	0	$(0, 2)$	2	$(2, +\infty)$
$f(x)$	+	0	−	0	+

所以原不等式的解集为 $(-\infty, 0) \cup (2, +\infty)$.

(2) 用同样的方法可得解集为 $(0, 2) \cup (3, +\infty)$.

(3) 解集为 $(-\infty, 0) \cup (2, 3) \cup (3, +\infty)$.

(4) 设 $f(x) = \dfrac{(3^x - 9)(5^x - 125)^2 \ln(x+1)}{x - 1}$，得定义域为 $(-1, 1) \cup (1, +\infty)$.

令 $f(x) = 0$，得 $x = 0$，或 $x = 2$，或 $x = 3$，列表如下：

x	$(-1, 0)$	0	$(0, 1)$	$(1, 2)$	2	$(2, 3)$	3	$(3, +\infty)$
$f(x)$	−	0	+	−	0	+	0	+

由该表可得原不等式的解集为 $(0, 1) \cup (2, 3) \cup (3, +\infty)$.

(5) 设 $f(x) = \dfrac{(|x| - 4)(3^x - 9)(5^x - 125)^2 \ln(x+7)}{x - 1}$，得定义域为 $(-7, 1) \cup (1, +\infty)$.

令 $f(x) = 0$，得 $x = -6$，或 $x = -4$，或 $x = 2$，或 $x = 3$，或 $x = 4$，列表如下：

x	$(-7, -6)$	−6	$(-6, -4)$	−4	$(-4, 1)$
$f(x)$	−	0	+	0	−

x	$(1,2)$	2	$(2,3)$	3	$(3,4)$	4	$(4,+\infty)$
$f(x)$	$+$	0	$-$	0	$-$	0	$+$

由该表可得原不等式的解集为 $(-6,-4) \cup (1,2) \cup (4,+\infty)$.

正确熟练地(包括多次)应用二分法,使解题时能够找到正确的思路,化难为易,避免重复和遗漏. 这从前面 1.1.1 例 4 的解答可以看得到. 对于 1.1.1 例 2 也可以两次应用二分法. 首先以 a 为零和不为零进行划分,即 $a=0$ 时,$f(0)=1>0$. 当 $a<0$ 时,$-a^9>0$,$-a>0$,所以 $f(a)>0$;当 $a>0$ 时,以 1 为临界值进行划分. 当 $a=1$ 时,$f(1)>0$. 当 $0<a<1$ 时,根据指数函数 $y=a^x$ 是减函数的性质,$a^9<a^4$,也有 $f(a)>0$;当 $a>1$ 时,由 $y=a^x$ 是增函数,也有 $f(a)>0$. 综上即证. 当然并非任何一道题都要用二分法分域或分类,要具体问题具体分析.

1.1.3 叠加法

在解题时,先寻找它的若干特别的解,或者先寻找被分割部分的解,然后利用它们的适当组合,以求得该问题的解. 这就是我们常运用的叠加法. 显然,叠加法是切分原理 I 的又一重要应用.

叠加法的应用是很广泛的,课本中的许多公式、结论是可应用叠加法获得的. 如下面的例子.

若数列 $\{a_n\}$ 为等差数列,则有 $a_{n+1}-a_n=d(n \in \mathbf{N}_+,d$ 为常数). 于是,$a_n-a_{n-1}=d$, $a_{n-1}-a_{n-2}=d,\cdots,a_3-a_2=d,a_2-a_1=d$,将这 $n-1$ 个式子叠加,有 $a_n-a_1=(n-1)d$,即得等差数列通项公式 $a_n=a_1+(n-1)d$.

证明不等式 $a^3+b^3+c^3 \geqslant 3abc(a>0,b>0,c>0)$ 可采用下面方法.

由 $(a-b)^2(a+b) \geqslant 0$,有
$$a^3+b^3 \geqslant a^2b+ab^2 \qquad ①$$
同理
$$b^3+c^3 \geqslant b^2c+bc^2 \qquad ②$$
$$c^3+a^3 \geqslant a^2c+ac^2 \qquad ③$$

将不等式①②③两边分别相加,得
$$2(a^3+b^3+c^3) \geqslant a^2b+ab^2+b^2c+bc^2+a^2c+ac^2 =$$
$$b(a^2+c^2)+a(b^2+c^2)+c(a^2+b^2) \geqslant$$
$$b \cdot 2ac + a \cdot 2bc + c \cdot 2ab =$$
$$6abc$$
故
$$a^3+b^3+c^3 \geqslant 3abc$$

注 此例还有多种证法,可参见本套书中的《数学眼光透视》的 3.2.4 小节.

例 1 解方程组
$$\begin{cases} x^2+xy+xz-x=1 & ① \\ y^2+xy+yz-y=2 & ② \\ z^2+xz+yz-z=3 & ③ \end{cases}$$

解 将式①②③的两边分别相加,得

解式④得
$$(x+y+z)^2 - (x+y+z) - 6 = 0 \qquad ④$$
$$x+y+z = 3 \qquad ⑤$$
或
$$x+y+z = -2 \qquad ⑥$$

将式⑤分别代入式①②③,解得 $x = \dfrac{1}{2}, y = 1, z = \dfrac{3}{2}$;同理将式⑥代入式①②③求得另一组解 $x = -\dfrac{1}{3}, y = -\dfrac{2}{3}, z = -1$.

例2 求证:对每一正整数 n 和每一实数 $x \neq \dfrac{k\pi}{2^k}(k=0,1,\cdots,n)$,有
$$\frac{1}{\sin 2x} + \frac{1}{\sin 4x} + \cdots + \frac{1}{\sin 2^n x} = \cot x - \cot 2^n x.$$

证明 由
$$\cot 2^k x - \frac{1}{\sin 2^{k+1} x} = \frac{1}{\sin 2^{k+1} x}(2\cos^2 2^k x - 1) = \frac{\cos 2^{k+1} x}{\sin 2^{k+1} x} = \cot 2^{k+1} x \qquad ①$$

式①中取 $k = 0, 1, \cdots, n-1$,并叠加即得要证的结论.

例3 如图1.1.8所示,已知圆 O 的三条弦 $A_1 A_2, B_1 B_2, C_1 C_2$ 两两相交,交点依次为 A, B, C,且 $AA_1 = BC_1 = CB_2, AB_1 = BA_2 = CC_2$. 求证: $\triangle ABC$ 为等边三角形.

证明 设 $AA_1 = BC_1 = CB_2 = x, AB_1 = BA_2 = CC_2 = y, BC = a, CA = b, AB = c$. 由相交弦定理,得
$$A_1 A \cdot AA_2 = B_1 A \cdot AB_2, C_1 B \cdot BC_2 = A_2 B \cdot BA_1$$
$$B_2 C \cdot CB_1 = C_2 C \cdot CC_1$$

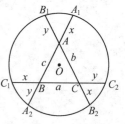

图 1.1.8

即
$$x(c+y) = y(b+x) \qquad ①$$
$$x(a+y) = y(c+x) \qquad ②$$
$$x(b+y) = y(a+x) \qquad ③$$

由式①②③相加,得
$$x(3y+a+b+c) = y(3x+a+b+c)$$
即
$$x(a+b+c) = y(a+b+c)$$

因 $a+b+c \neq 0$,则 $x = y, a = b = c$,故 $\triangle ABC$ 为等边三角形.

例4 过锐角 $\triangle ABC$ 的顶点作此三角形外接圆的三条直径 AD, BE, CF. 求证: $S_{\triangle ABC} = S_{\triangle ABF} + S_{\triangle BCD} + S_{\triangle CAE}$.

分析 此题如从各个部分分别去证其相等,那是难以奏效的. 这里运用"分解与叠加"的方法可简捷获证.

证明 如图1.1.9所示,三条直径分 $\triangle ABC$ 为六个小三角形,记为奇数 $1, 3, 5, 7, 9, 11$;三条直径分 $\triangle ABF, \triangle BCD, \triangle CAE$ 各为两个小三角形,这六个小三角形记为偶数 $2, 4, 6, 8, 10, 12$.

因为
$$OC = OF$$

则 $S_{\triangle 1} + S_{\triangle 2} = S_{\triangle 9} + S_{\triangle 11}$

同理

$$S_{\triangle 3} + S_{\triangle 4} = S_{\triangle 5} + S_{\triangle 7}$$
$$S_{\triangle 5} + S_{\triangle 6} = S_{\triangle 1} + S_{\triangle 3}$$
$$S_{\triangle 7} + S_{\triangle 8} = S_{\triangle 9} + S_{\triangle 11}$$
$$S_{\triangle 9} + S_{\triangle 10} = S_{\triangle 5} + S_{\triangle 7}$$
$$S_{\triangle 11} + S_{\triangle 12} = S_{\triangle 1} + S_{\triangle 3}$$

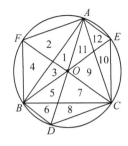

图 1.1.9

将上述六个等式两边分别相加,整理化简得

$$S_{\triangle 1} + S_{\triangle 3} + S_{\triangle 5} + S_{\triangle 7} + S_{\triangle 9} + S_{\triangle 11} =$$
$$S_{\triangle 2} + S_{\triangle 4} + S_{\triangle 6} + S_{\triangle 8} + S_{\triangle 10} + S_{\triangle 12}$$

故 $S_{\triangle ABC} = S_{\triangle ABF} + S_{\triangle BCD} + S_{\triangle CAE}$

例 5 设 a,b,c,d 均为正数,求证:$\dfrac{a^2+b^2+c^2}{a+b+c} + \dfrac{a^2+b^2+d^2}{a+b+d} + \dfrac{a^2+c^2+d^2}{a+c+d} + \dfrac{b^2+c^2+d^2}{b+c+d} \geq a+b+c+d.$

分析 求证式是关于 a,b,c,d 四元的齐次式,据此特点,可考虑将右端的 $a+b+c+d$ 改变为 $\dfrac{a+b+c}{3} + \dfrac{a+b+d}{3} + \dfrac{a+c+d}{3} + \dfrac{b+c+d}{3}$.

于是求证式即可分裂成四个平行的三元不等式,叠加即证得.

证明 由

$$3(a^2+b^2+c^2) - (a+b+c)^2 = 2(a^2+b^2+c^2-ab-ac-bc) = (a-b)^2 + (b-c)^2 + (c-a)^2 \geq 0$$

有 $3(a^2+b^2+c^2) \geq (a+b+c)^2$

由于 a,b,c 均为正数,上式可变为

$$\dfrac{a^2+b^2+c^2}{a+b+c} \geq \dfrac{a+b+c}{3}$$

同理可证

$$\dfrac{a^2+b^2+d^2}{a+b+d} \geq \dfrac{a+b+d}{3}$$

$$\dfrac{a^2+c^2+d^2}{a+c+d} \geq \dfrac{a+c+d}{3}$$

$$\dfrac{b^2+c^2+d^2}{b+c+d} \geq \dfrac{b+c+d}{3}$$

四式相加并整理,即得

$$\dfrac{a^2+b^2+c^2}{a+b+c} + \dfrac{a^2+b^2+d^2}{a+b+d} + \dfrac{a^2+c^2+d^2}{a+c+d} + \dfrac{b^2+c^2+d^2}{b+c+d} \geq a+b+c+d$$

例 6 设 A,B,C,D 是空间内任意四点,试证

$$AC^2 + BD^2 + AD^2 + BC^2 \geq AB^2 + CD^2$$

分析 假设结论成立,则有 $\varepsilon \geq 0$,使得 $AC^2 + BD^2 + AD^2 + BC^2 = AB^2 + CD^2 + \varepsilon$ 成立. 如图 1.1.10 所示,AC, BD, AD, BC 在两个三角形 ACD, BCD 中. 因而可视 $AC^2 + AD^2$ 为 $AB^2 +$

$CD^2 + \varepsilon$ 的一部分,$BD^2 + BC^2$ 为 $AB^2 + CD^2 + \varepsilon$ 剩下的部分. 出现平方和式,联想到中线长公式便有如下的证法.

证明 取 CD 中点 E,AB 中点 F,联结 AE,BE,EF.

在 △ACD 中

$$AC^2 + AD^2 = 2AE^2 + \frac{1}{2}CD^2 \qquad ①$$

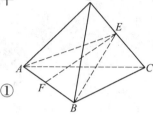

图 1.1.10

在 △BCD 中

$$BC^2 + BD^2 = 2BE^2 + \frac{1}{2}CD^2 \qquad ②$$

在 △ABE 中

$$2(AE^2 + BE^2) = 4EF^2 + AB^2 \qquad ③$$

由式 ① + ② + ③ 得

$$AC^2 + BD^2 + AD^2 + BC^2 = AB^2 + CD^2 + 4EF^2 \geq AB^2 + CD^2$$

例7 国际数学家的某次学术交流大会,已在20世纪末期的某年召开,这一年的年号数恰巧被3除余1,被5除余2,被7除余6,这是哪一年?

分析 若直接把召开学术会议的所有年号一一验算,也可很快地找出这一年来. 但为了找到解决问题的一般性途径,我们运用解不定方程的方法来解.

解 设有三个最小正整数 m,n,p,使得:

m 能被 5,7 整除,但被 3 除余 1;

n 能被 3,7 整除,但被 5 除余 1;

p 能被 3,5 整除,但被 7 除余 1.

把 m,n,p 依题意做如下叠加组合

$$y = m + 2n + 6p$$

则 y 便具有被 3 除余 1,被 5 除余 2,被 7 除余 6 的性质. 下面求 m,n,p.

(i) $5 \times 7 = 35$. 因为 35 能被 5,7 整除,但被 3 除余 2,所以 m 可为 $70 = 35 \times 2$,能被 5,7 整除且被 3 除余 1.

(ii) $n = 3 \times 7 = 21$ 能被 3,7 整除且被 5 除余 1.

(iii) $p = 3 \times 5 = 15$ 能被 3,5 整除且被 7 除余 1.

于是 $y = m + 2n + 6p = 70 + 2 \cdot 21 + 6 \cdot 15 = 202$,能被 3 除余 1,被 5 除余 2,被 7 除余 6.

显然,具有此性质的正整数不只 202 一个,而 $202 + 3 \cdot 5 \cdot 7k = 202 + 105k (k \in \mathbf{N})$ 都具有上述性质. 依题意,我们所求的年号数必须满足

$$1\,970 < 202 + 105k < 2\,000$$

从而,当 $k = 17$ 时,所求年号为 1987 年.

从上例可以看出,在解一次不定方程时,我们可运用叠加法,先寻找它的某些特例的解,然后将它们叠加组合,而求得问题的解.

例8 解联立方程组

$$\begin{cases} x + y + z = 3 \\ x^2 + y^2 + z^2 = 3 \\ x^5 + y^5 + z^5 = 3 \end{cases}$$

求出一组实根或复根.

分析 用消元法解显然是麻烦的. 注意到前两个方程的特点,使我们联想到一元三次方程的根与系数的关系,于是便有如下解法.

解 设 x,y,z 是三次方程 $r^3 - ar^2 + br - c = 0$ 的根,则
$$a = x + y + z = 3$$
$$b = xy + yz + zx = \frac{1}{2}[(x+y+z)^2 - (x^2+y^2+z^2)] = 3$$

且
$$x^{n+3} - ax^{n+2} + bx^{n+1} - cx^n = 0 \quad (n \in \mathbf{N}) \qquad ①$$

类似结果对 y 和 z 也成立,即有
$$y^{n+3} - ay^{n+2} + by^{n+1} - cy^n = 0 \qquad ②$$
$$z^{n+3} - az^{n+2} + bz^{n+1} - cz^n = 0 \qquad ③$$

式 ①②③ 叠加便有
$$(x^{n+3}+y^{n+3}+z^{n+3}) - a(x^{n+2}+y^{n+2}+z^{n+2}) + b(x^{n+1}+y^{n+1}+z^{n+1}) - c(x^n+y^n+z^n) = 0$$

在上式中,令 $n = 0,1,2$,依次得到
$$x^3 + y^3 + z^3 = 3c$$
$$x^4 + y^4 + z^4 = 12c - 9$$
$$x^5 + y^5 + z^5 = 30c - 27$$

于是 $c = 1$,从而 $(r-1)^3 = 0$.

由此即可求出 $x = y = z = 1$.

例 9 找出一个函数,使这个函数在 a,b,c 三点取值时分别为 α,β,γ.

分析 要找到这样的一个函数,先可这样考虑,先作一个函数 $P(x)$ 在点 a 等于 1,在点 b,c 都等于 0;再作 $Q(x)$ 在点 b 等于 1,在点 a,c 都等于 0;然后作 $R(x)$ 在点 c 等于 1,在点 a, b 都等于 0. 运用叠加法,这样
$$\alpha \cdot P(x) + \beta \cdot Q(x) + \gamma \cdot R(x)$$
就适合要求了.(解略)

显然,上面问题的一个解答是
$$\alpha \cdot \frac{(x-b)(x-c)}{(a-b)(a-c)} + \beta \cdot \frac{(x-c)(x-a)}{(b-c)(b-a)} + \gamma \cdot \frac{(x-a)(x-b)}{(c-a)(c-b)}$$

这就是著名的插入法中的拉格朗日公式的一个特殊情形.

拉格朗日插入法公式的一般形式是
$$f(x) = \sum_{k=1}^{n} y_k \cdot \frac{(x-x_1)\cdots(x-x_{k-1})(x-x_{k+1})\cdots(x-x_n)}{(x_k-x_1)\cdots(x_k-x_{k-1})(x_k-x_{k+1})\cdots(x_k-x_n)}$$

这个多项式是在 n 个给定的点 $x_1,x_2,\cdots,x_n$ 分别取值为 $y_1,y_2,\cdots,y_n$ 的次数最低的多项式. 它也是由 n 个给定点 $x_1,x_2,\cdots,x_{k-1},x_k,x_{k+1},\cdots,x_n$ 分别取值 $0,0,\cdots,0,y_k,0,\cdots,0$ ($k = 1, 2,\cdots,n$) 的特殊多项式
$$y_k \cdot \frac{(x-x_1)\cdots(x-x_{k-1})(x-x_{k+1})\cdots(x-x_n)}{(x_k-x_1)\cdots(x_k-x_{k-1})(x_k-x_{k+1})\cdots(x_k-x_n)} \quad (k = 1,2,\cdots,n)$$
叠加而成的.

例 10 已知数列 $\{a_n\}$，$a_1 = 1, a_2 = 2, a_3 = 3$，当 $n \geq 4$ 时满足 $a_n + 2a_{n-1} + 2a_{n-2} + a_{n-3} = 0$. 试求其通项公式 a_n.

分析 求如上线性递归数列的通项式有多种方法（代换法、母函数法等），但以特征方程法为最简，即通项可由其特征方程的特征根叠加而得.①

解 由递推式 $a_n + 2a_{n-1} + 2a_{n-2} + a_{n-3} = 0 (n \geq 4)$ 可知其特征方程为 $x^3 + 2x^2 + 2x + 1 = 0$，其根为 $x_1 = -1, x_2 = w, x_3 = w^2$（其中 $w = -\frac{1}{2} + \frac{\sqrt{3}}{2}\mathrm{i}, w^2 = -\frac{1}{2} - \frac{\sqrt{3}}{2}\mathrm{i}$，下同）. 而 a_n 可由特征根叠加而得，即 $a_n = \alpha \cdot x_1^n + \beta \cdot x_2^n + \gamma \cdot x_3^n$，其中 α, β, γ 可由下列方程组唯一确定，即

$$\begin{cases} -\alpha + w \cdot \beta + w^2 \cdot \gamma = 1 & \text{①} \\ \alpha + w^2 \cdot \beta + w \cdot \gamma = 2 & \text{②} \\ -\alpha + \beta + \gamma = 3 & \text{③} \end{cases}$$

由以上三个方程叠加，求得 $\alpha = -6$.

类似地，由以上三个方程适当组合叠加，求得 $\beta = \frac{1}{3}(13w + 2)$（由 ① $\cdot w^2$ + ② $\cdot w$ + ③ 得）.

再由式 ③ 求得

$$\gamma = -\frac{1}{3}(13w + 11)$$

故所求通项式为，当 $n \geq 4$ 时

$$a_n = (-1)^{n+1} \cdot 6 + \frac{1}{3}(13w + 2) \cdot w^n - \frac{1}{3}(13w + 11) \cdot w^{2n}$$

类似于线性递归数列的通项式，可由特征根叠加而成，可求解高等数学中的线性差分方程、n 元线性方程组、常微分方程，等等，其通解也都由一些特解叠合而成.

对于某些函数的简图，特别是某些有理分式函数的简图，采用叠加法是很方便的.

若有函数 $f(x) = f_1(x) + f_2(x)$，只要分别作出 $f_1(x)$ 和 $f_2(x)$ 的图像，再对每一 x_0，取 $f_1(x_0) + f_2(x_0)$ 为对应于 x_0 的函数值，得 $f(x) = f_1(x) + f_2(x)$ 的图像上各点，从而作出其简图.

例 11 作函数 $f(x) = \dfrac{2x^2 - x + 2}{x - 1}$ 的简图.

解 由

$$f(x) = \frac{2x^2 - x + 2}{x - 1} = 2x + 1 + \frac{3}{x - 1}$$

有

$$f_1(x) = 2x + 1, f_2(x) = \frac{3}{x - 1}$$

所作简图如图 1.1.11 所示.

由此例可以看出，对于一般有理分式，函数 $f(x) = \dfrac{ax^2 + bx + c}{mx + n}$（$a \neq 0, m \neq 0$），即

---

① 参见《数学归纳法原理》中的"特征方程法".

$f(x) = \dfrac{x\text{的二次式}}{x\text{的一次式}}$ 型函数的简图,均可采用上述方法作出,且图像都是双曲线.

轨迹交截法是几何作图中最常用的手法之一. 这也可以看作是叠加法的应用之一. 几何作图的关键就是确定某些点或线的位置,这些点或线在平面范围内一般需要满足若干个(至少两个)条件. 在平面内用轨迹交截法确定某个点或某条线的位置时,就是先放弃该点或线所应满足的其他条件,使满足其中一个条件的点集形成一条轨迹或区域. 依此类推,得到若干条轨迹或区域,再考虑它们的叠合,就得到了满足若干个条件的点或线.

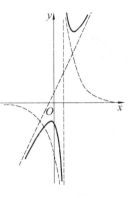

图 1.1.11

在平面解析几何中,求过两曲(直)线 $f_1(x,y) = 0, f_2(x,y) = 0$ 的交点的曲(直)线,可运用叠加法得其曲线系方程 $f_1(x,y) + \lambda f_2(x,y) = 0 (\lambda \in \mathbf{R})$. 再利用曲线系方程可方便求解. 此时,还须注意到:用曲线系方程解题有时会出现漏解. 漏解的原因是:(i)在曲线系方程 $f_1(x,y) + \lambda f_2(x,y) = 0 (\lambda \in \mathbf{R})$ 中,不包括曲线 $f_2(x,y) = 0$,如果曲线 $f_2(x,y) = 0$ 满足题设条件,那么曲线 $f_2(x,y) = 0$ 理应是所求的解,而用曲线系方程求解会将其漏掉;(ii)题目有无穷多解时,用曲线系方程往往只得到它的一、两个特解.

例 12 求过两条直线 $3x - y = 0$ 和 $x - 2y + 3 = 0$ 的交点,且与原点距离为 $\dfrac{3}{\sqrt{5}}$ 的直线方程.

解 设所求直线的方程为
$$3x - y + \lambda(x - 2y + 3) = 0 \quad (\lambda \in \mathbf{R})$$
即
$$(3 + \lambda)x - (1 + 2\lambda)y + 3\lambda = 0$$
该直线到原点的距离为
$$\frac{|3\lambda|}{\sqrt{(3 + \lambda)^2 + (1 + 2\lambda)^2}} = \frac{3}{\sqrt{5}}$$
解得 $\lambda = -1$,故所求直线方程为 $2x + y - 3 = 0$. 解答不全! 因为直线 $x - 2y + 3 = 0$ 过两条直线 $3x - y = 0$ 和 $x - 2y + 3 = 0$ 的交点,且与原点的距离也为 $\dfrac{3}{\sqrt{5}}$,所以直线方程 $x - 2y + 3 = 0$ 也是本题的一个解,而上面的解答却失掉了这个解,所以应该补上这条直线.

例 13 求过两个圆 $x^2 + y^2 = 1$ 和 $x^2 + y^2 - 6x + 5 = 0$ 的交点及点 $P(2,1)$ 的圆的方程.

解 设所求圆的方程为
$$x^2 + y^2 - 1 + \lambda(x^2 + y^2 - 6x + 5) = 0 \qquad ①$$
将点 P 的坐标代入方程①,求得 $\lambda = 2$. 再将 $\lambda = 2$ 代入方程①,得所求圆的方程为
$$(x - 2)^2 + y^2 = 1$$

解答遗漏了! 细心的读者不难发现,题设中的两个圆 $x^2 + y^2 = 1$ 和 $x^2 + y^2 - 6x + 5 = 0$ 是相切的,交点只有一个 $A(1,0)$,因此本题实质上是求过两个点 $A(1,0)$ 和 $P(2,1)$ 的圆的方程,当然应有无穷多个解,其通解为
$$(x - a)^2 + (y - 2 + a)^2 = 2a^2 - 6a + 5 \quad (a \in \mathbf{R})$$
而原解答只得到了 $a = 2$ 时的一个特解.

例 14 过三角形一条边上某个点作一条直线,要把三角形面积二等分.

分析 如图 1.1.12 所示,假设所求直线 l 交折线 BAC 于点 Q. 点 P 为已知 $\triangle ABC$ 的边 BC 上一定点,则点 Q 应在边 AB 或 AC 上. 现设点 Q 在 AC 上,于是点 B 与 Q 分别在直线 AP 的两侧. 根据题设,应有 $S_{ABPQ} = \frac{1}{2} S_{\triangle ABC}$. 设若保留这个关系而放弃"点 Q 在 AC 上"的条件,并把点 Q 看作动点,则知点 Q 的轨迹是平行于 AP 的一条直线(点 Q 距 AP 定远). 令这个轨迹与边 BC 的交点为点 M,则 $S_{\triangle ABM} = S_{ABPQ} = \frac{1}{2} S_{\triangle ABC}$.

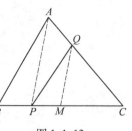

图 1.1.12

由此可见点 M 必为边 BC 的中点. 点 M 既定,点 Q 也就随之而定了.

作法 联结 PA,过 BC 的中点 M 引直线平行于 PA 交折线 BAC 于点 Q,则过点 P,Q 的直线为所求.

证明 (略).

从上面的几例可以看出,运用叠加法解数学问题,就是要我们做出具有性质 $A_1, A_2, \cdots, A_n$ 的一个数学结构,而性质 $A_1, A_2, \cdots, A_n$ 的变化又能用某些量(或数据)$\alpha_1, \alpha_2, \cdots, \alpha_n$ 来刻画. 我们可用标准"单因子构件"凑成整个结构的方法,也就是先作出性质 $A_2, \cdots, A_n$ 不发生作用,而性质 A_1 取单位量的构件;再作出性质 $A_1, A_3, \cdots, A_n$ 不发生作用,而性质 A_2 取单位量的构件;……;最后作出 $A_1, \cdots, A_{n-1}$ 不发生作用,而性质 A_n 取单位量的构件. 所要求的结构可由这些构件凑出来.

上面,我们列举了三类典型问题体现切分原理 I 的应用. 其实切分原理 I 的应用远远不止这些方面. 如代数中求不等式组的解及线性规划问题、数列问题、某些限制条件的极(最)值问题、解析几何中的求轨迹方程,等等,也要用到分解与叠加、分拆与组合.

1.2 切分原理 II 及其应用

这里的切分原理 II,就是我们在排列组合中所称的分类计数原理或加法原理.

切分原理 II 做一件事,完成它可以有 n 类办法,在第一类办法中有 m_1 种不同的方法,在第二类办法中有 m_2 种不同的方法,……,在第 n 类办法中有 m_n 种不同的方法,那么完成这件事共有

$$M = m_1 + m_2 + \cdots + m_n$$

种不同的方法.

这个原理也可以用集合的语言叙述. 由集合 $A_1, A_2, \cdots, A_N$ 的元素全体构成的集合称为 $A_1, A_2, \cdots, A_N$ 的并集,记为 $A_1 \cup A_2 \cup \cdots \cup A_N$. 由 A_i 与 A_j 的公共元素构成的集合称为 A_i, A_j 的交集,记为 $A_i \cap A_j$. 如果集合 S 分解成子集 $A_1, A_2, \cdots, A_N$,即 $S = A_1 \cup A_2 \cup \cdots \cup A_N$,又这 N 个子集满足两两不交,则称子集 $A_1, A_2, \cdots, A_N$ 为 S 的一个分划. 这时,S 的元素个数 $n(S)$ 等于这 N 个子集的元素个数 $n(A_1), n(A_2), \cdots, n(A_N)$ 的和,即

$$n(S) = n(A_1) + n(A_2) + \cdots + n(A_N)$$

一般,我们把上式称为加法公式.

应用切分原理 II,就是把一个元素个数较多的集合分划为若干个两两不交的且元素个

数便于计算的子集.至于如何分划,要视具体问题而定.下面粗略地介绍几种情形并给出数例,来介绍分划的一些典型技巧.

1.2.1 考虑元素的特殊性分类分划

例1 若 $n \in \{1, 2, \cdots, 100\}$,且 n 是其各位数字和的倍数,求这样的 n 的个数.

解 设 $n = \overline{ab} = 10a + b, (a+b) \mid (10a+b)$.

当 a, b 中有一个为 0 时,显然合乎要求.于是,所有一位数及末位为 0 的两位数与三位数 100 皆合乎要求,这样的 n 有 19 个.

当 a, b 皆不为 0 时,因为 $\dfrac{10a+b}{a+b} = \dfrac{9a}{a+b} + 1$,则 $\dfrac{9a}{a+b}$ 为整数.若 $(a+b, 3) = 1$,将导致 $(a+b) \mid a$,矛盾.因此,$3 \mid (a+b)$.这时,$a + b \in \{3, 6, 9, 12, 15, 18\}$.

如果 $a+b$ 为偶数,则 $9a$ 为偶数,所以,a, b 为偶数.因此,在 $a+b = 6$ 时,只有 42,24 两数合乎要求;在 $a+b = 12$ 时,只有 48,84 两数合乎要求;在 $a+b = 18$ 时,无解.

如果 $a+b$ 为奇数,在 $a+b=3$ 时,只有 12,21 合乎要求;在 $a+b=9$ 时,使 a, b 不为 0 的解有 18,27,$\cdots$,81,共 8 个;在 $a+b=15$ 时,由 $\dfrac{9a}{a+b} = \dfrac{3a}{5}$,得 $a = 5$,则 $b = 10$,矛盾.

因此,这样的 n 共有 $19 + 2 + 2 + 2 + 8 = 33$ 个.

例2 已知 $\triangle ABC$ 中,$b = 6, a \leq b \leq c$,且三角形的三边之长是正整数.求此三角形的个数.

解 根据"三角形任意两边之和大于第三边"的性质,可得下表:

a 的取值	b 的取值	c 的取值	三角形的个数
1	6	6	1
2	6	6,7	2
3	6	6,7,8	3
4	6	6,7,8,9	4
5	6	6,7,8,9,10	5
6	6	6,7,8,9,10,11	6

于是,满足条件的三角形共 6 类,个数为
$$1 + 2 + 3 + 4 + 5 + 6 = 21(\text{个})$$

上例中,满足条件的三角形的个数,恰好等于首项与公差均为 1 的等差数列的前 6 项之和.推广之,若三边长均为正整数且 $b = n (n \in \mathbf{N}), a \leq b \leq c$ 时,三角形的个数为 $\dfrac{1}{2} n(n+1)$.

类似于上例,可求解如下题.

填空题:

（Ⅰ）三边均为整数,且最大边为 11 的三角形,共有_____个.(答案 36)

（Ⅱ）x, y, z 均为正整数,方程 $x + y + z = 15$ 有_____组解.(答案 91)

（Ⅲ）方程 $2x_1 + x_2 + \cdots + x_{10} = 3$ 的非负整数解,共有_____组.(答案 174)

例3 求方程组

$$\begin{cases} x+y+z=0 & \text{①} \\ x^3+y^3+z^3=-18 & \text{②} \end{cases}$$

的整数解.

解 由式①有 $z=-(x+y)$，并代入式②得
$$x^3+y^3-(x+y)^3=-18$$
并化简得 $xy(x+y)=6$，即
$$xyz=-6 \qquad \text{③}$$

由式③知，x,y,z 必须是6的约数 $\pm1,\pm2,\pm3$，且满足式①②，所以其中有且只有一个取负数，而这个负数的绝对值最大. 于是整数解可分三类，即 x,y,z 都有单独取值为 -3 的情形，从而可得方程组的六组解

$$\begin{cases} x=-3 \\ y=1 \\ z=2 \end{cases}, \begin{cases} x=-3 \\ y=2 \\ z=1 \end{cases}, \begin{cases} x=2 \\ y=-3 \\ z=1 \end{cases}$$

$$\begin{cases} x=1 \\ y=-3 \\ z=2 \end{cases}, \begin{cases} x=1 \\ y=2 \\ z=-3 \end{cases}, \begin{cases} x=2 \\ y=1 \\ z=-3 \end{cases}$$

当对于原问题中的各种情形一时无法统一处理，并且注意到结论不是很庞大的数字时，不妨采用分类枚举法."直接分类枚举"是一种最简单、最基本的切分原理Ⅱ的应用.

例4 联结正五边形 $A_1A_2A_3A_4A_5$ 的对角线交出另一个正五边形 $B_1B_2B_3B_4B_5$，再次联结正五边形 $B_1B_2B_3B_4B_5$ 的对角线，又交出一个正五边形 $C_1C_2C_3C_4C_5$，如图1.2.1，以图中线段为边的三角形中，共有等腰三角形 （　　）

A. 50个　　　　　　B. 75个

C. 85个　　　　　　D. 100个

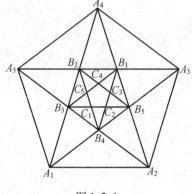

图1.2.1

(2005年全国高中数学联赛江西省初赛试题)

解 以 A_1 为2条腰公共点的等腰三角形有6个：$\triangle A_1A_2A_5$，$\triangle A_1B_3B_4$，$\triangle A_1B_2B_5$，$\triangle A_1A_3A_4$，$\triangle A_1A_2B_5$，$\triangle A_1A_5B_2$；

以 B_1 为2条腰公共点的等腰三角形有9个：$\triangle B_1A_3A_4$，$\triangle B_1B_2B_5$，$\triangle B_1B_3B_4$，$\triangle B_1C_3C_4$，$\triangle B_1B_2C_5$，$\triangle B_1C_2B_5$，$\triangle B_1A_2A_5$，$\triangle B_1A_3B_4$，$\triangle B_1A_4B_3$；

以 C_1 为2条腰公共点的等腰三角形有2个：$\triangle C_1B_3B_4$，$\triangle C_1B_2B_5$.

由于图1.2.1中没有等边三角形，故每个等腰三角形的2条腰恰有一个公共顶点. 因此，由对称性可知共有等腰三角形 $5\times(6+9+2)=85$ 个.

例5 作正四面体每个面的中位线，共得12条线段，在这些线段中，求相互成异面直线的"线段对"的个数.

解 任取一条中位线 AB,AB 所在的侧面没有与 AB 异面的线段.含点 A 的另一个侧面恰有一条中位线与 AB 异面;含点 B 的另一个侧面也恰有一条中位线与 AB 异面;不含点 A,B 的侧面恰有 2 条中位线与 AB 异面.因此与 AB 异面的中位线共有 4 条,即含有线段 AB 的异面"线段对"共有 4 个,于是得到异面"线段对"共有 $12 \times 4 = 48$ 个(其中有重复).

但每一个异面"线段对"中有 2 条线段,故恰好被计算了 2 次,因此,得到 $48 \div 2 = 24$ 个异面"线段对".

1.2.2 考虑位置的特殊性分类分划

例 1 一个圆周上有 9 个点,以这 9 个点为顶点作 3 个三角形.当这 3 个三角形无公共顶点且边互不相交时,我们把它称为一种构图.满足这样条件的构图共有多少种?

解 记这 9 个点依次为 $A_1,A_2,\cdots,A_9$,分两种情形.

(i)当 9 个点分成 3 组,每相邻 3 个点为一组构成一个三角形,如图 1.2.2 所示,则这样的 3 个三角形无公共顶点且边互不相交.由于这样的分组方法只有 3 种,所以共有 3 种构图.

(ii)当 9 个点任取其中相邻的 2 个点,再左右各间隔 3 个点,取其边所对顶的点,此 3 个点构成一个三角形,该三角形同侧的 3 个点构成一个三角形,如图 1.2.3 所示,则这样的 3 个三角形无公共顶点且边互不相交.由于从 9 个点中任取相邻 2 个点的取法有 9 种,所以共有 9 种构图.

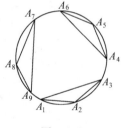

图 1.2.2

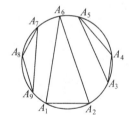

图 1.2.3

综合(i)(ii)知,共有 12 种构图.

例 2 如图 1.2.4 所示,有 10 个村庄,分别用点 $A_1,A_2,\cdots,A_{10}$ 表示.某人从 A_1 出发,按箭头所指的方向(不准反向)可以选任意一条路线走向其他村庄,试问:

(Ⅰ)图中所示方向,从 A_1 到 A_5(不绕圈)有多少种不同的走法?

(Ⅱ)从 A_1 出发,按图中所示方向,绕一圈再回到 A_1 有多少种不同的走法?

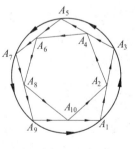

图 1.2.4

分析 由题设,从每个村庄 $A_i(i=1,2,\cdots,10)$ 出发,均有两种不同的走法,由此而考虑分类.

解 为方便计,把从 A_1 到 $A_i(i=2,3,\cdots,10)$ 的所有不同走法记作 $A_1 \to A_i$.这样,由图中可以看出

$$A_1 \to A_2 = 1, A_1 \to A_3 = 2, A_1 \to A_4 = 3$$

(Ⅰ)为了寻求从 A_1 到 A_5 的走法,可这样考虑:从 A_1 到 A_5 的走法可无遗漏地分成互相独立的两大类.

一类是从 A_1 出发经过 A_3 到达 A_5. 这时从 A_1 到 A_3 的走法有 $A_1 \to A_3 = 2$ 种,从 A_3 不经过 A_4 到 A_5 的走法只有 1 种,所以从 A_1 出发经过 A_3 而不经过 A_4 到 A_5 的走法有 2 种.

另一类是经过 A_3,又经过 A_4 到达 A_5. 这时从 A_1 到 A_4 的走法有 $A_1 \to A_4 = 3$ 种,从 A_4 到 A_5 的走法只有 1 种,所以从 A_1 出发经过 A_3,又经过 A_4 到 A_5 的走法有 3 种.

由于这两类互相独立,所以从 A_1 到 A_5 的走法共有 $A_1 \to A_5 = (A_1 \to A_3) + (A_1 \to A_4) = 5$ 种.

(Ⅱ) 类似于(Ⅰ),有

$$A_1 \to A_6 = (A_1 \to A_4) + (A_1 \to A_5) = 3 + 5 = 8$$
$$A_1 \to A_7 = (A_1 \to A_5) + (A_1 \to A_6) = 5 + 8 = 13$$
$$A_1 \to A_8 = (A_1 \to A_6) + (A_1 \to A_7) = 8 + 13 = 21$$
$$A_1 \to A_9 = (A_1 \to A_7) + (A_1 \to A_8) = 13 + 21 = 34$$
$$A_1 \to A_{10} = (A_1 \to A_8) + (A_1 \to A_9) = 21 + 34 = 55$$
$$A_1 \to A_1 = (A_1 \to A_9) + (A_1 \to A_{10}) = 34 + 55 = 89$$

所以从 A_1 经过一些点回到 A_1 共有 89 种不同的走法.

上例还有如下几种不同的说法:

① 欲登上 10 级楼梯,如果规定每步只能跨上一级或两级,问共有多少种不同的走法?

② 假定每对大兔每月能生产一对小兔,而每对小兔过一个月就长成了大兔,问 10 个月里,由一对大兔能繁殖出多少对兔子来?

……

这些不同的说法都是斐波那契数列(注意 $a_0 = a_1 = 1$)求某项的数值的问题,并注意从 a_2 开始,每一项等于前两项数值的和.

例 3 用数字 8,9 写 10 位数,至少有连续 5 位都是数字 9,这样的 10 位数有多少个?

分析 10 位数的 10 个位置中连续出现 9 的情形,可以有连续出现 10,9,8,7,6,5 个 9 的情况,这都符合题意,故有六类. 再一类一类分别讨论即可求解.

解 10 位数的 10 个位置自左到右依次叫作第 $1,2,\cdots,10$ 位. 符号 "$i \to j$" 表示第 i 位至第 j 位的数字都是 9,而第 $i-1$ 位与 $j+1$ 位(如果有)不是数字 9. 现按连续出现 9 的长度(若 $a_{i+1}, a_{i+2}, \cdots, a_j$ 满足性质 α,便称是一个 α 连贯,数 $j-i$ 称为这个 α 连贯的长度)把符合题设的 10 位数全体 A 分为六组. A_1:有连续 10 个 9,只有一个. A_2:恰有连续 9 个 9,其中 $1 \to 9$ 有 $1 = 2^0$ 个,$2 \to 10$ 有 $1 = 2^0$ 个. A_3:恰有连续 8 个 9,其中 $1 \to 8$ 有 2^1 个. 因为第 9 位必是 8,第 10 位可取 8 或 9;$2 \to 9$ 有 $1 = 2^0$ 个,因为第 1 位与第 10 位必取 8;$3 \to 10$ 有 2^1 个,因为第 2 位必取 8,第 1 位可取 8 或 9. A_4:恰有连续 7 个 9. 其中 $1 \to 7$ 与 $4 \to 10$ 各有 2^2 个;$2 \to 8$ 与 $3 \to 9$ 各有 2^1 个. A_5:恰有连续 6 个 9,其中 $1 \to 6$ 与 $5 \to 10$ 各有 2^3 个;$2 \to 7, 3 \to 8, 4 \to 9$ 各有 2^2 个. A_6:恰有连续 5 个 9,其中 $1 \to 5$ 与 $6 \to 10$ 各有 2^4 个;$2 \to 6, 3 \to 7, 4 \to 8, 5 \to 9$ 各有 2^3 个. 故这样的 10 位数共有

$$n(A) = n(A_1) + n(A_2) + n(A_3) + n(A_4) + n(A_5) + n(A_6) =$$
$$1 + 3 \times 2^0 + 4 \times 2^1 + 5 \times 2^2 + 6 \times 2^3 + 2 \times 2^4 =$$
$$112$$

我们把上面的情形用排列符号表示并排成如下三角形形式,便可得一般性结论,即

A_1:　　　　　　　　1

A_2:　　　　　　$(A_2^1)^0(A_2^1)^0$

A_3:　　　　　$(A_2^1)^1(A_2^1)^0(A_2^1)^1$

A_4:　　　$(A_2^1)^2(A_2^1)^1(A_2^1)^1(A_2^1)^2$

A_5:　　$(A_2^1)^3(A_2^1)^2(A_2^1)^2(A_2^1)^2(A_2^1)^3$

A_6:　$(A_2^1)^4(A_2^1)^3(A_2^1)^3(A_2^1)^3(A_2^1)^3(A_2^1)^4$

例 4　在 3 000 与 7 000 之间有多少个没有重复数字的 5 的倍数?

分析　这是由 0 到 9 十个数字排成的四位数,且千位数字只能是 3,4,5,6 中的一个,个位数字只能是 0 或 5. 因此考虑特殊位置千位与个位有两种分类方法. 每一种分类中又考虑特殊元素的"在与不在",即有如下两种解法.

解法 1　先排个位应分两类:当个位是 0 时,千位上可排 3,4,5,6 中的一个,有 A_4^1 种排法. 另两位无特殊要求,可从余下八个数字中任取两个排上,有 A_8^2 种排法,这时有 $A_4^1 \cdot A_8^2$ 个满足条件的数;当个位是 5 时,千位上可排 3,4,6 中的一个,这时有 $A_3^1 \cdot A_8^2$ 个. 由切分原理 Ⅱ,共有符合题意的数

$$A_4^1 \cdot A_8^2 + A_3^1 \cdot A_8^2 = 392(个)$$

解法 2　先排千位也分两类:当千位是 5 时,个位必须是 0,另两位有 A_8^2 种排法,这时有 A_8^2 个数符合题意;当千位是 3,4,6 中的一个时,有 A_3^1 种排法,个位有 A_2^1 种排法,另两位有 A_8^2 种排法,这时有 $A_3^1 \cdot A_2^1 \cdot A_8^2$ 个数符合题意. 由切分原理 Ⅱ,共有符合题意的数

$$A_8^2 + A_3^1 \cdot A_2^1 \cdot A_8^2 = 392(个)$$

例 5　在一个正六边形的 6 个区域中栽种观赏植物,如图 1.2.5,要求在同一个区域中种同一种植物,相邻的 2 个区域种不同的植物. 现有 4 种不同的植物可供选择,则有_____种栽种方法.

(2001 年全国高中数学联赛试题)

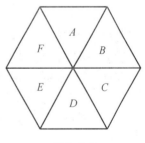

图 1.2.5

解　将 6 个区域依次标上字母 A,B,C,D,E,F,按 A,C,E 种植植物的种数进行讨论:

(1) 若 A,C,E 种同一种植物,有 4 种种法. 当 A,C,E 种植后,B,D,F 可从剩余的 3 种植物中各选一种植物(允许重复),各有 3 种方法. 此时共有 $4 \times 3 \times 3 \times 3 = 108$ 种种植方法.

(2) 若 A,C,E 种 2 种植物,有 A_4^2 种种法. 当 A,C,E 种好后,若 A,C 同一种,则 B 有 3 种方法,D,F 各有 2 种方法;若 C,E 或 E,A 种同一种,同理可得. 因此,共有 $A_4^2 \times 3 \times (3 \times 2 \times 2) = 432$ 种方法.

(3) 若 A,C,E 种 3 种植物,有 A_4^3 种种法. 这时 B,D,F 各有 2 种方法,共有 $A_4^3 \times 2 \times 2 \times 2 = 192$ 种方法.

根据切分原理 Ⅱ 知,共有 $N = 108 + 432 + 192 = 732$ 种栽种方法.

注 事实上本题是一个环形排列问题,可做如下推广:已知 P 是 $n(n \geq 3)$ 边形内的一个点,它与 n 个点相连构成 n 个三角形,取 $k(k \geq 2)$ 种颜色对这 n 个三角形涂色,要求相邻 2 个三角形所涂颜色不同,试求涂色的方案有多少种?

例 6 如图 1.2.6,点 $P_1, P_2, \cdots, P_{10}$ 分别是四面体的顶点或棱的中点,那么在同一平面上的四点组 $(P_1, P_i, P_j, P_k)(1 < i < j < k \leq 10)$ 有 _____ 个.

(2002 年全国高中数学联赛试题)

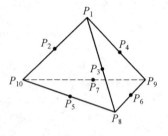

图 1.2.6

解 可分 2 种情况讨论:

(1) 在每个侧面上除点 P_1 外有 5 个点,其中任意三点组添加点 P_1 后组成的四点组都在同一个平面,这样的三点组有 C_5^3 个,3 个侧面共有 $3C_5^3$ 个.

(2) 含 P_1 的每条棱上三点组添加底面与它异面的那条棱上的中点组成的四点组也在一个平面上,这样的四点组有 3 个.

因此,根据切分原理 II,知共有 $3C_5^3 + 3 = 33$ 个四点组.

1.2.3 考虑参量的取值范围分类分划

例 1 将自然数 N 接写在每一个自然数的右面(例如,将 2 接写在 35 的右面得 352),如果得到的新数,都能被 N 整除,那么 N 被称为魔术数. 在小于 130 的自然数中,魔术数的个数为多少?

分析 根据魔术数的定义,写出其表达式,可根据表达式中的参数讨论分类求得.

解 任取自然数 P,魔术数 N. 设 N 为 m 位数,并将接写后的数记作 $\overline{PN}$. 则
$$\overline{PN} = P \cdot 10^m + N$$
由 $\overline{PN}$ 能被 N 整除 $\Rightarrow P \cdot 10^m$ 能被 N 整除,有 N 为魔术数的条件是 10^m 能被 N 整除.

当 $m = 1$ 时,$N = 1, 2, 5$,有 3 个;

当 $m = 2$ 时,$N = 10, 20, 25, 50$,有 4 个;

当 $m = 3$,且 $N < 130$ 时,$N = 100, 125$,有 2 个.

故小于 130 的魔术数有 9 个.

由上例我们可知,魔术数 N 的一般形式为 $2 \cdot 10^k$ 或 $5^a \cdot 10^k$(其中 $a = 0, 1, 2, 3$;k 为非负整数),从而得出:不超过 $m(m \geq 2)$ 位的魔术数共有 $5m - 3$ 个.

例 2 一个袋子中装有 m 个红球和 n 个白球($m > n \geq 4$),除了它们颜色不同,其余都相同. 现从中任取两个球.

(I) 若取出两个红球的概率等于取出一红一白两个球的概率的整数倍,求证:m 必为奇数;

(II) 若取出两个球颜色相同的概率等于取出两个球颜色不同的概率,求满足 $m + n \leq 40$ 的所有数组 (m, n).

解 (I) 记"取出两个红球"为事件 A,"取出一红一白两个球"为事件 B. 则
$$P(A) = \frac{C_m^2}{C_{m+n}^2}, P(B) = \frac{C_m^1 C_n^1}{C_{m+n}^2}$$

依题意得 $P(A) = kP(B)(k \in \mathbf{N}_+)$,则有
$$C_m^2 = kC_m^1 C_n^1$$
由此得
$$m = 2kn + 1$$
因为 $k, n \in \mathbf{N}_+$,所以,m 为奇数.

(Ⅱ) 记"取出两个白球"为事件 C,则
$$P(C) = \frac{C_n^2}{C_{m+n}^2}$$
依题意得 $P(A) + P(C) = P(B)$,则
$$C_m^2 + C_n^2 = C_m^1 C_n^1$$
由此得
$$m + n = (m - n)^2$$
从而,$m + n$ 为完全平方数.

又由 $m > n \geqslant 4$ 及 $m + n \leqslant 40$,得 $9 \leqslant m + n \leqslant 40$,所以
$$\begin{cases} m + n = 9 \\ m - n = 3 \end{cases}, \begin{cases} m + n = 16 \\ m - n = 4 \end{cases},$$
$$\begin{cases} m + n = 25 \\ m - n = 5 \end{cases}, \begin{cases} m + n = 36 \\ m - n = 6 \end{cases}$$

解得 $\begin{cases} m = 6 \\ n = 3 \end{cases}$(舍),$\begin{cases} m = 10 \\ n = 6 \end{cases}, \begin{cases} m = 15 \\ n = 10 \end{cases}, \begin{cases} m = 21 \\ n = 15 \end{cases}$.

故满足条件的数组 (m, n) 为 $(10, 6), (15, 10), (21, 15)$.

综上所述,使我们清楚地认识到:

(1) 切分原理的应用是广泛的,作用是重要的. 分解与叠加不仅有可能使问题在分析过程中得到简化,为我们采用各个击破的方法扫除障碍,而且还能使我们更为透彻地和有条理地了解问题中所包含的各种信息. 这对于比较自然、比较有把握地发现解题途径无疑大有好处.

(2) "分与合"的思想方法是辩证思维方法之一,由于矛盾存在于一切事物之中,"分与合"这对矛盾在数学中也是无时不有无处不在. 利用数学中存在的这个普遍性矛盾——"分与合",设法创造条件促使双方转化,以达到沟通条件与结论间的逻辑联系的目的,从而找到解题途径.

思 考 题

1. 有多少个整数 x 满足方程 $(x^2 - x - 1)^{x+2} = 1$,选 （　　）
(A) 2　(B) 3　(C) 4　(D) 5　(E) 不同于 (A) ~ (D) 的答案

2. 动点 $p(x, y)$ 满足
$$\log_{1-2y} x + \log_{1+2y} x = 2(\log_{1-2y} x) \cdot (\log_{1+2y} x)$$
求动点 $p(x, y)$ 所表示的图形.

3. 假设 $\triangle ABC$ 的 $\angle A \geqslant 90°$. 靠着 $\triangle ABC$ 的边 BC 作内接正方形 $B_1 DEC_1$,在 $\triangle AB_1C_1$ 内靠着 $B_1 C_1$ 再作正方形 $B_2 D_1 E_1 C_2$,这样继续作任意有限个正方形. 证明这些正方形的面积和小于 $\triangle ABC$ 的面积的一半.

4. 一个木制的立方体,棱长为 n(n 是大于 2 的整数) 个单位,表面全涂上黑色,用刀片平

行于立方体的各个面,将它切成 n^3 个棱长为单位长度的小立方体,若恰有一个面涂黑色的小立方体的个数,等于没有一面涂黑色的小立方体的个数,求 n.

5. 甲、乙二人比赛打乒乓球,先胜三局的算赢,直到决出输赢为止. 甲、乙的比赛有多少种可能情形发生?

6. 已知:$x+y+z=a, x+y+t=b, x+z+t=c, y+z+t=d$,求 $x+y+z+t$ 的值.

7. 不用三角知识证明:如果三角形的边长是 a,b,c,$\angle A = 60°$,那么 $S_{\triangle ABC} = \frac{\sqrt{3}}{4}[a^2 - (b-c)^2]$;如果 $\angle A = 120°$,那么 $S_{\triangle ABC} = \frac{\sqrt{3}}{12}[a^2 - (b-c)^2]$.

8. 小于或等于 x 的最大整数与大于或等于 x 的最小整数之和是 5,x 的解集是 (　　)

(A) $\{\frac{5}{2}\}$　(B) $\{x \mid 2 \leqslant x \leqslant 3\}$　(C) $\{x \mid 2 \leqslant x < 3\}$

(D) $\{x \mid 2 < x \leqslant 3\}$　(E) $\{x \mid 2 < x < 3\}$

9. 平面上有 15 条直线,其中有 5 条共点,它们最多能将平面划分成的区域数为 (　　)

(A) 111　(B) 114　(C) 115　(D) 118　(E) 121

10. $A_1, A_2, \cdots, A_8$ 是任意凸八边形的八个内角,证明:$\sin A_1 + \sin A_2 + \cdots + \sin A_8 \leqslant 4\sqrt{2}$.

11. 已知数列 $1, 2, 4, 5, 7, 9, 10, 12, 14, 16, \cdots$,求此数列中的第 2 008 项.

12. 空间有 10 个点,其中有 4 个点在同一平面内,除此之外,这 10 个点中不再有 4 个点共面. 求以其中一点为顶点,过其他 3 个点的圆为底面的圆锥的个数.

13. 在一次比赛中,每一个选手与别的选手恰好都比赛一局. 在每一局比赛中,胜的选手得 1 分,败的选手得 0 分,平局时每人得 $\frac{1}{2}$ 分. 比赛结束后发现,每一个选手所得的分数中恰有一半是在与得分最少的 10 名选手的比赛中得到的.(特别是,得分最少的 10 名选手中的每一个所得分数的一半,是在与这 10 名选手中其余 9 名的赛局中得到的.)这次比赛选手的总数是多少?

14. 有多少个能被 3 整除且含数 6 的五位数?

15. 有颗 N 面骰子,各面的点数互不相同,丢掷时任何一面都有可能朝上. 以 A 记丢掷这颗骰子 3 次,使出现(即朝上那面)的点数之和能被 3 整除的丢掷结果全体. 证明:$n(A) \geqslant \frac{1}{4}N^3$.

16. 方程 $x_1 + x_2 + \cdots + x_{99} + 2x_{100} = 3$ 的非负整数解共有多少个?

17. 给定正数 λ 和正整数 $n(n \geqslant 2)$,求最小的正数 $M(\lambda)$,使得对于所有非负实数 $x_1, x_2, \cdots, x_n$,有

$$M(\lambda)\left(\sum_{k=1}^{n} x_k\right)^n \geqslant \sum_{k=1}^{n} x_k^n + \lambda \prod_{k=1}^{n} x_k$$

18. 试确定所有的正整数组 (x, y, z),使得 $x^3 - y^3 = z^2$,其中 y 是质数,$y \nmid z, 3 \nmid z$.

19. 如果不等式 $x \mid x - a \mid + b < 0$($b$ 为常数)对 $[0,1]$ 中的任何 x 的值恒成立,求实数 a 的取值范围.

20. 若 a 是实常数,函数 $f(x)$ 对于任何的非零实数 x 都有 $f(\frac{1}{x}) = af(x) - x - 1$,且

$f(1)=1$,求函数 $F(x)=f(x)(x \in D=\{x \mid x \in \mathbf{R}, x \neq 0, f(x) \geqslant x\})$ 的取值范围.

21. 已知 $f(x)=\dfrac{1}{4^x+2}(x \in \mathbf{R})$,$P_1(x_1,y_1)$,$P_2(x_2,y_2)$ 是函数 $y=f(x)$ 的图像上的两个点,且线段 P_1P_2 中点 P 的横坐标是 $\dfrac{1}{2}$.

（Ⅰ）求证:点 P 的纵坐标是定值;

（Ⅱ）若数列 $\{a_n\}$ 的通项公式为

$$a_n = f\left(\dfrac{n}{m}\right) \quad (m \in \mathbf{N}_+, n=1,2,\cdots,m)$$

求数列 $\{a_n\}$ 的前 m 项和 S_m;

（Ⅲ）若 $m \in \mathbf{N}_+$ 时,不等式 $\dfrac{a^m}{S_m} < \dfrac{a^{m+1}}{S_{m+1}}$ 恒成立,求实数 a 的取值范围.

思考题参考解答

1. 选(C). 理由为:当 a 和 b 是整数时,$a^b=1$ 有三种情况:(i)$a=1$;(ii)$a=-1$,b 是偶数;(iii)$b=0$,$a \neq 0$. 因而在(i)时有 $x=2$ 或 $x=-1$,在(ii)时有 $x=0$,在(iii)时有 $x=-2$ 共四个解.

2. 分 $x=1$ 和 $x>0$ 且 $x \neq 1$ 两种情况.

3. 作 $\triangle ABC$ 边 BC 上高 AF,由 $\angle A \geqslant 90°$,则点 A 在以 BC 为直径的圆上或圆内,故 $AF \leqslant \dfrac{1}{2}BC$,但 $\dfrac{BD}{BF}=\dfrac{B_1D}{AF}$,$\dfrac{EC}{FC}=\dfrac{C_1E}{AF}$,于是 $BD+EC=\dfrac{B_1D}{AF} \cdot BC \geqslant 2B_1D$,则

$$S_{\triangle BB_1D} + S_{\triangle CC_1E} = \dfrac{1}{2}B_1D(BD+EC) \geqslant B_1D^2 = S_{\text{正方形}B_1DEC_1}$$

即

$$S_{\text{正方形}B_1DEC_1} \leqslant \dfrac{1}{2}S_{\text{梯形}B_1BCC_1}$$

同理

$$S_{\text{正方形}B_2D_1E_1C_2} \leqslant \dfrac{1}{2}S_{\text{梯形}B_2B_1C_1C_2}$$

$$\vdots$$

$$S_{\text{正方形}B_nD_{n-1}E_{n-1}C_n} \leqslant \dfrac{1}{2}S_{\text{梯形}B_nB_{n-1}C_{n-1}C_n}$$

以上几个不等式相加得

n 个正方形面积之和 $\leqslant \dfrac{1}{2}(S_{\text{梯形}B_1BCC_1}+\cdots+S_{\text{梯形}B_nB_{n-1}C_{n-1}C_n}) = \dfrac{1}{2}S_{\text{梯形}BB_nC_nC} < \dfrac{1}{2}S_{\triangle ABC}$.

4. 这 n^3 个棱长为单位长度的小立方体可分成下面四类:三面涂黑色的小立方体,个数为 8;二面涂黑色的小立方体,个数为 $12(n-2)$;一面涂黑色的小立方体,其个数为 $6(n-2)^2$;没有一面涂黑色的小方体,其个数为 $(n-2)^3$. 由题设,有 $6(n-2)^2=(n-2)^3$,故 $n=8$.

5. 各种可能情形全体记为 S,甲赢的各种情形全体记为 A,乙赢记为 B,则 $S=A \cup B$,$A \cap B = \varnothing$,而且 $n(A)=n(B)$. 因此 $n(S)=2n(A)$.

考虑甲赢情形,决出胜负至少打3局,最多打5局,按局数把A分为三类.A_1:打满3局,都是甲胜,只有一种可能;A_2:打满4局,最后一局甲胜,另2个胜局在头3局中的某2局,有3种可能;A_3:打满5局,最后一局甲胜,另2局在头4局中的某2局,有6种可能.显然$A = A_1 \cup A_2 \cup A_3$,且$A_1, A_2, A_3$两两不交.故$n(S) = 2[n(A_1) + n(A_2) + n(A_3)] = 20$.

6. 已知四式相加得 $x + y + z = \dfrac{1}{3}(a + b + c + d)$.

7. 分别利用图形的"合与分"即证,即
$$6S_{\triangle ABC} = S_{外正六边形} - S_{内正六边形}$$
$$3S_{\triangle ABC} = S_{外正三角形} - S_{内正三角形}$$

8. 选(E).在$x \leq 2$与$x \geq 3$时均无解.

9. 选(C).5条共点的直线把平面划分成区域数是10,增加一条直线,分别与这5条直线相交被分成6段,区域数增加了6个.依此类推,得总区域数$10 + 6 + 7 + \cdots + 15 = 115$.

10. 由 $\sin A_1 + \sin A_2 = 2\sin\dfrac{A_1 + A_2}{2} \cdot \cos\dfrac{A_1 - A_2}{2} \leq 2\sin\dfrac{A_1 + A_2}{2}$ 等,四式相加.

11. 原数列分划成若干子数列$\{1\}, \{2, 4\}, \{5, 7, 9\}, \{10, 12, 14, 16\}, \cdots$,第$k(k \geq 2)$个子数列中含有$k$个元素,且$k$个数构成一个首项为$(k-1)^2 + 1$,公差为2的等差数列,由于第$k$个子数列中的最后一项就是原数列中第$1 + 2 + 3 + \cdots + k = \dfrac{1}{2}k(k+1)$项.又$\dfrac{1}{2} \times 62 \times 63 = 1\,953 < 2\,008 < 2\,016 = \dfrac{1}{2} \times 63 \times 64$,故原数列中第$2\,008$项是分划后的第63个子数列中的第$2\,008 - 1\,953 = 55$项,从而$a_{2\,008} = (63 - 1)^2 + 1 + (55 - 1) \times 2 = 3\,953$.

12. 若共面四点共圆,可作$C_6^1 + C_4^2 \cdot C_6^1 \cdot C_7^1 + C_4^1 \cdot C_6^2 \cdot C_7^1 + C_4^1 \cdot C_6^1 \cdot C_7^2 + C_6^3 \cdot C_7^1 = 818$个,若共面四点不共圆,可作$C_4^3 \cdot C_6^1 + C_4^2 \cdot C_6^1 \cdot C_7^1 + C_4^1 \cdot C_6^2 \cdot C_7^1 + C_4^1 \cdot C_6^1 \cdot C_7^2 + C_6^3 \cdot C_7^1 = 836$个.

13. 设选手总数为n,得总分是C_n^2,则有$C_n^2 = 2C_{10}^2 + 2C_{n-10}^2 \Rightarrow n = 25$或$16$(16不合题意舍去).

14. $3(10^3 + 10^2 \times 9 + 10 \times 9^2 + 9^3 + 9^3) = 12\,504$.

15. 设这颗骰子的N个面上,点数被3整除的有N_1面,被3除余1的有N_2面,被3除余2的有N_3面,$N_1 + N_2 + N_3 = N$,丢掷结果用3元有序数组(x_1, x_2, x_3)表示,第i次出现点x_i,$i = 1, 2, 3$,丢掷结果(x_1, x_2, x_3)属于A,当且仅当$x_1 + x_2 + x_3$被3整除.把A分成四组为A_1:x_1, x_2, x_3都是3的倍数,此时$n(A_1) = N_1^3$;A_2:x_1, x_2, x_3被3除余1,此时$n(A_2) = N_2^3$;依此类推有$n(A_3) = N_3^3$;A_4:x_1, x_2, x_3中分别为3的倍数,被3除余1,余2,此时$n(A_4) = 6N_1N_2N_3$.由加法公式$n(A) = n(A_1) + n(A_2) + n(A_3) = N_1^3 + N_2^3 + N_3^3 + 6N_1N_2N_3$.又$4(N_1^3 + N_2^3 + N_3^3 + 6N_1N_2N_3) - (N_1 + N_2 + N_3)^2 = 3[N_1(N_1 - N_2 - N_3)^2 + N_2(N_2 - N_1 - N_3)^2 + N_3(N_3 - N_1 - N_2)^2] \geq 0$,并注意$N_1 + N_2 + N_3 = N$,即证.

16. 以x_{100}进行分类:

(i) 当$x_{100} = 1$时,非负整数解有99个;

(ii) 当$x_{100} = 0$时,非负整数解有
$$C_{99}^2 + A_{99}^2 + C_{99}^3 = 166\,650(个)$$

由(i)(ii)得原方程非负整数解共有

$$99 + 166\ 650 = 166\ 749(个)$$

17. 令 $x_1 = x_2 = \cdots = x_n = \dfrac{1}{n}$,则有

$$M(\lambda) \geqslant \dfrac{n}{n^n} + \dfrac{\lambda}{n^n} = \dfrac{1}{n^n}(n + \lambda)$$

令 $x_1 = 1, x_2 = x_3 = \cdots = x_n = 0$,则有 $M(\lambda) \geqslant 1$. 故 $M(\lambda) \geqslant \max\left\{1, \dfrac{1}{n^n}(n + \lambda)\right\}$.

分两种情况讨论:

(i) 当 $\dfrac{1}{n^n}(n + \lambda) \leqslant 1$ 时,$\lambda \leqslant n^n - n$.

只要证明

$$\left(\sum_{k=1}^{n} x_k\right)^n \geqslant \sum_{k=1}^{n} x_k^n + (n^n - n)\prod_{k=1}^{n} x_k \quad \text{①}$$

由于 $\left(\sum_{k=1}^{n} x_k\right)^n - \sum_{k=1}^{n} x_k^n$ 展开后,有 $n^n - n$ 项,且这 $n^n - n$ 项之积一定是 $(x_1 x_2 \cdots x_n)^{n^n - n}$,所以

$$\left(\sum_{k=1}^{n} x_k\right)^n - \sum_{k=1}^{n} x_k^n \geqslant (n^n - n) \cdot \sqrt[n^n - n]{(x_1 x_2 \cdots x_n)^{n^n - n}} =$$

$$(n^2 - n)\prod_{k=1}^{n} x_k \geqslant \lambda \prod_{k=1}^{n} x_k$$

(ii) 当 $\dfrac{1}{n^n}(n + \lambda) > 1$ 时,$\lambda > n^n - n$.

要证明 $\dfrac{n + \lambda}{n^n}\left(\sum_{k=1}^{n} x_k\right)^n \geqslant \sum_{k=1}^{n} x_k^n + \lambda \prod_{k=1}^{n} x_k$,只要证明

$$\lambda\left[\left(\dfrac{1}{n}\sum_{k=1}^{n} x_k\right)^n - \prod_{k=1}^{n} x_k\right] + n\left(\dfrac{1}{n}\sum_{k=1}^{n} x_k\right)^n \geqslant \sum_{k=1}^{n} x_k^n$$

如果能证明

$$(n^n - n)\left[\left(\dfrac{1}{n}\sum_{k=1}^{n} x_k\right)^n - \prod_{k=1}^{n} x_k\right] + n\left(\dfrac{1}{n}\sum_{k=1}^{n} x_k\right)^n \geqslant \sum_{k=1}^{n} x_k^n$$

则问题得到解决,上式就是式 ①.

综上所述,$M(\lambda)$ 的最小值为

$$\max\left\{1, \dfrac{1}{n^n}(n + \lambda)\right\}$$

18. 由题意,得

$$(x - y)[(x - y)^2 + 3xy] = z^2 \quad \text{①}$$

因为 y 是质数,且 $y \nmid z, 3 \nmid z$,结合式 ①,知

$$(x, y) = 1, (x - y, 3) = 1$$

则

$$(x^2 + xy + y^2, x - y) = (3xy, x - y) = 1 \quad \text{②}$$

由式 ①②,得

$$x - y = m^2, x^2 + xy + y^2 = n^2, z = mn \quad (m, n \in \mathbf{N}_+)$$

故
$$3y^2 = 4n^2 - (2x+y)^2 = (2n+2x+y)(2n-2x-y)$$

又 y 为质数,且 $2n - 2x - y < 2n + 2x + y$,因此,有下列 3 种情形:

(i) $2n - 2x - y = y, 2n + 2x + y = 3y$.

得 $x = 0$,舍去.

(ii) $2n - 2x - y = 3, 2n + 2x + y = y^2$,于是
$$y^2 - 3 = 4x + 2y = 4(m^2 + y) + 2y = 4m^2 + 6y$$

即
$$(y-3)^2 - 4m^2 = 12$$

解得 $y = 7, m = 1$.

所以,$x = 8, y = 7, z = 13$.

(iii) $2n - 2x - y = 1, 2n + 2x + y = 3y^2$,于是
$$3y^2 - 1 = 4x + 2y = 4(m^2 + y) + 2y = 2(2m^2 + 3y)$$

即
$$3y^2 - 6y - 3m^2 = m^2 + 1$$

所以
$$m^2 + 1 \equiv 0 (\bmod 3)$$

但这与 $m^2 \equiv 0, 1 (\bmod 3)$ 矛盾.

综上所述,满足条件的正整数组是唯一的,即 $(8, 7, 13)$.

19. 显然 $b < 0$. 当 $x = 0$ 时,a 取任意实数不等式恒成立,故只考虑 $x \in (0, 1]$,此时原不等式变为
$$|x - a| < \frac{-b}{x}$$

即
$$x + \frac{b}{x} < a < x - \frac{b}{x}$$

故
$$\left(x + \frac{b}{x}\right)_{\max} < a < \left(x - \frac{b}{x}\right)_{\min} \quad (x \in (0, 1])$$

(i) 当 $b < 0$ 时,在 $(0, 1]$ 上,$f(x) = x + \frac{b}{x}$ 为增函数,所以
$$\left(x + \frac{b}{x}\right)_{\max} = f(1) = 1 + b$$

(ii) 当 $-1 \leq b < 0$ 时,在 $(0, 1]$ 上
$$x - \frac{b}{x} = x + \frac{-b}{x} \geq 2\sqrt{-b}$$

当 $x = \sqrt{-b}$ 时,$\left(x + \frac{-b}{x}\right)_{\min} = 2\sqrt{-b}$.

此时,要使 a 存在,必须有
$$\begin{cases} 1 + b < 2\sqrt{-b} \\ -1 \leq b < 0 \end{cases}$$

即
$$-1 \leq b < -3 + 2\sqrt{2}$$

当 $b < -1$ 时,在 $(0, 1]$ 上,$f(x) = x - \frac{b}{x}$ 为减函数,当 $x = 1$ 时,其值最小,所以
$$\left(x - \frac{b}{x}\right)_{\min} = 1 - b > 1 + b$$

综上所述，当 $-1 \leqslant b < 2\sqrt{2} - 3$ 时，a 的取值范围是 $(1+b, 2\sqrt{-b})$；当 $b < -1$ 时，a 的取值范围是 $(1+b, 1-b)$. 显然 b 不可能大于或等于 $2\sqrt{2} - 3$.

20. 取 $x = 1$，得 $f(1) = af(1) - 2$.

再由 $f(1) = 1$，得 $a = 3$，则

$$f\left(\frac{1}{x}\right) = 3f(x) - x - 1 \qquad ①$$

在式①中把 x 换为 $\frac{1}{x}$，得

$$f(x) = 3f\left(\frac{1}{x}\right) - \frac{1}{x} - 1 \qquad ②$$

由式①② 消去 $f\left(\frac{1}{x}\right)$，得

$$f(x) = \frac{3}{8}x + \frac{1}{8} \times \frac{1}{x} + \frac{1}{2}$$

$$f(x) \geqslant x \Leftrightarrow 5x - \frac{1}{x} - 4 \leqslant 0$$

$$\Leftrightarrow \frac{(5x+1)(x-1)}{x} \leqslant 0$$

$$\Leftrightarrow 0 < x \leqslant 1 \text{ 或 } x \leqslant -\frac{1}{5}$$

故 $D = \{x \mid 0 < x \leqslant 1\} \cup \left\{x \mid x \leqslant -\frac{1}{5}\right\}$.

(i) 若 $0 < x \leqslant 1$，则

$$F(x) = f(x) = \frac{1}{8}\left(3x + \frac{1}{x}\right) + \frac{1}{2} \geqslant \frac{1}{8} \cdot 2\sqrt{3x \cdot \frac{1}{x}} + \frac{1}{2} = \frac{\sqrt{3}}{4} + \frac{1}{2}$$

当且仅当 $3x = \frac{1}{x}$，即 $x = \frac{\sqrt{3}}{3}$ 时，等号成立.

另外，当 $x \to 0^+$ 时，$f(x) \to +\infty$，故

$$F(x) \in \left[\frac{1}{2} + \frac{\sqrt{3}}{4}, +\infty\right)$$

(ii) 若 $x \leqslant -\frac{1}{5}$，令 $x = -x_1$，则 $x_1 \geqslant \frac{1}{5}$，有

$$F(x) = f(x) = -\frac{1}{8}\left(3x_1 + \frac{1}{x_1}\right) + \frac{1}{2} \leqslant$$

$$-\frac{1}{8} \cdot 2\sqrt{3x_1 \cdot \frac{1}{x_1}} + \frac{1}{2} = \frac{1}{2} - \frac{\sqrt{3}}{4}$$

当且仅当 $3x_1 = \frac{1}{x_1}$，即 $x_1 = \frac{\sqrt{3}}{3}$ 时，等号成立.

另外，当 $x \to -\infty$，即 $x_1 \to +\infty$ 时，$f(x) \to -\infty$. 故

$$F(x) \in \left(-\infty, \frac{1}{2} - \frac{\sqrt{3}}{4}\right)$$

21.（Ⅰ）由$\dfrac{x_1+x_2}{2}=\dfrac{1}{2}$,知$x_1+x_2=1$,则

$$y_1+y_2=\dfrac{1}{4^{x_1}+2}+\dfrac{1}{4^{x_2}+2}=\dfrac{(4^{x_2}+2)+(4^{x_1}+2)}{4^{x_1+x_2}+2\times 4^{x_1}+2\times 4^{x_2}+4}=$$
$$\dfrac{4^{x_1}+4^{x_2}+4}{2(4^{x_1}+4^{x_2}+4)}=\dfrac{1}{2}$$

故点P的纵坐标$\dfrac{y_1+y_2}{2}=\dfrac{1}{4}$是定值.

（Ⅱ）已知$S_m=a_1+a_2+\cdots+a_m=f(\dfrac{1}{m})+f(\dfrac{2}{m})+\cdots+f(\dfrac{m-1}{m})+f(1)$,又

$$S_m=a_{m-1}+a_{m-2}+\cdots+a_1+a_m=f(\dfrac{m-1}{m})+f(\dfrac{m-2}{m})+\cdots+f(\dfrac{1}{m})+f(1)$$

两式相加,得

$$2S_m=[f(\dfrac{1}{m})+f(\dfrac{m-1}{m})]+[f(\dfrac{2}{m})+f(\dfrac{m-2}{m})]+\cdots+$$
$$[f(\dfrac{m-1}{m})+f(\dfrac{1}{m})]+2f(1)$$

因为$\dfrac{k}{m}+\dfrac{m-k}{m}=1(k=1,2,\cdots,m-1)$,故

$$f(\dfrac{k}{m})+f(\dfrac{m-k}{m})=\dfrac{1}{2}$$

又$f(1)=\dfrac{1}{6}$,从而,$S_m=\dfrac{1}{12}(3m-1)$.

（Ⅲ）由$\dfrac{a^m}{S_m}<\dfrac{a^{m+1}}{S_{m+1}}$,得

$$12a^m(\dfrac{1}{3m-1}-\dfrac{a}{3m+2})<0 \qquad ①$$

依题意,式①对任意$m\in \mathbf{N}_+$恒成立.

显然$a\neq 0$.

（i）当$a<0$时,由$\dfrac{1}{3m-1}-\dfrac{a}{3m+2}>0$,得$a^m<0$. 而当$m$为偶数时,$a^m<0$不成立,所以,$a<0$不合题意.

（ii）当$a>0$时,因为$a^m>0$,则由式①得

$$a>\dfrac{3m+2}{3m-1}=1+\dfrac{3}{3m-1}$$

又$\dfrac{3}{3m-1}$随m的增大而减小,所以,当$m=1$时,$1+\dfrac{3}{3m-1}$有最大值$\dfrac{5}{2}$,故$a>\dfrac{5}{2}$.

第二章 程序原理

现在,计算机已极大地普及,相当多的工作都由计算机来处理.要用计算机处理某个问题,首先就得将这个问题编成计算机语言 —— 编程.因此,学习计算机常识少不了谈论编程问题.这个常识性问题中也蕴含了我们解数学问题的一个基本原理 —— 程序原理.

这个原理要求做事情应按照一定的程序步骤.

这个原理和切分原理一样,是不需要证明而被人们承认,并得到广泛运用的.

在运用这个原理时,要注意如下几点:

(1) 分步的有效性.完成这件事的任何一种方法,都要分成几个步骤进行.因此,首先要根据问题的特点确定一个分步标准,标准不同,分成的步骤也可能不同.各个步骤是相互依存的,必须而且只能连续完成各步骤,这件事才算完成.

(2) 过程的确定性.把这几个步骤看作一个过程,任何一种解决方法都可归结为这几个步骤形成的过程,而无其他过程.

(3) 选择的均等性.对于每一个 $i(i=1,2,\cdots,n-1)$,第 i 步中的每一种方法在其后续步骤(第 $i+1$ 步)中,均可选用 m_{i+1} 种方法中的一种.

(4) 解答的准确性.每一步的解答应尽可能准确,避免"一着不慎,满盘皆输".

2.1 程序原理 I 及其应用

程序原理 I 解决一个问题(或做一件事),先将待解决的问题适当分解成程序步骤问题,最后按此程序步骤把问题解决,或把一个处理问题的"全过程"恰当地分成几个联结进行的较为简单的"分过程",最终获得问题的解决.

我们在数学解题中,运用的中途点法、消点法、消数法等都是程序原理 I 的体现.

2.1.1 中途点法

运用程序原理 I 解题,可以对某个数学问题在已知与结论之间建立若干小目标或中途点,亦即把原问题分解成一些有层次顺序的小问题,逐个解决这些小问题,逐步达到一个后继一个的小目标或中途点,最后使问题得到解决.

建立中途小目标,可采用倒推(如例1、例2)、顺推(如例3、例4)、两头推(如例5、例6)、猜测或尝试(如例7)等手段.

采用中途点法解题是我们解题的最基本方法之一.它和分解叠加一样,我们早就实践了.在学习中有相当多的数学问题都可采用中途点法解答.下面我们看几个稍难一点儿的例子.

例1 如图2.1.1所示,已知 △BCX 和 △DAY 是 □ABCD 外的等边三角形. E,F,G,H 分别是 YA,AB,XC 和 CD 的中点.

求证:四边形 $EFGH$ 是平行四边形.

分析 要证四边形 $EFGH$ 是平行四边形,一般按平行四边形的判定方法,由图可试证 $EF \underline{\underline{\parallel}} HG$,这就是我们建立的第一个小目标,亦即中途点 Ⅰ. 为了达到这一目标,易见 $EF \underline{\underline{\parallel}} \frac{1}{2} YB$,

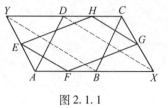

图 2.1.1

$HG \underline{\underline{\parallel}} \frac{1}{2} DX$,接下去设法证 $YB \underline{\underline{\parallel}} DX$,这就是中途点 Ⅱ. 要达到这一目标,设法证 $\triangle YAB \cong \triangle XCD$(这就是中途点 Ⅲ)即可.

故有 $\boxed{条件} - \boxed{Ⅲ} - \boxed{Ⅱ} - \boxed{Ⅰ} - \boxed{结论}$

证明 联结 BY, DX,由题设 E, F, G, H 分别为 AY, AB, CX, CD 的中点,即有 $EF \underline{\underline{\parallel}} \frac{1}{2} YB$, $GH \underline{\underline{\parallel}} \frac{1}{2} XD$.

因 $ABCD$ 为平行四边形,$\triangle ADY, \triangle BCX$ 为正三角形.

则 $\angle YAB = \angle XCD$,故 $\triangle YAB \cong \triangle XCD$,即
$$YB = DX$$

在四边形 $YBXD$ 中,$YB = DX, YD = AD = BC = BX$,则 $YBXD$ 为平行四边形,故 $YB \underline{\underline{\parallel}} DX$. 从而 $EF \underline{\underline{\parallel}} HG$,从而四边形 $EFGH$ 是平行四边形.

例 2 设 a, b, c, d 是不相同的整数,方程 $(x-a)(x-b)(x-c)(x-d) - 4 = 0$ 有整数根 r. 求证:$4r = a + b + c + d$.

分析 要证 $4r = a + b + c + d$,即证 $(r-a) + (r-b) + (r-c) + (r-d) = 0$. 因而应证整数 $r-a, r-b, r-c, r-d$ 的和为零,这就是中途点 Ⅰ. 而 r 是已知方程的根,显然有 $(r-a)(r-b)(r-c)(r-d) = 4$,即整数 $r-a, r-b, r-c, r-d$ 是 4 的约数 $\pm 4, \pm 2, \pm 1$ 中之一,这就是中途点 Ⅱ. 又因为 a, b, c, d 不相同,知 $r-a, r-b, r-c, r-d$ 也不相同. 这就是中途点 Ⅲ,即有

$\boxed{条件} - \boxed{Ⅲ} - \boxed{Ⅱ} - \boxed{Ⅰ} - \boxed{结论}$

证明 因 a, b, c, d 不相同,故 $r-a, r-b, r-c, r-d$ 也不相同. 又 r 是方程的根,即 $(r-a)(r-b)(r-c)(r-d) = 4$. 故得 $r-a, r-b, r-c, r-d$ 是 4 的不相同的约数,这四个数若有其一是 $+4$ 或 -4,则另三个只能取值 $+1$ 或 -1 这两个数,不能不相同. 4 除 ± 4 之外的约数只有 $+1, -1, +2, -2$,故这四个数分别为 $+1, -1, +2, -2$ 之一. 从而
$$(r-a) + (r-b) + (r-c) + (r-d) = (+1) + (-1) + (+2) + (-2) = 0$$
故 $4r = a + b + c + d$

例 3 已知 O 为 EA 上的一点,B, C, D 在 EA 的同一旁,$AB \parallel OD, BC \parallel AO, CD \parallel BO$,$DE \parallel CO$. 求证:$OE \leq \frac{1}{4} OA$.

分析 由于每项条件都与结论无直接联系,可知必须使几个平行条件充分发挥作用,因此作平行四边形 $OABF, OBCG, OCHE$,这就是中途点 Ⅰ. 这三个平行四边形的边都与 OE, OA 有直接、间接的关系. 由"平行出比例"有 $\frac{OE}{FH} = \frac{OD}{FD} = \frac{OG}{FC}$($\triangle ODE \backsim FDH$,

$\triangle ODG \backsim \triangle FDC$),这就是中途点 Ⅱ. 若令 $OA = a, OE = b, OG = c$,即有 $\dfrac{b}{a-b-c} = \dfrac{c}{a-c}$,化简得 $c^2 - ac + ab = 0$ 是关于 c 的二次方程,这就是中途点 Ⅲ. 又 c 为已知线段的长,为实数,因而上述关于 c 的二次方程的判别式不小于 0,即 $a^2 - 4ab \geq 0$,这就是中途点 Ⅳ. 而 $a > 0$,则 $a \geq 4b$,即

$$OE \leq \dfrac{1}{4} OA$$

故有 　　　　　条件 — Ⅰ — Ⅱ — Ⅲ — Ⅳ — 结论

此题即得证明.

证明 (略).

此例也可以建立如下中途点,通过面积转换而证得.

延长 CD 交 OE 的延长线于 G,延长 DE 交 BO 的延长线于 N,如图 2.1.2 所示,又联结 BD, AD.

因 　　　　　$ON \parallel DG$

则 　　　$S_{\triangle DOE} \leq \dfrac{1}{2}(S_{\triangle DEG} + S_{\triangle ONE})$

即

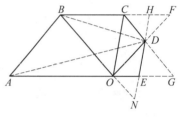

图 2.1.2

$$S_{\triangle DOE} \leq \dfrac{1}{4} S_{\triangle DOG} + S_{\triangle DON} =$$

$$\dfrac{1}{4}(S_{\triangle DOG} + S_{\triangle DOC}) =$$

$$\dfrac{1}{4} S_{\triangle COG} = \dfrac{1}{4} S_{\triangle COB} =$$

$$\dfrac{1}{4} S_{\triangle DOB} = \dfrac{1}{4} S_{\triangle DOA}$$

由于 $\triangle DOE$ 与 $\triangle DOA$ 等高,故 $OE \leq \dfrac{1}{4} OA$.

例 4 在黑板上写下数 $1, 2, \cdots, 2\,000, 2\,001$,每次允许抹去若干个数,同时又写下这些数之和除以 7 的余数,这样进行了若干次后,黑板上剩下两个数,其中之一是 987,试问剩下的另一个是什么数?

解 分四步解答. 第 1 步,首先注意到每经过一次"抹数"和写"余数"后,所有还写在黑板上的数之和除以 7 的余数不变. 于是可设最后剩下的另一个数为 x,则 $x + 987$ 与下面的和数 $1 + 2 + \cdots + 2\,000 + 2\,001 = 2\,001 \times 7 \times 143$,分别除以 7 的余数相等,都等于 0. 第 2 步,又注意到 987 被 7 整除,所以 x 也能被 7 整除. 第 3 步,再注意到每次"抹数"后,总要添上一个"余数",所以最后剩下的数中至少有一个是余数. 显然 987 不是除以 7 后的余数. 第 4 步,最后注意到 x 必是除以 7 后的余数,因此 $0 \leq x \leq 6$,故只能是 $x = 0$.

例 5 实数 a, b, c 满足 $\dfrac{1}{a} + \dfrac{1}{b} + \dfrac{1}{c} = \dfrac{1}{a+b+c}$. 求证

$$\dfrac{1}{a^{2n-1}} + \dfrac{1}{b^{2n-1}} + \dfrac{1}{c^{2n-1}} = \dfrac{1}{a^{2n-1} + b^{2n-1} + c^{2n-1}}$$

其中 $n \in \mathbf{N}$.

证明　由条件得
$$(bc + ca + ab)(a + b + c) = abc$$
化简整理后得
$$(a + b)(b + c)(c + a) = 0$$
则
$$a = -b \text{ 或 } b = -c \text{ 或 } c = -a$$

不妨设 $a = -b$，则 $a^{2n-1} = -b^{2n-1}$.

求证式左边 $= \dfrac{1}{-b^{2n+1}} + \dfrac{1}{b^{2n-1}} + \dfrac{1}{c^{2n-1}} = \dfrac{1}{c^{2n-1}}$.

右边 $= \dfrac{1}{-b^{2n-1} + b^{2n-1} + c^{2n-1}} = \dfrac{1}{c^{2n-1}}$.

故等式成立.

例6　将字母 AHSME 做排列共有 120 种. 每一种排列看作一个有五个字母的普通单词,然后按照字典次序将它们全部排列起来. 在这样的编排中第 86 个单词的最后一个字母是什么?

分析　要确定单词的最后一个字母,须确定前面 4 位的字母,这是第一步即中途点 Ⅰ；确定首位字母是第二步即中途点 Ⅱ；确定第 2,3 位的字母是第三步即中途点 Ⅲ；确定第 4 位的字母是第四步即中途点 Ⅳ. 故有

$$\boxed{\text{条件}} - \boxed{\text{Ⅱ}} - \boxed{\text{Ⅲ}} - \boxed{\text{Ⅳ}} - \boxed{\text{Ⅰ}} - \boxed{\text{结论}}$$

解　以 A 为首有 $24 = 4!$ 个单词,接着以 E 为首和以 H 为首各有 24 个单词. 这样,第 86 个单词是以 M 为首,且它是第 $86 - 72 = 14$ 个. 在以 M 为首的前 14 个单词中,前 6 个是以 MA 为首,接着 6 个是以 ME 为首. 于是,第 13 个单词是以 MH 为首的 MHAES,第 14 个是 MHASE,所以第 86 个单词的最后一个字母是 E.

猜测一些可能的中途点 $m_1, m_2, \cdots$，并且选择能较顺利地找到从条件到 m_k 或从 m_k 到结论的通道的那些中途点进行尝试,这是常常采用的解题策略.

例7　在锐角 $\triangle ABC$ 中，$\cos A = \cos \alpha \cdot \sin \beta$，$\cos B = \cos \beta \cdot \sin \gamma$，$\cos C = \cos \gamma \cdot \sin \alpha$，且 α, β, γ 均为锐角.

求证：$\cot \alpha + \cot \beta + \cot \gamma \geq \sqrt{\tan \alpha} + \sqrt{\tan \beta} + \sqrt{\tan \gamma}$

分析　令 $\sqrt{\tan \alpha} = u$，$\sqrt{\tan \beta} = v$，$\sqrt{\tan \gamma} = w$，由题设 α, β, γ 均为锐角,知 u, v, w 均大于 0. 于是所证不等式变形为

$$\dfrac{1}{u^2} + \dfrac{1}{v^2} + \dfrac{1}{w^2} \geq u + v + w$$

我们可逆向猜测,要不等式 $\dfrac{1}{u^2} + \dfrac{1}{v^2} + \dfrac{1}{w^2} \geq u + v + w$ 成立,一般需要有什么条件?

因
$$uvw > 0$$
则
$$uvw\left(\dfrac{1}{u^2} + \dfrac{1}{v^2} + \dfrac{1}{w^2}\right) \geq uvw\left(\dfrac{1}{uv} + \dfrac{1}{vw} + \dfrac{1}{wu}\right) = u + v + w$$

可见,只要 $uvw \leq 1$，就有

$$\frac{1}{u^2}+\frac{1}{v^2}+\frac{1}{w^2} \geqslant uvw\left(\frac{1}{u^2}+\frac{1}{v^2}+\frac{1}{w^2}\right) \geqslant u+v+w$$

于是,有了一个我们所证的不等式的中途点 Ⅰ,即在题设条件下,能证明 $0 < \tan \alpha \cdot \tan \beta \cdot \tan \gamma \leqslant 1$ 吗?

我们又顺向推得:在 $\triangle ABC$ 中,$\cos A, \cos B, \cos C$ 之间的关系式

$$\cos^2 A + \cos^2 B + \cos^2 C + 2\cos A \cdot \cos B \cdot \cos C = 1$$

这就是中途点 Ⅱ. 将题设条件 $\cos A = \cos \alpha \cdot \sin \beta, \cos B = \cos \beta \cdot \sin \gamma, \cos C = \cos \gamma \cdot \sin \alpha$ 代入上述关系式,即有

$$\tan \alpha \cdot \tan \beta \cdot \tan \gamma = 1$$

于是,我们便有了中途点 Ⅲ. 在题设条件下,求证 $\tan \alpha \cdot \tan \beta \cdot \tan \gamma = 1$ 成立.

故有 　　　　　　　　　条件 — Ⅱ — Ⅲ — Ⅰ — 结论

证明 (略).

在数学中,一个较难问题的解决,往往需要先猜想并证明若干引理,这也是建立小目标(或中途点)法的应用.

例8 证明不等式

$$\frac{A+a+B+b}{A+a+B+b+C+r} + \frac{B+b+C+c}{B+b+C+c+a+r} > \frac{C+c+A+a}{C+c+A+a+b+r}$$

其中所有的字母都代表正数.

分析 根据所证不等式的特点,我们可试用分解叠加的方法对待这个不等式,即分解成两个不等式,这就是中途点 Ⅰ;分别证每一个不等式时,可猜想并证明一个引理,这就是中途点 Ⅱ.

故有 　　　　　　　　　条件 — Ⅱ — Ⅰ — 结论

证明 首先我们注意到下面的引理:如果 p, q, x, y 是正数,那么由不等式 $\frac{1}{p} > \frac{1}{q}, x > y$,可以导出不等式

$$\frac{x}{x+p} > \frac{y}{y+q}$$

事实上,根据条件 $\frac{1}{p} > \frac{1}{q} > 0$ 与 $x > y > 0$,得出

$$\frac{x}{p} > \frac{y}{q} > 0$$

所以 　　　　　　　　　　　$\frac{p}{x} < \frac{q}{y}$

在这种情况下,$0 < 1 + \frac{p}{x} < 1 + \frac{q}{y}$ 或者 $0 < \frac{x+p}{x} < \frac{y+q}{y}$,所以 $\frac{x}{x+p} > \frac{y}{y+q}$,于是引理得证.

因为 A, B, C, a, b, c, r 都是正数,那么

$$\frac{1}{c+r} > \frac{1}{C+c+b+r}, A+a+B+b > A+a$$

由引理有

$$\frac{A+a+B+b}{A+a+B+b+c+r} > \frac{A+a}{C+c+A+a+b+r} \qquad ①$$

同理

$$\frac{1}{a+r} > \frac{1}{A+a+b+r}, B+b+C+c > C+c$$

由引理有

$$\frac{B+b+C+c}{B+b+C+c+a+r} > \frac{C+c}{C+c+A+a+b+r} \qquad ②$$

把不等式①与②相加,就得到所要证明的不等式.

类似于上例可简捷证明如下问题(参见"排序原理"例3),设 $x_1, x_2, \cdots, x_n$ 都是正数,求证

$$\frac{x_1^2}{x_2} + \frac{x_2^2}{x_3} + \cdots + \frac{x_{n-1}^2}{x_n} + \frac{x_n^2}{x_1} \geq x_1 + x_2 + \cdots + x_n$$

提示1 可证引理:对于任何两个正数 a, b 都有 $\frac{a}{b}(a-b) \geq a-b$,而原不等式可变形为

$$\frac{x_1}{x_2}(x_1 - x_2) + \frac{x_2}{x_3}(x_2 - x_3) + \cdots + \frac{x_n}{x_1}(x_n - x_1) \geq 0 = (x_1 - x_2) + (x_2 - x_3) + \cdots + (x_n - x_1)$$

提示2 由基本不等式有 $\frac{a^2}{b} + b \geq 2a$ 为引理,而原不等式也可变形为

$$\left(\frac{x_1^2}{x_2} + x_2\right) + \left(\frac{x_2^2}{x_3} + x_3\right) + \cdots + \left(\frac{x_n^2}{x_1} + x_1\right) \geq 2(x_1 + x_2 + \cdots + x_n)$$

2.1.2 递推法

用递推法解题,其关键是将数学问题转化为符合题意的递归关系式——递归方程,通过解递归方程而求得结果.

例1 用 0,1,2,3,4 可以构成多少个各位数字恰好相差 1 的 n 维数?

分析 若把所求个数设为 x_n,再分别把首位是 0,1,2,3,4 的数的个数各设为 y_n, z_n, u_n, v_n, w_n,并找出其中的对应关系,综合分析,可构建递推关系式,再解之.

解 设所求符合条件的 n 位数的个数有 x_n 个,且以 0,1,2,3,4 开头的数的个数为 y_n, z_n, u_n, v_n, w_n,则有

$$x_n = y_n + z_n + u_n + v_n + w_n$$

由对称性,建立如下对应关系

$$0 \leftrightarrow 4; 3 \leftrightarrow 1; 2 \leftrightarrow 2$$

则以 0 为首位的数和以 4 为首位的数可一一对应;以 1 为首位的数和以 3 为首位的数可一一对应,于是有 $y_n = w_n, z_n = v_n$,故 $x_n = 2y_n + 2z_n + u_n$.

(1) 0,1 开头时,有

$$y_n = z_{n-1} \qquad ①$$

(2) 1,0 开头和 1,2 开头时,有

$$z_n = y_{n-1} + u_{n-1} \qquad ②$$

(3) 2,1 开头或 2,3 开头时,有
$$u_n = 2z_{n-1} \qquad ③$$
由式①②③得,$z_n = z_{n-2} + 2z_{n-2}$,且 $z_1 = 1, z_2 = 2$,即
$$z_n = 3z_{n-2}$$
可按奇、偶两种情况分别讨论之,得
$$z_{2n} = 3z_{2n-2} = 3^2 z_{2n-4} = \cdots = 3^{n-1} z_2 = 2 \cdot 3^{n-1}$$
$$z_{2n-1} = 3z_{2n-3} = \cdots = 3^{n-1} z_1 = 3^{n-1}$$
由式①③得
$$x_n = 4z_{n-1} + 2z_n$$
故
$$x_{2n} = 2 \cdot (2 \cdot 3^{n-1}) + 4 \cdot 3^{n-1} = 8 \cdot 3^{n-1}$$
或
$$x_{2n+1} = 2 \cdot 3^n + 4 \cdot (2 \cdot 3^{n-1}) = 14 \cdot 3^{n-1} \quad (x_1 = 5)$$

例 2 设有流量为 300 m³/s 的两条可流 A,B 汇合于某处后,不断混合,它们的含沙量分别为 2 kg/m³ 和 0.2 kg/m³. 假定从汇合处开始,沿岸设有若干观测点,两股水流在流经相邻两个观测点的过程中,其混合效果相当于两股水在 1 s 内交换 100 m³ 的水量,即从 A 股流入 B 股 100 m³ 水经混合后,又从 B 股流入 A 股 100 m³ 水,并混合在一起. 问:从第几个观测点开始,两股河水的含沙量之差小于 0.01 kg/m³?

分析 本题可按递推的产生过程建立递推关系.

解 设含沙量为 a kg/m³ 和 b kg/m³ 的两股水流单位时间内流过的水量分别为 p m³ 和 q m³,则混合后的含沙量为
$$\frac{ap + bq}{p + q} \text{ kg/m}^3$$
第 n 个观测点处 A 股水流含沙量为 a_n kg/m³,B 股水流含沙量为 b_n kg/m³,$n = 1, 2, 3, \cdots$,则 $a_1 = 2, b_1 = 0.2$,且
$$b_n = \frac{1}{400}(300 b_{n-1} + 100 a_{n-1}) = \frac{1}{4}(3b_{n-1} + a_{n-1})$$
$$a_n = \frac{1}{400}(300 a_{n-1} + 100 b_{n-1}) = \frac{1}{4}(3a_{n-1} + b_{n-1})$$
故
$$a_n - b_n = \frac{1}{2}(a_{n-1} - b_{n-1}) = \cdots = \frac{1}{2^{n-1}}(a_1 - b_1) = \frac{1.8}{2^{n-1}}$$
由题意
$$\frac{1.8}{2^{n-1}} < 10^{-2}$$
得 $2^{n-1} > 180$,故 $n \geq 9$.

由此可知,从第 9 个观测点开始,两股水流的含沙量之差小于 0.01 kg/m³.

例3 设 P_1 是正 $\triangle ABC$ 的边 AB 上一点,从 P_1 向边 BC 作垂线,垂足为 Q_1,从 Q_1 作边 CA 的垂线,垂足为 R_1,从 R_1 向边 AB 作垂线,垂足为 P_2,如此继续下去,得点 $Q_2,R_2,P_3,Q_3,R_3,\cdots$. 当 $n\to\infty$ 时,问点 P_n 无限地接近于哪一点?

分析 找出 $\{x_n\}$(其中 $x_n=BP_n$)与点 P_n 的对应关系,可列出递推式来解.

解 如图 2.1.3,设 $BP_n=x_n$,则 $BP_{n+1}=x_{n+1}$,设 $AB=a$,以下求出 x_{n+1} 与 x_n 的关系.

由

$$BP_n = x_n \Rightarrow BQ_n = \frac{1}{2}x_n \Rightarrow$$

$$Q_nC = a - \frac{1}{2}x_n \Rightarrow$$

$$CR_n = \frac{1}{2}\left(a - \frac{1}{2}x_n\right) \Rightarrow$$

$$AR_n = a - CR_n = \frac{1}{2}a + \frac{1}{4}x_n \Rightarrow$$

$$AP_{n+1} = \frac{1}{2}AR_n = \frac{1}{4}a + \frac{1}{8}x_n \Rightarrow$$

$$BP_{n+1} = x_{n+1} = -\frac{1}{8}x_n + \frac{3}{4}a$$

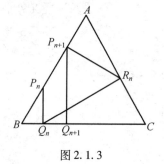

图 2.1.3

故有

$$x_{n+1} = -\frac{1}{8}x_n + \frac{3}{4}a \quad (n \geq 1)$$

易得

$$x_n = \frac{2}{3}a + \left(x_1 - \frac{2}{3}a\right)\left(-\frac{1}{8}\right)^{n-1}$$

所以 $\lim\limits_{n\to\infty} x_n = \frac{2}{3}a$,即点 P_n 无限趋于分 AB 为 $1:2$ 的分点.

例4 若将 m 个 $(m \geq 1)$ 抽屉排成一排,把 n 个相同的小球全部放入其中,使得右边每个抽屉中小球的个数不超过它左边的每个抽屉中的小球的个数,设这样的放法共 $F_{m,n}$ 种.

(1) 求 $F_{1,n}$;

(2) 若 $F_{m,0}=1$,求证

$$F_{m,n} = \begin{cases} F_{n,n} & (m > n \geq 1) \\ F_{m-1,n} + F_{m,n-m} & (1 < m \leq n) \end{cases}$$

(3) 计算 $F_{3,8}$.

分析 在放球的方法与递推式之间建立对应关系,即可解之.

解 (1) 当 $m=1$ 时,显然只有一种放法,则 $F_{1,n}=1$.

(2) 当 $m>n\geq 1$ 时,对任何一种适合条件的放法,在第 n 个抽屉右边的所有抽屉中都不会有小球,故 $F_{m,n}=F_{n,n}$.

当 $1<m\leq n$ 时,考虑第 m 个的抽屉中球的个数 x_m,若 $x_m=0$,这种放法恰与 $m-1$ 个抽屉、n 个小球的放法一一对应;若 $x_m>0$,将每一个抽屉中的小球的个数都减少 1 个,显然

得到 m 个抽屉、$n-m$ 个小球的一种放法. 反之对 m 个抽屉、$n-m$ 个小球的任何一种放法,将每个抽屉中小球增加 1 个,便得到 m 个抽屉、n 个小球且使 $x_m > 0$ 的一种放法,故有 $F_{m,n} = F_{m-1,n} + F_{m,n-m}$.

(3) 由(2)中结果不难推得 $F_{3,8} = 10$.

例 5 一条线段上有 n 个点,用 m 种不同的颜色去染色,相邻顶点不同色,且两端不同色,问有几种染色方法?

分析 设符合条件的染色方法有 a_n 种,当首末同色时,可去掉其中一点化为有 a_{n-1} 种,又 $a_n + a_{n-1}$ 表示相邻两点不同色的方法数,共有 $m(m-1)^{n-1}$ 种.

解 按上述分析有
$$a_n + a_{n-1} = m(m-1)^{n-1} \quad (n \geq 2)$$

且 $a_2 = m(m-1)$,即
$$\frac{(m-1)a_n}{m(m-1)^n} + \frac{a_{n-1}}{m(m-1)^{n-1}} = 1 \qquad ①$$

设 $b_n = \dfrac{a_n}{m(m-1)^n}$,则
$$b_n = -\frac{b_{n-1}}{m-1} + \frac{1}{m-1} \quad (b_2 = \frac{1}{m-1})$$

式 ① 可化为
$$b_n - \frac{1}{m} = -\frac{1}{m-1}(b_{n-1} - \frac{1}{m}) = \cdots =$$
$$(-\frac{1}{m-1})^{n-2}(b_2 - \frac{1}{m}) =$$
$$(-1)^{n-2}(\frac{1}{m-1})^{n-1} \cdot \frac{1}{m}$$

故
$$a_n = b_n \cdot m(m-1)^n = (m-1)^n + (-1)^n \cdot (m-1)$$

例 6 把一枚硬币投掷 n 次,在投掷过程中发生接连两次正面向上的概率是多少?

分析 本题可按正面向上和反面向上的关系建立递推式,由于所求的逆事件概率易求,可先求逆事件的概率.

解 以 Q_n 表示 n 次投掷过程中接连两次正面向上的概率,P_n 表示不发生接连两次正面向上的概率,显然 $P_1 = 1$,$P_2 = \dfrac{3}{4}$. 若 $n > 2$,有两种情况:

(1) 第 1 次反面向上,那么其余 $n-1$ 次投掷不出现接连两次正面向上的概率为 P_{n-1};

(2) 如第 1 次正面向上,第 2 次必反面向上,以免接连两次正面向上,以后 $n-2$ 次不发生接连两次正面向上的概率为 P_{n-2},故有
$$P_n = \frac{1}{2}P_{n-1} + \frac{1}{4}P_{n-2} \quad (n > 2)$$

即
$$2^n P_n = 2^{n-1} P_{n-1} + 2^{n-2} P_{n-2}$$

令 $S_n = 2^n P_n$,则 $S_n = S_{n-1} + S_{n-2}$,故 $\{S_n\}$ 为斐波那契数列,且 $S_1 = 2P_1 = 2 = F_3$,而所求

概率为

$$Q_n = 1 - P_n = 1 - \frac{F_{n+2}}{2^n} \quad (\{F_n\} \text{ 为斐波那契数列})$$

例7 r 个人相互传球,从甲开始,每次传球者等可能地把球传给其余 $r-1$ 个人中任何一人,求第 n 次传球时仍由甲传出的概率.

解 设 P_n 表示第 n 次传球时仍由甲传出的概率,Q_n 为第 n 次传球时由某人(非甲)传出的概率,由等可能性,此概率对其余 $r-1$ 个人都相同,故有

$$P_n + (r-1)Q_n = 1 \qquad ①$$

第 n 次由甲传出的充要条件是第 $n-1$ 次由其余 $r-1$ 个人中之一传出[对应概率为 $(r-1)Q_{n-1}$],并传给发球者$\left(\text{对应概率为} \frac{1}{r-1}\right)$,故有

$$P_n = (r-1)Q_{n-1} \cdot \frac{1}{r-1} = Q_{n-1} \qquad ②$$

由式①②可得

$$P_n = \frac{1}{r-1}(1 - P_{n-1}) \quad (n \geq 1) \qquad ③$$

又 $P_0 = 1$,由式③得

$$P_n - \frac{1}{r} = -\frac{1}{r-1}(P_{n-1} - \frac{1}{r}) = \cdots$$

$$(-1)^n \left(\frac{1}{r-1}\right)^n (P_0 - \frac{1}{r}) =$$

$$(-1)^n \left(\frac{1}{r-1}\right)^n (P_0 - \frac{1}{r})$$

故

$$P_n = \frac{1}{r}\left[1 + (-1)^n \left(\frac{1}{r-1}\right)^{n-1}\right] \quad (n \geq 2)$$

例8 若平面内几条直线两两相交,且无三线共点,则能把平面划分成的最多区域数为

$$f(n) = \frac{n^2 + n + 2}{2}$$

证明 建立递推关系来证明. 设前 $n-1$ 条直线最多可把平面分成 a_{n-1} 块区域,$\{a_n\}$ 表示条数为 n 的直线可分平面最多数. 如 $a_1 = 2, a_2 = 4, \cdots$,当第 n 条直线再分平面时,它与前 $n-1$ 条直线都相交时,才能使所分平面数最多. 因为最多有 $n-1$ 个交点,$n-1$ 个交点将第 n 条直线最多分成 n 段,也便是 a_n 比 a_{n-1} 多分出 n 块区域,则

$$\begin{cases} a_n - a_{n-1} = n \\ a_{n-1} - a_{n-2} = n-1 \\ \quad\vdots \\ a_3 - a_2 = 3 \\ a_2 - a_1 = 2 \end{cases}$$

故

$$a_n = a_1 + 2 + 3 + \cdots + (n-1) + n =$$

$$\frac{n(n+1)}{2}+1=\frac{n^2+n+2}{2}$$

例9 几个平面把空间分成最多个区域的充要条件是任意两个平面相交,任意三个平面恰有一个公共点,没有四个平面共点,这时它们把空间分成的区域数最多为

$$f(n)=\frac{n^3+5n+6}{6}$$

证明 建立递推关系来证明这个结论.

设前 $n-1$ 个平面最多把空间分成 b_{n-1} 个区域. $\{b_n\}$ 表示个数为 n 的平面数可分空间最多区域数,如 $b_1=2,b_2=4,\cdots$,当第 n 个平面分空间时,它与前 $n-1$ 个平面都相交时,分空间数最多. 它们最多有 $n-1$ 条直线,$n-1$ 条交线最多将第 n 个平面分为 a_{n-1} 个区域,代入例 8 的结论,得

$$a_{n-1}=\frac{(n-1)^2+(n-1)+2}{2}$$

则

$$\begin{cases} b_n-b_{n-1}=\dfrac{(n-1)^2+(n-1)+2}{2} \\ b_{n-1}-b_{n-2}=\dfrac{(n-2)^2+(n-2)+2}{2} \\ \quad\quad\vdots \\ b_3-b_2=\dfrac{2^2+2+2}{2} \\ b_2-b_1=\dfrac{1^2+1+2}{2} \end{cases}$$

故

$$b_n=b_1+\frac{1^2+1+2}{2}+\cdots+\frac{(n-2)^2+(n-2)+2}{2}+\frac{(n-1)^2+(n-1)+2}{2}=$$
$$2+\frac{1^2+2^2+\cdots+(n-1)^2}{2}+\frac{1+2+\cdots+(n-1)}{2}+\frac{2(n-1)}{2}=$$
$$\frac{(n-1)n(2n-1)}{12}+\frac{(n-1)n}{4}+n+1$$
$$\frac{n^3+5n+6}{6}$$

后面,我们在证明全排列公式时,运用了数学归纳法. 其实,数学归纳法实际上也是巧妙地使用了建立小目标(或中途点)的一种递推方法:要证明一个命题对所有的自然数 n 为真,建立了三个小目标,第一个是证明 $n=n_0$ 时命题为真,第二个是在 $n=k-1$ 时命题为真的假设下,进行递推证明 $n=k$ 时命题为真,第三个是下结论. 对于数学归纳法原理下一章将详细地介绍.

2.1.3 消数法

求解有关代数问题时,先将题设条件中的有关常数巧妙地消去,然后根据消去常数后的式子的特点,用分解变形、推演等方式获得所求的结果的方法,我们称为消数法.

下面我们看一些例子.

例1 设 x, y 为实数, 且满足
$$x^3 - 3x^2 + 2\,000x = 1\,997,\ y^3 - 3y^2 + 2\,000y = 1\,999$$
则 $x + y = $ _____.（此题为笔者提供的1997年高中数学联赛题的原型题）

上述条件式可变形为
$$(x-1)^3 + 1\,997(x-1) = 1 \quad ①$$
$$(y-1)^3 + 1\,997(y-1) = -1 \quad ②$$

解 式 ① + ② 消去常数 1, 有
$$0 = [(x-1)^3 + (y-1)^3] + 1\,997(x+y-2) =$$
$$(x+y-2)[(x-1)^2 - (x-1)(y-1) + (y-1)^2] +$$
$$1\,997(x+y-2) =$$
$$(x+y-2)\{[(x-1) - \frac{1}{2}(y-1)]^2 + \frac{3}{4}(y-1)^2 + 1\,997\}$$

由于大括号内的式子不小于 1 997, 故得
$$x + y - 2 = 0$$
有
$$x + y = 2$$

例2 已知 $x, y \in [-\frac{\pi}{4}, \frac{\pi}{4}], a \in \mathbf{R}$, 且
$$x^3 + \sin x - 2a = 0 \quad ①$$
$$4y^3 + \sin y \cos y + a = 0 \quad ②$$
则 $\cos(x + 2y) = $ _____.

解 式 ① + ② × 2 消去 a, 得 $x^3 + (2y)^3 + (\sin x + \sin 2y) = 0$. 移项并变形, 有
$$(x+2y)[(x-y)^2 + 3y^2] = \sin(-2y) - \sin x \quad ③$$

由正弦函数在 $[-\frac{\pi}{2}, \frac{\pi}{2}]$ 上为增函数知:

(i) 若 $x > -2y$, 则 $\sin(-2y) < \sin x$, 代入式 ③ 得 $0 <$ 左边 = 右边 < 0, 矛盾.

(ii) 若 $x < -2y$, 则又可由式 ③ 推出 $0 >$ 左边 = 右边 > 0, 矛盾.

综上得, 只有 $x = -2y$, 从而
$$\cos(x + 2y) = \cos 0 = 1$$

例3 设 $f(x) = x^3 - 3x^2 + 6x - 6$, 若 $f(a) = 1, f(b) = -5$, 则 $(a+b) = $ _____.

解 将已知函数 $f(x)$ 变形为 $f(x) = (x-1)^3 + 3(x-1) - 2$, 把 $f(a) = 1, f(b) = -5$ 代入, 得
$$(a-1)^3 + 3(a-1) - 3 = 0,\ (b-1)^3 + 3(b-1) + 3 = 0$$

相加消去常数, 得
$$0 = [(a-1)^3 + (b-1)^3] + 3(a+b-2) =$$
$$(a+b-2)[(a-1)^2 - (a-1)(b-1) + (b-1)^2 + 3] =$$
$$(a+b-2)[\frac{1}{4}(a+b-2)^2 + \frac{3}{4}(a-b)^2 + 3]$$

由于中括号内的式子不小于 3, 故由上式得
$$a + b - 2 = 0$$

即
$$a + b = 2$$

例 4 从点 $P(x_0, y_0)$ 向椭圆 $\dfrac{x^2}{a^2} + \dfrac{y^2}{b^2} = 1$ 引割线交椭圆于 A, B 两点，求弦 AB 中点的轨迹方程.

解 设 $A(x_1, y_1), B(x_2, y_2), AB$ 中点 $Q(x, y)$，由 $\dfrac{x_1^2}{a^2} + \dfrac{y_1^2}{b^2} = 1$ 与 $\dfrac{x_2^2}{a^2} + \dfrac{y_2^2}{b^2} = 1$ 两式相减，得
$$b^2(x_1 + x_2)(x_1 - x_2) + a^2(y_1 + y_2)(y_1 - y_2) = 0$$
即
$$b^2 x(x_1 - x_2) + a^2 y(y_1 - y_2) = 0$$
当 $x_1 \neq x_2$ 时，方程两边同除以 $x_1 - x_2$，得
$$b^2 x + a^2 y \cdot k_{AB} = 0$$
而
$$k_{AB} = \dfrac{y - y_0}{x - x_0}$$
则有
$$b^2 x + a^2 y \cdot \dfrac{y - y_0}{x - x_0} = 0$$
即
$$b^2 x(x - x_0) + a^2 y(y - y_0) = 0$$
为所求.

当 $x_1 = x_2$ 时，中点为点 $Q(x_0, 0)$.

例 5 已知抛物线方程 $y^2 = x + 1$，为使抛物线上有不同的两点关于直线 $y = ax$ 对称，求 a 的取值范围.

分析 有不同的两点关于 $y = ax$ 对称，说明该两点连线中点在 $y = ax$ 上，故与弦的中点有关，可试用中点问题求差分解法探索求解.

解 设抛物线上不同两点为 $A(x_1, y_1), B(x_2, y_2)$，则有
$$y_1^2 = x_1 + 1, y_2^2 = x_2 + 1$$
此两式相减，有
$$(y_1 + y_2)(y_1 - y_2) = x_1 - x_2$$
设中点为 $Q(x_0, y_0)$，则
$$2y_0(y_1 - y_2) = x_1 - x_2$$
(i) 当 $x_1 = x_2$ 时，$AB \perp x$ 轴，故 $a = 0$，显然存在两点关于 $y = 0$ 对称；

(ii) 当 $x_1 \neq x_2$ 时，有 $2y_0 \cdot k_{AB} = 1, k_{AB} = \dfrac{1}{2y_0}$.

因 AB 与 $y = ax$ 垂直，必有 $a \neq 0$，故
$$k_{AB} = -\dfrac{1}{a}$$
则
$$y_0 = -\dfrac{a}{2}, x_0 = \dfrac{y_0}{a} = -\dfrac{1}{2}$$
即
$$Q\left(-\dfrac{1}{2}, -\dfrac{a}{2}\right)$$

当点 Q 在抛物线内部时,存在符合题意的两个不同点,此时 $y_0^2 < x_0 + 1$,即

$$(-\frac{a}{2})^2 < -\frac{1}{2} + 1$$

$$a^2 - 2 < 0, -\sqrt{2} < a < \sqrt{2} \quad (a \neq 0)$$

综合(i)(ii) 有

$$a \in (-\sqrt{2}, \sqrt{2})$$

注:弦中点问题应用消数法的步骤:

(1) 设二次曲线 $F(x,y) = 0$ 的弦的两端点为 $A(x_1, y_1), B(x_2, y_2)$,弦 AB 的中点为 $Q(x, y)$;

(2) 把 $F(x_1, y_1) - F(x_2, y_2) = 0$ 分解成 $f[(x_1 \pm x_2)(y_1 \pm y_2)] = 0$ 的形式,由 $x_1 + x_2 = 2x, y_1 + y_2 = 2y$ 及 $\frac{y_1 - y_2}{x_1 - x_2} = k_{AB}$ 将方程化成只含有中点坐标 (x, y) 及斜率 k 的关系式;

(3) 当 k 已知时,可求得平行弦中点轨迹:

当已知中点 $Q(x_0, y_0)$ 时,由 $k = \frac{y - y_0}{x - x_0}$,可求得以 $Q(x_0, y_0)$ 为中点的弦所在的直线方程;当已知 AB 上的定点 $P(x_1, y_1)$ 时,由 $k = \frac{y - y_1}{x - x_1}$ 即可求得过定点弦的中点轨迹.

有关直线与圆锥曲线相交的问题,若运用消数法 —— 即消去直线方程中的常数项,化为二次齐次方程来解,则解题过程有时会非常简捷.

例 6 设 A 和 B 为抛物线 $y^2 = 4px(p > 0)$ 上原点以外的两个动点,已知 $OA \perp OB$,$OM \perp AB$,求点 M 的轨迹方程,并说明是什么曲线.

解 设 $AB: mx + ny = 1$,代入 $y^2 = 4px$ 中得 $y^2 = 4px \cdot (mx + ny)$,整理得

$$4pmx^2 + 4pnxy - y^2 = 0$$

令 $k = \frac{y}{x}$,方程化为

$$k^2 - 4pnk - 4pm = 0$$

其两根 k_1, k_2 便是 OA, OB 的斜率,则 $k_1 \cdot k_2 = -1$,故有 $-4pm = -1$,故

$$m = \frac{1}{4p} \quad \text{①}$$

又 OM 的方程为 $y = \frac{n}{m}x$,即

$$y = 4pnx \quad \text{②}$$

将式①②代入 $mx + ny = 1$ 中得 $x^2 + y^2 = 4px$,即

$$(x - 2p)^2 + y^2 = 4p^2$$

所以点 M 的轨迹是以 $(2p, 0)$ 为圆心,$2p$ 为半径的圆.

例 7 已知抛物线 C 的顶点、焦点在 x 轴上,$\triangle ABC$ 的三个顶点均在抛物线上,其重心在抛物线的焦点上.若 BC 所在直线为 $4x + y - 20 = 0$,(1) 求抛物线 C 的方程;(2) 是否存在定点 M,使过 M 的动直线 l 与 C 交于 P, Q,且 $\angle POQ$ 恒为直角,证明你的结论.

解 (1) 设抛物线方程为 $y^2 = 2px(p > 0)$,A, B, C 三点分别是 $(x_1, y_1), (x_2, y_2), (x_3,$

y_3),由 $\begin{cases} y^2 = 2px \\ y = -4x + 20 \end{cases}$,得

$$8x^2 - (p+80)x + 200 = 0$$

所以

$$x_2 + x_3 = \frac{1}{8}(p+80)$$

$$y_2 + y_3 = -4(x_2 + x_3) + 40 = -\frac{1}{2}p$$

从而 $x_1 = \frac{1}{8}(11p - 80), y_1 = \frac{1}{2}p$,代入 $y^2 = 2px$ 中得 $p = 8$.

所以 C 的方程为 $y^2 = 16x$.

(2) 设存在定点 $M(x_0, y_0)$,则 PQ 的方程为 $nx + my - nx_0 - my_0 = 0$,代入 $y^2 = 16x$ 中,得

$$y^2 = 16x \left(\frac{nx + my}{nx_0 + my_0} \right)$$

即

$$16nx^2 - 16mxy - (nx_0 + my_0)y^2 = 0$$

所以

$$\frac{-(nx_0 + my_0)}{16n} = -1$$

故有 $n(x_0 - 16) + my_0 = 0$ 对一切 n, m 恒成立,所以定点为 $(16, 0)$.

例8 抛物线 $y^2 = p(x+1)(p > 0)$,直线 $x + y = m$ 与 x 轴的交点在抛物线的准线的右边.

(Ⅰ) 求证:直线与抛物线总有两个交点;

(Ⅱ) 设直线与抛物线的交点为 Q, R,且 $OQ \perp OR$,求 p 关于 m 的函数 $f(m)$ 的表达式.

解 (Ⅰ) 准线方程为 $x = -1 - \frac{p}{4}, x + y = m$ 与 x 轴交于 $(m, 0)$,故 $m > -1 - \frac{p}{4}$,即 $4m + p + 2 > 0$. 由 $y^2 = p(x+1)$ 和 $x + y = m$ 消去 y,得

$$x^2 - (2m+p)x + (m^2 - p) = 0$$

由 $\Delta = (2m+p)^2 - 4(m^2 - p) = p(4m + p + 4) > 0$,所以直线与抛物线总有两个交点.

(Ⅱ) 把 $x + y = m$ 代入 $y^2 = p(x+1)$,整理得

$$(mp + p)x^2 + (mp + 2p)xy + (p - m^2)y^2 = 0$$

所以

$$\frac{p - m^2}{mp + p} = -1$$

得

$$p = \frac{m^2}{m+2} = f(m)$$

2.1.4 消点法

在研究几何定理的机器证明中,张景中院士以他多年来发展的几何新方法(面积法)为基本工具,提出了消点思想,和周咸青、高小山合作,于1992年突破了这项难题,实现了几何定理可读性证明的自动生成. 这一新方法既不以坐标为基础,也不同于传统的综合方法,而是一个以几何不变量为工具,把几何、代数逻辑和人工智能方法结合起来所形成的开发系统. 它选择几个基本的几何不变量和一套作图规则并且建立一系列与这些不变量和作图规

则有关的消点公式. 当命题的前提以作图语句的形式输入时,程序可调用适当的消点公式把结论中的约束关系逐个消去,最后水落石出. 消点的过程记录与消点公式相结合,就是一个具有几何意义的证明过程.

基于此法所编的程序,已在微机上对数以百计的困难的几何定理完全自动生成了简短的可读证明,其效率比其他方法高得多. 这一成果被国际同行誉为使计算机能像处理算术那样处理几何的发展道路上的里程碑,是自动推理领域三十年来最重要的成果.

更值得一提的是,这种方法也可以不用计算机而由人用笔在纸上执行. 这种方法我们称为证明几何问题的消点法. 消点法把证明与作图联系起来,把几何推理与代数演算联系起来,使几何解题的逻辑性更强了,它结束了两千年来几何证题无定法的局面,把初等几何解题法从只运用四则运算的层次推进到代数方法的阶段. 从此,几何证题有了以不变应万变的程式.

例1 求证:平行四边形对角线相互平分.

分析 做几何题必先画图,画图的过程就体现了题目中的假设条件. 如图 2.1.4 所示,它可以这样画出来:

(1) 任取不共线的三个点 A, B, C;
(2) 取点 D 使 $AD \parallel BC, DC \parallel AB$;
(3) 取 AC 与 BD 的交点 O.

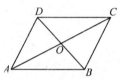

图 2.1.4

由此,图中五个点的关系就很清楚:先有 A, B, C,然后才有 D. 有了这四点后才能有 O. 这种点之间的制约关系,对解题至关重要.

要证明的结论是 $AO = OC$,即 $AO : CO = 1$. 因而解题思路是:要证明的等式左端有三个几何点 A, C, O 出现,右端却只有数字 1. 若想办法把字母 A, C, O 消去,不就水落石出了吗? 首先从式子 $AO : CO$ 中消去最晚出现的点 O,用什么办法消去一个点,这要看此点的来历,和它出现在什么样的几何量之中. 点 O 是由 AC 与 BD 相交而产生的,可用共边比例定理消去点 O. 下一步轮到消去点 D,根据 D 的来历:$AD \parallel BC$,故 $S_{\triangle CBD} = S_{\triangle ABC}$,$DC \parallel AB$,故 $S_{\triangle ABD} = S_{\triangle ABC}$. 于是得到证法.

证明 由 $\dfrac{AO}{CO} = \dfrac{S_{\triangle ABD}}{S_{\triangle CBD}} = \dfrac{S_{\triangle ABC}}{S_{\triangle ABC}} = 1$,即证.

例2 如图 2.1.5 所示,设 $\triangle ABC$ 的两条中线 AM, BN 相交于点 G. 求证:$AG = 2GM$.

分析 先弄清作图过程.

(1) 任取不共线的三个点 A, B, C;
(2) 取 AC 的中点 N,取 BC 的中点 M;
(3) 取 AM 与 BN 的交点 G.

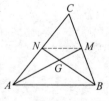

图 2.1.5

要证明 $AG = 2GM$,即 $AG : GM = 2$. 为此应当顺次消去待证结论式左端的点 G, M 和 A.

证明 由 $\dfrac{AG}{GM} = \dfrac{S_{\triangle ABN}}{S_{\triangle BMN}} = \dfrac{S_{\triangle ABN}}{\frac{1}{2}S_{\triangle BCN}} = 2 \cdot \dfrac{\frac{1}{2}S_{\triangle ABC}}{\frac{1}{2}S_{\triangle ABC}} = 2$,即证.

例3 如图2.1.6所示,已知△ABC的高BD,CE交于H.求证:$\dfrac{AC}{AB}=\dfrac{\cos\angle BAH}{\cos\angle CAH}$.

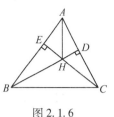

图2.1.6

分析 所证结论可写成$AC\cdot\cos\angle CAH=AB\cdot\cos\angle BAH$,即$AB$,$AC$在直线$AH$上的投影相等,即$AH\perp BC$,这和证三角形的三条高线交于一点等价.上式又可写成

$$\frac{AC\cdot\cos\angle CAH}{AB\cdot\cos\angle BAH}=1$$

作图顺序是(1)A,B,C;(2)D,E;(3)H.

证明 由$\cos\angle CAH=\dfrac{AD}{AH}$,$\cos\angle BAH=\dfrac{AE}{AH}$,有

$$\frac{AC\cdot\cos\angle CAH}{AB\cdot\cos\angle BAH}=\frac{AC\cdot AD\cdot AH}{AB\cdot AE\cdot AH}=\frac{AC\cdot AD}{AB\cdot AE}=\frac{AC\cdot AB\cdot\cos\angle BAC}{AB\cdot AC\cdot\cos\angle BAC}=1$$

由此即证.

注:此例依次消去H,D,E,消点时也不是用面积方法.

2.2 程序原理 Ⅱ 及其应用

如图2.2.1(甲)所示,我们从A地到C地去,但不能直接到达目的地,须经过B地才能到达C地,且由A地去B地有4种行走路线,由B地去C地有3种行走路线,那么从A地经B地去C地共有多少种不同的走法?

这里由于从A地到B地有4种不同的走法,按这4种走法中的每一种走法到达B地后,再从B地到C地又有3种不同的走法.因此,从A地经B地去C地共有$4\times3=12$种不同的走法.这12种走法的路线可由图2.2.1(乙)的树形图给出.

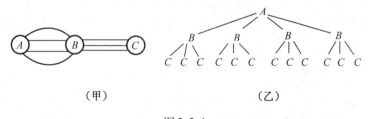

图2.2.1

人们通过大量的实践和长期的经验积累,认识到如上问题中蕴含了一条重要的规律,这就是程序原理Ⅱ.在排列组合中称为分步计数原理或乘法原理.

程序原理 Ⅱ 做一件事,完成它需要分成N个步骤,做第一步有m_1种不同的方法,做第二步有m_2种不同的方法,……,做第N步有m_N种不同的方法.那么完成这件事共有

$$M=m_1\cdot m_2\cdot\cdots\cdot m_N$$

种不同的方法.

分步计数原理跟分类计数原理一样,也是组合论(研究有关离散对象在各种约束条件

下安排和配置问题的学科)的最基本的原理. 运用分步计数原理可以推导或证明一系列排列组合公式,可以求解较为复杂的计数问题.

2.2.1 证明排列组合公式

全排列公式 n 个不同的元素排成一列,其排列数目为
$$A_n^n = n \cdot (n-1) \cdot (n-2) \cdots 3 \cdot 2 \cdot 1 = n!$$

证明 用数学归纳法证. 当 $k = 1$ 时, $A_1^1 = 1 = 1!$ 结论成立. 假设 $k-1$ 时,结论成立,即 $k-1$ 个不同的元素有 $A_{k-1}^{k-1} = (k-1)!$ 种不同的排列. 那么当 $n = k$ 时,把 k 个不同的元素的排列分为两个过程. 甲过程:从中取一个排在第 1 个位置上,有 k 种选择;乙过程:余下的 $k-1$ 个元素在第 2 至 k 的位置上排列,由归纳假设有 $(k-1)!$ 种排列方法. 因此,由分步计数原理得

$$A_k^k = k \cdot A_{k-1}^{k-1} = k \cdot (k-1)! = k!$$

即
$$A_n^n = n \cdot (n-1) \cdot (n-2) \cdots 3 \cdot 2 \cdot 1 = n!$$

选排列公式 从 n 个不同的元素中任取 k 个(不重复)排成一列,其排列数目为
$$A_n^k = n(n-1)(n-2)\cdots(n-k+1) = \frac{n!}{(n-k)!}$$

证明 把 n 个不同元素的全排列分为两个连续进行的过程. 甲过程:从 n 个元素中取 k 个排在第 1 至 k 的位置上,排列数为 A_n^k;乙过程:余下的 $n-k$ 个排在 $k+1$ 至 n 的位置上,排列数为 $A_{n-k}^{n-k} = (n-k)!$. 由分步计数原理得

$$A_n^n = A_n^k \cdot A_{n-k}^{n-k}$$

即
$$A_n^k = \frac{n!}{(n-k)!}$$

上面两个公式,课本中是用分步计数原理推导出来的. 这里我们给出了异于课本中的证明. 下面再介绍几个运用分步计数原理证明的排列、组合公式,除单组组合公式外,其余都是课本中没有介绍的.

不尽相异元素的全排列公式 如果在 n 个元素中有 n_1 个元素彼此相同,又另有 n_2 个元素彼此相同,……,又另有 n_m 个元素彼此相同,且 $n_1 + n_2 + \cdots + n_m = n$,则这 n 个元素的全排列称为不尽相异元素的全排列,其排列种数为

$$\frac{n!}{n_1! \, n_2! \cdots n_m!}$$

证明 设不尽相异的 n 个元素的全排列数为 x. 我们把彼此相同的 n_1 个元素,彼此相同的 n_2 个元素,……,彼此相同的 n_m 个元素都看成是彼此不同的元素,则由分步计数原理得到了 n 个不同元素的全排列,即

$$x \cdot n_1! \cdot n_2! \cdots n_m! = n!$$

即
$$x = \frac{n!}{n_1! \, n_2! \cdots n_m!}$$

允许重复的排列公式 从 n 个不同的元素中任取 k 个(允许重复)排成一列,其排列数目为 n^k.

证明 把这个问题分解为 k 个连续进行的过程,每个过程都是从 n 个元素中取 1 个,有

n 种选择；第 $i(i = 1,2,\cdots,k)$ 次取的元素排在第 i 个位置上. 由分步计数原理, 共有 $\underbrace{n \cdot n \cdots n}_{k\text{个}} = n^k$ 种排列方法.

环状排列公式 n 个不同的元素仅按元素的相对位置而不分首尾围成一个圆圈, 这种排列叫作环状(或圆)排列, 其排列数为

$$A_{环} = (n-1)!$$

证明 n 个不同的元素排成一列有 $n!$ 种不同的排列. 如果不改变各元素的相对顺序, 共有 n 个不同的排列. 把 n 个不同的元素排成环状排列, 上面的 n 个不同的排列只得环状的一个排列. 所以 n 个不同的元素的环状排列数是

$$\frac{n!}{n} = (n-1)!$$

单组组合公式 从 n 个不同的元素中取 k 个为一组, 组合数目为

$$C_n^k = \frac{A_n^k}{k!} = \frac{n!}{k!(n-k)!}$$

证明 把从 n 个不同的元素中取 k 个的选排列分为两个联结的过程. 甲过程是从 n 个不同的元素中取 k 个的组合, 其组合数为 C_n^k; 乙过程是对取出的 k 个元素进行全排列, 其排列数为 $k!$. 由分步计数原理, $A_n^k = C_n^k \cdot k!$, 即

$$C_n^k = \frac{A_n^k}{k!} = \frac{n!}{k!(n-k)!}$$

组合总数公式 从 n 个不同的元素里, 每次取出 0 个, 1 个, 2 个, ……, 以至 n 个元素的组合数 $C_n^0, C_n^1, C_n^2, \cdots, C_n^n$ 的和为 2^n.

证明 由于对 n 个不同的元素, 每一个元素都有"取"与"不取"两种处理方法. 由分步计数原理有

$$\underbrace{2 \times 2 \times \cdots \times 2}_{n\text{个}} = 2^n = C_n^0 + C_n^1 + C_n^2 + \cdots + C_n^n$$

利用组合总数公式及组合数性质

$$C_n^1 + C_n^3 + C_n^5 + \cdots = C_n^0 + C_n^2 + C_n^4 + \cdots$$

我们可简捷解答如下问题. 设 n 为偶数, 试证

$$\frac{1}{1!(n-1)!} + \frac{1}{3!(n-3)!} + \frac{1}{5!(n-5)!} + \cdots + \frac{1}{(n-1)!1!} = \frac{2^{n-1}}{n!}$$

多组组合公式 把 n 个不同的元素分成 m 组, 第 i 组有 n_i 个元素, $i = 1,2,\cdots,m$, 分组方法的数目为

$$C_n^{n_1,n_2,\cdots,n_m} = \frac{n!}{n_1! n_2! \cdots n_m!}$$

证明 把 n 个不同的元素的全排列分为 $m+1$ 个前后联结的过程. 第 1 过程把 n 个元素分成 m 组, 第 i 组有 n_i 个 $(i = 1,2,\cdots,m)$; 第 $k(k = 2,3,\cdots,m+1)$ 过程对 n_i 个元素进行全排列. 由分步计数原理

$$n! = C_n^{n_1,n_2,\cdots,n_m} \cdot n_1! n_2! \cdots n_m!$$

注意: 公式中的 $C_n^{n_1,n_2,\cdots,n_m}$ 恰好等于多项式 $(x_1 + x_2 + \cdots + x_m)^n$ 的展开式中 $x_1^{n_1} x_2^{n_2} \cdots x_m^{n_m}$ 的系数.

允许重复组合公式 从 n 个不同的元素中,取 r 个允许重复的元素的组合数为
$$C_{n+r-1}^{r} = \frac{(n+r-1)!}{r!(n-1)!}$$
证略(类似于单组合公式的证明).

2.2.2 求解计数问题

利用分步计数原理及上述排列、组合公式,可求解某些计数问题.

例1 一次职业保龄球赛的最后阶段,前五名选手再按下法比赛:首先由第 5 名与第 4 名比赛,输者得 5 等奖;赢者与第 3 名比赛,输者得 4 等奖;赢者与第 2 名比赛,输者得 3 等奖,赢者与第 1 名比赛,输者得 2 等奖,赢者得 1 等奖. 问有多少种不同的得奖顺序 ( )

(A)10 (B)16 (C)24 (D)120 (E) 不同于以上答案中任一个

分析 每次比赛中有 2 种结果,共四次比赛,对每种比赛结果,发奖的顺序便不同,由分步计数原理,这样共有 $4^2 = 16$ 种获奖顺序.

解 应选(B).

例2 非负整数有序数列 (m,n),若在求和 $m+n$ 时无需进位(十进制下),则称它是"简单"的. 求所有和为 1 492 的简单的非负整数有序对的个数.

分析 由于 1 492 为四位数,应分四步从每一位上没有进位求和的情形考虑.

解 因为在求和时没有进位,所以个位加至 2 的方法有三种:0+2,1+1,2+0;十位加至 9 的方法有十种;百位加至 4 的方法有五种;千位加至 1 的方法有两种. 从而求和为 1 492 的简单非负整数有序数组总数为
$$2 \times 5 \times 10 \times 3 = 300$$

例3 一种商业用的带 10 个按钮的锁,只要按了 5 个正确数字的钮,而不管顺序如何,就可以打开. 图 2.2.2 是用 $\{1,2,3,6,9\}$ 作为它的组合的例子,假如重新设计这个锁,使每一个字母到 9 个字母都可以作为开锁的组合,问还可以有多少种另外的组合(即不是用 5 个数码控制的)?

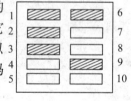

图 2.2.2

分析 重新设计的锁是从 10 个数码中取 1 个、取 2 个、取 3 个、取 4 个、取 6 个、取 7 个、取 8 个、取 9 个的组合,作为开锁的组合.

解 由组合总数公式有
$$C_{10}^{1} + C_{10}^{2} + C_{10}^{3} + C_{10}^{4} + C_{10}^{6} + C_{10}^{7} + C_{10}^{8} + C_{10}^{9} = 2^{10} - C_{10}^{0} - C_{10}^{10} - C_{10}^{5} =$$
$$1\ 024 - 1 - 1 - 252 = 770$$

例4 某民航站有 1 到 6 个入口处,每个入口处每次只能进 1 个人,问一小组 9 个人进站的方案数有多少?

分析 1 从每一个人进站的选择方案考虑.

解法 1 第 1 个人有 6 种选择方案,即可从 6 个入口处中的任一个进入;第 2 个人则有 7 种选择方案,因为他选择和第 1 个人相同的入口处时,还有是在第 1 个人的前面进站还是在第 1 个人的后面进站之分;……;同样第 9 个人有 14 种方案. 由分步计数原理,$N = 6 \times 7 \times 8 \times 9 \times 10 \times 11 \times 12 \times 13 \times 14 = 726\ 485\ 760$.

分析 2 考虑第 1 个入口处到第 6 个入口处依入口顺序的排列情形.

解法2 若把第1个入口处到第6个入口处依入口顺序排列起来,可得9个人的一种排列,可是哪几个人从哪个入口处进的情形不清楚,为此在相邻两个入口的人员之间加入一个标志. 当然标志是没有区别的,关键在于标明所在的位置. 故问题归结为14个元素中有5个元素无区别,9个元素不相同,求其不相同的排列数. 例如若前2个人从第1个入口处进入,第3个人从第2个入口处进入,第4至6个人从第3个入口处进入,第7至9个人分别从第4至第6个入口处进入,可表示为 ××|×|×××|×|×|×. 因此进站的方案数为

$$N = 9!\cdot C_{14}^{5} = \frac{14!}{5!} = 726\,485\,760$$

例5 有白球 $n+m$ 个,红球 m 个 $(n,m \geq 1)$,问:

(Ⅰ) 这 $n+2m$ 个球排成一列,红球不相邻,首尾都是白球,有多少种排法?

(Ⅱ) 这 $n+2m$ 个球排成一圆圈,红球不相邻,又有多少种排法?

分析 注意元素要相离(不相邻),选空插进去.

解 (Ⅰ) 先让 $n+m$ 个白球排成一排,有 $(n+m)!$ 种排法. 白球之间都留出一个空位,共有 $n+m-1$ 个空位,再让 m 个红球在这 $n+m-1$ 个空位选 m 个位置排列,有 A_{n+m-1}^{m} 种排列方法. 由分步计数原理,共有 $(n+m)!\cdot A_{n+m-1}^{m}$ 种排法.

(Ⅱ) 先把 $n+m$ 个白球排成一圈,由圆排列(环状排列)公式,有 $(n+m-1)!$ 种排法. 白球之间都留出一个空位,共有 $n+m$ 个空位,再让 m 个红球在这 $n+m$ 个空位选 m 个位置排列,有 A_{n+m}^{m} 种排列方法. 因此,由分步计数原理,共有 $(n+m-1)!\cdot A_{n+m}^{m}$ 种排法.

例6 6个人划船,左右各3个人,其中2个人只能划左桨,1个人只能划右桨. 这样他们的不同坐法有_____种.

分析 在能划左桨又能划右桨的3个人中选1个人去划左桨,剩下2个人划右桨. 因为划左(右)桨的3个人可以任意排列,故由分步计数原理即求得.

解 不同坐法的种数为

$$C_3^1 \cdot (3!)^2 = 108$$

例7 在掷硬币所得结果序列中,可以数出一个反面继以一个正面(记为"反正")的次数;一个正面继以一个正面(记为"正正")的次数;一个反面继以一个反面(记为"反反")的次数;一个正面继以一个反面(记为"正反")的次数. 例如,掷硬币15次的结果序列为

正正反反正正正正反正正反反反反

其中有5个"正正",3个"正反",2个"反正",4个"反反". 掷硬币15次,有多少种不同的结果序列,它们都恰好有2个"正正",3个"正反",4个"反正"和5个"反反"?

解 掷硬币所得结果的序列可看作是一系列反〔记为(反)〕、正〔记为(正)〕的组合. 其次,每一个"正反""反正"分别记为(正)(反)、(反)(正). 因为掷硬币15次的结果的序列中,"正反"或"反正"只涉及括号之间的关系,而与括号内的正的个数或反的个数无关. 由此可得,满足我们要求的每个这样的结果序列必有如下形式

(反)(正)(反)(正)(反)(正)(反)(正) ①

其中有3个"正反",4个"反正".

我们考虑式①的各个组合中反、正的位置,以便保证每个序列将有2个"正正",5个"反反"的顺序. 为了这个目的,假定在式①中最初每个组合只含有一个元素,然后,为满足所求问题的条件,放2个正在(正)里,放5个反在(反)里. 由此及允许重复组合公式 C_{n+r-1}^{r},便可

求得结果. 将 2 个正放到 4 个(正)里有 $C_{4+2-1}^2 = 10$ 种;将 5 个反放到 4 个(反)里,$C_{4+5-1}^5 = 56$ 种. 由分步计数原理得 $10 \times 56 = 560$ 种,为所求.

此例也可以从研究序列的计数规律入手,推断序列的第一个是反面,最后一个是正面. 又由题设条件推断序列中共有 6 个正,9 个反. 在 9 个反和一个正中留出空放其余 5 个正,考虑含 2 个"正正"的三种方案. 由分步计数原理、分类计数原理求得

$$2C_8^3 \cdot C_3^1 + C_8^3 \cdot C_3^1 + C_8^3 = 560(种)$$

综上所述,程序原理的实质与切分原理的实质有共性;采用"化整为零""化大问题为小问题""分而治之"的诀窍解决数学问题. 按程序和分解叠加法一样,不仅使我们能够更为透彻地和有条理地了解问题中所包含的各种信息,而且能使我们比较自然地、比较有把握地发现解题途径,先做什么,再做什么,最后做什么.

程序原理的实质与切分原理的实质的不同点是:分解开来的对象可看作是纵向与横向两大类,前者是把一个较困难的问题,分解成一系列中途点(建立一系列小目标)或一组系列题. 在这组系列问题中,前一个问题的结果往往直接影响到后一个问题的解答,它通常是后一问题的一个或几个已知条件,类似于电路中的串联现象;后者是把一个大问题,分割成具有并列关系的几个问题,这几个问题之间,在解答方法上可能会有某种相似或联系. 但没有前一个问题的结果,后一个问题一般仍然可以独立地解答,类似于电路中的并联现象.

思 考 题

1. 设 $a^2 - a - 1 = 0, b^4 + b^2 - 1 = 0$,且 $1 - ab^2 \neq 0$,求 $(\frac{ab^2 + 1}{a})^{2005}$ 的值.

2. 解方程组

$$\begin{cases} x^2 - 2xy + 3y^2 - 9 = 0 & ① \\ 4x^2 - 5xy + 6y^2 - 30 = 0 & ② \end{cases}$$

3. 若凸四边形 $ABCD$ 的对角线 AC 与 BD 互相垂直,且相交于 E,过点 E 分别作边 AB, BC, CD, DA 的垂线,垂足依次为 P, Q, R, S,并分别交边 CD, DA, AB, BC 于 P', Q', R', S',再顺次联结 $P'Q', Q'R', R'S', S'P'$. 求证:$R'S' \parallel Q'P' \parallel AC, R'Q' \parallel S'P' \parallel BD$.

4. 如图,用 5 种不同颜色给图中 A,B,C,D 四个地区分别涂色. 每个地区只能涂一种颜色,并且要求相邻地区不涂相同颜色,则不同的涂色方法共有多少种?

5. 如图,用五种不同颜色涂在"田"字的 4 个小方格内,每格一种颜色,相邻两格涂不同色,如果颜色可以重复使用,共有多少种不同的涂色方法?

6. 30 030 能被某些正整数整除,则这些正整数的个数为 (   )

(A)2^3 (B)2^5 (C)2^4 (D)2^6

7. 今有壹角币 1 张,贰角币 1 张,伍角币 1 张,壹元币 4 张,伍元币 2 张,用这些纸币任意付款,则可以付出不同数额的款数共有 (   )

(A)30 种   (B)29 种   (C)120 种   (D)119 种

8. 从 0 至 9 这 10 个数字中,取出 5 个互不相同的数,写成五位数,其中有多少个奇数?

9. 从 52 张扑克牌中任取 5 张,试问:

(1) 有 4 张点值相同,另 1 张点值不同,有多少种取法?

(2) 有 3 张点值相同,另外 2 张点值也相同,有多少种取法?

(3) 有 5 张点值顺序连续,花色可以随便,有多少种取法?

(4) 有 3 张点值相同,另外 2 张点值不同,有多少种取法?

10. 证明等腰梯形的一条对角线长的平方,等于一腰的平方加上两底长的乘积.

11. 已知 $\triangle ABC$ 的三条中线分别是 m_a, m_b, m_c,求证:以 m_a, m_b, m_c 为边的三角形的面积是原三角形的 $\frac{3}{4}$.

12. 若 $f(\sin \alpha) = 2\sin^5\alpha + 2\sin^4\alpha + \sin^3\alpha + 2\sin^2\alpha + \sin \alpha + 2$,求 $f(\frac{\sqrt{3}-1}{2})$ 的值.

13. 证明:当 n,k 都是给定的正整数,且 $n > 2, k > 2$ 时,$n(n-1)^{k-1}$ 可以写成 n 个连续偶数的和.

14. 数 1 447,1 005 和 1 231 有某些共同点,即每一个数都是以 1 开头的四位数,且每个数恰好有两个数字相等,这样的数共有多少个?

15. n 名队员穿 1 至 n 号球衣,坐成一排,并不允许号码大于 p(p 为某一确定的数)的队员在 p 号队员的右侧,问共有几种坐法?

16. 有一凸十边形,用 7 条在此十边形内部不相交的对角线把十边形分成 8 个三角形,每个三角形至少有一条边是这十边形的边,求剖分方法种数. 如果是凸 n 边形($n \geq 4$),有多少种剖分方法 $f(n)$?

17. 在一种室内游戏中,魔术师要求一个参加者想好一个三位数 (abc),a,b,c 分别是十进位计数法中的百位数、十位数和个位数. 然后,魔术师要求此人记下五个数:(abc),$(bac),(bca),(cab),(cba)$,并把它们加起来,求出和 N. 如果讲出 N 值是多少,魔术师能知道原来数 (abc) 是什么.

请你扮演这位魔术师,并且确定出 (abc) 是什么,如果 $N = 3\ 194$.

18. 如图,已知直线 l 交椭圆 $16x^2 + 20y^2 = 320$ 于 M,N 两点,点 $B(0, 4)$ 是椭圆的一个顶点,若 $\triangle BMN$ 的重心恰好位于椭圆的右焦点,试求直线 l 的方程.

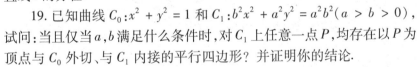

19. 已知曲线 $C_0: x^2 + y^2 = 1$ 和 $C_1: b^2x^2 + a^2y^2 = a^2b^2(a > b > 0)$,试问:当且仅当 a,b 满足什么条件时,对 C_1 上任意一点 P,均存在以 P 为顶点与 C_0 外切、与 C_1 内接的平行四边形? 并证明你的结论.

20. 给定椭圆 $\frac{x^2}{a^2} + \frac{y^2}{b^2} = 1(a > b > 0)$,$M(m,0)(m \neq \pm a, m \neq 0)$ 为 x 轴上一定点,N 是直线 $L: x = \frac{a^2}{m}$ 与 x 轴的交点,过 M 任意引一条直线与椭圆相交于 A,B 两点,$BC \parallel MN$,点 C 在直线 L 上,则直线 AC 平分线段 MN.

思考题参考解答

1. 由条件知 $a \neq 0$,已知两等式可变为

$$(\frac{1}{a})^2 + (\frac{1}{a}) - 1 = 0, b^4 + b^2 - 1 = 0$$

相减消去常数,得

$$0 = \left[\left(\frac{1}{a}\right)^2 - b^4\right] + \left(\frac{1}{a}\right) - b^2 = \left(\frac{1}{b} - b^2\right)\left(\frac{1}{a} + b^2 + 1\right)$$

但由 $1 - ab^2 \neq 0$ 知,$\frac{1}{a} - b^2 \neq 0$,故得 $\frac{1}{a} + b^2 + 1 = 0$.

从而 $\frac{1}{a} + b^2 = -1$,得

$$\left(\frac{ab^2 + 1}{a}\right)^{2005} = \left(b^2 + \frac{1}{a}\right)^{2005} = -1$$

2. 式 ② × 3 - ① × 10 消去常数,得

$$2x^2 + 5xy - 12y^2 = 0$$

分解因式,得

$$(2x - 3y)(x + 4y) = 0$$

即

$$2x - 3y = 0 \qquad ③$$

或

$$x + 4y = 0 \qquad ④$$

把式 ③ 代入式 ①,消去 x 有 $y^2 = 4$,解得

$$\begin{cases} x_1 = 3 \\ y_1 = 2 \end{cases}, \begin{cases} x_2 = -3 \\ y_2 = -2 \end{cases}$$

再把式 ④ 代入式 ①,消去 x 有 $3y^2 = 1$,解得

$$\begin{cases} x_3 = -\frac{4\sqrt{3}}{3} \\ y_3 = \frac{\sqrt{3}}{3} \end{cases}, \begin{cases} x_4 = \frac{4\sqrt{3}}{3} \\ y_4 = -\frac{\sqrt{3}}{3} \end{cases}$$

所以,方程组的解为

$$\begin{cases} x_1 = 3 \\ y_1 = 2 \end{cases}, \begin{cases} x_2 = -3 \\ y_2 = -2 \end{cases}, \begin{cases} x_3 = -\frac{4\sqrt{3}}{3} \\ y_3 = \frac{\sqrt{3}}{3} \end{cases}, \begin{cases} x_4 = \frac{4\sqrt{3}}{3} \\ y_4 = -\frac{\sqrt{3}}{3} \end{cases}$$

3. 作图顺序是 (1) A, B, C, D;(2) P, Q, R, S;(3) P', Q', R', S'.
于是由

$$\frac{AQ'}{DQ'} \cdot \frac{DP'}{CP'} = \frac{S_{\triangle AQE}}{S_{\triangle DQE}} \cdot \frac{S_{\triangle DPE}}{S_{\triangle CPE}} = \frac{AE \cdot BE \cdot S_{\triangle CQE}}{CE \cdot DE \cdot S_{\triangle BQE}} \cdot \frac{DE \cdot AE \cdot S_{\triangle BPE}}{BE \cdot CE \cdot S_{\triangle APE}} =$$

$$\frac{AE \cdot BE \cdot CE^2}{CE \cdot DE \cdot BE^2} \cdot \frac{DE \cdot AE \cdot BE^2}{BE \cdot CE \cdot AE^2} = 1$$

即证得 $P'Q' \parallel AC$.

在上述过程中,首先用共边比例定理消去 P', Q',再利用共边比例定理,有

$$\frac{S_{\triangle AQE}}{S_{\triangle CQE}} = \frac{AE}{CE}, \frac{S_{\triangle DQE}}{S_{\triangle BQE}} = \frac{DE}{BE}, \frac{S_{\triangle DPE}}{S_{\triangle BPE}} = \frac{DE}{BE}, \frac{S_{\triangle CPE}}{S_{\triangle APE}} = \frac{CE}{AE}$$

最后用相似三角形的面积比等于相似比的平方消去 P, Q.

同样可用消点法证得 $\dfrac{AR'}{BR'} \cdot \dfrac{BS'}{CS'} = 1$. 故 $R'S' \parallel Q'P' \parallel AC$.

同理亦可证得 $R'Q' \parallel P'S' \parallel BD$.

注：此例消点是分组进行的.

4. 由题设 A 与 B,B 与 C,A 与 C,C 与 D 皆不能同色，而 A 与 D,B 与 D 却能同色，可考虑依次分步涂色.

给 A 涂色有 5 种方法；给 B 涂色有 4 种方法；给 C 涂色有 3 种方法；给 D 涂色有 4 种方法.
总计有 $5 \times 4 \times 3 \times 4 = 240$ 种方法.

5. 将四个小方格依次编号为 A,B,C,D.

当 B,D 方格涂不同颜色时，有 A_5^2 种不同的方法，由于相邻两格不同色，因此，A 方格有 3 种不同的涂法，C 方格也有 3 种不同的涂法. 由乘法原理知，有 $3 \times 3 A_5^2 = 180$ 种不同的涂法.

当 B,D 方格涂相同颜色时，有 5 种不同的涂法，A,C 方格分别有 4 种不同的涂法，由乘法原理，有 $5 \times 4 \times 4 = 80$ 种不同的涂法.

由加法原理得，共有 $180 + 80 = 260$ 种不同的涂法.

6. 选（D）. 由 $30\ 030 = 2 \times 3 \times 5 \times 7 \times 11 \times 13$.

7. 选（D）. 由 $2 \times 2 \times 2 \times 5 \times 3 - 1 = 119$.

8. 第一步从 1,3,5,7,9 中选一个作个位数有 5 种选法；第二步除 0 及已选作个位的那个数字外，从其余 8 个数字中选一个作为万位数有 8 种选法；第三步除已选作个位及万位的两个数字外，从其余 8 个数字中选 3 个在千、百、十位上排列，有 A_8^3 种选排列方法，故符合条件的五位数共有 $5 \cdot 8 \cdot A_8^3 = 13\ 440$ 个.

9. (1) $C_{13}^1 \cdot C_{12}^1 \cdot C_4^1 = 624$；

(2) $C_{13}^1 \cdot C_4^3 \cdot C_{12}^1 \cdot C_4^2 = 3\ 744$；

(3) $9 \times 4^5 = 9\ 216$；

(4) $C_{13}^1 \cdot C_4^3 \cdot C_{12}^2 \cdot 4^2 = 54\ 912$.

10. 由题意，得

$$AC^2 = AB^2 + BC \cdot AD \qquad ①$$

从式 ① 联想到勾股定理的推广：从 A 向 BC 作垂线，则 $AC^2 = AB^2 + BC^2 - 2BC \cdot BE$，即

$$AC^2 = AB^2 + BC \cdot (BC - 2BE) \qquad ②$$

比较式 ①②，只需证

$$AD = BE - 2BE \qquad ③$$

式 ③ 可以看作本问题的中途点 Ⅰ.

从等腰三角形的对称性，易想到从 D 向 BC 引垂线，应有 $BE = FC$，这是已知到中途点 Ⅰ 的中途点 Ⅱ. 要证 $BE = FC$，须证 $\triangle ABF \cong \triangle DCF$，这是从已知到中途点 Ⅱ 间的中途点 Ⅲ，故有

已知 — Ⅲ — Ⅱ — Ⅰ — 结论

11. 注意此题图形特点，三条中线把原三角形划分成了面积相等的六个小三角形，每个小三角形都各有两条边是三条中线中两条的一部分. 若考虑以某个小三角形为基础，用 m_a, m_b, m_c 的一部分为边构造一个作为中途点的新三角形，其面积既要与原三角形面积有明显的关系，又要与以三条中线为边的三角形面积有明显的关系. 在 $\triangle OBD$ 中，BO 是中线 BE 的

$\frac{2}{3}$;OD 是中线 AD 的 $\frac{1}{3}$. 只要延长 OD 至 F',使 $DF' = OD$,可以使 OF' 也为线段 AD 的 $\frac{2}{3}$. 又 $\triangle OBF'$ 与以三条中线为边的三角形是相似的,相似比为 $\frac{2}{3}$,面积之比为 $\frac{4}{9}$,且 $S_{\triangle OBF'} = 2S_{\triangle OBD} = \frac{1}{3}\triangle ABC$,故以 $\triangle OBF'$ 为中途点,便可证明题设结论.

12. 由 $\sin\alpha = \frac{1}{2}(\sqrt{3}-1)$ 得 $2\sin^2\alpha + \sin\alpha - 1 = 0$,得中途点 Ⅰ;令 $g(\sin\alpha) = 2\sin^2\alpha + 2\sin\alpha - 1$,用 $g(\sin\alpha)$ 去除 $f(\sin\alpha)$ 得 $f(\sin\alpha) = (2\sin^2\alpha + 2\sin\alpha - 1)(\sin^3\alpha + \sin\alpha - 1) + \sin\alpha + 1$,得中途点 Ⅱ,故 $f\left(\frac{\sqrt{3}-1}{2}\right) = \frac{\sqrt{3}+1}{2}$.

13. 设 n 个连续偶数为 $2a, 2a+2, \cdots, 2a+2(n-1)$,则 $S_n = \frac{1}{2}[2a + 2a + 2(n-1)] \cdot n = [2a + (n-1)] \cdot n$,得中途点 Ⅰ;令 $[2a + (n-1)] \cdot n = n(n-1)^{k-1}$,则 $a = \frac{1}{2}(n-1) \cdot [(n-1)^{k-2} - 1]$. 当 $n > 2, k > 2$ 时一定是正整数的中途点 Ⅱ,故 $n(n-1)^{k-1}$ 可以写成从 $(n-1)[(n-1)^{k-2} - 1]$ 开始的 n 个连续偶数的和.

14. 满足条件的四位数有六类:$11 \times \triangle, 1 \times 1\triangle, 1 \times \triangle 1, 1 \triangle \triangle \times, 1 \times \triangle \triangle, 1 \triangle \times \triangle$,而对于每一类有 9×8 个四位数. 故共有 $6 \times 9 \times 8 = 432$ 个.

15. 先选 1 至 $p-1$ 号队员的座位并让他们坐好,有 $C_n^{p-1} \cdot (p-1)!$ 种坐法;然后让 p 号队员坐在最右边的空位上;最后让 $p+1$ 至 n 号队员坐在剩下座位上,有 $(n-p)!$ 种坐法. 故满足条件的坐法有 $C_n^{p-1} \cdot (p-1)! \cdot (n-p)! = \frac{n}{n-p+1}!$ 种.

16. 每种三角形剖分可如下得到:选十边形的一个顶点(10 种选择),以它的两个邻点联对角线 l_1 作成一个三角形;从 l_1 的某端(2 种选择)引对角线 l_2 又作成以 l_1, l_2 为两边的三角形;从 l_2 的某端(2 种选择)引对角线 l_3 又作成以 l_2, l_3 为两边的三角形;如此作下去,最后从 l_6 的某端(2 种选择)引对角线 l_7 作成两个三角形. 故 10×2^6 种作法. 但每种剖分可由 2 种作法得到,故有 10×2^5 种剖分. 对凸 n 边形有 $n \cdot 2^{n-5}$ 种剖分.

17. 由题目所给条件不难写出下式

$$(acb) + (bac) + (bca) + (cba) + (cab) + (abc) = N + (abc) \quad ①$$

而 $100(2a + 2b + 2c) + 10(2a + 2b + 2c) + (2a + 2b + 2c) = 3\,194 + (abc)$

即
$$222(a + b + c) = 222 \times 14 + 86 + (abc) \quad ②$$

为中途点 Ⅰ. 此时 222 整除 $86 + (abc)$,于是可设 $86 + (abc) = 222k$,则 $(abc) = 222k + 136$. (abc) 为三位数,k 依次取 $0, 1, 2, 3$,可得 $(abc), 136, 358, 570, 802$ 为中途点 Ⅱ. 回头观察式 ②,$222(a+b+c) > 222 \times 14$,即 $a+b+c > 14$ 得中途点 Ⅲ. 故可确定 (abc) 为 358,即有

条件 — Ⅰ — Ⅱ — Ⅲ — 结论

18. 设 $M(x_1, y_1), N(x_2, y_2)$,由 $16x^2 + 20y^2 = 320$,得 $\frac{x^2}{20} + \frac{y^2}{16} = 1$.

则 $c^2 = 4, c = 2$,即 $F(2, 0)$.

由 $\frac{x_1+x_2}{3}=2, \frac{y_1+y_2+4}{3}=0$,得
$$x_1+x_2=6, y_1+y_2=-4$$
则 M,N 的中点 $G(3,-2)$.

由 $$16(x_1+x_2)(x_1-x_2)+20(y_1+y_2)(y_1-y_2)=0$$

将 $x_1+x_2=6, y_1+y_2=-4$ 代入求得 $k_{MN}=\frac{6}{5}$.

则 l 的方程为
$$y+2=\frac{6}{5}(x-3)$$
即 $$6x-5y-28=0$$

19. 设圆 $x^2+y^2=1$ 上切点为 (x_1,y_1),则切线 PQ 的方程为 $x_1x+y_1y=1$. 又因 PQ 对点 O 张直角(外切四边形为菱形,对角线互相垂直),将 PQ 的方程代入 $b^2x^2+a^2y^2=a^2b^2$ 中,得 $b^2x^2+a^2y^2=a^2b^2(x_1x+y_1y)^2$,即
$$(b^2-a^2b^2x_1^2)x^2-2a^2b^2x_1y_1xy+(a^2-a^2b^2y_1^2)y^2=0$$

由 $\frac{b^2-a^2b^2x_1^2}{a^2-a^2b^2y_1^2}=1$,得 $a^2+b^2=a^2b^2(x_1^2+y_1^2)=a^2b^2$,故所求的 a,b 应满足条件 $\frac{1}{a^2}+\frac{1}{b^2}=1$.

20. 如图,设 $A(x_1,y_1), B(x_2,y_2)$,直线 AB 的方程为 $x=ny+m$,代入椭圆方程消去 x,整理得
$$(a^2+b^2n^2)y^2+2b^2mny+b^2(m^2-a^2)=0$$
于是
$$y_1+y_2=-\frac{2b^2mn}{a^2+b^2n^2}, y_1y_2=\frac{b^2(m^2-a^2)}{a^2+b^2n^2}$$
故
$$x_1y_2+x_2y_1=(ny_1+m)y_2+(ny_2+m)y_1=$$
$$2ny_1y_2+m(y_1+y_2)=$$
$$2n\cdot\frac{b^2(m^2-a^2)}{a^2+b^2n^2}+m(-\frac{2b^2mn}{a^2+b^2n^2})=$$
$$-\frac{2a^2b^2n}{a^2+b^2n^2}=\frac{a^2}{m}(y_1+y_2)$$
即
$$\frac{m}{a^2}(x_1y_2+x_2y_1)=y_1+y_2 \qquad ①$$

又 A,M,B 三点共线,故
$$y_1(x_2-m)=y_2(x_1-m)$$
所以
$$-\frac{1}{m}(x_1y_2-x_2y_1)=y_1-y_2 \qquad ②$$

式 ① - ②,得

$$y_2 = (\frac{m}{2a^2} + \frac{1}{2m})x_1y_2 + (\frac{m}{2a^2} - \frac{1}{2m})x_2y_1 \qquad ③$$

在直线 AC 的方程 $(\frac{a^2}{m} - x_1)(y - y_2) = (y_2 - y_1)(x - \frac{a^2}{m})$ 中,令 $y = 0$,并将式②③代入得

$$x = \frac{x_1y_2 - \frac{a^2}{m}y_2}{y_2 - y_1} + \frac{a^2}{m} =$$

$$\frac{x_1y_2 - \frac{a^2}{m}[(\frac{m}{2a^2} + \frac{1}{2m})x_1y_2 + (\frac{m}{2a^2} - \frac{1}{2m})x_2y_1]}{y_2 - y_1} + \frac{a^2}{m} =$$

$$\frac{(m^2 - a^2)(x_1y_2 - x_2y_1)}{2m^2(y_2 - y_1)} + \frac{a^2}{m} =$$

$$\frac{m^2 - a^2}{2m} + \frac{a^2}{m} = \frac{a^2 + m^2}{2m}$$

由于点 $E(\frac{a^2 + m^2}{2m}, 0)$ 为 MN 的中点,故命题得证.

注:类似于此题,也可以推证如下命题.

命题 1 给定双曲线 $\frac{x^2}{a^2} - \frac{y^2}{b^2} = 1 (a > 0, b > 0)$, $M(m, 0)(m \neq \pm a, m \neq 0)$ 为 x 轴上一个定点,N 是直线 $L: x = \frac{a^2}{m}$ 与 x 轴的交点,过 M 任意引一条直线与双曲线交于 A, B 两点,$BC \parallel MN$,点 C 在直线 L 上,则直线 AC 平分线段 MN.

命题 2 给定抛物线 $y^2 = 2px (p > 0)$, $M(m, 0)(m \neq 0)$ 为 x 轴上一个定点,N 是直线 $L: x = -m$ 与 x 轴的交点,过 M 任意引一条直线与抛物线交于 A, B 两点,$BC \parallel MN$,点 C 在直线 L 上,则直线 AC 平分线段 MN.

第三章 数学归纳法原理

一行骨牌,如果都充分地靠近在一起(即留有适当间隔),那么只要推倒第一个,这一行骨牌都会倒塌;竖立的梯子,已知第一级属于可到达的范围,并且任何一级都能到达次一级,那么我们就可以确信能到达梯子的任何一级;一串鞭炮一经点燃,就会炸个不停,直到炸完为止;……. 日常生活中这样的事例还多着呢! 下面看一道数学题.

在 $\triangle ABC$ 中,若 $AB = 2AC$,则 $\angle C > 2\angle B$.

证明 如图 3.1.1,延长 BC 到 B',使 $CB' = AC$,则

$$\angle B' = \angle CAB' = \frac{1}{2}\angle ACB$$

$$AB' < AC + CB' = 2AC = AB$$

于是 $\angle B < \angle B'$

从而 $\angle ACB = 2\angle B' > 2\angle B$

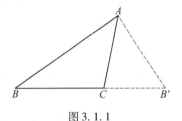

图 3.1.1

上面的命题中有一个系数 2,我们将这一命题中的系数 2 改为 3 后,命题是否成立? 改为 n 呢? 下面我们看到,改为 n($n \geq 2$ 的整数)后命题仍是成立的,即在 $\triangle ABC$ 中,如果 $AB = nAC$,那么

$$\angle C > n\angle B$$

分析 参见上图,延长 BC 到 B',使 $CB' = (n-1)AC$,则 $AB' < AC + CB' = nAC = AB$,于是 $\angle B < \angle B'$,$\angle ACB = \angle CAB' + \angle B' > \angle CAB' + \angle B$. 如果能够证明 $\angle CAB' > (n-1)\angle B'$,那么 $\angle C > n\angle B$ 就成立了. 但在 $\triangle ACB'$ 中,有 $CB' = (n-1)AC$. 因此,要证系数为 n 时成立,就归结为在 $(n-1)AC$ 下有 $\angle CAB' > (n-1)\angle B'$,即归结为证明系数为 $n-1$ 时成立.

根据同样的推理,在 $n - 2 \geq 2$ 时,由系数为 $n-2$ 时命题成立,可推出系数为 $n-1$ 时命题成立. 依此类推,经过有限多步,系数为 n 时命题的证明归结为系数为 2 时命题的证明. 由于我们已经在前面证明了系数为 2 时命题的正确性,于是逐步推得系数为 $3, 4, \cdots, n-1, n$ 时命题都是正确的.

以上事例充分说明了如下中学数学解题方法原理的直观背景和具体含义.

数学归纳法原理 设 $P(n)$ 是与自然数 n 有关的命题.

(Ⅰ)命题 $P(n_0)$ 成立;

(Ⅱ)对所有的自然数 k,若 $P(k)$ 成立,推得 $P(k+1)$ 也成立.

由(Ⅰ)(Ⅱ)可知命题 $P(n)$ 对一切自然数 n 成立.

我们将在"最小数原理"一章中介绍它的证明.

运用数学归纳法原理证题的方法,是中学数学中的一个重要的方法,它是一种递推的方法. 它与归纳法有着本质的不同. 由一系列有限的特殊事例得出一般结论的推理方法,通常叫作归纳法. 用归纳法可以帮助我们从具体事例中发现一般规律. 但是,仅根据一系列有限的特殊事例得出的一般结论的真假性还不能肯定,这就需要采用数学归纳法证明它的正确

性.

一个与自然数 n 有关的命题 $P(n)$,常常可以用数学归纳法予以证明,证明的步骤为:

（Ⅰ）验证当 n 取第 1 个值 n_0 时,命题 $P(n_0)$ 成立. 这一步称为初始验证步.

（Ⅱ）假设当 $n = k(k \in \mathbf{N}, k \geq n_0)$ 时,命题 $P(k)$ 成立,由此推得命题 $P(k+1)$ 成立. 这一步称为归纳论证步.

（Ⅲ）下结论. 根据（Ⅰ）（Ⅱ）或由数学归纳法原理断定,对任何自然数 $(n \geq n_0)$ 命题 $P(n)$ 成立. 这一步称为归纳断言步.

为了运用好数学归纳法原理,下面从有关注意事项与技巧及运用递推思想解题等几个方面做介绍.

3.1 运用数学归纳法证题时应注意的事项与技巧

3.1.1 三个步骤缺一不可

第一步是递推的基础,第二步是递推的依据,第三步是递推的过程与结论. 三步缺一不可.

（1）不考虑第一步而得出荒谬的结论.

例 1 所有的正整数都相等吗？

丢开"当 $n = 1$ 时验证命题正确"不管,假设 $n = k - 1$ 时,当 $k - 1$ 个正整数等于第 k 个正整数,那么当 $n = k$ 时,就得到 $n = k + 1$,即第 k 个正整数等于第 $k + 1$ 个正整数. 这不就"证明"了所有的正整数都相等了吗？

再例如,如果不考虑 $n = 1$ 的情形,可以证明 $1^3 + 2^3 + \cdots + n^3 = \left[\frac{1}{2}n(n+1)\right]^2 + l$,这里 l 是任何数.

假设 $n = k$ 时命题成立,即 $1^3 + 2^3 + \cdots + k^3 = \frac{1}{4}k^2(k+1)^2 + l$ 正确. 那么,当 $n = k + 1$ 时

$$1^3 + 2^3 + \cdots + k^3 + (k+1)^3 = \frac{1}{4}[k(k+1)]^2 + l + (k+1)^3 =$$

$$\frac{1}{4}[(k+1)(k+2)]^2 + l$$

也就正确. 这显然是荒谬的.

例 2 不等式 $2^n \geq n^2$ 在怎样的条件下成立？证明你的结论.

证明 用不考虑第一步的"数学归纳法"证.

设 $n = k$ 时,不等式 $2^k \geq k^2$ 成立,则当 $n = k + 1$ 时

$$2^{k+1} = 2^k + 2^k \geq k^2 + k^2$$

因为当 $k \geq 3$ 时, $k^2 \geq 3k > 2k + 1$. 故由上式可得

$$2^{k+1} \geq k^2 + 2k + 1 = (k+1)^2$$

综上可知对于一切自然数 $n \geq 3$,不等式 $2^n \geq n^2$ 成立.

在上述证明中,由于第二步是在 $k \geq 3$ 的条件下得到的,但并未验证 $n_0 = 3$ 时原命题的

正确性(构成证明的第一步). 而事实上, 命题恰恰就在 $n=3$ 时不成立. 这足以说明, 要使解题严谨而无懈可击, 作为归纳的基础, 第一步是不可少的. 不要认为命题对于任意的 $n=k$ 和 $n=k+1$ 都成立, 于是 $n=n_0$ 时便理所当然地要成立. 如果不验证命题对初始值成立, 那么第二步的证明论据"$n=k$ 时命题成立"仅仅是一种假设, 它的真实性不可靠, 所以结论"$n=k+1$ 时命题也成立"的真实性也不可靠.

(2) 验证了有限次, 不考虑第二步, 还不能肯定其正确性.

例 3 当 $n=1,2,3,\cdots,15$ 时, 我们可以验证式子 n^2+n+17 的值都是素数, 是不是由此得出:"n 是任何正整数时, n^2+n+17 的值都是素数"呢? 事实上, 当 $n=16$ 时, $n^2+n+17=17^2$ 就不是素数了.

又例如当 $n=1,2,\cdots,11\,000$ 时, 式子 $n^2+n+72\,491$ 的值都是素数, 即使如此, 我们还不能肯定在 n 是任何正整数的时候, 这个式子的值总是素数. 事实上, 当 $n=72\,490$ 时其值为合数.

上面的例子说明了一个问题: 对于一个命题, 验证了有限次, 即使上万次, 也不能肯定这个命题的一般正确性的确定. 而命题的一般正确性的确定, 必须要看我们能否证明第二步.

对于第三步, 也要引起足够的重视, 这是实际推理过程的步骤, 缺少第三步, 可以说递推并未开始.

3.1.2 第一步中的注意事项与技巧

(1) 在所证不等式中有"$\geqslant$"或"$\leqslant$"时, 只需验证一个值, 不必验证两个值.

设有关于自然数的不等式 $f(n)\geqslant g(n)$, 应用数学归纳法证明时, 第一步, 如果有 $f(n_0)=g(n_0)$, 由于符号"$\geqslant$"表示"大于或等于", 因此, 我们便可以说有"$f(n_0)\geqslant g(n_0)$", 于是 $n=n_0$ 时, 不等式 $f(n)\geqslant g(n)$ 成立. 由于 $n=n_0$ 时原命题成立, 第一步即告完成. 这里需要指明的是, "$f(n)\geqslant g(n)$"作为一个完整的命题, 并不要求具体说清何时有"$f(n)>g(n)$", 何时有"$f(n)=g(n)$", 只要两者有一个成立, 我们就说"$f(n)\geqslant g(n)$"成立.

例 1 证明不等式 $\frac{1}{2}(a^n+b^n)\geqslant(\frac{a+b}{2})^n (a>0,b>0)$ 时, 只验证 $n=1$ 就行了. 验证 "$n=2$ 时不等式成立"是多余的.

(2) 不要认为第一步的验证是轻而易举的, 而形式地写一下.

例 2 已知 $x^2-3x+1=0$, 用数学归纳法证明, $x^{2^n}+x^{-2^n}$ (其中 $n\in\mathbf{N}_+$) 的末位数字是 7.

分析 当 $n=1$ 时, x^2+x^{-2} 的末位是不是 7? 又为什么是 7? 这既非显而易见的, 也不是很容易说明的. 要证好这一步, 还真得费一番劲!

证明 由 $x^2-3x+1=0$, 可得 $x+x^{-1}=3$.

(Ⅰ) 当 $n=1$ 时, $x^{2^n}+x^{-2^n}=x^2+x^{-2}=(x+x^{-1})^2-2=7$, 命题成立.

(Ⅱ) 假设 $n=k$ 时命题成立, 即 $x^{2^k}+x^{-2^k}$ 的个位数字是 7, 则当 $n=k+1$ 时, $x^{2^{k+1}}+x^{-2^{k+1}}=(x^{2^k})^2-2$, 而 $x^{2^k}+x^{-2^k}$ 的个位数字是 7, 于是 $(x^{2^k}+x^{-2^k})^2$ 的个位数字是 9, 则 $x^{2^{k+1}}+x^{-2^{k+1}}$ 的个位数字是 $9-2=7$, 即当 $n=k+1$ 时命题成立.

由(Ⅰ)(Ⅱ)可知, 对于任意 $n\in\mathbf{N}, x^{2^n}+x^{-2^n}$ 的个位数字是 7.

例 3 求证: $n(n\in\mathbf{N},n\geqslant 2)$ 个正方形经过有限次剪拼, 一定能够拼成一个大正方形.

此例证明的第一步也不是轻而易举的. 如图 3.1.2(a)(b) 所示,当 $n = 2$ 时,取正方形 $ABCD$ 和 $EFGH$,令它们的边长分别为 $a, b(a > b)$. 在 $ABCD$ 的边上分别取点 P, Q, R, S 使

$$AP = BQ = CR = DS = \frac{1}{2}(a+b)$$

联结 PR, QS,易证它们互相垂直平分. 沿 PR, QS 把 $ABCD$ 剪成相等的 4 块,然后按图 3.1.2(c) 把它们拼成正方形 $O_1O_2O_3O_4$.

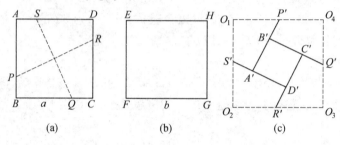

图 3.1.2

由于

$$A'P' = AP = \frac{1}{2}(a+b)$$

$$B'P' = BP = \frac{1}{2}(a-b)$$

所以

$$A'B' = A'P' - B'P' = b$$

可见 $n = 2$ 时结论成立.(下略)

例 4　设 n 个正实数 $a_1, a_2, \cdots, a_n$,满足

$$(a_1^2 + a_2^2 + \cdots + a_n^2)^2 > (n-1)(a_1^4 + a_2^4 + \cdots + a_n^4) \quad (n \geq 3) \qquad ①$$

求证:这 n 个数中任何三个都可作为一个三角形的三边长.

证明　(Ⅰ) 当 $n = 3$ 时,有 $(a_1^2 + a_2^2 + a_3^2)^2 > 2(a_1^4 + a_2^4 + a_3^4)$ 成立. 此式可变形为

$$(a_1^2 + a_2^2 + a_3^2)^2 - 2(a_1^4 + a_2^4 + a_3^4) > 0$$

从而得到

$$2a_1^2 a_2^2 + 2a_2^2 a_3^2 + 2a_3^2 a_1^2 - a_1^4 - a_2^4 - a_3^4 > 0 \qquad ②$$

再推得

$$(a_1 + a_2 + a_3)(a_1 + a_2 - a_3)(a_2 + a_3 - a_1)(a_1 + a_3 - a_2) > 0 \qquad ③$$

(从式②得到式③其实是比较艰难的. 式②的左边是初中课外习题中的一个因式分解题目,一般是学有余力的学生作为提高层次的训练题,需要分组分解三次.) 则 $a_1 + a_2 > a_3$,$a_2 + a_3 > a_1$,$a_1 + a_3 > a_2$ 同时成立(否则,不妨设 $a_1 + a_2 \leq a_3$,则 $a_3 > a_1$,$a_3 > a_2$. 易见式 ③ 左边 ≤ 0,引出矛盾). 故 a_1, a_2, a_3 可作为某一个三角形的三边长.

(Ⅱ) 设 $n = k(k \geq 3)$ 时命题成立.

令 $n = k+1$,则由条件有

$$(a_1^2 + a_2^2 + \cdots + a_k^2 + a_{k+1}^2)^2 > k(a_1^4 + a_2^4 + \cdots + a_k^4 + a_{k+1}^4)$$

成立. 令 $x = a_{k+1}^2$,则

$$(a_1^2 + a_2^2 + \cdots + a_k^2 + x)^2 > k(a_1^4 + a_2^4 + \cdots + a_k^4 + x^2) \qquad ④$$

整理得
$$y = f(x) = (k-1)x^2 - 2(a_1^2 + \cdots + a_k^2)x + k(a_1^4 + \cdots + a_k^4) - (a_1^2 + \cdots + a_k^2)^2 < 0$$
其中 $y = f(x)$ 是关于 x 的一元二次函数,图像是一条抛物线. 因为 $k \geq 3$,故 $k - 1 > 0$,从而得到抛物线的开口向上,而 $f(a_{k+1}^2) =$ 式 ④ 左边 $-$ 式 ④ 右边 < 0. 故一元二次方程 $f(x) = 0$ 有两个不等实根,从而得到判别式 $\Delta > 0$,即
$$4(a_1^2 + \cdots + a_k^2)^2 - 4(k-1)[k(a_1^4 + \cdots + a_k^4) - (a_1^2 + \cdots + a_k^2)^2] > 0$$
整理得
$$(a_1^2 + a_2^2 + \cdots + a_k^2)^2 > (k-1)(a_1^4 + a_2^4 + \cdots + a_k^4)$$

由归纳假设得知,$a_1, \cdots, a_k$ 中任何三个都可作为一个三角形的三边长. 由对称性便知命题对 $n = k + 1$ 也成立.(因为 $a_1, \cdots, a_{k+1}$ 在式①中的位置是完全对称的,可以把其中任意的 k 个调整至前 k 个位置,对于任意的前 k 个结论成立也就意味着对 $n = k + 1$ 结论也成立.)由数学归纳法原理知原命题成立.

例 5 给定正整数 $a_1, a_2, \cdots, a_n (n \geq 3)$,满足条件:$b_i = \dfrac{a_{i-1} + a_{i+1}}{a_i}$ 为整数(其中 $a_0 = a_n$, $a_{n+1} = a_1$),$i = 1, 2, \cdots, n$,求证:$b_1 + b_2 + \cdots + b_n < 3n$.

证明（Ⅰ）当 $n = 3$ 时,若 $a_1 = a_2 = a_3$,则
$$b_1 + b_2 + b_3 = 6 < 9$$
若 a_1, a_2, a_3 不全相等,不妨设 a_3 最大,则
$$b_3 = \frac{a_2 + a_1}{a_3} < 2$$
故 $b_3 = 1$. 从而
$$b_1 = \frac{a_3 + a_2}{a_1} = 1 + \frac{2a_2}{a_1} = 1 + b_1^*, \quad b_2 = \frac{a_1 + a_3}{a_2} = 1 + \frac{2a_1}{a_2} = 1 + b_2^*$$
其中
$$b_1^* = \frac{2a_2}{a_1}, \quad b_2^* = \frac{2a_1}{a_2}$$
因为 a_1, a_2 是正整数且 b_1, b_2 是整数,则 b_1^*, b_2^* 均为正整数且 $b_1^* b_2^* = 4$,故唯有
$$(b_1^*, b_2^*) = (1, 4), (4, 1) \text{ 或}(2, 2)$$
从而
$$(b_1, b_2) = (2, 5), (5, 2) \text{ 或}(3, 3)$$
故 $b_1 + b_2 + b_3 = 7$ 或 8,都小于 9,故命题对 $n = 3$ 成立.

（Ⅱ）设命题对 $n = k(k \geq 3)$ 成立. 令 $n = k + 1$,若
$$a_1 = a_2 = \cdots = a_k = a_{k+1}$$
则
$$b_1 + b_2 + \cdots + b_{k+1} = 2(k+1) < 3(k+1)$$
若 $a_1, a_2, \cdots, a_{k+1}$ 不全相等,不妨设 a_{k+1} 最大,且 $a_1 < a_{k+1}$,则
$$b_{k+1} = \frac{a_k + a_1}{a_{k+1}} < 2$$
故 $b_{k+1} = 1$. 故

$$b_1 = \frac{a_{k+1} + a_2}{a_1} = 1 + \frac{a_k + a_2}{a_1} = 1 + b_1'$$

$$b_k = \frac{a_{k-1} + a_{k+1}}{a_k} = 1 + \frac{a_{k-1} + a_1}{a_k} = 1 + b_k'$$

其中

$$b_1' = \frac{a_k + a_2}{a_1}, b_k' = \frac{a_{k-1} + a_1}{a_k}$$

则此 k 个数满足题设要求(因为 $b_1, b_2, \cdots, b_k$ 为整数且 $a_1, a_2, \cdots, a_k$ 为正整数,则 $b_1', b_2', \cdots, b_k'$ 为整数),由归纳假设知

$$b_1' + b_2' + \cdots + b_k' \leq 3k$$

从而

$$b_1 + b_2 + \cdots + b_{k+1} \leq 3k + 3 = 3(k+1)$$

可见命题对 $n = k + 1$ 也成立. 由归纳假设原理知原命题成立.

(3) 注意起点的偏移.

第一步验证 $n = n_0$ 时,一般情况下也总能把命题证明出来. 有时候,根据题目具体条件,对第一步做些调整,往往会收到更好的效果. 这叫作"起点的偏移". 起点的偏移又可分成前移(例6)和后移(3.1.3 中例1).

例6 试证:对一切正整数 n,都有

$$\frac{1}{2} + \cos \alpha + \cos 2\alpha + \cdots + \cos n\alpha = \frac{\sin \frac{2n+1}{2}\alpha}{2\sin \frac{\alpha}{2}}$$

证明 当 $n = 0$ 时,左边 $= \frac{1}{2}$,右边 $= \frac{1}{2}$,此时等式成立.

假设当 $n = k$ 时等式成立,即

$$\frac{1}{2} + \cos \alpha + \cos 2\alpha + \cdots + \cos k\alpha = \frac{\sin \frac{2k+1}{2}\alpha}{2\sin \frac{\alpha}{2}}$$

那么,当 $n = k + 1$ 时

$$\frac{1}{2} + \cos \alpha + \cos 2\alpha + \cdots + \cos k\alpha + \cos(k+1)\alpha = \frac{\sin \frac{2k+1}{2}\alpha}{2\sin \frac{\alpha}{2}} + \cos(k+1)\alpha =$$

$$\frac{1}{2\sin \frac{\alpha}{2}} \left[\sin \frac{2k+1}{2}\alpha + \sin \frac{2(k+1)+1}{2}\alpha + \sin\left(\frac{\alpha}{2} - (k+1)\alpha\right) \right] = \frac{\sin \frac{2(k+1)+1}{2}\alpha}{2\sin \frac{\alpha}{2}}$$

注意 $\sin\left[\frac{\alpha}{2} - (k+1)\alpha\right] = -\sin \frac{2k+1}{2}\alpha$.

综上所述,对一切非负整数 n,等式都成立.特别地,对一切正整数,等式都成立.

上例将起点 $n=1$ 前移了,不仅简化了第一步,而且不会影响第二步,甚至还加强了命题.若不前移起点,计算量与计算难度都将增大.

例7 试证:对一切正整数 n,都有
$$2^n + 2 > n^2$$

证明 由于 $2^1+2=4, 1^2=1; 2^2+2=6, 2^2=4; 2^3+2=10, 3^2=9; 2^4+2=18, 4^2=16$. 所以当 $n=1,2,3,4$ 时,不等式成立.

又当 $n_0=5$ 时,因 $2^5=32, 5^2=25$,所以 $2^5+2 > 2^5 > 5^2$,不等式成立.

假设 $n=k(k\geq 5)$ 时,有 $2^k+2 > 2^k > k^2$,那么当 $n=k+1$ 时
$$2^{k+1}+2 > 2^{k+1} = 2^k+2^k > k^2+k^2$$

由于当 $k>3$ 时,有
$$k^2-(2k+1) = (k-1)^2-2 > 2^2-2 > 0$$

所以
$$2^{k+1}+2 > k^2+k^2 > k^2+2k+1 = (k+1)^2$$

综上所述,对所有正整数 n 不等式都成立.

上例中,不是从"假设 $n=k\geq 1$,有 $2^k+2>k^2$"出发,而是由"假设 $n=k\geq 5$,有 $2^k+2>2^k>k^2$"出发,这完全是因为如果无" $2^k>k^2$ "这一不等式,后面的归纳就通不过.但欲证此不等式成立,又必须 $k\geq 5$. 从而一定要将起点后移至 $n_0=5$. 在起点后移时,对 $n=1,2,\cdots,n_0-1$,应逐一验证确定.

3.1.3 第二步中的注意事项与技巧

用数学归纳法证明命题,关键是如何利用 $P(k)$ 成立推出 $P(k+1)$ 也成立.这是证题的核心,也是证题的难点.因此,证明时,应有的放矢地对命题中元素做出定向变形,使变形既符合运算规律、推理规律,又有利于发现 $n=k$ 时与 $n=k+1$ 时两命题的关系.

(1) 注意:整除性问题一般是利用恒等变形(拆、添、减、拼).

在恒等变形时,可直接将 $n=k+1$ 时的命题凑成能利用归纳假设的式子,或根据整除性定义和性质,利用综合方法间接凑成能利用归纳假设的式子.

例1 n 是大于 1 的整数,求证 $3^{2n+2}+2^{6n+1}$ 能被 11 整除.

证明 (只证第二步,以下例题都只证第二步) 假设 $n=k$ 时,命题成立,即
$$3^{2k+2}+2^{6k+1} = 11M \quad (M\in \mathbf{N})$$
亦即
$$3^{2k+2} = 11M - 2^{6k+1}$$
那么当 $n=k+1$ 时
$$\begin{aligned}3^{2(k+1)+2}+2^{6(k+1)+1} &= 3^2(11M-2^{6k+1})+2^{6(k+1)+1} = \\ &= 3^2\cdot 11M - 2^{6k}(2^7-2\cdot 3^2) = \\ &= 11\cdot(9M+10\cdot 2^6)\end{aligned}$$

命题也成立.(下略)

例2 对任意正整数 n,数 $A_n = 5^n+2\cdot 3^{n+1}+1$ 能被 8 整除.

证明 假设 $n=k$ 时命题成立,即有
$$A_k = 8M \quad (M\in \mathbf{N})$$
那么当 $n=k+1$ 时

$$A_{k+1} = 5^{k+1} + 2^k + 1$$

而
$$A_{k+1} - A_k = 4(5^k + 3^k)$$

数 $5^k + 3^k$ 必为偶数（两奇数之和为偶数），因此 $A_{k+1} - A_k$ 能被 8 整除. 由假设 $A_k = 8M$，故 A_{k+1} 也能被 8 整除.（下略）

（2）注意：有关恒等式的证明，一定要用到归纳假设及运用恒等式变形等有关技巧.

用数学归纳法证明命题，一定要用到归纳假设，防止形式伪证. 特别是在证代数恒等式时，最容易产生形式伪证，如例 3、例 4.

例 3 用数学归纳法证明
$$(n^2 - 1) + 2(n^2 - 2^2) + \cdots + n(n^2 - n^2) = \frac{1}{4}n^2(n^2 - 1)$$

证明 假设 $n = k(k \geq 1)$ 时等式成立. 那么当 $n = k + 1$ 时

左边 $= [(k+1)^2 - 1] + 2[(k+1)^2 - 2^2] + \cdots + (k+1)[(k+1)^2 - (k+1)^2] =$
$[1 + 2 + \cdots + (k-1)](k+1)^2 - [1^3 + 2^3 + \cdots + (k+1)^3] =$
$\frac{1}{2}(k+1)[1 + (k+1)](k+1)^2 - \frac{1}{4}(k+1)^2[(k+1) + 1]^2 =$

（其中利用了前 n 个自然数的和及前 n 个自然数的立方和公式）

$\frac{1}{4}(k+1)^2[2(k+1)(k+2) - (k+2)^2] =$
$\frac{1}{4}(k+1)^2[(k+1) - 1][(k+1) + 1]$

（下略）.

在下面的证明中，推导 $n = k + 1$ 时，却未采用 $n = k$ 成立这一归纳假设，而是直接利用有关求和公式，虽然推导所用公式并无错误，但与数学归纳法的证题思想相违背. 因此，这不是用数学归纳法证明命题.

例 4 用数学归纳法证明
$$C_n^1 + 2C_n^2 + \cdots + nC_n^n = 2 \cdot 2^{n-1} \quad (n \in \mathbf{N}_+)$$

在证明 $n = k + 1$ 时，若由
$C_{k+1}^1 + 2C_{k+1}^2 + \cdots + (k+1)C_{k+1}^{k+1} = (k+1)C_k^0 + (k+1)C_k^1 + \cdots + (k+1)C_k^k =$
$(k+1) \cdot (C_k^0 + C_k^1 + \cdots + C_k^k) =$
$(k+1) \cdot 2^k$

这便不是运用数学归纳法了. 应如下写才是

$C_{k+1}^1 + 2C_{k+1}^2 + 3C_{k+1}^3 + \cdots + (k+1)C_{k+1}^{k+1} =$
$(C_k^0 + C_k^1) + 2(C_k^1 + C_k^2) + 3(C_k^2 + C_k^3) + \cdots + (k+1)C_k^k =$
$(C_k^1 + 2C_k^2 + \cdots + kC_k^k) + [C_k^0 + 2C_k^1 + \cdots + (k+1)C_k^k] =$
$k \cdot 2^{k-1} + (C_k^0 + C_k^1 + \cdots + C_k^k) + (C_k^1 + 2C_k^2 + \cdots + kC_k^k) =$
$k \cdot 2^{k+1} + 2^k + k \cdot 2^{k+1} =$
$(k+1) \cdot 2^k$

（下略）.

例 5 设 $S_{m,n} = 1^m + 2^m + \cdots + n^m$，试证

$$S_{5,n} + S_{7,n} = 2S_{3,n}^2$$

证明 假设 $n = k$ 时,有 $S_{5,k} + S_{7,k} = 2S_{3,k}^2$,则当 $n = k + 1$ 时,有

$$2S_{3,k+1}^2 = 2[S_{3,k}^2 + (k+1)^3]^2 =$$
$$2S_{3,k}^2 + 4(k+1)^3 \cdot S_{3,k} + 2(k+1)^6 =$$
$$S_{5,k} + S_{7,k} + 4(k+1)^3 \cdot S_{3,k} + 2(k+1)^6$$

由于
$$S_{3,k} = 1^3 + 2^3 + \cdots + k^3 = \frac{1}{4}k^2(k+1)^2$$

故
$$2S_{3,k+1}^2 = S_{5,k} + S_{7,k} + (k+1)^5 k^2 + 2(k+1)^6$$

又因为
$$(k+1)^5 k^2 + 2(k+1)^6 = (k+1)^5(k^2 + 2k + 1 + 1) =$$
$$(k+1)^5[(k+1)^2 + 1] =$$
$$(k+1)^5 + (k+1)^7$$

所以
$$2S_{3,k+1}^2 = S_{5,k} + S_{7,k} + (k+1)^5 + (k+1)^7 =$$
$$S_{5,k+1} + S_{7,k+1}$$

即等式当 $n = k + 1$ 时也成立.

综上所述,对一切自然数 n 有 $S_{5,n} + S_{7,n} = 2S_{3,n}^2$.

(3) 注意:数列问题中递推式与归纳假设式的配合运用.

在配合运用时,某些假设式的得到还需综合运用观察、猜想、推测等直觉方法和不完全归纳法的技巧.

例 6 已知正数数列 $\{a_n\}$ 的前 n 项之和为 $S_n = \frac{1}{2}(a_n + \frac{1}{a_n})$,试求其通项式 a_n.

解 先由递推式及不完全归纳法,猜想出

$$a_n = \sqrt{n} - \sqrt{n-1}$$

再用数学归纳法证明.

对于第二步:假设当 $n = k$ 时,$a_k = \sqrt{k} - \sqrt{k-1}$ 成立,则当 $n = k + 1$ 时

$$a_{k+1} = S_{k+1} - S_k = \frac{1}{2}[(a_{k+1} + \frac{1}{a_{k+1}}) - (a_k + \frac{1}{a_k})] =$$
$$\frac{1}{2}(a_{k+1} + \frac{1}{a_{k+1}} - 2\sqrt{k})$$

由此得
$$a_{k+1}^2 + 2\sqrt{k} a_{k+1} - 1 = 0$$

故
$$a_{k+1} = \sqrt{k+1} - \sqrt{k}$$

有些 $n(n \geq 2)$ 阶线性递归数列的证明,还要用到第二数学归纳法,我们后面再论及.

(4) 不等式题利用假设后,注意充分运用证不等式的各种方法与技巧.

证明不等式有各种方法和技巧,例如,方法就有比较法、分析法、基本不等式法、放缩法、裂项法、换元法、反证法,等等.(这些方法也可以应用到其他问题,利用假设后的推证.)有些不等式题用数学归纳法证时,在第二步中还要注意对假设式($n = k$ 时)及 $n = k + 1$ 时的式子进行适当变形(如例 8、例 9、例 10).

例7　求证：$1 + \dfrac{1}{\sqrt{2}} + \dfrac{1}{\sqrt{3}} + \cdots + \dfrac{1}{\sqrt{n}} > 2(\sqrt{n+1} - 1)$.

此例在证明 $2(\sqrt{k+1} - 1) + \dfrac{1}{\sqrt{k+1}} > 2(\sqrt{k+2} - 1)$ 时就可充分运用比较法、分析法、基本不等式法、放缩法、反证法、构造函数，等等.

例8　试证：$(n+6)^2 < 2^{n+5}\,(n \in \mathbf{N}_+)$.

证明　假设 $n = k$ 时命题为真，即 $(k+6)^2 < 2^{k+5}$，于是
$$2(k+6)^2 < 2^{k+6}$$
因
$$2(k+6)^2 - (k+7)^2 = k^2 + 10k + 23 > 0$$
则
$$2^{k+6} > 2(k+6)^2 > (k+7)^2$$

这说明 $n = k + 1$ 时命题也成立.

例9　设 n 为正整数，a 为不等于 1 的正数. 求证
$$\dfrac{1 + a^2 + a^4 + \cdots + a^{2n}}{a + a^3 + a^5 + \cdots + a^{2n-1}} > \dfrac{n+1}{n}$$

证明　假设 $n = k$ 时不等式成立，即
$$\dfrac{1 + a^2 + a^4 + \cdots + a^{2k}}{a + a^3 + a^5 + \cdots + a^{2k-1}} > \dfrac{k+1}{k}$$

那么当 $n = k + 1$ 时，要证的不等式为
$$\dfrac{1 + a^2 + \cdots + a^{2k} + a^{2k+2}}{a + a^3 + \cdots + a^{2k-1} + a^{2k+1}} > \dfrac{k+2}{k+1}$$

比较假设式、求证式的特征，发现假设式左边的倒数与求证式左边的和为
$$\dfrac{1 + a^2}{a} > 2$$
又
$$2 > \dfrac{k}{k+1} > \dfrac{a + a^3 + \cdots + a^{2k-1}}{1 + a^2 + a^4 + \cdots + a^{2k}}$$

故求证式左边加上假设式左边的倒数 $> 2 > \dfrac{k}{k+1} >$ 假设式左边的倒数，即
$$求证式左边 > 2 - \dfrac{k}{k+1} = \dfrac{k+2}{k+1}$$

这说明 $n = k + 1$ 时不等式也成立.（下略）

例10　设 $a_1, a_2, \cdots, a_n$ 为实数，如果它们中任意两个数之和非负，那么对于满足 $x_1 + x_2 + \cdots + x_n = 1$ 的任意非负实数 $x_1, x_2, \cdots, x_n$，有不等式 $a_1 x_1 + a_2 x_2 + \cdots + a_n x_n \geq a_1 x_1^2 + a_2 x_2^2 + \cdots + a_n x_n^2$ 成立.

证明　假设 $n = k$ 时不等式成立，则 $n = k + 1$ 时
$$a_1 x_1 + a_2 x_2 + \cdots + a_{k-1} x_{k-1} + a_k x_k + a_{k+1} x_{k+1} = a_1 x_1 + a_2 x_2 + \cdots + a_{k-1} x_{k-1} + \dfrac{a_k x_k + a_{k+1} x_{k+1}}{x_k + x_{k+1}}(x_k + x_{k+1})$$

（这里假定了 $x_k + x_{k+1} \neq 0$，否则 $x_k = x_{k+1} = 0$ 是不用再证的. 再设 $a'_k = \dfrac{a_k x_k + a_{k+1} x_{k+1}}{x_k + x_{k+1}}$，$x'_k = x_k + x_{k+1}$）

上式 $= a_1x_1 + a_2x_2 + \cdots + a_{k-1}x_{k-1} + a'_kx'_k$

观察 $a_1, a_2, \cdots, a_{k-1}, a'_k$ 这 k 个实数,前 $k-1$ 个实数,满足任意两个数之和为非负,又对任意 a_i 有

$$a_i + a'_k = a_i + \frac{a_kx_k + a_{k+1}x_{k+1}}{x_k + x_{k+1}} = \frac{(a_i + a_k)x_k + (a_i + a_{k+1})x_{k+1}}{x_k + x_{k+1}} \geq 0$$

故这 k 个数满足任意两个数之和为非负的条件. 又

$$x_1 + x_2 + \cdots + x_{k-1} + x'_k = x_1 + x_2 + \cdots + x_{k-1} + x_k + x_{k+1} = 1$$

因此,由归纳假设

$$a_1x_1 + a_2x_2 + \cdots + a_{k-1}x_{k-1} + a'_kx'_k \geq a_1x_1^2 + a_2x_2^2 + \cdots + a_{k-1}x_{k-1}^2 + a'_kx'^2_k$$

而

$$\begin{aligned}a'_kx'^2_k &= \frac{a_kx_k + a_{k+1}x_{k+1}}{x_k + x_{k+1}}(x_k + x_{k+1})^2 = \\ &(a_kx_k + a_{k+1}x_{k+1})(x_k + x_{k+1}) = \\ &a_kx_k^2 + a_{k+1}x_{k+1}^2 + (a_k + a_{k+1})x_kx_{k+1} \geq \\ &a_kx_k^2 + a_{k+1}x_{k+1}^2\end{aligned}$$

所以 $\quad a_1x_1 + a_2x_2 + \cdots + a_{k+1}x_{k+1} \geq a_1x_1^2 + a_2x_2^2 + \cdots + a_{k+1}x_{k+1}^2$

(下略).

上例在完成"从 k 到 $k+1$"这一步时,不是直接利用 $n=k$ 时所成立的不等式.

例 11 证明:对大于 1 的任意正整数 n,都有

$$\ln n > \frac{1}{2} + \frac{1}{3} + \frac{1}{4} + \cdots + \frac{1}{n}$$

证明 (i) 当 $n=2$ 时,不等式左边 $= \ln 2$,右边 $= \frac{1}{2}$. 左边 $-$ 右边 $= \ln 2 - \frac{1}{2} = \ln 2 - \ln e^{\frac{1}{2}} = \ln \frac{2}{\sqrt{e}} = \ln \sqrt{\frac{4}{e}} > 0$,即 $\ln 2 > \frac{1}{2}$. 所以,当 $n=2$ 时,原命题是成立的.

(ii) 假设 $n=k(k \geq 2)$ 时,原命题是成立的,即

$$\ln k > \frac{1}{2} + \frac{1}{3} + \frac{1}{4} + \cdots + \frac{1}{k}$$

当 $n=k+1$ 时

不等式右边 $= \frac{1}{2} + \frac{1}{3} + \frac{1}{4} + \cdots + \frac{1}{k} + \frac{1}{k+1} < \ln k + \frac{1}{k+1}$

构造函数

$$f(x) = \ln x - \frac{x-1}{x} \quad (x > 1)$$

则

$$f'(x) = \frac{x-1}{x^2} > 0$$

所以 $f(x)$ 在 $(1, +\infty)$ 上单调递增.

因为
$$f(x) > f(1) = 0$$
所以 $\ln x > \dfrac{x-1}{x}$，取 $x = \dfrac{k+1}{k}$，从而
$$\ln \dfrac{k+1}{k} > \dfrac{1}{k+1}$$
即
$$\ln k + \dfrac{1}{k+1} < \ln(k+1) = 左边$$
所以当 $n = k+1$ 时，原命题也成立．

由(i)(ii)可知，对一切大于1的任意正整数 n，都有 $\ln n > \dfrac{1}{2} + \dfrac{1}{3} + \dfrac{1}{4} + \cdots + \dfrac{1}{n}$ 成立．

(5) 注意由 $P(k)$ 的表达式到 $P(k+1)$ 的表达式的内容变化．

在由 $P(k)$ 的表达式到 $P(k+1)$ 的表达式的内容变化，即如几何题中图形数量的增加；多项式问题、等式问题、不等式问题，等等增加的式子究竟是哪些．

例 12 若 $n > 1, n \in \mathbf{N}$，求证
$$1 + \dfrac{1}{2} + \dfrac{1}{3} + \dfrac{1}{4} + \cdots + \dfrac{1}{2^{n-1}} < n$$

证明 假设 $n = k$ 时，不等式成立，即
$$1 + \dfrac{1}{2} + \dfrac{1}{3} + \dfrac{1}{4} + \cdots + \dfrac{1}{2^{k-1}} < k$$
那么当 $n = k+1$ 时，注意不等式左边增加了 2^{k-1} 项，即
$$1 + \dfrac{1}{2} + \dfrac{1}{3} + \cdots + \dfrac{1}{2^{k-1}} + \dfrac{1}{2^{k-1}+1} + \dfrac{1}{2^{k-1}+2} + \cdots + \dfrac{1}{2^k} <$$
$$k + \underbrace{\dfrac{1}{2^{k-1}} + \dfrac{1}{2^{k-1}} + \cdots + \dfrac{1}{2^{k-1}}}_{2^{k-1}\text{项}} = k + 1$$

(下略)．

例 13 给定 n 个大圆，如果任意三个大圆不共点，则能把球面分成多少个区域？

解 下面证明满足题意的区域为 $n^2 - n + 2$（可用不完全归纳法推得），用数学归纳法证．

假设 k 个大圆，当任意的三个大圆不共点时，能把球面分成 $k^2 - k + 2$ 个区域．那么当 $n = k+1$ 个大圆时，由于球面上任意两个不同的大圆恰有两个交点，当任意的三个大圆不共点时，第 $k+1$ 个大圆与前 k 个大圆恰有 $2k$ 个交点，即被前 k 个大圆截成 $2k$ 段．每一段分原来的区域为两个区域，从而，增加了一个大圆则增加了 $2k$ 个区域，即
$$f(k+1) = f(k) + 2k = k^2 - k + 2 + 2k =$$
$$(k+1)^2 - (k+1) + 2$$

这样，由数学归纳法原理，证明了 n 个大圆，若任意三个大圆不共点，则能分球面成 $n^2 - n + 2$ 个区域．

例 14 圆周上任取 n 个点，两两联结它们，如果得到的任意三条弦没有公共的内点，问这些弦共有多少个相交的内点？

解 当 $n = 1, 2, 3$ 时，相交的内点数为 0．当 $n = 4$ 时，相交的内点数为 $1 = C_4^4$．

假设当 $n=k(\geqslant 4)$ 时,相交的内点数为 C_k^4,则对于圆周上任意 $k+1$ 个点 $A_1,A_2,\cdots,A_k,A_{k+1}$,不妨设它们依逆时针方向排列. 因为以 $A_1,A_2,\cdots,A_k$ 为端点的弦相交的内点数为 C_k^4;两条弦若都以 A_{k+1} 为其一端点,那么它们的公共点是 A_{k+1},没有公共的内点;若其一条弦以 $A_{k+1},A_i(1\leqslant i\leqslant k)$ 为端点,则与 A_iA_{k+1} 有公共内点的弦当且仅当其一端点取自 $A_1,A_2,\cdots,A_{i-1}$,另一端点取自 $A_{i+1},\cdots,A_k$,故与 A_iA_{k+1} 有公共内点的弦的总数是

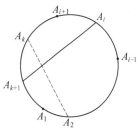

图 3.1.3

$$(i-1)(k-i) = k(i-1) - 2C_i^2$$

从而,在一条弦的端点是 A_{k+1} 的情况下,两弦相交的内点数等于

$$k[0+1+2+\cdots+(k-1)] - 2[C_2^2 + C_3^2 + \cdots + C_k^2]$$

由恒等式 $C_r^r + C_{r+1}^r + \cdots + C_{r+k}^r = C_{r+k+1}^{r+1}$ 及等差数列求和公式,得上式值为

$$k\cdot\frac{(k-1)\cdot k}{2} - 2C_{k+1}^3 = C_k^3$$

故当 $n=k+1$ 时,相交的内点数为 $C_k^4 + C_k^3 = C_{k+1}^4$. 由数学归纳法原理,得到这些弦共有 C_n^4 个相交的内点.

(6) 注意组合问题中的适时调整.

例 15 欧几里得平面被有限个圆分成若干个区域. 求证:可以把区域染成红色或蓝色,使得相邻(即至少以一段圆弧为公共边界的)两个区域,染不同的颜色.

证明 对圆的数目 n,利用数学归纳法证.

当 $n=1$ 时,把圆内染成红色,圆外染成蓝色,则得符合命题要求的染色法.

如果当 $n=k$ 时,如命题要求的染色法是存在的. 那么,当 $n=k+1$ 时,对其中 k 个圆,把平面分成若干个区域,我们可以染色,使相邻的两个区域染不同的颜色. 加上第 $k+1$ 个圆后,我们把原先的染色法调整如下:第 $k+1$ 个圆内的区域,都改变原先所染的颜色,即原先染红色,现在改为染蓝色;原先染蓝色,现在改为染红色. 第 $k+1$ 个圆外的区域,仍然保留原先的颜色. 那么,这时被 $k+1$ 个圆所分,相邻的两个区域染了不同的颜色.

因为,如果这两个相邻区域都在第 $k+1$ 个圆内或圆外,则都改变原先的染色或都保留原先的染色. 由归纳假设,原先染不同颜色,因此,现在仍染不同的颜色.

如果两个相邻区域一个在第 $k+1$ 个圆内,一个在圆外,即它们以第 $k+1$ 个圆的弧为边界,那么它们,原先属于同一区域,染相同颜色;现在一个改变了颜色,另一个不变. 故也染不同的颜色. 证毕.

注:将此例中的圆改为直线,结论也成立,证明也同上.

上面我们讲了数学归纳法应用于以上六个方面时的一些注意点,下面再看看应用技巧上的一些注意点.

(7) 注意归纳假设的不同形式及多次运用.

在例 10 的证明中,我们已运用了归纳假设的不同形式,下面再看一例.

例 16 已知 a_i 为正数,$i=1,2,\cdots,n$,求证

$$\frac{1}{n}(a_1+a_2+\cdots+a_n) \geqslant \sqrt[n]{a_1\cdot a_2\cdots\cdot a_n}$$

此例运用数学归纳法证有多种证法,但以下证法最优.

证明 当 $n = 2$ 时,显然有
$$\frac{1}{2}(a_1 + a_2) \geq \sqrt{a_1 \cdot a_2}$$

假设 $n = k$ 时,不等式成立,即
$$\frac{1}{k}(a_1 + a_2 + \cdots + a_k) \geq \sqrt[k]{a_1 \cdot a_2 \cdots a_k}$$

那么当 $n = k + 1$ 时,令
$$\frac{1}{k+1}(a_1 + a_2 + \cdots + a_{k+1}) = \alpha$$

由归纳假设也应有
$$\frac{1}{k}[a_{k+1} + (k-1)\alpha] \geq \sqrt[k]{a_{k+1} \cdot \alpha^{k-1}}$$

于是
$$\frac{1}{2}\left[\frac{a_1 + a_2 + \cdots + a_k}{k} + \frac{a_{k+1} + (k-1)\alpha}{k}\right] \geq \sqrt{\frac{1}{k}(a_1 + a_2 + \cdots + a_k) \cdot \frac{a_{k+1} + (k-1)\alpha}{k}} \geq$$
$$\sqrt{\sqrt[k]{a_1 \cdot a_2 \cdots a_k} \cdot \sqrt[k]{a_{k+1} \cdot \alpha^{k-1}}}$$

即
$$\left[\frac{(k+1)\alpha + (k-1)\alpha}{2k}\right]^{2k} \geq a_1 \cdot a_2 \cdots a_k \cdot a_{k+1} \cdot \alpha^{k-1}$$

亦即 $\alpha^{2k} \geq a_1 \cdot a_2 \cdots a_{k+1} \cdot \alpha^{k-1}$,两边约去 α^{k-1},得
$$\alpha = \frac{1}{k+1}(a_1 + a_2 + \cdots + a_{k+1}) \geq \sqrt[k+1]{a_1 \cdot a_2 \cdots a_{k+1}}$$

综上所述,不等式获证.

例 17 对于任意正整数 n,总可以找到一个正整数 m,使 $(\sqrt{2} - 1)^n = \sqrt{m} - \sqrt{m-1}$.

证明 当 $n = 1$ 时,可令 $m = 2$,命题成立.

假设 $n = k$ 时,命题成立,即可找到一个自然数 m,使
$$(\sqrt{2} - 1)^k = \sqrt{m} - \sqrt{m-1}$$

那么当 $n = k + 1$ 时
$$(\sqrt{2} - 1)^{k+1} = (\sqrt{2} - 1)^k(\sqrt{2} - 1) =$$
$$(\sqrt{m} - \sqrt{m-1})(\sqrt{2} - 1) =$$
$$\sqrt{2m} + \sqrt{m-1} - \sqrt{2(m-1)} - \sqrt{m}$$

至此,就要再次明确题意,所要证明的是 $(\sqrt{2} - 1)^{k+1}$ 能表示为两个二次根式之差,且两个被开方数是连续的自然数,故要做根式变形
$$(\sqrt{2} - 1)^{k+1} = \sqrt{(\sqrt{2m} + \sqrt{m-1})^2} - \sqrt{[\sqrt{2(m-1)} + \sqrt{m}]^2} =$$
$$\sqrt{3m - 1 + 2\sqrt{2m(m-1)}} - \sqrt{[3m - 1 + 2\sqrt{2m(m-1)}] - 1}$$

因 $m \in \mathbf{N}_+$,则 $3m - 1 \in \mathbf{N}_+$,于是证明 $\sqrt{2m(m-1)}$ 是自然数即可.

由二项式定理和归纳假设,可知存在整数 a 和 b,使
$$(\sqrt{2} - 1)^k = a\sqrt{2} + b = \sqrt{m} - \sqrt{m-1}$$

两边平方得

$$2a^2 + b^2 + 2ab\sqrt{2} = 2m - 1 + 2\sqrt{m(m-1)}$$

于是有
$$2ab\sqrt{2} = 2\sqrt{m(m-1)} = \sqrt{2m(m-1)} \cdot \sqrt{2}$$

所以
$$2ab = \sqrt{2m(m-1)}$$

这说明 $\sqrt{2m(m-1)}$ 是整数, 即为自然数. 这就是说 $n = k+1$ 时命题成立.

在上例中, 归纳假设式运用了两次.

(8) 注意反证法的配合运用.

例18 平面上给定 n 个点, 求证: 这些点确定的最大距离出现的重数不能多于 n.

证明 当 $n=2$ 或 $n=3$ 时, n 个点确定的线段不多于 n. 故命题显然成立.

设 $n=k(k \geq 3)$ 时, 命题成立. 下证当 $n=k+1$ 时, 命题也成立.

若不然, 有 $k+1$ 个点, 确定了 $k+2$ 条线段, 都具有最大距离, 则有某个点 P(图3.1.4), 它至少是三条线段的端点, 以 P 为中心, 以最大距离为半径的圆上至少有三点, 设相距最远的两点是 Q 和 R. 因 QR 不超过最大距离, 即圆半径, 故 $\overparen{QR}$ 的度数 $\leq 60°$. 这时, 可知其余点都在以 P, Q, R 为圆心, 最大距离为半径的三个共圆的公共部分. 设 S 是与 P 之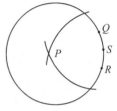

图3.1.4

间有最大距离的另一点, 则 S 与其余任何点的距离都小于最大距离. 从而, 删去 S, 得到 k 个点, 确定了 $k+1$ 条线段, 都有最大距离, 与归纳假设矛盾. (下略)

(9) 注意第一步验证推导的方法与结论对第二步的作用.

我们可从前面3.1.2中例2、本小节中例16等的证明中看到这点. 下面再看一例.

例19 有一列实数 $a_1, a_2, \cdots, a_n$, 且 $0 < a_i < 1, i = 1, 2, \cdots, n$. 求证: 对于 $n \geq 2$, 有
$$a_1 \cdot a_2 \cdot \cdots \cdot a_n > a_1 + a_2 + \cdots + a_n + 1 - n$$

证明 当 $n=2$ 时, 有
$$a_1 \cdot a_2 - (a_1 + a_2 + 1 - 2) = (a_1 - 1)(a_2 - 1) > 0$$

故有
$$a_1 \cdot a_2 > a_1 + a_2 + 1 - 2$$

假设 $n=k$ 时, $a_1 \cdot a_2 \cdot \cdots \cdot a_k > a_1 + a_2 + \cdots + a_k + 1 - k$ 成立, 那么当 $n=k+1$ 时
$$\begin{aligned} a_1 \cdot a_2 \cdot \cdots \cdot a_k \cdot a_{k+1} &= (a_1 \cdot a_2 \cdot \cdots \cdot a_k) \cdot a_{k+1} > \\ &(a_1 a_2 \cdots a_k) + a_{k+1} + 1 - 2 > \\ &(a_1 + a_2 + \cdots + a_k + 1 - k) + a_{k+1} + 1 - 2 = \\ &a_1 + a_2 + \cdots + a_k + a_{k+1} + 1 - (k+1) \end{aligned}$$

(下略).

(10) 注意 $P(k+1)$ 时各种情形的讨论.

例20 平面上若干条线段连在一起组成一个几何图形, 其中有顶点、有边(两端都是顶点的线段, 并且线段中间再没有别的顶点)、有面(四周被线段所围绕的部分, 并且不是由两个或者两个以上的面合起来的). 如果用 V, E 和 S 分别表示顶点数、边数和面数, 求证
$$V - E + S = 1 \qquad ①$$

证明 运用数学归纳法证.

当 $n=1$ 就是有 1 条线段的时候, 有 2 个点, 1 条线, 无面, 即
$$V_1 = 2, E_1 = 1, S_1 = 0$$

所以结论是正确的.

假设对由不多于 k 条线段组成的图形,这个命题成立,现在证明对由 $k+1$ 条线段组成的图形,这个命题也成立.

添上一条线可以有好几种添法,但是这条线是与原来的图形连在一起的,所以至少要有一端在原图形上. 根据这一点,我们来考虑以下各种可能情形.

（Ⅰ）一端在图形外,另一端就是原来的顶点. 这时,点数加上 1,线数加上 1,面数不变,这就是要在原来的公式的左边加上 $1-1+0=0$. 所以式 ① 成立.

（Ⅱ）一端在图形外,另一端在某一线段上. 这时,点数加上 2,线数也加上 2(除掉添上的一条线之外,原来的某一条线被分为两段),面数不变. 因为 $2-2+0=0$,所以式 ① 仍成立.

（Ⅲ）两端恰好是原来的两顶点. 这时,这条线段把一个面一分为二,即线、面数各加上 1,而点数不变. 因为 $0-1+1=0$,所以式 ① 仍成立.

（Ⅳ）一端是顶点,另一端在一条边上. 这时,点数加上 1,边数加上 2(一条是添的线,另一条来自把一边分为两段),面数加上 1. 因为 $1-2+1=0$,所以式 ① 仍成立.

（Ⅴ）两端都在边上. 这时,点数加上 2,边数加上 3,面数加上 1. 因为 $2-3+1=0$,所以式 ① 仍成立.

综上所述,可知公式 $V-E+S=1$,它对于所有的自然数 n 都成立.

(11) 注意数学归纳法多次运用于同一道题.

例 21 某次体育比赛,每两名选手都进行一场比赛,每场比赛一定决出胜负,通过比赛确定优秀选手. 选手 A 被确定为优秀选手的条件是:对任何其他选手 B,或者 A 胜 B;或者存在选手 C,C 胜 B,A 胜 C.

如果按上述规则确定的优秀选手只有一名,求证这名选手胜所有其他的选手.

证明 先证辅助命题:任意 n 名选手中,至少有一名优秀选手.

用数学归纳法证. 当 $n=2$ 时,命题自然成立. 设 $n \leq k$ 结论为真. $n=k+1$,若 A 胜所有选手,则结论为真. 若 A 胜 $C_1,C_2,\cdots,C_i$,A 负于 $B_1,B_2,\cdots,B_{k-1}$,则 $\{B_j\}$ 中至少有一名优秀选手 B_r,这名选手也是 $k+1$ 名选手中的优秀选手(因 B_r 胜 A,A 胜 $\{C_i\}$),因此辅助命题成立.

回过来用数学归纳法证原命题. $n=3$ 命题为真. 设 $n=4,5,\cdots,k$ 命题成立. 若 $n=k+1$ 原命题不成立,A 是唯一优秀选手. 而 A 胜 $C_1,C_2,\cdots,C_i$,A 负于 $B_1,B_2,\cdots,B_{k-1}$,则 $\{B_j\}$ 中至少有一名优秀选手 B_r,B_r 也是这 $k+1$ 名选手中的优秀选手,这与题设矛盾,故原命题成立.

例 22 用以下规则归纳出多项式的集合:（Ⅰ）$x \in S$;（Ⅱ）若 $f(x) \in S$,则 $x \cdot f(x) \in S$,$x+(1-x)f(x) \in S$.

证明:S 中没有两个不同的形式,它们在区间 $0<x<1$ 上的图像相交.

证明 首先将讨论限制在 $0<x<1$ 里. 下面对 n 用数学归纳法证明. 对任意 $f(x) \in S$,有 $0<f(x)<1$.

事实上,当 $n=1$ 时,显然有 $0<x<1$. 假定 $0<f(x)<1$,则
$$0 < x \cdot f(x) < x < 1$$
$$0 < x+(1-x) \cdot f(x) < x+(1-x) = 1$$

现在证明 S 中所有次数小于或等于 n 的多项式的图像绝不相交. 仍对 n 进行归纳,$n=1$ 时显然命题成立. 设命题对 $n-1$ 成立. 对于 S 中次数小于 n 的两个多项式 $f_1(x)$ 及 $f_2(x)$,由

于对任何 $x \in (0,1)$, $f_1(x) \neq f_2(x)$, 所以
$$x \cdot f_1(x) \neq x \cdot f_2(x)$$
$$x + (1-x)f_1(x) \neq x + (1-x)f_2(x)$$
同时对任何 $x \in (0,1)$, 有
$$x \cdot f_1(x) < x < x + (1-x) \cdot f_2(x)$$
及
$$x \cdot f_2(x) < x < x + (1-x)f_1(x)$$

综上命题对 n 也成立.

例 23 对于所有非负整数 x 和 y, $f(x,y)$ 是满足下列条件的函数:

（Ⅰ） $f(0,y) = y + 1$;

（Ⅱ） $f(x+1,0) = f(x,1)$;

（Ⅲ） $f(x+1,y+1) = f[x,f(x+1,y)]$.

求 $f(4,2\,005)$.

解 由所给的三个条件, 得
$$f(1,0) = f(0,1) = 2$$
$$f(1,1) = f[0,f(1,0)] = f(0,2) = 3$$
$$f(1,2) = f[0,f(1,1)] = f(0,3) = 4$$

我们看到: 当 $x = 1, y = 0,1,2$ 时, 有
$$f(1,y) = y + 2 \qquad\qquad ①$$

假设当 $y = k$ 时式 ① 成立, 则当 $y = k + 1$ 时
$$f(1,k+1) = f[0,f(1,k)] = f(0,k+2) =$$
$$(k+2) + 1 = (k+1) + 2$$

由归纳法原理知式 ① 普遍成立.

再由（Ⅱ）（Ⅲ）, 及式 ① 得
$$f(2,0) = f(1,1) = 3$$
$$f(2,1) = f[1,f(2,0)] = f(1,3) = 5$$
$$f(2,2) = f[1,f(2,1)] = f(1,5) = 7$$

我们看到当 $x = 2, y = 0,1,2$ 时下式成立, 即
$$f(2,y) = 2y + 3 \qquad\qquad ②$$

假设当 $y = k$ 时式 ② 成立, 则当 $y = k + 1$ 时
$$f(2,k+1) = f[1,f(2,k)] = f(1,2k+3) =$$
$$(2k+3) + 2 = 2(k+1) + 3$$

故由归纳假设, 知式 ② 也普遍成立.

又由（Ⅱ）（Ⅲ）, 及式 ② 得
$$f(3,0) = f(2,1) = 5$$
$$f(3,1) = f[2,f(3,0)] = f(2,5) = 13$$
$$f(3,2) = f[2,f(3,1)] = f(2,13) = 29$$

由于
$$5 = 2^3 - 3, 13 = 2^4 - 3, 29 = 2^5 - 3$$

可知当 $x = 3, y = 0,1,2$ 时, 下式成立

$$f(3,y) = 2^{y+3} - 3 \qquad ③$$

假设当 $y = k$ 时式 ③ 成立,则当 $y = k + 1$ 时

$$f(3, k+1) = f[2, f(3,k)] = f(2, 2^{k+3} - 3) =$$
$$2(2^{k+3} - 3 + 3) = 2^{(k+1)+3} - 3$$

由归纳假设知式 ③ 也普遍成立.

最后由(Ⅱ)(Ⅲ),及式 ③ 得

$$f(4,0) = f(3,1) = 2^{2^2} - 3$$
$$f(4,1) = f[3, f(4,0)] = f(3, 2^{2^2} - 3) = 2^{2^{2^2}} - 3$$

用 $2^{(S)}$ 表示 $2^{2 \cdots 2} | S\text{层}2\text{的幂}$,则

$$f(4,0) = 2^{(3)} - 3$$
$$f(4,1) = 2^{(4)} - 3$$
$$f(4,2) = f[3, f(4,1)] = f[3, 2^{(4)} - 3] = 2^{2^{(4)}} - 3 = 2^{(5)} - 3$$

假设 $f(4,k) = 2^{(k+3)} - 3$ 成立,则

$$f(4, k+1) = f[3, f(4,k)] = f[3, 2^{(k+3)} - 3] =$$
$$2^{2^{(k+3)}} - 3 = 2^{(k+4)} - 3$$

由数学归纳法原理知下式对任意正整数成立

$$f(4,y) = 2^{(y+3)} - 3$$

故 $\qquad f(4, 2\,005) = 2^{(2\,008)} - 3 = 2^{2 \cdots 2} | 2\,008\text{层}2\text{的幂} - 3$

(12) 注意掌握克服第二步推理困难的几种方法.

a. 引入辅助变量.

引入的辅助变量多是经过巧妙设计的,因而可以更有效地利用归纳假设,加强已证命题与待证命题之间的联系,以便顺利完成归纳过程.前面例 16 的证明便是典型的例子.

例 24 求证:n 是正整数时,大于 $(3 + \sqrt{5})^{2n}$ 的最小整数能被 2^{n+1} 整除.

证明 (ⅰ) 先证大于 $(3 + \sqrt{5})^{2n}$ 的整数中最小的一个是 $(3 + \sqrt{5})^{2n} + (3 - \sqrt{5})^{2n}$.

事实上,由于 n 为正整数,所以可设

$$(3 + \sqrt{5})^{2n} = A_n + B_n \sqrt{5}$$

A_n, B_n 均为正整数.

此时必有

$$(3 - \sqrt{5})^{2n} = A_n - B_n \sqrt{5}$$

由此可知 $(3 + \sqrt{5})^{2n} + (3 - \sqrt{5})^{2n} = 2A_n$ 也是正整数.

又因为 $\qquad |3 - \sqrt{5}| < 1$

所以 $\qquad 0 < (3 - \sqrt{5})^{2n} < 1$

于是 $(3 + \sqrt{5})^{2n} + (3 - \sqrt{5})^{2n}$ 就是大于 $(3 + \sqrt{5})^{2n}$ 的最小整数.

(ⅱ) 现在再证 $(3 + \sqrt{5})^{2n} + (3 - \sqrt{5})^{2n}$ 能被 2^{n+1} 整除.对于所有的正整数 n,可以证明 A_n 和 B_n 都能被 2^n 整除.

事实上,当 $n = 1$,$(3 + \sqrt{5})^2 = 14 + 6\sqrt{5}$,$A_1 = 14, B_1 = 6$,它们都能被 2^1 整除.

假设当 $n = k$ 时,A_k 和 B_k 都能被 2^k 整除,那么

$$A_{k+1} + B_{k+1} \cdot \sqrt{5} = (3+\sqrt{5})^{2(k+1)} =$$
$$(3+\sqrt{5})^2 (A_k + B_k\sqrt{5}) =$$
$$(14A_k + 30B_k) + (6A_k + 14B_k)\sqrt{5}$$
$$A_{k+1} = 14A_k + 30B_k = 2(7A_k + 15B_k)$$
$$B_{k+1} = 2(3A_k + 7B_k)$$

由归纳假设当 $n = k+1$ 时,A_{k+1}, B_{k+1} 都能被 2^{k+1} 整除. 因此,A_n 和 B_n 都能被 2^n 整除,则 $2A_n$ 能被 2^{n+1} 整除,从而命题获证.

类似于上例,可证后面的例 26.

b. 加强命题.

有意识地比题目要求的多证明一些东西,可换来归纳假设的加强,从而有利于第二步的过渡.

前面 3.1.2 小节中例 6 的证明也就是加强命题的一种证法. 又例如,在证明不等式:

(1) $\frac{1}{2^2} + \frac{1}{3^2} + \cdots + \frac{1}{n^2} < 1, n \geq 2$ 且 $n \in \mathbf{N}$;

(2) 对于任意的自然数 n,当 $x > -1$ 时,有 $(1+x)^n \geq nx$;

(3) 设 $0 < u < 1$,且定义 $u_1 = 1+u, u_2 = \frac{1}{u_1} + u, \cdots, u_{n+1} = \frac{1}{u_n} + u, n \geq 1$,对 n 的一切值 $1, 2, 3, \cdots$,证明 $u_n > 1$. 若把它们要证的结论分别加强为 $\frac{1}{2^2} + \frac{1}{3^2} + \frac{1}{4^2} + \cdots + \frac{1}{n^2} < 1 - \frac{1}{n}$; $(1+x)^n \geq 1 + nx$; $1 < u_n < \frac{1}{1-u}$ 或 $1 < u_n \leq 1+u$,这就为克服第二步过渡困难提供了有效的方法. 下面再看三例.

例 25 设 $a_n = 1 + \frac{1}{2} + \cdots + \frac{1}{n}$,求证:当 $n \geq 2$ 时,有 $a_n^2 > 2\left(\frac{a_2}{2} + \frac{a_3}{3} + \cdots + \frac{a_n}{n}\right)$.

尝试用第一数学归纳法直接证明:当 $n = 2$ 时,因 $a_2 > 1$,则 $a_2^2 > a_2 = 2 \cdot \frac{a_2}{2}$,命题成立;假设当 $n = k$ 时命题成立,即有

$$a_k^2 > 2\left(\frac{a_2}{2} + \frac{a_3}{3} + \cdots + \frac{a_k}{k}\right)$$

则当 $n = k+1$ 时,有

$$a_{k+1}^2 = \left(a_k + \frac{1}{k+1}\right)^2 = a_k^2 + \frac{2a_k}{k+1} + \frac{1}{(k+1)^2} >$$
$$2\left(\frac{a_2}{2} + \frac{a_3}{3} + \cdots + \frac{a_k}{k}\right) + \frac{2}{k+1}\left(a_{k+1} - \frac{1}{k+1}\right) + \frac{1}{(k+1)^2} =$$
$$2\left(\frac{a_2}{2} + \frac{a_3}{3} + \cdots + \frac{a_k}{k} + \frac{a_{k+1}}{k+1}\right) - \frac{1}{(k+1)^2}$$

右边比我们要证明的结论小,这说明用归纳假设放缩时已放缩过度. 但是我们可用归纳法证其加强命题

$$a_n^2 > 2\left(\frac{a_2}{2} + \frac{a_3}{3} + \cdots + \frac{a_n}{n}\right) + \frac{1}{n}$$

成立,从而证得原命题.

证明 当 $n=2$ 时,$a_2^2 = \dfrac{9}{4}$,$2 \cdot \dfrac{a_2}{2} + \dfrac{1}{2} = 2$,$a_2^2 > 2 \cdot \dfrac{a_2}{2} + \dfrac{1}{2}$,命题成立;假设当 $n = k$ 时命题成立,即有

$$a_k^2 > 2\left(\dfrac{a_2}{2} + \dfrac{a_3}{3} + \cdots + \dfrac{a_k}{k}\right) + \dfrac{1}{k}$$

则当 $n = k+1$ 时,有

$$a_{k+1}^2 = a_k^2 + \dfrac{2a_k}{k+1} + \dfrac{1}{(k+1)^2} >$$

$$2\left(\dfrac{a_2}{2} + \dfrac{a_3}{3} + \cdots + \dfrac{a_k}{k}\right) + \dfrac{1}{k} + \dfrac{2}{k+1}\left(a_{k+1} - \dfrac{1}{k+1}\right) + \dfrac{1}{(k+1)^2} =$$

$$2\left(\dfrac{a_2}{2} + \dfrac{a_3}{3} + \cdots + \dfrac{a_k}{k} + \dfrac{a_{k+1}}{k+1}\right) + \dfrac{1}{k} - \dfrac{1}{(k+1)^2} >$$

$$2\left(\dfrac{a_2}{2} + \dfrac{a_3}{3} + \cdots + \dfrac{a_k}{k} + \dfrac{a_{k+1}}{k+1}\right) + \dfrac{1}{k+1}$$

命题亦成立,从而加强命题对于任意的 $n \geq 2$ 都成立.

加强命题与原命题的区别在于后面多了一个"小尾巴 $\dfrac{1}{n}$",你可别小瞧了它! 就是这个 $\dfrac{1}{n}$,在由 $n=k$ 到 $n=k+1$ 的过程中使归纳的局势逆转,反败为胜,功不可没. 你也许会发问:是不是非要加上 $\dfrac{1}{n}$ 呢? 其实可以设将原命题加强为

$$a_n^2 > 2\left(\dfrac{a_2}{2} + \dfrac{a_3}{3} + \cdots + \dfrac{a_n}{n}\right) + g(n)$$

$g(n)$ 是一个非负数列,由归纳的过程分析可知 $g(n)$ 应满足 $g(k+1) < g(k) - \dfrac{1}{(k+1)^2}$,从理论上讲,满足该式的 $g(n)$ 都是可行的.

例 25 证明:对任意正整数 n,都有 $\dfrac{1}{2} \cdot \dfrac{3}{4} \cdot \cdots \cdot \dfrac{2n-1}{2n} < \dfrac{1}{\sqrt{3n}}$.

证明 如果直接处理,那么为实现归纳过渡,需要不等式 $\dfrac{2n+1}{2(n+1)} \cdot \dfrac{1}{\sqrt{3n}} \leq \dfrac{1}{\sqrt{3(n+1)}}$ 成立,这要求 $(n+1)(2n+1)^2 \leq n(2n+2)^2$,而这等价于 $(2n+1)^2 \leq n(4n+3)$,但此不等式不成立. 所以,直接用数学归纳法难以证明原不等式成立.

下面我们来看一个原命题的加强命题:$\dfrac{1}{2} \cdot \dfrac{3}{4} \cdot \cdots \cdot \dfrac{2n-1}{2n} \leq \dfrac{1}{\sqrt{3n+1}}$.

(i) 当 $n=1$ 时,不等式左边 $= \dfrac{1}{2}$,不等式右边 $= \dfrac{1}{2}$,故 $n=1$ 时原不等式成立.

(ii) 假设 $n = k(k \geq 1)$ 时原不等式成立,即 $\dfrac{1}{2} \cdot \dfrac{3}{4} \cdot \cdots \cdot \dfrac{2k-1}{2k} \leq \dfrac{1}{\sqrt{3k+1}}$.

那么当 $n = k+1$ 时

不等式左边 $= \dfrac{1}{2} \cdot \dfrac{3}{4} \cdot \cdots \cdot \dfrac{2k-1}{2k} \cdot \dfrac{2k+1}{2k+2} \leqslant$

$$\dfrac{1}{\sqrt{3k+1}} \cdot \dfrac{2k+1}{2k+2} = \dfrac{1}{\sqrt{3k+1}} \cdot \dfrac{1}{1+\dfrac{1}{2k+1}} =$$

$$\dfrac{1}{\sqrt{(3k+1)\left(1+\dfrac{1}{2k+1}\right)^2}} =$$

$$\dfrac{1}{\sqrt{(3k+1)\left(1+\dfrac{2}{2k+1}+\dfrac{1}{(2k+1)^2}\right)}} =$$

$$\dfrac{1}{\sqrt{3k+1+\dfrac{(3k+1)(4k+3)}{(2k+1)^2}}} <$$

$$\dfrac{1}{\sqrt{3k+1+\dfrac{12k^2+12k+3}{(2k+1)^2}}} = \dfrac{1}{\sqrt{3k+4}}$$

所以 $n = k+1$ 时,原不等式也成立.

由(i)(ii)可知,对一切的 $n \in \mathbf{N}_+$ 原不等式都成立.

例26 2 009 个点分布在一个圆周上,每个点标上 $+1$ 或 -1. 如果从某一点开始,依任一方向绕圆周前进到任一点,所经过的各个点(包括始点与终点)上标的数的和都是正的,就称这个点是"好点". 证明:在标有 -1 的点少于 670 时,至少有一个好点存在.

分析 我们可证明一般性的结论:设圆周上有 $3n+1$ 个点标有 $+1$ 或 -1,并且标有 -1 的点少于 $n+1$ 个时,则至少有一个好点存在.

证明 设 -1 的个数为 n,对 n 进行归纳,当 $n=1$ 时,容易看出结论成立. 假设 $n=k$ 时命题的结论成立. 当 $n=k+1$ 时,为了将它归结到 $n=k$ 时的情形,在 $k+1$ 个 -1 的点中任取一点,记为 A. 在 A 的两边各取一个与 A 相距最近的标有 $+1$ 的点,分别记为 B,C,将这三个点取消. 根据归纳假设,剩下的 $3k+1$ 个点中有一个好点 D.

下面再证明,将 A,B,C 三点复原之后,这时 D 仍为好点. 由于有 $3k+1$ 个点时,D 是好点,所以点 D 必标有 $+1$. 再由 B,C 是两边最靠近点 A 的 $+1$ 点,所以点 D 必在 $\overset{\frown}{BAC}$ 之外,从点 D 出发,沿着圆弧的点逐个求和,到达点 B(或点 C),然后再到点 A,由归纳假设,和总是正的,即在 $n=k+1$ 时,D 也是好点.

综上所述,命题得证,从而原命题也获证.

克服第二步推理困难除了上述两种办法外,还要掌握下面的数学归纳法的其他形式.

3.2 数学归纳法的几种其他形式

我们把上面几种形式的数学归纳法称为"普通"归纳法(区别于完全归纳法),下面再介绍几种其他形式的数学归纳法,这些形式的数学归纳法是克服第二步困难的极为重要的技巧与办法. 它们均可运用最小数原理来证.

3.2.1 第二数学归纳法

有时为了推出命题 $P(n)$ 对 $n = k + 1$ 成立,除用到 $P(k)$ 成立的假设之外,还要用到 $P(k-1), P(k-2), \cdots,$ 成立的假设. 于是数学归纳法有如下形式:

(Ⅰ) 验证 $P(n_0), P(n_0 + 1), \cdots, P(k_0)$ 成立;

(Ⅱ) 假设当 $k_0 \leqslant n \leqslant k$ 时,$P(k)$ 都成立,再推出 $P(k+1)$ 成立.

(Ⅲ) 由(Ⅰ)(Ⅱ)可知,命题 $P(n)$ 对任意自然数 n 成立.

我们在上节例 20 证明辅助命题时,已涉及了第二归纳法. 对于给出前 n 项($n \geqslant 2$)及 n 阶递推关系的数列问题的证明,一般要用到第二数学归纳法. 例如:"已知 $a_0 = 2, a_1 = 3$,且当 $k \geqslant 1$ 时,$a_{k+1} = 3a_k - 2a_{k-1}$,求证 $a_n = 2^n + 1$",就要运用第二数学归纳法证. 再看下面一例.

例 1 求证:比 $(\sqrt{3}+1)^{2n}$ 大的最小整数能被 2^{n+1} 整除.

此例我们在前面已提到,引入参量可用"普通"归纳法证,但我们运用第二归纳法证更简捷.

证明 因 $0 < \sqrt{3} - 1 < 1$,则当 n 是非负整数时

$$0 < (\sqrt{3} - 1)^{2n} < 1$$

令

$$A_n = (\sqrt{3}+1)^{2n} + (\sqrt{3}-1)^{2n} =$$
$$2[(\sqrt{3})^{2n} + C_{2n}^2 (\sqrt{3})^{2n-2} + \cdots + C_{2n}^{2n-2}(\sqrt{3})^2 + 1] =$$
$$2[3^n + C_{2n}^2 \cdot 3^{n-1} + \cdots + C_{2n}^{2n-2} \cdot 3 + 1]$$

且 A_n 是整数,故比 $(\sqrt{3}+1)^{2n}$ 大的最小整数是 A_n.

因为

$$A_0 = 2, A_1 = 8$$

$$A_{k+1} = (\sqrt{3}+1)^{2k+2} + (\sqrt{3}-1)^{2k+2} =$$
$$8[(\sqrt{3}+1)^{2k} + (\sqrt{3}-1)^{2k}] - 4[(\sqrt{3}+1)^{2k-2} + (\sqrt{3}-1)^{2k-2}] =$$
$$8A_k - 4A_{k-1} \qquad ①$$

于是,当 $n = 0, 1$ 时,命题显然是成立的.

如果当 $n = k - 1$ 和 $k(k \geqslant 1)$ 时命题成立,即 A_{k-1} 和 A_k 分别能被 2^k 和 2^{k+1} 整除,那么,$8A_k$ 和 $4A_{k-1}$ 分别能被 2^{k+4} 和 2^{k+2} 整除. 由式①,A_{k+1} 能被 2^{k+2} 整除,即命题当 $n = k + 1$ 时也成立. 由数学归纳法原理,命题对一切非负整数 n 成立. 证毕.

例 2 有两堆棋子,数目相等,两人玩耍,每人可在一堆里任意取几颗,但不能同时在两堆里取,规定取得最后一颗者胜. 求证:后取者必胜.

证明 设 n 是棋子的颗数,当 $n = 1$ 时,先取者只能在一堆里取一颗,后取者取另一堆里的,所以命题正确.

假设 $n \leqslant k$ 时,命题正确. 则当 $n = k + 1$ 时,先取者可在一堆里取棋子 l 颗($1 \leqslant l \leqslant k + 1$). 这样,剩下的两堆棋子,一堆有 $k + 1$ 颗,另一堆有 $k + 1 - l$ 颗. 这时后取者在较多的一堆里取棋子 l 颗,使两堆棋子都有 $k + 1 - l$ 颗,这样就变成了 $n = k + 1 - l \leqslant l$ 的问题. 按照归纳假设,后取者可以获胜.

故对于所有自然数 n,后取者可以获胜.

3.2.2 跳跃数学归纳法

通常,数学归纳法的第二步总是由 $n = k$ 推出 $n = k + 1$,跨度为 1. 当跨度为 $l(l \in \mathbf{N}, l \geq 1)$ 时数学归纳法有如下形式:

（Ⅰ）当 $n = 1, 2, \cdots, l$ 时,命题 $P(1), P(2), \cdots, P(l)$ 都成立；

（Ⅱ）假设当 $n = k$ 时,命题 $P(k)$ 成立,则当 $n = k + l$ 时,命题 $P(k + l)$ 也成立；

（Ⅲ）由（Ⅰ）（Ⅱ）可知,命题 $P(n)$ 对一切自然数 n 都成立.

例 3 求证:对 $x > 0$ 及 $n \in \mathbf{N}$,有

$$x^n + x^{n-2} + x^{n-4} + \cdots + \frac{1}{x^{n-2}} + \frac{1}{x^n} \geq n + 1$$

证明 当 $n = 1$ 时,有 $x + \frac{1}{x} \geq 2$,不等式成立.

当 $n = 2$ 时,有 $x^2 + x^0 + \frac{1}{x^0} + \frac{1}{x^2} \geq 2 + 2 > 3$,不等式成立.

假设 $n = k$ 时不等式成立,即

$$x^k + x^{k-2} + \cdots + \frac{1}{x^{k-2}} + \frac{1}{x^k} \geq k + 1$$

则当 $n = k + 2$ 时,有

$$x^{k+2} + x^k + \cdots + \frac{1}{x^{k-2}} + \frac{1}{x^k} + \frac{1}{x^{k+2}} = \left(x^k + x^{k-2} + \cdots + \frac{1}{x^{k-2}} + \frac{1}{x^k}\right) + \left(x^{k+2} + \frac{1}{x^{k+2}}\right) \geq$$
$$(k + 1) + 2 =$$
$$(k + 2) + 1$$

综上所述,命题获证.

此例证明 $n = k + 2$ 比证明 $n = k + 1$ 容易得多. 由此可见,有时采用跳跃归纳法,往往会很方便.

例 4 证明方程 $2x + 3y = n$ 的非负整数解的组数等于 $\left[\frac{n}{6}\right]$ 或 $\left[\frac{n}{6}\right] + 1$. 其中 $[x]$ 表示不超过 x 的最大整数.

证明 当 $n = 1, 2, \cdots, 6$ 时,可以直接验证结论正确.

假设 $n = k$ 时,方程 $2x + 3y = k$ 的非负整数解的组数等于 $\left[\frac{k}{6}\right]$ 或 $\left[\frac{k}{6}\right] + 1$. 则当 $n = k + 6$ 时,方程为 $2x + 3y = k + 6$. 对于这个方程,$y = 0$ 时,有零组解或一组解,这要看 k 的奇偶性而定；当 $y = 1$ 时,方程变为 $2x = k + 3$,它有一组解或零组解,这也要看 k 的奇偶性而定. 总之,当 $y = 0, 1$ 时,方程 $2x + 3y = k + 6$ 仅有一组解.

当 $y \geq 2$ 时,把方程改写为 $2x + 3(y - 2) = k$,依归纳假设,对于这个变形后的方程有 $\left[\frac{k}{6}\right]$ 或 $\left[\frac{k}{6}\right] + 1$ 组解.

所以方程 $2x + 3y = k + 6$ 共有 $\left[\frac{k}{6}\right] + 1$ 或 $\left[\frac{k}{6}\right] + 2$ 组解,也就是共有 $\left[\frac{k+6}{6}\right]$ 或

$\left[\dfrac{k+6}{6}\right]+1$ 组解.

所以,对任意自然数 n,方程 $2x+3y=n$ 有 $\left[\dfrac{n}{6}\right]$ 或 $\left[\dfrac{n}{6}\right]+1$ 组解.

例5 已知 $\triangle ABC$ 的三边都是有理数,求证:(Ⅰ) $\cos A$ 是有理数;(Ⅱ) 对任意正整数 n, $\cos nA$ 都是有理数.

证法1 (第二数学归纳法) 当 $n=1$ 时,由(Ⅰ)知 $\cos A$ 是有理数, $\cos 2A = 2\cos^2 A - 1$ 是有理数. 假设当 $n \leqslant k(k \geqslant 2)$ 时, $\cos kA$ 是有理数, 则当 $n = k+1$ 时,有

$$\cos(k+1)A = \cos[(k-1)A + 2A] =$$
$$\cos(k-1)A\cos 2A - \sin(k-1)A\sin 2A =$$
$$\cos(k-1)A\cos 2A - 2\sin(k-1)A\sin A\cos A =$$
$$\cos(k-1)A\cos 2A - \cos A[\cos(k-2)A - \cos kA]$$

由归纳假设知,上式中每一项均为有理数,所以 $\cos(k+1)A$ 也为有理数. 所以,对任意正整数 n, $\cos nA$ 都是有理数.

证法2 (跳跃归纳法) 当 $n = 1$ 时,由(Ⅰ)知 $\cos A$ 是有理数. 当 $n = 2$ 时,因 $\cos 2A = 2\cos^2 A - 1$,故 $\cos 2A$ 也为有理数. 现假设 $\cos kA$ 和 $\cos(k+1)A$ 都是有理数,那么由

$$\cos kA + \cos(k+2)A = 2\cos A\cos(k+1)A$$

知 $\cos(k+2)A = 2\cos A\cos(k+1)A - \cos kA$ 为有理数. 于是归纳可得,对任意正整数 n, $\cos nA$ 都是有理数.

3.2.3 倒推数学归纳法(反向归纳法)

有时,为了证明命题 $P(n)$ 成立,要采用如下形式的数学归纳法.

(Ⅰ) 命题 $P(n)$ 对无穷个自然数即 $(1,2,\cdots,n)$ 的一个子集 A 都成立;

(Ⅱ) 假设命题 $P(k)$ 成立,并由此推出 $P(k-1)$ 成立,所用的推导对任意的自然数都有效;

(Ⅲ) 由(Ⅰ)(Ⅱ)可知,命题 $P(n)$ 对全部自然数 n 都成立.

例如上节 3.1.3 中例 15,我们可以对无穷个自然数 $n = 2,4,8,\cdots,2^m,\cdots$,用"普遍"归纳法证明它的正确性. 现在假定对 n 个数命题已经成立. 我们要由此推出对 $n-1$ 个数命题也真,即

$$\sqrt[n-1]{a_1 \cdot a_2 \cdots a_{n-1}} \leqslant \dfrac{1}{n-1}(a_1 + a_2 + \cdots + a_{n-1})$$

令

$$b = \dfrac{1}{n-1}(a_1 + a_2 + \cdots + a_{n-1})$$

即

$$a_1 + a_2 + \cdots + a_{n-1} = (n-1)b$$

由归纳假设,对 $a_1, a_2, \cdots, a_{n-1}$,命题成立,于是有

$$\sqrt[n]{a_1 \cdot a_2 \cdots a_{n-1} \cdot b} \leqslant \dfrac{1}{n}(a_1 + a_2 + \cdots + a_{n-1} + b) =$$
$$\dfrac{(n-1)b + b}{n} = b$$

则

$$a_1 \cdot a_2 \cdots a_{n-1} \cdot b \leqslant b^n$$

即
$$\sqrt[n-1]{a_1 \cdot a_2 \cdots a_{n-1}} \leq \frac{a_1 + a_2 + \cdots + a_{n-1}}{n-1}$$

根据倒推归纳原理,命题获证.

类似于上例可证明如下命题:若函数 $f(x)$ 定义在区间 (a,b) 内,对于 (a,b) 内任意两点 x_1, x_2,有 $f(\frac{x_1 + x_2}{2}) \leq \frac{1}{2}[f(x_1) + f(x_2)]$. 求证:对任意自然数 n,有

$$f[\frac{1}{n}(x_1 + \cdots + x_n)] \leq \frac{1}{n}[f(x_1) + \cdots + f(x_n)]$$

3.2.4 分段数学归纳法

有时,在"k 到 $k+1$"这一步的证明中,要分成几步完成归纳,这种归纳法叫分段归纳法.

例1 在正项数列 $\{a_n\}$ 中,$a_n^2 \leq a_n - a_{n+1}$,求证:$a_n < \frac{1}{n}$.

证明 当 $n=1$ 时,从 $a_1^2 \leq a_1 - a_2$,得到 $a_2 \leq a_1(1-a_1)$,由 $a_1 > 0$ 及 $a_2 > 0$,得到 $a_1(1-a_1) > 0$,且 $1-a_1 > 0$.

故 $a_1 < 1$,结论在 $n=1$ 时为真.

假设当 $n=k$ 时,有 $a_k < \frac{1}{k}$. 则当 $n=k+1$ 时,分两段来证.

若 $\frac{1}{1+k} \leq a_k < \frac{1}{k}$,则

$$a_{k+1} \leq a_k(1-a_k) < \frac{1}{k}(1-\frac{1}{k+1}) = \frac{1}{k+1}$$

若 $0 < a_k < \frac{1}{k+1}$,则

$$a_{k+1} \leq a_k(1-a_k) < \frac{1}{k+1} \cdot 1 = \frac{1}{k+1}$$

所以 $n=k+1$ 时,结论成立.

综上所述,对一切自然数 n 有 $a_n < \frac{1}{n}$.

例2 任意给定 $n+1$ 个不超过 $2n$ 的正整数,则至少有一个数是另一个数的倍数.

证明 如果 $n+1$ 个数中有两个相同的,那么,这两个数,其中一个当然是另一个的倍数. 故不妨假设任意给定的 $n+1$ 个数是两两不相同. 为此,我们利用分段归纳法证明.

当 $n=1$ 时,则在两个不超过 2 的整数中,即 1 和 2 中,显然 2 是 1 的倍数.

假设当 $n=k(k \geq 1)$ 时,命题成立. 则当 $n=k+1$ 时,$a_1, a_2, \cdots, a_{k+1}, a_{k+2}$ 是任意给定的 $k+2$ 个不超过 $2(k+1)$ 且两两不相同的正整数,不妨设 $1 \leq a_1 < a_2 < \cdots < a_{k+1} < a_{k+2} \leq 2k+2$.

若 $a_{k+1} \leq 2k$,则由归纳假设,在 $a_1, a_2, \cdots, a_{k+1}$ 这 $k+1$ 个不超过 $2k$ 的正整数中,至少有一个是另一个的倍数.

若 $a_{k+1} > 2k$,则只能 $a_{k+1} = 2k+1, a_{k+2} = 2k+2$. 如果 $a_1, a_2, \cdots, a_k$ 中至少有一个是另一个的倍数,则命题在 $n=k+1$ 时成立. 否则,$a_1, a_2, \cdots, a_k$,在 $a'_{k+1} = k+1$ 这 $k+1$ 个不超过 $2k$

的正整数中,必有一个数是另一个数的倍数,且其中一个是 a'_{k+1}.(我们是在 $a_1, a_2, \cdots, a_k$ 中没有一个是另一个的倍数的前提下考虑的)从而,或者有一个数 a_i 是 $a'_{k+1} = k+1$ 的约数,故也是 $a_{k+2} = 2k+2$ 的约数,即 a_{k+2} 是 a_i 的倍数;或者有一个数 a_j 是 $a'_{k+1} = k+1$ 的倍数.但在 $1, 2, \cdots, 2k$ 中,只有 $k+1$ 本身是 $k+1$ 的倍数,故 $a_j = k+1$,即 a_{k+2} 是 a_j 的倍数.

综上所述,在任何情况下,当 $n = k+1$ 时命题成立,由数学归纳法原理,命题对一切正整数成立.

3.2.5 二元有限数学归纳法

与两个自然数 n, m 有关的,而且互相牵连的一个命题 $P(n, m)$ 的证明要采用如下形式的数学归纳法:

(Ⅰ)当 $n = n_0, m = m_0$ 时,命题 $P(n_0, m_0)$ 成立;

(Ⅱ)对任一 $k \geq n_0$,任一 $l \geq m_0$,假定 $P(k, l)$ 成立,则有 $P(k+1, l)$ 和 $P(k, l+1)$ 成立;

(Ⅲ)下结论,那么 $P(n, m)$ 对一切 $n \geq n_0, m \geq m_0$ 都成立.

例1 若 m, n 为自然数,试证 $2^{mn} > m^n$.

证明 (i) 当 $m = n = 1$ 时,有 $2^1 > 1^1$,显然 $P(1, 1)$ 成立.

(ii) 假设对任一 $k \geq 1, l \geq 1, P(k, l)$ 成立,即 $2^{kl} > k^l$ 成立,下面证明 $P(k+1, l)$ 和 $P(k, l+1)$ 都成立.

事实上,$2^{(k+1)l} = 2^{kl+l} = 2^{kl} \cdot 2^l > k^l \cdot 2^l = (2k)^l \geq (k+1)^l$,即有 $2^{(k+1)l} > (k+1)^l$ 或 $P(k+1, l)$ 成立.

又 $$2^{k(l+1)} = 2^{kl+k} = 2^{kl} \cdot 2^k > k^l \cdot 2^k > k^l \cdot k = k^{l+1}$$

即有 $2^{k(l+1)} > k^{l+1}$ 或 $P(k, l+1)$ 成立.

由归纳法原理,故对任意 $m \geq 1, n \geq 1$,总有 $2^{mn} \geq m^n$ 成立.

由于上面的二元有限归纳法还可推广到一般的情形:

设 $P(i_1, i_2, \cdots, i_n)$ 为与自然数 $i_1, i_2, \cdots, i_n$ 有关的命题.

(Ⅰ)$P(i_{1_0}, i_{2_0}, \cdots, i_{n_0})$ 为真;

(Ⅱ)对任一 $n_1 \geq i_{1_0}, n_2 \geq i_{2_0}, \cdots, n_n \geq i_{n_0}$,假定 $P(n_1, n_2, \cdots, n_n)$ 为真,则有 $P(n_1 + 1, n_2, \cdots, n_n), P(n_1, n_2 + 1, n_3, \cdots, n_n), \cdots, P(n_1, n_2, \cdots, n_n + 1)$ 都为真,那么,$P(i_1, i_2, \cdots, i_n)$ 对一切 $i_1 \geq i_{1_0}, i_2 \geq i_{2_0}, \cdots, i_n \geq i_{n_0}$ 都为真.

3.2.6 双向数学归纳法

一个与整数集有关的命题的证明可采用如下形式的数学归纳法.

设 $P(n)$ 为整数集 $\mathbf{Z}$ 上的命题,若:

(Ⅰ)当 $m \in \mathbf{Z}, P(m)$ 成立;

(Ⅱ)假设 $k \in \mathbf{Z}, P(k)$ 成立,并且,当 $k \geq m$ 时,由 $P(k)$ 真可推出 $P(k+1)$ 成立;当 $k \leq m$ 时,由 $P(k)$ 真可推出 $P(k-1)$ 成立.

(Ⅲ)下结论.那么命题 $P(n)$ 对一切整数 n 成立.

例1 若 $n \in \mathbf{Z}$,试证:$3^n \geq n^3$,等号仅当 $n = 3$ 时成立.

证明 (i) 当 $n = 3$ 时,$3^3 = 3^3$,命题真,等号成立.

(ii) 假设 $n=k$ 时,命题成立,即 $3^k \geq k^3$.

当 $k \geq 3$ 时,有
$$k^3 \geq 3k^2, k^3 \geq 9k > 3k+1$$

则
$$3^{k+1} = 3 \cdot 3^k \geq 3 \cdot k^3 = k^3 + k^3 + k^3 >$$
$$k^3 + 3k^2 + 3k + 1 = (k+1)^3$$

故
$$3^{k+1} > (k+1)^3$$

当 $k \leq 3$ 时,证 $3^{k-1} > (k-1)^3$.

① 当 $0 \leq k \leq 3$ 时,$k^3 > 3(k-1)^3$,则
$$3^{k-1} = 3^{-1} \cdot 3^k \geq 3^{-1} \cdot k^3 > (k-1)^3$$

② 当 $k < 0$ 时,$k(k-1) > 0$,$(k-1)^3 > 3(k-1)^3$,则
$$3^{k-1} = 3^{-1} \cdot 3^k \geq 3^{-1} \cdot k^3 =$$
$$3^{-1}[(k-1)^3 + 3(k-1)^2 + 3(k-1) + 1] =$$
$$3^{-1}[(k-1)^3 + 3k(k-1) + 1] >$$
$$3^{-1}(k-1)^3 > (k-1)^3$$

由①②可知,当 $k \leq 3$ 时,$3^{k-1} > (k-1)^3$.

综上所述,命题对一切整数 n 均成立,且仅当 $n=3$ 时等号成立.

3.2.7 跷跷板数学归纳法

命题中与自然数 n 有关的,而且互相牵连着的两个结论的证明,有时要采用如下的跷跷板数学归纳法.

设两个结论为 A_n, B_n,如果验证 A_1 是正确的. 假设 A_k 是正确的,推导 B_k 也是正确的;假设 B_k 是正确的,推导 A_{k+1} 也是正确的. 那么,对于任何自然数 n,结论 A_n, B_n 都是正确的.

把跷跷板数学归纳法推广便有如下形式的归纳法,姑且称为螺旋归纳法:

命题中与自然数 n 有关的,而且互相牵连着若干结论,例如 A_n, B_n, C_n, D_n, E_n,知道 A_1 是正确的,又 $A_k \xrightarrow{\text{注}} B_k, B_k \to C_k, C_k \to D_k, D_k \to E_k$,并且 $E_k \to A_{k+1}$. 这样五个结论就都是正确的.

注意:"→"表示假设前者正确,能够推导后者正确.

3.2.8 同步数学归纳法

命题中与自然数 n 有关的,而且互相牵连着的两个结论的证明,还有用如下同步数学归纳法证明的.

设两个结论为 A_n, B_n. 如果验证 A_1, B_1 是正确的,假设 A_k, B_k 都成立,能推导出 A_{k+1}, B_{k+1} 也成立. 那么,对于任意自然数,这两个结论都成立.

例 10 已知 $x_0 = 0, x_1 = 1$,且 $x_{n+1} = 4x_n - x_{n-1}$;$y_0 = 1, y_1 = 2$,且 $y_{n+1} = 4y_n - y_{n-1}$,$n = 1, 2, \cdots$,求证:对一切整数 $n \geq 0$,有:(i) $y_n^2 = 3x_n^2 + 1$;(ii) $y_n y_{n-1} = 3x_n x_{n-1} + 2$.

证明 直接验证知,$n = 1$ 时,以上二式均成立.

假设 $n = k$ 时,结论都成立,那么当 $n = k+1$ 时

$$y_{k+1}^2 = (4y_k - y_{k-1})^2 = 16y_k^2 - 8y_k y_{k-1} + y_{k-1}^2 =$$
$$48x_k^2 + 16 - 8y_k y_{k-1} + 3x_{k-1}^2 + 1 =$$
$$48x_k^2 + 16 - 8(2 + 3x_k y_{k-1}) + 3x_{k-1}^2 + 1 =$$
$$48x_k^2 - 24x_k x_{k-1} + 3x_{k-1}^2 + 1 =$$
$$3(4x_k - x_{k-1})^2 + 1 =$$
$$3x_{k+1}^2 + 1$$

$$y_{k+1} \cdot y_k = (4y_k - y_{k-1})y_k = 4y_k^2 - y_{k-1} \cdot y_k =$$
$$4(3x_k^2 + 1) - (3x_k \cdot x_{k-1} + 2) =$$
$$3x_k(4x_k - x_{k-1}) + 2 =$$
$$3x_k \cdot x_{k+1} + 2$$

这说明 $n = k + 1$ 时,两个结论均成立.

综上所述,我们便证明了如上命题.

3.3 数学归纳法的适度运用

尽管有相当数量的与自然数有关的数学题,能够运用数学归纳法做出证明,但还是有一些与自然数有关的题不易或不能运用这个方法做出证明.

例如,求证不论取怎样的自然数 n,形如

$$\underbrace{44\cdots4}_{n\text{个}}\underbrace{88\cdots8}_{n-1\text{个}}9$$

的数总是完全平方数.

若用数学归纳法证,第二步十分困难,因为若假定存在着自然数 k 与 m,使

$$\underbrace{44\cdots4}_{k\text{个}}\underbrace{88\cdots8}_{k-1\text{个}}9 = m^2$$

可得

$$\underbrace{44\cdots4}_{k+1\text{个}}\underbrace{88\cdots8}_{k\text{个}}9 = 100m^2 - \underbrace{88\cdots8}_{k-1\text{个}}90 + 4\underbrace{88\cdots8}_{k\text{个}}9 =$$
$$(10m)^2 - 4\underbrace{00\cdots0}_{k-1\text{个}}11$$

由于 m 并未确定,上式末端的两项发生不了联系,要证明它们的代数和是一个完全平方数,就不可能.

其实,此例运用恒等变形就比较容易证(可参见本套书中的《数学眼光透视》中的 10.2 节).

思 考 题

1. 已知 $f(n) = 1 + \dfrac{1}{2} + \dfrac{1}{3} + \cdots + \dfrac{1}{n}$($n \geq 2$,且 $n \in \mathbf{N}$),求证

$$n + f(1) + \cdots + f(n-1) = nf(n)$$

2. 对于 $n \in \mathbf{N}$,证明

$$\frac{1}{n+1} + \frac{1}{n+2} + \cdots + \frac{1}{3n+1} > 1$$

3. 若 $n \in \mathbf{N}$，求证 $x^{n+1} + (x+1)^{2n-1}$ 能被 $x^2 + x + 1$ 整除.

4. 已知不相等的正数 a, b, c 成等差数列，当 $n > 1$，且 $n \in \mathbf{N}$ 时，试证明 $a^n + c^n > 2b^n$.

5. 若 $n \in \mathbf{N}$，试证 $(3n+1)7^n - 1$ 能被 9 整除.

6. 设 $f(x)$ 对一切自然数有定义，且 ① $f(x)$ 是整数，② $f(2) = 2$，③ $f(m \cdot n) = f(m) \cdot f(n)$ 对一切自然数成立，④ 当 $m > n$ 时，有 $f(m) > f(n)$，试证 $f(n) = n$.

7. 用 $f(n)$ 表示由 0 和 1 组成的长度为 n 的排列中，没有两个 1 相连的排列个数. 约定 $f(0) = 1$. 证明：

（Ⅰ）$f(n) = f(n-1) + f(n-2), n \geq 2$；

（Ⅱ）$f(4k+2)$ 能被 3 整除，$k \geq 0$.

8. $f(n)$ 定义在正整数集上，且满足 $f(1) = 2, f(n+1) = (f(n))^2 - f(n) + 1, n = 1, 2, \cdots$. 求证：对所有整数 $n > 1$，有

$$1 - \frac{1}{2^{2n-1}} < \sum_{i=1}^{n} \frac{1}{f(i)} < 1 - \frac{1}{2^{2n}}$$

9. 设 $a_0 = 1, a_{n+1} = \frac{a_n}{1 + a_n^2} (n = 0, 1, \cdots)$. 求证：

（Ⅰ）$a_n \leq \frac{3}{4} \times \frac{1}{\sqrt{n}} (n = 1, 2, \cdots)$；

（Ⅱ）$a_n \leq \frac{n}{2} (\sum_{i=1}^{n} \sqrt{i})^{-1} (n = 1, 2, \cdots)$.

10. 数列 $\{x_n\}$ 满足

$$x_1 \in (0, 1)$$

$$x_{n+1} = \begin{cases} \frac{1}{x_n} - \left[\frac{1}{x_n}\right], x_n \neq 0 \\ 0, x_n = 0 \end{cases} \quad (n \in \mathbf{N}_+)$$

求证：对一切 $n \in \mathbf{N}_+$，均有

$$x_1 + x_2 + \cdots + x_n < \frac{f_1}{f_2} + \frac{f_2}{f_3} + \cdots + \frac{f_n}{f_{n+1}}$$

其中 $[x]$ 表示不大于实数 x 的最大整数，$\{f_n\}$ 是斐波那契数列

$$f_1 = f_2 = 1, f_{n+2} = f_{n+1} + f_n \quad (n \in \mathbf{N}_+)$$

11. 已知各项均不小于 1 的数列 $\{a_n\}$ 满足

$$a_1 = 1, a_2 = 1 + \frac{\sqrt{2}}{2}, \left(\frac{a_n}{a_{n+1} - 1}\right)^2 + \left(\frac{a_n - 1}{a_{n-1}}\right)^2 = 2$$

试求：

（Ⅰ）数列 $\{a_n\}$ 的通项公式；

（Ⅱ）$\lim\limits_{n \to +\infty} \frac{a_n}{n}$ 的值.

12. 若数列 $1, 3, 7, 12, 19, 27, 37, 48, 61, \cdots$ 中，如果 a_l 是它的第 l 项，则 $a_{2l} = 3l, a_{2l-1} = 3l(l-1) + 1, l \in \mathbf{N}$，若 S_n 是数列前 n 项和，用数学归纳法证明

$$S_{2l-1} = \frac{1}{2}l(4l^2 - 3l + 1), S_{2l} = \frac{1}{2}l(4l^2 + 3l + 1)$$

13. 求证:(1) 若平面内 n 条直线两两相交且无三线共点,则把平面划分成区域数最多为 $f(n) = \dfrac{n^2 + n + 2}{2}$;

(2) 若空间中 n 个平面两两相交且无三个平面共线及四个平面共点,则把空间划分部分数最多为 $f(n) = \dfrac{n^3 + 5n + 6}{6}$.

思考题参考解答

1. (i) 当 $n = 2$ 时,等式成立.

(ii) 假设 $n = k$ 时, $k + f(1) + \cdots + f(k-1) = kf(k)$.

当 $n = k + 1$ 时
$$\text{左边} = k + 1 + f(1) + \cdots + f(k-1) + f(k) =$$
$$1 + f(k) + kf(k) =$$
$$(k+1)f(k) + 1 = (k+1)\left[f(k) + \frac{1}{k+1}\right] =$$
$$(k+1)f(k+1) = \text{右边}$$

由(i)(ii) 知,对 $n \geqslant 2$,且 $n \in \mathbf{N}$ 等式均成立.

解此题的关键是抓住结论 $(k+1)f(k+1)$,设法凑出系数 $k+1$ 来.

2. 当 $n = 1$ 时,左边 $= \dfrac{13}{12} > 1 = $ 右边;

设 $n = k$ 时,有 $\dfrac{1}{k+1} + \dfrac{1}{k+2} + \cdots + \dfrac{1}{3k+1} > 1$;

当 $n = k + 1$ 时

$$\text{左边} = \frac{1}{k+2} + \frac{1}{k+3} + \cdots + \frac{1}{3k+1} + \left(\frac{1}{3k+2} + \frac{1}{3k+3} + \frac{1}{3k+4}\right) =$$
$$\frac{1}{k+1} + \frac{1}{k+2} + \cdots + \frac{1}{3k+1} + \left(\frac{1}{3k+2} + \frac{1}{3k+3} + \frac{1}{3k+4} - \frac{1}{k+1}\right) >$$
$$1 + \frac{1}{3k+2} + \frac{1}{3k+4} - \frac{2}{3k+3} = 1 + \frac{2}{(3k+2)(3k+3)(3k+4)} > 1 = \text{右边}$$

所以对一切自然数 n 不等式均成立.

解此题的关键是凑出归纳假设的形式.

3. (i) 当 $n = 1$ 时,命题显然成立.

(ii) 设当 $n = k$ 时, $x^{k+1} + (x+1)^{2k-1}$ 能被 $x^2 + x + 1$ 整除.

证法 1 (添项) 当 $n = k + 1$ 时

$$x^{k+2} + (x+1)^{2k+1} = (x+1)^2(x+1)^{2k-1} + x^{k+2} + x^{k+2} + (x+1)x^{k+1} - (x+1)^2 x^{k+1} =$$
$$(x+1)^2[(x+1)^{2k-1} + x^{k+1}] - (x^2+x+1)x^{k+1}$$

而上面各项都能被 $x^2 + x + 1$ 整除,即 $n = k + 1$ 时成立.

证法 2 (折项) 当 $n = k + 1$ 时

$$x^{k+2} + (x+1)^{2k+1} = (x+1)^2(x+1)^{2k-1} + x^{k+2} =$$
$$(x^2 + x + 1)(x+1)^{2k-1} + x[(x+1)^{2k-1} + x^{k+1}]$$

以上各项都能被 $x^2 + x + 1$ 整除,即 $n = k + 1$ 时成立.

由(i)(ii)命题得证.

4. (i) 当 $n = 2$ 时,因为 $a^2 + c^2 > 2(\frac{a+c}{2})^2 = 2b^2$,即命题成立.

(ii) 设当 $n = k(k \geq 2)$ 时,有 $a^k + c^k > 2b^k$.

由于 a,c 为正数,所以 $(a^k - c^k)$ 与 $a - c$ 同号,即 $(a^k - c^k)(a - c) > 0$,亦即 $a^{k+1} + c^{k+1} > a^k c + ac^k$(桥梁),则

$$a^{k+1} + c^{k+1} = \frac{1}{2}(a^{k+1} + c^{k+1} + a^{k+1} + c^{k+1}) >$$
$$\frac{1}{2}(a^{k+1} + c^{k+1} + a^k c + ac^k) =$$
$$\frac{1}{2}(a^k + c^k)(a + c) =$$
$$(a^k + c^k)b > 2b^{k+1}$$

即 $n = k + 1$ 时成立.

由(i)(ii)知对于 $n > 1$,且 $n \in \mathbf{N}$ 时命题成立.

5. 设 $f(n) = (3n + 1) \cdot 7^n - 1$.

(i) 当 $n = 1$ 时,$f(1) = 27$ 结论成立.

(ii) 假设 $n = k$ 时,$f(k)$ 能被 9 整除.

当 $n = k + 1$ 时

$f(k + 1) - f(k) = (3k + 4) \cdot 7^{k+1} - 1 - [(3k + 1) \cdot 7k - 1] = 9(2k + 3) \cdot 7^k$

则 $f(k + 1) = f(k) + (2k + 3) \cdot 7^k$ 的各项都能被 9 整除,即 $n = k + 1$ 时成立.

由(i)(ii)知结论成立.

此题采用了作差的手段,使证题变得简单清楚.

6. (i) 由于 $2 = f(2) = f(1 \cdot 2) = f(1) \cdot f(2) = 2f(1)$,所以 $f(1) = 1$,即 $n = 1$ 时,命题成立.

(ii) 设 $n \leq k$ 时,有 $f(k) = k$.

当 $n = k + 1$ 时,若 $k + 1$ 为偶数,则 $k + 1 = 2i(i \in \mathbf{N}$,且 $i \leq k)$,则
$$f(k + 1) = f(2i) = f(2) \cdot f(i) = 2i = k + 1$$

若 $k + 1$ 为奇数,则 $k + 2$ 为偶数,即
$$k + 2 = 2(i + 1) \quad (i \in \mathbf{N}, 且 i + 1 \leq k)$$

有
$$f(k + 2) = f[2(i + 1)] = f(2) \cdot f(i + 1) =$$
$$2(i + 1) = k + 2$$

由于 $k < k + 1 < k + 2$,所以 $f(k) < f(k + 1) < f(k + 2)$,且 $f(n)$ 为整数,故 $f(k + 1) = k + 1$,即当 $n = k + 1$ 时结论成立.

由(i)(ii)知对于 $n \in \mathbf{N}$ 都有 $f(n) = n$.

此处对 $k + 1$ 进行分类,为充分利用题设来创造了条件.

7. (Ⅰ) 已约定 $f(0) = 1$.

当 $n = 1$ 时,由 0,1 组成的排列只有 0,1,则 $f(1) = 2$;

当 $n=2$ 时,由 $0,1$ 组成的排列有 $00,01,10,11$,去掉 11,得 $f(2)=3$. 所以,$f(2)=f(1)+f(0)$.

当 $n>2$ 时,将长度为 n 的排列由末两位数字的特征分成两类,一类是 $00,10$,最后一个数字为 0 时,无两个 1 相邻的排列有 $f(n-1)$ 个;另一类是 01,最后两个数字为 01 时,无两个 1 相邻的排列有 $f(n-2)$ 个. 所以
$$f(n)=f(n-1)+f(n-2) \quad (n>2)$$

综上所述,对 $n \geq 2$,有
$$f(n)=f(n-1)+f(n-2)$$

(Ⅱ) 用数学归纳法.

当 $k=0$ 时,$f(2)=3$,有 $3 \mid f(2)$.

假设 $k=m$ 时命题成立,$3 \mid f(4m+2)$,不妨设
$$f(4m+2)=3q$$
$$f(4m+2)=3q_1+r \quad (0 \leq r<3)$$

由已证递推式,有
$$f(4m+4)=f(4m+3)+f(4m+2)=3q_2+r$$
$$f(4m+5)=f(4m+4)+f(4m+3)=3q_3+2r$$
$$f(4(m+1)+2)=f(4m+6)=f(4m+5)+f(4m+4)=3(q_2+q_3+r)$$

所以,$k=m+1$ 时,$3 \mid f(4(m+1)+2)$.

由数学归纳法知,对一切 $k \geq 0$,有 $3 \mid f(4k+2)$.

8. 由题设显然有 $f(n) \geq 2$.

将 $f(n+1)=(f(n))^2-f(n)+1$ 变形为
$$f(n+1)-1=f(n)[f(n)-1]$$

则
$$\frac{1}{f(n+1)-1}=\frac{1}{f(n)-1}-\frac{1}{f(n)} \qquad ①$$

故
$$\sum_{i=1}^{n}\frac{1}{f(i)}=\sum_{i=1}^{n}\left(\frac{1}{f(i)-1}-\frac{1}{f(i+1)-1}\right)=$$
$$\frac{1}{f(1)-1}-\frac{1}{f(n+1)-1}=1=1-\frac{1}{f(n+1)-1} \qquad ②$$
$$f(2)=f(1)[f(1)-1]+1=3$$
$$f(3)=f(2)[f(2)-1]+1=7$$

由此猜想
$$2^{2^{n-1}}<f(n+1)-1<2^{2^n} \qquad ③$$

用数学归纳法证明式 ③ 对 $n \geq 2$ 的整数成立.

当 $n=2$ 时,$4<f(3)-1<16$,式 ③ 成立.

假设 $n=m$ 时,式 ③ 成立.

当 $n=m+1$ 时,有
$$f(m+2)=f(m+1)[f(m+1)-1]+1 \qquad ④$$

由归纳假设有
$$2^{2^{m-1}} < f(m+1) - 1 < 2^{2^m}$$
因为 $f(m+1)$ 是正整数,由上式有
$$2^{2^{m-1}} + 1 < f(m+1) - 1 < 2^{2^m} - 1 \qquad ⑤$$
由式④⑤有
$$f(m+2) \geqslant (2^{2^{m-1}} + 2)(2^{2^{m-1}} + 1) + 1 =$$
$$2^{2^m} + 3 \times 2^{2^{m-1}} + 3 > 2^{2^m} + 1 \qquad ⑥$$
又
$$f(m+2) \leqslant 2^{2^m}(2^{2^m} - 1) + 1 =$$
$$2^{2^{m+1}} - 2^{2^m} + 1 < 2^{2^{m+1}} + 1 \qquad ⑦$$
由式⑥⑦知式③对 $n = m+1$ 成立.
所以,式③对任意正整数 $n \geqslant 2$ 成立.
因此,所证不等式成立.

9.(Ⅰ)令 $b_n = \dfrac{1}{a_n}$,则 $b_0 = 1$,$b_{n+1} = b_n + \dfrac{1}{b_n}$.

只需证明 $b_n \geqslant \dfrac{4}{3}\sqrt{n} \ (n \geqslant 1)$.

下面用数学归纳法证明.

当 $n = 1$ 时,命题显然成立.

假设有 $b_n \geqslant \dfrac{4}{3}\sqrt{n}$.

因为函数 $y = x + \dfrac{1}{x}$ 在 $x \in (1, +\infty)$ 上是严格递增的,所以
$$b_{n+1} = b_n + \dfrac{1}{b_n} \geqslant \dfrac{4}{3}\sqrt{n} + \dfrac{1}{\dfrac{4}{3}\sqrt{n}} = \dfrac{4}{3}\sqrt{n} + \dfrac{3}{4} \cdot \dfrac{1}{\sqrt{n}} \geqslant$$
$$\dfrac{4}{3}\sqrt{n} + \dfrac{2}{3} \cdot \dfrac{1}{\sqrt{n}} \geqslant \dfrac{4}{3}\sqrt{n} + \dfrac{4}{3} \cdot \dfrac{1}{\sqrt{n+1}+\sqrt{n}} =$$
$$\dfrac{4}{3}\sqrt{n+1}$$

因此,对每一个 $n \geqslant 1$,都有 $b_n \geqslant \dfrac{4}{3}\sqrt{n}$,即
$$a_n \leqslant \dfrac{3}{4} \cdot \dfrac{1}{\sqrt{n}} \quad (n = 1, 2, \cdots)$$

(Ⅱ)因为 $\dfrac{1}{a_{n+1}} = \dfrac{1}{a_n} + a_n$,所以
$$\dfrac{n+1}{a_{n+1}} = \dfrac{n+1}{a_n} + (n+1)a_n = \dfrac{n}{a_n} + \dfrac{1}{a_n} + (n+1)a_n \geqslant$$
$$\dfrac{n}{a_n} + 2\sqrt{\dfrac{1}{a_n}(n+1)a_n} = \dfrac{n}{a_n} + 2\sqrt{n+1}$$
即
$$\dfrac{n+1}{a_{n+1}} - \dfrac{n}{a_n} \geqslant 2\sqrt{n+1} \quad (n = 0, 1, \cdots)$$

于是，$\sum_{i=0}^{n}(\frac{i+1}{a_{i+1}} - \frac{i}{a_i}) \geqslant 2\sum_{i=0}^{n}\sqrt{i+1}$，即

$$\frac{n+1}{a_{n+1}} \geqslant 2\sum_{i=1}^{n+1}\sqrt{i}$$

则
$$a_{n+1} \leqslant \frac{n+1}{2\sum_{i=1}^{n+1}\sqrt{i}} \quad (n = 0,1,\cdots)$$

故
$$a_n \leqslant \frac{n}{2}(\sum_{i=1}^{n}\sqrt{i})^{-1} \quad (n = 1,2,\cdots)$$

10. 用数学归纳法证明.

记 $\{x\} = x - [x]$.

当 $n = 1$ 时，由 $x_1 \in (0,1)$，得 $x_1 < 1 = \frac{f_1}{f_2}$.

当 $n = 2$ 时，由 $x_1 \in (0,1)$，得 $x_2 = \frac{1}{x_1} - [\frac{1}{x_1}]$.

若 $0 < x_1 \leqslant \frac{1}{2}$，则

$$x_1 + x_2 = x_1 + \{\frac{1}{x_1}\} < \frac{1}{2} + 1 = \frac{3}{2} = \frac{f_1}{f_2} + \frac{f_2}{f_3}$$

若 $\frac{1}{2} < x_1 < 1$，则 $x_2 = \frac{1}{x_1} - 1$. 于是

$$x_1 + x_2 = x_1 + \frac{1}{x_1} - 1$$

令 $f(t) = t + \frac{1}{t}$，易证 $f(t)$ 在 $[\frac{1}{2}, 1]$ 上严格递减，则有

$$x_1 + x_2 = f(x_1) - 1 < f(\frac{1}{2}) - 1 = \frac{3}{2} = \frac{f_1}{f_2} + \frac{f_2}{f_3}$$

假设 $n = k, k+1$ 时命题成立，即

$$x_3 + x_4 + \cdots + x_{k+2} < \frac{f_1}{f_2} + \frac{f_2}{f_3} + \cdots + \frac{f_k}{f_{k+1}} \quad ①$$

$$x_2 + x_3 + \cdots + x_{k+2} < \frac{f_1}{f_2} + \frac{f_2}{f_3} + \cdots + \frac{f_{k+1}}{f_{k+2}} \quad ②$$

若 $0 < x_1 \leqslant \frac{f_{k+2}}{f_{k+3}}$，则由式 ② 得

$$x_1 + x_2 + \cdots + x_{k+2} < \frac{f_1}{f_2} + \frac{f_2}{f_3} + \cdots + \frac{f_{k+1}}{f_{k+2}} + \frac{f_{k+2}}{f_{k+3}} \quad ③$$

若 $\frac{f_{k+2}}{f_{k+3}} < x_1 < 1$，又因为

$$\frac{f_{k+2}}{f_{k+3}} = \frac{f_{k+2}}{f_{k+2} + f_{k+1}} > \frac{f_{k+2}}{2f_{k+2}} = \frac{1}{2}$$

故

$$x_1 + x_2 = x_1 + \frac{1}{x_1} - 1 = f(x_1) - 1 < f(\frac{f_{k+2}}{f_{k+3}}) - 1 =$$

$$\frac{f_{k+2}}{f_{k+3}} + \frac{f_{k+3}}{f_{k+2}} - 1 = \frac{f_{k+2}}{f_{k+3}} + \frac{f_{k+1}}{f_{k+2}}$$

结合式①,即得式③.

因此,当 $n = k + 2$ 时,命题成立.

综上可知,命题成立.

11. (Ⅰ) 令 $b_n = (\frac{a_{n+1} - 1}{a_n})^2$.

则 $\frac{1}{b_n} + b_{n-1} = 2$,且 $b_1 = \frac{1}{2}$.

由此,$b_2 = \frac{2}{3}, b_3 = \frac{3}{4}, \cdots$.

观察知 $b_n = \frac{n}{n+1}$.

下面用数学归纳法证明.

当 $n = 1, 2, 3$ 时,结论显然成立.

设 $n = k$ 时,结论成立,证明 $n = k + 1$ 时结论亦成立.

由 $b_k = \frac{k}{k+1}$,知 $b_{k+1} = \frac{1}{2 - b_k} = \frac{k+1}{k+2}$.

因此,$b_n = \frac{n}{n+1}$ 对一切正整数 n 成立.

由此得 $(a_{n+1} - 1)^2 = \frac{n}{n+1} a_n^2$.

由 $a_n \geq 1$,知 $a_{n+1} = \sqrt{\frac{n}{n+1}} a_n + 1$.

令 $c_n = \sqrt{n} a_n$,则 $c_{n+1} = c_n + \sqrt{n+1}$,且 $c_1 = 1$.

故 $c_n = c_{n-1} + \sqrt{n} = c_{n-2} + \sqrt{n} + \sqrt{n-1} = \cdots = \sum_{k=1}^{n} \sqrt{k}$.

从而,$a_n = \frac{1}{\sqrt{n}} \sum_{k=1}^{n} \sqrt{k}$.

(Ⅱ) 注意到

$$\sum_{k=1}^{n} \sqrt{k} > \sum_{k=1}^{n} \frac{2k}{\sqrt{k} + \sqrt{k+1}} = 2 \sum_{k=1}^{n} k(\sqrt{k+1} - \sqrt{k}) =$$

$$2(-\sum_{k=1}^{n} \sqrt{k} + n\sqrt{n+1}) \quad (\text{阿贝尔公式})$$

故 $\sum_{k=1}^{n} \sqrt{k} > \frac{2}{3} n\sqrt{n+1} > \frac{2}{3} n\sqrt{n}$,即 $\frac{a_n}{n} > \frac{2}{3}$.

从而,$\lim_{n \to +\infty} \frac{a_n}{n} \geq \frac{2}{3}$.

类似地,由于

$$\sum_{k=1}^{n}\sqrt{k} < \sum_{k=1}^{n}\frac{2k}{\sqrt{k-1}+\sqrt{k}} = 2\sum_{k=1}^{n}k(\sqrt{k}-\sqrt{k-1}) = 2\Big[(n+1)\sqrt{n} - \sum_{k=1}^{n}\sqrt{k}\Big]$$

故 $\sum_{k=1}^{n}\sqrt{k} < \frac{2(n+1)}{3}\sqrt{n}$，即

$$\frac{a_n}{n} < \frac{2}{3}(1+\frac{1}{n})$$

所以，$\lim\limits_{n\to+\infty}\frac{a_n}{n} \leqslant \frac{2}{3}(1+\lim\limits_{n\to+\infty}\frac{1}{n}) = \frac{2}{3}$.

综上，$\lim\limits_{n\to+\infty}\frac{a_n}{n} = \frac{2}{3}$.

12. 设命题 A_n 是"$S_{2n-1} = \frac{1}{2}n(4n^2 - 3n + 1)$". 命题 B_n 是"$S_{2n} = \frac{1}{2}n(4n^2 + 3n + 1)$". 显而易见 A_1 正确. 假设 A_k 成立，即 $S_{2k-1} = \frac{1}{2}k(4k^2 - 3k + 1)$，那么 $S_{2k} = \frac{1}{2}\cdot(4k^2 - 3k + 1) + 3k^2 = \frac{1}{2}k(4k^2 + 3k + 1)$，故 B_k 也成立. 假设 B_k 正确，即 $S_{2k} = \frac{1}{2}k\cdot(4k^2 + 3k + 1)$，那么 $S_{2k+1} = \frac{1}{2}k(4k^2 + 3k + 1) + 3k(k+1) + 1 = \frac{1}{2}(k+1)[4(k+1)^3 - 3(k+1) + 1]$，故 A_{k+1} 也正确. 因此，A_n, B_n 对于任何自然数 n，都是正确的.

13. (1)(i) 当 $n = 1$ 时，1条直线将平面划分成2个区域，故 $f(1) = \frac{1\times2}{2} + 1 = 2$ 成立；

(ii) 设 $n = k$ 时，$k \in \mathbf{N}_+$，k 条直线两两相交，且无三线共点，划分平面成 $f(k) = \frac{k(k+1)}{2} + 1$ 个区域.

则当 $n = k + 1$ 时，由于第 $k+1$ 条直线 l_{k+1} 与前 k 条直线均相交，且无三线共点，l_{k+1} 上共有 k 个分点，故 l_{k+1} 上被截成 $k+1$ 段，相应地，平面区域增加 $k+1$ 个，于是

$$f(k+1) = f(k) + k + 1 = \frac{k(k+1)}{2} + 1 + (k+1) = \frac{1}{2}(k+1)[(k+1)+1] + 1$$

此即 $n = k + 1$ 时，命题成立.
由(i)(ii) 可得

$$f(n) = \frac{n(n+1)}{2} + 1$$

(2)(i) 当 $n = 1$ 时，一个平面划分空间成 $g(1) = \frac{1\times(1^2+5)}{6} + 1 = 2$ 个区域，结论成立.

(ii) 假设 $n = k$ 时，$k \in \mathbf{N}_+$，k 个平面划分空间成 $g(k) = \frac{k(k^2+5)}{6} + 1$ 个区域.

则当 $n = k + 1$ 时，第 $k+1$ 个平面与前 k 个平面均相交，无三面共线，且无四面共点，即 a_{k+1} 上新得到 k 条交线，且 k 条直线两两相交，无三线共点. 由(1)的结论，平面 α_{k+1} 上的 k 条直线把 α_{k+1} 分割成 $f(k) = \frac{k(k+1)}{2} + 1$ 个平面区域，从而新增空间 $\frac{k(k+1)}{2} + 1$ 个区域.

这样，$g(k+1) = g(k) + \dfrac{k(k+1)}{2} + 1 = \dfrac{k(k^2+5)}{6} + 1 + \dfrac{k(k+1)}{2} + 1 = \dfrac{1}{6}(k^3 + 3k^2 + 8k + 12) = \dfrac{1}{6}(k+1)[(k+1)^2 + 5] + 1$.

由(i)(ii)可知，$g(n) = \dfrac{1}{6}n(n^2+5) + 1 (n \in \mathbf{N}_+)$.

第四章　容斥原理

传说从前有个财主,他有12个儿子,他为了让儿子们继承家业,管理好财产,请来了一位家庭教师,专门教他的儿子写写算算.他与教书先生订了一个合同:要他至少教会每个儿子"写"和"算"中的一门本领.何时学成,何时教书先生就可以领到50两银子,但在学成之前,只能供教书先生饭吃.

教了两年后,财主的儿子,有的从不学习,所以还是一窍不通.可财主三天两头就跑来询问,巴不得他们快点学成.因为他担心学得越久,教书先生吃他的饭越多.快满三年的时候,财主又急不可耐地问:"他们学得差不多了吧?"教书先生一想,财主供他的饭很差,财主的儿子又难教,自己替财主教了三年书,没得一分钱,心里也很生气.就想了一想后对财主说:"你的儿子们已有5位会写,4位会算,3位既会写又会算."财主一听,喜出望外,立刻付了50两银子打发教书先生走了.可是后来,财主在他的儿子们管事时发现,还有6个儿子既不会写,也不会算.财主怒气冲冲地把教书先生找来,责问他为什么撒谎?教书先生理直气壮地说:"我说的完全是实话,你自己付了银子赶我走,怪谁?"接着他讲了一番道理,财主听后哑口无言,只怪自己失算了!

财主是怎样失算的呢?他的算法是$5+4=9$,就是说他认为有9个人学会了写、算,另外3个人会写又会算,因此,12个儿子都会写或会算了.这种算法是切分原理Ⅱ的算法.应用切分原理Ⅱ时,关键在于把要计数的集合A分划为若干个两两不交的子集.若把集合A分成若干子集$A_1, A_2, \cdots, A_m$,它们不是两两不交的,此时就不能应用切分原理了.由于财主的儿子中"既会写又会算"的既属于"会写"的人之列,又属于"会算"的人之列.也就是说,5个会写的人中包括了3个既会写又会算的人,剩下2个人是只会写不会算的.同样,4个会算的人中也包含了3个既会写又会算的人,剩下1个人是只会算而不会写的.因此,在$5+4$中,3个既会写又会算的加了两次,即多加了一次,那么学会写或算(即至少学会了写和算中的一门)的人数应该是

$$(5+4)-3=6 \quad ①$$

于是既不会写又不会算的人数有

$$12-(5+4)+3=6 \quad ②$$

由上面的例子得到的式①②反映了如下的普遍认识.

容斥原理Ⅰ　设集合A具有m个性质,根据不同的一个或几个性质把集合A分为子集$A_1, A_2, \cdots, A_m$,即$A = A_1 \cup A_2 \cup \cdots \cup A_m$,则集合$A$的元素个数可由下式给出(用$n(x)$表示集合$X$的元素个数)

$$n(A) = n(A_1 \cup A_2 \cup \cdots \cup A_m) =$$
$$\sum_{1 \leq i \leq m} n(A_i) - \sum_{1 \leq i \leq j \leq m} n(A_i \cap A_j) + \sum_{1 \leq i < j < k \leq m} n(A_i \cap A_j \cap A_k) - \cdots +$$
$$(-1)^{m-1} \cdot n(A_1 \cap A_2 \cap \cdots \cap A_m)$$

前例中学会了写或算的人(即式①计算的结果)的集合就是容斥原理Ⅰ中的A,5位会

写的集合是 A_1,4 位会算的集合是 A_2,3 位会写又会算的集合是 $A_1 \cap A_2$.

式①用容斥原理 I 表示为
$$n(A) = n(A_1) + n(A_2) - n(A_1 \cap A_2)$$

容斥原理 II(或称逐步淘汰原理) 设 U 为集合,A_i 为 U 的子集,$i = 1,2,\cdots,m$,记 $\overline{A}_i = U - A$,则

$$n(\overline{A}_1 \cap \overline{A}_2 \cap \cdots \cap \overline{A}_m) = n(U) - \sum_{1 \leq i \leq m} n(A_i) + \sum_{1 \leq i < j \leq m} n(A_i \cap A_j) - \sum_{1 \leq i < j < k \leq m} n(A_i \cap A_j \cap A_k) + \cdots + (-1)^m \cdot n(A_1 \cap A_2 \cap \cdots \cap A_m)$$

前例中财主儿子的集合为容斥原理 II 中的 U,5 位会写的集合是 A_1,4 位会算的集合是 A_2,3 位既会写又会算的集合是 $A_1 \cap A_2$,既不会写又不会算的集合是 $\overline{A}_1 \cap \overline{A}_2$. 式②用容斥原理 II 表示为

$$n(\overline{A}_1 \cap \overline{A}_2) = n(U) - n(A_1) - n(A_2) + n(A_1 \cap A_2)$$

下面给出这两个原理的一般性证明.

容斥原理 I 的证明,用第二数学归纳法.

当 $m = 2$ 时,如图 4.1.1 所示,容易证明
$$A = A_1 \cup A_2 = A_1 \cup (A_2 - A_1)$$
$A_1 \cap (A_2 - A_1) = \varnothing$. (其中 $A_2 - A_1$ 表示属于 A_2 但不属于 A_1 的元素全体构成的集合,且称为 A_2 对 A_1 的差集)

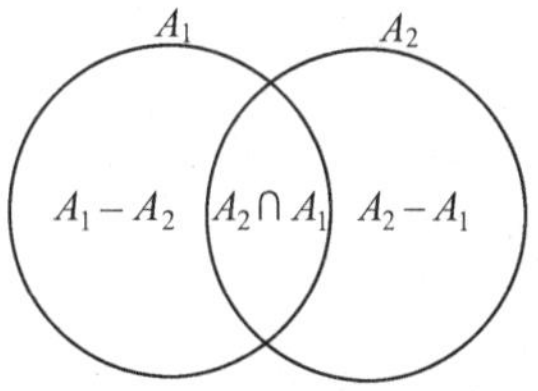

由切分原理 II,有
$$n(A) = n(A_1 \cup A_2) = n[A_1 \cup (A_2 - A_1)] = n(A_1) + n(A_2 - A_1) \qquad ③$$

图 4.1.1

而
$$A_2 = (A_2 - A_1) \cup (A_1 \cap A_2)$$
$$(A_2 - A_1) \cap (A_1 \cap A_2) = \varnothing$$

故有
$$n(A_2) = n(A_2 - A_1) + n(A_1 \cap A_2) \qquad ④$$

把式④代入式③便证明了 $m = 2$ 时,容斥原理 I 成立.

假设 $m \leq N$ 时结论是成立的,下证 $m = N + 1$ 时也成立. 记 $S_1 = A_1 \cup A_2 \cup \cdots \cup A_N$,则
$$A = A_1 \cup A_2 \cup \cdots \cup A_N \cup A_{N+1}$$

因而
$$n(A) = n(S_1) + n(A_{N+1}) - n(S_1 \cap A_{N+1}) \qquad ⑤$$

再由归纳假设
$$n(S_1) = n(A_1 \cup A_2 \cup \cdots \cup A_N) = \sum_{1 \leq i \leq N} n(A_i) - \sum_{1 \leq i < j \leq N} n(A_i \cap A_j) + \cdots + (-1)^{N-1} \cdot n(A_1 \cap A_2 \cap \cdots \cap A_N) \qquad ⑥$$

另一方面,由归纳假设,又有
$$n(S_1 \cap A_{N+1}) = n[(A_1 \cup A_2 \cup \cdots \cup A_N) \cap A_{N+1}] =$$

$$n[(A_1 \cap A_{N+1}) \cup (A_2 \cap A_{N+1}) \cup \cdots \cup (A_N \cap A_{N+1})] =$$
$$\sum_{1 \leq i \leq N} n(A_i \cap A_{N+1}) - \sum_{1 \leq i < j \leq N} n(A_i \cap A_j \cap A_{N+1}) +$$
$$\sum_{1 \leq i < j < k \leq N} n(A_i \cap A_j \cap A_k \cap A_{N+1}) + \cdots + (-1)^{N-1} \cdot$$
$$n(A_1 \cap A_2 \cap \cdots \cap A_N \cap A_{N+1})$$

把上式及式 ⑥ 代入式 ⑤ 得

$$n(A) = n(A_1 \cup A_2 \cup \cdots \cup A_{N+1}) =$$
$$\sum_{1 \leq i \leq N+1} n(A_i) - \sum_{1 \leq i < j \leq N+1} n(A_i \cap A_j) + \sum_{1 \leq i < j < k \leq N+1} n(A_i \cap A_j \cap A_k) + \cdots +$$
$$(-1)^N \cdot n(A_1 \cap A_2 \cap \cdots \cap A_N \cap A_{N+1})$$

综上所述,我们便证明了容斥原理 Ⅰ.

武汉华中师大的程汉波老师给出容斥原理 Ⅰ 的另证如下:

证明:只需证明对 $\forall a \notin A$ 与 $\forall a \in A$,a 在等式两边被计算的次数相同.

(1) 当 $\forall a \notin A$ 时,显然有 a 在等式两边均被计算了 0 次,即 a 在等式两边被计算的次数相同;

(2) 当 $\forall a \in A = A_1 \cup A_2 \cup \cdots \cup A_n$ 时,不妨设 $a \in A_{i_1}, a \in A_{i_2}, \cdots, a \in A_{i_k}$. a 在等式左边被计算了 1 次,a 在等式右边的各个和式中被计算的次数分别为 $C_k^1, C_k^2, \cdots, C_k^k, 0, 0, \cdots, 0$,所以 a 在等式右边计算的次数为

$$C_k^1 - C_k^2 + C_k^3 - \cdots + (-1)^{k-1} C_k^k =$$
$$1 - (1 - C_k^1 + C_k^2 - C_k^3 - \cdots + (-1)^k C_k^k) =$$
$$1 - (1 - 1)^k = 1$$

所以 a 在等式两边被计算的次数相同.

综上:对 $\forall a \notin A$ 与 $\forall a \in A$,a 在等式两边被计算的次数相同,故容斥原理得证.

容斥原理 Ⅱ 的证明:因 $U = (A_1 \cup A_2 \cup \cdots \cup A_m) \cup (\bar{A}_1 \cap \bar{A}_2 \cap \cdots \cap \bar{A}_m)$,且 $A_1 \cup A_2 \cup \cdots \cup A_m$ 与 $\bar{A}_1 \cap \bar{A}_2 \cap \cdots \cap \bar{A}_m$ 不交,故由切分原理 Ⅱ 有

$$n(\bar{A}_1 \cap \bar{A}_2 \cap \cdots \cap \bar{A}_m) = n(U) - n(A_1 \cup A_2 \cup \cdots \cup A_m)$$

再由容斥原理 Ⅰ 即证.

上面的原理 Ⅰ 及 Ⅱ 也称为包含排除原理或取舍原理. 原理 Ⅰ 及 Ⅱ 中的公式分别称为容斥公式和筛公式. 原理 Ⅰ 与 Ⅱ 之间可以互相推出(读者可自证之). 它们的不同之处是:前者对 A 进行不完全分组(分成的子集不要求两两不交),后者是对 $\bar{A}$(A 关于全集 U 的差集或补集)进行不完全分组. 但它们都要求分成的子集 $A_1, A_2, \cdots, A_m$ 本身容易计算,而且它们之中任意 2 个,3 个,$\cdots$,直至 m 个子集的交集也容易计算.

我们也顺便指出:在容斥公式中,如果诸子集 $A_1, A_2, \cdots, A_m$ 两两不交,即化为加法公式,故它是加法公式的推广,因而也称为一般加法公式. 一般加法公式与加法公式的区别在于,对集合 A 进行完全分组(分成的子集两两不交) 与不完全分组.

容斥原理是现代数学的一个分支 —— 组合数学中的一个重要原理,它是计数中常用的一种方法. 利用它可以解决一些内容新颖而又十分有趣的问题.

4.1　容斥原理 I 与 II 的应用

例1　某校先后举行数、理、化三科竞赛.学生中至少参加一科的:数学807人,物理739人,化学437人.至少参加两科的:数学、物理593人,数学、化学371人,物理、化学267人.三科都参加的有213人.试计算参加竞赛的学生总数.

解　以 A, B, C 分别表示参加数学、物理、化学每一科竞赛的学生集合. AB 表示参加数学、物理竞赛的学生的集合, $n(A)$ 表示参加数学竞赛的人数,其余类推,则参加总数是

$$n(A) + n(B) + n(C) - n(AB) - n(BC) - n(AC) + n(ABC) =$$
$$807 + 739 + 437 - 593 - 371 - 267 + 213 =$$
$$965(人)$$

为所求.

例2　有幂函数若干个,每个函数至少具有下面三条性质之一:(1)是奇函数;(2)是 $(-\infty, +\infty)$ 内的增函数;(3)函数的图像经过坐标原点.现在已知具有性质(1)的共12个,具有性质(2)的共10个,具有性质(3)的共14个.试问这些幂函数有几个? 其中幂指数小于0的有几个?

分析　要求幂函数的个数,按容斥公式求还差条件,因而须仔细分析题意,挖掘隐含条件.

解　设在这些幂函数中,具有性质(1)的组成集合 A,具有性质(2)的组成集合 B,具有性质(3)的组成集合 C,幂指数小于0的组成集合 D. 则 $n(A) = 12, n(B) = 10, n(C) = 14$.

由幂函数的性质可知,在 $(-\infty, +\infty)$ 内递增的函数一定是奇函数,并且图像一定经过原点,所以 $B \subseteq A, B \subseteq C$. 又由于若一个幂函数既是奇数,图像又经过原点,那么一定在 $(-\infty, +\infty)$ 内递增,所以 $A \cap C = B$. 故

$$n(A \cup B \cup C) = n(A \cup C) = n(A) + n(C) - n(A \cap C) =$$
$$n(A) + n(C) - n(B) = 16$$

此为所求的幂函数的个数.

因为幂指数小于0的幂函数的图像一定不经过原点,所以 $D = A - C$. 故

$$n(D) = n(A - C) = n(A) - n(A \cap C) = n(A) - n(B) = 2$$

即16个幂函数中有2个幂指数小于0.

例3　不超过105且与105互素的正整数有多少个?

解　将105分解为素数的乘积, $105 = 3 \times 5 \times 7$. 与105互素的数也就是不被3,5,7整除的数,设 $U = \{1, 2, \cdots, 105\}$,性质 α, β, γ 分别表示被3,5,7整除,设 $\overline{N}$ 为 U 中与105互素的数的个数.

U 中3的倍数有 $3, 6, \cdots, 105$ 共35个,记为 $N_\alpha = 35$. 同理 $N_\beta = 21, N_\gamma = 15$. $N_{\alpha\beta} = 7$, $N_{\alpha\gamma} = 5, N_{\beta\gamma} = 3, N_{\alpha\beta\gamma} = 1$. 故

$$\overline{N} = n(U) - N_\alpha - N_\beta - N_\gamma + N_{\alpha\beta} + N_{\beta\gamma} + N_{\alpha\gamma} - N_{\alpha\beta\gamma} =$$
$$105 - 35 - 21 - 15 + 7 + 5 + 3 - 1 = 48$$

即为所求.

例4 一个学生对某中学的学生进行统计,全校共有900人,其中男生528人,高中学生312人,团员670人,高中男生192人,男团员336人,高中团员247人,高中男团员175人,试问这些数据统计有无错误?

解 设U是某中学的全体学生组成的集合,A为该校男生集合,B为高中学生集合,C为团员集合,于是由题设得$n(U)=900, n(A)=528, n(B)=312, n(C)=670, n(A\cap B)=192, n(A\cap C)=336, n(B\cap C)=247, n(A\cap B\cap C)=175$. 这样该校中不是男生、不是高中生又不是团员的学生总数应等于$n(\bar{A}\cap\bar{B}\cap\bar{C})$. 由容斥原理 II 得

$$n(\bar{A}\cap\bar{B}\cap\bar{C}) = 900-(528+312+670)+(192+336+247)-175 = -10 < 0$$

实际上,$n(\bar{A}\cap\bar{B}\cap\bar{C})$绝不可能是负数. 这说明统计的数据有错误.

例5 用1,2,3,4,5这五个数字,可以组成比20 000大,并且百位数不是数字3的没有重复数字的五位数,共有多少个?

解 设S_1, S_2分别是数字1,3在首位,百位上的所有数字无重复的五位数的集合. 于是$n(S_1)=n(S_2)=4!, n(S_1\cap S_2)=3!$, 要使组成的无重复数字的五位数比20 000大,且百位数字不是3,即数字1和3都不在首位和百位上的数的个数应等于$n(\bar{S_1}\cap\bar{S_2})$. 由容斥原理 II 得 $n(\bar{S_1}\cap\bar{S_2})=5!-2\times 4!+3!=78$,为所求.

例6 设1,2,3,4四个数排成一行a_1, a_2, a_3, a_4,那么使得$a_i\neq i (i=1,2,3,4)$的全排列共有多少个?

分析 我们可用穷举法来求解,如2 143, 2 341, 2 413, 3 142, 3 412, 3 421, 4 123, 4 312, 4 321 九个全排列都满足题设条件,而其余的15个全排列都不满足题设条件. 但当数目从4增大后,用穷举法求解就显得繁杂了或无能为力了. 这时我们可运用容斥原理 II 求解. 因此我们有如下解法.

解 设U表示由1,2,3,4的所有全排列组成的集合,作U的子集$S_i=\{$数i排在第i个位置上的全排列$\}(i=1,2,3,4$,位置是从左向右按1,2,3,4顺序编号$)$.

于是

$$n(U) = 4!$$
$$n(S_i) = 3! \quad (i=1,2,3,4)$$
$$n(S_i\cap S_j) = 2! \quad (1\leq i<j\leq 4)$$
$$n(S_i\cap S_j\cap S_k) = 1! \quad (1\leq i<j<k\leq 4)$$
$$n(S_1\cap S_2\cap S_3\cap S_4) = 1$$

满足题设条件的排列个数应等于$n(\bar{S_1}\cap\bar{S_2}\cap\bar{S_3}\cap\bar{S_4})$. 由容斥原理 II 得

$$n(\bar{S_1}\cap\bar{S_2}\cap\bar{S_3}\cap\bar{S_4}) = 4!-C_4^1\cdot 3!+C_4^2\cdot 2!-C_4^3\cdot 1!+C_4^4\cdot 0! = 9$$

为所求.

例7 9个人站在三排,第一排2人,第二排3人,第四排4人,其中甲不在第一排左端,乙不在第三排的右端,丙必须站在第三排,问总共有多少排法?

分析 这是一个有多个独立条件共同作用的排列问题,可考虑对丙的情况进行讨论,(1)当丙不在第三排右端时,先排丙,再排剩下的8人,有$A_3^1(A_8^8-2A_7^7+A_6^6)$种;(2)当丙在

第三排右端时,又分两种情况:① 当乙排在第一排左端时,有 A_7^7 种,② 当乙不在第一排左端时,有 $A_7^1 A_6^1 A_6^6$ 种,所以满足条件的排法有 $A_3^1(A_8^8 - 2A_7^7 + A_6^6) + A_7^7 + A_7^1 A_6^1 A_6^6 = 128\,160$ 种. 这种解法正面分的类较多,计算较复杂,不如用容斥原理直接求解.

解 设 A_1 表示甲在第一排左端,A_2 表示乙在第三排的右端,A_3 表示丙在第三排,则所求问题可以表示为 $|\overline{A_1} \cap \overline{A_2} \cap \overline{A_3}|$. 依题意有

$$|A_3| = C_4^1 A_8^8, \quad |A_3 \cap A_1| = C_4^1 A_7^7$$
$$|A_3 \cap A_2| = C_3^1 A_7^7, \quad |A_1 \cap A_2 \cap A_3| = C_3^1 A_6^6$$

可得 $|\overline{A_1} \cap \overline{A_2} \cap \overline{A_3}| = 128\,160$.

例 8 甲、乙、丙、丁等 7 人排成 1 排,要求甲在中间,乙丙相邻,且丁不在两端,则不同排法共有多少种?

解 设 A_1 表示甲在中间,A_2 表示乙丙相邻,A_3 表示丁在两端,则问题就是求 $|A_1 \cap A_2 \cap \overline{A_3}|$. 由容斥原理得

$$|A_1 \cap A_2 \cap \overline{A_3}| = |A_1 \cap A_2| - |A_1 \cap A_2 \cap A_3|$$

其中 $|A_1 \cap A_2|$ 表示"甲在中间,乙丙相邻",不难求出 $2A_4^4 A_2^2 A_2^2 = 192$;而 $|A_1 \cap A_2 \cap A_3|$ 表示"甲在中间,乙丙相邻,丁在两端",此时按丁在两端的位置分类讨论:若丁在最左端位置,再根据"乙丙"在甲的左侧和右侧进行分类,分别有 $A_2^2 A_3^3$ 和 $A_3^3 A_2^2 A_2^2$. 同理若丁在最右端位置,也是 $A_2^2 A_3^3 + A_3^3 A_2^2 A_2^2 = 36$. 所以共有 $192 - 36 \times 2 = 120$ 种.

例 9 六名学生排成一排,其中甲、乙不相邻且丙、丁也不相邻的排法有多少?

分析 本题一部分元素要求不相邻,另有一部分元素也要求不相邻,从而形成"两个非邻"并存的情况,若采用插空法因为"二次插空"的问题往往容易出错. 但是若设 $A_1 = \{$甲、乙相邻的排列$\}$,$A_2 = \{$丙、丁相邻的排列$\}$,则问题就是求 $|\overline{A_1} \cap \overline{A_2}|$,借助容斥原理公式,即可迎刃而解. 这样做我们感觉不出任何麻烦,理解起来也没有丝毫困难.

解 由题意,有 $|\overline{A_1} \cap \overline{A_2}| = |I| - |A_1| - |A_2| + |A_1 \cap A_2|$,故得排法数为 $A_6^6 - A_2^2 A_5^5 - A_2^2 A_5^5 + A_2^2 A_2^2 A_4^4 = 336$ 种.

例 10 5 人排一列,A,B 不相邻,C,D 也不相邻,D,E 相邻,共有多少种排法?

分析 本题同样若用插空法也容易出错,而且还不怎么好理解,但是用容斥原理一般公式,则可将元素之间复杂关系厘清,从而化难为易,变繁为简,快捷达到目的. 设 A_1 表示 A, B 相邻,A_2 表示 C, D 相邻,A_3 表示 D, E 相邻,则问题可以转化为 $|\overline{A_1} \cap \overline{A_2} \cap A_3|$. 由容斥原理有 $|\overline{A_1} \cap \overline{A_2} \cap A_3| = |A_3| - |A_3 \cap A_1| - |A_3 \cap A_2| + |A_1 \cap A_2 \cap A_3|$,其中用捆绑法得 $|A_3| = A_4^4 A_2^2 = 48$,$|A_3 \cap A_1| = A_3^3 A_2^2 A_2^2 = 24$,$|A_3 \cap A_2| = A_3^3 A_2^2 = 12$,$|A_1 \cap A_2 \cap A_3| = 2 \times 2 \times 2 = 8$,从而 $|\overline{A_1} \cap \overline{A_2} \cap A_3| = 48 - 24 - 12 + 8 = 20$ 种.

容斥原理的应用是较广泛的,上面我们列举了 10 例典型的实际问题.

我们把上述例 3、例 5、例 6 加以推广,使我们看到:容斥原理在解决整数论中的某些问题及限制性排列的计算问题时,具有思路清晰、方法程序化的优点,它是一个十分重要的工具. 下面,我们运用容斥原理证明关于这两类问题的四个公式.

公式一 若 $N = p_1^{\alpha_1} p_2^{\alpha_2} \cdots p_t^{\alpha_t}$(其中 $p_1, p_2, \cdots, p_t$ 是两两不等的素数,$\alpha_1, \alpha_2, \cdots, \alpha_t$ 都是正整

数),则在从 1 到 N 中,与 N 互素的数的个数 $\varphi(N)$ 为

$$\varphi(N) = N \cdot (1 - \frac{1}{p_1})(1 - \frac{1}{p_2})\cdots(1 - \frac{1}{p_t})$$

证明 设 $U = \{1, 2, \cdots, N\}$,A_i 表示 U 中的 p_i 的倍数的数的集合($i = 1, 2, \cdots, t$),于是

$$n(A_i) = \frac{N}{p_i} \quad (i = 1, \cdots, t)$$

$$n(A_i \cap A_j) = \frac{N}{p_i p_j} \quad (1 \leqslant i < j \leqslant t)$$

$$n(A_i \cap A_j \cap A_k) = \frac{N}{p_i p_j p_k} \quad (1 \leqslant i < j < k \leqslant t)$$

$$\vdots$$

$$n(A_1 \cap A_2 \cap \cdots \cap A_t) = \frac{N}{p_1 \cdot p_2 \cdot \cdots \cdot p_t}$$

并注意到 $\overline{A_i}$ 表示 U 中不是 p_i 的倍数的数的集合. 即 $\overline{A_i}$ 是 U 中与 p_i 互素的数的集合. 又因为 U 中的数 k 与 N 互素的充要条件是 k 与 $p_1, p_2, \cdots, p_t$ 都互素. 因此,$\varphi(N) = n(\overline{A_1} \cap \overline{A_2} \cap \cdots \cap \overline{A_t})$. 再运用容斥原理 Ⅱ 及韦达定理的逆,即有

$$\varphi(N) = n(U) - \sum_{1 \leqslant i \leqslant t} n(A_i) + \sum_{1 \leqslant i < j \leqslant t} n(A_i \cap A_j) - \sum_{1 \leqslant i < j < k \leqslant t} n(A_i \cap A_j \cap A_k) + \cdots + (-1)^t \cdot n(A_1 \cap A_2 \cap \cdots \cap A_t) =$$

$$N - \sum_{1 \leqslant i \leqslant t} \frac{N}{p_i} + \sum_{1 \leqslant i < j \leqslant t} \frac{N}{p_i p_j} - \sum_{1 \leqslant i < j < k \leqslant t} \frac{N}{p_i p_j p_k} + \cdots + (-1)^t \frac{N}{p_1 p_2 \cdots p_t} =$$

$$N \cdot (1 - \frac{1}{p_1})(1 - \frac{1}{p_2}) \cdot \cdots \cdot (1 - \frac{1}{p_t})$$

此公式可以看作是例 3 的推广. 应用此公式解例 3 便是轻而易举的事.

公式一还可以推广为下面公式.

公式二 设 $a_1, a_2, \cdots, a_t$ 是两两互素的正整数,那么在 1 到 N 中都不能被 $a_1, a_2, \cdots, a_t$ 整除的数的个数

$$\psi(N) = N - \sum_{1 \leqslant i \leqslant t}\left[\frac{N}{a_i}\right] + \sum_{1 \leqslant i < j \leqslant t}\left[\frac{N}{a_i a_j}\right] - \sum_{1 \leqslant i < j < k \leqslant t}\left[\frac{N}{a_i a_j a_k}\right] + \cdots + (-1)^t\left[\frac{N}{a_1 a_2 \cdots a_t}\right]$$

其中 $[x]$ 表示不超过 x 的最大整数.

证明 设 $U = \{1, 2, \cdots, N\}$,$A_i = \{b \mid b \in U, a_i \text{ 整除 } b\}$($i = 1, 2, \cdots, t$). 注意到 $a_1, a_2, \cdots, a_t$ 两两互素,所以 a_i 整除 b,a_j 整除 b 的充要条件是 $a_i \cdot a_j$ 整除 b($i \neq j$ 且 $i, j = 1, 2, \cdots, t$). 因此 $A_i \cap A_j = \{b \mid b \in I,\text{且 } a_i \cdot b_j \text{ 整除 } b\}$($i \neq j$ 且 $i, j = 1, \cdots, t$).

类似地,可得 $A_i \cap A_j \cap A_k = \{c \mid c \in U, \text{且 } a_i a_j a_k \text{ 整除 } c\}$($1 \leqslant i < j < k \leqslant t$),$\cdots$,$A_1 \cap A_2 \cap \cdots \cap A_t = \{d \mid d \in U, \text{且 } a_1 a_2 \cdots a_t \text{ 整除 } d\}$. 因而

$$n(A_i) = \left[\frac{N}{a_i}\right], n(A_i \cap A_j) = \left[\frac{N}{a_i \cdot a_j}\right], \cdots,$$

$$n(A_1 \cap A_2 \cap \cdots \cap A_t) = \left[\frac{N}{a_1 \cdot a_2 \cdot \cdots \cdot a_t}\right]$$

又 1 至 N 中都不能被 $a_1, a_2, \cdots, a_t$ 整除的数的个数应等于 $n(\overline{A_1} \cap \overline{A_2} \cap \overline{A_3} \cap \cdots \cap \overline{A_t})$. 由容斥原理 II 即得要证的公式.

例 11 试求在 1 到 1 000 之间那些不能被 5,6 和 8 中任何一个整除的整数的个数?

分析 注意 6 与 8 不互素,在应用公式二解答此例时应注意到这点.

解 设 U 是由前 1 000 个正整数组成的集合,令 A_i 分别表示 U 中能被 5,6,8 整除的那些整数的集合. 要求的是 $\overline{A_1} \cap \overline{A_2} \cap \overline{A_3}$ 中的整数个数,则

$$n(A_1) = \left[\frac{1\ 000}{5}\right] = 200$$

$$n(A_2) = \left[\frac{1\ 000}{6}\right] = 166$$

$$n(A_3) = \left[\frac{1\ 000}{8}\right] = 125$$

$$n(A_1 \cap A_2) = \left[\frac{1\ 000}{5 \times 6}\right] = 33$$

$$n(A_1 \cap A_3) = \left[\frac{1\ 000}{5 \times 8}\right] = 25$$

$$n(A_2 \cap A_3) = \left[\frac{1\ 000}{24}\right] = 41$$

$$n(A_1 \cap A_2 \cap A_3) = \left[\frac{1\ 000}{120}\right] = 8$$

故由容斥原理 II 或公式二得 $\psi(N) = 600$.

例 12 设 N 是正整数,如果已知小于或等于 $\sqrt{N}$ 的全部素数,那么可用下面的爱氏筛法找出所有大于 $\sqrt{N}$ 和小于或等于 N 的素数,先在整序列 $2, 3, 4, \cdots, N$ 中,划去所有被 $2, 3, 5, \cdots, P$(P 是小于或等于 $\sqrt{N}$ 的最大素数) 整除的数. 这样,最后剩下来的就是小于 $\sqrt{N}$ 且小于或等于 N 中的所有素数. 试问,用爱氏筛法找到多少个素数?

解 设 x 是一个正整数,用 $g(x)$ 表示小于或等于 x 的素数个数,则由题意知,剩下来的素数,共有 $g(N) - g(\sqrt{N})$ 个. 设 $a_1, a_2, \cdots, a_t$ 是小于或等于 $\sqrt{N}$ 的全部素数. 由公式二,于是

$$g(N) - g(\sqrt{N}) = (N - 1) - \sum_{1 \le i \le t}\left[\frac{N}{a_i}\right] + \sum_{1 \le i < j \le t}\left[\frac{N}{a_i a_j}\right] - \cdots +$$

$$(-1)^t\left[\frac{N}{a_1 a_2 \cdots a_t}\right]$$

公式三(限制线状排列公式) 设 N 个自然数 $1, 2, \cdots, N$ 的每一全排列 $a_1, a_2, \cdots, a_N$ 中,数 $i_1, i_2, \cdots, i_r (1 \le i_1 < i_2 < \cdots < i_r \le N)$ 都不在原来的位置上,则这种全排列的个数共有

$$\sum_{i=0}^{r}(-1)^i C_r^i \cdot A_{N-i}^{N-i} = N! - C_r^1(N-1)! + C_r^2 \cdot (N-2)! + \cdots +$$

$$(-1)^r \cdot C_r^r \cdot (N-r)!$$

证明 由题设知,N 个自然数的全排列数为 $n(A) = A_N^N = N!$;某一数在其原位置的排列数为 $n(A_i) = A_{N-1}^{N-1} = (N-1)!$;某两数在其原位置的排列数为 $n(A_i \cap A_j) = A_{N-2}^{N-2} =$

$(N-2)!,\cdots,r$ 个数都在原位置的排列数为 $n(A_1\cap A_2\cap\cdots\cap A_r)=A_{N-r}^{N-r}=(N-r)!$. 满足题里条件的排列数为 $n(\overline{A_1}\cap\overline{A_2}\cap\cdots\cap\overline{A_r})$, 由容斥原理 II 即证.

此公式可以看作是例5的推广. 应用此公式解例5便是轻而易举的事了. 再看一例.

例13 在 $\{1,2,\cdots,N\}$ 集合中不出现 $12,23,\cdots,(N-1)N$ 这些模式的排列数是多少个?

解 设 A 为 $1,2,\cdots,N$ 的全排列集合,则 $n(A)=N!$. 设 A_i 为出现 $i(i+1)$ 模式的排列 A 的子集, $i=1,2,\cdots,N-1$. 由公式三得

$$n(\overline{A_1}\cap\overline{A_2}\cap\cdots\cap\overline{A_{N-1}})=N!-C_{N-1}^1\cdot(N-1)!+C_{N-1}^2\cdot(N-2)!-C_{N-1}^3\cdot(N-3)!+\cdots+(-1)^{N-1}\cdot C_{N-1}^{N-1}\cdot 1!$$

公式四(错位排列公式) 设 N 个自然数 $1,2,\cdots,N$, 任意排成一行 $a_1,a_2,\cdots,a_N$, 那么使得 $a_i\neq i(i=1,2,\cdots,N)$ 的全排列个数(记为 D_N)共有

$$D_N=N!\sum_{0\leq k\leq N}(-1)^k\frac{1}{k!}=N!\left[1-\frac{1}{1!}+\frac{1}{2!}-\frac{1}{3!}+\cdots+(-1)^N\frac{1}{N!}\right]$$

证明 设 A 表示 $1,2,\cdots,N$ 的所有全排列组成的集合,设 A 的子集 $A_i=\{$数 i 排在第 i 个位置上的全排列$\}(i=1,2,\cdots,N)$. 又 $A_{i_1}\cap A_{i_2}\cap\cdots\cap A_{i_k}$ 表示数 $i_1,i_2,\cdots,i_k$ 分别在第 $i_1,i_2,\cdots,i_k$ 个位置上的全排列的集合,即在 $1,2,\cdots,N$ 中除了 $i_1,i_2,\cdots,i_k$ 这 k 个数被固定之外,其余 $N-k$ 个数可以任意排列. 所以 $n(A_{i_1}\cap A_{i_2}\cap\cdots\cap A_{i_k})$ 就相当于 $N-k$ 个数的全排列的个数 $(N-k)!$. $(1\leq i_1<i_2<\cdots<i_k\leq N,k=1,2,\cdots,N)$. 同时满足题设条件的排列个数 D_N 应等于 $n(\overline{A_1}\cap\overline{A_2}\cap\cdots\cap\overline{A_N})$. 故由容斥原理 II 得

$$D_N=n(A)-\sum_{1\leq i\leq N}n(A_i)+\sum_{1\leq i<j\leq N}n(A_i\cap A_j)-\cdots+$$
$$(-1)^k\sum_{1\leq i_1<i_2<\cdots<i_k\leq N}n(A_{i_1}\cap A_{i_2}\cap\cdots\cap A_{i_k})+\cdots+$$
$$(-1)^N\cdot n(A_1\cap A_2\cap\cdots\cap A_N)=$$
$$N!-C_N^1(N-1)!+C_N^2(N-2)!+\cdots+$$
$$(-1)^k C_N^k(N-k)!+\cdots+(-1)^N C_N^N\cdot 0!=$$
$$N!\left[1-\frac{1}{1!}+\frac{1}{2!}-\cdots+(-1)^k\frac{1}{k!}+\cdots+(-1)^N\cdot\frac{1}{N!}\right]$$

应用公式四可很方便地算出 $D_4=9$, 此即为例6的结果. 显然公式四是例6结论的推广. 有了公式四,像回答"某年级有七个班级,七位班主任,要使一次考试中原班主任不监考本班共有多少种排法"这样的问题,就很容易了. 即 $D_7=1854$ 种排法.

在此顺便指出 D_N 具有下列有趣性质及推论:

(1) $D_N=(N-1)(D_{N-2}-D_{N-1})(N=3,4,\cdots)$.

(2) $D_N=N\cdot D_{N-1}+(-1)^{N-2}(N=2,3,\cdots)$.

(3) 设 N 个自然数 $1,2,\cdots,N$, 任意排成一行 $a_1,a_2,\cdots,a_N$, 其中恰有 $a_{i_1}=i_1,\cdots,a_{i_r}=i_r(1\leq i_1<\cdots<i_r\leq N)$. 其余都不在原来位置上,那么这种全排列共有 D_{N-r} 个.

(4) 设 N 个自然数 $1,2,\cdots,N$, 任意排成一行 $a_1,a_2,\cdots,a_N$, 其中恰有 r 个数都在原来位置上,那么这种排列共有

$$\frac{N!}{r!}\sum_{0\leq k\leq N-r}(-1)^k\frac{1}{k!}=\frac{N!}{r!}\left[1-\frac{1}{1!}+\frac{1}{2!}-\frac{1}{3!}+\cdots+(-1)^{N-r}\frac{1}{(N-r)!}\right]$$

4.2 容斥原理 II 的推广及应用

先把 4.1 节中例 1 的问题做进一步的讨论.

例 1 已知条件同 4.1 节中例 1,问(Ⅰ)仅参加数学一科竞赛的有多少人?(Ⅱ)仅参加一科竞赛的有多少人?(Ⅲ)恰好参加两科竞赛的又有多少人?

解 还是设 A,B,C 分别表示参加数、理、化每一科竞赛的学生的集合.因此,(Ⅰ)仅参加数学一科竞赛的人数应等于 $n(A \cap \bar{B} \cap \bar{C})$.由图 4.2.1 可得

$$n(A \cap \bar{B} \cap \bar{C}) = n(A) - n(A \cap B) - n(A \cap C) + n(A \cap B \cap C) =$$
$$807 - 593 - 371 + 213 = 56$$

(Ⅱ)仅参加一科竞赛的人数应等于 $n(A \cap \bar{B} \cap \bar{C}) + n(\bar{A} \cap B \cap \bar{C}) + n(\bar{A} \cap \bar{B} \cap C)$,参见图 4.2.2. 类似于(Ⅰ)的计算,可得

$$n(A \cap \bar{B} \cap \bar{C}) + n(\bar{A} \cap B \cap \bar{C}) + n(\bar{A} \cap \bar{B} \cap C) =$$
$$n(A) + n(B) + n(C) - 2[n(A \cap B) + n(B \cap C) + n(A \cap C)] + 3n(A \cap B \cap C) =$$
$$807 + 739 + 437 - 2(593 + 371 + 267) + 3 \times 213 = 160 \qquad ①$$

(Ⅲ)恰好参加两科竞赛的人数应等于 $n(A \cap B \cap \bar{C}) + n(A \cap \bar{B} \cap C) + n(\bar{A} \cap B \cap C)$,参见图 4.2.3,可得

$$n(A \cap B \cap \bar{C}) + n(A \cap \bar{B} \cap C) + n(\bar{A} \cap B \cap C) =$$
$$n(A \cap B) + n(B \cap C) + n(A \cap C) - 3n(A \cap B \cap C) =$$
$$593 + 371 + 267 - 3 \times 213 = 592 \qquad ②$$

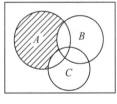 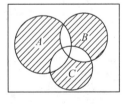 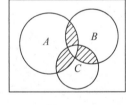

图 4.2.1　　　　　　图 4.2.2　　　　　　图 4.2.3

把如上问题推广到更一般的情形,便有下面原理.

容斥原理 Ⅲ 设 $A_1, A_2, \cdots, A_m$ 是 A 的 m 个子集,记

$$p_0 = n(A)$$

$$p_1 = \sum_{1 \leqslant i \leqslant m} n(A_i)$$

$$p_2 = \sum_{1 \leqslant i < j \leqslant m} n(A_i \cap A_j)$$

$$p_3 = \sum_{1 \leqslant i < j < k \leqslant m} n(A_i \cap A_j \cap A_k)$$

$$\vdots$$

$$p_m = n(A_1 \cap A_2 \cap \cdots \cap A_m)$$

$$q_0 = n(\bar{A}_1 \cap \bar{A}_2 \cap \cdots \cap \bar{A}_m)$$

$$q_1 = \sum_{1 \le i \le m} n(\overline{A}_1 \cap \cdots \cap \overline{A}_{i-1} \cap A_i \cap \overline{A}_{i+1} \cap \cdots \cap \overline{A}_m)$$

$$q_2 = \sum_{\substack{1 \le i < j \le m}} n(\overline{A}_1 \cap \cdots \cap \overline{A}_{i-1} \cap A_i \cap \overline{A}_{i+1} \cap \cdots \cap \overline{A}_{j-1} \cap A_j \cap \overline{A}_{j+1} \cap \cdots \cap \overline{A}_m)$$

$$\vdots$$

$$q_{m-1} = \sum_{1 \le i \le m} n(A_1 \cap \cdots \cap A_{i-1} \cap \overline{A}_i \cap A_{i+1} \cap \cdots \cap A_m)$$

$$q_m = n(A_1 \cap A_2 \cap \cdots \cap A_m) = A_m^m$$

则对于 $k = 1, 2, \cdots, m$ 有

$$q_k = p_k - C_{k+1}^1 p_{k+1} + C_{k+2}^2 p_{k+2} - \cdots + (-1)^{m-k} \cdot C_m^{m-k} \cdot p_m \qquad ③$$

对于容斥原理 III 的结论式 ③，当 $k = 0$ 时，式 ③ 就变为容斥原理 II 的结论式——筛公式了. 可见容斥原理 III 是容斥原理 II 的推广.

又当 $m = 3, k = 1, 2$ 时，式 ③ 就分别变为 $q_1 = p_1 - 2p_2 + 3p_3, q_2 = p_2 - 3p_3$，这就是例 1 中的结论式 ①② 了. 因而式 ③ 也是式 ①② 的推广.

为了给出容斥原理 III 的证明，先看如下例 1(I) 的推广结论.

引理 设 $A_1, \cdots, A_m$ 是有限集合 U 的 m 个子集，记 $\bigcap_{1 \le i \le k} A_i$ 表示对 $1, 2, \cdots, k$ 求交，则

$$n(A_1 \cap A_2 \cap \cdots \cap A_k \cap \overline{A}_{k+1} \cap \cdots \cap \overline{A}_m) =$$

$$n[\bigcap_{1 \le i \le k} A_i \cap (\bigcap_{k+1 \le j \le m} \overline{A}_j)] =$$

$$n(\bigcap_{1 \le i \le k} A_i) - \sum_{k+1 \le j \le m} n(\bigcap_{1 \le i \le k} A_i \cap A_j) + \sum_{k+1 \le j < l \le m} n(\bigcap_{1 \le i \le k} A_i \cap A_j \cap A_l) + \cdots +$$

$$(-1)^{m-k} \cdot n(A_1 \cap A_2 \cap \cdots \cap A_m) \qquad ④$$

证明 为了叙述方便起见，设 $K = \{1, 2, \cdots, k\}, \overline{K} = \{k+1, \cdots, m\}$，且设

$$U' = \bigcap_{i \in K} A_i = \bigcap_{1 \le i \le k} A_i, A'_j = \bigcap_{i \in K} A_i \cap A_j \subseteq I' \quad (j \in \overline{K})$$

利用容斥原理 II，以 U' 代替 U，A'_j 代替 A_j，于是有

$$n(\bigcap_{j \in \overline{K}} \overline{A'}_j) = n(U') - \sum_{j \in \overline{K}} n(A'_j) + \sum_{\substack{l, j \in \overline{K} \\ j \ne l}} n(A'_j \cap A'_l) - \cdots +$$

$$(-1)^{m-k} \cdot n(\bigcap_{j \in \overline{K}} A'_j) \qquad ⑤$$

注意到 $\overline{A'}_j$ 是 A'_j 在 U' 中的余集 (图 4.2.4(a))，它等于 $\bigcap_{i \in K} A_i \cap \overline{A}_j (\overline{A}_j$ 是 A_i 在 U 中的余集，图 4.2.4(b)). 再根据集合的交集的运算律，可得

$$\bigcap_{j \in \overline{K}} \overline{A'}_j = \bigcap_{i \in K} A_i \cap (\bigcap_{j \in \overline{K}} \overline{A}_j)$$

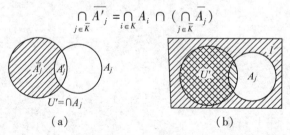

图 4.2.4

再代入式 ⑤ 得

$$n[\bigcap_{i \in K} A_i \cap (\bigcap_{j \in \overline{K}} \overline{A}_j)] = n(\bigcap_{i \in K} A_i) - \sum_{j \in \overline{K}} n(\bigcap_{i \in K} A_i \cap A_j) +$$

$$\sum_{\substack{j,l\in \overline{K} \\ j\neq l}} n(\bigcap_{i\in K} A_i \cap A_j \cap A_l) + \cdots +$$
$$(-1)^{m-k} \cdot n(A_1 \cap A_2 \cap \cdots \cap A_m)$$

即得式 ④.

下面利用引理来证明容斥原理 Ⅲ.

因 q_k 表示 U 中的恰好属于 k 个子集 A_i 的元素的个数,因此, $q_k = \sum_{K\subseteq \mathbf{N}} n[\bigcap_{i\in K} A_i \cap (\bigcap_{j\in \overline{K}} \overline{A}_j)]$, 其中 $k = 0,1,\cdots,m$, $\sum_{K\subseteq \mathbf{N}}$ 表示对自然数 $\mathbf{N}$ 中所有 k 元子集 K 求和. 现利用引理,经整理,得

$$q_k = \sum_{K\subseteq \mathbf{N}} n(\bigcap_{i\in K} A_i) - \sum_{K\subseteq \mathbf{N}} \sum_{\substack{K\subseteq P \\ n(p)=k+1}} n(\bigcap_{i\in P} A_i) + \sum_{K\subseteq \mathbf{N}} \sum_{\substack{K\subseteq P \\ |p|=k+2}} n(\bigcap_{i\in P} A_i) + \cdots +$$
$$(-1)^{m-k} \sum_{K\subseteq \mathbf{N}} n(A_1 \cap \cdots \cap A_m) =$$
$$p_k - C_{k+1}^1 p_{k+1} + C_{k+2}^2 p_{k+2} - \cdots + (-1)^{m-k} \cdot C_m^{m-k} \cdot p_m$$

其中, $q = 0,1,2,\cdots,m$.

例2 某中学有12位学生参加数学、物理、化学竞赛. 获省级优胜者光荣称号的情况是:在数学一科中有8位,在物理一科中有6位,在化学一科中有5位;其中在数、理两科中均获奖的有5位,在数、化两科中均获奖的有4位,在理、化两科中均获奖的有3位;数、理、化三科均获奖的有3位. 那么,这些学生中有没有没获奖的,有的话,有几位? 只在一科中获奖的有几位? 两科获奖的有几位?

解 由容斥原理 Ⅲ,没有获奖的有
$$q_0 = p_0 - p_1 + p_2 - p_3 = 12 - 19 + 12 - 3 = 2(位)$$
只在一科中获奖的有
$$q_1 = p_1 - 2p_2 + 3p_3 = 4(位)$$
两科获奖的有
$$q_2 = p_2 - 3p_3 = 3(位)$$

例3 求从1到200中,同时不能被2,3,5整除的数的和.

解 设 $U = \{1,2,3,\cdots,200\}$,作 U 的子集:$A = \{a \mid a\in U, 2\text{ 整除 }a\}$, $B = \{b \mid b\in U, 3\text{ 整除 }b\}$, $C = \{c \mid c\in U, 5\text{ 整除 }c\}$. 于是 $A\cap B = \{ab \mid ab\in U, 6\text{ 整除 }ab\}$, $\cdots$, $A\cap B\cap C = \{abc \mid abc\in U, 30\text{ 整除 }abc\}$. 而 $\overline{A}\cap \overline{B}\cap \overline{C}$ 就是 U 中既不是2的倍数,又不是3的倍数,也不是5的倍数的整数集合. 根据题意,只需计算 $\overline{A}\cap \overline{B}\cap \overline{C}$ 中全体整数的和. 运用容斥思想,可作如下计算

$$\sum_{i\in U} i - (\sum_{a\in A} a + \sum_{b\in B} b + \sum_{c\in C} c) + (\sum_{ab\in A\cap B} ab + \sum_{ac\in A\cap C} ac + \sum_{bc\in B\cap C} bc) - \sum_{abc\in A\cap B\cap C} abc =$$
$$\sum_{i=1}^{200} i - (\sum_{j=1}^{100} 2j + \sum_{k=1}^{[\frac{200}{3}]} 3k + \sum_{l=1}^{40} 5l) + (\sum_{m=1}^{[\frac{200}{6}]} 6m + \sum_{n=1}^{20} 10n + \sum_{s=1}^{[\frac{200}{15}]} 15s) - \sum_{t=1}^{[\frac{200}{30}]} 30t =$$
$$20\,100 - (10\,100 + 6\,633 + 4\,100) + (3\,366 + 2\,100 + 1\,365) - 630 =$$
$$20\,100 - 20\,833 + 6\,831 - 630 =$$
$$5\,468$$

故 5 468 即为所求.

思 考 题

1. 某班学生有 50 人,已知其中有 26 人参加数学课外活动小组,有 21 人参加物理课外活动小组,15 人既参加数学课外活动小组,又参加物理课外活动小组. 问该班有多少学生参加课外活动小组?

2. 在 1 到 300 的整数中,(1) 有多少个数能被 3 或 5 或 7 整除?(2) 有多少个数同时不能被 3,5,7 整除?(3) 有多少个数能被 3 整除,但不能被 5,7 整除?

3. 调查 1 000 名学生,其中有 595 名爱好数学,595 名爱好文学,550 名爱好体育,395 名爱好数学和文学,350 名爱好数学和体育,400 名爱好文学和体育,250 名对数学、文学和体育都爱好. 问数学、文学和体育都不爱好的有多少名?只爱好数学的有多少名?

4. 已知甲钟每 4 秒敲一下,乙钟每 5 秒敲一下,丙钟每 6 秒敲一下. 某一时间里,三个钟同时敲响同时停敲,用电子记录器记出响了 365 下. 问三个钟各敲了多少下?

5. 2 至 120 中有多少个素数?

6. 有甲乙两副纸牌,各有 N 张编号自 1 至 N 的牌. 把牌洗过,然后配成 N 对,每对甲乙牌各 1 张. 如果同一对的两张牌同号,就说有一个相合.

(Ⅰ) 至少有 1 个相合的配牌方法有多少种?

(Ⅱ) 没有相合的配牌方法有多少种?

7. M_1, M_2, M_3, M_4 这 4 位同学去购买编号分别为 $1, 2, 3, \cdots, 10$ 这 10 种不同的书. 为了节约经费、便于相互传阅,他们约定每人只购买其中 5 种书,任 2 位同学均不能买全这 10 种书,任 3 位同学均买全这 10 种书. 当 M_1 买的书的号码为 $1, 2, 3, 4, 5$,M_2 买的书的号码为 $5, 6, 7, 8, 9$,M_3 买的书的号码为 $1, 2, 3, 9, 10$ 时,为了满足上述要求,求 M_4 应买的书的号码.

8. 已知 $A = \{n \in \mathbf{N} \mid 1 \leqslant n \leqslant 2\,006, \text{且} (n+4, 30) \neq 1\}$,求 $\text{card}(A)$.

9. 已知 a, b, c 为实数,当且仅当 $x \leqslant 0$ 或 $x > 1$ 时,有
$$\sqrt{2x^2 + ax + b} > x - c$$
求 c 的取值范围.

10. 求使得 $1 \leqslant a \leqslant b \leqslant 100$,且 $57 \mid ab$ 的正整数对 (a, b) 的个数.

思考题参考解答

1. 由容斥公式得 $50 - (26 + 21) + 15 = 18$.

2. 设 $U = \{1, 2, \cdots, 300\}$,$A_1, A_2, A_3$ 分别为 U 中的 3,5,7 的倍数集合. (1) $n(A_1 \cup A_2 \cup A_3) = 162(个)$;(2) $300 - 162 = 138(个)$;(3) $n(A_1) - n(A_1 \cap A_2) - n(A_1 \cap A_3) + n(A_1 \cap A_2 \cap A_3) = 68(个)$.

3. 类似于第 2 题,三样都不爱好的学生共 155 人;只爱好数学的有 100 人.

4. 设三个钟共记录了 x 秒钟,设性质 α 为甲钟响;性质 β 为乙钟响;性质 γ 为丙钟响. 则 $n(A_\alpha) = \frac{x}{4} + 1$,$n(A_\beta) = \frac{x}{5} + 1$,$n(A_\gamma) = \frac{x}{6} + 1$,$n(A_\alpha \cap A_\beta) = \frac{x}{20} + 1$,$n(A_\alpha \cap A_\gamma) = \frac{x}{12} + 1$,$n(A_\beta \cap A_\gamma) = \frac{x}{30} + 1$,$n(A_\alpha \cap A_\beta \cap A_\gamma) = \frac{x}{60} + 1$. 又 $n(A_\alpha \cup A_\beta \cup A_\gamma) = 365$. 由容斥公式有

$$365 = \frac{x}{4} + 1 + \frac{x}{5} + 1 + \frac{x}{6} + 1 - (\frac{x}{20} + 1 + \frac{x}{12} + 1 + \frac{x}{30} + 1) + (\frac{x}{60} + 1),$$

求得 $x = 780$,故甲钟响 196 次,乙钟响 157 次,丙钟响 131 次.

5. 2 至 120 的整数集合记为 $U,n(I)=119$. 不超过 $\sqrt{120}$ 的素数有 4 个:2,3,5,7. 以 A_i 记 U 中 i 的倍数全体,由例 8 结论知

$g(120) = 4 + n(I) - [n(A_2) + n(A_3) + n(A_5) + n(A_7)] + [n(A_6) + n(A_{10}) + n(A_{14}) + n(A_{15}) + n(A_{21}) + n(A_{55})] - [n(A_{30}) + n(A_{42}) + n(A_{70}) + n(A_{105})] + n(A_{210}) = 30($ 个 $)$

6. (Ⅰ) 由容斥公式得 $N!\left(\dfrac{1}{1!} - \dfrac{1}{2!} + \dfrac{1}{3!} - \cdots + (-1)^{N-1}\dfrac{1}{N!}\right)$.

(Ⅱ) 由筛公式或公式四得

$$N!\left(\dfrac{1}{2!} - \dfrac{1}{3!} + \dfrac{1}{4!} - \dfrac{1}{5!} + \cdots + (-1)^N \cdot \dfrac{1}{N!}\right)$$

7. 设 M_i 买的书的号码构成的集合为 $A_i, i = 1,2,3,4$. 令全集 $U = \{1,2,3,\cdots,10\}$.

因为
$$A_1 = \{1,2,3,4,5\}, A_2 = \{5,6,7,8,9\}$$
$$A_3 = \{1,2,3,9,10\}, \overline{A_1 \cup A_2} = \{10\}$$
$$\overline{A_2 \cup A_3} = \{4\}, \overline{A_3 \cup A_1} = \{6,7,8\}$$

有
$$A_4 \supseteq (\overline{A_1 \cup A_2}) \cup (\overline{A_2 \cup A_3}) \cup (\overline{A_3 \cup A_1}) = \{10\} \cup \{4\} \cup \{6,7,8\} = \{4,6,7,8,10\}$$
又 $|A_4| = 5$,则 $A_4 = \{4,6,7,8,10\}$.

8. 因为 $30 = 2 \times 3 \times 5, (n+4, 30) \neq 1$,所以,$n + 4 = 2k$ 或 $3k$ 或 $5k(k \in \mathbf{N}_+)$.

又 $1 \leqslant n \leqslant 2\ 006$,则有 $5 \leqslant n + 4 \leqslant 2\ 010$. 于是

$n + 4$ 为 $2k$ 形式的数有 $\left[\dfrac{2\ 010}{2}\right] - 2 = 1\ 003($ 个 $)$

$n + 4$ 为 $3k$ 形式的数有 $\left[\dfrac{2\ 010}{3}\right] - 1 = 669($ 个 $)$

$n + 4$ 为 $5k$ 形式的数有 $\left[\dfrac{2\ 010}{5}\right] = 402($ 个 $)$

$n + 4$ 为 $6k$ 形式的数有 $\left[\dfrac{2\ 010}{6}\right] = 335($ 个 $)$

$n + 4$ 为 $10k$ 形式的数有 $\left[\dfrac{2\ 010}{10}\right] = 201($ 个 $)$

$n + 4$ 为 $15k$ 形式的数有 $\left[\dfrac{2\ 010}{15}\right] = 134($ 个 $)$

$n + 4$ 为 $30k$ 形式的数有 $\left[\dfrac{2\ 010}{30}\right] = 679($ 个 $)$

故 $\operatorname{card}(A) = 1\ 003 + 669 + 402 - 335 - 201 - 134 + 67 = 1\ 471$

9. 由题意得不等式

$$\sqrt{2x^2 + ax + b} > x - c \qquad ①$$

的解集是 $x \leqslant 0$ 或 $x > 1$,而式 ① 等价于

$$\begin{cases} 2x^2 + ax + b \geqslant 0 \\ 2x^2 + ax + b > (x-c)^2 \end{cases}$$

或
$$\begin{cases} 2x^2 + ax + b \geqslant 0 \\ x - c < 0 \end{cases}$$

设 $$A = \{x \mid 2x^2 + ax + b \geq 0\} = \{x \mid x \leq x_1 \text{ 或 } x \geq x_2\}$$
其中 x_1, x_2 为方程 $2x^2 + ax + b = 0$ 的两个根 $(x_1 \leq x_2)$
$$B = \{x \mid 2x^2 + ax + b > (x-c)^2\} = \{x \mid x < y_1 \text{ 或 } x > y_2\}$$
其中 y_1, y_2 为方程 $2x^2 + ax + b = (x-c)^2$ 的两个根 $(y_1 \leq y_2)$
$$C = \{x \mid x - c < 0\} = \{x \mid x < 0\}$$
则式 ① 的解集为
$$(A \cap B) \cup (A \cap C) = A \cap (B \cup C) = \{x \mid x \leq 0 \text{ 或 } x > 1\}$$
故将 $x_1 = 0, y_2 = 1$ 各自代入方程得
$$b = 0, x_2 = -\frac{a}{2} > 0$$
$$a = (c-1)^2 - 2, y_1 = -c^2$$
则
$$A = \{x \mid x \leq 0 \text{ 或 } x \geq -\frac{a}{2}\}$$
$$B \cup C = \{x \mid x < \max\{-c^2, c\} \text{ 或 } x > 1\}$$
于是,有
$$0 < \max\{-c^2, c\} \leq -\frac{a}{2} \leq 1$$
从而, $0 < c \leq 1$.

10. 显然 $57 = 3 \times 19$.

下面进行分类计数.

(i) 若 $57 \mid a$,则 $a = 57, b = 57, 58, \cdots, 100$,即 (a, b) 有 $100 - 56 = 44$ 个.

(ii) 若 $57 \mid b$,且 $57 \nmid a$,则 $b = 57, a = 1, 2, \cdots, 56$,即 (a, b) 有 56 个.

(iii) 若 $3 \mid a, 19 \mid b$,且 $a \neq 57, b \neq 57$,则 $a = 3x, b = 19y, x$ 和 y 均为正整数,且 $3x \leq 19y \leq 100, x \neq 19, y \neq 3$,即
$$\begin{cases} y = 1, 2, 4, 5 \\ x \neq 19 \\ 1 \leq x \leq [\frac{19}{3}y] \end{cases}$$

故 (a, b) 的个数 $= (x, y)$ 的个数 $= 6 + 12 + (25 - 1) + (31 - 1) = 72$.

(iv) 若 $19 \mid a, 3 \mid b$,且 $a \neq 57, b \neq 57$,则 $a = 19x, b = 3y$,且 $19x \leq 3y \leq 100, x \neq 3, y \neq 19, x, y$ 均为正整数,即
$$\begin{cases} x = 1, 2, 4, 5 \\ y \neq 19 \\ 1 + [\frac{19}{3}x] \leq y \leq 33 \end{cases}$$

故 (a, b) 的个数 $= (x, y)$ 的个数 $= (33 - 6 - 1) + (33 - 12 - 1) + (33 - 25) + (33 - 31) = 56$.

总之,符合题目的正整数对 (a, b) 的个数为 $44 + 56 + 72 + 56 = 228$.

第五章 缩小原理

我们要从一本英汉词典中查"method"这个词,由于字母 m 在 26 个英文字母的排列中是第 13 个,所以首先可估计在全词典厚度的约 $\frac{1}{2}$ 的地方打开词典,若翻到的单词的第一个字母是 k,因为字母 m 在 k 后面,所以就应接着往后翻几页;若翻到的单词第一个字母是 n,因为字母 m 在 n 前面,所以就应接着往前翻几页,步步逼近. 待找到单词的第一个字母后,类似地再找第二个字母 e,……,如果能在一次查找中找得到前面几个字母,那就是运气好了. 如上逐步缩小查找范围,最后便能较快地把"method"一词找到.

查词典也隐含了一条处理问题的规律,把这条规律应用到处理数学问题上来,便有如下的原理.

缩小原理 解决一个问题或做一件事,采用紧缩包围圈的策略,逐步缩小探索范围,把问题归结到某种简单、熟悉的情形下,使其得以顺利解决.

缩小原理的应用更是广泛的. 前面几章中的原理也可以归属到缩小原理的范畴,后面的"局部调整原理""逆反转换原理",等等也可以归属到缩小原理的范畴. 本章仅就一些具体的应用从七个方面做点介绍.

5.1 逐步排除,去伪存真

例 1 某次数学考试共有 10 道选择题,评分办法是:每一题答对得 4 分,答错得 -1 分,不答得 0 分. 设这次考试至多有 n 种可能的成绩,则 n 应该等于 ( )

(A)42 (B)45 (C)46 (D)48 (E)以上答案都不对

分析 从 10 题全对得 40 分到 10 题全错得 -10 分共有 51 种成绩,现在要筛去那些不可能得到的成绩. 由于每对一题得 4 分,我们将 1 到 40 间的整数表示为 $4k, 4k-1, 4k-2, 4k-3$,这里 k 是答对题数,$1 \leq k \leq 10$,且 $k \in \mathbf{N}$.

当 $k \leq 7$ 时,未答对(或未答)题数 ≥ 3,这时因倒扣,$4k, 4k-1, 4k-2, 4k-3$ 这些成绩均可取得,即 28 分以内的成绩皆可能取得.

当 $k = 8$ 时,未答对题数 ≤ 2,这时唯有 $4k, 4k-1, 4k-2$ 为可能,缺 $4k-3 = 29$,应排除 29 分.

当 $k = 9$ 时,未答对题数 ≤ 1,这时唯有 $4k, 4k-1$ 为可能,缺 $4k-2 = 34, 4k-3 = 33$,应排除 33 分,34 分.

当 $k = 10$ 时,未答对题数 $= 0$,唯 $4k$ 为可能,缺 $4k-1 = 39, 4k-2 = 38, 4k-3 = 37$,因此应排除 37 分,38 分,39 分.

当 $k = 0$ 时,由一题不答到答错 10 题,即 0 分到 -10 分都能取到.

解 答案是(B). 这可由以上分析得.

例 2 定义一个数集的和就是这个集的所有元素的和. 设 S 是一些不大于 15 的正整数

组成的集,假使 S 的任意两个不相交的子集有不同的和,具有这个性质的集合 S 的和的最大值是多少?

分析 若求 S 中所含元素的个数,再构造含有几个元素的集合,并使选择的元素尽可能大而求得和的最大值是可行的,但比较麻烦,采用筛选法可简单地求解.

解 将正整数自大到小依次从 15 逐步减 1 倒退思考,根据题意可首先取 $S_1 = \{15, 14, 13\}$. 因 $12 + 15 = 14 + 13$,应排除 12,得 $S_2 = \{15, 14, 13, 11\}$. 又因 $10 + 15 = 11 + 14, 9 + 15 = 11 + 13$,应排除 10,9. 其后得 $S_3 = \{15, 14, 13, 11, 8\}$. 如此继续下去,可发现 7 及以下的正整数均应筛除. 故和最大的集合 S 即是 S_3,其和为 61.

例3 (Ⅰ)求所有的正整数 n,使得 $2^n - 1$ 能被 7 整除;(Ⅱ)证明:对于任何正整数 n,$2^n + 1$ 不能被 7 整除.

解 (Ⅰ)将正整数 n 分为 $3k, 3k+1, 3k+12$ 讨论($k \in \mathbb{N}$).

当 $n = 3k$ 时,$2^n - 1 = 2^{3k} - 1 = 8^k - 1 = (7+1)^k - 1 = 7$ 的倍数;

当 $n = 3k + 1$ 时,$2^n - 1 = 2^{3k+1} - 1 = 2(7+1)^k - 1 = 7$ 的倍数 $+ 1$,应筛除;

当 $n = 3k + 2$ 时,$2^n - 1 = 2^{3k+2} - 1 = 4(7+1)^k - 1 = 7$ 的倍数 $+ 3$,应筛除.

因此,唯有 n 是 3 的倍数时,$2^n - 1$ 能被 7 整除.

(Ⅱ)由(Ⅰ)知,对于所有正整数 n,2^n 被 7 除时其余数为 1,2 或 4,故 $2^n + 1$ 被 7 除的余数是 2,3 或 5. 因此,对于任何正整数 n,$2^n + 1$ 不能被 7 整除.

从以上诸例可以看到,逐步排除、去伪存真是解答某些选择题、求解题、证明题的有效方法. 对于选择题,根据题干与选项的联系,逐个筛除,有利于缩小选择面,迅速做出判断;对于求解、证明题,根据题设条件,逐个筛除,或分类讨论,逐个击破,有利于缩小目标,使题目迅速获证.

5.2 灵活推导,逐步逼近

例1 如果一个四位数等于它的 4 个数字之和的 4 次方,则这样的四位数是什么数?

分析 这样的四位数:(ⅰ)是一个四位数;(ⅱ)是一个正整数;(ⅲ)它的算术平方根仍旧是一个平方数;(ⅳ)它等于它的 4 个数字之和的 4 次方. 我们必须根据这些条件,灵活推导,逐步缩小寻找范围而最终求得此数.

解 由分析中的(ⅰ)(ⅱ)可设这个四位数为
$$x = 1000a + 100b + 10c + d$$
其中,a 是 1~9 中的某一整数,b, c, d 是 0~9 中的某一个整数,而且
$$1000 \leq x < 10000$$

利用条件(ⅲ)(ⅳ)缩小寻找范围,则知 $\sqrt[4]{x}$ 是一个正整数,且
$$\sqrt[4]{1000} \leq \sqrt[4]{x} < \sqrt[4]{10000}$$
即
$$6 \leq \sqrt[4]{x} \leq 9$$
就是说 $\sqrt[4]{x}$ 是 6,7,8,9 四个数中的数. 可知
$$6 \leq a + b + c + d \leq 9$$
再查平方表,得

$$6^4 = 1\,296, 7^4 = 2\,401, 8^4 = 4\,096, 9^4 = 6\,561$$

显然,7^4 便是满足 4 个数字之和大于等于 6,而小于等于 9 这一条件的数,其余 3 个数均不满足这个条件. 经验算 2 401 确实为满足题设条件的唯一的四位数.

例 2 有一种体育竞赛共含 M 个项目,有运动员 A,B,C 参加,在每一项目中,第一、二、三名分别得 P_1,P_2,P_3 分,其中 P_1,P_2,P_3 为正整数且 $P_1 > P_2 > P_3$. 最后 A 得 22 分,B 与 C 均得 9 分,B 在百米赛中取得第一. 求 M 的值,并问在跳高中谁取得第二名.

解 考虑每人所得总分数,我们有方程
$$M(P_1 + P_2 + P_3) = 22 + 9 + 9 = 40$$
由于
$$P_1 + P_2 + P_3 \geq 1 + 2 + 3 = 6$$
故 $6M \leq 40$,从而 $M \leq 6$.

另外,由题设知至少有百米与跳高两个项目,从而 $M \geq 2$. 又因 M 为 40 的因子,故 M 只能取 2,4,5 三个值.

若 $M = 2$,看 B 的总分知,$9 \geq P_1 + P_3$,由此得 $P_1 \leq 8$. 因此若 A 拿两个第一,总分将小于或等于 16,不可能得到 22 分. 因此 $M \neq 2$.

若 $M = 4$,仍看 B 的总分,可知 $9 \geq P_1 + 3P_3$,由于 $P_3 \geq 1$,故 $P_1 \leq 6$. 如果 $P_1 \leq 5$,那么四场至多得 20 分,与 A 得 22 分矛盾. 故 $P_1 = 6$. 另一方面,由 $4(P_1 + P_2 + P_3) = 40$,得 $P_2 + P_3 = 4$,只能是 $P_2 = 3, P_3 = 1$. A 的百米已不可能为第一,故 A 至多得三个第一,因此 A 的总分至多是 $3P_1 + P_2 = 18 + 3 = 21 < 22$. 因此 $M \neq 4$.

从而,只能是 $M = 5$. 这时 $P_1 + P_2 + P_3 = 8$. 假如 $P_3 \geq 2$,那么 $P_1 + P_2 + P_3 \geq 4 + 3 + 2 = 9$,这表明只能是 $P_3 = 1$. 另外 P_1 不能小于或等于 4,否则五场的最高分小于或等于 20. 与 A 得 22 分矛盾!因此 $P_1 \geq 5$. 如果 $P_1 \geq 6$,那么 $P_2 + P_3 \leq 2$,这是不可能的. 又因 $P_2 + P_3 \geq 2 + 1 = 3$,故由 $P_1 + P_2 + P_3 = 8$,知 $P_1 \leq 5$,因此只能是 $P_1 = 5$. 因之,$P_2 + P_3 = 3$,由此得 $P_2 = 2, P_3 = 1$. 由此可见,A 一定得了四个第一,一个第二. B 的分数分布是 $P_1 + 4P_3 = 9$,C 的分数分布是 $4P_2 + P_3 = 9$.

故可知 A 得百米第二,C 得百米第三,在其余的项目中,包括跳高,C 都是第二名.

例 3 如图 5.2.1 是某地的工厂分布图. 一条大公路(粗线)通过该地区,七个工厂 $A_1, A_2, \cdots, A_7$ 分布在大公路两侧,由一些小公路(细线)与大公路相连. 现在要在公路上设一个长途汽车站,车站到各工厂(沿公路、小路走)的距离总和越小越好.

(Ⅰ)这个车站设在什么地方最好?

(Ⅱ)证明你所做的结论.

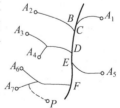

图 5.2.1

(Ⅲ)如果在 P 的地方又建立了一个工厂,并且沿着图上的虚线修了一条小路,那么这时车站设在什么地方好?

分析 对分法是逐步逼近法中最容易掌握也是使用得最广泛的一种方法. 从对分的观点来看,由于每条小公路所通工厂的数目都没有超过全部工厂总数的一半(对分),所以车站不应设在小公路上. 再用对分法在大公路上找点.

解 设 B,C,D,E,F 是各小公路连通大公路的道口.

(Ⅰ)车站设在点 D 最好.

(Ⅱ)如果车站设在公路上 D,C 之间的点 S,用 $u_1, u_2, \cdots, u_7$ 表示 S 到各工厂的路程,

$W = u_1 + u_2 + \cdots + u_7$. 当 S 向 C 移动一段路程 d 时,u_1,u_2 各减少 d,但 $u_3,\cdots,u_7$ 各增加 d;所以 W 增加 $5d - 2d = 3d$. 当 S 自 C 再向 B 移动一段路程 d' 时,W 又增加 $6d' - d' = 5d'$. 如果 S 自 B 向北再移动一段路程 d'' 时,W 就再增加 $7d''$. 这说明 S 在点 D 以北的任何地方都不如在点 D 好. 同样,可以证明 S 在点 D 以南的任何地方都不如在点 D 好.

(Ⅲ) 如果 P 处又新建一厂,则以对分的观点来看,D,E 两点都具有同样的优越性,车站可设在 D,E 或 D 与 E 之间的任何地方.

例 4 已知 $a_n = \dfrac{4}{3^{2^{n-1}} - 1}(n \in \mathbf{N}_+)$,$S_n$ 是 $\{a_n\}$ 的前 n 项和,证明:$S_n < 3$.

证明 $\dfrac{a_{n+1}}{a_n} = \dfrac{3^{2^{n-1}} - 1}{3^{2^n} - 1} = \dfrac{1}{3^{2^{n-1}} + 1} < \dfrac{1}{3^{2^{n-1}}} \leqslant \dfrac{1}{3^{2^{1-1}}} = \dfrac{1}{3}$,当 $n = 1$ 时,$S_1 = a_1 = 2 < 3$,当 $n \geqslant 2$ 时,$a_n < \dfrac{1}{3}a_{n-1} < \dfrac{1}{3^2}a_{n-2} < \cdots < \dfrac{1}{3^{n-1}}a_1$,则

$$S_n = a_1 + a_2 + \cdots + a_n < a_1(1 + \dfrac{1}{3} + \dfrac{1}{3^2} + \cdots + \dfrac{1}{3^{n-1}}) =$$

$$\dfrac{a_1(1 - \dfrac{1}{3^n})}{1 - \dfrac{1}{3}} = 3 - 3 \times \dfrac{1}{3^n} < 3$$

综上,$S_n < 3$.

例 5 已知 $f(n) = \dfrac{1}{n+1} + \dfrac{1}{n+2} + \cdots + \dfrac{1}{2n}$,证明:$f(n) < \dfrac{3}{4}$.

证明 由题意,有

$$f(n) = \dfrac{1}{n+1} + \dfrac{1}{n+2} + \cdots + \dfrac{1}{2n}$$

$$f(n+1) = \dfrac{1}{n+2} + \dfrac{1}{n+3} + \cdots + \dfrac{1}{2n} + \dfrac{1}{2n+1} + \dfrac{1}{2n+2}$$

因

$$f(n+1) - f(n) = \dfrac{1}{2n+1} + \dfrac{1}{2n+2} - \dfrac{1}{n+1} = \dfrac{1}{2n+1} - \dfrac{1}{2n+2} = \dfrac{1}{(2n+1)(2n+2)}$$

则

$$f(n) = [f(n) - f(n-1)] + [f(n-1) - f(n-2)] + \cdots + [f(2) - f(1)] + f(1) =$$

$$\dfrac{1}{2} + \dfrac{1}{3 \times 4} + \dfrac{1}{5 \times 6} + \cdots + \dfrac{1}{(2n-1) \times (2n)}$$

又

$$f(n) < \dfrac{1}{2} + \dfrac{1}{2 \times 3} + \dfrac{1}{4 \times 5} + \cdots + \dfrac{1}{(2n-2)(2n-1)}$$

所以

$$2f(n) < 1 + \dfrac{1}{2 \times 3} + \dfrac{1}{3 \times 4} + \dfrac{1}{4 \times 5} + \dfrac{1}{5 \times 6} + \cdots +$$

$$\dfrac{1}{(2n-2) \times (2n-1)} + \dfrac{1}{(2n-1) \times (2n)} =$$

$$1 + \frac{1}{2} - \frac{1}{3} + \frac{1}{3} - \frac{1}{4} + \cdots +$$

$$\frac{1}{2n-2} - \frac{1}{2n-1} + \frac{1}{2n-1} - \frac{1}{2n} =$$

$$\frac{3}{2} - \frac{1}{2n} < \frac{3}{2}$$

故 $f(n) < \frac{3}{4}$.

例6 已知 $a_n = n + b - \frac{1}{2}(n \in \mathbf{N}_+)$,其中 $\frac{1}{4} < b \leq \frac{1}{2}$ 且 b 为常数,设数列 $\{b_n\}$ 满足 $\sqrt{b_n^3} = \frac{\sqrt{2}}{a_n^2} - \frac{\sqrt{2}}{a_{n+1}^2}$,若 $S_n = b_1 + b_2 + \cdots + b_n$,证明:$S_n > \frac{2n}{n+1}$.

证明 根据题意,有

$$\sqrt{b_k^3} = \sqrt{2} \times \left(\frac{1}{a_k^2} - \frac{1}{a_{k+1}^2}\right) = \sqrt{2} \times \frac{(a_{k+1} - a_k)(a_{k+1} + a_k)}{a_k^2 a_{k+1}^2} >$$

$$\sqrt{2} \times \frac{2(a_{k+1} - a_k)\sqrt{a_{k+1}a_k}}{a_k^2 a_{k+1}^2} = \frac{2\sqrt{2}}{(a_k a_{k+1})^{\frac{3}{2}}}$$

则

$$b_k > \frac{2}{a_k a_{k+1}} = \frac{2}{(k+b-\frac{1}{2})(k+b+\frac{1}{2})} =$$

$$2\left(\frac{1}{k+b-\frac{1}{2}} - \frac{1}{k+1+b-\frac{1}{2}}\right)$$

令 $k = 1, 2, \cdots, n$,得

$$S_n = b_1 + b_2 + \cdots + b_n > 2\left(\frac{1}{1+b-\frac{1}{2}} - \frac{1}{2+b-\frac{1}{2}} + \frac{1}{2+b-\frac{1}{2}} - \frac{1}{3+b-\frac{1}{2}} + \cdots + \right.$$

$$\left.\frac{1}{n+b-\frac{1}{2}} - \frac{1}{n+1+b-\frac{1}{2}}\right) =$$

$$2\left(\frac{1}{1+b-\frac{1}{2}} - \frac{1}{n+1+b-\frac{1}{2}}\right) =$$

$$\frac{2n}{(b+\frac{1}{2})(n+b+\frac{1}{2})}$$

又 $\frac{1}{4} < b \leq \frac{1}{2}$. 故

$$S_n > \frac{2n}{(\frac{1}{2}+\frac{1}{2})(n+\frac{1}{2}+\frac{1}{2})} = \frac{2n}{n+1}$$

例7 已知 $a_n = \dfrac{1}{n}(n \in \mathbf{N}_+)$，设 $f(x) = \sqrt{\sin x + \dfrac{1}{6}x^3}\,(x \geq 0)$，证明：$f(a_1) + f(a_2) + \cdots + f(a_n) > 2\sqrt{n+1} - 2$.

证明 令 $g(x) = \sin x + \dfrac{1}{6}x^3 - x\,(0 < x \leq \dfrac{\pi}{2})$，则

$$g'(x) = \cos x + \dfrac{1}{2}x^2 - 1 = 1 - 2\sin^2 \dfrac{x}{2} + \dfrac{1}{2}x^2 - 1 = 2\left[\left(\dfrac{x}{2}\right)^2 - \sin^2 \dfrac{x}{2}\right]$$

又 $x \in (0, \dfrac{\pi}{2}]$，则

$$0 < \sin \dfrac{x}{2} < \dfrac{x}{2}$$

即

$$\left(\dfrac{x}{2}\right)^2 - \sin^2 \dfrac{x}{2} > 0$$

亦即 $g'(x) > 0$，故

$$g(x) > g(0) = 0$$

即

$$g(x) = \sin x + \dfrac{1}{6}x^3 > x$$

对 $x \in (0, \dfrac{\pi}{2}]$ 恒成立.

而 $a_k = \dfrac{1}{k} \in (0, 1]$，从而

$$\sin a_k + \dfrac{1}{6}a_k^3 > a_k = \dfrac{1}{k}$$

则

$$f(a_k) = \sqrt{\sin a_k + \dfrac{1}{6}a_k^3} > \dfrac{1}{\sqrt{k}} = \dfrac{2}{\sqrt{k}+\sqrt{k}} > \dfrac{2}{\sqrt{k}+\sqrt{k+1}} =$$
$$2(\sqrt{k+1} - \sqrt{k}) \quad (k=1,2,\cdots,n)$$

故

$$f(a_1) + f(a_2) + \cdots + f(a_n) > 2[(\sqrt{2}-1) + (\sqrt{3}-\sqrt{2}) + \cdots + (\sqrt{n+1}-\sqrt{n})] =$$
$$2\sqrt{n+1} - 2$$

例8 求证：$\dfrac{1}{2-1} + \dfrac{1}{2^2-1} + \cdots + \dfrac{1}{2^n-1} < 2\,(n \in \mathbf{N}_+)$

证明 设数列 $\{a_n\}$ 是首项为 a_1、公比为 $\dfrac{1}{2}$ 的无穷递缩等比数列，则由 $2 = \dfrac{a_1}{1-1/2}$，解得 $a_1 = 1$. 又易证当 $n \in \mathbf{N}_+$ 时，$\dfrac{1}{2^{n-1}} \geq \dfrac{1}{2^n - 1}$（注：当且仅当 $n=1$ 时取等号），所以

$$2 = \dfrac{1}{1-1/2} = 1 + 1 \times \dfrac{1}{2} + 1 \times \dfrac{1}{2^2} + \cdots + 1 \times \dfrac{1}{2^{n-1}} + \cdots >$$

$$1 + 1 \times \frac{1}{2} + 1 \times \frac{1}{2^2} + \cdots + 1 \times \frac{1}{2^{n-1}} >$$
$$\frac{1}{2-1} + \frac{1}{2^2-1} + \frac{1}{2^3-1} + \cdots + \frac{1}{2^n-1} = 左边$$

故知此题获证.

注 上述证法是将不等式中的通项 $\frac{1}{2^n-1}$ ($n \in \mathbf{N}_+$,且 $n \geq 2$)放大为 $\frac{1}{2^{n-1}}$,即 $\frac{1}{2^n-1} \leq \frac{1}{2^{n-1}}$,而这一放大的目标不仅是解题的关键,而且也是难点所在,不过,将看着一个无穷递缩等比数列的各项和,就能很快找到、找准放大的目标 $\frac{1}{2^{n-1}}$ 而逼近结果.

从以上几例可以看出,逐步逼近法的精神实质,可以从两个方面理解:一是用我们容易掌握的数学对象去定量地描述不容易掌握的数学对象或欲求的数学对象;二是根据数学问题本身的性质和所给的条件,逐步缩小该问题解的存在范围.

逐步逼近还是数学上最基本也是最重要的思维方法之一. 逐步逼近思想从古代数学家用"割圆术"来求圆周率 π 的近似值,用一系列抛物线内接三角形面积之和来逼近抛物线拱形的面积,到现代数学的实数理论中的用有理数逼近无理数,极限理论中的闭区间套和单调有界原理,微分学中的用平均变化率逼近瞬时变化率,积分学中的用有限和逼近无限和,级数理论中的用多项式逼近函数,等等,各种不同方式的逐步逼近,得到了广泛的应用.

5.3 提炼特征,寻求规律

例1 将奇正整数 $1,3,5,7,\cdots$ 排成五列,按图 5.3.1 的格式排下去,2 009 所在的那列,从左数起是 ( )

(A)第一列 (B)第二列 (C)第三列 (D)第四列 (E)第五列

分析 观察排成的五列数的数值特征,寻求其内在规律性,缩小目标范围.

解法1 由图可知,每行有四个正奇数,而 $2\,009 = 8 \times 251 + 1$. 因此 2 009 是偶数行的倒数第一个数. 而奇数行的第一个数位于第二列,偶数行的倒数第一个数位于第四列,所以从左数起,2 009 在第 4 列,故选(D).

解法2 观察第一列上的所有数的值是由 $16n - 1$ 组成,$n = 1, 2, \cdots$. 而对于同样的 n,在 $16n - 1$ 的每一个值的下面一行的第三个数,是 $16n + 9$,并且这些数都出现在第四列中. 因为 $2\,009 = 16 \times 125 + 9$,所以 2 009 出现在第四列中,故选(D).

1	3	5	7	
15	13	11	9	
	17	19	21	23
31	29	27	25	
	33	35	37	39
$\cdots$				
$\cdots$				

图 5.3.1

例2 设 A, B, C, D 是一个正四面体的四个顶点,每条棱长 1 m,一只小虫从顶点 A 出发,遵照下列规则爬行:在每一顶点,它在相交于该顶点的三条棱中选取一条,每条棱被取到的可能性都相等,然后它沿着这条棱爬到另一个顶点. 设小虫爬行 7 m 后又回到顶点 A 的概率为 $P = \frac{n}{729}$,求 n 的值.

分析 本题可以利用树图具体作出小虫爬行的各种不同路线,然后挑选合格的,但这样去找结论,工作量太大而不足取. 于是转而研究问题的规律,寻找特征以缩小目标范围.

解 用 a_i 表示小虫第 i 步(每步1 m)后恰能爬行到点 A 的各种走法的累计总数,用 b_i 表示第 i 步后爬行到其他点(B,C,D)的各种走法的累计总数. 因每一步走法都有三种可能的选择,故第 i 步后共有 3^i 种不同走法,因此知

$$a_i + b_i = 3^i \qquad ①$$

又因自点 A 出发爬行一步显然仍不能到达点 A,但从其他点(B,C,D)出发爬行一步,必各有一种走法可以到达点 A,故知第 i 步后走到其他点的走法总数 b_i,必等于下一步后可达点 A 的走法总数 a_{i+1},即

$$b_i = a_{i+1} \qquad ②$$

于是,我们可根据上面两个规律特征,使问题转化为一种特殊的数列——递推数列,即

$$a_i + a_{i-1} = 3^{i-1}, \text{且 } a_1 = 0 \quad (\text{因 } a_0 \text{ 表示小虫在点 } A \text{ 未行})$$

于是有 $a_n = \frac{1}{4}[3^n + 3(-1)^n]$,则 $a_7 = 547$. (或直接迭代计算得) 故知第七步回到点 A 的概率是 $\frac{a_7}{3^7} = \frac{546}{2187} = \frac{182}{729}$. 故

$$n = 182$$

例3 在长方形的桌面上不重叠地放着25枚硬币,使得不能再放上一枚而与已放的重叠. 证明:假定允许重叠放置,那么只要用100枚这样的硬币便可覆盖全桌面. (硬币是圆形的且半径相等. 放置时,硬币可露出桌面的边缘,但其中心必须在桌面内. 所谓"覆盖全桌面"指的是桌面的每点必处在所放的某个硬币之下)

分析 根据题设条件及25枚硬币放置的方式特征,考虑缩小目标范围,探求规律以求证.

证明 由题设25枚硬币放置的方式,可知桌面上每点总与某硬币的中心之距离小于硬币的直径. 设想将桌子和硬币的尺寸(长度)都缩小一半,所"得到"的桌子面积为原桌子的 $\frac{1}{4}$(称为小桌子). 在小桌子上放着25枚半径为原来的 $\frac{1}{2}$ 的硬币(称为小硬币),并且小桌子上的每点总与某枚小硬币的中心之距离小于硬币(不是小硬币)的半径. 现在如果不改变小硬币中心在小桌子上的位置,而将其半径增大一倍(即"变"为原来的硬币),那么这25枚硬币将覆盖 $\frac{1}{4}$ 的桌面,所以100枚硬币便可覆盖全桌面.

从以上诸例可以看出,很多貌似困难的数学问题,只要经过仔细地观察分析,从数式、图表、条件、结论中捕捉住问题的某些特征,并且筛选提炼,缩小目标范围,寻求到问题的内在规律,问题的解决也就近在眼前了.

5.4 放缩夹逼,限定范围

例1 黑板上写着从1开始的 n 个连续正整数,擦去其中一个数后,其余各数的平均值是 $35\frac{7}{17}$,擦去的数是 ( )

(A)6　　　　(B)7　　　　(C)8　　　　(D)9

分析　本题的困难在于:既不知 n 为何数,又不知擦去的数是哪一个.因此,先确定 n 是关键.为此应用放缩法夹逼出 n 的范围,再根据平均值为 $35\frac{7}{17}$ 确定 n 值.

解　事实上,若擦去的为最小数 1,则其余各数的平均数为

$$\frac{2+3+\cdots+n}{n-1} = \frac{n+2}{2}$$

若擦去的为最大数 n,则其余各数的平均数为

$$\frac{1+2+\cdots+(n-1)}{n+1} = \frac{n}{2}$$

则

$$\frac{n}{2} \leqslant 35\frac{7}{17} \leqslant \frac{n+2}{2}$$

得

$$68\frac{14}{17} \leqslant n \leqslant 70\frac{14}{17}$$

因 n 是整数,唯有 $69 \leqslant n \leqslant 70$,即 $68 \leqslant n-1 \leqslant 69$.

而 $n-1$ 个整数的平均数是 $35\frac{7}{17}$,故 $n-1$ 应是 17 的倍数,只能是 $n-1=68$,即 $n=69$.

进而设擦去的数为 x,则

$$\frac{1+2+\cdots+69-x}{69-1} = 35\frac{7}{17}$$

解得 $x=7$.应选(B).

例2　(2008 年高考浙江理科第 15 题)已知 t 为常数,函数 $y=|x^2-2x-t|$ 在区间 $[0,3]$ 上的最大值为 2,则 $t=$ _____.

解　设 $f(x)=|x^2-2x-t|$,由图像知函数在区间 $[0,3]$ 上的最大值只可能在端点或抛物线顶点处取得,故有 $\begin{cases} f(0) \leqslant 2 \\ f(3) \leqslant 2 \\ f(1) \leqslant 2 \end{cases}$,即 $\begin{cases} |t| \leqslant 2 \\ |t-3| \leqslant 2 \\ |t+1| \leqslant 2 \end{cases}$,所以 $\begin{cases} -2 \leqslant t \leqslant 2 \\ 1 \leqslant t \leqslant 5 \\ -3 \leqslant t \leqslant 1 \end{cases}$,所以 $1 \leqslant t \leqslant 1$,即 $t=1$.

例3　(2008 高考广东理科第 14 题)已知 $a \in \mathbf{R}$,若关于 x 的方程 $x^2+x+\left|a-\frac{1}{4}\right|+|a|=0$ 有实根,则 a 的取值范围是_____.

解　原方程可化为 $\left|a-\frac{1}{4}\right|+|a|=-x^2-x$,由绝对值的几何意义知,$\left|a-\frac{1}{4}\right|+|a| \geqslant \frac{1}{4}$,当且仅当 $0 \leqslant a \leqslant \frac{1}{4}$ 时等号成立.

又 $-x^2-x=-\left(x+\frac{1}{2}\right)^2+\frac{1}{4} \leqslant \frac{1}{4}$,当且仅当 $x=-\frac{1}{2}$ 时等号成立.所以有 $\frac{1}{4} \leqslant \left|a-\frac{1}{4}\right|+|a| \leqslant \frac{1}{4}$,所以 $\left|a-\frac{1}{4}\right|+|a|=\frac{1}{4}$,所以 $0 \leqslant a \leqslant \frac{1}{4}$,故 a 的取值范围是 $\left[0,\frac{1}{4}\right]$.

例4　(2002 年高中联赛)函数 $f(x)$ 定义在 $\mathbf{R}$ 上,$f(x)=1$,对任意 $x \in \mathbf{R}$,都有 $f(x+5) \geqslant f(x)+5, f(x+1) \leqslant f(x)+1$.若 $f(x)=g(x)+x-1$,则 $g(2\,002)=$ _____.

解 由
$$f(x) = g(x) + x - 1$$
得
$$g(x) = f(x) - x + 1$$
而
$$f(x+5) \geqslant f(x) + 5 \Leftrightarrow f(x+5) - (x+5) + 1 \geqslant f(x) - x + 1$$
$$f(x+1) \leqslant f(x) + 1 \Leftrightarrow f(x+1) - (x+1) + 1 \leqslant f(x) - x + 1$$
所以
$$g(x+5) \geqslant g(x), g(x+1) \leqslant g(x)$$
因此
$$g(x) \leqslant g(x+5) \leqslant g(x+4) \leqslant \cdots \leqslant g(x+1) \leqslant g(x)$$
所以
$$g(x) = g(x+1) = g(x+2) = \cdots = g(x+5)$$
即 $g(x)$ 是以 1 为周期的函数. 于是
$$g(2\,002) = g(1) = f(1) - 1 + 1 = 1$$

例 5 (2008 年高中联赛) 设 $f(x)$ 是定义在 $\mathbf{R}$ 上的函数, 若 $f(0) = 2\,008$, 且对任意 $x \in \mathbf{R}$, 满足 $f(x+2) - f(x) \leqslant 3 \cdot 2^x, f(x+6) - f(x) \geqslant 63 \cdot 2^x$, 则 $f(2\,008) = $ _____.

解 显然
$$f(x+2) - f(x) \leqslant 3 \cdot 2^x \Leftrightarrow f(x+2) - 2^{x+2} \leqslant f(x) - 2^x$$
$$f(x+6) - f(x) \geqslant 63 \cdot 2^x \Leftrightarrow f(x+6) - 2^{x+6} \geqslant f(x) - 2^x$$
令 $g(x) = f(x) - 2^x$, 则
$$g(x+2) \leqslant g(x), g(x+6) \geqslant g(x)$$
因此
$$g(x) \leqslant g(x+6) \leqslant g(x+4) \leqslant g(x+2) \leqslant g(x)$$
所以
$$g(x) = g(x+2) = g(x+4) = g(x+6)$$
即 $g(x)$ 是以 2 为周期的函数. 于是
$$g(2\,008) = g(0)$$
即
$$f(2\,008) - 2^{2\,008} = f(0) - 2^0$$
所以
$$f(2\,008) = 2^{2\,008} + 2\,007$$

例 6 设 $f(x)$ 是定义在 $\mathbf{R}$ 上的函数, 若 $f(0) = 2\,012$, 且对任意 $x \in \mathbf{R}$, 满足 $f(x+1) - f(x) \leqslant (-2x+1)3^x, f(x+3) - f(x) \geqslant -(26x+29)3^x$, 则 $f(2\,012) = $ _____.

分析 $f(x+1) - f(x) \leqslant (-2x+1)3^x \Leftrightarrow ?$. 要使
$$(-2x+1)3^x = [k(x+1) + b]3^{x+1} - (kx+b)3^x$$
必须 $k = -1, b = 2$. 于是
$$f(x+1) - f(x) \leqslant (-2x+1)3^x \Leftrightarrow$$
$$f(x+1) - [-(x+1) + 2]3^{x+1} \leqslant f(x) - (-x+2)3^x$$

同理
$$f(x+3) - f(x) \geqslant -(26x+29)3^x \Leftrightarrow$$
$$f(x+3) - [-(x+1)+2]3^{x+3} \geqslant f(x) - (-x+2)3^x$$
令
$$g(x) = f(x) - (-x+2)3^x$$
则
$$g(x+1) \leqslant g(x), g(x+3) \geqslant g(x)$$

解 令
$$g(x) = g(x) - (-x+2)3^x$$
由分析,知
$$g(x+1) \leqslant g(x), g(x+3) \geqslant g(x)$$
因此
$$g(x) \leqslant g(x+3) \leqslant g(x+2) \leqslant g(x+1) \leqslant g(x)$$
所以
$$g(x) = g(x+1) = g(x+2) = g(x+3)$$
即 $g(x)$ 是以 1 为周期的函数. 于是
$$g(2\,012) = g(0)$$
即
$$f(2\,012) - (-2\,012+2)3^{2\,012} = f(0) - (-0+2)3^0$$
所以
$$f(2\,012) = 2\,010(1 - 3^{2\,012})$$

例7 已知 $\alpha, \beta \in (0, \dfrac{\pi}{2})$,且 $\sin(\alpha+\beta) = \sin^2\alpha + \sin^2\beta$,求证:$\alpha + \beta = \dfrac{\pi}{2}$.

证明 由 $\alpha, \beta \in (0, \dfrac{\pi}{2})$ 知,$\sin\alpha, \cos\alpha, \sin\beta, \cos\beta > 0$,因为
$$\sin^2\alpha + \sin^2\beta = \sin(\alpha+\beta) \leqslant 1$$
所以
$$\sin^2\alpha \leqslant 1 - \sin^2\beta = \cos^2\beta$$
所以
$$\sin\alpha \leqslant \cos\beta = \sin(\dfrac{\pi}{2} - \beta)$$
因正弦函数在 $(0, \dfrac{\pi}{2})$ 内递增,所以
$$\alpha \leqslant \dfrac{\pi}{2} - \beta$$
即
$$\alpha + \beta \leqslant \dfrac{\pi}{2} \qquad ①$$
又由 $\beta \leqslant \dfrac{\pi}{2} - \alpha$ 得

$$\cos\beta \leq \cos(\frac{\pi}{2} - \alpha) = \sin\alpha$$

又
$$\sin^2\alpha + \sin^2\beta = \sin(\alpha + \beta) = \sin\alpha\cos\beta + \cos\alpha\sin\beta \geq \sin^2\alpha + \cos\alpha\sin\beta$$

所以
$$\sin^2\beta \geq \cos\alpha\sin\beta$$

所以
$$\sin\beta \geq \cos\alpha = \sin(\frac{\pi}{2} - \alpha)$$

所以
$$\beta \geq \frac{\pi}{2} - \alpha$$

即
$$\alpha + \beta \geq \frac{\pi}{2} \qquad ②$$

由①②知
$$\alpha + \beta = \frac{\pi}{2}$$

例 8 已知二次函数 $f(x) = ax^2 + bx + c$，对一切实数 x，不等式 $x \leq f(x) \leq \frac{x^2 + 1}{2}$ 恒成立，且 $f(x-4) = f(2-x)$. 求函数 $f(x)$ 的解析式.

解 因为对一切实数 x，不等式 $x \leq f(x) \leq \frac{x^2 + 1}{2}$ 恒成立，取 $x = 1$ 得，$1 \leq f(1) \leq 1$，所以 $f(1) = 1$，即
$$a + b + c = 1 \qquad ①$$

又由 $f(x-4) = f(2-x)$ 知函数 $f(x)$ 的图像关于直线 $x = -1$ 对称，所以 $-\frac{b}{2a} = -1$，所以
$$b = 2a \qquad ②$$

由①②得
$$c = 1 - 3a$$

所以
$$f(x) = ax^2 + 2ax + 1 - 3a$$

又 $f(x) \geq x$，即
$$ax^2 + (2a - 1)x + 1 - 3a \geq 0$$

恒成立，所以
$$\begin{cases} a > 0 \\ \Delta = (2a - 1)^2 - 4a(1 - 3a) = (4a - 1)^2 \leq 0 \end{cases}$$

所以 $a = \frac{1}{4}$，所以
$$f(x) = \frac{1}{4}x^2 - \frac{1}{2}x + \frac{1}{4} = \frac{1}{4}(x + 1)^2$$

易证 $f(x) \leqslant \dfrac{x^2+1}{2}$ 恒成立,故所求函数解析式为

$$f(x) = \frac{1}{4}(x+1)^2$$

例9 设 $f(x)$ 是定义在 **R** 上的函数,对任意 $x \in \mathbf{R}$,满足 $f(x+4)-f(x) \leqslant 2x+3$, $f(x+20)-f(x) \geqslant 10x+95$. 求证:$f(x+4)-f(x) = 2x+3$.

分析 $f(x+4)-f(x) \leqslant 2x+3 \Leftrightarrow ?$. 要使
$$2x+3 = [a(x+4)^2 + b(x+4)] - (ax^2+bx)$$
必须
$$a = \frac{1}{4}, b = -\frac{1}{4}$$
于是
$$f(x+4)-f(x) \leqslant 2x+3 \Leftrightarrow$$
$$f(x+4) - \left[\frac{1}{4}(x+4)^2 - \frac{1}{4}(x+4)\right] \leqslant f(x) - \left(\frac{1}{4}x^2 - \frac{1}{4}\right)$$
同理
$$f(x+20) - f(x) \geqslant 10x + 95 \Leftrightarrow$$
$$f(x+20) - \left[\frac{1}{4}(x+20)^2 - \frac{1}{4}(x+20)\right] \geqslant f(x) - \left(\frac{1}{4}x^2 - \frac{1}{4}x\right)$$
令
$$g(x) = f(x) - \left(\frac{1}{4}x^2 - \frac{1}{4}x\right)$$
则
$$g(x+4) \leqslant g(x), g(x+20) \geqslant g(x)$$

证明 令
$$g(x) = f(x) - \left(\frac{1}{4}x^2 - \frac{1}{4}x\right)$$
由分析,知
$$g(x+4) \leqslant g(x), g(x+20) \geqslant g(x)$$
因此
$$g(x) \leqslant g(x+20) \leqslant g(x+16) \leqslant \cdots \leqslant g(x+4) \leqslant g(x)$$
所以
$$g(x) = g(x+4) = g(x+8) = \cdots = g(x+20)$$
由 $g(x+4) = g(x)$,知
$$f(x+4) - \left[\frac{1}{4}(x+4)^2 - \frac{1}{4}(x+4)\right] = f(x) - \left(\frac{1}{4}x^2 - \frac{1}{4}x\right)$$
即
$$f(x+4) - f(x) = 2x+3$$

例10 已知 α,β 为锐角,满足 $\dfrac{\cos\alpha}{\sin\beta} + \dfrac{\cos\beta}{\sin\alpha} = 2$,求证:$\alpha + \beta = \dfrac{\pi}{2}$.

证明 若 $\alpha + \beta < \dfrac{\pi}{2}$,则

$$0 < \alpha < \dfrac{\pi}{2} - \beta < \dfrac{\pi}{2}$$

从而
$$\cos \alpha > \cos\left(\dfrac{\pi}{2} - \beta\right) = \sin \beta > 0$$

即
$$\dfrac{\cos \alpha}{\sin \beta} > 1$$

同理可得
$$\dfrac{\cos \beta}{\sin \alpha} > 1$$

于是 $\dfrac{\cos \alpha}{\sin \beta} + \dfrac{\cos \beta}{\sin \alpha} > 2$,这与已知矛盾.

若 $\alpha + \beta > \dfrac{\pi}{2}$,则

$$0 < \dfrac{\pi}{2} - \beta < \alpha < \dfrac{\pi}{2}$$

同理可得
$$\dfrac{\cos \alpha}{\sin \beta} < 1, \dfrac{\cos \beta}{\sin \alpha} < 1$$

从而 $\dfrac{\cos \alpha}{\sin \beta} + \dfrac{\cos \beta}{\sin \alpha} > 2$,这与已知矛盾. 因此

$$\alpha + \beta = \dfrac{\pi}{2}$$

例 11 已知 $|a| \leq 1, |b| \leq 1$,且 $a\sqrt{1 - b^2} + b\sqrt{1 - a^2} = 1$,求 $a^2 + b^2$ 的值.

解 根据 $a\sqrt{1 - b^2} + b\sqrt{1 - a^2} = 1$ 的结构特征,可作如下构造:令 $x = \sqrt{1 - b^2}, y = \sqrt{1 - a^2}$,则直线 $ax + by = 1$ 与圆 $x^2 + y^2 = 2 - (a^2 + b^2)$ 有公共点 $(\sqrt{1 - b^2}, \sqrt{1 - a^2})$. 于是

$$\dfrac{|-1|}{\sqrt{a^2 + b^2}} \leq \sqrt{2 - (a^2 + b^2)}$$

即
$$\sqrt{(a^2 + b^2)(2 - a^2 - b^2)} \geq 1$$

而
$$\sqrt{(a^2 + b^2)(2 - a^2 - b^2)} \leq \dfrac{(a^2 + b^2) + (2 - a^2 - b^2)}{2} = 1$$

故
$$(a^2 + b^2)(2 - a^2 - b^2) = 1$$

解得
$$a^2 + b^2 = 1$$

例 12 设 a_1, d 为实数,首项为 a_1,公差为 d 的等差数列 $\{a_n\}$ 的前 n 项和 S_n,满足 $S_5 S_6 + 15 = 0$,求 d 的取值范围.

解 由 $S_5 S_6 + 15 = 0$,得

$$\dfrac{S_5}{5} \cdot \dfrac{S_6}{6} = -\dfrac{1}{2}$$

则 $\dfrac{S_5}{5}, \dfrac{S_6}{6}$ 符号相反,由

$$\left|\dfrac{S_5}{5} \cdot \dfrac{S_6}{6}\right| = \dfrac{1}{2}$$

及

$$\left|\dfrac{S_5}{5}\right| \cdot \left|\dfrac{S_6}{6}\right| \leqslant \left(\dfrac{\left|\dfrac{S_5}{5}\right| + \left|\dfrac{S_6}{6}\right|}{2}\right)^2 \leqslant \left(\dfrac{\dfrac{S_5}{5} - \dfrac{S_6}{6}}{2}\right)^2 =$$

$$\left(\dfrac{a_1 + 2d - a_1 - \dfrac{3}{2}d}{2}\right)^2 = \left(\dfrac{d}{4}\right)^2$$

由

$$\dfrac{1}{2} \leqslant \left(\dfrac{d}{4}\right)^2$$

解得 $d \geqslant 2\sqrt{2}$ 或 $d \leqslant -2\sqrt{2}$

例 13 已知:$\sqrt{2} = 1.4142$,$\sqrt{982\,903} = 991.41464$,求数 $1 + \dfrac{1}{\sqrt{2}} + \dfrac{1}{\sqrt{3}} + \cdots + \dfrac{1}{\sqrt{982\,903}}$ 的整数部分.

分析 各项分母中有许多是无理数,想直接计算是不可能的. 现在并没有要我们去求这个数,只求它的整数部分,即只要能证明它属于某个区间 $[k+\alpha, k+\beta]$,其中 k 为整数,$0 \leqslant \alpha < 1, 0 \leqslant \beta < 1$,即可. 为此,要化简这个和式,可拆项相消. 于是关键问题是把 $\dfrac{1}{\sqrt{k}}$ 放大或缩小成两项差的形式. 这种放、缩既要使和式中的项能两两相消,同时还必须使放、缩后的总和相差小于 1. 故不能放得太大,又不能缩得太小,即限定范围,夹逼放缩.

解 由

$$\dfrac{1}{\sqrt{k}} < \dfrac{2}{\sqrt{k} + \sqrt{k-1}} = 2(\sqrt{k} - \sqrt{k-1})$$

及

$$\dfrac{1}{\sqrt{k}} > \dfrac{2}{\sqrt{k} + \sqrt{k+1}} = 2(\sqrt{k+1} - \sqrt{k})$$

有

$1 + \dfrac{1}{\sqrt{2}} + \dfrac{1}{\sqrt{3}} + \cdots + \dfrac{1}{\sqrt{982\,902}} <$

$1 + 2[(\sqrt{2} - 1) + (\sqrt{3} - \sqrt{2}) + \cdots + (\sqrt{982\,902} - \sqrt{982\,901})] =$

$1 + 2(\sqrt{982\,902} - 1) < 1 + 2(\sqrt{982\,903} - 1) < 1 + 2(991.42 - 1) =$

$1\,981.84$

及

$1 + \dfrac{1}{\sqrt{2}} + \dfrac{1}{\sqrt{3}} + \cdots + \dfrac{1}{\sqrt{982\,902}} >$

$1 + 2[(\sqrt{3} - \sqrt{2}) + (\sqrt{4} - \sqrt{3}) + \cdots + (\sqrt{982\,903} - \sqrt{982\,902})] =$

$1 + 2(\sqrt{982\,903} - \sqrt{2}) > 1 + 2(991.4145 - 1.4143) =$

$1 + 2(990.0002) = 1\,981.0004$

故所求数的整数部分为 $1\,981$.

例14 欧拉的一个猜想在1960年被美国的数学家推翻,他们证实了有正整数 n,使得 $133^5 + 110^5 + 84^5 + 27^5 = n^5$. 求 n 的值.

分析 直接计算显然很繁杂,我们可试用放缩夹逼先确定 n 的上、下界.

解 显然 $n \geqslant 134$. 下面求 n 的上界.

因
$$n^5 = 133^5 + 110^5 + 84^5 + 27^5 < 133^5 + 110^5 + (27 + 84)^5 <$$
$$3 \times 133^5 < \frac{3\,125}{1\,024} \times 133^5 = \left(\frac{5}{4}\right)^5 \times 133^5$$

则 $n < \frac{5}{4} \times 133$,即 $n \leqslant 166$.

而当一个正整数 5 次方后,末位数字保持不变. 因此,n 的末位数字与 $133 + 110 + 84 + 27$ 的末位数相同,而后者的末位数字是 4.

于是 n 是 $134, 144, 154, 164$ 中的一个.

用 $a \equiv b \pmod{3}$ 表示用 3 除时,a 与 b 的余数相同,则有
$$133 \equiv 1 \pmod{3}, 110 \equiv 2 \pmod{3}$$
$$84 \equiv 0 \pmod{3}, 27 \equiv 0 \pmod{3}$$
则
$$n^5 = 133^5 + 110^5 + 84^5 + 27^5 \equiv 1^5 + 2^5 \equiv 0 \pmod{3}$$
而 $134, 144, 154, 164$ 中只有 144 是 3 的倍数. 故 $n = 144$ 为所求.

5.5 降维减元,简化处理

例1 $\angle AOB = 30°$,自点 O 沿 OA 边顺次取 A_1, A_2, A_3, A_4, A_5 五个点,沿 OB 边顺次取 B_1, B_2, B_3, B_4, B_5 五个点. 选某个 $A_i (i = 1, 2, \cdots, 5)$ 与某个 $B_j (j = 1, 2, \cdots, 5)$ 联结,形成 $\triangle A_i O B_j$,这样可以一一搭配成五个三角形. 显然,搭配方法不同,形成的 $\triangle A_i O B_j$ 也不同,因而面积也不一样. 问:OA 边上的点与 OB 边上的点如何一一搭配,才能使形成的五个三角形的面积总和最大? 试证明你的结论.

分析 如果就原题全盘考虑,因 $\angle AOB$ 的两边各有5点,搭配方案多到25种,难以一一检查. 若将条件减缩,例如每边仅留 2 点,则情况大大简化,容易列出各个搭配方案以便考察比较,然后可类推到总体情况.

解 如图 5.5.1 所示,不失一般性,我们在 OA 上及 OB 上分别考虑 A_2, A_4 与 B_2, B_4 之间的搭配状况,一种是 $A_2 B_2$ 与 $A_4 B_4$ 分别联结,另一种是 $A_2 B_4$ 与 $B_2 A_4$ 分别联结,并没有第三种情况.

因 A_4 到 OB 边的距离大于 A_2 到 OB 边的距离,有
$$S_{\triangle A_4 B_2 B_4} > S_{\triangle A_2 B_2 B_4}$$

于是
$$S_{\triangle A_2 O B_2} + S_{\triangle A_4 O B_4} = S_{\triangle A_2 O B_2} + S_{\triangle O B_2 A_4} + S_{\triangle A_4 B_2 B_4} >$$
$$S_{\triangle O B_2 A_4} + S_{\triangle A_2 O B_2} + S_{\triangle A_2 B_2 B_4} =$$
$$S_{\triangle O B_2 A_4} + S_{\triangle O A_2 B_4}$$

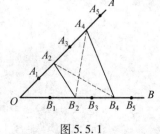

图 5.5.1

这就是说,当 A_2, A_4 与 B_2, B_4 按同序号搭配时,两三角形的面积的和较大,当改变序号搭

配时总面积 S 将减小. 依此类推到原题, 当 A_i 和 $B_j(i=1,2,3,4,5;j=1,2,3,4,5)$ 中相同序号的点一一搭配时, 所形成的三角形面积和最大, 即

$$S_{\max} = S_{\triangle A_1OB_1} + S_{\triangle A_2OB_2} + S_{\triangle A_3OB_3} + S_{\triangle A_4OB_4} + S_{\triangle A_5OB_5}$$

例 2 参见 1.1.3 小节中例 6.

分析 本题涉及三维空间中四个点, 六条线段, 我们自然希望能画出图来探讨证法. 但本题结论对空间任意四点成立, 那么降一维来考虑, 当这四个点在平面上时, 亦该成立. 下面就探讨这种证明思路, 再从中探求一般情况下的证法.

设 A,B,C,D 四点在一平面上, 由于题目是讨论由它们所成线段的长度的关系, 所以可引入坐标系如图 5.5.2(a), 用坐标法来探讨. 我们继续用降维思想来考虑: 我们把各点投影到两坐标轴上, 这时我们看到

$$\begin{cases} AC^2 = AC_1^2 + AC_2^2 \\ BD^2 = B_1D_1^2 + B_2D_2^2 \\ CD^2 = C_1D_1^2 + C_2D_2^2 \\ \vdots \end{cases} \quad ①$$

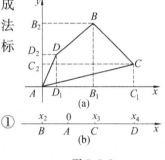

图 5.5.2

由式 ① 看出, 要证 A,B,C,D 满足题设不等式, 只要分别证 A,B_1,C_1,D_1 及 A,B_2,C_2,D_2 满足题设不等式, 即需证明直线上任意四点满足题设不等式. 这就把二维问题又降为一维问题来解决了.

今设 A,B,C,D 四点在同一直线上, 以这直线为数轴, 选择 A 为原点, B,C,D 的坐标分别为 x_2,x_3,x_4, 如图 5.5.2(b), 则只需

$$x_3^2 + (x_4-x_2)^2 + x_4^2 + (x_3-x_2)^2 \geqslant x_2^2 + (x_4-x_3)^2$$

即

$$x_2^2 + x_3^2 + x_4^2 - 2x_2x_4 - 2x_2x_3 \geqslant -2x_3x_4$$

亦即

$$(x_2 - x_3 - x_4)^2 \geqslant 0$$

此式显然成立.

由一维情况成立, 可推知二维情况成立. 由二维情况的证明过程, 可以想到, 对于三维空间, 可以像二维那样, 把 A,B,C,D 四个点投影到三个坐标轴上, 化归为一维情况来解决, 也可以先投影到 xOy 平面上, 转为二维情况, 再转化为一维情况来解决.

5.6 毛估猜测, 检验论证

例 1 三个正数 a,b,c 满足条件: $(1) a < b < c < 30$; (2) 以某一正整数 n 为底, $a(2b-a)$ 与 $c^2+60b-11a$ 的对数分别为 9 与 11, 则 $a+c-2b$ 的值是 (　　)

(A) 4　　(B) 2　　(C) 0　　(D) -2　　(E) -4

分析 要求 $a+c-2b$ 的值, 若分别求出 a,b,c 即得. 又尽管题目并未要求求 n, 但在这里 n 是关键的, 不知道它, 就无法利用条件(2), a,b,c 也就无从计算.

解 由条件(2) 知 $n^9 = a(2b-a)$. 由于 1 不能作为对数的底, 故左端至少有 2^9. 这样右端的数值尽管还不知晓, 却可以对它作估计, 并按 n^9 这种形式放大. 由条件(1)

$$a \leqslant 27, b \leqslant 28, c \leqslant 29$$

故
$$a(2b-a) < 27 \times 56 < 27 \times 81 < 3^9$$
从而 $n = 2$. 这里只要能估计出 $a(2b-a) < 3^9$ 便能唯一地确定 n, 稍微放得大一些, 对问题的解决没有影响. 但现在从 $a(2b-a) = 2^9$ 还不能把 a,b 确定下来, 必须进一步考虑. a 与 $2b-a$ 都只能是 2 的方幂. 问题是幂次多高不知道, 只能再作估计.

因 $\qquad a < (2b-a) < 56 < 64 = 2^6$

于是 $\qquad 2b - a \leq 2^5$

再由 $\qquad a(2b-a) = 2^9, a < 2b - a$

又知 $\qquad 2b - a \geq 2^5$

所以 $2b - a = 2^5, a = 2^4$. 由此已可求得 a, b.

再从 $c^2 + 60b - 11a = 2^{11}$ 便可求得 c. 故 $a + c - 2b = -4$. 从而选 (E).

例 2 正五边形的每个顶点对应一个整数, 使得这 5 个整数的和为正. 若其中 3 个相连顶点相应的整数依次为 x, y, z, 而中间的 $y < 0$, 则要进行如下操作: 整数 x, y, z 分别换为 $x+y, -y, z+y$. 只要所得的 5 个整数中至少还有一个为负时, 这种操作便继续进行. 问: 这样操作进行有限次后是否必定终止?

解 所述操作显然不改变各数的和, 而这个和是正数, 有可能使得各数都是非负的. 因此, 我们猜测问题的答案是肯定的, 不妨尝试加以证明.

设 5 个顶点对应的整数依次为 x, y, z, u, v. 定义值为整数的函数

$$f(x,y,z,u,v) = \sum |x| + \sum |x+y| + \sum |x+y+z| + \sum |x+y+z+u| =$$
$$|x| + |y| + |z| + |u| + |v| + |x+y| + |y+z| +$$
$$|z+u| + |u+v| + |v+x| + |x+y+z| + |y+z+u| +$$
$$|z+u+v| + |u+v+x| + |v+x+y| + |x+y+z+u| + |y+z+u+v| +$$
$$|z+u+v+x| + |u+v+x+y| +$$
$$|v+x+y+z|$$

当 $y < 0$ 时, 按题设要求作一次操作, 这时上述函数成为

$$f(x+y, -y, y+z, u, v) = |x+y| + |y| + |y+z| + |u| + |v| + |x| + |z| +$$
$$|y+z+u| + |u+v| + |v+x+y| + |x+y+z| +$$
$$|z+u| + |y+z+u+v| + |u+v+x+y| + |u+x| +$$
$$|x+y+z+u| + |z+u+v| + |x+2y+z+u+v| +$$
$$|u+v+x| + |u+x+y+z|$$

于是

$$f(x-y, -y, y+z, u, v) - f(x, y, z, u, v) = |x+2y+z+u+v| - |x+z+u+v|$$

此式 $\leq x + 2y + z + u + v - (x + z + u + v) = 2y \leq -2 < 0$, 或此式 $\leq -(x+2y+z+u+v) - (x+z+u+v) = -2(x+y+z+u+v) \leq -2 < 0$.

这就是说, 每经过一次操作, f 的值严格减少, 且减少的值不小于 2. 由于开始时, f 的值是有限的, 所以经过有限次操作必停止.

另证: 考虑各数平方和的变化情况, 有

$$(x+y)^2 + (-y)^2 + (y+z)^2 + u^2 + v^2 - (x^2 + y^2 + z^2 + u^2 + v^2) = 2y(x+y+z)$$

这个差不能判断其正负. 这时在这个差的基础上, 再考虑每相邻两数和的平方变化情况, 有

$$2y(x+y+z)+x^2+z^2+(y+z+u)^2+(u+v)^2+(v+x+y)^2-[(x+y)^2+(y+z)^2+(z+u)^2+(u+v)^2+(v+x)^2]=2y(x+y+z+u+v)<0$$

其中由于 $x+y+z+u+v>0$,而 $y<0$.

因为最初5个数的平方以及每相邻两数和的平方相加结果是正整数,它经过每一次操作都要减小,但还是正整数,而正整数是不能无限减小的,所以操作必定有终止的时候.

5.7 设立主元,缩围击破

设立主元,可明确主攻方向,集中力量,来缩围击破.

例1 设 α,β,γ 均为锐角,且 $\cos^2\alpha+\cos^2\beta+\cos^2\gamma=1-2\cos\alpha\cdot\cos\beta\cdot\cos\gamma$. 求证:$\alpha+\beta+\gamma=\pi$.

分析 该题似乎很难下手,但如果把三个余弦中的一个,视为"主元",则问题探讨的范围缩小,结论便出现在眼前.

解 视 $\cos\alpha$ 为"主元",则有
$$\cos^2\alpha+2\cos\beta\cdot\cos\gamma\cdot\cos\alpha+(\cos^2\beta+\cos^2\gamma-1)=0$$

解之不难得到 $\cos\alpha=-\cos(\beta\pm\gamma)$. 而 $\cos\alpha=-\cos(\beta-\gamma)$ 应舍去,因左边是正值,右边不是正值.

于是由 $\cos\alpha=-\cos(\beta+\gamma)$ 及 α,β,γ 为锐角,可得 $\alpha+\beta+\gamma=\pi$.

例2 设 $A+B+C=\pi$,对于任意实数 x,y,z. 求证
$$x^2+y^2+z^2\geqslant 2yz\cos A+2zx\cos B+2xy\cos C$$

分析 此不等式未知元比较多,可视任意的三个实数之一为"主元",则有如下证法.

证明 有
$$x^2+y^2+z^2-2yz\cos A-2zx\cos B-2xy\cos C=x^2-2x(y\cos C+z\cos B)+y^2+z^2-2yz\cos A \qquad ①$$

由式①有
$$(x-y\cos C-z\cos B)^2-(y\cos C+z\cos B)^2+y^2+z^2-2yz\cos A \geqslant$$
$$y^2+z^2-(y\cos C+z\cos B)^2+2yz\cos(B+C)=$$
$$y^2\sin^2 C+z^2\sin^2 B-2yz\sin B\cdot\sin C=$$
$$(y\sin C-z\sin B)^2\geqslant 0$$

或者由式①有
$$\Delta=[-2(y\cos C+z\cos B)]^2-4(y^2+z^2-2yz\cos A)=$$
$$-4(y\sin C-z\sin B)^2\leqslant 0$$

故
$$x^2+y^2+z^2\geqslant 2yz\cos C+2zx\cos B+2xy\cos C$$

注:这是一个极为重要的不等式,我们将在"关系、映射、反演原理"一章中做介绍.

例3 已知 a,b,c,d,e 是满足 $a+b+c+d+e=8,a^2+b^2+c^2+d^2+e^2=16$ 的实数,试确定 e 的最大值.

分析 由于未知元有五个,可采用主元法,并以三个元 b,c,d "轮流做主".

解 由已知两式消元 a,得
$$(8-b-c-d-e)^2+b^2+c^2+d^2+e^2=16$$

即 $$2b^2 - 2(8-c-d-e) + (8-c-d-e)^2 + c^2 + d^2 + e^2 - 16 = 0$$
视 b 为主元.

因 $b \in \mathbf{R}$,则
$$\frac{1}{4}\Delta_b = (8-c-d-e)^2 - 2[(8-c-d-e)^2 + c^2 + d^2 + e^2 - 16]$$
即 $$3c^2 - 2(8-d-e)c + (8-d-e)^2 - 2(16-d^2-e^2) \leqslant 0$$
上式视 c 为主元.

又 $c \in \mathbf{R}$,则
$$\frac{1}{4}\Delta_c = (8-d-e)^2 - 3[(8-d-e)^2 - 2(16-d^2-e^2)] \geqslant 0$$
即 $$4d^2 - 2(8-e)d + (8-e)^2 - 3(16-e^2) \leqslant 0$$
上式视 d 为主元.

由 $d \in \mathbf{R}$,有
$$\frac{1}{4}\Delta_d = (8-e)^2 - 4[(8-3)^2 - 3(16-e^2)] \geqslant 0$$
即 $5e^2 - 16e \leqslant 0$,从而 $0 \leqslant e \leqslant \dfrac{16}{5}$.

因此,e 的最大值是 $\dfrac{16}{5}$.

注:如上解法虽不简捷,但非常有趣. 此例的一个简单情形为:假设 x,y,z 都是实数,又知道它们满足 $x+y+z=a, x^2+y^2+z^2=\dfrac{a^2}{2}(a>0)$,试证 x,y,z 都不能是负数,也都不能大于 $\dfrac{2}{3}a$.

此例的一个推广形式如下.

已知:实数 $x_1, x_2, \cdots, x_n$ 满足 $x_1 + x_2 + \cdots + x_n = a(a>0)$,且 $x_1^2 + x_2^2 + \cdots + x_n^2 = \dfrac{a^2}{n-1}$ ($n \geqslant 2, n \in \mathbf{N}$). 求证
$$0 \leqslant x_i \leqslant \frac{2a}{n} \quad (i=1,\cdots,n)$$

注:此题运用柯西不等式可简捷获证.

因 $$(x_2 + x_3 + \cdots + x_n)^2 \leqslant (n-1)(x_2^2 + x_3^2 + \cdots + x_n^2)$$
即 $$(a-x_1)^2 \leqslant (n-1)\left(\frac{a^2}{n-1} - x_1^2\right)$$
故 $$0 \leqslant x_1 \leqslant \frac{2a}{n}$$

对于 $x_2, \cdots, x_n$ 同理可证.

综上所述,我们仅从七个方面介绍了解数学题的"缩小包围圈"的一些具体细节.

"收缩并分割,再围而歼之",这是孙子兵法中的一个重要的战术,而"缩小包围圈"的解题原理正是这种军事思想在解题中的具体运用. 让我们灵活地运用这条原理,让它在解决数学问题乃至于其他各类问题时,充分发挥"化简""变易"的积极作用.

思 考 题

1. 如果凸 n 边形 $F(n \geq 3)$ 的所有对角线都相等,那么 ( )
   (A) $F \in \{$四边形$\}$
   (B) $F \in \{$五边形$\}$
   (C) $F \in \{$四边形$\} \cup \{$五边形$\}$
   (D) $F \in \{$边相等的多边形$\} \cup \{$内角相等的多边形$\}$

2. 若 p 是素数,且 $x^2 + px - 444p = 0$ 的两根都是整数,则 ( )
   (A) $1 < p \leq 11$ (B) $11 < p \leq 21$ (C) $21 < p \leq 31$
   (D) $31 < p \leq 41$ (E) $41 < p \leq 51$

3. 素数 p 不等于 3,若 $2p + 1$ 也是素数,求证: $4p + 1$ 不是素数.

4. 有甲、乙两个四位数,乙数的常用对数是 $A + \lg B$,其中 A,B 是自然数;甲数的千位数字与百位数字之和等于 $5B$;乙数比甲数大 $11B$. 求这两个四位数,并说明推理过程.

5. 解方程(求 X,Y,Z) $\overline{XYZ} \cdot \overline{ZYX} = \overline{XZYYX}$. 其中 $\overline{XYZ} \cdot \overline{ZYX}$ 是三位正整数,$\overline{XZYYX}$ 是五位正整数.

6. 设有唯一的一组 $x : y : z$,同时满足:
   (i) $ax^2 + by^2 + cz^2 + 2fyz + 2gzx + 2hxy = 0$,且 $a + b - 2h \neq 0$;
   (ii) $x + y + z = 0$.
   证明: $bc - f^2 + ca - g^2 + ab - h^2 + 2(gh - af) + 2(hf - bg) + 2(fg - ch) = 0$.

7. 在一种室内游戏中,魔术师要求一个参加者想好一个三位数 (abc), a,b,c 分别是十进位计数法中的百位数字、十位数字和个位数字,然后魔术师要求此人记下五个数: (acb), (bac), (bca), (cab), (cba),并把它们加起来,求出和 N,如果说出和的值是多少,魔术师就能识别原来数 (abc) 是什么. 如果 $N = 3\,194$,请你扮演这位魔术师,确定出 (abc) 是什么. (第四届美国初中数学竞赛题)

8. 设函数 $f(x) = \frac{1}{4}x^2 + bx - \frac{3}{4}$,已知不论 α, β 取何实数值,恒有 $f(\cos \alpha) \leq 0, f(2 - \sin \beta) \geq 0$,求函数 $f(x)$.

9. 在 $\triangle ABC$ 中,求证: $\sin \frac{A}{2} \cdot \sin \frac{B}{2} \cdot \sin \frac{C}{2} \leq \frac{1}{8}$.

10. 已知 $c > 0, a > c, b > c$,求证: $\sqrt{(a+c)(b+c)} + \sqrt{(a-c)(b-c)} \leq 2\sqrt{ab}$.

11. 设 $f(x) = x^3 - 3x^2 + 6x - 6$,且 $f(a) = 1, f(b) = -5$. 求 $a + b$ 的值.

12. 解方程 $\sqrt[3]{x+4} + \sqrt[3]{3x-7} + 4x - 3 = 0$.

思考题参考解答

1. 选(C). 由(A)(B)均在(C)中排除(A)(B). 再由等腰梯形对角线相等筛除(D).

2. 选(D). 由题设有 $x^2 = p(444 - x)$ 知 x 含质数 p 这一特征,令 $x = pt$ 代入方程式有 $pt(t+1) = 37 \times 3 \times 4$,得 $p = 37$.

3. 分 3 的剩余类讨论,逐一击破而证.

4. 设甲、乙两个四位数分别为 x, y. 因甲数的千位数字与百位数字之和一定不大于 18,

则 $5B \leqslant 18$. 但 B 是自然数,所以 $0 < B \leqslant 3$,即 B 只能是 $1,2,3$ 中的一个,由题设 $\lg y = A + \lg B$,所以 $y = B \cdot 10^A$. 又因 y 是四位数,得 $A = 3$,又 $y > x \geqslant 1\,000$,所以 $B \neq 1$,于是 B 是 2 或 3. 当 $B = 3$ 可推知 $x = 2\,967$ 中 $2 + 9$ 不等于 $5B$. 从而只能有 $B = 2$,这时可推得甲数是 $1\,978$,乙数是 $2\,000$.

5. 由题设知 $0 < X \leqslant 9, 0 \leqslant Y \leqslant 9, 0 < Z \leqslant 9$ 且均为整数. 又由方程式知 $XZ = X$,而 $X \neq 0, Z \neq 0$,所以 $Z = 1$.

可设 $(100X + 10Y + 1)(100 + 10Y + X) = 10\,000X + 1\,000 + 100Y + 10Y + X$,即 $101XY + 10X^2 + 90Y + 10Y^2 = 90$.

若 $Y \neq 0$,上面方程不成立. 故必有 $Y = 0$,于是求得 $X = 3$. 故 $X = 3, Y = 0, Z = 1$.

6. 由(ii) 有 $x = -(y + z)$,代入(i) 后视 y 为主元,由唯一解得 $\frac{1}{4}\Delta y = 0$ 即证.

7. 由 a, b, c 这三个数所组成的所有三位数即为 $(abc), (acb), (bca), (bac), (cab), (cba)$. 这些所有三位数的和为 $222(a + b + c)$. 根据题意有
$$222(a + b + c) = 3\,194 + (abc)$$
而 $\qquad\qquad\qquad 100 \leqslant (abc) < 1\,000$
则 $\qquad\qquad\qquad 3\,294 \leqslant 222(a + b + c) < 4\,194$
故有 $\qquad\qquad\qquad 15 \leqslant a + b + c \leqslant 18$

当 $a + b + c = 15$ 时,$(abc) = 136$(不合,舍去);
当 $a + b + c = 16$ 时,$(abc) = 358$(合适);
当 $a + b + c = 17$ 时,$(abc) = 580$(不合,舍去);
当 $a + b + c = 18$ 时,$(abc) = 802$(不合,舍去).
则 $(abc) = 358$.

8. 由 $\alpha \in \mathbf{R}$,得 $\cos \alpha \in [-1, 1]$,即 $f(x) \leqslant 0$ 在闭区间 $[-1, 1]$ 上恒成立. $\beta \in \mathbf{R}$, $\sin \beta \in [-1, 1]$,则 $2 - \sin \beta \in [1, 3]$,即 $f(x) \geqslant 0$ 在闭区间 $[1, 3]$ 上恒成立. 所以 $\begin{cases} f(1) \leqslant 0 \\ f(1) \geqslant 0 \end{cases}$,所以 $f(1) = 0$,得 $b = \frac{1}{2}$. 所以 $f(x) = \frac{1}{4}x^2 + \frac{1}{2}x - \frac{3}{4}$.

9. 在 $\triangle ABC$ 中,设 $\angle A, \angle B, \angle C$ 的对边分别为 a, b, c.

因 $\quad \sin^2 \frac{A}{2} = \frac{1 - \cos A}{2} = \frac{1}{2}(1 - \frac{b^2 + c^2 - a^2}{2bc}) = \frac{1}{2}\left[\frac{a^2 - (b - c)^2}{2bc}\right] \leqslant \frac{a^2}{4bc}$

而 $\sin \frac{A}{2} > 0$,则
$$\sin \frac{A}{2} \leqslant \frac{a}{2\sqrt{bc}}$$

同理 $\qquad\qquad \sin \frac{B}{2} \leqslant \frac{b}{2\sqrt{ac}}, \sin \frac{C}{2} \leqslant \frac{c}{2\sqrt{ab}}$

故 $\qquad\qquad \sin \frac{A}{2} \sin \frac{B}{2} \sin \frac{C}{2} \leqslant \frac{abc}{2\sqrt{bc} \cdot 2\sqrt{ac} \cdot 2\sqrt{ab}} = \frac{1}{8}$

10. 原不等式等价于
$$\sqrt{(1 + \frac{c}{a})(1 + \frac{c}{b})} + \sqrt{(1 - \frac{c}{a})(1 - \frac{c}{b})} \leqslant 2$$

因为 $a>c>0, b>c>0$,所以 $0<\dfrac{c}{a}<1, 0<\dfrac{c}{b}<1$,令 $\dfrac{c}{a}=\cos\alpha, \dfrac{c}{b}=\cos\beta$ ($0<\alpha$, $\beta<\dfrac{\pi}{2}$),则

$$\sqrt{\left(1+\dfrac{c}{a}\right)\left(1+\dfrac{c}{b}\right)}+\sqrt{\left(1-\dfrac{c}{a}\right)\left(1-\dfrac{c}{b}\right)}=\sqrt{(1+\cos\alpha)(1+\cos\beta)}+$$
$$\sqrt{(1-\cos\alpha)(1-\cos\beta)}=$$
$$\sqrt{4\cos^2\dfrac{\alpha}{2}\cos^2\dfrac{\beta}{2}}+\sqrt{4\sin^2\dfrac{\alpha}{2}\sin^2\dfrac{\beta}{2}}=$$
$$2\left(\cos\dfrac{\alpha}{2}\cos\dfrac{\beta}{2}+\sin\dfrac{\alpha}{2}\sin\dfrac{\beta}{2}\right)=$$
$$2\cos\dfrac{\alpha-\beta}{2}\leq 2$$

11. 将 $f(x)$ 变形为 $f(x)=(x^3-3x^2+3x-1)+(3x-3)-2=(x-1)^3+3(x-1)-2$,则 $f(a)=(a-1)^3+3(a-1)-2=1, f(b)=(b-1)^3+3(b-1)-2=-5$.

从而有 $(a-1)^3+3(a-1)=3, (b-1)^3+3(b-1)=-3$.

不妨设 $g(t)=t^3+3t$,则有 $g(a-1)=-g(b-1)$. 显然 $g(t)$ 为 **R** 上的单调增函数,且为奇函数,所以有 $g(a-1)=g(1-b) \Rightarrow a-1=1-b \Rightarrow a+b=2$.

12. 原方程变形为
$$\sqrt[3]{3x-7}+3x-7+\sqrt[3]{x+4}+x+4=0$$

令 $f(t)=\sqrt[3]{t}+t$,显然 $f(t)$ 在 **R** 上为单调增函数,且为奇函数,因此上式可变为
$$f(3x-7)+f(x+4)=0 \Rightarrow f(3x-7)=-f(x+4)=f(-x-4)$$

故
$$3x-7=-x-4 \Rightarrow x=\dfrac{3}{4}$$

同法可解方程 $2x+1+x\sqrt{x^2+2}+(x+1)\sqrt{x^2+2x+3}=0$. 设辅助函数 $f(t)=t(1+\sqrt{t^2+2})$.

第六章 局部调整原理

在自然界中,水总是由高处流向低处;电子总是从某一高电位移至另一低电位;春夏之交总要来几次寒流,等等. 很多自然现象都是通过局部的调整达到一种稳定的(或平衡的)状态.

在数学中,也是如此. 很多数学问题都是通过局部的调整演化来达到一种美的形态,达到我们所需要的结论. 我们把这种认识归结为如下的原理.

局部调整原理 在处理数学问题中,对某些涉及多个可变对象的数学问题,先对其中少数对象进行调整,让其他对象暂时保持不变,从而化难为易,取得问题的局部解决. 经过若干次这种局部上的调整,不断缩小范围,逐步逼近目标,最终使整个问题得到圆满解决.

显然,局部调整原理是缩小原理的一种运用形式.

运用局部调整原理,可以求解某些最(极)值问题;可以证明某些不等式,还可以讨论等周问题,论证某些对象呈平衡状态,等等.

6.1 求最(极)值

例1 设 $0 < \alpha < \dfrac{\pi}{2}, 0 < \beta < \dfrac{\pi}{2}$. 求 $f(\alpha,\beta) = \dfrac{1}{\cos^2\alpha} + \dfrac{1}{\sin^2\alpha \cdot \sin^2\beta \cdot \cos^2\beta}$ 的最小值.

解 要求 $f(\alpha,\beta)$ 的最值,可先保持 α 不变,调整 β. 由

$$f(\alpha,\beta) = \dfrac{1}{\cos^2\alpha} + \dfrac{4}{\sin^2\alpha \cdot \sin^2 2\beta}$$

欲使 $f(\alpha,\beta)$ 最小,则要使 $\sin^2 2\beta = 1$.

因 $0 < \beta < \dfrac{\pi}{2}$,故此时 $2\beta = \dfrac{\pi}{2}$,即 $\beta = \dfrac{\pi}{4}$.

再考虑调整 α 的取值

$$f\left(\alpha,\dfrac{\pi}{4}\right) = \dfrac{1}{\cos^2\alpha} + \dfrac{4}{\sin^2\alpha} = \sec^2\alpha + 4\csc^2\alpha = 5 + \tan^2\alpha + 4\cot^2\alpha \geqslant$$
$$5 + 2\sqrt{\tan^2\alpha \cdot 4\cot^2\alpha} = 9$$

当且仅当 $\tan^2\alpha = 4\cot^2\alpha$ 时上式取等号.

因 $0 < \alpha < \dfrac{\pi}{2}$,故 $\tan\alpha = 2\cot\alpha$,有 $\alpha = \arctan\sqrt{2}$.

综上,当 $\alpha = \arctan\sqrt{2}, \beta = \dfrac{\pi}{4}$ 时,$f(\alpha,\beta)$ 有最小值 9.

对于上例,也可以先保持 β 不变,调整 α.

欲使 $f(\alpha,\beta)$ 最小,由

$$f(\alpha,\beta) = \dfrac{1}{\cos^2\alpha} + \dfrac{4}{\sin^2\alpha \cdot \sin^2 2\beta} = 1 + \tan^2\alpha + (1 + \cot^2\alpha) \cdot 4\csc^2 2\beta =$$

$$1 + 4\csc^2 2\beta + \tan^2\alpha + 4\cot^2\alpha \cdot \csc^2 2\beta \geqslant$$
$$1 + 4\csc^2 2\beta + 4\csc 2\beta \quad (0 < 2\beta < \pi)$$

当且仅当 $\tan^2\alpha = 4\cot^2\alpha \cdot \csc^2 2\beta$ 时上式取等号. 即当 α 满足 $\tan\alpha = \sqrt{2\csc 2\beta}$(注意 $0 < \alpha < \frac{\pi}{2}$) 时, 亦即 $\alpha = \arctan\sqrt{2\csc 2\beta}$ 时, $f(\alpha,\beta)$ 取最小值. 并设此时的 α 为 α_0. 下面再调整 β.

欲使 $f(\alpha_0,\beta) = \dfrac{1}{\cos^2\alpha_0} + \dfrac{4}{\sin^2\alpha_0 \cdot \sin^2 2\beta}$ 取小值, 则要使 $\sin^2 2\beta = 1$, 即 $\beta = \dfrac{\pi}{4}$.

从而 $\alpha_0 = \arctan\sqrt{2}, \beta = \dfrac{\pi}{4}$ 时, $f(\alpha,\beta)$ 取最小值 9.

例 2 设 x, y, z 均为正实数, 求实数
$$f(x,y,z) = \frac{(1+2x)(3y+4x)(4y+3z)(2z+1)}{xyz}$$
的最小值.

解 先固定 y, 设 y 为一个定数, 则
$$\frac{(1+2x)(3y+4x)}{x} = \frac{8x^2 + (6y+4)x + 3y}{x} = 8x + \frac{3y}{x} + 6y + 4 \geqslant$$
$$2\sqrt{24y} + 6y + 4 = (\sqrt{6y} + 2)^2$$

其中等号当且仅当 $x = \sqrt{\dfrac{3y}{8}}$ 时成立.

同理 $\dfrac{(4y+3z)(2z+1)}{z} = 6z + \dfrac{4y}{z} + 8y + 3 \geqslant (\sqrt{8y} + \sqrt{3})^2$

其中等号当且仅当 $z = \sqrt{\dfrac{2y}{3}}$ 时成立. 从而

$$\frac{(1+2x)(3y+4x)(4y+3z)(2z+1)}{xyz} \geqslant \frac{(\sqrt{6y}+2)^2(\sqrt{8y}+\sqrt{3})^2}{y} =$$
$$\left(\sqrt{48y} + \frac{2\sqrt{3}}{\sqrt{y}} + 7\sqrt{2}\right)^2 \geqslant$$
$$\left(2\sqrt{\sqrt{48} \cdot 2\sqrt{3}} + 7\sqrt{2}\right)^2 =$$
$$194 + 112\sqrt{3}$$

其中等号当且仅当 $\sqrt{48y} = \dfrac{2\sqrt{3}}{\sqrt{y}}$, 即 $y = \dfrac{1}{2}$ 时成立.

从而, 当 $y = \dfrac{1}{2}$ 时, 有 $x = \dfrac{\sqrt{3}}{4}, z = \dfrac{\sqrt{3}}{2}$.

故当 $x = \dfrac{\sqrt{3}}{4}, y = \dfrac{1}{2}, z = \dfrac{\sqrt{3}}{2}$ 时, 函数 $f(x,y,z)$ 有最小值 $194 + 112\sqrt{3}$.

从上述两例知, 有些多元函数, 往往只有每一变元都达到最大时, 才能使所有变元达到最大.

例 3 (Schwarz 问题) 在锐角 $\triangle ABC$ 内作内接 $\triangle DEF$, 使 $\triangle DEF$ 的周长最小.

解 因 $\triangle DEF$ 的周长 $= DE + EF + FD$, 含有三个变量, 我们不妨先假定 D, E 为已知点, 从而 DE 为已知长. 我们调整 DF, EF 的数值, 即调整 F 在 AB 上的位置, 使 $EF + FD$ 最小, 如图 6.1.1 所示.

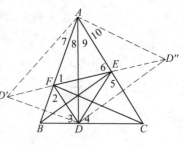

图 6.1.1

以 AB 为轴, 将 D 对称到 D', 连 $D'E$ 交 AB 于 F, 则 F 是使 $EF + FD$ 为最小的点. 很显然 $\angle 1 = \angle 2$, 这说明, 如果 $\triangle DEF$ 的周长为最小时, 必有 $\angle 1 = \angle 2$. 同样可知 $\angle 3 = \angle 4, \angle 5 = \angle 6$, 这恰恰是垂足三角形的特征. 因此, 当 $\triangle DEF$ 为 $\triangle ABC$ 的垂足三角形时, 其周长最小.

类似于上述两例可求得下例的最值.

例 4 已知 $A + B + C = \pi$, 求:

（Ⅰ）$\sin A + \sin B + \sin C$;

（Ⅱ）$\cos A + \cos B + \cos C$;

（Ⅲ）$\sin A \cdot \sin B \cdot \sin C$;

（Ⅳ）$\cos A \cdot \cos B \cdot \cos C$.

它们的最大值.

答案: 其最大值分别为 $\dfrac{3\sqrt{3}}{2}, \dfrac{3}{2}, \dfrac{3\sqrt{3}}{8}, \dfrac{1}{8}$.

从上述几例可以看到, 运用局部调整原理求最（极）值时, 可先假定某些变量是已知的, 从函数取得最（极）值的角度出发, 探求剩下变量的相互关系, 然后综合考虑, 得到全部变量的相互关系（数量特征或空间形式）, 进而推知所求的最（极）值. 为区别于其他方式的局部调整, 我们称这种局部调整法为"小调整法".

运用局部调整原理求最（极）值时, 若假定某一个变量是已知的, 依次调整剩下变量的相互关系, 使之取到最（极）值（相对来说）, 然后调整开始时固定的那个变量, 从"相对最（极）值"中找到所求的那个. 我们称这种局部调整法为"大调整法". 下面给出运用"大调整法"的例子.

例如, 对于例 3 另解如下.

解 因 $DE + EF + FD$ 的值取决于三点 D, E, F 的位置, 不妨假定 D 为已知的点, 调整 E, F 的位置, 使 $DE + EF + FD$ 有最小值（相对的）.

如图 6.1.1, 设 D 关于 AB, AC 的对称点分别为 D', D'', 连 $D'D''$, 交 AB, AC 于 F, E, 则 E, F 是使 $DF + EF + DE$ 相对于点 D 为最小的点. 下面再调整点 D 的位置, 使 $DF + EF + FD = D'D''$ 最终达到最小值.

连 AD', AD'', AD, 因 D', D'' 是 D 的对称点, 于是

$$AD' = AD = AD''$$

且

$$\angle 7 = \angle 8, \angle 9 = \angle 10$$

故

$$\angle D'AD'' = \angle 8 + \angle 9 + \angle 7 + \angle 10 = 2\angle BAC (\text{定值})$$

所以, 只需考虑对于具有固定顶点的等腰 $\triangle AD'D''$, 在什么时候底边 $D'D''$ 的长最小, 这须且仅须它的腰长 $AD' = AD$ 最小. 从而 $AD \perp BC$. 同样, 可知 $BE \perp AC, CF \perp AB$. 故垂足 $\triangle DEF$ 是 $\triangle ABC$ 的内接三角形中周长最小的.

综上所述,这两种调整法的根本差别是,首先固定的变元有差别,因而可利用的条件有差别. 由此可见,利用局部调整原理解题时,首先应尽可能多地固定一些变元,充分发挥调整法,将变量分散考虑,使所研究的变量个数相对减少,从而使问题得到简化.

例5 （Ⅰ）将19分成若干个正整数之和,其积最大为_____；

（Ⅱ）设若干个正整数的和是1 976,试求它们乘积的最大值并加以证明.

解 我们首先讨论如下一般性的问题,若干个正整数之和为 k,求这些正整数乘积的最大值并加以证明.

设 $x_1 + x_2 + \cdots + x_n = k, x_i \in \mathbf{N}, i = 1, 2, \cdots, n$.

不妨令 $x_1 \leq x_2 \leq \cdots \leq x_n$,考察乘积 $x_1 \cdot x_2 \cdots x_n$,欲使积取最大值,显然 $x_i \geq 2$.

(i) 若 $x_i > 4$,比较 $2(x_i - 2)$ 与 x_i,因 $2(x_i - 2) = 2x_i - 4 > x_i$,故可做如下调整:把 x_i 分解成两个数 2 与 $x_i - 2$.

若 $x_i = 4$,则把 x_i 分成两个 2,其积不变.

这样经第一阶段的调整,得到积 $x'_1 \cdot x'_2 \cdots x'_m$,其中 $x'_j (j = 1, 2, \cdots, m)$ 只能是 2 或 3.

(ii) 显而易见 $2^3 = 8 < 9 = 3^2$,若 $x'_1, x'_2, \cdots, x'_m$ 中的 2 的个数超过两个,则进行调整,将三个 2 调整为两个 3. 这样一来,所求积的最大值中至多含有两个 2 的因数.

故当 $k = 3p$ 时,乘积 3^p 最大;

当 $k = 3p + 1$ 时,乘积 $2^2 \cdot 3^{p-1}$ 最大;

当 $k = 3p + 2$ 时,乘积 $2 \cdot 3^p$ 最大. 于是

（Ⅰ）最大值为 $2^2 \cdot 3^5 = 972$;

（Ⅱ）最大值为 $2 \cdot 3^{658}$.

从例5 可以看到,运用局部调整原理解某些题时,在不同的阶段,根据不同对象,采取不同的调整策略,最后方能解决问题. 有时我们称此种调整法为"分调整法".

6.2 证明不等式

把例1由求最小值改为证不等式,便为1979年全国高中联赛中的一道题. 这就说明了在证明不等式时,运用局部调整原理是行之有效的方法. 不仅如此,而且是一种很重要的途径.

例1 设函数 $f(x)$ 定义在区间 (a, b) 上. (这个区间可以是闭的或半开半闭的)

(i) 如果对任意的 $x_1, x_2, x'_1, x'_2 \in (a, b)$,当 $x_1 + x_2 = x'_1 + x'_2$,且

$$f(x_1) + f(x_2) < f(x'_1) + f(x'_2) \qquad ①$$

由不等式 ① $\Leftrightarrow |x'_1 - x'_2| < |x_1 - x_2|$,则对 (a, b) 中任一组数 $x_1, x_2, \cdots, x_n$,有

$$f(x_1) + f(x_2) + \cdots + f(x_n) \leq nf\left(\frac{x_1 + x_2 + \cdots + x_n}{n}\right) \qquad ②$$

其中等号当且仅当 $x_1 = x_2 = \cdots = x_n$ 时取得.

(ii) 如果 $f(x)$ 在 (a, b) 上是恒正的,且对任意的 $x_1, x_2, x'_1, x'_2 \in (a, b)$,当 $x_1 + x_2 = x'_1 + x'_2$,且

$$f(x_1) \cdot f(x_2) < f(x'_1) \cdot f(x'_2) \qquad ①'$$

由不等式 ① $\Leftrightarrow |x'_1 - x'_2| < |x_1 - x_2|$,则对 (a, b) 中任一组数 $x_1, x_2, \cdots, x_n$,有

$$f(x_1) \cdot f(x_2) \cdots f(x_n) \leq [f(\frac{x_1 + x_2 + \cdots + x_n}{n})]^n \qquad ②'$$

其中等号当且仅当 $x_1 = x_2 = \cdots = x_n$ 时取得.

(iii) 如果不等式 ① 与 ①′ 中不等号反向,则 ② 与 ②′ 中的不等号也反向.

证明 (i) 对于 (a,b) 中任意给定的一组数 $x_1, x_2, \cdots, x_n$,令

$$A = \frac{1}{n}(x_1 + x_2 + \cdots + x_n)$$

显然 $A \in (a,b)$.

若 x_i 均相等,则不等式 ② 中等号成立. 故考虑 x_i 不全相等,不妨设

$$x_1 \leq x_2 \leq \cdots \leq x_n$$

则

$$x_1 < x_n, x_1 < A < x_n$$

进行调整,令

$$x_i' = x_i \quad (i = 2, 3, \cdots, n-1)$$
$$x_1' = A, x_n' = x_1 + x_n - A$$

于是

$$x_1' + x_n' = x_1 + x_n$$

且

$$|x_1' - x_n'| = |A - (x_1 + x_n - A)| = |-(x_n - A) + (A - x_1)| <$$
$$|-(x_n - A)| + |A - x_1| = x_n - A + A - x_1 =$$
$$x_n - x_1 = |x_1 - x_n|$$

故从假设知

$$f(x_1) + f(x_n) < f(x_1') + f(x_n')$$

从而

$$f(x_1) + f(x_2) + \cdots + f(x_n) < f(x_1') + f(x_2') + \cdots + f(x_n')$$

对于 $x_2', x_3', \cdots, x_n'$,它们仍不全相等,则可继续使用上法. 最后,至多重复 $n-1$ 次,可得

$$f(x_1) + f(x_2) + \cdots + f(x_n) < f(x_1') + f(x_2') + \cdots + f(x_n') < \cdots <$$
$$f(A) + f(A) + \cdots + f(A) =$$
$$n \cdot f(A) = n \cdot f(\frac{x_1 + x_2 + \cdots + x_n}{n})$$

(ii) 由于 $f(x)$ 在 (a,b) 上恒正,故可考虑函数 $F(x) = \lg f(x), x \in (a,b)$. 这样式 ②′ 的证明就转化为式 ② 的证明.

(iii) 证明完全与上述相同. 利用例 1 的结论,极易证明下例.

例 2 若 $x_1, x_2, \cdots, x_n$ 都是 $0°$ 与 $180°$ 之间的角,则

$$\sin x_1 + \sin x_2 + \cdots + \sin x_n \leq n \cdot \sin \frac{x_1 + x_2 + \cdots + x_n}{n}$$

$$\sin x_1 \cdot \sin x_2 \cdots \sin x_n \leq (\sin \frac{x_1 + x_2 + \cdots + x_n}{n})^n$$

利用例 1 的结论,求 6.1 节例 4 中(Ⅰ)(Ⅱ)(Ⅲ) 及 A,B,C 均为锐角时的(Ⅳ) 的最大值是很显然的了. 由此可见,例 1 可作为求函数最(极)值、证明不等式的逐步调整原理的比较一般的形式. 它与关于严格凹凸函数的著名的 Jensen 不等式相比较,两者的结论是一样的,但前者的证明是运用局部调整原理,是初等的. 当然前者的假设条件要强些,所以适用范

围较后者要窄些. 不然的话,上面讲到的 6.1 节例 4 中(Ⅳ)就不要限制 A,B,C 均为锐角了.

从例 1 的证明可以看到,解答某些问题,只要取得第一次局部调整的成功,剩下的只是简单地重复前面的调整,大大简化了问题的论证过程. 因此,我们必须十分清楚进行重复调整应具备的条件是什么,以确定能否实施重复调整.(请思考例 1 的条件)在不能直接进行重复调整时,酌情考虑如何做出努力,通过适当的变换,使所需条件得以满足,从而能继续重复调整.

从例 1 还可以看出,利用局部调整原理证不等式,是将一些复杂得多的多变量不等式(包括代数不等式、三角不等式、几何不等式等)归结到含两个变量的不等式的证明,即每次对多变量中两个变量进行简单调整,经过有限重复步骤而证得原不等式.

对多变量中的两个变量进行调整时,若进行两数的平均数调整,便有如下的"平均调整原理".

由 k 个数组成的数组 $x_1, x_2, \cdots, x_k$,其平均数 $A = \dfrac{1}{k}(x_1 + x_2 + \cdots + x_k)$,各数与平均数 A 的差的平方和为
$$S = (x_1 - A)^2 + (x_2 - A)^2 + \cdots + (x_k - A)^2 = \\ x_1^2 + x_2^2 + \cdots + x_k^2 - kA^2$$

对数组做如下调整,以 x_1, x_2 的平均数 $\dfrac{1}{2}(x_1 + x_2)$ 代换 x_1, x_2,记 $x_1' = x_2' = \dfrac{1}{2}(x_1 + x_2)$,$x_i' = x_i (i = 3, 4, \cdots, k)$,得数组.

① $x_1', x_2', \cdots, x_k'$;

再以 x_2', x_3' 的平均数 $\dfrac{1}{2}(x_2' + x_3')$ 代换 x_2', x_3',记
$$x''_2 = x''_3 = \dfrac{1}{2}(x_2' + x_3'), x''_i = x_i' \quad (i = 1, 4, 5, \cdots, k)$$

② $x''_1, x''_2, \cdots, x''_k$;

依次做如上调整,经 n 次后,得数组
$$ⓝ\ x_1^{(n)}, x_2^{(n)}, \cdots, x_k^{(n)}$$

当 $i > k$ 时,若 $i = mk + j (m \in \mathbf{N}, 1 \leqslant j \leqslant k)$,数 $x_j^{(n)} = x_i^{(n)}$,数组 ⓝ 中
$$x_n^{(n)} = x_{n+1}^{(n)} = \dfrac{1}{2}[x_n^{(n-1)} + x_{n+1}^{(n-1)}]$$

其余的 $x_i^{(n)} = x_i^{(n-1)}$,数组 ⓝ 的平均数仍为 A,记各数与 A 的差的平方和为 S_n. 有
$$S_1 = x_1'^2 + x_2'^2 + \cdots + x_k'^2 - kA^2 = \\ S - (x_1^2 + x_2^2) + \dfrac{1}{4}(x_1 + x_2)^2 + \dfrac{1}{4}(x_1 + x_2)^2 = \\ S - \dfrac{1}{2}(x_1 - x_2)^2$$
$$S_2 = x''^2_1 + x''^2_2 + \cdots + x''^2_k - kA^2 = \\ S - \dfrac{1}{2}(x_2' - x_3')^2 = \\ S - \dfrac{1}{2}[(x_1 - x_2)^2 + (x_2' - x_3')^2]$$

依此类推,可得
$$S_n = S - \frac{1}{2}\left[(x_1 - x_2)^2 + (x_2' - x_3')^2 + \cdots + (x_n^{(n-1)} - x_{n+1}^{(n-1)})^2\right]$$

做无数次调整,即 $n \to \infty$ 时,因 $S_n \geq 0$, S 为定值,故必有
$$\lim_{n \to \infty}\left[x_n^{(n-1)} - x_{n+1}^{(n-1)}\right] = 0$$

由此可知,当 $n \to \infty$ 时,数组的个数有共同的极限,这个极限为数组的平均数 A,即
$$\lim_{n \to \infty} x_1^{(n)} = \lim_{n \to \infty} x_2^{(n)} = \cdots = \lim_{n \to \infty} x_k^{(n)} = A$$

利用这个原理可以证明不等式.

例 3 设 $F(x_1, x_2, \cdots, x_k)$ 是一个 k 元对称式,若下式成立
$$F(x_1, x_2, \cdots, x_k) \leq F\left(\frac{x_1 + x_2}{2}, \frac{x_1 + x_2}{2}, x_3, \cdots, x_k\right) \qquad ①$$

则必有
$$F(x_1, x_2, \cdots, x_k) \leq F(A, A, \cdots, A) \qquad ②$$

其中 $A = \frac{1}{k}(x_1 + x_2 + \cdots + x_k)$. 若式 ① 中不等号反向时,则式 ② 中不等号也反向.

证明 根据式子的对称性,把任意的元 x_i 及 x_j 换为平均数,都有类似于式①的不等式,对 $x_1, x_2, \cdots, x_k$ 逐步做平均调整,可得
$$F(x_1, x_2, \cdots, x_k) \leq F(x_1', x_2', \cdots, x_k') \leq \cdots \leq F\left[x_1^{(n)}, x_2^{(n)}, \cdots, x_k^{(n)}\right]$$

根据平均调整原理
$$\lim_{n \to \infty} F\left[x_1^{(n)}, x_2^{(n)}, \cdots, x_k^{(n)}\right] = F(A, A, \cdots, A)$$

则
$$F(x_1, x_2, \cdots, x_k) \leq F(A, A, \cdots, A)$$

当式 ① 中不等号反向时,可同样证得式 ② 不等号也反向. 下面我们利用例 3 的结论再给出例 2 的一种证法.

证明 记
$$F(x_1, x_2, \cdots, x_n) = \sin x_1 + \sin x_2 + \cdots + \sin x_n$$
$$F(x_1, x_2, \cdots, x_n) - F\left(\frac{x_1 + x_2}{2}, \frac{x_1 + x_2}{2}, x_3, \cdots, x_n\right) = \sin x_1 + \sin x_2 + 2\sin\frac{x_1 + x_2}{2} =$$
$$2\sin\frac{x_1 + x_2}{2} \cdot \left(\cos\frac{x_1 - x_2}{2} - 1\right) \leq 0$$

即
$$F(x_1, x_2, \cdots, x_n) \leq F\left(\frac{x_1 + x_2}{2}, \frac{x_1 + x_2}{2}, x_3, \cdots, x_n\right)$$

故
$$F(x_1, x_2, \cdots, x_n) \leq F(A, A, \cdots, A) = n \cdot \sin\frac{x_1 + x_2 + \cdots + x_n}{n}$$

有时,为了简便应用平均调整原理,还须对求证式做变形处理.

例 4 a, b, c, d 均为正数. 求证
$$\frac{1}{b + c + d} + \frac{1}{c + d + a} + \frac{1}{d + a + b} + \frac{1}{a + b + c} \geq \frac{16}{3(a + b + c + d)}$$

证明 设 $a + b + c + d = m$,原不等式变形为
$$\frac{1}{m - a} + \frac{1}{m - b} + \frac{1}{m - c} + \frac{1}{m - d} - \frac{16}{3m} \geq 0$$

记
$$F(a,b,c,d) = \frac{1}{m-a} + \frac{1}{m-b} + \frac{1}{m-c} + \frac{1}{m-d} - \frac{16}{3m}$$

则
$$F(a,b,c,d) - F\left(\frac{a+b}{2}, \frac{a+b}{2}, c, d\right) = \frac{(m-b)+(m-a)}{(m-a)\cdot(m-b)} - \frac{4}{(m-b)+(m-a)} =$$
$$\frac{[(m-b)+(m-a)]^2 - 4(m-a)(m-b)}{(m-a)(m-b)[(m-b)+(m-a)]} =$$
$$\frac{[(m-b)-(m-a)]^2}{(m-a)(m-b)[(m-b)+(m-a)]} \geq 0$$

从而
$$F(a,b,c,d) \geq F\left(\frac{a+b}{2}, \frac{a+b}{2}, c, d\right)$$

即有
$$F(a,b,c,d) \geq F\left(\frac{m}{4}, \frac{m}{4}, \frac{m}{4}, \frac{m}{4}\right) = \frac{1}{m - \frac{m}{4}} \cdot 4 - \frac{16}{3m} = 0$$

故
$$\frac{1}{b+c+d} + \frac{1}{c+d+a} + \frac{1}{d+a+b} + \frac{1}{a+b+c} \geq \frac{16}{3(a+b+c+d)}$$

有时,我们把上述调整法称为"均值调整法".

在不等式证明中的调整,还要注意放缩中的调整.

首先要关注放缩的"度"与"量"上的调整.

有些时候,放缩并不是一步到位的,可能"放得过大",也可能"缩得过小",比如:

例5 (2008年高考浙江卷题) 已知数列 $\{a_n\}$, $a_n \geq 0$, $a_1 = 0$, $a_{n+1}^2 + a_{n+1} - 1 = a_n^2 (n \in \mathbf{N}_+)$, $S_n = a_1 + a_2 + \cdots + a_n$, $T_n = \frac{1}{1+a_1} + \frac{1}{(1+a_1)(1+a_2)} + \cdots + \frac{1}{(1+a_1)(1+a_2)\cdots(1+a_n)}$.

求证:当 $n \in \mathbf{N}_+$ 时,(Ⅰ) $a_n < a_{n+1}$;(Ⅱ) $S_n > n-2$;(Ⅲ) $T_n < 3$.

证明 (Ⅰ)(Ⅱ)略.

(Ⅲ) 由(Ⅰ),$a_n < a_{n+1}$,则 $\frac{1}{1+a_n} > \frac{1}{1+a_{n+1}}$,所以

$$\frac{1}{(1+a_1)(1+a_2)\cdots(1+a_n)} \leq \left(\frac{1}{1+a_1}\right)^n \quad ①$$

所以
$$T_n = \frac{1}{1+a_1} + \frac{1}{(1+a_1)(1+a_2)} + \cdots + \frac{1}{(1+a_1)(1+a_2)\cdots(1+a_n)} \leq$$
$$\frac{1}{1+a_1} + \left(\frac{1}{1+a_1}\right)^2 + \cdots + \left(\frac{1}{1+a_1}\right)^n =$$
$$1 + 1 + \cdots + 1 = n$$

很明显放得过大,没有达到目标,那么怎调整呢? 由于式 ① 实质上是把 $a_i(i=2,3,\cdots,n)$ 都放缩到了 a_1,也就是说除了 a_1,$a_i(i=2,3,\cdots,n)$ 都进行了近似计算的处理,正因为是近似计算的处理,所以有误差. 如果 $a_i(i=2,3,\cdots,n)$ 中进行近似计算处理的项越少,那么误差当然就会减少,所以想到了保留一些项不放缩,比如把 a_2 保留,所以调整之后放缩的式子变为

$$\frac{1}{(1+a_1)(1+a_2)\cdots(1+a_n)} \leq \frac{1}{1+a_1}\left(\frac{1}{1+a_2}\right)^{n-1} = \left(\frac{1}{1+a_2}\right)^{n-1}$$

而 $$a_{n+1}^2 + a_{n+1} - 1 = a_n^2 \quad (n \in \mathbf{N}_+)$$

所以 $$a_2^2 + a_2 - 1 = a_1^2 = 0 \Rightarrow a_2 = \frac{\sqrt{5}-1}{2}$$

所以
$$\frac{1}{(1+a_1)(1+a_2)\cdots(1+a_n)} \leq \frac{1}{1+a_1}\left(\frac{1}{1+a_2}\right)^{n-1} = \left(\frac{1}{1+a_2}\right)^{n-1} = \left(\frac{\sqrt{5}-1}{2}\right)^{n-1}$$

所以
$$T_n = \frac{1}{1+a_1} + \frac{1}{(1+a_1)(1+a_2)} + \cdots + \frac{1}{(1+a_1)(1+a_2)\cdots(1+a_n)} \leq$$
$$1 + \left(\frac{\sqrt{5}-1}{2}\right)^1 + \left(\frac{\sqrt{5}-1}{2}\right)^2 + \cdots + \left(\frac{\sqrt{5}-1}{2}\right)^{n-1} =$$
$$\frac{1-\left(\frac{\sqrt{5}-1}{2}\right)^n}{1-\frac{\sqrt{5}-1}{2}} < \frac{1}{1-\frac{\sqrt{5}-1}{2}} = \frac{3+\sqrt{5}}{2} < 3$$

得证.

从上述解答过程可以发现,虽然放缩有时不能一步到位,但是只要关注在微观上调整放缩的"度"和"量",就可以逐步调整到位,而调整的主导思想是参与放缩的项越多,则结果误差越大,容易放过头,所以具体的操作方法是保留一些项不参与放缩,保留这些项越多,则结果就越"精确",放缩就越容易到位.

其次要关注放缩中的式子"结构"调整.

有些时候把原来的式子直接进行放缩,在结构上就"先天不足",很难进行下去,这个时候就需要对式子在"结构"上进行调整. 比如:

例6 已知数列 $\{a_n\}$ 满足 $a_n > 0$,且对一切 $n \in \mathbf{N}_+$,有 $\sum_{i=1}^{n} a_i^3 = S_n^2$,其中 $S_n = \sum_{i=1}^{n} a_i$.

(1) 求证:对一切 $n \in \mathbf{N}_+$,有 $a_{n+1}^2 - a_{n+1} = 2S_n$;

(2) 求数列 $\{a_n\}$ 的通项公式;

(3) 求证: $\sum_{k=1}^{n} \frac{\sqrt{k}}{a_k^2} < 3$.

解 (1) 略. (2) 利用 $a_{n+1}^2 - a_{n+1} = 2S_n$,可以求得 $a_n = n$(过程略);

(3) 证明:由于 $\frac{\sqrt{k}}{a_k^2} = \frac{\sqrt{k}}{k^2} = \frac{1}{k\sqrt{k}}$,直接利用此式放缩,从结构上找不到线索,但是只要稍加调整就柳暗花明又一村,当 $k \geq 2$ 时,因为

$$2k = \sqrt{k}(\sqrt{k}+\sqrt{k}) > \sqrt{k}(\sqrt{k}+\sqrt{k-1})$$
$$\frac{1}{k\sqrt{k}} = \frac{2}{2k\sqrt{k}} < \frac{2}{2k\sqrt{k-1}} < \frac{2}{\sqrt{k}\sqrt{k-1}(\sqrt{k}+\sqrt{k-1})} =$$
$$\frac{2(\sqrt{k}-\sqrt{k-1})}{\sqrt{k}\sqrt{k-1}} = 2\left(\frac{1}{\sqrt{k-1}} - \frac{1}{\sqrt{k}}\right) \qquad ①$$

所以

$$\sum_{k=1}^{n}\frac{\sqrt{k}}{a_k^2}=\frac{1}{a_1^2}+\sum_{k=2}^{n}\frac{\sqrt{k}}{a_k^2}<1+2\left(\frac{1}{\sqrt{1}}-\frac{1}{\sqrt{2}}\right)+2\left(\frac{1}{\sqrt{2}}-\frac{1}{\sqrt{3}}\right)+\cdots+2\left(\frac{1}{\sqrt{k-1}}-\frac{1}{\sqrt{k}}\right)=$$
$$1+2\left(1-\frac{1}{\sqrt{k}}\right)<1+2=3$$

得证.

上述证明中的式 ① 对原式的结构进行了调整,非常关键,是整个问题解决过程中的点睛之笔,它让原本无法直接放缩的式子变成可以放缩为"可裂项求和"的式子.

6.3 论证平衡状态问题

例 1 一群小孩围坐在一圈分糖果,老师让他们每人先任取偶数块,然后按下列规则调整:所有的小孩同时把自己的糖分一半给右边的小孩,糖的块数变成奇数的人,向老师补要一块. 证明:经过有限次调整之后,大家的糖就变得一样多了.

证明 这里给出了统一的调整规则. 设在第一次调整前,小孩手中的糖块的最大数是 $2m$,最小数是 $2n$. 若 $m=n$,则状态已平衡,无须调整了. 因此,可设 $m>n$,进行一次调整,并把可能出现的奇数块补成偶数块之后,以下三条结论总是成立的.

(i) 调整后每人的糖块数还是在 $2m$ 与 $2n$ 之间,这是因为:设某一小孩有 $2k$ 块,他的左邻有 $2h$ 块,在调整过程中,他送走 k 块给他的右邻,却又从他的左邻接过 h 块,因此,调整之后这个小孩共有 $k+h$ 块,由于 $n\leq k\leq m$ 及 $n\leq h\leq m$,可得 $2n\leq k+h\leq 2m$. 如果 $k+h$ 已是偶数,结论已证明;如果 $k+h$ 为奇数,需要补一块,而 $k+h<2m$,故 $2n<k+h+1\leq 2m$.

(ii) 手中糖块多于 $2n$ 的小孩,调整后糖块数仍旧比 $2n$ 多. 这是因为,设某一小孩手中有糖块 $2k>2n$,他的左邻有 $2h$ 块,调整后这个小孩有 $h+k$ 块,显然 $h+k>n+n=2n$. 补一块后,这个小孩手中的糖块将比 $2n$ 更多.

(iii) 至少有一个拿 $2n$ 块的小孩,在调整之后增加了两块. 这又是因为,总可找到一个手里有 $2n$ 块糖的小孩,他的左邻的块数 $2h>2n$,不然的话,说明所有小孩手中的糖块都是 $2n$ 了. 经调整之后,这小孩手中糖块为 $h+n$,很显然 $h+n>2n$,若 $h+n$ 已是偶数,则 $h+n\geq 2n+2$;若 $h+n$ 为奇数,应有 $h+n\geq 2n+1$,这时需补一块,补上一块之后,也不少于 $2n+2$ 了.

综合以上三个结论,可以看出,每经过一次调整,最大数不会再增大,拿最少糖块的小孩人数至少减少一个. 这样,经过有限次调整后,最小数将大于 $2n$. 这表明,最大数与最小数之间的差,随着不断调整将会缩小,到了最后,这个差将变为零. 最大数等于最小数,达到了平衡状态. 证毕.

在上例中,需要指出的是:(1) 由于按上述规则调整,保证了至少有一个有 $2n$ 块糖的小孩(局部上) 手中的糖块数增加了,使彼此持糖块数的差距有所缩小,这说明了此类调整是局部调整. (2) 调整后,每人手中糖块数仍为偶数块. 这一点,是我们赖以重复上述调整的前提.

6.4　等周问题的证明

例1　周长一定的三角形中,什么样的三角形面积最大?

此例可根据海伦公式并利用算术-几何平均值不等式用解析法解.现用局部调整原理解之.

解　考察 $\triangle ABC$. 设 $AB+BC+CA=l$(定值),先暂时固定 B, C 两点,即 BC 边固定,这时 $AB+AC=l-BC$ 是定值.这时, $S_{\triangle ABC}$ 可看作是点 A 的函数.考察等高线,相应的等高线是与 BC 平行的直线,而点 A 的路径是以 B,C 为焦点的椭圆,如图 6.4.1 所示.使 $S_{\triangle ABC}$ 为最大的点 A 应是与椭圆相切的等高线的切点,即是该椭圆短轴的一个端点,从而应有 $AB=AC$.

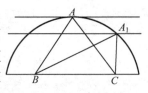

图 6.4.1

同样(根据对称性)调整可得,要使 $S_{\triangle ABC}$ 为最大,必须 $AB=BC=CA$,即 $\triangle ABC$ 应是等边三角形.

从上例的解答中,我们也顺便得到了:

（Ⅰ）一边及其对角一定的三角形,以已知边为底边的等腰三角形面积最大;

（Ⅱ）一边确定,另两边之和为定值的三角形,以已知边为底边的等腰三角形面积最大.

类似于例 1,我们可证明如下一系列命题:

（Ⅰ）圆内接三角形中,面积最大的是等边三角形.

（Ⅱ）周长为定值,面积最大的 n 边形必将为等边凸 n 边形.

（Ⅲ）圆内接 n 边形中,面积最大的是正 n 边形.

（Ⅳ）周长为定值,面积最大的四边形是正方形.（注意: $S_{四边形}=(\dfrac{周长}{4})^2 \cdot \sin\alpha \leqslant \dfrac{1}{16}$ 周长^2)

下面我们讨论,周长为定值的 n 边形中,面积最大者是否就是正 n 边形呢?

由上面的命题:周长为定值,面积最大的 n 边形必将为等边凸 n 边形.因此,我们若能证明等边凸 n 边形内接于圆时面积最大,则命题得证.为此,我们先看下面的例题.

例2　试证:在只有一边长度可以任意选取,其余 $n-1$ 条边具有固定长度的 n 边形中,最大面积的 n 边形一定内接于以长度可以任意选取的那条边为直径的半圆周.

证明　设 n 边形 $A_1A_2\cdots A_n$ 长度可以任意选取的一边为 A_1A_n,联结 A_1A_3, A_3A_n. 若 $\angle A_1A_3A_n \neq \dfrac{\pi}{2}$,那么保持 $\triangle A_1A_2A_3$ 及 $(n-2)$ 边形 $A_3A_4\cdots A_n$ 不变,顺时针旋转这 $(n-2)$ 边形,使 $\angle A_1A_3A_n = \dfrac{\pi}{2}$,如图 6.4.2 所示,显然 $\triangle A_1A_3A_n$ 的面积增大了.

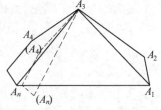

图 6.4.2

若除 A_1,A_n 外,仍存在某顶点对 A_1A_n 的视角不为直角,则重复上述调整.

这样, n 边形 $A_1A_2\cdots A_n$ 经局部调整后的面积 $S_1,S_2,\cdots,S_n,\cdots$,成一单调递增数列,显然它是有界的.根据单调递增(减)有界.数列存在极限这一重要准则,必存在极限 S,即为内接于以任意选取的那条边为直径的半圆周的 n 边形的面积. 否则至少存在一顶点对 A_1A_n 视角不是直角,则要继续上述的调整,面积仍将增大. 引起矛盾. 证毕.

由上例我们便可论证周长为定值的 n 边形中,面积最大者就是正 n 边形.

事实上,若设 $A_1A_2\cdots A_n$ 为内接于圆的正 n 边形,$B_1B_2\cdots B_n$ 是与 $A_1A_2\cdots A_n$ 边长相等但不内接于圆的 n 边形,如图 6.4.3 所示.

在圆内接正 n 边形 $A_1A_2\cdots A_n$ 中作直径 A_1A,若点 A 落在外接圆弧 $\widehat{A_iA_{i+1}}$ 上(包括端点),连 $A_iA, A_{i+1}A$. 再在 n 边形 $B_1B_2\cdots B_n$ 的对应边 B_iB_{i+1} 的外侧作 $\triangle B_iBB_{i+1}$,使 $\triangle B_iBB_{i+1} \cong \triangle A_iAA_{i+1}$,连 B_1B. 多边形 $B_1B_2\cdots B_iB$ 和 $B_1BB_{i+1}\cdots B_n$ 中,至少有一个不内接于以 B_1B 为直径的半圆(否则,n 边形 $B_1B_2\cdots B_n$ 内接于圆).

由于多边形 $A_1A_2\cdots A_iA$ 和 $A_1AA_{i+1}\cdots A_n$ 都内接于以 A_1A 为直径的半圆. 由例 2,则

$$S_{B_1B_2\cdots B_iB} \leqslant S_{A_1A_2\cdots A_iA}$$
$$S_{B_1BB_{i+1}\cdots B_n} \leqslant S_{A_1AA_{i+1}\cdots A_n}$$

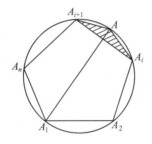 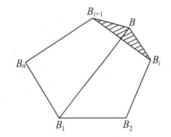

图 6.4.3

两者之中至少有一等号不能成立. 将这两式相加得

$$S_{B_1B_2\cdots B_iBB_{i+1}\cdots B_n} < S_{A_1A_2\cdots A_iAA_{i+1}\cdots A_n}$$

两边分别减去 $S_{\triangle B_iBB_{i+1}}, S_{\triangle A_iAA_{i+1}}$,即得

$$S_{B_1B_2\cdots B_iB_{i+1}\cdots B_n} < S_{A_1A_2\cdots A_iA_{i+1}\cdots A_n}$$

故在周长为定值的 n 边形中,正 n 边形具有最大面积.

例 3 设有一直角 $\angle QOP$,试在 OP 边上求一点 A,在 OQ 边上求一点 B,在直角内求一点 C,使 $BC + CA$ 等于定长 l,且使四边形 $ACBO$ 的面积最大.

下面,我们利用例 1 后的结论及例 2 后的结论给出它的两种解法.

解法 1 如图 6.4.4 所示,显然,为使 S_{ACBO} 为最大,点 C 与点 O 应在直线 AB 的异侧.

先假定点 A, B 固定,则 $\triangle OAB$ 固定,为使 S_{ACBO} 为最大,即要求 $S_{\triangle ACB}$ 为最大. 由于 $\triangle ACB$ 的边 AB 固定,且 $CB + CA = l$(定值),按例 1 后的结论(Ⅱ),$\triangle ACB$ 的面积当 $CA = CB = \dfrac{l}{2}$ 时为最大.

假定 AB 的长度固定,这时 $\triangle ACB$ 的最大面积如上所得,关键是考察 $\triangle AOB$ 的面积. $\triangle AOB$ 的一边 AB 固定,且其对角 $\angle AOB = 90°$ 为定值,由例 1 后结论(Ⅱ),$\triangle AOB$ 的面积当 $OA = OB$ 时为最大,如图 6.4.4 所示.

由上述两步可知四边形 $ACBO$ 的大致形状

$$OA = OB, CA = CB = \dfrac{l}{2}$$

故 $\triangle OAC \cong \triangle OBC$
从而 $\angle AOC = \angle BOC = 45°$

最后,我们来确定点 C 的位置. 由以上讨论可知,要使 S_{ACBO} 最大,即应使 $S_{\triangle AOC}$ 最大(因 $S_{ACBO} = 2S_{\triangle OAC}$). 对于 $\triangle OAC$, 已知
$$AC = \frac{l}{2}, \angle AOC = 45°$$

又根据例 1 后结论(Ⅰ), $\triangle OAC$ 的面积当 $OA = OC$ 时为最大. 这时

$$OA = OC = \frac{\frac{l}{4}}{\sin 22°30'} = \frac{l}{4\sin 22°30'}$$

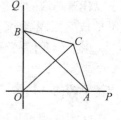

图 6.4.4

这样,即可确定点 C 的位置.

解法 2 将直角 $\angle POQ$ 以 OQ 为轴作对称图形, 得 $\angle P'OQ$, 再整个以 $P'P$ 为轴作对称图形, 四边形 $ACBO$ 经两次轴对称成为八边形 $ACBC'A'C''B'C'''$. 如图 6.4.5, 其周长为 $4(AC + BC) = 4l$(定值). 由例 2 后的结论可知, 该八边形为边长为 $\frac{l}{2}$ 的正八边形时, 面积最大. 从而四边形 $ACBO$ 当 A,C,B 为正八边形的第一象限的三个顶点时面积最大. 这时 $OA = OC = OB$ 即为正八边形外接圆半径 $\frac{l}{4\sin 22°30'}$.

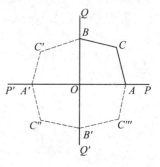

图 6.4.5

这样,即可确定 A,B,C 三点的位置.

6.5 磨光变换

上面,我们从四个方面给出了运用局部调整原理解题的一些例子. "调整", 是日常用语, 数学中对应术语叫作"磨光". 如果一个变换具有逐渐把差别缩小的性质, 这种变换叫作"磨光变换". 前面 6.2 节例 1 的证明就是利用磨光变换思想做出的证明. 下面介绍一下由幂平均函数确定的磨光变换及性质.

设 $a_1, a_2, \cdots, a_n$ 是 n 个正实数, x 是非零实数, 我们把 $\left[\frac{1}{n}(a_1^x + a_2^x + \cdots + a_n^x)\right]^{\frac{1}{x}}$ 叫作 $a_1, a_2, \cdots, a_n$ 的 x 次幂平均数.

定义在实数上的幂平均函数为

$$f(x) = \begin{cases} \left(\dfrac{a_1^x + a_2^x + \cdots + a_n^x}{n}\right)^{\frac{1}{x}}, & x \neq 0 \\ (a_1 \cdot a_2 \cdot \cdots \cdot a_n)^{\frac{1}{n}}, & x = 0 \end{cases}$$

由定义,显然有 $f(1) \geq f(0)$, 即

$$\frac{a_1 + a_2 + \cdots + a_n}{n} \geq \sqrt[n]{a_1 \cdot a_2 \cdot \cdots \cdot a_n}$$

由此可见,幂平均是算术平均、几何平均的拓广.

设 $a_1^{(0)}, a_2^{(0)}, \cdots, a_{n+1}^{(0)}$ 是 $n+1$ 个正实数 $(n > 1)$, 并把这 $n+1$ 个数看成是围成一个圆圈,

即在 $a_{n+1}^{(0)}$ 的右边又是 $a_1^{(0)}$. 令 $A_0 = \{a_1^{(0)}, a_2^{(0)}, \cdots, a_{n+1}^{(0)}\}$. 序列 $\{A_k\}$ 定义如下：A_{k+1} 的第 j 个分量 $a_j^{(k+1)}$, 为 A_k 中第 j 个量 $a_j^{(k)}$ 右（或左）边的几个分量的 x 次幂平均数，即 $a_j^{(k+1)} = [\frac{1}{n}\sum_{i \neq j}^{n}(a_i^{(k)})^x]^{\frac{1}{x}}, k = 0, 1, 2, \cdots$. 这样我们就得到 $n+1$ 维数组的由幂平均函数 $f(x)$ 唯一确定的一个变换. 这类变换具有以下"磨光"性质.

（1）变换之前与变换之后各分量的 x 次幂之和不变；

（2）变换之前与变换之后各分量的 x 次幂平均数不变；

（3）变换不会把已经"平衡"了的状态变得不平衡；

（4）$\lim_{k \to +\infty} a_1^{(k)} = \lim_{k \to +\infty} a_2^{(k)} = \cdots = \lim_{k \to +\infty} a_{n+1}^{(k)} = \lambda_0$, 其中 λ_0 为 A_0 各分量的 x 次幂平均数.

有了以上的介绍，现在我们再回到6.3节例1，此例中的条件及调整规则稍做推广即为如上的磨光变换. 假若给这些小孩编上 $1, 2, \cdots, n$ 个号码，小孩拿的不是以块为单位的糖果，而是可以精确平分的砂糖，调整的规则是：每个小孩得到的糖数为自己与左边的 $m-1$ 个小孩（$1 < m \leq n$）糖数的算术平均数.

由此可见，6.3节例1是磨光变换中一个特别情形.

思 考 题

1. 已知锐角 $\triangle ABC$ 的内角 $\angle A > \angle B > \angle C$, 在 $\triangle ABC$ 内部一点及边界上找一点 P, 使 P 到三边距离和为（1）最小；（2）最大.

2. 画一个圆，沿着圆周均匀地放上4个围棋子，黑白都行，然后再做调整：要是原来相邻的2个棋子颜色相同，在它们中间放上1个黑子；要是相邻2个棋子颜色不同，在它们中间放上1个白子，然后把原先的那4个棋子取走. 求证：不管原来那4个棋子颜色如何，最多经过4次调整，圆周上的4个棋子全是同颜色的.

3. 等差数列 $\{a_n\}$ 的前 n 项和为30，前 $2n$ 项和为100，求它的前 $3n$ 项和.

4. 设 $x_1, x_2, \cdots, x_n \in \mathbf{R}_+$, 用局部调整原理证明

$$\frac{1}{n}(x_1 + x_2 + \cdots + x_n) \geq \sqrt[n]{x_1 \cdot x_2 \cdot \cdots \cdot x_n}$$

5. 若 $\sum_{i=1}^{n} x_i = 1, x_i \in \mathbf{R}_+, i = 1, 2, \cdots, n$. 求证

$$(x_1 + \frac{1}{x_1})(x_2 + \frac{1}{x_2}) \cdots (x_n + \frac{1}{x_n}) \geq (n + \frac{1}{n})^n$$

6. 已知 $0 < p \leq x_i \leq q, i = 1, 2, 3, 4, 5$. 求证

$$(a_1 + a_2 + a_3 + a_4 + a_5)(\frac{1}{a_1} + \frac{1}{a_2} + \frac{1}{a_3} + \frac{1}{a_4} + \frac{1}{a_5}) \leq 25 + 6[\sqrt{\frac{q}{p}} - \sqrt{\frac{p}{q}}]^2$$

7. 设有 2^n 个球分成了许多堆，我们可以任意选取甲、乙两堆来按照下面规则挪动：若甲堆的球数 p 不少于乙堆的球数 q, 则从甲堆中拿 q 个球放到乙堆中去，这样算挪动一次. 证明：经过有限次挪动，可以把所有的球合并成一堆.

8. 设 $a_1, a_2, a_3, \cdots$, 是一不减的正整数序列，对于 $m \geq 1$, 定义 $b_m = \min\{n \mid a_n \geq m\}$, 即 b_m 是使 $a_n \geq m$ 的 n 的最小值. 若 $a_{29} = 85$, 试求 $a_1 + a_2 + \cdots + a_{29} + b_1 + b_2 + \cdots + b_{85}$ 的最大值.

思考题参考解答

1. 在 $\triangle ABC$ 内任取一点 Q，设 Q 在 BC, AC, AB 上的射影为 D, E, F，当 Q 在 $\triangle ABC$ 内及边界上变动时，先暂时保持 QD 长不变，即证 Q 在平行于 BC 的线段 $B'C'$ 上变动，使 $QE + QF$ 达到极值。作 $B'M \perp AC, C'N \perp AB$，则 $S_{\triangle AB'C'} = \frac{1}{2} B'M \cdot AC' = \frac{1}{2} C'N \cdot AB' = \frac{1}{2} QF \cdot AB' + \frac{1}{2} QE \cdot AC'$. 又 $AC' > AB'$，故 $QF \cdot AB' + QE \cdot AC' \leqslant QF \cdot AC' + QE \cdot AC'$，$B'M \leqslant QF + QE$. 当 Q, B' 重合时不等式取等号。同理 $C'N \geqslant QF + QE$. 当 Q, C' 重合时不等式取等号，所以欲使 $QD + QE + QF$ 达到最小（大）值，点 Q 应在 $AC(AB)$ 边上。

当点 Q 在 AB 边上变动时，(1) 由 $\angle A > \angle B$，由上述讨论可知三角形顶点 A 是三角形及边界上到三边距离和最小的点 p，(2) 又由于 $\angle A > \angle C$，同样顶点 C 是三角形及边界上到三边距离和最小的点 p.

2. 联想"同号两数相乘得正，异号两数相乘得负"。用 1 代表黑子，-1 代表白子，调整规则也符合 $1 \times (-1) = (-1) \times 1 = -1, 1 \times 1 = (-1) \times (-1) = 1$. 于是经过一次调整，乃是用相邻两个数相乘之后所得出的四个积来代替原来的四个数。若开始用 x_1, x_2, x_3, x_4 来记（$x_i = 1$ 或 -1），第一次调整后为 $x_1 x_2, x_2 x_3, x_3 x_4, x_4 x_1$，依此类推，第三次调整后为 $x_1 x_2^3 x_3^3 x_4, x_2 x_3^3 x_4^3 x_1, x_3 x_4^3 x_1^3 x_2, x_4 x_1^3 x_2^3 x_3$，由于 $x_i = \pm 1$，故 $x_i^2 = 1$，于是第三次调整后均为 $x_1 x_2 x_3 x_4$，此即说明同色了。

3. 由 $a_1, a_2, \cdots, a_{3m}$ 成等差数列，有
$$a_1 + \cdots + a_m = S_m, a_{m+1} + \cdots + a_{2m} = S_{2m} - S_m$$
$$a_{2m+1} + \cdots + a_{3m} = S_{3m} - S_{2m}$$
则 $S_m, S_{2m} - S_m, S_{3m} - S_{2m}$ 仍成等差数列，即 $2(S_{2m} - S_m) = S_m + (S_{3m} - S_{2m})$ 整理后，得
$$S_{3m} = 3(S_{2m} - S_m) = 3(100 - 30) = 210$$

4. 设这 n 个数不全相等，其中最小值不妨设为 a_1，最大值设为 a_2，则
$$n a_1 < a_1 + a_2 + \cdots + a_n < n a_2$$
设算术平均值为 A_a，几何平均值为 G_a，显然 $a_1 < A_a < a_2, a_1 < G_a < a_2$. 又设数组 $b_1 = A_a, b_2 = a_1 + a_2 - A_a, b_i = a_i, i = 3, 4, \cdots, n$，则
$$A_b = A_a, G_b > G_a (b_1 b_2 - a_1 a_2 = (A_a - a_1) \cdot (a_2 - A_a) > 0)$$
如果 $b_1, b_2, \cdots, b_n$ 全相等则就罢了。否则仿上再得新数组 $c_1, c_2, \cdots, c_n$. 依此类推，总之每进行一次这样的调整，算术平均值就增一个。因此，进行有限次调整后，就会得到一组全由算术平均值组成的数。显然有限次不超过 $n - 1$ 次，而算术平均值不变，几何平均值逐渐增大，最后必有 $G_k = A_k$，由此即证。

5. 设 $F(x_1, x_2, \cdots, x_n) = \prod\limits_{i=1}^{n} (x_i + \frac{1}{x_i})$，则
$$F(x_1, x_2, \cdots, x_n) - F(\frac{x_1 + x_2}{2}, \frac{x_1 + x_2}{2}, x_3, \cdots, x_n) =$$
$$[(x_1 + \frac{1}{x_1})(x_2 + \frac{1}{x_2}) - (\frac{x_1 + x_2}{2} + \frac{2}{x_1 + x_2})^2] \cdot \prod\limits_{i=3}^{n} (x_i + \frac{1}{x_i}) =$$
$$[x_1 x_2 + \frac{x_2}{x_1} + \frac{x_1}{x_2} + \frac{1}{x_1 x_2} - (\frac{x_1 + x_2}{2})^2 - 2 - \frac{4}{(x_1 + x_2)^2}] \cdot \prod\limits_{i=3}^{n} (x_i + \frac{1}{x_i}) \geqslant 0$$

第六章 局部调整原理

6. 首先若至少存在一数(不妨设为 a_1) 不为 p 或 q,暂时保持 a_2,a_3,a_4,a_5 不变.
设
$$W = (a_1 + a_2 + \cdots + a_5)\left(\frac{1}{a_1} + \frac{1}{a_2} + \cdots + \frac{1}{a_5}\right)$$
$$m = a_2 + a_3 + a_4 + a_5, n = \frac{1}{a_2} + \frac{1}{a_3} + \frac{1}{a_4} + \frac{1}{a_5}$$

则
$$W = (a_1 + m)\left(\frac{1}{a_1} + n\right) = 1 + mn + a_1 n + \frac{m}{a_1}$$

因
$$\left(na_1 - \frac{m}{a_1}\right) \cdot \left(np + \frac{m}{p}\right) = (a_1 - p)\left(n - \frac{m}{a_1 p}\right)$$
$$\left(na_1 + \frac{m}{a_1}\right) - \left(nq + \frac{m}{q}\right) = (a_1 - q)\left(n - \frac{m}{a_1 q}\right)$$

又 $a_1 - p \geq 0, a_1 - q \leq 0$. 若 $n - \frac{m}{a_1 p} \leq 0$,可得 $na_1 + \frac{m}{a_1} \leq np + \frac{m}{p}$,若 $n - \frac{m}{a_1 p} > 0$,则 $n - \frac{m}{a_1 q} > 0$,有 $na_1 + \frac{m}{a_1} \leq nq + \frac{m}{q}$. 可见把 a_1 调整为 p 或 q,W 方能得它的最大值.

同理把 a_2,a_3,a_4,a_5 中不是 p 或 q 的数也调整为 p 或 q.

其次假设 $a_1,a_2,\cdots,a_5$ 中有 k 个取值 p,$5-k$ 个取值 $q(0 \leq k \leq 5, k \in \mathbf{N})$,于是
$$W = [kp + (5-k)q] \cdot \left[\frac{k}{p} + \frac{5-k}{q}\right] = k$$
$$(5-k)\left(\sqrt{\frac{q}{p}} - \sqrt{\frac{p}{q}}\right)^2 + 25 \leq 25 + 6\left(\sqrt{\frac{q}{p}} - \sqrt{\frac{p}{q}}\right)^2$$

当 $k = 2,3$ 时取等号.

7. 设原有 m 堆球,每堆球分别为 $a_1,a_2,\cdots,a_i,\cdots,a_m, a_1 + a_2 + \cdots + a_m = 2^n$. 仅根据给出的规则随意进行挪动是不行的. 现尝试将球数为奇数(显然 a_i 中奇数必有偶数个) 的各堆进行配对,进行一次挪动. 这样得到新的各堆球数为 $a_1', a_2', \cdots, a_i', \cdots, a_k'(k \leq m)$. 经上述局部调整 a_i 均为奇数的特殊情况下,全体得到调整后堆数有所减少吗?仔细分析前后变化,联系第一次调整所采用的策略,不妨令 $a_1' = 2^p \cdot b_1, a_2' = 2^p \cdot b_2, \cdots, a_k' = 2^p \cdot b_k$;其中 2^p 整除 a_i',2^{p+1} 整除 $a_i(i = 1,2,\cdots,n), p \in \mathbf{N}$,把 2^p 个球"粘合"在一起看作一个"大球",那么,若 $p = n$,则 $k = 1$,问题得到解决;否则,若 $p < n$,调整后有 $b_1 + b_2 + \cdots + b_k = 2^{n-p}$,即有 k 堆,各堆分别有 $b_1, b_2, \cdots, b_k$ 个"大球",$b_1, b_2, \cdots, b_k$ 中有偶数个奇数,从而保证了重复第一次调整的条件,这样继续调整下去,最后总球数由 $2^n, 2^{n-2}, \cdots$,不断减少,直至 2^0 即合并为一个"球",即 2^n 个球合并成一堆.

8. 若 $a_i = p(1 \leq i \leq q)$,则 $b_j = 1(1 \leq j \leq p)$ 易得
$$a_1 + a_2 + \cdots + a_q + b_1 + b_2 + \cdots + b_p = q_p + p = p(q + 1)$$

若 $a_i < p(1 \leq i < q)$,令 t 为使 $a_t < p$ 的最大下标,且令 $a_t = u$,若 a_t 增加 1,则 $b_j(j \neq u+1)$ 保持不变,而 b_{u+1} 减少 1,因此题中所求总和不变,重复这样的过程,最后可得常数序列,进而即可导出结果,即为 $p(q+1) = 85 \times (29+1) = 2\,550$.

第七章　排序原理

某一天,三个工人同时来到一台机床前加工三个不同的工件,每人一件.由于每个工人技术熟练程度不一样,每个工件加工的难易程度不同,需要加工时间不一样.由于这两个不一样,为使总的等待时间最短,得排好一定的工序.显然,不能让技术最差的来加工加工时间最长的那个工件,这样会花去更多的时间.他们是按照如下工序工作的:技术最强的工人加工那件难工件,技术最差的工人加工那件最容易的,技术中等的工人加工剩下的一件.这样等待时间就最短了.

如上问题的解决,也隐含了一条重要的数学原理,这就是下面的原理.

排序原理 I　设有两组个数相同的非负实数,且满足

$$a_1 \leqslant a_2 \leqslant \cdots \leqslant a_n, b_1 \leqslant b_2 \leqslant \cdots \leqslant b_n$$

则在这两组数中各任取一个不重复的数的运算式的和(或积)式值的大小与取法有关.

这条原理用不等式呈现,则有下述排序不等式.

7.1　积和(方幂)式排序不等式

排序不等式 I　设 $a_i, b_i (i = 1, 2, \cdots, n)$ 为非负实数,若

$$a_1 \leqslant a_2 \leqslant \cdots \leqslant a_n, b_1 \leqslant b_2 \leqslant \cdots \leqslant b_n$$

则

$$a_1 b_1 + a_2 b_2 + \cdots + a_n b_n \geqslant a_1 \cdot b_{i_1} + a_2 \cdot b_{i_2} + \cdots + a_n \cdot b_{i_n} \geqslant a_1 \cdot b_n + a_2 \cdot b_{n-1} + \cdots + a_n \cdot b_1$$

此即在第一组数中每任取一数 $a_i (i = 1, 2, \cdots, n)$ 与第二组数中每任取一数 $b_i (i = 1, 2, \cdots, n)$ 相乘,并将这样得到的乘积相加.在这样的 $n!$(第一组数排定后,由第二组数的全排列对应项组成)个和中,以 $a_1 b_1 + a_2 b_2 + \cdots + a_n b_n$ 为最大,而以 $a_1 b_n + a_2 b_{n-1} + \cdots + a_n b_1$ 为最小.

证明　上面的结论简称之:同序数(指数组中本身的从小到大的顺序)之积的和为最大,反序数之积的和为最小.显然,乱序数之积的和在其间.

设 $i < j, s < t$,则对于 $a_i < a_j, b_s < b_t$ 有

$$(a_i b_s + a_j b_t) - (a_i b_t + a_j b_s) = (a_i - a_j)(b_s - b_t) \geqslant 0$$

这表明,在同序式中,逐步将题设中第二组数的足序号较大者(即数较大者)对换到前面去(每次对换两个数),相应的和式不会减小,而乱序式是反序式施行上述对换若干次的结果.于是

$$a_1 b_1 + a_2 b_2 + \cdots + a_n b_n \geqslant a_1 b_{i_1} + a_2 b_{i_2} + \cdots + a_n b_{i_n}$$

同理　　　$a_1 b_{i_1} + a_2 b_{i_2} + \cdots + a_n b_{i_n} \geqslant a_1 b_n + a_2 b_{n-1} + \cdots + a_n b_1$

故不等式获证.

现在来看前面的总的等待时间最短的问题,由于技术有高低,所以工作效率就有差异,

所花单位时间就有多少之分. 不妨设他们所花单位时间数为 a,b,c, 且 $a \leqslant b \leqslant c$. 又工作难的工作量大, 不妨设工作量为 x,y,z, 且 $x \leqslant y \leqslant z$. 考察两组数 $\{a,b,c\},\{x,y,z\}$.

从前一组数中取一数与后一组数中的某一数相乘, 然后把三个乘积加起来, 可得到如下六个和:$ax+by+cz, ax+bz+cy, ay+bz+cx, ay+bx+cz, az+bx+cy, az+by+cx$. 这六个和中, 哪一个最小呢? 在排序 $a \leqslant b \leqslant c, x \leqslant y \leqslant z$ 的条件下, 由排序不等式, 最后一个和式值最小. 这个式子的实际意义就是前面安排的那种工序.

利用排序不等式 Ⅰ 不仅可以设计某个问题的最佳方案, 排序不等式 Ⅰ 也是论证某些不等式的重要工具. 应用排序原理解题的关键就是, 注意两组实数的大小顺序.

7.2 应用排序不等式 Ⅰ 证不等式

如果所求证的不等式两边都是 $n(n \geqslant 2)$ 项的和(或通过变形、变换而得到), 且其中的项有某些规律. 此时, 我们应考虑用排序不等式 Ⅰ 来证.

7.2.1 注意揭示两组数是同序的

例1 如果 $a,b \in \mathbf{R}_+$, 且 $a \neq b$. 求证
$$a^n + b^n \geqslant a^{n-k}b^k + a^k \cdot b^{n-k} \quad (n > k \text{ 且均为自然数})$$

证明 显然两组数 a^{n-k}, b^{n-k} 与 a^k, b^k 具有相同的大小顺序, 由排序不等式 Ⅰ, 则
$$a^{n-k} \cdot a^k + b^{n-k} \cdot b^k \geqslant a^{n-k} \cdot b^k + b^{n-k} \cdot a^k$$
即
$$a^n + b^n \geqslant a^{n-k} \cdot b^k + a^k \cdot b^{n-k}$$

其中等号当且仅当 $n=k$ 时取得.

在上例中, 当 n,k 取一些特殊数, 则得一些很熟悉的不等式.

当 $n=5, k=2$ 时, 即有 $a^5 + b^5 \geqslant a^3 b^2 + a^2 b^3$;

当 $n=2, k=1$ 时, 即有 $a^2 + b^2 \geqslant ab + ab = 2ab$;

当 $n=3, k=1$ 时, 即有 $a^3 + b^3 \geqslant a^2 b + ab^2$.

上例还可推广:

当 $a,b,c,d \in \mathbf{R}$, 则 $a^2 + b^2 + c^2 + d^2 \geqslant ab + bc + cd + da$;

当 $a,b,c \in \mathbf{R}_+$, 则 $2(a^3 + b^3 + c^3) \geqslant a^2(b+c) + b^2(a+c) + c^2(a+b)$.

例2 已知 $a,b,c \in \mathbf{R}_+$, 求证
$$\frac{b^2 c^2 + c^2 a^2 + a^2 b^2}{a+b+c} \geqslant abc$$

证明 由于 $a+b+c = \frac{ab}{b} + \frac{bc}{c} + \frac{ca}{a}$, 且两组数 $\frac{1}{a}, \frac{1}{b}, \frac{1}{c}$ 与 bc, ca, ab 有相同的大小顺序, 由排序不等式 Ⅰ, 则
$$bc \cdot \frac{1}{a} + ca \cdot \frac{1}{b} + ab \cdot \frac{1}{c} \geqslant bc \cdot \frac{1}{c} + ca \cdot \frac{1}{a} + ab \cdot \frac{1}{b}$$
即
$$\frac{b^2 c^2 + c^2 a^2 + a^2 b^2}{abc} \geqslant b + c + a$$
故
$$\frac{b^2 c^2 + c^2 a^2 + a^2 b^2}{a+b+c} \geqslant abc$$

例3 设 $x_1, x_2, \cdots, x_n$ 都是正整数,求证

$$\frac{x_1^2}{x_2} + \frac{x_2^2}{x_3} + \cdots + \frac{x_{n-1}^2}{x_n} + \frac{x_n^2}{x_1} \geq x_1 + x_2 + \cdots + x_n$$

证明 正序列 $x_1, x_2, \cdots, x_n$ 通过适当调整后可以按从小到大进行排列,而两组数 x_1^2, $x_2^2, \cdots, x_n^2$ 与 $\frac{1}{x_n}, \frac{1}{x_{n-1}}, \cdots, \frac{1}{x_1}$ 随着前面的调整便有相同的从小到大的排列顺序. 由排序不等式 I,则

$$\frac{x_1^2}{x_2} + \frac{x_2^2}{x_3} + \cdots + \frac{x_{n-1}^2}{x_n} + \frac{x_n^2}{x_1} \geq \frac{x_1^2}{x_1} + \frac{x_2^2}{x_2} + \cdots + \frac{x_n^2}{x_n}$$

故

$$\frac{x_1^2}{x_2} + \frac{x_2^2}{x_3} + \cdots + \frac{x_{n-1}^2}{x_n} + \frac{x_n^2}{x_1} \geq x_1 + x_2 + \cdots + x_n$$

7.2.2 注意多次应用排序不等式 I

例1 用 A, B, C 表示三角形的三内角的弧度数,a, b, c 顺序表示其对边. 求证

$$\frac{aA + bB + cC}{a + b + c} \geq \frac{\pi}{3}$$

证明 显然,序列 a, b, c 与序列 A, B, C 有相同的排序,则由排序不等式 I,有

$$aA + bB + cC = aA + bB + cC$$
$$aA + bB + cC \geq bA + cB + aC$$
$$aA + bB + cC \leq cA + aB + bC$$

以上三式相加得

$$3(aA + bB + cC) \geq (a + b + c)(A + B + C)$$

即

$$\frac{aA + bB + cC}{a + b + c} \geq \frac{\pi}{3}$$

注意:类似于此例,三角形中的许多不等式均可以运用排序不等式 I 证明.

这是因为,在任意 $\triangle ABC$ 中,若三边 $a \leq b \leq c$,则:

三个角的弧度数 $A \leq B \leq C$;

三角函数 $\sin A \leq \sin B \leq \sin C, \cos A \geq \cos B \geq \cos C$;

三条高 $h_a \geq h_b \geq h_c, \frac{1}{h_a} \leq \frac{1}{h_b} \leq \frac{1}{h_c}$;

三条中线 $m_a \geq m_b \geq m_c, \frac{1}{m_a} \leq \frac{1}{m_b} \leq \frac{1}{m_c}$;

三条角平分线 $t_a \geq t_b \geq t_c, \frac{1}{t_a} \leq \frac{1}{t_b} \leq \frac{1}{t_c}$.

上述排序使得应用排序不等式 I 有良好基础,再配合常见定理(正弦定理、余弦定理、面积公式)及以下常用不等式

$$\sin A + \sin B + \sin C \leq \frac{3\sqrt{3}}{2}$$

$$\cos A + \cos B + \cos C \leq \frac{3}{2}$$

$$a^2 + b^2 + c^2 \geqslant 4\sqrt{3}\triangle \quad (\triangle \text{ 为面积})$$

$$h_a + h_b + h_c \leqslant \frac{\sqrt{3}}{2}(a + b + c)$$

和

$$\frac{1}{h_a} + \frac{1}{h_b} + \frac{1}{h_c} \geqslant \frac{2}{\sqrt{3}}\left(\frac{1}{a} + \frac{1}{b} + \frac{1}{c}\right)$$

$$t_a + t_b + t_c \leqslant \frac{\sqrt{3}}{2}(a + b + c)$$

和

$$\frac{1}{t_a} + \frac{1}{t_b} + \frac{1}{t_c} \geqslant \frac{2}{\sqrt{3}}\left(\frac{1}{a} + \frac{1}{b} + \frac{1}{c}\right)$$

$$m_a + m_b + m_c > \frac{3}{4}(a + b + c)$$

和

$$m_a + m_b + m_c \leqslant \frac{3}{2}\sqrt{a^2 + b^2 + c^2}$$

可以得到一系列排序结果：

(1) $\dfrac{\pi p}{3} \leqslant aA + bB + cC < \dfrac{\pi}{2}p\ (p = a + b + c,\text{为周长})$；

(2) $a\sin A + b\sin B + c\sin C \geqslant \dfrac{\sqrt{3}}{2}p$；

(3) $a\cos A + b\cos B + c\cos C \leqslant \dfrac{1}{2}p$；

(4) $A\sin A + B\sin B + C\sin C < \pi$；

(5) $Ah_a + Bh_b + Ch_c \leqslant \dfrac{\sqrt{3}}{6}\pi p$；

(6) $\dfrac{a}{h_a} + \dfrac{b}{h_b} + \dfrac{c}{h_c} \geqslant 2\sqrt{3}$；

(7) $\dfrac{\sin A}{h_a} + \dfrac{\sin B}{h_b} + \dfrac{\sin C}{h_c} \geqslant \dfrac{\sqrt{3}}{4}\cdot\dfrac{p}{\triangle} \geqslant \dfrac{\sqrt{3}}{R}$；

(8) $at_a + bt_b + ct_c \leqslant \dfrac{\sqrt{3}}{6}p^2$；

(9) $\dfrac{a}{t_a} + \dfrac{b}{t_b} + \dfrac{c}{t_c} \geqslant 2\sqrt{3}$；

(10) $\dfrac{A}{t_a} + \dfrac{B}{t_b} + \dfrac{C}{t_c} \geqslant \dfrac{2\sqrt{3}\pi}{p}$；

(11) $t_a\sin A + t_b\sin B + t_c\sin C \leqslant \dfrac{3}{4}p$；

(12) $\dfrac{m_a}{a} + \dfrac{m_b}{b} + \dfrac{m_c}{c} \geqslant \dfrac{3\sqrt{3}}{2}$；

(13) $am_a + bm_b + cm_c < \dfrac{1}{3}p^2$；

(14) $Am_a + Bm_b + Cm_c < \dfrac{\pi}{3}p$;

(15) $m_a \sin A + m_b \sin B + m_c \sin C \leqslant \dfrac{\sqrt{3}}{2}p$;

⋮

例 2 设 $x > 0$,求证
$$1 + x + x^2 + \cdots + x^{2n} \geqslant (2n+1)x^n$$

证明 正序列 $1, x, \cdots, x^n$ 与 $1, x, \cdots, x^n$ 有相同排序,正序列 $1, x, \cdots, x^n$ 与 $x^n, x^{n-1}, \cdots, x, 1$ 有相反排序;而序列 $x, x^2, \cdots, x^n, 1$ 是序列 $1, x, \cdots, x^n$ 的一个排列. 由排序不等式 I,有

$$1^2 + x^2 + x^4 + \cdots + x^{2n} \geqslant 1 \cdot x^n + x \cdot x^{n-1} + \cdots + x^n \cdot 1 = (n+1)x^n \quad ①$$

$$1 \cdot x + x \cdot x^2 + \cdots + x^{n-1} \cdot x^n + x^n \cdot 1 \geqslant 1 \cdot x^n + x \cdot x^{n-1} + \cdots + x^n \cdot 1 = (n+1)x^n \quad ②$$

不等式 ① + ② 得
$$1 + x + x^2 + \cdots + x^{2n} \geqslant (2n+1)x^n$$

例 3 设 $a, b, c \in \mathbf{R}_+$,求证
$$\dfrac{1}{a} + \dfrac{1}{b} + \dfrac{1}{c} \leqslant \dfrac{a^8 + b^8 + c^8}{a^3 b^3 c^3}$$

证明 两组正数 a^2, b^2, c^2 与 $\dfrac{1}{c^3}, \dfrac{1}{b^3}, \dfrac{1}{a^3}$ 有相同的大小顺序;两组正数 a, b, c 与 $\dfrac{1}{bc}, \dfrac{1}{ca}, \dfrac{1}{ab}$ 有相同的排序. 由排序不等式 I,有

$$\dfrac{1}{a} + \dfrac{1}{b} + \dfrac{1}{c} = \dfrac{a^2}{a^3} + \dfrac{b^2}{b^3} + \dfrac{c^2}{c^3} \leqslant$$

$$\dfrac{a^2}{c^3} + \dfrac{b^2}{a^3} + \dfrac{c^2}{b^3} = \dfrac{a^5}{c^3 a^3} + \dfrac{b^5}{a^3 b^3} + \dfrac{c^5}{b^3 c^3} \leqslant$$

$$\dfrac{a^5}{b^3 c^3} + \dfrac{b^5}{c^3 a^3} + \dfrac{c^5}{a^3 b^3} = \dfrac{a^8 + b^8 + c^8}{a^3 b^3 c^3}$$

7.2.3 注意所证不等式的变换

例 1 若 a, b, c 为正数,求证: $a^{2a} \cdot b^{2b} \cdot c^{2c} \geqslant a^{b+c} \cdot b^{c+a} \cdot c^{a+b}$.

证明 原不等式等价变换为
$$2a \cdot \lg a + 2b \cdot \lg b + 2c \cdot \lg c \geqslant (b+c)\lg a + (c+a)\lg b + (a+b)\lg c$$
由于两组数 a, b, c 与 $\lg a, \lg b, \lg c$ 有相同的排序,所以,由排序不等式 I,有
$$a\lg a + b\lg b + c\lg c \geqslant b\lg a + c\lg b + a\lg c$$
$$a\lg a + b\lg b + c\lg c \geqslant c\lg a + a\lg b + b\lg c$$
以上两式相加即得前面的不等式.

类似于上例,还可证明如下两道题.

(1) 设 a, b, c 是正实数,求证
$$a^a \cdot b^b \cdot c^c \geqslant (a \cdot b \cdot c)^{\frac{a+b+c}{3}}$$

(2) 设 a, b, c, d, e 为任意正实数,求证: $a^a b^b c^c d^d e^e \geqslant (a \cdot b \cdot c \cdot d \cdot e)^{\frac{a+b+c+d+e}{5}}$.

7.2.4 注意构造新的序列

例 1 设 $x_i(i=1,2,\cdots,n)$ 非负,求证

$$\frac{1}{n}(x_1+x_2+\cdots+x_n)\geqslant \sqrt[n]{x_1 x_2\cdots x_n}$$

证明 令 $G=\sqrt[n]{x_1\cdot x_2\cdot\cdots\cdot x_n}$,作序列

$$a_1=\frac{x_1}{G},a_2=\frac{x_1\cdot x_2}{G^2},\cdots,a_{n-1}=\frac{x_1\cdot x_2\cdot\cdots\cdot x_{n-1}}{G^{n-1}},a_n=\frac{x_1\cdot x_2\cdots x_n}{G^n}=1$$

取其中的一个排列:$b_1=a_n=1,b_2=a_1,\cdots,b_n=a_{n-1}$,则

$$\frac{a_i}{b_i}=\frac{x_i}{G}\quad(i=1,2,\cdots,n)$$

由于序列 $a_1,a_2,\cdots,a_n$ 经过适当调整后有一定的从小到大次序,从而序列 $\frac{1}{a_1},\frac{1}{a_2},\cdots,\frac{1}{a_n}$ 随着前面的调整则有相反的大小次序. 由排序不等式 I,则

$$\frac{a_1}{b_1}+\frac{a_2}{b_2}+\cdots+\frac{a_n}{b_n}\geqslant a_1\cdot\frac{1}{a_1}+a_2\cdot\frac{1}{a_2}+\cdots+a_n\cdot\frac{1}{a_n}=n$$

即

$$\frac{x_1}{G}+\frac{x_2}{G}+\cdots+\frac{x_n}{G}\geqslant n$$

故

$$\frac{1}{n}(x_1+x_2+\cdots+x_n)\geqslant\sqrt[n]{x_1\cdot x_2\cdot\cdots\cdot x_n}$$

7.2.5 运用排序不等式 I 证著名不等式

例 1 (切比雪夫不等式) 设两个正数序列 $\{a_n\},\{b_n\}$. 求证:

(Ⅰ) 若 $a_1\leqslant a_2\leqslant\cdots\leqslant a_n,b_1\leqslant b_2\leqslant\cdots\leqslant b_n$,则

$$\frac{1}{n}\sum_{i=1}^n a_i b_i\geqslant\left(\frac{1}{n}\sum_{i=1}^n a_i\right)\cdot\left(\frac{1}{n}\sum_{i=1}^n b_i\right)\qquad ①$$

(Ⅱ) 若 $a_1\leqslant a_2\leqslant\cdots\leqslant a_n,b_1\geqslant b_2\geqslant\cdots\geqslant b_n$,则

$$\frac{1}{n}\sum_{i=1}^n a_i b_i\leqslant\left(\frac{1}{n}\sum_{i=1}^n a_i\right)\cdot\left(\frac{1}{n}\sum_{i=1}^n b_i\right)\qquad ②$$

证明 (Ⅰ) $\{a_n\}$ 与 $\{b_n\}$ 同序,由排序不等式 I,有

$$a_1 b_1+a_2 b_2+\cdots+a_n b_n=a_1 b_1+\cdots+a_n b_n$$
$$a_1 b_1+a_2 b_2+\cdots+a_n b_n\geqslant a_1 b_2+a_2 b_3+\cdots+a_n b_1$$
$$\vdots$$
$$a_1 b_1+a_2 b_2+\cdots+a_n b_n=a_1 b_n+a_2 b_1+\cdots+a_n b_{n-1}$$

以上各式相加得

$$n(a_1 b_1+a_2 b_2+\cdots+a_n b_n)\geqslant(a_1+a_2+\cdots+a_n)\cdot(b_1+b_2+\cdots+b_n)$$

(Ⅱ) 同理可证(略).

此例中(Ⅰ)的条件也可换成 $a_1\geqslant a_2\geqslant\cdots\geqslant a_n,b_1\geqslant b_2\geqslant\cdots\geqslant b_n$,结论仍成立.

在(Ⅰ)中令 $a_i=b_i(i=1,2,\cdots,n)$,便有

$$\sum_{i=1}^{n} a_i^2 \geq \frac{1}{n}\left(\sum_{i=1}^{n} a_i\right)^2$$

即

$$\frac{1}{n}\sum_{i=1}^{n} a_i \geq \sqrt{\sum_{i=1}^{n} \frac{a_i^2}{n}} \qquad ③$$

此为算术平均 – 均方根不等式.

由式 ③ 作代换 $a_i b_i \to a_i$,便有

$$\sum_{i=1}^{n} a_i b_i \leq \sqrt{n \sum_{i=1}^{n} a_i^2 b_i^2} \qquad ④$$

由式 ② 与 ④ 得

$$\sum_{i=1}^{n} a_i b_i \leq \sqrt{\sum_{i=1}^{n} a_i^2 \cdot \sum_{i=1}^{n} b_i^2} \qquad ⑤$$

此为柯西不等式.

对于柯西不等式 ⑤,我们还可运用排序不等式 I 给出如下两种证法.

证法 1 由排序不等式 I,有

$$\frac{a_i^2}{\sum_{k=1}^{n} a_k^2} + \frac{b_i^2}{\sum_{k=1}^{n} b_k^2} \geq \frac{a_i}{\sqrt{\sum_{k=1}^{n} a_k^2}} \cdot \frac{b_i}{\sqrt{\sum_{k=1}^{n} b_k^2}} + \frac{b_i}{\sqrt{\sum_{k=1}^{n} b_k^2}} \cdot \frac{a_i}{\sqrt{\sum_{k=1}^{n} a_k^2}}$$

即

$$\frac{a_i \cdot b_i}{\sqrt{\sum_{k=1}^{n} a_k^2} \cdot \sqrt{\sum_{k=1}^{n} b_k^2}} \leq \frac{a_i^2}{2\sum_{k=1}^{n} a_k^2} + \frac{b_i^2}{2\sum_{k=1}^{n} b_k^2}$$

在上式中分别令 $i = 1, 2, \cdots, n$ 便得几个不等式,将这几个不等式相加得

$$\frac{\sum_{i=1}^{n} a_i b_i}{\sqrt{\sum_{k=1}^{n} a_k^2} \cdot \sqrt{\sum_{k=1}^{n} b_k^2}} \leq \frac{1}{2}\left[\frac{\sum_{i=1}^{n} a_i^2}{\sum_{k=1}^{n} a_k^2} + \frac{\sum_{i=1}^{n} b_i^2}{\sum_{k=1}^{n} b_k^2}\right] = 1$$

即

$$\sum_{i=1}^{n} a_i b_i \leq \sqrt{\sum_{i=1}^{n} a_i^2 \cdot \sum_{i=1}^{n} b_i^2}$$

证法 2 令 $A = \sqrt{a_1^2 + a_2^2 + \cdots + a_n^2}, B = \sqrt{b_1^2 + b_2^2 + \cdots + b_n^2}$.

作两个序列

$$x_1 = \frac{a_1}{A}, x_2 = \frac{a_2}{A}, \cdots, x_n = \frac{a_n}{A}$$

$$x_{n+1} = \frac{b_1}{B}, \cdots, x_{2n} = \frac{b_n}{B}$$

$$y_1 = x_1, y_2 = x_2, \cdots, y_n = x_n, \cdots, y_{2n} = x_{2n}$$

则此两序列是同序的,由排序不等式 I,有

$$x_1 y_1 + x_2 y_2 + \cdots + x_n y_n + x_{n+1} y_{n+1} + \cdots + x_{2n} y_{2n} \geq$$
$$x_1 y_{n+1} + x_2 y_{n+2} + \cdots + x_n y_{2n} + x_{n+1} y_1 + \cdots + x_{2n} y_n$$

即

$$x_1^2 + x_2^2 + \cdots + x_{2n}^2 \geq 2(x_1 \cdot x_{n+1} + x_2 \cdot x_{n+2} + \cdots + x_n \cdot x_{2n})$$

亦即
$$\frac{a_1^2}{A^2}+\frac{a_2^2}{A^2}+\cdots+\frac{a_n^2}{A^2}+\frac{b_1^2}{B^2}+\cdots+\frac{b_n^2}{B^2} \geq 2(\frac{a_1b_1}{AB}+\frac{a_2b_2}{AB}+\cdots+\frac{a_nb_n}{AB})$$

但
$$\frac{a_1^2}{A^2}+\frac{a_2^2}{A^2}+\cdots+\frac{a_n^2}{A^2}=1,\frac{b_1^2}{B^2}+\frac{b_2^2}{B^2}+\cdots+\frac{b_n^2}{B^2}=1$$

故
$$\sum_{i=1}^{n}a_ib_i \leq \sqrt{\sum_{i=1}^{n}a_i^2 \cdot \sum_{i=1}^{n}b_i^2}$$

7.3 运用排序不等式 I 设计最佳方案

本章开头的那个事例就是运用排序不等式 I 设计最佳方案的一个简单例子. 下面再看稍复杂一点的例子.

例1 设有10个人各拿提桶一只同到水龙头前打水,设水龙头注满第 $i(i=1,2,\cdots,10)$ 个人的提桶需 a_i 分钟,假定这些 a_i 各不相同. 问:

（Ⅰ）当只有1个水龙头可用时,应如何安排这10个人的次序,使他们花费的总的时间（包括个人自己接水所花时间）为最少? 这个时间等于多少?（须证明你的论断）

（Ⅱ）当有2个水龙头可用时,应如何安排这10个人的次序,使他们花费的总的时间为最少? 这个时间等于多少?（须证明你的论断）

解 （Ⅰ）1个水龙头可用时,若按某一顺序放水时间依次为 $a_1,a_2,\cdots,a_{10}$,则总的等待时间为

$$a_1+(a_1+a_2)+\cdots+(a_1+a_2+\cdots+a_{10})=10a_1+9a_2+\cdots+2a_9+a_{10}$$

把 $10,9,\cdots,2,1$ 取排序原理 I 中的序列 $\{b_n\}$,可见依 a_i 由小到大的次序放水等待时间最少.

（Ⅱ）有2个水龙头的情况. 首先考虑2个水龙头人数相等的情况,若一个水龙头上按某一顺序放水时间依次为 $a_1,a_2,\cdots,a_5$,另一个水龙头上按某一顺序放水时间依次为 $a_1',a_2',\cdots,a_5'$,则总的等待时间为

$$5a_1+4a_2+\cdots+a_5+5a_1'+4a_2'+\cdots+a_5'=5a_1+5a_1'+4a_2+4a_2'+\cdots+a_5+a_5'$$

若取 $5,5,4,4,\cdots,1,1$ 为排序原理I中的 $\{b_n\}$,可见当 $a_1 \leq a_1' \leq a_2 \leq a_2' \leq \cdots \leq a_5 \leq a_5'$ 时,总的花费时间最少.

若2个水龙头上人数不等,则在人数少的水龙头上添上一个人放水时间为0的人,使人数相等,再利用不等式 I.

类似地可以讨论 n 个人 r 个水龙头,等待时间最少的排列. 就是按照放水时间由小到大的次序,依次在 r 个水龙头上放水,哪个水龙头上的人打完了水,后面等待着的第一人就上去打水.

7.4 排序不等式 I 的拓广形式

排序不等式 Ⅱ 设有 m 组非负数

$$a_{k1} \leq a_{k2} \leq \cdots \leq a_{kn} \quad (k=1,2,\cdots,m)$$

从每组中取出一数相乘,再从剩下的数中每组取出一数相乘,……,到 n 次取完为止,然后相

加,所得的诸和中以 $a_{11} \cdot a_{21} \cdot a_{31} \cdots a_{m1} + a_{12} \cdot a_{22} \cdots a_{m2} + \cdots + a_{1n} \cdot a_{2n} \cdots a_{mn}$ 为最大.

证明 考虑两项 $a_{1i_1} \cdot a_{2i_2} \cdots a_{mi_m}$ 与 $a_{1j_1} \cdot a_{2j_2} \cdots a_{mj_m}$,不妨设

$$a_{1i_1} \leqslant a_{1j_1}, a_{2i_2} \leqslant a_{2j_2}, \cdots, a_{ki_k} \leqslant a_{kj_k}$$

$$a_{k+1i_{k+1}} \geqslant a_{k+1j_{k+1}}, \cdots, a_{mi_m} \geqslant a_{mj_m}$$

于是

$$a_{1i_1} \cdot a_{2i_2} \cdots a_{ki_k} \leqslant a_{1j_1} \cdot a_{2j_2} \cdots a_{kj_k}$$

$$a_{k+1,i_{k+1}} \cdot a_{k+2,i_{k+2}} \cdots a_{m,i_m} \geqslant a_{k+1,j_{k+1}} \cdot a_{k+1,j_{k+1}} \cdots a_{m \cdot j_m}$$

由排序不等式 I,有

$$a_{1i_1} \cdot a_{2i_2} \cdots a_{ki_k} \cdot a_{k+1j_{k+1}} \cdots a_{mj_m} + a_{1j_1} \cdot a_{2j_2} \cdots a_{kj_k} \cdot a_{k+1i_{k+1}} \cdots a_{mi_m} \geqslant$$
$$a_{1i_1} \cdot a_{2i_2} \cdots a_{mi_m} + a_{1j_1} \cdot a_{2j_2} \cdots a_{mj_m}$$

即在此两项中把反序改为同序后和不减少,经有限次改变后必可使 n 项中任意两项均无反序,此和变为 $a_{11}a_{21}\cdots a_{m1} + a_{12}a_{22}\cdots a_{m2} + \cdots + a_{1n}a_{2n}\cdots a_{mn}$. 因若不然,则必还有两项反序存在,又每次改变和不减少,所以命题获证.

例1 参见7.2.4小节中例1.

证明 不妨设 $x_1 \leqslant x_2 \leqslant \cdots \leqslant x_n$,对

$$\left.\begin{array}{c} \sqrt[n]{x_1}, \sqrt[n]{x_2}, \cdots, \sqrt[n]{x_n} \\ \sqrt[n]{x_1}, \sqrt[n]{x_2}, \cdots, \sqrt[n]{x_n} \\ \vdots \\ \sqrt[n]{x_1}, \sqrt[n]{x_2}, \cdots, \sqrt[n]{x_n} \end{array}\right\} \text{共 } n \text{ 组}$$

由排序不等式 II,则有

$$x_1 + x_2 + \cdots + x_n \geqslant n\sqrt[n]{x_1} \cdot \sqrt[n]{x_2} \cdots \sqrt[n]{x_n}$$

故

$$\frac{1}{n}(x_1 + x_2 + \cdots + x_n) \geqslant \sqrt[n]{x_1 \cdot x_2 \cdots x_n}$$

排序不等式 III 设有两组正数

$$a_1 \leqslant a_2 \leqslant \cdots \leqslant a_n \quad \text{①}$$

$$b_1 \leqslant b_2 \leqslant \cdots \leqslant b_n \quad \text{②}$$

在式①中每任取一数 a_i 与式②中每任取一数 b_j 作幂 $a_i^{b_j}$ 后相乘,所得诸积中,同序时的积最大,反序时的积最小,即

$$a_1^{b_1} \cdot a_2^{b_2} \cdots a_n^{b_n} \geqslant a_1^{b_{i_1}} \cdot a_2^{b_{i_2}} \cdots a_n^{b_{i_n}} \geqslant a_1^{b_n} \cdot a_2^{b_{n-1}} \cdots a_n^{b_1}$$

其中 $i_1, i_2, \cdots, i_n$ 是 $1, 2, \cdots, n$ 的一个排列.

证明 由条件,显然有 $\ln a_1 \leqslant \ln a_2 \leqslant \cdots \leqslant \ln a_n$,又 $b_1 \leqslant b_2 \leqslant \cdots \leqslant b_n$,由排序不等式 I,知

$$b_1 \cdot \ln a_1 + b_2 \cdot \ln a_2 + \cdots + b_n \cdot \ln a_n \geqslant b_{i_1} \cdot \ln a_1 + b_{i_2} \cdot \ln a_2 + \cdots + b_{i_n} \cdot \ln a_n \geqslant$$
$$b_n \cdot \ln a_1 + b_{n-1} \cdot \ln a_2 + \cdots + b_1 \cdot \ln a_n$$

即

$$a_1^{b_1} \cdot a_2^{b_2} \cdots a_n^{b_n} \geqslant a_1^{b_{i_1}} \cdot a_2^{b_{i_2}} \cdots a_n^{b_{i_n}} \geqslant a_1^{b_n} \cdot a_2^{b_{n-1}} \cdots a_n^{b_1}$$

利用上述原理,我们来证下面例题.

例2 若 $x_1, x_2, \cdots, x_n$ 均为正数,求证

$$x_1^{x_1} \cdot x_2^{x_2} \cdots x_n^{x_n} \geqslant (x_1 \cdot x_2 \cdots x_n)^{\frac{x_1+x_2+\cdots+x_n}{n}}$$

证明 不妨设 $x_1 \leqslant x_2 \leqslant \cdots \leqslant x_n$,由排序不等式 Ⅲ 得

$$x_1^{x_1} \cdot x_2^{x_2} \cdots x_n^{x_n} = x_1^{x_1} \cdot x_2^{x_2} \cdots x_n^{x_n}$$

$$x_1^{x_1} \cdot x_2^{x_2} \cdots x_n^{x_n} \geqslant x_1^{x_2} \cdot x_2^{x_3} \cdots x_n^{x_1}$$

$$\vdots$$

$$x_1^{x_1} \cdot x_2^{x_2} \cdots x_n^{x_n} \geqslant x_1^{x_n} \cdot x_2^{x_{n-1}} \cdots x_n^{x_1}$$

各式相乘得

$$(x_1^{x_1} \cdot x_2^{x_2} \cdots x_n^{x_n})^2 \geqslant (x_1 \cdot x_2 \cdots x_n)^{x_1+x_2+\cdots+x_n}$$

故

$$x_1^{x_1} \cdot x_2^{x_2} \cdots x_n^{x_n} \geqslant (x_1 \cdot x_2 \cdots x_n)^{\frac{x_1+x_2+\cdots+x_n}{n}}$$

为了讨论下面的乘幂形式的排序不等式,我们先看两个命题.

命题 A 若 $a,b \in \mathbf{R}$,且 $e < a < b$,其中 e 是自然对数的底,记 $x_1^{x_2} = [x_1, x_2]$,求证

$$[a,b] > [b,a]$$

证明 因函数 $y = \dfrac{\ln x}{x}$,当 $x \geqslant e$ 时,是减函数.

则当 $e < a < b$ 时,有 $\dfrac{\ln a}{a} > \dfrac{\ln b}{b}$,即

$$[a,b] > [b,a]$$

命题 B 若 $a,b,c \in \mathbf{R}$,且 $e < a < b < c$,记 $x_1^{x_2^{x_3}} = [x_1, x_2, x_3]$. 求证

$$[a,b,c] > [c,b,a]$$

证明 由题设及命题 A,由 $[b,c] > [c,b]$,有 $[a,b^c] > [a,c^b]$,即 $[a,b,c] > [a,c,b]$;由 $[a,b] > [b,a]$,有 $[c,a,b] > [c,b,a]$;由 $[a,b] < [c,b]$,有 $[a^b,c^b] > [c^b,a^b]$;亦有 $[a,c^b] > [c,a^b]$,即 $[a,c,b] > [c,a,b]$.

故 $[a,b,c] > [a,c,b] > [c,a,b] > [c,b,a]$.

排序不等式 Ⅳ 若正实数 $a_i(i = 1,\cdots,n,n \geqslant 2)$ 满足 $e < a_1 < a_2 < \cdots < a_n$. 集合 $S = \{[a_{i_1}, a_{i_2}, \cdots, a_{i_n}] \mid a_{i_1}, a_{i_2}, \cdots, a_{i_n}$ 为 $a_1, a_2, \cdots, a_n$ 的一个排列$\}$ 中,元素的值以 $[a_1, a_2, \cdots, a_n]$ 为最大(顺次幂最大);以 $[a_n, a_{n-1}, \cdots, a_1]$ 为最小(逆次幂或反次幂最小),其中

$$x_1^{x_2^{\cdots x_n}} = [x_1, x_2, \cdots, x_n]$$

证明 由命题 B 易得

$$[a_{i_1}, a_{i_2}, \cdots, a_{i_k}, a_{i_{k+1}}, \cdots, a_{i_n}] > [a_{i_1}, a_{i_2}, \cdots, a_{i_{k-1}}, a_{i_{k+1}}, a_{i_k}, a_{i_{k+2}}, \cdots, a_{i_n}]$$

其中,$a_{i_k} < a_{i_{k+1}}(i = 1,2,\cdots,n-1)$. 即是说当 $[a_{i_1}, a_{i_2}, \cdots, a_{i_n}]$ 中的相邻两数左小右大时,对调这两数,便使得整个乘幂的值减少. 既然如此,我们总可以将 $[a_{i_1}, a_{i_2}, \cdots, a_{i_n}]$ 中最小的数 a_1 通过与相邻数对调而一步步使之挪到最右,同时使整个乘幂的值不断减少. 同理,我们继续挪动 $a_2, a_3, \cdots$,终于得到

$$[a_{i_1}, a_{i_2}, \cdots, a_{i_n}] \geqslant [a_n, a_{n-1}, \cdots, a_1]$$

上式中等号当且仅当 $a_{i_1} = a_{i_2} = \cdots = a_{i_n} = a_1$ 时成立.

类似可证 $[a_{i_1}, a_{i_2}, \cdots, a_{i_n}] \leqslant [a_1, a_2, \cdots, a_n]$.

运用不等式 Ⅳ 我们可编写有关年号的趣题.

用年号的四个数码构成形如 $a^{b^{c^d}}$ 的数,并使其值最大.

为了讨论下面的排序不等式 V,我们先回过头来看排序不等式 I 与排序不等式 II.

我们用矩阵(用括弧把 $m \times n$ 个数排成一个 m 行 n 列的长方形数表的两侧括起来的表)来表示排序不等式 I 及排序不等式 II 的条件与结论,即

$$A_{2\times n} = \begin{pmatrix} a_1 \leqslant a_2 \leqslant \cdots \leqslant a_n \\ b_1 \leqslant b_2 \leqslant \cdots \leqslant b_n \end{pmatrix}$$

$$B_{2\times n} = \begin{pmatrix} a_1 & \leqslant & a_2 & \leqslant & \cdots & \leqslant & a_n \\ b_{i_1} & & b_{i_2} & & \cdots & & b_{i_n} \end{pmatrix}$$

$$C_{2\times n} = \begin{pmatrix} a_1 \leqslant a_2 \leqslant \cdots \leqslant a_n \\ b_n \geqslant b_{n-1} \geqslant \cdots \geqslant b_1 \end{pmatrix}$$

其中,$i_1, i_2, \cdots, i_n$ 是 $1, 2, \cdots, n$ 的一个排列.

我们称 $A_{2\times n}$ 是同序两行阵,$B_{2\times n}$ 是 $A_{2\times n}$ 的乱序阵,$C_{2\times n}$ 叫 $A_{2\times n}$ 的全反序阵. 则排序不等式 I 表示为

$$S(A_{2\times n}) \geqslant S(B_{2\times n}) \geqslant S(C_{2\times n}) \qquad ①$$

记

$$A_{m\times n} = \begin{pmatrix} a_{11} \leqslant a_{12} \leqslant \cdots \leqslant a_{1n} \\ a_{21} \leqslant a_{22} \leqslant \cdots \leqslant a_{2n} \\ \vdots & \vdots & & \vdots \\ a_{m1} \leqslant a_{m2} \leqslant \cdots \leqslant a_{mn} \end{pmatrix}$$

$$B_{m\times n} = \begin{pmatrix} a'_{11} & a'_{12} & \cdots & a'_{1n} \\ a'_{21} & a'_{22} & \cdots & a'_{2n} \\ \vdots & \vdots & & \vdots \\ a'_{m1} & a'_{m2} & \cdots & a'_{mn} \end{pmatrix}$$

其中 $B_{m\times n}$ 的第 $1, 2, \cdots, m$ 行的数,还分别是 $A_{m\times n}$ 的第 $1, 2, \cdots, m$ 行的数,只是改变了排列次序. 我们称 $A_{m\times n}$ 是同序矩阵,$B_{m\times n}$ 是 $A_{m\times n}$ 的乱序矩阵. 则排序不等式 II 可表示为

$$S(A_{m\times n}) \geqslant S(B_{m\times n}) \qquad ②$$

由式①②即表明了如下命题.

命题 C $A'_{m\times n}$(或 $A'_{2\times n}$)的有限个乱序矩阵(共可乱出 $(n!)^m$ 个)$B_{m\times n}$(或 $B_{2\times n}$)的列积和中,必有一个最大者,就是 $A'_{m\times n}$(或 $A'_{2\times n}$)的同序阵 $A_{m\times n}$(或 $A_{2\times n}$)的列积和.

将命题 C 中的"积和"两字互换,则有下面的命题.

命题 D $A'_{m\times n}$(或 $A'_{2\times n}$)的有限个乱序阵 $B_{m\times n}$(或 $B_{2\times n}$)的列和积中,必有一个最小者,就是 $A'_{m\times n}$(或 $A'_{2\times n}$)的同序阵 $A_{m\times n}$(或 $A_{2\times n}$)的列和积. 并记为 $T(A_{m\times n}) \leqslant T(B_{m\times n})$.

例如,设

$$A_{2\times 3} = \begin{pmatrix} x, y, z \\ x, y, z \end{pmatrix}, B_{2\times 3} = \begin{pmatrix} x, y, z \\ z, x, y \end{pmatrix}$$

则

$$S(A_{2\times 3}) \geqslant S(B_{2\times 3})$$

即为

$$x^2 + y^2 + z^2 \geqslant xy + yz + zx$$

$$T(\boldsymbol{A}_{2\times 3}) \leqslant T(\boldsymbol{B}_{2\times 3})$$

即为

$$8xyz \leqslant (x+y)(y+z)(z+x)$$

如果矩阵 $\boldsymbol{A}'_{m\times n}$ 的乱序矩阵 $\boldsymbol{B}'_{m\times n}$ 可经行行交换或列列交换变出 $\boldsymbol{A}'_{m\times n}$ 的同序矩阵 $\boldsymbol{A}_{m\times n}$，则这个矩阵 $\boldsymbol{B}'_{m\times n}$ 叫 $\boldsymbol{A}'_{m\times n}$ 的可同序矩阵.

显然，$S(\boldsymbol{B}'_{m\times n}) = S(\boldsymbol{A}_{m\times n})$，$T(\boldsymbol{B}'_{m\times n}) = T(\boldsymbol{A}_{m\times n})$.

由命题 C 及命题 D，便为如下排序不等式 V.

排序不等式 V 设 $\boldsymbol{A} = (a_{ij})$ 中，每一个 $a_{ij} \geqslant 0$，则 $S(\boldsymbol{A}$ 的乱序阵$) \leqslant S(\boldsymbol{A}$ 的可同序阵$)$；$T(\boldsymbol{A}$ 的乱序阵$) \geqslant T(\boldsymbol{A}$ 的可同序阵$)$，并记为

$$\sum_{j=1}^{n}\prod_{i=1}^{m} a'_{ij} \leqslant \sum_{j=1}^{n}\prod_{i=1}^{m} a_{ij} \qquad ①$$

$$\prod_{j=1}^{n}\sum_{i=1}^{m} a'_{ij} \geqslant \prod_{j=1}^{n}\sum_{i=1}^{m} a_{ij} \qquad ②$$

其中，$0 \leqslant a_{i1} \leqslant a_{i2} \leqslant \cdots \leqslant a_{in}$，$a'_{i1}, a'_{i2}, \cdots, a'_{in}$ 是 $a_{i1}, a_{i2}, \cdots, a_{in}$ 的一个排列，$i = 1,2,\cdots,m$.

证明 对于式①的证明我们已在排序不等式 II 的证明中给出，下面只给出式②的证明.

令 $\boldsymbol{A}'$ 中 $i < j$，有

$$a'_{ki} > a'_{kj} \quad (k = 1,2,\cdots,l)$$
$$a'_{ki} \leqslant a'_{kj} \quad (k = l+1, l+2, \cdots, m)$$

则可经 $\boldsymbol{A}'$ 改造出 $\boldsymbol{A}'' = (a''_{ij})$，其中 $a''_{ki} = a'_{kj} < a'_{ki} = a''_{kj}$，$k = 1,2,\cdots,l$. 其余 $a''_{st} = a'_{st}$. 令

$$a'_{1i} + a'_{2i} + \cdots + a'_{li} = x > y = a'_{1j} + \cdots + a'_{lj}$$
$$a'_{l+1,i} + a'_{l+2,i} + \cdots + a'_{mi} = Z \leqslant W = a'_{l+1,j} + \cdots + a'_{m,j}$$

则

$$T(\boldsymbol{A}'') - T(\boldsymbol{A}') = [(x+w)(y+z) - (x+z)(y+w)]\prod_{\substack{r=1\\i\neq r\neq j}}^{n}\left(\sum_{k=1}^{m} a'_{kr}\right) =$$

$$(x-y)(z w)\prod_{\substack{r=1\\i\neq r\neq j}}^{n}\left(\sum_{k=1}^{m} a'_{kr}\right) \leqslant 0$$

所以 $T(\boldsymbol{A}'') \geqslant T(\boldsymbol{A}')$.

这就是说，$\boldsymbol{A}'$ 可经过有限次"保乱规"的改造而到 $\boldsymbol{A}$，且保向：$T(\boldsymbol{A}') \geqslant T(\boldsymbol{A}'') \geqslant \cdots \geqslant T[\boldsymbol{A}^{(p)}] = T(\boldsymbol{A})$. 证毕.

下面，我们只给出式②的应用例子.

例 3 若 $0 < a_1, a_2, \cdots, a_n < 1$，$b_1, b_2, \cdots, b_n$ 是 $a_1, a_2, \cdots, a_n$ 的一个排列，则

$$(1-a_1)b_1, (1-a_2)b_2, \cdots, (1-a_n)b_n$$

只有一个 $\leqslant \dfrac{1}{4}$.

证明 设

$$\boldsymbol{A} = \begin{pmatrix} 1-b_1, 1-b_2, \cdots, 1-b_n, b_1, b_2, \cdots, b_n \\ 1-b_1, 1-b_2, \cdots, 1-b_n, b_1, b_2, \cdots, b_n \end{pmatrix}$$

$$B = \begin{pmatrix} 1-b_1, 1-b_2, \cdots, 1-b_n, b_1, b_2, \cdots, b_n \\ b_1, b_2, \cdots, b_n, 1-b_1, 1-b_2, \cdots, 1-b_n \end{pmatrix}$$

$$T(A) = 2^{2n}(1-a_1)(1-a_2)\cdots(1-a_n)b_1 \cdot b_2 \cdot \cdots \cdot b_n$$

由 $T(A) \leqslant T(B) = 1$, 有

$$(1-a_1)b_1 \cdot (1-a_2)b_2 \cdot \cdots \cdot (1-a_n)b_n \leqslant \left(\frac{1}{4}\right)^n$$

故
$$(1-a_i)b_i \leqslant \frac{1}{4}$$

例 4 若 $x > y, xy = 1$, 则 $\dfrac{x^2+y^2}{x-y} \geqslant 2\sqrt{2}$.

证明 设
$$A = \begin{pmatrix} x-y, \dfrac{2}{x-y} \\ x-y, \dfrac{2}{x-y} \end{pmatrix}, B = \begin{pmatrix} x-y, \dfrac{2}{x-y} \\ \dfrac{2}{x-y}, x-y \end{pmatrix}$$

有
$$T(A) = 8, T(B) = \left(x-y + \frac{2}{x-y}\right)^2 = \left(\frac{x^2+y^2}{x-y}\right)^2$$

由 $T(A) \leqslant T(B)$ 即证.

例 5 若 $x_i > 0, i = 1, 2, \cdots, n$, 且 $\dfrac{1}{1+x_1} + \dfrac{1}{1+x_2} + \cdots + \dfrac{1}{1+x_n} = 1$, 则 $x_1 \cdot x_2 \cdot \cdots \cdot x_n \geqslant (n-1)^n$.

证明 设
$$A = \begin{pmatrix} \dfrac{1}{1+x_1} & \dfrac{1}{1+x_2} & \cdots & \dfrac{1}{1+x_n} \\ \dfrac{1}{1+x_1} & \dfrac{1}{1+x_2} & \cdots & \dfrac{1}{1+x_n} \\ \vdots & \vdots & & \vdots \\ \dfrac{1}{1+x_1} & \dfrac{1}{1+x_2} & \cdots & \dfrac{1}{1+x_n} \end{pmatrix}$$

乱 A, 使第 k 列恰缺 $\dfrac{1}{1+x_k}(k=1,2,\cdots,n)$, 得乱序阵 A'.

由 $T(A) \leqslant T(A')$, 得

$$\frac{(n-1)^n}{\prod_{k=1}^{n}(1+x_k)} \leqslant \prod_{k=1}^{n}\left(1 - \frac{1}{1+x_k}\right) = \frac{\prod_{k=1}^{n} x_k}{\prod_{k=1}^{n}(1+x_k)}$$

即
$$x_1 \cdot x_2 \cdot \cdots \cdot x_n \geqslant (n-1)^n$$

从上面几例可以看出应用不等式 V 证题的关键是先构造出矩阵 A, 再恰当地乱出一个矩 A'.

7.5 商式排序不等式

排序不等式 VI 若 $a_1 \geqslant a_2 \geqslant \cdots \geqslant a_n > 0, 0 < b_1 \leqslant b_2 \leqslant \cdots \leqslant b_n$

或 $$0 < a_1 \leqslant a_2 \leqslant \cdots \leqslant a_n, b_1 \geqslant b_2 \geqslant \cdots \geqslant b_n > 0$$

对于 $p \geqslant 1, q > 0$,则

$$\frac{a_1^p}{b_1^q} + \frac{a_2^p}{b_2^q} + \cdots + \frac{a_n^p}{b_n^q} \geqslant n^{1-p+q} \frac{(a_1 + a_2 + \cdots + a_n)^p}{(b_1 + b_2 + \cdots + b_n)^q} \quad ①$$

证明 根据已知条件,由切比雪夫不等式知

$$\frac{a_1^p}{b_1^q} + \frac{a_2^p}{b_2^q} + \cdots + \frac{a_n^p}{b_n^q} \geqslant \frac{1}{n}(a_1^p + a_2^p + \cdots + a_n^p) \cdot \left(\frac{1}{b_1^q} + \frac{1}{b_2^q} + \cdots + \frac{1}{b_n^q}\right) \quad ②$$

又由幂平均不等式,有

$$\frac{1}{n}(a_1^p + a_2^p + \cdots + a_n^p) \geqslant \left[\frac{1}{n}(a_1 + a_2 + \cdots + a_n)\right]^p \quad ③$$

又由幂调和平均不等式,有

$$\frac{1}{b_1^q} + \frac{1}{b_2^q} + \cdots + \frac{1}{b_n^q} \geqslant \frac{n^{q+1}}{(b_1 + b_2 + \cdots + b_n)^q} \quad ④$$

由式 ②③④ 即知式 ① 成立.

当 $p = q = 1$ 时,式 ① 即为下面的不等式

$$\frac{a_1}{b_1} + \frac{a_2}{b_2} + \cdots + \frac{a_n}{b_n} \geqslant \frac{n(a_1 + a_2 + \cdots + a_n)}{b_1 + b_2 + \cdots + b_n}$$

例 1 设 a, b, c 是三角形的边长,且 $a + b + c = 2s$,试证

$$\frac{a^n}{b+c} + \frac{b^n}{c+a} + \frac{c^n}{a+b} \geqslant \left(\frac{2}{3}\right)^{n-2} \cdot s^{n-1} \quad (n \geqslant 1)$$

证明 不妨设 $a \geqslant b \geqslant c$,则 $b + c \leqslant c + a \leqslant a + b$,由排序不等式 Ⅵ,得

$$\frac{a^n}{b+c} + \frac{b^n}{c+a} + \frac{c^n}{a+b} \geqslant 3^{1-n+1} \frac{(a+b+c)^n}{2(a+b+c)} = 3^{2-n} \frac{(2s)^n}{4s} = \left(\frac{2}{3}\right)^{n-2} s^{n-1}$$

例 2 设 $k \geqslant 1, r > 0, a_1, a_2, \cdots, a_n \in \mathbf{R}_+, s = a_1 + a_2 + \cdots + a_n$,求证

$$\frac{a_1^k}{(s-a_1)^r} + \frac{a_2^k}{(s-a_2)^r} + \cdots + \frac{a_n^k}{(s-a_n)^r} \geqslant \frac{n^{1-k+r}}{(n-1)^r} s^{k-r}$$

证明 不妨设 $a_1 \geqslant a_2 \geqslant \cdots \geqslant a_n > 0$,则 $0 < s - a_1 \leqslant s - a_2 \leqslant \cdots \leqslant s - a_n$,由排序不等式 Ⅵ,得

$$左边 \geqslant n^{1-k+r} \frac{(a_1 + a_2 + \cdots + a_n)^k}{(s-a_1+s-a_2+\cdots+s-a_n)^r} = n^{1-k+r} \cdot \frac{s^k}{(ns-s)^r} = \frac{n^{1-k+r}}{(n-1)^r} s^{k-r}$$

例 3 设 $a, b, c, d \in \mathbf{R}_+$,且 $ab + bc + cd + da = 1$. 求证

$$\frac{a^3}{b+c+d} + \frac{b^3}{c+d+a} + \frac{c^3}{a+b+d} + \frac{d^3}{a+b+c} \geqslant \frac{1}{3}$$

证明 不妨设 $a \geqslant b \geqslant c \geqslant d$,则 $a^3 \geqslant b^3 \geqslant c^3 \geqslant d^3 > 0, 0 < b + c + d \leqslant c + d + a \leqslant d + a + b \leqslant a + b + c$.

依排序不等式 Ⅵ,得

$$\frac{a^3}{b+c+d} + \frac{b^3}{c+d+a} + \frac{c^3}{d+a+b} + \frac{d^3}{a+b+c} \geqslant$$

$$\frac{4(a^3 + b^3 + c^3 + d^3)}{(b+c+d)+(c+d+a)+(d+a+b)+(a+b+c)} \geqslant$$

$$\frac{4^{-1}(a+b+c+d)^3}{3(a+b+c+d)} = \frac{1}{12} \cdot (a+b+c+d)^2 =$$

$$\frac{1}{12}[(a+c)(b+d)]^2 \geq \frac{1}{12} \cdot 4(a+c)(b+d) =$$

$$\frac{1}{3}(ab+bc+cd+da) = \frac{1}{3} \cdot 1 = \frac{1}{3}$$

注意:此处还利用了幂平均不等式

$$\frac{a^3+b^3+c^3+d^3}{4} \geq \left(\frac{a+b+c+d}{4}\right)^3$$

7.6 正弦和排序不等式

内蒙古民族大学的戴永老师探讨了如下的正弦和排序不等式问题.

首先看一个引理:

引理 若 $0 < \alpha_1 \leq \alpha_2, 0 < \beta_1 \leq \beta_2$,且满足 $\alpha_1+\beta_1,\alpha_1+\beta_2,\alpha_2+\beta_1,\alpha_2+\beta_2 \in (0,\pi)$,则有 $\sin(\alpha_1+\beta_1)+\sin(\alpha_2+\beta_2) \leq \sin(\alpha_1+\beta_2)+\sin(\alpha_2+\beta_1)$,当且仅当 $\alpha_1=\alpha_2$ 或 $\beta_1=\beta_2$ 时取"="号.

证明 $\sin(\alpha_1+\beta_2)+\sin(\alpha_2+\beta_1)-[\sin(\alpha_1+\beta_1)+\sin(\alpha_2+\beta_2)] =$

$[\sin(\alpha_1+\beta_2)-\sin(\alpha_1+\beta_1)]-[\sin(\alpha_2+\beta_2)-\sin(\alpha_2+\beta_1)] =$

$2\sin\frac{\beta_2-\beta_1}{2}\cos\frac{2\alpha_1+\beta_1+\beta_2}{2} - 2\sin\frac{\beta_2-\beta_1}{2}\cos\frac{2\alpha_2+\beta_1+\beta_2}{2} =$

$2\sin\frac{\beta_2-\beta_1}{2}\left(\cos\frac{2\alpha_1+\beta_1+\beta_2}{2} - \cos\frac{2\alpha_2+\beta_1+\beta_2}{2}\right) =$

$4\sin\frac{\alpha_2-\alpha_1}{2}\sin\frac{\beta_2-\beta_1}{2}\sin\frac{\alpha_1+\alpha_2+\beta_1+\beta_2}{2}$

因为 $0 < \alpha_1 \leq \alpha_2, 0 \leq \beta_1 \leq \beta_2$,所以 $0 \leq \frac{\alpha_2-\alpha_1}{2} < \frac{\pi}{2}, 0 \leq \frac{\beta_2-\beta_1}{2} < \frac{\pi}{2}, 0 < \frac{\alpha_1+\alpha_2+\beta_1+\beta_2}{2} < \pi$,于是 $4\sin\frac{\alpha_2-\alpha_1}{2}\sin\frac{\beta_2-\beta_1}{2}\sin\frac{\alpha_1+\alpha_2+\beta_1+\beta_2}{2} \geq 0$,从而引理得证.

排序不等式 Ⅶ 设两个有序实数组 $0 < \alpha_1 \leq \alpha_2 \leq \cdots \leq \alpha_n$ 与 $0 < \beta_1 \leq \beta_2 \leq \cdots \leq \beta_n$,且满足 $\alpha_i+\beta_j \in (0,\pi), i,j=1,2,\cdots,n$,则有

$$\sin(\alpha_1+\beta_1)+\sin(\alpha_2+\beta_2)+\cdots+\sin(\alpha_n+\beta_n) (\text{顺序和}) \leq$$
$$\sin(\alpha_1+\beta_{k_1})+\sin(\alpha_2+\beta_{k_2})+\cdots+\sin(\alpha_n+\beta_{k_n}) (\text{乱序和}) \leq$$
$$\sin(\alpha_1+\beta_n)+\sin(\alpha_2+\beta_{n-1})+\cdots+\sin(\alpha_1+\beta_n) (\text{反序和}) \qquad ①$$

其中 $k_1,k_2,\cdots,k_n$ 是 $1,2,\cdots,n$ 的任意一个排列,当且仅当 $\alpha_1=\alpha_2=\cdots=\alpha_n$ 或 $\beta_1=\beta_2=\cdots=\beta_n$ 时两个等号同时取到.

证明 首先证明:"乱序和 $\geq$ 顺序和",即

$$\sin(\alpha_1+\beta_{k_1})+\sin(\alpha_2+\beta_{k_2})+\cdots+\sin(\alpha_n+\beta_{k_n}) \geq$$
$$\sin(\alpha_1+\beta_1)+\sin(\alpha_2+\beta_2)+\cdots+\sin(\alpha_n+\beta_n)$$

若 $k_1 \neq 1$，而 $k_t = 1$，则此时 $t > 1, k_1 > k_t$，从而有 $0 < \alpha_1 \leq \alpha_t, 0 < \beta_{k_t} \leq \beta_{k_1}$，根据引理，可得
$$\sin(\alpha_1 + \beta_{k_1}) + \sin(\alpha_t + \beta_{k_t}) \geq \sin(\alpha_1 + \beta_{k_t}) + \sin(\alpha_t + \beta_{k_1})$$
所以
$$\begin{aligned}S = &\sin(\alpha_1 + \beta_{k_1}) + \sin(\alpha_2 + \beta_{k_2}) + \cdots + \sin(\alpha_t + \beta_{k_t}) + \cdots + \sin(\alpha_n + \beta_{k_n}) \geq \\ &\sin(\alpha_1 + \beta_{k_t}) + \sin(\alpha_2 + \beta_{k_2}) + \cdots + \sin(\alpha_t + \beta_{k_1}) + \cdots + \sin(\alpha_n + \beta_{k_n}) = \\ &\sin(\alpha_1 + \beta_1) + \sin(\alpha_2 + \beta_{k_2}) + \cdots + \sin(\alpha_t + \beta_{k_1}) + \cdots + \sin(\alpha_n + \beta_{k_n}) = S'\end{aligned}$$
即将 S 中的 β_1 与 β_{k_1} 调换后（其余不变），和 S 缩小到 S'。

若 $k_1 = 1$，则不需要考虑 β_1，而从 β_{k_2} 开始，同理可调整 β_{k_2} 与 β_2 的位置（其余不变），……，这样至多经过 $n-1$ 次调整后得到"乱序和 $\geq$ 顺序和"。

同理可证，"乱序和 $\leq$ 反序和"。

再证明：两个等号同时成立的充要条件是 $\alpha_1 = \alpha_2 = \cdots = \alpha_n$ 或 $\beta_1 = \beta_2 = \cdots = \beta_n$。

显然，当 $\alpha_1 = \alpha_2 = \cdots = \alpha_n$ 或 $\beta_1 = \beta_2 = \cdots = \beta_n$ 时，两个等号同时成立。反之，如果 $\{\alpha_1, \alpha_2, \cdots, \alpha_n\}$ 及 $\{\beta_1, \beta_2, \cdots, \beta_n\}$ 中的数都不全相等时，则必有 $\alpha_1 \neq \alpha_n, \beta_1 \neq \beta_n$。于是有
$$\sin(\alpha_1 + \beta_n) + \sin(\alpha_n + \beta_1) > \sin(\alpha_1 + \beta_1) + \sin(\alpha_n + \beta_n)$$
且
$$\sin(\alpha_2 + \beta_{n-1}) + \cdots + \sin(\alpha_{n-1} + \beta_2) \geq \sin(\alpha_2 + \beta_2) + \cdots + \sin(\alpha_{n-1} + \beta_{n-1})$$
从而有
$$\begin{aligned}&\sin(\alpha_1 + \beta_n) + \sin(\alpha_2 + \beta_{n-1}) + \cdots + \sin(\alpha_n + \beta_1)（反序和）> \\ &\sin(\alpha_1 + \beta_1) + \sin(\alpha_2 + \beta_2) + \cdots + \sin(\alpha_n + \beta_n)（顺序和）\end{aligned}$$
故不等式 ① 的两个等号中至少有一个不成立。

例1 设 $\triangle ABC$ 的内心 I 到三个顶点 A, B, C 的距离分别为 R_a, R_b, R_c，三边 BC, CA, AB 的长分别为 a, b, c, p 为周长的一半，R 为外接圆的半径，证明：$\dfrac{p-a}{R_a} + \dfrac{p-b}{R_b} + \dfrac{p-c}{R_c} \geq \dfrac{p}{R}$，当且仅当 $\triangle ABC$ 为正三角形时取等号。

证明 不妨假设 $A \leq B \leq C$，则有 $0 < \dfrac{A}{2} \leq \dfrac{B}{2} \leq \dfrac{C}{2} < \dfrac{\pi}{2}$，于是根据正弦和的排序不等式，可得
$$\sin\frac{B+C}{2} + \sin\frac{C+A}{2} + \sin\frac{A+B}{2} \geq$$
$$\sin\frac{A+A}{2} + \sin\frac{B+B}{2} + \sin\frac{C+C}{2}$$
于是 $\cos\dfrac{A}{2} + \cos\dfrac{B}{2} + \cos\dfrac{C}{2} \geq \sin A + \sin B + \sin C$（当且仅当 $A = B = C$ 时取等号）。

又因为 $\cos\dfrac{A}{2} = \dfrac{p-a}{R_a}, \cos\dfrac{B}{2} = \dfrac{p-b}{R_b}, \cos\dfrac{C}{2} = \dfrac{p-c}{R_c}, \sin A + \sin B + \sin C = \dfrac{p}{R}$

所以 $\dfrac{p-a}{R_a} + \dfrac{p-b}{R_b} + \dfrac{p-c}{R_c} \geq \dfrac{p}{R}$（当且仅当 $\triangle ABC$ 为正三角形时取等号）。

注 上述内容参考了戴永老师的文章《一个关于正弦和的排序不等式》（数学通讯，2010(7)）。

7.7 排序原理 Ⅱ

排序原理 Ⅰ 是针对两组或两组以上有大小顺序的对象而言的,针对一组处于平等地位的数学对象而言,我们有如下的排序原理.

排序原理 Ⅱ 在涉及处于平等地位的若干数学对象的问题中,可以将这些数学对象排一个顺序后再处理它们.

这个原理在中学数学中,就是说如果一个数学问题涉及一批可以比较大小处于平等地位的对象(实数、长度、角度等),它们之间没有事先规定顺序,那么,在解题之前,可以假定按某种顺序(数的大小,线段的长短,角度的大小等)排列起来.

例1 设有 n 个各不相同的正数 $a_1, a_2, \cdots, a_n$,作出其一切可能的和数,证明所得的和数中至少有 $\frac{1}{2}n(n+1)$ 个两两互不相同.

证明 由于这 n 个数互不相等,因而可将这 n 个数按其大小顺序排序. 不失一般性,假定 $a_1 < a_2 < \cdots < a_n$,那么:

一个加数的和有 $a_1, a_2, \cdots, a_n$;(n 个)

两个加数的和有 $a_1 + a_n, a_2 + a_n, \cdots, a_{n-1} + a_n$;($n-1$ 个)

三个加数的和有 $a_1 + a_{n-1} + a_n, a_2 + a_{n-1} + a_n, \cdots, a_{n-2} + a_{n-1} + a_n$;($n-2$ 个)

$\vdots$

n 个加数的和有 $a_1 + a_2 + \cdots + a_n$. (1 个)

由于有上面的"排序",这就保证了上面的各数都互不相等,把它们作成一个严格的单调递增序列,从而命题获证.

例2 对于平面上任给的 n 个点,证明:总可以作 $n+1$ 个同心圆,使其组成的 n 个圆环中,每个恰含一点,且各同心圆的半径都是最小圆半径的整数倍.

证明 n 个点中,任取两点相连,作其中垂线,共得 $\frac{1}{2}n(n-1)$ 条中垂线. 不在这些中垂线上取一点 O,则 O 到 n 个点的距离各不相同. 按长短排列,设为 $0 < d_1 < d_2 < \cdots < d_i < d_{i+1} < \cdots < d_n$,取 r,使 r 小于 $d_1, d_2 - d_1, d_3 - d_2, \cdots, d_n - d_{n-1}$,则必有整数 m_1,使 $d_1 < m_1 r < d_2$;有整数 m_2,使 $d_2 < m_2 r < d_3$;$\cdots\cdots$;有整数 m_i,使 $d_i < m_i r < d_{i+1}$;$\cdots\cdots$;有整数 m_{n-1},使 $d_{n-1} < m_{n-1} r < d_n$,再取 m_n,使 $m_n r > d_n$. 则以 O 为圆心,以 $r, m_1 r, m_2 r, \cdots, m_n r$ 为半径作 $n+1$ 个圆, 即为所求.

例3 设 $x_1, x_2, x_3, x_4 > 0$,$x_1 + x_2 + x_3 + x_4 = \pi$,求证 $\sin x_1 \sin x_2 \sin x_3 \sin x_4 < \frac{1}{2}$.

证明 不妨设 $x_1 \leq x_2 \leq x_3 \leq x_4$. 若 $x_4 \geq \frac{\pi}{2}$,则

$$x_1 + x_2 + x_3 \leq \frac{\pi}{2}$$

于是

$$\sin x_1 \sin x_2 \sin x_3 \sin x_4 \leq \sin x_1 \sin x_2 \sin x_3 < x_1 x_2 x_3 \leq \left(\frac{x_1 + x_2 + x_3}{3}\right)^3 \leq \frac{1}{27} \cdot \frac{\pi^3}{8} < \frac{1}{2}$$

若 $x_4 < \dfrac{\pi}{2}$,则

$$\sin x_1 \sin x_2 \sin x_3 \sin x_4 < x_1 x_2 x_3 x_4 \leq (\dfrac{x_1+x_2+x_3+x_4}{4})^4 \leq (\dfrac{\pi}{4})^4 < \dfrac{1}{2}$$

例 4 已知平面上有 $2n+3(n \geq 1)$ 个点,其中没有三点共线,也没有四点共圆,能不能通过它们之中的某三个点作一个圆,使得其余的 $2n$ 个点一半在圆内,一半在圆外,证明你的结论.

解 可以作这样的圆,理由如下:

随意选择一个方向,通过 $2n+3$ 个点作互相平行的直线,这 $2n+3$ 条平行线必有最靠边的一条(通过排序)记为 l_A(设过点 A). 若 l_A 还通过另一点 B,则 l_A 为通过两点 A,B 的直线. 若 l_A 上没有第二点,则从 A 出发向 $2n+2$ 个点连射线,这些射线的每一条按逆时针方向与 l_A 有一个夹角,设射线 AB 与 l_A 的夹角 φ 最小(通过排序),则 A,B 两点就是我们首先确定的两点,其余的 $2n+1$ 个点则在线段 AB 的同一侧了. 又这 $2n+1$ 个点对 AB 都有一个张角 θ_i,由于没有四点共圆,这些张角没有两个相等,必可按大小顺序排列

$$\theta_1 < \theta_2 < \cdots < \theta_n < \theta_{n+1} < \theta_{n+2} < \cdots < \theta_{2n+1}$$

设对应 θ_{n+1} 的点为 C,则过 A,B,C 三点的圆即合要求.

思 考 题

1. 若 $0 < a_0 \leq a_1 \leq a_2 \leq \cdots \leq a_n \leq \dfrac{\pi}{2}$,$i_0, i_1, \cdots, i_n$ 是 $0,1,\cdots,n$ 的一个排列. 求证

$$\sum_{k=0}^{n} a_k \cdot \sin a_{n-k} \leq \sum_{k=0}^{n} a_k \cdot \sin a_{i_k} \leq \sum_{k=0}^{n} a_k \cdot \sin a_k$$

$$\sum_{k=0}^{n} a_k \cdot \cos a_{n-k} \geq \sum_{k=0}^{n} a_k \cdot \cos a_{i_k} \leq \sum_{k=0}^{n} a_k \cdot \cos a_k$$

2. 已知 $a_1 \geq a_2 \geq \cdots \geq a_n, b_1 \geq b_2 \geq \cdots \geq b_n$,求证

$$(a_1+a_2+\cdots+a_n)(b_1+b_2+\cdots+b_n) \leq n(a_1 b_1 + a_2 b_2 + \cdots + a_n b_n)$$

3. 已知 $x_1, x_2, \cdots, x_n \in \mathbf{R}_+$. 求证

$$\dfrac{1}{n}(x_1 + x_2 + \cdots + x_n) \geq n(\dfrac{1}{x_1} + \dfrac{1}{x_2} + \cdots + \dfrac{1}{x_n})^{-1}$$

4. 在 $\triangle ABC$ 中,外半径 $R=1$,面积 $\triangle = \dfrac{1}{4}$,则

$$\sqrt{a} + \sqrt{b} + \sqrt{c} < \dfrac{1}{a} + \dfrac{1}{b} + \dfrac{1}{c}$$

5. 设 $b_1, b_2, \cdots, b_n$ 是 $a_1, a_2, \cdots, a_n$ 的排列. 求证

$$\dfrac{a_1}{b_1} + \dfrac{a_2}{b_2} + \cdots + \dfrac{a_n}{b_n} \geq n$$

6. 求证

$$2^{\sqrt[12]{x}} + 2^{\sqrt[4]{x}} \geq 2 \cdot 2^{\sqrt[6]{x}}$$

7. 求证:若 $a_1, a_2, \cdots, a_n$ 同号,$\alpha = \sum\limits_{i=1}^{n} a_i$,则

$$\sum_{i=1}^{n} \frac{a_i}{2\alpha - a_i} \geq \frac{n}{2n-1}$$

8. 设 $a,b,c > 0$. 求证: $abc \geq (b+c-a)(c+a-b)(a+b-c)$.

9. 给出 7.5 节中例 3 的另证.

10. 设 a,b,c 为正实数, 且满足 $abc = 1$, 试证

$$\frac{1}{a^3(b+c)} + \frac{1}{b^3(c+a)} + \frac{1}{c^3(a+b)} \geq \frac{3}{2}$$

11. 已知 a,b,c 为任意正数, 且 $0 \leq \lambda < \min\left\{\frac{b+c}{a}, \frac{c+a}{b}, \frac{a+b}{c}\right\}$, 求证

$$\frac{a}{b+c-\lambda a} + \frac{b}{c+a-\lambda b} + \frac{c}{a+b-\lambda c} \geq \frac{3}{2-\lambda}$$

12. 已知方程组

$$\begin{cases} a_{11}x_1 + a_{12}x_2 + a_{13}x_3 = 0 \\ a_{21}x_1 + a_{22}x_2 + a_{23}x_3 = 0 \\ a_{31}x_1 + a_{32}x_2 + a_{33}x_3 = 0 \end{cases}$$

其系数满足下列条件: (a) a_{11}, a_{22}, a_{33} 是正数, (b) 所有其他系数都是负数; (c) 每个方程中系数之和是正数. 证明: $x_1 = x_2 = x_3 = 0$ 是已知方程组的唯一解.

13. 设 x_1, x_2, x_3, x_4, x_5 都是正整数, 且满足 $x_1 + x_2 + x_3 + x_4 + x_5 = x_1 x_2 x_3 x_4 x_5$, 求 x_5 的最大值.

14. 设有 $2n \times 2n$ 的正方形方格棋盘, 在其中任意的 $3n$ 个方格中各放一枚棋子. 求证: 可以选出 n 行和 n 列, 使得 $3n$ 枚棋子都在这 n 行和 n 列中.

15. 设 $\triangle ABC$ 的边长为 a,b,c, 面积为 S, 求证:

(Ⅰ) $a^2 + b^2 + c^2 \geq 4\sqrt{3}S$;

(Ⅱ) $a^2 + b^2 + c^2 \geq 4\sqrt{3}S + (a-b)^2 + (b-c)^2 + (c-a)^2$.

思考题参考解答

1. 由正序列 $a_0, a_1, \cdots, a_n$ 与 $\sin a_0, \sin a_1, \cdots, \sin a_n$ 有相同的排序; $a_0, a_1, \cdots, a_n$ 与 $\cos a_0, \cos a_1, \cdots, \cos a_n$ 有相反的排序.

2. 由 $a_i b_i + a_j b_j \geq a_i b_j + a_j b_i$, 取 $i = 1, 2, \cdots, n$ 的几个不等式相加得

$$\sum_{i=1}^{n} a_i b_i + n a_j b_j \geq b_j \sum_{i=1}^{n} a_i + a_j \sum_{i=1}^{n} b_i$$

再取 $j = 1, 2, \cdots, n$, 得 n 个不等式相加即证.

3. 仿 7.2.4 小节中例 1 的证明.

4. 由 $abc = 4R\triangle = 1$, 及 $\sqrt{a} + \sqrt{b} + \sqrt{c} = S\begin{pmatrix} \frac{1}{\sqrt{a}} & \frac{1}{\sqrt{b}} & \frac{1}{\sqrt{c}} \\ \frac{1}{\sqrt{b}} & \frac{1}{\sqrt{c}} & \frac{1}{\sqrt{a}} \end{pmatrix} \leq S\begin{pmatrix} \frac{1}{\sqrt{a}} & \frac{1}{\sqrt{b}} & \frac{1}{\sqrt{c}} \\ \frac{1}{\sqrt{a}} & \frac{1}{\sqrt{b}} & \frac{1}{\sqrt{c}} \end{pmatrix}$.

5. $S(\boldsymbol{B}) = S\begin{pmatrix} a_1 & a_2 & \cdots & a_n \\ \frac{1}{b_1} & \frac{1}{b_2} & \cdots & \frac{1}{b_n} \end{pmatrix} \geq S(\boldsymbol{A}) = S\begin{pmatrix} a_1 & a_2 & \cdots & a_n \\ \frac{1}{a_1} & \frac{1}{a_2} & \cdots & \frac{1}{a_n} \end{pmatrix} = n.$

6. 令 $A = \begin{pmatrix} 2^{\sqrt[12]{x}} & 2^{\sqrt[4]{x}} \\ 2^{\sqrt[12]{x}} & 2^{\sqrt[4]{x}} \end{pmatrix}, B = \begin{pmatrix} 2^{\sqrt[12]{x}} & 2^{\sqrt[4]{x}} \\ 2^{\sqrt[4]{x}} & 2^{\sqrt[12]{x}} \end{pmatrix}, C = \begin{pmatrix} \sqrt[24]{x} & \sqrt[8]{x} \\ \sqrt[24]{x} & \sqrt[8]{x} \end{pmatrix}, D = \begin{pmatrix} \sqrt[24]{x} & \sqrt[8]{x} \\ \sqrt[8]{x} & \sqrt[24]{x} \end{pmatrix}$

由

$$S(A) = 2^{\sqrt[12]{x}} + 2^{\sqrt[8]{x}} \geq S(B) = 2 \cdot 2^{\frac{1}{2}(\sqrt[12]{x} + \sqrt[4]{x})}$$

$$S(C) = \sqrt[12]{x} + \sqrt[4]{x} \geq S(D) = 2\sqrt[6]{x}$$

故 $\quad S(A) \geq S(B) = 2 \cdot 2^{\frac{1}{2}S(C)} \geq 2 \cdot 2^{\frac{1}{2}S(D)} = 2 \cdot 2^{\sqrt[6]{x}}$

7. 不妨设 a_i 全正,令

$$A_l = \begin{pmatrix} 2a_{1+l} & 2a_{2+l} & \cdots & 2a_{n+l} \\ \dfrac{1}{2\alpha - a_1} & \dfrac{1}{2\alpha - a_2} & \cdots & \dfrac{1}{2\alpha - a_n} \end{pmatrix}$$

$a_{n+l} = a_l, l = 0, 1, \cdots, n-1$. A_0 可同序, A_l 为 A_0 的乱序阵. $S(A_0) \geq S(A_l), l = 0, 1, \cdots, n-1$,
$nS(A_0) \geq \sum_{l=0}^{n-1} S(A_l)$, 则

$$\sum_{i=1}^{n} \frac{2na_i}{2\alpha - a_i} \geq \sum_{i=1}^{n} \frac{2\alpha}{2\alpha - a_i} = n + \sum_{i=1}^{n} \frac{a_i}{2\alpha - a_i}$$

故 $\quad (2n-1) \sum_{i=1}^{n} \dfrac{a_i}{2\alpha - a_i} \geq n$

8. 令 $a = y+z, b = z+x, c = x+y$, 原不等式化为 $(y+z)(z+x)(x+y) \geq 8xyz$. (下略)

9. 不妨设

$$a \geq b \geq c \geq d \geq 0 \qquad \text{①}$$

则 $a+b+c \geq a+b+d \geq a+c+d \geq b+c+d > 0$, 得

$$\frac{a^2}{b+c+d} \geq \frac{b^2}{a+c+d} \geq \frac{c^2}{a+b+d} \geq \frac{d^2}{a+b+c} \geq 0 \qquad \text{②}$$

令 $\quad S = \dfrac{a^3}{b+c+d} + \dfrac{b^3}{a+c+d} + \dfrac{c^3}{a+b+d} + \dfrac{d^3}{a+b+c}$

对式 ①② 应用排序原理,得

$$S \geq \frac{a^2 b}{b+c+d} + \frac{b^2 c}{a+c+d} + \frac{c^2 d}{a+b+d} + \frac{d^2 a}{a+b+c} \qquad \text{③}$$

$$S \geq \frac{a^2 c}{b+c+d} + \frac{b^2 d}{a+c+d} + \frac{c^2 a}{a+b+d} + \frac{d^2 b}{a+b+c} \qquad \text{④}$$

$$S \geq \frac{a^2 b}{b+c+d} + \frac{b^2 a}{a+c+d} + \frac{c^2 d}{a+b+d} + \frac{d^2 c}{a+b+c} \qquad \text{⑤}$$

式 ③ + ④ + ⑤, 可得

$$3S \geq a^2 + b^2 + c^2 + d^2 = \frac{a^2 + b^2}{2} + \frac{b^2 + c^2}{2} + \frac{c^2 + d^2}{2} + \frac{d^2 + a^2}{2} \geq$$

$$ab + bc + cd + da = 1$$

故 $S \geq \dfrac{1}{3}$, 当且仅当 $a = b = c = d = \dfrac{1}{2}$ 时, 等号成立.

10. 由 $abc = 1$, 知所证不等式等价于

$$\frac{(abc)^2}{a^3(b+c)} + \frac{(abc)^2}{b^3(c+a)} + \frac{(abc)^2}{c^3(a+b)} \geq \frac{3}{2}$$

即 $$\frac{bc}{a(b+c)} \cdot bc + \frac{ac}{b(c+a)} \cdot ac + \frac{ab}{c(a+b)} \cdot ab \geq \frac{3}{2}$$

令 $$S = \frac{bc}{a(b+c)} \cdot bc + \frac{ac}{b(c+a)} \cdot ac + \frac{ab}{c(a+b)} \cdot ab$$

不妨设 $a \geq b \geq c > 0$，则
$$ab \geq ac \geq bc > 0 \qquad \text{①}$$

$ab + ac \geq ab + bc \geq ac + bc > 0$，于是有
$$\frac{bc}{ab+ac} \leq \frac{ac}{ab+bc} \leq \frac{ab}{ac+bc} \qquad \text{②}$$

对式①② 应用排序原理，可知 S 为顺序和，则
$$S \geq \frac{bc}{a(b+c)} \cdot ac + \frac{ac}{b(a+c)} \cdot ab + \frac{ab}{c(a+b)} \cdot bc =$$
$$\frac{c}{a(b+c)} + \frac{a}{b(a+c)} + \frac{b}{c(a+b)} \qquad \text{③}$$

又
$$S \geq \frac{bc}{a(b+c)} \cdot ab + \frac{ac}{b(a+c)} \cdot bc + \frac{ab}{c(a+b)} \cdot ac =$$
$$\frac{b}{a(b+c)} + \frac{c}{b(a+c)} + \frac{a}{c(a+b)} \qquad \text{④}$$

式③+④ 得
$$2S \geq \frac{1}{a} + \frac{1}{b} + \frac{1}{c} \geq 3\sqrt[3]{\frac{1}{a} \cdot \frac{1}{b} \cdot \frac{1}{c}} = 3$$

故 $S \geq \frac{3}{2}$，即
$$\frac{1}{a^3(b+c)} + \frac{1}{b^3(c+a)} + \frac{1}{c^3(a+b)} \geq \frac{3}{2}$$

当且仅当 $a = b = c = 1$ 时等号成立.

11. 证法 1 所证不等式是一个关于 a, b, c 的对称不等式，因此，可不妨假设
$$a \geq b \geq c \qquad \text{①}$$

由条件 $0 \leq \lambda \leq \min\left\{\frac{b+c}{a}, \frac{c+a}{b}, \frac{a+b}{c}\right\}$ 可知，$b + c - \lambda a > 0, c + a - \lambda b > 0, a + b - \lambda c > 0, 0 \leq \lambda < \frac{b+c}{a} = \frac{b}{a} + \frac{c}{a} < 2, 2 - \lambda > 0$.

由 $a \geq b \geq c$，可知
$$\frac{1}{b+c-\lambda a} \geq \frac{1}{c+a-\lambda b} \geq \frac{1}{a+b-\lambda c} \qquad \text{②}$$

由式①② 利用排序不等式，得
$$\frac{a}{b+c-\lambda a} + \frac{b}{c+a-\lambda b} + \frac{c}{a+b-\lambda c} \geq \frac{b}{b+c-\lambda a} + \frac{c}{c+a-\lambda b} + \frac{a}{a+b-\lambda c} \qquad \text{③}$$

$$\frac{a}{b+c-\lambda a} + \frac{b}{c+a-\lambda b} + \frac{c}{a+b-\lambda c} \geqslant \frac{c}{b+c-\lambda a} + \frac{a}{c+a-\lambda b} + \frac{b}{a+b-\lambda c} \quad ④$$

$$\frac{-\lambda a}{b+c-\lambda a} + \frac{-\lambda b}{c+a-\lambda b} + \frac{-\lambda c}{a+b-\lambda c} = \frac{-\lambda a}{b+c-\lambda a} + \frac{-\lambda b}{c+a-\lambda b} + \frac{-\lambda c}{a+b-\lambda c} \quad ⑤$$

将式③④⑤相加,得

$$\frac{(2-\lambda)a}{b+c-\lambda a} + \frac{(2-\lambda)b}{c+a-\lambda b} + \frac{(2-\lambda)c}{a+b-\lambda c} \geqslant \frac{1}{b+c-\lambda a}(b+c-\lambda a) + \frac{1}{c+a-\lambda b} \cdot$$

$$(c+a-\lambda b) + \frac{1}{a+b-\lambda c}(a+b-\lambda c) = 3$$

由此得

$$\frac{a}{b+c-\lambda a} + \frac{b}{c+a-\lambda b} + \frac{c}{a+b-\lambda c} \geqslant \frac{3}{2-\lambda}$$

证法 2 不妨设 $a \geqslant b \geqslant c > 0$,依题意知

$$0 < b+c-\lambda a \leqslant c+a-\lambda b \leqslant a+b-\lambda c$$

由排序不等式 Ⅵ,立得

$$\frac{a}{b+c-\lambda a} + \frac{b}{c+a-\lambda b} + \frac{c}{a+b-\lambda c} \geqslant \frac{3(a+b+c)}{(b+c-\lambda a)+(c+a-\lambda b)+(a+b-\lambda c)} =$$

$$\frac{3(a+b+c)}{2(a+b+c)-\lambda(a+b+c)} = \frac{3}{2-\lambda}$$

12. 显然 $x_1 = x_2 = x_3 = 0$ 是方程组的一组解. 设还有一组解 x_1, x_2, x_3,不妨设 $|x_1| \geqslant |x_2| \geqslant |x_3|$,则

$$0 = |a_{11}x_1 + a_{12}x_2 + a_{13}x_3| \geqslant |a_{11}x_1| - |a_{12}x_2| - |a_{13}x_3| =$$
$$a_{11}|x_1| + a_{12}|x_2| + a_{13}|x_3| \geqslant$$
$$(a_{11} + a_{12} + a_{13})|x_1|$$

因 $$a_{11} + a_{12} + a_{13} > 0$$
则 $$|x_1| = 0$$

故 $x_1 = x_2 = x_3 = 0$ 是方程组的唯一解.

13. 由条件等式的对称性,不妨设 $x_1 \leqslant x_2 \leqslant x_3 \leqslant x_4 \leqslant x_5$. 由题设,有

$$1 = \frac{1}{x_2 x_3 x_4 x_5} + \frac{1}{x_1 x_3 x_4 x_5} + \frac{1}{x_1 x_2 x_4 x_5} + \frac{1}{x_1 x_2 x_3 x_5} + \frac{1}{x_1 x_2 x_3 x_4} \leqslant$$

$$\frac{1}{x_4 x_5} + \frac{1}{x_4 x_5} + \frac{1}{x_4 x_5} + \frac{1}{x_5} + \frac{1}{x_4} = \frac{3 + x_4 + x_5}{x_4 x_5}$$

即 $x_4 x_5 \leqslant 3 + x_4 + x_5$,亦即 $(x_4 - 1)(x_5 - 1) \leqslant 4$.

下面分两种情形讨论:

(i) 若 $x_4 = 1$,则由排序假设有 $x_1 = x_2 = x_3 = x_4 = 1$,从而题设等式成为 $4 + x_5 = x_5$,这是不可能的.

(ii) 若 $x_4 > 1$,则 $x_5 - 1 \leqslant 4$,即 $x_5 \leqslant 5$. 而当 $x_5 = 5$ 时,容易找到满足条件的解组 $x_1 = x_2 = x_3 = 1, x_4 = 2, x_5 = 5$,即 $x_5 = 5$ 是可能的,所以 x_5 的最大值是 5.

14. 设各行的棋子数(不一定是依行的次序)分别为 $P_1, P_2, \cdots, P_n, P_{n+1}, \cdots, P_{2n}$,且 $P_1 \geqslant P_2 \geqslant \cdots \geqslant P_n \geqslant P_{n+1} \geqslant \cdots \geqslant P_{2n}$. 由题设

$$P_1 + P_2 + \cdots + P_n + \cdots + P_{2n} = 3n \quad ①$$

解决本题的一个很直观的想法是,选取 n 行,使这 n 行含有的棋子总数最多,即选取含棋子数为 $P_1, P_2, \cdots, P_n$ 的这 n 行,则
$$P_1 + P_2 + \cdots + P_n \geq 2n$$

若不然,即
$$P_1 + P_2 + \cdots + P_n \leq 2n - 1 \qquad ②$$

则 $P_n \leq 1$.

由式①和②得 $P_{n+1} + \cdots + P_{2n} \geq n + 1$,从而 $P_{n+1} \geq 2 > P_n$. 这与原来的排列顺序矛盾.

已证得选出的这 n 行已含有不少于 $2n$ 枚棋子,再选出 n 列使其包含其余(不多于 n 枚)的棋子,这样选取的 n 行和 n 列就包含了全部 $3n$ 枚棋子.

15. (Ⅰ)由 $S = \frac{1}{2}ah_a = \frac{1}{2}bh_b = \frac{1}{2}ch_c$,不妨设 $a \geq b \geq c$,则 $h_a \leq h_b \leq h_c$. 应用排序不等式 Ⅵ,则
$$a^2 + b^2 + c^2 = 2S\left(\frac{a}{h_a} + \frac{b}{h_b} + \frac{c}{h_c}\right) = 2S\left(\frac{h_a^{-1}}{a^{-1}} + \frac{h_b^{-1}}{b^{-1}} + \frac{h_c^{-1}}{c^{-1}}\right) \geq$$
$$2S \cdot \frac{3(h_a^{-1} + h_b^{-1} + h_c^{-1})}{a^{-1} + b^{-1} + c^{-1}} \geq$$
$$2S \cdot \frac{3r^{-1}}{\frac{\sqrt{3}}{2}r^{-1}} = 4\sqrt{3}\,S$$

注意:其中我们用了 $\frac{1}{h_a} + \frac{1}{h_b} + \frac{1}{h_c} = \frac{1}{r}$,及 $\frac{1}{a} + \frac{1}{b} + \frac{1}{c} \leq \frac{\sqrt{2}}{2r}$.

(Ⅱ)不妨设 $a \geq b \geq c$,则
$$(a-c)^2 = (a-b+b-c)^2 = (a-b)^2 + (b-c)^2 + 2(a-b)(b-c) \geq$$
$$(a-b)^2 + (b-c)^2$$

有
$$a^2 + b^2 + c^2 - 4\sqrt{3}\,S = 2a^2 + 2c^2 - 2ac\cos B - 2\sqrt{3}\,ac\sin B =$$
$$2a^2 + 2c^2 - 4ac\sin(30° + B) \geq$$
$$2a^2 + 2c^2 - 4ac =$$
$$2(a-c)^2 \geq$$
$$(a-b)^2 + (b-c)^2 + (c-a)^2$$

第八章 配对原理

我们小时候学数数时,有时掰着手指头,一个一个地掰,掰完左手又掰右手.这种数数的方法也蕴含了一个基本原理——配对原理.把数与自己的手指头一一配对,掰了几个手指头,也就数出了几个数.

配对原理 设 A,B 是两个集合,把 A 中每个元素与 B 中的每个元素配对, A,B 中的每一个元素只能参加一对.如果 A,B 的所有元素都配上对,即 A 与 B 之间可以建立一种一一对应的关系,则 $n(A)=n(B)$.其中 $n(X)$ 表示集合 X 的元素个数.

运用配对原理是求某些集合元素个数的重要方法.原始人在山洞石壁上刻上一道道痕迹,代表打到的一件件猎物.石壁上有几道痕迹就有几件猎物.这是配对原理的一个原始应用.今天,配对原理仍发挥着极为重要的作用,这从下面的若干例题中可以看到.

8.1 运用配对原理求解数学问题

运用配对原理解答问题的关键,是能找到一个能与已知对象建立一一对应又便于求解原问题的另一对象.如何找到适当的另一个对象,也需要一定的技巧.下面从五个方面列举一些例子.

8.1.1 利用图形

例 1 19 世纪一次国际会议期间,法国数学家刘卡出了如下一道趣题:每天中午有一只轮船从塞纳河口的勒阿佛尔(巴黎的外港)开往纽约.在每天的同一时刻,也有该公司的一只船从纽约开往勒阿佛尔.轮船在横渡大西洋途中所花的时间恰好是七天七夜,并且全部航程都是匀速行驶.轮船在大西洋上按照一定的航线航行.在近距离内,对面开来的船可以互相看得到.问今天中午从勒阿佛尔开出去的轮船,到达纽约时,将会在途中遇到几只同一公司的轮船从对面开来?共遇几只本公司的轮船?

解 如图 8.1.1 所示,将船只与斜线配对,则知从勒阿佛尔开出去的轮船,在途中遇到 13 艘本公司的轮船.此外还遇到两艘,一艘是在它起锚时遇到的(它从纽约开来,正好那天中午到达),另一艘是到达纽约时遇上的(它正要从纽约开出),所以一共遇到 15 艘同一公司的轮船.

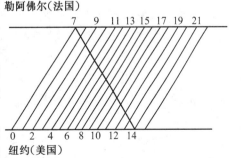

图 8.1.1

例 2 某杂志发布了 8 个题目,当从读者寄来的解答中选出每题的两个解答,准备把它登在下期时,编辑发现所有的 16 个解答是 8 个读者提出的,他们之中每个人恰好提出了 2 个.证明:杂志可以发表每道题的一个解答,使得在发表的解答中,这 8 个读者中的每一个恰好有一道解答.

证明 用一些字母表示读者,用数字表示解答,再用一些线来表示读者和他的解答,如图 8.1.2 所示. 使实际问题与字母、线段图配对,我们得到的图形总是封闭的. 于是,总可以选出其中的 8 条线段,使其包含 16 个不重复的顶点.

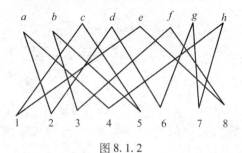

图 8.1.2

8.1.2 利用符号

例 1 在线段 AB 两端分别染上红、蓝两色,在线段中间插入 n 个分点,在各分点上随意地标上红色或蓝色,这样就把原线段分为 $n+1$ 个不重叠的小线段. 这些小线段的两端颜色不同者叫作标准线段. 证明:标准线段的条数是奇数.

证明 用"1"对应红色、"-1"对应蓝色,以 AB 为 x 轴建立坐标系,则把 1 与 -1 看作该点的纵坐标作出相应的点. 这样把线段上 $n+2$ 个点与 $n+2$ 个坐标点配对,然后邻点以线段相连(图略). 纵坐标不同的点连线必穿过横轴,纵坐标相同的点的连线不穿过横轴,而 A,B 分别在横轴异侧. 当点的纵坐标由 -1 变到 -1 时,连续曲线穿过横轴次数与标准线段的条数又配对. 而穿过的次数为奇数,故命题获证.

另证 将红色对应 1,蓝色对应 -1,则从集{红色,蓝色}到{1,-1}间建立了一一对应. 点 A_i 对应着一个数 $a_i(i=1,2,\cdots,n)$,a_i 为 1 或 -1. 若线段 A_iA_{i+1} 两端点不同色,则 $a_i \cdot a_{i+1} = -1$,否则 $a_ia_{i+1} = 1$.

设两端点不同色的线段条数为 k,且与 -1 的个数配对,则有 $-1 = a_1a_n = a_1a_2^2a_3^2\cdots a_{n-1}^2a_n = (a_1a_2)(a_2a_3)\cdots(a_{n-1}a_n) = 1^{n-1-k} \cdot (-1)^k = (-1)^k$. 由此知 k 必定是奇数.

例 2 正整数 2 可以表示为 $2 = 2, 2 = 1 + 1$;正整数 3 可表示为 $3 = 3, 3 = 1 + 2, 3 = 2 + 1, 3 = 1 + 1 + 1$;正整数 4 可表示为 $4 = 4, 4 = 3 + 1, 4 = 1 + 3, 4 = 2 + 2, 4 = 2 + 1 + 1, 4 = 1 + 2 + 1, 4 = 1 + 1 + 2, 4 = 1 + 1 + 1 + 1$,等等. 这种正整数表示称为正整数的有序分拆.

如果把 3 的有序分拆 $3 = 2 + 1$ 与 $3 = 1 + 2$ 看作没有区别;把 4 的有序分拆 $4 = 3 + 1$ 与 $4 = 1 + 3$ 看作没有区别;把 $4 = 2 + 1 + 1$ 与 $4 = 1 + 2 + 1, 4 = 1 + 1 + 2$ 看作没有区别,即只要和项相同,而不管它们在和式中的顺序,都看作同一种分拆,这种分拆称为正整数无序分拆. 并规定无序分拆中和项皆由大到小书写. 试问:

(Ⅰ)正整数 n 的有序分拆的种数 $r(n)$ 是多少?

(Ⅱ)正整数 8 的无序分拆的种数 $p(8)$ 是多少?

解 我们可以把 n 个 1 排成一行,每两个 1 之间留一空位,共有 $n-1$ 个空位.

(Ⅰ)在每个空位上可以填上或不填符号"+". 例如,1□1⊞1⊞1□1. 排了 6 个 1,有 5 个空位"□",这里表示第一个"⊞"前有 2 个 1,第二个"⊞"前有 1 个 1,第二个"⊞"后有 3 个 1,即表示整数 $6 = 2 + 1 + 3$. 因此安排方案的全体组成集合 A,与上述 $n-1$ 个空位的填空符号全体组成的集合 B,它们的元素一一配对,即有 $n(A) = n(B)$. 而 B 中,$n-1$ 个空位每一个有两种选法,于是 $n(B) = 2^{n-1}$. 则 $n(A) = 2^{n-1}$,故 $r(n) = 2^{n-1}$.

(Ⅱ)由无序分拆的规定写法,对于 $n-1$ 个空位,从后至前依次不填,填 1 个,填

2个,……,填 $n-1$ 个"+". 这有 n 种填法. 又由于大于 3 的数除了前面的分拆外,还可分成后者不大于前者的一些分拆(大于 3 的数无序分拆中,除了前面的那种分拆外,每次分拆中大于或等于 2 的数又有两种分拆),于是我们便有公式

$$P(n) = F(n)_1 + F(n)_2 + \cdots + F(n)_n \qquad ①$$

其中 $F(n)_m$ 表示把 n 表示为 m 个正数之和的方法数,且

$$F(n)_m = \sum_{i=1}^{m} F(n-m)i$$

这个公式的证明,可参见《中等数学》1987 年第 5 期第 14 页"计算 $P(n)$ 的一个公式".

我们可计算得 $F(8)_1 = 1, F(8)_2 = 4, F(8)_3 = 5, F(8)_4 = 5, F(8)_5 = 3, F(8)_6 = 2, F(8)_7 = 1, F(8)_8 = 1$. 由公式 ① 得

$$P(8) = 22$$

同理可求得 $P(4) = 5, P(5) = 7, P(6) = 11, P(7) = 15, P(9) = 30, P(10) = 41, P(11) = 56, \cdots$.

例 3 求方程 $x_1 + x_2 + x_3 + x_4 = 7$ 有多少组非负整数解?

解 设把该方程的非负整数解的集合记作 X,把 7 个球放在四个盒子里的总放法集合记作 Y. 由于方程的每一组解,如 $(3,3,1,0)$ 对应一种放法,即在第一、第二、第三、第四个盒子里分别放入 $3,3,0,1$ 个球. 显然方程不同的解与放球入盒子的方法配对,从而方程的非负整数解的组数,等于球的放法总数.

由重复排列总数公式知,球的放法为

$$C_{4+7-1}^{7} = C_{10}^{7} = 120(种)$$

故方程的非负整数解的组数为 120.

类似于上例,我们可求解更一般性的问题:

设正整数 r,自然数 $n \geq 1$,则方程

$$x_1 + x_2 + \cdots + x_n = r$$

的非负整数解的组数为 C_{r+n-1}^{r}.

8.1.3 利用规律

例 1 n 名选手参加单打淘汰赛,需打多少场后才能产生冠军?

解 要淘汰 1 名选手必须进行一场比赛;反之,每进行一场比赛则淘汰 1 名选手. 把被淘汰的选手与他被淘汰的那场比赛配对. 因此,比赛的场数与被淘汰的人数相等,要产生冠军,必须淘汰 $n-1$ 名选手,故应进行 $n-1$ 场比赛.

例 2 平面上有两条直线 l_1, l_2,且 $l_1 \parallel l_2$,l_1 上有 n_1 个点,l_2 上有 n_2 个点 $(n_1, n_2 \geq 2)$,把 l_1 上 n_1 个点与 l_2 上的 n_2 个点一一连成线段,假设这些线段中任意三条在 l_1, l_2 所夹的区域 D 的内部不共点. 试求这些线段在区域 D 的内部的交点数.

解 把符合要求的交点的全体记为 M,在 l_1 上任取两点 A_1, A_2,l_2 上任取两点 B_1, B_2,只有联结 A_1B_2, A_2B_1 才得到一个交点. 反之,M 中每一点 P 是由两条相交线段所得,亦即由 l_1 上两个点与 l_2 上两个点联结形如 A_1B_2, A_2B_1 才能得到. (A_1, A_2, B_1, B_2 均按由左到右顺序排列)

令 M 中每一点 P 与 l_1 上任意两点及 l_2 上任意两点配对,这就得到集 M 与从 l_1 上 n_1 个点中任取两点及从 l_2 上 n_2 个点中任取两点所成集合的元素一一配对. l_1 上任取两点有 $C_{n_1}^{2}$ 种

取法，l_2 上任取两点有 $C_{n_2}^2$ 种取法. 因此，一共有 $C_{n_1}^2 \cdot C_{n_2}^2$ 种取法.

故 $$n(M) = C_{n_1}^2 \cdot C_{n_2}^2$$

例3 现分批买汽水给 a 位客人喝，喝完的空瓶根据商家的规定每 b 个空瓶可换一瓶汽水（a,b 为大于 1 的自然数），所以不必买 a 瓶汽水，问至少买多少瓶汽水才能保证 a 位客人都喝上汽水？

解 因为每一次"兑换"都带来新的空瓶. $b-1$ 个空瓶对应着一个瓶里的"汽水"，并且这是一一对应. 因此，保证 a 瓶里"汽水"的问题，可以甩掉"空瓶"在兑换中的纠缠而直接处理.

设至少要买 x 瓶汽水，按规定，x 个"空瓶"可换回 $\dfrac{x}{b-1}$ 个瓶里的"汽水"，依题意，两部分"汽水"之和不得小于 a，有 $x + \dfrac{x}{b-1} \geq a$，得 $x \geq a - \dfrac{a}{b}$.

因为 x 为自然数且要取最小，所以，当 $b \mid a$ 时，答案为 $a - \dfrac{a}{b}$；当 $b \nmid a$ 时，答案为 $a - \left[\dfrac{a}{b}\right]$. 可统一为 $a - \left[\dfrac{a}{b}\right]$. 因此，至少要买汽水 $a - \left[\dfrac{a}{b}\right]$ 瓶，才能保证 a 位客人都喝上汽水. （其中 $[x]$ 表示不超过 x 的最大整数）

8.1.4 抓住特殊元素

例1 8 个人排成一横排照相，若甲必须在乙的左边（不一定相邻），问共有多少种排法？

解 设甲一定在乙的左边的所有排列所成之集为 A，则甲在乙的右边的所有排列所成之集为 $\overline{A}$.（所有排列所成之集为全集 I，I 中的元素的个数为 $8!$）

易知，由甲、乙左右对称的位置关系可以建立从集 A 到集 $\overline{A}$ 间的一一对应. 因此集 A 的元素个数 $n(A)$ 等于集 $\overline{A}$ 的元素个数 $n(\overline{A})$，故

$$n(A) = \dfrac{1}{2}n(I) = 20\ 160(\text{个})$$

类似于上例可解 1983 年上海市的一道竞赛题的推广情形：在数集 $\{a_1, a_2, \cdots, a_n\}$ 中任取一个子集，并计算出它的元素之和，那么所有各子集的元素和的总和是多少？只要注意任一子集 A_i 与 $\overline{A_i}$ 一一配对，求得总和为 $2^{n-1}(a_1 + a_2 + \cdots + a_n)$.

例2 对于 $\{1,2,3,\cdots,n\}$ 及其每一个非空子集，定义"交替和"如下：按照递减的顺序重新排列元素，然后从最大的数开始交替地减、加后继的数，例如 $\{1,2,4,6,9\}$ 排列成 $\{9,6,4,2,1\}$，交替和是 $9-6+4-2+1=6$. $\{5\}$ 的交替和是 5. 对 $n=7$，求所有的交替和的总和.

解 不妨规定空集中元素的交替和为 0，将 $\{1,2,\cdots,n\}$ 的子集 2^n 个分为两类：不含 n 的为一类，其子集有 2^{n-1} 个；另一类含元素 n，其子集也是 2^{n-1} 个. 将含有 n 的子集 $\{n, a_1, \cdots, a_i\}$ 与不含 n 的子集 $\{a_1, a_2, \cdots, a_i\}$（$a_1 > a_2 > \cdots > a_i$）对应. 这个对应是一一对应，且这两个子集的交替和分别是 $n - a_1 + a_2 - \cdots + (-1)^i a_i$ 与 $a_1 - a_2 + a_3 - \cdots + (-1)^{i-1} a_i$，它们的和为 n. 因此，$\{1,2,\cdots,n\}$ 的所有子集的交替和之总和为 $S = n \cdot 2^{n-1}$. 故当 $n=7$ 时，交替和总和为 448.

例 3 在一个椭圆上,有 100 个点,其中一个点是红点,其余点均是黑点,将任意两点都用线段联结起来,于是便构成了三角形、四边形 …… 一系列多边形. 把顶点全由黑点构成的多边形称为甲类,把有一个红色顶点的,其余均由黑点构成的多边形称为乙类. 试问这两类多边形的数目哪一类多? 多多少个?

解 由于乙类多边形可以分成两种,一种是边数 ≥ 4 的乙类多边形,记它的个数为 M;另一种是边数是 3 的乙类多边形,记有 S 个.

我们可以在甲类多边形与边数 ≥ 4 的乙类多边形之间一一配对.

设有一个甲类多边形,那么我们可以在边数 ≥ 4 的乙类多边形中找到这样一个和它配对,它是将这个甲类多边形再加一个红色顶点而得到的. 由此可知,甲类多边形的数目 N 不大于边数 ≥ 4 的乙类多边形的数目,即 $N \leq M$.

反之,对于任意一个边数 ≥ 4 的乙类多边形,我们只要去掉它的红色顶点,就可以得到一个甲类多边形. 这样配对也十分方便,由此可知边数 ≥ 4 的乙类多边形的数目不大于甲类多边形的数目,即 $M \leq N$.

综合两种情况,$N \leq M, M \leq N$,故 $M = N$.

因此,乙类多边形中的三角形数目 S 就是乙类多边形比甲类多边形多出的数目. 这些三角形是由一个红色顶点与两个黑顶点组成. 从 99 个黑点中每次取出 2 个,不管顺序,这个数目是 $C_{99}^2 = 4851$ 个. 故乙类多边形比甲类多边形多,多出 4851 个.

8.1.5 抓住特殊式子

把某些数学式子配对,揭示某些数学问题的本质属性,也是我们解答数学问题的策略.

例 1 设 $f(x) = \dfrac{4^x}{4^x + 2}$,那么和式 $f\left(\dfrac{1}{1001}\right) + f\left(\dfrac{2}{1001}\right) + \cdots + f\left(\dfrac{1000}{1001}\right)$ 的值是多少?

解 因 $f(x) = \dfrac{4^x}{4^x + 2}$,若 $x + y = 1$,则

$$f(y) = f(1 - x) = \dfrac{2}{2 + 4^x}$$

于是 $\qquad f(x) + f(y) = 1$

故

$$f\left(\dfrac{1}{1001}\right) + f\left(\dfrac{2}{1001}\right) + \cdots + f\left(\dfrac{1000}{1001}\right) =$$
$$\left[f\left(\dfrac{1}{1001}\right) + f\left(\dfrac{1000}{1001}\right)\right] + \cdots + \left[f\left(\dfrac{500}{1001}\right) + f\left(\dfrac{501}{1001}\right)\right] = 500$$

例 2 求 $(\sqrt{2} + \sqrt{3})^{2012}$ 的小数点的前一位与后一位数字,并证明你的结论.

解 设 $A = (\sqrt{2} + \sqrt{3})^{2012} = (5 + 2\sqrt{6})^{1006}$,构造 A 的对偶式 $B = (5 - 2\sqrt{6})^{1006}$. 则

$$A + B = 2 \times [5^{1006} + C_{1006}^2 5^{1004}(2\sqrt{6})^2 + \cdots + C_{1006}^{1004} 5^2 (2\sqrt{6})^{1004} + (2\sqrt{6})^{1006}] =$$
$$10m + 2 \times (2\sqrt{6})^{1006} = 10m + 2 \times 24^{503} (其中 m 为正整数)$$

容易判断 24^{503} 的个位数字是 4. 所以,$A + B$ 的个位数字是 8.

又

$$B = (5 - 2\sqrt{6})^{1006} = (\frac{1}{5 + 2\sqrt{6}})^{1006} < (\frac{1}{5})^{1006} < 0.01$$

所以,$A = (\sqrt{2} + \sqrt{3})^{2012}$ 的小数点前一位与后一位数字分别为 7 和 9.

例 3 求证:$(a_1 + a_2 + \cdots + a_n)(\frac{1}{a_1} + \frac{1}{a_2} + \cdots + \frac{1}{a_n}) \geq n^2$.

此例运用柯西不等式可迅速获证,这里我们运用配对法证明,也可简捷获证.

证明 把$(a_1 + a_2 + \cdots + a_n)(\frac{1}{a_1} + \frac{1}{a_2} + \cdots + \frac{1}{a_n})$乘开来,一共可得$n^2$项. 在这些项中,有$n$项为$a_1 \cdot \frac{1}{a_1}, a_2 \cdot \frac{1}{a_2}, \cdots, a_n \cdot \frac{1}{a_n}$都等于 1. 其余的项一共有$n^2 - n$项. 把这些项两个两个配对,加上括号(例如,$(a_1 + a_2)(\frac{1}{a_1} + \frac{1}{a_2}) = a_1 \cdot \frac{1}{a_1} + a_2 \cdot \frac{1}{a_2} + \frac{a_2}{a_1} + \frac{a_1}{a_2} \geq 2 + 2$ 中的 $\frac{a_2}{a_1} + \frac{a_1}{a_2}$就配成了对) 配成的形式为$(\frac{a_2}{a_1} + \frac{a_1}{a_2}), (\frac{a_3}{a_1} + \frac{a_1}{a_3}), \cdots$, 这样共有$\frac{1}{2}(n^2 - n)$ 对. 又因每对的和不小于 2,因此

$$(a_1 + a_2 + \cdots + a_n)(\frac{1}{a_1} + \frac{1}{a_2} + \cdots + \frac{1}{a_n}) \geq n + \frac{1}{2}(n^2 - n) \cdot 2 = n^2$$

上面两例是对求解式子中的子式进行配对而获得解答的.

有时,为了给求解式子配对,需另找(或添或乘,等等)式子,例如利用公式 $a^2 - b^2 = (a + b)(a - b)$ 找共扼根式、共轭复数,等等.

例 4 设k为正奇数,试证:$1^k + 2^k + \cdots + n^k$ 能被 $1 + 2 + \cdots + n$ 整除.

证明 记$M = 1^k + 2^k + \cdots + n^k$,则

$$2M = [1^k + n^k] + [2^k + (n-1)^k] + \cdots + [n^k + 1^k]$$

因k为奇数,每个中括号里含有因式$n + 1$,所以$2M$是$n + 1$的整数倍. 同样

$$2M = [0^k + n^k] + [1^k + (n-1)^k] + \cdots + [n^k + 0^k]$$

此式表明$2M$中又含有n的因式,所以$2M$又是n的整数倍. 而$n + 1$与n互素,于是$2M$含有$n(n+1)$的因式,或M中含有因式$\frac{1}{2}n(n+1)$. 即有正整数P,使得

$$M = \frac{1}{2}n(n+1) \cdot P = (1 + 2 + \cdots + n) \cdot P$$

故$1^k + 2^k + \cdots + n^k$ 能被 $1 + 2 + \cdots + n$ 整除,其中k为正奇数.

例 5 求$\cos\frac{\pi}{7}\cos\frac{3\pi}{7}\cos\frac{5\pi}{7}$的值.

解 设

$$x = \cos\frac{\pi}{7}\cos\frac{3\pi}{7}\cos\frac{5\pi}{7}$$

$$y = \sin\frac{\pi}{7}\sin\frac{3\pi}{7}\sin\frac{5\pi}{7}$$

则

$$xy = \frac{1}{8}\sin\frac{2\pi}{7}\sin\frac{6\pi}{7}\sin\frac{10\pi}{7} = -\frac{1}{8}\sin\frac{\pi}{7}\sin\frac{3\pi}{7}\sin\frac{5\pi}{7} = -\frac{1}{8}y$$

因$y \neq 0$,则$x = -\frac{1}{8}$,即

$$\cos\frac{\pi}{7}\cos\frac{3\pi}{7}\cos\frac{5\pi}{7} = -\frac{1}{8}$$

例 6 求值 $\cos\frac{\pi}{7} + \cos\frac{3\pi}{7} + \cos\frac{5\pi}{7}$.

解 设 $A = \cos\frac{\pi}{7} + \cos\frac{3\pi}{7} + \cos\frac{5\pi}{7}$,构造其互余对偶式 $B = \sin\frac{\pi}{7} + \sin\frac{3\pi}{7} + \sin\frac{5\pi}{7}$,

则 $A^2 + B^2 = 3 - 2\cos\frac{3\pi}{7} - 4\cos\frac{5\pi}{7}$, $A^2 - B^2 = -5\cos\frac{\pi}{7} - 3\cos\frac{3\pi}{7} - \cos\frac{5\pi}{7}$. 两式相加得

$2A^2 = 3 - 5A$,解得 $A = \frac{1}{2}$(舍去 $A = -3$).

例 7 求: $\sin^2 20° + \cos^2 50° + \sin 20°\cos 50°$ 的值.

解 令

$$x = \sin^2 20° + \cos^2 50° + \sin 20°\cos 50°$$
$$y = \cos^2 20° + \sin^2 50° + \cos 20°\sin 50°$$

则

$$x + y = 2 + \sin 70°$$
$$x - y = -\cos 40° + \cos 100° + \sin(-30°) =$$
$$-2\sin 70°\sin 30° - \frac{1}{2} = -\sin 70° - \frac{1}{2}$$

则 $2x = \frac{3}{2}$,故 $x = \frac{3}{4}$,即

$$\sin^2 20° + \cos^2 50° + \sin 20°\cos 50° = \frac{3}{4}$$

例 8 解方程

$$\sqrt{x^2 + 10x + 32} - \sqrt{x^2 - 10x + 32} = 8$$

分析 从整体着想,寻找对偶式.

解 令

$$A = \sqrt{x^2 + 10x + 32} - \sqrt{x^2 - 10x + 32}$$
$$B = \sqrt{x^2 + 10x + 32} + \sqrt{x^2 - 10x + 32}$$

两式相乘,得

$$AB = 20x$$

两式相加,得

$$A + B = 2\sqrt{x^2 + 10x + 32}$$

又 $A = 8$,故 $2\sqrt{x^2 + 10x + 32} = \frac{20x}{8} + 8$,两边平方后,解得 $x = \pm\frac{16}{3}$,经检验,$x = \frac{16}{3}$ 是原方程的解.

例 9 已知 $a,b,c > 0$,证明: $\frac{a}{b+c} + \frac{b}{c+a} + \frac{c}{a+b} \geq \frac{3}{2}$.

证明 设 $A = \frac{a}{b+c} + \frac{b}{c+a} + \frac{c}{a+b}$,构造其对偶式

$$B = \frac{b}{b+c} + \frac{c}{c+a} + \frac{a}{a+b}$$

$$C = \frac{c}{b+c} + \frac{a}{c+a} + \frac{b}{a+b}$$

则

$$A + B = \frac{a+b}{b+c} + \frac{b+c}{c+a} + \frac{c+a}{a+b} \geqslant 3$$

$$A + C = \frac{a+c}{b+c} + \frac{b+a}{c+a} + \frac{c+b}{a+b} \geqslant 3$$

所以
$$2A + B + C \geqslant 6$$

又由 $B + C = 3$,所以

$$A = \frac{a}{b+c} + \frac{b}{c+a} + \frac{c}{a+b} \geqslant \frac{3}{2}$$

例 10 已知 $a, b, c, d \in \mathbf{R}$,且 $a^2 + b^2 + c^2 + d^2 \leqslant 1$,求证
$$(a+b)^4 + (a+c)^4 + (a+d)^4 + (b+c)^4 + (b+d)^4 + (c+d)^4 \leqslant 6$$

解 令
$$A = (a+b)^4 + (a+c)^4 + (a+d)^4 + (b+c)^4 + (b+d)^4 + (c+d)^4$$
$$B = (a-b)^4 + (a-c)^4 + (a-d)^4 + (b-c)^4 + (b-d)^4 + (c-d)^4$$

则
$$A + B = 6(a^4 + b^4 + c^4 + d^4 + 2a^2b^2 + 2a^2c^2 + 2a^2d^2 + 2b^2c^2 + 2b^2d^2 + 2c^2d^2) =$$
$$6(a^2 + b^2 + c^2 + d^2)^2 \leqslant 6$$

又由 $B \geqslant 0$,则 $A \leqslant 6$,故原不等式成立.

例 11 设 x, y, z 是正实数,求证:$\frac{z(z^2 - y^2)}{x+y} + \frac{x(x^2 - z^2)}{y+z} + \frac{y(y^2 - x^2)}{z+x} \geqslant 0$.

证明 记不等式左边为 A,构造其对偶式 $B = \frac{z(z^2 - x^2)}{x+y} + \frac{x(x^2 - y^2)}{y+z} + \frac{y(y^2 - z^2)}{z+x}$. 则

$$A - B = \frac{z(x^2 - y^2)}{x+y} + \frac{x(y^2 - z^2)}{y+z} + \frac{y(z^2 - x^2)}{z+x} = z(x-y) + x(y-z) + y(z-x) = 0 \Rightarrow A = B$$

$$A + B = \left(\frac{z(z^2 - y^2)}{x+y} + \frac{y(y^2 - z^2)}{z+x}\right) + \left(\frac{x(x^2 - y^2)}{y+z} + \frac{z(z^2 - x^2)}{x+y}\right) +$$
$$\left(\frac{y(y^2 - x^2)}{z+x} + \frac{x(x^2 - y^2)}{y+z}\right) =$$
$$\frac{(x+y+z)(y+z)(y-z)^2}{(x+y)(z+x)} + \frac{(x+y+z)(z+x)(z-x)^2}{(y+z)(x+y)} +$$
$$\frac{(x+y+z)(x+y)(x-y)^2}{(z+x)(y+z)} \geqslant 0$$

所以
$$A = \frac{z(z^2 - y^2)}{x+y} + \frac{x(x^2 - z^2)}{y+z} + \frac{y(y^2 - x^2)}{z+x} \geqslant 0$$

例 12 若 $a_1 + a_2 + \cdots + a_n = 1, a_i \in \mathbf{R}_+ (i = 1, 2, \cdots, n)$,证明

$$\frac{a_1^4}{a_1^3 + a_1^2 a_2 + a_1 a_2^2 + a_2^3} + \frac{a_2^4}{a_2^3 + a_2^2 a_3 + a_2 a_3^2 + a_3^3} + \cdots + \frac{a_n^4}{a_n^3 + a_n^2 a_1 + a_n a_1^2 + a_1^3} \geqslant \frac{1}{4}$$

证明 记不等式左边为 A，构造 A 的对偶式

$$B = \frac{a_2^4}{a_1^3 + a_1^2 a_2 + a_1 a_2^2 + a_2^3} + \frac{a_3^4}{a_2^3 + a_2^2 a_3 + a_2 a_3^2 + a_3^3} + \cdots + \frac{a_1^4}{a_n^3 + a_n^2 a_1 + a_n a_1^2 + a_1^3}$$

则

$$A - B = \frac{a_1^4 - a_2^4}{(a_1^2 + a_2^2)(a_1 + a_2)} + \frac{a_2^4 - a_3^4}{(a_2^2 + a_3^2)(a_2 + a_3)} + \cdots + \frac{a_n^4 - a_1^4}{(a_n^2 + a_1^2)(a_n + a_1)} =$$
$$(a_1 - a_2) + (a_2 - a_3) + \cdots + (a_n - a_1) = 0 \Rightarrow A = B$$

又

$$A + B = \frac{a_1^4 + a_2^4}{(a_1^2 + a_2^2)(a_1 + a_2)} + \frac{a_2^4 + a_3^4}{(a_2^2 + a_3^2)(a_2 + a_3)} + \cdots + \frac{a_n^4 + a_1^4}{(a_n^2 + a_1^2)(a_n + a_1)}$$

由基本不等式，易得 $\dfrac{a_i^4 + a_j^4}{a_i^2 + a_j^2} \geqslant \dfrac{1}{2}(a_i^2 + a_j^2), \dfrac{a_i^2 + a_j^2}{a_i + a_j} \geqslant \dfrac{1}{2}(a_i + a_j)$，故

$$A + B \geqslant \frac{1}{2}\left(\frac{a_1^2 + a_2^2}{a_1 + a_2} + \frac{a_2^2 + a_3^2}{a_2 + a_3} + \cdots + \frac{a_n^2 + a_1^2}{a_n + a_1}\right) \geqslant$$
$$\frac{1}{4}[(a_1 + a_2) + (a_2 + a_3) + \cdots + (a_n + a_1)] = \frac{1}{2} \Rightarrow$$
$$A \geqslant \frac{1}{4}$$

例 13 （第 46 届 IMO 第 3 题）设正实数 x, y, z 满足 $xyz \geqslant 1$，证明：$\dfrac{x^5 - x^2}{x^5 + y^2 + z^2} + \dfrac{y^5 - y^2}{y^5 + z^2 + x^2} + \dfrac{z^5 - z^2}{z^5 + x^2 + y^2} \geqslant 0.$

当年此题的平均得分为 0.91 分，摩尔多瓦选手 Boreico Iurie 的解法获得了第 46 届 IMO 特别奖. 他的证法大致如下：

记

$$A = \frac{x^5 - x^2}{x^5 + y^2 + z^2} + \frac{y^5 - y^2}{y^5 + z^2 + x^2} + \frac{z^5 - z^2}{z^5 + x^2 + y^2} = \sum \frac{x^5 - x^2}{x^5 + y^2 + z^2}$$

$$B = \frac{x^5 - x^2}{x^3(x^2 + y^2 + z^2)} + \frac{y^5 - y^2}{y^3(y^2 + z^2 + x^2)} + \frac{z^5 - z^2}{z^3(z^2 + x^2 + y^2)} = \sum \frac{x^5 - x^2}{x^3(x^2 + y^2 + z^2)}$$

则

$$A - B = \sum \left[\frac{x^5 - x^2}{x^5 + y^2 + z^2} - \frac{x^5 - x^2}{x^3(x^2 + y^2 + z^2)}\right]$$
$$= \sum \frac{(x^3 - 1)^2(y^2 + z^2)}{x(x^5 + y^2 + z^2)(x^2 + y^2 + z^2)} \geqslant 0$$

所以 $A \geqslant B = \dfrac{1}{x^2 + y^2 + z^2} \sum\left(x^2 - \dfrac{1}{x}\right) \geqslant \dfrac{1}{x^2 + y^2 + z^2} \sum (x^2 - yz) \geqslant 0$（因为 $xyz \geqslant 1$）.

8.2　运用配对原理，证明两组东西一样多

例 1 在凸 $n + 1$ 边形（$n \geqslant 3$）中画 $n - 2$ 条在 $n + 1$ 边形内部不相交的对角线，把这

$n+1$ 边形分成 $n-1$ 个不相迭交的三角形区域,以 A 记所有画法全体,以 B 记 n 个指定了顺序的实数的所有乘积结合方式全体. 证明

$$n(A) = n(B)$$

注:例如 4 个实数 a_1, a_2, a_3, a_4 的所有乘积结合方式全体是 $a_1[(a_2a_3)a_4]$, $a_1[a_2(a_3a_4)]$, $[(a_1a_2)a_3]a_4$, $[a_1(a_2a_3)]a_4$, $(a_1a_2)(a_3a_4)$ 5 种.

证明 为清楚起见,以凸六边形的 6 条边按逆时针方向依次用实数 $a, a_1, a_2, a_3, a_4, a_5$ 表示,如图 8.2.1 右图的画法(A 中元素)与乘积结合方式 $(a_1a_2)(a_3a_4)a_5$(B 中元素) 配对. 这种对应按下述规则给出:以 a_1, a_2 为边的三角形的第三边以 $a_1 \cdot a_2$ 表示;以 a_3, a_4 为边的三角形的第三边以 $a_3 \cdot a_4$ 表示;以 a_5, a_3a_4 为边的三角形的第三边以 $(a_3a_4) \cdot a_5$ 表示;关于 a 边,即以 $(a_3a_4) \cdot a_5, a_1a_2$ 为边的三角形,以 $(a_1a_2)[(a_3a_4)a_5]$ 表示. 于是对应于 A 的一种画法,a 边就用 B 中的一种结合方式表示. 令它们配对,则 A 与 B 一一对应. 因此

$$n(A) = n(B)$$

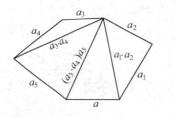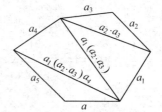

图 8.2.1

这里的证法对 $n \geq 3$ 都适用.

从上例可以看出:两组东西,只要能一一对应,就是一样多. 由此,我们可以得出任何两组东西(有限或无限),只要相互一一对应,也是同样多. 因此,"部分小于整体"这条规律只在有限的情况下是正确的,而在无限的情况下,就不对了. "部分"可以等于"全体"!

例 2 试证一个平面上的点的数目并不比一条直线上点的数目更多.

证明 此题即证平面点集与直线点集等势(即元素的个数相等),只需证明单位正方形点与单位长线段点集等势即可.

如图 8.2.2 所示,在单位正方形内任取一点 P. 点 P 的坐标 (x, y),x, y 均可表示无限小数(或 x, y 为有限小数,很容易把它们改写成无限小数,例如有限小数 0.125 可以写成 0.124 999… 的形式). 设 P 的坐标为 $x = OC = 0.576\,482\cdots, y = CP = 0.821\,357\cdots$,这两个无限小数可以代表单位正方形内非常确定的一点 P 的位置. 给出了这两个小数,我们就可以找到点 P. 反过来,给定了点 P,我们亦可找到代表其坐标的一对无限小数.

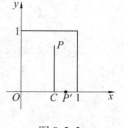

图 8.2.2

现在,我们可以把这两个小数的各个数字交替穿插,结合成一个单一的小数,$OP' = 0.587\,261\,438\,527\cdots$. 这在横轴(单位正方形底边)上产生了一个完全确定的点 P'. 反之,如果用无限小数 $0.587\,261\,438\,527\cdots$ 的形式给定了点 P'. 我们可以把这个无限小数隔位拆开,从而得到两个无限小数 $0.576\,482\cdots$ 和 $0.821\,357\cdots$. 这样我们就可以以一种独特的方式从点 P 得到它在底线上的射影点 P',也可以由底线上的点 P' 找到单位正方形内的点 P.

这样一来,我们就已经在平面上的各点同直线上的各点之间,建立了一一对应关系. 故一个平面上的各点同直线上的各点之间,建立了一一对应关系. 故一个平面上的点的数目并不比直线上点的数目更多.

上面的例题还告诉我们:哪怕只有一厘米长的线段,它上面的点的数目竟不少于整个无限宇宙空间所包含的点的数目. 因为我们可以建立两集之间一一对应的关系.

综上所述,在无限情况下,部分可以等于全体. 这正是无限的本质. 如果一个量等于它的某一部分,那么它必定是无限量;反之,无限量必定等于它的某个部分量.

思 考 题

1. 把 r 个没有区别的球放进编号自 1 至 n 的 n 个盒里,每盒球数不限,求没有空盒的放法种数. ($r \geq n$)

2. 试证:任意两条线段上的点一样多.

3. 弟弟要完成 20 道作业题,哥哥辅导他做这些作业有两种方案:第一种,第一天辅导做 5 道题,以后每天至少辅导做 1 道题,但不比前一天多,做完为止;第二种,第一天辅导做的题数不限,以后每天至少做 1 道题,但不比前一天多,5 天做完. 证明:这两种安排方案种数一样多.

4. 有编号自 1 至 m 的 m 张纸牌,从这 m 张纸牌中取出 1 张,放回. 再取出 1 张,放回. 按这样规则(称为有放回的抽样)共取 n 次. 设第 i 次抽到 k_i 号,$i = 1, 2, \cdots, n$. 求这 n 个号码组成不减数列 $k_1 \leq k_2 \leq \cdots \leq k_n$ 的抽取方法的种数. (其全体种数记为 A)

5. 在一个 6×6 的棋盘上,已经摆好了一些 1×2 的骨牌. 每一个骨牌都覆盖两个相邻的格子. 证明:如果还有 14 个格子没有覆盖,则至少能再放进一个骨牌.

6. 在一个实数的有限数列中,任何 7 个连续项之和都是负数,而任何 11 个连续项之和都是正数. 试问:这样一个数列最多能包含多少项?

7. 已知 $a\sqrt{1-b^2} - b\sqrt{1-a^2} = 1$,求 $a^2 + b^2$ 的值.

8. 已知 $\sin \alpha + \sin \beta = \dfrac{1}{4}$,$\cos \alpha + \cos \beta = \dfrac{1}{3}$,求证:$\tan(\alpha + \beta) = \dfrac{24}{7}$.

9. 设 $(3 + 2\sqrt{2})^n = a_n + b_n \sqrt{2}$. (其中 n, a_n, b_n 均为正整数),求证:$a_n^2 - 2b_n^2 = 1$.

10. 设复数 z_1 和 z_2 满足关系式:$z_1 \bar{z_2} + \bar{A} z_1 + A \bar{z_2} = 0$,其中 A 为不等于 0 的复数,求证:

(Ⅰ) $|z_1 + A||z_2 + A| = |A|^2$;

(Ⅱ) $\dfrac{z_1 + A}{z_2 + A} = \left| \dfrac{z_1 + A}{z_2 + A} \right|$.

思考题参考解答

1. 用 $n-1$ 个黑圆点排在直线 l 上,把 l 分成几段,每段看作一个盒子,自左到右编号为 $1, 2, \cdots, n$,r 个球没有区别,都用记号 $\otimes$ 表示,则与例 6 解法全同.

2. 将任意两条线段 BC 与 $B'C'$ 平行放置于平面上,连 BB' 及 CC'(或 BC' 及 $B'C$)相交于 A,设过 A 的直线交 BC,$B'C'$ 分别为 M, N,则 M, N 配对,证毕.

3. 此图(第一行 5 点,第二、三行均为 4 点,第三行 3 点,第四、五行均为 2 点,且第一列对齐,图略)代表第一种方案:第一天做 5 道题,第二、三天各做 4 道题,第四天做 3 道题,第五、六天各做 2 道题,把该点阵绕对角线 l 翻转 $180°$,它代表第二种方案:第一、二天各做 6 道题,第三天做 4 道题,第四天做 3 道题,第五天做 1 道题,五天做完,令这两种方案配对,则两种方案的做法全体方案数相同.

注:此题与正整数的元序分析有关.

4. 把递增数列 $0 < 1 < 2 < \cdots < n-1$ 依次一对一地加进 $j_i = k_i + (i-1), i = 1,2,\cdots,n$ 得到数列 $j_1 < j_2 < \cdots < j_n$ 满足 $1 \leqslant j_i \leqslant m+n-1, i = 1,2,\cdots,n$. 以 B 记适合 $j_1 < j_2 < \cdots < j_n$ 的 n 元有序数组 $(j_1, j_2, \cdots, j_n)$ 全体,容易知道,依规则 $j_k = k_i + (i-1)(i = 1,2,\cdots,n)$. A 与 B 一一对应,故 $n(A) = n(B)$,因 B 中 n 元有序数组的个数等于从 1 至 $m+n-1$ 的 $m+n-1$ 个整数中取 n 个(不许重复)的组合数,所以有 $n(B) = C_{m+n-1}^{n}$.

5. 考虑下面 5×6 个方格中的空格(即除去第一行后的方格中的空格),对每一个这样的空格,考察它上方的与之相邻的方格中的情况:

(i) 如果上方的这方格是空格,则问题得证.

(ii) 如果上方的这方格被骨牌所占,这又有三种情况:(A) 骨牌是横放的,且与之相邻的下方的另一方格是空格,则有两空格相邻. 问题得到解决;(B) 骨牌是横放的,且与之相邻的下方的另一个方格不是空格,即被骨牌所覆盖;(C) 骨牌是竖放的.

在发生(ii)中的(B)(C)的情况时,我们记 X 为下面 5×6 个方格中空格集合,Y 为上面的 5×6 个方格中的骨牌集合,作对应,使不同的空格对应不同的骨牌,于是必有 $n(X) \leqslant n(Y)$.

如果第一行中的空格数多于 3 个,必有两相邻空格,问题就得到解决,现设第一行中的空格数最多是 3 个,则有 $n(x) \geqslant 14 - 3 = 11$. 另一方面,全部已放入的骨牌的数目为 11,即 $n(Y) \leqslant 11$,从而必有 $n(X) = n(Y) = 11$,事实上这个对应是一一对应. 这时就出现了最下面一行全是实格,当然可以放入一个骨牌.

6. 将这有限个实数依次编号为 ①②⋯(按顺序写出来,用虚线括号任括 7 个连续数,用实线括号任括 11 个连续数),使满足题设的数与图中编号数对应.

把图中的数字同时向前挪一位,挪两位,⋯⋯,便可以看出,从第 12 个数起,任意连续三数之和为负;从第 15 个数起,每一个数都为正. 因编号为 ⑮⑯⑰ 的三个正数之和不可能是负的,故这些实数最多 16 个.

例如数列 $5,5,-13,5,5,5,-13,5,5,-13,5,5,5,-13,5,5$ 满足题设要求.

7. 令 $A = a\sqrt{1-b^2} - b\sqrt{1-a^2}, B = a\sqrt{1-b^2} + b\sqrt{1-a^2}$.

两式相乘,得

$$AB = a^2 - b^2$$

两式相加,得

$$A + B = 2a\sqrt{1-b^2}$$

又 $A = 1$,故

$$a^2 - b^2 = 2a\sqrt{1-b^2} - 1$$

即 $(a - \sqrt{1-b^2})^2 = 0$,所以 $a^2 + b^2 = 1$.

8. 设 $\alpha = A + B, \beta = A - B$,由 $\sin(A+B) + \sin(A-B) = \dfrac{1}{4}$,得

$$2\sin A\cos B = \frac{1}{4}$$

由 $\cos(A+B) + \cos(A-B) = \frac{1}{3}$,得

$$2\cos A\cos B = \frac{1}{3}$$

两式相除,得 $\tan A = \frac{3}{4}$,所以

$$\tan(\alpha+\beta) = \tan 2A = \frac{2\tan A}{1-\tan^2 A} = \frac{24}{7}$$

9. 设 $A = (3+2\sqrt{2})^n = a_n + b_n\sqrt{2}, B = (3-2\sqrt{2})^n$.
由数学归纳法或二项式定理,易知 $B = (3-2\sqrt{2})^n = a_n - b_n\sqrt{2}$,于是
$$a_n^2 - 2b_n^2 = (a_n + b_n\sqrt{2})(a_n - b_n\sqrt{2}) = (3+2\sqrt{2})^n(3-2\sqrt{2})^n = 1$$

10. （Ⅰ）由题设得
$$z_1\bar{z_2} + \bar{A}z_1 + A\bar{z_2} + A\bar{A} = A\bar{A}$$

故
$$(z_1 + A)(\bar{z_2} + \bar{A}) = A\bar{A} = |A|^2 \qquad ①$$

则
$$|z_1 + A| \cdot |\overline{z_2 + A}| = |A|^2$$

即
$$|z_1 + A||z_2 + A| = |A|^2$$

（Ⅱ）由式①得
$$z_1 + A = \frac{|A|^2}{\bar{z_2} + \bar{A}}$$

则
$$\frac{z_1 + A}{z_2 + A} = \frac{|A|^2}{(\bar{z_2} + \bar{A}) \cdot (z_2 + A)}$$

又由（Ⅰ）的结论可得
$$\frac{z_1 + A}{z_2 + A} = \frac{|z_1 + A||z_2 + A|}{|z_2 + A|^2}$$

即
$$\frac{z_1 + A}{z_2 + A} = \left|\frac{z_1 + A}{z_2 + A}\right|$$

第九章 关系、映射、反演原理

外科医生给内伤病人动手术前,他总是请病人到放射科透视拍片,再根据从底片看到的内伤位置、程度,制定手术方案,然后按这个方案在伤员身上实施手术,来解救这位伤员. 外科医生的这种工作方法,我们在处理数学问题时也时常用到. 例如:

试求方程 $x^2 + 18x + 30 = 2\sqrt{x^2 + 18x + 45}$ 的实根积是多少?

求解时,令 $x^2 + 18x + 45 = t^2 (t \geq 0)$,代入原方程得 $t^2 - 15 = 2t$,由此求得 $t = 5$,再由代换式解得 $x_{1,2} = -9 \pm \sqrt{61}$. 故

$$x_1 \cdot x_2 = 20$$

上面的例子给出了如下数学原理的直观背景和含义.

关系、映射、反演原理 在一个数学问题里,常有一些已知元素与未知元素(都称为"原象"),它们之间有一定的关系. 我们希望由此求得未知元素. 如果直接求解比较难,可寻找一个映射,把"原象关系"映射成"映象关系",通过映象关系求得未知元素的映象,最后以未知元素的映象通过"反演"求得未知元素.

RMI 是关系(Relationship)、映射(Mapping)、反演(Inversion)的简称. 它可用框图表示如下

这里的映射,最好是一一映射. 这时,"反演"就是逆着返回的逆映射,如果不是一一映射,则"反演"也就不是逆映射. 并且"映射""反演"在各个具体的场合,有各不相同的具体内容.

运用 RMI 原理解题的关键,就在于恰当地选择映射,使得原问题中本来难于直接决定的关系,经过映射后,在新的映射问题中,却是易于决定的.

这个原理的应用是非常广泛的. 这个原理是一般科学方法论范畴的一种"工作原理",也是数学中一种分析和解决问题的重要数学方法原理. 我们在上一章介绍的"配对原理",实际上是这个原理的特殊应用. 还有像换元法、反函数法、对数法、坐标法、复数法、参数法、向量法、母函数法、数学模型法,等等转换的手法,都能纳入到 RMI 原理的体系,或者说它们也是其具体的应用.

应用这个原理解题的一般过程是:

(1) 明确原问题的原象关系及未知元素;

(2) 寻找恰当的映射;

(3) 确定未知元素的映象;

(4) 进行反演,得到原问题的解答.

9.1 运用换元法解题

本文开头举的解方程的例子就是用换元法求解的. 在那里,未知元素是 x,已知元素是 $18,30,45$ 等,它们都是"原象",原象关系式是题给方程式. 作代换,相当于作映射($t \geq 0$ 满足映射条件),从而把原象关系映射成 $t^2 - 15 = 2t$,从这个映象关系我们求得 $t = 5$,即求得未知元 x 的映象. 从 $\sqrt{x^2 + 18x + 45} = 5$ 再求得 $x_{1,2} = -9 \pm \sqrt{61}$,从而 $x_1 \cdot x_2 = 20$,就是通过反演从未知元素的映象求得未知元素.

由此可见,换元法是 RMI 原理的典型应用.

中学数学中许多基础知识的学习,都要用到换元法思想. 利用变量换元解题,不仅可沟通中学数学各分科之间或某一分科各部分知识之间的关系,而且还可培养我们分析、灵活运用数学知识等多方面的能力. 下面我们介绍几类典型的代换方法.

9.1.1 整体代换

例 1 设 x, y, z 为非负实数,且满足方程
$$4^{\sqrt{6x+9y+4z}} - 68 \cdot 2^{\sqrt{6x+9y+4z}} + 256 = 0$$
那么 $x + y + z$ 的最大值和最小值的乘积是多少?

解 令 $2^{\sqrt{6x+9y+4z}} = u$,代入原方程求得 $u = 4$ 或 36. 于是
$$5x + 9y + 4z = 4 \text{ 或 } 36$$
所以
$$4(x + y + z) \leq 5x + 9y + 4z \leq 9(x + y + z)$$
当 $5x + 9y + 4z = 36$ 时,得 $x + y + z \leq 9$,即 $z = 9, x = y = 0$ 时,$x + y + z = 9$ 为最大值;
当 $5x + 9y + 4z = 4$ 时,得 $x + y + z \geq \frac{4}{9}$,即 $x = z = 0, y = \frac{4}{9}$ 时,$x + y + z = \frac{4}{9}$ 为最小值.

故两者乘积是 4,此为所求.

9.1.2 常值代换

例 1 解方程 $x^3 + 2\sqrt{3}x^2 + 3x + \sqrt{3} - 1 = 0$.

解 令 $\sqrt{3} = a$,原方程可化为以 a 为未知数的二次方程
$$xa^2 + (2x^2 + 1)a + (x^3 - 1) = 0$$
于是有 $2ax = -2x^2 + 2x$ 或 $2ax = -2x^2 - 2x - 2$
从而求得
$$x_1 = 1 - a = 1 - \sqrt{3}$$
$$x_{2,3} = \frac{1}{2}[-a - 1 \pm \sqrt{(a+1)^2 - 4}] = \frac{1}{2}(-\sqrt{3} - 1 \pm \sqrt[4]{12})$$

此例中的常值代换,是把常数用字母或函数式表示,暂把常量作变量,通过研究变动的一般状态来考察确定的、特殊的情形,又例如解方程 $\sqrt{x^2 + 6x + 10} + \sqrt{x^2 - 6x - 10} = 10$. 可令 $1 = y^2$,再由椭圆定义,便求得 $x = \pm \frac{5}{4}\sqrt{15}$.

9.1.3 比值代换

例 1 解方程组 $\begin{cases} 4x^2 - 3xy^2 - 54y^4 = 4 \\ x^2 - 3y^2 = 1 \end{cases}$.

解 若 $y = 0$,则 $x = \pm 1$,即方程组有解 $(1,0), (-1,0)$.

若 $y \neq 0$,令 $x = ky$ 代入方程组得

$$\begin{cases} y^4(4k^4 - 3k - 54) = 4 & \text{①} \\ y^2(k^2 - 3) = 1 & \text{②} \end{cases}$$

由式 ① ÷ ②² 得

$$\frac{4k^2 - 3k - 54}{k^4 - 6k^2 + 9} = 4$$

再求得 $k_1 = 2, k_2 = -\frac{15}{8}$. 于是又可求得原方程组的四组解.(解略)

从上例可以看出,若方程组中的每个方程除常数项外,关于未知数是齐次的,通常考虑引入比例代换. 运用比值代换还可求解某些已知条件是比例式(包括等式)的数学问题.

9.1.4 标准量代换(包括平均量代换)

例 1 参见 5.7 节中例 3.

解 因 $a + b + c + d = 8 - e$,选取 a, b, c, d 的算术平均值 $\frac{8-e}{4}$ 为标准量,则设

$$a = \frac{8-e}{4} + \alpha, b = \frac{8-e}{4} + \beta, c = \frac{8-e}{4} + \gamma, d = \frac{8-e}{4} + \delta$$

其中, $\alpha + \beta + \gamma + \delta = 0$. 于是

$$a^2 + b^2 + c^2 + d^2 \geq \frac{1}{4}(8-e)^2$$

又 $16 - e^2 \geq \frac{1}{4}(8-e)^2$,故

$$0 \leq e \leq \frac{16}{5}$$

即知 e 的最大值为 $\frac{16}{5}$. 此时 $a = b = c = d = \frac{6}{5}$.

此例中的标准量代换实际上是平均量代换. 对于标准量代换,一般是先选取某个与题目有关的量作为标准量,把题目中其余各量称为比较量,然后将比较量用标准量与另外取定的辅助量表示出来. 这样,问题便转换为研究标准量与辅助量的关系.

对于某些三角命题,如果由约束条件 $x + y + z = M$(常数)能独立地(不依赖于其他条件)推出结论 $f(x,y,z)$ 成立,采用标准量代换

$$x' = \frac{1}{3}(\alpha + 1)M - \alpha x, y' = \frac{1}{3}(\alpha + 1)M - \alpha y, z' = \frac{1}{3}(\alpha + 1)M - \alpha z \quad (\alpha \in \mathbf{R})$$

那么,相应地我们有结论 $f(x', y', z')$ 成立.

特别地,令 $\alpha = 2$ 和 $\frac{1}{2}$,则有结论 $f(M - 2x, M - 2y, M - 2z)$ 和 $f(\frac{M-x}{2}, \frac{M-y}{2}, \frac{M-z}{2})$

均成立. 这两个结论是研究三角形中的三角问题的重要依据.

9.1.5 关于三角形边长命题的"切线长代换"

切线长代换即为在边长为 a,b,c 的三角形中,可令 $a=y+z,b=z+x,c=x+y$ 作代换. 对于"排序原理"思考题第15题的求解,我们可给出运用"切线长代换"来解答. 众多的关于三角形边长等式或不等式问题,均可采用这种代换而简捷获解. 例如:

① 证明 $a^2+b^2+c^2 \geqslant 4\sqrt{3}S+(a-b)^2+(b-c)^2+(c-a)^2$;(费恩斯列尔－哈德维格尔不等式)

② 求证 $a(b-c)^2+b(c-a)^2+c(a-b)^2+4abc>a^3+b^3+c^3$;

……

上面,仅介绍了五种重要的特殊代换. 限于篇幅,其他的代换,如三角代换、复变量代换,等等,这些常用代换我们就不介绍了.

9.2 运用反函数法解题

用反函数的定义域、值域研究原函数的值域、定义域是反函数法的典型应用之一.

例1 已知 $f[\lg(3x-1)]=x$,求 $f(x)$.

我们引入辅助函数 $t=\lg(3x-1)$,然后求其反函数

$$x=\frac{1}{3}(10^t+1)$$

便有
$$f(x)=\frac{10^x+1}{3}$$

例2 作出满足关系式 $\arcsin x + \arccos y = \dfrac{\pi}{2}$ 的图像.

解 由已知条件有

$$\arccos y = \frac{\pi}{2} - \arcsin x \qquad ①$$

又 $\arccos y \in [0,\pi]$,$\arcsin x \in \left[-\dfrac{\pi}{2},\dfrac{\pi}{2}\right]$,从而

$$\frac{\pi}{2}-\arcsin x \in [0,\pi]$$

对式 ① 两边取余弦得 $y=x$,$-1 \leqslant x \leqslant 1$,其图像如图 9.2.1 所示.

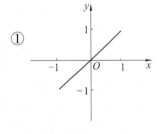

图 9.2.1

如上的反函数法实际是 RMI 原理的一个简单直接应用. 其中取反函数就是作映射.

9.3 运用对数法解题

对数法也是 RMI 原理的典型应用. 它通过取对数作映射,把乘法、除法运算转换为加法、减法运算,幂运算转换为乘法运算,达到化难为易的目的.

例如,我们要计算 $x=(2.31)^3 \times \sqrt[5]{27}$,直接计算有困难,我们对所给式两边取对数,把

原象关系映射成映象关系 $\lg x = 3\lg 2.31 + \dfrac{1}{5}\lg 72$，查表从映象关系求得 $\lg x = 1.4623$. 求得了未知数 x 的映象，从 $\lg x = 1.4623$ 查反对数表求得 $x = 28.99$，这就是通过反演从未知元素的映象求得未知元素.

9.4 运用坐标法解题

用坐标法解题的实质是通过建立适当的坐标系，把有几何背景关系问题映射为代数关系问题，然后通过代数运算，求出未知几何关系的某种代数关系式. 把该关系反演，便解决了原来的某个有几何背景关系问题.

坐标法又称解析法. 此处的坐标法，是指平面直角坐标法与极坐标法或平面仿射坐标系.

例 1 求函数 $f(\alpha) = \dfrac{\cos\alpha\sin\alpha}{\cos\alpha + \sin\alpha + 2}$ 的值域.

解 从函数解析式的特征，可以容易地联想起斜率.

令
$$x = \cos\alpha + \sin\alpha, y = \cos\alpha\sin\alpha$$

则
$$C: y = \dfrac{1}{2}(x^2 - 1) \quad (|x| \leqslant \sqrt{2})$$

故
$$f(\alpha) = g(x) = \dfrac{y - 0}{x - (-2)}$$

即可视 $f(\alpha)$ 为抛物线 C 片段 BAD 上的点 $P(x, y)$ 与定点 $P_0(1, 0)$ 连线的斜率. 如图 9.4.1，直线 P_0A 与抛物线 C 相切，可求得 $A(-2 + \sqrt{3}, 3 - 2\sqrt{3})$，$B\left(-\sqrt{2}, \dfrac{1}{2}\right)$. 由图可知

$$k_{P_0A} \leqslant g(x) \leqslant k_{P_0B} \Rightarrow \sqrt{3} - 2 \leqslant g(x) \leqslant \dfrac{2 + \sqrt{3}}{4}$$

即欲求函数的值域为 $\left[\sqrt{3} - 2, \dfrac{2 + \sqrt{2}}{4}\right]$.

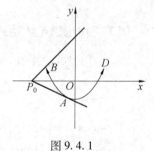

图 9.4.1

例 2 在 $\triangle ABC$ 中，如果 $a = 10, c - b = 6$，求 $\tan\dfrac{B}{2}\tan^{-1}\dfrac{C}{2}$ 的值.

解 由已知可联想到双曲线的定义，即动点 $A(x, y)$ 在以 $B(-5, 0), C(5, 0)$ 为焦点的双曲线右支上，如图 9.4.2.

利用焦半径公式有
$$AB = \dfrac{5}{3}x + 3, AC = \dfrac{5}{3}x - 3$$

故
$$\tan\dfrac{B}{2}\tan^{-1}\dfrac{C}{2} = \dfrac{\sin B}{1 + \cos B} \cdot \dfrac{1 + \cos C}{\sin C} =$$

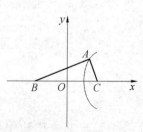

图 9.4.2

$$\frac{\sin B}{\sin C} \cdot \frac{1+\cos C}{1+\cos B} = \frac{AC}{AB} \cdot \frac{1+\dfrac{5-x}{AC}}{1+\dfrac{5+x}{AB}} =$$

$$\frac{\dfrac{5}{3}x - 3 + 5 - x}{\dfrac{5}{3}x + 3 + 5 + x} = \frac{1}{4}.$$

即所求的值为 $\dfrac{1}{4}$.

例3 过一圆的弦 AB 的中点 M 引任意两弦 CD 和 EF,联结 CF, ED 分别交 AB 弦于 P, Q. 求证 $PM = MQ$. (蝴蝶定理)

证明 取点 M 为原点, AB 为 x 轴,建立平面直角坐标系,则圆的方程为 $x^2 + (y+a)^2 = r^2$,直线 CD 的方程为 $y = k_1 x$, EF 的方程为 $y = k_2 x$. 由圆和两相交直线组成的二次曲线系为

$$\mu[x^2 + (y+a)^2 - r^2] + \lambda(y - k_1 x)(y - k_2 x) = 0 \quad ①$$

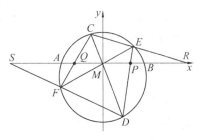

图 9.4.3

令 $y = 0$,知 P, Q 两点的横坐标满足二次方程
$(\mu + \lambda k_1 k_2)x^2 + \mu(a^2 - r^2) = 0$.

由于一次项 x 的系数为 0,所以两根 x_1 与 x_2 之和为 0,即 $x_1 = -x_2$,故 $PM = MQ$.

注:(A) 显然,方程 ① 包含了直线组 DF 和 CE,因此,有如图 9.4.3 所示的 $SM = MR$.

(B) 将式 ① 中的 $k_1 x$, $k_2 x$ 分别变为 $k_1(x-b)$, $k_2(x+b)$,令 $y = 0$,便可证得如下命题:
已知 M 是圆中的弦 AB 的中点, M_1, M_2 在 AB 上,且 $MM_1 = MM_2$,过 M_1 引弦 CD,过 M_2 引弦 EF, DE 和 CF 与 AB 的交点分别是 P 和 Q, EC 和 FD 与 AB 的交点分别是 S 和 R,则
$$PM = MQ, SM = MR$$

(C) 将式 ① 中的 x^2 前面加一系数 c^2,再把 $(y+a)^2$ 采取(i)不改变;(ii)其系数符号改为负号;(iii)改为 $d(y+a)$,则可分别证明前述结论(蝴蝶定理)对椭圆、双曲线、抛物线均成立.

例4 已知:(i) 半圆的直径 AB 长为 $2r$;(ii) 半圆外的直线 l 与 AB 的延长线垂直,垂足为 T, $|AT| = 2a (2a < \dfrac{r}{2})$;(iii) 半圆上有相异两点 M, N,它们与直线 l 的距离 $|MP|$, $|NQ|$ 满足条件 $\dfrac{|MP|}{|AM|} = \dfrac{|NQ|}{|AN|} = 1$. 求证: $|AM| + |AN| = |AB|$.

解法1 以线段 TA 的中点 O 为原点,以有向直线 TA 为 x 轴,建立平面直角坐标系,如图 9.4.4 所示.

由题设可知: M, N 均为抛物线 $y^2 = 4ax$ 与圆 $[x - (r+a)]^2 + y^2 = r^2$ 的交点. 由上述方程组成的方程组中消去 y,经整理得
$$x^2 + (2a - 2r)x + 2ra + a^2 = 0$$

条件 $2a < \dfrac{r}{2}$ 保证该方程有两不相等的实根 x_1, x_2. 它们分别是点 M, N 的横坐标,有

又
$$x_1 + x_2 = 2r - 2a$$
$$|AM| = |PM| = x_1 + a$$
$$|AN| = |QN| = x_2 + a, |AB| = 2r$$
故
$$|AM| + |AN| = |AB|$$

解法 2 以 A 为极点,射线 AB 为极轴,建立极坐标系. 则 M, N 均为抛物线 $\rho\cos\theta + 2a = 0$ 与圆 $\rho = 2r\cos\theta$ 的交点, 两方程联立消去 $\cos\theta$ 得 $\rho^2 - 2r\rho + 4ra = 0$. 由 $2a < \dfrac{r}{2}$ 及韦达定理得 $\rho_1 + \rho_2 = 2s$, 故
$$|AM| + |AN| = |AB|$$

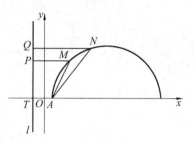

图 9.4.4

例 5 设 D 为正 $\triangle ABC$ 外接圆弧 BC 上的任一点,求证: $DA^2 = AB^2 + DB \cdot DC$.

证明 如图 9.4.5,以 D 为极点, DO 的延长线为极轴建立极坐标系. 设圆的半径为 R, 则圆 O 的方程为 $\rho = 2R\cos\theta$, 有

$$\rho_A = DA = 2R\cos\theta \quad \left(-\dfrac{\pi}{6} < \theta < \dfrac{\pi}{6}\right)$$

$$\rho_B = DB = 2R\cos\left(\theta + \dfrac{\pi}{3}\right)$$

$$\rho_C = DC = 2R\cos\left(\theta - \dfrac{\pi}{3}\right)$$

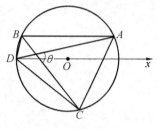

图 9.4.5

从而
$$DB \cdot DC = 4R^2\cos\left(\theta + \dfrac{\pi}{3}\right) \cdot \cos\left(\theta - \dfrac{\pi}{3}\right) = 2R^2\left(\cos 2\theta - \dfrac{1}{2}\right)$$
$$AB^2 = 3R^2$$
故
$$AB^2 + DB \cdot DC = 2R^2\left(2\cos^2\theta - \dfrac{3}{2}\right) + 3R^2 = 4R^2\cos^2\theta = DA^2.$$

例 6 求证圆内接四边形两组对边乘积的和等于两条对角线的乘积. (Ptolemy 定理)

证明 如图 9.4.6,以 D 为极点, DO 的延长线为极轴建立极坐标系. 设圆的半径为 a, 则圆 $O: \rho = 2a\cos\theta$. 因 $A(\rho_1, \theta_1), B(\rho_2, \theta_2), C(\rho_3, \theta_3)$ 三点都在圆 O 上,则
$AD = \rho_1 = 2a\cos\theta_1, BD = \rho_2 = 2a\cos\theta_2, CD = \rho_3 = 2a\cos\theta_3$
另由正弦定理得
$$AB = 2a\sin(\theta_1 - \theta_2)$$
$$BC = 2a\sin(360° - \theta_3 + \theta_2) = 2a\sin(\theta_2 - \theta_3)$$
$$AC = 2a\sin(360° - \theta_3 + \theta_1) = 2a\sin(\theta_1 - \theta_3)$$

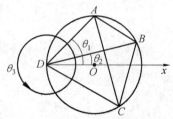

图 9.4.6

故
$$AB \cdot CD + BC \cdot DA = 4a^2[\sin(\theta_1 - \theta_2)\cos\theta_3 + \sin(\theta_2 - \theta_3)\cos\theta_1] =$$
$$2a^2\{[\sin(\theta_1 - \theta_2 + \theta_3)\cos\theta_3 + \sin(\theta_1 - \theta_2 - \theta_3)] +$$
$$[\sin(\theta_2 - \theta_3 + \theta_1) + \sin(\theta_2 - \theta_3 - \theta_1)]\} =$$
$$2a^2[\sin(\theta_1 - \theta_2 - \theta_3) + \sin(\theta_1 + \theta_2 -$$

$\theta_3)$]（因 $\sin(\theta_1-\theta_2+\theta_3)=$
$-\sin(\theta_2-\theta_3-\theta_1)$）$=$
$4a^2\sin(\theta_1-\theta_3)\cos\theta_2=AC\cdot BD$

例7 在 $\triangle OAB$ 的边 OA,OB 上分别取点 M,N，使 $|\overrightarrow{OM}|:|\overrightarrow{OA}|=1:3$，$|\overrightarrow{ON}|:|\overrightarrow{OB}|=1:4$，设线段 AN 与 BM 交于点 P，记 $\overrightarrow{OA}=\boldsymbol{a},\overrightarrow{OB}=\boldsymbol{b}$，用 $\boldsymbol{a},\boldsymbol{b}$ 表示向量 $\overrightarrow{OP}$.

解 建立仿射坐标系 $\{O;\boldsymbol{a},\boldsymbol{b}\}$，求得直线 AN,BM 的方程，可得点 P 坐标，即 $\overrightarrow{OP}$ 的坐标，如图 9.4.7.

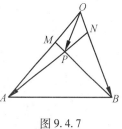

图 9.4.7

由题意可得 $A(1,0),B(0,1),M(\frac{1}{3},0),N(0,\frac{1}{4})$，所以由截距式方程，直线 $AN:\dfrac{x}{1}+\dfrac{y}{\frac{1}{4}}=1$，即

$$x+4y=1 \qquad ①$$

直线 $BM:\dfrac{x}{\frac{1}{3}}+\dfrac{y}{1}=1$，即

$$3x+y=1 \qquad ②$$

由式①②得：$x=\dfrac{3}{11},y=\dfrac{2}{11}$，所以

$$\overrightarrow{OP}=\frac{3}{11}\boldsymbol{a}+\frac{2}{11}\boldsymbol{b}$$

注 建仿射坐标系不受向量夹角和单位长度的限制，建坐标系轻而易举，求直线方程、直线的交点就和直角坐标系中完全一样，思路自然，过程简单，技巧性被显著降低.

例8 已知 O 是 $\triangle ABC$ 的外心，$AB=2,AC=1,\angle BAC=120°$，设 $\overrightarrow{AB}=\boldsymbol{c},\overrightarrow{AC}=\boldsymbol{b}$，若 $\overrightarrow{AO}=x\boldsymbol{c}+y\boldsymbol{b}$，则 $x+y=$ _____.

解 外心 O 是边 AB,AC 的中垂线的交点，因此先分别求边 AB,AC 的中垂线方程.

设 $\overrightarrow{AD}=\boldsymbol{a},\overrightarrow{AC}=\boldsymbol{b}$，建立一个仿射坐标系 $\{A;\boldsymbol{a},\boldsymbol{b}\}$，过点 O 分别作 $OD\perp AB$ 于 D，$OF\parallel AC$ 交 AB 于 F；$OE\perp AC$ 于 E，$OG\parallel AB$ 交 AC 于 G，如图 9.4.8.

因为 $\angle BAC=120°$，所以 $\angle OFD=60°$，所以在 Rt$\triangle OFD$ 中，$FO=2DF$. 设 $\overrightarrow{DF}=\lambda\boldsymbol{a}$，则 $\overrightarrow{FO}=2\lambda\boldsymbol{b}$，所以 $\overrightarrow{DO}=\overrightarrow{DF}+\overrightarrow{FO}=\lambda\boldsymbol{a}+2\lambda\boldsymbol{b}=(\lambda,2\lambda)$，所以 $k_{DO}=\dfrac{2\lambda}{\lambda}=2$，又 $D(1,0)$，所以直线 $DO:y-0=2(x-1)$，即 $y=2x-2$. 同理可得，直线 $EO:y=\dfrac{1}{2}x+\dfrac{1}{2}$.

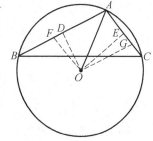

图 9.4.8

解方程组 $\begin{cases}y=2x-2\\y=\dfrac{1}{2}x+\dfrac{1}{2}\end{cases}$，得 $\begin{cases}x=\dfrac{5}{3}\\y=\dfrac{4}{3}\end{cases}$，即

$$\vec{AO} = \frac{5}{3}\vec{AD} + \frac{4}{3}\vec{AC} = \frac{5}{6}\vec{AB} + \frac{4}{3}\vec{AC}$$

所以

$$x + y = \frac{5}{6} + \frac{4}{3} = \frac{13}{6}$$

9.5 运用参数法解题

9.5.1 量度参数

在解答某些数学问题时,根据问题的特点,可选择某线段长、角度、面积、体积等作为参量,借以显示其间的因果关系、内在联系,然后在设法消去参数的过程中把问题转换为计算,而简化过程,降低难度. 显然,参量法是 RMI 原理的又一具体应用.

例1 设 AD 为 $\triangle ABC$ 一中线,引任一直线 CEF 交 AD 于 E,交 AB 于 F. 试证: $\dfrac{AE}{ED} = \dfrac{2AF}{FB}$.

证法1 设角参数,令 $\angle AEF = \angle DEC = \alpha$,$\angle AFE = \beta$,$\angle ECD = \gamma$,如图 9.5.1 所示. 由正弦定理可得

$$\frac{AF}{AE} = \frac{\sin\alpha}{\sin\beta}$$

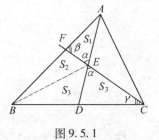

图 9.5.1

又

$$\frac{FB}{2ED} = \frac{FB}{BC} \cdot \frac{BC}{2ED} = \frac{FB}{BC} \cdot \frac{2CD}{2ED} =$$

$$\frac{\sin\gamma}{\sin(\pi - \beta)} \cdot \frac{\sin\alpha}{\sin\gamma} = \frac{\sin\alpha}{\sin\beta}$$

故

$$\frac{FB}{2ED} = \frac{AF}{AE}$$

即

$$\frac{AE}{ED} = \frac{2AF}{FB}$$

证法2 设面积参数,令 $S_{\triangle AFE} = S_1$,$S_{\triangle BEF} = S_2$,$S_{\triangle DEC} = S_{\triangle BED} = S_3$,从而

$$\frac{2AF}{FB} = \frac{2S_{\triangle AFE}}{S_{\triangle BFE}} = \frac{2S_1}{S_2} = \frac{2S_{\triangle ACF}}{S_{\triangle BCF}} = \frac{4S_1 + 2S_2}{S_2 + 2S_3} \xrightarrow{\text{等比定理}} \frac{2(S_1 + S_2)}{2S_3} = \frac{S_{\triangle AEC}}{S_{\triangle CDE}} = \frac{AE}{ED}$$

9.5.2 增量参数

引入增量参量,也是运用参量法解题的一个方面.

例1 已知 $a \geq 2, b \geq 2$,试比较 ab 与 $a + b$ 的大小.

解 设 $a = 2 + \alpha, b = 2 + \beta$,其中 $\alpha, \beta \geq 0$,则

$$ab - (a + b) = (2 + \alpha)(2 + \beta) - [(2 + \alpha) + (2 + \beta)] = \alpha + \beta + \alpha\beta \geq 0$$

故

$$ab \geq a + b$$

例2 设 $x_1, x_2, \cdots, x_n$ 为正数,求证

$$\frac{x_1^2}{x_2} + \frac{x_2^2}{x_3} + \cdots + \frac{x_{n-1}^2}{x_n} + \frac{x_n^2}{x_1} \geq x_1 + x_2 + \cdots + x_n$$

证明 设 $x_1 = x_2 + \varepsilon_1, x_2 = x_3 + \varepsilon_2, \cdots, x_n = x_1 + \varepsilon_n$,则 $\varepsilon_1 + \varepsilon_2 + \cdots + \varepsilon_n = 0$,从而原不等式

$$\text{左边} = \frac{(x_2 + \varepsilon_1)^2}{x_2} + \frac{(x_3 + \varepsilon_2)^2}{x_3} + \cdots + \frac{(x_n + \varepsilon_{n-1})^2}{x_n} + \frac{(x_1 + \varepsilon_n)^2}{x_1} =$$
$$(x_1 + x_2 + \cdots + x_n) + 2(\varepsilon_1 + \varepsilon_2 + \cdots + \varepsilon_n) +$$
$$\left(\frac{\varepsilon_1^2}{x_2} + \frac{\varepsilon_2^2}{x_3} + \cdots + \frac{\varepsilon_{n-1}^2}{x_n} + \frac{\varepsilon_n^2}{x_1}\right) \geqslant$$
$$x_1 + x_2 + \cdots + x_n$$

故原不等式成立.

例 3 已知 x, y, z 为非负实数,且 $x + y + z = 1$,试证: $xy + yz + zx - \frac{9}{4}xyz \leqslant \frac{1}{4}$.

证明 不妨设 $x \geqslant y \geqslant z$,由 $x + y + z = 1$,易得

$$x + y \geqslant \frac{2}{3}, z \leqslant \frac{1}{3}$$

于是可令

$$x + y = \frac{2}{3} + \delta, z = \frac{1}{3} - \delta \quad \left(0 \leqslant \delta \leqslant \frac{1}{3}\right)$$

则

$$xy + yz + zx - \frac{9}{4}xyz = (x + y)z + xy\left(1 - \frac{9}{4}z\right) =$$
$$\left(\frac{2}{3} + \delta\right)\left(\frac{1}{3} - \delta\right) + xy\left(\frac{1}{4} + \frac{9}{4}\delta\right) \leqslant$$
$$\frac{2}{9} - \frac{1}{3}\delta - \delta^2 + \left[\frac{\frac{2}{3} + \delta}{2}\right]^2\left(\frac{1}{4} + \frac{9}{4}\delta\right) =$$
$$\frac{2}{9} - \frac{1}{3}\delta - \delta^2 + \frac{1}{36} + \frac{1}{3}\delta + \frac{3}{4}\delta^2 + \frac{9}{16}\delta^3 =$$
$$\frac{1}{4} - \frac{\delta^2}{4}\left(1 - \frac{9}{4}\delta\right) \leqslant \frac{1}{4}$$

9.5.3 参数方程法

对于平面解析几何问题,运用其参数方程,也是参量法解题的一个重要方面.

例 1 已知抛物线 $x^2 = 2py$ 的焦点为 F,准线为 l,过 l 上一点 P 作抛物线的两条切线,切点分别为 A, B,则直线 PA 与 PB 垂直.

证明 设 $A\left(x_1, \frac{x_1^2}{2p}\right), B\left(x_2, \frac{x_2^2}{2p}\right)$,由 $y = \frac{x^2}{2p}$ 求导得 $y' = \frac{x}{p}$. 则直线 PA, PB 的斜率为 $k_{PA} = \frac{x_1}{p}, k_{PB} = \frac{x_2}{p}$.

所以直线 PA 的方程为 $y - \frac{x_1^2}{2p} = \frac{x_1}{p}(x - x_1)$,即

$$y = \frac{x_1}{p}x - \frac{x_1^2}{2p} \qquad ①$$

同理直线 PB 的方程为
$$y = \frac{x_2}{p}x - \frac{x_2^2}{2p} \qquad ②$$

由式①②得 $P(\frac{x_1+x_2}{2}, \frac{x_1 x_2}{2p})$，因 P 在准线 $y=-\frac{p}{2}$ 上，故 $\frac{x_1 x_2}{2p} = -\frac{p}{2}$，即 $x_1 x_2 = -p^2$，所以

$$k_{PA} \cdot k_{PB} = \frac{x_1 x_2}{p^2} = 1$$

所以
$$PA \perp PB$$

例 2 如图 9.5.2 所示，N 为抛物线 $y^2 = 2px(p>0)$ 对称轴上一点（异于原点），过 N 任作抛物线的两条割线 $PNR, QNS(P,Q,R,S$ 在抛物线上），设直线 RS 交 y 轴于 M，则 $MN // PQ$。

证明 设点 $N(n,0), P(2pt_1^2, 2pt_1), Q(2pt_2^2, 2pt_2), R(2pt_3^2, 2pt_3),$ $S(2pt_4^2, 2pt_4)$。

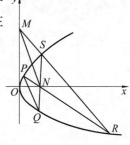

图 9.5.2

由两点式求得直线 PR 的方程为
$$x - (t_1 + t_3)y + 2pt_1 t_3 = 0$$

由点 $N(n,0)$ 在直线 PR 上得
$$n + 2pt_1 t_3 = 0$$
即
$$2pt_1 t_3 = -n$$
解得
$$t_3 = -\frac{n}{2pt_1} \qquad ①$$

同理，由点 N 在直线 QS 上得
$$t_4 = -\frac{n}{2pt_2} \qquad ②$$

再由两点式求得直线 RS 的方程为
$$x - (t_3 + t_4)y + 2pt_3 t_4 = 0$$

令 $x=0$，得直线 RS 与 y 轴的交点 $M(0, \frac{2pt_3 t_4}{t_3 + t_4})$，又点 $N(n,0)$，所以直线 MN 的斜率为

$$k_{MN} = \frac{\frac{2pt_3 t_4}{t_3 + t_4} - 0}{0 - n} = -\frac{2pt_3 t_4}{n(t_3 + t_4)}$$

将式①②代入上式，整理得
$$k_{MN} = \frac{1}{t_1 + t_2} \qquad ③$$

又由 $P(2pt_1^2, 2pt_1), Q(2pt_2^2, 2pt_2)$，得直线 PQ 的斜率为
$$k_{PQ} = \frac{2pt_1 - 2pt_2}{2pt_1^2 - 2pt_2^2} = \frac{t_1 - t_2}{t_1^2 - t_2^2} = \frac{1}{t_1 + t_2} \qquad ④$$

由式③④得 $k_{MN} = k_{PQ}$，所以 $MN // PQ$。

9.6 运用面积法、体积法解题

将有关数学对象映成几何量,又将有关几何量映射为面积关系或体积关系,通过对面积关系式或体积关系式进行推演. 从而求得出有关结果,再将有关结果反演成原数学问题的结果,我们称之为运用面积法、体积法解题.

面积法、体积法是解题的多面手,在此仅举几例以说明之.

例1 (梅涅劳斯定理)设 D,E,F 分别为 $\triangle ABC$ 的三边 BC,CA,AB 所在直线上的点,若 D,E,F 三点共线,则

$$\frac{BD}{DC} \cdot \frac{CE}{EA} \cdot \frac{AF}{FB} = 1$$

证明 如图 9.6.1,联结 AD,BE,则由 $\frac{BD}{DC} = \frac{S_{\triangle EBD}}{S_{\triangle EDC}}, \frac{CE}{EA} = \frac{S_{\triangle DCE}}{S_{\triangle DEA}}, \frac{AF}{FB} = \frac{S_{\triangle EAF}}{S_{\triangle EFB}} = \frac{S_{\triangle EAD}}{S_{\triangle EBD}}$,这三式相乘即证.

注 类似地可证得塞氏定理:设 P 为 $\triangle ABC$ 所在平面内一点,射影 AP,BP,CP 分别交边 BC,CA,AB 所在边的直线于点 D,E,F,则 $\frac{BD}{DC} \cdot \frac{CE}{EA} \cdot \frac{AF}{FB} = 1$.

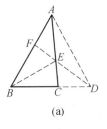
(a)

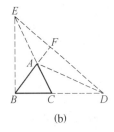
(b)

图 9.6.1

例2 在完全四边形 $ABCDEF$ 中,若直线 BF 交直线 CE 于点 G,直线 AD 分别交 BF,CE 于点 M,N,则 $\frac{AM}{MD} = \frac{AN}{ND}, \frac{BM}{MF} = \frac{BG}{GF}, \frac{CN}{NE} = \frac{CG}{GE}$,亦即 $A,D,M,N;B,F,M,G$ 及 C,E,N,G 分别为调和点列.

证明 如图 9.6.2,有

$$\frac{AM}{MD} = \frac{S_{\triangle ABF}}{S_{\triangle ABD}} \cdot \frac{S_{\triangle ABD}}{S_{\triangle DBF}} = \frac{CF}{CD} \cdot \frac{EA}{EF} =$$

$$\frac{S_{\triangle ECF}}{S_{\triangle ECD}} \cdot \frac{S_{\triangle CEA}}{S_{\triangle CEF}} = \frac{S_{\triangle ACE}}{S_{\triangle DCE}} = \frac{AN}{ND}$$

$$\frac{BM}{MF} = \frac{S_{\triangle BAD}}{S_{\triangle BDF}} \cdot \frac{S_{\triangle BDF}}{S_{\triangle FAD}} = \frac{EA}{EF} \cdot \frac{CB}{CA} =$$

$$\frac{S_{\triangle CEA}}{S_{\triangle CEF}} \cdot \frac{S_{\triangle ECB}}{S_{\triangle ECA}} = \frac{S_{\triangle BCE}}{S_{\triangle FCE}} = \frac{BG}{GF}$$

$$\frac{CN}{NE} = \frac{S_{\triangle CAD}}{S_{\triangle EAD}} = \frac{S_{\triangle CAD}}{S_{\triangle CDE}} \cdot \frac{S_{\triangle CDE}}{S_{\triangle EAD}} = \frac{FA}{FE} \cdot \frac{BC}{BA} =$$

$$\frac{S_{\triangle FAB}}{S_{\triangle FBE}} \cdot \frac{S_{\triangle CBF}}{S_{\triangle ABF}} = \frac{S_{\triangle CBF}}{S_{\triangle EBF}} = \frac{CG}{GE}$$

图 9.6.2

例3 设 $a,b > 0$,求证:$\frac{1}{2}(a^2 + b^2) \geqslant (\frac{a+b}{2})^2$,其中等号当且仅当 $a = b$ 时成立.

证明 如图 9.6.3,作正方形 $ABCD,BEFG$,使 $AB = a, BE = b(a \geqslant b)$,延长 EG 交 AC 于

点 H,则
$$S_{\triangle ABC} = \frac{1}{2}a^2, S_{\triangle BEG} = \frac{1}{2}b^2$$

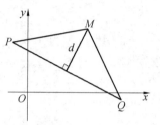

图 9.6.3

由
$$S_{\triangle ABC} + S_{\triangle BEG} = S_{\triangle AEH} + S_{\triangle GCH} \geqslant S_{\triangle AEH}$$

故
$$\frac{1}{2}(a^2 + b^2) \geqslant \left(\frac{a+b}{2}\right)^2$$

其中等号当且仅当 $a = b$ 时成立.

例 4 求点 $M(x_0, y_0)$ 到直线 $Ax + By + C = 0$ 的距离.

解 如图 9.6.4,在直线 $Ax + By + C = 0$ 上任取一点 $P(x, y)$,不难验证点 $Q(x+B, y-A)$ 也是此直线上的点,从而 $|PQ| = \sqrt{A^2 + B^2}$.

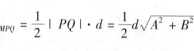

由于
$$S_{\triangle MPQ} = \frac{1}{2}|PQ|\cdot d = \frac{1}{2}d\sqrt{A^2 + B^2}$$

图 9.6.4

以及
$$S_{\triangle MPQ} = \frac{1}{2}\begin{vmatrix} x & y & 1 \\ x+B & y-A & 1 \\ x_0 & y_0 & 1 \end{vmatrix} = \frac{1}{2}|Ax_0 + By_0 + C|$$

从而
$$\frac{1}{2}|Ax_0 + By_0 + C| = \frac{1}{2}d\sqrt{A^2 + B^2}$$

故 $d = \dfrac{|Ax_0 + By_0 + C|}{\sqrt{A^2 + B^2}}$ 为所求.

例 5 设四面体 $ABCD$ 的顶点 A, B, C, D 所对侧面的面积分别为 S_A, S_B, S_C, S_D,所对侧面的旁切球半径分别为 r_A, r_B, r_C, r_D,四面体的体积为 V,则
$$r_A = \frac{3V}{S_B + S_C + S_D - S_A}, r_B = \frac{3V}{S_A + S_C + S_D - S_B}$$
$$r_C = \frac{3V}{S_A + S_B + S_D - S_C}, r_D = \frac{3V}{S_A + S_B + S_C - S_D}$$

证明 仅证等一式,其余类同.

如图 9.6.5,作半径为 r_A 的旁切球的外切三棱台 $B'C'D' - BCD$. 设顶点 A', B', C', D' 所对侧面的面积分别记为 $S_{A'}, S_{B'}, S_{C'}, S_{D'}$,则由面积比关系,有
$$\frac{S_A}{S_{A'}} = \frac{S_B}{S_{B'}} = \frac{S_C}{S_{C'}} = \frac{S_D}{S_{D'}} = \frac{\left(\dfrac{3V}{S_A}\right)^2}{\left(\dfrac{3V}{S_A} + 2r_A\right)^2}$$

又

$$\frac{(\frac{3V}{S_A})^3}{(\frac{3V}{S_A}+2r_A)^3} = \frac{V}{V'} = \frac{\frac{1}{3}r(S_A+S_B+S_C+S_D)}{\frac{1}{3}r_A(S_{A'}+S_{B'}+S_{C'}+S_{D'})} =$$

$$\frac{r}{r_A} \cdot \frac{(\frac{3V}{S_A})^2}{(\frac{3V}{S_A}+2r_A)^2}$$

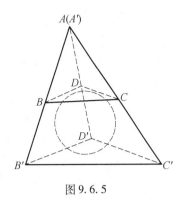

图 9.6.5

其中 r 为四面体 $ABCD$ 的内切球半径,V' 为四面体 $A'B'C'D'$ 的体积,且

$$r = \frac{3V}{S_A+S_B+S_C+S_D}$$

从而

$$\frac{3V}{3V+2r_A S_A} = \frac{r}{r_A} = \frac{3V}{(S_A+S_B+S_C+S_D)r_A}$$

故

$$r_A = \frac{3V}{S_B+S_C+S_D-S_A}$$

9.7 运用复数法解题

运用复数法不仅可以解平面几何题,还可以解三角题、解析几何题. 复数法也是 RMI 原理的一个具体应用.

例 1 已知 $\sin A + \sin 3A + \sin 5A = a$,$\cos A + \cos 3A + \cos 5A = b$. 求证:

（Ⅰ）$b \neq 0$ 时,$\tan 3A = \dfrac{a}{b}$;

（Ⅱ）$(1+2\cos 2A)^2 = a^2 + b^2$.

证明 设 $z = \cos A + \mathrm{i}\sin A$,则有

$$z \cdot \bar{z} = 1$$

$$b + a\mathrm{i} = z + z^3 + z^5 = (1 + z^2 + \bar{z}^2) \cdot z^3 = (1+2\cos 2A)(\cos 3A + \mathrm{i}\sin 3A)$$

于是,复数 $b+a\mathrm{i}$ 的模为 $\sqrt{1+2\cos 2A} = \sqrt{a^2+b^2}$,幅角 α 满足 $\tan \alpha = \dfrac{\sin 3A}{\cos 3A} = \dfrac{a}{b}$. 由此即证.

例 2 定长为 3 的线段 AB 的两个端点在抛物线 $y^2 = x$ 上移动,记线段 AB 的中点为 M,求点 M 到 y 轴的最短距离,并求此时点 M 的坐标,如图 9.7.1 所示.

解 视坐标平面为复平面,由抛物线定义知:抛物线方程

$$y^2 = x \Leftrightarrow \sqrt{(x-\frac{1}{4})^2 + y^2} = x + \frac{1}{4}$$

其中 $x \geq 0$.

令 $z = x + y\mathrm{i}$,则抛物线的复数方程为

$$|z - \frac{1}{4}| = \text{Re}(z + \frac{1}{4})$$

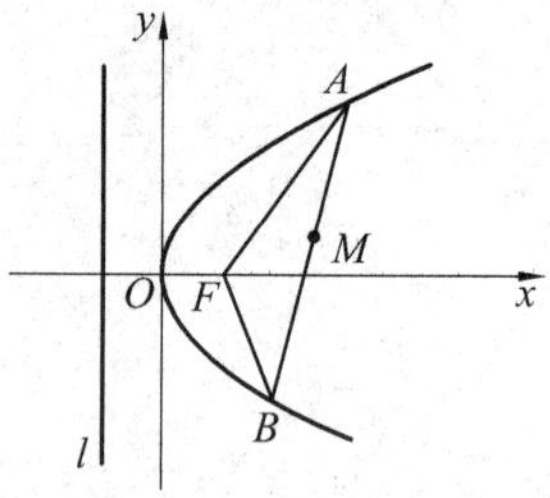

($\text{Re}(z+\frac{1}{4})$ 表 $z+\frac{1}{4}$ 的实部)又设 A, B 对应的复数分别为 Z_A, Z_B，则

$$|Z_A - \frac{1}{4}| = \text{Re}(Z_A + \frac{1}{4}), \quad |Z_B - \frac{1}{4}| = \text{Re}(Z_B + \frac{1}{4})$$

两式相加得

$$|Z_A - \frac{1}{4}| + |Z_B - \frac{1}{4}| = \text{Re}(Z_A + Z_B) + \frac{1}{2} = 2x_M + \frac{1}{2}$$

图 9.7.1

x_M 为点 M 的横坐标.

因

$$|Z_A - \frac{1}{4}| + |Z_B - \frac{1}{4}| \geq |(Z_A - \frac{1}{4}) - (Z_B - \frac{1}{4})| = |Z_A - Z_B| = |AB| = 3$$

则 $2x_M + \frac{1}{2} \geq 3$，于是 $x_M \geq \frac{5}{4}$.

即点 M 到 y 轴的最短距离为 $\frac{5}{4}$. 此时焦点 F 在线段 AB 上. 由此易求得点 M 的坐标为 $(\frac{5}{4}, \pm\frac{\sqrt{2}}{2})$.

例 3 证明正弦定理：在 $\triangle ABC$ 中，角 A, B, C 与所对应的边 a, b, c 间有关系

$$\frac{a}{\sin A} = \frac{b}{\sin B} = \frac{c}{\sin C}$$

证明 如图 9.7.2 建立复平面，使 $\triangle ABC$ 外接圆圆心位于原点，设外接圆半径为 R，则

$$Z_{\overrightarrow{OA}} = R, \quad Z_{\overrightarrow{OB}} = R(\cos 2C + i\sin 2C)$$

$$\overrightarrow{BA} = \overrightarrow{OA} - \overrightarrow{OB}$$

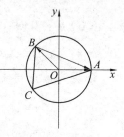

图 9.7.2

$Z_{\overrightarrow{BA}} = R - R(\cos 2C + i\sin 2C) = R[(1 - \cos 2C) - i\sin 2C] = 2R\sin C(\sin C - i\cos C)$

$|BA| = |2R\sin C(\sin C - i\cos C)| = 2R\sin C\sqrt{\sin^2 C + (-\cos C)^2} = 2R\sin C$

即 $c = 2R\sin C$，同理 $a = 2R\sin A, b = 2R\sin B$，故得结论成立.

9.8 运用向量法解题

在解答某些几何题时，将线段向量化，有时还选取基本向量，将其他向量用基本向量线性表出. 再根据题设条件列出向量关系式，进行向量运算化简向量关系式. 最后把化简的向量关系式反演，便解答了几何(平面几何或立体几何)题.

例 1 设 AC 是平行四边形较长的对角线，从顶点 C 引边 AB 和 AD 的垂线 CE 和 CF，分

别与 AB 和 AD 的延长线相交于 E,F. 证明
$$AB \cdot AE + AD \cdot AF = AC^2$$

证明 如图 9.8.1 所示,用向量表示有关线段,有
$$AB \cdot AE = \overrightarrow{AB} \cdot \overrightarrow{AE} = \overrightarrow{AB} \cdot (\overrightarrow{AC} - \overrightarrow{EC}) =$$
$$\overrightarrow{AB} \cdot \overrightarrow{AC} - \overrightarrow{AB} \cdot \overrightarrow{EC} = \overrightarrow{AB} \cdot \overrightarrow{AC}$$

同理 $AD \cdot AF = \overrightarrow{AD} \cdot \overrightarrow{AF} = \overrightarrow{AD} \cdot \overrightarrow{AC}$

故 $AB \cdot AE + AD \cdot AF = \overrightarrow{AB} \cdot \overrightarrow{AC} + \overrightarrow{AD} \cdot \overrightarrow{AC} =$
$$(\overrightarrow{AB} + \overrightarrow{AD}) \cdot \overrightarrow{AC} = \overrightarrow{AC}^2 = AC^2$$

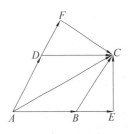

图 9.8.1

例 2 (定差幂线定理)设 MN, PQ 是两条线段,则 $MN \perp PQ$ 的充要条件是 $PM^2 - PN^2 = QM^2 - QN^2$.

证明 如图 9.8.2,注意到
$$\overrightarrow{PM}^2 - \overrightarrow{PN}^2 + \overrightarrow{QN}^2 - \overrightarrow{QM}^2 = \overrightarrow{PM}^2 - \overrightarrow{PN}^2 + (\overrightarrow{PN} - \overrightarrow{PQ})^2 - (\overrightarrow{PM} - \overrightarrow{PQ})^2 =$$
$$\overrightarrow{PM}^2 - \overrightarrow{PN}^2 + \overrightarrow{PN}^2 + \overrightarrow{PQ}^2 - 2\overrightarrow{PN} \cdot \overrightarrow{PQ} - \overrightarrow{PM}^2 - \overrightarrow{PQ}^2 + 2\overrightarrow{PM} \cdot \overrightarrow{PQ} =$$
$$2\overrightarrow{PM} \cdot \overrightarrow{PQ} - 2\overrightarrow{PN} \cdot \overrightarrow{PQ} = 2(\overrightarrow{PM} - \overrightarrow{PN}) \cdot \overrightarrow{PQ} =$$
$$2\overrightarrow{NM} \cdot \overrightarrow{PQ}$$

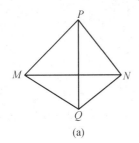

(a)

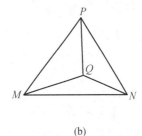

(b)

图 9.8.2

知
$$MN \perp PQ \Leftrightarrow \overrightarrow{NM} \perp \overrightarrow{PQ} \Leftrightarrow \overrightarrow{NM} \cdot \overrightarrow{PQ} = 0 \Leftrightarrow$$
$$\overrightarrow{PM}^2 - \overrightarrow{PN}^2 + \overrightarrow{QN}^2 - \overrightarrow{QM}^2 = 0 \Leftrightarrow$$
$$PM^2 - PN^2 = QM^2 - QN^2$$

注 上述证法在空间中亦成立,故上述结论在空间中也成立,即在空间中,四面体(或三棱锥)一双对棱垂直的充要条件是另两双对棱的平方和相等.

例 3 若四面体有两双对边中点的连线互相垂直,则第三双对边必相等.

证明 如图 9.8.3 所示,令
$$\overrightarrow{OA} = \boldsymbol{a}, \overrightarrow{OB} = \boldsymbol{b}, \overrightarrow{OC} = \boldsymbol{c}$$

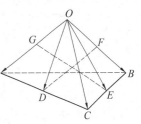

图 9.8.3

则

$$\overrightarrow{FD} = \overrightarrow{OD} - \overrightarrow{OF} = \frac{1}{2}(\boldsymbol{a} - \boldsymbol{b} + \boldsymbol{c})$$

$$\overrightarrow{GE} = \overrightarrow{OE} - \overrightarrow{OG} = \frac{1}{2}(-\boldsymbol{a} + \boldsymbol{b} + \boldsymbol{c})$$

由 $\overrightarrow{FD} \perp \overrightarrow{GE}$, 知 $\overrightarrow{FD} \cdot \overrightarrow{GE} = 0$, 即

$$\frac{1}{4}(\boldsymbol{a} - \boldsymbol{b} + \boldsymbol{c})(-\boldsymbol{a} + \boldsymbol{b} + \boldsymbol{c}) = 0$$

则
$$\boldsymbol{c}^2 - (\boldsymbol{a} - \boldsymbol{b})^2 = 0$$

而
$$\boldsymbol{c} = \overrightarrow{OC}, \boldsymbol{a} - \boldsymbol{b} = \overrightarrow{BA}$$

于是 $\overrightarrow{OC}^2 = \overrightarrow{BA}^2$.

故 $AB = OC$.

例4 如图 9.8.4 所示, 在直三棱柱 $ABC - A_1B_1C_1$ 中, $AB = BC$, D, E 分别为 BB_1, AC_1 的中点.

（Ⅰ）证明: ED 为异面直线 BB_1 与 AC_1 的公垂线;

（Ⅱ）设 $AA_1 = AC = \sqrt{2}AB$, 求二面角 $A_1 - AD - C_1$ 的大小.

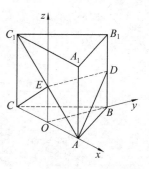

图 9.8.4

解 （Ⅰ）方法 1. 设 O 为 AC 的中点, 连 EO, BO, 则 $EO \underline{\|} \frac{1}{2}C_1C$, 又 $B_1B \underline{\|} C_1C$, 则 $ED \underline{\|} DB$, 即 $EOBD$ 为平行四边形.

于是 $ED \underline{\|} OB$, 所以 $ED = OB$. 又 $AB = BC$, 则 $BO \perp AC$.

而 $\overrightarrow{ED} \cdot \overrightarrow{BD} = (\overrightarrow{EO} + \overrightarrow{OB} + \overrightarrow{BD}) \cdot \overrightarrow{BD} = \overrightarrow{EO} \cdot \overrightarrow{BD} + \overrightarrow{OB} \cdot \overrightarrow{BD} + \overrightarrow{BD} \cdot \overrightarrow{BD} = -\overrightarrow{BD} \cdot \overrightarrow{BD} + 0 + \overrightarrow{BD} \cdot \overrightarrow{BD} = 0$. 从而 $BD \perp ED$.

又 $\overrightarrow{ED} \cdot \overrightarrow{AC_1} = \overrightarrow{ED} \cdot (\overrightarrow{AC} + \overrightarrow{CC_1}) = \overrightarrow{ED} \cdot \overrightarrow{AC} + \overrightarrow{ED} \cdot \overrightarrow{CC_1} = 0 + 0 = 0$, 从而 $AC_1 \perp ED$.

所以, ED 为异面直线 AC_1 与 BB_1 的公垂线.

方法 2. 如图 9.8.4, 建立空间直角坐标系 $Oxyz$, 其中原点为 AC 的中点 O. 设 $A(a,0,0)$, $B(0,b,0)$, $B_1(0,b,2c)$, 则 $C(-a,0,0)$, $C_1(-a,0,2c)$, $E(0,0,c)$, $D(0,b,c)$, $\overrightarrow{ED} = (0,b,0)$, $\overrightarrow{BB_1} = (0,0,2c)$, $\overrightarrow{AC_1} = (-2a,0,2c)$.

因 $\overrightarrow{ED} \cdot \overrightarrow{BB_1} = 0$, $\overrightarrow{ED} \cdot \overrightarrow{AC_1} = 0$, 则 $ED \perp BB_1$, $ED \perp AC_1$.

所以 ED 为异面直线 AC_1 与 BB_1 的公垂线.

（Ⅱ）如图 9.8.4 所示, 在空间直角坐标系 $Oxyz$ 中, 不妨设 $A(1,0,0)$, $B(0,1,0)$, $C(-1,0,0)$, $A_1(1,0,2)$, 则 $\overrightarrow{BC} = (-1,-1,0)$, $\overrightarrow{AB} = (-1,1,0)$, $\overrightarrow{AA_1} = (0,0,2)$.

因 $\overrightarrow{BC} \cdot \overrightarrow{AB} = 0$, $\overrightarrow{BC} \cdot \overrightarrow{AA_1} = 0$, 则 $BC \perp BA$, $BC \perp AA_1$.

又 $AB \cap AA_1 = A_1$, 则 $BC \perp$ 平面 ADA_1.

又 $E(0,0,1)$, $D(0,1,1)$, 则

$$\overrightarrow{EC} = (-1,0,-1), \overrightarrow{AE} = (-1,0,1), \overrightarrow{ED} = (0,1,0)$$

因 $\overrightarrow{EC} \cdot \overrightarrow{AE} = 0$, $\overrightarrow{EC} \cdot \overrightarrow{ED} = 0$, 则 $EC \perp AE$, $EC \perp ED$.

而 $AE \cap ED = E$, 则 $EC \perp$ 平面 ADC_1. 有

$$\cos\langle \vec{EC}, \vec{BC}\rangle = \frac{\vec{EC}\cdot\vec{BC}}{|\vec{EC}|\cdot|\vec{BC}|} = \frac{1}{2}$$

于是,得 $\vec{BC}, \vec{EC}$ 的夹角为 $60°$,所以二面角 A_1-AD-C_1 为 $60°$.

例 5 已知实数 x,y 满足方程 $x^2+y^2=6x-4y-9$,求 $2x-3y$ 的最大值与最小值的和.

解 由 $x^2+y^2=6x-4y-9$,得
$$(x-3)^2+(y+2)^2=4$$

构造向量 $\boldsymbol{a}=(\frac{x-3}{2},-\frac{y+2}{2}),\boldsymbol{b}=(4,6)$

由 $|\boldsymbol{a}\cdot\boldsymbol{b}|\leq|\boldsymbol{a}||\boldsymbol{b}|$,得
$$|2(x-3)-3(y+2)|\leq\sqrt{(\frac{x-3}{2})^2+(-\frac{y+2}{2})^2}\cdot\sqrt{4^2+6^2}$$

即
$$|2x-3y-12|\leq 2\sqrt{13}$$

故
$$12-2\sqrt{13}\leq 2x-3y\leq 12+2\sqrt{13}$$

当且仅当 $\boldsymbol{a}$ 与 $\boldsymbol{b}$ 共线,即 $\frac{\frac{x-3}{2}}{4}=\frac{-\frac{y+2}{2}}{6}$ 且 $(x-3)^2+(y+2)^2=4$,亦即 $x=\frac{4}{13}\sqrt{13}+3, y=-\frac{6}{13}\sqrt{13}-2$,或 $x=-\frac{4}{13}\sqrt{13}+3, y=\frac{6}{13}\sqrt{13}-2$ 时,等号成立.

因此,当 $x=\frac{4}{13}\sqrt{13}+3, y=-\frac{6}{13}\sqrt{13}-2$ 时,$(2x-3y)_{\max}=12+2\sqrt{13}$;

当 $x=-\frac{4}{13}\sqrt{13}+3, y=\frac{6}{13}\sqrt{13}-2$ 时,$(2x-3y)_{\min}=12-2\sqrt{13}$.

所以,$2x-3y$ 的最大值与最小值的和是 24.

9.9 运用母函数法解题

我们称多项式 $a_0+a_1x+a_2x^2+\cdots+a_nx^n$ 为数组 $a_0,a_1,a_2,\cdots,a_n$ 的母函数. 由探讨多项式的性质来得到数组的性质叫母函数法.

例 1 求证:当 n 是偶数时,有
$$(C_n^0)^2-(C_n^1)^2+(C_n^2)^2-\cdots+(-1)^n(C_n^n)^2=(-1)^{\frac{n}{2}}\cdot C_n^{\frac{n}{2}}$$

证明 作母函数映射 $\varphi:\{a_k\}\to\sum_{k=0}^{n}a_kx^k$.

在映射 φ 下,有
$$\{C_n^k\}\to\sum_{k=0}^{n}C_n^kx^k=(1+x)^n$$
$$\{(-1)^k\cdot C_n^k\}\to\sum_{k=0}^{n}(-1)^k\cdot C_n^k\cdot x^k=(1-x)^n$$

因为
$$(1+x)^n(1-x)^n=(1-x^2)^n$$

而
$$(1-x^2)^n=\sum_{k=0}^{n}(-1)^kC_n^kx^{2k}$$

所以
$$\left(\sum_{k=0}^{n} C_n^k x^k\right) \cdot \left[\sum_{k=0}^{n} (-1)^k C_n^k \cdot x^k\right] = \sum_{k=0}^{n} (-1)^k \cdot C_n^k \cdot x^{2k}$$

根据多项式的乘法规则,得
$$\sum_{k=0}^{n} [C_n^0 C_n^{2k} - C_n^1 C_n^{2k-1} + C_n^2 C_n^{2k-2} - \cdots - C_n^{2k} \cdot C_n^0] x^{2k} = \sum_{k=0}^{n} (-1)^k \cdot C_n^k \cdot x^{2k}$$

作反演,可得
$$C_n^0 \cdot C_n^{2k} - C_n^1 \cdot C_n^{2k-1} + \cdots + C_n^{2k} \cdot C_n^0 = (-1)^k \cdot C_n^k$$

取 $k = \dfrac{n}{2}$,并注意到 $C_n^k = C_n^{n-k}$,得
$$(C_2^0)^2 - (C_n^1)^2 + (C_n^2)^2 - \cdots + (-1)^n (C_n^n)^2 = (-1)^{\frac{n}{2}} \cdot C_n^{\frac{n}{2}}$$

9.10 运用导数、积分、概率知识法解题

例1 已知 $0 < x < \dfrac{\pi}{2}$,求证:$\sin x > x - \dfrac{x^3}{6}$.

证明 设 $f(x) = \sin x - x - \dfrac{x^3}{6}$,则
$$f'(x) = \cos x - 1 - \dfrac{x^2}{2} = 2\left[\left(\dfrac{x}{2}\right)^2 - \sin^2\left(\dfrac{x}{2}\right)\right]$$

当 $0 < x < \dfrac{\pi}{2}$ 时,$\dfrac{x}{2} > \sin\dfrac{x}{2} > 0$,故 $f'(x) > 0$.

所以 $f(x)$ 在 $\left(0, \dfrac{\pi}{2}\right)$ 上为增函数,所以 $f(x) > f(0) = 0$,因此
$$\sin x > x - \dfrac{x^3}{6}$$

例2 设 a, b, c 是正数,且 $a + b + c = 1$,则有
$$\left(\dfrac{1}{b+c} - a\right)\left(\dfrac{1}{c+a} - b\right)\left(\dfrac{1}{a+b} - c\right) \geq \left(\dfrac{7}{6}\right)^3 \qquad ①$$

其中等号当且仅当 $a = b = c = \dfrac{1}{3}$ 时取得;
$$\left(\dfrac{1}{b+c} + a\right)\left(\dfrac{1}{c+a} + b\right)\left(\dfrac{1}{a+b} + c\right) \geq \left(\dfrac{11}{6}\right)^3 \qquad ②$$

其中等号当且仅当 $a = b = c = \dfrac{1}{3}$ 时取得.

为方便,我们用 $\sum$ 表示循环求和,$\prod$ 表示循环求积.

证明 由条件,即需证明 $\prod\left(\dfrac{1}{1-a} - a\right) \geq \left(\dfrac{7}{6}\right)^3 \Leftrightarrow \prod\left(\dfrac{1-a+a^2}{1-a}\right) \geq \left(\dfrac{7}{6}\right)^3 \Leftrightarrow \prod\left(\dfrac{1-a}{1-a+a^2}\right) \leq \left(\dfrac{6}{7}\right)^3$.

设 $f(x) = \dfrac{1-x}{1-x+x^2} (0 < x < 1)$,则 $f\left(\dfrac{1}{3}\right) = \dfrac{6}{7}$,$f'(x) = \dfrac{x^2 - 2x}{(1-x+x^2)^2}$,$f'\left(\dfrac{1}{3}\right) = -\dfrac{45}{49}$,

从而$f(x)$在$x=\frac{1}{3}$处的切线方程为$g(x)=f'(\frac{1}{3})(1-\frac{1}{3})+f(\frac{1}{3})=-\frac{45}{49}(x-\frac{1}{3})+\frac{6}{7}$.

令$h(x)=f(x)-g(x)(0<x<1)$,则$h'(x)=f'(x)-g'(x)=\frac{x^2-2x}{(1-x+x^2)^2}+\frac{45}{49}$,当$x=\frac{1}{3}$时,$h'(x)=0$;当$x\in(0,\frac{1}{3})$时,$h'(x)>0$;当$x\in(\frac{1}{3},1)$时,$h'(x)<0$. 所以$h(x)$在区间$(0,\frac{1}{3})$上单调递增,在$(\frac{1}{3},1)$上单调递减,从而$h(x)\leqslant h(\frac{1}{3})=0$,所以$f(x)\leqslant g(x)$,从而

$$\prod\left(\frac{1-a}{1-a+a^2}\right)\leqslant \prod\left[-\frac{45}{49}(a-\frac{1}{3})+\frac{6}{7}\right]\leqslant \left[\frac{1}{3}\sum\left(-\frac{45}{49}(a-\frac{1}{3})+\frac{6}{7}\right)\right]^3$$

因

$$\frac{1}{3}\sum\left[-\frac{45}{49}(a-\frac{1}{3})+\frac{6}{7}\right]=\frac{1}{3}\left[\left(-\frac{45}{49}\right)\left(\sum a-3\times\frac{1}{3}\right)+3\times\frac{6}{7}\right]=\frac{6}{7}$$

则$\prod\left(\frac{1-a}{1-a+a^2}\right)\leqslant\left(\frac{6}{7}\right)^3$. 所以$\prod\left(\frac{1}{1-a}-a\right)\geqslant\left(\frac{7}{6}\right)^3$,从而不等式①成立,当且仅当$a=b=c=\frac{1}{3}$时取等号.

运用上述方法同样能给出②的简捷证明(略).

例3 设$x_1,x_2,\cdots,x_n$为正数,且$\sum_{i=1}^{n}x_i=1$,则:

(1) $\prod_{i=1}^{n}\left(\frac{1}{1-x_i}-x_i\right)^{x_i}\geqslant\frac{n^2-n+1}{n^2-n}$,当$x_1=x_2=\cdots=x_n=\frac{1}{n}$时等号成立;

(2) $\prod_{i=1}^{n}\left(\frac{1}{1-x_i}+x_i\right)^{x_i}\geqslant\frac{n^2+n-1}{n^2-n}$,当$x_1=x_2=\cdots=x_n=\frac{1}{n}$时等号成立.

证明 (1) 有

$$\prod_{i=1}^{n}\left(\frac{1}{1-x_i}-x_i\right)^{x_i}\geqslant\frac{n^2-n+1}{n^2-n}\Leftrightarrow\sum_{i=1}^{n}\left[x_i\cdot\ln\left(\frac{1}{1-x_i}-x_i\right)\right]\geqslant\ln\frac{n^2-n+1}{n^2-n}$$

设$f(x)=x\ln\left(\frac{1}{1-x}-x\right)$,$x\in(0,1)$,则

$$f''(x)=\frac{x[(x-1)^4+(2x-1)^2+3x+4]}{(1-2x+2x^2-x^3)^2}>0$$

故$f(x)=x\ln\left(\frac{1}{1-x}-x\right)$,$x\in(0,1)$为下凸函数,因此由琴生不等式可得

$$\sum_{i=1}^{n}\left[x_i\cdot\ln\left(\frac{1}{1-x_i}-x_i\right)\right]\geqslant n\cdot\frac{\sum_{i=1}^{n}x_i}{n}\ln\left(\frac{1}{1-\frac{1}{n}\sum_{i=1}^{n}x_i}-\frac{\sum_{i=1}^{n}x_i}{n}\right)=\ln\frac{n^2-n+1}{n^2-n}$$

因为$\prod_{i=1}^{n}\left(\frac{1}{1-x_i}-x_i\right)^{x_i}\geqslant\frac{n^2-n+1}{n^2-n}$,当$x_1=x_2=\cdots=x_n=\frac{1}{n}$时等号成立.

(2) 题证法与(1)题证法相同,下略.

例 4 （权方和不等式）设 $a_i, b_i \in \mathbf{R}_+ (i = 1, 2, \cdots, n)$，则：

(1) 当 $m > 0$ 或 $m < -1$ 时，有 $\sum_{i=1}^{n} \dfrac{a_i^{m+1}}{b_i^m} \geqslant \dfrac{(\sum_{i=1}^{n} a_i)^{m+1}}{(\sum_{i=1}^{n} b_i)^m}$；

(2) 当 $-1 < m < 0$ 时，有 $\sum_{i=1}^{n} \dfrac{a_i^{m+1}}{b_i^m} \leqslant \dfrac{(\sum_{i=1}^{n} a_i)^{m+1}}{(\sum_{i=1}^{n} b_i)^m}$.

上述两不等式中等号均当且仅当 $\dfrac{a_1}{b_1} = \dfrac{a_2}{b_2} = \cdots = \dfrac{a_n}{b_n}$ 时成立.

证法 1 （1）当 $n = 2$ 时，令 $f(x) = \dfrac{a_1^{m+1}}{b_1^m} + \dfrac{x^{m+1}}{b_2^m} - \dfrac{(a_1 + x)^{m+1}}{(b_1 + b_2)^m} (x > 0)$，对 x 求导有

$$f'(x) = \dfrac{(m+1)x^m}{(b_1+b_2)^m}\left[(1 + \dfrac{b_1}{b_2})^m - (1 - \dfrac{a_1}{x})^m\right]$$

令 $f'(x) = 0$，得 $x = \dfrac{a_1 b_2}{b_1}$ 为唯一驻点. 因 $m > 0$ 或 $m < -1$，则 $m(m+1) > 0$，于是

$$f'(\dfrac{a_1 b_2}{b_1}) = m(m-1)\dfrac{a_1^{m-1}}{b_1^{m-2} \cdot b_2(b_1+b_2)} > 0$$

即 $f(x)$ 在 $\dfrac{a_1 b_2}{b_1}$ 处有极小值. 注意连续函数 $f(x)$ 在 $(0, +\infty)$ 上只有一个极值点，则极小值即为最小值，且有 $f(x) \geqslant f\left(\dfrac{a_1 b_2}{b_1}\right) = 0$. 故

$$\dfrac{a_1^{m+1}}{b_1^m} + \dfrac{x^{m+1}}{b_2^m} - \dfrac{(a_1+x)^{m+1}}{(b_1+b_2)^m} \geqslant 0$$

令 $x = a_2$，则

$$\dfrac{a_1^{m+1}}{b_1^m} + \dfrac{a_2^{m+1}}{b_2^m} \geqslant \dfrac{(a_1+a_2)^{m+1}}{(b_1+b_2)^m}$$

当且仅当 $a_2 = \dfrac{a_1 b_2}{b_1}$，即 $\dfrac{a_1}{b_1} = \dfrac{a_2}{b_2}$ 时，上式中等号成立.

假设当 $m \leqslant k$ 时，原不等式成立，则当 $n = k + 1$ 时

$$\sum_{i=1}^{k+1} \dfrac{a_i^{m+1}}{b_i^m} = \sum_{i=1}^{k} \dfrac{a_i^{m+1}}{b_i^m} + \dfrac{a_{k+1}^{m+1}}{b_{k+1}^m} \geqslant \dfrac{(\sum_{i=1}^{k} a_i)^{m+1}}{(\sum_{i=1}^{k} b_i)^m} + \dfrac{a_{k+1}^{m+1}}{b_{k+1}^m} \geqslant$$

$$\dfrac{(\sum_{i=1}^{k} a_i + a_{k+1})^{m+1}}{(\sum_{i=1}^{k} b_i + b_{k+1})^m} = \dfrac{(\sum_{i=1}^{k+1} a_i)^{m+1}}{(\sum_{i=1}^{k+1} b_i)^m}$$

其中等号当且仅当 $\dfrac{a_1}{b_1}=\dfrac{a_2}{b_2}=\cdots=\dfrac{a_k}{b_k}$ 且 $\dfrac{a_{k+1}}{b_{k+1}}=\dfrac{\sum\limits_{i=1}^{k}a_i}{\sum\limits_{i=1}^{k}b_i}$ 时,即 $\dfrac{a_1}{b_1}=\dfrac{a_2}{b_2}=\cdots=\dfrac{a_{k+1}}{b_{k+1}}$ 时成立. 这说明 $n=k+1$ 时不等式成立. 由数学归纳法原理,结论获证.

(2) 当 $-1<m<0$ 时,同理可证(略).

证法 2 由于

$$\sum_{i=1}^{n}\dfrac{a_i^{m+1}}{b_i^{m}}\cdot\left(\sum_{i=1}^{n}b_i\right)^m=\sum_{i=1}^{n}\left(\dfrac{\sum\limits_{i=1}^{n}b_i}{b_i}\right)^m\cdot a_i^{m+1}=\sum_{i=1}^{n}\left[\dfrac{b_i}{\sum\limits_{i=1}^{n}b_i}\left(\dfrac{\sum\limits_{i=1}^{n}b_i}{b_i}\cdot a_i\right)^{m+1}\right]\quad ①$$

(1) 当 $m>0$ 或 $m<-1$ 时,由于函数 $g(x)=x^{m+1}$,$g''(x)=(m+1)m\cdot x^{m-1}$. 当 $x>0$ 时,$g''(x)>0$,即知 $g(x)$ 在 $(0,+\infty)$ 上为下凸函数,将式①中 $\dfrac{b_i}{\sum\limits_{i=1}^{n}b_i}$ 视为 λ_i,$\dfrac{\sum\limits_{i=1}^{n}b_i}{b_i}\cdot a_i$ 视为 x_i,则由琴生不等式,有

$$式① \geqslant \left[\sum_{i=1}^{n}\dfrac{b_i}{\sum\limits_{i=1}^{n}b_i}\cdot\left(\dfrac{\sum\limits_{i=1}^{n}b_i}{b_i}a_i\right)\right]^{m+1}=\left(\sum_{i=1}^{n}a_i\right)^{m+1}\quad ②$$

从而不等式获证.

(2) 当 $-1<m<0$ 时,$g''(x)<0$,即知 $g(x)$ 在 $(0,+\infty)$ 上为上凸函数,运用琴生不等式即知式②中不等号反向,即证得原不等式.

例 5 已知函数 $y=2\cos\pi x(0\leqslant x\leqslant 2)$ 和 $y=2(x\in\mathbf{R})$ 的图像围成一个封闭的平面图形,求这个图形的面积.

解 易知 $S=\displaystyle\int_0^2(2-2\cos\pi x)\mathrm{d}x=\left(2\pi-\dfrac{2}{\pi}\sin\pi x\right)\Big|_0^2=4$

例 6 若 $x,y,z\in(0,1)$,则 $x(1-y)+y(1-z)+z(1-x)<1$.

证明 设 A,B,C 为三个独立事件,且 $P(A)=x,P(B)=y,P(C)=z$,由概率的加法公式得

$$\begin{aligned}1\geqslant P(A+B+C)&=P(A)+P(B)+P(C)-P(A)P(B)-\\&\quad P(B)P(C)-P(C)P(A)+P(A)P(B)P(C)=\\&\quad p(A)(1-P(B))+P(B)(1-P(C))+\\&\quad P(C)(1-P(A))+P(A)P(B)P(C)\end{aligned}$$

从而 $\qquad x(1-y)+y(1-z)+z(1-x)\leqslant 1-xyz<1$

9.11 运用数字化方法解题

例 1 设有 m 只茶杯,开始时杯口都朝上,把茶杯随意翻转,规定每翻转 n 只,算一次翻

动,翻动过的茶杯允许再翻.证明:当 m 为奇数,n 为偶数时,无论翻动多少次,都不可能使茶杯口都朝下.

证明 原命题证明可转换成:用"+1""-1"对应杯口朝上、朝下,设经 k 次翻动后,代表茶杯情况的 m 个数字的乘积是 F_k. 开始时茶杯全朝上,故 $F_0=1$. 茶杯经 k 次翻动后,再作第 $k+1$ 次翻动时,改变了 n 个数的符号,故 $F_{k+1}=(-1)^n F_k=F_k$. 由此可见,对所有的 k, $F_k=1$. 但是杯口全朝下时,代表茶杯情况的 m 个数字的乘积是 $(-1)^m=-1$. 这就说明了,无论经过多少次翻动,都不能使杯口全朝下.

例 2 正八边形各边任意染成红色或白色. 规定一次操作按下述规则将各边的颜色同时改变:若某边的两邻边异色,则该边染为红色;否则染为白色. 求证:经有限次操作后,八边形的颜色可全白,又问对所有可能的初始操作,达到全白至少要多少次操作?

解 以 -1 表示红边,1 表示白边. 于是操作规则即是把每边上的数,改成两相邻数字的乘积. 设开始时 8 个数是:$a_1,a_2,a_3,a_4,a_5,a_6,a_7,a_8$.

第一次操作:$a_2 a_8, a_1 a_3, a_2 a_4, a_3 a_5, a_4 a_6, a_5 a_7, a_6 a_8, a_7 a_9$.

第二次操作:$a_7 a_3$(因为 $a_i^2=1$),$a_8 a_4, a_1 a_5, a_2 a_6, a_3 a_7, a_4 a_8, a_5 a_1, a_6 a_2$.

第三次操作:$a_2 a_4 a_6 a_8, a_1 a_3 a_5 a_7, a_2 a_4 a_6 a_8, \cdots, a_1 a_3 a_5 a_7$.

第四次操作:$1,1,\cdots,1$.(全白)

所以至多经 4 次操作后必全白.

下面构造一个经 4 次操作才能全白的初始着色.

$-1,1,1,\cdots,1$.

(1) $1,-1,1,\cdots,1,-1$.

(2) $1,1,-1,1,1,1,-1,1$.

(3) $1,-1,1,-1,1,-1,1,-1$.

(4) $1,1,1,1,1,1,1,1$.

此例说明,对所有可能的初始操作,达到全白至少要 4 步.

例 3 将正方形 $ABCD$ 分割为 n^2 个相等的小方格(n 为自然数),把相对的顶点 A,C 染成红色,把 B,D 染成蓝色,其他交点任意染成红蓝两色中的一种颜色. 证明:恰有三个顶点同色的小方格的数目必为偶数.

证明 用数代表颜色. 红色记为 0,蓝色记为 1. 每个方格的四个顶点的数之和称为该方格的容量. 显然,恰有三个顶点同色的方格的容量为 1 或 3,总是奇数. 而其他情形下的方格容量为 0 或 2 或 4,总是偶数.

以下考虑计算全体 n^2 个方格的容量之和. 因为 $n \times n$ 方格中所有交点可分为三类:第一类为正方形内部交点;第二类为正方形边上非顶点的交点;第三类为正方形的四个顶点. 分别计算各交点在全体 n^2 个方格的容量之和中的"贡献",然后累加计算.

第一类交点在计算全体 n^2 个方格的容量之和中被计算了 4 次(以它为顶点的 4 个小方格中各计算一次);第二类被计算了 2 次;第三类被计算了 1 次. 于是全体 n^2 个方格的容量之和 $= 4 \times$(第一类交点个数之和)$+ 2 \times$(第二类交点个数之和)$+ 4 =$ 偶数.

而全体 n^2 个方格的容量之和 = 奇容量的方格的容量和 + 偶容量的方格的容量和.

故奇容量的方格的容量和为偶数. 这只有奇容量方格的个数为偶数才有可能.

注:如用数字 -1 及 1 分别表示红点与白点,只需把上述解法中定义的"容量"改成 4 个

顶点的数的乘积,再考虑 n^2 个小方格容量之积,也可完成证明.

注:这一节的几道例题也可看作是配对原理的应用.

9.12　运用数学模型法解题

这种方法就是建立一个数学模型去描述某个数学问题或实际问题中的关系,然后用数学方法分析研究这个模型得出结论,再把结论翻译成这个数学问题或实际问题中的所求关系,来解答原来的数学问题或实际问题. 例如,我们常通过列方程来解应用题就是建立代数模型;用构图法解代数问题就是建立几何模型;用图示法解答某些组合问题就是建立"图论"模型;…… 这样的例子可以从前面很多例子看出,利用数学模型解决实际问题或建立模型解决现实中的问题可参见本套书中的《数学建模尝试》. 在此再举几例.

例 1　由于对任意实数 x,y,z,有如下不等式
$$(x+y+z)^2 \geqslant 3(xy+yz+zx)$$
其中等号当且仅当 $x=y=z$ 时取得.

若令 $x=ab, y=bc, z=ca$,则由上述不等式建立了如下:

模型 1　对于任意实数 a,b,c,有不等式
$$(ab+bc+ca)^2 \geqslant 3abc(a+b+c)$$
其中等号当且仅当 $a=b=c$ 时取得.

下面,我们运用模型 1 处理几个数学问题:

问题 1　设 a,b,c 是满足 $abc=1$ 的正数,求证
$$1+\frac{3}{a+b+c} \geqslant \frac{6}{ab+bc+ca}$$

证明　注意到两个数的均值不等式,有
$$1+\frac{3}{a+b+c} = 1+\frac{9}{3abc(a+b+c)} \geqslant 1+\frac{9}{(ab+bc+ca)^2} \geqslant$$
$$2\sqrt{1 \cdot \frac{9}{(ab+bc+ca)^2}} = \frac{6}{ab+bc+ca}$$

或者由
$$1+\frac{3}{a+b+c} \geqslant 2\sqrt{1 \cdot \frac{3}{a+b+c}} = \frac{6}{\sqrt{3abc(a+b+c)}} \geqslant$$
$$\frac{6}{\sqrt{(ab+bc+ca)^2}} = \frac{6}{ab+bc+ca}$$

问题 2　对于任意的正实数 a,b,c,求证:$a^3+b^3+c^3 \geqslant 3abc$.

证明　由
$$(a^3+b^3+c^3)^4 = [(a^3+b^3+c^3)^2]^2 \geqslant [3(b^3c^3+c^3a^3+a^3b^3)]^2 \geqslant$$
$$9 \cdot 3a^3b^3c^3(a^3+b^3+c^3)$$
有
$$a^3+b^3+c^3 \geqslant 3abc$$

问题 3　设 a,b,c 为正数,且 $a+b+c=3$. 求证
$$abc(a^2+b^2+c^2) \leqslant 3$$

证明 注意到三元均值不等式,有
$$abc(a^2+b^2+c^2) = \frac{1}{9} \cdot 3abc(a+b+c)(a^2+b^2+c^2) \leqslant$$
$$\frac{1}{9}(ab+bc+ca)^2(a^2+b^2+c^2) \leqslant$$
$$\frac{1}{9}\left[\frac{(ab+bc+ca)+(ab+bc+ca)+(a^2+b^2+c^2)}{3}\right]^3 =$$
$$\frac{1}{9}\left[\frac{(a+b+c)^2}{3}\right]^3 = 3$$

或者由
$$9 = (a+b+c)^2 = a^2+b^2+c^2+(ab+bc+ca)+(ab+bc+ca) \geqslant$$
$$3\sqrt[3]{(ab+bc+ca)^2(a^2+b^2+c^2)} \geqslant 3\sqrt[3]{3ab(a+b+c)(a^2+b^2+c^2)} =$$
$$3\sqrt[3]{9abc(a^2+b^2+c^2)}$$

故 $abc(a^2+b^2+c^2) \leqslant 3$

问题 4 设 x,y,z 为正数,且 $x+y+z=3$,求证
$$x^4y^4z^4(x^3+y^3+z^3) \leqslant 3$$

证明 由三元均值不等式,有
$$(x+y+z)^3 = x^3+y^3+z^3+3(x+y+z)(xy+yz+zx)-3xyz =$$
$$x^3+y^3+z^3+\frac{8}{3}(x+y+z)(xy+yz+zx)+$$
$$\frac{1}{3}(x+y+z)(xy+yz+zx)-3xyz \geqslant$$
$$x^3+y^3+z^3+8(xy+yz+zx)+\frac{1}{3} \cdot 3\sqrt[3]{xyz} \cdot 3\sqrt[3]{x^2y^2z^2}-3xyz =$$
$$x^3+y^3+z^3+8(xy+yz+zx) \geqslant$$
$$x^3+y^3+z^3+8\sqrt{3xyz(x+y+z)} \geqslant$$
$$9\sqrt[9]{(x^3+y^3+z^3)3^4x^4y^4z^4(x+y+z)^4} = 9\sqrt[9]{3^8(x^3+y^3+z^3)x^4y^4z^4}$$

故 $x^4y^4z^4(x^3+y^3+z^3) \leqslant 3$

例 2 由于对于实数 a,b,c,有如下恒等式
$$(a+b)(b+c)(c+a) = (a+b+c)(ab+bc+ca) - abc$$
当 a,b,c 为正实数时,有
$$(a+b+c)(ab+bc+ca) \geqslant 9abc$$
从而,我们有如下:

模型 2 对于任意正实数 a,b,c,有不等式
$$(a+b)(b+c)(c+a) \geqslant \frac{8}{9}(a+b+c)(ab+bc+ca)$$
其中等号当且仅当 $a=b=c$ 时取得.

下面,我们运用模型 2 处理几个数学问题:

问题 5 设 a,b,c 是正数,求证
$$2\sqrt{ab+bc+ca} \leqslant \sqrt{3} \cdot \sqrt[3]{(a+b)(b+c)(c+a)}$$

第九章 关系、映射、反演原理

证明 由 $(a+b+c)^2 \geq 3(ab+bc+ca)$ 有
$$a+b+c \geq \sqrt{3} \cdot \sqrt{ab+bc+ca}$$
由模型 2,有
$$(a+b)(b+c)(c+a) \geq \frac{8}{9} \cdot \sqrt{3} \cdot \sqrt{ab+bc+ca} \cdot (ab+bc+ca)$$
故对上式两边开 3 次方(变形)即得所欲证不等式.

问题 6 求使得不等式 $x\sqrt{y}+y\sqrt{z}+z\sqrt{x} \leq k\sqrt{(x+y)(y+z)(z+x)}$ 对于一切正实数 x,y,z 成立的最小的实数 k 的值.

解 由对称性,令 $x=y=z$ 代入题设不等式得 $k \geq \frac{3\sqrt{2}}{4}$.

下证当对一切正实数,有
$$x\sqrt{y}+y\sqrt{z}+z\sqrt{x} \leq \frac{3\sqrt{2}}{4}\sqrt{(x+y)(y+z)(z+x)}$$
由模型 2,有
$$\frac{3\sqrt{2}}{4}\sqrt{(x+y)(y+z)(z+x)} \geq \sqrt{(x+y+z)(xy+yz+zx)}$$
又由柯西不等式,有
$$\sqrt{(x+y+z)(xy+yz+zx)} \geq x\sqrt{y}+y\sqrt{z}+z\sqrt{x}$$
从而,有
$$x\sqrt{y}+y\sqrt{z}+z\sqrt{x} \leq \frac{3\sqrt{2}}{4}\sqrt{(x+y)(y+z)(z+x)}$$
故 $k_{\min}=\frac{3\sqrt{2}}{4}$ 为所求.

问题 7 设 a,b,c 是正数,求证
$$\left(1+\frac{a}{b}\right)\left(1+\frac{b}{c}\right)\left(1+\frac{c}{a}\right) \geq 2\left(1+\frac{a+b+c}{\sqrt[3]{abc}}\right)$$

证明 由模型 2 中的不等式,两边同除以 abc 得
$$\left(1+\frac{a}{b}\right)\left(1+\frac{b}{c}\right)\left(1+\frac{c}{a}\right) \geq \frac{8}{9} \cdot \frac{(a+b+c)(ab+bc+ca)}{abc}$$
注意到
$$ab+bc+ca \geq 3\sqrt[3]{a^2b^2c^2}, a+b+c \geq 3\sqrt[3]{abc}$$
所以
$$\frac{8}{9} \cdot \frac{(a+b+c)(ab+bc+ca)}{abc} \geq \frac{8}{3} \cdot \frac{a+b+c}{\sqrt[3]{abc}} = \frac{2}{3} \cdot \frac{a+b+c}{\sqrt[3]{abc}} + 2 \cdot \frac{a+b+c}{\sqrt[3]{abc}} \geq$$
$$2+2 \cdot \frac{a+b+c}{\sqrt[3]{abc}} = 2\left(1+\frac{a+b+c}{\sqrt[3]{abc}}\right)$$

问题 8 (IMO2007 年试题)设 $x,y,z \geq 0$,求证
$$(x+y+z)^2(xy+yz+zx)^2 \leq 3(y^2+yz+z^2)(z^2+zx+x^2)(x^2+xy+y^2)$$

证明 若 x,y,z 中至少有一个为 0,则不等式显然成立.当 $x,y,z>0$ 时,由模型 2 中的

不等式两边平方得
$$(x+y+z)^2(xy+yz+zx)^2 \leq \frac{81}{64}(x+y)^2(y+z)^2(z+x)^2$$

又易得
$$\frac{3}{4}(x+y)^2 \leq x^2+xy+y^2, \frac{3}{4}(y+z)^2 \leq y^2+yz+z^2, \frac{3}{4}(z+x)^2 \leq z^2+zx+x^2$$

从而
$$(x+y+z)^2(xy+yz+zx)^2 \leq 3(y^2+yz+z^2)(z^2+zx+x^2)(x^2+xy+y^2)$$

问题 9 （IMO2009 年试题）已知正实数 a,b,c 满足 $\frac{1}{a}+\frac{1}{b}+\frac{1}{c}=a+b+c$，求证
$$\frac{1}{(2a+b+c)^2}+\frac{1}{(a+2b+c)^2}+\frac{1}{(a+b+2c)^2} \leq \frac{3}{16}$$

证明 由 $(2a+b+c)^2 = [(a+b)+(c+a)]^2 \geq 4(a+b)(c+a)$，有
$$\frac{1}{(2a+b+c)^2}+\frac{1}{(a+2b+c)^2}+\frac{1}{(a+b+2c)^2} \leq$$
$$\frac{1}{4(a+b)(c+a)}+\frac{1}{4(a+b)(b+c)}+\frac{1}{4(b+c)(c+a)} = $$
$$\frac{a+b+c}{2(a+b)(b+c)(c+a)}$$

由模型 2，有
$$\frac{a+b+c}{2(a+b)(b+c)(c+a)} \leq \frac{9}{16(ab+bc+ca)}$$

又由于
$$\frac{1}{a}+\frac{1}{b}+\frac{1}{c}=a+b+c$$

即
$$ab+bc+ca=abc(a+b+c)$$

由模型 1，有
$$(ab+bc+ca)^2 \geq 3abc(a+b+c) = 3(ab+bc+ca)$$

即 $ab+bc+ca \geq 3$. 故 $\frac{9}{16(ab+bc+ca)} \leq \frac{3}{16}$. 所以原不等式获证.

问题 10 设 $a,b,c>0, \frac{1}{a}+\frac{1}{b}+\frac{1}{c} \leq 16(a+b+c)$，求证
$$\frac{1}{[a+b+\sqrt{2(a+b)}\,]^3}+\frac{1}{[b+c+\sqrt{2(b+a)}\,]^3}+\frac{1}{[c+a+\sqrt{2(c+b)}\,]^3} \leq \frac{9}{8}$$

证明 由三元均值不等式，有
$$a+b+\sqrt{2(a+c)} = a+b+\frac{1}{2}\sqrt{2(a+c)}+\frac{1}{2}\sqrt{2(a+c)} \geq$$
$$3\sqrt[3]{(a+b) \cdot [\frac{\sqrt{2(a+c)}}{2}]^2} =$$
$$3\sqrt[3]{\frac{1}{2}(a+b)(a+c)}$$

即
$$[a+b+\sqrt{2(a+c)}]^3 \geqslant \frac{27}{2}(c+a)(a+b)$$

同理有其他两式,于是
$$原不等左边 \leqslant \frac{2}{27}\Big[\frac{1}{(c+a)(a+b)}+\frac{1}{(a+b)(b+c)}+\frac{1}{(b+c)(c+a)}\Big]=$$
$$\frac{4}{27}\cdot\frac{a+b+c}{(a+b)(b+c)(c+a)}$$

由条件式 $\frac{1}{a}+\frac{1}{b}+\frac{1}{c} \leqslant 16(a+b+c)$ 及模型1,有
$$ab+bc+ca \leqslant 16abc(a+b+c) \leqslant \frac{16}{3}(ab+bc+ca)^2$$

即有
$$ab+bc+ca \geqslant \frac{3}{16}$$

又由模型2,有
$$9(a+b)(b+c)(c+a) \geqslant 8(a+b+c)(ab+bc+ca)$$

故
$$\frac{4(a+b+c)}{27(a+b)(b+c)(c+a)} \leqslant \frac{1}{16(ab+bc+ca)} \leqslant \frac{9}{8}$$

例3 由 $-(b-c)^2 \leqslant 0$,有 $a^2-(b-c)^2 \leqslant a^2$,亦有
$$a^2 \geqslant a^2-(b-c)^2=(a+b-c)(a-b+c)=(a+b-c)(c+a-b)$$

同理
$$b^2 \geqslant (a+b-c)(b+c-a), c^2 \geqslant (b+c-a)(c+a-b)$$

于是
$$abc \geqslant |(a+b-c)(b+c-a)(c+a-b)| \geqslant (a+b-c)(b+c-a)(c+a-b) \quad ①$$

由式①,即得如下模型:

模型3 设 a,b,c 为任意非零实数,则有不等式
$$abc \geqslant (a+b-c)(b+c-a)(c+a-b)$$
其中等号当且仅当 $a=b=c$ 时成立.

由模型3,即有
$$a^3+b^3+c^3+3abc \geqslant a^2b+ab^2+b^2c+bc^2+a^2c+ac^2 \geqslant$$
$$6\sqrt[6]{a^6b^6c^6} \geqslant 6|abc| \geqslant 6abc$$

于是,我们又可得如下模型:

模型4 设 a,b,c 为非负实数,令
$$P=a^3+b^3+c^3, Q=abc, R=a^2b+ab^2+b^2c+bc^2+a^2c+ac^2$$
则
$$2P \geqslant P+3Q \geqslant R \geqslant 6Q$$
其中等号当且仅当 $a=b=c$ 时成立.

又由模型3,有
$$a^3+b^3+c^3+3abc \geqslant a^2b+ab^2+b^2c+bc^2+a^2c+ac^2 \geqslant$$
$$2(a^{\frac{3}{2}}b^{\frac{3}{2}}+b^{\frac{3}{2}}c^{\frac{3}{2}}+c^{\frac{3}{2}}a^{\frac{3}{2}})$$

而
$$1 + 2(abc)^{\frac{3}{2}} = 1 + (abc)^{\frac{3}{2}} + (abc)^{\frac{3}{2}} \geq 3\sqrt[3]{[(abc)^{\frac{3}{2}}]^2} = 3abc$$
由上述两式,有
$$a^3 + b^3 + c^3 + 1 + 2(abc)^{\frac{3}{2}} \geq 2(a^{\frac{3}{2}}b^{\frac{3}{2}} + b^{\frac{3}{2}}c^{\frac{3}{2}} + c^{\frac{3}{2}}a^{\frac{3}{2}})$$
对上式作置换:$(a^{\frac{3}{2}}, b^{\frac{3}{2}}, c^{\frac{3}{2}}) \to (a, b, c)$,得
$$a^2 + b^2 + c^2 + 2abc + 1 \geq 2(ab + bc + ca)$$
再对上式两边同加上 $a^2 + b^2 + c^2$ 后,两边除以 2,又两边加上 $\frac{9}{2}$,运用平均值不等式,即
$$\frac{(a+b+c)^2}{2} + \frac{9}{2} \geq \sqrt{9(a+b+c)^2} \geq 3|a+b+c| \geq 3(a+b+c)$$
于是,又可得模型:

模型 5 对于非负实数 a, b, c,有不等式
$$a^2 + b^2 + c^2 + abc + 5 \geq 3(a+b+c)$$
其中等号当且仅当 $a = b = c = 1$ 时成立.

下面,给出上述模型应用的例子:

问题 11 设 x, y, z 是非负实数,且 $x + y + z = 1$,求证
$$0 \leq xy + yz + zx - 2xyz \leq \frac{7}{27}$$

证明 应用模型 4,由
$$xy + yz + zx - 2xyz = (xy + yz + zx - 2xyz)(x + y + z) = Q + R$$
及
$$\frac{7}{27} = \frac{7}{27}(x + y + z)^3 = \frac{7}{27}(P + 6Q + 3R)$$
于是原不等式左边式即 $Q + R \geq 0$ 成立;

原不等式右边式即 $Q + R \leq \frac{7}{27}(P + 6Q + 3R)$,亦即
$$6R \leq 7P + 15Q$$
这可由 $R \leq 2P$ 及 $5R \leq 5(P + 3Q)$ 相加即得上式.

问题 12 设 $\triangle ABC$ 的三边分别为 a, b, c,且 $a + b + c = 1$,求证
$$a^2 + b^2 + c^2 + 4abc \geq \frac{13}{27}$$

证明 应用模型 4,由
$$a^2 + b^2 + c^2 + 4abc = (a^2 + b^2 + c^2)(a + b + c) + 4abc = P + 4Q + R$$
及
$$\frac{13}{27} = \frac{13}{27}(a + b + c)^3 = \frac{13}{27}(P + 6Q + 3R)$$
于是,原不等式即
$$P + R + 4Q \geq \frac{13}{27}(P + 6Q + 3R)$$
即
$$7P + 15Q \geq 6R$$

此即为问题 11 中的问题了.

问题 13   设 a,b,c 为正实数,且 $a+b+c=2$,求证

$$\frac{1-a}{a}\cdot\frac{1-b}{b}+\frac{1-b}{b}\cdot\frac{1-c}{c}+\frac{1-c}{c}\cdot\frac{1-a}{a}\geqslant\frac{3}{4}$$

证明   上述不等式可化为 $2+\dfrac{9abc}{4}-2(ab+bc+ca)\geqslant 0$,亦即

$$\frac{(a+b+c)^3}{4}+\frac{9abc}{4}-(a+b+c)(ab+bc+ca)\geqslant 0$$

亦即

$$\frac{1}{4}(P+6Q+3R)-\frac{3}{4}Q-R\geqslant 0$$

又亦即 $P+3Q\geqslant R$. 这显然由模型 4 即证.

注:(1) 对于 $\triangle ABC$ 的三边 a,b,c,满足 $a+b+c=1$,则

$$5(a^2+b^2+c^2)+18abc\geqslant\frac{7}{3}$$

事实上,上述不等式可变形为

$$5(P+R)+18Q\geqslant\frac{7}{3}(P+6Q+3R)$$

即

$$4P+6Q\geqslant 3R$$

这可由 $2(P+3Q)\geqslant 2R$ 及 $2P\geqslant R$ 相加即证.

(2) 对于正实数 a,b,c 满足 $a+b+c=3$,则 $2(a^3+b^3+c^3)+3abc\geqslant 9$,事实上,上述不等式可变为 $2P+3Q\geqslant\dfrac{1}{3}(P+6Q+3R)$,即 $5P+3Q\geqslant 3R$,这可由 $P+3Q\geqslant R$ 及 $4P\geqslant 2R$ 相加即证得.

问题 14   设 a,b,c 为正实数,且 $a^2+b^2+c^2+abc=4$,求证

$$a+b+c\leqslant 3$$

证明   由模型 5,即

$$a^2+b^2+c^2+abc+5\geqslant 3(a+b+c)$$

从而,有

$$4+5\geqslant 3(a+b+c)$$

故

$$a+b+c\leqslant 3$$

注:(1) 对于 $x,y,z>0$,且 $\dfrac{1}{x^2+1}+\dfrac{1}{y^2+1}+\dfrac{1}{z^2+1}=2$,则有

$$xy+yz+zx\leqslant\frac{3}{2}$$

事实上,由条件式可得

$$x^2y^2+x^2z^2+y^2z^2+2x^2y^2z^2=1$$

令 $2xy=a,2yz=b,2zx=c$,则上式变为

$$a^2+b^2+c^2+abc=4$$

由问题 14,有

即为
$$a+b+c \leq 3$$

$$xy+yz+zx \leq \frac{3}{2}$$

(2) 又对于 $x,y,z \geq 1$,且 $\frac{1}{x}+\frac{1}{y}+\frac{1}{z}=1$,则有

$$\sqrt{x+y+z} \geq \sqrt{x-1}+\sqrt{y-1}+\sqrt{z-1}$$

事实上,若令 $\sqrt{x-1}=a,\sqrt{y-1}=b,\sqrt{z-1}=c$,则条件式即为

$$\frac{1}{a^2+1}+\frac{1}{b^2+1}+\frac{1}{c^2+1}=2$$

而结论式两边平方后即变为

$$ab+bc+ca \leq \frac{3}{2}$$

此即为上述(1)中的结论.

问题 15 对任意正实数 a,b,c,求证

$$(a^2+2)(b^2+2)(c^2+2) \geq 9(ab+bc+ca)$$

证明 先证得加强式

$$(a^2+2)(b^2+2)(c^2+2) \geq 3(a+b+c)^2+\frac{1}{2}[(a-b)^2+(b-c)^2+(c-a)^2]$$

上式等价于

$$a^2b^2c^2+2(a^2b^2+b^2c^2+c^2a^2)+8 \geq 5(ab+bc+ca)$$

由模型5得

$$a^2b^2c^2+(a^2b^2+b^2c^2+c^2a^2)+5 \geq 3(ab+bc+ca)$$

又由 $a^2b^2+1 \geq 2ab, a^2c^2+1 \geq 2ac, b^2c^2+1 \geq 2bc$,上述四式相加即证得加强式.

注意到

$$3(a+b+c)^2 = 3(a^2+b^2+c^2+2ab+2bc+2ca) \geq$$
$$3(ab+bc+ca+2ab+2bc+2ca) =$$
$$9(ab+ac+bc)$$

故 $(a^2+2)(b^2+2)(c^2+2) \geq 9(ab+bc+ca)$

问题 16 设实数 $a,b,c \geq 1$,且满足

$$abc+2a^2+2b^2+2c^2+ca-cb-4a+4b-c=28$$

求 $a+b+c$ 的最大值.

解 由条件式,得

$$(a-1)^2+(b+1)^2+c^2+\frac{1}{2}(a-1)(b+1)c = 16$$

亦即

$$\left(\frac{a-1}{2}\right)^2+\left(\frac{b+1}{2}\right)^2+\left(\frac{c}{2}\right)^2+\frac{a-1}{2} \cdot \frac{b+1}{2} \cdot \frac{c}{2} = 4$$

由模型5,有

$$4 + 5 \geqslant 3\left(\frac{a-1}{2} + \frac{b+1}{2} + \frac{c}{2}\right)$$

从而 $a + b + c \leqslant 6$. 故当 $a = 3, b = 1, c = 2$ 时, $a + b + c$ 的最大值为 6.

问题 17 设正实数 x, y, z 满足 $x + y + z + \frac{1}{2}\sqrt{xyz} = 16$, 求证

$$\sqrt{x} + \sqrt{y} + \sqrt{z} + \frac{1}{8}\sqrt{xyz} \leqslant 7$$

证明 令 $x = 16a^2, y = 16b^2, z = 16c^2$, 则条件式变为
$$a^2 + b^2 + c^2 + 2abc = 1$$

待证式变为
$$a + b + c + 2abc \leqslant \frac{7}{4}$$

由问题 14 后注(1)知 $a + b + c \leqslant \frac{3}{2}$, 此时亦有

$$abc \leqslant \left(\frac{a+b+c}{3}\right)^3 \leqslant \frac{1}{8}$$

从而
$$a + b + c + 2abc \leqslant \frac{3}{2} + 2 \times \frac{1}{8} = \frac{7}{4}$$

例 4 对于非负实数 a, b, c 且 $a + b + c = s(s > 0)$, 则由模型 3, 即
$$abc \geqslant (a + b - c)(c + a - b)(b + c - a)$$

有
$$abc \geqslant (s - 2c)(s - 2b)(s - 2a) =$$
$$s^3 - 2s^2(a + b + c) + 4s(ab + bc + ca) - 8abc$$

即有
$$ab + bc + ca \leqslant \frac{9}{4s}abc + \frac{s^2}{4}$$

由均值不等式, 有
$$a + b + c \geqslant 3\sqrt[3]{abc}, ab + bc + ca \geqslant 3\sqrt[3]{a^2b^2c^2}$$

亦有
$$(a + b + c)(ab + bc + ca) \geqslant 9abc$$

亦即
$$\frac{9}{s}abc \leqslant ab + bc + ca$$

从而, 我们得到下述.

模型 6 设 a, b, c 为非负实数, 且 $a + b + c = s$, 则
$$\frac{9}{s}abc \leqslant ab + bc + ca \leqslant \frac{9}{4s}abc + \frac{s^2}{4}$$

其中两个等号均当且仅当 $a = b = c = \frac{s}{3}$ 时取得.

下面, 运用模型 6 处理几个数学问题:

问题 18 已知 a, b, c 都是正数, 且 $a + b + c = 1$, 求证
$$(1 + a)(1 + b)(1 + c) \geqslant 8(1 - a)(1 - b)(1 - c)$$

证明 所证不等式两边展开得

$$1 + a + b + c + ab + bc + ca + abc \geq 8[1 - (a + b + c) + (ab + bc + ca) - abc]$$

即
$$7(ab + bc + ca) \leq 9abc + 2$$

由模型 6,取 $s = 1$,有
$$7(ab + bc + ca) \leq 7 \times \frac{9}{4}abc + 7 \times \frac{1}{4} \leq 9abc + 2$$

其中两个不等式中等号当且仅当 $a = b = c = \frac{1}{3}$ 时取得.

应用模型 6,也可以处理问题 11,12,13 及注中的一系列问题. 下面仅给出应用模型 6 处理问题 11 的情形:

证明:由模型 6,取 $s = 1$,得
$$9xyz \leq xy + yz + zx \leq \frac{1}{4}(1 + 9xyz)$$

于是
$$xy + yz + zx - 2xyz \geq 7xyz \geq 0$$

注意到 $xyz \leq (\frac{x + y + z}{3})^3 = \frac{1}{27}$,从而
$$xy + yz + zx - 2xyz \leq \frac{1}{4}(1 + xyz) \leq \frac{1}{4} \times \frac{28}{27} = \frac{7}{27}$$

问题 19 设 $\triangle ABC$ 的三边长分别为 a, b, c,且 $a + b + c = 3$,求 $f(a, b, c) = a^2 + b^2 + c^2 + \frac{4}{3}abc$ 的最小值.

解 由 $a + b + c = 3$,有
$$9 = (a + b + c)^2 = a^2 + b^2 + c^2 + 2(ab + bc + ca)$$

从而
$$a^2 + b^2 + c^2 + \frac{4}{3}abc = 9 - 2(ab + bc + ca - \frac{2}{3}abc)$$

由模型 6,取 $s = 3$,则
$$ab + bc + ca \leq \frac{3}{4}abc + \frac{9}{4}$$

注意到 $a + b + c \geq 3\sqrt[3]{abc}$,有 $abc \leq 1$,从而
$$ab + bc + ca - \frac{2}{3}abc \leq \frac{1}{12}abc + \frac{9}{4} \leq \frac{7}{3}$$

于是
$$a^2 + b^2 + c^2 + \frac{4}{3}abc \geq 9 - 2 \times \frac{7}{3} = \frac{13}{3}$$

故 $f(a, b, c) = a^2 + b^2 + c^2 + \frac{4}{3}abc$ 的最小值为 $\frac{13}{3}$,当且仅当 $a = b = c = 1$ 时取得.

注:特别地,若 a, b, c 为三角形的三边之长,且 $a + b + c = s$,则有下述不等式模型
$$\frac{1}{4}s^2 < ab + bc + ca - \frac{2}{s}abc \leq \frac{7}{27}s^2$$
$$\frac{13}{27}s^2 \leq a^2 + b^2 + c^2 + \frac{4}{s}abc < \frac{s^2}{2}$$

事实上,由

$$0 < \frac{1}{8}s^3 - \frac{1}{4}s^2(a+b+c) + \frac{s}{2}(ab+bc+ca) - abc =$$
$$(\frac{s}{2}-a)(\frac{s}{2}-b)(\frac{s}{2}-c) \leqslant (\frac{\frac{s}{2}-a+\frac{s}{2}-b+\frac{s}{2}-c}{3})^3 = \frac{s^3}{216}$$

即证得结论.

例 5 对于实数 $x,y,z,\alpha,\beta,\gamma$,且满足
$$xy + yz + zx + \alpha = \beta(x+y+z)$$

或
$$\alpha = \beta(x+y+z) - (xy+yz+ax)$$

则
$$(x+\gamma)^2 + (y+\gamma)^2 + (z+\gamma)^2 - (2\alpha - \beta^2 + 2\beta\gamma + 2\gamma^2) =$$
$$x^2 + y^2 + z^2 + 2\gamma(x+y+z) + 3\gamma^2 -$$
$$2[\beta(x+y+z) - (xy+yz+zx)] + \beta^2 - 2\beta\gamma - 2\gamma^2 =$$
$$(x+y+z)^2 - 2(\beta-\gamma)(x+y+z) + (\beta-\gamma)^2 =$$
$$(x+y+z-\beta+\gamma)^2 \geqslant 0$$

于是,我们得到了如下:

模型 7 设 $x,y,z,\alpha,\beta,\gamma$ 均为实数,且 $xy+yz+zx+\alpha = \beta(x+y+z)$,则
$$(x+\gamma)^2 + (y+\gamma)^2 + (z+\gamma)^2 \geqslant 2\alpha - \beta^2 + 2\beta\gamma + 2\gamma^2$$

下面,给出运用模型 7 处理数学问题的例子:

问题 20 设 a,b,c 是不同的实数,证明
$$(\frac{2a-b}{a-b})^2 + (\frac{2b-c}{b-c})^2 + (\frac{2c-a}{c-a})^2 \geqslant 5$$

证明 令 $\frac{a}{a-b} = x, \frac{b}{b-c} = y, \frac{c}{c-a} = z$,则
$$(x-1)(y-1)(z-1) = \frac{b}{a-b} \cdot \frac{c}{b-c} \cdot \frac{a}{c-a} = xyz$$

亦即有
$$xy + yz + zx + 1 = x + y + z$$

在模型 7 中,取 $\alpha = 1, \beta = 1, \gamma = 1$,则
$$(\frac{2a-b}{a-b})^2 + (\frac{2b-c}{b-c})^2 + (\frac{2c-a}{c-a})^2 = (x+1)^2 + (y+1)^2 + (z+1)^2 \geqslant$$
$$2\alpha - \beta^2 + 2\beta\gamma + 2\gamma^2 = 5$$

问题 21 (2008 年 IMO 试题)设实数 x,y,z 都不等于 1,且 $xyz = 1$,求证
$$(\frac{x}{x-1})^2 + (\frac{y}{y-1})^2 + (\frac{z}{z-1})^2 \geqslant 1$$

证明 令 $\frac{x}{x-1} = a, \frac{y}{y-1} = b, \frac{z}{z-1} = c$,则
$$x = \frac{a}{a-1}, y = \frac{b}{b-1}, z = \frac{c}{c-1}$$

由 $xyz = 1$ 有

即
$$(a-1)(b-1)(c-1) = abc$$
$$ab + bc + ca + 1 = a + b + c$$

在模型 7 中取 $\alpha = 1, \beta = 1, \gamma = 0$,则
$$\frac{x^2}{(x-1)^2} + \frac{y^2}{(y-1)^2} + \frac{z^2}{(z-1)^2} = a^2 + b^2 + c^2 \geq 2\alpha - \beta^2 = 1$$

问题 22 设 a, b, c 是不相同的实数,求证
$$\left(\frac{c-a}{a-b}\right)^2 + \left(\frac{a-b}{b-c}\right)^2 + \left(\frac{b-c}{c-a}\right)^2 \geq 5$$

证明 令 $\frac{c-a}{a-b} = x, \frac{a-b}{b-c} = y, \frac{b-c}{c-a} = z$,则 $xyz = 1$,且
$$(x+1)(y+1)(z+1) = -1$$

即
$$xy + yz + zx + 3 = -(x + y + z)$$

在模型 7 中取 $\alpha = 3, \beta = -1, \gamma = 0$,则
$$\left(\frac{c-a}{a-b}\right)^2 + \left(\frac{a-b}{b-c}\right)^2 + \left(\frac{b-c}{c-a}\right)^2 = x^2 + y^2 + z^2 \geq 2\alpha - \beta^2 = 5$$

例 6 对于正实数 a, b,由 $(a+b)(1+ab) = b(1+a)^2 + a(1-b)^2 \geq b(1+a^2)$,有
$$\frac{1}{(1+a)^2} \geq \frac{b}{(a+b)(1+ab)}$$

同理
$$\frac{1}{(1+b)^2} \geq \frac{a}{(a+b)(1+ab)}$$

于是,我们便得到如下不等式模型:

模型 8 设 a, b 为正实数,则 $\frac{1}{(1+a)^2} + \frac{1}{(1+b)^2} \geq \frac{1}{1+ab}$,其中等号 $a = b$ 时成立.

下面,给出运用模型 8 处理数学问题的例子:

问题 23 设 a, b, c, d 是正实数,且 $abcd = 1$,求证
$$\frac{1}{(1+a)^2} + \frac{1}{(1+b)^2} + \frac{1}{(1+c)^2} + \frac{1}{(1+d)^2} \geq 1$$

证明 应用模型 8,有
$$\frac{1}{(1+a)^2} + \frac{1}{(1+b)^2} + \frac{1}{(1+c)^2} + \frac{1}{(1+d)^2} \geq \frac{1}{1+ab} + \frac{1}{1+cd} = \frac{1}{1+ab} + \frac{ab}{ab+1} = 1$$

即证.

问题 24 已知 a, b, c 是正实数,且 $abc = 1$,求证
$$\frac{1}{(1+a)^2} + \frac{1}{(1+b)^2} + \frac{1}{(1+c)^2} \geq \frac{3}{4}$$

证明 应用模型 8,有
$$\frac{1}{(1+a)^2} + \frac{1}{(1+b)^2} + \frac{1}{(1+c)^2} \geq \frac{1}{1+ab} + \frac{1}{(1+c)^2}$$

又

$$\frac{1}{1+ab} + \frac{1}{(1+c)^2} \geqslant \frac{3}{4} \Leftrightarrow \frac{c}{1+c} + \frac{1}{(1+c)^2} \geqslant \frac{3}{4} \Leftrightarrow$$
$$4c(1+c) + 4 \geqslant 3(1+c)^2 \Leftrightarrow (c-1)^2 \geqslant 0$$

故原不等式获证.

问题 25 已知 a,b,c 为正实数,且 $abc = 1$,求证

$$\frac{a+3}{(1+a)^2} + \frac{b+3}{(1+b)^2} + \frac{c+3}{(1+c)^2} \geqslant 3$$

证明 应用模型 8,有

$$\frac{a+3}{(1+a)^2} + \frac{b+3}{(1+b)^2} + \frac{c+3}{(1+c)^2} =$$
$$\left(\frac{1}{1+a} + \frac{1}{1+b} + \frac{1}{1+c}\right) + \frac{2}{(1+a)^2} + \frac{2}{(1+b)^2} + \frac{2}{(1+c)^2} \geqslant$$
$$\left(\frac{1}{1+a} + \frac{1}{1+b} + \frac{1}{1+c}\right) + \frac{1}{1+ab} + \frac{1}{1+bc} + \frac{1}{1+ca} =$$
$$\frac{1+a}{1+a} + \frac{1+b}{1+b} + \frac{1+c}{1+c} = 3$$

即证.

问题 26 已知 a,b,c 是正实数,且 $abc = 1$,求证

$$\frac{1}{a-a^2+a^3} + \frac{1}{b-b^2+b^3} + \frac{1}{c-c^2+c^3} \geqslant 3$$

证明 注意到

$$(1+a^2)^2 \geqslant 4a(1-a+a^2) \Leftrightarrow a^4 - 4a^3 + 6a^2 - 4a + 1 \geqslant 0 \Leftrightarrow (a-1)^4 \geqslant 0$$

则知

$$\frac{1}{a-a^2+a^3} \geqslant \frac{4}{(1+a^2)^2}$$

同理,有其他两式.

应用模型 8,并注意 $a^2b^2c^2 = 1$,则

$$\frac{1}{a-a^2+a^3} + \frac{1}{b-b^2+b^3} + \frac{1}{c-c^2+c^3} \geqslant 4\left[\frac{1}{(1+a^2)^2} + \frac{1}{(1+b^2)^2} + \frac{1}{(1+c^2)^2}\right] \geqslant$$
$$4 \times \frac{3}{4} = 3$$

问题 27 设 a,b,c 是正实数,且 $abc = 1$,求证

$$\frac{1}{(1+a)^2} + \frac{1}{(1+b)^2} + \frac{1}{(1+c)^2} + \frac{1}{1+a+b+c} \geqslant 1$$

证明 由 $abc = 1$,知 a,b,c 中至少有两个同时不大于 1 或不小于 1,不妨设为 a,b,则有

$$(1-a)(1-b) \geqslant 0$$

因

$$\frac{1}{1+ab} + \frac{1}{(1+c)^2} + \frac{1}{1+a+b+c} \geqslant \Leftrightarrow \frac{c^2+c+1}{(1+c)^2} + \frac{1}{1+a+b+c} \geqslant 1 \Leftrightarrow$$
$$\frac{1}{1+a+b+c} \geqslant \frac{c}{(1+c)^2} \Leftrightarrow 1 + 2c + c^2 \geqslant c + c(a+b+c) \Leftrightarrow$$

$$abc + c + c^2 \geqslant c(a+b+c) \Leftrightarrow ab + 1 \geqslant a + b \Leftrightarrow (1-a)(1-b) \geqslant 0$$

应用模型 8,有 $\dfrac{1}{(1+a)^2} + \dfrac{1}{(1+b)^2} + \dfrac{1}{(1+c)^2} + \dfrac{1}{1+a+b+c} \geqslant \dfrac{1}{1+ab} + \dfrac{1}{(1+c)^2} + \dfrac{1}{1+a+b+c} \geqslant 1$. 证毕.

类似于上述形式的模型,只要我们稍加细心,就会发现得到. 望读者注意细心发掘吧!

上面我们列举出了应用 RMI 原理解答数学问题的一些例子,从这些例子可以看出,寻找映射是最关键也是较难的一步. 重要的映射的发现,是数学上的重大贡献. 例如纳皮尔发现对数和笛卡儿发现直角坐标系,都是对数学的重大贡献.

RMI 原理不但在数学中应用得十分广泛,而且在一切工程技术或其他科学部门中,往往也利用这一原理去解决问题. 一般说来,如果在问题中给定的原象关系系统里的关系不够丰富(即条件不充分),从而不易把其中包含着的待定原象 x(问题的解答)确定出来时,我们就设法选择一个合适的映射 φ,使得待定原象 x 的映射 y 较容易确定,从而通过反演很容易把目标原象 x 寻找出来. 由于许多问题里的待定原象往往是不容易确定的,因此常需要借助 RMI 原理来求解问题.

思 考 题

1. 解方程 $x^2 + \sqrt{x^2 - 3x - 9} = 3x + 11$.

2. 解方程 $x^3 + (1 + \sqrt{2})x^2 - 2 = 0$.

3. 求方程 $x = \sqrt{2 + \sqrt{2 + \sqrt{2 + \sqrt{2 + x}}}}$ 的正根,并证明此方程只有一个正根.

4. 从三角形一个顶点到对边三等分点作线段,求第二个顶点的中线被这些线段分成连比 $x:y:z$,设 $x \geqslant y \geqslant z$. 求 $x:y:z$.

5. 用构造二次函数模型求解 9.1.4 小节中的例 1.

6. 用 $[x]$ 表示不超过 x 的最大整数,证明:对任一正整数 n,有

$$[\sqrt{n}] + [\sqrt[3]{n}] + \cdots + [\sqrt[n]{n}] = [\log_2 n] + [\log_3 n] + \cdots + [\log_n n]$$

思考题参考解答

1. 令 $\sqrt{x^2 - 3x - 9} = x$,求得 $x = 5, -2$.

2. 令 $\sqrt{2} = y$,求得 $x_1 = -\sqrt{2}, x_{2,3} = -\dfrac{1}{2} \pm \dfrac{1}{2}\sqrt{4\sqrt{2} - 1}\,\mathrm{i}$.

3. 令 $\sqrt{2 + x} = y$,有 $y^2 - 2 = x = \sqrt{2 + \sqrt{2 + \sqrt{2 + y}}}$,因而有 $x^2 = x + 2$,得 $x = 2$.

4. 参量法: $\dfrac{AH}{HE} = \dfrac{S_{\triangle ABH}}{S_{\triangle BHE}} = \dfrac{S_{\triangle ABH}}{S_{\triangle BHC}} \cdot \dfrac{S_{\triangle BHC}}{S_{\triangle BHE}} = \dfrac{AF}{FC} \cdot \dfrac{BC}{BE} = \dfrac{3}{2}$, $\dfrac{BH}{HF} = \dfrac{S_{\triangle ABH}}{S_{\triangle AHF}} = \dfrac{S_{\triangle ABH}}{S_{\triangle ACH}} \cdot \dfrac{S_{\triangle ACH}}{S_{\triangle AHF}} = \dfrac{BE}{EC} \cdot \dfrac{AC}{AF} = \dfrac{4}{1}$, $\dfrac{BG}{GH} = \dfrac{S_{\triangle ABG}}{S_{\triangle AGH}} = \dfrac{S_{\triangle ABG}}{S_{\triangle AGE}} \cdot \dfrac{S_{\triangle AGE}}{S_{\triangle AGH}} = \dfrac{BD}{DE} \cdot \dfrac{AE}{AH} = \dfrac{BD}{DE} \cdot \dfrac{AH + HE}{AH} = \dfrac{5}{3}$, $\dfrac{BG}{BH} = \dfrac{5}{5+3} = \dfrac{5}{8}$,则 $\dfrac{BG}{HF} = \dfrac{BG}{BH} \cdot \dfrac{BH}{HF} = \dfrac{5}{8} \cdot 4 = \dfrac{5}{2}$.

所以 $x:y:z = BG:GH:HF = 1:\dfrac{GH}{BG}:\dfrac{HF}{BG} = 5:3:2$.

坐标法：建立平面直角坐标系，设 $D(a,0),E(2a,0),C(3a,0),A(x_1,y_1)$，则 $F(\dfrac{x_1+3a}{2},\dfrac{y_1}{2})$，$AE$ 的方程

$$(x_1-2a)y - y_1 x + 2ay_1 = 0$$

由分比公式

$$\dfrac{|HF|}{|BH|} = -\dfrac{(x_1-2a)\dfrac{y_1}{2} - y_1(x_1+3a)\cdot\dfrac{1}{2} + 2ay_1}{2ay_1} = \dfrac{1}{4}$$

AD 的方程

$$(x_1-a_1)x - y_1 x + a_1 y_1 = 0$$

由分比公式

$$\dfrac{|FG|}{|BG|} = -\dfrac{\dfrac{1}{2}(x_1-a)y_1 - \dfrac{1}{2}y_1(x_1+3a) + ay_1}{ay_1} = 1$$

因为 $\dfrac{|HF|}{|BH|} = \dfrac{1}{4}$，所以 $|HF| = \dfrac{1}{5}|BF|$.

因为 $\dfrac{|FG|}{|BG|} = 1$，所以 $|BG| = |GF| = \dfrac{1}{2}|BF|$，所以

$$|HG| = (\dfrac{1}{2} - \dfrac{1}{5})|BF| = \dfrac{3}{10}|BF|$$

故 $x:y:z = \dfrac{1}{2}|BF|:\dfrac{3}{10}|BF|:\dfrac{1}{5}|BF| = 5:3:2$.

5. 由于 $F(x) = 4x + 2(a+b+c+d)x + a^2+b^2+c^2+d^2 = (x+a)^2 + (x+b)^2 + (x+c)^2 + (x+d)^2 \geq 0$ 得，$\Delta \leq 0$ 即解.

6. 考虑满足 $y^x \leq n, x \geq 2, y \geq 2$ 的整点 (x,y) 的个数. 如果一列一列地数，$x=2$ 时，有 $[\sqrt{n}]$ 个，$x=3$ 时，有 $[\sqrt[3]{n}]$ 个，……，共有 $[\sqrt{n}] + [\sqrt[3]{n}] + \cdots$ 个；如果一行一行地数，$y=2$ 时，有 $[\log_2 n]$ 个，$y=3$ 时，有 $[\log_3 n]$ 个，……，共有 $[\log_2 n] + [\log_3 n] + \cdots$ 个. 所以原式成立.

第十章 逆反转换原理

我国流传的小司马光砸缸救小孩的动人故事,就是运用逆反转换获得解决问题妙法的著名事例. 小孩掉进装有水的大水缸里,为了救他,一般是让他马上离开水. 小司马光砸缸让水离开小孩而使其得救.

三国时期的周瑜是一个嫉贤妒能的人,总想找借口杀掉聪明的诸葛亮. 有一次,周瑜限诸葛亮在十天之内造出 20 万支箭,根据当时的情况,这个任务是不可能完成的. 但诸葛亮接受任务后,分析了情况,得出了在"造箭"上想办法无论如何也不可能成功的结论. 于是他从"不造"上想办法,利用凌晨大雾锁江的有利条件,用轻舟载草人从水路佯攻曹操大营,曹操不敢出兵反击,而只是令箭手向草船放箭,这就是"草船借箭"的故事.

"司马光砸缸救人"与"草船借箭"的故事都蕴含了如下的原理.

逆反转换原理 在研究问题的过程中,去进行与习惯性思维方向完全相反的探索,即顺推不行就考虑逆推,直接解决不易就考虑间接解决,从正面入手不易就考虑从反面入手,探求问题的可能性有困难就探求不可能性,等等.

正确而又巧妙地运用逆反转换原理解数学题,常常能使人茅塞顿开,突破思维的定势,使思维进入新的境界.

逆反转换原理有如下几种主要的表现形式:逆推(逆推法、分析法)、反求(补集法、反客为主法、取倒数法)、反证(反证法、举反例) 等.

10.1 逆 推 法

当命题的条件 A 与结论 B 之向的关系较复杂,直接从已知条件 A 出发进行推证时,有时在中途会迷失方向,使推理难于进行下去. 在这种情况下,可以运用"执果索因"的逆推法. 具体地说,就是先假定结论 B 成立,然后以结论作为条件,看能逆推出一些什么结果. 设由 B 能推出结论 C,再检查 B 与 C 是否可逆,若可逆,接着分析 C 又能得出什么结论,又与什么可逆. 这样继续逆推:即 $B \Leftrightarrow C \Leftrightarrow D \Leftrightarrow \cdots \Leftrightarrow G$.

(1) 若 G 是命题的条件 A,或 G 是已知的结论,则原命题获证.

(2) 若 G 这个等价结论比较容易证明,则可由 $A \Leftrightarrow G \Leftrightarrow B$ 证得原命题.

例1 甲、乙、丙三箱内共有小球 384 个,先由甲箱取出若干球放入乙箱和丙箱,所放之数分别为乙、丙箱内原有球数;继而从乙箱中取出若干放入甲、丙箱内,放法同前;照此法,将丙箱内的部分球取出放入甲、乙两箱内. 结果三箱内的小球数恰好相等,求甲、乙、丙各箱内原有小球各是多少?

解 结果三箱内的小球恰好相等. 因总数为 384 个,所以各箱内此时小球数都为 128 个. 逆推上去列表如下:

	甲	乙	丙
结果有	128	128	128
第二次	64	64	256
第一次	32	224	128
原来有	208	112	64

故甲箱原有 208 个球, 乙箱原有 112 个球, 丙箱原有 64 个球.

例 2 在黑板上写上三个整数,然后将其中一个擦去,换上其他两数之和与 1 之差,将这个过程重复若干次之后得 (17,1 967,1 983),则一开始黑板上写出的三个数是否可能有 (1)(2,2,2) 或 (2)(3,3,3).

解 最后的 (17,1 967,1 983) 是重复若干次"擦、换"过程得到的,由于每一次"擦、换"使数字逐渐变大,为了得到原始状态,我们逆着去推.

由 $(17,1\,967,1\,983) \Leftrightarrow (17,x,1\,967)$,则 $x = 1\,951$;

由 $(17,1\,951,1\,967) \Leftrightarrow (17,y,1\,951)$,则 $y = 1\,935$;

……

由上知,每次"擦、换"都是将大数擦去,换成中间数减去最小数加上 1,而中间数又变成了下一次"擦、换"中的最大数. 这样由

$$(17,1\,967,1\,983) \overset{123\,次}{\Longleftrightarrow} (17,15,31) \Leftrightarrow (3,15,17) \Leftrightarrow (3,13,15) \Leftrightarrow (3,11,13) \Leftrightarrow (3,9,11) \Leftrightarrow$$
$$(3,7,9) \Leftrightarrow (3,7,5) \Leftrightarrow (3,3,5) \Leftrightarrow (3,3,3)$$

即解.

这种利用待证结论的等价转换,是逆推法常运用的形式之一,在证不等式与恒等式时常采用.

例 3 设实数 $x \neq -1$,求证: $\dfrac{x^2 - 6x + 5}{x^2 + 2x + 1} \geq -\dfrac{1}{3}$.

证明 要证 $\dfrac{x^2 - 6x + 5}{x^2 + 2x + 1} \geq -\dfrac{1}{3}$,则等价于证

$$\frac{x^2 - 6x + 5}{x^2 + 2x + 1} + \frac{1}{3} \geq 0$$

又等价于证

$$\frac{4x^2 - 16x + 16}{3(x^2 + 2x + 1)} \geq 0$$

即

$$\frac{4(x - 2)^2}{3(x + 1)^2} \geq 0$$

由题设条件有 $x \neq -1$,从而不等式获证.

例 4 若 n 名选手 $P_1, P_2, \cdots, P_n (n > 1)$ 参加循环赛,每名选手与其他选手都赛一场且规定无平局,用 w_r 与 l_r 分别表示选手 P_r 赢与输的场数,证明: $\sum\limits_{r=1}^{n} w_r^2 = \sum\limits_{r=1}^{n} l_r^2$.

证明 欲证等式等价于

$$\sum_{r=1}^{n} (w_r^2 - l_r^2) = 0 \Leftrightarrow \sum_{i=1}^{n} (w_r + l_r)(w_r - l_r) = 0$$

由题设知,每个选手都要参加 $n - 1$ 场比赛,故 $w_r + l_r = n - 1 (r = 1, 2, \cdots, n)$. 故

$$(n-1)\sum_{r=1}^{n}(w_r - l_r) = 0 \Leftrightarrow \sum_{r=1}^{n}(w_r - l_r) = 0 \Leftrightarrow \sum_{r=1}^{n}w_r = \sum_{r=1}^{n}l_r$$

而最后一个等式是成立的,这是因为比赛没有平局,n 个选手总的获胜局数等于失利总局数.

10.2 分 析 法

有些命题,结论 B 的形式较复杂,这时从原命题的结论 B 难以逆推,这时我们可以转而分析要得到 B 需要什么样(充分)的条件,逐步寻找这样的条件是否为已知的结论或条件.

显然,逆推法是分析法的特殊情形.

例 1 过三角形的重心任作一直线,把这三角形分成两部分. 求证:这两部分面积之差不大于整个三角形面积的 $\dfrac{1}{9}$.

证明 如图 10.2.1 所示,首先考虑两条过重心 G 的特殊直线:

(i) 过 G 作 $PQ \parallel BC$ 分别交 AB,AC 于 P,Q,则

$$S_{PBCQ} - S_{\triangle APQ} = S_{\triangle ABC} - 2S_{\triangle APQ} = S_{\triangle ABC}\left(1 - 2 \cdot \frac{S_{\triangle APQ}}{S_{\triangle ABC}}\right) =$$

$$S_{\triangle ABC}\left[1 - 2 \cdot \left(\frac{2}{3}\right)^2\right] = \frac{1}{9}S_{\triangle ABC}$$

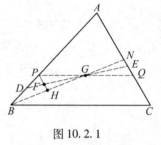

图 10.2.1

(ii) 连 BG 并延长交 AC 于 N,则

$$S_{\triangle ABN} - S_{\triangle BCN} = 0$$

现在,过 G 任作一直线,交 AB,AC 于 D,E,由(i)及(ii)可知,为完成命题的证明,只需证明

$$S_{\triangle ABN} - S_{\triangle BCN} \leqslant S_{DBCE} - S_{\triangle ADE} \leqslant S_{PBCQ} - S_{\triangle APQ} \qquad ①$$

为此,过 P 作 AC 的平行线,分别交 DE,BN 于 F,H,则

$$\triangle PFG \cong \triangle QEG, \triangle FHG \cong \triangle ENG$$

则

$$S_{\triangle PDG} \geqslant S_{\triangle PFG} = S_{\triangle QEC}, S_{\triangle DBG} \geqslant S_{\triangle FHG} = S_{\triangle ENG}$$

$$S_{DBCE} = S_{PBCQ} + S_{\triangle QEC} - S_{\triangle PDG} \leqslant S_{PBCQ}$$

$$S_{\triangle ADE} = S_{\triangle APQ} + S_{\triangle PDG} - S_{\triangle QEG} \geqslant S_{\triangle APQ}$$

由这两式,得式 ① 中的第二个不等式,式 ① 第一个不等式可类似地证明.

例 2 设 $0 < a,b,c < 1$,求证

$$\frac{a}{b+c+1} + \frac{b}{c+a+1} + \frac{c}{a+b+1} + (1-a)(1-b)(1-c) \leqslant 1$$

证明 欲证不等式的左边较复杂,又由于此不等式关于字母 a,b,c 是全对称的,故不妨设 $0 \leqslant a \leqslant b \leqslant c \leqslant 1$. 于是有

$$\frac{a}{b+c+1} + \frac{b}{c+a+1} + \frac{c}{a+b+1} \leqslant \frac{a+b+c}{a+b+1}$$

故原不等式左边 $\leq \dfrac{a+b+c}{a+b+1} + (1-a)(1-b)(1-c)$,因而只需证

$$\dfrac{a+b+c}{a+b+1} + (1-a)(1-b)(1-c) \leq 1 \qquad ①$$

而

$$上式左边 = \dfrac{a+b+1}{a+b+1} + \dfrac{c-1}{a+b+1} + (1-a)(1-b)(1-c) =$$
$$1 - \dfrac{1-c}{a+b+1}[1-(1+a+b)(1-a)(1-b)]$$

因而只需证明 $(1+a+b)(1-a)(1-b) \leq 1$ 即可.

这已不难证明了. 事实上

$$(1+a+b)(1-a)(1-b) \leq (1+a+b+ab)(1-a)(1-b) =$$
$$(1-a^2)(1-b^2) \leq 1$$

故不等式 ① 成立,从而原不等式成立.

10.3 补 集 法

设全集为 I,集合 A 是 I 的子集,由 I 中所有不属于集合 A 的元素组成的集合,叫作集合 A 的补集,记为 $\bar{A}$. 显然,$A \cup \bar{A} = I, A \cap \bar{A} = \varnothing$(空集),且 $\bar{\bar{A}} = A$. 因此,要求解 A,不易直接求得,可先求解 A 的补集 $\bar{A}$,再求解 $\bar{A}$ 的补集 $\bar{\bar{A}}$,即求得 A.

例 1 下列三个方程中,至少有一个方程有实数解,求实数 a 的范围.

$$x^2 + 4ax - 4a + 3 = 0 \qquad ①$$
$$x^2 + (a-1)x + a^2 = 0 \qquad ②$$
$$x^2 + 2ax - 2a = 0 \qquad ③$$

分析 满足题设的三种情况:一个方程有实根;两个方程有实根;三个方程有实根. 而前两种情况又各有三种可能,情况较为繁杂,巧用补集,可找到近路.

解 设三个方程都无实数解,则

$$\Delta_1 = (4a)^2 + 4(4a-3) < 0$$
$$\Delta_2 = (a-1)^2 - 4a^2 < 0$$
$$\Delta_3 = (2a)^2 + 4 \cdot 2a < 0$$

它们的交集为:$-\dfrac{3}{2} < a < -1$,从而满足题意的实数 a 的范围是

$$a \geq -1 \text{ 或者 } a \leq -\dfrac{3}{2}$$

例 2 如图 10.3.1 所示,已知半圆直径为 $AB, AC \perp AB$,且 $AC = \dfrac{1}{2}AB$;$BD \perp AB$,用 $BD = \dfrac{3}{2}AB$. P 为半圆周上任意一点,求封闭图形 $ABDPC$ 面积的最大值.

解 要求 $ABDPC$ 面积的最大值,连 CD,只需求 $S_{\triangle PCD}$ 的最小值. 又 CD 为定值,联结 OC 交半圆于点 P',则 P' 是半圆周上的点中到

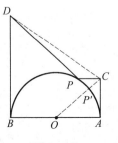

图 10.3.1

CD 的距离最短的点. 设半圆半径为 R,则 $AC=R,BD=3R$,可求得 $CD=2\sqrt{2}R$. 则 $P'C=OC-OP'=(\sqrt{2}-1)R$,$S_{\triangle P'CD}=(2-\sqrt{2})R^2$,$S_{梯形ABDC}=4R^2$. 故 $ABDPC$ 面积的最大值为
$$4R^2-(2-\sqrt{2})R^2=(2+\sqrt{2})R^2$$

例 3 证明:对任意整数 $p,q(q\neq 0)$ 下面的不等式成立,即
$$|\sqrt{2}-\frac{p}{q}|>\frac{1}{3q^2}$$

分析 要证原不等式,可运用补集法证 $|\sqrt{2}-\frac{p}{q}|\leq\frac{1}{3q^2}$ 不成立.

证明 由于 $|\sqrt{2}-\frac{p}{q}|=\frac{1}{3q^2}$ 显然不成立(无理数 $\neq$ 有理数),故原命题等价于:找不到整数 $p,q(q\neq 0)$ 满足不等式
$$|\sqrt{2}-\frac{p}{q}|<\frac{1}{3q^2}$$

又由于 $p=0$ 时,$\sqrt{2}<\frac{1}{3q^2}$ 显然不成立,而 $|\sqrt{2}-\frac{p}{q}|\geq|\sqrt{2}-\frac{|p|}{|q|}|$,因此进一步可以认为 p,q 是自然数,去掉绝对值符号得
$$-\frac{1}{3q^2}<\sqrt{2}-\frac{p}{q}<\frac{1}{3q^2}$$

即
$$\sqrt{2}q+\frac{1}{3q}>p>\sqrt{2}q-\frac{1}{3q} \qquad ①$$

由此可将 $\sqrt{2}q,\frac{1}{3q},p$ 看成某三角形的三边长,设长为 p 的边所对角为 A,由余弦定理有
$$p^2=2q^2+\frac{1}{9q^2}-\frac{2\sqrt{2}}{3}\cdot\cos A$$

因
$$-\frac{2\sqrt{2}}{3}<-\frac{2\sqrt{2}}{3}\cos A<\frac{2\sqrt{2}}{3}$$

则 $q=1$ 时,$1<p^2<4$,p 无整数解.

而当 $q\geq 2$ 时,由 $0<\frac{1}{9q^2}\leq\frac{1}{36}$,知
$$-1<-\frac{2\sqrt{2}}{3}<\frac{1}{9q^2}-\frac{2\sqrt{2}}{3}\cos A<\frac{1}{36}+\frac{2\sqrt{2}}{3}<1$$

故应有 $p^2=2q^2$,此式仍无整数解.

从而对任意自然数 p,q,以 $\sqrt{2}q,\frac{1}{3q},p$ 为三边的三角形不存在,故式 ① 不成立,于是知原命题成立.

10.4 等由不等转化

一类等式型问题,借助于不等式关系转化、推导,有时可起到意想不到的效果,这充分展

示了逆反转化的魅力.

例1 (2006年江苏省高中数学竞赛试题)若 $a,b,c \in \mathbf{N}$,且 $29a + 30b + 31c = 336$,则 $a + b + c = (\quad)$.

A. 10　　B. 12　　C. 14　　D. 16

解 因 a,b,c 均为自然数,故考虑利用自然数建立不等式进行转化:由条件有 $29(a+b+c) \leqslant 29a + 30b + 31c \leqslant 31(a+b+c)$,即
$$29(a+b+c) \leqslant 336 \leqslant 31(a+b+c)$$
则 $11\dfrac{25}{31} = \dfrac{336}{31} \leqslant a + b + c \leqslant \dfrac{336}{29} = 12\dfrac{18}{29}$,再由 $a,b,c \in \mathbf{N}$,得 $a+b+c = 12$. 故选 B.

例2 (2006年全国高中数学联赛试题)方程 $(x^{2006} + 1)(1 + x^2 + x^4 + \cdots + x^{2004}) = 2006x^{2005}$ 的实数解为_____.

解 原方程可等价变形为 $\left(x + \dfrac{1}{x^{2005}}\right)(1 + x^2 + x^4 + \cdots + x^{2004}) = 2006$(由原方程左边必为正数知右边也为正数,则有 $x > 0$),即
$$x + x^3 + \cdots + x^{2005} + \dfrac{1}{x^{2005}} + \cdots + \dfrac{1}{x^3} + \dfrac{1}{x} = 2006$$

由此考虑利用均值不等式进行转化
$$2006 = \left(x + \dfrac{1}{x}\right) + \left(x^3 + \dfrac{1}{x^3}\right) + \cdots + \left(x^{2005} + \dfrac{1}{x^{2005}}\right) \geqslant \overbrace{2 + 2 + \cdots + 2}^{1003\text{个}2} = 2006$$

上式等号成立,其充要条件是
$$x = \dfrac{1}{x}, x^3 = \dfrac{1}{x^3}, \cdots, x^{2005} = \dfrac{1}{x^{2005}} \quad (x > 0)$$

即 $x = 1$. 此即原方程的实数解.

例3 已知 $a,b,c,x,y,z \in \mathbf{R}, a^2 + b^2 + c^2 = 25, x^2 + y^2 + z^2 = 36, ax + by + cz = 30$,求 $\dfrac{a+b+c}{x+y+z}$ 的值.

解 由已知等式联想到柯西不等式,考虑利用柯西不等式进行转化
$$25 \cdot 36 = (a^2 + b^2 + c^2)(x^2 + y^2 + z^2) \geqslant (ax + by + cz)^2 = 30^2$$

上式等号成立,其充要条件是
$$\dfrac{a}{x} = \dfrac{b}{y} = \dfrac{c}{z} = k \Leftrightarrow \dfrac{a+b+c}{x+y+z} = k = \dfrac{a^2}{ax} = \dfrac{b^2}{by} = \dfrac{c^2}{cz} = \dfrac{a^2+b^2+c^2}{ax+by+cz} = \dfrac{25}{30} = \dfrac{5}{6}$$

由此即得
$$\dfrac{a+b+c}{x+y+z} = \dfrac{5}{6}$$

例4 (1990年全国高中数学联赛试题)设集合 $S = \left\{(x,y) \mid \lg\left(x^3 + \dfrac{1}{3}y^3 + \dfrac{1}{9}\right) = \lg x + \lg y, x,y \in \mathbf{R}\right\}$,试求 S 的元素个数.

解 集合 S 的元素个数即满足方程 $x^3 + \dfrac{1}{3}y^3 + \dfrac{1}{9} = xy(x>0, y>0)$ 的有序数对 (x, y) 的组数. 因方程的个数少于未知元的个数,难以直接求解. 注意到上式左、右两边的关系,

考虑利用均值不等式进行转化:因 $x>0,y>0$,则 $xy=x^3+\frac{1}{3}y^3+\frac{1}{9}\geq 3\sqrt[3]{\frac{1}{27}x^3y^3}=xy$,上式等号成立,其充要条件是 $x^3=\frac{1}{3}y^3=\frac{1}{9}$,即 $x=\sqrt[3]{\frac{1}{9}},y=\sqrt[3]{\frac{1}{3}}$. 故 S 的元素个数为1.

例5 (2005年全国高中数学联赛试题) 如图10.4.1,四面体 $DABC$ 的体积为 $\frac{1}{6}$,且 $\angle ACB=45°, AD+BC+\frac{AC}{\sqrt{2}}=3$,求 CD 的长.

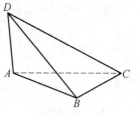

图 10.4.1

解 本题乍看有点难,但仔细观察已知条件,不难发现 $BC,\frac{AC}{\sqrt{2}}$ 与底面 ABC 的面积有关,且 $AD\geq d$(d 为顶点 D 到平面 ABC 的距离)

四面体 $DABC$ 的体积 $V\leq \frac{1}{3}AD\cdot(\frac{1}{2}BC\cdot AC\cdot \sin 45°)=$
$$\frac{1}{6}AD\cdot BC\cdot \frac{AC}{\sqrt{2}}$$

由此考虑利用均值不等式进行转化

$$\frac{1}{6}\leq \frac{1}{3}AD\cdot(\frac{1}{2}BC\cdot AC\cdot \sin 45°)=$$
$$\frac{1}{6}AD\cdot BC\cdot \frac{AC}{\sqrt{2}}\leq \frac{1}{6}[\frac{1}{3}(AD+BC+\frac{AC}{\sqrt{2}})]^3=$$
$$\frac{1}{6}(\frac{1}{3}\cdot 3)^3=\frac{1}{6}$$

上式等号成立,其充要条件是
$$AD=BC=\frac{AC}{\sqrt{2}}=1$$

又由
$$\frac{1}{6}=\frac{1}{3}d\cdot(\frac{1}{2}BC\cdot \frac{AC}{\sqrt{2}})$$

得 $d=1=AD$,从而 $AD\perp$ 平面 ABC,则
$$CD=\sqrt{AC^2+AD^2}=\sqrt{3}$$

例6 (1996年国际数学奥林匹克竞赛试题) 已知 α,β 为锐角,且 $\frac{\cos^4\alpha}{\sin^2\beta}+\frac{\sin^4\alpha}{\cos^2\beta}=1$,求证 $\alpha+\beta=\frac{\pi}{2}$.

证明 已知等式的左边可视为两数的平方和,且两个分母的和为1,由此考虑利用柯西不等式进行转化

$$1=1\cdot(\frac{\cos^4\alpha}{\sin^2\beta}+\frac{\sin^4\alpha}{\cos^2\beta})=(\sin^2\beta+\cos^2\beta)(\frac{\cos^4\alpha}{\sin^2\beta}+\frac{\sin^4\alpha}{\cos^2\beta})\geq(\cos^2\alpha+\sin^2\alpha)^2=1$$

上式等号成立,其充要条件是 $\frac{\sin\beta}{\frac{\cos^2\alpha}{\sin\beta}}=\frac{\cos\beta}{\frac{\sin^2\alpha}{\cos\beta}}$,即

$$\sin^2\alpha\sin^2\beta = \cos^2\alpha\cos^2\beta$$

又由 α,β 为锐角可得 $\cos(\alpha+\beta)=0$,进而可得 $\alpha+\beta=\dfrac{\pi}{2}$.

例 7 已知 $a,b,c \in \mathbf{R}, a \neq 0, (b-1)^2 - 4ac = 0$,试求方程组 $\begin{cases} ax^2 + bx + c = y \\ ay^2 + by + c = z \\ az^2 + bz + c = x \end{cases}$ 的所有实数解 (x,y,z).

解 把三个方程相加得

$$a(x^2 + y^2 + z^2) + (b-1)(x+y+z) + 3c = 0$$

注意到已知等式,考虑把上述方程表示为关于 $x+y+z$ 的一元二次方程,再利用其判别式 $\Delta \geq 0$ 等不等式进行转化,设

$$x + y + z = t \quad (t \in \mathbf{R})$$

又据柯西不等式有

$$x^2 + y^2 + z^2 \geq \frac{1}{3}(x+y+z)^2 \qquad ①$$

可设

$$x^2 + y^2 + z^2 = \frac{1}{3}t^2 + \sigma \quad (\sigma \geq 0)$$

则得

$$a\left(\frac{1}{3}t^2 + \sigma\right) + (b-1)t + 3c = 0$$

即

$$at^2 + 3(b-1)t + 9c + 3a\sigma = 0$$

由 $t \in \mathbf{R}$ 得

$$\Delta = 9(b-1)^2 - 4a \cdot (9c + 3a\sigma) \geq 0$$

又由

$$(b-1)^2 - 4ac = 0$$

得

$$-12a^2\sigma \geq 0$$

再由 $a \neq 0$ 得 $\sigma \leq 0$. 又 $\sigma \geq 0$, 故 $\sigma = 0$. 则有

$$x^2 + y^2 + z^2 = \frac{1}{3}(x+y+z)^2$$

式 ① 等号成立,其充要条件是 $x = y = z$,代入原方程组中任意一个方程都可解得 $x = y = z = \dfrac{b-1}{2a}$.

10.5 反客为主法

由于思维定式的影响,人们在解决有几个变量的问题时,总是抓住"主元"不放,这在很多情况下是正确的,但在某些特殊情况下,如果我们变换"主元",即把某个处于次要地位的

"变元"突出出来,常常能取得出人意料的效果.数学解题中"常值代换"就是例证.

例1 已知方程 $ax^2 + 2(2a-1)x + 4a - 7 = 0$ 中的 a 为正整数,问 a 取何值时,此方程至少有一个整数根.

分析 此题若按一般的方法,用求根公式进行讨论是较繁难的,若视 a 为未知量,则比较容易求解.

解 原方程可变形为
$$a = \frac{2x+7}{(x+2)^2} \quad (x \neq -2) \qquad ①$$

由于 a 为正整数,则
$$\frac{2x+7}{(x+2)^2} \geq 1$$

即
$$x^2 + 4x + 4 \leq 2x + 7$$

解之得
$$-3 \leq x \leq 1$$

故
$$x = -3, -1, 0, 1$$

将此代入式 ① 分别求得 $a = 1, 5, \frac{7}{4}, 1$.

于是当 $a = 1$ 时,原方程有两个整数根 $x_1 = -3, x_2 = 1$.

当 $a = 5$ 时,原方程有一个整数根 $x = -1$.

故当 $a = 1, 5$ 时,原方程至少有一个整数根.

例2 设 $m \neq n, m \cdot n \neq 0, a > 1, x = (a + \sqrt{a^2-1})^{\frac{2mn}{m-n}}$,化简 $(x^{\frac{1}{m}} + x^{\frac{1}{n}})^2 - 4a^2 \cdot x^{\frac{1}{m}+\frac{1}{n}}$.

分析 如果直接用 x 的表达式代入,经过反复冗长运算虽可化简,但不如反客为主用 x 表示 a 化简简捷.

解 容易算出
$$a + \sqrt{a^2-1} = x^{\frac{m-n}{2mn}}, a - \sqrt{a^2-1} = x^{\frac{n-m}{2mn}}$$

则 $a = \frac{1}{2}(x^{\frac{m-n}{2mn}} + x^{\frac{n-m}{2mn}})$,代入原式得
$$(x^{\frac{1}{m}} + x^{\frac{1}{n}})^2 - (x^{\frac{m-n}{2mn}} + x^{\frac{n-m}{2mn}}) \cdot x^{\frac{m+n}{mn}} = 0$$

例3 化简:$M = \dfrac{2}{\sqrt{4 - 3\sqrt[4]{5} + 2\sqrt[4]{25} - \sqrt[4]{125}}}$.

解 设 $\sqrt[4]{5} = x$,则 $\sqrt[4]{25} = x^2, \sqrt[4]{125} = x^3$,有 $x^4 = 5, x^5 = 5x, x^6 = 5x^2$,所以
$$M^2 = \frac{4}{4 - 3x + 2x^2 - x^3} = -\frac{4}{(x^3 + 3x) - (2x^2 + 4)} =$$
$$-\frac{4[(x^3 + 3x) + (2x^2 + 4)]}{[(x^3 + 3x) + (2x^2 + 4)][(x^3 + 3x) - (2x^2 + 4)]} =$$
$$-\frac{4(x^3 + 2x^2 + 3x + 4)}{x^6 + 6x^4 + 9x^2 - 4x^4 - 16x^2 - 16} =$$
$$-\frac{4(x^3 + 2x^2 + 3x + 4)}{5x^2 + 30 + 9x^2 - 20 - 16x^2 - 16} =$$
$$\frac{4(x^3 + 2x^2 + 3x + 4)}{2x^2 + 6} =$$

$$\frac{2(x^3 + 2x^2 + 3x + 4)(x^2 - 3)}{(x^2 + 3)(x^2 - 3)} =$$

$$\frac{2(x^5 + 2x^4 - 2x^2 - 9x - 12)}{x^4 - 9} =$$

$$\frac{2(5x + 10 - 2x^2 - 9x - 12)}{5 - 9} =$$

$$x^2 + 2x + 1 = (x + 1)^2$$

所以 $M = x + 1 = \sqrt{5} + 1$

例 4 解方程 $x = (x^2 - 2)^2 - 2$.

解 显然这是一个关于 x 的四次方程,不易求解. 但方程中仅有 x 和常数 2 这两个数. 我们不妨反客为主视 2 为变元,将 x 视为常数,认为其是静止的,则原方程可变形为 $2^2 - (2x^2 + 1) \cdot 2 + (x^4 - x) = 0$,把此方程看作是关于"未知数 2"的一元二次方程. 由求根公式有

$$2 = \frac{(2x^2 + 1) \pm \sqrt{(2x^2 + 1)^2 - 4(x^4 - x)}}{2}$$

即 $x^2 + x - 1 = 0$ 或 $x^2 - x - 2 = 0$,解得

$$x_1 = \frac{-1 + \sqrt{5}}{2}, x_2 = \frac{-1 - \sqrt{5}}{2}, x_3 = -1, x_4 = 2$$

例 5 解方程:$\sqrt{x^2 + 12x + 40} + \sqrt{x^2 - 12x + 40} = 20$.

解 将原方程变为 $\sqrt{(x + 6)^2 + 4} + \sqrt{(x - 6)^2 + 4} = 20$,将方程中的常数 4 视为变量,令 $y^2 = 4$,则原方程可化为 $\sqrt{(x + 6)^2 + y^2} + \sqrt{(x - 6)^2 + y^2} = 20$. 由椭圆定义知,这个方程表示焦点在 $(\pm 6, 0)$,长半轴长为 10 的椭圆,它的标准方程为 $\frac{x^2}{100} + \frac{y^2}{64} = 1$,再将此方程与 $y^2 = 4$ 联立,解得 $x = \pm \frac{5}{2}\sqrt{15}$.

例 6 设 $9\cos A + 3\sin B + \tan C = 0, \sin^2 B - 4\cos A \tan C = 0$,求证:$|\cos A| \leqslant \frac{1}{6}$.

解 反客为主,把 3 视为变量 x,则 $9\cos A + 3\sin B + \tan C = 0$ 可变为

$$\cos A \cdot x^2 + \sin B \cdot x + \tan C = 0$$

当 $\cos A = 0$ 时,结论显然成立. 当 $\cos A \neq 0$ 时,解关于 x 的方程,由条件

$$\sin^2 B - 4\cos A \tan C = 0$$

知方程有等根,这两个根都是 3,由求根公式得 $3 = \frac{-\sin B}{2\cos A}$,故

$$|\cos A| = \left|\frac{-\sin B}{6}\right| \leqslant \frac{1}{6}$$

例 7 已知 $a > 0, b > 0, a + b = 2$,求 $\frac{1}{a} + \frac{4}{b}$ 的最小值.

解 由条件可知,$1 = \frac{a + b}{2}, 4 = 2(a + b)$,我们将式子中的所有常数都换成关于 a 和 b 的表达式,即

$$\frac{1}{a}+\frac{4}{b}=\frac{a+b}{2a}+\frac{2(a+b)}{b}=\frac{5}{2}+\frac{b}{2a}+\frac{2a}{b} \geq \frac{5}{2}+2=\frac{9}{2}$$

即 $\frac{1}{a}+\frac{4}{b}$ 的最小值是 $\frac{9}{2}$，当且仅当 $a=\frac{2}{3}, b=\frac{4}{3}$ 时取等号.

例8 设实数 x, y 满足不等式组 $\begin{cases} x+2y-5 \geq 0 \\ 2x+y-7 \geq 0 \\ x \geq 0, y \geq 0 \end{cases}$，求 $3x+4y$ 的最小值.

解 用反客为主法来试试. 将 $3x+4y$ 视为常数 m，即 $3x+4y=m$. 可设 $3x=\frac{m}{2}+a$，$4y=\frac{m}{2}+b$，且 $a+b=0$，即 $x=\frac{m}{6}+\frac{a}{3}=\frac{m}{6}-\frac{b}{3}, y=\frac{m}{8}+\frac{b}{4}$. 这样，变数 x, y 的运动性就由常数 m 的可加性表现出来，代入到原不等式组中可得

$$\begin{cases} \frac{5}{12}m+\frac{b}{6} \geq 5 \\ \frac{11}{24}m-\frac{5}{12}b \geq 7 \end{cases} \Rightarrow \begin{cases} \frac{25}{24}m+\frac{5}{12}b \geq \frac{25}{2} \\ \frac{11}{24}m-\frac{5}{12}b \geq 7 \end{cases} \Rightarrow \frac{3}{2}m \geq \frac{39}{2}$$

即 $m \geq 13$. 当 $\begin{cases} x=3 \\ y=1 \end{cases}$ 时，$3x+4y$ 的最小值为 13.

10.6 取倒数法

取倒数法是一种常用的解题方法，运用此法解某些代数题，尤其是某些分式（分数）型问题，往往能迅速打开解题的大门.

例1 设 $1=\frac{xy}{x+y}, 2=\frac{yz}{y+z}, 3=\frac{zx}{z+x}$，求 x 的值.

解 对已知等式分别取倒数得

$$\frac{1}{x}+\frac{1}{y}=1 \qquad ①$$

$$\frac{1}{y}+\frac{1}{z}=\frac{1}{2} \qquad ②$$

$$\frac{1}{z}+\frac{1}{x}=\frac{1}{3} \qquad ③$$

三式相加得

$$\frac{1}{x}+\frac{1}{y}+\frac{1}{z}=\frac{11}{12} \qquad ④$$

式 ④ － ② 得

$$\frac{1}{x}=\frac{5}{12}$$

故

$$x=\frac{12}{5}=2\frac{2}{5}$$

例2 解方程组 $\begin{cases} \dfrac{4x^2}{1+4x^2} = y \\ \dfrac{4y^2}{1+4y^2} = z \\ \dfrac{4z^2}{1+4z^2} = x \end{cases}$

解 当 $xyz \neq 0$ 时,把原方程组各方程两端取倒数后,得

$$\begin{cases} \dfrac{1}{y} = \dfrac{1+4x^2}{4x^2} = \dfrac{1}{4x^2} + 1 & \text{①} \\ \dfrac{1}{z} = \dfrac{1+4y^2}{4y^2} = \dfrac{1}{4y^2} + 1 & \text{②} \\ \dfrac{1}{x} = \dfrac{1+4z^2}{4z^2} = \dfrac{1}{4z^2} + 1 & \text{③} \end{cases}$$

式 ① + ② + ③,整理得

$$\left(\dfrac{1}{4x^2} - \dfrac{1}{x} + 1\right) + \left(\dfrac{1}{4y^2} - \dfrac{1}{y} + 1\right) + \left(\dfrac{1}{4z^2} - \dfrac{1}{z} + 1\right) = 0$$

即

$$\left(\dfrac{1}{2x} - 1\right)^2 + \left(\dfrac{1}{2y} - 1\right)^2 + \left(\dfrac{1}{2z} - 1\right)^2 = 0$$

由非负数性质,得

$$\dfrac{1}{2x} - 1 = \dfrac{1}{2y} - 1 = \dfrac{1}{2z} - 1 = 0$$

故

$$x = y = z = \dfrac{1}{2}$$

当 $x = y = z = 0$,显然也满足原方程组.

所以,原方程组的解为 $x = y = z = \dfrac{1}{2}$,或 $x = y = z = 0$.

例3 求 $f(x) = \dfrac{x^2}{x+2}(-1 \leq x < 0 \text{ 或 } 0 < x \leq 1)$ 的最大值.

解 $f(x) = \dfrac{x^2}{x+2} = \dfrac{1}{\frac{x+2}{x^2}} = \dfrac{1}{\frac{1}{x} + \frac{2}{x^2}} = \dfrac{1}{2\left(\frac{1}{x} + \frac{1}{4}\right)^2 - \frac{1}{8}}$,(第二个等号处取倒数) 由 $-1 \leq x < 0$ 或 $0 < x \leq 1$,得 $\dfrac{1}{x} \leq -1$ 或 $\dfrac{1}{x} \geq 1$. 当 $x = -1, \dfrac{1}{x} = -1$ 时,$f(x)$ 取得最大值 $f(-1) = 1$.

例4 已知 $\dfrac{x}{x^2 - 3x + 1} = \dfrac{2}{3}$,求代数式 $\dfrac{x^2}{x^4 - 3x^2 + 1}$ 的值.

解 由 $\dfrac{x}{x^2 - 3x + 1} = \dfrac{2}{3}$,得

$$\dfrac{x^2 - 3x + 1}{x} = \dfrac{3}{2}$$

即

$$x - 3 + \dfrac{1}{x} = \dfrac{3}{2}$$

即
$$x + \frac{1}{x} = \frac{9}{2}$$

又
$$\frac{x^4 - 3x^2 + 1}{x^2} = x^2 - 3 + \frac{1}{x^2} = (x + \frac{1}{x})^2 - 5 = (\frac{9}{2})^2 - 5 = \frac{61}{4}$$

故
$$\frac{x^2}{x^4 - 3x^2 + 1} = \frac{4}{61}$$

例5 已知数列$\{a_n\}$中,$a_1 = 2, a_{n+1} = \frac{2a_n}{a_n + 2}$. 试求数列$\{a_n\}$的通项公式.

分析 只要求出数列$\{\frac{1}{a_n}\}$的通项公式,即得数列$\{a_n\}$的通项公式. 观察已给递推公式的特征,两边取倒数,问题极易解决.

解 由$a_1 = 2$ 或 $a_{n+1} = \frac{2a_n}{a_n + 2}$,知对一切$n \in \mathbf{N}$,恒有$a_n > 0$.

在$a_{n+1} = \frac{2a_n}{a_n + 2}$的两边取倒数,得
$$\frac{1}{a_{n+1}} = \frac{1}{2} + \frac{1}{a_n}$$

故
$$\frac{1}{a_{n+1}} - \frac{1}{a_n} = \frac{1}{2}$$

则数列$\{\frac{1}{a_n}\}$是以$\frac{1}{a_1} = \frac{1}{2}$为首项,$d = \frac{1}{2}$为公差的等差数列,即
$$\frac{1}{a_n} = \frac{1}{2} + \frac{1}{2}(n-1) = \frac{n}{2}$$

故$a_n = \frac{2}{n}$,即数列$\{a_n\}$的通项公式是$a_n = \frac{2}{n}$.

例6 已知函数$f(x) = x^2 + x$,数列$\{a_n\}$满足$a_1 = \frac{1}{2}, a_{n+1} = f(a_n)$.

求证:(Ⅰ)$a_{n+1} \geq a_n$;

(Ⅱ)$1 < \frac{1}{1 + a_1} + \frac{1}{1 + a_2} + \cdots + \frac{1}{1 + a_n} < 2, n \geq 3, n \in \mathbf{N}$.

证明 (Ⅰ)$a_{n+1} = a_n^2 + a_n \geq a_n$.

(Ⅱ)记
$$S_n = \frac{1}{1 + a_1} + \frac{1}{1 + a_2} + \cdots + \frac{1}{1 + a_n}$$

对$a_{n+1} = a_n^2 + a_n \geq a_n$,取倒数
$$\frac{1}{a_{n+1}} = \frac{1}{a_n^2 + a_n} = \frac{1}{a_n(1 + a_n)} = \frac{1}{a_n} - \frac{1}{1 + a_n}$$

所以$\frac{1}{1 + a_n} = \frac{1}{a_n} - \frac{1}{a_{n+1}}$,裂项成功,所以
$$S_n = \sum_{i=1}^{n} \frac{1}{1 + a_i} = \sum_{i=1}^{n} (\frac{1}{a_i} - \frac{1}{a_{i+1}}) = \frac{1}{a_1} - \frac{1}{a_{n+1}} = 2 - \frac{1}{a_{n+1}}$$

因为
$$a_1 = \frac{1}{2}, a_2 = (\frac{1}{2})^2 + \frac{1}{2} = \frac{3}{4}, a_3 = (\frac{3}{4})^2 + \frac{3}{4} = \frac{21}{16} > 1$$

又因为 $a_{n+1} \geq a_n$,所以 $n \geq 3$ 时

$$a_{n+1} > 1, 0 < \frac{1}{a_{n+1}} < 1, 1 < 2 - \frac{1}{a_{n+1}} < 2$$

即 $1 < S_n < 2, n \geq 3, n \in \mathbf{N}$,原不等式得证.

例 7 设非负实数 x_1, x_2, x_3, x_4, x_5 满足条件 $\sum_{i=1}^{5} \frac{1}{1+x_i} = 1$,求证 $\sum_{i=1}^{5} \frac{x_i}{4+x_i^2} \leq 1$.

证明 令 $\frac{1}{1+x_i} \geq y_i$,则 $x_i = \frac{1-y_i}{y_i}(i=1,2,\cdots,5)$ 且 $\sum_{i=1}^{5} y_i = 1$. 于是

$$\sum_{i=1}^{5} \frac{x_i}{4+x_i^2} \leq 1 \Leftrightarrow \sum_{i=1}^{5} \frac{y_i - y_i^2}{5y_i^2 - 2y_i + 1} \leq 1 \Leftrightarrow$$

$$\sum_{i=1}^{5} \frac{5y_i - 5y_i^2}{5y_i^2 - 2y_i + 1} \leq 5 \Leftrightarrow \sum_{i=1}^{5} \left(\frac{3y_i + 1}{5y_i^2 - 2y_i + 1} - 1 \right) \leq 5 \Leftrightarrow$$

$$\sum_{i=1}^{5} \frac{3y_i + 1}{5(y_i - \frac{1}{5})^2 + \frac{4}{5}} \leq 10$$

而

$$\sum_{i=1}^{5} \frac{3y_i + 1}{5(y_i - \frac{1}{5})^2 + \frac{4}{5}} \leq \sum_{i=1}^{5} \frac{3y_i + 1}{\frac{4}{5}} = \frac{5}{4} \cdot \sum_{i=1}^{5} (3y_i + 1) =$$

$$\frac{5}{4} \left(3\sum_{i=1}^{5} y_i + \sum_{i=1}^{5} 1 \right) = \frac{5}{4}(3+5) = 10$$

故原不等式获证.

例 8 已知 $x, y, z > 0$,且 $\frac{x^2}{1+x^2} + \frac{y^2}{1+y^2} + \frac{z^2}{1+z^2} = 2$,求证

$$\frac{x}{1+x^2} + \frac{y}{1+y^2} + \frac{z}{1+z^2} \leq \sqrt{2}$$

证明 由已知条件有

$$\frac{1}{1+x^2} + \frac{1}{1+y^2} + \frac{1}{1+z^2} = 1$$

令

$$\frac{1}{1+x^2} = a, \frac{1}{1+y^2} = b, \frac{1}{1+z^2} = c$$

则 $a, b, c \in (0,1)$,且

$$a + b + c = 1, x = \sqrt{\frac{1-a}{a}}, y = \sqrt{\frac{1-b}{b}}, z = \sqrt{\frac{1-c}{c}}$$

于是

$$\frac{x}{1+x^2} + \frac{y}{1+y^2} + \frac{z}{1+z^2} = \sqrt{1-a} \cdot \sqrt{a} + \sqrt{1-b} \cdot \sqrt{b} + \sqrt{1-c} \cdot \sqrt{c} \leq$$

$$\sqrt{[(1-a)+(1-b)+(1-c)](a+b+c)} =$$

$$\sqrt{(3-1) \cdot 1} = \sqrt{2}$$

例9 已知 a,b,c 为正实数,且 $\dfrac{a}{1+a}+\dfrac{b}{1+b}+\dfrac{c}{1+c}=1$,求证:$\dfrac{1}{a^2}+\dfrac{1}{b^2}+\dfrac{1}{c^2}\geqslant 12$.

证明 由已知条件知

$$\frac{1}{1+\dfrac{1}{a}}+\frac{1}{1+\dfrac{1}{b}}+\frac{1}{1+\dfrac{1}{c}}=1$$

令

$$\frac{1}{1+\dfrac{1}{a}}=x,\ \frac{1}{1+\dfrac{1}{b}}=y,\ \frac{1}{1+\dfrac{1}{c}}=z$$

则 x,y,z 也为正实数,满足 $x+y+z=1$,且

$$\frac{1}{a}=\frac{1}{x}-1,\ \frac{1}{b}=\frac{1}{y}-1,\ \frac{1}{c}=\frac{1}{z}-1$$

于是

$$\frac{1}{abc}=\left(\frac{1}{x}-1\right)\left(\frac{1}{y}-1\right)\left(\frac{1}{z}-1\right)=$$

$$\frac{y+z}{x}\cdot\frac{z+x}{y}\cdot\frac{x+y}{z}\geqslant$$

$$\frac{2\sqrt{yz}\cdot 2\sqrt{zx}\cdot 2\sqrt{xy}}{xyz}=8$$

即

$$abc\leqslant\frac{1}{8}$$

故

$$\frac{1}{a^2}+\frac{1}{b^2}+\frac{1}{c^2}\geqslant\frac{3}{\sqrt[3]{a^2b^2c^2}}\geqslant\frac{3}{\sqrt[3]{2^{-6}}}=12.$$

10.7 反 证 法

对于某些证明题,从"否定命题的结论"出发,这时把否定的结论纳入到已知条件中,由此通过正确的逻辑推理"导致矛盾",达到"推倒了结论的反面",从而"肯定原命题真实".这就是用反证法完成一个命题的证明.反证法就是证明某个命题时,先假定该命题的否定命题成立,然后从这个假定出发,概括命题的条件和已知的真命题,经过推理,得出与已知事实(条件、公理、定理、定义、法则、公式等)相矛盾的结果.这样就证明了命题的否定命题不成立,从而间接地肯定了原命题成立.反证法证题有三个步骤:

A.反设——即假设待证的结论不成立,也就是肯定原结论的反面;

B.归谬——把反设作为辅助条件,添加到题设中去,然后从这些条件出发,通过一系列正确的逻辑推理,最终得出矛盾;

C.结论——由所得矛盾说明原命题成立.

那么,什么样的数学命题宜于用反证法?

一般地说,如果命题的结论直接证明较难或不可能,而结论的反面却易于否定时,那么应用反证法将是适宜的.

下面粗略地进行归类简介,并在适当的地方指出运用反证法应注意的事项.

(1) 能用直接法证明的数学问题,采用反证法虽也可证明,但是写出的证明是在直接证法的开头和结尾加上一些话,这样看来用反证法是没必要的.

例 1 函数 $f(x)$ 在 $[0,1]$ 上有定义, $f(0)=f(1)$. 如果对于任意不同的 $x_1, x_2 \in [0,1]$, 都有 $|f(x_2)-f(x_1)| < |x_2-x_1|$, 求证: $|f(x_2)-f(x_1)| < \dfrac{1}{2}$.

证明 设至少存在一组不同的 $x_1, x_2 \in [0,1]$, 且 $x_1 < x_2$, 使得 $|f(x_2)-f(x_1)| \geqslant \dfrac{1}{2}$.

由已知条件得

$$|f(x_2)-f(x_1)| = |f(x_2)-f(x_1)+f(0)-f(1)| <$$
$$|f(x_2)-f(1)| + |f(0)-f(x_1)| <$$
$$|x_2-1| + |0-x_1| =$$
$$1-x_2+x_1 = 1-|x_2-x_1| <$$
$$1-|f(x_2)-f(x_1)|$$

即
$$2|f(x_2)-f(x_1)| < 1$$

亦即
$$|f(x_2)-f(x_1)| < \dfrac{1}{2}$$

这与反设 $|f(x_2)-f(x_1)| \geqslant \dfrac{1}{2}$ 相矛盾,因而所作反设不能成立. 从而原命题成立.

从上面看出,此例运用反证法证是没必要的,直接证还简单些.

(2) 在直接利用公理、定义证题,或根据题设条件难以直接推理时,常常考虑反证法. 题目结论涉及的概念是用否定形式给出的亦如此.

我们在开始学平面几何、立体几何、代数等课程时,很多条定理的证明是用反证法证的,究其原因,便是如上所说.

例 2 求证: $\sqrt[3]{2}+\sqrt{3}$ 是无理数.

证明 若不然, $\sqrt[3]{2}+\sqrt{3}$ 是有理数,且为 $\dfrac{p}{q}$, 其中 p,q 是互素的正整数,则 $\sqrt[3]{2} = \dfrac{p}{q}-\sqrt{3}$,

即
$$2 = \dfrac{p^3}{q^3} - 3\cdot\dfrac{p^2}{q^2}\cdot\sqrt{3} + 9\cdot\dfrac{p}{q} - 3\sqrt{3}$$

亦即 $\sqrt{3} = \dfrac{[p^3+9pq^2-2q^3]}{3q(p^2+q^2)}$ 是有理数,矛盾. 证毕.

(3) 所证命题的结论是一种否定判断时,如"没有什么""不是什么""不能怎样""不存在什么",等等. 由于否定判断的反面是肯定判断,它比原结论具体、明确,易于入手,此时常用反证法.

例 3 求证:除 $m=n=p=0$ 以外,不存在整数 m,n,p, 使

$$m+\sqrt{2}n+\sqrt{3}p = 0 \qquad ①$$

证明 若不然,即有不全为 0 的整数 m,n,p 使式①成立. 则 $m+\sqrt{2}n = -\sqrt{3}p$, 即

$$m^2+2n^2+3mn\sqrt{2} = 3p^2$$

(i) 当 $mn \neq 0$ 时, 则 $\sqrt{2} = \dfrac{3p^2-m^2-2n^2}{2mn}$ 是有理数,矛盾;

(ii) 当 $m=0, n \neq 0$ 时，则由式①得 $\sqrt{6} = -\dfrac{3p}{n}$ 是有理数，矛盾；

(iii) 当 $m \neq 0, n=0$ 时，则由式①得 $\sqrt{3} = -\dfrac{3p}{m}$ 是有理数，矛盾；

(iv) 当 $m=0, n=0$ 时，则由式①得 $p \cdot \sqrt{3} = 0$，故 $p=0$. 这与 m, n, p 不全为 0 矛盾. 证毕.

从上述几例可以看出，运用反证法证题，首先必须注意正确地"否定结论"（即反设）. 正确地"否定结论"是正确运用反证法的前提. 如果"反设"错了，那么推理、论证得再好也白费神.

反证法的特征是通过导出矛盾，归结出谬误，而使命题获证，因此反证法也叫归谬法. 如果要证的命题的结论的反面有有限种情形时，那么需要穷举这各种情形，分别导出矛盾，才能证得原命题结论成立，这样的反证法又叫作穷举归谬法.

反证法的依据是形式逻辑中的两个基本规律——矛盾律和排中律. 所谓"矛盾律"是说：在同一论证过程中，两个互相反对或互相否定的论断，其中至少有一个是假的. 而所谓"排中律"则是说：任何一个判断或者为真或者为假（不真），二者必居其一，也就是说，结论"B 真"与"B 不真"中有且只有一个是对的.

在反证法中，所谓导出矛盾，归结谬误，是指由"反设"推出的结果与题设矛盾；或与已知公理、定理、定义相矛盾；或与证题过程中临时所作的假设相矛盾；或推出两个互相矛盾的结果，等等.

(4) 有关唯一性的数学命题，如方程（组）有唯一解，几何图形的共点、共线、共面问题中的有关唯一性质方面的问题，一般宜用反证法.

例 4 已知 P 是直线 l 外的一点，证明：过点 P 且垂直于 l 的所有直线都在同一平面 α 内.

证明 如图 10.7.1 所示，假定 $m \perp l$ 且过点 P，但 $m \not\subset \alpha$.

过 P 引直线 $l' \parallel l$，因
$$l \perp a, l \perp b \quad (a, b \subset \alpha)$$
有
$$l' \perp a, l' \perp b$$
则
$$l' \perp \alpha$$

显然，l' 不与 m 重合，否则由 $l \perp \alpha, l' \perp \alpha$，则 $m \parallel l$. 这与已知 $m \perp l$ 相矛盾. 故 l 不同于 m.

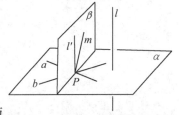

图 10.7.1

又 $l \perp m$，故 $l' \perp m$. 设由 l', m 确定的平面为 $\beta, \beta \cap \alpha = c$，由 $l' \perp \alpha$，故 $l' \perp c$. 但在同一平面 β 内，过 c 上同一点 P，有 $m \perp l', c \perp l'$. 这也与已知定理矛盾. 可见 $m \not\subset \alpha$ 是不能允许的，故 $m \subset \alpha$.

从上例可以看出，在反证法中，为了导出矛盾，在反设之后，还需作些辅助事情，特别是几何题，还要做出适当的辅助图.

(5) 结论中涉及"无限""一切""总可以"，或所证结论诸如"至少"有一个或若干个命题，由于直接证明的手段不多，常常借助于反证法.

例 5 n 个城市有 m 条公路联结，如果每条公路起点和终点都是两个不同的城市，且任

意两条公路的两端也是不完全相同的. 试证: 当 $m > \frac{1}{2}(n-1)(n-2)$ 时,人们总可以通过公路旅行在任意两个城市之间.

分析 此结论的反面是:至少存在两个城市(不妨设为 A 市和 B 市)不相通,即从 A 市出发沿公路旅行无法到达 B 市. 这时势必出现的局面是,有 k 个城市(包括 A 市,但不包括 B 市)能相通,且 $1 \leq k \leq n-1$,而其余 $n-k$ 个城市(至少包括 B 市)中任何一个城市不能与上述 k 个城市相通.

证明 假设有 k 个城市 $(1 \leq k \leq n-1)$ 相互连通,而其余 $n-k$ 个城市中没有一个城市与这 k 个城市相通.

由于在 k 个城市之间,从每一城市出发的公路最多只有 $k-1$ 条,而每条公路的起点有两种选择方法,因此这 k 个城市之间最多只能有 $\frac{1}{2}k(k-1)$ 条公路. 同理,在 $n-k$ 个城市之间最多也只有 $\frac{1}{2}(n-k)(n-k-1)$ 条公路,而在这两部分之间没有任何公路. 所以公路总数 $m \leq \frac{1}{2}[k(k+1)+(n-k)(n-k-1)]$ 条,亦即

$$m \leq \frac{1}{2}(n^2 - 2nk + 2k^2 - n)$$

则

$$m - \frac{1}{2}(n-2)(n-1) \leq \frac{1}{2}[(n^2 - 2nk + 2k^2 - n) - (n^2 - 3n + 2)] =$$
$$k^2 - nk + n - 1 = (k+1)(k-1) + n(1-k) =$$
$$(k-1)(k+1-n)$$

因 $k-1 \geq 0, k \leq n-1$,即 $k+1 \leq n$,则

$$m - \frac{1}{2}(n-1)(n-2) \leq 0$$

即

$$m \leq \frac{1}{2}(n-1)(n-2)$$

而已知 $m > \frac{1}{2}(n-1)(n-2)$,引出矛盾. 故原命题正确.

例 6 平面上任意给定不同的六点,求证:最长的距离与最短的距离之比至少是 $\sqrt{3}$.

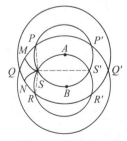

图 10.7.2

证明 给定平面上的六点 A, B, C, D, E, F,不妨设最短距离是 $AB = a > 0$. 若命题不真,那么其余四点 C, D, E, F 必定都在分别以 A, B 为圆心,a 为半径的圆外,同时在分别以 A, B 为圆心,$\sqrt{3}a$ 为半径的圆内,即如图 10.7.2 所示的区域 $PQRS$ 或 $P'Q'R'S'$ 中.

SS' 为半径是 a 且圆心距也是 a 的两圆的公共弦,故 $SS' = \sqrt{3}a$. 又因为 $\triangle ABS'$ 是等边三角形,故 $\angle BAS' = 60°$. 在 $\triangle BAP$ 中,$AB = AP = a$,$BP = \sqrt{3}a$,由余弦定理可得 $\angle BAP = 120°$,即 P, A, S' 共线. $\angle PSS'$ 是直径 PS' 上的圆周角,故等于 $90°$. 同理可证,$\angle RSS' = 90°$,从而,P, S, R 共线,这直线垂直于 SS'. 同理 P',

S', R' 共线,其所在直线也垂直于 SS',故区域 $PQRS$ 的点和 $P'Q'R'S'$ 的点之间的距离 $\geq SS' = \sqrt{3}a$. 从而(在命题不真的前提下) C, D, E, F 全在其一区域内,不妨设 C, D, E, F 都在区域 $PQRS$ 中.

因 $\triangle PSS'$ 是直角三角形,有
$$PS = \sqrt{PS'^2 - SS'^2} = \sqrt{(2a)^2 - (\sqrt{3}a)^2} = a$$

同理 $RS = a$. 分别以 P, R 为圆心,a 为半径作弧,交 $\overset{\frown}{PQ}$ 与 $\overset{\frown}{RQ}$ 于 M, N,则区域 $PQRS$ 被分成三个区域 PMS(不含弧 MS),RNS(不含弧 NS) 和 $MQNS$(含所有边界),则至少有一个区域含 C, D, E, F 中的两点(抽屉原理),但每个小区域中任意两点距离小于 a. 这与 AB 为最短距离的假设矛盾. 证毕.

从上例可以看出:用反证法证题时,特别是上述类型题时,往往和最大(或小)数原理(见第十四章)或极端原理(见第十六章)配合起来导出矛盾,证得结论为真.

(6) 对于结论的反面比原结论更明确、更具体,或形式更为简单. 否定结论的反面易于证明的数学命题,一般均可以考虑应用反证法证明.

例7 设 $a_1, a_2, \cdots, a_{2007}$ 是自然数 $1, 2, \cdots, 2007$ 的任一个排列. 为了配对,令 $a_{2008} = 0$. 从计算 $b_i = |a_{2i-1} - a_{2i}|$ 得到数列 $b_1, b_2, \cdots, b_{1004}$;再从计算 $c_i = |b_{2i-1} - b_{2i}|$ 得到数列 $c_1, c_2, \cdots, c_{502}$. 这 502 个数可以配对再从计算 $d_i = |c_{2i-1} - c_{2i}|$ 得数列 $d_1, d_2, \cdots, d_{251}$;……;如此一直算下去,如图 10.7.3 所示,最后得到一个数 x_0. 求证: x_0 是偶数.

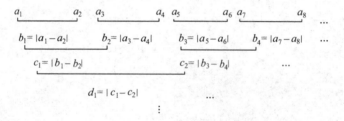

图 10.7.3

证明 假设最后一个数 x_0 是奇数,因为每一个奇数是由一个奇数和一个偶数相减得出来的,每个偶数是由两个奇数或两个偶数相减得来的,如下

这样,倒数第三行的四个数将有奇数个奇数. 同理,倒数第四行的数也有奇数个奇数,……, 最后一行也是奇数个奇数. 但第一行奇数共有 1 004 个,是个偶数,得出矛盾,故 x_0 是偶数.

例8 $n(n > 3)$ 名乒乓球选手进行单打比赛若干场后,任意两个选手已赛过的对手恰好都不完全相同. 试证明:总可以从中去掉一名选手,而使在余下的选手中,任意两个选手已赛过的对手仍然不完全相同.

分析 由于"不完全相同"可以是完全不同,也可以是部分相同,情况较多,而反面只有一种情况,就是完全相同. 可见考虑反面比较简单,可试用反证法. 设去掉任何一个选手,都将使余下的选手中有两个,他们已赛过的对手完全相同,由此导出矛盾.

证明 考虑去掉选手A后,有选手B和C,他们赛过的对手完全相同,那么B和C不能赛过(否则彼此互为对手而不同). 又当A未去掉时,B,C的对手不完全相同. 所以B,C之中有且只有一个与A赛过,设为B,记为$A - BC$.

再考虑去掉C后(A没有去掉)有选手D,E,他们的对手完全相同. 仿上可知D和E不能赛过,且可设D与C赛过而E与C没有赛过:$A - BC - DE$.

因A没与C赛过而D与C赛过,所以D不是A;同理D也不是B. 而当去掉A时,B,C的对手完全相同,且D与C赛过,所以D也与B赛过;又当C去掉时,同理知E也与B赛过:$\genfrac{}{}{0pt}{}{A}{E} > B - D - C$.

但A去掉时,B,C的对手完全相同. 而E是B的对手却不是C的对手,所以E只能是A. 当C去掉时,D,E即D,A的对手完全相同,那么D比A实际上多一个对手C. 同理又可找到有更多对手的其他选手,这与选手人数有限的事实相矛盾. 于是命题得证.

从如上(2) ~ (6)点可以看出,反证法是打开一些难题大门的钥匙.

(7) 运用数学归纳法,由$P(k)$推$P(k+1)$时,也用到反证法.

我们在第三章3.1.3小节中的例17,例20已看到了这点,下面再看一例.

例9 设有n种虫子,任取两种必有一种可吃掉另一种. 求证:一定可以把n种虫子排成一行,使前一种可以吃掉后一种.

证明 设n种虫子为$a_1, a_2, \cdots, a_n$. 记$a_i \to a_j$表示a_i吃掉a_j(这里吃掉关系不能传递,即$a_i \to a_j, a_j \to a_k$,不一定$a_i \to a_k$). 用数学归纳法讨论.

$n = 2$时,$a_1 \to a_2$或$a_2 \to a_1$至少有一个成立.

假设$n = k$时命题成立. 并且不妨设(必要时重新排号)$a_1 \to a_2 \to \cdots \to a_k$.

下面证明$n = k + 1$时成立.

用反证法,若不成立,即$k + 1$种虫子不能按"$\to$"排成一列.

(i) 必有$a_1 \to a_{k+1}$,若不然$a_{k+1} \to a_1$,排成$a_{k+1} \to a_1 \to a_2 \to \cdots \to a_k$,矛盾;

(ii) 设$a_i \to a_{k+1}(i < k)$,则必有$a_{i+1} \to a_{k+1}$,若不然$a_{k+1} \to a_{i+1}$,于是排成

$$a_1 \to a_2 \to \cdots \to a_i \to a_{k+1} \to a_{i+1} \to a_{i+2} \to \cdots \to a_k$$

矛盾.

由(i)(ii)及数学归纳法,得$a_k \to a_{k+1}$,于是排成$a_1 \to a_2 \to \cdots \to a_k \to a_{k+1}$. 这就证得命题在$n = k + 1$时成立.

综上所述,由归纳法原理,命题成立.

(8) 用反证法代替数学归纳法.

例10 求证$1^2 + 2^2 + 3^2 + \cdots + n^2 = \frac{1}{6}n(n+1)(2n+1)$.

证明 假设存在正整数使上述等式不成立,由最小数原理,必有最小的,设为$k + 1$. 因等式对$n = 1$成立,所以$k + 1 > 1$,且

$$1^2 + 2^2 + 3^2 + \cdots + (k+1)^2 \neq \frac{1}{6}(k+1)[(k+1)+1][2(k+1)+1] \qquad ①$$

但

$$1^2 + 2^2 + 3^2 + \cdots + k^2 = \frac{1}{6}k(k+1)(2k+1) \qquad ②$$

在式 ② 两边同加 $(k+1)^2$，有

$$1^2 + 2^2 + 3^2 + \cdots + k^2 + (k+1)^2 = \frac{1}{6}k(k+1)(2k+1) + (k+1)^2 =$$

$$\frac{1}{6}(k+1)(2k^2 + 7k + 6) = \frac{1}{6}(k+1)(k+2)(2k+3) =$$

$$\frac{1}{6}(k+1)[(k+1)+1][2(k+1)+1]$$

这与式 ① 矛盾，所以原等式成立．

例 11 求证任意三个连续自然数之积是 6 的倍数．

证明 三个连续自然数之积为 $n(n+1)(n+2)$，其中 n 为任意自然数，因为 $0 \times 1 \times 2 = 0, 1 \times 2 \times 3 = 6, 0$ 与 6 都是 6 的倍数，所以命题对 $n = 0, 1$ 成立．

假设存在正整数使上述命题不成立，根据最小数原理，必有最小的，设为 $k+1$，则 $k+1 > 1$，且 $(k+1)(k+2)(k+3)$ 不是 6 的倍数，但 $k(k+1)(k+2)$ 是 6 的倍数．

由于 $(k+1)(k+2)(k+3) = k(k+1)(k+2) + 3(k+1)(k+2)$，其中 $(k+1)(k+2)$ 是两个相邻自然数之积，必是 2 的倍数，所以 $3(k+1)(k+2)$ 是 6 的倍数，从而 $(k+1)(k+2)(k+3)$ 是 6 的倍数，这与前面 $(k+1)(k+2)(k+3)$ 不是 6 的倍数矛盾．故命题成立．

(9) 只有题真，才能运用反证法．

上面，我们从七个方面列举了反证法的一些应用例子，其实反证法还在其他许多问题中有着广泛的应用．如覆盖问题、图论问题，以及某些数学方法原理（如"重叠原理"）的证明，均少不了反证法．但是，我们须强调一下，只有题真，才能运用反证法证明，万万不可忽视这个前提．

例如对于命题："如果对任何正数 p，二次方程 $ax^2 + bx + c + p = 0$ 的两根是正实数，则系数 $a = 0$，试证之."

此题形式主义地使用反证法，会证得论断成立．事实上，由于命题假，那么原结论的否定是否假呢？不得而知，故不能用反证法给出证明．

10.8　举　反　例

要证明一个数学命题正确，必须要经过严密的数学推理；而要说明一个数学命题是错误的，只需举出一个反面的例子即可．举反例常用来对数学命题的结论进行反驳．当一个数学命题的正面证明一时无法找到时，可以尝试就某种特殊情形构造反例将其推翻．

学会构造反例是学习者必须掌握的技能，我们须重视这方面能力的培养．

例 1 命题"一对角及一对对边相等的四边形必为平行四边形"对吗？如果对，请证明；如果不对，请作一四边形满足已给条件，但它不是平行四边形，并证明你的作法．

解 命题不对．反例如下：

任意作一等边 $\triangle ABC$，在底边 BC 上取 D，使得 $BD > DC$．由 D 作 $\angle 2 = \angle 1$．如图 10.8.1 所示，取 $DE = AC$，联结 AE，从 $\triangle ADC \cong \triangle DAE$ 知，$\angle E = \angle C = \angle B$．又 $DE = AC = AB$，所以四边形 $ABDE$ 满足已给条件，但 $AE = DC < BD$，故四边形 $ABDE$ 不是平行四边形．

对于此例,我们用运动性思维方法,考察其特殊情形设法构造出反例. 这是寻求反例的重要方法之一.

例 2 下列命题是否正确? 若正确,请给予证明,否则举出反例.

(Ⅰ) 若 P,Q 是直线 l 同侧的两个不同点,则必存在两个不同的圆,通过点 P,Q 且和直线 l 相切.

(Ⅱ) 若 $a>0,b>0$,且 $a\neq 1,b\neq 1$,则 $\log_a b + \log_b a \geq 2$.

(Ⅲ) 设 A,B 是坐标平面上的两个点集,$C_r = \{(x,y) \mid x^2 + y^2 \leq r^2\}$. 若对任何 $r\geq 0$ 都有 $C_r \cup A \subseteq C_r \cup B$,则必有 $A \subseteq B$.

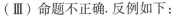

图 10.8.1

解 (Ⅰ) 命题不正确. 反例如下:如图 10.8.2 所示,当 $PQ \parallel l$ 时,只能做出一个满足要求的圆.

(Ⅱ) 命题不正确. 反例如下:考虑到 $\log_a b, \log_b a$ 不一定都是正数,当取 $a=2,b=\dfrac{1}{2}$ 时,$\log_a b + \log_b a = -1-1 = -2 < 2$.

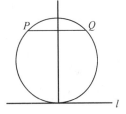

图 10.8.2

(Ⅲ) 命题不正确. 反例如下:

首先考虑,能不能找到这样的集合 A,B 及点 a,使 $a \in A$,但 $a \notin B$. 由于对任一个 $a \in A$,而 $a \in C_r$ 的 a,因 $C_r \cup A \subseteq C_r \cup B$,故必满足 $a \in B$. 因此上述的点 a 必须在 $C_r \cap A$ 中且不在 $C_r \cap B$ 中,并对任何 $r \geq 0$ 都成立.

于是,不妨取 A 为任何含点 $(0,0)$ 的集合,B 为 A 去掉点 $(0,0)$ 的集合,显然对于任何 $r \geq 0, A, B$ 满足 $C_r \cup A \subseteq C_r \cup B$. 而 $(0,0) \in A$,但 $(0,0) \notin B$. 故 $A \nsubseteq B$.

此例是我们运用"二分法"(见"切分原理")而寻求到反例的. 对于(Ⅰ)是从考虑 P,Q 两点与直线 l 的两种位置出发的;(Ⅱ)是从考虑 $\log_a b < 0$ 与 $\log_b a < 0$ 出发的;(Ⅲ)是从考虑 $A \cap C_r$ 为空集与非空集出发的.

举反例和证明是解决数学问题相辅相成的两个方面. 其中任何一个方面的成功,都能导致所研究的数学问题的解决. 例如,微积分学刚刚建立的时候,数学界曾长期错误地认为,连续函数除了个别点外总是处处可导的. 但是 1872 年德国数学家魏尔斯特拉斯,构造了一个"处处连续却处处不可导的函数". 这个反例震惊了数学界,促成了影响深远的"分析基础严密化"的数学运动;1979 年南京大学数学系王明淑教授找到了一个反例,从而否定了苏联数学家的"二次微分系统在奇点附近最多只有三个极限环"的结论,解决了多年来的纷争,对微分方程的发展起到了一定的推动作用;……. 这说明了反例不仅在培养发散性思维等创造性思维方面占有重要地位,而且我们还看到它在纠正错误结论、澄清概念、开拓新领域中也起到了非常重要的作用. 可以毫不夸张地说,重要的反例往往会成为数学殿堂的基石.

逆反转换原理的实质就是进行逆向思维,逆向思维的宏观作用是指引我们制定出"逆推""反求""反证"的解题策略;逆向思维的微观作用是启示我们善于对知识(概念定义以及定理、公式法则等)进行逆用. 有些题目难就难在对知识的逆用上.

被定义的概念和下定义的概念,其外延完全相同,因而两者的位置可以互换,即定义有可逆的两面. 注意这一点可巧妙地解答某些问题.

数学公式总是双向的. 因而变形的公式常能起到化繁为简、化难为易的作用.

数学定理有可逆和不可逆的,某些问题的判定定理和性质定理就是互逆的. 某些定理虽未给出定理的逆定理,但我们可证明其可逆,此时它的逆用在解题中常被采用.

思 考 题

1. 已知 $\tan\alpha = \sqrt{2}$，求 $2\sin^2\alpha - \sin\alpha \cdot \cos\alpha + \cos^2\alpha$ 的值.

2. 解方程 $x^3 + (1+\sqrt{2})x^2 - 2 = 0$.

3. 二次函数 $f(x) = 4x^2 - 2(p-2)x - 2p^2 - p + 1$ 在 $x \in [-1,1]$ 内至少存在一个 x_0，使得 $f(x_0) > 0$，求 p 的取值范围.

4. 已知 $a > b > 0$，$\theta \in (0, \frac{\pi}{2})$，求证：$a\sec\theta - b\tan\theta \geqslant \sqrt{a^2 - b^2}$.

5. 设 $x,y \in [0,1]$，求证：对于任意 $a,b \in \mathbf{R}$，必存在满足条件的 x,y，使 $|xy - ax - by| \geqslant \frac{1}{3}$ 成立.

6. 已知 x,y 为正偶数，且 $x^2y + xy^2 = 96$，求 $x^2 + y^2$ 的值.

7. 若不等式 $\sqrt{x+a} \geqslant x$ 的解集为 $\{x \mid -m \leqslant x \leqslant n\}$，且 $|m-n| = 2a$，求 a 的值.

8. 已知 $a,b,c \in \mathbf{R}_+$，且 $a+b+c = 1$，$y = \sqrt{4a+1} + \sqrt{4b+1} + \sqrt{4c+1}$，求证：$y < 5$.

9. 实数 x,y,z 满足

$$x + y = z - 1 \quad ①$$
$$xy = z^2 - 7z + 14 \quad ②$$

问 $x^2 + y^2$ 的最大值是什么？在 z 为何值时，$x^2 + y^2$ 取最大值？

10. 求函数 $y = \dfrac{x^2 + 2x - 3}{x^2 + 3x + 2}$，$x \in [1,2]$ 的值域.

11. 已知圆 $C: x^2 - 2x + y^2 - 4y - 20 = 0$，直线 $l: (2m+1)x + (m+1)y = 7m + 4 (m \in \mathbf{R})$，试确定直线 l 与圆 C 间的位置关系.

12. 已知圆 $C: x^2 + y^2 - 2x - 6y - 15 = 0$，直线 $L: (1+3k)x + (3-2k)y + 4k - 17 = 0$. 求证：对任意实数 k，L 与圆 C 总有两个交点.

13. 已知双曲线方程 $x^2 - \dfrac{y^2}{2} = 1$，过点 $A(2,1)$ 的直线 l 与所给双曲线交于 P_1, P_2 两点. 当 l 变动时，求线段 P_1P_2 的中点 P 的轨迹方程.

14. 点 P 在椭圆 $\dfrac{x^2}{25} + \dfrac{y^2}{16} = 1$ 上移动，点 Q 在以点 $M(1,0)$ 为圆心，$\dfrac{4\sqrt{2}}{3}$ 为半径的圆上移动，设 P,Q 两点的最近距离为 d，求 d 的值及此时点 P,Q 的坐标.

思考题参考解答

1. 根据乘法和除法的互逆性，可得

$$原式 = \frac{2\sin^2\alpha - \sin\alpha\cos\alpha + \cos^2\alpha}{1} =$$

$$\frac{2\sin^2\alpha - \sin\alpha\cos\alpha + \cos^2\alpha}{\sin^2\alpha + \cos^2\alpha} =$$

$$\frac{2\tan^2\alpha - \tan\alpha + 1}{\tan^2\alpha + 1} =$$

$$\frac{5-\sqrt{2}}{3}$$

2. 将原方程变为

$$(\sqrt{2})^2 - x^2\sqrt{2} + (x^3 + x^2) = 0$$

则

$$\sqrt{2} = \frac{x^2 \pm \sqrt{x^4 + 4x^3 + 4x^2}}{2} = \frac{x^2 \pm \sqrt{(x^2+2x)^2}}{2} = \frac{x^2 \pm (x^2 + 2x)}{2}$$

从而

$$\sqrt{2} = -x \text{ 或 } \sqrt{2} = x^2 + x$$

故

$$x_1 = -\sqrt{2}, x_{2,3} = \frac{-1 \pm \sqrt{1+4\sqrt{2}}}{2}$$

3. 此题的第一感觉是条件不易使用,反面呢? 显然是一种肯定的结果:
"对任意 $x \in [-1,1], f(x) \le 0$ 恒成立",只需令

$$\begin{cases} f(-1) \le 0 \\ f(1) \le 0 \end{cases} \Rightarrow p < -3 \text{ 或 } p \ge \frac{3}{2}$$

由补集方法知所求 p 的取值范围是 $(-3, \frac{3}{2})$.

4. 因 $\theta \in (0, \frac{\pi}{2})$,则 $\cos\theta > 0$,因此要证原不等式成立,只需证

$$a - b\sin\theta \ge \sqrt{a^2 - b^2}\cos\theta$$

又由 $a > b > 0$ 及 $0 < \sin\theta < 1$,知

$$a > b\sin\theta$$

则只需证

$$(a - b\sin\theta)^2 \ge (a^2 - b^2)\cos^2\theta$$

即证

$$a^2\sin^2\theta - 2ab\sin\theta + b^2 \ge 0$$

即证 $(a\sin\theta - b)^2 \ge 0$,这个不等式显然成立.

因上述推理步步可逆,所以原不等式成立.

5. 假设对一切 $x, y \in [0,1]$,当 $a, b \in \mathbf{R}$ 时,不存在满足条件的 x, y,使得 $|xy - ax - by| \ge \frac{1}{3}$ 成立(也就是说,对一切 $x, y \in [0,1]$,当 $a, b \in \mathbf{R}$ 时,$|xy - ax - by| < \frac{1}{3}$ 恒成立),

从而有:

当 $x = 0, y = 1$ 时,得 $|b| < \frac{1}{3}$;

当 $x = 1, y = 0$ 时,得 $|a| < \frac{1}{3}$;

当 $x = y = 1$ 时,得 $|1 - a - b| < \frac{1}{3}$.

但另一方面,$|1 - a - b| \ge 1 - |a + b| \ge 1 - |a| - |b| > 1 - \frac{1}{3} - \frac{1}{3} = \frac{1}{3}$.

因而产生矛盾,故原命题正确.

6. 因为正偶数 x,y 在 $x^2y + xy^2 = 96$ 中呈对称关系,不妨设 $x \geq y$,则
$$x^2y + xy^2 \geq y^2 \cdot y + y \cdot y^2 = 2y^3$$
则 $2y^3 \leq 96, y^3 \leq 48 < 64$,即 $y < 4$.

又 y 为正偶数,则 $y = 2$.

把 $y = 2$ 代入 $x^2y + xy^2 = 96$ 中,解得 $x = 6$,故 $x^2 + y^2 = 40$.

类似于上题可求解如下问题:实数 a,b,x,y 满足 $y + |\sqrt{x} - \sqrt{3}| = 1 - a^2, |x-3| = y - 1 - b^2$,求 $2^{x+y} + 2^{a+b}$ 的值.

事实上,由已知得
$$|\sqrt{x} - \sqrt{3}| + a^2 = 1 - y, |x - 3| + b^2 = y - 1$$
因 $|\sqrt{x} - \sqrt{3}|, a^2, |x - 3|, b^2$ 均为非负数.

则 $1 - y \geq 0$,且 $y - 1 \geq 0$,即 $y \leq 1$,且 $y \geq 1$,即 $y = 1$. 故
$$|\sqrt{x} - \sqrt{3}| + a^2 = 0, |\sqrt{x} - \sqrt{3}| + b^2 = 0$$
从而 $|\sqrt{x} - \sqrt{3}| = 0, a = 0, x - 3 = 0, b = 0$,即
$$x = 3, a = b = 0$$
故 $$2^{x+y} + 2^{a+b} = 2^4 + 2^0 = 17$$

7. 做出函数 $y = x$ 与 $y = \sqrt{x + a}$ 的图像,如右图,知原不等式的解集为 $\{x | -a \leq x \leq n\}$,即 $m = -a, n$ 的值就是方程组 $\begin{cases} y = x \\ y = \sqrt{x + a} \end{cases}$ 解的

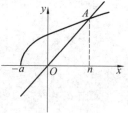

横坐标,解得 $x = \dfrac{1 + \sqrt{1 + 4a}}{2}$.

因此由 $n - m = 2a$,可得 $\dfrac{1 + \sqrt{1 + 4a}}{2} + a = 2a \Rightarrow 4a^2 = 8a$. 显然 $a \neq 0$,否则,若 $a = 0$,则 $m = n$,由图像知解集不可能是 $\{x | m \leq x \leq n\} = \{x | x = n\}$,所以 $a = 2$.

8. 可尝试从等式向不等式转化,同时已知为根式,结论为常数5,所以可考虑把根式向整式转化,然后再转化为常数.

因为 $$\sqrt{4a + 1} = \sqrt{(4a + 1) \cdot 1} \leq \dfrac{4a + 1 + 1}{2} = 2a + 1$$

所以 $$\sqrt{4a + 1} \leq 2a + 1 \quad (a = 0 \text{ 时取 "="})$$

同理
$$\sqrt{4b + 1} \leq 2b + 1 \quad (b = 0 \text{ 时取 "="})$$
$$\sqrt{4c + 1} \leq 2c + 1 \quad (c = 0 \text{ 时取 "="})$$

所以 $y \leq 2(a + b + c) + 3 = 5$,当 $a + b + c = 0$ 时,取 "=" 这与 $a + b + c = 1$ 矛盾.

所以 $y < 5$.

9. 最大目标差是已知为 x,y 的一项式或积,而求的是 x,y 的二项式. 这启示我们用 x,y 或 xy 来代替 $x^2 + y^2$,而 $x^2 + y^2 = (x + y)^2 - 2xy = (z - 1)^2 - 2(z^2 - 7z + 14) = -z^2 + 12z - $

$27 = -(z-6)^2 + 9$,此时,要求 $x^2 + y^2$ 的最大值,必先求 z 的取值范围. 由已知 $x+y=z-1$ 有

$$x + (1-z) + y = 0$$

所以 $(1-z)^2 - 4xy = (-x-y)^2 - 4xy = (x-y)^2 \geq 0$

即 $(1-z)^2 \geq 4xy$

所以 $(1-z)^2 \geq 4(z^2 - 7z + 14)$ 得

$$\frac{11}{3} \leq z \leq 5$$

所以当 $z = 5$ 时,$(x^2 + y^2)_{\max} = 8$.

10. 原函数可化为

$$y = \frac{x^2 + 2x - 3}{x^2 + 3x + 2} = 1 - \frac{x+5}{x^2 + 3x + 2}$$

移项得

$$1 - y = \frac{x+5}{x^2 + 3x + 2}$$

令 $\overline{Y} = 1 - y$,则上式可写为

$$\overline{Y} = \frac{x+5}{(x+5)^2 - 7(x+5) + 12}$$

因为 $x \in [1,2]$,于是 $x + 5 \neq 0$,所以上式可化为

$$\overline{Y} = \frac{1}{(x+5) + \frac{12}{x+5} - 7} = \frac{1}{X + \frac{12}{X} - 7} = \frac{1}{E - 7} = \frac{1}{M}$$

其中 $X = x+5$,$E = X + \frac{12}{X}$,$M = E - 7$.

因为 $x \in [1,2]$,所以 $X \in [6,7]$. 画出函数 $E = X + \frac{12}{X}$ 的图像,在其上根据对应于 $X \in [6,7]$ 的图像可得 $E \in [8, \frac{61}{7}]$,由此可得 $M \in [1, \frac{12}{7}]$. 再画出反比例函数 $\overline{Y} = \frac{1}{M}$ 的图像,在其上根据对应于 $M \in [1, \frac{12}{7}]$ 的图像可得 $\overline{Y} \in [\frac{7}{12}, 1]$. 最后,根据 $\overline{Y} = 1 - y$ 可得原函数 y 的值域为 $[0, \frac{5}{12}]$.

11. 直线 l 随 m 改变而动. 若按常规解法,通过比较圆心到直线 l 的距离与圆半径的大小关系来判定,将十分麻烦,若挖掘直线 l 中"静"的因素,则有解法如下:

由 l 的方程得 $x + y - 4 + m(2x + y - 7) = 0$,知 l 恒过两直线 $x + y - 4 = 0$ 与 $2x + y - 7 = 0$ 的交点 $(3,1)$,而 $(3,1)$ 在圆内,所以直线 l 与圆 C 相交.

12. 求解运动型问题,要善于动中求静,以静制动,本题目标差 L 是动的,但若能挖掘直线 L 中"静"的因素,则可获得简捷解答.

L 的方程表示为 $x + 3y - 17 + k(3x - 2y + 4) = 0$,可知 L 恒过 $L_1 : x + 3y - 17 = 0$ 和 $L_2 : 3x - 2y + 4 = 0$ 的交点 $P(2,5)$,而点 P 在圆内,所以直线 L 与圆 C 总有两个交点.

13. 直线 l 的位置在运动中变化,致使中点 P 的轨迹变得抽象,不易捉摸. 若设 $P(x_0, y_0)$

为相对静止的点,从而可设直线 l 的点角式参数方程,利用参数 t 的几何意义,$t_1 + t_2 = 0$,找到 x_0, y_0 所满足的条件的等式,寻求规律.

设 $P(x_0, y_0)$,则直线 l 的参数方程为

$$\begin{cases} x = x_0 + t\cos\theta \\ y = y_0 + t\sin\theta \end{cases} \quad (t \text{ 为参数}) \qquad ①$$

当 $P(x_0, y_0)$ 相对固定时,方向角 θ 必须满足相应的条件,才能使直线与双曲线相交弦中点恰为 $P(x_0, y_0)$,为探求此条件,将方程①代入双曲线方程得

$$2(\cos^2\theta - \sin^2\theta)t^2 + 2(2x_0\cos\theta - y_0\sin\theta)t + 2x_0^2 - y_0^2 - 2 = 0$$

P 为 P_1P_2 的中点,所以 $t_1 + t_2 = 0$.

即 $2x_0\cos\theta - y_0\sin\theta = 0$,与方程①联立消去 θ 得

$$(y - y_0)y_0 = 2x_0(x - x_0)$$

又因直线 l 过 $A(2,1)$,所以 $2x_0^2 - y_0^2 - 4x_0 + y_0 = 0$.

用 x, y 换 x_0, y_0 得点 P 轨迹方程为

$$2x^2 - y^2 - 4x + y = 0$$

14. 如右图,P, Q 为两个动点,若按常规思路,设出 P, Q 的坐标代入距离公式,则复杂冗长,难以求出其最小值.因此,必须改变思维方向,利用"以静制动"的思想,不妨先固定 P,则问题转化为在已知圆上找一点 Q,使 $|PQ|$ 最短.此时,由平面几何知识,可得线段 PQ 必过圆心 M,故要求 $|PQ|$ 的最小值,只需求 $|MP|$ 的最小值.而 M 是定点,所以 $|MP|$ 的最小值容易求出.

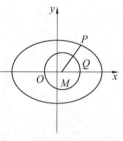

设 $P(x, y)$ 是椭圆上某一点,那么它到圆上点 Q 的距离,当 P, Q, M 三点共线,且 Q 介于 P, M 之间时为最近,此时 $|PQ| = |PM| - |MQ|$.

而

$$|PM| = \sqrt{(x-1)^2 + y^2} = \sqrt{\frac{9}{25}x^2 - 2x + 17} =$$

$$\sqrt{\frac{9}{25}\left(x - \frac{25}{9}\right)^2 + \frac{128}{9}} \geq \frac{8\sqrt{2}}{3}$$

所以当 $x = \frac{25}{9}$ 时,在 $[-5, 5]$ 上,$d = |PQ| = \frac{8\sqrt{2}}{3} - \frac{4\sqrt{2}}{3} = \frac{4\sqrt{2}}{3}$.进而求得点 P 的坐标为 $\left(\frac{25}{9}, \frac{8\sqrt{14}}{9}\right)$ 或 $\left(\frac{25}{9}, -\frac{8\sqrt{14}}{9}\right)$,而 Q 恰为 PM 的中点,故相应 Q 的坐标为 $\left(\frac{17}{9}, \frac{4\sqrt{14}}{9}\right)$ 或 $\left(\frac{17}{9}, -\frac{4\sqrt{14}}{9}\right)$.

第十一章 重叠原理

把五本书,放进四个抽屉内,不论怎样放,至少有一个抽屉内会有两本或两本以上的书.这是一个很简单的事实. 我们对这样一类"重叠"现象,即讨论对象的存在性或可能性问题进行归纳抽象便得到如下一般性认识.

11.1 离散型重叠原理及应用

我们称讨论元素个数的重叠原理为离散型重叠原理. 这类重叠原理有如下几种形式.

重叠原理 I 把多于 n 个的元素按任一确定的方式分成 n 个集合,那么一定有一个集合含有两个或两个以上的元素.

我们可用反证法证明这一原理. 假设 n 个集合中,每个集合不含有两个或两个以上的元素,则 n 个集合中所有元素不会多于 n 个. 这与已知有多于 n 个的元素矛盾. 这就证明了重叠原理 I 的正确性.

重叠原理更一般的形式如下.

重叠原理 II 把 m 个元素分成 n 个集合($m > n$),(1) 当 $n \mid m$ 时,至少有一集合中有 $\frac{m}{n}$ 个元素;(2) 当 $n \nmid m$ 时,至少有一集合中有 $\left[\frac{m}{n}\right] + 1$ 个元素,其中 $\left[\frac{m}{n}\right]$ 表示不超过 $\frac{m}{n}$ 的最大整数. ("$\mid$"表示整除,"$\nmid$"表示不能整除)

重叠原理 III 把 $m_1 + m_2 + \cdots + m_n - n + 1$ 个元素分成 n 个集合,则存在一个 k,使得第 k 个集合中至少有 m_k 个元素.

重叠原理 IV 把无穷多个元素分成有限个集合,则至少有一个集合中包含有无穷多个元素.

以上三个原理的正确性用反证法也是不难证明的.(证略)

以上重叠原理又称抽屉原理或鸽巢原理或迪利克雷原理,它也是组合数学的基本原理之一,在初等数学及数论、有限乃至无限数学中都有广泛的应用. 它从 19 世纪出现在数学中后,解决了一系列重要的数学问题. 下面我们举出一些日常生活中的例子,看看重叠原理在讨论一类对象的重叠存在性或可能性问题中的有趣而又重要的作用.

例 1 一个人除同胞胎外,如果能寻找到与自己同年同月同日同小时出生的伙伴是很兴奋的,而在一个有百万人口的县或城市中就至少有你这样的一个伙伴,而在我国至少有 1 300 个你的这样的伙伴. 这是为什么?

解 在正常情况下,一个人一生(不超过 100 周岁)的小时数不超过 $24 \times 31 \times 12 \times 100 = 992\ 800$,所以人的出生时间最多有 992 800 种不同的小时数,这可看作是 992 800 个集合. 又我国人口若仅以 13 亿计算,根据重叠原理 II 便说明了这个无可怀疑的事实. 证毕.

但你要真正找到这样的伙伴,这就要看你的机遇了. 这也说明了重叠原理只解决对象的存在性,不解决对象的确定性.

运用重叠原理,读者不难解答如下趣题:

(1) 某中学初二(甲)班 50 个同学年龄至多相差 48 个月,则至少有两个同学同年同月生.

(2) 15 万人口中,至少有两个人的头发(人的头发根数不超过 15 万)根数是相等的.

(3) 我国至少有两个人的出生时间相差不超过 4 秒钟.

从上面的例题、练习题可以看到,应用重叠原理解题的一般步骤如下.

第一步:设计集合,这就是根据题目的结论结合有关数学知识,抓住最本质的数量关系进行设计构造;

第二点:看看题目中相应数量的元素分到集合时,是否至少比集合的个数多. 如果是这样,还要注意是否能达到我们的目的,否则须重新设计集合,才可以做出结论.

由此可知,运用重叠原理解题的关键是要设计恰当的集合(抽屉).

11.1.1 要善于设计集合

例 1 在单位正方形内(包括周界)任意给定五点,试证至少有两点,它们之间的距离不大于 $\dfrac{\sqrt{2}}{2}$.

这是一个讨论存在性的问题,可试用重叠原理来解答. 首先要设计集合,显然设计的集合不能超过四个. 若把正方形二等分、三等分造出二个或三个集合行不行? 尽管集合个数比元素(即点)个数少,但都不能得到题中结论. 这是因为设计的集合个数少了. 若把正方形四等分,设计四个集合,但具体设计时又有如图 11.1.1 中的三种情形. 此时,对于这三种分法都可断言,五个点中至少有两个点进入同一区域(集合)中(包括边界). 但对于(a)(b)两种分法,都不能断言两点之间的距离不超过 $\dfrac{\sqrt{2}}{2}$,只有对分法(c)才可做出这一结论.

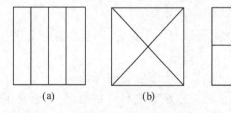

图 11.1.1

由此即知,设计集合:(i) 要求每个集合的"规格"都应当是一样的;(ii) 集合设计是"恰当"的. 下面介绍如何设计"恰当"的"规格"一样的集合.

11.1.2 设计集合的几种常用方法

(1) 分割几何图形.

一个涉及几何图形内一些点的问题,只要我们能够巧妙地把图形分割,用这些分割图形作集合,就可以把题设中的点分类,从而找到要证的图形结论. 如前面 11.1.1 小节中的例 1. 再看两例.

例 1 单位闭圆片(包括圆周)C 上有 8 点,证明:其中有一对点,它们的距离小于 1.

证明 为了把 C 分割成若干块图形,每块图形成为一个集合,使得每个集合里任意两点的距离都小于 1,而且应保证至少有两个已知点落在同一集合. 为此,作与 C 同心,半径为 $\frac{1}{2}$ 的圆,余下的圆环用 C 的 6 条半径分成 6 个全等的曲四边形,如图 11.1.2 所示. 取中间的开圆片(不包括圆周)和 6 个曲四边形(不包括一条直线边)分成 7 个集合,于是由重叠原理 Ⅰ,命题即证.

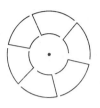

图 11.1.2

在上例中,若将所证结论改为:其中必有两点之间的距离小于圆的半径,则证明时,须将闭圆片进行另外情形的分割.(参见本章思考题中第 1 题)

例 2 设单位立方体内有 2 005 个点,证明可从中取出 32 个点,以它们为顶点的每一闭多边形(可能有退化的)的周长小于 $8\sqrt{3}$.

证明 用平行于侧面的平面将单位正方体平均分割成 64 个小立方体,则每个小立方体的棱长为 $\frac{1}{4}$,且至少有一个小立方体内有 32 个点. 再研究这 32 点组成的闭多边形. 这闭多边形的 32 条边,每边长不超过 $\frac{1}{4}\sqrt{3}$(棱长为 $\frac{1}{4}$ 的正方体的对角线长为 $\frac{1}{4}\sqrt{3}$). 由此即证.

(2) 划分区间.

证明存在某些有界量使有关不等式成立的问题,只要我们能够巧妙地把区间划分,用这些子区间作为重叠原理中的集合.

例 3 平面上有定点 A,B 和任意的四个点 P_1,P_2,P_3,P_4. 求证:这四个点中至少有两点 $P_i,P_j(i \neq j)$ 使
$$|\sin \angle AP_iB - \sin \angle AP_jB| \leq \frac{1}{3}$$

证明 由于 A,P_i,B 三点构成的角的 4 个正弦值 $\sin \angle AP_iB \in [0,1]$,我们可把区间 $[0,1]$ 划分为等长的三段:$[0,\frac{1}{3}],[\frac{1}{3},\frac{2}{3}],[\frac{2}{3},1]$,得三个子区间. 则必有两个角的正弦值在同一区间内,故
$$|\sin \angle AP_iB - \sin \angle AP_jB| \leq \frac{1}{3}$$

例 4 证明:存在不全为零的整数 a,b,c,且每个数的绝对值均小于 100 万,使 $|a + \sqrt{2}b + \sqrt{3}c| < 10^{-11}$ 成立.

证明 设 S 是由 10^{18} 个实数 $r + \sqrt{2}s + \sqrt{3}t$ 所作成的集合. 其中 $r,s,t \in \{0,1,2,\cdots,10^6 - 1\}$;又设 $d = (1 + \sqrt{2} + \sqrt{3}) \cdot 10^6$,则属于 S 的每一个 x 都属于区间 $[0,d]$,把这个区间分成 $10^{18} - 1$ 个小区间,其区间长度为 $\frac{1}{10^{18} - 1}d$,于是 S 中至少有两个元素在同一小区间内,它们之差 $a + \sqrt{2}b + \sqrt{3}c$ 就给出所要求的三个整数 a,b,c.

例 5 设 a 为任意实数,n 是正整数,证明:总可以找到整数 p 和 $q(1 \leq p \leq n)$,使得
$$|pa - q| \leq \frac{1}{n}$$

证明 由于任何一个实数都在两个连续整数之间,则

$$k_i \leq ia < k_i + 1 \quad (k_i \in \mathbf{Z}, i = 0, 1, \cdots, n)$$

即
$$0 \leq ia - k_i < 1$$

将区间$[0,1]$分成n等分,得到n个子区间$[0, \frac{1}{n}], [\frac{1}{n}, \frac{2}{n}], \cdots, [\frac{n-1}{n}, 1]$. 于是由$0 \leq ia - k_i < 1$得到$0, a - k_1, 2a - k_2, \cdots, na - k_n$这$n + 1$个小于$1$的非负实数分在这$n$个子区间中,至少有两个数$sa - k_s$和$ta - k_t(0 < t < s \leq n)$属于同一子区间,即

$$|(sa - k_s) - (ta - k_t)| < \frac{1}{n}$$

令
$$s - t = p, k_s - k_t = q$$

则
$$|pa - q| < \frac{1}{n}$$

此例实际是提供了用有理数逼近实数的一个具体途径.

(3) 利用不大于某一自然数n的自然数划分集合.

求证某些自然数的某些关系(如等量),我们可以把小于n的$n - 1$个不同的自然数划分成$n - 1$个集合,这样若有n个或n个以上自然数,则必有两个或两个以上相等.

例6 对于$n + 1$个不同的自然数,如果每一个都小于$2n$,那么可以从中选出三个数,使其中两个之和等于第三个.

证明 把这$n + 1$个数排成单增序列:$a_0 < a_1 < a_2 < \cdots < a_n$,令$b_i = a_i - a_0$,又造成一个单调序列:$b_0 < b_1 < \cdots < b_n < a_n < 2n$. 考察这$2n$个小于$2n$的自然数,则必有$a_i = b_j = a_j - a_0$. 即证.

例7 设$x_1, x_2, \cdots, x_i, \cdots$是一个正整数数列,满足$x_{7l-6} + x_{7l-5} + \cdots + x_{7l} \leq 12 (l = 1, 2, \cdots)$,记$S_i = x_1 + \cdots + x_i$,求证:对任意正整数$n$,一定有下标$j$及$k$(其中$j < k$),使得$S_k - S_j = n$成立.

证明 将l个不等式$x_{7l-6} + \cdots + x_{7l} \leq 12 (l = 1, 2, \cdots)$相加得$S_{7l} = x_1 + x_2 + \cdots + x_{7l} \leq 12l$. 即$n + S_{7l} < n + 12l$.

又$S_1 < S_2 < \cdots < S_{7l}$,所以$S_1, S_2, \cdots, S_{7l}$是$7l$个不大于$7l$的两两不同的正整数.

同样,$n + S_1 < n + S_2 < \cdots < n + S_{7l}$也是$7l$个不大于$12l + n$的两两不同的正整数. 由于$l$是任意的正整数,给定$n$后,可取$l = n$. 于是$S_1, S_2, \cdots, S_{7l}$与$n + S_1, n + S_2, \cdots, n + S_{7l}$这$14n$个正整数都不大于$13n$,从而必有下标$j$及$k$(其中$j < k$)使$S_k = n + S_j$,即

$$S_k - S_j = n$$

(4) 把整数适当分组划分集合.

我们把所给整数利用同余分组,利用同倍数关系分组,……,这每一组便可组成一个集合. 这样,也可讨论某些整数关系的存在性.

例8 从$1, 2, \cdots, 9$中任取5个数,证明其中至少有2个数是互素的.

证明 将$1, 2, \cdots, 9$分为四组:$1, 2, 3, 5, 7; 4, 9; 6; 8$. 则从$9$个数中任取$5$个数,其中至少有$2$个数属于同一组. 显然不可能属于第三、四组,只能属于第一组或第二组. 于是便有:若两数在第一组,结论即证;若两数在第二组,则第一组中至少必取一数,这数与其他组中的数均互素. 故结论成立.

例9 任意给定m个整数排成一列:$N_1, N_2, \cdots, N_m$,则其中至少有一组前后相继的数

$N_{k+1}, N_{k+2}, \cdots, N_l (0 \leq k < l \leq m)$,它们的和 $N_{k+1} + N_{k+2} + \cdots + N_l$ 可以被 m 整除.

证明 考虑 m 个和 $N_1, N_1 + N_2, \cdots, N_1 + N_2 + \cdots + N_m$,如果其中有一个可以被 m 整除,则结论已经成立. 如果其中没有一个可以被 m 整除,则它们除以 m 后所得的余数只能是 1, $2, \cdots, m-1$ 这 $m-1$ 种情况,于是这 m 个和中至少有两个除以 m 后的余数相同. 设这两个和是 $N_1 + N_2 + \cdots + N_k$ 和 $N_1 + N_2 + \cdots + N_l (1 \leq k < l \leq m)$,则它们的差 $N_{k+1} + N_{k+2} + \cdots + N_l$ 可以被 m 整除.

例 10 3.2.4 小节例 2.

证明 把每个正整数的因数 2 分解出来,则这个正整数可以写成 $2^k \cdot a$ 的形式,其中 a 是一个奇数,对于 $1, 2, \cdots, 2n$ 来说 a 是 $1, 3, 5, \cdots, 2n-1$ 这 n 个数中的一个. 把有相同的 a 的正整数分为一组,这便可证明题中结论.

(5) n 维整点集合.

给出 $2^n + 1$ 个或以上个 n 维整点(即 $(x_1, x_2, \cdots, x_n)$ 是 n 个有序的数,且 $x_1, x_2, \cdots, x_n$ 中的每一个均是整数,则称 $(x_1, x_2, \cdots, x_n)$ 是一个 n 维整点. 二维整点 (x, y) 又称格点),求证这些整点,或整点连线上的某些点具有某种性质. 这时,由于对所有的 n 维整点,按每一分量 x_i 的奇偶性可分为 $2 \cdot 2 \cdots \cdot 2 = 2^n$ 类,则每类作为一个集合.

例 11 在坐标平面上,对于任意给定的五个整点,求证:其中一定有两个点,使得其连线的中点仍为整点.

证明 平面内的整点可归于下列四种类型之一:(奇,奇),(奇,偶),(偶,奇),(偶,偶). 五个整点中,某一类型必有两个整点,不妨设为 $(x_1, y_1), (x_2, y_2)$,且 x_1 与 x_2, y_1 与 y_2 具有相同的奇偶性. 于是 $x_1 + x_2, y_1 + y_2$ 均为偶数,亦即 $\frac{1}{2}(x_1 + x_2), \frac{1}{2}(y_1 + y_2)$ 均为整数,即证.

例 12 在三维欧氏空间内任意给定九个格点(坐标皆为整数的点),求证:其中至少有两点,联结线段上也存在格点.

证明 将空间格点的坐标按奇偶数分类,则只可能分成八类:(奇,奇,奇),(奇,奇,偶),(奇,偶,奇),(奇,偶,偶),(偶,奇,奇),(偶,奇,偶),(偶,偶,奇),(偶,偶,偶). 因此,给定的九个已知点中,至少有某两点的同名坐标具有相同的奇偶性. 于是,这两点联结线段的中点显然是个格点.

(6) 覆盖图形集合.

对于给出平面内的 m 个点及其特性,要证明能用某图形盖住其中的 n 个点. 此时,我们可试着设计 $\left[\frac{m}{n}\right] + 1$ 个覆盖图形,能将这 m 个点全盖住,问题即可解决.

例 13 平面内给出 $2n + 1$ 个点. 已知其中每 3 点中都至少有 2 点的距离不大于 1. 求证:可用某个半径是 1 的圆至少盖住其中的 $n + 1$ 个点.

证明 若 $2n + 1$ 个点中有某两点 A, B 的距离大于 1,则由题意,对其余 $2n - 1$ 点中的任意一点 C,或者 $AC \leq 1$,或者 $BC \leq 1$. 分别以 A, B 为圆心,1 为半径的圆 A,圆 B 必盖住了所有的 $2n + 1$ 个点. 因此,至少有一个圆盖住了 $n + 1$ 个点.

例 14 有 21 个点在边长为 12 的正三角形中,证明:用一个半径为 $\sqrt{3}$ 的圆纸片总可以盖住其中的 3 个点.

证明 如图 11.1.3 所示，原三角形可剖分(过各边的 n 等分点，作平行于边的直线将原图形分成了 n^2 个全等的小图形称为部分) 为 16 个边长为 3 的小正三角形，其中 6 个有阴影(倒三角形)的小三角形中的每一个，都与边为公共边的 3 个非阴影小正三角形相邻. 因此，如能证明这 3 个非阴影小三角形的外接圆恰能盖住包围这三个阴影三角形. 那么 10 个非阴影三角形的外接圆就盖住了整个大三角形. 而 $\triangle PQR$ 的中心是圆 A,圆 B,圆 C 的公共点,命题即证.

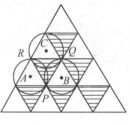

图 11.1.3

(7) 二分法集合.

给出的对象总是某类二歧性问题的一种,这时,我们可把二歧性中的两种情形作为两个集合,姑且称为二分法集合.

例 15 世界上任何 6 个人,总有 3 个人彼此认识或者彼此不认识.

证明 任意 1 个人与其余 5 个人或者彼此认识或者彼此不认识,问题归结为 5 个元素分到 2 个集合中,至少有 3 个元素分入同一集合. 考察这同一集合的 3 个元素 A,B,C. 若彼此认识则获证,若 A,B,C 中有 2 个人彼此认识,命题获证;若 A,B,C 中没有 2 个人彼此认识,即 A,B,C 彼此不认识,命题也获证.

例 16 18 个人一定有 4 个人互相认识或者互相不认识.

证明 考察由一点 A 引出的 17 条线段,并将这些线段涂红或涂蓝色. 则至少有 9 条同色,不妨设为红色,且记为 $AV_1, AV_2, \cdots, AV_9$.

若 $V_1, V_2, \cdots, V_9$ 中一点与其他点的联结线段至少有 4 条涂红色,设为 $V_1V_2, V_1V_3, V_1V_4, V_1V_5$,又若 V_2, V_3, V_4, V_5 中有两点连线为红色,不妨记为 V_2V_3,则 $AV_1V_2V_4$ 为红色四边形;若 V_2, V_3, V_4, V_5 每两点的连线是蓝色,则 $V_2V_3V_4V_5$ 为蓝色四边形.

若 $V_1, V_2, \cdots, V_9$ 这 9 点中一点与其他点至多有 3 条红线,则不能恰为 3 条,否则这 9 点每点连 5 条蓝线,而 $\dfrac{5 \times 9}{2}$ 不是整数,于是至少出现 6 条蓝色线,记为 $V_1V_2, V_1V_3, \cdots, V_1V_7$. 对于 $V_2, V_3, \cdots, V_7$ 这 6 点必出现同色三角形. 若 $V_2V_3V_4$ 为红色三角形,则 $AV_2V_3V_4$ 为红色四边形;若 $V_2V_3V_4$ 为蓝色三角形,则 $V_1V_2V_3V_4$ 为蓝色四边形. 从而即证得原命题.

上面,我们仅对几种常用的设计方法作了一些介绍. 某些题还需根据题设条件设计某种特殊的集合.

11.1.3 通过转化应用重叠原理 Ⅱ

有些问题通过转化后,应用重叠原理使问题很容易获解,例如 11.1.2 小节中的例 16. 下面再看一例.

例 1 有纸片 n^2(n 是任意的正整数) 张,在每张纸片上用红、蓝色铅笔各任意写一个不超过 n 的自然数,但要使红字相同的任意两张纸片上所写的蓝字均不相同. 现把每张纸片上的两个数字相乘,证明:这样得到的 n^2 个乘积之和都相等,并求出这个和.

证明 把纸片看成边长为 1 的正方形,把 n^2 个纸块调整顺序后放在直角坐标平面内,每个纸块的红色字作为这一块在直角坐标平面上的横坐标,蓝色字作为纵坐标,把纸块调整顺序后,总可以放成如图 11.1.4 那样. 比如有阴影一块,它的右上角的点的坐标为 (3,2),就表示它的红色字是 3,蓝色字是 2.

把红色字为 $k(k=1,2,\cdots,n)$ 的算为第 k 类,可证每一类决不为空集. 假定非空的只有 j 类($j<n$),那么把 n^2 个数字分别分到 j 集合,至少有一个集合不少于 $\left[\dfrac{n^2}{j}\right]+1$,即不少于 $n+1$ 个数字. 故某一类里必有两块的蓝色字相同. 这与红字相同的任意两块蓝字不相同矛盾. 所以写红色字的纸块每一类都非空.

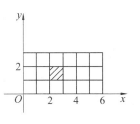

图 11.1.4

其次,每一类红色纸块中必恰有 n 块,因为若哪一类少于 n 块,则必有另一类多于 n 块,这一类就必有两块蓝色字相同.

n^2 块乘积之和为

$(1+2+\cdots+n)\cdot 1+(1+2+\cdots+n)\cdot 2+\cdots+(1+2+\cdots+n)\cdot n=\left[\dfrac{1}{2}n(n+1)\right]^2$

11.1.4 分成几种情形应用重叠原理 II

有些问题比较复杂,首先要分成几种情形加以讨论,然后分别运用重叠原理才能解决.

例 1 假定 4×7 国际象棋板的每一个正方块如图 11.1.5 所示,随便涂上黑色或白色. 证明:任何一种涂法,这板必定包含一个矩形(它由板的垂直线和水平线所划出的小正方形构成),如图所画出的一块那样,它的四只不同角的方块都是同一种颜色.

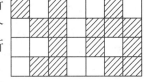

图 11.1.5

证明 把横的叫作行,竖的叫作列. 任取一行,例如第一行,7 个方格中至少有 4 个方格有相同的颜色. 假定它们是白色(黑色也一样),把这 4 个方格所在的列取出来,除去第一行外还有三行,可分为下列三种情况:

(i) 白色方格数 <3,这时白色方格数为 $0,1,2$,最多只能分布在两列,至少有两列全是黑色方格. 在这两列中任取两行所组成的矩形一定符合题意.

(ii) 白色方格数 >3,这时这 4 个或 4 个以上的白色方格分布在三行中,至少有一行有 2 个白色方格,那么这 2 个白色方格和第一行中与它们同列的 2 个白色方格所组成的矩形符合题意.

(iii) 白色方格数 $=3$,这时有 9 个黑色方格,则分布在四列中,至少一列有 3 个黑色方格,即这一列全是黑色方格. 除去这 3 个黑色方格,还有 6 个黑色方格分布在三列中,则至少有一列有 2 个黑色方格. 那么这 2 个黑色方格,和全是黑色方格的列中与它们同行的 2 个黑色方格所组成的矩形,也符合题意.

11.1.5 多次连续应用重叠原理 II

有些问题单用一次重叠原理不够,要多次连续应用重叠原理才能解决. 例如 11.1.2 小节中的例 16,下面再看一例.

例 1 把号码 $1,2,\cdots,15$ 分配给 A,B,C,并且 A,B,C 所得的号码数不等. 试证:必有一个 A(或 B 或 C),它所分得的号码中有一个是另两个的和,或有一个是另一个的 2 倍.

证明 由 A,B,C 分得的号码数不都是 5 个,由重叠原理 II,A,B,C 中至少有一个号码不少于 6 个. 不妨设 A 至少分得 6 个号码 $a_i(i=1,2,\cdots,6,a_i\leq 15)$.

若 a_i 中有一个是另两个的和，或是另一个的2倍，则命题获证. 否则，令 $a_6 = \max\{a_i\}$，作差 $b_j = a_6 - a_j (j=1,2,\cdots,5)$，那么 $b_j < 15$ 且 $b_j \notin A$（否则 a_6 便是 a_j, b_j 的和）. 于是5个 $b_j \subseteq B \cup C$. 又由重叠原理 II，B,C 中至少有一个分得的号码数不少于3个 b_j，不妨设是 B. 若这3个 b_j 中有一个是其余两个的和，或者是另一个的2倍，命题也获证. 否则令这3个 b_j 为 $b_1 < b_2 < b_3$，则 $c_1 = b_3 - b_1, c_2 = b_3 - b_2$ 都不属于 B，且由于
$$c_1 = b_3 - b_1 = (a_6 - a_k) - (a_6 - a'_k) = a_k - a'_k$$
其中 $a_k, a'_k \notin A$. 可见 $c_1 \notin A$，同理 $c_2 \notin A$. 又 $c_1, c_2 < 15$，因此 $c_1, c_2 \in C$. 又 $c_1 > c_2$，故 $c_1 = 2c_2$，命题也获证. 否则 $d = c_1 - c_2 \notin C$，同理 $d \notin A \cup B$，而 $d < 15$，产生矛盾. 证毕.

11.1.6 同一题可划分不同的集合来运用重叠原理 II 解题

例1 从 $1, 2, \cdots, 10$ 中任取6个数，证明：其中至少有两个数，其中一个是另一个数的倍数.

提示：可分别如下分组划分集合.

(A)：$1, 2, 4, 8; 3, 6; 5, 10; 4, 9.$

(B)：$2, 4, 8; 1, 3, 9; 5, 10; 6, 7.$

例2 （参见11.1.4 中例1）有 3×7 的矩形把它划分为21个全等的小方格，现在用黑白两种颜色给每一个小方格涂色. 试证：不管怎样涂，必能找到一个矩形，其四个角上的小方格颜色相同.

证法1 若某一列三格涂的是同色（如黑色），(i) 其余六列中还至少有一列该色涂了两格或三格，则所求的矩形立刻找到. (ii) 其余六列中黑色均最多只在每列出现一格，则四个角上的小方格涂上另一种色，则白色矩形也找到了.

若没有任何一列上的三个小方格涂同一颜色，则列的着色方法只有6种. 由于共有七列，则至少有两列着色完全相同，命题获证.

证法2 由题意，每列中至少有两个格子为同一颜色，其排列方式有6种——6个集合，排法如图 11.1.6 所示. 因此七列中至少有两列涂法相同. 这样，满足要求的矩形立刻可找到.

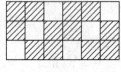

图 11.1.6

11.1.7 重叠原理 III、重叠原理 IV 的应用例子

例1 任意的 $n^2 + 1$ 个实数所组成的数列 $a_1, a_2, \cdots, a_{n^2+1}$，至少有一个长度为 $n+1$ 的递增或递减子列.

证明 如果已找到一个长度为 $n+1$ 的递增子列，则结论已证. 如果不存在这样的子列，下面证明必有一个长度为 $n+1$ 的递减子列.

假设以 a_k 开始的最长的递增子列的长度是 $m_k (k = 1, \cdots, n^2+1)$. 既然没有长度为 $n+1$ 的递增子列，则 $1 \leq m_k \leq n (k = 1, 2, \cdots, n^2+1)$. 也就是说 n^2+1 个自然数 m_k，最多有 n 种可能的数值. 由重叠原理 III，其中必有 $n+1$ 个数值相同. 设它们按原先的次序排列是 $m_{k_1}, m_{k_2}, \cdots, m_{k_{n+1}}$（其中 $1 \leq k_1 < k_2 < \cdots < k_{n+1} \leq n^2+1, m_{k_1} = m_{k_2} = \cdots = m_{k_{n+1}}$），则子列 $a_{k_1}, a_{k_2}, \cdots, a_{k_{n+1}}$ 就是一个长度为 $n+1$ 的递减子列. 因为如果它不是递减的，那么一定有一个 $l (1 \leq l \leq n)$，使 $a_{k_l} \leq a_{k_{l+1}}$. 由 $a_{k_{l+1}}$ 开始的最长的递增子列的长度为 $m_{k_{l+1}}$，再在这个子列的前面添上 a_{k_l}，则得到 $m_{k_l} = m_{k_{l+1}} + 1$，这与 $m_{k_l} = m_{k_{l+1}}$ 矛盾.

例2 求证:对于方程 $x^2 - 2y^2 = k(k \in \mathbf{Z})$,存在一个不等于 0 的整数 k,使得该方程有无穷多组整数解.

证明 由 11.1.2 小节中例 5 知,对任意正整数 n,存在整数 x 和 $y(1 \leqslant y \leqslant n)$,使得 $|x - \sqrt{2}y| < \frac{1}{n}$,于是

$$|x^2 - 2y^2| = |x - \sqrt{2}y| \cdot |x + \sqrt{2}y| < \frac{1}{n}|x + \sqrt{2}y| <$$

$$\frac{1}{n}(|x - \sqrt{2}y| + 2\sqrt{2}|y|) <$$

$$\frac{1}{n}(\frac{1}{n} + 2\sqrt{2}|y|) =$$

$$\frac{1}{n^2} + 2\sqrt{2} \cdot \frac{|y|}{n} \leqslant$$

$$\frac{1}{n^2} + 2\sqrt{2} < 4$$

可证,对于不同的 n,可找到不同的一对整数 x 和 y,从而 $|x^2 - 2y^2| < 4$ 有无穷多组整数解.

因 $x^2 - 2y^2$ 是整数,则 $|x^2 - 2y^2| < 4$,相当于七个方程:$x^2 - 2y^2 = -3$,$x^2 - 2y^2 = -2$,$x^2 - 2y^2 = -1$,$x^2 - 2y^2 = 0$,$x^2 - 2y^2 = 1$,$x^2 - 2y^2 = 2$,$x^2 - 2y^2 = 3$.

以上七个方程一共有无穷多组整数解.

由重叠原理 Ⅳ,其中至少有一个方程有无穷多组整数解.

因 $x, y \in \mathbf{Z}$,则 $x^2 - 2y^2 \neq 0$(否则 $\frac{x}{y} = \sqrt{2}$ 矛盾),这就证明了命题.

此例实际上是涉佩尔方程的一个重要结论.

11.1.8 重叠原理 Ⅰ 的另一种表现形式

如果把四本书放到五个抽屉内,则至少有两个抽屉内的书一样多,一般地有下面原理.

重叠原理 Ⅴ 把 $k \cdot \frac{n(n-1)}{2} - 1$ 个元素任意分成 kn 类,则至少有 $k+1$ 类的元素个数一样多.

例1 把 1 600 颗花生分给 100 只猴子,证明:不管怎么分,至少有 4 只猴子得到的花生一样多.

提示:若 3 只得 0 颗,3 只得 1 颗,……,3 只得 32 颗,1 只得 33 颗,则最少需要花生
$$3 \times (1 + 2 + \cdots + 32) + 33 = 1\ 617 > 1\ 600$$

11.2 连续型重叠原理及应用

11.2.1 平均量重叠原理

重叠原理 Ⅵ 把一个量 S 任意分成 n 等份,则其中至少有一份不大于 $\frac{S}{n}$,也至少有一份

不小于 $\frac{S}{n}$;把一个量 S 任意分成 k 份,$k > n$,则其中至少有一份小于 $\frac{S}{n}$.

例1 三角形的三个内角中,最大的一个内角必不小于 $60°$,最小的内角必不大于 $60°$.

证明 由于三角形三个内角之和等于 $180°$,依平均量重叠原理,至少有一个内角不小于 $\frac{180°}{3} = 60°$,也至少有一个内角不大于 $\frac{180°}{3} = 60°$,当然,更有最大的那个内角不小于 $60°$,最小的那个内角不大于 $60°$.

例2 求 $\frac{1}{x} + \frac{1}{y} + \frac{1}{z} = 1$ 的满足 $x \leqslant y \leqslant z$ 的正整数解.

解 由 $\frac{1}{x} + \frac{1}{y} + \frac{1}{z} = 1$,易知 $1 < x \leqslant y \leqslant z$,则

$$0 < \frac{1}{z} \leqslant \frac{1}{y} \leqslant \frac{1}{x} < 1$$

根据平均量重叠原理,$\frac{1}{x}, \frac{1}{y}, \frac{1}{z}$ 中至少有一个不小于 $\frac{1}{3}$,当然,其中最大者 $\frac{1}{x} \geqslant \frac{1}{3}$.

故 $x \leqslant 3$.

因此 $x = 2$ 或 $x = 3$.

（Ⅰ）当 $x = 2$ 时,$\frac{1}{y} + \frac{1}{z} = \frac{1}{2}$.

根据平均量重叠原理,$\frac{1}{y}, \frac{1}{z}$ 中至少有一个不小于 $\frac{1}{4}$,当然其中较大者 $\frac{1}{y} \geqslant \frac{1}{4}$,则 $y \leqslant 4$,易知 $y > 2 \Rightarrow y = 3$ 或 $y = 4$.

① 当 $y = 3$ 时,$\frac{1}{z} = \frac{1}{2} - \frac{1}{3} = \frac{1}{6}$,故 $z = 6$.

此时,得方程一组解 $x = 2, y = 3, z = 6$.

② 当 $y = 4$ 时,$\frac{1}{z} = \frac{1}{2} - \frac{1}{4} = \frac{1}{4}$,故 $z = 4$.

此时,得方程另一组解 $x = 2, y = 4, z = 4$.

（Ⅱ）当 $x = 3$ 时,$\frac{1}{y} + \frac{1}{z} = \frac{2}{3}$.

根据平均量重叠原理,$\frac{1}{y}, \frac{1}{z}$ 中至少有一个不小于 $\frac{1}{3}$,当然,其中较大者 $\frac{1}{y} \geqslant \frac{1}{3}$.故 $y \leqslant 3$.但 $y \geqslant x = 3$,则推知 $y = 3$,进而有 $z = 3$.于是得方程的又一组解 $x = y = z = 3$.

从而,满足 $x \leqslant y \leqslant z$ 的正整数解 (x, y, z) 共三组,它们是 $(2, 3, 6), (2, 4, 4)$ 和 $(3, 3, 3)$.

例3 在 $\triangle ABC$ 中,它的内切圆半径 $r = 1$,求证:在 $\triangle ABC$ 的三条高中,至少有一条高不小于 3.

证明 设三条高分别为 h_a, h_b, h_c,则有

$$\frac{1}{h_a} = \frac{a}{2S_{\triangle ABC}}, \frac{1}{h_b} = \frac{b}{2S_{\triangle ABC}}, \frac{1}{h_c} = \frac{c}{2S_{\triangle ABC}}$$

三式相加并考虑 $\frac{1}{r} = \frac{a+b+c}{2S_{\triangle ABC}}$,得

$$\frac{1}{h_a} + \frac{1}{h_b} + \frac{1}{h_c} = \frac{1}{r} = 1$$

由此知在 $\frac{1}{h_a}, \frac{1}{h_b}, \frac{1}{h_c}$ 中至少有一个值不大于 $\frac{1}{3}$.

例4 四面体 $ABCD$ 内有任一点 P，连 AP, BP, CP, DP，分别和该点所对的面 BCD, CDA, DAB, ABC 相交于 A', B', C', D'. 求证：在比值 $\frac{A'P}{PA}, \frac{B'P}{PB}, \frac{C'P}{PC}, \frac{D'P}{PD}$ 中至少有一个不大于 $\frac{1}{3}$，也至少有一个不小于 $\frac{1}{3}$.

证明 如图 11.2.1 所示，设 H 为 A 在面 BCD 内的射影，作 $PQ \perp A'H$ 于 Q，则

$$\frac{PA'}{A'A} = \frac{PQ}{AH} = \frac{\frac{1}{3}S_{\triangle BCD} \cdot PQ}{\frac{1}{3}S_{\triangle BCD} \cdot AH} = \frac{V_{P-BCD}}{V_{A-BCD}}$$

$$\vdots$$

则 $\quad \frac{PA'}{A'A} + \frac{PB'}{B'B} + \frac{PC'}{C'C} + \frac{PD'}{D'D} = 1$

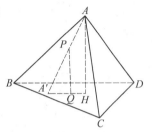

图 11.2.1

因此这四个比值中至少有一个不大于 $\frac{1}{4}$，不妨设为 $\frac{A'P}{A'A} \leq \frac{1}{4}$，即 $\frac{A'P}{A'P + AP} \leq \frac{1}{4}$，故 $\frac{A'P}{PA} \leq \frac{1}{3}$. 同理可证得另一结论.

例5 设平面上有六个圆，每个圆的圆心都在其余各圆的外部. 证明：平面上任一点都不会同时在这六个圆的内部.

证明 反设平面上有一点 M 同时在这六个圆的内部，联结 M 与六个圆的圆心 O_1, $O_2, \cdots, O_6$，则 $\angle O_1MO_2 + \angle O_2MO_3 + \cdots + \angle O_6MO_1 = 360°$. 因此其中至少有一个角不大于 $60°$，不妨设 $\angle O_2MO_3 \leq 60°$. 而在 $\triangle O_2MO_3$ 中，$\angle O_2MO_3 + \angle MO_2O_3 + \angle MO_3O_2 = 180°$，故 $\angle MO_2O_3, \angle MO_3O_2$ 必有一个小于 $60°$. 不妨设 $\angle MO_3O_2 \geq 60°$，则 $\angle MO_3O_2 \geq \angle O_2MO_3$. 所以 $O_2O_3 \leq O_2M < r_2$（圆 O_2 的半径），即 O_3 在圆 O_2 内，这与已知矛盾. 故平面上任一点都不会同时在这六个圆的内部.

对于重叠原理 VI 的更一般的形式是：设 $x_i > 0, \lambda_i > 0, i = 1, 2, \cdots, n$.

（Ⅰ）若 $\sum_{i=1}^{n} \lambda_i x_i = S$，则至少有一个 k 与 $j (k \neq j)$ 使得

$$x_k \leq \frac{S}{\sum_{i=1}^{n} \lambda_i} \leq x_j$$

（Ⅱ）若 $\sum_{i=1}^{n} \lambda_i x_i \geq S$（或 $\leq S$），则至少有一个 k，使得

$$x_k \geq \frac{S}{\sum_{i=1}^{n} \lambda_i} \quad (\text{或} \ x_k \leq \frac{S}{\sum_{i=1}^{n} \lambda_i})$$

例6 设 $z_1, z_2, \cdots, z_n$ 为复数，满足 $|z_1| + |z_2| + \cdots + |z_n| = 1$. 求证：上述 n 个复数中，

必有若干个复数,它们的和的模不小于 $\frac{1}{4}$.

提示:令 $z_k = x_k + \mathrm{i} y_k (k = 1, 2, \cdots, n)$,由 $|z_k| \leq |x_k| + |y_k|$ 及 $1 = \sum\limits_{k=1}^{n} |z_k| \leq$
$\sum\limits_{k=1}^{n} |x_k| + \sum\limits_{k=1}^{n} |y_k| = \sum\limits_{x_k > 0} |x_k| + \sum\limits_{x_k < 0} |x_k| + \sum\limits_{y_k > 0} |y_k| + \sum\limits_{y_k < 0} |y_k|$ 即证.

上面讨论了和的形式的平均量重叠原理,下面再看看积的形式的平均量重叠原理.

重叠原理 Ⅶ 设 $x_i > 0, \lambda_i > 0, i = 1, \cdots, n$.

(Ⅰ)若 $\prod\limits_{k=1}^{n} x_k^{\lambda_k} = M$,则至少有一个 i 与 $j(i \neq j)$ 使得
$$x_i \leq M^{(\sum\limits_{k=1}^{n} \lambda_k)^{-1}} \leq x_j$$

(Ⅱ)若 $\prod\limits_{k=1}^{n} x_k^{\lambda_k} \geq M$(或 $\leq M$),则至少有一个 i 使得
$$x_i \geq M^{(\sum\limits_{k=1}^{n} \lambda_k)^{-1}} \quad (\text{或 } x_i \leq M^{(\sum\limits_{k=1}^{n} \lambda_k)^{-1}})$$

例 7 (7.4 节例 3)设 $0 < a_i < 1, i = 1, 2, \cdots, n$,求证:$(1 - a_1) \cdot a_2, (1 - a_2) \cdot a_3, \cdots, (1 - a_n) \cdot a_1$ 中至少有一个不大于 $\frac{1}{4}$.

提示:设 $a_i = \sin^2 \theta_i (i = 1, 2, \cdots, n)$,则
$$(1 - a_1) \cdot a_2 \cdot (1 - a_2) \cdot a_3 \cdots (1 - a_n) \cdot a_1 =$$
$$\sin^2 \theta_1 \cdot \cos^2 \theta_1 \cdot \sin^2 \theta_2 \cdot \cos^2 \theta_2 \cdots \sin^2 \theta_n \cdot \cos^2 \theta_n =$$
$$\left(\frac{1}{4}\right)^n \cdot \sin^2 2\theta_1 \cdot \sin^2 2\theta_2 \cdots \sin^2 2\theta_n \leq \left(\frac{1}{4}\right)^n$$

重叠原理 Ⅵ 与 Ⅶ 中 $n = 3$ 的运用.

例 8 在 $\triangle ABC$ 中,求证:$\sin^2 A + \sin^2 B + \sin^2 C \leq \frac{9}{4}$.

证明 由重叠原理 Ⅵ 知,$\sin A, \sin B, \sin C$ 中必有两个不大于或不小于 $\frac{\sqrt{3}}{2}$,不妨设为 $\sin A \leq \frac{\sqrt{3}}{2}, \sin B \leq \frac{\sqrt{3}}{2}$ 或 $\sin A \geq \frac{\sqrt{3}}{2}, \sin B \geq \frac{\sqrt{3}}{2}$. 于是
$$\left[\sin^2 A - \left(\frac{\sqrt{3}}{2}\right)^2\right]\left[\sin^2 B - \left(\frac{\sqrt{3}}{2}\right)^2\right] \geq 0$$
即
$$\sin^2 A + \sin^2 B \leq \frac{4}{3} \sin^2 A \cdot \sin^2 B + \frac{4}{3} \cdot \left(\frac{\sqrt{3}}{2}\right)^4$$
从而
$$\sin^2 A + \sin^2 B + \sin^2 C \leq \frac{4}{3} \sin^2 A \cdot \sin^2 B + \sin^2 C + \frac{3}{4} \leq$$
$$\frac{4}{3}\left[\frac{\cos(A - B) - \cos(A + B)}{2}\right]^2 + \sin^2 C + \frac{3}{4} \leq$$
$$\frac{1}{3}(1 + \cos C)^2 + 1 - \cos^2 C + \frac{3}{4} =$$

$$\frac{2}{3}(\cos C - \frac{1}{2})^2 + \frac{9}{4} \leq \frac{9}{4}$$

例9 已知 a,b,c 为正实数,且 $a^2 + b^2 + c^2 + abc = 4$. 求证: $a + b + c \leq 3$.

证明 由重叠原理 Ⅵ 知, a,b,c 中必有 2 个不大于 1, 或小于 1, 不妨设为 b,c. 于是
$$(b-1)(c-1) \geq 0$$
即
$$bc \geq b + c - 1 \qquad ①$$
又由均值不等式,有
$$4 - a^2 = b^2 + c^2 + abc \geq 2bc + abc = bc(2+a)$$
即有
$$2 - a \geq bc \qquad ②$$
由式①② 有 $2 - a \geq b + c - 1$. 故
$$a + b + c \leq 3$$

例10 若实数 x,y,z 满足 $xyz = 1$, 求证
$$x^2 + y^2 + z^2 + 3 \geq 2(xy + yz + zx)$$

证明 注意到有 $x^2 y^2 z^2 = 1$. 由重叠原理 Ⅶ, 知 x^2, y^2, z^2 中必存在 2 个同时不大于 1, 或同时不大于 1, 不妨设为 x^2, y^2, 于是, 有
$$(\frac{1}{x^2} - 1) \cdot (\frac{1}{y^2} - 1) \geq 0$$
由
$$x^2 + y^2 + z^2 + 3 - 2(xy + yz + zx) =$$
$$(x-y)^2 + z^2 - 3 - 2(\frac{1}{x} + \frac{1}{y}) =$$
$$(x-y)^2 + (\frac{1}{x} - 1)^2 + (\frac{1}{y} - 1)^2 + (\frac{1}{x^2} - 1)(\frac{1}{y^2} - 1) \geq 0$$
故
$$x^2 + y^2 + z^2 + 3 \geq 2(xy + yz + zx)$$

例11 设 a,b,c 都是正实数, 且 $a + b + c = 1$. 求证:

(1) $(\frac{1}{a} - a)(\frac{1}{b} - b)(\frac{1}{c} - c) \geq (\frac{8}{3})^3$;

(2) $\sqrt{\frac{1}{a} - a} + \sqrt{\frac{1}{b} - b} + \sqrt{\frac{1}{c} - c} \geq 2\sqrt{6}$.

证明 由重叠原理 Ⅵ, 知 a,b,c 中必有 2 个同时不大于或不小于 $\frac{1}{3}$, 不妨设为 b,c. 于是
$$(b - \frac{1}{3})(c - \frac{1}{3}) \geq 0$$
即
$$bc \geq \frac{2 - 3a}{9}$$
又由均值不等式,有
$$bc \leq \frac{(b+c)^2}{4} = \frac{(1-a)^2}{4}$$
注意到

$$\left(\frac{1}{b}-b\right)\left(\frac{1}{c}-c\right)=bc+2+\frac{2a-a^2}{bc}\geqslant \frac{2-3a}{9}+2+\frac{4(2a-a^2)}{(1-a)^2}=$$

$$\frac{20+29a-10a^2-3a^3}{9(1-a)^2}$$

于是,只需证明

$$\left(\frac{1}{a}-a\right)\cdot\frac{20+29a-10a^2-3a^3}{9(1-a)^2}\geqslant \left(\frac{8}{3}\right)^2\Leftrightarrow$$

$$(3a-1)^2(60-5a-a^2)\geqslant 0$$

而在 $0<a<1$ 的条件下,最后一个不等式显然成立.

故 $$\left(\frac{1}{a}-a\right)\left(\frac{1}{b}-b\right)\left(\frac{1}{c}-c\right)\geqslant \left(\frac{8}{3}\right)^3$$

(2)由均值不等式及(1)的结果,有

$$\sqrt{\frac{1}{a}-a}+\sqrt{\frac{1}{b}-b}+\sqrt{\frac{1}{c}-c}\geqslant 3\left[\left(\frac{1}{a}-a\right)\left(\frac{1}{b}-b\right)\left(\frac{1}{c}-c\right)\right]^{\frac{1}{6}}\geqslant$$

$$3\times\left(\frac{8}{3}\right)^{\frac{1}{2}}=2\sqrt{6}$$

注:由

$$\left(\frac{1}{b}+b\right)\left(\frac{1}{c}+c\right)=bc-2+\frac{a^2-2a+2}{bc}\geqslant \frac{56-43a+26a^2-3a^3}{9(1-a)^2}=M$$

有

$$\left(\frac{1}{a}+a\right)\cdot M\geqslant \left(\frac{10}{3}\right)^3\Leftrightarrow (3a-1)^2(168-121a+8a^2-a^3)\geqslant 0$$

亦可证得如下两个不等式

$$\left(\frac{1}{a}+a\right)\left(\frac{1}{b}+b\right)\left(\frac{1}{c}+c\right)\geqslant \left(\frac{10}{3}\right)^3$$

$$\sqrt{\frac{1}{a}+a}+\sqrt{\frac{1}{b}+b}+\sqrt{\frac{1}{c}+c}\geqslant \sqrt{30}$$

例 12 已知 x,y,z 均为正实数,求证

$$\sqrt{\frac{x}{x+y}}+\sqrt{\frac{y}{y+z}}+\sqrt{\frac{z}{z+x}}\leqslant \frac{3\sqrt{2}}{2}$$

证明 由重叠原理 Ⅵ,知 $\sqrt{\dfrac{x}{x+y}},\sqrt{\dfrac{y}{y+z}},\sqrt{\dfrac{z}{z+x}}$ 中至少有两个同时不大于或小于常数 $\dfrac{\sqrt{2}}{2}$,不妨设为

$$\sqrt{\frac{x}{x+y}},\sqrt{\frac{y}{y+z}}$$

于是

$$\left(\sqrt{\frac{x}{x+y}}-\frac{\sqrt{2}}{2}\right)\left(\sqrt{\frac{y}{y+z}}-\frac{\sqrt{2}}{2}\right)\geqslant 0$$

即

$$\sqrt{\frac{x}{x+y}}+\sqrt{\frac{y}{y+z}}\leqslant \frac{2}{\sqrt{2}}\left(\sqrt{\frac{x}{x+y}}\cdot\sqrt{\frac{y}{y+z}}+\frac{1}{2}\right)$$

从而
$$\sqrt{\frac{x}{x+y}} + \sqrt{\frac{y}{y+z}} + \sqrt{\frac{z}{z+x}} \leqslant \sqrt{2}\left(\sqrt{\frac{xy}{(x+y)(y+z)}} + \frac{1}{2}\right) + \sqrt{\frac{z}{z+x}}$$

应用柯西不等式,有
$$\sqrt{(x+y)(y+z)} \geqslant \sqrt{xy} + \sqrt{yz}$$

以及
$$\frac{1}{\sqrt{2}} \cdot \sqrt{\frac{z}{z+x}} = \frac{\sqrt{z}}{\sqrt{(1+1)(z+x)}} \leqslant \frac{\sqrt{z}}{\sqrt{z}+\sqrt{x}}$$

从而
$$\sqrt{2}\left(\sqrt{\frac{xy}{(x+y)(y+z)}} + \frac{1}{2}\right) + \sqrt{\frac{z}{z+x}} \leqslant \frac{\sqrt{2}}{2} + \frac{\sqrt{2}\cdot\sqrt{xy}}{\sqrt{xy}+\sqrt{yz}} + \frac{\sqrt{2}\cdot\sqrt{z}}{\sqrt{z}+\sqrt{x}} = \frac{3\sqrt{2}}{2}$$

故
$$\sqrt{\frac{x}{x+y}} + \sqrt{\frac{y}{y+z}} + \sqrt{\frac{z}{z+x}} \leqslant \frac{3\sqrt{2}}{2}$$

11.2.2 不等式重叠原理

重叠原理 Ⅷ 若 $a,b,c,d \in \mathbf{R}$,且 $a+c > b+d$,则 $a > b$ 与 $c > d$ 中至少有一个成立.

例1 已知 $\triangle ABC$ 中,$\angle A$ 是钝角,AD 是中线,求证
$$AD < \frac{1}{2}BC$$

证明 因 $\angle A > 90°$

则 $\angle B + \angle C < \angle A = \angle BAD + \angle CAD$

于是 $\angle B < \angle BAD$ 与 $\angle C < \angle CAD$ 中至少有一个成立.

(i) 若 $\angle C < \angle CAD$,则在 $\triangle ADC$ 中,有 $AD < DC$,但
$$DC = \frac{1}{2}BC$$

故
$$AD < \frac{1}{2}BC$$

(ii) 若 $\angle B < \angle BAD$,则在 $\triangle ABD$ 中,有 $AD < BD$,但
$$BD = \frac{1}{2}BC$$

故
$$AD < \frac{1}{2}BC$$

重叠原理 Ⅸ 若有不等式 $P + nQ \geqslant (n+1)Q$,或 $nP + Q \geqslant (n+1)Q$,则 $P \geqslant Q$. 特别地,当 $P = Q$ 时,为恒等式.

例2 设 α 为锐角,试证
$$\sin^3\alpha + \cos^3\alpha \geqslant \frac{\sqrt{2}}{2}$$

证明 令 $P = \sin^3\alpha + \cos^3\alpha, Q = \frac{\sqrt{2}}{2}$,并注意到 $\sin^2\alpha + \cos^2\alpha = 1$,考察"重叠"
$$2P + Q = \left(\sin^3\alpha + \sin^3\alpha + \frac{\sqrt{2}}{4}\right) + \left(\cos^3\alpha + \cos^3\alpha + \frac{\sqrt{2}}{4}\right) \geqslant$$

$$\frac{3\sqrt{2}}{2}(\sin^2\alpha + \cos^2\alpha) = 3 \times \frac{\sqrt{2}}{2} = 3Q$$

即 $P \geq Q$,证毕.

例 3 设 α, β, γ 为锐角,且 $\sin\alpha + \sin\beta + \sin\gamma = 1$,求证

$$\frac{\sin^2\alpha}{\sin\alpha + \sin\beta} + \frac{\sin^2\beta}{\sin\beta + \sin\gamma} + \frac{\sin^2\gamma}{\sin\gamma + \sin\alpha} \geq \frac{1}{2}$$

证明 令 $P = \frac{\sin^2\alpha}{\sin\alpha + \sin\beta} + \frac{\sin^2\beta}{\sin\beta + \sin\gamma} + \frac{\sin^2\gamma}{\sin\gamma + \sin\alpha}$, $Q = \frac{1}{2} = \frac{\sin\alpha + \sin\beta + \sin\gamma}{2}$,考察"重叠"

$$P + Q = \left(\frac{\sin^2\alpha}{\sin\alpha + \sin\beta} + \frac{\sin\alpha + \sin\beta}{4}\right) +$$
$$\left(\frac{\sin^2\beta}{\sin\beta + \sin\gamma} + \frac{\sin\beta + \sin\gamma}{4}\right) +$$
$$\left(\frac{\sin^2\gamma}{\sin\gamma + \sin\alpha} + \frac{\sin\gamma + \sin\alpha}{4}\right) \geq$$
$$\sin\alpha + \sin\beta + \sin\gamma = 1 = 2Q$$

即 $P + Q \geq 2Q$,故 $P \geq Q$,证毕.

例 4 求证三角不等式 $\cos^{10}\theta + \sin^{10}\theta \geq \frac{1}{16}$.

证明 令 $P = \cos^{10}\theta + \sin^{10}\theta$,不难寻找其等量 $P = \frac{P}{2} + \frac{P}{2}$;重叠有

$$P + P + P + P + P = \left(\cos^{10}\theta + \frac{P}{2} + \frac{P}{2} + \frac{P}{2} + \frac{P}{2}\right) + \left(\sin^{10}\theta + \frac{P}{2} + \frac{P}{2} + \frac{P}{2} + \frac{P}{2}\right) \geq$$
$$5\sqrt[5]{\frac{P^4}{16}}\cos^2\theta + 5\sqrt[5]{\frac{P^4}{16}}\sin^2\theta = 5\sqrt[5]{\frac{P^4}{16}}(\cos^2\theta + \sin^2\theta) = 5\sqrt[5]{\frac{P^4}{16}}$$

解不等式 $P + P + P + P + P \geq 5\sqrt[5]{\frac{P^4}{16}}$,得 $P \geq \frac{1}{16}$,故 $\cos^{10}\theta + \sin^{10}\theta \geq \frac{1}{16}$.

例 5 已知 $x + 2y + 3z + 4u + 5v = 30$,求 $\omega = x^2 + 2y^2 + 3z^2 + 4u^2 + 5v^2$ 的最小值.

解 已知 $\omega = x^2 + 2y^2 + 3z^2 + 4u^2 + 5v^2$,其等量 $\omega = \frac{\omega}{15}(1 + 2 + 3 + 4 + 5)$,于是,重叠有

$$\omega + \omega = \left(x^2 + \frac{1}{15}\omega\right) + \left(2y^2 + \frac{2}{15}\omega\right) + \left(3z^2 + \frac{3}{15}\omega\right) + \left(4u^2 + \frac{4}{15}\omega\right) + \left(5v^2 + \frac{5}{15}\omega\right) \geq$$
$$2\sqrt{\frac{\omega}{15}}(x + 2y + 3z + 4u + 5v) = 2\sqrt{\frac{\omega}{15}} \cdot 30$$

解 $\omega + \omega \geq 2\sqrt{\frac{\omega}{15}} \cdot 30$,得 $\omega \geq 60$,即 $\omega_{\min} \geq 60$.

11.2.3 面积重叠原理

从 11.1.2 小节中例 11、例 12 中,我们也可归纳出如下的原理.

重叠原理 X 假定平面上有 n 个区域的面积分别是 $S_1, S_2, \cdots, S_n$. 如果把这 n 个区域按任意方式,一一搬到一个面积为 S 的固定区域内部去,若 $S_1 + S_2 + \cdots + S_n > S$,那么至少有两个区域具有公共点.

例 1 半径为 16 的圆 C 内有 650 个点,证明:存在内半径为 2,外半径为 3 的圆环,它至少盖住其中的 10 个点.

证明 作半径为 19 的圆 C 的同心圆 k,k 的面积为 $19\pi^2$. 以给定 $a_i(i = 1, 2, \cdots, 650)$ 为圆心作内半径为 2,外半径为 3 的圆环,其面积为 $(3^2 - 2^2)\pi = 5\pi$. 这 650 个圆环的面积为 3250π.

由于 $3250\pi > 19^2 \cdot \pi \cdot 9 = 3249\pi$. 所以至少有 10 个圆环盖住一个点. 设此点为 A,设这 10 个圆环的中心为 $a_{i_1}, a_{i_2}, \cdots, a_{i_{10}}$. 由于 $2 \leq Aa_{i_j} \leq 3$,则以 A 为圆心,内半径为 2,外半径为 3 的圆环盖住 $a_{i_1}, a_{i_2}, \cdots, a_{i_{10}}$ 共 10 点.

11.2.4 连续型重叠原理的推广

对于长度、体积及图形重合等也有类似于重叠原理 X 的结论. 建议读者自己写出. 下面仅举两例.

例 1 设 $A_1, A_2, \cdots, A_9$ 是凸多面体 P_1 的 9 个顶点,P_i 是由 P_1 平移而得到的多面体,即移动 $A_1 \to A_i (i = 2, 3, \cdots, 9)$. 求证:在 $P_1, P_2, \cdots, P_9$ 中至少有两个多面体有一公共内点.

证明 以 A_1 作为三维坐标系的原点,并以 A_i 表示向量 $\overrightarrow{A_1A_i}$. 把这些向量扩展成 2 倍,即以 $2A_i$ 替换 A_i,就得到另一个多面体 D,它包含 P_1 在其内部.

现在我们证明平移后所得的每一个 $P_i(i = 2, 3, \cdots, 9)$ 也都包含在 D 的内部.

设 X_i 是自 A_1 至 P_i 上任一点 X_i 的向量,X_1 是 P_1 上对应点 X_1 的向量,则

$$X_i = A_i + X_1 = \left(\frac{1}{2}A_i + \frac{1}{2}X_1\right) \cdot 2$$

因 A_i 和 X_1 是 P_1 上的点,且由 P_1 是凸的假设,线段 A_iX_1 的中点 $\frac{1}{2}(A_i + X_1)$ 也落在 P_1 内. 这就证明了 X_i 是 D 内的点.

D 的体积是 P_1 体积的 8 倍,而多面体 $P_1, P_2, \cdots, P_9$ 的体积和则是 P_1 体积的 9 倍,所以至少有两个多面体有一公共内点.

例 2 已知椭圆 $C: \dfrac{x^2}{4} + \dfrac{y^2}{3} = 1$,试确定 m 的值,使得对于直线 $l: y = 4x + m$,椭圆 C 上有不同的两点关于直线 l 对称.

解 设椭圆 C 上两点 A, B 关于直线 l 对称,AB 的中点 $M(x_0, y_0)$,则椭圆 C 的方程

$$\frac{x^2}{4} + \frac{y^2}{3} = 1 \qquad ①$$

关于 M 对称的曲线的方程是

$$\frac{(2x_0 - x)^2}{4} + \frac{(2y_0 - y)^2}{3} = 1 \qquad ②$$

将方程 ①② 相减,得 AB 所在直线的方程是

$$\frac{x_0 x}{4} + \frac{y_0 y}{3} - \left(\frac{x_0^2}{4} + \frac{y_0^2}{3}\right) = 0$$

故 AB 的中垂线的方程是 $y - y_0 = \dfrac{4y_0}{3x_0}(x - x_0)$,即 $y = \dfrac{4y_0}{3x_0}x - \dfrac{y_0}{3}$.

它应与直线 $l: y = 4x + m$ 重合,故 $\dfrac{4y_0}{3x_0} = 4, -\dfrac{y_0}{3} = m$. 从而 $x_0 = -m, y_0 = -3m$,即 $M(-m, -3m)$. 而 M 在椭圆内,故 $\dfrac{(-m)^2}{4} + \dfrac{(-3m)^2}{3} < 1$,解得

$$-\dfrac{2\sqrt{13}}{13} < m < \dfrac{2\sqrt{13}}{13}.$$

例3 设 α, β 为锐角,且满足等式 $a\cos 2x + b\sin 2x = c(a, b$ 不全为零$)$,证明

$$\cos^2(\alpha - \beta) = \dfrac{c^2}{a^2 + b^2}.$$

证明 依题意,可知若设直线

$$l: ax + by = c \qquad \text{①}$$

则直线 l 过两点 $A(\cos 2\alpha, \sin 2\alpha), B(\cos 2\beta, \sin 2\beta)$.

另一方面,过 A, B 两点的直线方程为

$$y - \sin 2\alpha = \dfrac{\sin 2\beta - \sin 2\alpha}{\cos 2\beta - \cos 2\alpha}(x - \cos 2\alpha)$$

化简得

$$x\cos(\alpha + \beta) + y\sin(\alpha + \beta) - \cos(\alpha - \beta) = 0 \qquad \text{②}$$

不难得知,式①②是同一条直线方程,故原点到这两条直线的距离相等,即

$$\dfrac{|c|}{\sqrt{a^2 + b^2}} = \dfrac{|\cos(\alpha - \beta)|}{\sqrt{\cos^2(\alpha + \beta) + \sin^2(\alpha + \beta)}}$$

两边平方得

$$\cos^2(\alpha - \beta) = \dfrac{c^2}{a^2 + b^2}.$$

例4 已知 $a\cos\theta + b\sin\theta = c, a\cos\varphi + b\sin\varphi = c(abc \neq 0, \dfrac{\varphi - \theta}{2} \neq k\pi, k \in \mathbf{Z})$,求证

$$\dfrac{a}{\cos\dfrac{\theta + \varphi}{2}} = \dfrac{b}{\sin\dfrac{\theta + \varphi}{2}} = \dfrac{c}{\cos\dfrac{\theta - \varphi}{2}}.$$

证明 构造直线方程

$$ax + by = c \qquad \text{①}$$

易知点 $A(\cos\theta, \sin\theta), B(\cos\varphi, \sin\varphi)$ 在直线 $ax + by = c$ 上,又直线 AB 的方程为

$$y - \sin\theta = \dfrac{\sin\theta - \sin\varphi}{\cos\theta - \cos\varphi}(x - \cos\theta)$$

即

$$(\sin\theta - \sin\varphi)x + (\cos\varphi - \cos\theta)y + \sin(\varphi - \theta) = 0$$

亦即

$$2\cos\dfrac{\theta + \varphi}{2}\sin\dfrac{\theta - \varphi}{2}x - 2\sin\dfrac{\theta + \varphi}{2}\sin\dfrac{\varphi - \theta}{2}y + 2\sin\dfrac{\varphi - \theta}{2}\cos\dfrac{\varphi - \theta}{2} = 0$$

又因为 $\sin\dfrac{\varphi - \theta}{2} = -\sin\dfrac{\theta - \varphi}{2} \neq 0$,所以上式又可以化为

$$\cos\frac{\theta+\varphi}{2}x+\sin\frac{\theta+\varphi}{2}y=\cos\frac{\theta-\varphi}{2} \qquad ②$$

由于式①②为同一直线,所以 $\dfrac{a}{\cos\dfrac{\theta+\varphi}{2}}=\dfrac{b}{\sin\dfrac{\theta+\varphi}{2}}=\dfrac{c}{\cos\dfrac{\theta-\varphi}{2}}$ 得证.

例 5 已知 $a\cos\alpha+b\sin\alpha=c, a\cos\beta+b\sin\beta=c, a\neq 0, b\neq 0, \alpha-\beta\neq 2k\pi, k\in \mathbf{Z}$,且 $\cos^2\dfrac{\alpha}{2}+\cos^2\dfrac{\beta}{2}=\dfrac{1}{2}$. 证明: $a^2+b^2+2ac=0$.

证明 构造直线
$$ax+by=c \qquad ①$$

易知点 $A(\cos\alpha,\sin\alpha)$,点 $B(\cos\beta,\sin\beta)$ 都在此直线上,又两点决定一条直线,则直线 AB 的方程为

$$\frac{y-\sin\beta}{\sin\alpha-\sin\beta}=\frac{x-\cos\beta}{\cos\alpha-\cos\beta}$$

化简整理为
$$(\sin\alpha-\sin\beta)x+(\cos\beta-\cos\alpha)y=\sin(\alpha-\beta) \qquad ②$$

实际上式①②为同一直线,所以
$$\frac{a}{\sin\alpha-\sin\beta}=\frac{b}{\cos\beta-\cos\alpha}=\frac{c}{\sin(\alpha-\beta)}$$

令
$$a=k(\sin\alpha-\sin\beta), b=k(\cos\beta-\cos\alpha), c=k\sin(\alpha-\beta) \quad (k\neq 0)$$

代入 a^2+b^2+2ac,并注意到 $\cos\alpha+\cos\beta=-1$,可以得到 $a^2+b^2+2ac=0$.

思 考 题

1. 圆周内包括圆周上有 8 个点,证明其中必有两点之间的距离小于圆的半径.

2. 在一个边长为 1 的正方形内,任意给定 9 个点,试证明:在以这些点为顶点的三角形中,必有一个三角形,它的面积不大于 $\dfrac{1}{8}$.

3. 在一个每边长均为 1 的正三棱锥内有 13 个点,其中任意 3 个点不共线,任意 4 个点不共面. 试证:在以这些点中的 4 个点为顶点的三棱锥中,至少有一个的体积 $V<\dfrac{\sqrt{2}}{48}$.

4. 任意 5 个整数中,证明:必能从中选出 3 个,使它们的和能被 3 整除.

5. 一个象棋大师有 11 个星期用来准备参加一次比赛,他决定每天至少下一盘棋,但为了使自己不致太累,他决定在任一星期内不下多于 12 盘的棋. 试证:存在一些连续的日子,在这些日子里该象棋大师恰好下了 21 盘棋.

6. 任给 52 个整数,从中一定能找到一对数,它们的和或差能被 100 整除.

7. 一质点往前跳,每跳一步前进 $\sqrt{2}$ 米,在这质点的前面,每隔 1 米的点上都有一个长度为 0.002 米的陷阱(中心为该点位置). 证明:这质点迟早要掉进某个陷阱里.

8. 在边长为 12 的正三角形中有 n 个点,用一半径为 $\sqrt{3}$ 的圆形硬币总可以至少盖住其中的 2 个点,则 n 的最小值是多少?

9. a,b,c,d 为 4 个任意给定的整数,求证:以下的 6 个差数 $b-a, c-a, d-a, c-b, d-b, d-c$ 的乘积一定可以被 12 整除.

10. 试证:任意凸十边形中必存在三个顶点 A, B, C,使 $\angle ABC \leqslant 18°$.

11. 有 20 个正整数,满足 $a_1 < a_2 < \cdots < a_{20} < 70$. 求证:在差 $a_j - a_k (j > k)$ 之中,至少有 4 个数相等.

12. 已知 $\triangle ABC$ 中,$\angle A$ 的平分线交 BC 于 D,$AB + BD > AC + DC$. 求证:$\angle B < \angle C$.

13. 有顶点为 A_1, A_2, A_3, A_4, A_5 的凸五边形 S_1. 作 S_1 的平移图形,令 S_1 的顶点 A_1 移到 A_k 上,$k = 2, 3, 4, 5$,得 S_1 的平移图形 S_2, S_3, S_4, S_5. 证明:凸五边形 S_1, S_2, S_3, S_4, S_5 中有一对,它们至少有一公共内点.

14. 设 $f(x)$ 与 $g(x)$ 是定义在全体实数上的两个实函数,求证存在两个数 x_1 与 x_2,满足下列三个不等式:$0 \leqslant x_1 \leqslant 1, 0 \leqslant x_2 \leqslant 1, |x_1 x_2 - f(x_1) - g(x_2)| \geqslant \frac{1}{4}$.

思考题参考解答

1. 设圆心为 O,把整个圆分成 6 个中心角为 $60°$ 的扇形,6 个扇形和圆心作为 7 个集合.

2. 把正方形分成四个全等的小正方形或小矩形作为集合.

3. 将底面正三角形的任一边四等分,于是将正三棱锥分为四个等积的小三棱锥,则以至有四点在其中一个小三棱锥内,每个小三棱锥的体积为 $\frac{1}{4}(\frac{1}{3} \times \frac{\sqrt{3}}{4} \times \frac{\sqrt{6}}{3}) = \frac{\sqrt{2}}{48}$.

4. 利用 3 的剩余类设计集合.

5. 设第 i 天下了 x_i 盘棋,计算 $S_i = x_1 + x_2 + \cdots + x_i$,这共有 $7 \times 11 = 77$ 项,且 $1 \leqslant S_1 < S_2 < \cdots < S_{77} = 12 \times 11 = 132$,再考虑 $t_i = S_i + 21$ 也有 77 项,易见 $22 \leqslant t_1 < t_2 < \cdots < t_{77} = 132 + 21 = 153$. 由此得出不大于 153 的 $S_1, \cdots, S_{77}$,及 $t_1, \cdots, t_{77}$ 这 $77 \times 2 = 154$ 的个数. 因此必有两个数相等,唯一的可能是某一个 S_i 与某个 t_j 相等,即 $S_i = t_j = S_j + 21$,由此得 $S_i - S_j = 21$.

6. 设这 52 个数取自 1 至 100 之间且互不相同,把 1 至 100 这 100 个数分成 51 类:50,100 各一类,其余 49 类每类由满足 $i + j = 100$ 的两数组成.

7. 把区间 $[0,1]$ 作 1 000 等分,考虑 1 001 个实数 $k\sqrt{2} - [k\sqrt{2}], k = 1, 2, \cdots, 1 001$,它们都在 $[0,1]$ 内,故必有某两个(设为 $i\sqrt{2} - [i\sqrt{2}]$ 及 $j\sqrt{2} - [j\sqrt{2}]$)落在同一等分区间,取 $l = |[i\sqrt{2}] - [j\sqrt{2}]|, m = |i - j|$,则有 $|l - m\sqrt{2}| = |(i\sqrt{2} - [i\sqrt{2}]) - (j\sqrt{2} - [j\sqrt{2}])| < 10^{-3}$. 这表明质点跳了 m 步,就掉进第 8 个陷阱.

8. 把正三角形每边三等分得 10 个小正三角形. 在每个交叉点上置一个点,这时任意两个点间的距离不小于 4,$4 > 2\sqrt{3}$,这时硬币不能盖住其中的两个点,说明这 $n = 10$ 不够. 把正三角形每边四等分,这时参见 11.1.2 小节例 14 即得 $n = 11$.

9. 第一步,把 a, b, c, d 按模 3 的余数来分类,得必有两数之差被 3 整除. 第二步把 a, b, c, d 按模 4 的余数分类. 若有两个同余即证;若无两个同余,a, b, c, d 中必有两奇两偶. 于是它们的积也能被 4 整除.

10. 凸十边形的内角和等于 $(10 - 2) \times 180° = 1 440°$,则至少有一内角的度数至多等于

$\left[\dfrac{1\,440}{10}\right]=144°$. 由该顶点所引的7条对角线将此内角分为8个较小的角,则其中至少有一个角的度数至多为 $\left[\dfrac{144}{8}\right]=18°$.

11. $a_{20}=(a_{20}-a_{19})+(a_{19}-a_{18})+\cdots+(a_2-a_1)+a_1$,若至多三个差相等,则 $a_{20}=3(1+2+\cdots+6)+7+1=71>70$.

12. 由题设则知 $AB>AC$ 与 $BD>DC$ 至少有一个成立. 当 $AB>AC$ 则 $\angle B>\angle C$;当 $BD>DC$,有 $\dfrac{AB}{CD}=\dfrac{BD}{CD}>1$.

13. 5个全等的凸五边形都落在一个与 S_1 相似但边长为 S_1 的两倍的凸五边形 S 中,而 S 的面积等于 S_1 的4倍,再运用重叠原理 Ⅸ 即证.

14. 考虑四点 $(0,0),(0,1),(1,0),(1,1)$ 值的和式的绝对值.

第十二章　重现原理

自然界里有许多现象是按照它自身的规律,呈现重复再现的周期现象,如昼夜以 24 小时为周期再现;阴历一月是以月亮圆缺的周期再现来推算的;季节、气候以一年为周期再现,等等.

在数学中,这种现象也大量存在着,我们把这种事实归纳抽象为本章的一系列重现原理.

运用这些原理,发现其周期现象,探求得出特殊规律,为我们解答数学问题提供简捷而明快的方法.

12.1　余数重现原理

重现原理 I　设集合 $A = \{整数\}$,对于自然数 b,有 $B = \{0,1,2,\cdots,b-1\}$. 若对于 $a \in A, r \in B$,有对应法则 $f: a \to r = a - bq$,q 为整数,则 A 中有无穷多个元素对应着 B 中的一个元素.

这个原理可由除法定理来证明(参见 14.2.5 小节中例 1).

这个原理是初等数论中同余理论的基石.

假如两个整数 a_1, a_2 的差 $a_1 - a_2$ 能被正整数 b 整除,则 a_1 与 a_2 关于 b 同余,记为 $a_1 \equiv a_2 (\mod b)$,读作 a_1 与 a_2 模 b 同余.

显然,同余式还可以用下面的方式来表示.

(1) 若 $b \mid (a_1 - a_2)$,则 a_1 与 a_2 模 b 同余;

(2) 若 $a_1 = kb + a_2 (k \in \mathbf{Z})$,则 a_1 与 a_2 模 b 同余.

同余式有如下几个基本性质.(证略)

(1) 每一个整数恰与 $0,1,\cdots,b-1$,这 b 个整数中的某一个模 b 同余.

(2) 同余关系是一种等价关系,即具有:

(i) 反射性. $a \equiv a (\mod b)$.

(ii) 对称性. 若 $a_1 \equiv a_2 (\mod b)$,则 $a_2 \equiv a_1 (\mod b)$.

(iii) 传递性. 若 $a_1 \equiv a_2 (\mod b), a_2 \equiv a_3 (\mod b)$,则 $a_1 \equiv a_3 (\mod b)$.

(3) 同余关系满足如下运算律:

(i) 加、减、乘、乘方运算律. 若 $a_1 \equiv a_2 (\mod b), a'_1 \equiv a'_2 (\mod b)$,则

$$a_1 \pm a'_1 \equiv a_2 \pm a'_2 (\mod b), a_1 \cdot a'_1 \equiv a_2 \cdot a'_2 (\mod b)$$
$$ca_1 \equiv ca_2 (\mod b) \quad (c \in \mathbf{Z}); a_1^k \equiv a_2^k (\mod b) \quad (k \in \mathbf{N})$$

(ii) 消去律. 若 $ca_1 \equiv ca_2 (\mod b)$.

(A) 且 $(c,b) = 1$,则 $a_1 \equiv a_2 (\mod b)$;

(B) 且 $(c,b) = d$,则 $a_1 \equiv a_2 (\mod \dfrac{b}{d})$.

利用同余式的上述基本性质,可以解答许多有关整数的问题,下面从四个方面略作介绍.

12.1.1 同余在算术中的应用

由上述基本性质即得:对于任意非负整数 $k_i(i=1,2,\cdots,n)$,若 $a_1 \equiv a_2(\mod b)$,则
$$k_n a_1^n + k_{n-1} a_1^{n-1} + \cdots + k_1 a_1 + k_0 \equiv k_n a_2^n + k_{n-1} a_2^{n-1} + \cdots + k_1 a_2 + k_0(\mod b)$$

显然,若只考虑正整数,并注意到任何正整数可写成 $N = k_n \cdot 10^n + k_{n-1} \cdot 10^{n-1} + \cdots + k_1 \cdot 10 + k_0$(其中 $k_n, k_{n-1}, k_{n-2}, \cdots, k_1, k_0$ 为 N 的各位数码),即得到以下结论.

(1) 一个十进整数能被 3 整除的充要条件,是它的各位数码之和能被 3 整除.

(2) 一个十进整数能被 9 整除的充要条件,是它的各位数码之和能被 9 整除.

(3) 一个十进整数能被 11 整除的充要条件,是它的各位数码之中,奇数位数码之和与偶数位数码之和的差能被 11 整除.

事实上,由于 $10 = 11 + (-1)$,从而 $10 \equiv 1(\mod 11)$,于是
$$N = k_n \cdot 10^n + k_{n-1} \cdot 10^{n-1} + \cdots + k_1 \cdot 10 + k_0 \equiv$$
$$k_n(-1)^n + k_{n-1} \cdot (-1)^{n-1} + \cdots + k_1(-1) + k_0(\mod 11) \equiv$$
$$(k_0 + k_2 + \cdots) - (k_1 + k_3 + \cdots)(\mod 11)$$

(4) 一个百进整数能被 33(或 99) 整除的充要条件,是它的各位数码之和能被 33(或 99) 整除.

(5) 一个百进整数能被 101 整除的充要条件,是它的数码之中,奇数位数码之和与偶数位数码之和的差能被 101 整除.

例如 220 632 379 能被 101 整除,这是因为 $(79 + 63 + 2) - (23 + 20) = 101 \times 1$.

(6) 一个千进整数能被 $k = 999, 333, 111, 37, 27, 9, 3$ 整除的充要条件,是它的各位数码之和能被 k 整除.

例如 23 791 644 能被 27 整除,不能被 37 整除,这是因为 $644 + 791 + 23 = 1\ 458 = 2 \times 27^2$.

(7) 一个千进整数能被 $k = 1\ 001, 143, 91, 77, 13, 11, 7$ 整除的充要条件,是它的各位数码之中,奇数位数码之和与偶数位数码之和的差能被 k 整除.

例如 864 197 523 能被 7 整除,这是因为
$$523 + 864 - 197 = 1\ 190 = 7 \times 170 \qquad ①$$

综上,为判断整数 d 能否整除整数 N,实际上考虑
$$N = k_n \cdot 10^n + k_{n-1} \cdot 10^{n-1} + \cdots + k_1 \cdot 10 + k_0 \equiv$$
$$k_n \cdot d_n + k_{n-1} \cdot d_{n-1} + \cdots + k_1 \cdot d_1 + k_0(\mod d)$$

显然,上述诸结论均是 $d_i = \pm 1(i = 1,2,\cdots,n)$ 的特殊情况.

由此,我们还有(即 $d = 4,6,7,8$ 时的)结论:

(8) $N \equiv 2k_1 + k_0(\mod 4)$.

(9) $N \equiv -2(k_n + k_{n-1} + \cdots + k_1) + k_0(\mod 6)$.

(10) $N \equiv (k_0 + 3k_1 + 2k_2) - (k_3 + 3k_4 + 2k_5) + \cdots(\mod 7)$.

由此结论,即可迅速判断式 ① 中 1 190 能被 7 整除.

(11) $N \equiv 4k_2 + 2k_1 + k_0(\mod 8)$.

广西田东县平马中学的邬鸿杰老师还得出了如下几条:

(12) 设末位数字为 1 的数 $M = 10M' + 1$,则能被 M 整除的自然数 N 的特征是:

(i) N 去掉末位数字 a_1 后,所得的数与 $(9M' + 1)a_1$ 的和 N' 能被 M 整除.

(ii) N 去掉末位数字 a_1 后,所得的数与 $M'a_1$ 的差 N'' 能被 M 整除.

例如,判断 4 774 能否被 31 整除?

由(12) 中(ii),得 $M = 31$,即 $M' = 3$,有
$$477 - 4 \times 3 = 465$$
$$46 - 5 \times 3 = 31$$

因 31 | 31,故 31 | 4 774.

由(12) 中(i) 也可得 31 | 4 774.

(13) 设末位数字为 3 的数 $M = 10M' + 3$,则能被 M 整除的自然数 N 的特征是:

(i) N 去掉末位数字 a_1 后,所得的数与 $(3M' + 1)a_1$ 的和 N' 能被 M 整除.

(ii) N 去掉末位数字 a_1 后,所得的数与 $(7M' + 2)a_1$ 的差 N'' 能被 M 整除.

例如,判断 5 911 能否被 23 整除?

由(13) 中(ii),得 $M = 23$,即 $M' = 2$,有
$$7M' + 2 = 16$$
$$591 - 1 \times 16 = 575$$
$$57 - 5 \times 16 = -23$$

因 23 | -23,故 23 | 5 911.

(14) 设末位数字为 7 的数 $M = 10M' + 7$,则能被 M 整除的自然数 N 的特征是:

(i) N 去掉末位数字 a_1 后,所得的数与 $(7M' + 5)a_1$ 的和 N' 能被 M 整除.

(ii) N 去掉末位数字 a_1 后,所得的数与 $(3M' + 2)a_1$ 的差 N'' 能被 M 整除.

例如,判断 3 332 能否被 17 整除?

由(14) 中(ii),得 $M = 17$,即 $M' = 1$,有
$$3M' + 2 = 5$$
$$333 - 2 \times 5 = 323$$
$$32 - 3 \times 5 = 17$$

因 17 | 17,故 17 | 3 332.

(15) 设末位数字为 9 的数 $M = 10M' - 1$,则能被 M 整除的自然数 N 的特征是:

(i) N 去掉末位数字 a_1 后,所得的数与 $M'a_1$ 的和 N' 能被 M 整除.

(ii) N 去掉末位数字 a_1 后,所得的数与 $(9M' - 1)a_1$ 的差 N'' 能被 M 整除.

例如,判断 3 401 能否被 19 整除?

由(15) 中(ii),得 $M = 9$,即 $M' = 2$,有
$$9M' - 1 = 17$$
$$340 - 1 \times 17 = 323$$
$$32 - 3 \times 17 = -19$$

因 19 | -19,故 19 | 3 401.

显然,(13)(14)(15) 中也包含了能被数字分别是 3,7,9 的数整除的情形.

12.1.2 利用同余求解末尾几位数码问题

例1 求 $S = 1 \cdot 3 \cdot 5 \cdot 7 \cdot 9 \cdots 2007$ 的值的最后三位数码.

解 我们令 $x \equiv y \pmod{1000}$ 表示正整数 x, y 的末三位数码相同. 易见
$$(1000+x)(1000+y) \equiv xy$$
$$(1000-x)(1000-y) \equiv x \pmod{1000}$$

其中 $0 < x, y < 1000$. 因此
$$S = (1 \cdot 3 \cdot 5 \cdots 999) \cdot (1001 \cdot 1003 \cdots 1999) \cdot$$
$$(2001 \cdot 2003 \cdot 2005 \cdot 2007) \equiv$$
$$(1 \cdot 3 \cdot 5 \cdots 999) \cdot (1 \cdot 3 \cdot 5 \cdots 999)(1 \cdot 3)(5 \cdot 7) =$$
$$5A \cdot 5A \cdot 105 = 125A^2 \cdot 21 =$$
$$A^2 \cdot 125(16+5) = A^2 \cdot 125 \cdot 5 \pmod{1000}$$

其中 $A = 2B+1$ 为奇数
$$A^2 = 4B^2 + 4B + 1 = 4B(B+1) + 1 = 8C + 1$$

B, C 为正整数,于是
$$S = A^2 \cdot 125 \cdot 5 = 125(8C+1) \cdot 5 \equiv$$
$$125 \cdot 1 \cdot 5 = 625 \pmod{1000}$$

故 S 的最后三位数码是 625.

例2 求 2^{999} 的最后两位数码.

解 因 $2^{12} = 4096 \equiv -4 \pmod{100}$

则 $2^{999} = (2^{12})^{83} \cdot 2^3 \equiv (-4)^{83} \cdot 2^3 \pmod{100}$

又 $4^6 = 2^{12} = 4096 \equiv -4 \pmod{100}$

则 $4^{83} = (4^6)^{13} \cdot 4^5 \equiv (-4)^{13} \cdot 4^5 \pmod{100} \equiv$
$$-4^{18} = -(4^6)^3 \equiv -(-4)^3 \equiv 64 \pmod{100}$$

故 $2^{999} \equiv (-4)^{83} \cdot 2^3 \equiv (-64) \cdot 2^3 \equiv -2^9 \equiv -512 \equiv 88 \pmod{100}$

故 2^{999} 的最后两位数字是 88.

例3 设 m 为任意自然数,试求 m^{100} 的最后三位数码.

解 首先注意到,由二项式定理,有 $(a+b)^n \equiv b^n \pmod{a}$,特别地设 $m = 10k + b$,则
$$m^{100} = (10k+b)^{100} \equiv b^{100} \pmod{1000}$$

(i) 当 $b = 0$ 时,显然 m^{100} 的最后三位数码是 000;

(ii) 当 $b = 5$ 时,则 $b^2 = 25, b^3 = 125, b^4 = 625, b^5 = 3125, b^6 = \cdots 625, b^7 = \cdots 125, \cdots$. 因为 100 为偶数,所以 m^{100} 的最后三位数码是 625;

(iii) 当 $b = 1, 3, 5, 7$ 时, $b^4 = 1, 81, 2401, 6561$.

故令 $b^4 = 40l + 1$

则 $b^{100} = (40l+1)^{25} \equiv 1 \pmod{1000}$

所以,此时 m^{100} 的最后三位数码是 001;

(iv) 当 $b = 2, 4, 6, 8$ 时,显然
$$b^{100} \equiv 0 \pmod{2^{100}} \text{ 且 } b^{100} \equiv 0 \pmod{8}$$

又 $b^4 \equiv 1 \pmod{5}$,则令 $b^4 = 5p+1$,有

①

$$b^{100} = (5p+1)^{25} \equiv 1 (\bmod 125) \qquad ②$$

而在 0 ~ 1 000 间被 125 除时余 1 的有 1,126,251,376,501,626,751,876 这 8 个数(即满足式 ②). 这 8 个数中再满足式 ② 的只有 376. 故此时,m^{100} 的最后三位数码是 376.

综上结论即得.

12.1.3 利用同余处理整数问题

利用同余设计集合并运用重叠原理解题,这在前一章中我们已作了介绍(11.1.2 小节中例9),下面再看几个另外的例子.

例 1 试证 $x^2 + y^2 = z^2$ 没有都是素数的解.

证明 用反证法,假如 $x = a, y = b, z = c$ 是其素数解,如果 $a = 2$,由 $c^2 - b^2 = a^2$ 得
$$(c+b)(c-b) = 4$$
因此
$$c + b = 4, c - b = 1$$
所以 $c = \dfrac{5}{2}$. 矛盾.

于是 a, b 都是奇数,因此
$$a^2 \equiv 1(\bmod 4), b^2 \equiv 1(\bmod 4)$$
所以 $a^2 + b^2 \equiv 2 \equiv c^2(\bmod 4)$,是 $2 \mid c$,矛盾.

所以 a, b, c 不能是素数,故命题获证.

例 2 求出所有公差为 8,且由三个素数组成的等差数列.

解 显然三个素数必为奇数,若首项为 $2n+1$,则此数列前三项为 $2n+1, 2n+9, 2n+17$,取 n 对于模 3 的剩余类进行观察:

若 $n \equiv 0(\bmod 3)$,即 $n = 3k$,则 $2n+9 = 6k+9$,为非素数;

若 $n \equiv 1(\bmod 3)$,即 $n = 3k+1$,则 $2n+1 = 6k+3$,当 $k \neq 0$ 时为非素数;

若 $n \equiv 2(\bmod 3)$,即 $n = 3k+2$,则 $2n+17 = 6k+21$,为非素数.

故只有当 $k = 0$ 即 $n = 1$ 时,$2n+1, 2n+9, 2n+17$ 才有可能为素数. 此时,三素数为 3,11,19. 因此本例有且仅有一个解 3,11,19.

例 3 设 n 为自然数,$n+1$ 能被 24 整除,求证:n 的全体约数的和能被 24 整除.

证明 我们有
$$24 \mid n+1 \Leftrightarrow \begin{cases} n \equiv -1(\bmod 3) \\ n \equiv -1(\bmod 8) \end{cases}$$

设 $d \mid n$,则 $d \equiv 1$ 或 $2(\bmod 3), d \equiv 1,3,5$ 或 $7(\bmod 8)$.

再由 $d \cdot \dfrac{n}{d} = n \equiv -1(\bmod 3)$ 或 $(\bmod 8)$,即知仅有下列几种可能情形出现:

$d \equiv 1, \dfrac{n}{d} \equiv 2(\bmod 3)$,反之亦然;

$d \equiv 1, \dfrac{n}{d} \equiv 7(\bmod 8)$,反之亦然;

$d \equiv 3, \dfrac{n}{d} \equiv 5(\bmod 8)$,反之亦然.

上列各种情形都符合 $d + \dfrac{n}{d} \equiv 0 (\bmod 3)$ 及 $(\bmod 8) \Rightarrow d + \dfrac{n}{d} \equiv 0 (\bmod 24)$.

因为 $d \neq \dfrac{n}{d}$,所以 n 的约数两两互异,这就证明了 n 的全体约数的和能被 24 整除.

从上述几例可以看出,某些不定方程的求解讨论,某些整数性质问题,以及整除问题,运用同余的性质来解是很方便的.

利用同余还可得到周期数列. 例如全体自然数数列用 m 来模,就得到周期为 m 的周期数列.

12.1.4 利用同余的性质证明某些著名定理

费马 - 欧拉定理 设 a 与 b 互素,则 $a^{\varphi(b)} \equiv 1 (\bmod b)$,这里 $\varphi(b)$ 表示小于 b 且和 b 互素的正整数的个数.

证明 记 $\varphi(b) = k$,设与 b 互素的 k 个剩余组的代表数是
$$r_1, r_2, \cdots, r_k \qquad ①$$
则
$$ar_1, ar_2, \cdots, ar_k \qquad ②$$
这 k 个数仍然都与 b 互素,而且对模 b 都不同余,因式①中各数也都对模 m 不同余,故式②中每一个数必与式①中某一个数对模 b 同余,于是有
$$ar_1 \cdot ar_2 \cdot \cdots \cdot ar_k \equiv r_1 \cdot r_2 \cdot \cdots \cdot r_k (\bmod b) \qquad ③$$
因所有 r_i 都与 b 互素,故可自式③两边消去. 所以
$$a^k \equiv a^{\varphi(b)} \equiv 1 (\bmod b) ①$$

乘幂剩余定理 设 t 是使 $a^t \equiv 1 (\bmod b)$ 成立的最小正整数,则 t 是 $\varphi(b)$ 的约数.

证明 设 $\varphi(b) = tq + r, 0 \leq r < t$,则
$$1 \equiv a^{\varphi(b)} \equiv a^{tq+r} = (a^t)^q \cdot a^r \equiv a^r (\bmod b)$$
但 $r < t$,而 t 是最小正整数,使 $a^t \equiv 1 (\bmod b)$ 成立.

故 $r = 0$,即 $\varphi(b)$ 可被 t 整除.

威尔逊定理 对于素数 p,$(p-1)! \equiv -1 (\bmod p)$.

证明 当 $p = 2$ 或 $p = 3$ 时,定理显然成立,因
$$1! \equiv -1 (\bmod 2), 2! \equiv -1 (\bmod 3)$$

设 p 是大于 3 的素数,并设 a 是小于 p 的正整数,易知同余式 $ax \equiv 1 (\bmod p)$ 有唯一解,$x \equiv r (\bmod p)$. 因此 $ar \equiv 1 (\bmod p)$,其中 r 亦可在 $1, 2, 3, \cdots, p-1$ 这些数值中取得.

我们先看有没有 $r = a$ 的情形,在这种情形
$$a^2 \equiv 1 (\bmod p) \text{ 或 } a^2 - 1 = (a-1)(a+1) \equiv 0 (\bmod p)$$
因 $a-1$ 与 $a+1$ 两因子之差为 2,故只有且必有一个因子可被 p 整除. 因此或 $a = 1$ 或 $a = p - 1$,在其他情形,总有 $a \neq r$. 所以 $2, 3, \cdots, p - 2$ 这些数可以一对一地配成 $\dfrac{1}{2}(p-3)$ 对,每对皆适合同余式 $ar \equiv 1 (\bmod p)$. 把这 $\dfrac{1}{2}(p-3)$ 个同余式两边分别相乘就得到

---

① 注:$\varphi(b)$ 的计算可参见"容斥原理"公式一.

$$2 \cdot 3 \cdot \cdots \cdot (p-2) \equiv 1 (\bmod p) \quad ①$$

此外,还有 $p-1 \equiv -1(\bmod p)$. 在式 ① 左右两边分别乘 $p-1$ 及 -1 就得

$$(p-1)! \equiv -1(\bmod p)$$

二次同余式定理   设 p 是素数,同余式 $x^2 \equiv a(\bmod p)$ 无解,我们称 a 为 p 的平方非剩余(否则称平方剩余),那么当且仅当 $p=4m+3$ 时,-1 是 p 的平方非剩余.

证明   若 $p=2$,则 $1^2 \equiv -1(\bmod 2)$,故 -1 是 2 的平方剩余.

若 p 是奇素数,我们把威尔逊定理写成如下的形式

$$\left(1 \cdot 2 \cdot \cdots \cdot k \cdot \frac{p-1}{2}\right)\left[\frac{p+1}{2}\cdots(p-k)\cdots(p-2)(p-1)\right] \equiv -1(\bmod p)$$

把左边重新排列,使第一个括号内的 k 和第二个括号内的 $p-k$ 相连,得

$$\prod_{k=1}^{\frac{p-1}{2}} k(p-k) \equiv (-1)^{\frac{p-1}{2}} \prod_{k=1}^{\frac{p-1}{2}} k^2 \equiv -1(\bmod p) \quad ①$$

当 $p=4m+1$ 时,$\frac{1}{2}(p-1)=2m$,式 ① 成为

$$\prod_{k=1}^{2m} k^2 \equiv -1(\bmod p)$$

即 $\prod_{k=1}^{2m} k^2$ 是同余式 $x^2 \equiv -1$ 的解,故 -1 是 $p=4m+1$ 的平方剩余.

当 $p=4m+3$ 时,$\frac{1}{2}(p-1)=2m+1$. 如果 $x^2 \equiv -1(\bmod p)$ 有解,就会有

$$x^{p-1} \equiv (x^2)^{\frac{p-1}{2}} \equiv (-1)^{2m+1} \equiv -1(\bmod p)$$

这和费马小定理①,即 $x^{p-1} \equiv 1(\bmod p)$ 矛盾,所以 $x^2 \equiv -1(\bmod p)$ 不可能有解,即 -1 是 $p=4m+3$ 的平方非剩余.

上面的这些定理,不仅是我们处理整数问题的有利工具,例如利用费马小定理可证明"对任意的整数 x,有 $\frac{1}{5}x^5+\frac{1}{3}x^3+\frac{7}{15}x$ 是整数". 这可由 $x^5 \equiv x(\bmod 5)$,知

$$3x^5+5x^3+7x \equiv 10x \equiv 0(\bmod 5)$$

又

$$x^3 \equiv x(\bmod 3), 3x^5+5x^3+7x \equiv 12x \equiv 0(\bmod 3)$$

即 $15 \cdot f(x) \equiv 0(\bmod 15)$ 而证.

它也为我们解答某些数学趣味题提供简捷途径.

12.2   个位数重现原理

重现原理 II   若 m,k,n 都是正整数,那么 n^{4k+m} 与 n^m 的个位数相同.

证明 $n^{4k+m}-n^m=n^m(n^{4k}-1)=n^m(n^4-1)[(n^4)^{k-1}+(n^4)^{k-2}+\cdots+1]=$
$n(n-1)(n+1)(n^2+1) \cdot n^{m-1}(n^{4k-4}+n^{4k-3}+\cdots+1)=$

---

①   对于费马-欧拉定理,当 b 是素数 p,则 $\varphi(p)=p-1$,此时有 $a^{p-1} \equiv 1(\bmod p)$,即称为费马小定理.

$$n(n-1)(n+1)[(n^2+5n+6)-(5n+5)] \cdot$$
$$n^{m-1}(n^{4k-4}+n^{4k-3}+\cdots+1) =$$
$$[(n-1)n(n+1)(n+2)(n+3)-5(n-1)n(n+1)^2] \cdot$$
$$n^{m-1}(n^{4k-4}+n^{4k-3}+\cdots+1)$$

因为由同余式的性质可知,r 个连续整数之积总可被 $r!$ 整除(想一想,为什么),所以由上式看出:$n^{4k+m}-n^m \equiv 0 \pmod{10}$,即 n^{4k+m} 与 n^m 的个位数相同.

由重现原理 II 即可得:

(1) 若 k_1',m' 都是正整数,且 $m' \geqslant 2$,k,m 都是非负整数,那么
$$(4k+m)^{4k'+m'} \equiv m^{m'} \pmod 4$$

(2) $n^{3^{\cdot\cdot^3}} \equiv n^3 \pmod{10}$.(注 $3^3 = 4 \times 6 + 3$)

(3) 底数的个位数为 0,1,5,6 时,其正整数次幂的个位数仍为 0,1,5,6.

底数的个位数为 4 或 9 时,其正奇数次幂的个位数仍为 4 或 9,其正偶数次幂的个位数分别为 6 与 1.

(4) $4^n \equiv 4 \pmod 6$.

……

利用重现原理 II 及上述结论可以快速地解答下列数学问题.

例1 (I)证明:$3^{1980}+4^{1981}$ 能被 5 整除.(证略)

(II)若 n 为自然数,和数 $1981^n+1982^n+1983^n+1984^n$ 不能被 10 整除,那么 n 必须满足什么条件?($n=4k$)

(III) $3^{1001} \times 7^{1002} \times 13^{1003}$ 的个位数是几?(9)

例2 证明:当且仅当指数不能被 4 整除时,$1^n+2^n+3^n+4^n$ 能被 5 整除,其中 n 是正整数.

证明 当 $n=4$ 时,$1^4 \equiv 2^4 \equiv 3^4 \equiv 4^4 \pmod 5$,即 A^4 可表示成 $5k+1$ 的形式,其中 $A=1,2,3,4$.

又每一个正整数都可表示成 $4l+r$ 的形式,其中 l 是正整数或零,r 是 0,1,2,3 中的某一个. 因此
$$S_n = 1^n + 2^n + 3^n + 4^n = 1 + 2^{4l} \cdot 2^r + 3^{4l} \cdot 3^r + 4^{4l} \cdot 4^r =$$
$$1 + (5k_1+1) \cdot 2^r + (5k_2+1) \cdot 3^r + (5k_3+1) \cdot 4^r =$$
$$5m + R$$

其中,m 是正整数,$R = 1+2^r+3^r+4^r$,因此当且仅当 R 能被 5 整除时,S_n 能被 5 整除.

若 n 能被 4 整除,那么 $r=0$,$R=4$. 因此,这时 S_n 不能被 5 整除. 如果 n 不能被 4 整除,那么余数 r 等于 1,2 或 3 中的一个数,这时 $R=10$,30 或 100,从而 S_n 能被 5 整除.

例3 求 $7^{15^{123^{2531}}}$ 的个位数.

解 因为
$$15 = 4 \times 3 + 3$$
$$123 = 4 \times 30 + 3$$
$$2531 = 4 \times 632 + 3$$

所以原式的个位数与 $7^{3^{3^3}}$ 的个位数相同,因而与 7^3 的个位数相同,故所求个位数是 3.

例4 求 $13^{12^{11^{\cdots^{2^1}}}}$ 的最后两位数码.

解 $12^{11^{10^{\cdots^{2^1}}}} = 12^{11^{2l}} = 12^{(11^2)^l} = 12^{(120+1)^l} = 12^{4M+1} = 12 \cdot 12^{4M}$，于是原数
$$x = 13^{12 \cdot 12^{4M}} = (13^3)^{4 \cdot 12^{4M}} = (2\,197^4)^{12^{4M}} = [(2\,200-3)^4]^{12^{4M}} =$$
$$(1\,000p + 81)^{12^{4M}} = 100Q + 81^{12^{4M}}$$
而 $12^{4M} = 144^{2M} = (145-1)^{2M} = 5T+1$，故
$$x = 100Q + 81^{5T+1} = 100Q + 81(80+1)^{5T} =$$
$$100Q + 81(100R+1)$$
其中所有字母均为正整数，故最后两位数为 81.

例5 设 a_n 是 $1^m + 2^m + \cdots + n^m$ 的个位数字，其中 m 为非负整数，$n = 1,2,\cdots$，则 $0.a_1a_2\cdots a_n\cdots$ 为有理数.

证明 由二项式定理有
$$(x+1)^{m+1} = C_{m+1}^0 x^{m+1} + C_{m+1}^1 x^m + \cdots + C_{m+1}^{m+1}$$
即
$$(x+1)^{m+1} - x^{m+1} = C_{m+1}^1 x^m + C_{m+1}^2 x^{m-1} + \cdots + C_{m+1}^{m+1}$$
在上式中分别令 $x = 1,2,\cdots,n$ 得 n 个等式，并将这 n 个等式两边相加得
$$(n+1)^{m+1} - 1 = C_{m+1}^1 \cdot S_m(n) + C_{m+1}^2 \cdot S_{m-1}(n) + \cdots + C_{m+1}^m \cdot S_1(n) + C_{m+1}^{m+1} \cdot S_0(n)$$
其中 $S_m(n) = 1^m + 2^m + \cdots + n^m$，$m$ 为非负整数，n 为自然数，显然
$$S_0(n) = \sum_{k=1}^n k^0 = n$$
$$S_1(n) = \sum_{k=1}^n k = \frac{1}{2}n(n+1)$$
$$S_2(n) = \sum_{k=1}^n k^2 = \frac{1}{6}n(n+1)(2n+1)$$
$$S_3(n) = \sum_{k=1}^n k^3 = \frac{1}{4}n^2(n+1)^2$$
因此
$$S_4(n) = \frac{1}{C_5^1}[(n-1)^5 - 1 - C_5^2 \cdot S_3(n) - C_5^3 \cdot S_2(n) - C_5^4 \cdot S_1(n) - C_5^5 \cdot S_0(n)] =$$
$$\frac{1}{5}n^5 + \frac{1}{2}n^4 + \frac{1}{3}n^3 - \frac{1}{30}n =$$
$$\frac{1}{30}n(n+1)(2n+1)(3n^2+3n+1)$$

为了证 $0.a_1a_2\cdots a_n\cdots$ 是有理数，只需证 $0.a_1a_2\cdots a_n\cdots$ 是循环小数就行了，即求正整数 l，使 $a_k = a_{k+l}$，即等价于求正整数 l，使
$$f_m(l) = [1^m + 2^m + \cdots + (k+l)^m] - (1^m + 2^m + \cdots + k^m) =$$
$$(k+1)^m + (k+2)^m + \cdots + (k+l)^m =$$
$$\sum_{i=0}^m C_m^i \cdot k^{m-i} + \sum_{i=0}^m C_m^i \cdot k^{m-i} \cdot 2^i + \cdots + \sum_{i=0}^m C_m^i \cdot k^{m-i} \cdot l^i =$$
$$l \cdot k^m + C_m^1 \cdot k^{m-1} \cdot S_1(l) + C_m^2 \cdot k^{m-2} \cdot S_2(l) + \cdots + C_m^m \cdot S_m(l)$$
能被 10 整除，而

$$f_0(l) = \sum_{i=1}^{l} i$$

$$f_1(l) = lk + \sum_{i=1}^{l} i$$

$$f_2(l) = lk^2 + 2k \cdot \sum_{i=1}^{l} i + \sum_{i=1}^{l} i^2$$

$$f_3(l) = lk^3 + 3k^2 \cdot \sum_{i=1}^{l} i + 3k \cdot \sum_{i=1}^{l} i^2 + \sum_{i=1}^{l} i^3$$

$$f_4(l) = lk^4 + 4k^3 \cdot \sum_{i=1}^{l} i + 6k^2 \cdot \sum_{i=1}^{l} i^2 + 4k \cdot \sum_{i=1}^{l} i^3 + \sum_{i=1}^{l} i^4$$

显然,对于 $S_0(l), S_1(l), S_2(l), S_3(l), S_4(l)$,当 l 分别取值 10,20,60(其实 20 即可),40(其实 20 即可),300(其实 100 即可)时,它们都能被 10 整除. 从而 $f_0(l), f_1(l), f_2(l), f_3(l), f_4(l)$ 也当 l 分别取值 10,20,20,20,100 时它们都能被 10 整除. 此时,分别由 $S_0(n), S_1(n), S_2(n), S_3(n), S_4(n)$ 的个位数字确定的小数 $0. a_1 a_2 \cdots a_n \cdots$ 中分别有 $a_k = a_{k+10}, a_k = a_{k+20}, \cdots, a_{k+100}$(其中 k 为自然数),即知 $0. a_1 a_2 \cdots a_n \cdots$ 都是有理数.

对由重现原理 II,任意正整数 a 的 m 次幂的个位数字只可能有四种情况,即 $a^m = a^{4q+r}$(其中 q,m 均为非负整数,$r = 1,2,3,4$)的个位数等于 a^r 的个位数字. 而 $S_m(n) = 1^m + 2^m + \cdots + n^m$ 的个位数字就是 $a^m(a = 1,2,\cdots,n)$ 的个位数字之和的个位数字,从而 $S_m(n)$ 的个位数字等于 $S_1(n), S_2(n), S_3(n), S_4(n)$ 中的某一个的个位数字. 从而 m 分别取 $0, 4q+1, 4q+2, 4q+3, 4q+4$ 时,$0. a_1 a_2 \cdots a_n \cdots$ 分别是最小循环节为 10,20,20,20,100 的无限循环小数,即 $0. a_1 a_2 \cdots a_n \cdots$ 是有理数.

12.3 映射象重现原理

把重现原理 I 与 II 拓广则有下面原理.

重现原理 III 对于非空集 A 和映射 f,若存在不为零的固定元素 $T \in A$,使得对于 A 中的每个元素 a,满足 $f(a \oplus T) = f(a)$,则 A 的特征性质中必有重复再现的性质.("$\oplus$"表示一种运算,例如可以是通常意义下的加法"+"或乘法"·"等)

前面的例题都涉及了重现原理 III,映射象重现.

显然,循环小数、分圆多项式、周期函数、周期数列等都是重现原理 III 的几个具体应用.

12.3.1 分圆多项式

分圆多项式由 $\Phi_m(x) = \prod_{d \mid m}(x^{\frac{m}{d}} - 1)^{\mu(d)}$ 给出,$\mu(d)$ 是麦比乌斯(Møbius)函数.

一个等价的定义是 $\begin{cases} \Phi_1(x) = x - 1 \\ \Phi_m(x) = \dfrac{x^m - 1}{\prod\limits_{\substack{d \mid m \\ d < m}} \Phi_d(x)} \end{cases}$,即 $x^m - 1 = \prod_{d \mid m} \Phi_d(x)$.

$\Phi_m(x)$ 是有理数域上不可分解的 φ_m 次多项式($\varphi_{(m)}$ 为欧拉函数,见"容斥原理"公式一),它的全部零点恰是所有的 m 次本原单位根.

例如

$$\Phi_2(x) = \frac{x^2 - 1}{\Phi_1(x)} = x + 1$$

$$\Phi_3(x) = \frac{x^3 - 1}{\Phi_1(x)} = x^2 + x + 1$$

$$\Phi_4(x) = \frac{x^4 - 1}{\Phi_1(x) \cdot \Phi_2(x)} = x^2 + 1$$

$$\Phi_5(x) = \frac{x^5 - 1}{\Phi_1(x)} = x^4 + x^3 + x^2 + x + 1$$

$$\Phi_6(x) = \frac{x^6 - 1}{\Phi_1(x) \cdot \Phi_2(x) \cdot \Phi_3(x)} = x^2 - x + 1$$

$$\vdots$$

$$\Phi_{15}(x) = \frac{x^{15} - 1}{\Phi_1(x) \cdot \Phi_3(x) \cdot \Phi_5(x)} = x^8 - x^7 + x^5 - x^4 + x^3 - x + 1$$

$$\vdots$$

利用 $\Phi_m(x)$ 的不可分解性可讨论某些数学问题.

例1 分解因式

$$x^{12} + x^9 + x^6 + x^3 + 1$$

(注:指在整数范围内分解因式)

解 $x^{12} + x^9 + x^6 + x^3 + 1 = \dfrac{x^{15} - 1}{x^3 - 1} = \dfrac{x^5 - 1}{x - 1} \cdot \dfrac{x^{10} + x^5 + 1}{x^2 + x + 1} =$
$(x^4 + x^3 + x^2 + x + 1) \cdot (x^8 - x^7 + x^5 - x^4 + x^3 - x + 1) =$
$\Phi_5(x) \cdot \Phi_{15}(x)$

故原式 $= (x^5 + x^3 + x^2 + x + 1)(x^8 - x^7 + x^5 - x^4 + x^3 - x + 1)$ 为所求.

利用 $\Phi_{m+1}(x)$ 的 m 次本原单位根均是其零点——这体现映射象重现的特征性质,我们可研究 1 的 $m + 1$ 次单位根问题.

例如,1 的 2 次单位根 1,-1 可由 $\Phi_1(x)$ 和 $\Phi_2(x)$ 的本原单位根而得到;1 的 3 次单位根 1,$-\dfrac{1}{2} + \dfrac{\sqrt{3}}{2}\mathrm{i}$,$-\dfrac{1}{2} - \dfrac{\sqrt{3}}{2}\mathrm{i}$ 可由 $\Phi_1(x)$ 和 $\Phi_3(x)$ 的本原单位根而得到;1 的 4 次单位根 1,-1,i,$-\mathrm{i}$ 可由 $\Phi_1(x)$,$\Phi_2(x)$ 和 $\Phi_4(x)$ 的本原单位根而得到;……

因此,1 的 $m + 1$ 次单位根可由 $\Phi_1(x)$,$\Phi_{d_1}(x)$,$\Phi_{d_2}(x)$,$\cdots$,$\Phi_{d_n}(x)$,$\Phi_{m+1}(x)$ 的本原单位根而得到. 其中 $d_1,d_2,\cdots,d_n$ 两两互素,且为 $m + 1$ 的异于 1 及本身的约数,我们又把满足

$$\sum_{k=0}^{m} x^k = \frac{x^{m+1} - 1}{x - 1} = \frac{\prod_{d \mid m+1} \varphi_d(x)}{\Phi_1(x)} = \sum_{\substack{d \mid m+1 \\ d \neq 1, m+1}} \Phi_d(x)$$

的复数 ε 叫作 1 的异于 1 的 $m + 1$ 次单位根.

显然,1 的 $m + 1$ 次单位根具有以下性质:

(1) 1 的 $m + 1$ 次单位根有 $m + 1$ 个,它们分别是

$$\varepsilon_k = \cos\frac{2k\pi}{m+1} + \mathrm{i}\sin\frac{2k\pi}{m+1} \quad (k = 0, 1, \cdots, m)$$

(2) $(\varepsilon_k)^{m+1} = 1, \varepsilon_k = (\varepsilon_1)^k, |\varepsilon_k| = 1, k = 0,1,\cdots,m.$

(3) 当 m 为偶数时，$\varepsilon_0 = 1$ 是其唯一实数；当 m 为奇数时，$\varepsilon_0, \varepsilon_{\frac{m+1}{2}}$ 是其两实数，其余各个为虚数成对共轭，即 ε_k 与 ε_{m+1-k} 互为共轭虚数，且 $\varepsilon_k \cdot \varepsilon_{m+1-k} = 1(k = 1,2,\cdots,m+1-k)$.

(4) $\{\varepsilon_k\}$ 对于乘法、除法是封闭的，或者说方程 $x^{m+1} - 1 = 0$ 的若干个根的乘积也是这个方程的根，这个方程的两个根的商（或根的倒数）也是这个方程的根，且

$$1 + \varepsilon^p + \varepsilon^{2p} + \cdots + \varepsilon^{mp} = \begin{cases} m+1, \text{当 } p \text{ 是 } m+1 \text{ 的整数倍} \\ 0, \text{当 } p \text{ 不是 } m+1 \text{ 的整数倍} \end{cases}$$

(5) 1 的 $m+1$ 个 $m+1$ 次单位根可由 1 的 p_1 个 p_1 次单位根分别乘以 1 的 p_2 个 p_2 次单位根，……，乘以 1 的 p_n 个 p_n 次单位根而得到. 其中 $p_1, p_2, \cdots, p_n$ 是两两互素的正整数，且 $m + 1 = p_1 \cdot p_2 \cdots p_n$.

(6) $\sum_{k=0}^{m} x^k = \prod_{k=1}^{m}(x - \varepsilon_k)$，特别地，当 $x = 1$ 时

$$m + 1 = \prod_{k=1}^{m}(1 - \varepsilon_k)$$

(7) ε_k 表示复平面上单位圆周的 $m+1$ 等分点（或单位圆的内接正 $m+1$ 边形的顶点），其中 $\varepsilon_0 = 1$ 是单位圆与正实根的交点.

由于有如上性质，1 的 $m+1$ 次单位根在解数学问题中有着广泛的应用.

例 2 试证：$x^{999} + x^{888} + \cdots + x^{111} + 1$ 可被 $x^9 + x^8 + \cdots + x + 1$ 整除.

证明 设 ε 是任一异于 1 的 1 的 10 次单位根，由 $\varepsilon^{999} + \varepsilon^{888} + \cdots + \varepsilon^{111} + 1 = \varepsilon^9 + \varepsilon^8 + \cdots + \varepsilon + 1 = 0$ 即证.

例 3 试确定出所有的正整数对 (m,n)，使得 $(1 + x^n + x^{2n} + \cdots + x^{mn})$ 能被 $(1 + x + x^2 + \cdots + x^m)$ 整除.

解 设 ε 是 1 的异于 1 的 $m+1$ 次单位根，已知 $1 + \varepsilon + \cdots + \varepsilon^m = 0$，要使 $1 + \varepsilon^n + \varepsilon^{2n} + \cdots + \varepsilon^{mn} = 0$，由性质 4，只要 n 不是 $m+1$ 的整数倍，即 $n, m+1$ 互素.

例 4 求证：$\prod_{k=1}^{m} \tan \frac{k\pi}{2m+1} = \sqrt{2m+1}$.

证明 设 $\varepsilon_k = \cos \frac{2k\pi}{2m+1} + i\sin \frac{2k\pi}{2m+1}(k = 1,2,\cdots,2m)$ 是 1 的异于 1 的 $2m+1$ 次单位根.

由性质 3，$\varepsilon_k + \varepsilon_{2m+1-k} = 2\cos \frac{2k\pi}{2m+1}$，有

$$\varepsilon_k \cdot \varepsilon_{2m+1-k} = 1 \quad (k = 1,2,\cdots,2m+1-k)$$

从而

$$\sum_{k=0}^{2m} x^k = \prod_{k=1}^{2m}(x - \varepsilon_k) = \prod_{k=1}^{m}(x - \varepsilon_k)(x - \varepsilon_{2m+1-k}) = \prod_{k=1}^{m}\left(x^2 - 2x \cdot \cos \frac{2k\pi}{2m+1} + 1\right) \quad ①$$

在式 ① 中，令 $x = 1$，有

$$2m + 1 = \prod_{k=1}^{m} 2\left(1 - \cos \frac{2k\pi}{2m+1}\right) = \prod_{k=1}^{m} 4\sin^2 \frac{k\pi}{2m+1}$$

即有
$$\prod_{k=1}^{m} \sin \frac{k\pi}{2m+1} = \frac{\sqrt{2m+1}}{2^m} \quad ②$$

在式①中,令 $x=1$,则有
$$\prod_{k=1}^{m} \cos \frac{k\pi}{2m+1} = \frac{1}{2^m} \quad ③$$

故由式②③得 $\prod_{k=1}^{m} \tan \frac{k\pi}{2m+1} = \sqrt{2m+1}$.

例 5 已知 $f(x) = a_n x^n + a_{n-1} \cdot x^{n-1} + \cdots + a_1 x + a_0$,则 $\sum_{k=0}^{m} x^k = 1 + x + x^2 + \cdots + x^m$ ($m \in \mathbf{N}$,且 $m \le n$) 成为 $f(x)$ 的因式的充要条件是:每隔 m 次的所有项系数之和与剩下各项又每隔 m 次的所有项系数之和相等,依此类推,这样得到 $m+1$ 个和都相等.

证明 设 ε_k 为 1 的异于 1 的 $m+1$ 次单位根,显然,$(\varepsilon_1)^k = \varepsilon_k, k = 0, 1, \cdots, m$,且 $\sum_{k=0}^{m} \varepsilon_k = \varepsilon_0 + \varepsilon_1 + \cdots + \varepsilon_m = 1 + \varepsilon_1 + \varepsilon_1^2 + \cdots + \varepsilon_1^m = 0$ 及 $\varepsilon_1^{m+1} = 1$. 有

$$f(\varepsilon_1) = a_n \varepsilon_1^n + a_{n-1} \varepsilon_1^{n-1} + \cdots + a_1 \varepsilon_1 + a_0 =$$
$$(a_0 + a_{m+1} + a_{2m+2} + a_{3m+3} + \cdots) \cdot 1 +$$
$$(a_1 + a_{m+2} + a_{2m+3} + a_{3m+4} + \cdots) \cdot \varepsilon_1 +$$
$$(a_2 + a_{m+3} + a_{2m+4} + a_{3m+5} + \cdots) \cdot \varepsilon_2 + \cdots +$$
$$(a_m + a_{2m+1} + a_{3m+2} + \cdots) \cdot \varepsilon_m = 0 \Leftrightarrow$$
$$a_0 + a_{m+1} + a_{2m+2} + \cdots =$$
$$a_1 + a_{m+2} + a_{2m+3} + \cdots =$$
$$a_2 + a_{m+3} + a_{2m+3} + \cdots =$$
$$\vdots$$
$$a_m + a_{2m+1} + a_{3m+2} + \cdots$$

显然,上例是原重点中学课本《代数》第三册第 17 页中习题 12(2) 的推广.

利用例 5 的结论,我们再看例 1.

易知
$$a_{12} = a_9 = a_6 = a_3 = a_0 = 1$$
$$a_{11} = a_{10} = a_8 = a_7 = a_5 = a_4 = a_2 = a_1 = 0$$

而 $a_0 + a_5 + a_{10} = a_1 + a_6 + a_{11} = a_2 + a_7 + a_{12} = a_3 + a_8 = a_4 + a_9 = 1$

因此 $x^{12} + x^9 + x^6 + x^3 + 1$ 有因式
$$\sum_{k=0}^{4} x^k = 1 + x + x^2 + x^3 + x^4$$

12.3.2 周期函数

课本给出了周期函数的定义:对于函数 $y = f(x)$,如果存在一个不为零的常数 T,使得当 x 取定义域内的每个值时,$f(x+T) = f(x)$ 都成立,那么就把函数 $y = f(x)$ 叫作周期函数,不为零的常数 T 叫作这个函数的周期.

在许多文献中,周期函数还有如下的定义:

设 $f(x)$ 是定义在某一数集 M 上的函数,若存在常数 $T(\neq 0)$,并具有性质:(i) 对于任何 $x \in M$,有 $x \pm T \in M$;(ii) 对于任何 $x \in M$,有 $f(x+T) = f(x)$,那么称 $f(x)$ 为集 M 上的周期函数,常数 T 称为 $f(x)$ 的一个周期.

我们可以利用如上的定义判定函数的周期性,来探求特殊规律而解题.

我们还可以运用如下的几条定理来判定函数的周期性,而探求得特殊规律解题.

定理 1 设 T 为非零常数,若函数 $f(x)$ 满足方程 $f(x+T) = \dfrac{af(x)+b}{cf(x)-a}(a^2+bc \neq 0)$,则 $f(x)$ 是周期函数,且 $2T$ 为其一个周期.

证明 设 $F(x) = \dfrac{ax+b}{cx-a}(a^2+bc \neq 0)$,则

$$F(F(x)) = \dfrac{a \cdot \dfrac{ax+b}{cx-a} + b}{c \cdot \dfrac{ax+b}{cx-a} - a} = \dfrac{a^2x+bcx}{a^2+bc} = x$$

由题设,有 $f(x+T) = F[f(x)]$,亦有
$$f(x+2T) = F[f(x+T)] = F\{F[f(x)]\} = f(x)$$

故 $f(x)$ 是周期函数,且 $2T$ 为其一个周期.

特别地,(1) 取 $a = -1, b = c = 0$,则有
$$f(x+T) = -f(x) \qquad ①$$

(2) 取 $a = -1, c = 0$,则有 $f(x+T) = b - f(x)$,此时 $b = 0$ 即为上式.

(3) 取 $a = 0, b = \pm c \neq 0$,则有
$$f(x+T) = \pm \dfrac{1}{f(x)} \qquad ②$$

(4) 取 $-a = b = c = 1$,则有
$$f(x+T) = \dfrac{1-f(x)}{1+f(x)} \qquad ③$$

(5) 取 $a = b = c = 1$,则有
$$f(x+T) = \dfrac{f(x)+1}{f(x)-1} \qquad ④$$

……

定理 2 设 T 为非零常数,若对于函数定义域中的任意 x,恒有
$$f(x+T) = M[f(x)] \qquad ⑤$$
其中 $M(x)$ 满足 $M[M(x)] = x$,且 $M(x) \neq x$,则 $f(x)$ 为周期函数,且 $2T$ 为其一个周期. 若 T^* 是满足式 ⑤ 的最小正数,则 $2T^*$ 是 $f(x)$ 的最小正周期.

证明 由 $f(x+2T) = f[(x+T)+T] = M[f(x+T)] = M\{M[f(x)]\} = f(x)$,知 $f(x)$ 为周期函数,且 $2T$ 为其一个周期.

若 T^* 是满足式 ⑤ 的最小正数,设有 $0 < \lambda < 2T^*$,使得定义域中的任意 x,恒有 $f(x+T^*) = f(x)$,显然 $T^* \neq \lambda$.

(i) 若 $0 < \lambda < T^*$ 时,$f(x+T^*-\lambda) = f[(x+T^*-\lambda)+\lambda] = f(x+T^*) = M[f(x)]$,

又 $0 < T^* - \lambda < T^*$ 与 T^* 的最小性矛盾.

(ii) 若 $T^* < \lambda < 2T^*$ 时，$f(x + \lambda - T^*) = M\{M[f(x + \lambda - T^*)]\} = M[f(x + \lambda - T^*) + T^*] = M[f(x + \lambda)] = M[f(x)]$，又 $0 < \lambda - T^* < T^*$ 与 T^* 的最小性矛盾.

故这样的 λ 不存在. $2T^*$ 是它的最小正周期.

特别地，(1) 取 $M(x) = -x$，则为式 ①；

(2) 取 $M(x) = \pm \dfrac{1}{x}$，则为式 ②；

(3) 取 $M(x) = \dfrac{1-x}{1+x}$，则为式 ③；

(4) 取 $M(x) = \dfrac{x+1}{x-1}$，则为式 ④；

(5) 取 $M(x) = \dfrac{ax+b}{cx-a}(a^2 + bc \neq 0)$，则为定理 1 的条件式.

例1 设 λ 为大于零的常数，$f(x)$ 是定义在实数集 **R** 上的函数，若对一切实数 x，$f(x)$ 满足关系式

$$f(x + \lambda) = \frac{1}{2} + \sqrt{f(x) - [f(x)]^2} \qquad ⑥$$

求证：$f(x)$ 是周期函数.

证明 因对每一个 $x \in \mathbf{R}$，式 ⑥ 成立，故在式 ⑥ 中，x 可取 $x + \lambda$ 替换，于是有

$f(x + 2\lambda) = f[(x + \lambda) + \lambda] =$

$\dfrac{1}{2} + \sqrt{f(x + \lambda) - [f(x + \lambda)]^2} =$

$\dfrac{1}{2} + \sqrt{\dfrac{1}{2} + \sqrt{f(x) - [f(x)]^2} - \left\{\dfrac{1}{2} + \sqrt{f(x) - [f(x)]^2}\right\}^2} =$

$\dfrac{1}{2} + \sqrt{\dfrac{1}{2} + \sqrt{f(x) - [f(x)]^2} - \left\{\dfrac{1}{4} + \sqrt{f(x) - [f(x)]^2} + f(x) - [f(x)]^2\right\}} =$

$\dfrac{1}{2} + \sqrt{\dfrac{1}{4} - f(x) + [f(x)]^2} =$

$\dfrac{1}{2} + \left|\dfrac{1}{2} - f(x)\right|$

又因 $f(x)$ 满足式 ⑥，所以，对任意 x，必有 $f(x) \geq \dfrac{1}{2}$，从而有 $f(x + 2\lambda) = f(x)$.

故 $f(x)$ 为周期函数，且 2λ 为其一个周期.

定理3 设 λ 是不为零的常数，$f(x + \lambda) = F[f(x)]$，其中 $F(x) = F^{-1}(x)$（$F^{-1}(x)$ 是 $F(x)$ 的反函数），则 $f(x)$ 是周期函数，且 2λ 为其一个周期.

证明 由 $f(x + 2\lambda) = F[f(x + \lambda)] = F\{F[f(x)]\} = F\{F^{-1}[f(x)]\} = f(x)$，知 $f(x)$ 为周期函数，且 2λ 为其一个周期. 证毕.

特别地，(i) 若考虑函数 $F(x) = a + \sqrt{bx^2 + cx + d}(b \neq 0)$ 寻找其有反函数，且 $F(x) = F^{-1}(x)$ 时的表达式，则有式 ⑥ 的一般式.

此时，不管 $b > 0$ 或 $b < 0$，$F^{-1}(x) = -\dfrac{c}{2a} + \sqrt{\dfrac{1}{b}x^2 - \dfrac{2a}{b}x + \dfrac{c^2 - 4bd + 4a^2b}{4b^2}}$，为使

$F(x) = F^{-1}(x)$,应有 $a = -\dfrac{c}{2b}, b = \dfrac{1}{b}, c = -\dfrac{2a}{b}, d = \dfrac{1}{4b^2}(c^2 - 4bd + 4a^2 b)$.

解得 $\begin{cases} b = 1 \\ c = -2a \\ d = d^2 \end{cases}$,或 $\begin{cases} b = -1 \\ c = 2a \\ d \text{ 任意},\text{且 } a^2 + d \geq 0 \end{cases}$.

此时
$$F(x) = a + \sqrt{x^2 - 2ax + a^2} \qquad ⑦$$

或
$$F(x) = a + \sqrt{d + 2ax - x^2} \quad (\text{其中 } a^2 + d \geq 0) \qquad ⑧$$

显然,对于式⑧,取 $a = \dfrac{1}{2}, d = 0$,则为式⑥.

(ii) 在定理 2 中,如果 $M(x)$ 是 $f(x)$ 的反函数 $f^{-1}(x)$,则为定理 3,因而定理 3 是定理 2 的特例.

例 2 设函数 $f(x)$ 对任意 $x \in \mathbf{R}, T \neq 0$,满足下述条件之一,试问:$f(x)$ 是不是周期函数?

(Ⅰ) $f(x + T) = \dfrac{f(x) - 1}{f(x) + 1}$;(Ⅱ) $f(x + T) = \dfrac{1 + f(x)}{1 - f(x)}$.

分析 题设条件均不满足定理 1 中所设的条件,对于(Ⅰ),$a = 1, b = -1, c = 1$,有 $a^2 + bc = 0$;对于(Ⅱ),$a = 1, b = 1, c = -1$,有 $a^2 + bc = 0$. 因此,求解此例时,还是采用代换法.

解 (Ⅰ) 用 $x + T$ 代入已知条件,有

$$f(x + 2T) = f[(x + T) + T] = \dfrac{f(x + T) - 1}{f(x + T) + 1} = \dfrac{\dfrac{f(x) - 1}{f(x) + 1} - 1}{\dfrac{f(x) - 1}{f(x) + 1} + 1} = -\dfrac{1}{f(x)}$$

从而 $$f(x + 4T) = f[(x + 2T) + 2T] = -\dfrac{1}{f(x + 2T)} = f(x)$$

即 $f(x)$ 为周期函数,且 $4T$ 为其一个周期.

(Ⅱ) 类似于(Ⅰ)有 $f(x + 4T) = f(x)$,即 $f(x)$ 为周期函数,且 $4T$ 为其一个周期.

注意:在上述例题的求解中,若注意到 $F(x) = \dfrac{x - 1}{x + 1}$ 不满足定理 1 的条件,但 $F_1(x) = \dfrac{x + 1}{x - 1}, F_2(x) = \dfrac{1}{x}$ 均满足定理 1 的条件,且 $F(x) = F_2[F_1(x)]$,由此,便知道了例 2 的本质. 由此,也有一般性的结论如下.

定理 4 设 T 为非零常数,若对函数 $f(x)$ 的定义域中的任意 x,恒有
$$f(x + T) = W(f(x)) \qquad ⑨$$
其中 $W(x)$ 满足 $W[W(x)] = M(x)$,而 $M[M(x)] = x$ 且 $M(x) \neq x$,则 $f(x)$ 是周期函数,且 $4T$ 为其一个周期.

若 T^* 是满足式⑨的最小正数,则 $4T$ 是最小正周期.

证明 由
$$f(x + 4T) = f[(x + 3T) + T] = W[f(x + 3T)] = W[W(f(x + 2T))] =$$

$$M[f(x+2T)] = M[M(f(x))] = f(x)$$

即知结论成立.

特别地,设 $f(x)$ 为定义在数集 D 上的函数,满足

$$f(x+y) = \frac{f(x)+f(y)}{1-f(x)\cdot f(y)} \qquad ⑩$$

或

$$f(x-y) = \frac{f(x)-f(y)}{1+f(x)\cdot f(y)} \qquad ⑪$$

且对 $T \neq 0$ 均有 $f(T)=1$,则 $f(x)$ 是周期函数,且 $4T$ 为其一个周期.

事实上,在式⑩中,令 $y=T$,在式⑪中,令 $y=T$,以 $x+T$ 代 x,整理后便是例 2 中的两个条件式.

为了介绍下面的定理 5,先定义一个概念.

对于函数 $f(x)(x \in \mathbf{R})$,若存在常数 a 使得对于函数定义域内的任意一个 x,都有 $f(a-x)=f(a+x)$,则称 $f(x)$ 为广义偶函数. 特别地,当 $a=0$ 时,$f(x)$ 为一般意义下的偶函数.

对于函数 $f(x)(x \in \mathbf{R})$,若存在常数 a 使得对于函数定义域内的任意一个 x,都有 $f(a-x)=-f(a+x)$,则称函数 $f(x)$ 为广义奇函数,特别地,当 $a=0$ 时,$f(x)$ 为一般意义下的奇函数.

定理 5 若函数 $f(x)$ 关于两个相异常数 a,b 为广义偶函数,则 $f(x)$ 为周期函数,$2|b-a|$ 为其一个正周期;若函数 $f(x)$ 关于两个相异常数 a,b 为广义奇函数,则 $f(x)$ 为周期函数,$2|b-a|$ 为其一个正周期;若函数 $f(x)$ 关于常数 a 是广义奇函数,关于常数 b 是广义偶函数,且 $b \neq a$,则函数 $f(x)$ 是周期函数,它的周期为 $4|b-a|$.

证明 我们仅证第一个结论,其余留给读者.

由 $f(x)$ 关于两个相异常数 a,b 为广义偶函数,则对定义域内任一 x 都有

$$f(a-x)=f(a+x), f(b-x)=f(b+x)$$
$$f[x+2(b-a)] = f(b+x+b-2a) =$$
$$f[b-(x+b-2a)] =$$
$$f(2a-x) =$$
$$f(a+a-x) =$$
$$f[a-(a-x)] =$$
$$f(x)$$

同理,$f[x+2(a-b)] = f(x)$. 故 $f(x)$ 为周期函数,$2|b-a|$ 是 $f(x)$ 的一个正周期.

有了上面的命题,我们可更方便地讨论函数的周期性.

例 3 研究函数 $f(x) = \frac{1}{2}(1+|\cos\frac{\pi x}{2}|)$ 的周期性.

解 此例如果利用定义讨论是相当麻烦的,我们运用命题 1 则可简捷获解.

由

$$f(x+1) = \frac{1}{2}[1+|\cos(\frac{\pi x}{2}+\frac{\pi}{2})|] = \frac{1}{2}[1+|\sin\frac{\pi x}{2}|] =$$

$$\frac{1}{2} + \sqrt{\frac{1+|\cos\frac{\pi x}{2}|}{2} \cdot \frac{1-|\cos\frac{\pi x}{2}|}{2}} =$$

$$\frac{1}{2} + \sqrt{f(x) \cdot [1-f(x)]} =$$
$$\frac{1}{2} + \sqrt{f(x) - [f(x)]^2}$$

知 $f(x)$ 满足例 1 的条件,故 $f(x) = \frac{1}{2}(1+|\cos\frac{\pi x}{2}|)$ 是周期为 2 的周期函数.

例 4 研究函数 $f(x) = e^{\cos x}$ 的周期性.

略解 由 $e^{\cos(x+\pi)} = e^{-\cos x} = \frac{1}{e^{\cos x}}$,则由定理 1 的特例(3)即知 $f(x) = e^{\cos x}$ 是以 2π 为周期的周期函数.

例 5 函数 f 定义在实数集上,且对一切实数 x 满足等式 $f(2+x) = f(2-x)$ 和 $f(7+x) = f(7-x)$. 设 $x=0$ 是 $f(x)=0$ 的一个根,记 $f(x)=0$ 在 $-1\ 000 \leqslant x \leqslant 1\ 000$ 中的根的个数为 N,求 N 的最小值.

解 由定理 5 知,$f(x)$ 是以 10 为周期的周期函数. 此时,x 用 $x \pm 10$ 代有 $f(x \pm 10) = f(x)$,从而在 $[-1\ 000, 1\ 000]$ 上满足 $f(x)=0$ 的根的个数有 201 个. 又 $x=0$ 是 $f(x)=0$ 的根,由于 $f(x) = f(4-x)$,知 $x=4$ 是 $f(x)=0$ 的根. 又由周期性,在 $[-1\ 000, 1\ 000]$ 上满足 $f(x)=0$ 的根还有 200 个,故所求 N 的最小值为 401.

12.3.3 线性分式函数的 n 次迭代周期

我们先介绍如下两个结论:

结论 1 已知 $f(x) = \frac{ax+b}{cx+d}$,设 $f_0(x) = x, f_1(x) = f(x), f_n(x) = f[f_{n-1}(x)]$ $(n \geqslant 1)$,$a, b, c, d \in \mathbf{R}$ 且 $ad \neq bc, c \neq 0$,则

$$f_n(x) = \frac{(\alpha q^n - \beta p^n)x + \alpha\beta(p^n - q^n)}{(q^n - p^n)x + \alpha p^n - \beta q^n} \qquad ①$$

其中 α, β 为特征方程 $cx^2 + (d-a)x - b = 0$ 的两个不相等的根,$p = a - \alpha c, q = a - \beta c$.

证明 为书写方便起见,我们用 f_n 代表 $f_n(x)$,考虑

$$\frac{f_n - \alpha}{f_n - \beta} = \frac{a - \alpha c}{a - \beta c} \frac{f_{n-1} - \alpha}{f_{n-1} - \beta} = \cdots = \left(\frac{p}{q}\right)^n \frac{x - \alpha}{x - \beta}$$

所以

$$\frac{f_n - \alpha}{\alpha - \beta} = \frac{p^n(x - \alpha)}{q^n(x - \beta) - p^n(x - \alpha)}$$

解得

$$f_n(x) = \frac{(\alpha q^n - \beta p^n)x + \alpha\beta(p^n - q^n)}{(q^n - p^n)x + \alpha p^n - \beta q^n}$$

结论 2 在结论 1 的条件下,若特征方程有等根 α,则

$$f_n(x) = \frac{[(n+1)a - (n-1)d]x + 2nb}{2ncx + (n+1)d - (n-1)a} \qquad ②$$

证明 首先 $\frac{1}{f_n - \alpha} = \frac{cf_{n-1} + d}{(a - \alpha c)f_{n-1} + b - \alpha d}$,另一方面

$$\frac{1}{f_{n-1} - \alpha} + \frac{c}{a - \alpha c} = \frac{a - \alpha c + c(f_{n-1} - \alpha)}{(a - \alpha c)(f_{n-1} - \alpha)} =$$

$$\frac{cf_{n-1} - 2\alpha c + a}{(a - \alpha c)f_{n-1} - (a - \alpha c)\alpha}$$

在特征方程中,运用韦达定理得 $2\alpha = \dfrac{a - d}{c}$ 且 $\alpha^2 = -\dfrac{b}{c}$,从而

$$(a - \alpha c)\alpha = (d + \alpha c)\alpha = d\alpha + \alpha^2 c = d\alpha - b$$

故而

$$\frac{cf_{n-1} - 2\alpha c + a}{(a - \alpha c)f_{n-1} - (a - \alpha c)\alpha} = \frac{cf_{n-1} + d}{(a - \alpha c)f_{n-1} + b - \alpha d}$$

所以

$$\frac{1}{f_n - \alpha} = \frac{1}{f_{n-1} - \alpha} + \frac{c}{a - \alpha c} = \cdots = \frac{1}{x - \alpha} + \frac{nc}{a - \alpha c} \qquad ③$$

得解

$$f_n(x) = \frac{(a - \alpha c + n\alpha c)x + nb}{ncx + a - \alpha c - n\alpha c}$$

将 $\alpha c = \dfrac{1}{2}(a - d)$ 代入上式化简,即得式 ②.

下面再看 n 次迭代周期的有关结论:

定理1 在结论1的条件下,迭代函数序列 $\{f_n(x)\}$ 有周期 $T \in \mathbf{N}_+$ 的充要条件是:
(i) x 是特征方程 $cx^2 + (d - a)x - b = 0$ 的根;
(ii) 若 x 不是特征方程的根,存在自然数 $S, T, (S, T) = 1, S, T \in \mathbf{N}_+, S < T,$ 使

$$\frac{(a + d)^2}{ad - bc} = 4\cos^2\frac{S\pi}{T} \qquad ④$$

条件(i) 成立时,迭代周期为1,条件(ii) 成立时,迭代周期为 T.

证明 (i) 设 α, β 为特征方程的两个根,且令 $\lambda = (a - \alpha c)/(a - \beta c)$. 如 $\alpha = \beta$ 时, $\lambda = 1$, 由式 ③ 可知,此时 $\{f_n(x)\}$ 不可能有周期. 故以下设 $\alpha \neq \beta$ 即 $\lambda \neq 1$,显然在结论1的推理中,可知 $\{f_n(x)\}$ 有周期 $T \in \mathbf{N}_+$ 的充要条件是 $\lambda^T = 1(\lambda \neq 1)$,即 $|\lambda| = 1$. 故以下设 $|\lambda| = 1(\lambda \neq 1)$,先求 $\lambda + \lambda^{-1}$,则

$$\lambda + \lambda^{-1} = \frac{(a - \alpha c)^2 + (a - \beta c)^2}{(a - \alpha c)(a - \beta c)}$$

分母 $= a^2 - ac(\alpha + \beta) + \alpha\beta c^2 =$

$$a^2 - ac \cdot \frac{a - d}{c} - \frac{b}{c}c^2 =$$

$$ad - bc$$

分子 $= a^2 - 2a\alpha c + \alpha^2 c^2 + a^2 - 2\beta ac + \beta^2 c^2 =$

$$2a^2 - 2ac(\alpha + \beta) + c^2(\alpha^2 + \beta^2) =$$

$$2a^2 - 2ac \cdot \frac{a - d}{c} + c^2[(\frac{a - d}{c})^2 + 2\frac{b}{c}] =$$

$$a^2 + d^2 + 2bc$$

于是有

$$\lambda + \lambda^{-1} = \frac{a^2 + d^2 + 2bc}{ad - bc}$$

(ii) 设 $\lambda = \cos\theta - i\sin\theta$,代入上式得
$$\cos\theta + i\sin\theta + \cos\theta - i\sin\theta = \frac{a^2 + d^2 + 2bc}{ad - bc}$$

所以
$$2\cos\theta = \frac{a^2 + d^2 + 2bc}{ad - bc}$$

于是
$$(a+d)^2 = 2(ad-bc)\cos\theta - 2bc + 2ad =$$
$$2(ad-bc)(1+\cos\theta) =$$
$$4(ad-bc)\cos^2\frac{\theta}{2}$$

若 T 是使 $\lambda^T = 1$ 的最小自然数($T \geq 2$),则
$$\begin{cases} \cos T\theta = 1 \\ \sin T\theta = 0 \end{cases} \Rightarrow T\theta = 2S\pi$$

所以 $\theta = \frac{2S\pi}{T}$.

其中的 $S \in \{1,2,3,\cdots,T-1\}$,$(S,T) = 1$,此时 $\{f_n(x)\}$ 的周期为 T.

显然,当 x 是特征方程的根时,$x = f_n(x)$ 恒成立,这说明 $\{f_n(x)\}$ 的周期为 1.

特别地,我们有

推论 1 当且仅当 $a + d = 0$ 时,$\{f_n(x)\}$ 的周期为 2,且 n 为奇数时,$f_n(x) = f(x)$,n 为偶数时,$f_n(x) = x$.

证明 因为 $4\cos^2\frac{\pi}{2} = 0$,所以 $T = 2$,$S = 1$,$\lambda = -1$.

同理有

推论 2 当且仅当 $(a+d)^2 = ad - bc$ 时,$\{f_n(x)\}$ 的周期为 3.

推论 3 当且仅当 $(a+d)^2 = 2(ad-bc)$ 时,$\{f_n(x)\}$ 的周期为 4.

推论 4 当且仅当 $(a+d)^2 = 3(ad-bc)$ 时,$\{f_n(x)\}$ 的周期为 6.

……

一般地,$k = \frac{(a+d)^2}{ad-bc} = 4\cos^2\frac{\theta}{2} \in [0,4]$,但当 $k = 4$ 时,$\theta = 2l\pi$ ($l \in \mathbf{Z}$).此时 $\lambda = 1$,故无周期出现,因而 $0 \leq (a+d)^2 < 4(ad-bc)$,另一方面,如 $a + d \neq 0$ 且 $cx^2 + (d-a)x - b \neq 0$,或者 $ad - bc < 0$ 或者 $(a+d)^2 \geq 4(ad-bc)$ 时,$\{f_n(x)\}$ 将无周期出现.

例 1 $f(x) = \frac{2x-1}{x+1}$,$n \in \mathbf{N}_+$,求 $f_{28}(x)$.

解 由定理的推论 4,因为 $(a+d)^2 = 3(ad-bc)$,故 $\{f_n(x)\}$ 的周期为 6,$28 = 4 \times 6 + 4$,所以 $f_{28} = f_4$,又因 $f_2(x) = \frac{x-1}{x}$,所以 $f_4(x) = f_2[f_2(x)] = \frac{1}{1-x}$,所以 $f_{28}(x) = f_4(x) = \frac{1}{1-x}$.

注:也可这样求:$a = 2$,$b = -1$,$c = d = 1$,由 $x = \frac{2x-1}{x+1}$ 得

$$\alpha = \frac{1+\sqrt{3}\,\mathrm{i}}{2}, \beta = \frac{1-\sqrt{3}\,\mathrm{i}}{2}, p = \frac{1}{2}(3-\sqrt{3}\,\mathrm{i}), q = \frac{1}{2}(3+\sqrt{3}\,\mathrm{i})$$

由复数三角形式可得

$$p^{28} = 3^{14}\left(-\frac{1}{2} - \frac{\sqrt{3}}{2}\mathrm{i}\right), q^{28} = 3^{14}\left(-\frac{1}{2} + \frac{\sqrt{3}}{2}\mathrm{i}\right), \alpha\beta = 1$$

代入式 ① 得 $f_{28}(x) = \dfrac{1}{1-x}$.

12.3.4 周期数列

定义域为自然数集 $\mathbf{N}$(或它的有限子集 $\{1,2,\cdots,n\}$)的周期函数,当自变量从小到大依次取值时对应的一列函数值,便可构成周期数列. 实际上,对于数列 $\{a_n\}$,若从它的第 k 项起有 $a_{n+T} = a_n$ 或 $a_{n+T} \equiv a_n (\bmod\ p)(n \geqslant k)$ 恒成立,则称 $\{a_n\}$ 或 $\{a_n(\bmod\ p)\}$ 为周期数列,其中 T 为一常自然数,p 为一自然数. T 的最小值称为 $\{a_n\}$ 或 $\{a_n(\bmod\ p)\}$ 的周期. 当 $k=1$ 时,称为纯周期数列;当 $k \geqslant 2$ 时,称为混周期数列.

显然,周期数列的值域必是有限数集.

为讨论问题的方便,下面再介绍一下模数列与递归数列.

设 $\{a_n\}$ 是整数数列,m 是某个取定的大于 1 的自然数,若 b_n 是 a_n 除以 m 后的余数,则 $b_n \equiv a_n(\bmod\ m)$,且 $b_n \in \{0,1,\cdots,m-1\}$,则称数列 $\{b_n\}$ 是关于 m 的模数列,记作 $\{a_n(\bmod\ m)\}$.

若模数列 $\{a_n(\bmod\ m)\}$ 是周期的,则称 $\{a_n\}$ 是关于模 m 的周期数列.

数列的连续若干项满足的等量关系 $a_{n+k} = f(a_{n+k-1}, a_{n+k-2}, \cdots, a_n)$ 称为数列的递归关系,由递归关系及 k 个初始值 $a_1, a_2, \cdots, a_k$ 确定的数列叫递归数列.

由初始值 $a_1, a_2, \cdots, a_k$ 及常数 $\lambda_1, \lambda_2, \cdots, \lambda_k (c_k \neq 0)$ 有递归关系

$$a_{n+k} = \lambda_1 a_{n+k-1} + \lambda_2 a_{n+k-2} + \cdots + \lambda_k a_n + f(n) \qquad ①$$

所确定的数列叫 k 阶常数线性递归数列. 当 $f(n) = 0$ 时,称为常系数齐次线性递归数列(又称 k 阶循环数列). 例如等比数列满足 $a_{n+1} = qa_n$ 是一阶齐次线性递归数列,等差数列满足 $a_{n+2} = 2a_{n+1} - a_n$ 是二阶齐次线性递归数列.

递归数列的通项在求解时,常采用代数法(包括代数代换、对数代换、三角代换等)、迭代法、化归法(转化为等差、等比数列等)、待定系数法、数学归纳法以及特征根法.

把对应于常系数齐次线性递归数列的递归关系

$$a_{n+k} = \lambda_1 a_{n+k-1} + \lambda_2 a_{n+k-2} + \cdots + \lambda_k a_k \qquad ②$$

的方程

$$x^k = \lambda x^{k-1} + \lambda_2 x^{k-2} + \cdots + \lambda_k \qquad ③$$

称为其特征方程,方程的根称为 $\{a_n\}$ 的特征根.

如果方程 ③ 有 k 个不同的根 $x_1, x_2, \cdots, x_k$,那么数列的通项为

$$a_n = c_1 x_1^n + c_2 x_2^n + \cdots + c_k x_k^n \qquad ④$$

其中 $c_1, c_2, \cdots, c_k$ 是待定系数,可由 k 个初始值确定.

如果方程 ③ 有 $s(s<k)$ 个不同的根 $x_1, x_2, \cdots, x_s$,其中 $x_i(i=1,2,\cdots,s)$ 有 t_i 重根,且 $t_1 + t_2 + \cdots + t_s = k$,那么数列的通项为

$$a_n = c_1(n) \cdot x_1^n + c_2(n) \cdot x_2^n + \cdots + c_s(n) \cdot x_s^n \qquad ⑤$$

其中，$c_1(n)$ 为 n 的 $t_1 - 1$ 次多项式，$c_2(n)$ 为 n 的 $t_2 - 1$ 次多项式，$\cdots$，$c_s(n)$ 为 n 的 $t_s - 1$ 次多项式，这些多项式的共 k 个系数由 k 个初始值确定.

任一 k 阶齐次线性递归数列都是模周期数列.

例1 已知数列 $\{x_n\}$ 满足 $x_{n+1} = x_n - x_{n-1}(n \geq 2)$，$x_1 = a, x_2 = b$，记 $S_n = x_1 + x_2 + \cdots + x_n$，则下列结论正确的是 ( )

(A) $x_{100} = -a, S_{100} = 2b - a$　　(B) $x_{100} = -b, S_{100} = 2b - a$
(C) $x_{100} = -b, S_{100} = b - a$　　(D) $x_{100} = a, S_{100} = b - a$

解 选(A). 理由：经计算知数列 $\{x_n\}$ 的前几项是 $a, b, b-a, -a, -b, a-b, a, b, b-a, -a, -b, \cdots$，由此看出 $x_{n+6} = x_n$，即 $\{x_n\}$ 是周期为 6 的数列.

于是 $\qquad x_{100} = x_{6 \cdot 16 + 4} = x_4 = -a$

又
$$x_{6l+1} + x_{6l+2} + x_{6l+3} + x_{6l+4} + x_{6l+5} + x_{6l+6} = x_1 + x_2 + x_3 + x_4 + x_5 + x_6 =$$
$$a + b + (b-a) + (-a) + (-b) + (a-b) = 0$$

故 $\qquad S_{100} = S_{6 \cdot 16 + 4} = S_4 = a + b + (b-a) + (-a) = 2b - a$

例2 数列 $\{a_n\}$：$1, 9, 8, 5, \cdots$，其中 a_{i+4} 是 $a_i + a_{i+2}$ 的个位数字（$i = 1, 2, \cdots$）. 试证：$a_{1\,985}^2 + a_{1\,986}^2 + \cdots + a_{2\,000}^2$ 是 4 的倍数.

证明 数列 $\{a_n\}$ 中 a_i 为奇或偶数时，分别记 b_i 为 1，0，则得数列 $\{b_n\}$：$1, 1, 0, 1, 0, 1, 1, 0, 0, 1, 0, 0, 0, 1, 1; 1, 1, 0, 1, 0, 1, 1, 0, 0, 1, 0, 0, 0, 1, 1; \cdots$，且 a_i 与 b_i 的奇偶性相同. 由数列 $\{a_n\}, \{b_n\}$ 的定义及前面得出的数列 $\{b_n\}$ 的一些项可见，数列 $\{b_n\}$ 是以周期为 15 的周期数列. 即 $b_{i+15} = b_i$，而 $1\,985 \equiv 5 \pmod{15}$，$1\,986 \equiv 6 \pmod{15}$，$\cdots$，$2\,000 \equiv 5 \pmod{15}$，于是 $b_{1\,985} = b_5 = 0, \cdots, b_{2\,000} = b_5 = 0$，即在 $a_{1\,985}$ 至 $a_{2\,000}$ 的 16 项中，奇数、偶数各有 8 项. 由于偶数的平方使 4 整除，奇数的平方被 4 除余 1. 由此即证得命题成立.

例3 已知 $a_1 = 1, a_2 = 2, a_{n+2} = \begin{cases} 5a_{n+1} - 3a_n, a_n \cdot a_{n+1} \text{ 为偶数时} \\ a_{n+1} - a_n, a_n \cdot a_{n+1} \text{ 为奇数时} \end{cases}$

试证：对一切 $n \in \mathbf{N}, a_n \neq 0$.

证法1 由题设递归关系，知 a_n, a_{n+1}, a_{n+2} 的奇偶性只有三种情形：奇，偶，奇；偶，奇，奇；奇，奇，偶. $a_1 = 1, a_2 = 2, a_3 = 7$，均不是 4 的倍数. 下面证明 $\{a_n\}$ 中所有的项都不是 4 的倍数. 设存在使 a_m 是 4 的倍数的最小下标 m，则 $m > 3$，且 a_{m-1}, a_{m-2} 均为奇数，a_{m-3} 为偶数. 由 $a_{m-1} = 5a_{m-2} - 3a_{m-3}$ 和 $a_m = a_{m-1} - a_{m-2}$ 得 $3a_{m-3} = 4a_{m-2} - a_m$，故 a_{m-3} 是 4 的倍数，与所设矛盾. 命题获证.

证法2 由于此数列不是周期数列，但模 4 后得到数列为周期数列，从数列的开头几项 $1, 2, 7, 29, 22, 23, 49, 26, -17, \cdots$，模 4 后得 $1, 2, 3, 1, 2, 3, 1, 2, 3, \cdots$.

设 $a_{n+3} \equiv a_n \pmod 4$，对 $n = 1, 2, \cdots, k \geq 3$ 成立，则 $a_{k+2} \equiv a_{k-1} \pmod 4$，所以 $a_{k+2} \cdot a_{k+3}$ 与 $a_{k-1} \cdot a_k$ 奇偶性相同，所以

$$a_{k+4} \equiv 5a_{k+3} - 3a_{k+2} \equiv 5a_k - 3a_{k-1} \equiv a_{k-1} \pmod 4$$

或
$$a_{k+4} \equiv a_{k+3} + a_{k+2} \equiv a_k + a_{k-1} \equiv a_{k+1} \pmod 4$$

因此，有 $\{a_n\}$ 模 4 后，余数成周期数列，周期为 3. 因此，$a_n \not\equiv 0 \pmod 4$，更有 $a_n \neq 0$.

例4 已知数列 $\{a_n\}$ 中，$a_1 = 3, a_{n+1} = 2a_n + 4$，求这个数列的通项.

解法 1 由 $a_{n+1} = 2a_n + 4$ 得 $a_n = 2a_{n-1} + 4$，相减得 $a_{n+1} - a_n = 2(a_n - a_{n-1})$，可见 $\{a_{n+1} - a_n\}$ 是首项为 $a_2 - a_1 = 2a_1 + 4 - a_1 = 7$，公比为 2 的等比数列，故其通项为 $a_{n+1} - a_n = 7 \cdot 2^{n-1}$，与已知式 $a_{n+1} = 2a_n + 4$ 联立得 $a_n = 7 \cdot 2^{n-1} - 4$.

解法 2 由 $a_{n+1} = 2a_n + 4$ 得 $a_n = 2a_{n-1} + 4$，相减得 $a_{n+1} = 3a_n - 2a_{n-1}$.

其特征方程为 $x^2 = 3x - 2$，求得 $x_1 = 1, x_2 = 2$.

于是，由式 ④，可设 $a_n = c_1 \cdot x_1^n + c_2 \cdot x_2^n$，其中 c_1, c_2 由方程组

$$\begin{cases} a_1 = c_1 + 2c_2 = 3 \\ a_2 = c_1 + 4c_2 = 2a_1 + 4 = 10 \end{cases}$$

确定，求得 $c_1 = -4, c_2 = \dfrac{7}{2}$.

故

$$a_n = -4 \cdot 1^n + \dfrac{7}{2} \cdot 2^n = 7 \cdot 2^{n-1} - 4$$

解法 3 用待定系数法，设 $(a_{n+1} + x) = 2(a_n + x)$，由已知式 $a_{n+1} = 2a_n + 4$ 两边加上 4，即得 $x = 4$.

由上知数列 $\{a_n + 4\}$ 成等比数列，首项为 $a_1 + 4 = 7$，公比为 2，故 $a_n + 4 = 7 \cdot 2^{n-1}$，故 $a_n = 7 \cdot 2^{n-1} - 4$.

例 5 数列 $\{a_n\}$ 满足 $a_1 = 1, a_{n+1} = 2a_n + n^2$，求通项公式 a_n.

解法 1 令 $a_n = b_n + sn^2 + tn + k$ (s, t, k 为待定常数)，则

$$b_{n+1} + s(n+1)^2 + t(n+1) + k = 2(b_n + sn^2 + tn + k) + n^2$$

即

$$b_{n+1} = 2b_n + (s+1)n^2 + (t-2s)n + k - t - s$$

令 $\begin{cases} s+1 = 0 \\ t - 2s = 0 \\ k - t - s = 0 \end{cases}$，解得 $\begin{cases} s = -1 \\ t = -2 \\ k = -3 \end{cases}$.

于是，由 $a_1 = b_1 - 1 - 2 - 3 = 1$，得 $b_1 = 7$，且 $b_{n+1} = 2b_n = 2^2 b_{n-1} = \cdots = 7 \cdot 2^n$.

因此，$b_n = 7 \cdot 2^{n-1} (n \geq 1)$，故 $a_n = 7 \cdot 2^n - n^2 - 2n - 3$.

解法 2 由 $a_{n+1} = 2a_n + n^2$，有

$$a_n = 2a_{n-1} + (n-1)^2$$

两式相减得

$$a_{n+1} = 3a_n - 2a_{n-1} + 2n - 1$$

由上式，有

$$a_n = 3a_{n-1} - 2a_{n-2} + 2(n-1) - 1$$

上述两式相减得

$$a_{n+1} = 4a_n - 5a_{n-1} + 2a_{n-2} + 2$$

又由上式，有

$$a_n = 4a_{n-1} - 5a_{n-2} + 2a_{n-3} + 2$$

此两式相减，得

$$a_{n+1} = 5a_n - 9a_{n-1} + 7a_{n-2} - 2a_{n-3}$$

从而得其特征方程为

$$x^4 - 5x^3 + 9x^2 - 7x + 2 = 0$$

解得
$$x_1 = x_2 = x_3 = 1, x_4 = 2$$

于是,可设
$$a_n = (c_1 + c_2 n + c_3 n^2) \cdot 1^n + c_4 \cdot 2^n$$

由 $a_1 = 1, a_{n+1} = 2a_n + n^2$,求得 $a_2 = 3, a_3 = 10, a_4 = 29$.

得方程组
$$\begin{cases} c_1 + c_2 + c_3 + 2c_4 = 1 \\ c_1 + 2c_2 + 4c_3 + 4c_4 = 3 \\ c_1 + 3c_2 + 9c_3 + 8c_4 = 10 \\ c_1 + 4c_2 + 16c_3 + 16c_4 = 29 \end{cases}$$

求解得
$$c_1 = -3, c_2 = -2, c_1 = -1, c_4 = \frac{7}{2}$$

故
$$a_n = 7 \cdot 2^{n-1} - n^2 - 2n - 3$$

由周期数列的性质(值域为有限数集)及上述几例,对判断一个数列是否为周期数列有如下更一般性的认识.

定理 1 设数列 $\{a_n\}$ 由 $a_n = f(a_{n-1})(n \geq 2)$ 所定义,其中 $f(x)$ 是定义在数集 D 上的函数,且 $a_n \in D(n = 1, 2, \cdots)$,若数列 $\{a_n\}$ 的值域为一有限数集,则 $\{a_n\}$ 必是周期数列.

证明 由已知,设 $a_n \in \{b_1, b_2, \cdots, b_l\}(n = 1, 2, \cdots)$,其中 $b_i \in D(i = 1, 2, \cdots, l)$,则 $a_1, a_2, a_3, \cdots, a_l, a_{l+1}$ 这 $l+1$ 个数中至少有两个是相等的,不妨设 $a_{k+T} = a_k(k \geq 1, T \geq 1, k + T \leq l + 1)$,则由 $a_n = f(a_{n+1})(n \geq 2)$ 得
$$a_{k+1+T} = f(a_{k+T}) = f(a_k) = a_{k+1}$$
$$a_{k+2+T} = f(a_{k+1+T}) = f(a_{k+1}) = a_{k+2}$$
从而可用数学归纳法证明 $a_{n+T} = a_n(n \geq k)$,由周期数列定义,$\{a_n\}$ 是周期数列.

定理 2 已知斐波那契数列 $\{u_n\}: u_0 = 0, u_1 = 1, u_{n+1} = u_n + u_{n-1}(n \geq 1)$,则对任何自然数 p,$\{u_n(\bmod p)\}$ 是纯周期数列.

证明之前,可看几个特殊情形:

当 $p = 2$ 时,$\{u_n(\bmod 2)\}$ 是周期为 3 的数列;

当 $p = 3$ 时,$\{u_n(\bmod 3)\}$ 是周期为 8 的数列;

当 $p = 4$ 时,$\{u_n(\bmod 4)\}$ 是周期为 6 的数列;

当 $p = 5$ 时,$\{u_n(\bmod 5)\}$ 是周期为 20 的数列;

……

证明 设 $u_n \equiv v_n(\bmod p)$,其中 $0 \leq v_n < p$,我们研究如下的有序数列:$(v_0, v_1), (v_1, v_2), \cdots, (v_n, v_{n+1}), \cdots$,其中 $(v_0, v_1) = (0, 1)$,而且规定两数当且仅当 $a_1 = a_2, b_1 = b_2$ 时相等.

如果我们能证明 $(v_k, v_{k+1}) = (0, 1) = (v_0, v_1)(k \geq 1)$,则由 $u_{n+1} = u_n + u_{n-1}$,我们就可推出
$$(v_{k+1}, v_{k+2}) = (v_1, v_2), (v_{k+2}, v_{k+3}) = (v_2, v_3), \cdots$$
从而可用数学归纳法证明 $\{u_n(\bmod p)\}$ 是纯周期数列.

事实上,有序数对 $(v_0, v_1), \cdots, (v_n, v_{n+1})$ 中不相等的数对共有 p^2 个. 因此,在这些数对中

取出前 $p^2 + 1$ 个数对必有两个是相等的. 不妨设
$$(v_l, v_{l+1}) = (v_m, v_{m+1}) \quad (0 \leqslant l < m < p^2)$$
若 $l = 0$, 则 $k = m$, 使
$$(v_k, v_{k+1}) = (v_0, v_1) = (0, 1)$$
若 $l \geqslant 1$, 则因
$$u_{l-1} = u_{l+1} - u_l, u_{m-1} = u_{m+1} - u_m$$
故
$$v_{l-1} = v_{m-1}$$
从而
$$(v_{l-1}, v_l) = (v_{m-1}, v_m)$$

如此逐次倒退, 我们必能找到 k, 使 $(v_k, v_{k+1}) = (v_0, v_1) = (0, 1)$, 命题得证.

类似于上述定理 2 的证明, 我们还可证明下面的定理.

定理 3 设 $u_0, u_1, \cdots, u_{l-1}$ 是整数, $u_{n+l} = f(u_n, u_{n+1}, \cdots, u_{n+l-1}) (n \geqslant 0)$, 其中 f 是 u_n, $u_{n+1}, \cdots, u_{n+l-1}$ 的整系数多项式, 则 $\{u_n (\bmod p)\}$ 是纯周期数列.

定理 4 设 $u_0, u_1, \cdots, u_{l-1}$ 是整数, $u_{n-l} = u_n + u_{n+1} + \cdots + u_{n+l-1} (n \geqslant 0)$, 则 $\{u_n (\bmod p)\}$ 是纯周期数列.

除上之外, 运用数学归纳法也可证明数列的周期性. (参见本章思考题第 4 题)

12.3.5 其他周期现象

例 1 地面上有 A, B, C 三点, 一只青蛙位于地面上距点 C 为 0.27 m 的点 P, 青蛙第一步从 P 跳到关于 A 的对称点 P_1, 我们把这个动作说成是青蛙从点 P 关于点 A 作"对称跳"; 第二步从 P_1 出发对点 B 作对称跳到达 P_2; 第三步从 P_2 出发对点 C 作对称跳到达 P_3; 第四步从 P_3 再对 A 作对称跳到达 P_4; …… 按这种方式一直跳下去, 若青蛙第 1 997 步对称跳之后到达 $P_{1\,997}$, 问此点与出发点 P 的距离为多少厘米?

解 以 P 为原点, 在地面上建立直角坐标系, 如图 12.3.1 所示. 设 A, B, C 三点坐标为 $(a_1, a_2), (b_1, b_2), (c_1, c_2)$. 由于 $P(0,0)$, 根据对称跳定义, 点 P_1 的坐标为 $(2a_1, 2a_2)$, 设 P_2 的坐标为 (x_2, y_2). 由于 B 是 P_1 与 P_2 的中点, 因此
$$b_1 = \frac{2a_1 + x_2}{2}, b_2 = \frac{2a_2 + y_2}{2}$$

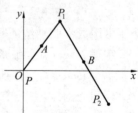

图 12.3.1

我们先只考虑横坐标 $x_2 = 2b_1 - 2a_1$. 设 P_i 的坐标 $(x_i, y_i), i = 1, 2, \cdots, b$. 我们又有
$$x_3 = 2c_1 - x_2 = 2(c_1 - b_1 + a_1)$$
$$x_4 = 2a_1 - x_3 = 2(b_1 - c_1)$$
$$x_5 = 2b_1 - x_4 = 2c_1$$
$$x_6 = 2b_1 - x_5 = 0$$

类似地可知 $y_6 = 0$, 这表明 $P_6 = P$. 也就是说, 经过关于 A, B, C 的六次对称跳之后, 青蛙又回到了原出发点. 这也说明: 这样的对称跳以 6 为周期. 由于 1 997 = 3 × 664 + 5, 所以经过 1 997 步对称跳, 实际上相当于只作了 5 次对称跳, 或者说只差一跳就回到原地, 即 $P_{1\,997} = P_5$, 它与 P 是关于点 C 对称的两点. 因此 P_5 与 P 的距离等于
$$2 \cdot d(p, c) = 2 \cdot 0.27 (\mathrm{m}) = 54 (\mathrm{cm})$$

此为所求.

思 考 题

1. 任给 n 个整数,证明:必能从其中选出 k 个($1 \leqslant k \leqslant n$),使得它们的和能被 n 整除.

2. 证明:每一个分数都可以化成有限或循环小数.

3. 求 $2863^{730563^{3729}}$ 的个位数码.

4. 函数定义在整数集上,且满足
$$f(n) = \begin{cases} n - 3, & \text{若 } n \geqslant 1\,000 \\ f[f(n + 5)], & \text{若 } n < 1\,000 \end{cases}$$
求 $f(84)$.

5. 设 $P(x), Q(x), R(x)$ 及 $S(x)$ 都是多项式,使
$$P(x^5) + xQ(x^5) + x^2 \cdot R(x^5) = (x^4 + x^3 + x^2 + 1)S(s)$$
成立. 证明:$x - 1$ 是 $P(x)$ 的一个因式.

6. 有一无穷小数 $A = 0. a_1 a_2 a_3 \cdots a_n a_{n+1} a_{n+2} \cdots$,其中 $a_i(i = 1, 2, \cdots)$ 是 $0, 1, 2, \cdots, 9$ 中的一个数,并且 a_1 是奇数,a_2 是偶数,a_3 等于 $a_1 + a_2$ 的个位数,a_4 等于 $a_2 + a_3$ 的个位数,$\cdots$,a_{n+2} 等于 $a_n + a_{n+1}(n = 1, 2, \cdots)$ 的个位数. 证明:A 是有理数.

7. 有一个有限的数列 $x_1, x_2, \cdots, x_{13}, x_{14}$,已知其中任何相邻三项之和为 20,并且 $x_4 = 9$,$x_{12} = 7$,问 x_8 等于多少?

8. 设 a 是一个自然数,$f(a)$ 是 a 的各位数字的平方和,定义数列 $\{a_n\}$:a_1 是不超过三位的自然数,$a_n = f(a_{n-1})(n \geqslant 2)$.

试证:不论 a_1 取何值,$\{a_n\}$ 是周期数列.

9. 在同一平面上,有点 A 和点 P,一个从点 P 开始,向 A 直线前进,到达点 A 后,向左拐 $90°$,继续直线前进,走同样长的距离到达一点 P_1,这样,我们说这个人完成了一次关于点 A 的左转弯运动. 平面上四个点 A, B, C, D 是一正方形的四个顶点,另一点 P 距离点 $D\,10\,\text{km}$. 一个人从点 P 出发,先关于点 A 作左转弯运动到达一点 P_1,接着从点 P_1 出发关于点 B 作左转弯运动到达一点 P_2,然后依次关于点 $C, D, A, B, \cdots \cdots$ 连续地作左转弯运动. 作过 $11\,111$ 次左转弯运动后,到达点 Q,问 Q 距离出发点 P 有多少千米?

思考题参考解答

1. 设所给的 n 个整数为 $a_1, a_2, \cdots, a_n$,顺次取 1 至 n 个数作和:$S_1 = a_1$,$S_2 = a_1 + a_2$,$\cdots$,$S_n = a_1 + a_2 + \cdots + a_n$. 把 $S_1, S_2, \cdots, S_n$ 这 n 个数对模 n 分类,若它们都属于不同的类,则有 S_i 属于 k_0 内,即 $S_i = a_1 + a_2 + \cdots + a_i$ 能被 n 整除. 若有 S_i 和 $S_j(i < j)$ 都属于同一类 k_r,则 $S_i = a_1 + a_2 + \cdots + a_i = qn + r$,$S_j = a_1 + \cdots + a_i + \cdots + a_j = sn + r$. $S_j - S_i = a_{i+1} + \cdots + a_j = (s - q)n$.

2. 先把这个分数化为既约真分数或带分数. 只对既约真分数 $\dfrac{q}{p}$ 进行讨论就可以了. 以整数 p 去除整数 q,可得小数点后第一位商 S_1 及余数 r_1,再以 p 去除 r_2 得第二位商及余数 r_2,这样下去,若某个余数为 0,则已得到一个有限小数;若各次的余数都不为 0,则可一直除下去,由于除数为 p,因此每次的余数只可能是 $1, 2, \cdots, p - 1$ 这 $p - 1$ 个数中的一个,这样至多除 p 次就可以得到两个相同的余数,余数既同,后继的商也就会重复出现,便得循环小数.

3. 因 730 是偶数,所以 $4 \mid 730^{5633\,729}$,又原式的个位数与 $2\,863^4$ 的个位数相同,故所求个位数码是 1.

4. 先从 $n = 1\,000$ 附近出发求 $f(n)$.
$$f(999) = f[f(1\,004)] = f(1\,001) = 998$$
$$f(998) = f[f(1\,003)] = f(1\,000) = 997$$
$$f(997) = f[f(1\,002)] = f(999) = 998$$
$$f(996) = f[f(1\,001)] = f(998) = 997$$
$$\vdots$$

由不完全归纳法可推出 $f(84) = 997$. 但我们需要数学归纳法证明当 $n < 1\,000$ 时, $f(n)$ 是周期为 2 的数列.

设 $a_n = f(1\,000 - n)(n = 1,2,\cdots)$,显然 $a_1 = 998, a_2 = 997, a_3 = 998, a_4 = 997$. 假设当 $n \leq 2k(k \geq 2)$ 时, $a_{2n} = 997, a_{2n-1} = 998, a_{2n-2} = 997, a_{2n-3} = 998$,则当 $n = 2(k + 1)$ 时, $a_{2(k+1)} = f(1\,000 - 2(k + 1)) = f[f(1\,000 - (2k - 3))] = f(a_{2k-1}) = f(998) = a_2 = 997$. 同理可证 $a_{2(k+1)-1} = 998$. 这样,证实了 $a_n = f(1\,000 - n) = \begin{cases} 997, & \text{当 } n \text{ 为偶数时} \\ 998, & \text{当 } n \text{ 为奇数时} \end{cases}$. 即 $a_{n+1} = a_n(n \geq 1)$.

5. 设 $\varepsilon = \cos\dfrac{2\pi}{5} + i\sin\dfrac{2\pi}{5}$,则 $\varepsilon^5 = 1$,且 $\varepsilon, \varepsilon^2, \varepsilon^3, \varepsilon^4$ 恰是方程 $x^4 + x^3 + x^2 + x + 1 = 0$ 的四个根. 将 $\varepsilon, \varepsilon^2, \varepsilon^3$ 分别代替已知等式中的 x,可知 $\varepsilon, \varepsilon^2, \varepsilon^3$ 是方程 $p(1) + xQ(1) + x^2R(1) = 0$ 的三个不同的根,于是只能 $p(1) = Q(1) = R(1) = 0$.

6. 证 A 为循环小数即可,由无穷小数 A 的构成规律可知,它的每一位数字是由这个数字的前面两位数字决定的. 因此,如果某两个数字 ab 重复出现,即 $0.\cdots ab\cdots ab\cdots$,则此小数开始循环. 由于一个奇数与一个偶数之和的个位数是奇数,而两个奇数之和的个位数必为偶数,所以由题设条件可知,无穷小数 A 的各位数字有如下的奇偶性规律
$$A = 0.\boxed{\text{奇偶}}\text{奇}\;\boxed{\text{奇偶}}\text{奇}\;\boxed{\text{奇偶}}\text{奇}\cdots$$

现在考虑非负有序整数对 (a,b),其中前一数 a 是奇数(即 $a = 1,3,5,7,9$),后一数 b 是偶数(即 $b = 0,2,4,6,8$),这样的数对一共只有 25 个是不同的,那么 26 个这样的数对中就至少有两个完全一样的,也就是说,在构成 A 的前 26 个 $\boxed{\text{奇偶}}$ 奇数组中,至少要出现两组是相同的,这就证明 A 是一个循环小数.

7. 由题设 $x_1 + x_2 + x_3 = x_2 + x_3 + x_4 = x_3 + x_4 + x_5 = \cdots$,得到 $x_1 = x_4 = x_7 = x_{10} = x_{13}$, $x_2 = x_5 = x_8 = x_{11} = x_{14}, x_3 = x_6 = x_9 = x_{12}$,这就是说,对这个数列总有 $x_{i+3} = x_i, i = 1,2,\cdots,11$. 即,此数列是以 3 为周期的数列. 由于 $x_7 = x_4 = 9, x_9 = x_{12} = 7$. 故由 $x_7 + x_8 + x_9 = 20$. 得 $x_8 = 4$.

8. 设 $a_1 = 10^2 x_1 + 10 y_1 + z_1$,其中 x_1, y_1, z_1 是不全为 0 的不超过 9 的非负整数,则 $f(a_1) \leq 9^2 + 9^2 + 9^2 = 243$,即 $a_2 \leq 243$. 用数学归纳法可证 $a_n \leq 999(n \geq 1)$,即 $\{a_n\}$ 的值域为一有限集,由定理 1,可知 $\{a_n\}$ 是周期数列.

9. 作开头四步左转弯运动(图略),由图有
$$\triangle ApD \cong \triangle Ap_1B \cong \triangle Cp_2B \cong \triangle Cp_3D \cong \triangle Ap_4D$$

这就是说,无论从哪一点出发,对 A,B,C,D 四步作 $90°$ 左转弯之后,又回到了原来的出发点. 这是周期为 4 的周期现象. 由于 $11\ 111 \equiv 3 \pmod{4}$,故 $pp_3 = \sqrt{DP_3^2 + Dp^2} = \sqrt{2}Dp = 10\sqrt{2}(\text{km})$.

第十三章　开关原理

每一件电器都至少由一个开关控制着. 需要使用电器时就用开关接通电路电源, 不需要使用了就用开关断开电路电源. 开关是每一件电器必不可少的装置, 它呈现出两种状态控制着电器, 为人类造福. 我们把这种现象运用到数学中便有如下的原理.

开关原理 I　我们可把整数只分为两类. 按模 2 的剩余类分为 $\{0\}$, $\{1\}$ 类, 亦即为偶数、奇数两类.

开关原理 II　我们可规定一种数的进制. 每一个数位上的数只有两种状态: 0 与 1 的二进制.

以上原理实质上也是重现原理的内容之一.

下面给出这两个原理应用的若干例子, 通过它们可以比较鲜明地表现出原理的应用价值, 同时也提供出一些吸引人的解题方法 —— 奇偶分析法、二进位制分析法, 并介绍深入研究问题的某些途径.

13.1　奇偶分析法

整数分为奇数、偶数后, 奇、偶数具有如下一系列有趣性质.(用 1, 0 分别表示奇、偶数, "+""-""·"仍表示通常的加、减、乘运算)

性质 1　$1 \neq 0; 1 \pm 0 \equiv 1; 1 \pm 1 = 0; 0 \pm 0 = 0; 1 \cdot 0 = 0; 1 \cdot 1 = 1; 0 \cdot 0 = 0.$
$\underbrace{1 \pm 1 \pm \cdots \pm 1}_{\text{奇数个}} = 1; \underbrace{1 \pm 1 \pm 1 \pm \cdots \pm 1}_{\text{偶数个}} = 0; \underbrace{1 \cdot 1 \cdot \cdots \cdot 1}_{\text{任意有限个}} = 1.$

性质 2　对于任意整数 $a, a \pm 0$ 与 a 同奇偶; $a \pm 1$ 与 a 奇偶不同; $a \cdot 1 = a; a \cdot 0 = 0$.

性质 3　任意两整数的和与差的奇偶性相同. 任意两个连续整数中必有一奇一偶. 任意三个整数中, 必有两个同奇偶. 任意五个平面整点中必有两个的奇偶性相同.

性质 4　若任意多个整数的积是偶数, 则这些整数中至少有一个偶数; 若任意多个整数的积为奇数, 则这些整数每一个都为奇数; 在 $1, 2, 3, \cdots, n$ 中有 $\left[\dfrac{n}{2}\right]$ 个偶数, 有 $\left[\dfrac{n+1}{2}\right]$ 个奇数, 其中 $[x]$ 表示不超过 x 的最大整数.

性质 5　偶数的平方能被 4 整除, 奇数的平方被 4 除余 1. 任意两个整数的平方和被 4 除一定不余 3; 任意两个整数的平方差被 4 除一定不余 2.

某些涉及任意整数(或较复杂)的问题, 由于整数有无限多个(或比较多), 而我们不可能逐个进行分析验证. 对于这种问题, 我们常利用如上性质处理(奇偶分析), 使问题迎刃而解. 下面从六个方面列举若干例子.

13.1.1　末位数问题

设 $a \in \mathbf{N}$, 记 a 的末位数为 $G(a)$, 显然由重现原理 II 可写成 $G(a^{4k+m}) = G(a^m)$. 由此及

二项式定理便有：

若 b 为奇数，c 为偶数，则 $G(a^{b^c}) = G(a)$；

若 b 为偶数，c 为奇数，则 $G(a^{b^c}) = G(a^4)$；

若 b,c 都是偶数，则 $G(a^{b^c}) = G(a^4)$；

若 b,c 都是奇数，则 $G(a^{b^c}) = G(a^b)$.

例 1　试求 $1988^{1989^{1990}}$ 的个位数码.

解　因 $b = 1989$，$c = 1990$，则 $G(1988^{1989^{1990}}) = G(1988)$，故所求个位数码为 8.

例 2　设 n 是整数，如果 n^2 的十位数字是 7，那么 n^2 的个位数字是什么？

解　设 $n = 10x + y$，其中 x,y 是整数，$0 \le y \le 9$，那么
$$n^2 = 100x^2 + 20xy + y^2 = 20(50x^2 + xy) + y^2$$

又 n^2 的十位数字是奇数 7，故 y^2 的十位数字必是奇数.

所以，y^2 为 16 或 36. 因此 n^2 的个位数字只能是 6.

例 3　若 k 是大于 1 的整数，a 是 $x^2 - kx + 1 = 0$ 的根，对于大于 10 的任意自然数 n，$a^{2^n} + a^{-2^n}$ 的个位数字总是 7，则 k 的个位数字是多少？

解　令 $u_n = a^{2^n} + a^{-2^n}(n = 0,1,2,\cdots)$，易得
$$u_n = u_{n-1}^2 - 2 \quad (n = 1,2,\cdots) \qquad ①$$

又由韦达定理，有 $u_0 = a + \dfrac{1}{a} = k$ 是偶数. 下面证明 k 不是偶数. 事实上，$u_1 = k^2 - 2$ 是偶数，则由式①知，$u_1 = k^2 - 2$ 是偶数，由此又得 $u_2 = u_1^2 - 2$ 是偶数，如此继续下去，一切 $u_n(n = 0, 1,\cdots)$ 都是偶数，从而 $G(u_n) \ne 7$，与所设矛盾.

由上知，$G(k) = 1,3,5,7,9$.

(1) 若 $G(u_0) = G(k) = 1$，因 $k > 1$，故 $u_0 \ge 11$，从而 $G(u_1) = G(u_0^2 - 2) = 9$，$G(u_2) = G(u_1^2 - 2) = 9$，$G(u_3) = \cdots = G(u_n) = 9(u > 1)$，这与题设矛盾.

(2) 若 $G(u_0) = G(k) = 3$，则 $G(u_1) = G(u_0^2 - 2) = 7$，$G(u_2) = G(u_3) = \cdots = G(u_n) = 7(n = 2,3,\cdots)$，即 $G(k) = 3$ 是可能的.

同理，$G(k) = 5$，$G(k) = 7$ 都是可能的，而 $G(k) = 9$ 是不可能的.

故所求个位数字为 3，5，7.

例 4　试求20 世纪 80 年代发现的最大素数 $2^{86\,243} - 1$ 的末四位数字.

解　设法把 $2^{86\,243}$ 表示为 $10R + l$ 的形式，即
$$2^{86\,243} = 2^3 \cdot 2^{10 \cdot 8\,624} = 2^3 \cdot (1\,025 - 1)^{8\,624} =$$
$$2^3(1\,025^{8\,624} - 8\,624 \cdot 1\,025^{8\,623} + \cdots - 8\,624 \cdot 1025 + 1) =$$
$$2^3(1\,025^2 M - 8\,624 \cdot 1025 + 1)$$

因 $2^{10 \cdot 8\,624}$ 是偶数，所以上式中的 M 应是奇数，显然 $M > 9$，故不妨设 $M = 2k + 9$，则
$$2^{86\,243} = 2^3 \cdot [1\,025^2(2k + 9) - 8\,624 \cdot 1\,025 + 1] =$$
$$2^4 \cdot 1\,025^2 \cdot k + 2^3 \cdot [(9\,225 - 8\,624) \cdot 1\,025 + 1] =$$
$$1\,681k \cdot 10^4 + 8 \cdot 616\,026 =$$
$$1\,681k \cdot 10^4 + 4\,928\,208$$

故所求末四位数字是 8 207.

13.1.2 整除性问题

例 1 试证 $3^n + 1$ 能被 2 或 2^2 整除,而不能被 2 的更高次幂整除.

证明 当 n 为偶数时,设 $n = 2k, k \in \mathbf{Z}$.

因
$$3^n + 1 = 3^{2k} + 1 = (8+1)^k + 1 = 2(4N+1)$$

则当 n 为偶数时,$2 \mid 3^n + 1$;当 n 为奇数时,设 $n = 2k+1$,则
$$3^n + 1 = 3 \cdot 3^{2k} + 1 = 3(8N+1) = 4(6N+1)$$

这说明 $3^n + 1$ 能被 2^2 整除.

由于 $4N+1, 6N+1$ 都是奇数,所以 $3^n + 1$ 不可能被 2 的更高次幂整除.

例 2 (Ⅰ)有 n 个整数,其积为 n,其和为零. 求证:数 n 被 4 整除;(Ⅱ)设 n 为被 4 整除的自然数,求证:可以找到 n 个整数,使其积为 n,其和为零.

证明 (Ⅰ)设 $a_1, a_2, \cdots, a_n$ 满足题设,即

$$a_1 + a_2 + \cdots + a_n = 0 \qquad ①$$
$$a_1 \cdot a_2 \cdots \cdots a_n = n \qquad ②$$

若 n 为奇数,那么由式②所有的因数 a_i 皆为奇数,而奇数个奇数之和为奇数. 故这时式①不成立;若 n 为偶数,那么由式②知 a_i 中必有一个偶数,由式①知 a_i 中必有另一个偶数,否则奇数个奇数与一个偶数之和为奇数,不为 0. 于是 a_i 中必有两个偶数,因而由式②知 n 必被 4 整除.

(Ⅱ)设 $n = 4k$,当 k 为奇数时,$n = 2 \cdot (-2k) \cdot 1^{3k-2} \cdot (-1)^k$,而 $2, (-2k), (3k-2)$ 个 1 与 k 个 -1 共 $4k$ 个数之和为 0;当 k 为偶数时,$n = (-2) \cdot (-2k) \cdot 1^{3k} \cdot (-1)^{k-2}$,而 $-2, (-2k), 3k$ 个 1 与 $k-2$ 个 -1 共 $4k$ 个数之和为 0.

13.1.3 方程问题

例 1 设 $f(x) = a_n x^n + a_{n-1} x^{n-1} + \cdots + a_1 x + a_0$ 是整系数多项式. 若 $f(0), f(1)$ 是奇数,则 $f(x) = 0$ 没有整数根.

证明 由题设知 $a_0 = f(0)$ 是奇数,$a_0 + a_1 + a_2 + \cdots + a_n = f(1)$ 是奇数,若有整数 x_0 满足
$$f(x_0) = a_n x_0^n + a_{n-1} x_0^{n-1} + \cdots + a_1 x_0 + a_0 = 0$$

那么 $x_0 \mid a_0$,所以 x_0 也是奇数. 但 a_i 与 $a_i x_0^i$ 同奇偶,所以 $f(x_0) = a_n x_0^n + \cdots + a_1 x_0 + a_0$ 与 $f(1) = a_n + \cdots + a_1 + a_0$ 同为奇数. 这与 $f(x_0) = 0$ 矛盾.

例 2 求方程 $x^y + 1 = z$ 的素数解.

解 对 x 分奇数、偶数两种情况讨论,每种情况中 y 又分奇数、偶数进行讨论.

若 x 为奇数,则不论 y 是奇数与偶数,x^y 都是奇数,则 $x^y + 1$ 是偶数,即 z 是偶数. 又因 z 要是素数,于是 $z = 2$. 此时 $x = 1, y = 1$. 然而 1 不是素数,这说明 x 不能为奇数.

若 x 为偶数,因 x 是素数,有 $x = 2$. 当 y 为奇数时,因 $y > 1$,此时 $2^y + 1$ 能被 $2+1 = 3$ 整除,从而 z 不可能是素数;当 y 为偶数时,此时 $y = 2, x = 2$,有 $z = 2^2 + 1 = 5$. 故原方程有唯一素数解 $(2, 2, 5)$.

例 3 求方程 $x^2 + y^2 + z^2 = w^2$ 的正整数解.

解 若此不定方程有正整数解,可先假设$(x,y,z) = 1$.

因当$(x,y,z) = d_0 > 1$时,由$d_0^2 | x^2, d_0^2 | y^2, d_0^2 | z^2$,得$d_0^2 | x^2 + y^2 + z^2$有$d_0^2 | w^2$,即$d_0 | w$. 此时,不定方程两边可同时约去$d_0$,使

$$(\frac{x}{d_0}, \frac{y}{d_0}, \frac{z}{d_0}) = 1$$

当$(x,y,z) = 1$时,显然x,y,z不可能同时为偶数,我们也可证得x,y,z不可能同时为奇数,否则

$$w^2 = x^2 + y^2 + z^2 = (2k_1 + 1)^2 + (2k_2 + 1)^2 + (2k_3 + 1)^2 = 4m + 3$$

与正整数w的平方或者为4的倍数或者为4的倍数余1矛盾.(其中k_1, k_2, k_3, m均为正整数)因此x,y,z中必有奇有偶. 由对称性,不妨设x,y为一奇一偶,则$x^2 + y^2$为奇数. 若$x^2 + y^2$有正奇数约数$p(p < \sqrt{x^2 + y^2})$,则可设$x^2 + y^2 = p(2k+1)$,即有

$$k = \frac{1}{2}(\frac{x^2 + y^2}{p} - 1)$$

又$x^2 + y^2 = w^2 - z^2$,从而$w^2 - z^2 = p(2k+1)$,即有

$$(w + z)(w - z) = p \cdot (2k + 1)$$

由此即求得

$$z = \frac{1}{2}(\frac{x^2 + y^2}{p} - p)$$

$$w = \frac{1}{2}(\frac{x^2 + y^2}{p} + p)$$

故原方程的整数解为$x = at, y = bt, z = \frac{1}{2}(\frac{a^2 + b^2}{p} - p)t, w = \frac{1}{2}(\frac{x^2 + y^2}{p} + p)t$. 其中$a$,$b$为任意一奇一偶正整数,$t$为任意正整数,$p$为$a^2 + b^2$的不超过$\sqrt{a^2 + b^2}$的正约数.

13.1.4 存在性问题

例1 设n是正整数,k是不小于2的整数,试证:n^k总可以表示成n个相继的奇数之和.

证明 令$m = n^{k-1} - n$,则

$$n^k = (m + 1) + (m + 3) + \cdots + (m + 2n - 1)$$

如能证m是偶数即获证.

当$k = 2$时,$m = 0$;

当$k > 2$时,$n^{k-1} - n = n(n - 1)(n^{k-3} + n^{k-4} + \cdots + 1)$.

又$n(n - 1)$是偶数,$n^{k-3} + n^{k-4} + \cdots + 1$是自然数,所以$n^{k-1} - n$为偶数.

此例还可运用数学归纳法证明.

例2 设$f(n)$是数列$0,1,1,2,2,3,3,4,\cdots,a_n,\cdots$前$n$项之和,其中

$$a_n = \begin{cases} \dfrac{n}{2}, & \text{当}n\text{是偶数时} \\ \dfrac{n-1}{2}, & \text{当}n\text{是奇数时} \end{cases}$$

求证:如果x,y是正整数,$x > y$,则

$$xy = f(x+y) - f(x-y) \qquad ①$$

证明 当 $n = 2m(m = 1, 2, \cdots)$ 是偶数时

$$f(n) = 0 + 2[1 + 2 + \cdots + (m-1)] + m = m^2 = \frac{n^2}{4} \qquad ②$$

当 $n = 2m + 1(m = 0, 1, 2, \cdots)$ 是奇数时

$$f(n) = 0 + 2[1 + 2 + \cdots + (m-1) + m] = m(m+1) = \frac{n^2 - 1}{4} \qquad ③$$

(i) 当 x, y 有相同的奇偶性时,$x + y$ 和 $x - y$ 都是偶数,由式 ② 得

$$f(x+y) - f(x-y) = \frac{(x+y)^2}{4} - \frac{(x-y)^2}{4} = xy$$

即式 ① 成立.

(ii) 当 x, y 有不相同的奇偶性时,则 $x + y$ 和 $x - y$ 都是奇数,由式 ③ 得

$$f(x+y) - f(x-y) = \frac{(x+y)^2 - 1}{4} - \frac{(x-y)^2 - 1}{4} = xy$$

即式 ① 也成立.

例 3 设有一条平面闭折线 $A_1 A_2 \cdots A_n A_1$,它的所有顶点 $A_i (i = 1, 2, \cdots, n)$ 都是整点(纵横坐标均为整数的点,或称格点)且 $A_1 A_2 = A_2 A_3 = \cdots = A_{n-1} A_n = A_n A_1$. 证明 n 不能是奇数.

证明 设顶点 A_i 的坐标是 (x_i, y_i),其中 $x_i, y_i (i = 1, 2, \cdots, n)$ 都是整数. 由题设条件有

$$(x_1 - x_2)^2 + (y_1 - y_2)^2 =$$
$$(x_2 - x_3)^2 + (y_2 - y_3)^2 = \cdots =$$
$$(x_{n-1} - x_n)^2 + (y_{n-1} - y_n)^2 =$$
$$(x_n - x_1)^2 + (y_n - y_1)^2 = M \quad (\text{固定的正数})$$

令 $x_i - x_{i+1} = \alpha_i, y_i - y_{i+1} = \beta_i (i = 1, 2, \cdots, n,$ 注意 $x_{n+1} = x_1, y_{n+1} = y_1)$,则

$$\alpha_1 + \alpha_2 + \cdots + \alpha_n = 0 \qquad ①$$
$$\beta_1 + \beta_2 + \cdots + \beta_n = 0 \qquad ②$$
$$\alpha_1^2 + \beta_1^2 = \alpha_2^2 + \beta_2^2 = \cdots = \alpha_n^2 + \beta_n^2 = M \qquad ③$$

下面对式 ①② 及 ③ 作奇偶分析.

我们不妨设 α_i, β_i 中至少有一奇数. 事实上,若所有 x_i 及 y_i 都是偶数,令 $x_i = 2^{m_i} t_i$,$y_i = 2^{k_i} t'_i (i = 1, 2, \cdots, n)$. 这里 t_i 及 t'_i 是奇数. 设 m 是 $2n$ 个数 $m_1, m_2, \cdots, m_n$ 及 $k_1, k_2, \cdots, k_n$ 中最小的数,用 2^m 除后所有的 α_i 及 β_i,再改变记号,就可以化为 α_i 及 β_i 中至少有一奇数的情形. 为确定起见,设 α_1 为奇数,则由 $\alpha_1^2 + \beta_1^2 = M$,可知 $M = 4k + 1$ 或 $4k + 2$.

(i) 若 $M = 4k + 1$,则由式 ③ 知,对所有 i, α_i 及 β_i 必是一奇一偶,再由式 ① 及式 ② 有

$$0 = \alpha_1 + \alpha_2 + \cdots + \alpha_n + \beta_1 + \beta_2 + \cdots + \beta_n =$$
偶数 $+ n$ 个奇数之和

所以 n 为偶数.

(ii) 若 $M = 4k + 2$,则对所有 i, α_i 及 β_i 全是奇数,而

$$0 = \alpha_1 + \alpha_2 + \cdots + \alpha_n = n \text{ 个奇数之和}$$

故 n 为偶数.

这便证明了 n 不可能是奇数.

如果题中的闭折线是一正 n 边形 $A_1A_2\cdots A_n$，由上知，当 n 为奇数时，不存在格点正 n 边形. 实际上当 n 为偶数时，也只有 $n=4$ 时存在格点正四边形. (参见"最小数原理"14.2.6 小节中例 1)

例 4 已知圆 $x^2+y^2=r^2$ (r 为奇数)，交 x 轴于 $A(r,0)$，$B(-r,0)$，交 y 轴于 $C(0,-r)$，$D(0,r)$. $P(u,v)$ 是圆周上的点，$u=p^m$，$v=q^n$ (p,q 都是素数，m,n 都是自然数)，且 $u>v$. 点 P 在 x 轴和 y 轴上的射影分别是 M,N，求证：$|AM|$，$|BM|$，$|CN|$，$|DN|$ 分别是 1,9,8,2.

分析 这是有关素数的问题，可考虑用奇偶分析以及自然数分解质因数的性质处理. 因此宜把 $u^2+v^2=r^2$ 写成 $(r+u)(r-u)=v^2$，再逐步进行深入的讨论.

证明 因为 r 为奇数，且 $u^2+v^2=r^2$，所以 u,v 必为一奇一偶.

(i) 设 u 为偶数，由题意 $u=p^m$，$v=q^n$ (p,q 为素数) 得 $p=2$，q 为奇素数，$u=2^m$.
于是 $q^{2n}=v^2=(r+u)(r-u)$，由此易得 $r-u=1$. (事实上，若 $r-u>1$，则 $q\mid r-u$，又 $q\mid r+u$，所以 $q\mid 2u$. 但 $2u=2^{m+1}$，q 是素数，这是不可能的) 从而 $r=u+1=2^m+1$.

所以 $$q^{2n}=r+u=2^{m+1}+1$$
所以 $$(q^n+1)(q^n-1)=2^{m+1}$$
由上式可令
$$q^n+1=2^\alpha, q^n-1=2^\beta \quad (\alpha>\beta, \alpha+\beta=m+1)$$
所以 $$q^n=\frac{1}{2}(2^\alpha+2^\beta)=2^{\alpha-1}+2^{\beta-1}$$

因为 q 是奇数，故 $\beta=1$.
于是 $$v=q^n=3$$
从而 $2^{m+1}=q^{2n}-1=8$，$m=2$，所以 $u=2^m=4$.

(ii) 设 u 为奇数，v 为偶数，则由 (i) 的讨论可知：$u=3$，$v=4$，但此不合题意 $u>v$.
综上讨论得 $u=4$，$v=3$，此时 $OM=4$，$ON=3$，因而
$$|AM|=1, |BM|=9, |CN|=8, |DN|=2$$

13.1.5 探讨性问题

例 1 在 4×4 的正方形的表中写有 1,9,9,6 四个数，如图 13.1.1 所示. 能否在其余的格里填上整数，使得同一行 (横行) 或同一列 (竖行) 的四个数中，后面一个减去相邻的前面一个数的都相等.

解 我们先假定存在这样的整数，第一行相邻的差为 a，则左上角的数为 $9-a$，右上角的数为 $9+2a$；第四行相邻的差为 c，则左下角的数为 $9-2c$，右下角的数为 $9+c$；第一列相邻数的差为 b，则左上角的数为 $1-b$，左下角的数为 $1+2b$；第四列相邻数的差为 d，则右上角为 $6-2d$，右下角为 $6+d$，则

$$\begin{cases} 9-a=1-b & \text{①} \\ 9+2a=6-2d & \text{②} \\ 1+2b=9-2c & \text{③} \\ 9+c=6+d & \text{④} \end{cases}$$

图 13.1.1

由上式可以看出:式 ② 左边是奇数,右边是偶数,所以式 ② 不成立,这说明不可能按要求填上所有的整数.

例2 能否把1,1,2,2,3,3,…,2 006,2 006 这些数字排成一行,使得两个1之间夹着一个数,两个2之间夹着两数,……,两个2 006之间夹着2 006个数,请证明你的结论.

解 假设这些数能按要求排出,所给这些数将占有 $2 \times 2006 = 4012$ 个位置. 按从左到右的顺序依次称这些位置为第1号位,第2号位,…,第4 012号位. 于是,每个 $i(i=1,2,…,2006)$ 将占有两个位置,设分别为 a_i 位及 b_i 位($a_i < b_i$),依题设要求,有
$$b_i - a_i = i + 1$$
设 i 为奇数,则 $i+1$ 为偶数,从而 a_i 和 b_i 有相同的奇偶性,这说明在奇号位置上的奇数必为偶数个(设为 $2m$ 个);设 i 为偶数,则 a_i 与 b_i 必一奇一偶,这说明所有偶数必然是一半在奇号位置上,一半在偶号位置上. 综上知,2 006个奇号位,有1 003个被偶数所占,其余被 $2m$ 个奇数所占,故 $2006 = 1003 + 2m$. 但此式左边为偶数,右边为奇数,导致矛盾,说明不能按要求排成一行.

13.1.6 对弈问题

例1 二人轮流从 $2n+1$ 根火柴中取火柴,每次可取1或2或3根,最后取得偶数根者为胜,怎样取法?

解 把共取 x 根,留下 y 根让对方取的方案记作 (x,y). 方案 (x,y) 再经双方取火柴后所得下一个方案,记作 $f(x,y)$. 要问 $(0,2n+1)$ 归谁,并有怎样的方案,才能最后达到(偶,0)或(偶,1).

可取0,1,2,3根建立初始方案,把留下的数分4类考虑: $4m,4m+1,4m+2,4m+3$.

注意最后方案只能是(偶,4×0)或(偶,$4 \times 0 + 1$),而这两个方案紧跟在(奇,4×1)或(奇,$4 \times 1+1$)之后. 一般地,记 $A = \{(偶,4偶),(偶,4偶+1)\}$,$B = \{(奇,4奇),(奇,4奇+1)\}$.

则 $a \in A \Rightarrow f(a) \in B; b \in B \Rightarrow f(b) \in A$.

根据对方1,2,3三种取法,可有三种应法:3,1,1 或 3,3,1.

当 $(0,2n+1) = (0,4偶+1)$ 或 $(0,4偶+3)$,取初始方案为 $a_1 = (0,2n+1)$ 或 $(2,2n-1) \in A$,则有方案排列: $a_1 b_1 a_2 b_2 \cdots b_k a_{k+1}$,其中 $f(a_1) = b_1, f(b_1) = a_2, \cdots, f(b_k) = a_{k+1} = (偶,0)$ 或 (偶,1).

当 $(0,2n+1) = (0,4奇+1)$ 或 $(0,4奇+3)$,取初始方案 $b_1 = (1,4奇)$ 或 $(3,4奇) \in B$,则有方案排列: $b_1 a_1 b_2 a_2 \cdots b_k a_k$,其中 $f(b_1) = a_1, f(a_1) = b_2, \cdots, f(b_k) = a_k = (偶,0)$ 或 (偶,1).

综上所述,运用开关原理 I,进行奇偶性分析,是求解各类问题的一个得心应手的办法.

13.2 二进位制分析法

数的二进位制表示法,就是以2为基底来表示数. 正整数的二进位制表示法,就是以2的非负整数方幂为单位的数的表示法. 任何一个正整数 N 都可以唯一地表示为

$$N = a_n \cdot 2^n + a_{n-1} \cdot 2^{n-1} + \cdots + a_1 \cdot 2 + a_0 \cdot 2^0$$

其中 $a_n = 1$,其余 a_i 只取 0 与 1 这两个数中的一个. 这时,并记

$$N = (a_n a_{n-1} \cdots a_1 a_0)_2$$

例如,$1 = (1)_2, 2 = (10)_2, 3 = (11)_2, 4 = (100)_2, 5 = (101)_2, 6 = (110)_2, 7 = (111)_2,$
$8 = (1000)_2, 9 = (1001)_2, 10 = (1010)_2$ 等等.

当我们采用二进位制记数时,一个简单的装置就可以用来表示许多正整数. 例如,在一横线上,并排并联 10 盏电灯(每盏电灯有一开关控制着),用亮着电灯代表 1,不亮的代表 0. 此时这个装置可表示从 1 到 1 023 这 1 023 个不同的自然数. 由此也可以说明为什么二进位制特别适合于当代电子计算机的需要.

由于二进位制具有运算简单、表达经济等优点,因此,对易于表为二进位制的那些数学问题,就应考虑用二进位制来进行研究,以充分利用由此而带来的方便. 下举几例.

例 1 求和:$S = 1 + 2 + 2^2 + \cdots + 2^n$.

解 于二进位制中,所求和显然为

$$(\underbrace{111\cdots1}_{n\uparrow})_2 = (1\underbrace{000\cdots00}_{n+1\uparrow} - 1)_2 = 2^{n+1} - 1$$

例 2 证明 $2^{10} - 2^8 + 2^6 - 2^4 + 2^2 - 1$ 能被 9 整除.

证明 因 $2^{10} - 2^8 + 2^6 - 2^4 + 2^2 - 1 = (1100110011)_2$ 及 $9 = (1001)_2$,直接施行除法有

```
                1 0 1 1 0 1 1
       1001 ) 1 1 0 0 1 1 0 0 1 1
              1 0 0 1
                1 1 1 1
                1 0 0 1
                  1 1 0 0
                  1 0 0 1
                      1 1 0 1
                      1 0 0 1
                        1 0 0 1
                        1 0 0 1
                                0
```

故命题得证.

由此例可知:一般地

$$(1\underbrace{1001100\cdots110011}_{3k+2 \text{次循环}})_2 \text{ 或 } (1\underbrace{0001000\cdots1000100}^{3k+2\text{次循环}} - \underbrace{10001000\cdots10001}^{3k+2\text{次循环}})_2$$

皆可被 $(1001)_2$ 整除. 例如有

$$9 \mid (2^{21} + 2^{20} + 2^{17} + 2^{16} + \cdots + 2 + 1)$$

或

$$9 \mid (2^{22} - 2^{20} + 2^{18} - 2^{16} + \cdots + 2^2 - 1)$$

例 3 求证:$\sum_{k=0}^{\infty} 2^{\frac{2-3k-k^2}{2}}$ 是无理数.

证明 注意到

$$\frac{1}{2}[2 - 3(k+1) - (k+1)^2] - \frac{1}{2}(2 - 3k - k^2) = -(k+2)$$

故

$$\sum_{k=0}^{\infty} 2^{\frac{2-3k-k^2}{2}} = 2 + 2^{-1} + 2^{-4} + 2^{-8} + \cdots = (10.100100010\cdots)_2$$

因该数表为二进位制后,其结构中小数点后连续零的个数以 $k+1$ 依次递增,而不会囿于有限个数,该二进位制数应为无限不循环小数,从而原数亦为无限不循环小数,即是无理数.

从上面几例我们还可看出:二进位制中的四则运算法则与十进位制中的四则运算法则是相同的,只要注意"逢二进一""退一还二"就行了.

例 4 试问方程 $[x]+[2x]+[4x]+[8x]+[16x]+[32x]=12\ 345$ 是否有实数解?

解 注意到方程左边每一方格中的系数依次为 2 的方幂 $2^k, k=0,1,2,3,4,5$,自然想到利用二进位制法解答.

假设实数 x^* 是这个方程的实数解,令 $N=[x^*]$,于是 $0 \leq x^*-N<1$,把这个小于 1 的非负实数表示为二进位制小数,则可设为

$$x^* - N = a_1 \cdot 2^{-1} + a_2 \cdot 2^{-2} + a_3 \cdot 2^{-3} + a_4 \cdot 2^{-4} + a_5 \cdot 2^{-5} + b$$

其中,$a_1, a_2, \cdots, a_5$ 等于 0 或 1,而 b 适合 $0 \leq b < 2^{-5} = \dfrac{1}{32}$. 将

$$x^* = N + a_1 \cdot 2^{-1} + a_2 \cdot 2^{-2} + \cdots + a_5 \cdot 2^{-5} + b$$

代入原方程左边得

$$N + (2N + a_1) + (4N + 2a_1 + a_2) + (8N + 4a_1 + 2a_2 + a_3) +$$
$$(16N + 8a_1 + 4a_2 + 2a_3 + a_4) +$$
$$(32N + 16a_1 + 8a_2 + 4a_3 + 2a_4 + a_5) =$$
$$63N + 31a_1 + 15a_2 + 7a_3 + 3a_4 + a_5 = 12\ 345$$

注意到 $a_i = 0$ 或 $1, i = 1, 2, \cdots, 5$. 所以有不等式

$$63N \leq 12\ 345 \leq 63N + 31 + 15 + 7 + 3 + 1 = 63N + 57$$

由此得

$$N \leq \frac{12\ 345}{63} \leq N + \frac{57}{63} < N + 1$$

这也就是说 $N \leq 195.95\cdots < N + 1$,即 $N = 195$. 于是

$$31a_1 + 15a_2 + 7a_3 + 3a_4 + a_5 = 12\ 345 - 195 \cdot 63 = 60$$

但上式的左边的最大值不会超过 57,因此上式不成立. 因此不存在实数 x^* 满足所给方程,即原方程没有实数解.

例 5 求证:2^{n-1} 能整除 $n!$ 的一个必要充分条件是 $n = 2^{k-1}$,这里 k 为某一自然数.

证明 运用二进位制法,注意到 $n!$ 中含因子 2 的方次数为

$$\sum_{i=1}^{\infty} \left[\frac{n}{2^i}\right] = \left[\frac{n}{2}\right] + \left[\frac{n}{2^2}\right] + \left[\frac{n}{2^3}\right] + \cdots$$

先证充分性:设 $n = 2^{k-1}$,于是

$$\sum_{i=1}^{\infty} \left[\frac{n}{2^i}\right] = \sum_{i=1}^{\infty} [2^{k-i-1}] = [2^{k-2}] + [2^{k-3}] + \cdots + [2] + [1] =$$
$$1 + 2 + 2^2 + \cdots + 2^{k-2} = 2^{k-1} - 1 = n - 1$$

这表明在 $n!$ 中含有 2 的方次数为 $n-1$,即 2^{n-1} 可以整除 $n!$.

再证必要性:设 2^{n-1} 可以整除 $n!$,这必须在 $n!$ 中 2 的方次数 $\geq n-1$,即 $\sum_{i=1}^{\infty}\left[\dfrac{n}{2^i}\right] \geq n-1$.

第十三章 开关原理

将 n 表为二进制整数,设 $n=(a_1a_2\cdots a_m)_2$,其中 $a_1=1$,而 $a_2,\cdots,a_m$ 中的每一个只取 0 或 1 两个值,很明显

$$\left[\frac{n}{2}\right]=[(a_1a_2\cdots a_{m-1}\cdot a_2)_2]=(a_1a_2\cdots a_{m-1})_2$$

$$\left[\frac{n}{2^2}\right]=[(a_1\cdots a_{m-2}\cdot a_{m-1}\cdot a_m)_2]=(a_1a_2\cdots a_{m-2})_2$$

$$\left[\frac{n}{2^3}\right]=[(a_1\cdots a_{m-3}\cdot a_{m-2}\cdot a_{m-1}\cdot a_m)_2]=(a_1a_2\cdots a_{m-3})_2$$

$$\vdots$$

故我们有 $(1a_2\cdots a_{m-1})_2+(1a_2\cdots a_{m-2})_2+\cdots+(1a_2)_2 \geq (1a_2\cdots a_{m-1}a_m)_2-1$.

上式左边就是

$$(\underbrace{11\cdots1}_{m-1\uparrow})_2+a_2(\underbrace{11\cdots1}_{m-2\uparrow})_2+\cdots+a_{m-2}(11)_2+a_{m-1}=$$

$$(2^{m-1}-1)+a_2(2^{m-2}+1)+\cdots+a_{m-2}(2^2-1)+a_m(2-1)=$$

$$(1a_2\cdots a_{m-1}a_m)_2-1-(a_2+a_3+\cdots+a_{m-1}+a_m)$$

因此原不等式相当于 $-(a_2+a_3+\cdots+a_m)\geq 0$,这只有 $a_2=a_3=\cdots=a_m=0$ 时才有可能. 这就是说,$n=(1\underbrace{00\cdots0}_{m-1\uparrow})_2$,用十进制表示就是 $n=2^{m-1}$.

例 6 把 15 根火柴分成 5 堆,第 1,2,3 堆都是 1 根,第 4 堆 4 根,第 5 堆 8 根. 两人轮流从这 5 堆火柴中选取火柴,至少取一根,至多取一堆,不许同时从两堆中选取,谁取得最后一根火柴算谁胜. 怎样取胜?

解 先把 5 堆火柴的根数译成二进位制数,并把 5 个二进位制数的各位数字分别相加,加得结果为 (1103).

$$\begin{array}{cc} 1 & (0001)_2 \\ 1 & (0001)_2 \\ 1 & (0001)_2 \\ 4 & (0100)_2 \\ 8 & \underline{(1000)_2} \\ & (1103) \end{array}$$

要取胜,必须把 (1103) 中的三个奇数 1,1,3 全变为偶数. 要做到这一点,可用高奇位去 1 低奇位补 1 的办法,即 $(-1000)_2+(101)_2=-8+5=-3$,即在有 $(1000)_2=8$ 根火柴的那堆取走 3 根,这样就把奇局面 1103 变成了偶局面 0204. 然后不论对方怎么取,都将使某些数位失去 1,即必将使偶局面变为奇局面. 显然任何奇局面都用高奇位去 1 低奇位补 1 的办法变为偶局面. 因此,只要你抢先创造了偶局面,就可以永保偶局面,最后的偶局面 (0000) 必将属于你,即你是取最后一根火柴的人.

在各类数学奥林匹克试题中,也有不少的试题需要采用或可采用二进位制法来解答.

从上面的一些例题我们可以觉察到:凡涉及与 2 的方幂数有关的一些数学问题,我们均可试着采用二进制法来解答.

13.3 两个原理的综合应用

我们在第一部分开关原理 I 的应用举例中,借用"1""0"分别表示奇数、偶数,讨论其性质时有"$1+1=0$""$1+0=1$""$0+0=0$"等. 下面,我们运用这些性质及二进制法(即奇偶分析法与二进制法结合)探讨杨辉三角形表的一些有趣结论——组合数的奇偶数的个数问题.

为了讨论问题方便,我们先看如下两个数表.

第 1 行	C_0^0	1	1
第 2 行	$C_1^0 C_1^1$	1 1	1 1
第 3 行	$C_2^0 C_2^1 C_2^2$	1 2 1	1 0 1
第 4 行	$C_3^0 C_3^1 C_3^2 C_3^3$	1 3 3 1	1 1 1 1
第 5 行	$C_4^0 C_4^1 C_4^2 C_4^3 C_4^4$ ⇒	1 4 6 4 1	1 0 0 0 1
第 6 行	$C_5^0 C_5^1 C_5^2 C_5^3 C_5^4 C_5^5$	1 5 10 10 5 1	1 1 0 0 1 1
第 7 行	$C_6^0 C_6^1 C_6^2 C_6^3 C_6^4 C_6^5 C_6^6$	1 6 15 20 15 6 1	1 0 1 0 1 0 1
第 8 行	$C_7^0 C_7^1 C_7^2 C_7^3 C_7^4 C_7^5 C_7^6 C_7^7$	1 7 21 35 35 21 7 1	1 1 1 1 1 1 1 1
⋮	⋮	⋮	⋮

从上面的三角形表中,我们可以看出:排行数为 2 的方幂的,即行数为 $1,2,4,8,16,\cdots,2^m,\cdots$ 的组合数全为奇数,其余行中的组合数既有奇数,又有偶数,这有什么规律没有?考察行序数的二进制表示形式:

行序数	二进制形式及其中 1 的个数		组合数中奇数个数
1	$(1)_2$	1	$1=2^0$
2	$(10)_2$	1	$2=2^1$
3	$(11)_2$	2	$2=2^1$
4	$(100)_2$	1	$4=2^2$
5	$(101)_2$	2	$2=2^1$
6	$(110)_2$	2	$4=2^2$
7	$(111)_2$	3	$4=2^2$
8	$(1000)_2$	1	$8=2^3$
⋮	⋮		

由上表可以看出(注意斜虚线的对应):在杨辉三角形表中的任意一行中,知道了行序数 n 后,这一行中的奇数的个数为 2^k 个,其中 k 为 $n-1$ 的二进位制,表示式中的 1 的个数. 这个结论也包含了行序号 n 是 2 的方幂数时组合数 $C_{n-1}^0, C_{n-1}^1, \cdots, C_{n-1}^{n-1}$ 全为奇数的结论.

下面我们给出这个结论的一般性证明.

设 n 为任一自然数,将 n 按 2 的方幂展开有
$$n = 2^{i_1} + 2^{i_2} + \cdots + 2^{i_k}$$
其中,$i_1, i_2, \cdots, i_k$ 适合 $0 \leq i_1 < i_2 < \cdots < i_k$. 很显然,上面的指标 k 正是把 n 展开为二进位制数时,所含 1 的个数.

考察多项式 $(1+x)^n = (1+x)^{2^{i_1}} \cdot (1+x)^{2^{i_2}} \cdots (1+x)^{2^{i_k}}$.

我们可用数学归纳法证得(略证)
$$(1+x)^{2^m} \equiv 1 + x^{2^m} \pmod{2} \quad (m = 0, 1, 2, \cdots)$$

于是
$$(1+x)^{2^{i_1}} \equiv 1 + x^{2^{i_1}} \pmod{2}$$
$$(1+x)^{2^{i_2}} \equiv 1 + x^{2^{i_2}} \pmod{2}$$
$$\vdots$$
$$(1+x)^{2^{i_k}} \equiv 1 + x^{2^{i_k}} \pmod{2}$$

故 $(1+x)^n \equiv (1+x^{2^{i_1}})(1+x^{2^{i_2}})\cdots(1+x^{2^{i_k}}) \pmod{2}$

如果我们将上式的右边彻底乘开,一共可得到 2^k 个互相不能再合并的加项.

事实上,$k = 1$ 时,结论显然成立.

设上式右边共有 2^k 个不再合并的项,考察 $k + 1$ 个括号的乘积 $(1+x^{2^{i_1}})(1+x^{2^{i_2}})\cdots(1+x^{2^{i_k}})(1+x^{2^{i_{k+1}}})$,其中 $i_1 < i_2 < \cdots < i_k < i_{k+1}$. 依分配律,上式为
$$(1+x^{2^{i_1}})(1+x^{2^{i_2}})\cdots(1+x^{2^{i_k}}) + x^{2^{i_{k+1}}}(1+x^{2^{i_1}})\cdots(1+x^{2^{i_k}})$$

把上式中的第一部分展开,根据归纳假设,共有 2^k 个不可再合并的项. 同样,用归纳法假设,也可对第二部分做出相同的结论. 这时,还要注意这两部分展开之后之间也无同类项可合并. 故项数总和为 $2^k + 2^k = 2^{k+1}$. 证毕.

利用上面的结论,可迅速指出杨辉三角形表中任一行的数中的奇数、偶数个数.

例如,在杨辉三角形表中的第 102 行中,由 $102 - 1 = 101 = 64 + 32 + 4 + 1 = (1100101)_2$ 中有 $k = 4$,可求得奇数的个数为 $2^4 = 16$ 个,偶数为 86 个. 或在组合数 $C_{101}^0, C_{101}^1, C_{101}^2, \cdots, C_{101}^{101}$ 中有 16 个奇数,86 个偶数.

我们还可得到:

在杨辉三角中,从第 1 行起,设第 $n(n \in \mathbf{N}_+)$ 次出现全行为奇数时,所有的偶数的个数为 b_n,所有的奇数的个数为 c_n,则 $b_n = 2^{2n-1} + 2^{n-1} - 3^n, c_n = 3^n - 1, n \in \mathbf{N}_+$.

思 考 题

1. 设 a, b, c 都为奇数,证明方程 $ax^2 + bx + c = 0$ 没有有理根.

2. 设有 n 个实数 $x_1, x_2, \cdots, x_n$,其中每一个不是 $+1$ 就是 -1,且
$$\frac{x_1}{x_2} + \frac{x_2}{x_3} + \cdots + \frac{x_{n-1}}{x_n} + \frac{x_n}{x_1} = 0$$

试证:n 是 4 的倍数.

3. $n(n \geq 3)$ 个学生坐成一圈,依一个指定顺序编号为 $1, 2, \cdots, n$. 老师按下述规则叫号:设某一次叫到第 i 号,则下一次被叫到的是第 i 号后面的第 i 个学生. 试证:不论第一次叫到哪一号,至少有一个学生永远叫不到.

4. 求证:在下列数中,没有完全平方数

$$11, 111, 1111, \cdots, \underbrace{11, \cdots, 11}$$

5. 求证方程 $x^2 + 4xy + 4y^2 + 8x + 16 = 1990$ 无整数解.

6. 求证:1 984 个连续自然数的平方和绝不是一个平方数.

7. 沿江有 $A_1, A_2, \cdots, A_6$ 六个码头,相邻两码头间的距离相等. 早晨有甲、乙两船从 A_1 出发,各自在这些码头间多次往返回到 A_1 码头. 求证:无论如何,两船的航程总不相等.(假定船在相邻两码头间航行时,中间不变航向)

8. 设点 O 在凸 1 000 边形 $A_1 A_2 \cdots A_{1\,000}$ 内部,用整数 $1, 2, \cdots, 1\,000$ 把 1 000 边形的各边任意编号,又用同样的整数把线段 $OA_1, OA_2, \cdots, OA_{1\,000}$ 任意编号. 问能否找到这样一种编号法,使 $\triangle A_1 OA_2, \triangle A_2 OA_3, \cdots, \triangle A_{1\,000} OA_1$ 各边上的号码和相等?

9. 把十进位制小数 6.875 化为二进位制小数.

10. 证明:$2^{55} + 1$ 能被 11 整除.

11. （Ⅰ）求所有的正整数 n,使得 $2^n - 1$ 能被 7 整除;（Ⅱ）证明:对于任何正整数 n,$2^n + 1$ 不能被 7 整除.

思考题参考解答

1. 若有有理根,则有整数 m,满足 $\Delta = b^2 - 4ac = m^2$,由 $b^2 - m^2 = 4ac$,对 m 分奇、偶讨论产生矛盾即证.

2. 设 $y_i = \dfrac{x_i}{x_{i+1}} (i = 1, 2, \cdots, n-1)$,$y_n = \dfrac{x_n}{x_1}$,则 y_i 不是 $+1$ 就是 -1,但 $y_1 + y_2 + \cdots + y_n = 0$,故其中 $+1$ 与 -1 的个数相同,设为 k,于是 $n = 2k$,又 $y_1 y_2 \cdots y_n = 1$,即 $(-1)^k = 1$,故 k 为偶数.

3. 设继第 i 号之后被叫到的是 j 号,则

$$j = \begin{cases} 2i, & 2i \leq n \\ 2i - n, & 2i > n \end{cases}$$

因此,如果 $i = n$,那么 $j = n$,从而当第一次被叫到是第 n 号时,以后每次叫到的都是 n,其余的学生永远叫不到. 如果第一次被叫到的不是第 n 号（即 $i \neq 10$）,分两种情况考虑:(i) 若 n 是奇数,则 $2i \neq n$,并且由 $i \neq n$,可得 $2i - n \neq n$. 于是 $j \neq n$,即第 n 号学生永远叫不到;(ii) 若 n 是偶数,则 j 必为偶数,由于 $n \geq 3$,于是至少有一个奇号学生永远叫不到.

4. 显然不可能是偶数的平方. 再证它们也不是奇数的平方,这些数的一般形式可写为 $k \cdot 100 + 11 = k \cdot 4 \cdot 25 + 2 \cdot 4 + 3$,由奇数的平方被 4 除不可能余 3 即证.

5. 因 $x^2 + 4xy + 4y^2 + 8x + 16y = (x + 2y)(x + 2y + 8)$,当 x, y 取整数时,$x + 2y$ 与 $x + 2y + 8$ 的奇偶性相同,而两奇数之积为奇数,两偶数之积为 4 的倍数,但 1 990 即不是奇数也不是 4 的倍数.

6. 设有 k 个连续自然数 $n+1, n+2, \cdots, n+k$,考察它们的平方和

$$(n+1)^2 + (n+2)^2 + \cdots + (n+k)^2 = kn^2 + 2n(1 + 2 + \cdots + k) + 1^2 + 2^2 + \cdots + k^2 =$$

$$\frac{1}{6} k [6n^2 + 6n(k+1) + (k+1)(2k+1)] =$$

$$\frac{1}{6} k [6n(n+k+1) + (k+1)(2k+1)]$$

令 $k = 1\ 984$ 代入最后表达式得 $\frac{1}{6} \cdot 1\ 984[6n(n + 1\ 985) + 奇数]$,即 $\frac{1}{3} \cdot 992 \cdot$ 奇数. 由于 $992 = 31 \cdot 2^5$ 中 2 的方次总为奇数,即证.

7. 六个码头把 A_1 到 A_6 这段水路分成 5 个小段,设每段水路的长为 a. 由于船从任意一码头出发,又返回本码头往返每小段水路的次数总是相同的,因此乙船的航程是 a 的偶数倍;甲船的航程是从 A_1 到 A_6 再加上各码头向往返路程即 $5a + a$ 的偶数倍 = a 的奇数倍.

8. 设各三角形三边上的号码和分别为 $S_1, S_2, \cdots, S_{1\ 000}$,当 $S_1 = S_2 = \cdots = S_{1\ 000} = S$ 时,$1\ 000S = S_1 + S_2 + \cdots + S_{1\ 000} = 3(1 + 2 + \cdots + 1\ 000) = \frac{3}{2} \cdot 1\ 000 \cdot 1\ 001$ 得 $2S = 3\ 003$,奇数不能等于偶数.

9. $6.875 = 4 + 2 + 0.5 + 0.25 + 0.125 = 2^2 + 2 + \frac{1}{2} + \frac{1}{2^2} + \frac{1}{2^3} = (110.111)_2$.

10. 由于 $2^{55} + 1 = (\underbrace{100\cdots01}_{55 个})_2$ 中每次除去 10 个零而不改变余数,故只需研究 $(10001)_2$ 的情况,这不难通过短除法获证.

显然,一般应有 $(1011)_2 | (\underbrace{100\cdots01}_{10k+5 个})_2$,即 $11 | (2^{10k+5} + 1)$.

11. (Ⅰ) 注意到 $7 = (111)_2$,$2^n - 1 = (\underbrace{11\cdots11}_{n 个})_2$,显然,当且仅当后者位长是前者位的整数倍或被除数为零时才有所要求的结论,即应有 $n = 3k$(k 为非负整数).

(Ⅱ) 注意到 $2^n + 1 = (\underbrace{100\cdots0}_{n 个})_2$. 观察除法竖式. 施行每步除法所得余数皆为 1,再注意到末位的组成,故施行最后一步除法时被除单元只可能是三种情况:$(1001)_2$,$(101)_2$,或 $(11)_2$ 皆不能被 $(111)_2$ 整除. 故得证. 此结论可推广到一般,也均可运用二进制法.

(Ⅰ) 的一般结论: Mersenne 数互相整除的充要条件是: 当且仅当 $m | n$ 时,有 $2^{m-1} | 2^n - 1(0 < m \le n)$,即 $(\underbrace{11\cdots1}_{m 个})_2 | (\underbrace{11\cdots1}_{n 个})_2$.

(Ⅱ) 的一般结论: 如果 m, n 为自然数,且 $m > 2$,则 $2^n + 1, 2^n + 2, 2^n + 2^{m-3} + 2^{m-4} + \cdots + 2 + 1$ 均不能被 $2^m - 1$ 整除.

第十四章 最小数原理

全班同学中一定有一名年龄最小的;全校同学中一定有一名体重最轻的.诸如这种极为简单而又易被人们忽视的事实,可以抽象成下面的原理.

14.1 最小数原理 Ⅰ 及应用

最小数原理 Ⅰ 在有限个数组成的集合中,必存在最小的数.

这个原理在存在性问题的证明中发挥着极大的作用.

例如,我们反复运用这个原理即可证得:任意有限个两两不同的实数 $a_1, a_2, \cdots, a_n$,总可以从小到大进行排列.

这个结论是我们运用排序思想解题的原理根据,有许多问题的解答,都需要用到这个结论.(参见"排序原理""对称原理"等)

例 1 已知 $a_1, a_2, a_3, \cdots, a_n$ 与 $b_1, b_2, \cdots, b_n$ 是 $2n$ 个正数,且 $a_1^2 + a_2^2 + \cdots + a_n^2 = 1, b_1^2 + b_2^2 + \cdots + b_n^2 = 1$. 求证:$\frac{a_1}{b_1}, \frac{a_2}{b_2}, \cdots, \frac{a_n}{b_n}$ 中存在一个值一定不大于1.

证明 因 $\frac{a_1}{b_1}, \frac{a_2}{b_2}, \cdots, \frac{a_n}{b_n}$ 这 n 个数中,必有最小数,不妨设为 $\frac{a_r}{b_r}$,即 $\frac{a_r}{b_r} \leq \frac{a_i}{b_i}, i = 1, 2, \cdots, n$. 由于 $b_i > 0$,于是 $\frac{a_r}{b_r} \cdot b_i \leq a_i, (\frac{a_r}{b_r})^2 \cdot b_i^2 \leq a_i^2, i = 1, 2, \cdots, n$. 因此

$$\left(\frac{a_r}{b_r}\right)^2 (b_1^2 + b_2^2 + \cdots + b_n^2) \leq a_1^2 + a_2^2 + \cdots + a_n^2$$

又由题设条件,即有 $\left(\frac{a_r}{b_r}\right)^2 \leq 1$,亦即 $\frac{a_r}{b_r} \leq 1$.

例 2 设 A 为平面上 $2n$ 个点构成的集合,其中任意三点不共线. 现将 n 点涂红色,n 点涂蓝色. 试证明或否定:可找到两两不共点的 n 条直线段,其中每条线段的两端点均为 A 中异色的点.

证明 因为总共只有有限个点,故将红点与蓝点一一配对的方法也只有有限个. 对每个配对的方法 P,我们来考虑所得到的两两不共点的 n 条线段的长度和 $S(P)$,其中必然有某个 $S(P)$ 最小. 假设在 P 中有线段 RB 与 $R'B'$ 相交(此处 R, R' 表示红点,B, B' 表示蓝点),则将此三线段用 RB' 和 $R'B$ 代替,根据三角形任意两边之和大于第三边,可知它们对应的配对方法 P' 之线段长度和 $S(P')$ 必小于 $S(P)$,这与 $S(P)$ 为最小矛盾. 故 P 中之 n 条线段各两两不相交.

下面的一道例题,是1893年曾流传一时的一道平面几何难题. 历经四十多年,一直未能证明,后来有人引用前述最小数原理 Ⅰ 而巧妙地把它解决了.

例 3 平面上有 n 个点,它们不全在一条直线上. 证明:一定有一条恰好通过其中的两

个点的直线.

证明 过其中任意两点作直线,设为 l. l 外必有其他给定点. l 外的点 A 到 l 的距离记为 $d(l,A)$. 由于过 n 个点中的任意两点所作的直线至多有 C_n^2 条,而每条直线外至多有 $n-2$ 个点,因此,所有的正数 $d(l,A)$ 组成的集合 S 只有有限个元素. 由最小数原理 I,S 中必有最小数 d_0. 设直线 l_0 和点 A_0 适合 $d(l_0, A_0) = d_0$,下面证明 l_0 上恰有两个给定点.

用反证法,设有三个给定点 A_1, A_2, A_3 在 l_0 上,点 A 至直线 l_0 的垂足记为 H. 点 A_1, A_2, A_3 至少有两点位于 l_0 上的点 H 的同侧(包括与点 H 重合). 设 A_1, A_2 位于同侧,如图14.1.1所示,并设点 A_1 离点 H 比 A_2 离点 H 近. 过点 A_0, A_2 的直线记为 l_1,则 $d(l_1, A_1) < d(l_0, A_0)$,这与 d_0 为最小数矛盾. 这就证明了一定有一条恰好通过其中的两个点的直线.

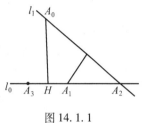

图 14.1.1

例 4 设非负实数 x, y, z 满足 $x + y + z = 1$. 求证
$$xy + yz + zx - 2xyz \leqslant \frac{7}{27}$$

证明 设 $\min\{x, y, z\} = x$,则
$$0 \leqslant x \leqslant \frac{1}{3} < \frac{1}{2}$$

于是
$$xy + yz + zx - 2xyz = x(y+z) + (1-2x)yz \leqslant x(1-x) + (1-2x) \cdot \frac{(1-x)^2}{4} =$$
$$\frac{1}{4} + \frac{1}{4}x \cdot x(1-2x) \leqslant \frac{1}{4} + \frac{1}{4}\left[\frac{x + x + (1-2x)}{3}\right]^3 = \frac{7}{27}$$

证毕.

例 5 设 x, y, z 为互不相等的非负实数,求证
$$(xy + yz + zx)\left[\frac{1}{(x-y)^2} + \frac{1}{(y-z)^2} + \frac{1}{(z-x)^2}\right] \geqslant 4$$

证明 设 $\min\{x, y, z\} = z$,注意到恒等式
$$M = \frac{1}{(x-y)(y-z)} + \frac{1}{(y-z)(z-x)} + \frac{1}{(z-x)(x-y)} = 0$$

则

原不等式左边 $= (xy + yz + zx)\left[\left(\frac{1}{x-y} + \frac{1}{y-z} + \frac{1}{z-x}\right)^2 - 2M\right] =$

$(xy + yz + zx)\left[2 \cdot \frac{1}{x-y}\left(\frac{1}{y-z} + \frac{1}{z-x}\right) + \right.$

$\left.\left(\frac{1}{y-z} + \frac{1}{z-x}\right)^2 + \left(\frac{1}{x-y}\right)^2\right] \geqslant$

$(xy + yz + zx) \cdot 4 \cdot \frac{1}{x-y}\left(\frac{1}{y-z} + \frac{1}{z-x}\right) = \frac{4(xy + yz + zx)}{(y-z)(x-z)} =$

$\frac{4(xy + yz + zx)}{z^2 + xy - z(x+y)} \geqslant \frac{4(xy + yz + zx)}{2z(x+y) + xy - z(x+y)} = 4$

14.2 最小数原理 Ⅱ 及应用

有限个实数中必有一个最小的数,那么无穷多个实数中是否一定有最小的数呢? 一般地说,最小数未必存在. 例如,数集 $\{1, \frac{1}{2}, \frac{1}{3}, \frac{1}{4}, \cdots\}$ 中,任何一个数都不是其中的最小数. 然而,把实数改为自然数,则有下面的原理.

最小数原理 Ⅱ 设 N 是自然数全体组成的集合,若 M 是 N 的非空子集,则 M 中必有最小数.

最小数原理 Ⅱ 是关于自然数性质的一条基本原理.

最小数原理 Ⅱ 的应用是非常广泛的,应用它也可以论证某些对象的存在性. 不仅如此,还可以论证某些对象的唯一性、不存在性,论证"除法定理""数学归纳法原理",推导"归纳公理",等等.

14.2.1 论证存在性问题

例1 设正整数 n, m,满足 $n > m$. 证明存在 $\frac{m}{n}$ 的一种不等的倒数分拆,即存在自然数 $n_1 < n_2 < \cdots < n_k$,使得

$$\frac{m}{n} = \frac{1}{n_1} + \frac{1}{n_2} + \cdots + \frac{1}{n_k}$$

证明 由于满足 $\frac{1}{r} \leq \frac{m}{n}$ 的无穷多个自然数 r 中必有最小者 n_1,若 $\frac{1}{n_1} = \frac{m}{n}$,则已证. 否则令 $m_1 = mn_1 - n$,满足 $\frac{1}{r} \leq \frac{m_1}{nn_1}$ 的无穷多个自然数 r 中必有最小者 n_2. 若 $\frac{1}{n_2} = \frac{m}{nn_1}$,则已证. 否则令 $m_2 = mn_2 - nn_1$,如此继续下去,因 $m > m_1 > m_2 > \cdots$,故必有 k 使 $m_k = 0$,即必有 n_k,使 $\frac{1}{n_k} = \frac{m}{nn_{k-1}}$. 证毕.

14.2.2 论证唯一性问题

例1 在平面上有坐标 x, y 全是整数的点 (x, y),称为格点. 证明:如果 n 个格点是一个正 $n(n > 2)$ 边形的顶点,那么 $n = 4$,也就是说正方形是唯一的格点正多边形.

证明 假定有格点正 n 边形存在,亦即它的 n 个顶点全是格点(n 固定). 设 S 是格点正 n 边形的边长的平方数所组成的集合,显然 $S \neq \varnothing$,而且由距离公式

$$S^2 = (x_2 - x_1)^2 + (y_2 - y_1)^2$$

可知集合 S 中的数全是自然数. 由最小数原理 Ⅱ 知 S 中有一个最小的数,也即存在一个边长最小的格点正 n 边形 $P_1 P_2 \cdots P_{n-1} P_n$. 依次作 $P_1 Q_1 \underline{\underline{\parallel}} P_2 P_3, P_2 Q_2 \underline{\underline{\parallel}} P_3 P_4, \cdots, P_{n-1} Q_{n-1} \underline{\underline{\parallel}} P_n P_1, P_n Q_n \underline{\underline{\parallel}} P_1 P_2$,如图 14.2.1 与图 14.2.2. 在 $n = 5$ 和 $n \geq 7$ 时,我们得到一个新的正 n 边形 $Q_1 Q_2 \cdots Q_{n-1} Q_n$,它是格点正 n 边形,而且它的边长比最小的格点正 n 边形的边长还要小. 这个矛盾证明了在 $n = 5$ 和 $n \geq 7$ 时,格点正 n 边形不存在. 当 $n = 3$ 时,若存在一个格点正三

角形,设它的边长为 a,则面积为 $\frac{\sqrt{3}}{4}a^2$. 这是一个无理数,若将这个面积用行列式表示,则为 $\frac{1}{2}\begin{vmatrix} x_2 - x_1 & y_2 - y_1 \\ x_3 - x_2 & y_3 - y_2 \end{vmatrix}$,这是个有理数,这一矛盾说明格点正三角形不存在. 同理 $n = 6$ 时也不存在,故命题获证.

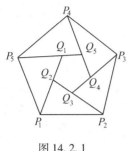

图 14.2.1

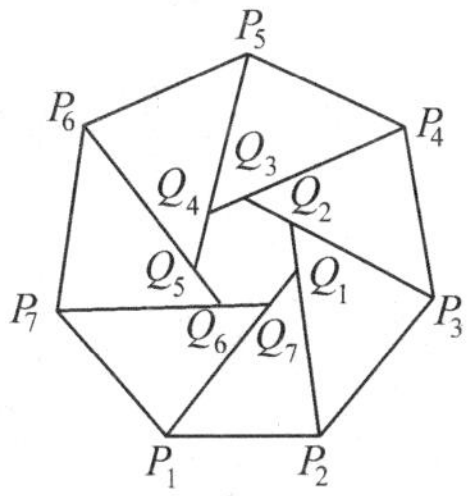

图 14.2.2

14.2.3 论证不存在性问题

例 1 求证方程 $x^2 + y^2 + z^2 = 2xyz$ 没有正整数解.

证明 假设 (x_0, y_0, z_0) 是方程的一个正整数解,则 x_0, y_0, z_0 不能都是奇数(否则左边之和为奇数,而方程右边为偶数);也不能是两个偶数一个奇数(理由同前);也不能是两个奇数一个偶数(否则左边被 4 除余 2,而右边为 4 的倍数). 故 x_0, y_0, z_0 都是偶数,即 $\frac{x_0}{2}, \frac{y_0}{2}, \frac{z_0}{2}$ 均为整数. 设 $x_0 = 2x_1, y_0 = 2y_1, z_0 = 2z_1$,并代入原方程得
$$x_1^2 + y_1^2 + z_1^2 = 4x_1 y_1 z_1$$

按上述推理,同样可得 x_1, y_1, z_1 也均为偶数,$\frac{x_1}{2}, \frac{y_1}{2}, \frac{z_1}{2}$ 均为整数,即 $\frac{x_0}{4}, \frac{y_0}{4}, \frac{z_0}{4}$ 均为正整数. 继续下去便知 $\frac{x_0}{8}, \frac{y_0}{8}, \frac{z_0}{8}$ 均为正整数,……,$\frac{x_0}{2^n}, \frac{y_0}{2^n}, \frac{z_0}{2^n}$ 均为正整数. 而对已知的正整数 x_0, y_0, z_0 这是不可能的,否则就没有最小正整数了,所以原方程无正整数解.

从上例证明中,我们可以看到:为了证明某些对象不存在,用反证法,或者假设它存在,从而存在自然数集 N 的某个非空子集 K. 由最小数原理 II,K 中有最小数 k_0. 但由 k_0 的存在,又可以找出比 k_0 小的自然数 k_1. k_1 也属于 K,从而导致矛盾;或者假设它存在,即有某个自然数 k_0,又由 k_0 的存在,可永远地推出比 k_0 小的一系列自然数 $k_0 > k_1 > k_2 > \cdots$ 存在. 从而导出没有最小自然数这一与原理相矛盾的结论. 这种证明方法称为"无穷递降法". 它是费马首创的. 在论证某种对象不存在时,无穷递降法是一种有效的方法.

类似于例 1,可以证明如下方程均没有正整数解.

(Ⅰ) $x^2 + y^2 = x^2 y^2$;

(Ⅱ) $x^2 + y^2 + z^2 = x^2 y^2$;

(Ⅲ) $\frac{1}{x^2} + \frac{1}{y^2} + \frac{1}{z^2} = 1$.

著名的地图四色问题的解决,也是运用了无穷递降法.

14.2.4 无穷递降法

无穷递降法是解决数学问题的一种重要方法. 无穷递降法在解决问题过程中,主要有两种表现形式:其一,由一组解出发通过构造得另一组解,并且将这一过程递降下去,从而得出矛盾;其二,假定方程有正整数解,且存在最小的正整数解,设法构造出方程的另一组解(比最小正整数解还要小),从而得到矛盾. 无穷递降法的理论依据是最小数原理.

例1 证明:$\sqrt{3}$ 是无理数.

证明 即证不存在两整数 x, y,使得 $\frac{x}{y} = \sqrt{3}$ 成立,也就是方程 $x^2 = 3y^2$ 无正整数解,假设方程 $x^2 = 3y^2$ 有正整数解(m, n),且 $x = m$ 是这些正整数解中 x 的最小取值,易知 m 是 3 的倍数,设 $m = 3m_1$,把(m, n)代入方程 $x^2 = 3y^2$ 得$(3m_1)^2 = 3n^2$,即 $n^2 = 3m_1^2$. 这说明(n, m_1)也是方程 $x^2 = 3y^2$ 的正整数解. 由于 $n < m$,从而我们找到了一个 x 的取值中比 m 更小的 n,这与 m 的最小性矛盾. 从而 $\sqrt{3}$ 是无理数.

例2 设整数数列 $x_{11}, x_{21}, \cdots, x_{n1}$($n$ 为大于 2 的奇数),且 $x_{i1}(i = 1, 2, \cdots, n)$ 不全相等. 令

$$x_{i(k+1)} = \frac{1}{2}(x_{ik} + x_{(i+1)k}) \quad (i = 1, 2, \cdots, n - 1)$$

$$x_{n(k+1)} = \frac{1}{2}(x_{nk} + x_{1k})$$

证明:存在正整数 j, k,使得 x_{jk} 不是整数.

证明 将 $x_{11}, x_{21}, \cdots, x_{n1}$ 依次放在一个圆周上,记为圆 Γ_1.

将圆 $\Gamma_k(k = 1, 2, \cdots)$ 上相邻两数的平均值依次写在另一圆周上,记为圆 Γ_{k+1}.

则由题设知圆 Γ_k 上的数即为数列 $x_{1k}, x_{2k}, \cdots, x_{nk}$.

设圆 Γ_k 上所有相邻两数之差的绝对值之和为 $f(k)$.

若不存在正整数 j, k,使得 x_{jk} 不是整数,即对任意的正整数 j, k, x_{jk} 均为整数,则 $f(k)$ 始终为非负整数.

注意到

$$|x_{i(k+1)} - x_{(i+1)(k+1)}| = \left|\frac{x_{ik} + x_{(i+1)k}}{2} - \frac{x_{(i+1)k} + x_{(i+2)k}}{2}\right|$$

$$= \left|\frac{x_{ik} - x_{(i+1)k}}{2} + \frac{x_{(i+1)k} - x_{(i+2)k}}{2}\right| \leq$$

$$\frac{1}{2}(|x_{ik} - x_{(i+1)k}| + |x_{(i+1)k} - x_{(i+2)k}|)$$

且对 $i = 1, 2, \cdots, n$,上述等号不能同时成立.

因此,$\{f(k) \mid k = 1, 2, \cdots\}$ 是一个无穷递降的正整数数列,这是不可能的.

从而,存在正整数 j, k,使得 x_{jk} 不是整数.

例3 求所有的正整数数对(a, n),使得 $\frac{(a + 1)^n - a^n}{n}$ 是整数.

解 显然,$(a, 1)(a \in \mathbf{N}_+)$ 是原问题的一类解.

下面证明:不存在其他解.

假设 $(a,n)(n \geqslant 2, n \in \mathbf{N}_+)$ 是原问题的解.

由题设知
$$(a+1)^n \equiv a^n (\bmod n) \qquad ①$$

由 $(a, a+1) = 1$，知 $(a, n) = (a+1, n) = 1$.

故 n 不为素数.

否则，由费马小定理知
$$a + 1 \equiv (a+1)^n \equiv a^n \equiv a(\bmod n) \Rightarrow 1 \equiv 0(\bmod n)$$

矛盾.

由欧拉定理知
$$(a+1)^{\varphi(n)} \equiv a^{\varphi(n)} \equiv 1(\bmod n) \qquad ②$$

令 $d = (n, \varphi(n))$，则由裴蜀定理，知存在整数 x, y，使得 $d = xn + y\varphi(n)$.

由式①②得
$$(a+1)^d = (a+1)^{nx}(a+1)^{\varphi(n)y} \equiv a^{nx}a^{\varphi(n)y} = a^d(\bmod n) \qquad ③$$

若 $d = 1$，则由式③得
$$a + 1 \equiv a(\bmod n) \Rightarrow 1 \equiv 0(\bmod n)$$

矛盾.

所以，$d > 1$.

又 $\varphi(n) < n$，则 $d < n$.

故 (a, d) 是原问题的一组解，且 $1 < d < n$.

重复上述操作，对固定的 a，得到一个无穷递降的正整数数列 $\{d_k\}$（$d_k > 1$，且 (a, d_k) 是原问题的解），这是不可能的.

从而，上述假设不成立，即只有一类解 $(a, 1)(a \in \mathbf{N}_+)$.

例4 在无穷数列 $\{x_n\}$ 中，首项 x_1 是大于 1 的有理数，且对任何正整数 n，均有
$$x_{n+1} = x_n + \frac{1}{[x_n]}$$

其中，$[x]$ 表示不超过实数 x 的最大整数.

证明：该数列中有整数项.

证明 显然，$\{x_n\}$ 是严格递增的有理数数列.

若结论不成立，将 $\{x_n\}$ 放在数轴上，则整数 $1, 2, \cdots$ 将 $\{x_n\}$ 分成若干段. 将整数 $k, k+1$ 中间所含的一段 $\{x_n\}$ 记为第 $k(k = 1, 2, \cdots)$ 段. 故第 k 段中相邻两数的距离为 $\frac{1}{k}(k > 1)$.

将整数 k 后的第一个 x_n 记为 x_{n_k}.

考虑 $x_{n_k}(k = 1, 2, \cdots)$ 的小数部分 $t_k = \frac{p_k}{q_k}(p_k, q_k \in \mathbf{N}_+, (p_k, q_k) = 1)$.

若 $t_k = x_{n_k} - k < \frac{1}{k}$，则
$$x_{n_k+(k-1)} = x_{n_k} + \frac{k-1}{k} < k + 1 < x_{n_k+k} = x_{n_k} + 1$$

故 $t_{k+1} = t_k$.

取 $u = \left[\dfrac{1}{t_k}\right] + 1$，即 $\dfrac{1}{u} < t_k \leqslant \dfrac{1}{u-1}$. 则

$$t_{u-1} = t_k < \frac{1}{u-1}, t_u = t_k > \frac{1}{u}$$

故

$$x_{n_u} \in \left(u + \frac{1}{u}, u + \frac{1}{u-1}\right) \Rightarrow x_{n_u+(u-1)} = x_{n_u} + \frac{u-1}{u} = u + 1 + \left(t_u - \frac{1}{u}\right) \Rightarrow$$

$$t_{u+1} = t_u - \frac{1}{u} = \frac{p_u}{q_u} - \frac{1}{u} = \frac{up_u - q_u}{uq_u}$$

由

$$t_u < \frac{1}{u-1} \Rightarrow \frac{p_u}{q_u} < \frac{1}{u-1} \Rightarrow up_u - p_u < q_u \Rightarrow up_u - q_u < p_u$$

继续上述操作，得到无穷递降的正整数数列 $\{p_n \mid n \geqslant u\}$，这是不可能的.

故数列 $\{x_n\}$ 中有整数项.

例 5 （匈牙利 2000 年竞赛题）找出满足方程 $p^n = x^3 + y^3$（其中 x, y, n 是正整数）的所有正素数 p.

解 注意到 $2^1 = 1^3 + 1^3$ 与 $3^2 = 2^3 + 1^3$ 成立，且尝试多次后，无法找到其他满足条件的素数 p，因此可以猜测只有 $p = 2$ 或 3 满足条件. 原问题转化为证明不存在素数 $p > 3$ 满足 $p^n = x^3 + y^3$.

假定对素数 $p > 3$ 有正整数 x, y, n 使得方程 $p^n = x^3 + y^3$ 成立. 我们令此时的 n 是最小值. 易知 x, y 中至少有一个大于 1，因此 $x + y \geqslant 3, x^2 - xy + y^2 = (x-y)^2 + xy \geqslant 2$. 又 $x^3 + y^3 = (x+y)(x^2 - xy + y^2)$，必有 $p \mid x + y, p \mid x^2 - xy + y^2$（因为不可能 $x + y = p^n$ 或 $x^2 - xy + y^2 = p^n$，否则 $p^n = x^3 + y^3$ 不成立）.

由于 $(x+y)^2 - (x^2 - xy + y^2) = 3xy$，所以 $p \mid 3xy$. 因为 $p > 3$，所以 $p \mid xy$，从而 x 与 y 中至少有一个是 p 的倍数，结合 $p \mid x + y$，于是 $p \mid x, p \mid y$，则 $p^n = x^3 + y^3 \geqslant 2p^3$. 从而 $n > 3$. $p^{n-3} = \dfrac{p^n}{p^3} = \dfrac{x^3}{p^3} + \dfrac{y^3}{p^3} = \left(\dfrac{x}{p}\right)^3 + \left(\dfrac{y}{p}\right)^3$，这说明 $n - 3, \dfrac{x}{p}, \dfrac{y}{p}$ 也是满足方程 $p^n = x^3 + y^3$ 的正整数解，这与 n 是最小值矛盾. 从而原方程仅有 $p = 2$ 或 3 满足条件.

例 6 （2010 年全国高中数学竞赛加试第二题）设 k 是给定的正整数，$r = k + \dfrac{1}{2}$，记 $f^{(1)}(r) = f(r) = r\lceil r \rceil, f^{(l)}(r) = f(f^{(l-1)}(r)), l \geqslant 2$. 证明：存在正整数 m，使得 $f^{(m)}(r)$ 为一个整数. 这里，$\lceil x \rceil$ 表示不小于实数 x 的最小整数. 例如：$\lceil \dfrac{1}{2} \rceil = 1, \lceil 1 \rceil = 1$.

证明 由 $f^{(1)}(r) = f(r) = r\lceil r \rceil = \left(k + \dfrac{1}{2}\right)\lceil k + \dfrac{1}{2} \rceil = \left(k + \dfrac{1}{2}\right)(k+1)$，要使 $f^{(1)}(r)$ 不是整数，则 k 必是 2 的倍数，$\left(k + \dfrac{1}{2}\right)(k+1) = k^2 + k + \dfrac{k}{2} + \dfrac{1}{2}$，其中 $k^2 + k + \dfrac{k}{2}$ 是整数.

同理，$f^{(2)}(r) = \left(k^2 + k + \dfrac{k}{2} + \dfrac{1}{2}\right)\lceil k^2 + k + \dfrac{k}{2} + \dfrac{1}{2} \rceil = \left(k^2 + k + \dfrac{k}{2} + \dfrac{1}{2}\right)(k^2 + k + \dfrac{k}{2} + 1)$，要使 $f^{(2)}(r)$ 不是整数，则 $k^2 + k + \dfrac{k}{2} + 1$ 必是奇数，即 k 必是 4 的倍数.

因为

$$\left(k^2 + k + \frac{k}{2} + \frac{1}{2}\right)\left(k^2 + k + \frac{k}{2} + 1\right) = \left(k^2 + k + \frac{k}{2}\right)\left(k^2 + k + \frac{k}{2} + 1\right) + \frac{1}{2}\left(k^2 + k + \frac{k}{2}\right) + \frac{1}{2}$$

即 $\left(k^2 + k + \frac{k}{2} + \frac{1}{2}\right)\left(k^2 + k + \frac{k}{2} + 1\right)$ 为"整数 $+\frac{1}{2}$"的形式,不妨记为 $n + \frac{1}{2}$.

则 $f^{(3)}(r) = \left(n + \frac{1}{2}\right)\lceil n + \frac{1}{2}\rceil = \left(n + \frac{1}{2}\right)(n+1)$,要使 $f^{(3)}(r)$ 不是整数,则 n 必是偶数,即 k 必是 8 的倍数……

把这一过程继续下去,要使对于任何的正整数 $t,f^{(t)}(r)$ 不是整数,则 k 必是 2^t 的倍数. 即 $k = 2n_1 = 2^2 n_2 = 2^3 n_3 = \cdots = 2^t n_t = \cdots$. 由于 k 是给定的正整数,这是不可能的,从而假设不成立. 则必存在正整数 m,使得 $f^{(m)}(r)$ 为一个整数.

14.2.5 论证"除法定理"

例 1 除法定理:给定正整数 $a,b(b \neq 0)$,存在唯一的整数 $q,r(0 \leq r < b)$,使 $a = bq + r$.

证明 考虑整数集合 $S = \{a - bt\}(t = 0, \pm 1, \pm 2, \cdots)$,则存在一最小的非负整数 $r \in S$. 如果 r 对应的 t 值为 q,即 $a - bq = r$,我们来证明 $r < b$.

如果不然,设 $r = b + r_1(r_1 \geq 0)$,则

$$r_1 = r - b = a - bq - b = a - b(q+1)$$

可知 $r_1 \in S$,且 $0 \leq r_1 = r - b < r$.

这与 r 是 S 中最小非负整数矛盾. 故 $0 \leq r < b$.

上面证明了 q,r 存在,现在可假定 $a = bq + r = bq_1 + r_1 (0 \leq r < b, 0 \leq r_1 < b)$,则

$$b(q - q_1) + (r - r_1) = 0 \qquad ①$$

知 $b \mid r - r_1$,因 $0 \leq r < b, 0 \leq r_1 < b$,所以 $-b < r - r_1 < b$,而在 $-b$ 与 b 之间 b 的倍数只有 0. 所以 $r - r_1 = 0$. 由式 ① 及 $b \neq 0$,有 $q - q_1 \neq 0$,所以 q,r 是唯一的.

"除法定理"是整数论中"整除理论""同余理论"的基本定理. 从上例知,证明"除法定理"是最小数原理 Ⅱ 的一个古老应用.

14.2.6 论证数学归纳法原理

例 1 数学归纳法原理:设 $P(n)$ 是与自然数 n 有关的命题,若(ⅰ) 命题 $P(1)$ 成立;(ⅱ) 对所有自然数 m,若 $P(m)$ 成立,则 $P(m+1)$ 成立,则命题 $P(n)$ 对一切自然数 n 成立.

证明 使得命题 $P(m)$ 不成立的自然数 m 构成的集合记为 M. 若 M 非空,则由最小数原理,M 中有最小数 M_0. 因命题 $P(1)$ 成立,故 $m_0 \neq 1$,从而 $m_0 - 1$ 是自然数,而且 $m_0 - 1 \notin M$,即命题 $P(m_0 - 1)$ 成立. 但由条件(ⅱ),命题 $P(m_0)$ 成立,即 $m_0 \notin M$,矛盾. 于是 $M = \varnothing$,即命题 $P(n)$ 对一切 n 都成立.

上面我们运用最小数原理 Ⅱ 证明了数学归纳法原理. 下面我们再看看最小数原理 Ⅱ 与归纳公理的关系. 从逻辑上讲,它们是等价的;但从解决问题的模式上看,它们是各不相同的.

14.2.7 推出归纳公理

例1 归纳公理:设 M 是自然数集 $\mathbf{N}$ 的子集,如果 M 满足(Ⅰ)自然数 1 属于 M;(Ⅱ)若自然数 n 属于 M,则 n 的后继元 $n+1$ 也属于 M,则 M 包含所有的自然数,即 $M = \mathbf{N}$.

证明 设 M 是 $\mathbf{N}$ 的子集,满足归纳公理中的条件(Ⅰ)及(Ⅱ),记 $B = \mathbf{N} - M$. 由条件(Ⅰ),$1 \notin B$,假设 $B \neq \varnothing$,则由最小数原理 Ⅱ,B 中有最小数 b_0,但 $1 \notin B$,故 $b_0 \neq 1$,因此 $b_0 - 1$ 是自然数,且 $b_0 - 1 \in M$. 由条件(Ⅱ),$b_0 - 1$ 的后继元 $b_0 \in M$,从而 $b_0 \notin \mathbf{N} - M$,即 $b_0 \notin B$,矛盾. 因此 $B = \varnothing$,从而 $M = \mathbf{N}$.

上面,我们用最小数原理 Ⅱ 推出了皮亚诺公理体系中的归纳公理. 其实,在皮亚诺公理体系中,可以用最小数原理 Ⅱ 代替归纳公理. 因此,也可以由归纳公理推出最小数原理 Ⅱ.

假设最小数原理 Ⅱ 不成立,则有 $\mathbf{N}$ 的非空子集 M,M 中没有最小数. 作集合 A,自然数 n 属于 A,当且仅当所有不超过 n 的自然数 m 都不属于 M,于是集合 A 适合.

(i) 自然数 1 属于 A. 否则,若 1 不属于 A,则因不超过 1 的自然数只有 1 本身,故 1 属于 M,1 是 M 的最小数,矛盾.

(ii) 如果自然数 n 属于 A,则 $n+1$ 也属于 A. 事实上,因 n 属于 A,故所有不超过 n 的自然数 m 都不属于 M. 因此,若 $n+1$ 属于 M,则 $n+1$ 是 M 的最小数,不可能. 于是 $n+1$ 不属于 M,所以 $n+1$ 属于 A.

集合 A 适合归纳公理的条件(Ⅰ)与(Ⅱ),故 $A = \mathbf{N}$. 另一方面,因 M 非空,故必有自然数 m 属于 M,从而 m 不属于 A,$A \neq \mathbf{N}$,矛盾.

上面,我们列举了最小数原理 Ⅰ,Ⅱ 在理论问题和实际问题中的一些重要应用.

如果平面角的量度是弧度制,则最小数原理 Ⅰ 也就包含了最小平面角原理.(例略)

在空间角中,我们有如下的最小空间角原理.

14.3 最小空间角原理及应用

最小空间角原理 斜线和平面所成的角,是这条斜线和平面内的任意直线所成的一切角中最小的角.

这个原理的证明,可分为两种情况讨论:当平面内的任意直线经过斜线与平面的斜足时,可参见图 14.3.1,$AC \perp \beta$,$AD \perp BD$,则 $AC < AD$,有 $\sin \angle ABC = \dfrac{AC}{AB} < \dfrac{AD}{AB} = \sin \angle ABD$,即 $\angle ABC < \angle ABD$. 当平面内的任意直线 a 不经过斜足时,可在平面内经过斜足引平行于直线 a 的直线,转化成前面的情形.

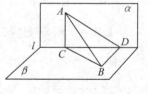

图 14.3.1

例1 求证:一条直线和两个互相垂直的平面所成的角的和不大于直角.

证明 如图 14.3.1 所示,$\alpha \perp \beta$,$\alpha \cap \beta = l$,$A \in \alpha$,$B \in \beta$,直线 AB 和平面 α,β 所成的角分别为 θ_1,θ_2.

作 $AC \perp l$,$BD \perp l$,C,D 为垂足.

当 C,D 两点不重合时,联结 AD,BC. 因 $\alpha \perp \beta$,$BD \subseteq \beta$,故 $BD \perp \alpha$. AD 是 AB 在平面 α 内的射影,$\angle BAD$ 就是 AB 与平面 α 所成的角,即 $\angle BAD = \theta_1$.

同理，$\angle ABC = \theta_2$. 由最小空间角原理,有
$$\theta_2 < \angle ABD = 90° - \theta_1$$
则
$$\theta_1 + \theta_2 < 90°$$

当 C,D 两点重合,即 $AB \perp l$ 时, θ_1 与 θ_2 是同一个直角三角形的两个锐角,所以 $\theta_1 + \theta_2 = 90°$.

综合上述得
$$\theta_1 + \theta_2 \leq 90°$$

14.4 最大数原理及应用

运用最小数原理 I, II 解答数学问题,是一种被称为"最小化选择"的解题策略. 由此,我们自然地联想到还应有称为"最大化选择"的解题策略. 这也有下面的原理(或最小数原理的推论).

最大数原理 I 负整数集的每一非空子集 M' 都有一个最大数.

证明 令 $M = \{n \mid -n \in M'\}$,则 M 为自然数集的一个非空子集. 由最小数原理 II,存在一个最小数 m_0,有 $\forall m \in M$,总有 $m_0 \leq m$. 而 $-m \in M'$, $-m_0 \in M'$. $\forall -m \in M'$,总有 $-m_0 \geq -m$,故 $-m_0$ 为 M' 的最大数.

最大数原理 II 设 m 为一确定的整数(可正、可负或为零),令集合 $B = \{n \mid n$ 为整数且 $n \leq m\}$,则集合 B 的任一非空子集 B^* 都有一个最大数.

证明 (i) 当 $m = -1$ 时,则集合 B 就是负整数集,由最大数原理 I,可知最大数原理 II 成立.

(ii) 当 $m \neq -1$ 为某一负整数时,则集合 $B = B_1 - B_2$,其中 B_1 为负整数集, B_2 为大于 m 的负整数集,显然 B_2 为有限集. 由于 B^* 为 B 的非空子集,所以它也是 B_1 的非空子集. 由最大数原理 I 可知, B^* 总有一个最大的数存在.

(iii) 当 m 为非负整数时($m \geq 0$),则集合 $B = B_1 \cup B_3$,其中 B_1 为负整数集, B_3 为不大于 m 的非负整数集,显然 B_3 为有限集.

而 $B^* = B^* \cap B = B^* \cap (B_1 \cup B_3) = (B^* \cap B_1) \cup (B^* \cap B_2)$. 如果 B^* 不含非负整数时,则 $B^* = B^* \cap B_1$, B^* 为负整数集的一个非空子集. 由最大数原理 I,可知 B^* 有一个最大数. 如果 B^* 含有非负整数时,则 $B^* = (B^* \cap B_1) \cup (B^* \cap B_3)$,显然 $B^* \cap B_3 \neq \varnothing$. 由于 B_3 为有限集,故 $B^* \cap B_3$ 为有限集. 于是在这个有限集中,总存在一个最大的正整数. 令
$$b^* = \max(B^* \cap B_3)$$
此时不论 $B^* \cap B_1 = \varnothing$,还是 $B^* \cap B_1 \neq \varnothing$, B^* 的最大数也为 b^*.

综上所述,最大数原理 II 获证.

最大数原理 III 在有限个实数组成的集合中,必存在最大的数.

其证明可直接由最小数原理 I 推得.(略)

下面给出最大数原理 I, II, III 的应用例子.

例 1 证明:k 个自然数的最大公约数一定存在且是唯一的.

证明 设这 k 个自然数是 $a_1, a_2, \cdots, a_k$,对它们来说:(1)$a_1, a_2, \cdots, a_k$ 存在公约数,比如 1 就是它们的公约数.

(2) 设这 k 个自然数的公约数为 $d_1, d_2, \cdots, d_r$,它们必为限个,因此必存在最大的一个公约数 d.

我们再来看一下 d 的唯一性. 设 d' 是 $a_1, a_2, \cdots, a_k$ 的最大公约数,若 $d' > d$ 与 $d' < d$,都会形成矛盾,所以只有 $d' = d$ 成立.

例 2 在一次有 n 名选手($n \geqslant 3$)参加的乒乓球循环赛中,没有一名选手保持不败. 证明这些选手中一定可以找出 A, B, C 三名选手,他们之间将出现 A 胜 B, B 胜 C,而 C 又胜 A 的情况.

证明 在 n 名选手中必有胜的场数最多的(或不少于其他选手),取其一记为 A. 根据已知条件知没有一名选手保持不败,所以可以找出一名选手胜过 A,这名选手记为 C. 被 A 击败过的选手中一定有一名胜过 C(否则 C 胜的场数至少比 A 多,产生矛盾),记这名选手为 B. 则此时已出现 A 胜 B, B 胜 C,而 C 又胜 A 的情况.

例 3 证明:素数无穷.

证明 如果素数个数有限,则由最大数原理 Ⅲ,必有一个最大的素数 p_n. 但整数 $n = p_n! + 1$ 显然不能被小于或等于 p_n 的任何整数整除(余数为1). 因而 n 或是一个更大的素数或有比 p_n 更大的素因子. 这都与 p_n 是最大的素数矛盾,所以素数无穷.

例 4 求证:方程 $x^3 + y^3 = 3^z$ 有无穷多组整数解.

证明 由 $1^3 + 2^3 = 3^2$ 知方程至少有解 $x = 1, y = 2, z = 2$. 如果方程只有有限组正整数解,由最大数原理 Ⅱ 知其中必有最大的 $z_0(x_0, y_0$ 亦可) 使 $x_0^3 + y_0^3 = 3^{z_0}$. 此方程两边同乘以 3^3,得

$$(3x_0)^3 + (3y_0)^3 = 3^{z_0+3}$$

这说明 $3x_0, 3y_0, z_0 + 3$ 亦为方程的整数解,且 $z_0 + 3 > z_0$. 这与 z_0 是"最大"矛盾,故原方程有无穷多组整数解.

例 5 设 $a_i, b_i(i = 1, 2, \cdots, n, a_i < b_i)$ 是实数. n 个闭区间 $[a_1, b_1], [a_2, b_2], \cdots, [a_n, b_n]$ 中任两个闭区间至少有一个公共点. 求证:存在点,它含在所有的 n 个闭区间内.

证明 把 $a_1, a_2, \cdots, a_n$ 中最大的一个数记为 α,把 $b_1, b_2, \cdots, b_n$ 中最小的一个数记为 β. 如果 $\alpha > \beta$,则有 $i, j(1 \leqslant i \leqslant n, 1 \leqslant j \leqslant n)$ 使 $a_i = \alpha > \beta = b_j$,从而 $b_i \geqslant a_i > b_j \geqslant a_j$,即闭区间 $[a_i, b_i]$ 和 $[a_j, b_j]$ 没有公共点,矛盾. 故 $\alpha \leqslant \beta$,则对一切 $i(1 \leqslant i \leqslant n), a_i \leqslant \alpha \leqslant \beta \leqslant b_i$,即点 α 在所有的 n 个闭区间内. 证毕.

例 6 有限数组 $a_1, a_2, \cdots, a_n(n \geqslant 3)$ 满足关系 $a_1 = a_n = 0$ 及 $a_{k-1} + a_{k+1} \geqslant 2a_k(k = 2, 3, \cdots, n-1)$. 证明:数组 $a_1, a_2, \cdots, a_n$ 中没有正数.

证明 由题设及最大数原理 Ⅲ,存在最大的 a_r,即 $a_i \leqslant a_r(i = 1, 2, \cdots, n)$. 又设 S 是满足 $a_s = a_r$ 的最小下标(即第 S 项前各项均小于 a_r,第 S 项等于 a_r),我们来证明 $S = 1$. 如果 $S > 1$,则 $a_{s-1} < a_s$,而 $a_{s+1} \leqslant a_s$(因 $a_s = a_r$ 是最大项),于是 $a_{s-1} + a_{s+1} < 2a_s$,这与已知 $a_{s-1} + a_{s+1} \geqslant 2a_s$ 矛盾,所以 $S = 1$. 由已知 $a_r = a_s = a_1 = 0$,根据 a_r 是最大数的假定,$a_i \leqslant 0(i = 1, 2, \cdots, n)$ 即为所证.

例7 证明反向数学归纳法原理.

设 m 为一确定的整数,令集合 $B = \{n \mid n$ 为整数且 $n \leq m\}$,$P(n)$ 为定义在集合 B 上的命题函数. 如果:(Ⅰ) 当 $n = m$ 时,命题 $P(m)$ 为真.

(Ⅱ) 假设 $P(k)$ 为真($k \leq m$ 的整数),则 $P(k-1)$ 也为真.

那么,命题 $P(n)$ 对一切 $n \leq m$ 为真.

证明 假设 $P(n)$ 不是对所有满足条件 $n \leq m$ 的整数 n 成立,那么使 $P(n)$ 不成立的整数组成的集合 $B^* \neq \varnothing$. 根据最大数原理 Ⅱ,B^* 中一定存在一个最大的整数 b^*.

由条件(Ⅰ) 可知,这个最大的整数 $b^* \neq m$,且 $b^* < m$. 于是可令这个最大的整数 $b^* = m' - 1(m' \leq m)$. 由于 b^* 是使 $P(n)$ 不成立的最大整数,所以命题 $P(b^* + 1) = P(m')$ 应该成立.

由条件(Ⅱ),$P(m')$ 成立,可推出 $P(m'-1) = P(b^* + 1 - 1)$ 也成立,即 $P(b^*)$ 成立,此与假设 $P(b^*)$ 不成立相矛盾.

故对满足 $n \leq m$ 的一切整数 n,命题 $P(n)$ 必成立.

例8 设 $a,b,c \in [0,1]$,求证 $\dfrac{a}{1+bc} + \dfrac{b}{1+ca} + \dfrac{c}{1+ab} \leq 2$.

证明 设 $\max\{a,b,c\} = a$,则

$$\dfrac{a}{1+bc} + \dfrac{b}{1+ca} + \dfrac{c}{1+ab} \leq \dfrac{a}{1+bc} + \dfrac{b}{1+bc} + \dfrac{c}{1+bc} = \dfrac{a+b+c}{1+bc} \leq$$

$$\dfrac{1+b+c+bc+(1-b)(1-c)}{1+bc} = \dfrac{2(1+bc)}{1+bc} = 2$$

即证.

例9 设 $x,y,z \in [0,1]$,求证

$$2(x^3 + y^3 + z^3) - (x^2y + y^2z + z^2x) \leq 3$$

证明 设 $\max\{x,y,z\} = x$,则

$$2(x^3 + y^3 + z^3) - (x^2y + y^2z + z^2x) \leq$$
$$2x^3 + 2y^3 + z^3 + z^2x - x^2y - y^2z - z^2x =$$
$$2x^3 + 2y^3 + z^3 - x^2y - y^2z = 2x^3 + y^3 + z^3 - (x^2 - y^2)y - y^2z \leq$$
$$2x^3 + y^3 + z^3 - (\min\{y,z\})^3 = 2x^3 + (\max\{y,z\})^3 \leq$$
$$2 \cdot 1^3 + 1^3 = 3$$

证毕.

例10 设非负实数 a,b,c 满足 $a^2 \leq b^2 + c^2$,$b^2 \leq c^2 + a^2$,$c^2 \leq a^2 + b^2$,求证

$$(a+b+c)(a^2+b^2+c^2)(a^3+b^3+c^3) \geq 4(a^6+b^6+c^6)$$

证明 设 $\max\{a,b,c\} = a$. 应用柯西不等式,有

$$(a+b+c)(a^2+b^2+c^2)(a^3+b^3+c^3) \geq (a^2+b^2+c^2)^2(a^2+b^2+c^2) \geq$$
$$(a^2+b^2)^2(a^2+b^2+c^2) \geq$$
$$4a^4(a^2+b^2+c^2) \geq$$
$$4(a^6+b^6+c^6)$$

证毕.

附　录
数学归纳法原理另外几种形式的证明

第二归纳法原理

设有一个与正整数 n 有关的命题,如果:

（Ⅰ）当 $n=1$ 时,命题成立;

（Ⅱ）假设当 $n \leqslant k$ 时命题成立,则当 $n=k+1$ 时,命题也成立.

那么,命题对于一切正整数 n 来说都成立.

证明 假设命题不是对一切正整数 n 都成立,命 N 表示使命题不成立的正整数所组成的集合,显然 N 非空.于是,由最小数原理Ⅱ,N 中必有最小数 m,又根据条件（Ⅱ）可得 $m \neq 1$,所以 $m-1$ 是一个正整数.但 m 是 N 中的最小数,所以 $m-1$ 能使命题成立.这就是说,命题对于一切小于或等于 $m-1$ 的正整数都成立.根据条件（Ⅱ）可知,m 也能使命题成立,这与 m 是使命题不成立的正整数集 N 中的最小数矛盾.因此原理获证.

注:条件（Ⅰ）中的 $n=1$ 也可换成某自然数 n_0.

跳跃归纳法原理

形式一 设 $P(n)$ 是关于正整数的命题,如果:

（Ⅰ）当 $n=1,2$ 时,$P(1)$ 和 $P(2)$ 都成立;

（Ⅱ）假设当 $n=k$ 时,命题 $P(k)$ 成立,则当 $n=k+2$ 时,命题 $P(k+2)$ 也成立.

那么,$P(n)$ 对一切正整数 n 都成立.

证明 设 $P(n)$ 不是对所有的正整数都成立,那么使 $P(n)$ 不成立的正整数集 $M \neq \varnothing$,根据最小数原理Ⅱ,M 中一定存在一个最小的正整数 k.

由条件（Ⅰ）可知 $k \neq 1$ 和 $k \neq 2$,于是 $k > 2$.令 $k = k' + 2$,其中 $k' \geqslant 1$,有 $k' < k$.由假设可知 $P(k')$ 必成立.由条件（Ⅱ）可知 $P(k')$ 成立,则 $P(k'+2)$ 也成立,即 $P(k)$ 成立,此与假设 $P(k)$ 不成立矛盾.故 $P(n)$ 必对一切正整数 n 都成立.

形式二 设 $P(n)$ 是关于正整数的命题,l 为某一正整数$(l \geqslant 2)$.如果:

（Ⅰ）当 $n=1,2,\cdots,l$ 时,命题 $P(1),P(2),\cdots,P(l)$ 都成立;

（Ⅱ）假设当 $n=k$ 时命题 $P(k)$ 成立,则当 $n=k+l$ 时,命题 $P(k+l)$ 也成立.

那么命题 $P(n)$ 对一切正整数 n 都成立.

这种形式的证明与形式一的证明类似.（略）

二元有限归纳法原理

设 $P(i,j)$ 为与正整数 i 和 j 相关联的命题.如果:

（Ⅰ）当 $i=i_0,j=j_0$ 时,命题 $P(i_0,j_0)$ 为真;

（Ⅱ）对任意 $k \geqslant i_0$,任意 $l \geqslant j_0$,假定 $P(k,l)$ 为真,则 $P(k+1,l)$ 和 $P(k,l+1)$ 为真.

那么,$P(i,j)$ 对一切 $i \geqslant i_0$ 和 $j \geqslant j_0$ 都为真.

证明 设 $P(i,j)$ 不是对一切 $i \geqslant i_0$ 和 $j \geqslant j_0$ 都真,则存在 $A = \{i | $ 正整数 $i \geqslant i_0$ 且 $P(i, j_1)$ 为假,$j_1 \geqslant j_0$ 的某个正整数$\}$,或 $B = \{j | $ 正整数 $j \geqslant j_0$ 且 $P(i_1, j)$ 为假,$i_1 \geqslant i_0$ 为某个正整数$\}$ 是非空的.

假若 $A \neq \varnothing$,由最小数原理Ⅱ,A 必有一个最小的正整数 i^*,且存在某个 $j_1 \geqslant j_0$ 使

$P(i^*,j_1)$ 为假.

如果 $i^* = i_0$,由条件(Ⅰ),$P(i_0,j_0)$ 为真,故 $j_1 \neq j_0$,即 $j_1 > j_0$. 令 $B' = \{j |$ 正整数 $j > j_0$,使 $P(i_0,j)$ 为假},显然 $j_1 \in B' \neq \varnothing$. 由最小数原理 Ⅱ,$B'$ 必有一最小正整数 j^* 使得 $P(i_0, j^*)$ 为假. 得 $j^* \neq j_0$,则 $j^* > j$,从而 $j^* - 1 \geq j_0$. 由 j^* 的最小性,故 $P(i,j^* - 1)$ 为真. 由条件(Ⅱ) 就有 $P[i_0,(j^* - 1) + 1] = P(i_0,j^*)$ 为真,此与假设 $P(i_0,j^*)$ 为假相矛盾.

如果 $i^* \neq i_0$,则 $i^* > i_0$,故有 $i^* - 1 \geq i_0$. 由 i^* 的最小性,就有 $P(i^* - 1,j_1)$ 为真,由条件(Ⅱ) 有 $P[(i^* - 1 + 1),j_1] = P(i^*,j_1)$ 为真,此与假设 $P(i^*,j_1)$ 为假相矛盾.

假若 $B \neq \varnothing$,同样也可导出矛盾.

所以 $P(i,j)$ 对任意 $i \geq i_0, j \geq j_0$ 均为真.

双向归纳法原理

设 $P(n)$ 为整数集 **Z** 上的命题函数,若:

(Ⅰ) 当 $m \in \mathbf{Z}$ 时,$P(m)$ 真;

(Ⅱ) 当 $k \in \mathbf{Z}$ 时,假设 $P(k)$ 真,并且当 $k \geq m$ 时,由 $P(k)$ 真可推出 $P(k+1)$ 真;当 $k \leq m$ 时,由 $P(k)$ 真可推出 $P(k-1)$ 真.

那么,$P(n)$ 对一切整数 n 都真.

证明 一方面由(Ⅰ)知 $P(m)$ 真,由(Ⅱ)知当 $k \geq m$ 时,由 $P(k)$ 真可推出 $P(k+1)$ 真. 根据第二归纳法原理的推广,$P(n)$ 对一切整数 $n \geq m$ 为真.

另一方面,由(Ⅰ)知 $P(m)$ 真,由(Ⅱ)知当 $k \leq m$ 时,由 $P(k)$ 真可推出 $P(k-1)$ 真. 根据反向归纳法原理(参见 14.4 节例 7)的推广,$P(n)$ 对一切整数 $n \leq m$ 为真.

从上述两个方面可知,$P(n)$ 对一切整数 n 都真.

思 考 题

1. 求证:任意有限个两两不同的实数可以从小到大排列或从大到小排列.

2. 求证方程 $x^3 + 2y^3 = 4z^3$ 无正整数解.

3. 平面上有 22 点,任意 3 点不共线. 证明:存在一种结对方法,22 个点结成 11 个点对,使得联结同一点对中的两点所得的 11 条线段至少有 5 个交点.

4. 平面上有有限个圆,它们盖住的面积等于 9. 证明从中可挑出若干个,它们两两不相交,而且盖住的面积不小于 1.

5. 证明:任一个四面体总有一个顶点,由这顶点出发的三条棱可以构成一个三角形的三边.

6. 设 a,b,c 是三角形的边长,求证:$b^2c(b-c) + c^2a(c-a) + a^2b(a-b) \geq 0$,并确定等号何时成立.

7. 设 p 是正 n 边形的一个内点,证明:该 n 边形存在两个顶点 A 和 B,使得
$$(1 - \frac{2}{n}) \cdot 180° \leq \angle APB < 180°$$

8. 证明:在正整数范围内,方程 $8x^4 + 4y^4 + 2z^4 = t^4$ 没有解.

思考题参考解答

1. 运用最小数原理 Ⅰ 或最大数原理 Ⅱ 证明.

2. 设方程有正整数解,考虑这些解中的数 x,则其中必有最小正整数,不妨设为 x_0,其对应解 (x_0,y_0,z_0) 满足 $x_0^3 + 2y_0^3 = 4z_0^3$. 于是 x_0 必为偶数. 设 $x = 0 = 2x_1$,代入上式得 $4x_1^3 + y_0^3 = 2z_0^3$,从而又知 y_0 必为偶数. 设 $y_0 = 2y_1$,代入上式得 $2x_1^3 + 4y_1^3 = z_0^3$,亦知 z_0 必为偶数,设 $z_0 = 2z_1$,又代入上式得 $x_1^3 + 2y_1^3 = 4z_1^3$,此式说明 (x_1,y_1,z_1) 也是原方程的一个解. 且 $x_1 = \dfrac{x_0}{2} < x_0$,这与假设 x_0 为解中最小正整数矛盾,所以原方程无正整数解.

3. 作直线 l,使 22 点 $A_k(k = 1,2,\cdots,22)$ 在 l 同侧且任两点至 l 距离不相等. 令 $d_k(A_k,l)$ 可以从小到大排序,不妨设 $d_1 < d_2 < \cdots < d_{22}$. 从点 A_1,A_2,A_3,A_4,A_5 中,可选出 4 点为顶点作凸四边形,其两组对顶点分别结对,连线相交,再考虑余下的某点 $A_i(1 \leq i \leq 5)$ 及 A_6,A_7,A_8,A_9,并按上法结对. 如此一直作下去即可.

4. 有限个圆中必有半径最大的圆 O_1. 留下圆 O_1,除去与圆 O_1 相交的圆. 其余的圆中必有半径最大的圆 O_2,留下圆 O_2,除去与圆 O_2 相交的圆,按此法继续选留的那几个圆 $O_1,O_2,O_3,\cdots,O_m$. 即符合要求.

5. 设 A,B,C,D 是任意一个四面体的顶点,并设 AB 为最长的棱. 如果由任意一个顶点出发的三棱都不能构成一个三角形,则由 A 出发的三棱有 $AB \geq AC + AD$. 又由 B 出发的三棱有 $BA \geq BC + BD$,故
$$2AB \geq AC + AD + BC + BD \qquad ①$$
但在 $\triangle ABC$ 中,有 $AB < AC + BC$,在 $\triangle ABD$ 中,$AB < AD + BD$,故
$$2AB < AC + BC + AD + BD \qquad ②$$
由于①②两式互相矛盾,故由 A 或 B 出发的三条棱,必有一组可以构成三角形.

6. 将原不等式左边记为 I,由于这个多项式 I 是轮换对换的,不妨设 a 最大,即 $a \geq b,c$,将 I 写成 $I = a(b-c)^2(b+c-a) + (a-b) \cdot (a-c)(a+b+c)$ 即得到 $I \geq 0$,而显然 $I = 0$ 的充要条件是 $a = b = c$.

7. 如图,联结 P 到正 n 边形各顶点,共得到 n 个距离,这是个有限集,必有一个距离最小的,设为 PA,又设 B_1,B_2 为正 n 边形的某两个相邻顶点,连 PA,PB_1,PB_2.

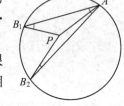

由于 $\angle B_1AB_2$ 是 $\overset{\frown}{B_1B_2}$ 上的圆周角,则 $\angle B_1AB_2 = \dfrac{180°}{n}$.

又 $PA < PB_1, PA < PB_2$,于是 $\angle B_1 < \angle B_1AP$. 即
$$\angle B_1 + \angle B_2 < \angle B_1AB_2 = \dfrac{180°}{n}$$

而
$$\angle APB_1 + \angle APB_2 = 360° - \angle B_1 - \angle B_2 - \angle B_1AB_2 > 360° - \dfrac{360°}{n}$$

因此,必有一个点 $B_i(i = 1,2)$,使得
$$\angle APB_i > 180° - \dfrac{180°}{n} > 180° - \dfrac{360°}{n}$$

设此 B_i 为 B,即有
$$\left(1 - \dfrac{2}{n}\right) \cdot 180° < \angle APB < 180°$$

如果 P 在 AB_i 上,结论同样成立.

8. (用反证法) 假设方程有正整数解 $x=m, y=n, z=p, t=r$, 且是在所有解中 x 取最小值的那一组. 由方程可知 r 是偶数, 设 $r=2r_1$, 在方程中代入这个解并除以 2, 得到 $4m^4+2n^4+p^4=8r_1^4$.

可以看出, p 是偶数, 设 $p=2p_1$.

因此 $2m^4+n^4+8p_1^4=4r_1^4$.

同样可得 $n=2n_1$, 于是 $m^4+8n_1^4+4p_1^4=2r_1^4$.

最后 $m=2m_1$, 有 $8m_1^4+4n_1^4+2p_1^4=r_1^4$.

由上式可得 $x=m_1, y=n_1, z=p_1, t=r_1$ 是原理的又一组解, 但因为 $m_1<m$, 这与假设 m, n, p, r 为 x 取最小值的那一组解矛盾. 因此, 原方程在正整数范围内无解.

第十五章 最短长度原理

一个人要去某地时,总要选择距离最短的路线 —— 直线路线. 我们也把这种现象称为下面的原理.

15.1 最短长度原理 I 及应用

最短长度原理 I 任意地给定两点,可以用各式各样的线把这两点联结起来,在所有这样的联结线中,以直线段的长度为最短.

显然,三角形两边之和大于第三边,n 边形中 $n-1$ 边之和大于第 n 边,等等,是这个原理重要内容之一.

别看这个事实如此简单,某些问题的最佳选点,最佳路径,某些最值的求解,某些不等式的证明,乃至于解答许多巧妙的数学竞赛试题,都要运用这个原理. 运用这个原理时,常常又利用反射(或对称)将封闭的多边形转化为折线,或将折线转化为直线段,等等.

15.1.1 最佳选点、最佳路径问题

例 1 (饮马河问题) 有一个猎人,家住在 A 处,如图 15.1.1 所示,他每天早晨骑马到河边饮马,之后到猎场 B 去打猎. 试问:猎人在河的什么地方饮马,猎人走的路程最近?

解 如图 15.1.1,作 B(也可以是 A) 关于河岸线 l 的对称点 B'(或 A'),连 AB'(或 BA'),交 l 于点 P,点 P 即为饮马的地方,即 $AP + PB$ 为最近. 这是因为,若在 l 上(除点 P 外) 任取一点 P',由于 B 和 B' 关于 l 对称,则

$$AP + PB = AP + PB' = AB'$$
$$AP' + P'B = AP' + P'B'$$

而 $AP' + P'B' > AB'$

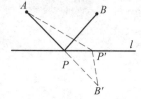

图 15.1.1

故在点 P 饮马猎人走的路线最近.

此例实际上是《平面几何》课本中的一道习题:"在直线上求一点,使这点到直线同侧的两点的距离和最小" 的另一种说法. 将此习题中的直线拓广成平面,便是《立体几何》中的一道习题的一部分:已知空间两点 A,B 在平面 α 的同侧,在平面 α 内找一点 C,使 $AC + BC$ 最小,这也可以像例 1 那样解答.

例 2 如图 15.1.2 所示,A,B,C 是三个工厂,它们构成一个锐角三角形,需要在三角形内修一供气站. 证明:当供气站对每两厂的视角相等时,所需铺设的管道最短.

这个命题,实质上是法国数学家费马,向伽利略的学生意大利物理学家托里拆利提出的"求一点,使它到已知三角形的三顶点距离之和为最小" 这一著名问题,在锐角三角形情形下的结论.

证明 设 $\angle AMB = \angle BMC = \angle CMA = 120°$，$P$ 为异于 M 的 $\triangle ABC$ 内任一点. 要直接证点 M 与 A,B,C 三点连线之和小于 P 分别与 A,B,C 三点连线之和，比较困难. 只有进行适当变位，将线段 MA,MB,MC 变换到同一直线上，并且首尾连成一直线段，与此同时将线段 PA,PB,PC 变换成一首尾相连的折线，并且与前述直线有共同的端点，问题就解决了. 为此将 $\triangle AMC$ 和 $\triangle APC$ 绕顶点 C 旋转 $60°$ 成 $\triangle RKC$ 和 $\triangle RQC$. 这时，在 $\triangle MCK$ 中，因 $CM = CK$，$\angle MCK = 60°$，所以 $\triangle MCK$ 为一正三角形. 同理 $\triangle PCQ$ 也是一正三角形. 又因 $\angle CKR = \angle CMA = 120°$，$\angle CKM = 60°$，则 M,K,R 三点共线. 同理，B,M,K 三点共线，于是 B,M,K,R 在一直线上，故有

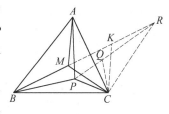

图 15.1.2

$$BP + PQ + QR > BR$$

而
$$BP + PQ + QR = PB + PC + PA$$
$$BR = BM + MK + KR = MB + MC + MA$$

所以
$$MA + MB + MC < PA + PB + PC$$

例 3 如图 15.1.3 所示，A,B 两村之间有两条平行的河（一河宽为 a，另一河宽为 b），从 A 到 B 经过两个垂直于河岸的桥，要使路途最近，请你设计修桥地点，并说明根据.

解 设河岸线分别为 l_1,l_2,l_3,l_4，过 A 作 $AA' \perp l_1$，使 $AA' = a$，过 B 作 $BB' \perp l_4$，使 $BB' = b$，联结 $A'B'$ 交 l_2 于 M，交 l_3 于 N（因 A 到 l_2 的距离大于 a，则 A' 与 A 都在 l_2 的同侧. 同理，B' 与 B 在 l_3 的同侧，故 $A'B'$ 必与 l_2,l_3 相交），则 M,N 便是修桥地点. 因为，若设垂直于河岸的桥分别是 MM_1,NN_1，则从 A 到 B 可沿折线 AM_1MNN_1B 行走，此折线为从 A 到 B 的最短路线.

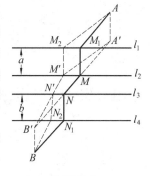

图 15.1.3

如果另选修桥地点，设在 M',N' 处，所修垂直于河岸的桥是 $M'M_2,N'N_2$，则从 A 到 B 需经折线 $AM_2M'N'N_2B$. 联结 $A'M',B'N'$.

因 $AA' \underline{\underline{\parallel}} M_2M'$，$A'M' \underline{\underline{\parallel}} AM_2$，同理，$B'N' \underline{\underline{\parallel}} BN_2$.

则折线 $AM_2M'N'N_2B$ 的长 = 折线 $AA'M'N'B'B$ 的长. 又折线 AM_1MNN_1B 的长 = 折线 $AA'MNB'B$ 的长，而折线 $A'M'N'B'$ 的长 > 线段 $A'B'$ 的长.

故折线 $AM_2M'N'N_2B$ 的长 > 折线 AM_1MNN_1B 的长，即折线 AM_1MNN_1B 为从 A 经过两垂直于河岸的桥到 B 的最短路线.

上面三例涉及的是最短路径的某些点的位置的选取问题. 下面再看最佳路线的选取问题.

例 4 已知一长方体，三棱不等，现在要由一顶点沿表面到对角顶点，求最短的路线.

解 设长方体的三条棱长为 a,b,c，有 $a > b > c$，要求 A 到 C' 的最短路线，须将长方体侧面展开成平面图形求直线 AC' 的长度. 由图 15.1.4 可知，相对短的路线有以下三条：

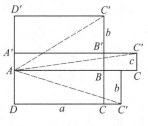

图 15.1.4

（1）从 A 跨过棱 $A'B'$ 到 C'（从 A 跨过 CD 也一样），其路线长

为 $\sqrt{a^2+(b+c)^2}$;

（2）从 A 跨过棱 BB' 到 C'（从 A 跨过 DD' 也一样），其路线长为 $\sqrt{c^2+(a+b)^2}$;

（3）从 A 跨过棱 BC 到 C'（从 A 跨过 $A'D'$ 也一样），其路线长为 $\sqrt{b^2+(a+c)^2}$.

由于 $a > b > c$, 于是 $ab > ac > bc$. 故

$$\sqrt{a^2+(b+c)^2} < \sqrt{b^2+(a+c)^2} < \sqrt{c^2+(a+b)^2}$$

即最短路线为(1)这种情形, 其长是 $\sqrt{a^2+(b+c)^2}$.

例 5 有一个圆锥, 它的底面半径为 r, 母线长为 $l(l \geq 2r)$, 在母线 SA 上有一点 B, 如图 15.1.5 所示, 且 $AB = a$. 求由 A 绕圆锥一周到 B 的最短距离是多少?

解 将圆锥表面沿母线 SA 切开, 得展开图扇形 SAA' 如图 15.1.5. B 在展开图中变成了 B', 连 AB' 即为所求最短距离路线. (这时由于 $l \geq 2r$, $\angle B'SA = \dfrac{r}{l} 360° \leq 180°$), 而 $SA = l, B'S = BS$, 故

$$AB' = \sqrt{l^2+(l-a)^2 - 2l(l-a) \cdot \cos\left(\dfrac{r}{l}360°\right)}$$

为所求.

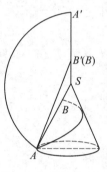

图 15.1.5

15.1.2 不等式、最值问题

例 1 已知 $a \geq 0, b \geq 0, c \geq 0$. 求证

$$\sqrt{a^2+b^2}+\sqrt{b^2+c^2}+\sqrt{c^2+a^2} \geq \sqrt{2}(a+b+c)$$

证明 建立平面直角坐标系, 设 $A(a,b), B(a+b,b+c)$, $C(a+b+c, a+b+c)$. 如图 15.1.6 所示, 则

$$|OA| = \sqrt{a^2+b^2}$$
$$|AB| = \sqrt{b^2+c^2}$$
$$|BC| = \sqrt{c^2+a^2}$$
$$|OC| = \sqrt{2}(a+b+c)$$

因 $\quad |OA|+|AB|+|BC| \geq |OC|$

则 $\quad \sqrt{a^2+b^2}+\sqrt{b^2+c^2}+\sqrt{c^2+a^2} \geq \sqrt{2}(a+b+c)$

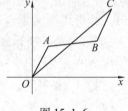

图 15.1.6

例 2 凸四边形 $PQRS$ 的四个顶点分别在边长为 a 的正方形 $ABCD$ 的边上, 试证明四边形 $PQRS$ 的周长不小于 $2\sqrt{2}a$.

证明 如图 15.1.7 所示, 将整个图形连续对称翻转三次后, 凸四边形 $PQRS$ 的周长转化成为折线 $SRQ_1P_2S_3$ 的长. 显而易见, 它不小于线段 $SS_3 = CC_3 = 2\sqrt{2}a$, 即有

$$PQ + QR + RS + SP \geq 2\sqrt{2}a$$

例 3 求函数 $y = \sqrt{x^2+2x+17} + \sqrt{x^2-6x+13}$ 的最小值.

解 因 $y = \sqrt{(x+1)^2+4^2} + \sqrt{(x-3)^2+2^2}$, 则此问题可转化为求 x 轴上的一个动点 $P(x,0)$ 到 $A(-1,4)$ 与 $B(3,2)$ 两点的最小距离和. 设 $B(3,2)$ 关于 x 轴对称的点为

$B'(3,-2)$，则所求函数的最小值为线段 AB' 的长
$\sqrt{(-1-3)^2 + (4+2)^2} = \sqrt{52}$.

上例的解法具有一般性，由此可求形如：

$y = \sqrt{x^2 + b_1 x + c_1} + \sqrt{x^2 + b_2 x + c_1}$ 的最小值；

$y = \sqrt{x^2 + b_1 x + c_1} - \sqrt{x^2 + b_2 x + c_2}$ 的最大值.

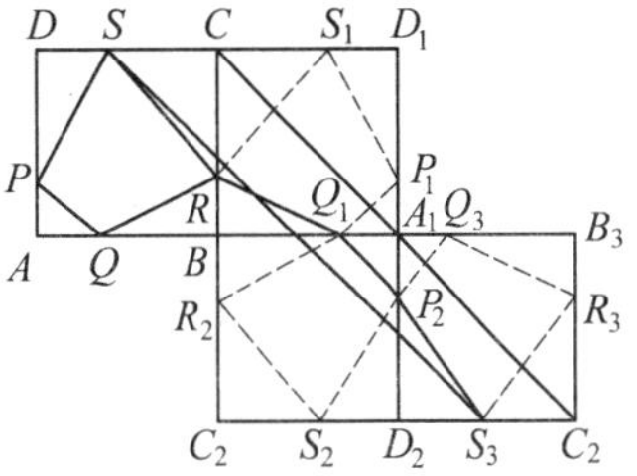

例 4 已知正方形 $ABCD$ 内有一点 E. E 到 A,B,C 三点的距离之和的最小值为 $\sqrt{2} + \sqrt{6}$，求此正方形的边长.

解 要确定到 A,B,C 三点距离之和有最小值的点 E 的位置，就要设法把 AE, BE, CE 组成首尾相连的线段. 为此连 AE，BE, CE，以 B 为旋转中心，如图 15.1.8 把 $\triangle ABE$ 逆时针方向旋转 $60°$ 得到 $\triangle FGB$. 易知 $\triangle BEG$ 为正三角形，$GE = BE$. 于是

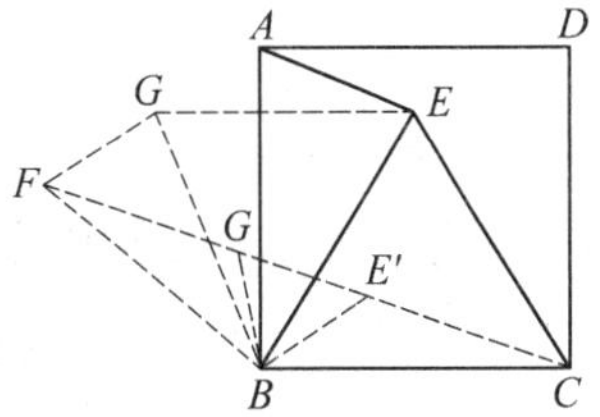

$$AE + BE + EC = FG + GE + EC$$

此和的最小值应当取线段 CF 之长（这里 E 落在 E' 的位置）.

图 15.1.7

图 15.1.8

因而得知
$$FC = \sqrt{2} + \sqrt{6}$$

令正方形 $ABCD$ 的边长为 x，在 $\triangle FBC$ 中
$$FC^2 = BC^2 + FB^2 - 2BC \cdot FB \cdot \cos \angle FBC$$

即 $(\sqrt{2} + \sqrt{6})^2 = x^2 + x^2 - 2x^2 \cdot \cos 150°$

求得 $x = 2$（舍去 -2）. 故所求正方形的边长为 2.

15.1.3 覆盖问题

例 1 设在桌面上有一个丝线做成的线圈，它的周长是 $2l$. 我们又用纸剪成一个直径为 l 的圆形纸片. 证明：

（Ⅰ）当线圈做成一平行四边形时，我们可以用所剪的圆纸片完全盖住它；

（Ⅱ）不管线圈做成什么形状的曲线，我们都可以用此圆形纸片完全盖住它.

证明 （Ⅰ）设线圈做成的平行四边形为 $ABCD$，其对角线 AC, BD 相交于 O，如图 15.1.9(a)，则

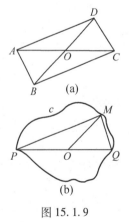

图 15.1.9

$$OD = \frac{1}{2}BD \leqslant \frac{1}{2}(BC + CD) = \frac{1}{2}(\frac{2l}{2}) = \frac{1}{2}l$$

同理 $OC \leqslant \frac{1}{2}l$.

即平行四边形的四个顶点到中心 O 的距离不超过 $\frac{1}{2}l$. 因此，将圆纸片的圆心置于点 O，就可以完全盖住这个平行四边形.

（Ⅱ）设线圈做成一任意形状的曲线 C，如图 15.1.9(b)，在 C 上取一点 P 和一点 Q，使 P 和 Q 将曲线 C 分为等长的两段，长各为 l. 设 O 是联结 P 和 Q 的线段 PQ 的中点，又在 C 上任

取一点 M，联结 MO, MP, MQ，则

$$OM \leq \frac{1}{2}(MP + MQ) \leq \frac{1}{2}(\widehat{MP} + \widehat{MQ}) = \frac{1}{2}l$$

即曲线上任意一点到 O 的距离都不超过 $\frac{1}{2}l$，因此，将圆纸片的圆心置于点 O，就可以完全盖住整个曲线。

例 2 求证：单位长的任何曲线能被面积为 $\frac{1}{4}$ 的闭矩形覆盖。

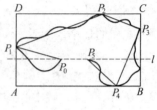

图 15.1.10

证明 如图 15.1.10，单位长曲线 r 的两端 P_0, P_5 的连线，记为 l（当 P_0, P_5 重合时，l 可取过 r 上任意一点 P_0 的直线）。设矩形 $ABCD$ 是覆盖曲线 r 且边 $AB \parallel CD \parallel l, BC \perp l, DA \perp l$ 的最小矩形。令 $AB = a, BC = b$，则曲线和矩形的四边必有公共点。在各边任选其一公共点分别记为 P_1, P_2, P_3, P_4，则折线长

$$P_0P_1 + P_1P_2 + P_2P_3 + P_3P_4 + P_4P_5 \leq \text{曲线 } r \text{ 的长} = 1$$

设 $P_0P_1, P_1P_2, P_2P_3, P_3P_4, P_4P_5$ 在垂直于 l 的直线上的投影长记为 y_1, y_2, y_3, y_4, y_5，则

$$y_1 + y_2 + y_3 + y_4 + y_5 \geq 2b$$

设 $P_0P_1, P_1P_2, P_2P_3, P_3P_4, P_4P_5$ 在 l 上的投射影长分别是 x_1, x_2, x_3, x_4, x_5，则

$$x_1 + x_2 + x_3 + x_4 + x_5 \geq a$$

由勾股定理及闵可夫斯基不等式

$$1 \geq P_0P_1 + P_1P_2 + P_2P_3 + P_3P_4 + P_4P_5 =$$

$$\sqrt{x_1^2 + y_1^2} + \sqrt{x_2^2 + y_2^2} + \sqrt{x_3^2 + y_3^2} + \sqrt{x_4^2 + y_4^2} + \sqrt{x_5^2 + y_5^2} \geq$$

$$\sqrt{(x_1 + x_2 + \cdots + x_5)^2 + (y_1 + y_2 + \cdots + y_5)^2} \geq$$

$$\sqrt{a^2 + 4b^2}$$

其中倒数第二个"$\geq$"号是据闵可夫斯基不等式。由平均值不等式得

$$ab = \frac{1}{2}\sqrt{a^2 \cdot 4b^2} \leq \frac{1}{2} \cdot \frac{a^2 + 4b^2}{2} \leq \frac{1}{4}$$

即矩形 $ABCD$ 的面积不大于 $\frac{1}{4}$。

15.1.4 阿基米德第二公理

阿基米德是著名的古希腊学者，他在力学里的成就是众所周知的。他发现的杠杆原理、浮力定律，我们在初中学物理时就已经很熟悉了。但是，对他在数学上的贡献，有的同学还不熟悉。阿基米德除了喜欢用力学方法来解决数学问题外，还对数学公理进行了探讨，提出了五条数学公理（经过后人研究，其中的前四条公理都可由其他公理、定义等推导）。这里介绍他的第二条公理。

有公共端点而且落在一个平面上的两条线，如果都是凸的，且其中的一条被一条和联结公共端点的线段所包围，这时候被包围的线短于包围它的线。

我们反复运用"两点间以直线段为最短"这一原理，可以证明以上公理，在证明之前，介

绍一下凸曲线的定义:过曲线上任一点作切线 t,整个曲线都落在 t 的一侧. 例如圆、椭圆都是凸曲线,但如图 15.1.11 中的曲线就不是凸曲线.

图 15.1.11

证明 先考虑凸折线的情况:设凸多边形 $AC_1C_2\cdots C_kB$ 包含凸多边形 $AD_1D_2\cdots D_jB$,如图 15.1.12 所示. 下面来证明

$$AD_1 + D_1D_2 + \cdots + D_jB < AC_1 + C_1C_2 + \cdots + C_kB \quad \text{①}$$

延长 AD_1,与 $AC_1C_2\cdots C_kB$ 交于 E_1,不妨设 E_1 在 C_2C_3 上,连 BD_1,则凸多边形 $D_1D_2\cdots D_jB$ 包含在凸多边形 $D_1E_1C_3\cdots C_kB$ 的内部. 如果我们能够证明

$$D_1D_2 + D_2D_3 + \cdots + D_jB < D_1E_1 + E_1C_3 + \cdots + C_kB \quad \text{②}$$

再因

$$AD_1 + D_1E_1 < AC_1 + C_1C_2 + C_2E_1 \quad \text{③}$$

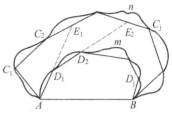

图 15.1.12

将式②③相加,并将不等式两边减去 D_1E_1,便得到式①. 所以要证明式①成立,只要证明式②成立就可以了. 式②与式①完全是类似的,但凸多边形 $D_1D_2\cdots D_jB$ 比凸多边形 $AD_1D_2\cdots D_jB$ 少了一边. 重复上面的过程,延长 D_1D_2 得交点 E_2,连 BD_2,我们同样可以证明. 要证明式②,只要证明下式

$$D_2D_3 + \cdots + D_jB < D_2E_2 + \cdots + C_kB \quad \text{④}$$

成立即可. 这时,凸多边形 $D_2D_3\cdots D_jB$ 比凸多边形 $D_1D_2\cdots D_jB$ 又减少了一边. 如此下去,经过 j 步后,最后归纳为证明

$$D_jB < D_jE_j + E_jB$$

这个式子由最短长度原理 I 知是成立的. 沿着上述过程逆推回去,可知式①成立.

证明了凸折线的情况后,证明凸曲线的情况就不困难了. 如图 15.1.12 所示,作凸曲线 AmB 与 AnB 的内接凸折线 $AD_1D_2\cdots D_jB$ 与 $AC_1C_2\cdots C_kB$. 由上所证,$AD_1D_2\cdots D_jB$ 的长小于 $AC_1C_2\cdots C_kB$ 的长. 让 k,j 不断地增大,即分点数越来越多,越来越密,这时折线与曲线越来越接近,当 k 和 j 无穷增大的时候,折线的长就无限接近曲线的长.(如果在每一段折线上运用最短长度原理 I 是不能证明的) 由于折线 $AD_1D_2\cdots D_jB$ 的长始终小于折线 $AC_1C_2\cdots C_kB$ 的长,所以曲线 AmB 的长小于曲线 AnB 的长. 这便证明了阿基米德第二公理.

下面运用阿基米德第二公理或最短长度原理 I 解答两道数学难题.

例1 如图15.1.13所示,设 A,B 是半径为 1 的圆 R 的圆周上任意两点,过 AB 作圆弧 K,K 分圆 R 为面积相等的两部分. 求证:圆弧 K 的长大于 2.

证明 设已知两圆弧相交于 A,B,显然 AB 不会是圆 R 的直径,并且点 R 包含在曲线段 AB 与圆弧 K 所围成的月形区域之内. 不然的话,圆弧 K 不可能平分圆 R 的面积.

连 AR,BR,则 $AR + BR = 2$.

由阿基米德第二公理或最短长度原理 I 即证.

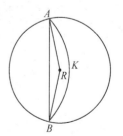

图 15.1.13

例2 试证:在球面上,两点之间的最短距离,就是经过这两点的大圆在这两点间的一段劣弧的长度.

证明 设 A,B 为球面上两点,如果 A,B 与球心在同一直线上,则 AB 为球的直径,通过 A,B 的圆弧都是球的大圆弧.

如果 A,B 与 O 不在同一直线上,则 A,B,O 三点确定一个平面 M, M 与球面的交线为一个大圆. 这时过 A,B 的大圆是唯一的. 设 $\overset{\frown}{AmB}$ 为联结 A,B 的大圆劣弧, $\overset{\frown}{AnB}$ 为联结 A,B 的任意一条小圆弧.

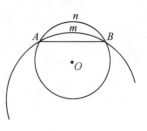

图 15.1.14

联结弦 AB,将小圆弧所在平面绕弦 AB 转动,使之与平面 M 重合,这样,我们便得到图 15.1.4 所示情形. $\overset{\frown}{AmB}$ 与 $\overset{\frown}{AnB}$ 均张在弦 AB 上,而 $\overset{\frown}{AmB}$ 含于弧 $\overset{\frown}{AnB}$ 的内部,由阿基米德第二公理或最短长度原理 I 获证.

15.2 最短长度原理 II 及应用

上面,我们讨论了给定两点间的最短长度原理及应用. 下面,我们再讨论点与线、点与面间的最短长度原理及应用.

最短长度原理 II 在联结一已知点与一已知直线或平面上的点的所有线中,以垂线段长度为最短.

这一原理在证明某些最值问题及不等式中也有着重要作用.

例如,对 15.1.1 小节中的例 2 也可用如下方法来证.

过 A,B,C 三点分别作 $EF \perp MA, FD \perp MB, DE \perp MC$,三线交成 $\triangle DEF$,如图 15.2.1 所示.

因 $\angle AMB = \angle BMC = \angle CMA = 120°$
则 $\angle E = \angle F = \angle D = 60°$
即 $\triangle DEF$ 为正三角形.

过 P 作 $PG \perp EF, PH \perp FD, PI \perp DE, G,H,I$ 是垂足,则有 $PA \geqslant PG, PB \geqslant PH, PC \geqslant PI$(最短长度原理 II),于是

$$PA + PB + PC \geqslant PG + PH + PI$$

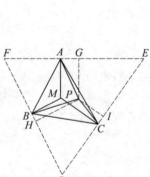

图 15.2.1

而 $PG + PH + PI = MA + MB + MC = $ 定值(正三角形 DEF 的高). 故

$$PA + PB + PC \geqslant MA + MB + MC$$

例1 若 $a > 0, b > 0$,且 $a + b = 1$. 证明

$$\left(a + \frac{1}{a}\right)^2 + \left(b + \frac{1}{b}\right)^2 \geqslant \frac{25}{2}$$

证明 如图 15.2.2 所示,建立平面直角坐标系,设 $P\left(-\frac{1}{a}, -\frac{1}{b}\right)$, PH 垂直于直线 $a + b = 1$ 于 H. $A(a,b)$ 为直线 $a + b = 1$ 上任一点,显然有 $PA^2 \geqslant PH^2$,其中当 A 与 H 重合时等号成立,而

$$PA^2 = \left(a + \frac{1}{a}\right)^2 + \left(b + \frac{1}{b}\right)^2$$

$$PH^2 = \left(\frac{|-\frac{1}{a}-\frac{1}{b}-1|}{\sqrt{1^2+1^2}}\right)^2 = \frac{1}{2}(\frac{1}{a}+\frac{1}{b}+1)^2 \geq$$
$$\frac{1}{2}(4+1)^2 = \frac{25}{2}$$

故 $\qquad (a+\frac{1}{a})^2 + (b+\frac{1}{b})^2 \geq \frac{25}{2}$

当且仅当 $a=b=\frac{1}{2}$,不等式取等号.

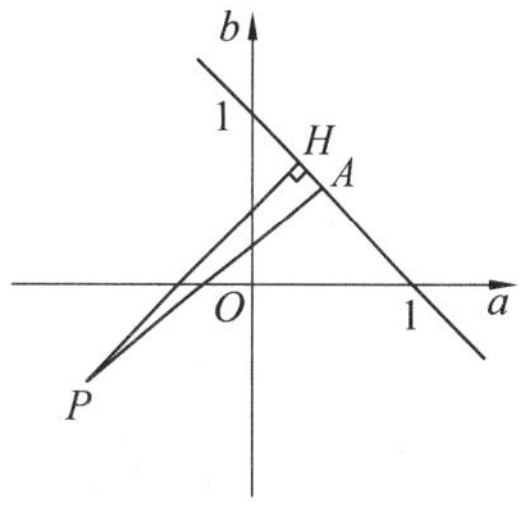

图 15.2.2

类似于上例,建立平面直角坐标系,运用平面内在一点 P 到原点的距离不小于 P 到过原点的直线的距离,可证明下述不等式:

（Ⅰ）设 $a,b,c \in \mathbf{R}_+$,则 $a+b+c \geq \sqrt{ab}+\sqrt{bc}+\sqrt{ca}$.

事实上,取点 $(\sqrt{a},\sqrt{b})$ 和直线 $ax+by=0$ 即可证.

（Ⅱ）设 $a,b,c \in \mathbf{R}_+$,则 $b^2c^2 + c^2a^2 + a^2b^2 \geq abc(a+b+c)$.

事实上,取点 (bc,ac) 和直线 $x+y=0$ 即可证.

（Ⅲ）设 $a,b \in \mathbf{R}_+$,则 $(a^4+b^4)(a^2+b^2) \geq (a^3+b^3)^2$.

事实上,取点 (a^2,b^2) 和直线 $ax+by=0$ 即可证.

（Ⅳ）设 $a,b,c,d \in \mathbf{R}$,则 $(a^2+b^2)(c^2+d^2) \geq (ac+bd)^2$.

事实上,取点 $(0,0)$ 和直线 $ax+by=0$ 即可证.

（Ⅴ）设 $a,b \in \mathbf{R}_+$,则 $\frac{a+b}{2} \geq \frac{2ab}{a+b}$.

事实上,取点 $(\frac{1}{\sqrt{a}},\frac{1}{\sqrt{b}})$ 和直线 $\sqrt{a}x+\sqrt{b}y=0$ 即可证.

例 2 若 $a>0, b>0, c>0$,且 $a+b+c=1$. 求证
$$(a+\frac{1}{a})^2 + (b+\frac{1}{b})^2 + (c+\frac{1}{c})^2 \geq \frac{100}{3}$$

证明 如图 15.2.3 所示,建立空间直角坐标系,设 $P(-\frac{1}{a}, -\frac{1}{b}, -\frac{1}{c})$,$PH$ 垂直于平面 $a+b+c=1$ 于 H. $A(a,b,c)$ 为平面 $a+b+c=1$ 内任一点. 显然 $PA^2 \geq PH^2$,当且仅当 A 与 H 重合时等号成立,而

$$PA^2 = (a+\frac{1}{a})^2 + (b+\frac{1}{b})^2 + (c+\frac{1}{c})^2$$

$$PH^2 = \frac{|-\frac{1}{a}-\frac{1}{b}-\frac{1}{c}-1|}{\sqrt{1^2+1^2+1^2}} = \frac{1}{3}(\frac{1}{a}+\frac{1}{b}+\frac{1}{c}+1)^2 \geq$$
$$\frac{1}{3}(9+1)^2 = \frac{100}{3}$$

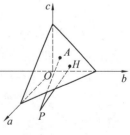

图 15.2.3

其中注意 $(a+b+c)(\frac{1}{a}+\frac{1}{b}+\frac{1}{c}) \geq 9$. 故

$$(a+\frac{1}{a})^2 + (b+\frac{1}{b})^2 + (c+\frac{1}{c})^2 \geq \frac{100}{3}$$

当且仅当 $a = b = c = \frac{1}{3}$ 时上式取等号.

思 考 题

1. 在平面直角坐标系中,点 A 在第二象限,点 B 在第一象限. 分别在 x 轴,y 轴上求点 M 和点 N,使 $AM + MB$ 最短,$AN + BN$ 最短. 又分别在 x 轴,y 轴上求点 M' 和 N',使 $|AM' - M'B|$ 最长,$|AN' - N'B|$ 最长.

2. 设点 P 是锐角 $\angle MON$ 内的定点,在 OM,ON 上各找一点 A,B,使 $\triangle PAB$ 的周长最短.

3. 设三角形完全在某一多边形内,证明:三角形周长不超过多边形的周长.

4. $ABCDE$ 为凸五边形,AD 是一条对角线. 已知 $\angle EAD > \angle ADC$,$\angle EDA > \angle DAB$. 求证:$AE + ED > AB + BC + CD$.

5. 设 a,b 和 c 是正数,$x \in \mathbf{R}$. 求证

$$\sqrt{x^2 + a} + \sqrt{(c-x)^2 + b} \geq \sqrt{c^2 + (\sqrt{a} + \sqrt{b})^2}$$

6. 设 $a > 0, b > 0$. 求证: $\sqrt{\dfrac{a^2+b^2}{2}} \geq \dfrac{a+b}{2} \geq \sqrt{ab} \geq \dfrac{2ab}{a+b}.$

思考题参考解答

1. 设 B_0 为 B 关于 x 轴的对称点,连 AB_0 交 x 轴于 M,则 M 为所求,若不然,M_0 是 x 轴上异于 M 的点,则 $AM_0 + M_0B = AM_0 + MB_0 > AB_0 = AM + MB$.

连 AB 交 y 轴于 N,则 N 为所求. 若不然,N_0 是 y 轴上异于 N 的点,则 $AN_0 + N_0B > AN + NB$.

连 AB 并延长交 x 轴于 M',则 M' 为所求,并使 $|AM' - BM'|$ 最长.(证略)

设 B' 为 B 关于 y 轴的对称点,连 BB' 交 y 轴于 N',则 N' 为所求,使 $|AN' - N'B|$ 最长.(证略)

2. 分别求出点 P 关于 OM,ON 的对称点 P_1 和 P_2,联结 P_1P_2 交 OM,ON 于 A,B 两点,则 $\triangle PAB$ 的周长最短.(证略)

3. 将 $\triangle ABC$ 的边 AB,BC 和 CA 分别往顶点 A,B 和 C 的外边延长,使其与多边形的周界相交,交点 L,M 和 N 把多边形的周界分成 (LM),(MN),(NL) 三部分. 因每一条折线都比和经具有公共端点的直线段长. 因此 $(LM) + MB > LA + AB$,$(MN) + NC > MB + BC$,$(NL) + LA > NC + CA$.

将这些不等式两边分别相加并去掉同时包含在左边和右边的线段,便得到

$$(NM) + (NL) + (LM) > AB + BC + CA$$

4. 作 B,C 关于 AD 中点 O 的对称点 B',C',由条件可知 B',C' 在 $\triangle AED$ 内,由阿基米德第二公理即证.

5. 设 $AB = c$,作 $AC \perp AB$,$BD \perp AB$,使 $AC = \sqrt{a}$,$BD = \sqrt{b}$,且 C,D 在 AB 两侧. 取 $AE = x$(若 $0 \leq x \leq c$,则 E 在线段 AB 上;若 $x > c$,则 E 在 AB 的延长线上;若 $x < 0$,则 E 在 AB 的反向

延长线上),则 $EC = \sqrt{x^2 + a}, ED = \sqrt{(c-x)^2 + b}$ 而 $EC + ED \geq CD$. 故 $\sqrt{x^2 + a} + \sqrt{(-x)^2 + b} \geq \sqrt{c^2 + (\sqrt{a} + \sqrt{b})^2}$.

6. 作半圆(图略) 设 $AC = a, BC = b, OE \perp AB, DC \perp AB, CF \perp OD$,则 $OE = \frac{1}{2}(a+b)$, $OC = \frac{1}{2}(a-b), CE = \sqrt{\frac{1}{2} + (a^2 + b^2)}, CD = \sqrt{ab}, DF = \frac{2ab}{a+b}$.

由 $CE \geq OE \geq CD \geq DF$,即证.

第十六章 极端原理

有这样一个游戏,两人用同样大小的硬币,轮流放置在圆台面上,不允许互相重叠,谁放最后一枚谁获胜. 现在问,是先放的人获胜还是后放的人能赢? 这个问题使许多人感到困惑. 后来有人去请教一位著名数学家,他沉思了一会,说:"问题中既然没有指明台面的大小,我们考虑一种极端情况,即这个台面充分小,以致于仅能放下一个硬币,这时,显然先放的获胜." 他提出了一种极端特殊的情况,从而使问题变得显然. 当然,对熟悉中心对称图形性质的读者而言,在一般情况下显然也有相同的结论.

在这个例子中,一种极端特殊的考虑使问题迎刃而解. 这体现了如下的一个数学原理.

极端原理 为确定集合 M 具有某一性质 A,常常从极端情形(例如数量上的极大或极小,图形的极限位置等等)出发,选取 M 中具有极端性质的元素 a 来考虑;或者 a 本身就具有性质 A,或者 a 本身虽没有性质 A,但 a 与具有性质 A 的 M 中元素 b 有密切的关系,从而可确定集合 M 具有性质 A.

显然,"逆反转换原理"中的举反例法也是极端原理的一个具体应用. 前面两章介绍的"最小数原理""最短长度原理"都是极端原理的重要内容.

我们把数学问题化难为易,化抽象为具体,化繁杂为简单,化生疏为熟悉,等等,都离不开极端原理. 这是因为,用一个题目中涉及的对象的极端情形,去代替这一对象,而保留题目其余内容所得的题目,即是题目的极端情形. 它往往比较容易、具体、简单、熟悉. 又由于极端情形的解与一般情形的解往往有共性,解极端情形往往会给解一般情形带来启示.

下面,我们从七个方面看看极端原理的作用与应用.

16.1 解答问题,运用极端原理奠基

某些数学问题的解答具有叠加性或叠乘性,解答时首先要依赖于某些极端情形,其他情形的解答是建立在这种极端情形的基础上的;也有某些数学问题的解答具有叠进性,解答时是以极端情形的解答为基础,进而做出一般情形的解答. 在这里,极端原理都起着重要的"基石"作用.

例1 设 P,Q 是凸四边形 $ABCD$ 的边 AB 的两个三等分点,PR 与 QS 不在 $ABCD$ 内相交. 求证

$$S_{PQSR} = \frac{1}{3}S_{ABCD}$$

证明 先考虑极端情形:A 与 D 重合时,根据相似三角形判定与性质定理可得

$$S_{PQSR} = S_{\triangle ASQ} - S_{\triangle ARP} = \frac{4}{9}S_{\triangle ABC} - \frac{1}{9}S_{\triangle ABC} = \frac{1}{3}S_{\triangle ABC}$$

下面证明原命题. 连 AC,并取其三等分点 M,N,由上面的结论可知,只需证明 $S_{\triangle MPR} = S_{\triangle NQS}$.

由平行线性质定理,有 $\angle PMR = \angle QNS$;又由三角形中位线定理有 $PM:QN = NS:MR = 1:2$;再由三角形面积公式(两边夹角正弦)即证.

例2 设 $P_1, P_2, \cdots, P_n$ 为 $\triangle ABC$ 中 $\angle BAC$ 的 n 等分线与 BC 的交点.求证

$$\frac{AB^{n-1}}{AC^{n-1}} = \frac{BP_1 \cdot BP_2 \cdots BP_{n-1}}{CP_1 \cdot CP_2 \cdots CP_{n-1}}$$

证明 先考虑极端情形,当 $n = 2$ 时,即 P_1 为 $\angle BAC$ 的平分线与 BC 的交点,要证 $\frac{AB}{AC} = \frac{BP_1}{CP_1}$ 这是角平分线性质定理,且可用面积比来证.即

$$\frac{S_{\triangle ABP_1}}{S_{\triangle ACP_1}} = \frac{AB \cdot AP_1}{AC \cdot AP_1} = \frac{BP_1}{CP_1}$$

由上可证得 $n = 3$ 时的情形,如图 16.1.1 所示,P_1, P_2 为 $\angle BAC$ 的三等分角线与 BC 的交点,由

$$\frac{S_{\triangle ABP_1}}{S_{\triangle ACP_1}} = \frac{BP_1}{CP_1}, \frac{S_{\triangle ABP_2}}{S_{\triangle ACP_2}} = \frac{BP_2}{CP_2}$$

两式相乘便有

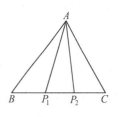

图 16.1.1

$$\frac{AB^2}{AC^2} = \frac{BP_1 \cdot BP_2}{CP_1 \cdot CP_2}$$

仿此便可证得命题为真.(略)

例3 求证三个复数点 Z_1, Z_2, Z_3 是复平面上的正三角形的顶点的充要条件是

$$Z_1^2 + Z_2^2 + Z_3^2 = Z_1 \cdot Z_2 + Z_2 \cdot Z_3 + Z_3 \cdot Z_1$$

证明 先看 $Z_1 = 0$ 时情形,即原条件式变为

$$Z_2^2 + Z_3^2 = Z_2 Z_3$$

即

$$\frac{0 - Z_2}{Z_3 - Z_2} = \frac{Z_3}{Z_2} \qquad \text{①}$$

充分性:由式 ① 可得

$$\arg\left(\frac{0 - Z_2}{Z_3 - Z_2}\right) = \arg \frac{Z_3}{Z_2}$$

即

$$\angle Z_3 Z_2 O = \angle Z_2 O Z_3$$

又式 ① 可变为 $\frac{0 - Z_3}{Z_2 - Z_3} = \frac{Z_2}{Z_3}$,即有 $\angle OZ_3 Z_2 = \angle Z_2 O Z_3$.可见 $\triangle OZ_2 Z_3$ 为正三角形.

必要性:当 $\triangle OZ_2 Z_3$ 为正三角形时,有

$$\frac{0 - Z_2}{Z_3 - Z_2} = \frac{Z_3}{Z_2} = \frac{Z_2 - Z_3}{0 - Z_3}$$

于是有

$$Z_2^2 + Z_3^2 = Z_2 Z_3$$

由上可进而证一般情形,平移坐标轴原点到 Z_1,把在新坐标系内的 Z_2,Z_3 两点表示成 Z'_2,Z'_3,由平移公式 $Z'_2 = Z_2 - Z_1, Z'_3 = Z_3 - Z_1$. 这时,根据上述极端情形的结论可知 $\triangle Z_1Z_2Z_3$ 为正三角形的条件是

$$Z'^2_2 + Z'^2_3 = Z'_2 \cdot Z'_3$$

即
$$(Z_2 - Z_1)^2 + (Z_3 - Z_1)^2 = (Z_2 - Z_1)(Z_3 - Z_1)$$

化简便为

$$Z_1^2 + Z_2^2 + Z_3^2 = Z_1Z_2 + Z_2Z_3 + Z_3Z_1$$

例 4 平面上任给五个相异的点,它们之间的最大距离与最小距离之比记为 λ. 求证: $\lambda \geqslant 2\sin 54°$,并讨论等号成立的充要条件.

分析 先考虑极端情形:平面上五个点正好是一正五边形的五个顶点,这时

$$\lambda = \frac{AC}{AB} = \frac{\sin \angle ABC}{\sin \angle ACB} = \frac{\sin 108°}{\sin 36°} = \frac{2\sin 54° \cdot \cos 54°}{\cos 54°} = 2\sin 54°$$

从这一极端情况我们可得知,若有 $\angle B \geqslant 108°, \angle ACB \leqslant 36°$,若 AC 非最大,AB 非最小,则真正的 $\lambda > \frac{AC}{AB}$,也同理可证. 进而得到一般情形的证法.

证明 若 A,B,C,D,E 五点构成一凸五边形,如图 16.1.2 所示,则其中至少有一个角不小于 $108°$,不妨设 $\angle ABC \geqslant 108°$,并不失一般性,设 $\angle BAC \geqslant \angle ACB$. 这时

$$\lambda \geqslant \frac{AC}{AB} = \frac{\sin \angle ABC}{\sin \angle ACB} \geqslant \frac{\sin \angle ACB}{\sin \frac{180° - \angle ABC}{2}} =$$

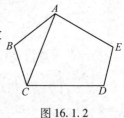

图 16.1.2

$$\frac{\sin \angle ABC}{\cos \frac{1}{2}\angle ABC} = 2\sin \frac{1}{2}\angle ABC \geqslant 2\sin 54°$$

若 A,B,C,D,E 五点不构成一凸五边形,并且无三点共线,则至少有一点在另外三点所确定的三角形中,如图 16.1.3 所示. 那么 $\angle ABC,\angle ADB,\angle BDC$ 中必有一个不小于 $120°$,当然大于 $108°$,同前面的证明可知结论成立.

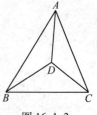

图 16.1.3

若 A,B,C 三点共线,则易知 $\frac{AB}{\min(AC,CB)} \geqslant 2 > 2\sin 54°$. 证毕.

16.2 求解问题,运用极端原理探路

用满足命题条件的某些极端(特殊)情形进行试探,常能有效地探得解题途径,打通解题思路.

例 1 已知平面上有 $2n+3$ 个有限点,其中无三点共线,也无四点共圆. 求证:存在三点,过这三个点的圆使其余 $2n$ 个点一半在圆内,一半在圆外. (参见 7.7 节例 4)

证明此题时,先考虑 $n=1$ 这种极端情形. 这时,平面上有五个点,在这五个点中,找到两点 A,B,使其余三点 P_1,P_2,P_3 都在 AB 的同侧,则由任意四点不共圆可知 P_1,P_2,P_3 对线段 AB 的张角 $\theta_1,\theta_2,\theta_3$ 必互不相等. 不妨设 $\theta_1<\theta_2<\theta_3$,过 A,B,P_2 三点作圆,则 P_1 在圆外,P_3 在圆内,于是我们便得到这道命题的简捷证明.

例2 集合 $N=\{1,2,\cdots,100\}$ 的所有子集记为 $A_1,A_2,\cdots,A_k$,每个子集的所有元素之和为 $a_1,a_2,\cdots,a_k$,求 $a_1+a_2+\cdots+a_k$.

此例表面看较难,难在究竟 N 有多少个子集(k 等于多少)?N 中每一个元素在所有子集中各出现多少次?我们先考虑极端情形即集合 $P=\{1,2\}$,显然它有 $4=2^2$ 个子集:$\varnothing$,$\{1\},\{2\},\{1,2\}$.1 出现两次.2 也出现两次. 再考虑 $Q=\{1,2,3\}$,它有 $8=2^3$ 个子集,且 1,2,3 在子集中各出现 $4=\dfrac{1}{2}\cdot 8$ 次. 由此可知 $N=\{1,2,\cdots,100\}$ 中有 2^{100} 个子集,每个元素在子集中各出现 $\dfrac{1}{2}\cdot 2^{100}=2^{99}$ 次. 故 $a_1+a_2+\cdots+a_k=(1+2+\cdots+100)\cdot 2^{99}=5\,050\cdot 2^{99}$,此为所求.

例3 设 $a,b,c\in \mathbf{R}_+$,求证:$a^n+b^n+c^n\geqslant a^pb^qc^r+a^qb^rc^p+a^rb^pc^q$,其中 $n\in \mathbf{N}$,p,q,r 都是非负数,且 $p+q+r=n$.

分析 欲证的不等式涉及量较多. 为此先考察特殊情形:$p=2,q=1,r=0$,即欲证明
$$a^3+b^3+c^3\geqslant a^2b+b^2c+c^2a \qquad ①$$

考虑常用不等式证明方法发现,式①可利用"均值不等式"获证,即
$$a^2b=a\cdot a\cdot b=\sqrt[3]{a^3\cdot a^3\cdot b^3}\leqslant \frac{a^3+a^3+b^3}{3}=\frac{2a^3+b^3}{3}$$

有
$$b^2c\leqslant \frac{2b^3+c^3}{3},\quad c^2a\leqslant \frac{2c^3+a^3}{3}$$

相加即得.

运用此法再考虑原一般问题就简单多了:仿上
$$a^pb^qc^r=\sqrt[n]{\underbrace{a^n\cdots a^n}_{p}\cdot \underbrace{b^n\cdots b^n}_{q}\cdot \underbrace{c^n\cdots c^n}_{r}}\leqslant \frac{pa^n+qb^n+pc^n}{n}$$

$$a^qb^rc^p\leqslant \frac{qa^n+rb^n+pc^n}{n}$$

$$a^rb^pc^q\leqslant \frac{ra^n+pb^n+qc^n}{n}$$

三式相加,原不等式得证.

例4 已知四面体 $ABCD$,E,F,G 分别在棱 AB,AC,AD 上,记 $\triangle XYZ$ 的面积为 $S_{\triangle XYZ}$,周长为 $P_{\triangle XYZ}$,证明:

(Ⅰ) $S_{\triangle EFG}\leqslant \max(S_{\triangle ABC},S_{\triangle ABD},S_{\triangle ACD},S_{\triangle BCD})$;

(Ⅱ) $P_{\triangle EFG}\leqslant \max(P_{\triangle ABC},P_{\triangle ABD},P_{\triangle ACD},P_{\triangle BCD})$.

分析 该题的困难之处在于 E,F,G 三点同时在棱 AB,AC,AD 上变动,因此证明中难以掌握. 为了化难为易,我们也从极端情形入手:假定点 F 取在点 C 处,点 G 取在点 D 处,而让点 E 在棱 AB 上变动,如图 16.2.1 所示,这时容易证明
$$S_{\triangle ECD}\leqslant \max(S_{\triangle ACD},S_{\triangle BCD})$$

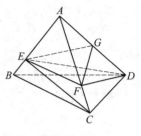

图 16.2.1

$$P_{\triangle ECD} \leqslant \max(P_{\triangle ACD}, P_{\triangle BCD})$$

因此有

$$S_{\triangle ECD} \leqslant \max(S_{\triangle ABC}, S_{\triangle ABD}, S_{\triangle ACD}, S_{\triangle BCD})$$

$$P_{\triangle ECD} \leqslant \max(P_{\triangle ABC}, P_{\triangle ABD}, P_{\triangle ACD}, P_{\triangle BCD})$$

同样过程,在 AC 上任取点 F 则可证,$S_{\triangle EFD} \leqslant \max(S_{\triangle AEC}, S_{\triangle AED}, S_{\triangle ACD}, S_{\triangle ECD})$,$P_{\triangle EFD} \leqslant \max(P_{\triangle AEC}, P_{\triangle AED}, P_{\triangle ACD}, P_{\triangle ECD})$. 在 AD 上任取点 G,则

$$S_{\triangle EFG} \leqslant \max(S_{\triangle AEF}, S_{\triangle AED}, S_{\triangle AFD}, S_{\triangle EFD})$$

$$P_{\triangle EFG} \leqslant \max(P_{\triangle AEF}, P_{\triangle AED}, P_{\triangle AFD}, P_{\triangle EFD})$$

综合上述不等式,即可得到

$$S_{\triangle EFG} \leqslant \max(S_{\triangle ABC}, S_{\triangle ABD}, S_{\triangle ACD}, S_{\triangle BCD})$$

$$P_{\triangle EFG} \leqslant \max(P_{\triangle ABC}, P_{\triangle ABD}, P_{\triangle ACD}, P_{\triangle BCD})$$

16.3 定值问题,先用极端原理探求

某些有某种任意性的元素确定某个定值,往往需要运用这种任意性的元素中的极端性质确定这个定值. 例如,几何中的定值问题;动直线、动曲线过定点的问题;动点在定曲线上的问题;曲线间的某种固定位置关系问题,等等. 若题目中未指明定值是什么,固定位置在哪里,那么,在解答前,我们先通过考察它们的一些极端情形,探明定值的数量,固其具体位置,以明确解题方向.

例1 两圆相交于 A, B,过 A 任作直线 CD 分别交两圆于 C, D. 联结 BC, BD,则 $\dfrac{BC}{BD}$ 为定值.

分析 选定任意直线 CD 的极端位置,即取 $CD \perp AB$,如图 16.3.1(a). 此时 BC 和 BD 分别是两圆的直径,设 $BC = 2R, BD = 2r$,则 $\dfrac{BC}{BD} = \dfrac{R}{r}$,定值得出.

对于一般情形,过 A 分别作两圆的直径 AE, AF,则 E, B, F 三点共线,又 $\angle 1 = \angle 2$,$\angle 3 = \angle 4$,如图 16.3.1(b),于是 $\triangle BCD \backsim \triangle AEF$. 故 $\dfrac{BC}{BD} = \dfrac{AE}{AF} = \dfrac{R}{r}$ 为定值.

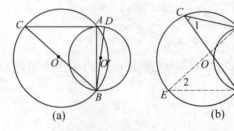

图 16.3.1

例2 (斯坦纳定理)已知两定长线段 AB, CD 在已知的两异面直线 l_1, l_2 上移动,求证:三棱锥 $A-BCD$ 的体积为定值.

证明 如图 16.3.2 所示,设 A_1B_1, C_1D_1 分别是 AB, CD 的极端位置,使得 B_1D_1 是 l_1, l_2

的公垂线段. 这时, B_1, D_1, C_1, A_1 都是定点. 设 AB, CD, B_1D_1 的长分别是 a, b, c, AB 与 CD 所成的角为 α, 则 $A_1-B_1C_1D_1$ 的体积为 $\frac{1}{6}abc \cdot \sin\alpha$ 是定值, 且 l_1 在 l_2 和 B_1D_1 所确定的平面 M 内的射影与 l_2 平行.

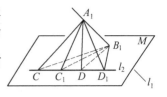

图 16.3.2

再取 CD 的任一位置, 易证 $\triangle B_1CD$ 与 $\triangle B_1C_1D_1$ 的高相同 (都是 B_1D_1), 底相等 $CD = C_1D_1$. 因而 $S_{\triangle B_1CD} = S_{\triangle B_1C_1D_1}$. 又 $A_1 - B_1CD$ 与 $A_1 - B_1C_1D_1$ 的高相同, 都是 A_1 与由 l_2 和 B_1D_1 所确定的平面 M 之间的距离. 所以 $V_{A-B_1CD} = V_{A_1-B_1C_1D_1}$, 即 $A_1 - B_1CD$ 的体积一定.

又再取 AB 的任一位置, 完全按照上述原则, 运用 l_1 与 D 所确定的平面 N 代替前述中的 M, 用 D, C 分别代替前述中的 B_1, A_1, 可以证明
$$V_{C-DAB} = V_{C-DA_1B_1}$$
由此命题可证得为真.

例 3 求证: 无论 a 为何值, 曲线
$$x^2 + y^2 - 4ax - 2ay + 20a - 25 = 0$$
总过一定点.

分析 因为无论 a 为何值, 已给曲线都过一个定点, 那么当 $a = 0$ 与 1 时, 相应地已给曲线是 $x^2 + y^2 - 25 = 0$ 与 $x^2 + y^2 - 4x - 2y - 5 = 0$, 它们也过该定点. 而这两曲线相交于两点 $(5,0)$ 和 $(3,4)$, 其中必有一点是曲线族过的定点. 只要把 $(5,0), (3,4)$ 两点的坐标分别代入曲线族方程, 立即可以知道 $(5,0)$ 就是该曲线族所过的定点. 知道了曲线族的定点坐标, 也就完成了对本例的证明.

16.4 穷举问题, 运用极端原理筛选

究举问题常见的有两种类型, 一种类型是可能结论已一一例举出来, 如选择题 (单项与多项)、配伍题等; 另一种类型就是解答时须找出所有可能出现的情况, 一一加以分析、讨论, 这都需要进行筛选. 这里的筛选包括 "筛" 和 "选" 两种形式. "筛" 就是把一些极端情形的、不满足条件的对象筛掉; "选" 就是把一些满足条件的对象 (首先考虑具有极端性质的对象) 选出 (构造出).

例 1 若 $\varphi \in (0, \frac{\pi}{2})$, 则 $\cos\varphi, \sin(\cos\varphi), \arcsin(\cos\varphi)$ 的大小关系为 (　　)

(A) $\cos\varphi < \sin(\cos\varphi) < \arcsin(\cos\varphi)$

(B) $\arcsin(\cos\varphi) < \sin(\cos\varphi) < \cos\varphi$

(C) $\sin(\cos\varphi) < \cos\varphi < \arcsin(\cos\varphi)$

(D) $\cos\varphi < \arcsin(\cos\varphi) < \sin(\cos\varphi)$

分析 取 $\varphi = \frac{\pi}{3}$, 则
$$\cos\varphi = \frac{1}{2}, \sin(\cos\varphi) = \sin\frac{1}{2} < \frac{1}{2}$$

$$\arcsin(\cos\varphi) = \arcsin\frac{1}{2} = \frac{\pi}{6} > \frac{1}{2}$$

所以 $\sin(\cos\frac{\pi}{3}) < \cos\frac{\pi}{3} < \arcsin(\cos\frac{\pi}{3})$,故应选(C).

从上例可以看出,用极端原理筛选是解选择题的一种有效方法. 它根据题干及选项的特征,考虑极端情形,有助于缩小选择面,迅速找到答案.

例2 将 $0,1,2,\cdots,9$ 共十个数码组成若干整数,每个数码用且只用一次,每个整数都小于 100,设这些整数的和为 S,问(Ⅰ)S 最小是多少? 最大是多少? (Ⅱ)S 能否等于 100? (Ⅲ)如果它们中恰好有两个小于 10,问 S 能否被整数 $2^n + 3$ 除尽($n \in \mathbf{N}$). 如果能的话,n 应取何值,此时 S 等于多少?

解 由题设知这些数只能是一位数或二位数. 要使 S 大,则应使二位数的数目尽量地多,且其中的十位数的数字尽量地大. 只要知道十个数码中哪些作为十位数,哪些数为个位数,则 S 值就确定了,S 与它们之间的搭配无关.

(Ⅰ)所有的数都是一位数时,S 最小,此时

$$S = 0 + 1 + \cdots + 9 = 45$$

十个数码最多可组成五个二位数. 为使和最大,这五个数的十位数应该是 $5,6,7,8,9$. 此时

$$S = 10(5 + 6 + 7 + 8 + 9) + (0 + 1 + 2 + 3 + 4) = 360$$

(Ⅱ)记各整数的十位数的数码的和为 t,则个位数的数码之和为 $45 - t$,此时有

$$S = 10t + (45 - t) = 9(t + 5) = 9k$$

即 S 一定能被 9 整除,可知 S 不能为 100.

(Ⅲ)若这些整数中恰有两个二位数,则当两个十位数分别为 9 和 8 时 S 最大;若为 1 和 2,则 S 最小. 此两种情形即 $t = 17$ 和 3,对应的 S 值为 $9 \cdot 22 = 198$ 和 $9 \cdot 8 = 72$,即 $S = 9k$ ($8 \leq k \leq 22$).

因 $2^n + 3$ 不被 3 整除,故若 S 被 $2^n + 3$ 整除,则 k 也被 $2^n + 3$ 整除. 又当 $n \geq 5$ 时 $2^n + 3 \geq 35 > 22$. 故 n 只能取 $1,2,3,4$,讨论各种可能的情况,可得 8 种解答,列表如下:

n	$2^n + 3$	k	t	S	例子(两个十位数的数字)
1	5	10	5	90	2 和 3
1	5	15	10	135	4 和 6
1	5	20	15	180	7 和 8
2	7	14	9	126	4 和 5
2	7	21	16	189	7 和 9
3	11	11	6	99	2 和 4
3	11	22	17	198	8 和 9
4	19	19	14	171	6 和 8

从此例又可看出,解答某些问题时,往往需要穷举. 为了使穷举的对象尽量地少,运用极端原理考虑极端的(特殊的)情形就是技巧之所在.

16.5 某些规律,运用极端原理发现

例1 以三角形的三个顶点和它内部的九个点(共12个点)为顶点,能把原三角形分割成小三角形的个数是多少?

解 先考虑极端情形,即三角形内部只有一个点时,它和三角形的三个顶点把原三角形分割成3个小三角形,即内部增一点,分割成的小三角形的数目能多2个. 于是由这个规律便可求得本题的答案为19个.

例2 一袋中装有100只红袜子,80只绿袜子,60只蓝袜子,40只黑袜子. 请你从袋子里摸袜子,每次摸出一只(无法看到袜子的颜色),为了确保摸出的袜子中至少有十双(同色),则至少需摸出多少只袜子?

解 考虑最不利的情形,先摸出4只袜子,这4只袜子的颜色互不相同. 再摸出第5只袜子,必有4种颜色之一的颜色(重叠原理Ⅰ),故至少摸出5只袜子才能确保至少有一双. 拿出这一双,考虑最不利的情况,剩下3只袜子的颜色互不相同. 再摸出第6只袜子,又考虑最不利的情况,这只袜子可能具有第四种颜色. 于是摸出的第7只袜子就必具有四种颜色之一. 故至少摸出7只袜子才能确保有两双. 不难想象,以后每摸出2只,必又可确保一双,因此,至少摸出23只才能确保有十双.

例3 设数列$\{a_n\}$前n项之和为$S_n = 4 - a_n - \frac{1}{2^{n-1}}$,求通项公式.

分析 先由所给递推关系考虑极端情形

$a_1 = S_1 = 4 - a_1 - 1 \Rightarrow a_1 = \frac{3}{2} = \frac{3}{2^1}$

$a_1 + a_2 = S_2 = 4 - a_2 - \frac{1}{2} \Rightarrow a_2 = 1 = \frac{4}{2^2}$

$a_1 + a_2 + a_3 = S_3 = 4 - a_3 - \frac{1}{4} \Rightarrow a_3 = \frac{5}{8} = \frac{5}{2^3}$

$a_1 + a_2 + a_3 + a_4 = S_4 = 4 - a_4 - \frac{1}{8} \Rightarrow a_4 = \frac{3}{8} = \frac{6}{2^4}$

⋮

由此推测 $a_1 + a_2 + \cdots + a_n = 4 - a_n - \frac{1}{2^{n-1}} \Rightarrow a_n = \frac{n+2}{2^n}$.

我们可以运用数学归纳法证明所求通项公式确实为$a_n = \frac{n+2}{2^n}$. (证略)

例4 如图16.5.1所示,△ABC和△ADE为两个不全等的等腰直角三角形,现将△ADE绕点A在平面上旋转. 试证:不论△ADE旋转到什么位置,线段EC上必存在点M,使△BMD为等腰直角三角形.

分析 此题的主要困难在于,点M究竟应在EC的什么位置上? 是否有规律可循? 为此,考虑一些特殊情况. 首先,当旋转角为$\frac{\pi}{4}$时,易证EC中点即为适合条件之点. 这种情况是否有普遍性呢? 再考虑旋转角为$-\frac{\pi}{2}$时的情况. 我们发现,这是一个很熟悉的图

形,此时 BDEC 为一直角梯形,且上、下底之和等于腰 BD 之长. 此时,易知斜腰 EC 中点即为所求点 M,即 △BMD 应为等腰直角三角形.

这就启发我们推测,不论旋转角 α 为多少,EC 中点 M 应与 B,D 构成一等腰直角三角形. 不论用解几方法还是复数方法,这个问题显然较原问题易于解决.

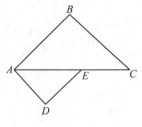

图 16.5.1

我们从上面 4 例可以看出:某些数学问题本身有一定的规律性,找到了规律性就可迅速简捷解答了. 而规律性的发现,需要运用极端原理来实现.

16.6 获得结论对否,运用极端原理检验

当一个结论要想给出它的正确性判断时,可以尝试对某种极端情形或构造反例否定其正确性.

例1 如图 16.6.1,设 C 是半圆弧 $\widehat{AB}$ 上任一点,作切线 CD,使 D 与 A 在 BC 的两侧,并使 $AD = AB$,又 AD 与 BC 交于 E,此时 $BD = BE$ 成立吗?

分析 为了鉴定这个题目的结论的正确性,考察 C 与 A 重合时的极端情形. 这时 C, E 都重合于 A,CD 成了以 A 为切点的切线,BD 成了 $Rt\triangle ABD$ 的斜边,显然,$BD \neq BE$.

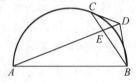

图 16.6.1

只要原结论在一般情况下成立,它在特殊情况下也应成立. 现在,这个结论在特殊情况下既然不成立,可见它在一般情况是不成立的. 事实上,只有当 C 为 $\widehat{AB}$ 的中点时,原结论成立. 从这点说,运用极端原理检验结论对否时,还要注意特殊情况中的特殊反例.

例2 三角形的面积由三条边长唯一确定. 问:四面体的体积是否由四个面的面积唯一确定?

解 我们先考虑一种极端情形,设 △OAB 为等腰三角形,$OA = OB$,以底边 AB 为轴,将 △OAB 旋转,其顶点 O 转到 O' 并使 $OO' = AB$,如图 16.6.2 所示,由此构成四面体 $O'OAB$.

设 △OAB 的面积为 S,显然四面体 $O'OAB$ 的四个面为全等的四个三角形. 所以,四面体的表面积为 $4S$.

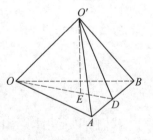

图 16.6.2

现在来求四面体 $O'OAB$ 的体积 V,而 $V = \dfrac{1}{3}Sh$,其中 h 表示顶点 O' 到底面 OAB 的距离.

取 AB 的中点 D,连 $OD, O'D$,则 $OD \perp AB$. 在 △O'OD 中,过 O' 作 OD 的垂线并交 OD 于 E,则 $O'E = h$. 又设 △AOB 的顶角 $\angle AOB = 2\theta$,并设 $OD = O'D = a$. 在 △AOB 中,$AD = OD \cdot \tan\theta = a \cdot \tan\theta$,于是

$$S = OD \cdot AD = a^2 \cdot \tan\theta \qquad ①$$

在 △O'OD 中,$OD' = OD = a$,而 $O'O = AB = 2a \cdot \tan\theta$,所以

$$h = O'E = 2a \cdot \tan\theta \cdot \sqrt{1 - \tan^2\theta} \qquad ②$$

将式①② 代入体积公式可得

$$V = \frac{1}{3}Sh = \frac{2}{3} S \cdot a \cdot \tan\theta \sqrt{1-\tan^2\theta}$$

$$\frac{2}{3}S^{\frac{3}{2}} \cdot \sqrt{\tan\theta \cdot (1-\tan^2\theta)}$$

从上式可以看出,当 $\triangle AOB$ 的面积 S 固定时,对于不同的顶角 θ,体积 V 也可以不同. 于是,我们便有结论:四面体的体积不能由四个面的面积唯一确定.

16.7 讨论题解,运用极端原理完善

在解某些讨论题、含参量的题时,对题中某些极端情形加以考虑,可以使题解得周密、完善,不致发生遗漏现象.

例 1 设对所有实数 x,不等式 $x^2 \cdot \log_2 \frac{4(a+1)}{a} + 2x \cdot \log_2 \frac{2a}{a+1} + \log_2 \frac{(a+1)^2}{4a^2} > 0$ 恒成立. 求 a 的取值范围.

分析 把不等式看作 $Ax^2 + Bx + C > 0$,其中 $A = \log_2 \frac{4(a+1)}{a}, B = \log_2 \frac{2a}{a+1}, C = \log_2 \frac{(a+1)^2}{4a^2}$. 要使此不等式成立,则须

$$(\text{I}) \begin{cases} A > 0 \\ B^2 - 4AC < 0 \end{cases}; \text{或}(\text{II}) \begin{cases} A = 0 \\ B = 0 \\ C > 0 \end{cases}$$

解 (I) 并令 $T = \log_2 \frac{2a}{a+1}$,则有 $\log_2 8 - T > 0$,及 $T^2 - (\log_2 8 - T)(-2T) < 0$,而求得 $0 < a < 1$.

(II) 无解,于是得答案: $0 < a < 1$.

此题是高考题. 在命题组给出的参考解答中漏掉了情形(II),这也就是忽视了极端原理的应用.

例 2 已知参数方程

$$\begin{cases} x = \frac{1}{2}(e^t + e^{-t}) \cdot \cos\theta \\ y = \frac{1}{2}(e^t - e^{-t}) \cdot \sin\theta \end{cases}$$

(I) 当 t 为常数时,方程表示什么曲线?

(II) 当 θ 为常数时,方程表示什么曲线?

解 (I) 当 $t = 0$ 时,有 $x = \cos\theta$ 且 $y = 0$,它表示以 $(-1, 0)$ 和 $(1, 0)$ 为端点的一条线段. 当 $t \neq 0$ 时,消去参数 θ 得椭圆

$$\frac{x^2}{[\frac{1}{2}(e^t + e^{-t})]^2} + \frac{y^2}{[\frac{1}{2}(e^t + e^{-t})]^2} = 1$$

(Ⅱ)当 $\theta = 2k\pi \pm \dfrac{\pi}{2}(k \in \mathbf{Z})$ 时,原方程变为

$$\begin{cases} x = 0 \\ y = \dfrac{1}{2}(e^t - e^{-t}) \end{cases} 和 \begin{cases} x = 0 \\ y = -\dfrac{1}{2}(e^t - e^{-t}) \end{cases}$$

它们表示 y 轴;当 $\theta = k\pi(k \in \mathbf{Z})$,原方程变为

$$\begin{cases} x = \dfrac{1}{2}(e^t + e^{-t}) \\ y = 0 \end{cases} 和 \begin{cases} x = -\dfrac{1}{2}(e^t + e^{-t}) \\ y = 0 \end{cases}$$

它们表示两条射线,一条以 $(1,0)$ 为端点且与 x 轴正向重合,另一条以 $(-1,0)$ 为端点且与 x 轴负向重合;当 $\theta \neq 2k\pi + \dfrac{\pi}{2}, \theta \neq k\pi(k \in \mathbf{Z})$ 时,由原方程消去参数 t 得双曲线

$$\dfrac{x^2}{\cos^2\theta} - \dfrac{y^2}{\sin^2\theta} = 1$$

此例若不运用极端原理,很容易漏掉 t 及 θ 取某些特殊值时,方程所表示的极端情形的曲线.

上面,我们从七个方面列举了一些例子,介绍了极端原理的作用与应用. 下面,我们指出运用极端原理时的注意事项.

1. 极端(特殊)情形的选择应具有代表性. 例如,本章开头的那个例子,若假定台面很小,一个硬币也不能放,或恰好能放两枚硬币,则将得不到正确的结论. 还须注意极端情形(特殊化)结论应可推广. 还是看这个例子,它是借助于圆台面的中心对称性实现的. 若不是中心对称图形,如若为三角形台面,则问题将不能解决.

2. 极端情形的选择必须得当. 得当的意义为,一方面所选择的情况应说明问题. 如 16.5 节例 4 中,如选 $\alpha = \dfrac{\pi}{2}$,就不容易得到结果;另一方面,所选择的极端情形应便于讨论或计算.

如 16.4 节例 1 中,若取 $\alpha = \dfrac{\pi}{6}$ 或 $\dfrac{\pi}{4}$,虽然也可得出结论,但计算量却大大增加了,显然是不利的.

有时,一个问题可以有多种极端情形或有多种方法进行特殊化,其中某些可能对解决问题无帮助,另一些可能起作用,此时要注意分析.

例如,在 $\triangle ABC$ 中,P, Q, R 将其周长三等分,且 P, Q 在 AB 上,求证:$\dfrac{S_{\triangle PQR}}{S_{\triangle ABC}} > \dfrac{2}{9}$.

此题中,如果我们将涉及的概念"三角形"进行特殊化,设它为正三角形,则此时所得结论无法推广,但如果我们将线段 PQ 的位置取极端位置,如设点 Q 重合于 B,因为此时所得 $\triangle PQR$ 面积取极小,故所得结果可以推广;若设 P 重合于 A,则所得结论又不能推广.

3. 极端情形的考虑是观察一般情形的突破口,但不能代替一般情况的研究. 例如对于 16.3 节例 1,16.5 节例 3 等,在极端情形使问题变得明朗后,还须就一般情形给出证明.

4. 在不少情形下,极端原理可起到重要作用,但它并非万能. 有时,极端情形的考虑得不到什么结论或虽然得到一些结果,但对一般情况的分析没有帮助. 因此,我们必须对所处理的问题进行细致分析,灵活处置.

第十六章 极端原理

最后我们以20世纪最著名的德国数学家希尔伯特曾说过的一段话作为本章的结束语："在讨论数学问题时,我相信特殊化比一般化起着更为重要的作用.可能在大多数场合,我们寻找一个问题的答案而未能成功的原因,就在于这样的事实,即有一些比手头问题更简单、更容易的问题没有完全解决,或是完全没有解决.这一切都有赖于找出这些比较容易的问题,并用尽可能完善的方法和能够推广的概念来解决它们.这种方法是克服数学困难的最重要的杠杆之一……."

思 考 题

1. 锐角 $\triangle ABC$ 的边长 $BC=1,AC=2$,求 AB 的取值范围.

2. 已知长方形的四个顶点 $A(0,0),B(2,0),C(2,1),D(0,1)$,一质点从 AB 的中点 P_0 沿与 AB 夹角为 θ 的方向射到 BC 上的点 P_1 后,依次反射到 CD 和 AB 上点 P_2,P_3 和 P_4(入射角等于反射角).设 P_4 的坐标为 $(x_4,0)$,若 $1<x_4<2$,求 $\tan\theta$ 的取值范围.

3. 某足球邀请赛有16个城市参加,每市派出甲、乙两个队.根据比赛规则,每两队之间至少赛一场,并且同一城市的两个队之间不进行比赛.比赛若干天后统计,发现除 A 市甲队外,其他各队比赛过的场数各不相同.问 A 市乙队已赛过多少场?

4. ???? ×????,用1到8八个数字分别组成两个四位数,使相乘后乘积最大,请写出这两个数.

5. 试证明直线系 $y=\csc\alpha+\cot\alpha-2-x\cdot\cot\alpha$ 中,不论参数 α 取何值,所得直线均与一定圆相切.

6. 对直线 l 上任意一点 (x,y),点 $(4x+2y,x+3y)$ 仍在直线上,求 l 的方程.

思考题参考解答

1. 如图,$\angle B$ 顶点的极限位置是 AB 边与圆相切的切点 B_1,点 B_1 沿顺时针方向变动时,$\angle B$ 由 $90°$ 单调递减,点 B 的另一极限位置是使 $\angle ACB=90°$ 的点 B_2,点 B_2 沿逆时针方向变动时,$\angle ACB$ 也由 $90°$ 单调递减.易得 $AB_1=\sqrt{3},AB_2=\sqrt{5}$.因此所求范围为 $(\sqrt{3},\sqrt{5})$.

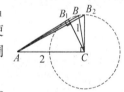

2. 如图,把质点的运动轨迹折线 $P_0P_1P_2P_3P_4$ 中的 P_0P_1 关于 CB 对称移到 P_1E,并把 P_2E 关于 CD 对称移到 P_2F,又把 P_3P_4 关于 AD 对称移到 P_3M_4.于是折线 $P_0P_1P_2P_3P_4$ 被接成线段 M_4F.这时不管 P_4 在 P_0B 间的任何位置 F 都为定点.P_0P_1 所确定的 $\tan\theta$ 与线段 M_4F 所确定的 $\tan\theta$ 相同.于是 P_4 在极限位置 P_0 时,上述折线转化为线段 M_0F,P_4 在极限位置 B 时,上述折线转化为线段 M_BF,线段 M_BF 绕 F 转到 M_0F 时斜率的变化范围就是 $\tan\theta$ 的取值范围,而计算 M_BF 和 M_0F 的斜率已是轻而易举的事.所求范围为 $(\frac{2}{5},\frac{1}{2})$.

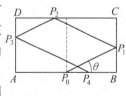

3. 如果一开始就在16个城市、32个队里纠缠,往往思考起来很困难.我们先考虑特殊情形,以三个城市共6个队来考虑.容易想到一个队最多比赛4场,各个队比赛场数不相同,所以除其中某市甲队外,其他5队比赛场次分别为0,1,2,3,4.我们可以推得比赛4次和0次的队为同一城市的两个队,于是某市乙队赛过2场.把这个简单的问题想通了,那么对于16

个城市的问题就可解答了. 可求得 A 市乙队已赛过 15 场. 由此,还可把这道命题推广.

4. 将 1 到 8 这八个数字组成的四位数有 $\frac{1}{2}A_8^8 = 20\,160$ (个). 先考虑极端情形(从大的数字开始,或从小的数字开始) 为使乘积最大,应该让数字大的放在最高位,小的放在最低位. 因此,8 和 7 应作为千位数. 同理 6 和 5 应作为百位数,这时有两种情况: $86**$ 和 $75**$,$85**$ 和 $76**$. 比较得后者乘积大. 同样的讨论,可知结果是 $8\,531 \cdot 7\,642 = 65\,193\,902$.

5. 令 $\alpha = \frac{\pi}{2}$ 得 $y = -1$,令 $\alpha = \frac{3\pi}{2}$ 得 $y = -3$,可知定圆圆心在 $y = -2$ 上,且半径为 1. 又将已知直线系变形得 $y \cdot \sin \alpha = 1 + \cos \alpha - 2\sin \alpha - x \cdot \cos \alpha$. 当 $\alpha = 0$ 时,得 $x = 2$,当 $\alpha = \pi$ 时 $x = 2$,故知 $x = 2$,$x = 0$ 是已知直线变动的极限位置. 由此知原直线中每条直线均应以点 $(1, -2)$ 为圆心,$r = 1$ 为半径的定圆相切,为严格证明这一点只需证任意的 α,点 $(1, -2)$ 与直径距离为 1,而这是不难做到的.

6. 设 l 的方程为 $Ax + By + C = 0$,则 $A(4x + 2y) + B(x + 3y) + C = 0$,即 $(4A + B) \cdot x + (2A + 3B)y + C = 0$, 这仍是 l 的方程,所以
$$\begin{cases} A = 4A + B \\ B = 2A + 3B \end{cases} \Rightarrow A = B = 0$$

于是此题无解.

事实上,本题是有解的. 因为当 $C = 0$ 时, $\frac{B}{A} = \frac{2A + 3B}{4A + B} \Rightarrow B^2 + 4AB = 2A^2 + 3AB \Rightarrow A = B$ 或 $B = -2A$,所以此直线的方程为 $x + y = 0$ 或 $x - 2y = 0$. 原因在于,上面解答忽视了 $C = 0$ 的特殊情况,思维上的片面性导致了武断. 如果运用极端性原理,便有如下解法.

因为动点 $P(x, y)$ 表示 l 上的任意一点,所以存在一个极端位置,即当 $P(x, y)$ 和点 $(4x + 2y, x + 3y)$ 重合时,则
$$\begin{cases} x = 4x + 2y \\ y = x + 3y \end{cases} \Rightarrow x = y = 0$$

所以 l 通过原点,从而设 l 的方程为 $y = kx$,且 $x + 3y = k(4x + 2y) \Rightarrow y(3 - 2k) = (4k - 1)x$,则 $k = \frac{4k - 1}{3 - 2k}$,即 $2k^2 + k - 1 = 0$,则 $k = -1$ 或 $k = \frac{1}{2}$.

故 l 的方程为: $y + x = 0$ 或 $x - 2y = 0$.

第十七章　对称原理

宇宙中的一切都具有某种对称性. 从微观世界到宏观世界(从基本粒子到天体外观), 从自然现象到社会现象(从天体运动、机械运动到放射性原子的衰变、电磁波辐射;从生物进化、新陈代谢到人类社会的分化改组;从物理、化学过程中的吸引排斥、化合分解到思维过程的发散聚合、归纳演绎、分析综合,等等) 无不显示出优美和谐的对称.

数学的对称之美(对称性、简单性、奇异性、统一性构成了数学之美) 充满了整个数学世界. 从数学的研究对象(命题、图形、关系、形式、地位、作用、方法,等等)、研究手段(建立数轴、建立坐标系、建立映射、进行投影、反射、反演、分割,等等) 到有关概念(正与负、常量与变量、有限与无限、有界与无界、无穷小与无穷大、连续与间断、开与闭、增与减、奇与偶,等等)、运算(加与减、乘与除、乘方与开方、求导与积分等) 及大量的公式、定理的形式,也都与对称性有关.

我们把用变换的手段探求与运用数学研究对象(命题、图象、关系、形式、地位、作用、方法,等等) 的对称性现象,归纳为如下的原理.

对称原理 I　给定一个集合 M,它的元素具有一种性质:设 M 的一个子集为 A,可找到 M 的一个变换 α,使得 A 中的每一个元素 a,经变换后仍变为 A 的元素 a',且 a 与 a' 的特性是对应相同的. 此时集合 A 关于 α 是对称的,且称 α 为对称变换. 集合 M 的这种能把 A 仍变成自身,且对应元素具有相同特性的全体对称变换,就刻画了 M 的对称性质.

例如几何的对称性就是这样,图形中的每个点(或点的集合) 经过某一变换 α,与图形中的对应点(或点的集合) 完全重合,这一变换就是对称变换,该图形就叫作"对称图形". 再例如多项式 $x^3 + y^3$ 及 $x^2 + 2xy + y^2$,经过 $x \to y$ 及 $y \to x$ 的变换后多项式保持不变,这就是对称多项式. 这是关于图形、表达式的对称问题. 还有关于地位、作用对称的问题. 三角形的三边如不计其本身的大小,则其地位是对称的,反映它们关系的正弦定理、余弦定理等在形式上也是对称的;一元二次方程 $ax^2 + bx + c = 0$ 的两根,x_1, x_2,对二次三项式 $ax^2 + bx + c$ 的值为 0 来说,其作用是对称的,这时反映根与系数的关系的韦达定理在形式上也是对称的,等等.

面对数学上到处可见的绚丽多彩的对称性,我们应尽可能有意地加以利用与寻找. 存在对称用对称,没有对称找对称,这应是我们的思考方法之一.

17.1　研究对称获结论

数学上,一些结论的由来,一些证明方法的获得,不少是有规律可循的. 不少数学问题(乃至于其他问题),如果从对称的角度去观察、分析和思考,是不难获得结论或答案的.

17.1.1　对称原理 II 及应用

我们在 $\triangle AOB$ 的 OA 边上取 P 和 S 两点,再在 OB 边上取 Q 和 T 两点,使 $OQ = OP$,

$OT = OS$，PT 和 QS 相交于 X. 找出图中相等的线段和角度，再求证 OX 平分 $\angle AOB$.

此例，若考虑到题设图形关于 $\angle AOB$ 的平分线对称这一事实，不难发现有关相等的线段和角度，从而很容易获得解答.

上例涉及的是几何图形的对称，几何图形的对称（镜面对称、中心对称、旋转对称、平移对称等）都是建立在两个最基本、最简单的对称的基础上的. 这就是下面的原理.

对称原理 Ⅱ 两点关于一点成中心对称的充要条件是，两对称点的连线中点与对称中点重合；两点关于某一直线成轴对称的充要条件是，两对称点的连线垂直平分于对称轴.

15.1.1 小节中例 1 和 15.1.2 小节中例 2，例 3，及这一章的思考题中的第 1，2 题就涉及了对称原理 Ⅱ.

如果运用对称原理 Ⅱ，讨论有关方程所有根之积，则有如下结论.

定理 1 若函数 $y = f(x)$ 的图像关于直线 $x = a$ 对称，且方程 $f(x) = 0$ 有 n 个根，则这 n 个根之和为 $na(n \in \mathbf{N}_+)$.

证明 $y = f(x)$ 的图像关于直线 $x = a$ 对称 $\Leftrightarrow f(2a - x) = f(x)$. 令 x_0 是方程 $f(x) = 0$ 的根，即 $f(x_0) = 0$. 代入上式得 $f(2a - x_0) = f(x_0) = 0$，所以 $2a - x_0$ 也是方程 $f(x) = 0$ 的根. 这两根对称地位于直线 $x = a$ 的两侧，其和为 $2a$.

于是当根的个数为 $n = 2k$ 个时，则这些根的和为 $k \cdot 2a = na$；

当根的个数为 $n = 2k + 1$ 个时，则必有一根为 a. 于是所有根的和为 $k \cdot 2a + a = (2k + 1)a = na(k \in \mathbf{N}_+)$.

综上所述结论成立.

类似地还有下面的定理.

定理 2 若函数 $y = f(x)$ 的图像关于点 $A(a, 0)$ 对称，且方程 $f(x) = 0$ 有 n 个根，则这 n 个根之和为 $na(n \in \mathbf{N}_+)$.

利用这两结论可以很好地解决求方程根的和的问题.

例 1 若方程 $2x^4 + 2^x + (\frac{1}{2})^x - \sin(\cos x) - a^2 = 0$ 在实数集上有唯一的解，求 a 的值.

解 令所设的函数 $f(x) = 2x^4 + 2x + (\frac{1}{2})^x - \sin(\cos x) - a^2$，易证 $f(x)$ 是偶函数，其图像关于直线 $x = 0$ 对称，由定理 1 知其根之和为零，又方程只有一个根，故这个根就是 0，即 $f(0) = 0$，解得

$$a = \pm \sqrt{2 - \sin 1}$$

例 2 求方程 $\lg(\sqrt{1 + x^2} + x) + \lg(\sqrt{1 + 4x^2} + 2x) + 3x = 0$ 所有根的和.

解 令函数 $f(x) = \lg(\sqrt{1 + x^2} + x) + x$，则原式可化为 $f(x) + f(2x) = 0$.

易证 $y = f(x)$ 是 $\mathbf{R}$ 上的奇函数，从而 $y = f(x) + f(2x)$ 也是 $\mathbf{R}$ 上的奇函数，其图像关于 $A(0, 0)$ 对称，由定理 1 知方程所有根之和为零.

若注意到 $f(x) = \lg(\sqrt{1 + x^2} + x) + x$ 是 $\mathbf{R}$ 上的增函数，则由

$$f(x) + f(2x) = 0 \Rightarrow f(x) = -f(2x) \Rightarrow f(x) = f(-2x) \Rightarrow x = -2x \Rightarrow x = 0$$

于是原方程只有一根，其值为 0.

例 3 已知某二次函数的图像关于直线 $x + 2 = 0$ 对称，且与直线 $y = 2x + 1$ 相切. 在 x

轴上截取长为 $2\sqrt{2}$ 的线段,求这个二次函数的解析式.

分析 所求二次函数的图像关于直线 $x+2=0$ 对称,且在 x 轴上截取长为 $2\sqrt{2}$ 的线段,于是可设此二次函数的解析式为 $y=a(x+2)^2+b$,且它的图像与 x 轴交于 $(-2+\sqrt{2},0)$, $(-2-\sqrt{2},0)$ 两点(对称原理 Ⅱ),则 $a(-2+\sqrt{2}+2)^2+b=0$,即 $a=-\dfrac{b}{2}$. 又 $y=-\dfrac{b}{2}\cdot(x+2)^2+b$ 与 $y=2x+1$ 相切有 $2x+1=-\dfrac{b}{2}(x+2)^2+b$. 考虑其判别式 $\Delta=0$,求得 $a=1$, $b=-2$ 或 $a=\dfrac{1}{2}$, $b=-1$,而得到答案.

看上例,实际上由对称原理 Ⅱ,便可获得平面解析几何中的关于点及曲线对称的一系列结论.

定理 3 点 $P(x,y)$ 关于定点 (a,b) 的对称点是 $P'(2a-x,2b-y)$;曲线 $F(x,y)=0$ 关于定点 (a,b) 的对称曲线是 $F(2a-x,2b-y)=0$.

定理 4 点 $P(x,y)$ 关于直线 $Ax+By+C=0$ 的对称点是
$$P'\left[x-\dfrac{2A(Ax+By+C)}{A^2+B^2},y-\dfrac{2B(Ax+By+C)}{A^2+B^2}\right]$$
曲线 $F(x,y)=0$ 关于直线 $Ax+By+C=0$ 的对称曲线是
$$F\left[x-\dfrac{2A(Ax+By+C)}{A^2+B^2},y-\dfrac{2B(Ax+By+C)}{A^2+B^2}\right]=0$$

将这两条定理特殊化便有下面的结论:

类 别	点 $P(x,y)$	曲线 $F(x,y)=0$
关于 x 轴对称的点、曲线	$P'(x,-y)$	$F(x,-y)=0$
关于 y 轴对称的点、曲线	$P'(-x,-y)$	$F(-x,-y)=0$
关于直线 $x=m$ 的对称点、曲线	$P'(2m-x,y)$	$F(2m-x,y)=0$
关于直线 $y=n$ 的对称点、曲线	$P'(x,2n-y)$	$F(x,2n-y)=0$
关于直线 $y=x$ 的对称点、曲线	$P'(y,x)$	$F(y,x)=0$
关于直线 $y=-x$ 的对称点、曲线	$P'(-y,-x)$	$F(-y,-x)=0$
关于点 $(0,0)$ 的对称点、曲线	$P'(-x,-y)$	$F(-x,-y)=0$

利用上述定理及结论可简捷解答某些问题.

例 4 当 k 为何值时,曲线 $y^2-x+2y=0$ 上存在着两个对称于直线 $y=kx$ 的点.

解 显然,曲线 $y^2-x+2y=0$ 上不存在关于 x 轴对称的两点,因此 $k\neq 0$. 否则,曲线上存在两点 (a,b) 和 $(a,-b)$,其中 $b\neq 0$. 但这时有 $b^2-a+2b=0$ 和 $(-b)^2-a-2b=0$,相加得 $b=0$,矛盾.

设 $P(x,y)$, $P'\left[x-\dfrac{2k(kx-y)}{k^2+1},y+\dfrac{2(kx-y)}{k^2+1}\right]$ 是曲线上关于直线 $y=kx$ 对称的两点,则
$$\begin{cases} x^2-x+2y=0 & \text{①} \\ \left[y+\dfrac{2(kx-y)}{k^2+1}\right]^2-\left[x-\dfrac{2k(kx-y)}{k^2+1}\right]+2\left[y+\dfrac{2(kx-y)}{k^2+1}\right]=0 & \text{②} \end{cases}$$

由式②得

$$y^2 + \frac{4y(kx-y)}{k^2+1} + \frac{4(kx-y)^2}{(k^2+1)^2} - x + \frac{2k(kx-y)}{k^2+1} + 2y + \frac{4(kx-y)}{k^2+1} = 0$$

将式①代入后,同乘以$(k^2+1)^2$,又考虑到P和P'是两个不同的点(即它们不在$y = kx$上),因此约去$kx - y$,得

$$2(k^2+1)y + 2(kx-y) + k(k^2+1) + 2(k^2+1) = 0$$

再将$x = y^2 + 2y$代入,视y为主元有

$$2ky^2 + (2k^2+4k)y + (k+2)(k^2+1) = 0$$

此方程应有两个不同实根,则

$$[2k(k+2)]^2 - 4 \cdot 2k \cdot (k+2)(k^2+1) > 0$$

即$k(k+2)(k^2-2k+2) < 0$,而$k^2 - 2k + 2 > 0$.

则$k(k+2) < 0$,故得$-2 < k < 0$,为所求.

将原理Ⅱ应用于空间,便可得空间中类似于平面上的前述的一系列结论.

定理5 点$P(x,y,z)$关于定点(a,b,c)的对称点是$P'(2a-x, 2b-y, 2c-z)$,曲线$F(x,y,z) = 0$关于定点(a,b,c)的对称曲线是$F(2a-x, 2b-y, 2c-z) = 0$.

定理6 点$P(x,y,z)$关于平面$Ax + By + Cz + D = 0$的对称点是$P'[x - \frac{2A(Ax+By+Cz+D)}{A^2+B^2+C^2}, y - \frac{2B(Ax+By+Cz+D)}{A^2+B^2+C^2}, z - \frac{2C(Ax+By+Cz+D)}{A^2+B^2+C^2}]$;曲线$F(x,y,z) = 0$关于平面$Ax + By + Cz + D = 0$的对称曲线是$F[x - \frac{2A(Ax+By+Cz+D)}{A^2+B^2+C^2}, y - \frac{2B(Ax+By+Cz+D)}{A^2+B^2+C^2}, z - \frac{2C(Ax+By+Cz+D)}{A^2+B^2+C^2}] = 0$.

17.1.2 对称原理Ⅲ及其他

下面,我们看看多项式的对称问题.

我们称式子$P(x_1, x_2, \cdots, x_n)$为全对称多项式,是将变数$x_1, x_2, \cdots, x_n$中任意两个字母置换,所得式子与原式恒等. 例如,$4xy^2 + 4yx^2$是全对称多项式,并称$P(x_1, x_2, \cdots, x_n) = 0$为全对称方程.

我们称式子$Q(x_1, x_2, \cdots, x_n)$为轮换对称多项式,是将变数$x_1, x_2, \cdots, x_n$中第一个字母换为第$i(i = 2, \cdots, n)$个,第二个字母换为第$i + 1$个(注意$x_{n+1} = x_1$),……,而最后一个字母换为第$i - 1$个字母,所得式子与原式恒等. 例如$2x^2y + 2y^2z + 2z^2x$是轮换对称多项式,并称$Q(x_1, x_2, \cdots, x_n) = 0$为轮换对称方程.

显然,全对称式一定是轮换对称式,但轮换对称式不一定是全对称式.

我们称式子$M(x_1, x_2, \cdots, x_n)$为同型对称多项式,是将变数置换或轮换后,它们的变数部分可以相互变形. 例如$4xy^2$与$2yx^2$是同型对称多项式.

由此可知,当且仅当某一式所含同型式的常数系数相同时,该式才是全对称式或轮换对称式.

关于全对称式、轮换对称式、同型对称式,我们有如下定理.

定理7 在全对称式$P(x_1, x_2, \cdots, x_n)$中,如果含有某种形式的一式,那么一定含有该式

由 $x_1, x_2, \cdots, x_n$ 任意两个字母置换后所得到的同型对称式;在轮换对称式 $Q(x_1, x_2, \cdots, x_n)$ 中,如果含有某种形式的一式,那么一定含有该式陆续由 $x_1, x_2, \cdots, x_n$ 字母用轮换置换得出的同型对称式.

由定理 7 即知,关于 x, y, z 的二次齐次全对称式的一般形式是
$$a(x^2 + y^2 + z^2) + b(xy + xz + yz)$$

定理 8 两个全对称式的和、差、积、商(商的分母不为零)仍为全对称式;两个轮换对称式的和、差、积、商(其分母不为零)仍为轮换对称式.

数学史上对对称多项式的研究,彻底解决了代数方程根的求解公式问题.

解代数方程是古典代数的主要内容. 早在古代,人们就已经懂得一次与二次代数方程的求解. 古巴比伦人用配方法解二次方程,与我们今天用求根公式解二次方程并无多大本质区别. 16 世纪,意大利数学家塔塔利亚、菲尔洛给出了三、四次方程的求根公式. 于是人们很自然试图继续寻找五次和五次以上方程的公式解. 然而经过两百多年的努力,始终毫无结果. 当时人们受配方、代换等传统代数方法的影响太深,没能从根本上抓住代数方程的根与系数的关系. 直到 18 世纪 70 年代,法国数学家拉格朗日深入研究了代数方程根的对称多项式在置换下保持对称不变的性质,才发现前人解二、三、四次方程的方法尽管看起来千差万别,却都可以在根的对称多项式的基础上用置换理论统一起来. 这个统一的理论在寻求五次方程的求根公式时所遭受的巨大困难,开始使拉格朗日意识到,一般的五次方程的求根公式可能根本不存在. 1824 年,挪威青年数学家阿贝尔沿着拉格朗日的方向,用根的置换理论证明了五次代数方程的一般求根公式确不存在. 以后,法国青年数学家伽罗华又进一步发展了前人的成果,彻底解决了代数方程根的求解问题.

对对称多项式的研究,还给我们带来了关于函数极(最)值问题的对称原理 Ⅲ.

对称原理 Ⅲ 如果一个函数中有若干个变量,而这些变量又具有对称性(如果是条件极值问题,则要求约束条件 $g_i(x) = 0$ 具有同样的对称性),则这个函数的极(最)值往往是在这些变量都相等的时候达到. 至于它究竟是极大值还是极小值,或由实际问题本身决定,或靠理论做出推断.

由于多元对称函数 $f(x_1, x_2, \cdots, x_n)$,其图像关于"平面": $x_i = x_j (i \neq j, i, j = 1, 2, \cdots, n)$ 成镜面对称,故借助于几何直观,上述原理 Ⅲ 是不难理解的. 关于它的证明可运用"平均调整原理"(参见"局部调整原理")推得.

例 1 求半径为 R 的圆 O 的内接 n 边形的面积 S_n 的最大值.

解 圆 O 的无数个内接 n 边形中,按其与圆心 O 的位置关系,可分为三类:设连接圆心 O 和 n 边形各顶点得各中心角依次为 $x_1, x_2, \cdots, x_n$,则 (i) $\sum_{i=1}^{n} x_i = 2\pi$, (ii) $\sum_{i=1}^{n} x_i = \pi$, (iii) $\sum_{i=1}^{n} x_i < \pi$.

又由于
$$S_n = \frac{1}{2} R^2 \left(\sum_{i=1}^{n} \sin x_i \right) \qquad ①$$

不难看出,上述四式均关于 x_i 对称 $(i = 1, 2, \cdots, n)$. 由对称原理 Ⅲ,当 $x_1 = x_2 = \cdots = x_n = \frac{2\pi}{n}$ 时,$S_{n\text{极值}} = \frac{n}{2} \cdot R^2 \cdot \sin \frac{2\pi}{n}$,而当 $x_1 = x_2 = \cdots = x_n \leq \frac{\pi}{n}$ 时,$S'_n < S_{n\text{极值}}$,又由本题实际,S_n

有极值,一定是最大值.

这样我们便获得了,在半径为R的圆的所有内接n边形中,以内接正n边形面积最大,最大面积是$\frac{n}{2} \cdot R^2 \cdot \sin\frac{2\pi}{n}$.

同理可得:在半径为R的圆的所有内接n边形中,以内接正n边形周长最大,最大周长是$2nR \cdot \sin\frac{\pi}{n}$.

由对称原理Ⅲ,我们还可以获得类似于例1的一系列结论(可参见"局部调整原理"中等周问题).

在周长一定的三角形中,以等边三角形的面积最大;在周长一定的四边形中,以正方形的面积最大;在周长一定的多边形中,以正多边形的面积最大;……

在分析这类问题的图形特征时,我们发现等边三角形是三角形类中对称轴最多的三角形;正方形是四边形类中对称轴最多的四边形;正多边形是多边形类中对称轴最多的多边形;…… 由此可知,取得极值的图形是同类图形中,对称轴最多的图形,可以说极值状态存在于对称状态之中. 知道了极值与对称的关系,又为我们提供了一条路径,即我们应该到对称状态中去搜索极值.

17.1.3 对称原理 Ⅳ

对称原理 Ⅳ 事物的对称性在数学定理上最突出的表现,即所谓"对偶原则".

例如,射影几何中点与直线是互为对偶的元素,由它们的对偶原则可以得到一大批互相对偶的定理. 这些定理中的任何一个只要把其中的"点",换成"线"、"线"换成"点",就可以得到与它对偶的另一定理. 任何一个定理得到了证明,与之对偶的另一定理也就随之成立. 在集合代数与逻辑代数中,也有类似的情况.

在立体几何中,如果我们把两条重合直线看成平行直线的特殊情况,把两个重合平面看成平行平面的特殊情况,那么,有关直线与平面的平行或垂直的命题存在下列规律:

把命题中某一直线(平面)换以平面(直线),同时把与这一直线(平面)有关的平行关系(垂直关系)换以垂直关系(平行关系),所得的命题与原命题同为真假.

立体几何中的这个规律与射影几何中的"对偶原则"有些类似. 当然,两者在本质上是不同的. 我们姑且把这个规律称为立体几何中的"对偶性原则"吧!

在立体几何中,一个与直线及平面平行(或垂直)有关的命题依次轮换各元素,在穷尽所有可能性之后,必然会回到原命题. 我们说,这样一组对偶命题组成一个对偶链. 对偶链中任何一个命题成立,则其余命题都成立;对偶链中任何一个命题不成立,则其余命题都不成立. 看下面的命题.

命题1 若一个平面M平行于两条相交直线p,q,则平行于在这两条直线上(即这两条直线确定的)的平面N.

命题2 若一个平面M垂直于两个相交平面P,Q,则垂直于在这两个平面上(即两平面的交线)的直线n.

命题3 若一条直线m平行于两个相交平面P,Q,则平行于在这两个平面上(即两平面的交线)的直线n.

命题4 若一条直线 m 垂直于两条相交直线 p,q，则垂直于在这两条直线上（即两条直线确定）的平面 N.

还可以写出12个命题，且这些命题都是真命题.

立体几何中的这个对偶性原则，可以帮助我们更深刻地理解直线与平面的平行与垂直关系，更清楚地建立空间概念，有助于简化立体几何的教与学.

17.2 看清对称明思路

处理数学问题，充分利用对称性原理，看清对称特性，往往有助于迅速打开思路，找到比较简捷的解题途径.

17.2.1 看清对称图形

例1 如图17.2.1所示，过菱形 $ABCD$ 的顶点 A 作 AG 交对角线和边及边的延长线于 E，F，G. 求证：$EC^2 = EF \cdot EG$.

略证 利用菱形的对称性（关于对角线对称），易知 $\angle 1 = \angle 2 = \angle 3$，故 $\triangle ECF \backsim \triangle EGC$，于是 $EF : EC = EC : EG$.

例2 如图17.2.2所示，已知：BD，CE 是 $\triangle ABC$ 的中线，$DG = BD$，$EF = CE$. 求证：F，A，G 三点共线.

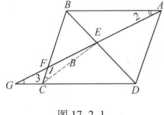

图 17.2.1

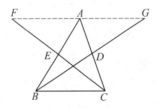

图 17.2.2

证明 连 AF，AG，又已知 CE，DB 是 $\triangle ABC$ 的中线，且 $DG = BD$，$EF = CE$，于是 $\triangle BEC$ 与 $\triangle AEF$，$\triangle BCD$ 与 $\triangle GAD$ 是分别关于 E，D 为中心的中心对称图形. 若将 $\triangle BEC$ 绕 E 旋转 $180°$，$\triangle BCD$ 绕 D 旋转 $180°$，分别与 $\triangle AEF$，$\triangle GAD$ 重合，便可得 $\angle FAG = 180°$，而证得 F，A，G 三点共线.

例3 在六条棱长分别为 $2,3,3,4,5,5$ 的所有四面体中，最大的体积是多少？证明你的结论.

分析 根据三角形两边之差小于第三边，按题给数据，有一边是 2 的三角形的其余两边只可能是①$3,3$；②$5,5$；③$4,5$；④$3,4$. 于是，题设四面体中，以 2 为公共边的两个侧面三角形的其余两边只可能有下列三种情况：(i)①与②；(ii)①与③；(iii)②与④.

(i) 如图17.2.3(a)，$AC = BC = 3$，$AD = BD = 5$，因 $3^2 + 4^2 = 5^2$，故 $CD \perp AC$，$CD \perp BC$，从而 $CD \perp$ 平面 ABC. 由对称性，这样的四面体只有一个，且其体积为 $V_1 = \frac{1}{3} S_{\triangle ABC} \cdot CD = \frac{8}{3}\sqrt{2}$.

(ii) 这样的四面体有两个，如图 17.2.3(b)，它们关于 ABD 成镜面对称，易知它们的体积相等,并记为 V_2。因 $2^2 + 4^2 < 5^2$,知 $\angle ABD$ 为钝角,即 BD 与平面 ABC(或 ABC')斜交,于是 D 到底面 ABC(或 ABC')的高 $h_1 < BD = 4$,故

$$V_2 = \frac{1}{3}S_{\triangle ABC} \cdot h_1 < \frac{1}{3}S_{\triangle ABC} \cdot BD = \frac{8}{3}\sqrt{2}$$

(iii) 这样的四面体也有两个,如图 17.2.3(c),它们关于面 ABD 成镜面对称,易知它们的体积相等,并记为 V_3。因 $2^2 + 5^2 > 5^2$,知 $\angle BAC$ 为锐角,即 AB 与平面 ACD(或 $AC'D$)斜交,于是 B 至底面 ACD(或 $AC'D$)的高为 $h_2 < AB = 2$。故

$$V_3 = \frac{1}{3}S_{\triangle ACD} \cdot h_2 < \frac{2}{3} \cdot S_{\triangle ACD} = \frac{2}{3} \cdot \frac{1}{2} \cdot 5 \cdot \sqrt{3^2 - \left(\frac{5}{2}\right)^2} = \frac{5}{6}\sqrt{11} < \frac{8}{3}\sqrt{2}$$

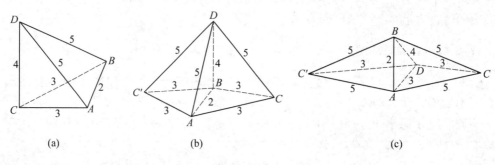

图 17.2.3

由(i)(ii)(iii)便知此题的结论。

17.2.2 看清对称式子

对于全对称式,由于其中的变元地位是平等的,因而可假定其变元间的大小顺序。我们解题时可充分利用这一隐含条件。

例 1 若 a,b,c 表示三角形三边的长,求证

$$a^2(b+c-a) + b^2(c+a-b) + c^2(a+b-c) \leqslant 3abc$$

分析 在上述不等式中,对字母 a,b,c 作任意"置换",即取 abc 的任一全排列来代替 abc,结论并无改变。这说明是全对称式,且又启示我们将 $3abc$ 移到左边平均分给三个加项,即有

$$[a^2(b+c-a) - abc] + [b^2(c+a-b) - abc] + [c^2(a+b-c) - abc] \leqslant 0$$

又由于对称性,我们先只看上式左端中的一项

$$a^2(b+c-a) - abc = a^2b - abc + a^2(c-a) = $$
$$ab(a-c) + a^2(c-a) = $$
$$a(a-b)(c-a)$$

于是,可知其余两式为 $b(b-c)(a-b), c(c-a)(b-c)$。

又由于 a,b,c 全对称,故可假定 $a \geqslant b \geqslant c$,则

$$a(a-b)(c-a) + b(b-c)(a-b) = (a-b)[a(c-a) + b(b-c)] = $$
$$(a-b)[c(a-b) - (a^2-b^2)] = $$
$$(a-b)^2[c-(a+b)] \leqslant 0$$

又 $c(c-a)(b-c) \leqslant 0$,故原不等式获证。

对于轮换对称式,由于变元地位是不一定平等的,因而不能假定其间的大小顺序关系. 处理这种对称式时,一般是将整体问题转化为部分问题(其实我们在对待全对称式时,也是这样处理的,例如在上例中及例 2 中就是这样). 实现部分问题的解决后,根据"轮换对称"规律,或运用前面的定理 7,8,解决其他类似部分,即运用切分原理 Ⅰ 来解答问题.

例 2 求证:顶点在单位圆上的锐角三角形各角的余弦之和小于该三角形周长之半.

分析 设锐角 $\triangle ABC$ 的内角 A,B,C 的对边分别为 a,b,c,由正弦定理,$R=1$. 本题就是来证:$\cos A + \cos B + \cos C < \frac{1}{2}(a+b+c)$,或 $\cos A + \cos B + \cos C < \sin A + \sin B + \sin C$.

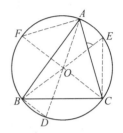

图 17.2.4

上面两式都是全对称式,若假定其元素的大小顺序反而没有下述方法简捷,因这两式又是轮换对称式,于是可得下述两种证法.

证法 1 如图 17.2.4 所示,作辅助线,则
$$\cos \angle BAC = \cos \angle BEC = \frac{EC}{BE} = \frac{1}{2}BC$$

又 $\triangle ABC$ 为锐角三角形,外心 O 必在 $\triangle ABC$ 内,故 E 必在 $\overset{\frown}{AC}$ 上,所以 $EC < AC$,即 $\cos A < \frac{1}{2}AC$.

同理 $\cos B < \frac{1}{2}AB, \cos C < \frac{1}{2}BC$. 这三式相加即有
$$\cos A + \cos B + \cos C < \frac{1}{2}(a+b+c)$$

证法 2 因
$$A + B > 90° \Rightarrow 90° > A > 90° - B \Rightarrow$$
$$\cos(90° - B) > \cos A \Rightarrow$$
$$\cos A < \sin B$$

同理 $\cos B < \sin C, \cos C < \sin A$.

以上三式相加,即有
$$\cos A + \cos B + \cos C < \sin A + \sin B + \sin C = \frac{1}{2}(a+b+c)$$

例 3 求证:$4a^2c^2 - (a^2+c^2-b^2)^2 + 4b^2a^2 - (b^2+a^2-c^2)^2 + 4c^2b^2 - (c^2+b^2-a^2)^2 = 48p(p-a)(p-b)(p-c)$,其中 $p = \frac{1}{2}(a+b+c)$.

分析 求证式左边是关于 a,b,c 的轮换对称式,而
$$4a^2c^2 - (a^2+c^2-b^2)^2 = (2ac - a^2 - c^2 + b^2)(2ac + a^2 + c^2 - b^2) =$$
$$[b^2 - (a-c)^2][(a+c)^2 - b^2] =$$
$$(b-a+c)(b+a-c)(a+c-b)(a+c+b) =$$
$$16p(p-a)(p-b)(p-c)$$

对于求证式左边的第二、第三部分同理有上述结论. 于是便可证得结论.

例 4 解方程组

$$\begin{cases}(1+z^2)x = 2z^2 \\ (1+x^2)y = 2x^2 \\ (1+y^2)z = 2y^2\end{cases}$$

分析 上述方程组是轮换对称方程组,显然 $x=y=z=0$ 是一组解. 当 $x \cdot y \cdot z \neq 0$ 时原方程组可化为

$$\begin{cases}\dfrac{1}{x} = \dfrac{1}{2} \cdot \dfrac{1}{z^2} + \dfrac{1}{2} \\ \dfrac{1}{y} = \dfrac{1}{2} \cdot \dfrac{1}{x^2} + \dfrac{1}{2} \\ \dfrac{1}{z} = \dfrac{1}{2} \cdot \dfrac{1}{y^2} + \dfrac{1}{2}\end{cases}$$

三个方程相加乘以 2 后配方得

$$\left(\dfrac{1}{x}-1\right)^2 + \left(\dfrac{1}{y}-1\right)^2 + \left(\dfrac{1}{z}-1\right)^2 = 0$$

于是得另一组解

$$x = y = z = 1$$

在上面的 4 例中,都涉及了前面的定理 7 及定理 8. 因此,当我们遇到对称式时,除了注意给出的几种思路(排序、相加、各种形式的分拆等)外,还要注意定理 7 及 8 的应用.

17.2.3 看清对称地位

某些问题中的元素由于地位是对称的,因而涉及这些元素的式子可能是对称式,或者可以设想在推证过程中,也会出现某些对称式,这可使我们的推理过程更为简捷.

例 1 求证:三角形三内角的平分线长的乘积小于三边的乘积.

分析 本题要证的结论是 $t_a \cdot t_b \cdot t_c < a \cdot b \cdot c$. 无论对三角形的三边 a,b,c,还是对三角平分线 t_a,t_b,t_c 来说,它们在上式中的地位都是对称的,一般不可能有 $t_a < a, t_b < b, t_c < c$ 同时成立,但可试探是否有 $t_a^2 < bc, t_b^2 < ac, t_c^2 < ab$ 等关系出现.

又因 bc, ac, ab 都可看作面积式的元素,故利用面积考虑是适宜的. 如图 17.2.5 所示,有

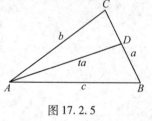

图 17.2.5

$$S_{\triangle ABC} = S_{\triangle ABD} + S_{\triangle ADC}$$

即

$$\dfrac{1}{2}bc \cdot \sin A = \dfrac{1}{2}c \cdot t_a \cdot \sin\dfrac{A}{2} + \dfrac{1}{2}b \cdot t_a \cdot \sin\dfrac{A}{2}$$

从而

$$2bc \cdot \cos\dfrac{A}{2} = t_a(b+c)$$

故

$$t_a = \dfrac{2bc \cdot \cos\dfrac{A}{2}}{b+c} < \dfrac{2bc}{b+c} \leq \dfrac{2bc}{2\sqrt{bc}} = \sqrt{bc}$$

同理(或由定理 7),有 $t_b < \sqrt{ac}, t_c < \sqrt{ab}$,便可证明结论成立.

例 2 等边三角形的顶点在给定正方形的边上,试确定它们的重心集合.

分析 正方形是对称图形,正三角形的三个顶点在给定的正方形的边上,它们的地位

是对称的. 又三角形的重心坐标公式中所含顶点的坐标也是对称的. 充分利用这些对称关系,可得如下解法.

解 取正方形的两条对称轴为坐标轴,建立平面直角坐标系,如图 17.2.6 所示,并设 $P(1,1), Q(-1,1), R(-1,-1), S(1,-1)$.

若等边三角形的顶点 A 在 SP 上,B 在 PQ 上,C 在 QR 上,则可设 $A(1,a)(-1\leq a\leq 1), B(b,1)(-1\leq b\leq 1), C(-1,C)(-1\leq C\leq 1)$.

因 $|AB|=|BC|=|CA|$,得
$$(1-b)^2+(1-a)^2=(1+b)^2+(1-c)^2=(1+1)^2+(a-c)^2 \quad ①$$

又设 $\triangle ABC$ 的重心 $G(x,y)$,则
$$x=\frac{1}{3}(1+b-1), y=\frac{1}{3}(a+c+1)$$

即有
$$b=3x, a+c=3y-1 \quad ②$$

于是 $(2-a-c)(c-a)=4b$,并代入式 ① 有
$$(1-y)(c-a)=4x \quad ③$$

由式 ②③ 得
$$a=\frac{1}{2}\left(3y-1-\frac{4x}{1-y}\right), b=\frac{1}{2}\left(3y-1+\frac{4x}{1-y}\right)$$

用 a,b,c 的表达式代入式 ① 得
$$[3(1-y)^2-4][(1-y)^2-4x^2]=0$$

这表示直线 $y=\pm\frac{2}{3}\sqrt{3}$ 和点 $(0,1)$. 但 G 在正方形内,有 $-1<y<1$. 又由式 ②,有
$$-1\leq b=3x\leq 1$$

即
$$-\frac{1}{3}\leq x\leq \frac{1}{3}$$

再由对称性(或定理 5)知全部轨迹是四条线段
$$y=1+\frac{2}{3}\sqrt{3}, y=-1-\frac{2}{3}\sqrt{3} \quad \left(-\frac{1}{3}\leq x\leq \frac{1}{3}\right)$$
$$x=1-\frac{2}{3}\sqrt{3}, x=-1+\frac{2}{3}\sqrt{3} \quad \left(-\frac{1}{3}\leq y\leq \frac{1}{3}\right)$$

由上例还可看出,由于命题中元素的对称性地位,决定了答案的对称形式. 根据这一点,我们可以判断这类问题的解答是否失误.

17.2.4 看清对称作用

例1 给定 100 个实数 $a_1,a_2,\cdots,a_{100}$,且满足
$$a_1-3a_2+2a_3\geq 0$$

$$a_2 - 3a_3 + 2a_4 \geq 0$$
$$\vdots$$
$$a_{99} - 3a_{100} + 2a_1 \geq 0$$
$$a_{100} - 3a_1 + 2a_2 \geq 0$$

求证:这 100 个数全相等.

证明 因 $a_1, a_2, \cdots, a_{100}$ 的对称性作用,只需证明 $a_1 = a_2$ 就行了. 这 100 个不等式相加,得 $0 \geq 0$. 因此,只有每一个不等式都取等号才成立,即得

$$a_1 - a_2 + 2(a_3 - a_2) = 0$$
$$a_2 - a_3 + 2(a_4 - a_3) = 0$$
$$\vdots$$
$$a_{100} - a_1 + 2(a_2 - a_1) = 0$$

所以 $a_1 - a_2 = 2(a_2 - a_3) = 2 \cdot 2(a_3 - a_4) = \cdots = 2^{99}(a_{100} - a_1) = 2^{100}(a_1 - a_2)$. 故 $a_1 = a_2$.

由于某些元素对于某一问题的作用是对称的,则反映这个问题中的某些关系在形式上也是对称的,这又是获得对称式的一个重要途径.

例如,多项式 $f(x) = x^n + a_1 x^{n-1} + \cdots + a_n$, 此式在复数集中有 n 个零点(或根) $x_1, x_2, \cdots, x_n$, 且

$$f(x) = (x - x_1)(x - x_2) \cdots (x - x_n) \qquad ①$$

这说明 $x_1, x_2, \cdots, x_n$ 对 $f(x) = 0$ 来说,作用是对称的,把式 ① 乘开,与原多项式比较,即得根与系数的关系如下

$$\begin{cases} -a_1 = x_1 + x_2 + \cdots + x_n \\ a_2 = x_1 x_2 + x_1 x_3 + \cdots + x_{n-1} x_n \\ \vdots \\ (-1)^i a_i = \sum x_{k_1} x_{k_2} \cdots x_{k_i} \quad (\text{所有可能的 } i \text{ 个不同的 } x_{k_i} \text{ 的乘积之和}) \\ \vdots \\ (-1)^n a_n = x_1 \cdot x_2 \cdot \cdots \cdot x_n \end{cases}$$

由上看出,系数是对称地依赖于方程的根. 由此,我们把对称地依赖字母 $x_1, x_2, \cdots, x_n$ 的 n 个 n 元多项式

$$\begin{cases} \sigma_1 = x_1 + x_2 + \cdots + x_n \\ \sigma_2 = x_1 x_2 + x_1 x_3 + \cdots + x_{n-1} x_n \\ \vdots \\ \sigma_n = x_1 \cdot x_2 \cdot \cdots \cdot x_n \end{cases}$$

称为初等对称多项式.

显然,初等对称多项式是全对称式,它不仅满足定理 8,而且是对于任一全对称式都能表成初等对称多项式的多项式. 这是《高等代数》中多项式理论的一个重要结论.

如上根与系数的关系,实际上是我们所学的一元二次方程根与系数关系的推广,我们称这个关系为韦达定理.

利用韦达定理及递推方法(参见"数学归纳法原理"中"关于某些同次幂和式问题可用递推法证明"一段),可以巧妙地解答某些数学问题.

例2 设 $x+y+z=0$,试证

$$\frac{(x^7+y^7+z^7)^2}{(x^2+y^2+z^2)(x^3+y^3+z^3)(x^4+y^4+z^4)(x^5+y^5+z^5)}=\frac{49}{60}$$

证明 设

$$f(n)=x^n+y^n+z^n$$
$$xy+yz+zx=-a, xyz=b$$

则以 x,y,z 为根的三次方程为 $\beta^3-a\beta-b=0$(注意 $x+y+z=0$). 则 $x^3-ax-b=0$,亦有

$$x^n-ax^{n-2}-bx^{n-3}=0$$

于是有

$$(x^n+y^n+z^n)-a(x^{n-2}+y^{n-2}+z^{n-2})-b(x^{n-3}+y^{n-3}+z^{n-3})=0 \quad (n\geqslant 4)$$

即可得

$$f(n)=af(n-2)+bf(n-3) \quad (n\geqslant 4)$$

由于

$$f(1)=x+y+z=0$$

于是

$$f(2)=x^2+y^2+z^2=-2(xy+yz+zx)=2a$$
$$f(3)=x^3+y^3+z^3=3xyz=3b$$
$$f(4)=af(2)+bf(1)=2a^2$$
$$f(5)=af(3)+bf(2)=5ab$$
$$f(7)=af(5)+bf(4)=7a^2b$$

故

$$\frac{(x^7+y^7+z^7)^2}{(x^2+y^2+z^2)(x^3+y^3+z^3)(x^4+y^4+z^4)(x^5+y^5+z^5)}=\frac{49}{60}$$

17.3 联想对称得辅图

几何解题中困难最大的是添做辅助图. 辅助图一经做出,问题便迎刃而解. 怎样做辅助图? 除了教材中介绍的一般规律与方法外,有时联想到对称就会有门路了.

例1 在凸五边形 $ABCDE$ 中,$AB=BC=CD=DE=EA$,且 $\angle BAE=2\angle CAD$,求 $\angle BAE$ 的度数.

解 由已知条件,启发我们利用线段相等和角的关系来解题. 想到对称便可做辅助图. 设点 B 关于 AC 的对称点为 K,连 AK,KC,KD,如图 17.3.1 所示. 则 $\angle 3=\angle 4$. 又因 $\angle BAE=2\angle CAD$,所以 $\angle 1=\angle 2$. 由 $AB=AK=AE$,可知 K,E 关于 AD 对称. 则 $\triangle AKD\cong\triangle AED$,$KD=DE=CD$,即得 $\triangle CKD$ 为等边三角形.

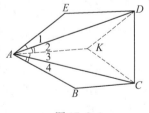

图 17.3.1

设 $\angle 1=x$,$\angle 3=y$,则 $\triangle ACD$ 的三个内角分别为 $x+y$,$60°+x$,$60°+y$. 由内角和定理,$x+y=30°$,即 $\angle CAD=30°$,故

$$\angle BAE=60°$$

例2 设 PQ 为圆 O 的一条弦,M 为 PQ 的中点,过 M 任作弦 AB,CD,联结 AD,BC 分别交弦 PQ 于 E,F. 求证:$ME=MF$. (即9.4节例3)

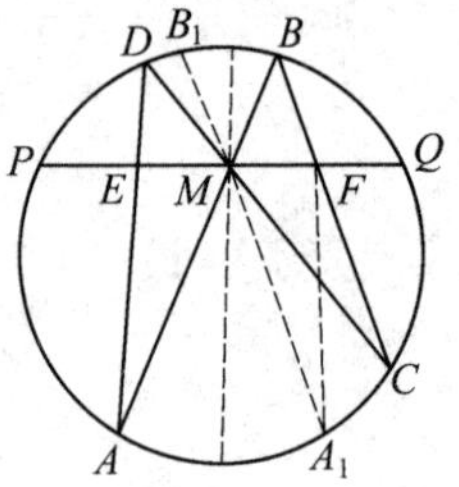

分析 如图 17.3.2，ME, MF 是圆内两线段，不易直接证明它们相等. 考虑到圆关于过 M 的直径对称. 如果将弦 AB 关于这直径的对称弦 A_1B_1 做出，则将证明 $ME = MF$ 的问题转化为证明圆周角 $\angle A = \angle MAF$.

证明 作弦 AB 关于过 M 的直径的对称弦 A_1B_1，由圆的对称性知点 Q, A_1, B_1 分别为点 P, A, B 关于此直径的对称点. 于是

$$AM = A_1M, \angle AME = \angle A_1MF, \widehat{BQ} = \widehat{B_1P}$$

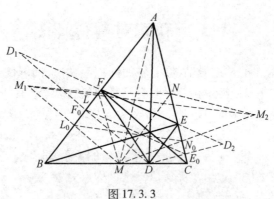

图 17.3.2

连 A_1C, A_1F，有

$$\angle MFB \overset{m}{=} \frac{1}{2}(\widehat{PB} + \widehat{QC}) = \frac{1}{2}(\widehat{QB_1} + \widehat{QC}) =$$

$$\frac{1}{2}\widehat{B_1C} \overset{m}{=} \angle MA_1C$$

于是 M, A_1, C, F 四点共圆. 从而

$$\angle MA_1F = \angle MCB = \angle EAM$$

因此，$\triangle AME \cong \triangle A_1MF$. 故

$$ME = MF$$

例3 锐角 $\triangle ABC$ 的三条高分别为 AD, BE, CF，求证：$\triangle DEF$ 的周长不超过 $\triangle ABC$ 的周长的一半.

证明 如图 17.3.3，作点 D 关于边 AB, AC 的对称点 D_1, D_2，设 D_1D 交 AB 于 F_0，DD_2 交 AC 于 E_0，则 E_0, F_0 分别为 DD_2, DD_1 的中点，且 A, F_0, D, E_0 四点共圆，其直径为 AD. 此时 D_1, F, E, D_2 四点共线.

图 17.3.3

又设 M, N, L 分别为 BC, CA, AB 的中点，作点 M 关于边 AB, AC 的对称点 M_1, M_2. 设 M_1M 交 AB 于 L_0，MM_2 交 AC 于点 N_0，则 N_0, L_0 分别为 MM_2, MM_1 的中点，且 A, L_0, M, N_0 四点共圆，其直径为 AM.

于是

$$DE + EF + FD = D_2E + EF + FD_1 = D_1D_2 =$$
$$2E_0F_0 = 2AD \cdot \sin A \leq 2AM \cdot \sin A =$$
$$2N_0L_0 = M_1M_2 \leq M_2M + NL + LM_1 =$$
$$MN + NL + LM = \frac{1}{2}(AB + BC + CA)$$

例4 两个正三角形内接于一个半径为 r 的圆,记其公共部分的面积为 S,求证: $2S \geqslant \sqrt{3}r^2$.

证明 如图 17.3.4 所示,设 $A'B'$ 分别交 AB,AC 于 M,N,则整个图形关于 OM,ON 分别成轴对称图形. 故 $AM = B'M, AN = A'N$,那么

$$AM + MN + NA = A'B' = \sqrt{3}r$$

即 $\triangle AMN$ 的周长为定长. 因此

$$S_{\triangle AMN} \leqslant \frac{\sqrt{3}}{4}(\frac{\sqrt{3}}{3}r)^2 = \frac{\sqrt{3}}{12}r^2$$

于是 $S = S_{\triangle ABC} - 3S_{\triangle AMN} \geqslant \frac{\sqrt{3}}{4}(\sqrt{3}r)^2 - \frac{\sqrt{3}}{4}r^2$

即 $2S \geqslant \sqrt{3}r^2$

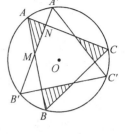

图 17.3.4

例5 如果空间四边形(四顶点不共面)的两组对边分别相等,则两条对角线的中点连线垂直于两条对角线. 反之,如果空间四边形两条对角线的中点连线垂直于两条对角线,则四边形两组对边相等.

证明 如图 17.3.5 所示,设 $AB = CD, AD = BC, M, N$ 分别为 AC, BD 的中点. 由题意,若交换 A 与 C, B 与 D 的位置可得一空间四边形,且是同一形状的四边形. 因后一四边形可看作绕某轴旋转 $180°$ 而得到的,又 A 与 C 关于点 M 对称,B 与 D 关于点 N 对称,知对称轴必过 M,N,从而 $MN \perp AC, MN \perp BD$. 反之,若 MN 是 AC 和 BD 的中垂线,则将整个图形绕 MN 旋转 $180°$,交换 A 与 C, B 与 D 的位置,得到

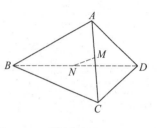

图 17.3.5

$$AB = CD, AD = BC$$

从上面几例可以看到,几何上使原来不具对称性的几何元素产生对称性的办法,是运用"轴对称"或"镜面对称""中心对称"等,从而产生具有对称性的几何元素.

那么,代数上使非对称的数字对象产生对称性的办法是什么呢?这就是下面我们要讨论的.

17.4 想到对称得方法

平均值式中元素的对称地位可发挥它的对称作用. 因而,代数上使非对称的数字式产生对称性的常用方法之一,是进行平均值代换.

例1 在实数范围内分解因式

$$(x+1)^4 + (x+3)^4 - 272$$

分析 如果先去括号,得一完全四次式,分解起来比较麻烦. 考虑到 $x+1$ 与 $x+3$ 的算术平均值 $x+2$,故可作代换 $y = x+2$,得对称形式,可消去展开式中的两项便于分解.

解 令 $y = x+2$,则

$$原式 = (y-1)^4 + (y+1)^4 - 272 =$$
$$2y^4 + 12y^2 - 270 =$$

$$2(y^2-9)(y^2+15) =$$
$$2(x-1)(x+5)(x^2+4x+19)$$

类似于上例,分解因式$(x+1)(x+3)(x+5)(x+7)+15$时,可有方法1:令$y=x+4$,分解得$(x+2)(x+6)(x+4+\sqrt{6})(x+4-\sqrt{6})$. 若将原式变形为$(x^2+8x+7)(x^2+8x+15)+15$,有方法2:令$y=x^2+8x+11$,也分解得如上结果.

代数中的"共轭"也是对称性的一种表现. 共轭复数在复平面上关于实轴对称;共轭无理数在数轴上关于某个有理点对称;共轭根式是直角坐标平面上关于某点或某直线对称的点集(曲线)等.

在复数运算中,可以利用共轭复数将除法转化为乘法;在代数式的化简、求值等运算中,则可利用共轭无理数、共轭根式将分母或分子有理化,便于讨论;……

下面给出利用共轭无理数小数部分相同或互补这一性质,来解题的一个例子.

例2 试证$(\sqrt{26}+5)^{2n+1}$的小数表示中,小数点后至少接连有$2n+1$个零.

分析 由于$2n+1$是奇数,根据二项式展开项特点,$(\sqrt{26}+5)^{2n+1}-(\sqrt{26}-5)^{2n+1}$是整数,因此$(\sqrt{26}+5)^{2n+1}$与$(\sqrt{26}-5)^{2n+1}$的小数部分完全相同.

又 $$0<\sqrt{26}-5=\frac{1}{\sqrt{26}+5}<\frac{1}{5+5}=\frac{1}{10}$$

由$0<(\sqrt{26}-5)^{2n+1}<(\frac{1}{10})^{2n+1}$,知$(\sqrt{26}-5)^{2n+1}$的小数表示中,小数点后至少接连有$2n+1$个零.

于是,便证得$(\sqrt{26}+5)^{2n+1}$的小数表示中,小数点后至少接连有$2n+1$个零.

思 考 题

1. 设在正方形$ABCD$中,点E在其内,且$\angle EAB = \angle EBA = 15°$. 求证:$\triangle ECD$是正三角形.

2. 解方程组 $\begin{cases}(x^3+y^3)(x^2+y^2)=2b^5 \\ x+y=b\end{cases}$

3. 分解因式
$$(x+y+z)^5 - (y+z-x)^5 - (z+x-y)^5 - (x+y-z)^5$$

4. 设有一直线与两同心圆相截,交点顺次为A,B,C,D. 过A,B各引大圆及小圆的平行弦AE,AF,过C作BF的垂线,垂足为G,过D作AE的垂线,垂足为H. 证明:$EH=FG$.

5. 在矩形$ABCD$中,$BC=3AB$,又E,F在BC上,且$BE=EF=FC$. 求证
$$\angle AFB + \angle ACB = 45°$$

6. 解方程$2(10x+13)^2(5x+8)(x+1)=1$.

7. 将$(ab-1)^2+(a+b-2)(a+b-2ab)$分解因式.

8. 试证:以BC为底,AB,AC为腰的同底等高的$\triangle ABC$中,以等腰$\triangle ABC$的周长最小.

9. 已知$\triangle ABC$三条中线,$AD=15,BE=12,CF=9$,求$\triangle ABC$的面积.

10. 已知:D是$\triangle ABC$的边AC上的一点,$AD:DC=2:1$,$\angle C=45°$,$\angle ADB=60°$,求证:AB是$\triangle BCD$的外接圆的切线.

11. 如图,已知 Q 是椭圆 $\dfrac{x^2}{a^2} + \dfrac{y^2}{b^2} = 1$ 上一动点,F_1,F_2 是椭圆的两个焦点,从任一焦点向 $\triangle F_1QF_2$ 的顶点 Q 的外角平分线引垂线,垂足为 P,求点 P 的轨迹.

12. 如图,已知 Q 是双曲线 $\dfrac{x^2}{a^2} - \dfrac{y^2}{b^2} = 1$ 上一动点,F_1,F_2 是双曲线的两个焦点,从双曲线的任一个焦点向 $\triangle F_1QF_2$ 的内角平分线引垂线,垂足为 P,求点 P 的轨迹.

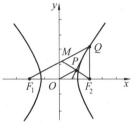

思考题参考解答

1. 由 $\angle EAB = \angle EBA$,则 $EA = EB$,且 E 在 AB 的中垂线 MN 上,而 MN 又是 DC 的中垂线,于是 $EC = ED$. 过 C 作 $CH \perp BE$ 于 H,作 $\angle CBP = 15°$,则 $\angle PBH = 60°$,$\angle BCP = 45°$. 于是 $\triangle BCP$ 与 $\triangle BAE$ 关于 PE 的中垂线对称. 故 $\triangle BPE$ 为正三角形. 于是 PH 是 $\triangle PEB$ 的对称轴,B,E 关于 PH 对称,CE 与 CB 关于 CH 对称. 所以 $CE = CB$. 于是 $DE = EC = CB$,故 $\triangle ECD$ 为正三角形.(此题还有好几种证法都是利用对称性证的)

2. 利用对称性,将 x,y 看成一个二次方程 $x^2 + px + q = 0$ 的两根,因
$$x^2 + y^2 = (x+y)^2 - 2xy = b^2 - 2xy$$
$$x^3 + y^3 = (x+y)^3 - 3xy(x+y) = b^3 - 3bxy$$
则有 $$b(b^2 - 3xy)(b^2 - 2xy) = 2b^5$$
即 $$(xy - b^2)(6xy + b^2) = 0$$
则 $xy = b^2$,或 $xy = -\dfrac{1}{6}b^2$.

于是得两个二次方程 $x^2 - bx + b^2 = 0$,或 $x^2 - bx - \dfrac{1}{6}b^2 = 0$. 前者无实根,从后者求出两实根. 又由对称性,得方程组的解
$$\begin{cases} x = \dfrac{1}{6}(3+\sqrt{5})b \\ y = \dfrac{1}{6}(3-\sqrt{5})b \end{cases}, \begin{cases} x = \dfrac{1}{6}(3-\sqrt{15})b \\ y = \dfrac{1}{6}(3+\sqrt{15})b \end{cases}$$

3. 当 $x = 0$ 时原式值为 0,则原式有因式 x,同理原式有因式 y,z(或由对称性).

又原式是关于 x,y,z 的 5 次全对称多项式. 由定理 6 知,原式除以三次齐次全对称多项式 xyz 后,一定是二次齐次多项式. 故可设原式 $= xyz[a(x^2 + y^2 + z^2) + b(xy + xz + yz)]$. 对上式令 $x = y = z = 1$ 得
$$80 = a + b \qquad ①$$
又令 $x = y = 1, z = 2$ 得
$$480 = 6a + 5b \qquad ②$$
由式①②得 $a = 80, b = 0$,故原式 $= 80xyz(x^2 + y^2 + z^2)$.

4. 连 EF, 由对称性, $\angle A = \angle E$, 设弦 BC 的中点为 p, 则 p 也是 AD 的中点, 因为 $\triangle AHD \backsim \triangle BGC$, 所以 $\triangle AHP \backsim \triangle BGP$, 则 $\angle BPG = \angle APH$, 即 H, G, P 三点共线. 于是, $\angle AHG = \angle AHP = \angle A$, 即 $\angle AHG = \angle E$, 所以 $HG \parallel EF$. 故 $EFGH$ 是平行四边形. 于是 $EH = FG$.

5. 以 AD 为对称轴作矩形的轴对称图形, 设 F 关于 AD 的对称点为 T, 则 $\angle TAD = \angle FAD$, 且 $\angle TAC = 45°$, 再由 $\angle FAD + \angle CAD = 45°$ 即证.

6. 令 $y = 10x + 13$ 代入方程得
$$y^2(y+3)(y-3) = 0$$
即
$$y^4 - 9y^2 - 10 = 0$$
则 $y_1 = \sqrt{10}, y_2 = -\sqrt{10}, y_3 = i, y_4 = -i$ (舍去 y_3, y_4), 故
$$x_1 = \frac{1}{10}(\sqrt{10} - 13), x_2 = -\frac{1}{10}(\sqrt{10} + 13)$$
还有两虚根舍去($x_3 = \frac{1}{10}(-13 + i), x_4 = \frac{1}{10}(13 + i)$).

7. 原式是一个对称式, 设 $ab = x, a + b = y$, 则原式 $= (x-1)^2 + (y-2)(y-2x) = (x - y + 1)^2 = [(a-1)(b-1)^2] = (a-1)^2(b-1)^2$.

8. 以等高线为对称轴, 作 C 的对称点 C', 则 $\triangle ABC$ 的周长为
$$AB + AC + BC = AB + AC' + BC = BC' + BC$$
在 $\triangle A'BC'$ 中
$$A'B + A'C' > BC'$$
$\triangle A'BC$ 的周长为
$$A'B + A'C + BC = A'B + A'C' + BC \geq BC' + BC$$
所以命题得证.

9. 设 $\triangle ABC$ 的重心为 G, 如图把 $\triangle BDG$ 绕点 D 作中心对称变换成 $\triangle CDM$, 这时 $CG = \frac{2}{3}CF = 6, CM = GB = \frac{2}{3}BE = 8, GM = 2GD = \frac{2}{3}AD = 10$, 则 $\triangle GCM$ 是直角三角形.

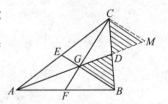

由 $\angle GCM = 90°$, 则 $S_{\triangle GCM} = \frac{1}{2}CG \cdot CM = 24$, 即
$$S_{\triangle BGC} = S_{\triangle GCM} = 24$$
故
$$S_{\triangle ABC} = 3S_{\triangle BGC} = 72$$

10. 以 BD 为对称轴做出 $\triangle ABD$ 的对称 $\triangle A'BD$, 连 CA' 并延长交圆 O 于 E, 连 BE, DE, 则 $\angle A'DC = 60°$. 由余弦定理
$$A'C^2 = A'D^2 + DC^2 - 2A'D \cdot DC \cdot \cos 60° = A'D^2 - DC^2$$
所以
$$A'D^2 = A'C^2 + DC^2, \angle DCA' = 90°$$
那么 DE 为圆 O 的直径. 从而
$$\angle BDE = \angle BCE = 45° = \angle BCD = \angle BED$$
于是 $BD = BE$. 又

$$\angle EDA' = \angle BDA' - \angle BDE = 15° = \angle DBC = \angle DEA'$$

于是

$$A'D = A'E$$

综上可得 $A'B$ 是 DE 的垂直平分线,由此,它必过圆心 O,且 $\angle A'BD = 45°$, $\angle ABA' = 90°$. 故 AB 是圆 O 的切线.

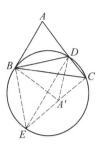

11. 由椭圆定义及"轴对称"知

$$|QF_1| + |QF_2| = |QF_1| + |QM| = |F_1M| = 2|OP| = 2a$$

所以
$$|OP| = \frac{1}{2}|F_1M| = a$$

所以点 P 的轨迹是以 O 为圆心、a 为半径的一个圆.

12. 由双曲线的定义及轴对称性知

$$||QF_1| - |QF_2|| = |QF_1| - |QM| = |F_1M| = 2|OP| = 2a$$

所以
$$|OP| = \frac{1}{2}|F_1M| = a$$

所以点 P 的轨迹是以 O 为圆心,a 为半径的一个圆.

第十八章　相似原理

自然界的一切事物、现象、过程除具有某种对称性外，它们之间还存在着一定的统一性，即存在某些共同点、相似性．这一特性可以表现在形体、结构上，也可以表现在性质、方法上；可以表现在量上，也可以表现在质上；可以表现在形式上，也可以表现在内容上．这就是相似性原理，简称相似原理．W. 莱布尼茨指出："自然界都是相似的"，这意味着相似共性比绝对共性具有更普遍的意义．的确，事物之间存在着各种相似关系，正是由于这类关系，才促使我们产生相似联想、相似探索．

数学结论的探索、发现过程，也是"亦此亦彼"的相似思维过程．

我们在研讨、解答数学问题时，若能灵活地运用相似原理，不仅可以拓宽研讨问题的途径，而且还可以得到解答问题的一系列重要的方法．运用相似原理解题能够借助于已有知识，对有关对象展开丰富的联想、类比、猜想、归纳等，从相似关系的匹配组合中来解决问题．

18.1　重视相似性推理

在研讨问题时，相似性推理是最常用的推理形式之一．

18.1.1　利用相似性，简化解答过程

变元的对称性地位，可启示我们进行相似性推理，这可以大大地简化解答过程．这在 17.2.4 小节例 1 中也得到了反映．下面再看一例．

例 1　解方程组

$$\begin{cases} x_1 \cdot x_2 \cdot x_3 = x_1 + x_2 + x_3 & \text{①} \\ x_2 \cdot x_3 \cdot x_4 = x_2 + x_3 + x_4 & \text{②} \\ \quad\vdots \\ x_{1996} \cdot x_{1997} \cdot x_1 = x_{1996} + x_{1997} + x_1 \\ x_{1997} \cdot x_1 \cdot x_2 = x_{1997} + x_1 + x_2 \end{cases}$$

解　由式 ① - ② 得

$$x_2 \cdot x_3 (x_1 - x_4) = x_1 - x_4$$

则 $x_2 \cdot x_3 = 1$，或者 $x_1 = x_4$．

若 $x_2 \cdot x_3 = 1$，则由式 ① 得 $x_1 = x_1 + x_2 + x_3$，从而 $x_2 + x_3 = 0$．但方程 $x_2 \cdot x_3 = 1$ 与 $x_2 + x_3 = 0$ 组成的方程组无解，所以只能是

$$x_1 = x_4$$

同理可得 $x_2 = x_5, x_3 = x_6, \cdots, x_{1995} = x_1, x_{1996} = x_2, x_{1997} = x_3$．于是

$$x_3 = x_6 = x_9 = \cdots = x_{1995} = x_1 = x_4 = \cdots = x_{1996} = x_2 = x_5 = x_8 = \cdots = x_{1994} = x_{1997}$$

因此，原方程组的解形如 $(x, x, \cdots, x)$，其中 x 为某一实数．代入方程 ① 得 $x^3 = 3x$，解得

$x=0$ 或 $x=\pm\sqrt{3}$. 所以原方程的解为 $(0,0,\cdots,0)$,$(\sqrt{3},\sqrt{3},\cdots,\sqrt{3})$,$(-\sqrt{3},-\sqrt{3},\cdots,-\sqrt{3})$.

18.1.2 注意相似性,应用图形性质

例1 如图18.1.1所示,$\triangle PQR$ 和 $\triangle P'Q'R'$ 是两个全等的等边三角形. 六边形 $ABCDEF$ 的边长分别记为:$AB=a_1$,$BC=b_1$,$CD=a_2$,$DE=b_2$,$EF=a_3$,$FA=b_3$. 求证
$$a_1^2+a_2^2+a_3^2=b_1^2+b_2^2+b_3^2$$

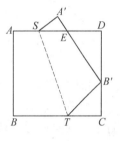

图 18.1.1

证明 在六边形外的六个三角形显然都相似. 它们的面积与对应边的平方成比例,而以 a_j 为边的三个三角形面积的和等于以 b_i 为边的三个三角形面积的和(都是等边三角形与六边形面积的差). 这样,求证的等式显然成立.

例2 设 $ABCD$ 是一张正方形纸片,沿着折缝 ST(虚线) 折叠,使 B 正好落在 CD 上的一点 B' 处. 设 A 变为 A',且线段 $A'B'$ 与 AD 相交于 E,如图18.1.2所示. 求证:$Rt\triangle EDB'$ 的内切圆的半径等于 $A'E$.

此题曾作为一道有奖征解题,在湖北《数学通讯》1986年第9期上刊登. 据说,这是日本民间流传下来的一个题目,在日本的许多庙宇中,还保留着记载这个题目的木牌.

注意其中的相似三角形,是解决这个问题的关键.

解 由题设,$Rt\triangle EA'S \sim Rt\triangle EDB'$. 设 $x=EA'$,$y=A'S$,$z=SE$,由比例式 $\dfrac{ED}{EA'}=\dfrac{DB'}{A'S}=\dfrac{B'E}{SE}=k$,得 $ED=kx$,$DB'=ky$,$B'E=kz$.

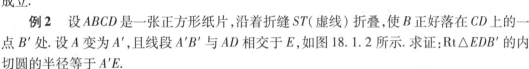

图 18.1.2

用 r 记 $\triangle EDB'$ 的内切圆半径. 由于这是一个直角三角形,因此
$$r=\frac{1}{2}(ED+DB'-EB')=\frac{k}{2}(x+y-z)$$

又 $AS+SE+ED=A'E+EB=$ 正方形边长,$AS=A'S=y$,所以
$$y+z+kx=x+kz$$

即
$$k=\frac{y+z-x}{z-x}$$

于是
$$r=\frac{1}{2}(x+y-z)\cdot\frac{y+z-x}{z-x}=\frac{1}{2}\cdot\frac{y^2-(z-x)^2}{z-x}=\frac{1}{2}\cdot\frac{y^2-z^2-x^2+2xz}{z-x}$$

因为 $EA'S$ 为直角三角形,故 $y^2=z^2-x^2$,则
$$r=\frac{1}{2}\cdot\frac{2xz-2x^2}{z-x}=\frac{x(z-x)}{z-x}=x$$

这也就是 $r=EA'$,正是所需证的结论.

从上述两例可知,准确地找出若干相似的图形,往往会使某些几何问题迅速得到解决.

18.1.3 根据相似性，做出判断、推广

根据相似做出判断、推广，这在数学思维中具有特别重要的意义．掌握这种推理手段，无论对于数学家的创造，还是对于我们顺利地探讨、解答数学问题都是极为重要的．

列举归纳法（或不完全归纳法）是一种相似性推理，我们在前面已涉及了一些例子．例如"给出 n 个大圆，如果任意三个大圆不共点，则能把球面分成多少区域？"（参见 3.1.3 节例 12）我们就是运用列举归纳法得到结论 $n^2 - n + 2$，再运用数学归纳法证明此结论为真的．由此看来，运用相似性推理做出的结论、判断、推广，还需从理论上给出证明，这一点是千万不可忽视的．

例 1 能否把 $1,1,2,2,3,3,\cdots,n,n$ 这些数排成一行，使得两个 1 之间夹着一个数，两个 2 之间夹着两个数，……，两个 n 之间夹着 n 个数？当 $n = 2\,007$ 时呢？请证明结论．

解 当 $n = 2\,006$ 时，此题为 13.1.5 小节中例 2．

为了做出判断，先看几个简单的情形．

(i) 两个数 1,1 排成一行，两个 1 中并未夹着一个数，此时，所需求的排列不存在；

(ii) 四个数 1,1,2,2 排成一行，为了使两个 2 中间夹着两个数，只能是 2112，此时由 (i) 知所要求的排列不存在；

(iii) 六个数 1,1,2,2,3,3 排成一行，符合要求的排列是存在的，如 312132；

(iv) 八个数 1,1,2,2,3,3,4,4 排成一行，符合要求的排列也是存在的，如 41312432．

还可以继续探讨，只是更复杂些了．例如，10 个数、12 个数时就不存在这样的排列；14 个数时存在这样的排列，16 个数时也存在这样的排列，如 35743625427161,7131853672452864,……这样的排列时而存在，时而不存在．由此可知，所要求的排列能否存在，一定与 n 这个数的某些性质有关．根据相似原理，可推得：把那些数排好之后，共占了 $2n$ 个位置．若依从左到右的顺序，称这些位置为第 1 号位，第 2 号位，……，第 $2n$ 号位，则对于每个 $i,1 \leqslant i \leqslant n$，设左边那个 i 占据了 a_i 号位，右边那个 i 占据了 b_i 号位，依题目的要求，应有 $b_i - a_i = i + 1$，此即

$$b_i + a_i - 2a_i = i + 1$$

对 i 从 1 到 n 求和得

$$\sum_{i=1}^{n}(b_i + a_i) - 2\sum_{i=1}^{n} i = n + \sum_{i=1}^{n} i \qquad ①$$

又由于 $\sum_{i=1}^{n}(b_i + a_i)$ 是一切位号之和，所以它等于 $\sum_{i=1}^{2n} i = 2n^2 + n$．于是式 ① 化为

$$3n^2 - n = 4(a_1 + a_2 + \cdots + a_n) = 4M \quad (M \in \mathbf{N})$$

这说明，若所要求的排列能实现，4 必须整除 $3n^2 - n$．可推广之，当 $n = 4k + 1$ 与 $n = 4k + 2$ 时，4 不能整除 $3n^2 - n$．因此所要求的排列不存在．这就是说，若能排，n 必须是 4 的倍数，或者 n 被 4 除余 3．于是可知，当 $n = 1\,997$ 时，所要求的排列存在．

从上例也可得知，根据相似性而做出的某些正确判断或推广，是从归纳法开始，而以演绎法告终．

18.1.4 发现相似性，提高认识水平

某些相似往往是不明显的，发现不同的现象、对象的相同之处，哪怕是并不深刻的相同

之处将促使思维积极化. 因为以前的知识会被赋予一种新的观点, 原来熟悉的东西被赋予一种新的意义, 突然熠熠生辉, 引人入胜. 这时我们就会发现我们掌握的知识之间的尚未被知觉的关系, 从而把我们的认识提高到新的更高的水平; 客观世界中的对象和现象, 其出现都不是彼此孤立隔绝的, 而是相互紧密联系 —— 结成群集或者系列.

一个数学问题, 当我们用由相似性得到的新的数学思想来看待它时, 它就会呈现出新的结构、新的特征、新的含义, 从而产生新解法.

例 1 设 $|u| \leq \sqrt{2}, v > 0$, 试求 $(u-v)^2 + \left(\sqrt{2-u^2} - \dfrac{9}{v}\right)^2$ 的最小值.

解 此题是一个求二元函数的极值问题, 用高等数学的方法来求解, 运算过程也是相当复杂的. 但是我们注意到相似原理, 所求函数式与两点间距离的平方形式完全一样. 于是, 我们把 $(u, \sqrt{2-u^2})$ 看作圆 $x^2 + y^2 = 2$ 上的一点, 把 $(v, \dfrac{9}{v})$ 看作等轴双曲线 $xy = 9$ 上的一点, 算式 $(u-v)^2 + (\sqrt{2-u^2} - \dfrac{9}{v})^2$ 正好是这两点间的距离的平方. 借助图 18.1.3, 显然, 双曲线的顶点 $(3,3)$ 距圆最近, 圆心与 $(3,3)$ 的连线所在直线 $y = x$, 它与圆 $x^2 + y^2 = 2$ 的交点是 $(1,1)$, 即 $(1,1)$ 和 $(3,3)$ 两点的距离 8 就是两曲线间的最短距离. 所以, 当 $u=1, v=3$ 时, $(u-v)^2 + (\sqrt{2-u^2} - \dfrac{9}{v})^2$ 的最小值为 8.

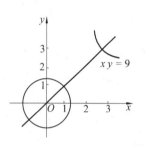

图 18.1.3

由上例可知, 数形结合的方法能起到鬼斧神工的妙用.

18.1.5 运用相似性, 创立新的学说

著名数学家 G. 波利亚指出: "如果没有相似, 那么, 无论是在初等数学还是在高等数学中, 甚至在其他领域中, 本来可以发现的东西, 也可能无从发现." 因此, 每一位数学家都是十分偏爱相似的. 例如开普勒给予相似以完美的评价, 认为运用它能知晓自然界的一切奥秘.

根据相似, 对相应概念的外延加以限制, 而做出一些意想不到的转换, 从而使最初的判断得到富有成效的发展, 在数学史上, 这类例子比比皆是. 欧拉发现了三角函数与指数函数之间的关系, 他的这一卓越发现, 被认为是由相似引出的. 英国数学家 G. 布尔发现逻辑关系与某些数学运算相类似, 他研究概念的外延逻辑 (即集类的逻辑), 并通过符号化和类似初等代数的运算法则, 确定了类的逻辑运算 (如两类的交、并、补等), 成为逻辑代数的创始人.

在其他学科中也是如此, 苯的结构式就是化学家凯库勒在看到兽笼中猴子的游戏后根据相似确定的; 万有引力定律据说是物理学家牛顿看到苹果从树上落下根据相似得出的.

18.2 掌握相似性方法

18.2.1 借助相似性, 运用比较法

通过对数学对象、现象的比较, 找出并运用相似, 这就是解数学题的比较法.

例1 已知 $0 \leq \theta \leq 1$，求证：$\arcsin(\cos\theta) > \cos(\arcsin\theta)$.

证明 因 $0 \leq \theta \leq 1$，所以

$$\arcsin(\cos\theta) = \arcsin\left[\sin\left(\frac{\pi}{2} - \theta\right)\right] = \frac{\pi}{2} - \theta$$

$$\cos(\arcsin\theta) = \sqrt{1 - \sin^2(\arcsin\theta)} = \sqrt{1 - \theta^2}$$

而 $\left(\frac{\pi}{2} - \theta\right)^2 - (\sqrt{1-\theta^2})^2 = 2\left(\theta - \frac{\pi}{4}\right)^2 + \frac{\pi^2 - 8}{8} > 0$

所以 $\frac{\pi}{2} - \theta > \sqrt{1 - \theta^2}$，即 $\arcsin(\cos\theta) > \cos(\arcsin\theta)$.

对于某些立体几何问题，可把复杂空间图形与已知性质的简单图形如柱、锥、台、球相比较，构造辅助图形来解答.

例2 一个四面体 $ABCD$ 的内切球的中心 I 与棱 AB，CD 的中点共线，证明这四面体的外接球的球心也在这条直线上.

证明 如图18.2.1(a)所示，设 E，F 分别为 AB，CD 的中点，由于 I 到面 ACD，BCD 的距离相等，I 在 EF 上，则 E 到面 ACD，BCD 的距离相等，从而 A 到面 BCD 的距离与 B 到面 ACD 的距离相等 $\Rightarrow S_{\triangle BCD} \Rightarrow S_{\triangle ACD} \Rightarrow A$，$B$ 到 CD 的距离相等.

同理，C，D 到 AB 的距离相等.

又可证 EF 是 AB，CD 的公垂线. 事实上，设 C，D 在 AB 上的射影分别为 C'，D'，由于 $CC' = DD'$，所以，D，C 在以 AB 为轴的圆柱面上. 过 $C'D'$ 的中点 F' 作平面与轴垂直，则这平面平分 CD，因而过点 F. 设 CD 在圆柱上底面的射影为 GD，则 F 在上底面的射影为 GD 的中点 H. 因为 $D'H \perp GD$，$FF' \parallel D'H$，所以 $F'F \perp GD$，从而 $FF' \perp$ 平面 GCD，$FF' \perp CD$，即 FF' 是 AB，CD 的公垂线，如图18.2.1(b)所示. 同理，过 E 作 CD 的垂线 EE'（E' 在 CD 上），则 EE' 为 AB，CD 的公垂线. 因而 EE' 与 FF' 重合.

在图18.2.1(a)中，作线段 BC 的中垂面 M，它与 EF 一定相交于一点 O（可用反证法证）. $OB = OC$，又由于 OE 垂直平分 AB，CD，所以 $OA = OB$，$OC = OD$，从而 O 是四面体 $ABCD$ 的外心.

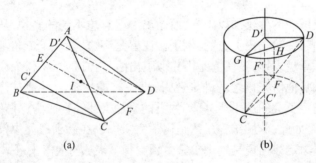

图 18.2.1

18.2.2 捕捉相似性，纵横来类比

类比系指对类似的对象或现象进行共同的研究. 为了解数学问题 B，我们联想到一个已经会解的问题 A. 问题 A 与 B 有许多类似的属性. 于是我们推想问题 B 与问题 A 可能有某个

或几个类似的结论,或者推测可以用解决问题 A 的类似办法来解决问题 B.

例1 解联立方程组 $\begin{cases} x+y+z=3 \\ x^2+y^2+z^2=3 \\ x^5+y^5+z^5=3 \end{cases}$,求出所有实根或复根.

解 先看方程组

$$\begin{cases} x+y=2 \\ x^2+y^2=2 \end{cases} \quad ①$$

因 $xy=\dfrac{1}{2}[(x+y)^2-(x^2+y^2)]=1$,则

$$\begin{cases} x+y=2 \\ xy=1 \end{cases}$$

由韦达定理的逆定理得 $u^2-2u+1=0 \Leftrightarrow u=1 \Rightarrow \begin{cases} x=1 \\ y=1 \end{cases}$.

原方程组与上述方程组 ① 的结构类似,其解法也可能是类似的.

设 x,y,z 是三次方程 $r^3-ar^2+br-c=0$ 的根,则

$$a=x+y+z=3, b=xy+yz+zx, c=xyz$$

将 $x+y+z=3$ 两边平方求得 $b=3$. 于是可假定 $c=1+m^3$,得 $(r-1)^3=m^2$,则 $r=1+m,1+\omega m,1+\omega^2 m$,其中 ω 为 1 的三次单位根. 又由第三个方程,有 $(1+m)^5+(1+\omega m)^5+(1+\omega^2 m)^5=3$,展开并注意到

$$1+\omega^p+\omega^{2p}=\begin{cases} 0, p \text{ 不是 3 的倍数时} \\ 3, p \text{ 是 3 的倍数时} \end{cases}$$

可以得到 $30m^3=0$ 或 $m=0$. 因此所有的根是 $x=y=z=1$.

例2 设 $A_1A_2A_3A_4$ 是一个四面体,S_1,S_2,S_3,S_4 分别以 A_1,A_2,A_3,A_4 为球心的球,它们两两相切. 如果存在一点 O,以这点为球心可作一个半径为 r 的球与 S_1,S_2,S_3,S_4 都相切,还可作一个半径为 R 的球与四面体的各棱都相切. 求证这个四面体是正四面体.

我们先看如下命题:设有 $\triangle A_1A_2A_3$,S_1,S_2,S_3 分别是以 A_1,A_2,A_3 为圆心的圆,它们两两相切. 如果存在一点 O,以这点为圆心可作一个半径为 r 的圆与 S_1,S_2,S_3 都相切,还可作一个半径为 R 的圆与 $\triangle A_1A_2A_3$ 的各边都相切,则 $\triangle A_1A_2A_3$ 为正三角形.

事实上,当 S_1,S_2,S_3 两两外切时:

(i) 若圆 $O(r)$ 与 S_1,S_2,S_3 均外切,如图 18.2.2 所示,设圆 $O(R)$ 为 $\triangle A_1A_2A_3$ 的内切圆,与 A_2A_3 切于 D. 令圆 S_1,S_2,S_3 的半径分别为 r_1,r_2,r_3,若 $r(r+2r_2)>R^2$,则

$$A_2D=\sqrt{(r+r_2)^2-R^2}>r_2$$

从而 $A_3D<r_3$,推出 $r(r+2r_3)<R^2$.

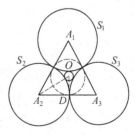

图 18.2.2

同理,由 $r(r+2r_3)<R^2$ 可推出 $r(r+2r_1)>R^2$,又可推出 $r(r+2r_2)<R^2$,引出矛盾.

同理,设 $r(r+2r_2)<R^2$ 也引出矛盾,所以 $r(r+2r_2)=R^2$.

同理,$r(r+2r_1)=r(r+2r_3)=r(r+2r_2)=R^2$.

于是 $r_1 = r_2 = r_3$，从而 $\triangle A_1A_2A_3$ 为正三角形.

(ii) 若圆 $O(r)$ 与 S_1, S_2, S_3 均内切，类似于(i)只需把 $r+2r_1, r+2r_2, r+2r_3$ 相应地改为 $r-2r_1, r-2r_2, r-2r_3$ 即可，$\triangle A_1A_2A_3$ 仍为正三角形.

当 S_1, S_2, S_3 中有一对外切，两对内切，则易证得点 O 必在 $\triangle A_1A_2A_3$ 外，不可能作圆 $O(R)$ 为 $\triangle A_1A_2A_3$ 的内切圆，易知 S_1, S_2, S_3 不可能再有其他情形. 下面类比到空间证原题.

当 S_1, S_2, S_3, S_4 两两外切，用完全类似于前面命题证明使用的方法，可推得 $\triangle A_1A_2A_3, \cdots, \triangle A_2A_3A_4$ 均为正三角形，从而得四面体 $A_1A_2A_3A_4$ 为正四面体；当 S_1, S_2, S_3, S_4 不两两外切，用类似于前述命题的证明方法，也易知不可能作球 $O(R)$ 与六条棱 $A_1A_2, \cdots, A_3A_4$ 都相切.

18.2.3 发掘相似性，巧用模式法

模式方法是相似性原理的另一种具体形式，它是用某种物质模式或思维模式来揭示原题的动态、特征和本质的方法. 模型法(参见"关系、映射、反演原理")是模式法中的一种主要形式.(模式法的应用还可参见"守恒原理"中的待定系数法中的数列求通项问题)

例1 若 $f(x) = \dfrac{x+\tan\alpha}{1-x\tan\alpha}, g(x) = \dfrac{x+\tan\beta}{1-x\tan\beta}$. 求证：$f[g(x)] = \dfrac{x+\tan(\alpha+\beta)}{1-x\tan(\alpha+\beta)}$.

分析 由 $f(x), g(x)$ 与 $f[g(x)]$ 结构相似联想 $\tan(\alpha+\beta) = \dfrac{\tan\alpha+\tan\beta}{1-\tan\alpha\tan\beta}(\alpha, \beta, \alpha+\beta \neq k\pi + \dfrac{\pi}{2})$，得如下解法：

令 $\tan\gamma = x, f(\tan\gamma) = \tan(\alpha+\gamma), g(\tan\gamma) = \tan(\gamma+\beta)$，则
$$f[g(x)] = f[g(\tan\gamma)] = f[\tan(\gamma+\beta)] = \tan(\alpha+\beta+\gamma) = \tan[\gamma+(\alpha+\beta)] =$$
$$\dfrac{\tan\gamma+\tan(\alpha+\beta)}{1-\tan\gamma\tan(\alpha+\beta)} = \dfrac{x+\tan(\alpha+\beta)}{1-x\tan(\alpha+\beta)}.$$

例2 求值：$\cos^2 73° + \cos^2 47° + \cos 73°\cos 47°$.

分析 如果令 $\cos 73° = m, \cos 47° = n$，则题中三角式的结构特征为 $m^2 + n^2 + mn$，这种结构类似于 $(a+b)^2 = a^2 + 2ab + b^2$ 的结构，也可联想余弦定理的结构，可得如下解法：

解法1 原式 $= (\cos 73° + \cos 47°)^2 - \cos 73° \cdot \cos 47° = 2(\cos 60° \cdot \cos 13°)^2 - \dfrac{1}{2}(\cos 120° + \cos 26°) = \dfrac{3}{4}.$

解法2 原式 $= \sin^2 17° + \sin^2 43° + \sin 17° \cdot \sin 43°$. 构造 $\triangle ABC$，使 $a = \sin 17°, b = \sin 43°, c = \sin 120°$，则

$$原式 = a^2 + b^2 + ab = a^2 + b^2 - 2ab\cos c = c^2 = \dfrac{3}{4}$$

例3 正数 x, y, z 满足方程组
$$\begin{cases} x^2 + xy + \dfrac{y^2}{3} = 25 \\ \dfrac{y^2}{3} + z^2 = 9 \\ z^2 + xz + x^2 = 16 \end{cases}$$

试求 $xy + 2yz + 3xz$ 的值.

解 原方程组可变形为

$$\begin{cases} x^2 + (\dfrac{y}{\sqrt{3}})^2 - 2 \cdot x \cdot \dfrac{y}{\sqrt{3}} \cdot \cos 150° = 5^2 & \text{①} \\ (\dfrac{y}{\sqrt{3}})^2 + z^2 = 3^2 & \text{②} \\ z^2 + x^2 - 2xz \cdot \cos 120° = 4^2 & \text{③} \end{cases}$$

这三个方程可构成如图 18.2.3 所示的图形模型.

在 $\triangle PQR$ 中,$PR^2 = PQ^2 + QR^2$,所以 $\angle PQR = 90°$,从而

$$S_{\triangle PQR} = \dfrac{1}{2} \cdot 3 \cdot 4 = 6$$

又

$$S_{\triangle PQR} = S_{\triangle POR} + S_{\triangle POQ} + S_{\triangle QOR} = \dfrac{1}{2} x \cdot \dfrac{y}{\sqrt{3}} \cdot \sin 150° +$$

$$\dfrac{1}{2} \cdot \dfrac{y}{\sqrt{3}} \cdot z + \dfrac{1}{2} x \cdot z \cdot \sin 120° =$$

$$\dfrac{xy}{4\sqrt{3}} + \dfrac{yz}{2\sqrt{3}} + \dfrac{\sqrt{3}xz}{2} =$$

$$\dfrac{1}{4\sqrt{3}}(xy + 2yz + 3xz)$$

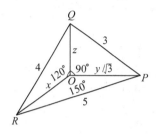

图 18.2.3

故

$$xy + 2yz + 3xz = 24\sqrt{3}$$

例4 数列 $\{u_n\}$ 定义如下:$u_0 = 2$,$u_1 = \dfrac{5}{2}$,$u_{n+1} = u_n(u_{n-1}^2 - 2) - u_1 (n \geq 1)$. 试证:当 $n \geq 1$ 时,$[u_n] = 2^{\frac{1}{3}(2^n - (-1)^n)}$. 这里 $[x]$ 表示不超过 x 的最大整数.

证明 为了发现一个模式,我们计算这个数列的若干项,即

$$u_2 = \dfrac{5}{2}(2^2 - 2) - \dfrac{5}{2} = \dfrac{5}{2}$$

$$u_3 = \dfrac{5}{2}[(\dfrac{5}{2})^2 - 2] - \dfrac{5}{2} = \dfrac{65}{8}$$

$$u_4 = \dfrac{65}{8}[(\dfrac{5}{2})^2 - 2] - \dfrac{5}{2} = \dfrac{1\,025}{32}$$

$$u_5 = \dfrac{1\,025}{32}[(\dfrac{65}{8})^2 - 2] - \dfrac{5}{2} = \dfrac{4\,194\,305}{2\,048}$$

$$\vdots$$

我们从中可以发现,它们的分母是 2 的乘方,分子是 1 加 2 的一个乘方.

$$u_0 = \dfrac{2^0 + 1}{2^0} = 2^0 + 2^0$$

$$u_1 = \dfrac{2^2 + 1}{2^1} = 2^1 + 2^{-1}$$

$$u_3 = \frac{2^6+1}{2^3} = 2^3 + 2^{-3}$$

$$u_4 = \frac{2^{10}+1}{2^5} = 2^5 + 2^{-5}$$

$$u_5 = \frac{2^{22}+1}{2^{11}} = 2^{11} + 2^{-11}$$

$$\vdots$$

于是推测有模型

$$u_n = 2^{f(n)} + 2^{-f(n)} \qquad ①$$

其中 $f(n)$ 是定义在全体正整数集上的某一函数.

又既然 $n>0$,项 $2^{-f(n)}$ 似乎是一真分数,它不属于 $[u_n]$,故我们猜测 $f(n)$ 为问题叙述中的指数. 现在来证明这个猜测,它于 $n=1,2,3$ 均为正确,令

$$f(n) = \frac{2^n - (-1)^n}{3} \qquad ②$$

对于 $n=1,2,\cdots,f(n)$ 显然是正数. 事实上,它是自然数,因为 $2 \equiv -1 \pmod 3$,故 $2^n \equiv (-1)^n \pmod 3$. 因此 $2^n - (-1)^n \equiv 0 \pmod 3$. 所以 $2^n - (-1)^n$ 可被 3 整除,而且由式②所给的 $f(n)$ 还可证实 $2^{-f(n)} < 1$.

其次,设式①对于一切 $k \leq n$ 成立,把它代入前面公式得

$$u_{n+1} = u_n(u_{n-1}^2 - 2) - \frac{5}{2} =$$

$$2^{f(n)+2f(n-1)} + 2^{-f(n)-2f(n-1)} + 2^{-f(n)+2f(n-1)} + 2^{f(n)-2f(n-1)} - \frac{5}{2}$$

而

$$f(n) + 2f(n-1) = \frac{1}{3} \cdot 2^n + \frac{2}{3} \cdot 2^{n-1} - \frac{1}{3}(-1)^n - \frac{2}{3}(-1)^{n-1} = f(n+1)$$

$$f(n) - 2f(n-1) = (-1)^{n+1}$$

所以,若记 $\frac{5}{2} = 2 + \frac{1}{2}$,我们就可得出

$$u_{n+1} = 2^{f(n+1)} + 2^{-f(n+1)} + 2 + \frac{1}{2} - \frac{2}{5} = 2^{f(n+1)} + 2^{-f(n+1)}$$

这样就完成了数学归纳法的证明. 特别地,对一切正整数 n,$[u_{n+1}] = 2^{f(n+1)}$.

18.2.4 猎取相似性,采用模拟法

某些数学问题可以由物理外壳脱颖而出,我们在解决这类问题时,给它披上物理外衣,通过物理模拟加以解决. 即首先把数学元素物理化,然后搞物理推理:在物理假设和物理定律的基础上,进行逻辑推理;最后再把物理结果翻译成数学问题即可.

例1 已知正 n 边形外接圆的半径为 r,其所在平面内任意点 P 到圆心的距离为 a,求证 P 到这个正 n 边形各顶点距离平方的和等于 $n(r^2 + a^2)$.

证明 记已知正 n 边形外接圆圆心为 O,A_i 为其第 i 个顶点,记 $|PA_i| = l_i$,则要证

$$\sum_{i=1}^{n} l_i^2 = n(r^2 + a^2) \qquad ①$$

若 P 重合于 O，则结论显然成立. 否则取 O 为原点，OP 方向为 x 轴正向建立平面直角坐标系，设 $A_i(x_i,y_i)$. 由于

$$\sum_{i=1}^{n} l_i^2 = \sum_{i=1}^{n} [y_i^2 + (OP - x_i)^2] =$$
$$\sum_{i=1}^{n}(x_i^2 + y_i^2) + na^2 - 2a\sum_{i=1}^{n} x_i =$$
$$n(r^2 + a^2) - 2a\sum_{i=1}^{n} x_i$$

所以为了要证明式①，只要能证明 $\sum_{i=1}^{n} x_i = 0$ 即可.

为此，我们把正 n 边形的顶点看作具有单位质量的质点，由于正 n 边形的对称性，显然这个质点系的重心在点 O，其横坐标为 0，但另一方面，这质点系的重心横坐标是 $\frac{1}{n}\sum_{i=1}^{n} x_i$，所以 $\sum_{i=1}^{n} x_i = 0$，从而式①获证.

类似于上例我们可证 $\sum_{k=0}^{2n} \cos(\alpha + \frac{2k\pi}{2n+1}) = 0$. 事实上，可考虑单位圆上的一点 $A_k[\cos(\alpha + \frac{2k\pi}{2n+1}), \sin(\alpha + \frac{2k\pi}{2n+1})]$. 而点 A_k 对应着向量 $\overrightarrow{OA_k}$. 这向量又可看作终端分布在正 $2n+1$ 边形的 $2n+1$ 个顶点的，共点于正 $2n+1$ 边形中心的力系，其合力为零便证. 特别地，当 $\alpha = 0, n = 3$ 时，有 $\cos\frac{\pi}{7} - \cos\frac{2\pi}{7} + \cos\frac{3\pi}{7} = \frac{1}{2}$ 为 IMO5-5 题.

18.2.5 揭示相似性，善用移植法

在日常生活中，有许多至为明显的事实，诸如水总是由高处流向低处，全班学生中必有一个年龄最小的，等等，均可移植到数学中来，抽象成深刻的数学方法原理——局部调整原理、最小数原理，等等，这在前面我们已看到了移植的重要作用与应用.

特别是数学智力竞赛中的很多命题，是把高等数学和某些专门领域的问题、方法，通过"特殊化""初等化""具体化"而移植来. 因此数学解题中的移植法是一个前景锦绣的重要方法.

例1 如图 18.2.4 所示，设 R 为平面上以 $A(4,1), B(-1,-6), C(-3,2)$ 三点为顶点的三角形区域（包括三角形内部及周界），试求当 (x,y) 在 R 上变动时，函数 $4x - 3y$ 的极大值和极小值.（须证明你的论断）

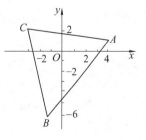

图 18.2.4

这道题中蕴含了规划论的一个基本原则，它可一般地化为下列问题：当点 (x,y) 在平面上的一个区域 $\varGamma$（包括边界）上变动时，求一次函数 $ax + by$ 的最大值和最小值.

令 $ax + by = P$，当 P 变动时就得到一组互相平行的直线族，与 $\varGamma$ 有公共点的最边缘的两条直线 l_1 和 l_2，就决定了 $ax + by$ 在 $\varGamma$ 上的最小值和最大值. 可见一次函数的极值总是在 $\varGamma$ 的边界上达到. 当区域 $\varGamma$ 是一个三角形时，就一定在顶点上达到极

值. 如果 Γ 有一条边与直线 $ax+by=P$ 平行,则在这条边上 $ax+by$ 的值都相等,且是最大值或最小值.

于是,我们便有如下解法:

令 $\lambda=4x-3y$,显而易见,当 λ 固定,(x,y) 变动时,我们即得平面上一条直线. 令 λ 变化,则得一系列相互平行的直线. 在其中每一条直线上,$4x-3y$ 的值都相同,当直线经过点 C 时,便有 $\lambda=-18$,此时直线经过 $(-4.5,0)$;当直线经过点 B,$\lambda=14$,此时直线经过 $(3.5,0)$;当直线经过点 A 时,$\lambda=13$,此时直线经过 $(3.25,0)$. 由此可见,直线 $\lambda=4x-3y$ 和 x 轴交于 $(x',0)=(\frac{\lambda}{4},0)$,而 $\lambda=4x'$ 和 x' 成正比,由于 $-4.5\leq x'\leq 3.5$,所以 $-18\leq\lambda\leq 14$.

上面,我们从两个方面介绍了相似性原理的重要作用与应用.

相似、相似,由似而熟,熟而省悟,悟而生巧,巧而创新.

18.2.6 把握相似性,优化探索法

在探索问题的简捷处理中,识别相似关系,探索发现相似关系的转换途径,在挖掘前提与结论两个数学事实间的逻辑表征链的认知过程中,具有特别重要的理论和方法上的意义.

数学证明题的论证,本质上是对客观因果关系(相似的或绝对的,或然的或必然的)的识别与探索;是对题设与题断的相似关系,可能连通的传递转换途径的认识. 要充分挖掘前提中的隐性内涵,使结论成为必然. 这个揭示因果关系的探索,是在把握相似关系的匹配组合中完成的. 不同匹配,对应着不同的证法,成功优化的匹配,对应着简捷优美的证法.[①]

例1 在正三棱柱 $ABC-A_1B_1C_1$ 里,若侧面 AA_1B_1B、BB_1C_1C 的对角线 AB_1、BC_1 互相垂直,求证 AB_1 与侧面 CC_1A_1A 的对角线 CA_1 垂直.

证法1 在图18.2.5中,设 D,D_1 分别平分 AB,A_1B_1,则 CD,C_1D_1 皆垂直于面 AA_1B_1B,即 A_1D,BD_1 分别为 A_1C 与 BC_1 在 AA_1B_1B 内的射影,且 $AB_1\perp A_1C\Leftrightarrow AB_1\perp A_1D$. (横向相似搜索,匹配直线垂直平面的判定,或三垂线定理)

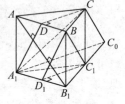

图 18.2.5

由 $BC_1\perp AB_1$,有 $BD_1\perp AB_1$,注意到 $BD_1 /\!/ DA_1$,知 $A_1D\perp AB_1$. (横向相似,搜索射影与 AB_1 的关系,匹配三垂线逆定理、直线垂直平面的判定)

故 $A_1C\perp AB_1$. (纵向相似搜索,匹配三垂线定理)

证法2 在图18.2.5中,延长 B_1C_1 到 C_0,$C_1C_0=B_1C_1=A_1C_1$,则 $A_1B_1\perp A_1C_0$,且 $AB_1\perp A_1C\Leftrightarrow AB_1\perp$ 面 C_0A_1C. (横向相似搜索,匹配等腰三角形、直线三角形)

由 $AB_1\perp BC_1$,$BC_1 /\!/ CC_0\Rightarrow AB_1\perp CC_0$,且 $A_1B_1\perp A_1C_1$,则 $AB_1\perp A_1C_0$.

从而 $AB_1\perp$ 面 C_0A_1C.

故 $AB_1\perp A_1C$. (纵、横双向搜索,匹配三垂线定理、直线垂直平面、直线垂直直线)

证法3 在图18.2.6中,设 D,D_1 分别平分 AB,A_1B_1,延长 CD 到 E,延长 C_1D_1 至 E_1,使 $DE=CD$,$D_1E_1=C_1D_1$,得直四棱柱,且 $AB_1\perp A_1C\Leftrightarrow AB_1\perp$ 面 A_1CE. (横向相似搜索,匹配补

[①] 刘文贵. 例谈运用相似思维证数学题[J]. 中学数学月刊. 2002(3):36-37.

形构造棱柱 $ABC-A_1B_1C_1$ 的对称二倍体)

由 $AB_1 \perp BC_1, BC_1 /\!/ EA_1 \Rightarrow AB_1 \perp EA_1$,且 $AB \perp CE$,则 $AB_1 \perp CE$. 从而 $AB_1 \perp$ 面 A_1CE.

故 $AB_1 \perp A_1C$.(横向相似,搜索 AB_1 与面 A_1CE 的关系,匹配三垂线定理、线线及线面垂直)

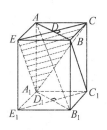

图 18.2.6

例 2 若点 $P \in m: b^2x^2 + a^2y^2 = a^2b^2(a > b > 0)$,$O$ 为椭圆 m 的中心,过 $A(-a,0)$,作 $AQ /\!/ OP$,且 AQ 交 Oy 轴于 Q,AQ 交 m 于 $M(M$ 非 $A)$. 求证:$AM \cdot AQ = 2PO^2$.

证法 1 在图 18.2.7 中,设 $P(x_0, y_0)$,其中 x_0, y_0 皆非零,联立

$$x = 0, y = \frac{y_0}{x_0}(x + a)$$

求得 $Q(0, \frac{ay_0}{x_0})$,由

$$y = \frac{y_0}{x_0}(x + a)$$

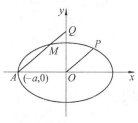

图 18.2.7

与 $b^2x^2 + a^2y^2 = a^2b^2$ 联立,有

$$b^2x^2 + \frac{a^2y_0^2}{x_0^2}(x + a)^2 = a^2b^2$$

(纵向相似,搜索 Q, M 的坐标,匹配直线方程、方程组),则

$$(b^2x_0^2 + a^2y_0^2)x^2 + 2a^2y_0^2x + a^4y_0^2 - a^2b^2x_0^2 = 0$$

即 $b^2x_0^2 x^2 + 2ay_0^2 x + a^2y_0^2 - b^2x_0^2 = 0$ 有一根为 $-a$.(纵向相似,匹配 $A \in m, P \in m$)

由

$$x_M - a = -\frac{2ay_0^2}{b^2}$$

有

$$x_M = \cdots = \frac{b^2x_0^2 - a^2y_0^2}{ab^2}$$

$$y_M = \frac{y_0}{x_0}(x_M + a) = \cdots = \frac{2x_0y_0}{a}$$

(纵向相似搜索点 M 坐标,匹配韦达定理及恒等变形). 从而

$$AQ = \cdots = \frac{a}{|x_0|}\sqrt{x_0^2 + y_0^2}$$

$$AM = \sqrt{(x_M + a)^2 + y_M^2} = \cdots = \frac{2|x_0|}{a}\sqrt{x_0^2 + y_0^2}$$

故 $$AM \cdot AQ = 2PO^2$$

(纵向相似,匹配两点间距离公式、恒等变形)

证法 2 在图 18.2.7 中,设 $P(x_0, y_0)$,其中 x_0, y_0 皆非零,则 $AQ:\begin{cases} x = -a + x_0 t \\ y = y_0 t \end{cases}$.

(横向相似,搜索 AM, AQ 匹配直线参数方程)

由 $\begin{cases} x = -a + x_0 t \\ y = y_0 t \end{cases}$,以及 $x = 0$,得 $t_Q = \frac{a}{x_0}$;

由 $\begin{cases} x = -a + x_0 t \\ y = y_0 t \end{cases}$,以及 $b^2 x^2 + a^2 y^2 = a^2 b^2$,得

$$t_M = \frac{2x_0}{a}, \text{且} \ t_Q = \frac{AQ}{\sqrt{x_0^2 + y_0^2}}, t_M = \frac{AM}{\sqrt{x_0^2 + y_0^2}}$$

故 $AM \cdot AQ = 2PO^2$.(横向相似,匹配参数 t 的实际意义)

思 考 题

1. 在 $\triangle ABC$ 的边 AC 与 BC 上分别有两点 M 与 K,使得下列等式成立:$BK \cdot AB = IB^2$,$AM \cdot AB = IA^2$,这里 I 是 $\triangle ABC$ 的内接圆圆心.求证:M, I, K 三点共线.

2. 已知 $f(x)$ 是一次函数,且
$$\underbrace{f(f(\cdots f(x) \cdots))}_{\text{复合}10\text{次}} = 1\,024x + 1\,023$$
试求 $f(x)$ 的解析式.

3. 由圆中结论:AB 是圆 O 的直径,AC 切圆 O 于 A,BC 交圆 O 于 P,PD 切圆 O 于 P 交 AC 于 D,则 D 是 AC 的中点.

相似地得到结论:如图,AB 是椭圆 $\frac{x^2}{a^2} + \frac{y^2}{b^2} = 1$ 的长(短)轴,AC 切椭圆于 A,BC 交椭圆于 P,PD 切椭圆于 P 交 AC 于 D,则 D 是 AC 的中点.试证明之.

4. 由圆中结论:P 是圆 O 上任意一点,AB 是直径,经过 A 和 B 各作圆的切线,分别与经过点 P 的切线相交于 C 和 D,AD 和 BC 相交于 Q,PQ 交 AB 于 K,则 Q 是 PK 的中点.

相似地有结论:如图,过椭圆 $\frac{x^2}{a^2} + \frac{y^2}{b^2} = 1$ 的长(短)轴 AB 的端点 A,B 分别引切线 AM, BN,P 是椭圆上异于 A,B 的任意一点,过点 P 引椭圆的切线 CD 分别交 AM, BN 于 C 和 D,AD 和 BC 相交于 Q,PQ 交 AB 于 K,则 Q 是 PK 的中点.试证明之.

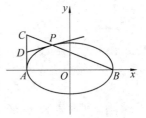

5. 利用圆和椭圆的相似性,写出一些结论来.

思考题参考解答

1. 联结 IA, IB, IM, IK,把第一个等式变形为 $BK:IB = IB:AB$,再由 BI 为角 B 的平分线,可见 $\angle KBI = \angle IBA$,由这两个等式立即知道,$\triangle KBI \backsim \triangle IBA$.再由题设的第二个等式可以得出 $\triangle MAI \backsim \triangle IAB$.于是 $\angle KIB + \angle BIA + \angle AIM = \angle IAB + \angle BIA + \angle ABI = \triangle ABI$ 的内角和 $= 180°$.故 K, I, M 共线.

2. 设 $f(x) = ax + b(a \neq 0)$,令 $f_n(x) = \underbrace{f(f(\cdots f(x) \cdots))}_{\text{复合}n\text{次}}$,则
$$f_2(x) = f(ax + b) = a^2 x + (a+1)b$$
$$f_3(x) = f(ax^2 + (a+1)b) = a^3 x + (a^2 + a + 1)b$$
⋮

$$f_{10}(x) = a^{10}x + (a^9 + a^8 + \cdots + a + 1)b = 1\,024x + 1\,023$$

则
$$a^{10} = 1\,024 = 2^{10}, \frac{a^{10} - 1}{a - 1} \cdot b = 1\,023$$

解得 $a = 2, b = 1$ 或 $a = -1, b = -3$. 故所求一次函数为 $y = 2x + 1$ 或 $y = -2x - 3$.

3. 设切点 $P(m, n)$, 则切线 PD 的方程为
$$b^2 mx + a^2 ny = a^2 b^2 \qquad ①$$

直线 BC 的方程为
$$y = \frac{n}{m - a}(x - a) \qquad ②$$

切线 AC 的方程为
$$x = -a \qquad ③$$

联立方程②③, 可得 $C(-a, \frac{2na}{a - m})$, 从而 AC 的中点坐标为 $(-a, \frac{na}{a - m})$.

联立方程①③, 可得 $D(-a, \frac{(a + m)b^2}{an})$, 又
$$b^2 m^2 + a^2 n^2 = a^2 b^2$$

即
$$b^2 = \frac{a^2 n^2}{a^2 - m^2} \qquad ④$$

把式④代入 D 的坐标, 可得 $D(-a, \frac{na}{a - m})$.

所以, D 是 AC 的中点.

4. 设 $P(m, n), C(x_C, y_C), D(x_D, y_D), Q(x_Q, y_Q)$.

切线 CD 的方程为
$$b^2 mx + a^2 ny = a^2 b^2 \qquad ①$$

切线 AM 的方程为
$$x = -a \qquad ②$$

线切 BN 的方程为
$$x = a \qquad ③$$

联立方程①②, 得
$$x_C = -a, y_C = \frac{ab^2 + mb^2}{an}$$

联立方程①③, 得
$$x_D = a, y_D = \frac{ab^2 - mb^2}{an}$$

所以, 直线 BC 的方程为
$$y = -\frac{ab^2 + mb^2}{2a^2 n}(x - a) \qquad ④$$

直线 AD 的方程为
$$y = \frac{ab^2 - mb^2}{2a^2 n}(x + a) \qquad ⑤$$

联立方程④⑤,得

$$x_Q = m, y_Q = \frac{b^2(a^2 - m^2)}{2a^2 n} \qquad ⑥$$

又 $\frac{m^2}{a^2} + \frac{n^2}{b^2} = 1$,即

$$m^2 = a^2 - \frac{a^2 n^2}{b^2} \qquad ⑦$$

把式⑦代入式⑥,得

$$y_Q = \frac{n}{2}$$

由上可知,$PK \perp AB$,且 Q 是 PK 的中点.

5. 我们以性质列述如下.

性质1 圆中直径所对的圆周角是直角.

拓展1 设 $P(x,y)$ 是椭圆 $\frac{x^2}{a^2} + \frac{y^2}{b^2} = 1 (a > b > 0)$ 上任意一点,且不与 $P_1(a,0)$,$P_2(-a,0)$ 重合,则 $k_{PP_1} \cdot k_{PP_2} = -\frac{b^2}{a^2}$.

性质2 圆的切线垂直于过切点的半径.

拓展2 过椭圆 $\frac{x^2}{a^2} + \frac{y^2}{b^2} = 1 (a > b > 0)$ 上异于椭圆四个顶点的任意一点 P 作椭圆的切线 l,则 $k_l k_{OP} = -\frac{b^2}{a^2}$($O$ 为坐标原点).

性质3 过圆外任意一点作圆的两条切线,切线长相等.

拓展3 过椭圆 $\frac{x^2}{a^2} + \frac{y^2}{b^2} = 1 (a > b > 0)$ 外任意一点 P 引椭圆的两条切线 PT_1,PT_2(T_1,T_2 为切点),且切线 PT_1,PT_2 的倾斜角分别为 θ_1,θ_2,则

$$\frac{|PT_1|^2}{|PT_2|^2} = \frac{b^2\cos^2\theta_2 + a^2\sin^2\theta_2}{b^2\cos^2\theta_1 + a^2\sin^2\theta_1}$$

性质4 过圆外任意一点 P 分别引圆的切线 PT(T 为切点)和割线 PCD(C,D 为割线与圆的交点),则 $|PT|^2 = |PC| \cdot |PD|$.

拓展4 过椭圆 $\frac{x^2}{a^2} + \frac{y^2}{b^2} = 1 (a > b > 0)$ 外一点引椭圆的切线 PT(T 为切点)及割切线 PCD(C,D 为割线与椭圆的交点),且切线 PT,割线 PCD 的倾斜角分别为 θ_1,θ_2,则

$$\frac{|PT|^2}{|PC| \cdot |PD|} = \frac{b^2\cos^2\theta_2 + a^2\sin^2\theta_2}{b^2\cos^2\theta_1 + a^2\sin^2\theta_1}$$

性质5 圆内两条相交弦被交点分成的两条线段长的积相等.

拓展5 过椭圆 $\frac{x^2}{a^2} + \frac{y^2}{b^2} = 1 (a > b > 0)$ 内任意一点 P 引椭圆的两条相交弦 CD,C_1D_1,且直线 CD,C_1D_1 的倾斜角分别为 θ_1,θ_2,则

$$\frac{|PC| \cdot |PD|}{|PC_1| \cdot |PD_1|} = \frac{b^2\cos^2\theta_2 + a^2\sin^2\theta_2}{b^2\cos^2\theta_1 + a^2\sin^2\theta_1}$$

性质 6 过圆的一组平行弦中每一条弦的两个端点引圆的切线,则这些切线的交点共线.

拓展 6 过椭圆中一组平行弦中每一条弦的两个端点引椭圆的切线,则这些切线的交点共线.

第十九章 守恒原理

事物总是在不停地运动,不断地发展而发生各种变化,表现的空间形式及与其相关的各数量也在不断地变化.但是,变化当中也有相对的静止,也有某些保持相对不变的守恒的东西.例如物理学与化学中已经总结出了不少守恒定律:动量守恒、能量守恒、物质不灭等定律.

数学上也有很多守恒的东西:不变量与守恒性操作.例如,无论圆的直径如何变化,其周长与直径之比始终不变;无论凸多边形怎样变形,其内角和始终不变;二次曲线 $Ax^2 + 2Bxy + Cy^2 + 2Dx + 2Ey + F = 0$,在坐标轴的平移和旋转过程中,$A+C$,$\begin{vmatrix} A & B \\ B & C \end{vmatrix}$ 与 $\begin{vmatrix} A & B & D \\ B & C & E \\ D & E & F \end{vmatrix}$ 的值保持不变,等等,这些都是不变量.

在处理数学问题时,不改变问题的性质、结果的操作称为守恒性操作.我们把守恒性操作的现象又归结为守恒性原理,简称守恒原理.

守恒原理的内容也是很丰富的,例如"出入相补原理""祖暅原理""不动点原理"等,都是守恒性原理的几种情形,这些我们将作为专题在后续几章论及.最常用的守恒性操作有配凑型方法与代换型方法.

19.1 配凑型方法

19.1.1 代数式的和差变形法

代数式的和差变化千变万化,绚丽多彩.
例如

$$a^2 = (a+1)(a-1) + 1, ab = \frac{1}{4}(a+b)^2 - \frac{1}{4}(a-b)^2$$
$$a^4 + 4b^4 = [(a^2 + 2b^2) - 2ab][(a^2 + 2b^2) + 2ab] = [(a-b)^2 + b^2][(a+b)^2 + b^2]$$
$$(a+b)(b+c)(c+a) = (a+b+c)(ab+bc+ca) - abc$$
$$\vdots$$

代数式的和差变形,常给我们解题开拓了思路,使我们快捷找到解题的切入点.

例 1 已知实数 x,y,z 满足 $x+y=5$,$z^2 = xy+y-9$,求 $x+2y+3z$ 的值.

解 注意到
$$z^2 = y(x+1) - 9 = \frac{1}{4}(x+y+1)^2 - \frac{1}{4}(y-x-1)^2 - 9$$

又 $x+y=5$,则

$$z^2 = -\frac{1}{4}(y-x-1)^2$$

即有
$$z^2 + \frac{1}{4}(y-x-1)^2 = 0$$

从而 $z = 0, y = x+1 = 5-y+1$，即 $y = 3, x = 2$. 故 $x + 2y + 3z = 8$.

例 2 证明 $4^{545} + 545^4$ 是合数.

证明 由于 $4^{545} + 545^4 = 545^4 + 4 \cdot (4^{136})^4 = [(545 - 4^{136})^2 + (4^{136})^2] \cdot [(545 + 4^{136})^2 + (4^{136})^2]$，显然，上式的两因数都是大于 1 的整数，从而知 $4^{545} + 545^4$ 是合数.

例 3 计算 $\sqrt{31 \cdot 30 \cdot 29 \cdot 28 + 1}$.

解 设 $28 = n$，则原式化为

$$\sqrt{31 \cdot 30 \cdot 29 \cdot 28 + 1} = \sqrt{n(n+1)(n+2)(n+3) + 1} =$$
$$\sqrt{(n^2 + 3n)(n^2 + 3n + 2) + 1} =$$
$$\sqrt{[(n^2 + 3n + 1) - 1][(n^2 + 3n + 1) + 1] + 1} =$$
$$\sqrt{(n^2 + 3n + 1)^2} = n^2 + 3n + 1 =$$
$$28^2 + 3 \cdot 28 + 1 = 869$$

例 4 设 x, y, z 为正数，且 $x + y + z = 1$. 求证
$$\left(\frac{1}{x} - x\right)\left(\frac{1}{y} - y\right)\left(\frac{1}{z} - z\right) \geq \left(\frac{8}{3}\right)^3$$

证明 由 $x + y + z = 1$，有
$$\left(\frac{1}{x} - x\right) = \frac{1 - x^2}{x} = \frac{(1+x)(1-x)}{x} = \frac{(y+z)(2x+y+z)}{x}$$

从而
$$\left(\frac{1}{x} - x\right)\left(\frac{1}{y} - y\right)\left(\frac{1}{z} - z\right) =$$
$$\frac{1}{xyz}(x+y)(y+z)(z+x)(2x+y+z)(x+2y+z)(x+y+2z) \geq$$
$$\frac{8(x+y)^2(y+z)^2(z+x)^2}{xyz}$$

其中由 $2x + y + z \geq 2\sqrt{(x+y)(x+z)}$ 等三式化得.

注意到
$$(x+y)(y+z)(z+x) = (x+y+z)(xy+yz+zx) - xyz$$

及
$$xyz \leq \frac{1}{9}(x+y+z)(xy+yz+zx)$$

有
$$(x+y)(y+z)(z+x) \geq \frac{8}{9}(x+y+z)(xy+yz+zx)$$

从而

$$\left(\frac{1}{x}-x\right)\left(\frac{1}{y}-y\right)\left(\frac{1}{z}-z\right) \geqslant \frac{8^3(xy+yz+zx)^2}{81xyz} \geqslant \frac{8^3 \cdot 3xyz(x+y+z)}{81xyz} = \left(\frac{8}{3}\right)^3$$

其中用到
$$(xy+yz+zx)^2 \geqslant 3xyz(x+y+z)$$

19.1.2 配方法

"配方法"是中学数学中要求同学们熟练掌握的重要数学方法之一. 它在因式分解、根式运算、解方程和不等式、求二次函数的极值等问题中都有广泛的应用,在解析几何中,对二次曲线的化简(坐标轴平移)及状态的研究也是不可缺少的工具.

例1 在有理数范围内分解因式 $x^4+y^4+(x+y)^4$.

解 由
$$x^4+y^4 = (x^2+y^2)^2 - 2x^2y^2 =$$
$$[(x+y)^2 - 2xy]^2 - 2x^2y^2 =$$
$$(x+y)^4 - 4xy(x+y)^2 + 2x^2y^2$$

故
$$x^4+y^4+(x+y)^4 = 2(x^2+y^2+xy)^2$$

例2 解方程 $4x^2 - 5x - 10\sqrt{x} = 24$.

解 原方程可变形为
$$4x^2 - 4x + 1 = x + 10\sqrt{x} + 25$$

即 $(2x-1)^2 = (\sqrt{x}+5)^2$, 于是便有
$$2x - \sqrt{x} - 6 = 0 \quad 或 \quad \sqrt{x} = -2x - 4 (无解)$$

故 $(\sqrt{x}-2)(2\sqrt{x}+3) = 0$ 得 $x=4$ (显然 $2\sqrt{x} \neq -3$),为所求.

例3 设 a,b 为实数,试求 a^2+ab+b^2-a-2b 的最小值.

解 $a^2+ab+b^2-a-2b = a^2+(b-1)a+b^2-2b =$
$$\left(a+\frac{b-1}{2}\right)^2 + \frac{3}{4}b^2 - \frac{3}{2}b - \frac{1}{4} =$$
$$\left(a+\frac{b-1}{2}\right)^2 + \frac{3}{4}(b-1)^2 - 1 \geqslant -1$$

当 $a=0,b=1$ 时,上面不等式中等号成立,所以最小值为 -1.

例4 求函数 $f(x,y) = x^2 - 2xy + 6y^2 - 14x - 6y + 72$ 的最小值.

解 $f(x,y) = x^2 - 2xy + 6y^2 - 14x - 6y + 72 =$
$$(x-y-7)^2 + 5(y-2)^2 + 3 \geqslant 3$$

因此,当 $x-y-7 = y-2 = 0$,即 $x=9, y=2$ 时, $f(x,y)$ 的最小值为 3.

例5 证明 $\sin^2\alpha + \sin^2\beta > 2(\sin\alpha + \sin\beta - 1)$,其中 α,β 为锐角.

证明 $\sin^2\alpha + \sin^2\beta - 2(\sin\alpha + \sin\beta - 1) = (\sin\alpha - 1)^2 + (\sin\beta - 1)^2 > 0$

故原不等式获证.

例6 求 $5x^2 + 6y^2 + 10x - 12y - 19 = 0$ 的准线方程.

解 配方得 $\frac{(x+1)^2}{6} + \frac{(y-1)^2}{5} = 1$,令 $x' = x+1, y' = y-1$,则有 $\frac{x'^2}{6} + \frac{y'^2}{5} = 1$,由此

可知 $a=\sqrt{6}, b=\sqrt{5}, c=1$. 因此,在坐标系 $x'O'y'$ 中,椭圆的准线方程为 $x'=\pm\dfrac{a^2}{c}=\pm 6$. 故在坐标系 xOy 中,椭圆的准线方程为 $x=5$ 或 $x=-7$.

上面我们列举了配方法的一些简单应用,配方法在解答各类数学竞赛试题,乃至于 IMO 中的试题时,发挥着重要作用.

例 7 已知 $a_1, a_2, \cdots, a_n, \cdots$,为两两各不相同的正整数. 求证:对任何正整数 n,下列不等式成立:$\sum_{k=1}^{n}\dfrac{a_k}{k^2}\geqslant\sum_{k=1}^{n}\dfrac{1}{k}$.

证明 因 $a_k(k=1,2,\cdots,n)$ 为两两各不相同的正整数,则对任何正整数 n,显然有 $\sum_{k=1}^{n}\dfrac{1}{k}\geqslant\sum_{k=1}^{n}\dfrac{1}{a_k}$,则

$$\sum_{k=1}^{n}\dfrac{1}{k^2}=\sum_{k=1}^{n}\dfrac{1}{a_k}\left(\dfrac{a_k}{k}-1\right)^2+2\sum_{k=1}^{n}\dfrac{1}{k}-\sum_{k=1}^{n}\dfrac{1}{a_k}\geqslant$$
$$2\cdot\sum_{k=1}^{n}\dfrac{1}{k}-\sum_{k=1}^{n}\dfrac{1}{a_k}\geqslant\sum_{k=1}^{n}\dfrac{1}{k}$$

当且仅当 $a_k=k(k=1,2,\cdots,n)$ 时,推导过程中各等号同时成立,即原不等式等号成立.

例 8 设 a,b,c 是三角形的三边长,证明
$$a^2 b(a-b)+b^2 c(b-c)+c^2 a(c-a)\geqslant 0$$
并确定等号何时成立.

证明 作代换 $a=y+z, b=z+x, c=x+y$(注意此种代换的几何意义),则原不等式化为
$$\dfrac{y^2}{z}+\dfrac{z^2}{x}+\dfrac{x^2}{y}\geqslant x+y+z \qquad ①$$

配方得
$$z\left(\dfrac{y}{z}-1\right)^2+x\left(\dfrac{z}{x}-1\right)^2+y\left(\dfrac{x}{y}-1\right)^2+x+y+z\geqslant x+y+z$$

因而原不等式获证,当且仅当 $\dfrac{y}{z}=\dfrac{z}{x}=\dfrac{x}{y}=1$ 时不等式 ① 中等号成立. 故当且仅当 $a=b=c$ 时,原不等式等号成立.

从上述诸例中我们可以看到,在运用配方法解答问题时,还要注意非负数的如下几条性质的应用:(1) 非负数以 0 为最小数;(2) 如果若干个非负数之和为零,则每一个非负数同时为零;(3) 有限个非负数之和、积仍为非负数.

19.1.3 拆开法

为了解题的需要,把所给式子的某些项看成几项的和加以拆开,把某些对象加以拆开等,常常能使问题迎刃而解. 其实,我们在"切分原理""排序原理"等几章中,已经介绍了这种方法.

例 1 已知 $f\{f[f(x)]\}=\dfrac{x+2}{2x+3}(x\neq -2, x\neq -1)$,求 $f(x)$ 的一种表达式.

解 由 $\dfrac{x+2}{2x+3} = \dfrac{1}{\dfrac{x+2+x+1}{x+2}} = \dfrac{1}{1+\dfrac{x+1}{x+2}} = \dfrac{1}{1+\dfrac{1}{\dfrac{x+1+1}{x+1}}} = \dfrac{1}{1+\dfrac{1}{1+\dfrac{1}{x+1}}}$,其中 $x \neq -2, x \neq -1$,故 $f(x) = \dfrac{1}{x+1}$.

例2 设 $S_n = 1 + \dfrac{1}{2} + \cdots + \dfrac{1}{n}$.求证:

(Ⅰ) $n(n+1)^{\frac{1}{n}} < n + S_n \ (n > 1)$;

(Ⅱ) $(n-1) \cdot n^{-\frac{1}{n-1}} < n - S_n \ (n > 2)$.

证明 (Ⅰ) 因

$$\dfrac{n+S_n}{n} = \dfrac{(1+1)+\left(1+\dfrac{1}{2}\right)+\cdots+\left(1+\dfrac{1}{n}\right)}{n} = \dfrac{\dfrac{2}{1}+\dfrac{3}{2}+\cdots+\dfrac{n+1}{n}}{n}$$

当 $n > 1$ 时,$\dfrac{2}{1}, \dfrac{3}{2}, \cdots, \dfrac{n+1}{n}$ 是 n 个不相等的正数,由平均值不等式得

$$\dfrac{n+S_n}{n} > \left(\dfrac{2}{1} \cdot \dfrac{3}{2} \cdot \cdots \cdot \dfrac{n+1}{n}\right)^{\frac{1}{n}} = (n+1)^{\frac{1}{n}}$$

故 $\quad n \cdot (n+1)^{\frac{1}{n}} < n + S_n \quad (n > 1)$

(Ⅱ) 因

$$\dfrac{n-S_n}{n-1} = \dfrac{(1-1)+\left(1-\dfrac{1}{2}\right)+\cdots+\left(1-\dfrac{1}{n}\right)}{n-1} = \dfrac{\dfrac{1}{2}+\dfrac{2}{3}+\cdots+\dfrac{n-1}{n}}{n-1}$$

当 $n > 2$ 时,$\dfrac{1}{2}, \dfrac{2}{3}, \cdots, \dfrac{n-1}{n}$ 是 $n-1$ 个不相等的正数,由平均值不等式得

$$\dfrac{n-S_n}{n-1} > \left(\dfrac{1}{2} \cdot \dfrac{2}{3} \cdot \cdots \cdot \dfrac{n-1}{n}\right)^{\frac{1}{n-1}} = n^{-\frac{1}{n-1}}$$

故 $\quad (n-1) \cdot n^{-\frac{1}{n-1}} < n - S_n$

从上例知,为了应用平均值不等式证明不等式,常进行拆项以创造条件.下面再看几例.

例3 若 $a_i > 0, i = 1, 2, \cdots, n, \sum_{i=1}^{n} a_i = 1$,则对 $k \in \mathbf{N}$ 有:

(Ⅰ) $\prod_{i=1}^{n} \left(1 + \dfrac{1}{a_i^k}\right) \geqslant (n^k + 1)^n$;

(Ⅱ) $\prod_{i=1}^{n} \left(a_i^k + \dfrac{1}{a_i^k}\right) \geqslant \left(n^k + \dfrac{1}{n^k}\right)^n$.

证明 由 $1 = \sum_{i=1}^{n} a_i \geq n(\prod_{i=1}^{n} a_i)^{\frac{1}{n}}$ 得 $\frac{1}{n^n \cdot a_1 \cdot a_2 \cdots a_n} \geq 1$，从而，对 $\alpha > 0$ 有

$$\left(\frac{1}{n^n \cdot a_1 \cdot a_2 \cdots a_n}\right)^\alpha \geq 1.$$

（I）由平均值不等式有

$$1 + \frac{1}{a_i^k} = 1 + \underbrace{\frac{1}{n^k \cdot a_i^k} + \cdots + \frac{1}{n^k \cdot a_i^k}}_{n^k \text{项}} \geq (n^k + 1) \cdot \left(\frac{1}{na_i}\right)^{\frac{kn^k}{n^k+1}}$$

得 $\prod_{i=1}^{n}\left(1 + \frac{1}{a_i^k}\right) \geq (n^k + 1)^n \cdot \left(\frac{1}{n^n \cdot a_1 \cdot a_2 \cdots a_n}\right)^{\frac{kn^k}{n^k+1}} \geq (n^k + 1)^n.$

（II）方法与上面一样，由

$$a_i^k + \frac{1}{a_i^k} = a_i^k + \underbrace{\frac{1}{n^{2k} \cdot a_i^k} + \cdots + \frac{1}{n^{2k} \cdot a_i^k}}_{n^{2k}\text{项}} \geq$$

$$(n^{2k} + 1)\left[\frac{a_i^k}{(n^{2k} \cdot a_i^k)^{n^{2k}}}\right]^{\frac{1}{n^{2k}+1}} = \left(n^k + \frac{1}{n^k}\right) \cdot \left(\frac{1}{na_i}\right)^{\frac{k(n^{2k}-1)}{n^{2k}+1}}$$

得 $\prod_{i=1}^{n}\left(a_i^k + \frac{1}{a_i^k}\right) \geq \left(n^k + \frac{1}{n^k}\right)^n \cdot \left(\frac{1}{n^n \cdot a_1 \cdot a_2 \cdots a_n}\right)^{\frac{k(n^{2k}-1)}{n^{2k}+1}} \geq \left(n^k + \frac{1}{n^k}\right)^n$

由上例及平均值不等式便有如下不等式：

（III）$\sum_{i=1}^{n}\left(1 + \frac{1}{a_i^k}\right)^m \geq n(n^k + 1)^m$；

（IV）$\sum_{i=1}^{n}\left(a_i^k + \frac{1}{a_i^k}\right)^m \geq n\left(n^k + \frac{1}{n^k}\right)^m.$

这两个不等式的条件同例 2，且 $m \in \mathbf{N}.$

为了讨论后面的例题，我们先看下面的结论：若 $x \in \mathbf{R}_+$，m 为大于 1 的整数，则

$$x^m + (m-1)p^m = x^m + \underbrace{p^m + \cdots + p^m}_{m-1 \text{个}} \geq mxp^{m-1} \qquad ①$$

当且仅当 $x = p$ 时取"="号.

此结论由平均值不等式即可推得出（略）. 下面，我们给出运用式 ① 证明不等式的几个例子. 我们将看到，灵活选取"p"的值，使不等式中的等号成立，并注意应用已知条件，将可巧妙地解决差别题.

例 4 若 $a, b, c \in \mathbf{R}_+$，且 $a + b + c = 1$. 求证：$a^5 + b^5 + c^5 \geq \frac{1}{81}.$

证明 因当 $a = b = c = \frac{1}{3}$ 时，不等式取"="号（或由对称原理 III）.

由例 3 的式 ① 知

$$a^5 + 4\left(\frac{1}{3}\right)^5 \geq 5\left(\frac{1}{3}\right)^4 a \qquad ①$$

$$b^5 + 4\left(\frac{1}{3}\right)^5 \geq 5\left(\frac{1}{3}\right)^4 b \qquad ②$$

$$c^5 + 4\left(\frac{1}{3}\right)^5 \geq 5\left(\frac{1}{3}\right)^4 c \qquad ③$$

式 ① + ② + ③ 得 $a^5 + b^5 + c^5 + 4\left(\frac{1}{3}\right)^4 \geq 5\left(\frac{1}{3}\right)^4 (a+b+c)$. 故

$$a^5 + b^5 + c^5 \geq \frac{1}{81}$$

例 5 已知 $a_i \in \mathbf{R}_+ (i=1,2,\cdots,n), p, q \in \mathbf{R}_+$, 且 $a_1 + a_2 + \cdots + a_n = S, m \in \mathbf{N}, k > 1$. 求证

$$\left(pa_1 + \frac{q}{a_1}\right)^m + \left(pa_2 + \frac{q}{a_2}\right)^m + \cdots + \left(pa_n + \frac{q}{a_n}\right)^m \geq n\left(\frac{pS}{n} + \frac{qn}{S}\right)^m$$

此例中,当 $p = q = 1, S = 1$ 时,即为前述不等式(Ⅳ)中 $k = 1$ 时的情形. 下面我们运用例 3 的式 ① 而证之.

证明 考虑到 $a_1 = a_2 = \cdots = a_n$ 时不等式中"="号成立,由例 3 的式 ① 得

$$\left(pa_i + \frac{q}{a_i}\right)^m + (m-1)\left(\frac{pS}{n} + \frac{qn}{S}\right)^m \geq m\left(pa_i + \frac{q}{a_i}\right)\left(\frac{pS}{n} + \frac{qn}{S}\right)^{m-1}$$

在上式中令 $i = 1, 2, \cdots, n$, 得 n 个同向不等式,相加得

$$\left(pa_1 + \frac{q}{a_1}\right)^m + \left(pa_2 + \frac{q}{a_2}\right)^m + \cdots + \left(pa_m + \frac{q}{a_m}\right)^m + n(m-1)\left(\frac{pS}{n} + \frac{qn}{S}\right)^m \geq$$

$$m\left(\frac{pS}{n} + \frac{qn}{S}\right)^{m-1} \cdot \left[p(a_1 + a_2 + \cdots + a_n) + q\left(\frac{1}{a_1} + \frac{1}{a_2} + \cdots + \frac{1}{a_n}\right)\right] \geq$$

$$m\left(\frac{pS}{n} + \frac{qn}{S}\right)^{m-1} \cdot \left(pS + \frac{qn^2}{S}\right)$$

其中注意到 $\frac{1}{a_1} + \frac{1}{a_2} + \cdots + \frac{1}{a_n} \geq \frac{n^2}{S}$. 故

$$\left(pa_1 + \frac{q}{a_1}\right)^m + \left(pa_2 + \frac{q}{a_2}\right)^m + \cdots + \left(pa_n + \frac{q}{a_n}\right)^m \geq$$

$$m\left(\frac{pS}{n} + \frac{qn}{S}\right)^{m-1} \cdot n\left(\frac{pS}{n} + \frac{qn}{S}\right) - n(m-1)\left(\frac{pS}{n} + \frac{qn}{S}\right)^m =$$

$$n\left(\frac{pS}{n} + \frac{qn}{S}\right)^m$$

以上不等式中的等号,当且仅当 $a_1 = a_2 = \cdots = a_n = \frac{S}{n}$ 时,同时成立.

下面我们运用例 3 的式 ①,给出例 3 中(Ⅱ)当 $k = 1$ 时的证明. 由例 3 的式 ① 有

$$a_i^2 + 1 = a_i^2 + n^2 \cdot \left(\frac{1}{n^2}\right) \geq (n^2 + 1) \cdot \sqrt[n^2+1]{a_i^2 \left(\frac{1}{n^2}\right)^{n^2}}$$

对上式中的 i 分别取 $1, 2, \cdots, n$ 得两边都是正数的 n 个同向不等式,再相乘得

$$(a_1^2 + 1)(a_2^2 + 1)\cdots(a_n^2 + 1) \geq (n^2 + 1)^n \cdot \sqrt[n^2+1]{(a_1 \cdot a_2 \cdots a_n)^2 \cdot \left(\frac{1}{n^2}\right)^{n^3}}$$

所以

$$\left(a_1+\frac{1}{a_1}\right)\left(a_2+\frac{1}{a_2}\right)\cdots\left(a_n+\frac{1}{a_n}\right)=\frac{(a_1^2+1)(a_2^2+1)\cdots(a_n^2+1)}{a_1\cdot a_2\cdot\cdots\cdot a_n}\geqslant$$

$$\frac{(n^2+1)^n\cdot\sqrt[n^2+1]{(a_1\cdot a_2\cdot\cdots\cdot a_n)^2\cdot\left(\frac{1}{n^2}\right)^{n^3}}}{a_1\cdot a_2\cdot\cdots\cdot a_n}=$$

$$(n^2+1)^n\cdot\sqrt[n^2+1]{\frac{n^{-2n^3}}{(a_1\cdot a_2\cdot\cdots\cdot a_n)^{n^2-1}}} \qquad \text{①}$$

由条件 $a_1+a_2+\cdots+a_n=1$，且 $a_i\in\mathbf{R}_+,i=1,2,\cdots,n$，由平均值不等式有 $\frac{1}{a_1\cdot a_2\cdot\cdots\cdot a_n}\geqslant n^n$. 故

$$\text{式①}\geqslant(n^2+1)^n\cdot\sqrt[n^2+1]{n^{n(n^2-1)}\cdot n^{-2n^3}}=(n^2+1)^n\cdot n^{-n}=\left(n+\frac{1}{n}\right)^n$$

上述不等式中，当 $a_1=a_2=\cdots=a_n=\frac{1}{n}$ 时，等号成立．

在拆项法中，利用 $a\cdot a^k=a^{k+1}$ 可求形如

$$x_1^{p_1}+x_2^{p_2}+\cdots+x_m^{p_m}=x^n$$

的一组正整数解.

例 6 求下列方程的一组正整数解.

（Ⅰ）$3x^3+4y^4=z^5$；

（Ⅱ）$x^3+y^7=z^4$.

解 （Ⅰ）因原方程可以化为

$$x^3+x^3+x^3+y^4+y^4+y^4+y^4=z^5$$

又 3 与 4 的最小公倍数是 12. 既是 12 的倍数又比 5 的倍数小 1 最小的 k 值是 24，从而 $3\cdot 7^{24}+4\cdot 7^{24}=7\cdot 7^{24}=7^{25}$，即有 $3\cdot(7^8)^3+4\cdot(7^6)^4=(7^5)^5$. 故原方程的一组正整数解为

$$x=7^8,y=7^6,z=7^5$$

（Ⅱ）因 3 与 7 的最小公倍数是 21. 既是 21 的倍数，又比 4 的倍数小 1 最小的 k 值是 63.

又由 $2^{63}+2^{63}=2\cdot 2^{63}=2^{64}$，即有 $(2^{21})^3+(2^9)^7=(2^{16})^4$，故原方程的一组正整数解为

$$x=2^{21},y=2^9,z=2^{16}$$

巧拆某些项，既可以拆成和的形式，也可以拆成差的形式. 把某些项拆成两项的差的形式，也是使一些问题迎刃而解的重要技巧. 常见的形式有如下的一些：

(1) $\dfrac{1}{n(n+1)}=\dfrac{1}{n}-\dfrac{1}{n+1}$；$\dfrac{1}{3n}=\dfrac{1}{n}-\dfrac{2}{3n}$；$\cdots$；

$\dfrac{1}{kn(kn+1)}=\dfrac{1}{kn}-\dfrac{1}{kn+1}$；$\dfrac{1}{n}=\dfrac{1}{n+a_i}+\dfrac{1}{n+b_i}$（$a_i,b_i$ 为 n^2 的约数对）；

$\dfrac{m}{kn\cdot(kn+m)}=\dfrac{1}{kn}-\dfrac{1}{kn+m}$；

(2) $\dfrac{x_n}{(x_1+\cdots+x_{n-1})(x_1+\cdots+x_n)}=\dfrac{1}{x_1+x_2+\cdots+x_{n-1}}-\dfrac{1}{x_1+x_2+\cdots+x_n}$；

(3) $\dfrac{1}{(kn-1)(kn+1)} = \dfrac{1}{2}\left(\dfrac{1}{kn-1} - \dfrac{1}{kn+1}\right);$

$\dfrac{1}{n(n+1)(n+2)} = \dfrac{1}{2}\left[\dfrac{1}{n(n+1)} - \dfrac{1}{(n+1)(n+2)}\right];$

$\dfrac{1}{(2n-1)(2n+1)(2n+3)} = \dfrac{1}{4}\left[\dfrac{1}{(2n-1)(2n+1)} - \dfrac{1}{(2n+1)(2n+3)}\right];$

(4) $n(n+1) = \dfrac{1}{3}[n(n+1)(n+2) - (n-1)n(n+1)];$

$n(n+1)(n+2) = \dfrac{1}{4}[n(n+1)(n+2)(n+3) - (n-1)n(n+1)(n+2)];$

(5) $\dfrac{1}{\sqrt{a}+\sqrt{b}} = \dfrac{1}{a-b}(\sqrt{a}-\sqrt{b}), a \neq b;$

(6) $k^2 = \dfrac{1}{6}k(k+1)(2k+1) - \dfrac{1}{6}(k-1)\cdot k(2k-1), k^n = \sum\limits_{i=1}^{n} k^i - \sum\limits_{i=1}^{n-1} k^i;$

(7) $k \cdot k! = (k+1)! - k!;$

(8) $C_n^m = C_{n+1}^m - C_n^{m-1};$

(9) $a_n = S_n - S_{n-1}, n > 1;$

(10) $\dfrac{n+2}{n! + (n+1)! + (n+2)!} = \dfrac{1}{(n+1)!} - \dfrac{1}{(n+2)!};$

(11) $\sin \alpha \cdot \sin \beta = -\dfrac{1}{2}[\cos(\alpha+\beta) - \cos(\alpha-\beta)];$

$\cos \alpha \cdot \sin \beta = \dfrac{1}{2}[\sin(\alpha+\beta) - \sin(\alpha-\beta)];$

(12) $\dfrac{\sin(\alpha-\beta)}{\cos \alpha \cdot \cos \beta} = \tan \alpha - \tan \beta, \csc 2^k x = \cot 2^{k-1} x - \cot 2^k x;$

(13) $\arctan \dfrac{x \pm y}{1 \mp xy} = \begin{cases} \arctan x \pm \arctan y, (1 \mp xy > 0) \\ \arctan x \pm \arctan y - \pi, (1 \mp xy < 0, x > 0); \\ \arctan x \pm \arctan y + \pi, (1 \mp xy < 0, x > 0) \end{cases}$

此式包括了拆和形式,若分别令 $x = \dfrac{k}{m}, y = \dfrac{k}{m+1}; x = km, y = k(m-1); x = km+1, y = km-1; x = km-1, y = km; \cdots$,便可得一系列的反正切和、差的分拆式.

(14) $\operatorname{arccot} \dfrac{xy \mp 1}{y \pm x} = \begin{cases} \operatorname{arccot} x \pm \operatorname{arccot} y, (xy \mp 1 > 0) \\ \operatorname{arccot} x \pm \operatorname{arccot} y - \pi, (xy \mp 1 < 0, x > 0); \\ \operatorname{arccot} x \pm \operatorname{arccot} y + \pi, (xy \mp 1 < 0, x < 0) \end{cases}$

(15) $\arcsin \dfrac{\sqrt{x^2-1} - \sqrt{y^2-1}}{xy} = \arcsin \dfrac{1}{y} - \arcsin \dfrac{1}{x}, x > y \geq 1;$

……

例7 设 $a_n = (4n-1) \times (4n+1) \times (4n+3)(n \in \mathbf{N}_+)$,证明

$$\sqrt{\dfrac{1}{a_1}} + \sqrt{\dfrac{1}{a_2}} + \cdots + \sqrt{\dfrac{1}{a_n}} < \dfrac{\sqrt{3}}{6}$$

证明

$$\frac{1}{\sqrt{a_k}} = \frac{1}{\sqrt{(4k-1) \times (4k+1) \times (4k+3)}} = \frac{1}{\sqrt{4k+1}} \times \left(\frac{1}{\sqrt{4k-1}} \times \frac{1}{\sqrt{4k+3}}\right) =$$

$$\frac{1}{\sqrt{4k+1}} \times \frac{1}{\sqrt{4k+3} - \sqrt{4k-1}} \times \left(\frac{1}{\sqrt{4k-1}} - \frac{1}{\sqrt{4k+3}}\right) =$$

$$\frac{\sqrt{4k+3} + \sqrt{4k-1}}{4\sqrt{4k+1}} \times \left(\frac{1}{\sqrt{4k-1}} - \frac{1}{\sqrt{4k+3}}\right) <$$

$$\frac{1}{2}\left(\frac{1}{\sqrt{4k-1}} - \frac{1}{\sqrt{4k+3}}\right)$$

令 $k = 1, 2, \cdots, n$,故

$$\sqrt{\frac{1}{a_2}} + \sqrt{\frac{1}{a_2}} + \cdots + \sqrt{\frac{1}{a_n}} < \frac{1}{2}\left[\left(\frac{1}{\sqrt{3}} - \frac{1}{\sqrt{7}}\right) + \left(\frac{1}{\sqrt{7}} - \frac{1}{\sqrt{11}}\right) + \cdots + \left(\frac{1}{\sqrt{4n-1}} - \frac{1}{\sqrt{4n+3}}\right)\right] =$$

$$\frac{1}{2}\left(\frac{1}{\sqrt{3}} - \frac{1}{\sqrt{4n+3}}\right) < \frac{1}{2\sqrt{3}} = \frac{\sqrt{3}}{6}$$

例8 求 $10\cot(\operatorname{arccot} 3 + \operatorname{arccot} 7 + \operatorname{arccot} 13 + \operatorname{arccot} 21)$ 的值.

解 在上述(14)中令 $y = n+1, x = n(n \in \mathbf{N})$,有

$$\operatorname{arccot}(n^2 + n + 1) = \operatorname{arccot} n - \operatorname{arccot}(n+1)$$

分别取 $n = 1, 2, 3, 4$ 得 4 个等式,相加得

$$\operatorname{arccot} 3 + \operatorname{arccot} 7 + \operatorname{arccot} 13 + \operatorname{arccot} 21 = \operatorname{arccot} 1 - \operatorname{arccot} 5 = \operatorname{arccot} \frac{3}{2}$$

故

$$10\cot(\operatorname{arccot} 3 + \operatorname{arccot} 7 + \operatorname{arccot} 13 + \operatorname{arccot} 21) = 15$$

例9 比较 $S_n = \frac{1}{2} + \frac{2}{4} + \frac{3}{8} + \frac{4}{16} + \cdots + \frac{n}{2^n}$ (n 为任意自然数) 与 2 的大小.

解 由 $\frac{k}{2^k} = \frac{2(k+1) - (k+2)}{2^k} = \frac{k+1}{2^{k-1}} - \frac{k+2}{2^k}$,有

$$S_n = \left(2 - \frac{3}{2}\right) + \left(\frac{3}{2} - \frac{4}{4}\right) + \left(\frac{4}{4} - \frac{5}{8}\right) + \cdots + \left(\frac{n+1}{2^{n-1}} - \frac{n+2}{2^n}\right) = 2 - \frac{n+2}{2^n} < 2$$

例10 求值: $\dfrac{\sin 7° - \cos 15° \sin 8°}{\cos 7° - \sin 15° \sin 8°}$.

解 原式 $= \dfrac{\sin(15° - 8°) + \cos 15° \sin 8°}{\cos(15° - 8°) - \sin 15° \sin 8°} =$

$$\frac{\sin 15° \cos 8° - \cos 15° \sin 8° + \cos 15° \sin 8°}{\cos 15° \cos 8° + \sin 15° \sin 8° - \sin 15° \sin 8°} =$$

$$\frac{\sin 15° \cos 8°}{\cos 15° \cos 8°} = \frac{\sin 15°}{\cos 15°} = \tan 15° =$$

$$\tan(45° - 30°) = \frac{\tan 45° - \tan 30°}{1 + \tan 45° \tan 30°} =$$

$$\frac{1 - \frac{\sqrt{3}}{3}}{1 + \frac{\sqrt{3}}{3}} = \frac{3 - \sqrt{3}}{3 + \sqrt{3}} = 2 - \sqrt{3}$$

例 11 已知：$\frac{\pi}{2} < \beta < \alpha < \frac{3\pi}{4}$，$\cos(\alpha - \beta) = \frac{12}{13}$，$\sin(\alpha + \beta) = -\frac{3}{5}$，求 $\sin 2\beta$ 的值.

解 由 $\frac{\pi}{2} < \beta < \alpha < \frac{3\pi}{4}$，则 $\pi < \alpha + \beta < \frac{3\pi}{2}$，$0 < \alpha - \beta < \frac{\pi}{4}$，即

$$\sin(\alpha - \beta) = \sqrt{1 - \cos^2(\alpha - \beta)} = \sqrt{1 - \left(\frac{12}{13}\right)^2} = \frac{5}{13}$$

$$\cos(\alpha + \beta) = -\sqrt{1 - \sin^2(\alpha + \beta)} = -\sqrt{1 - \left(-\frac{3}{5}\right)^2} = -\frac{4}{5}$$

故

$$\sin 2\beta = \sin[(\alpha + \beta) - (\alpha - \beta)] =$$
$$\sin(\alpha + \beta)\cos(\alpha - \beta) - \cos(\alpha + \beta)\sin(\alpha - \beta) =$$
$$-\frac{3}{5} \times \frac{12}{13} - \left(-\frac{4}{5}\right) \times \frac{5}{13} = -\frac{16}{65}$$

例 12 设 $a, b, c, d > 0$，求证

$$\frac{a^3}{a^2 + b^2} + \frac{b^3}{b^2 + c^2} + \frac{c^3}{c^2 + d^2} + \frac{d^3}{d^2 + a^2} \geq \frac{a + b + c + d}{2}$$

证明 由于 $\frac{a^3}{a^2 + b^2} = a - \frac{ab^2}{a^2 + b^2} \geq a - \frac{ab^2}{2ab} = a - \frac{b}{2}$.

同理，有其他三式.

上述四式相加即证得原不等式.

例 13 设正数 a, b, c, d 满足 $a + b + c + d = 4$，求证

$$\frac{a}{1 + b^2 c} + \frac{b}{1 + c^2 d} + \frac{c}{1 + d^2 a} + \frac{d}{1 + a^2 b} \geq 2$$

证明 由于

$$\frac{a}{1 + b^2 c} = a - \frac{ab^2 c}{1 + b^2 c} \geq a - \frac{ab^2 c}{2b\sqrt{c}} = a - \frac{b\sqrt{a \cdot ac}}{2} \geq a - \frac{b(a + ac)}{4}$$

同理，有其他三式.

上述四式相加即证得如下不等式（用 $\sum\limits_{cyc}$ 表循环和）

$$\sum_{cyc} \frac{a}{1 + b^2 c} \geq \sum_{cyc} a - \frac{1}{4} \sum_{cyc} ab - \frac{1}{4} \sum_{cyc} abc$$

又由均值不等式，有

$$\sum_{cyc} ab \leq \frac{1}{4}\left(\sum_{cyc} a\right)^2 = 4$$

$$\sum_{cyc} abc \leq \frac{1}{16}\left(\sum_{cyc} a\right)^3 = 4$$

故

$$\frac{a}{1 + b^2 c} + \frac{b}{1 + c^2 d} + \frac{c}{1 + d^2 a} + \frac{d}{1 + a^2 b} \geq a + b + c + d - 2 = 2$$

19.1.4 乘 1 法

分数(式)的基本性质是：分数(式)的分子、分母同乘一个不为零的数(式)，分数(式)

的值不变. 这就是乘 1 法的运用. 乘 1 法的实质就是 1 乘以任何非零数(式) 其值不变.

例 1 计算 $3 \cdot 5 \cdot 17 \cdot \cdots \cdot (2^{2^{n-1}} + 1)$ 的积.

解
$$\begin{aligned}
\text{原式} &= (2+1)(2^2+1)(2^4+1)\cdots(2^{2^{n-1}}+1) = \\
&\quad (2-1)(2+1)(2^2+1)(2^4+1)\cdots(2^{2^{n-1}}+1) = \\
&\quad (2^2-1)(2^2+1)(2^4+1)\cdots(2^{2^{n-1}}+1) = \cdots = \\
&\quad 2^{2^n} - 1
\end{aligned}$$

例 2 计算 $\sum_{k=1}^{n} \sin kx$ 的值, 其中 $x \neq 0$.

解
$$\begin{aligned}
\text{原式} &= \frac{\sin\frac{x}{2}}{\sin\frac{x}{2}} \sum_{k=1}^{n} \sin kx = \frac{1}{\sin\frac{x}{2}} \sum_{k=1}^{n} \sin\frac{x}{2} \cdot \sin kx = \\
&\quad \frac{1}{\sin\frac{x}{2}} \sum_{k=1}^{n} \left\{ -\frac{1}{2}\left[\cos(k+\frac{1}{2})x - \cos(k-\frac{1}{2})x\right] \right\} = \\
&\quad \frac{1}{\sin\frac{x}{2}} \left\{ -\frac{1}{2}\left[\cos\left(n+\frac{1}{2}\right)x - \cos\frac{x}{2}\right] \right\} = \\
&\quad \frac{\sin\frac{n+1}{2}x \cdot \sin\frac{n}{2}x}{\sin\frac{x}{2}}
\end{aligned}$$

类似于上例, 可计算 $\sum_{k=1}^{n} \cos kx$ 得 $\dfrac{\cos\frac{n+1}{2}x \cdot \sin\frac{n}{2}x}{\sin\frac{x}{2}}$.

我们在 3.1.3 小节例 15 的证明中, 实现从 k 到 $k+1$ 的过度时, 令
$$\frac{1}{k+1}(a_1 + a_2 + \cdots + a_{k+1}) = a$$
$$\vdots$$
$$\frac{1}{2}\left[\frac{a_1 + a_2 + \cdots + a_k}{k} + \frac{a_{k+1} + (k-1)a}{k}\right] \geq \sqrt{\sqrt[k]{a_1 \cdot a_2 \cdots a_k} \cdot \sqrt[k]{a_{k+1} \cdot a^{k-1}}}$$
$$\vdots$$

在这中间, 实际上我们运用了恒等式 "$A = \dfrac{2kA}{2k}$" 来克服数学归纳法从 k 到 $k+1$ 传递性证明的困难. 运用恒等式 "$A = \dfrac{2kA}{2k}$" 还可以证明如下一系列的重要不等式.

(1) 均值链不等式. 设 $x_1, x_2, \cdots, x_n$ 是 n 个正实数, 记
$$H_n = \frac{n}{\dfrac{1}{x_1} + \dfrac{1}{x_2} + \cdots + \dfrac{1}{x_n}}, G_n = \sqrt[n]{x_1 \cdot x_2 \cdot \cdots \cdot x_n}$$

$$A_n = \frac{x_1 + x_2 + \cdots + x_n}{n}, E_n = \sqrt{\frac{x_1^2 + x_2^2 + \cdots + x_n^2}{n}}$$

则 $H_n < G_n < A_n < E_n$,等号当且仅当 $x_1 = x_2 = \cdots = x_n$ 成立.

(2) 凸性不等式(特殊情形). 设对于区间 I 上的连续函数 $f(x)$, $x_1, x_2, \cdots, x_n \in I$.

(i) 若 $f\left(\dfrac{x_1 + x_2}{2}\right) \leqslant (\geqslant) \dfrac{1}{2}[f(x_1) + f(x_2)]$,等号成立当且仅当 $x_1 = x_2$. 则

$$f\left(\frac{x_1 + x_2 + \cdots + x_n}{n}\right) \leqslant (\geqslant) [f(x_1) + f(x_2) + \cdots + f(x_n)]$$

等号成立当且仅当 $x_1 = x_2 = \cdots = x_n$.

(ii) 若 $f(x_1) \cdot f(x_2) \leqslant (\geqslant) \left[f\left(\dfrac{x_1 + x_2}{2}\right)\right]^2$,等号成立当且仅当 $x_1 = x_2$. 则

$$f(x_1) \cdot f(x_2) \cdots f(x_n) \leqslant (\geqslant) \left[f\left(\frac{x_1 + x_2 + \cdots + x_n}{n}\right)\right]^n$$

等号成立当且仅当 $x_1 = x_2 = \cdots = x_n$.

下面我们仅给出(2)(ii) 的证明.

$n = 2$ 时,由已知条件成立,假定 $n = k$ 时结论成立,即

$$f(x_1) \cdot f(x_2) \cdots f(x_k) \leqslant (\geqslant) \left[f\left(\frac{x_1 + x_2 + \cdots + x_k}{k}\right)\right]^k$$

那么当 $n = k + 1$ 时,记 $A = \dfrac{x_1 + x_2 + \cdots + x_k + x_{k+1}}{k + 1}$,则

$$[f(A)]^{2k} = \left[f\left(\frac{2kA}{2A}\right)\right]^{2k} = \left\{\left[f\left(\frac{(k+1)A + (k-1)A}{2k}\right)\right]^2\right\}^k =$$

$$\left\{\left[f\left(\frac{x_1 + x_2 + \cdots + x_k + x_{k+1} + (k-1)A}{2k}\right)\right]^2\right\}^k =$$

$$\left\{\left[f\left(\frac{\frac{x_1 + x_2 + \cdots + x_k}{k} + \frac{x_{k+1} + (k-1)A}{k}}{2}\right)\right]^2\right\}^k \geqslant (\leqslant)$$

$$\left[f\left(\frac{x_1 + x_2 + \cdots + x_k}{k}\right) \cdot f\left(\frac{x_{k+1} + (k-1)A}{k}\right)\right]^k \geqslant (\leqslant)$$

$$[f(x_1) \cdot f(x_2) \cdots f(x_k)] \cdot f(x_{k+1}) \cdot [f(A)]^{k-1}$$

故 $\quad [f(A)]^{k-1} \geqslant (\leqslant) f(x_1) \cdot f(x_2) \cdots f(x_k) \cdot f(x_{k+1})$

故 $\quad f(x_1) \cdot f(x_2) \cdots f(x_k) \cdot f(x_{k+1}) \leqslant (\geqslant) \left[f\left(\dfrac{x_1 + x_2 + \cdots + x_k + x_{k+1}}{k + 1}\right)\right]^{k+1}$

综上所述,(2) 的结论(ii) 获证.

在上面证明中,我们看到了乘 1 与拆项的配合运用,再看下面的例子中的配合运用.

例 3 求证 $\dfrac{1}{C_n^0} - \dfrac{1}{C_n^1} + \dfrac{1}{C_n^2} - \cdots + (-1)^n \dfrac{1}{C_n^n} = \dfrac{n + 1}{n + 2}[(-1)^n + 1]$.

证明 $\dfrac{n + 1}{n + 2} = 1 - \dfrac{1}{n + 2} = 1 - \dfrac{1}{n} \cdot \dfrac{n}{n + 2} = 1 - \dfrac{1}{n}\left(1 - \dfrac{2}{n + 2}\right) =$

$$1 - \frac{1}{n} + \frac{1}{n} \cdot \frac{2}{n + 2} =$$

$$1 - \frac{1}{n} + \frac{1}{n} \cdot \frac{2}{n-1} \cdot \frac{n-1}{n+2} =$$

$$1 - \frac{1}{n} + \frac{1}{n} \cdot \frac{2}{n-1}\left(1 - \frac{3}{n+2}\right) =$$

$$1 - \frac{1}{n} + \frac{1}{n} \cdot \frac{2}{n-1} - \frac{1}{n} \cdot \frac{2}{n-1} \cdot \frac{3}{n+2} =$$

$$1 - \frac{1}{n} + \frac{1}{n} \cdot \frac{2}{n-1} - \frac{1}{n} \cdot \frac{2}{n-1} \cdot \frac{3}{n-2} \cdot \frac{n-2}{n+2} =$$

$$\vdots$$

$$1 - \frac{1}{n} + \frac{1}{n} \cdot \frac{2}{n-1} - \cdots + (-1)^n \cdot \frac{1}{n} \cdot \frac{2}{n-1} \cdots \frac{n-1}{2} \cdot$$

$$\frac{n}{1}\left(1 - \frac{n+1}{n+2}\right) =$$

$$\frac{1}{C_n^0} - \frac{1}{C_n^1} + \frac{1}{C_n^2} - \cdots + (-1)^n \frac{1}{C_n^n} + (-1)^{n+1} \frac{n+1}{n+2}$$

故 $\quad \dfrac{1}{C_n^0} - \dfrac{1}{C_n^1} + \dfrac{1}{C_n^2} - \cdots + (-1)^n \dfrac{1}{C_n^n} = \dfrac{n+1}{n+2}[(-1)^n + 1]$

在此例的证明中,我们是先将 $\dfrac{n+1}{n+2}$ 拆出 1;然后乘 $1 = \dfrac{n}{n}$ 又将 $\dfrac{2}{n+2}$ 拆出 1;再乘 $1 = \dfrac{n-1}{n-1}$,……;直至乘 $1 = \dfrac{1}{1}$ 后又将 $\dfrac{1}{n+2}$ 拆出 1. 也就是采用"乘1,拆出1"的基本方式完成了证明. 这种"乘1,拆出1"的方式最宜于分裂 $\dfrac{n+a}{n+b}(a,b \in \mathbf{Z})$ 型的分式. 在上例的证明中,就是分裂 $\dfrac{n+1}{n+2}(n \in \mathbf{N})$. 下面再看几种特例.

(i) 分裂 $\dfrac{n}{n-1}(n \in \mathbf{N}$ 且 $n > 1)$.

$$\frac{n}{n-1} = 1 + \frac{1}{n-1} = 1 + \frac{1}{n+1} \cdot \frac{n+1}{n-1} = 1 + \frac{1}{n+1}\left(1 + \frac{2}{n-1}\right) =$$

$$1 + \frac{1}{n+1} + \frac{1}{n+1} \cdot \frac{2}{n-1} = \cdots =$$

$$1 + \frac{1}{n+1} + \frac{1}{n+1} \cdot \frac{2}{n+2} + \cdots + \frac{1}{n+1} + \cdots + \frac{m-1}{n+m-1} \cdot$$

$$\frac{m}{n+m} + \frac{1}{n+1} + \cdots + \frac{m+1}{n-1} =$$

$$\frac{1}{C_n^0} + \frac{1}{C_{n+1}^1} + \frac{1}{C_{n+2}^2} + \cdots + \frac{1}{C_{n+m}^m} + \frac{n+m+1}{n-1} \cdot \frac{1}{C_{n+m+1}^{m+1}}$$

由此便有

$$\frac{1}{C_n^0} + \frac{1}{C_{n+1}^1} + \frac{1}{C_{n+2}^2} + \cdots + \frac{1}{C_{n+m}^m} = \frac{n}{n-1} - \frac{n+m+1}{n-1} \cdot \frac{1}{C_{n+m+1}^{m+1}}$$

(ii) 分裂 $\dfrac{n+1}{n+k}(n,k \in \mathbf{N}$ 且 $n \geq 2)$.

类似于例3的乘1拆出1法,有

$$\frac{n+1}{n+k} = \frac{C_{k-2}^0}{C_n^0} - \frac{C_{k-1}^1}{C_n^1} + \frac{C_k^2}{C_n^2} - \cdots + (-1)^n \frac{C_{k+n-2}^n}{C_n^n} + (-1)^{n+1} \frac{C_{k+n-2}^n}{C_n^n} \cdot \frac{n+k-1}{n+k}$$

(iii) 分裂 $\frac{n}{n-k}$ ($n,k \in \mathbf{N}$ 且 $k \neq n$).

$$\frac{n}{n-k} = \frac{C_{k-1}^0}{C_n^0} + \frac{C_k^1}{C_{n+1}^1} + \frac{C_{k+1}^2}{C_{n+2}^2} + \cdots + \frac{C_{k+m-1}^m}{C_{n+m}^m} + \frac{n+m+1}{n-k} \cdot \frac{C_{k+m}^{m+1}}{C_{n+m+1}^{m+1}}$$

利用例21及(i)(ii)(iii)的结论,可解答中学数学中某些棘手的组合倒数数列,及组合数所组成的分数数列的求和问题.例如:

(1) 化简 $0! \cdot 100! - 1! \cdot 99! + 2! \cdot 98! - \cdots + 100! \cdot 0!$. (由例3的结论,令 $n = 100$ 即得 $\frac{100!}{5!}$)

(2) 化简 $\frac{0! \ 101!}{101!} + \frac{1! \ 101!}{102!} + \frac{2! \ 101!}{103!} + \cdots + \frac{101! \ 101!}{202!}$. (由(i)的结论,令 $n = m = 101$ 即得 $\frac{101}{100} - \frac{102!}{100!} \cdot \frac{101!}{202!}$)

(3) 化简 $\frac{101!}{1! \ 101!} + \frac{102!}{2! \ 101!} + \frac{103!}{3! \ 101!} + \cdots + \frac{200!}{100! \ 101!}$. (由(ii)的结论,令 $n = 1, k = 102, m = 99$ 得 $\frac{201!}{(101!)^2} - \frac{1}{101}$)

(4) 化简 $\frac{1! \ 99! \ 101!}{0! \ 100! \ 101!} - \frac{1! \ 99! \ 102!}{1! \ 100! \ 101!} - \frac{2! \ 98! \ 102!}{1! \ 100! \ 101!} + \frac{2! \ 98! \ 103!}{2! \ 100! \ 101!} + \frac{3! \ 97! \ 103!}{2! \ 100! \ 101!} - \cdots - \frac{100! \ 0! \ 200!}{99! \ 100! \ 101!} + \frac{100! \ 0! \ 201!}{100! \ 100! \ 101!}$. (由(iii)的结论,令 $k = 102, n = 100$ 得 $\frac{202!}{4(101!)^2} - \frac{1}{2}$)

在此也顺便指出:当 $k = 2$ 时,(ii)的结论即为例3的结论;$k = 1$ 时,(iii)的结论即为(i)的结论. 故例3的结论,(i)的结论分别是(ii)(iii)的结论的特殊情形.

上面给出了乘1法在代数中的应用,它在几何中也有广泛的应用,下举一例.

例4 从三角形一个顶点到对边三等分点作线段,过第2个顶点的中线被这些线段分成连比 $x : y : z$,设 $x \geq y \geq z$,求 $x : y : z$.

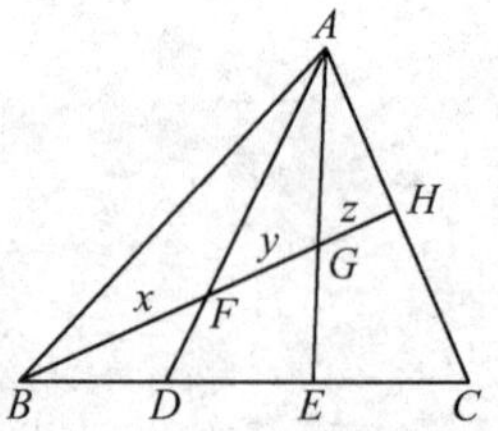

解 如图19.1.1所示,有

$$\frac{AG}{GE} = \frac{S_{\triangle ABG}}{S_{\triangle BGE}} = \frac{S_{\triangle ABG}}{S_{\triangle BGC}} \cdot \frac{S_{\triangle BGC}}{S_{\triangle BGE}} = \frac{AH}{HC} \cdot \frac{BC}{BE} = \frac{3}{2}$$

$$\frac{BG}{GH} = \frac{S_{\triangle ABG}}{S_{\triangle AGH}} = \frac{S_{\triangle ABG}}{S_{\triangle ACG}} \cdot \frac{S_{\triangle ACG}}{S_{\triangle AGH}} = \frac{BE}{EC} \cdot \frac{AC}{AH} = 4$$

$$\frac{BF}{FG} = \frac{S_{\triangle ABF}}{S_{\triangle AFG}} = \frac{S_{\triangle ABF}}{S_{\triangle AFE}} \cdot \frac{S_{\triangle AFE}}{S_{\triangle AFG}} = \frac{BD}{DE} \cdot \frac{AE}{AG} = \frac{AG + GE}{AG} = \frac{5}{3}$$

$$\frac{BF}{BG} = \frac{BF}{BF + FG} = \frac{5}{8}$$

图19.1.1

于是
$$\frac{BF}{HG} = \frac{BF}{BG} \cdot \frac{BG}{GH} = \frac{5}{8} \cdot 4 = \frac{5}{2}$$
故
$$x : y : z = BF : FG : GH = 5 : 3 : 2$$

在乘1法中,我们还要注意如下的技巧:

利用 $x_n = x_1 \cdot \dfrac{x_2}{x_1} \cdot \dfrac{x_3}{x_2} \cdot \cdots \cdot \dfrac{x_n}{x_{n-1}}(x_i \neq 0, i = 1, 2, \cdots, n-1)$ 解题.

例5 对于一切大于1的自然数 n,证明

$$\left(1 + \frac{1}{3}\right)\left(1 + \frac{1}{5}\right)\cdots\left(1 + \frac{1}{2n-1}\right) > \frac{1}{2}\sqrt{2n+1}$$

证明 令 $x_n = \left(1 + \dfrac{1}{3}\right)\left(1 + \dfrac{1}{5}\right)\cdots\left(1 + \dfrac{1}{2n-1}\right) \cdot \dfrac{2}{\sqrt{2n+1}} (n = 2, 3, \cdots)$,则对 $n = 3$,$4, \cdots$,有

$$x_{n-1} = \left(1 + \frac{1}{3}\right)\left(1 + \frac{1}{5}\right)\cdots\left(1 + \frac{1}{2n-3}\right) \cdot \frac{2}{\sqrt{2n-1}}$$

于是
$$\frac{x_n}{x_{n-1}} = \left(1 + \frac{1}{2n-1}\right) \cdot \sqrt{\frac{2n-1}{2n+1}} = \frac{2n}{\sqrt{4n^2-1}} > 1 \quad (n = 3, 4, \cdots)$$

由
$$x_n = x_2 \cdot \frac{x_3}{x_2} \cdot \frac{x_4}{x_3} \cdot \cdots \cdot \frac{x_n}{x_{n-1}} > x_2 = \frac{8}{3\sqrt{5}} > 1$$

故
$$\left(1 + \frac{1}{3}\right)\left(1 + \frac{1}{5}\right)\left(1 + \frac{1}{7}\right)\cdots\left(1 + \frac{1}{2n-1}\right) \cdot \frac{2}{\sqrt{2n+1}} > 1$$

即
$$\left(1 + \frac{1}{3}\right)\left(1 + \frac{1}{5}\right)\cdots\left(1 + \frac{1}{2n-1}\right) > \frac{1}{2}\sqrt{2n+1}$$

例6 设 $x_1, x_2, \cdots, x_n$ 是符号相同且大于 -1 的数,证明

$$(1 + x_1)(1 + x_2)\cdots(1 + x_n) > 1 + x_1 + x_2 + \cdots + x_n$$

(此为伯努利不等式).

证明 当 $1 + x_1 + x_2 + \cdots + x_n > 0$ 时,令

$$A_n = \frac{(1 + x_1)(1 + x_2)\cdots(1 + x_n)}{1 + x_1 + x_2 \cdots + x_n} \quad (n = 1, 2, \cdots)$$

于是

$$\frac{A_n}{A_{n-1}} = \frac{(1 + x_n)(1 + x_1 + x_2 + \cdots + x_{n-1})}{1 + x_1 + x_2 + \cdots + x_n} =$$

$$1 + \frac{x_n(x_1 + x_2 + \cdots + x_{n-1})}{1 + x_1 + x_2 + \cdots + x_n} \quad (n = 2, 3, \cdots)$$

因 $x_1, x_2, \cdots, x_n$ 符号相同且 $1 + x_1 + x_2 + \cdots + x_n > 0$,所以

$$\frac{A_n}{A_{n-1}} > 1 \quad (n = 2, 3, \cdots)$$

于是
$$A_n = A_1 \cdot \frac{A_2}{A_1} \cdot \frac{A_3}{A_2} \cdot \cdots \cdot \frac{A_n}{A_{n-1}} > A_1 = 1$$

即
$$\frac{(1+x_1)(1+x_2)\cdots(1+x_n)}{1+x_1+x_2+\cdots+x_n} > 1$$

故
$$(1+x_1)(1+x_2)\cdots(1+x_n) > 1+x_1+x_2+\cdots+x_n$$

当 $1+x_1+x_2+\cdots+x_n \le 0$ 时,原不等式显然成立. 证毕.

特别地,当 $x_1 = x_2 = \cdots = x_n$,而且 $n > 2$ 时,有 $(1+x)^n > 1+nx$. (曾为高中课本中例题)

19.2 代换型方法

19.2.1 待定系数法

在解答某些数学问题时,先用字母表示需要确定的系数,然后根据题设条件或要求来确定这些系数,从而解决问题,这样的方法叫作待定系数法.

待定系数法的应用是广泛的. 运用此法可把一个多项的各次幂表示成另一种形式;运用它可分解因式、求函数解析式、解方程、求数列通项、数列求和、求多项式商式与余式、分解部分分式、求曲线的方程,乃至于求某些最值,等等.

运用待定系数法解题的理论根据是多项式恒等定理:如果
$$a_n x^n + a_{n-1} x^{n-1} + \cdots + a_0 \equiv b_n x^n + b_{n-1} x^{n-1} + \cdots + b_0$$
则
$$a_n = b_n, a_{n-1} = b_{n-1}, \cdots, a_0 = b_0$$

运用待定系数法解题的一般步骤是:

(i) 先设一个所求等价式(或恒等式),其中含有某些待定的系数;

(ii) 再根据多项式恒等定理列出几个方程,组成方程组;

(iii) 解这个方程组,求出各待定系数的值,或者从方程组中消去这些待定系数,找出原来已知量间存在的关系.

下面从五个方面列举若干例子说明其应用.

(1) 把多项式的各次幂表示成另一种形式.

例 1 把多项式 $2x^2 + 3x - 6$ 改写成 $x-1$ 的二次式.

解 设
$$2x^2 + 3x - 6 \equiv A(x-1)^2 + B(x-1) + C \equiv$$
$$Ax^2 + (-2A+B)x + A - B + C$$

则
$$\begin{cases} A = 2 \\ -2A + B = 3 \\ A - B + C = -6 \end{cases} \Rightarrow \begin{cases} A = 2 \\ B = 7 \\ C = -1 \end{cases}$$

故改写的 $x-1$ 的二次式为 $2(x-1)^2 + 7(x-1) - 1$.

(2) 分解因式.

例 2 分解因式 $x^2 + 3xy + 2y^2 + 4x + 5y + 3$.

解 由于所给式是能分解因式的(理由由后面的定理给出),故可令
$$原式 \equiv (ax + by + c)(dx + ey + f)$$

又考虑到 x^2 的系数为 $1, x^2 + 3xy + 2y^2 = (x+2y)(x+y)$,可不必设出 6 个待定系数,于是令

$$原式 \equiv (x+2y+c)(x+y+f) \equiv$$
$$x^2 + 3xy + 2y^2 + (c+f)x + (c+2f)y + cf$$

则
$$\begin{cases} c+f=4 \\ c+2f=5 \\ cf=3 \end{cases} \Rightarrow \begin{cases} c=3 \\ f=1 \end{cases}$$

故原式可分解成 $(x+2y+3)(x+y+1)$.

附注：实数域上二元二次多项式的因式分解问题，有下面的定理.

定理 1 实系数二元二次多项式 $f(x,y) = ax^2 + bxy + cy^2 + dx + ey + f(a>0)$ 在实数域上，可分解因式的充要条件是，下面条件之一成立：

(i) $\Delta = 0, 2ae - bd = 0, d^2 - 4af \geq 0$；

(ii) $\Delta > 0, 2f - (dx^* + ey^*) = 0$.

定理 2 实系数二元二次多项式 $f(x,y) = ax^2 + bxy + cy^2 + dx + ey + f(a>0)$ 在实数域上，不能分解因式的充要条件是，下列条件之一成立：

(i) $\Delta < 0$；

(ii) $\Delta = 0$，但 $2ae - bd = 0$ 和 $d^2 - 4af \geq 0$ 至少有一不成立；

(iii) $\Delta > 0$，但 $2f - (dx^* - ey^*) \neq 0$.

以上两定理中，Δ 为 $b^2 - 4ac$ 之值，x^*, y^* 是方程组
$$\begin{cases} 2ax + by = d \\ bx + 2cy = e \end{cases}$$
的唯一解.

以上两定理的证明也可运用待定系数证法.（略）

(3) 求函数解析式、求曲线方程.

例 3 已知二次函数 $f(x)$ 的最大值为 14，且 $f(-1) = f(2) = 5$，求 $f(x)$ 的表达式.

解 依题意可设 $f(x) = 14 - a(x-m)^2 (a>0)$. 由
$$f(-1) = 14 - a(1+m)^2 = 5$$
$$f(2) = 14 - a(2-m)^2 = 5$$

则
$$\begin{cases} a(1+m)^2 = 9 \\ a(2-m)^2 = 9 \\ a > 0 \end{cases} \Rightarrow \begin{cases} a = 4 \\ m = \dfrac{1}{2} \end{cases}$$

故 $f(x) = -4x^2 + 4x + 13$ 为所求.

例 4 求圆系 $x^2 + y^2 - 2(m+1)x - 2my + 4m^2 + 4m + 1 = 0(m \neq 0)$ 的公切线方程.

解 圆系方程可写成 $[x - (2m+1)]^2 + (y-m)^2 = m^2 (m \neq 0)$. 直线 $y = kx + b$ 与圆系相切的充要条件是它的圆心 $(2m+1, m)$ 到直线的距离等于圆的半径 $|m|$，即
$$\frac{1}{\sqrt{1+m^2}} |m - k(2m+1) - b| = |m|$$

由此得 $(3k^2 - 4k)m^2 - 2(1-2k)(k+b)m + (k+b)^2 = 0$.

由于上式对一切 $m \neq 0$ 的值均成立，则

$$\begin{cases} 3k^2 - 4k = 0 \\ (1-2k)(k+b) = 0 \\ (k+b)^2 = 0 \end{cases} \Rightarrow \begin{cases} b = 0 \\ k = 0 \end{cases} \text{及} \begin{cases} k = \dfrac{4}{3} \\ b = -\dfrac{4}{3} \end{cases}$$

故所求公切线方程为 $4x - 3y - 4 = 0$ 及 $y = 0$.

(4) 求最值与证明不等式.

例 5 求函数 $y = x^2 + 8x + \dfrac{64}{x^3}$ 的最小值.

此例若直接利用平均值不等式,得

$$\dfrac{y}{3} \geqslant \sqrt[3]{x^2 \cdot 8x \cdot \dfrac{64}{x^3}} = 8$$

但上式中等号成立的充要条件是 $x^2 = 8x = \dfrac{64}{x^3}$,这是不可能的. 因此,不能直接来求得最小值.

我们可试用拆项法配合待定系数法解之.

解 令 $8x = \underbrace{\dfrac{8x}{m} + \cdots + \dfrac{8x}{m}}_{m\text{项}}, \dfrac{64}{x^3} = \underbrace{\dfrac{64}{nx^3} + \cdots + \dfrac{64}{nx^3}}_{n\text{项}}$

则有

$$\dfrac{y}{1+m+n} = \dfrac{x^2 + \dfrac{8x}{m} + \cdots + \dfrac{8x}{m} + \dfrac{64}{nx^3} + \cdots + \dfrac{64}{nx^3}}{1+m+n} \geqslant$$

$$\sqrt[m+n+1]{x^2 \cdot \left(\dfrac{8x}{m}\right)^m \cdot \left(\dfrac{64}{nx^3}\right)^n} = $$

$$\sqrt[m+n+1]{\dfrac{8^m \cdot 64^n}{m^m \cdot n^n} x^{2+m-3n}}$$

等号成立的充要条件是 $x^2 = \dfrac{8x}{m} = \dfrac{64}{nx^3}$. 从这两个等式中消去 x,得到 $8^3 n = m^5$.

如果取 m, n,使 $2 + m - 3n = 0$ 及 $8^3 n = m^5$ 同时成立,上面的不等式就成了

$$\dfrac{y}{1+m+n} \geqslant \sqrt[m+n+1]{\dfrac{8^{m+2n}}{m^m \cdot n^n}}$$

等号成立的充分条件是 $x = \dfrac{8}{m}$(这时 $x^2 = \dfrac{8x}{m} = \dfrac{64}{nx^3}$). 于是我们解方程组 $\begin{cases} 8n^3 = m^5 \\ 2 + m - 3n = 0 \end{cases}$,得到(用试探法)$m = 4, n = 2$.

于是 $\dfrac{y}{7} = \sqrt[7]{\dfrac{8^8}{4^4 \cdot 2^2}} = 4$,等号成立的条件是 $x = 2$. 也就是当 $x = 2$ 时,y 取到其最小值是 28.

例 6 已知 $a, b, c \in \mathbf{R}_+$,且 $a^2 + 2b^2 + 3c^2 = 6$,求 $a^3 + b^3 + c^3$ 的最小值.

解 取待定正系数 $\lambda_1, \lambda_2, \lambda_3 \in \mathbf{R}_+$,因为

$$a^3 + a^3 + \lambda_1^3 \geqslant 3\lambda_1 a^2$$

$$b^3 + b^3 + \lambda_2^3 \geqslant 3\lambda_2 b^2$$
$$c^3 + c^3 + \lambda_3^3 \geqslant 3\lambda_3 c^2$$

相加得
$$2(a^3 + b^3 + c^3) + (\lambda_1^3 + \lambda_2^3 + \lambda_3^3) \geqslant 3(\lambda_1 a^2 + \lambda_2 b^2 + \lambda_3 c^2) \qquad ①$$

右边与已知 $a^2 + 2b^2 + 3c^2 = 6$ 对照,取
$$\frac{\lambda_1}{1} = \frac{\lambda_2}{2} = \frac{\lambda_3}{3} = k$$

得 $\lambda_1 = k, \lambda_2 = 2k, \lambda_3 = 3k$,因为式 ① 取等号当且仅当 $a = \lambda_1 = k, b = \lambda_2 = 2k, c = \lambda_3 = 3k$,代入 $a^2 + 2b^2 + 3c^2 = 6$ 得 $k = \dfrac{1}{\sqrt{6}}$,即
$$\lambda_1 = \frac{1}{\sqrt{6}}, \lambda_2 = \frac{2}{\sqrt{6}}, \lambda_3 = \frac{3}{\sqrt{6}}$$

代入式 ① 可得 $a^3 + b^3 + c^3 \geqslant \sqrt{6}$,当 $a = \dfrac{1}{\sqrt{6}}, b = \dfrac{2}{\sqrt{6}}, c = \dfrac{3}{\sqrt{6}}$ 时取等号.

例 7 已知 $a, b, c \in \mathbf{R}_+$,且 $2ab + bc + 4ac = \dfrac{17}{8}$,求 $2a^3 + 9b^3 + 72c^3$ 的最小值.

解 取待定正系数 $\lambda_1, \lambda_2, \lambda_3 \in \mathbf{R}_+$,因为
$$a^3 + 8b^3 + \lambda_1^3 \geqslant 6ab\lambda_1$$
$$b^3 + 8c^3 + \lambda_2^3 \geqslant 6bc\lambda_2$$
$$64c^3 + a^3 + \lambda_3^3 \geqslant 12ac\lambda_3$$

相加得
$$2a^3 + 9b^3 + 72c^3 + \lambda_1^3 + \lambda_2^3 + \lambda_3^3 \geqslant 6(ab\lambda_1 + bc\lambda_2 + 2ac\lambda_3) \qquad ③$$

当 $a = 2b, b = 2c, a = 4c$ 时取等号,代入到 $2ab + bc + 4ac = \dfrac{17}{8}$ 中得
$$a = 1, b = \frac{1}{2}, c = \frac{1}{4}$$

此时,由取等号的条件可得
$$\lambda_1 = 1, \lambda_2 = \frac{1}{2}, \lambda_3 = 1$$

由式 ③ 得
$$2a^3 + 9b^3 + 72c^3 + \frac{17}{8} \geqslant 3(2ab + bc + 4ac)$$

于是
$$2a^3 + 9b^3 + 72c^3 \geqslant \frac{17}{4}$$

当 $a = 1, b = \dfrac{1}{2}, c = \dfrac{1}{4}$ 时取等号.

例 8 已知 $\alpha, \beta, \gamma \in \left(0, \dfrac{\pi}{2}\right)$,$\cos \alpha + \cos \beta + \cos \gamma = 1$,求 $\tan^2 \alpha + \tan^2 \beta + 8\tan^2 \gamma$ 的最小值.

解 由 $\tan^2\alpha = \dfrac{1}{\cos^2\alpha} - 1$,可知

$$\tan^2\alpha + \tan^2\beta + 8\tan^2\gamma = \dfrac{1}{\cos^2\alpha} + \dfrac{1}{\cos^2\beta} + \dfrac{8}{\cos^2\gamma} - 10$$

设 $\dfrac{1}{\cos^2\alpha} + \dfrac{1}{\cos^2\beta} + \dfrac{1}{\cos^2\gamma} = M$,取 $\lambda > 0$,现待定系数如下

$$\dfrac{1}{\cos^2\alpha} + \lambda\cos\alpha + \lambda\cos\alpha \geq 3\sqrt[3]{\lambda^2}$$

$$\dfrac{1}{\cos^2\beta} + \lambda\cos\beta + \lambda\cos\beta \geq 3\sqrt[3]{\lambda^2}$$

$$\dfrac{8}{\cos^2\gamma} + \lambda\cos\gamma + \lambda\cos\gamma \geq 3\sqrt[3]{8\lambda^2}$$

相加得 $M + 2\lambda \geq 12\sqrt[3]{\lambda^2}$,当 $\dfrac{1}{\cos^2\alpha} = \lambda\cos\alpha, \dfrac{1}{\cos^2\beta} = \lambda\cos\beta, \dfrac{8}{\cos^2\gamma} = \lambda\cos\gamma$ 时取等号,由此得

$$\cos\alpha = \dfrac{1}{\sqrt[3]{\lambda}}, \cos\beta = \dfrac{1}{\sqrt[3]{\lambda}}, \cos\gamma = \dfrac{2}{\sqrt[3]{\lambda}}$$

相加得 $\cos\alpha + \cos\beta + \cos\gamma = \dfrac{4}{\sqrt[3]{\lambda}}$,而 $\cos\alpha + \cos\beta + \cos\gamma = 1$,得 $\lambda = 64$,于是式 ① 为 $M \geq 64$,因此

$$\tan^2\alpha + \tan^2\beta + 8\tan^2\gamma = \dfrac{1}{\cos^2\alpha} + \dfrac{1}{\cos^2\beta} + \dfrac{8}{\cos^2\gamma} - 10 \geq 54$$

例9 求 $y = (x-1)(x-2)(x-4)$ 在区间 $[2,4]$ 上的最小值.

解 取 $p, q > 0$ 为待定系数,把 y 写成

$$y = -\dfrac{1}{pq}(px - q)(qx - 2q)(4 - x) = -\dfrac{1}{pq}y'$$

而

$$y' \leq \left[\dfrac{(p+q-1)x - p - 2q + 4}{3}\right]^3$$

等号成立的条件是 $p(x-1) = q(x-2) = 4 - x$,从这两个等式中消去 x,得

$$x = \dfrac{p+4}{p+1} = \dfrac{2q+4}{q+1}$$

解方程组 $\begin{cases}\dfrac{p+4}{p+1} = \dfrac{2q+4}{q+1} \\ p + q - 1 = 0\end{cases} \Rightarrow \begin{cases}p = 3 - \sqrt{7} \\ q = \sqrt{7} - 2\end{cases}$ (舍去负值解). 这时

$$y \geq -\dfrac{1}{pq}\left(\dfrac{4-p-2q}{3}\right)^3 = \dfrac{-20 - 14\sqrt{7}}{27}$$

等号成立的条件是 $x = \dfrac{p+4}{p+1} = \dfrac{7+\sqrt{7}}{3}$.

这个数在 $[2,4]$ 中,所以这时 y 取到它的最小值 $\dfrac{-20 - 14\sqrt{7}}{27}$.

例10 已知 x, y, z 都是正数,求证

$$\frac{xy+2yz}{x^2+y^2+z^2} \leqslant \frac{\sqrt{5}}{2}$$

证明 由 $xy \leqslant \lambda x^2 + \frac{1}{4\lambda}y^2, 2yz \leqslant \mu y^2 + \frac{1}{\mu}z^2, \lambda, \mu$ 是正数(注:λ, μ 是待定的系数),有

$$xy + 2yz \leqslant \lambda x^2 + \frac{1}{4\lambda}y^2 + \mu^2 y^2 + \frac{1}{\mu}z^2$$

$$xy + 2yz \leqslant \lambda x^2 + (\frac{1}{4\lambda} + \mu)y^2 + \frac{1}{\mu}z^2$$

令

$$\lambda = \frac{1}{4\lambda} + \mu = \frac{1}{\mu}$$

将 $\lambda = \frac{1}{\mu}$ 代入 $\lambda = \frac{1}{4\lambda} + \mu$,解之得

$$\mu = \frac{2\sqrt{5}}{5}$$

从而 $\lambda = \frac{\sqrt{5}}{2}$. 于是

$$xy + 2yz \leqslant \frac{\sqrt{5}}{2}(x^2 + y^2 + z^2)$$

所以

$$\frac{xy+2yz}{x^2+y^2+z^2} \leqslant \frac{\sqrt{5}}{2}$$

当 $\lambda x^2 = \frac{1}{4\lambda}y^2, \mu y^2 = \frac{1}{\mu}z^2$(其中 $\lambda = \frac{\sqrt{5}}{2}, \mu = \frac{2\sqrt{5}}{5}$),即 $y = 2\lambda x = \sqrt{5}x, z = \mu y = 2\lambda\mu x = 2x$ 时取等号.

例11 设 a, b, c 是正实数,求证:$\frac{a^2}{b+c} + \frac{b^2}{c+a} + \frac{c^2}{a+b} \geqslant \frac{1}{2}(a+b+c)$.

分析 易知 $a = b = c$ 时取等号,此时 $\frac{a^2}{b+c} = \frac{a}{2}$. 为约去分母,配制辅助式 $k(b+c), k$ 为待定的正数. 注意到取等号的条件:$k(b+c) = \frac{a}{2}$,又 $a = b = c$,所以 $k = \frac{1}{4}$,其余类推.

证明

$$\frac{a^2}{b+c} + \frac{1}{4}(b+c) \geqslant 2\sqrt{\frac{a^2}{b+c} \cdot \frac{1}{4}(b+c)} = a \qquad ①$$

同理

$$\frac{b^2}{c+a} + \frac{1}{4}(c+a) \geqslant 2\sqrt{\frac{b^2}{c+a} \cdot \frac{1}{4}(c+a)} = b \qquad ②$$

$$\frac{c^2}{a+b} + \frac{1}{4}(a+b) \geqslant 2\sqrt{\frac{c^2}{a+b} \cdot \frac{1}{4}(a+b)} = c \qquad ③$$

式 ① + ② + ③ 化简即得

$$\frac{a^2}{b+c} + \frac{b^2}{c+a} + \frac{c^2}{a+b} \geqslant \frac{1}{2}(a+b+c)$$

例12 已知 $a + b + c = 1$ 且 $a, b, c > 0$,求证

$$\frac{a}{b+c^2}+\frac{b}{c+a^2}+\frac{c}{c+b^2}\geq\frac{9}{4}$$

证明 引入待定常数 $\lambda>0$，由 $\dfrac{a}{b+c^2}+\lambda a(b+c^2)\geq 2\sqrt{\lambda}a$，其中等号成立的条件是 $\dfrac{a}{b+c^2}=\lambda a(b+c^2)$. 考虑到 a,b,c 的对称性，可令 $a=b=c=\dfrac{1}{3}$，求得

$$\lambda=\frac{1}{(b+c^2)^2}=\frac{81}{16}$$

从而 $$\frac{a}{b+c^2}+\frac{81}{16}a(b+c^2)\geq\frac{9}{2}a$$

即 $$\frac{a}{b+c^2}\geq\frac{9}{2}a-\frac{81}{16}a(b+c^2)$$

同理 $$\frac{b}{c+a^2}\geq\frac{9}{2}b-\frac{81}{16}b(c+a^2),\frac{c}{a+b^2}\geq\frac{9}{2}c-\frac{81}{16}c(a+b^2)$$

上述三式相加得

$$\frac{a}{b+c^2}+\frac{b}{c+a^2}+\frac{c}{a+b^2}\geq\frac{9}{2}(a+b+c)-\frac{81}{16}[(ab+bc+ca)+a^2b+b^2c+c^2a]\geq$$

$$\frac{9}{2}-\frac{81}{16}[ab+bc+ca+\frac{1}{3}(a+b+c)(a^2+b^2+c^2)]=$$

$$\frac{9}{2}-\frac{81}{16}[ab+bc+ca+\frac{1}{3}[(a+b+c)^2-2(ab+bc+ca)]]=$$

$$\frac{9}{2}-\frac{81}{16}[\frac{1}{3}(ab+bc+ca)+\frac{1}{3}]\geq$$

$$\frac{9}{2}-\frac{81}{16}[\frac{1}{3}\cdot\frac{(a+b+c)^2}{3}+\frac{1}{3}]=\frac{9}{4}$$

例 13 已知 $abc\neq 0$，求证

$$\frac{a^4}{4a^4+b^4+c^4}+\frac{b^4}{a^4+4b^4+c^4}+\frac{c^4}{a^4+b^4+4c^4}\leq\frac{1}{2}$$

证明 假设有待定指数 t，使得有 $\dfrac{a^4}{4a^4+b^4+c^4}\leq\dfrac{1}{2}\cdot\dfrac{a^t}{a^t+b^t+c^t}$ 成立，则有 $2a^4+b^4+c^4\geq 2a^{4-t}(b^t+c^t)$ 亦成立. 因为

$$2a^4+b^4+c^4=(a^4+b^4)+(a^4+c^4)\geq 2a^2(b^2+c^2)$$

于是，可令 $\begin{cases}4-t=2\\t=2\end{cases}$，求得 $t=2$，知存在这样的 t. 从而有

$$\frac{a^4}{4a^4+b^4+c^4}\leq\frac{1}{2}\cdot\frac{a^2}{a^2+b^2+c^2}$$

同理 $$\frac{b^4}{a^4+4b^4+c^4}\leq\frac{1}{2}\cdot\frac{b^2}{a^2+b^2+c^2},\frac{c^4}{a^4+b^4+4c^4}\leq\frac{1}{2}\cdot\frac{c^2}{a^2+b^2+c^2}$$

以上三式相加，即有

$$\frac{a^4}{4a^4+b^4+c^4}+\frac{b^4}{a^4+4b^4+c^4}+\frac{c^4}{a^4+b^4+4c^4}\leq\frac{1}{2}$$

例 14 已知 $x,y,z > 0$，且 $x+y+z=1$. 求证
$$\frac{x}{y+z}+\frac{y}{z+x}+\frac{z}{x+y} \geqslant \frac{3}{2}$$

证明 假设有待定指数 t，使得 $\frac{x}{y+z} \geqslant \frac{3}{2} \cdot \frac{x^t}{x^t+y^t+z^t}$ 成立，即
$$2(x^t+y^t+z^t) \geqslant 3x^{t-1}(y+y)$$

成立. 因为
$$2(x^t+y^t+z^t) = (x^t+y^t+y^t)+(x^t+z^t+z^t) \geqslant$$
$$3x^{\frac{t}{3}} \cdot y^{\frac{2t}{3}} + 3x^{\frac{t}{3}} \cdot z^{\frac{2t}{3}} = 3x^{\frac{t}{3}}(y^{\frac{2t}{3}}+z^{\frac{2t}{3}})$$

于是，可令 $\begin{cases} t-1 = \dfrac{t}{3} \\ \dfrac{2t}{3} = 1 \end{cases}$，求得 $t = \dfrac{3}{2}$，知存在这样的 t. 从而

$$\frac{x}{y+z} \geqslant \frac{3}{2} \cdot \frac{x^{\frac{3}{2}}}{x^{\frac{3}{2}}+y^{\frac{3}{2}}+z^{\frac{3}{2}}}$$

同理，有其余两式. 这三式相加即证得原不等式.

例 15 设正实数 x,y,z 满足 $x^2+y^2+z^2=1$，求证：$\dfrac{x}{1-x^2}+\dfrac{y}{1-y^2}+\dfrac{z}{1-z^2} \geqslant \dfrac{3\sqrt{3}}{2}$.

证明 注意到条件式 $x^2+y^2+z^2=1$.

考虑是否有 $\dfrac{x}{1-x^2} \geqslant kx^2$，其中 k 为待定常数或式子. 假设不等式 $\dfrac{x}{1-x^2} \geqslant kx^2$ 对任意 $x \in (0,1)$ 成立，则当 $0 < x < 1$ 时，$k \leqslant \left[\dfrac{1}{x \cdot (1-x^2)}\right]_{\min}$.

对于 $x \in (0,1)$，由
$$\left[\frac{1}{x \cdot (1-x^2)}\right]^2 = \frac{2}{2x^2(1-x^2)(1-x^2)} \geqslant \frac{2}{\left(\dfrac{2x^2+1-x^2+1-x^2}{3}\right)^3} = \frac{27}{4}$$

知
$$\frac{1}{x(1-x^2)} \geqslant \frac{3\sqrt{3}}{2}$$

其中等号当且仅当 $2x^2 = 1-x^2$，即 $x^2 = \dfrac{1}{3}$ 时取得.

由上即知 $k \leqslant \dfrac{3\sqrt{3}}{2}$ 时，有不等式 $\dfrac{x}{1-x^2} \geqslant \dfrac{3\sqrt{3}}{2}x^2$ 成立. 故

$$\frac{x}{1-x^2}+\frac{y}{1-y^2}+\frac{z}{1-z^2} \geqslant \frac{3\sqrt{3}}{2}(x^2+y^2+z^2) = \frac{3\sqrt{3}}{2}$$

（5）数列求通项、求和问题.

由于满足某些递推关系的数列通项有一定的模式，这样我们可运用待定系数法求某些递推关系的数列的通项式. 例如：

(i) 满足一阶递推关系式 $a_n = pa_{n-1}+r$ 的数列，当 $p=1$ 时，$a_n = nr+c_1$；当 $p \neq 1$ 时，

$a_n = c_1 + c_2 p^{p-1}$(其中 c_1, c_2 均为待定系数,以下均同).

(ii) 满足一阶递推关系式 $a_n = pa_n + rq^n$ 的数列(p, q, r 均为常数,$q = 0$ 为等比数列),若 $\frac{p}{q} = 1$ 时,$a_n = (c_1 n + c_2) \cdot q^n$;若 $\frac{p}{q} \neq 1$ 时,$a_n = c_1 p^n + c_2 q^n$.

(iii) 满足二阶递推关系式 $a_{n+2} + p_1 a_{n+1} + p_2 a_n = 0$ 的数列(p_1, p_2 为常数,$p_2 = 0$ 为等比数列),若 $p_1^2 - 4p_2 > 0$,则 $a_n = c_1 x_1^n + c_2 x_2^n$(其中 x_1, x_2 为方程 $x^2 + p_1 x + p_2 = 0$ 的根.下同);若 $p_1^2 - 4p_2 = 0$,则 $a_n = (c_1 + c_2 n) \cdot x_1^n$;若 $p_1^2 - 4p_2 < 0$,则 $a_n = (c_1 \cdot \cos n\theta + c_2 \cdot \sin n\theta) \cdot p^n$(其中 $p = |x_1| = |x_2|$).

……

例 16 已知数列 $a_1, a_2, \cdots, a_n, \cdots$ 和数列 $b_1, b_2, \cdots, b_n, \cdots$,其中 $a_1 = p, b_1 = q, a_n = pa_{n-1}$,$b_n = qa_{n-1} + rb_{n-1}(n \geq 2, p, q, r$ 是已知常数,且 $q \neq 0, p > r > 0)$,且 p, q, r 表示 b_n.

解 因 $a_1 = p, a_n = pa_{n-1}$,则 $a_n = p^n$. 将其代入第二个递推关系式得 $b_n = rb_{n-1} + qp^{n-1} = rb_{n-1} + \frac{q}{p} \cdot p^n$,此形式同模式(ii).

而 $b > r$,则 $\frac{r}{p} > 1$,设 $b_n = c_1 \cdot r^n + c_2 \cdot p^n$,由

$$b_1 = q, b_2 = qp + rb_1 = qp + rq = q(p + r)$$

所以 $\begin{cases} c_1 \cdot r + c_2 \cdot p = q \\ c_1 \cdot r^2 + c_2 \cdot p^2 = q(p + r) \end{cases} \Rightarrow \begin{cases} c_1 = -\dfrac{q}{p - r} \\ c_2 = \dfrac{q}{p - r} \end{cases}$

故 $b_n = \dfrac{q(p^n - r^n)}{p - r}$ 为所求.

对于 $S_m(n) = 1^m + 2^m + \cdots + n^m (m \in \mathbf{N})$,易知它是 n 的 $m + 1$ 次多项式,且常数项为 0. 又可证:如果一个数列的通项公式 $a_n = f(n)$ 是 n 的 m 次多项式,那么它的前 n 项之和是 n 的 $m + 1$ 次多项式,且其常数项为 0.

根据这个结论,我们可采用待定系数法求出它的前 n 项的和.

例 17 若一个数列的通项公式是 $a_n = n^2 + n - 2$,求它的前 n 项之和.

解 可设前 n 项之和为 $S_n = an^3 + bn^2 + cn$,则

$$S_{n-1} = a(n - 1)^3 + b(n - 1)^2 + c(n - 1)$$

由 $$S_n - S_{n-1} = a(3n^2 - 3n - 1) + b(2n - 1) + c = a_n$$

则 $$3an^2 + (2b - 3a)n - a + b - c = n^2 + n - 2$$

于是 $\begin{cases} 3a = 1 \\ 2b - 3a = 1 \\ a + b - c = 2 \end{cases} \Rightarrow \begin{cases} a = \dfrac{1}{3} \\ b = 1 \\ c = -\dfrac{4}{3} \end{cases}$

故 $S_n = \dfrac{1}{3}n^3 + n^2 - \dfrac{4}{3}n = \dfrac{1}{3}n(n - 1)(n + 4)$ 为所求.

例 18 求和 $\sum_{k=1}^{n}(a_m k^m + a_{m-1}k^{m-1} + \cdots + a_0)$.

解 设
$$a_m k^m + a_{m-1}k^{m-1} + \cdots + a_1 k + a_0 =$$
$$A_{m+1}[(k+1)^{m+1} - k^m] + A_m[(k+1)^m - k^m] + \cdots +$$
$$A_2[(k+1)^2 - k^2] + A_1[(k+1) - k]$$

利用二项式定理,展开上式右边各括号,合并同类项,比较两边系数得

$$\begin{cases} C_{m+1}^1 \cdot A_{m+1} = a_m \\ C_{m+1}^2 \cdot A_{m+1} + C_m^1 \cdot A_m = a_{m-1} \\ C_{m+1}^3 \cdot A_{m+1} + C_m^2 \cdot A_m + C_{m-1}^1 \cdot A_{m-1} = a_{m-2} \\ \vdots \\ C_{m+1}^m \cdot A_{m+1} + C_m^{m-1} \cdot A_m + \cdots + C_3^2 \cdot A_2 + C_2^1 \cdot A_1 = a_1 \\ A_{m+1} + A_m + \cdots + A_2 + A_1 = a_0 \end{cases} \quad ①$$

显然方程组 ① 有唯一解,于是

$$\sum_{k=1}^{n}(a_m k^m + a_{m-1}k^{m-1} + \cdots + a_0) =$$
$$A_{m+1}\sum_{k=1}^{n}[(k+1)^{m+1} - k^{m+1}] + A_m\sum_{k=1}^{n}[(k+1)^m - k^m] + \cdots + A_1\sum_{k=1}^{n}[(k+1) - k] =$$
$$A_{m+1}[(n+1)^{m+1} - 1] + A_m[(n+1)^m - 1] + \cdots + A_1[(n+1) - 1] =$$
$$A_{m+1} \cdot n^{m+1} + (C_{m+1}^1 \cdot A_{m+1} + A_m) \cdot n^m + \cdots + (C_{m+1}^m \cdot A_{m+1} + \cdots + C_2^1 \cdot A_2 + A_1) \cdot n =$$
$$A_{m+1} \cdot n^{m+1} + (a_m + A_m) \cdot n^m + (a_{m-1} + A_{m-1}) \cdot n^{m-1} + \cdots + (a_1 + A_1) \cdot n$$

其中,$A_{m+1}, A_m, \cdots, A_1$ 由方程组 ① 确定. 方程组 ① 的系数矩阵恰为"杨辉三角形"表划去右边全是 1 的斜行再转置而得. 这较容易写出.

对于混合数列 $\{a_n\}$(每一项由一等差数列与一等比数列对应项之积组成),我们可运用待定系数法把每一项拆开成两项之差,这样便可简捷地求得此类数列的前 n 项之和.

例 19 求数列 $1 \cdot 2, 4 \cdot 2^2, 7 \cdot 2^3, \cdots, (3n-2) \cdot 2^n, \cdots$,的前 n 项的和.

解 令
$$a_n = (3n - 2) \cdot 2^n = (An + B) \cdot 2^n - (Cn + D) \cdot 2^{n-1} =$$
$$\left[\left(A - \frac{C}{2}\right)n + \left(B - \frac{D}{2}\right)\right]2^n$$

得
$$3n - 2 = \left(A - \frac{C}{2}\right)n + \left(B - \frac{D}{2}\right)$$

于是
$$\begin{cases} A - \dfrac{C}{2} = 3 \\ B - \dfrac{D}{2} = -2 \end{cases} \quad ①$$

同样,令 $a_{n-1} = [A(n-1) + B] \cdot 2^{n-1} - [C(n-1) + D] \cdot 2^{n-1}$.

为了使每一项 a_n 拆成两项之差后,与它相邻项 a_{n-1} 拆成的两项之差式中能相消一项,须再令 $A(n-1) + B = Cn + D$,得

$$\begin{cases} A = C \\ B - A = D \end{cases} \quad ②$$

由式①② 有 $A - C = 6, B = -10, D = -16$. 则

$$a_n = (6n - 10) \cdot 2^n - (6n - 16) \cdot 2^{n-1} \quad (n = 1, 2, \cdots)$$

故

$$S_n = [(-4) \cdot 2 - (-10)] + [2 \cdot 2^2 - (-4) \cdot 2] + \cdots + \\ [(6n - 10) \cdot 2^n - (6n - 16) \cdot 2^{n-1}] = \\ (3n - 5) \cdot 2^{n+1} + 1$$

为所求.

19.2.2 参量分离法

例 1 已知方程 $x^2 + 2ax + 1 = 0$ 分别有两个正根,有两个负根,求 a 的取值范围.

解 由原方程得 $2ax = -(x^2 + 1)$,显然 $x \neq 0$,所以把变量 a, x 分离,得

$$a = -\frac{x^2 + 1}{2x}$$

(i) 若 $x > 0$,则由 $\frac{x^2 + 1}{2x} \geq 1$,得 $-\frac{x^2 + 1}{2x} \leq -1$,此时 $a \leq -1$;

(ii) 若 $x < 0$,则 $-\frac{x^2 + 1}{2x} = \frac{x^2 + 1}{-2x} \geq 1$,此时 $a \geq 1$.

又由 $\Delta = 4a^2 - 4 \geq 0$,得 $a^2 \geq 1$.

所以,当方程 $x^2 + 2ax + 1 = 0$ 有两个正根时,a 的范围为 $(-\infty, -1]$;有两个负根时,a 的范围为 $[1, +\infty)$.

例 2 已知不等式 $a\sqrt{x-1} > 2 - x$ 有解,求 a 的取值范围.

解 由于 $x \neq 1, \sqrt{x-1} > 0$,原不等式同解于

$$a > \frac{2-x}{\sqrt{x-1}}$$

而

$$f(x) = \frac{2-x}{\sqrt{x-1}} \Rightarrow f(x) = \frac{1-(x-1)}{\sqrt{x-1}} \Rightarrow \\ f(x) = \frac{1}{\sqrt{x-1}} - \sqrt{x-1}$$

则 $x > 1$ 时,$f(x)$ 为减函数且 $f(x) \in (-\infty, +\infty)$,故 a 的取值范围为 $(-\infty, +\infty)$.

19.2.3 化"1"代换法

例 1 设 $a_i > 0 (i = 1, 2, \cdots, n)$,且 $a_1 + a_2 + \cdots + a_n = 1$. 求证

$$\frac{a_1^2}{a_1 + a_2} + \frac{a_2^2}{a_2 + a_3} + \cdots + \frac{a_n^2}{a_n + a_1} \geq \frac{1}{2}$$

证明 设不等式的左端为 M,由

$$(a_1 + a_2) + (a_2 + a_3) + \cdots + (a_n + a_1) = 2(a_1 + a_2 + \cdots + a_n) = 2$$

有

$$2 = 1 + 1 = \frac{1}{M}\left(\frac{a_1^2}{a_1 + a_2} + \frac{a_2^2}{a_2 + a_3} + \cdots + \frac{a_n^2}{a_n + a_1}\right) +$$

$$\frac{1}{2}[(a_1 + a_2) + (a_2 + a_3) + \cdots + (a_n + a_1)] =$$

$$\left[\frac{a_1^2}{M(a_1 + a_2)} + \frac{a_1 + a_2}{2}\right] + \left[\frac{a_2^2}{M(a_2 + a_3)} + \frac{a_2 + a_3}{2}\right] + \cdots +$$

$$\left[\frac{a_n^2}{M(a_n + a_1)} + \frac{a_n + a_1}{2}\right] \geq$$

$$\frac{2a_1}{\sqrt{2M}} + \frac{2a_2}{\sqrt{2M}} + \cdots + \frac{2a_n}{\sqrt{2M}} =$$

$$\frac{2(a_1 + a_2 + \cdots + a_n)}{\sqrt{2M}} = \frac{2}{\sqrt{2M}}$$

故 $\sqrt{2M} \geq 1, M \geq \frac{1}{2}$.

例2 $a \geq 0, b \geq 0, c \geq 0$, 且 $a + b + c \leq 3$, 求证

$$\frac{1}{1+a} + \frac{1}{1+b} + \frac{1}{1+c} \geq \frac{3}{2}$$

证明 设不等式的左端为 M, $(1+a) + (1+b) + (1+c) = s$, 则

$$s = 3 + (a + b + c) \leq 3 + 3 = 6$$

由

$$2 = 1 + 1 = \frac{1}{M}\left(\frac{1}{1+a} + \frac{1}{1+b} + \frac{1}{1+c}\right) +$$

$$\frac{1}{s} \cdot [(1+a) + (1+b) + (1+c)] =$$

$$\left[\frac{1}{M(1+a)} + \frac{1+a}{s}\right] + \left[\frac{1}{M(1+b)} + \frac{1+b}{s}\right] +$$

$$\left[\frac{1}{M(1+c)} + \frac{1+c}{s}\right] \geq$$

$$\frac{2}{\sqrt{Ms}} + \frac{2}{\sqrt{Ms}} + \frac{2}{\sqrt{Ms}} = \frac{6}{\sqrt{Ms}}$$

即 $\sqrt{Ms} \geq 3, Ms \geq 9$

故 $M \geq \frac{9}{s} \geq \frac{9}{6} = \frac{3}{2}$

例3 若 $x, y, z \in \mathbf{R}_+, x + 2y + 3z = 1$, 求 $\frac{16}{x^3} + \frac{81}{8y^3} + \frac{1}{27z^3}$ 的最小值. (《数学教学》2003 年 6 月)

解 设 $\frac{16}{x^3} + \frac{81}{8y^3} + \frac{1}{27z^3} = k$, 则 $1 = \frac{1}{k}\left(\frac{16}{x^3} + \frac{81}{8y^3} + \frac{1}{27z^3}\right)$, 构造"数字式"

$$4 = 1 + 3 = \frac{1}{k}\left(\frac{16}{x^3} + \frac{81}{8y^3} + \frac{1}{27z^3}\right) + 3(x + 2y + 3z) =$$

$$\left(\frac{16}{kx^3}+3x\right)+\left(\frac{81}{k8y^3}+6y\right)+\left(\frac{1}{k27z^3}+9z\right)=$$

$$\left(\frac{16}{kx^3}+\frac{3x}{3}+\frac{3x}{3}+\frac{3x}{3}\right)+\left(\frac{81}{k8y^3}+\frac{6y}{3}+\frac{6y}{3}+\frac{6y}{3}\right)+$$

$$\left(\frac{1}{k27z^3}+\frac{9z}{3}+\frac{9z}{3}+\frac{9z}{3}\right)\geqslant$$

$$4\sqrt[4]{\frac{16\cdot 3x\cdot 3x\cdot 3x}{k\cdot x^3\cdot 3\cdot 3\cdot 3}}+4\sqrt[4]{\frac{81\cdot 6y\cdot 6y\cdot 6y}{k\cdot 8y^3\cdot 3\cdot 3\cdot 3}}+$$

$$4\sqrt[4]{\frac{1\cdot 9z\cdot 9z\cdot 9z}{k\cdot 27z^3\cdot 3\cdot 3\cdot 3}}=$$

$$\frac{4\sqrt[4]{16}}{\sqrt[4]{k}}+\frac{4\sqrt[4]{81}}{\sqrt[4]{k}}+\frac{4\sqrt[4]{1}}{\sqrt[4]{k}}=\frac{4(\sqrt[4]{16}+\sqrt[4]{81}+\sqrt[4]{1})}{\sqrt[4]{k}}$$

依 $4\geqslant\dfrac{4(\sqrt[4]{16}+\sqrt[4]{81}+\sqrt[4]{1})}{\sqrt[4]{k}}=\dfrac{4\times 6}{\sqrt[4]{k}}$,解得 $k\geqslant 1\,296$,当且仅当 $\dfrac{16}{kx^3}=\dfrac{3x}{3}$,$\dfrac{81}{k8y^3}=\dfrac{6y}{3}$,$\dfrac{1}{k27z^3}=\dfrac{9z}{3}$,$x+2y+3z=1$,即 $x=\dfrac{1}{3}$,$y=\dfrac{1}{4}$,$z=\dfrac{1}{18}$ 时,$\dfrac{16}{x^3}+\dfrac{81}{8y^3}+\dfrac{1}{27z^3}$ 的最小值为 $1\,296$.

例 4 (第 31 届 IMO 预选题) 已知 $a,b,c\in\mathbf{R}_+$,试证明

$$(a^2+ab+b^2)(b^2+bc+c^2)(c^2+ca+a^2)\geqslant(ab+bc+ca)^3$$

证明 记 $M_1=a^2+ab+b^2$,$M_2=b^2+bc+c^2$,$M_3=c^2+ca+a^2$,则

$$3=\frac{M_1}{M_1}+\frac{M_2}{M_2}+\frac{M_3}{M_3}=\frac{a^2+ab+b^2}{M_1}+\frac{b^2+bc+c^2}{M_2}+\frac{c^2+ca+a^2}{M_3}=$$

$$\left(\frac{a^2}{M_1}+\frac{c^2}{M_2}+\frac{ca}{M_3}\right)+\left(\frac{ab}{M_1}+\frac{b^2}{M_2}+\frac{a^2}{M_3}\right)+\left(\frac{b^2}{M_1}+\frac{bc}{M_2}+\frac{c^2}{M_3}\right)\geqslant$$

$$\frac{3ca}{\sqrt[3]{M_1M_2M_3}}+\frac{3ab}{\sqrt[3]{M_1M_2M_3}}+\frac{3bc}{\sqrt[3]{M_1M_2M_3}}=$$

$$\frac{3(ab+bc+ca)}{\sqrt[3]{M_1M_2M_3}}$$

即 $3\geqslant\dfrac{3(ab+bc+ca)}{\sqrt[3]{M_1M_2M_3}}$,整理得

$$M_1M_2M_3\geqslant(ab+bc+ca)^3$$

故原不等式获证.

例 5 设 $a_1,a_2,\cdots,a_{n-m}$ 是正实数,$m,n\in\mathbf{N}_+$,$n-m\geqslant 3$,则

$$(a_1^n-a_1^m+n-m)(a_2^n-a_2^m+n-m)\cdots(a_{n-m}^n-a_{n-m}^m+n-m)\geqslant$$

$$(a_1+a_2+\cdots+a_{n-m})^{n-m}$$

证明 当 $a_i>0(i=1,2,\cdots,n-m)$ 时,有

$$(a_i^n-a_i^m+n-m)-(a_i^{n-m}+n-m-1)=a_i^{n-m}(a_i^m-1)-(a_i^m-1)=$$

$$(a_i^{n-m}-1)(a_i^m-1)\geqslant 0$$

故,要证

$$(a_1^n-a_1^m+n-m)(a_2^n-a_2^m+n-m)\cdots(a_{n-m}^n-a_{n-m}^m+n-m)\geqslant(a_1+a_2+\cdots+a_{n-m})^{n-m}$$

只需要证
$$(a_1^{n-m}+n-m-1)(a_2^{n-m}+n-m-1)\cdots(a_{n-m}^{n-m}+n-m-1) \geqslant (a_1+a_2+\cdots+a_{n-m})^{n-m}$$

记 $M_i = a_i^{n-m}+n-m-1(i=1,2,\cdots,n-m)$，则

$$n-m = \frac{M_1}{M_1}+\frac{M_2}{M_2}+\cdots+\frac{M_{n-m}}{M_{n-m}} =$$

$$\frac{a_1^{n-m}+n-m-1}{M_1}+\frac{a_2^{n-m}+n-m-1}{M_2}+\cdots+\frac{a_{n-m}^{n-m}+n-m-1}{M_{n-m}} =$$

$$(\frac{a_1^{n-m}}{M_1}+\frac{1}{M_2}+\cdots+\frac{1}{M_{n-m}})+(\frac{1}{M_1}+\frac{a_2^{n-m}}{M_2}+\cdots+\frac{1}{M_{n-m}})+\cdots+$$

$$(\frac{1}{M_1}+\frac{1}{M_2}+\cdots+\frac{a_{n-m}^{n-m}}{M_{n-m}}) \geqslant$$

$$\frac{(n-m)a_1}{\sqrt[n-m]{M_1M_2\cdots M_{n-m}}}+\frac{(n-m)a_2}{\sqrt[n-m]{M_1M_2\cdots M_{n-m}}}+\cdots+\frac{(n-m)a_{n-m}}{\sqrt[n-m]{M_1M_2\cdots M_{n-m}}} =$$

$$\frac{(n-m)(a_1+a_2+\cdots+a_{n-m})}{\sqrt[n-m]{M_1M_2\cdots M_{n-m}}}$$

即 $n-m \geqslant \dfrac{(n-m)(a_1+a_2+\cdots+a_{n-m})}{\sqrt[n-m]{M_1M_2\cdots M_{n-m}}}$，整理得

$$M_1M_2\cdots M_{n-m} \geqslant (a_1+a_2+\cdots+a_{n-m})^{n-m}$$

也就是
$$(a_1^{n-m}+n-m-1)(a_2^{n-m}+n-m-1)\cdots(a_{n-m}^{n-m}+n-m-1) \geqslant (a_1+a_2+\cdots+a_{n-m})^{n-m}$$

从而，原不等式得证.

例6 设 $a_i \geqslant 0, b_i > 0 (i=1,2,\cdots,n), l \in \mathbf{N}, k \in \mathbf{N}_+$，则

$$\sum_{i=1}^{n}\frac{a_i^{l+k}}{b_i^l} \geqslant \frac{(\sum_{i=1}^{n}a_i)^{l+k}}{n^{k-1}(\sum_{i=1}^{n}b_i)^l}$$

证明 记 $M = \sum_{i=1}^{n}\dfrac{a_i^{l+k}}{b_i^l}, N = \sum_{i=1}^{n}b_i$，则

$$l+k = \frac{M}{M}+l\frac{N}{N}+\underbrace{1+\cdots+1}_{(k-1)\uparrow 1} = \frac{\sum_{i=1}^{n}\frac{a_i^{l+k}}{b_i^l}}{M}+l\frac{\sum_{i=1}^{n}b_i}{N}+\underbrace{1+\cdots+1}_{(k-1)\uparrow 1} =$$

$$\sum_{i=1}^{n}(\frac{\frac{a_i^{l+k}}{b_i^l}}{M}+\underbrace{\frac{b_i}{N}+\frac{b_i}{N}+\cdots+\frac{b_i}{N}}_{(k-1)\uparrow \frac{b_i}{N}}+\underbrace{\frac{1}{n}+\frac{1}{n}+\cdots+\frac{1}{n}}_{(k-1)\uparrow \frac{1}{n}}) \geqslant$$

$$\sum_{i=1}^{n}\frac{(l+k)a_i}{\sqrt[l+k]{n^{k-1}MN^l}} = \frac{(l+k)(a_1+a_2+\cdots+a_n)}{\sqrt[l+k]{n^{k-1}MN^l}}$$

即

$$l + k \geq \frac{(l+k)(a_1 + a_2 + \cdots + a_n)}{\sqrt[l+k]{n^{k-1}MN^l}}$$

整理得

$$n^{k-1}MN^l \geq (a_1 + a_2 + \cdots + a_n)^{l+k}$$

即

$$M \geq \frac{(a_1 + a_2 + \cdots + a_n)^{l+k}}{n^{k-1}N^l}$$

从而有

$$\sum_{i=1}^{n} \frac{a_i^{l+k}}{b_i^l} \geq \frac{(\sum_{i=1}^{n} a_i)^{l+k}}{n^{k-1}(\sum_{i=1}^{n} b_i)^l}$$

例7 设 x, y 为实数,且 $x + y = 1$,求证:对于任意正整数 n

$$x^{2n} + y^{2n} \geq \frac{1}{2^{2n-1}} \qquad ①$$

证明 (i) 当 $x = 0$ 或 $y = 0$ 时,不等式 ① 显然成立.

(ii) 当 x, y 有一个是负数时,因为 $x + y = 1$,所以,x, y 中必有一个大于 1,不妨设 $x > 1$,则 $x^{2n} + y^{2n} = (x^2)^n + (y^2)^n > 1 > \frac{1}{2} \geq \frac{1}{2^{2n-1}}$.

(iii) 当 $x, y \in \mathbf{R}_+$ 时,记 $M = x^{2n} + y^{2n}$,则

$$2n = \frac{x^{2n} + y^{2n}}{M} + \underbrace{1 + \cdots + 1}_{(2n-1)\text{个}1} = (\frac{x^{2n}}{M} + \underbrace{\frac{1}{2} + \cdots + \frac{1}{2}}_{(2n-1)\text{个}\frac{1}{2}}) + (\frac{y^{2n}}{M} + \underbrace{\frac{1}{2} + \cdots + \frac{1}{2}}_{(2n-1)\text{个}\frac{1}{2}}) \geq$$

$$\frac{2nx}{\sqrt[2n]{M \cdot 2^{2n-1}}} + \frac{2ny}{\sqrt[2n]{M \cdot 2^{2n-1}}} = \frac{2n(x+y)}{\sqrt[2n]{M \cdot 2^{2n-1}}}$$

即 $2n \geq \frac{2n(x+y)}{\sqrt[2n]{M \cdot 2^{2n-1}}}$,整理得 $M \geq \frac{1}{2^{2n-1}}$,从而有 $x^{2n} + y^{2n} \geq \frac{1}{2^{2n-1}}$.

故原不等式获证.

19.2.4 等和代换法

例1 求证:$1 + \frac{1}{1+2} + \cdots + \frac{1}{1+2+\cdots+n} = 2 - \frac{2}{n+1}$.

证明 记 $\{a_n\}$ 的前 n 项和为 $S_n = 2 - \frac{2}{n+1}$,则

$$a_n = S_n - S_{n-1} = (2 - \frac{2}{n+1}) - (2 - \frac{2}{n}) =$$

$$\frac{2}{n(n+1)} = \frac{1}{1+2+\cdots+n} \quad (n \geq 2)$$

又

$$a_1 = S_1 = 2 - \frac{2}{1+1} = 1$$

即有

$$a_n = \frac{1}{1+2+\cdots+n} \quad (n \in \mathbf{N})$$

则 $\{a_n\}$ 与 $\left\{\dfrac{1}{1+2+\cdots+n}\right\}$ 的前 n 项和相等,故原式成立.

例 2 求证:$1+\dfrac{1}{2^2}+\dfrac{1}{3^2}+\cdots+\dfrac{1}{n^2}<2-\dfrac{1}{n}(n\geqslant 2)$.

证明 记 $\{a_n\}$ 的前 n 项和 $S_n=2-\dfrac{1}{n}(n\geqslant 2)$,则

$$a_n=S_n-S_{n-1}=\dfrac{1}{n-1}-\dfrac{1}{n}=\dfrac{1}{n^2-n}>\dfrac{1}{n^2}\quad(n\geqslant 3)$$

又
$$a_1+a_2=S_2=2-\dfrac{1}{2}=\dfrac{3}{2}>1+\dfrac{1}{2^2}$$

即有 $a_1+a_2+\cdots+a_n>1+\dfrac{1}{2^2}+\dfrac{1}{3^2}+\cdots+\dfrac{1}{n^2}(n\geqslant 2)$,故原不等式成立.

思 考 题

1. 解方程 $5x^2+6xy+2y^2-14x+8y+10=0$.

2. 解方程 $\dfrac{3+x}{\sqrt{x-1}}+\dfrac{7+y}{\sqrt{y-2}}=10$.

3. x,y 均非负,且 $x+2y=1$,求 $2x+3y^2$ 的最值.

4. m 为何值时,多项式 $12x^2-10xy+2y^2+11x-5y+m$ 能分解成两个一次因式的乘积.

5. 已知 $\dfrac{7x-8}{x^2+2x-3}=\dfrac{A}{x+3}+\dfrac{B}{x-1}$,求 A,B.

6. 化简 $\sqrt{6+2\sqrt{2}+2\sqrt{3}+2\sqrt{6}}$.

7. 当 a,b 为何值时,方程 $x^2+2(1+a)x+(3a^2+4ab+4b^2+2)=0$ 有实根.

8. 已知一圆过点 $A(1,4)$,且与过点 $B(6,8)$ 的直线相切于点 $C(3,5)$,求此圆的方程.

9. 设 $x,y,z\in\mathbf{R}_+$,求证:$\dfrac{3xy+yz}{x^2+y^2+z^2}\leqslant\dfrac{\sqrt{10}}{2}$.

10. 设 $a>1,b>1$,求证:$\dfrac{a}{\sqrt{b-1}}+\dfrac{b}{\sqrt{a-1}}\geqslant 4$.

11. 求证:$1+\dfrac{1}{\sqrt{2}}+\dfrac{1}{\sqrt{3}}+\cdots+\dfrac{1}{\sqrt{n}}>\sqrt{n}(n>1)$.

12. 已知:$1\leqslant 3x+2y\leqslant 3,2\leqslant x+3y\leqslant 5$,求 $5x+8y$ 的取值范围.

13. 证明:对于满足 $|x|<1,|y|<1$ 的任意实数,下列不等式成立,即
$$\dfrac{1}{1-x^2}+\dfrac{1}{1-y^2}\geqslant\dfrac{2}{1-xy}$$

思考题参考解答

1. 由 $(5x+3y-7)^2+(y+1)^2=0$,或 $(x+y-1)^2+(2x+y-3)^2=0$,或 $(2y+3x-4)^2+(x-2)^2=0$,求得 $x=2,y=-1$.

2. 变形为 $\dfrac{3-x}{\sqrt{x-1}}-4+\dfrac{7+y}{\sqrt{y-2}}-6=0$,配方得 $\dfrac{1}{\sqrt{x-1}}(2-\sqrt{x-1})^2+\dfrac{1}{\sqrt{y-1}}(3-$

$\sqrt{y-2})^2 = 0$,求得解为 $x = 5, y = 11$.

3. 由条件有 $0 \le x \le 1, 0 \le y \le \frac{1}{2}$,又 $2x + 2y^2 = 3y^2 - 4y + 2 = 3(y - \frac{2}{3})^2 + \frac{2}{3}$,得其最小值为 $\frac{3}{4}$,最大值为 2.

4. 设 $12x^2 - 10xy + 2y^2 + 11x - 5y + m = (4x - 2y + a)(3x - y + b) = 12x^2 - 10xy + 2y^2 + (4b + 3a)x - (a + 2b)y + ab$,则有 $3a + 4b = 11, a + 2b = 5, ab = m$,求得 $a = 1, b = 2, m = 2$.

5. 右边通分由分子相等,$7x - 8 = (A + B)x - (A - 3B)$,有 $A + B = 7, A - 3B = 8$,或令 $x = 1, x = -3$,得 $A = \frac{29}{4}, B = -\frac{1}{4}$.

6. 设原式 $= (a + b\sqrt{2} + c\sqrt{3})^2 = a^2 + 2b^2 + 3c^2 + 2ab\sqrt{2} + 2ac\sqrt{3} + 2abc\sqrt{6}$,得 $a^2 + 2b^2 + 3c^2 = 6, ab = 1, ac = 1, bc = 1$ 则 $a = b = c = 1$(舍去 -1).

7. 原式左边配方得 $[x + (1 + a)]^2 + (a + 2b)^2 + (a - 1)^2 = 0$,故当 $a = 1, b = -\frac{1}{2}$ 时方程有实根 $x = 2$.

8. 由两点式得过 B, C 的直线方程是
$$x - y + 2 = 0$$
设所求的圆的方程为 $(x - 3)^2 + (y - 5)^2 + \lambda(x - y + 2) = 0$(注:$\lambda$ 是待定的系数),将 $A(1,4)$ 的坐标代入此方程,解得 $\lambda = 5$.

再将 $\lambda = 5$ 代入 $(x - 3)^2 + (y - 5)^2 + \lambda(x - y + 2) = 0$,求得圆的方程为:$x^2 + y^2 - x - 15y + 44 = 0$.

9. 分裂 y^2 项:$y^2 = \frac{9}{10}y^2 + \frac{1}{10}y^2$,于是 $\frac{3xy + yz}{x^2 + y^2 + z^2} = \frac{3xy + yz}{(x^2 + \frac{9}{10}y^2) + (\frac{1}{10}y^2 + z^2)} \le$

$\frac{3xy + yz}{2\sqrt{\frac{9}{10}}xy + 2\sqrt{\frac{1}{10}}yz} = \frac{\sqrt{10}}{2}$,证毕.

10. $\frac{a}{\sqrt{b-1}} + \frac{b}{\sqrt{a-1}} \ge 2\left(\frac{\sqrt{(a-1) \cdot 1}}{\sqrt{b-1}} + \frac{\sqrt{(b-1) \cdot 1}}{\sqrt{a-1}}\right) \ge$

$$2 \cdot 2\sqrt{\frac{\sqrt{a-1}}{\sqrt{b-1}} \cdot \frac{\sqrt{b-1}}{\sqrt{a-1}}} = 4$$

11. 记 $\{a_n\}$ 的前 n 项和 $S_n = \sqrt{n}(n \ge 2)$,则
$$a_n = S_n - S_{n-1} = \sqrt{n} - \sqrt{n-1} = \frac{1}{\sqrt{n} + \sqrt{n-1}} < \frac{1}{\sqrt{n}} \quad (n \ge 3)$$

又 $a_1 + a_2 = S_2 = \sqrt{2} = \frac{1}{\sqrt{2}} + \frac{1}{\sqrt{2}} < 1 + \frac{1}{\sqrt{2}}$,所以
$$a_1 + a_2 + \cdots + a_n > 1 + \frac{1}{\sqrt{2}} + \frac{1}{\sqrt{3}} + \cdots + \frac{1}{\sqrt{n}} \quad (n > 1)$$

故原不等式成立.

12. 用 $3x+2y$ 及 $x+3y$ 将 $5x+8y$ 表示出来是解题的关键. 设 $5x+8y = m(3x+2y) + n(x+3y) = (3m+n)x + (2m+3n)y$ (m,n 为待定系数).

由 $\begin{cases} 3m+n=5 \\ 2m+3n=8 \end{cases}$, 解得 $\begin{cases} m=1 \\ n=2 \end{cases}$. 于是
$$5x+8y = (3x+2y) + 2(x+3y)$$

由 $2 \leqslant x+3y \leqslant 5$, 则 $4 \leqslant 2(x+3y) \leqslant 10$.

又 $1 \leqslant 3x+2y \leqslant 3$, 故 $5 \leqslant 5x+8y \leqslant 13$.

13. 设不等式的左端为 M, $(1-x^2)+(1-y^2)=s$, 则 $s = 2-(x^2+y^2) > 0$.

由
$$2 = 1+1 = \frac{1}{M}\left(\frac{1}{1-x^2} + \frac{1}{1-y^2}\right) + \frac{1}{s}[(1-x^2)+(1-y^2)] =$$
$$\left[\frac{1}{M(1-x^2)} + \frac{1-x^2}{s}\right] + \left[\frac{1}{M(1-y^2)} + \frac{1-y^2}{s}\right] \geqslant$$
$$\frac{2}{\sqrt{Ms}} + \frac{2}{\sqrt{Ms}} = \frac{4}{\sqrt{Ms}}$$

即
$$\sqrt{Ms} \geqslant 2, Ms \geqslant 4$$

故
$$M \geqslant \frac{4}{s} = \frac{4}{2-(x^2+y^2)} \geqslant \frac{4}{2-2xy} = \frac{2}{1-xy}$$

第二十章　出入相补原理

初中《几何》课本给出了勾股定理"直角三角形两直角边 a,b 的平方和,等于斜边 c 的平方"后,是这样来证明的:

如图 20.1.1(b) 那样,取四个与 Rt△ABC 全等的三角形,放在长为 $a+b$ 的正方形内,得到边长分别为 a,b 的正方形 I,II. 再将同样的四个直角三角形,如图 20.1.1(c) 那样放在边长为 $a+b$ 的正方形内,这时得到的四边形 III 也是正方形,且边长等于 △ABC 的斜边.

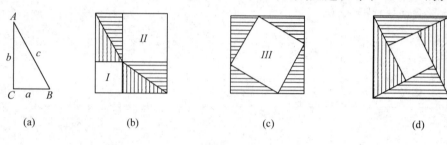

图 20.1.1

比较(b)(c) 两个图形,便有 $a^2 + b^2 = c^2$.

我国古代数学家赵爽也给出勾股定理的一种证法,如图 20.1.1(d) 所示. 下面再看如图 20.1.2 所示的勾股定理的三种证法.①

（Ⅰ）
$$a^2 = q + r$$
$$b^2 = m + n + p$$
$$c^2 = m + n + r + p + q$$

（Ⅱ）
$$a^2 = n + r$$
$$b^2 = m + p + q$$
$$c^2 = m + n + r + p + q$$

（Ⅲ）
$$a^2 = n + p$$
$$b^2 = l + m + p + q$$
$$c^2 = l + m + n + 2p + q$$

这些证法都具有中国几何学的特色,和西方的欧几里得体系不同. 它是应用了如下的原理.

出入相补原理　一个平面图形从一处移置他处,面积不变. 又若把图形分割成若干块,那么各部分面积的和等于原来图形的面积,因而图形移置前后诸面积的和、差有简单的相等关系.

出入相补原理,在中国古代几何学中有着广泛的运用. 世界科学名著《九章算术注》中,一系列几何定理、公式的证明,都用到了这个原理.

---

① 可参见这套丛书中的《数字眼光透视》第三章 3.1 节勾股定理的证明.

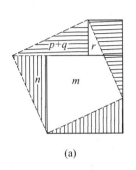 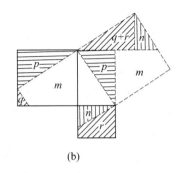 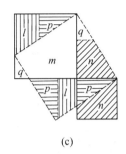

图 20.1.2

几何中的出入相补原理,在中国古代代数的方程理论中也有广泛的应用,这个原理是列二次方程的一个得力工具,尤其是在含有三个或三个以上未知数的情况下,它的用处更为明显. 若由题直接列方程,含有三个未知数的题就要列出三元方程组,其中还常常有两个二次方程,消去一个未知数后,变为二元二次方程组,解起来还是相当麻烦的. 而我国 13 世纪的数学家李冶在他的《益古演段》中,利用出入相补寻找等量关系,很容易地使未知数只剩一个,列出简单的一元二次方程,简化计算步骤而求解. 例如下面的例子.

如图 20.1.3 所示,有一圆形田,正中有一长方形水池,田的面积为 6 000 m², 水池长比宽多 35 m,水池四角距田边沿都是 17.5 m,求水池长、宽及圆形田直径各是多少?

若按题意直接列方程,设圆形田直径为 x,水池长为 a,宽为 b,则有三元方程组

$$\begin{cases} \dfrac{1}{4}\pi x^2 - ab = 6\ 000 \\ (x - 2 \cdot 17.5)^2 = a^2 + b^2 \\ b + 35 = a \end{cases}$$

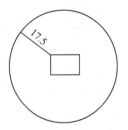

图 20.1.3

这解起来还是比较麻烦的. 若用出入相补原理来解,可减少未知数的个数,还可避免计算麻烦.

设圆形田直径为 x,则水池的对角线长为 $x - 35$,水池的面积的 2 倍为 $(x-35)^2 - 35^2 = x^2 - 70x$.(参见勾股定理的赵爽证法)故水池面积的 4 倍为

$$4S_{矩形} = 2x^2 - 140x \qquad ①$$

又圆形田的面积的 4 倍为 πx^2,水池面积的 4 倍为

$$4S_{矩形} = \pi x^2 - 4 \cdot 6\ 000 = \pi x^2 - 24\ 000 \qquad ②$$

由式①②便有 $(\pi - x)x^2 + 140x - 24\ 000 = 0$. 以上式求得 x 值之后,再列一个一元二次方程,就可以求得长方形水池的长或宽中的一个,最后一个未知数也就可以推出来了.

由上可以看出:出入相补原理是传统的中国古代数学常用的一种解题方法原理. 因为这样的方法反映了平面图形最重要的特征——两个等形或等积的平面图形总可以通过出入相补的方法转化为全等形. 正因为如此,今天,这个原理仍有着强大的生命力.

20.1 等形出入相补

例1 $ABCD$ 为任意四边形,E,F,G,H 分别为 AB 与 CD 的三等分点,而 M,N 分别为 AD,BC 的中点. 求证:EG,FH 被 MN 平分,而 MN 被 EG,FH 三等分.

证明 联结 MN,EG,FH,将 $ABCD$ 分成六个小四边形分别记作 $1,2,3,4,5,6$,如图 20.1.4 所示.

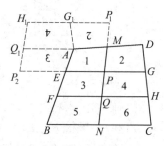

图 20.1.4

先将 $2,3,4$ 三个四边形移置如图 20.1.4 所示处,显然 $\angle AMP + \angle AMP_1 = 180°$,从而 P,M,P_1 共线. 同理 P,E,P_2 共线,P_2,Q_1,H_1 共线,H_1,G_1,P_1 共线. 又从原图中可知对顶角相等有 $\angle G_1P_1M = \angle Q_1P_2E$,$\angle EPM = \angle Q_1H_1G_1$,因此四边形 $P_2PP_1H_1$ 为平行四边形. 同时可知 M,E,Q_1,G_1 分别为四边的中点,故 MEQ_1G_1 也为平行四边形. 所以

$$EQ_1 = MG_1 = EQ = MG, EM = Q_1F_1 = QG$$

即 $MEQG$ 为平行四边形. 故对角线 MQ,EG 互相平分,即 MQ 被 EG 平分.

同理,可证得 FH 与 PN 互相平分,这样便证得结论成立.

上例通过移出三个小四边形而补成一个平行四边形,显示了所给图形的内在关系,从而获证. 下面再看几例.

例2 在 $\triangle ABC$ 中,点 D 是 AB 的中点,E,F 分别是边 AC,BC 上的点. 证明:$\triangle DEF$ 的面积不超过 $\triangle ADE$ 与 $\triangle BDF$ 的面积之和.

证明 如图 20.1.5 所示,将 $\triangle ADE$ 移置于 $\triangle BDE'$ 处,显然 E',D,E 共线,且 D 为 $E'E$ 的中点,于是

$$S_{\triangle E'FD} = S_{\triangle DFE}$$

而

$$S_{\triangle BDE'} = S_{\triangle ADE}$$

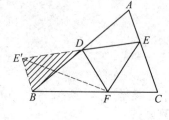

图 20.1.5

故 $S_{\triangle ADE} + S_{\triangle BDF} = S_{\triangle BDE'} + S_{\triangle BDF} = S_{四边形 BFDE'} > S_{\triangle E'FD} = S_{\triangle DEF}$.

上例的证明也可以看作是对称原理的应用(联想对称作辅图).

例3 一个圆内接凸八边形的四条相邻边边长等于 3,另四条边边长等于 2,求它的面积,并表示成形式 $r + s\sqrt{t}$. 其中 r,s,t 是正整数.

解 把已知的八边形沿各顶点和外接圆圆心的连线分割成八个三角形,把这八个三角形移置到如图 20.1.6 所示处,拼合成边长相间为 3 和 2 的八边形. 这个八边形与原来的八边形内接于同样大的圆,它的各个顶角都等于 $135°$. 因此,可以在边长为 2 的边上补上一个直角边长是 $\sqrt{2}$ 的等腰三角形,从而把八边形扩大为一个边长是 $3 + 2\sqrt{2}$ 的正方形 $MNPQ$. 故所求的八边形的面积

$$S = (3 + 2\sqrt{2})^2 - 4 \cdot \frac{1}{2} \cdot (\sqrt{2})^2 = 13 + 12\sqrt{2}$$

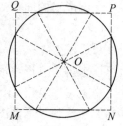

图 20.1.6

即

$$r = 13, s = 12, t = 2$$

例4 如图 20.1.7 所示,有 $\triangle ABC$ 及 $\triangle PQR$,在 $\triangle ABC$ 中,$\angle ADB = \angle BDC = \angle CDA =$

$120°$,$AD=u$,$BD=v$,$CD=w$. 求证:存在 $\triangle PQR$ 的边长都相等,等于 $u+v+w$,且 P,Q,R 三点到三角形内部一点的距离为 $\triangle ABC$ 的三边长.

这道题是 1974 年美国第三届奥林匹克中的最后一道试题. 当美国著名的《纽约时报》发表了这一届的试题后,立即在全国范围内引起了很大的反响. 许多数学爱好者向报社寄去了若干种解法. 在众多的解法中,最简单的一个就是运用出入相补原理的解法.

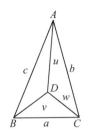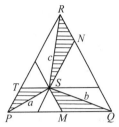

图 20.1.7

证明 自点 S 作 $SP=a$,$SR=c$,$SQ=b$,且使 P,Q,R 三点构成等边三角形的三顶点. 再过点 S 作此三角形各边的平行线,并移出画有阴影线的三个三角形:$\triangle PST$,$\triangle QSM$,$\triangle RSN$,再把它们移置到它处拼起来. 由于 $\angle PTS=\angle QMS=\angle RNS=120°$,$TP=SM$,$MQ=NS$,$NR=TS$,于是 T,M,N 三点重合,TP 与 MS,MQ 与 NS,NR 与 TS 重合. 即构成 $\triangle ABC$.

在 $\triangle ABC$ 内,使 $\angle ADB=\angle BDC=120°$ 时,点 D 是唯一的,故 $\triangle BCD \cong \triangle SPT$,即 $PT=w$. 同理,$QM=u$,$RN=v$,故 $\triangle PQR$ 的边长为 $u+v+w$.

例 5 过三角形的重心任作一直线,把这三角形分成两部分,求证:这两部分面积之差不大于整个三角形面积的 $\dfrac{1}{9}$.

此例我们在 10.2 节例 1 中给出了它的一个分析法证明,下面给出运用出入相补原理的证明.

证明 将三角形各边分成三等分,将 $\triangle ABC$ 作剖分(过三角形每边的 n 等分点作平行一边的直线,把三角形分成 n^2 个全等的小三角形的操作),如图 20.1.8 所示,且设 G 是其重心.

如果过 G 所作的直线恰好是三角形的某一条"部分线",这时两部分的面积之差恰好是一个小三角形面积,即为 $\triangle ABC$ 面积的 $\dfrac{1}{9}$.

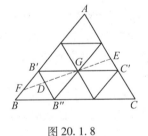

图 20.1.8

一般地,设过 G 的直线是图中的虚线,且交 AB 于 F,交 AC 于 E,交 $B'B''$ 于 D. 显然,有 $\triangle B'GD \cong \triangle C'GE$. 把直线 FE 下方的 $\triangle C'GE$ 移出到直线上方,直线 FE 上方的 $\triangle B'GD$ 补回给直线下方. 这时,直线 FE 上下两部分面积之差等于

$$|S_{\triangle B'FD}-S_{\text{四边形}FBB''D}| \leq S_{\triangle B'BB''}=\dfrac{1}{9}S_{\triangle ABC}$$

上述等形出入相补各例的一个共同特点是:将所给图形中的某些部分移出置于他处拼成某个特殊的图形. 根据等形必等积及特殊图形的性质,显示出要求解问题的内在规律,从而把问题解决了.

平面几何中的等形出入相补也可推广到立体几何中去.

例如,课本《立体几何》曾有这样的例题:试证斜棱柱的侧面积等于它的直截面(垂直于侧棱的截面)的周长与侧棱长的乘积. 在这道例题的证明中,是把斜棱柱的直截面下面的部分,移置到斜棱柱上底处,得到一直棱柱证明的.

又例如,课本《立体几何》曾有这样的习题:斜三棱柱的一个侧面的面积等于 S,这个侧面与它所对的棱的距离等于 a. 求证:这个棱柱的体积等于 $\frac{1}{2}Sa$. 若将此三棱柱分割移出一部分补成四棱柱便可简捷证明此题.

下面再看两道例题.

例6 $V-ABC$ 为一个三面角,VD 是面角 BVC 的平分线,若 $\angle AVD < \frac{\pi}{2}$,则

$$\frac{1}{2}(\angle AVB + \angle AVC) > \angle AVD$$

证明 将三面角 $V-ABD$ 移置到如图20.1.9所示处得到三面角 $V-DA'C$,则面角 $VA'C$ 等于面角 AVD. 在三面角 $V-AA'C$ 中,有

$$\angle AVC + \angle A'VC > \angle AVA' = 2\angle AVD$$

故

$$\frac{1}{2}(\angle AVB + \angle AVC) > \angle AVD$$

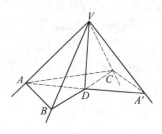

图 20.1.9

例7 有三个 12 cm × 12 cm 的正方形,如图20.1.10(a)所示. 联结相邻两边的中点,把每一个正方形分割成 A 与 B 两块,然后如图20.1.10(b)所示,将这六块粘附于一个正六边形,折叠成一个多面体. 这个多面体的体积是多少(以 cm³ 为单位)?

解法1 由于该多面体的底是个正六边形,而这个正六边形就是通过正方体的对角线的中点,且与此对角线垂直的平面和该正方体相截所得的截面. 而这截面将正方体分为体积相等的两个多面体,所以折叠成的多面体体积是

$$\frac{1}{2} \cdot 12^3 = 864 \ (\text{cm}^3)$$

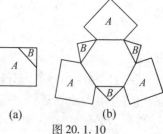

图 20.1.10

解法2 所折叠成的多面体的体积是由一个棱长为18 cm 的正四面体减去三个体积相等,且棱长为 6 cm 的正四面体所组成的,即体积为 $\frac{1}{6} \cdot 18^3 - 3 \cdot \frac{1}{6} \cdot 6^3 = 864(\text{cm}^3)$.

从上面一系列的例子可以看出,等形出入相补就是将题设的有关图形予以割补,使最后得到的图形合乎题里要求的图形,从这个意义上说,出入相补法可视为等积(面积、体积)变换的特殊情形.

20.2 等积形出入相补

在一般情况下,题设所给的图形不具有特殊属性,把等积形分割成每部分是对应相等的全等形,在理论上虽然是可行的,实践上未必是方便的. 在这种情况下,如果注意直接利用等积形出入相补,有时更为方便一些,这也是等积变换中一类常用的方法.

例1 过四边形各对角线的中点,引另一对角线的平行线,则由其交点至各边中点的四条连线,将原四边形四等分.

证明 如图 20.2.1 所示,四边形 $ABCD$ 中,设对角线 AC,BD 的中点分别为 E,F. 过 E,F 分别平行于另一对角线的直线相交于 G. 又设 AB,BC,CD,AD 之中点为 P,Q,R,S.

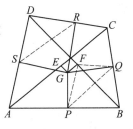

图 20.2.1

联结 RQ,RS,则
$$S_{\triangle DRS} = \frac{1}{4}S_{\triangle ACD}, \quad S_{\triangle PBQ} = \frac{1}{4}S_{\triangle ABC}$$

联结 FP,FQ,则
$$S_{\triangle GPQ} = S_{\triangle FPQ}$$

若将 $\triangle GPQ$ 移置于 $\triangle DSR$ 处,则 $S_{\triangle GPQ} = S_{\triangle DSR}$(因 $\triangle FPQ \cong \triangle DSR$). 于是
$$S_{四边形CPBQ} = S_{\triangle GPQ} + S_{\triangle PBQ} = \frac{1}{4}S_{\triangle ACD} + \frac{1}{4}S_{\triangle ABC} = \frac{1}{4}S_{四边形ABCD}$$

同理 $S_{四边形DSGR} = S_{四边形SAPG} = S_{四边形GQCR} = \frac{1}{4}S_{四边形ABCD}$.

例 2 若四边形 $ABCD$ 的两条对角线和它们的夹角分别等于一个三角形的两边及其夹角,则它们的面积相等.

证明 设在四边形 $ABCD$,$\triangle EFG$ 中,$AC = GF$,$BD = GE$,$\angle BOC = \angle EGF$,如图 20.2.2 所示.

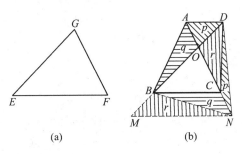

图 20.2.2

延长 OB 至 M,使 $OM = GE$. 延长 OC 至 N,使 $ON = GF$. 易证 $\triangle OMN \cong \triangle GEF$,于是
$$S_{\triangle GEF} = S_{\triangle OMN} = S_{\triangle MNB} + S_{\triangle BNO} =$$
$$S_{\triangle DON} + S_{\triangle BNO} =$$
$$S_{\triangle BCD} + S_{\triangle BCN} + S_{\triangle DCN} =$$
$$S_{\triangle BCD} + S_{\triangle ABO} + S_{\triangle ADO} =$$
$$S_{四边形ABCD}$$

例 3 求作一个正方形,使它与一个已知的凸五边形 $ABCDE$ 等积.

作法(图 20.2.3):

(i) 联结对角线 AC,CE;

(ii) 过顶点 B 和 D 分别引直线平行于 AC 和 CE 交 AE 的延长线、反向延长线于点 G,F;

(iii) 作 $\triangle ABC$ 的高 CH;

(iv) 作 CH 和 $\frac{1}{2}FG$ 的比例中项,即以 $\frac{1}{2}(CH + \frac{1}{2}FG)$ 为半径作半圆,过 CH 与 $\frac{1}{2}FG$ 的分界点 M 作垂线交半圆周于点 K;

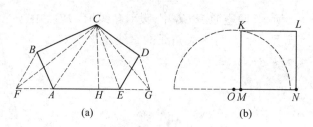

图 20.2.3

(v) 以 MK 为边作正方形 $MNLK$，即为所求.

证明 （略）.

20.3 数、式出入相补

这里的数、式出入相补,实际上是添项减项(或凑0)法的另一种说法. 在初中的因式分解、高中的用数学归纳法证明整除性问题中,我们已看到了这种方法的作用. 这是一种很重要的技巧,下面略举几例(注意 $a - a = 0$).

例1 求 $\sqrt[3]{1 - 27\sqrt[3]{26} + 9\sqrt[3]{26^2}} + \sqrt[3]{26}$ 的值.

解 原式 $= \sqrt[3]{1 + 1 + 26 - 26 - 27\sqrt[3]{26} + 9\sqrt[3]{26^2}} + \sqrt[3]{26} =$
$\sqrt[3]{27 - 27\sqrt[3]{26} + 9\sqrt[3]{26} - \sqrt[3]{26^3}} + \sqrt[3]{26} =$
$\sqrt[3]{(3 - \sqrt[3]{26})^3} + \sqrt[3]{26} = 3$

例2 分解因式 $a^2(b - c) + b^2(c - a) + c^2(a - b)$.

解 原式 $= a^2[(b - c) + a - a] + b^2(c - a) + c^2(a - b) =$
$a^2[(b - a) + (a - c)] + b^2(c - a) + c^2(a - b) =$
$-(a - b)(b - c)(c - a)$

注：对称多项式的分解常运用此法.

例3 分解因式 $a^5 + a + 1$.

解法1 原式 $= a^5 - a^2 + a^2 + a + 1 =$
$a^2(a^3 - 1) + (a^2 + a + 1) =$
$(a^2 + a + 1)(a^3 - a^2 + 1)$

解法2 原式 $= a^5 + a^4 + a^3 + a^2 - a^4 - a^3 - a^2 + a + 1 =$
$a^3(a^2 + a + 1) - a^2(a^2 + a + 1) + a^2 + a + 1 =$
$(a^2 + a + 1)(a^3 - a^2 + 1)$

例4 设 n 为自然数,求证：$5^{2n+1} + 3^{n+2} \cdot 2^{n-1}$ 能被19整除.

证明 $5^{2n+1} + 3^{n+2} \cdot 2^{n-1} = 5 \cdot 25^n + 9 \cdot 3^n \cdot \frac{1}{2} \cdot 2^n =$

$\frac{1}{2}(10 \cdot 25^n + 9 \cdot 6^n - 10 \cdot 6^n + 10 \cdot 6^n) =$

$5(25^n - 6^n) + 19 \cdot \frac{1}{2} \cdot 6^n =$

$$5 \cdot 19(25^{n-1} + 6 \cdot 25^{n-2} + \cdots + 6^{n-1}) + 19 \cdot 3 \cdot 6^{n-1}$$

故 $5^{2n+1} + 3^{n+2} \cdot 2^{n-1}$ 能被 19 整除.

例 5 设复数 Z_1 和 Z_2 满足关系式 $Z_1 \cdot \overline{Z_2} + \overline{A}Z_1 + A\overline{Z_2} = 0$,其中 A 为不等于零的复数,证明:$|Z_1 + A||Z_2 + A| = |A|^2$.

证明 由 $Z_1 \cdot \overline{Z_2} + \overline{A}Z_1 + A\overline{Z_2} = 0$,有

$$Z_1 \cdot \overline{Z_2} + \overline{A}Z_1 + A\overline{Z_2} + A\overline{A} - A\overline{A} = 0$$

即

$$(Z_1 + A)(\overline{Z_2} + \overline{A}) = A\overline{A}$$

故

$$|Z_1 + A||Z_2 + A| = |A|^2$$

例 6 已知 $M = \{(x,y) \mid y \geqslant x^2\}$,$N = \{(x,y) \mid x^2 + (y-a)^2 \leqslant 1\}$,则使 $M \cap N = N$ 成立的充要条件是 ( )

(A) $a \geqslant \dfrac{5}{4}$ (B) $a = \dfrac{5}{4}$

(C) $a \geqslant 1$ (D) $0 < a < 1$

解 应选(A),理由如下.

由 $x^2 + (y-a)^2 \leqslant 1$,有

$$x^2 \leqslant 1 - y^2 + 2ay - a^2 + y - y = y - y^2 + (2a-1)y + (1-a^2)$$

于是,当

$$-y^2 + (2a-1)y + (1-a^2) \leqslant 0 \qquad ①$$

必有 $y \geqslant x^2$,即 $N \subseteq M$. 而式①成立的条件是

$$y_{\max} = \frac{-4(1-a^2) - (2a-1)^2}{-4} \leqslant 0$$

即

$$4(1-a^2) + (2a-1)^2 \leqslant 0$$

亦即

$$a \geqslant \frac{5}{4}$$

例 7 设 a,b,c 为三角形三边的长,求证

$$abc \geqslant (a+b-c)(b+c-a)(c+a-b)$$

证明 由

$$a = a + \frac{1}{2}(b - c + c - b) = \frac{1}{2}[(a+b-c) + (c+a-b)] \geqslant$$

$$\sqrt{(a+b-c)(c+a-b)}$$

同理

$$b \geqslant \sqrt{(b+c-a)(a+b-c)}$$

$$c \geqslant \sqrt{(c+a-b)(b+c-a)}$$

把上面三个不等式分别相乘即证.

例 8 若 $0 \leqslant a,b,c \leqslant 1$,求证

$$\frac{a}{b+c+1} + \frac{b}{a+c+1} + \frac{c}{a+b+1} + (1-a)(1-b)(1-c) \leq 1$$

此题我们曾作为 10.2 节例 2 给出了它的分析法证明. 下面我们运用出入相补法另证如下.

证明 由于此不等式左边是全对称式,不失一般性,可设 $0 \leq a \leq b \leq c \leq 1$,于是

$$左边 = \frac{a}{b+c+1} + \frac{b}{a+c+1} + \frac{c}{a+b+1} + \frac{1}{a+b+1} - \frac{1}{a+b+1} +$$
$$(1-a)(1-b)(1-c) \leq$$
$$\frac{a+b+1}{a+b+1} + \frac{c-1}{a+b+1} + (1-a)(1-b)(1-c) =$$
$$1 + (1-c)\left[(1-a)(1-b) - \frac{1}{a+b+1}\right] =$$
$$1 + \frac{1-c}{a+b+1}\left[a^2(b-1) + b^2(a-1) - ab\right] \leq 1$$

故原不等式获证.

下面给出加 0 法和乘 1 法相配合求函数极限的一个例子,作为本章的最后一道例题. 这种方法是求解函数极限难题的常用方法.

例 9 求极限 $\lim\limits_{x \to 0}\left(\dfrac{a^{x^2} + b^{x^2}}{a^x + b^x}\right)^{\frac{1}{x}}$ $(a > 0, b > 0)$.

解
$$\lim_{x \to 0}\left(\frac{a^{x^2} + b^{x^2}}{a^x + b^x}\right)^{\frac{1}{x}} = \lim_{x \to 0}\left(1 - 1 + \frac{a^{x^2} + b^{x^2}}{a^x + b^x}\right)^{\frac{1}{x}} =$$
$$\lim_{x \to 0}\left(1 + \frac{a^{x^2} + b^{x^2} - a^x - b^x}{a^x + b^x}\right)^{\frac{a^x + b^x}{a^{x^2} + b^{x^2} - a^x - b^x} \cdot \frac{a^{x^2} + b^{x^2} - a^x - b^x}{a^x + b^x} \cdot \frac{1}{x}} =$$
$$\mathrm{e}^{\lim\limits_{x \to 0} B}$$

其中
$$B = \frac{a^{x^2} + b^{x^2} - a^x - b^x}{a^x + b^x} \cdot \frac{1}{x}$$

又可证 $\lim\limits_{y \to 0} \dfrac{a^y - 1}{y} = \ln a$,则

$$\lim_{x \to 0} B = \lim_{x \to 0} x \frac{1}{x(a^x + b^x)}(a^{x^2} + b^{x^2} - a^x - b^x) =$$
$$\lim_{x \to 0} \frac{x^2 - x}{x(a^x + b^x)}\left[\frac{a^x(a^{x^2-x} - 1)}{x^2 - x} + \frac{b^x(b^{x^2-x} - 1)}{x^2 - x}\right] =$$
$$\lim_{x \to 0} \frac{x^2 - x}{x(a^x + b^x)} \lim_{x \to 0}\left[\frac{a^x(a^{x^2-x} - 1)}{x^2 - x} + \frac{b^x(b^{x^2-x} - 1)}{x^2 - x}\right] =$$
$$-\frac{1}{2} \cdot (\ln a + \ln b) =$$
$$\ln \frac{1}{\sqrt{ab}}$$

故 $\lim\limits_{x \to 0}\left(\dfrac{a^{x^2} + b^{x^2}}{a^x + b^x}\right)^{\frac{1}{x}} = \dfrac{1}{\sqrt{ab}}$ $(a > 0, b > 0)$

思 考 题

1. 化简 $\dfrac{b-c}{(a-b)(c-a)} + \dfrac{c-a}{(b-c)(a-b)} + \dfrac{a-b}{(c-a)(b-c)}$.

2. 求 $\dfrac{1}{1+a} + \dfrac{2}{1+a^2} + \dfrac{4}{1+a^4} + \dfrac{8}{1+a^8}$ 的值.

3. 用出入相补原理证明:已知直角三角形的两直角边为 a,b,斜边为 c,则其内切圆直径 $d = \dfrac{2ab}{a+b+c}$.

4. 设同底的 $\triangle ABC$ 和 $\triangle ABD$ 在 AB 的同一侧,且 $S_{\triangle ABD} > S_{\triangle ABC}$. 顺次联结 CA,CB,DB,DA 的中点 E,F,G,H 成一四边形 $EFGH$. 求证

$$S_{四边形EFGH} = \dfrac{1}{2}(S_{\triangle ABD} - S_{\triangle ABC})$$

5. 已知 $a+b+c=0$,且 a,b,c 均不为 0,化简

$$a\left(\dfrac{1}{b}+\dfrac{1}{c}\right) + b\left(\dfrac{1}{a}+\dfrac{1}{c}\right) + c\left(\dfrac{1}{a}+\dfrac{1}{b}\right)$$

6. 求证:$\dfrac{1}{2}(a^n + b^n) \geq \left[\dfrac{1}{2}(a+b)\right]^n$,其中 $a \geq 0, b \geq 0, n \in \mathbf{N}$.

7. 求 $y = x + \sqrt{1-x}$ 的最大值.

思考题参考解答

1. 原式中第一个分子加 $0 = -a+a$,第二个分子加 $0 = -b+b$,第三个分子加 $0 = -c+c$,则化简结果为 $-\left(\dfrac{2}{a-b} + \dfrac{2}{b-c} + \dfrac{2}{c-a}\right)$.

2. 原式中加 $0 = -\dfrac{1}{1-a} + \dfrac{1}{1-a}$,再由 $\dfrac{1}{1-a} + \dfrac{1}{1-a} = \dfrac{2}{1-a^2}$,依此类推,得值为 $-\dfrac{1}{1-a} + \dfrac{16}{1-a^{16}}$.

3. 联结内切圆圆心 O 和三个切点及三个顶点,把直角三角形分割成六块,取同样的四组,拼成一个大矩形,其面积是 $2ab$,长是 $a+b+c$,宽是 d,故有 $(a+b+c) \cdot d = 2ab$,即 $d = \dfrac{2ab}{a+b+c}$.

4. 由 $S_{\square AEFM} = \dfrac{1}{2} S_{\triangle ABC}$,$S_{\square AMGH} = \dfrac{1}{2} S_{\triangle ABD}$,于是 $\dfrac{1}{2}(S_{\triangle ABD} - S_{\triangle ABC}) = S_{\square AMGH} - S_{\square AEFM}$. 又 $S_{\square EFGH} = S_{\square AMGH} - S_{梯形AMFQ} - S_{\triangle FMG} - S_{\triangle EQH} = S_{\square AMGH} - (S_{\square AEFM} - S_{\triangle AQE}) - S_{\triangle FMG} - S_{\triangle EQH} = S_{\square AMGH} - S_{\square AEFM} - S_{\triangle FMG} + (S_{\triangle AQE} + S_{\triangle EQH}) = S_{\square AMGH} - S_{\square AEFM} - S_{\triangle FMG} + S_{\triangle AHE}$.

而 $\triangle AHE \cong \triangle FMG$. 故 $S_{\square EFGH} = S_{\square AMGH} - S_{\square AEFM} = \dfrac{1}{2}(S_{\triangle ABD} - S_{\triangle ABC})$.

5. 由 $\left(\dfrac{a}{a} + \dfrac{b}{a} + \dfrac{c}{a}\right) + \left(\dfrac{a}{b} + \dfrac{b}{b} + \dfrac{c}{b}\right) + \left(\dfrac{a}{c} + \dfrac{b}{c} + \dfrac{c}{c}\right) - \dfrac{a}{a} - \dfrac{b}{b} - \dfrac{c}{c} = \dfrac{0}{a} + \dfrac{0}{b} + \dfrac{0}{c} - 3 = -3$.

6. $a = a + \dfrac{b-b}{2} = \dfrac{a+b}{2} + \dfrac{a-b}{2}, b = \dfrac{a+b}{2} - \dfrac{a-b}{2}, \dfrac{1}{2}(a^n + b^n) = \dfrac{1}{2}[(\dfrac{a+b}{2} + \dfrac{a-b}{2})^n + (\dfrac{a+b}{2} - \dfrac{a-b}{2})^n] \geqslant (\dfrac{a+b}{2})^n.$

7. $y = x + 1 - 1 + \sqrt{1-x} = -(\sqrt{1-x} - \dfrac{1}{2})^2 + \dfrac{5}{4}$,因 $x \leqslant 1, x = \dfrac{3}{4}$ 时,$y_{最大} = \dfrac{5}{4}.$

第二十一章 祖暅原理

取一摞书或一摞纸张堆放在桌面上,将它如图 21.1(a) 那样. 若改变一下形状,这时高没有改变,每页纸的面积也没有改变,因而这摞书或纸张的体积与变形前相等.

这个事实表明了夹在两个平行平面之间的两个形状不同的几何体,被平行于这两个平面的任意一个平面所截,如果截得的两个截面的面积总相等,那么这两个几何体的体积相等.

这就是我国古代数学家祖暅 5 世纪,在实践的基础上总结出的一条原理——祖暅原理. 欧洲直到 17 世纪,才由意大利的卡瓦雷利(Cavalieri) 提出了这个事实.

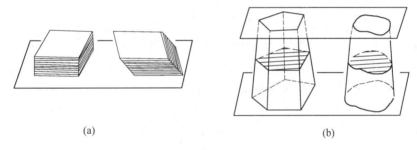

图 21.1

利用祖暅原理,可推导出立体几何中柱体、锥体、台体、球体等的体积公式.

柱体(棱柱、圆柱) 的体积等于它的底面积 S 和高 h 的乘积.

锥体(棱锥、圆锥) 的体积等于它的底面积 S 和高 h 的乘积的三分之一.

如果球的半径是 R,那么它的体积是

$$V_{球} = \frac{4}{3}\pi R^3$$

应用祖暅原理推导这些公式时,关键是寻找便于计算体积的辅助几何体.

下面给出推导半球体积公式时寻找辅助几何体的过程. 分如下三步:

Ⅰ. 确定辅助几何体的高. 为了符合祖暅原理的第一个条件,必须找一个高是 R 的辅助几何体,将半球如图 21.2 左图放置.

Ⅱ. 确定辅助几何体的截面面积. 如果用平行于 α 的平面去截半球体和辅助体,所得两截面面积要求相等. 由于平行于 α 的平面截半球所得的截面是圆,设此截面与 α 的距离为 d,截面圆 $O'(r)$ 的半径为 r,则 $S_{O'(r)} = \pi r^2 = \pi(R^2 - d^2)$,具有圆环面积公式的形式. 这个圆环的大圆半径是 R,为常量,小圆半径为 d,它是随截面变化而变化的变量.

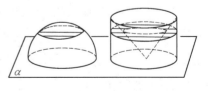

图 21.2

Ⅲ. 确定辅助几何体的形状和大小. 由于 R 是常量,可以断定辅助几何体的外形可以是一个底面半径和高都是 R 的圆柱体. 要使辅助几何体截面是圆环,则在这样的圆柱中一定挖去一个小圆柱或圆台或圆锥.

若挖去的是小圆柱,则与 d 是变量矛盾.

由于半球体的截面面积从上到下,由零增大到 πR^2,这就要求辅助几何体的截面面积也具有这一变化规律. 因此,在圆柱中就不可能挖去一个圆台,只能挖去圆锥,如图 21.2 右图.

由此,我们便找到了推导半球体的一个辅助几何体,是底面半径和高都是 R 的圆柱挖去一个与圆柱等底等高的倒置的圆锥所得之剩余体.

寻找推导半球体的辅助几何体,还可以从 $\pi(R^2 - d^2)$ 联想到两正方形面积之差,而得到另一辅助几何体,请读者试着去找吧!

根据祖暅原理,许多几何体的体积都可以用初等数学的方法来求得.

例 1 相切的两个球面有一公共的切锥面. 这三个曲面把空间分成许多部分,只有一个"球形"部分由所有三个曲面围成. 假设两个球面的半径分别是 r 和 R,试求"环形"部分的体积. (答案要求表为 r 和 R 的有理函数)

解 此题运用高等数学中的积分的方法是较易求解的,这里我们运用祖暅原理来求解. 为此,考虑图 21.3,设图形绕 BT 轴旋转. 由 AC, CO 和 $\overset{\frown}{AO}$ 围成的区域 D 所生成的立体是一个小于一球截形的平截头圆锥体. 我们来证明它的体积与三角形区域 BOC 所生成的锥体是相等的.

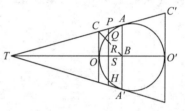

图 21.3

如图 21.3 所示,考虑在 B 和 C 之间垂直于 BT 的任一条直线,它与 AC 交于 P,与 $\overset{\frown}{AO}$ 交于 Q,等等. 线段 PQ 在旋转时生成一个环形区域,其面积为

$$\pi(PS^2 - QS^2) = \pi(PS + QS)(PS - QS) =$$
$$\pi PU \cdot PQ =$$
$$\pi(AP)^2$$

由相似性,知

$$\frac{AP}{AC} = \frac{BS}{BO} = \frac{RS}{CO}$$

因为圆之切线 AC 和 OC 相等,故有 $AP = RS$. 于是环形区域的面积又为 $\pi(RS)^2$. 这正是由 RS 所生成的圆形区域的面积. 所以,根据祖暅原理,由 D 所生成的立体体积与三角形区域 BOC 所生成的锥体体积是相等的.

对于由 AC', $C'O'$ 和 $\overset{\frown}{AO'}$ 围成的曲线区域 D' 所生成的立体,以及由三角形区域 $BO'C'$ 所生成的锥体,上述结论同样适用.

注意,如果 $R = r$,上述论证即变成下述定理的一个经典证明:一个半球及其外切圆柱所界的区域的体积,等于这个圆柱体积的三分之一. 因此,半球的体积等于这个圆柱体积的三分之二.

现在回到原来的问题(图 21.4),所要求的体积 V 是两个锥体的体积之和,这两个锥体具有由 OC 生成的公共底面,高线分别为 OB_1 和 OB_2. 所以

$$V = \frac{1}{3}\pi \cdot OC^2 \cdot B_1B_2$$

由于 O_1C 和 O_2C 二等分互补的角 $\angle A_1CO$ 和 $\angle OCA_2$，故 $\angle O_1CO_2$ 为一直角．因而有

$$OC^2 = O_1O \cdot OO_2 = Rr$$

及

$$B_1B_2 = O_1O_2 \cdot \cos^2\alpha = \frac{4Rr}{R+r}$$

所以

$$V = \frac{4\pi}{3} \cdot \frac{R^2r^2}{R+r}$$

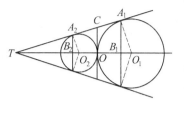

图 21.4

祖暅原理还有如下的两个推理．

推论 1　夹在两条平行线间的两个平面图形，被平行于这两条平行线的任意直线所截，如果截得两条线段之比总等于一个常数 λ，那么这两个平面图形的面积之比为 λ．

特别地，当 $\lambda = 1$ 时，即为相等．

例如，等高的三角形的面积之比，等于它们的底的比；等高矩形和平行四边形的面积之比，等于它们的底之比；一双对边在两条平行线上的凸四边形的面积之比，等于另一双对边中点连线长度之比；……．这些结论由推论 1 即证．

例 2　求证 $\dfrac{x^2}{a^2} + \dfrac{y^2}{b^2} = 1$ 所围成的面积为 πab，其中 ($a > b > 0$)．

证明　如图 21.5 所示，以坐标原点 O 为圆心，b 为半径作圆交 y 轴于 C，D，则圆 O 的方程为 $x^2 + y^2 = b^2$．

设 $A(b,0)$，在直径 CD 上任取点 $E(0,y)$ ($-b \leq y \leq b$)，并作 $EF \perp CD$ 交圆 O 的右半圆于 $P(x_1, y_1)$，交椭圆的右半部于点 $F(x_2, y_1)$，则

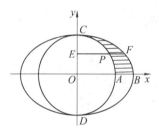

图 21.5

$$x_1^2 + y_1^2 = b^2, \frac{x_2^2}{a^2} + \frac{y_1^2}{b^2} = 1$$

故

$$\frac{EF}{EP} = \frac{x_2}{x_1} = \frac{\frac{a}{b}\sqrt{b^2 - y_1^2}}{\sqrt{b^2 - y_1^2}} = \frac{a}{b}$$

由于点 E 的任意性，依推论 1 即知 $S_{\text{半椭圆}CDB}$ 与 $S_{\text{半圆}CDA}$ 之比为 $\dfrac{a}{b}$，故椭圆 $\dfrac{x^2}{a^2} + \dfrac{y^2}{b^2} = 1$ 的面积为

$$S_{\text{椭圆}} = 2 \cdot \frac{a}{b} \cdot S_{\text{半圆}CDA} = \pi ab$$

推论 2　夹在两个平行平面间的两个几何体，被平行于这两个平面的任意平行面所截，如果获得的两个截面面积之比总为一个常数 λ，那么这两个几何体的体积之比亦为 λ．

特别地，当 $\lambda = 1$ 时，即为祖暅原理．

例如，等高的锥体的体积之比，等于底面面积之比；等高的柱体的体积之比，等于它们的底面面积之比；……．这些结论由推论 2 即证．

例 3　求以 x 轴为旋转轴，曲线 $\dfrac{x^2}{a^2} + \dfrac{y^2}{b^2} = 1$ ($a > b > 0$) 为母线旋转生成的几何体的体积．

解 如图21.6所示,设以 PN 为半径的圆面积为 S_1,以 MN 为半径的圆面积为 S_2.

于是 $S_1 : S_2 = \pi PN^2 : \pi MN^2 = a^2 : b^2$.

再由推论2得

$$V_{旋椭球} : V_{球} = b^2 : a^2$$

故

$$V_{旋椭球} = \frac{4}{3}\pi a^3 \cdot \frac{b^2}{a^2} = \frac{4}{3}\pi ab^2$$

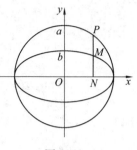

图 21.6

显然,以 y 轴为旋转轴,曲线 $\frac{x^2}{a^2} + \frac{y^2}{b^2} = 1(a > b > 0)$ 为母线旋转生成的几何体的体积为 $\frac{4}{3}\pi a^2 b$.

下面运用推论1及推论2来解答一道例题.

例4 求椭球面 $\frac{x^2}{a^2} + \frac{y^2}{b^2} + \frac{z^2}{c^2} = 1(a > b > 0)$ 围成的椭球体体积.

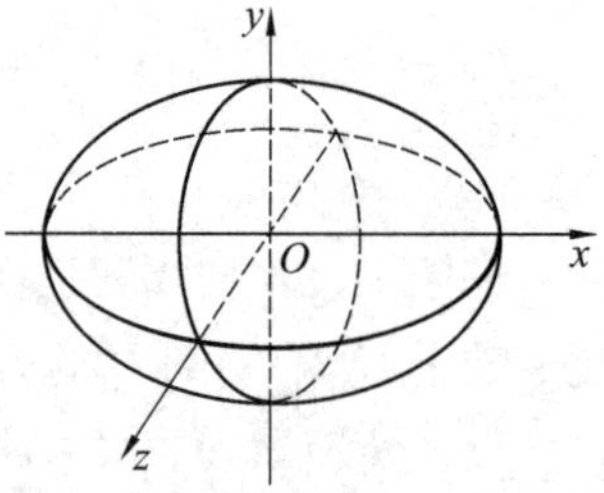

解 如图21.7所示,由 $\frac{x^2}{a^2} + \frac{y^2}{b^2} = 1$ 绕 x 轴旋转得椭球面 $\frac{x^2}{a^2} + \frac{y^2}{b^2} + \frac{z^2}{c^2} = 1$ 所围成的几何体的体积为 $V = \frac{4}{3}\pi ab^2$. 用平面 $x = \alpha$ 去截此几何体及所求椭球体,所截得截面之比由推论1得,为 $b : c$. 又由推论2得

$$V_{椭球} : \frac{4}{3}\pi ab^2 = c : b$$

图 21.7

故 $V_{椭球} = \frac{4}{3}\pi abc$,为所求.

思 考 题

1. 利用祖暅原理推导球缺(一个球被平面截下的部分)的体积公式.

2. 求以 y 轴为旋转轴,曲线 $\frac{y^2}{a^2} - \frac{x^2}{b^2} = 1(a \leq y \leq a+k, k > 0)$ 为母线生成的几何体体积.

3. 求以 y 轴为旋转轴,曲线 $\frac{x^2}{a^2} - \frac{y^2}{b^2} = 1(0 \leq y \leq k)$ 为母线生成的几何体体积.

4. 求以 y 为旋转轴,曲线 $x^2 = 2py(0 \leq y \leq k)$ 为母线生成的几何体体积.

思考题参考解答

1. 可仿照球的体积求法推导. 辅助几何体底面半径等于球缺的半径的圆柱体(其高与球缺高相等)中挖去一个与圆柱等上底等高,下底半径为球缺半径与高之差的圆台的剩余体.

2. 辅助几何体为上底半径为 $a+k$,下底半径为 a,高为 $h(a < h < a+k)$ 的圆台内挖去一个同轴,同高,同下底的圆柱而得剩余体. 所球体积为 $\frac{\pi k^2 b^2}{a^2}(a + \frac{k}{3})$.

3. 辅助几何体是以渐近线为母线的倒置圆锥与底面半径为 a,它们的高均为 h 的两几何体的体积之和. 所求体积为 $\pi a^2 k(1+\dfrac{k^2}{3b^2})$. (此例中实际上由底面半径为 a,高为 h 的圆柱与旋转体中挖去一个以渐近线为母线的倒置圆锥所得剩余体的体积相等)

4. 由底面半径为 $\sqrt{2pk}$,高为 k 的圆柱内挖去一个以 $x^2=2py(0\leqslant y\leqslant k)$ 为母线的抛物旋转体,与以 y 轴为旋转轴, $\dfrac{x^2}{2pk}+\dfrac{y^2}{k^2}=1(y>0)$ 为母线生成的半椭球内挖去一个以 y 轴为旋转轴, $\dfrac{x^2}{\dfrac{pk}{2}}+\dfrac{(y-\dfrac{k}{2})^2}{\dfrac{k^2}{4}}=1$ 为母线生成的椭球的两个剩余体等体积. 所求体积为 πpk^2.

第二十二章　不动点原理

用木棍搅一盆水时,就会出现一个漩涡,漩涡外围的水都飞快地绕漩涡中心旋转,而漩涡中心保持静止不动. 由这种现象可抽象出如下原理.

不动点原理　　如果集合的某元素通过某种变换仍变为自己,我们就说这个元素是该变换下的一个不动点. 对于一个集合,我们总可以找到一个连续变换,使其中的一个元素保持不变(不动).

前面所举盆中水的流动是一点连续地流到另一点,可以把漩涡的水看成是水的一个连续变换,漩涡中心保持静止的水就是这个连续变换的不动点.

寻找各种具体的连续变换及其不动点,是现代数学各领域内极有价值而且引人入胜的课题. 从1912年荷兰数学家布劳维尔开始至现在,数学家们已找到并证明了上百条不动点定理.

数、向量、矩阵、行列式、几何图形等,甚至时间和空间都可以作为元素进行变换. 寻找到了一种变换,只要有一元素仍变为自己,便得到了不动点. 例如,寻找到的变换限于数的对应关系,便有函数不动点;变换限于排列对应关系,便有组合不动点;变换限于几何图形对应关系,便有旋转不动点;变换限于元素间建立邻域关系的集合与几何图形的对应关系,便有拓扑不动点;……

下面我们简要介绍几类"不动点"及应用.

22.1　函数不动点

设 $f(x)$ 是一个关于 x 的代数函数,我们称方程 $f(x) = x$ 的根为函数了 $f(x)$ 的不动点.

22.1.1　利用 $f(x)$ 的不动点,求 $f(x)$ 的 n 次迭代函数的解析式

若 $f(x) = ax + b(a \neq 1)$,则 $f(x)$ 的不动点是 $\dfrac{b}{1-a}$,$f(x)$ 的 n 次迭代函数的解析式用 $f(x)$ 的不动点表示如下:

$$\underbrace{f(f(\cdots(f(x))\cdots))}_{n\text{个}} = a^n\left(x - \frac{b}{1-a}\right) + \frac{b}{1-a}$$

我们可用数学归纳法证明这个结论.

显然,$f(x) = ax + b$,$n = 1$ 时结论正确.

设当 $n = k$ 时结论成立,即

$$\underbrace{f(f(\cdots(f(x))\cdots))}_{k\text{个}} = a^k\left(x - \frac{b}{1-a}\right) + \frac{b}{1-a}$$

则当 $n = k + 1$ 时

$$\underbrace{f(f(\cdots(f(x))\cdots))}_{k+1\uparrow} = a \cdot \underbrace{f(f(\cdots(f(x))\cdots))}_{k\uparrow} + b =$$

$$a \cdot \left[a^k \left(x - \frac{b}{1-a} \right) + \frac{b}{1-a} \right] + b =$$

$$a^{k+1} \left(x - \frac{b}{1-a} \right) + \frac{b}{1-a}$$

所以,当 $n = k + 1$ 时,结论也成立.

综上所述,我们便证明了这个结论正确.

例1 已知 $f(f(f(x))) = 8x + 7$,求一次实系数函数 $f(x)$ 的解析式.

解 设 $f(x) = ax + b$,显然 $a \neq 1$,则

$$a^3 \left(x - \frac{b}{1-a} \right) + \frac{b}{1-a} = 8x + 7$$

即有

$$\begin{cases} a^3 = 8 \\ \dfrac{(a^3-1)b}{1-a} = -7 \end{cases} \Rightarrow \begin{cases} a = 2 \\ b = 1 \end{cases}$$

故所求一次函数式为 $f(x) = 2x + 1$.

注:按原题意所求函数式如上,其实,还有一次函数 $f(x) = (-1 + \sqrt{3}\mathrm{i})x - 2 + \sqrt{3}\mathrm{i}$ 及 $f(x) = (-1 - \sqrt{3}\mathrm{i})x - \sqrt{3}\mathrm{i}$ 也满足题设中的复合条件.

22.1.2 利用 $f(x)$ 的不动点解方程

若 a,b 是二次函数 $f(x) = Ax^2 + Bx + C(A \neq 0)$ 的两个不动点,则 a,b 也是四次函数 $f[f(x)] = A(Ax^2 + Bx + C)^2 + B(Ax^2 + Bx + C) + C$ 的两个不动点.

事实上,根据题设,可令 $f(x) = x + A(x-a)(x-b)$,则得

$$f[f(x)] - x = f(x) + A[f(x) - a][f(x) - b] - x =$$
$$A(x-a)(x-b) + A[x + A(x-a)(x-b) - a] \cdot$$
$$[x + A(x-a)(x-b) - b] =$$
$$A(x-a)(x-b)\{1 + [1 + A(x-b)][1 + A(x-a)]\}$$

故 a,b 是 $f[f(x)]$ 的两个不动点.

从上面的证明中也可以看出: $f[f(x)]$ 的另两个不动点由方程 $1 + [1 + A(x-b)][1 + A(x-a)] = 0$ 给出.

例2 解方程 $(y^2 - 3y + 2)^2 - 3(y^2 - 3y + 2) + 2 - y = 0$.

解 令 $f(y) = y^2 - 3y + 2$,则 $f(y)$ 的两个不动点分别是 $2 + \sqrt{2}$ 和 $2 - \sqrt{2}$.于是 $2 + \sqrt{2}$, $2 - \sqrt{2}$ 也是 $f[f(y)]$ 的两个不动点.又因 $f[f(y)]$ 的另两个不动点由 $1 + [1 + (y - 2 + \sqrt{2})] \cdot [1 + (y - 2 - \sqrt{2})] = 0$,即 $y^2 - 2y = 0$ 求得为 0 和 2.故所求方程 $f[f(y)] - y = 0$ 的四个根分别为 $2 + \sqrt{2}, 2 - \sqrt{2}, 0, 2$.

从上例可以看出,对于一元代数方程 $g(x) = 0$,可转化为同解方程 $f(x) - x = g(x) = 0$. 求得 $f(x)$ 的不动点,即可得 $g(x) = 0$ 的根.

运用牛顿切线法来求解高于四次的一元代数方程、无理方程、超越方程等的近似根,就是基于上述道理.

运用牛顿切线法求 $g(x)=0$ 的近似根时,先适当选取一个数 x_0,做出 $x_1 = x_0 - \dfrac{g(x_0)}{g'(x_0)}$,$x_2 = x_1 - \dfrac{g(x_1)}{g'(x_1)}$,$x_3 = x_2 - \dfrac{g(x_2)}{g'(x_2)}$,$\cdots$,得到一串逼近方程根的数列 $\{x_i\}$,$i=1,2,\cdots$(其中 $g'(x)$ 为 $g(x)$ 的导函数)再根据实际需要,可求得某一个 x_i 就够了. 因此,利用 $f(x)$ 的不动点来求方程 $g(x)=0$ 的近似根的牛顿切线法,给计算机运算(解方程)带来了很大的方便.

22.1.3 利用 $f(x)$ 的不动点求递推数列的通项

下面介绍利用 $f(x)$ 的不动点来求几类特殊递推数列的通项公式的定理.

定理 1 若 $f(x) = ax + b(a \neq 0, a \neq 1)$,$x_0$ 是 $f(x)$ 的不动点,a_n 满足递推关系 $a_n = f(a_{n-1})(n>1)$,则 $a_n - x_0 = a(a_{n-1} - x_0)$,即 $\{a_n - x_0\}$ 是公比为 a 的等比数列.

证明 因为 x_0 是 $f(x)$ 的不动点,则 $ax_0 + b = x_0$,即 $b - x_0 = -ax_0$,由 $a_n = a \cdot a_{n-1} + x_0$,得 $a_n - x_0 = a \cdot a_{n-1} + b - x_0 = a(a_{n-1} - x_0)$,所以 $\{a_n - x_0\}$ 是公比为 a 的等比数列.

定理 2 设 $f(x) = \dfrac{Ax + B}{Cx + D}$ 有两个不动点 x_1, x_2,且由 $a_{n+1} = f(a_n)$ 确定着数列 $\{a_n\}$.

(i) 若 $x_1 \neq x_2$,则数列 $\left\{\dfrac{a_n - x_1}{a_n - x_2}\right\}$ 是等比数列;

(ii) 若 $x_1 = x_2$,则数列 $\left\{\dfrac{1}{a_n - x_1}\right\}$ 是等差数列.

证明 因 $x_k(k=1,2)$ 是 $f(x)$ 的不动点,则 $x_k = \dfrac{Ax_k + B}{Cx_k + D}$,亦即
$$Cx_k^2 + (D - A)x_k - B = 0 \qquad ①$$
故 $Dx_k - B = (A - Cx_k) \cdot x_k$,于是:

(i) $\dfrac{a_{n+1} - x_1}{a_{n+1} - x_2} = \dfrac{\dfrac{Aa_n + B}{Ca_n + D} - x_1}{\dfrac{Aa_n + B}{Ca_n + D} - x_2} =$

$\dfrac{Aa_n + B - Ca_n x_1 - Dx_1}{Aa_n + B - Ca_n x_2 - Dx_2} =$

$\dfrac{A - Cx_1}{A - Cx_2} \cdot \dfrac{a_n - x_1}{a_n - x_2}$

由于 A, C, x_1, x_2 均为常数,故数列 $\left\{\dfrac{a_n - x_1}{a_n - x_2}\right\}$ 是等比数列.

(ii) $\dfrac{1}{a_{n+1} - x_1} = \dfrac{1}{\dfrac{Aa_n + B}{Ca_n + D} - x_1} =$

$\dfrac{Ca_n + D}{Aa_n + B - (Ca_n + D)x_1} =$

$\dfrac{Ca_n + D}{(A - Cx_1)a_n + B - Dx_1} =$

$$\frac{Ca_n + D}{(A - Cx_1)a_n + (Cx_1 - A)x_1} =$$

$$\frac{Ca_n + D}{(A - Cx_1)(a_n - x_1)} =$$

$$\frac{(Ca_n - Cx_1) + (Cx_1 + D)}{(A - Cx_1)(a_n - x_1)} =$$

$$\frac{C}{A - Cx_1} + \frac{Cx_1 + D}{(A - Cx_1)(a_n - x_1)} \qquad ②$$

又方程 ① 有两个相等的根 x_1，由求根公式有 $x_1 = \frac{A - D}{2C}$，从而

$$Cx_1 + D = A - Cx_1 = \frac{1}{2}(A + D) = \frac{C}{A - Cx_1} + \frac{Cx_1 + D}{(A - Cx_1)(a_n - x_1)} = \frac{2C}{A + D} + \frac{1}{a_n - x_1}$$

故数列 $\left\{\dfrac{1}{a_n - x_1}\right\}$ 是等差数列.

注：由式 ① 知，当 $(A - D)^2 + 4BC > 0$ 时，$f(x)$ 有两相异实不动点；当 $(A - D)^2 + 4BC = 0$ 时，$f(x)$ 有两相等实不动点；当 $(A - D)^2 + 4BC < 0$ 时，$f(x)$ 有两相异虚数不动点.

例 1 已知 $a_1 = 1, a_n = 1 + \dfrac{1}{a_{n-1}}$，求 a_n.

解 因 $f(x) = 1 + \dfrac{1}{x}$ 有两相异不动点 $x_1 = \dfrac{1}{2}(1 + \sqrt{5}), x_2 = \dfrac{1}{2}(1 - \sqrt{5})$. 于是，利用上述 (i) 的结果，有

$$\frac{a_n - \dfrac{1 + \sqrt{5}}{2}}{a_n - \dfrac{1 - \sqrt{5}}{2}} = \left(\frac{A - Cx_1}{A - Cx_2}\right)^{n-1} \cdot \frac{a_1 - \dfrac{1 + \sqrt{5}}{2}}{a_1 - \dfrac{1 - \sqrt{5}}{2}} = \left(\frac{1 - \sqrt{5}}{1 + \sqrt{5}}\right)^n$$

其中，$A = 1, C = 1$. 解这个关于 a_n 的方程得

$$a_n = \frac{1}{2}\left[\frac{(1 + \sqrt{5})^{n+1} - (1 - \sqrt{5})^{n+1}}{(1 + \sqrt{5})^n - (1 - \sqrt{5})^n}\right]$$

例 2 设数列 $\{a_n\}$ 满足 $(2 - a_n)a_{n+1} = 1 (n \geq 1)$，求证

$$\lim_{n \to \infty} a_n = 1$$

证明 因 $f(x) = \dfrac{1}{2 - x}$ 有两个相同的不动点 $x_1 = x_2 = 1$，于是

$$\frac{1}{a_n - 1} = \frac{-2}{2} + \frac{1}{a_{n-1} - 1} = \frac{1}{a_1 - 1} + (n - 1) \cdot (-1)$$

即

$$a_n = 1 + \frac{a_1 - 1}{1 - (n - 1)(a_1 - 1)}$$

故

$$\lim_{n \to \infty} a_n = 1$$

定理 3 函数

$$f(x) = \frac{C_k^0 \cdot x^k + C_k^0 \cdot x^{k-2} + C_k^4 \cdot x^{k-4} + \cdots}{C_k^1 \cdot x^{k-1} + C_k^3 \cdot x^{k-3} + C_k^5 \cdot x^{k-5} + \cdots} =$$

$$\frac{(x+1)^k + (x-1)^k}{(x+1)^k - (x-1)^k} \quad (k \geqslant 1, k \in \mathbf{N})$$

有不动点 $x_1 = 1, x_2 = -1$. 若由 $a_{n+1} = f(a_n)$ 确定着数列 $\{a_n\}$, 则数列 $\left\{\ln \dfrac{a_n + x_1}{a_n + x_2}\right\}$ (其中 $a_1 \neq 1$) 是公比为 k 的等比数列.

证明 由题设 $a_{n+1} = \dfrac{(a_n + 1)^k + (a_n - 1)^k}{(a_n + 1)^k - (a_n - 1)^k}$, 有

$$\frac{a_{n+1} + 1}{a_{n+1} - 1} = \frac{(a_n + 1)^k}{(a_n - 1)^k} = \left(\frac{a_n + 1}{a_n - 1}\right)^k$$

(注意合分比定理) 故数列 $\left\{\ln \dfrac{a_n + x_1}{a_n + x_2}\right\}$ (当 $a_1 \neq 1$ 时) 是公比为 k 的等比数列, 此时

$$\frac{a_{n+1} + x_1}{a_{n+1} + x_2} = \cdots = \left(\frac{a_1 + x_1}{a_1 + x_2}\right)^{k^n}$$

于是

$$a_{n+1} = \frac{(a_1 + x_2)^{k^n} + (a_1 + x_2)^{k^n}}{(a_1 + x_1)^{k^n} - (a_1 + x_2)^{k^n}}$$

显然, 当 $a_1 = 1$ 时, 由 $a_{n+1} = f(a_n)$ 确定的数列是常数列 $\{1\}$.

例 3 已知 $x_1 > 0$, 且 $x_1 \neq 1, x_{n+1} = \dfrac{x_n(x_n + 3)}{3x_n^2 + 1} (n = 1, 2, \cdots)$. 试证: 数列 $\{x_n\}$ 或者对任意自然数 n 都满足 $x_n < x_{n+1}$, 或者对任意自然数 n 都满足 $x_n > x_{n+1}$.

证明 由题设 $x_{n+1} = \dfrac{x_n^3 + 3x_n}{3x_n^2 + 1} = \dfrac{(x_n+1)^3 + (x_n-1)^3}{(x_n+1)^3 - (x_n-1)^3}$, 于是

$$x_{n+1} = \frac{(x_1+1)^{3^n} + (x_1-1)^{3^n}}{(x_1+1)^{3^n} - (x_1-1)^{3^n}}$$

令

$$(x_1+1)^{3^{n-1}} = A, (x_1-1)^{3^{n-1}} = B$$

则

$$\frac{x_{n+1}}{x_n} = \frac{A^3 + B^3}{A + B} \cdot \frac{A - B}{A^3 - B^3} = \frac{A^2 - AB + B^2}{A^2 + AB + B^2}$$

又 $n \in \mathbf{N}$, 有 3^{n-1} 是奇数, 于是当 $0 < x_1 < 1$ 时, $x_1 + 1 > 1, x_1 - 1 < 0$, 故 $A > 1, B < 0, AB < 0$, 便有

$$A^2 - AB + B^2 > A^2 + AB + B^2$$

即知

$$\frac{x_{n+1}}{x_n} > 1$$

当 $x_1 > 1$ 时, 仿上推得

$$\frac{x_{n+1}}{x_n} < 1$$

这样便证明了命题成立.

类似于上例, 可讨论 1984 年全国高考理科第八题. 该题题设为:"设 $\alpha > 2$, 给定数列 $\{x_n\}$, 其中 $x_1 = \alpha, x_{n+1} = \dfrac{x_n^2}{2(x_n - 1)} (n = 1, 2, \cdots)$." 只要令 $x_n = y_n + 1$, 则得

$$y_{n+1} = \frac{y_n^2 + 1}{2y_n} = \frac{(y_n+1)^2 + (y_n-1)^2}{(y_n+1)^2 - (y_n-1)^2}$$

即有
$$y_n = \frac{(y_1+1)^{2^{n-1}} + (y_1-1)^{2^{n-1}}}{(y_1+1)^{2^{n-1}} - (y_1-1)^{2^{n-1}}}$$

故
$$x_n = \frac{2}{1 - \left(1 - \dfrac{2}{\alpha}\right)^{2^{n-1}}}$$

推论 1 设函数 $f(x) = \dfrac{x^2 + A}{2x + B}$ 有两个相异的不动点 x_1, x_2，且由 $a_{n+1} = f(a_n)$ 确定着数列 $\{a_n\}$，则数列 $\left\{\ln \dfrac{a_n - x_1}{a_n - x_2}\right\}$ 是公比为 2 的等比数列.

这个结论实际上是定理 3 中 $k = 2$ 时一种情形，证明如下.

因 x_k 是 $f(x)$ 的两个不动点，即 $x_k = \dfrac{x_k^2 + A}{2x_k + B}$，亦即有 $A - Bx_k = x_k^2, k = 1, 2$.

$$\frac{a_{n+1} - x_1}{a_{n+1} - x_2} = \frac{\dfrac{a_n^2 + A}{2a_n + B} - x_1}{\dfrac{a_n^2 + A}{2a_n + B} - x_2} = \frac{a_n^2 + A - x_1(2a_n + B)}{a_n^2 + A - x_2(2a_n + B)} =$$

$$\frac{a_n^2 - 2x_1 a_n + A - x_1 B}{a_n^2 - 2x_2 a_n + A - x_2 B} = \left(\frac{a_n - x_1}{a_n - x_2}\right)^2$$

故数列 $\left(\ln \dfrac{a_n - x_1}{a_n - x_2}\right)$ 是公比为 2 的等比数列.

有了推论 1 的结论，对 1984 年全国高考理科第八题可更简捷地讨论了，其通项直接套结论得

$$\ln \frac{x_n - 2}{x_n} = 2^{n-1} \cdot \ln \frac{x_1 - 2}{x_2}$$

故
$$x_n = \frac{2}{1 - \left(1 - \dfrac{2}{\alpha}\right)^{2^{n-1}}}$$

推论 2 设函数 $f(x) = \dfrac{ax^2 + bx + c}{ex + f}(a \neq 0, e \neq 0)$ 有两个不同的不动点 x_1, x_2，且由 $u_{n+1} = f(u_n)$ 确定数列 $\{u_n\}$，那么当且仅当 $b = 0, e = 2a$ 时，$\dfrac{u_{n+1} - x_1}{u_{n+1} - x_2} = \left(\dfrac{u_n - x_1}{u_n - x_2}\right)^2$.

证明 因 $x_k(k = 1, 2)$ 是 $f(x)$ 的两个不动点，则

$$x_k = \frac{ax_k^2 + bx_k + c}{ex_k + f}$$

即
$$c - x_k f = (e - a)x_k^2 - bx_k \quad (k = 1, 2)$$

从而
$$\frac{u_{n+1} - x_1}{u_{n+1} - x_2} = \frac{au_n^2 + (b - ex_1)u_n + c - x_1 f}{au_n^2 + (b - ex_2)u_n + c - x_2 f} = \frac{au_n^2 + (b - ex_1)u_n + (e - a)x_1^2 - bx_1}{au_n^2 + (b - ex_2)u_n + (e - a)x_2^2 - bx_2}$$

于是 $\dfrac{u_{n+1} - x_1}{u_{n+1} - x_2} = (\dfrac{u_n - x_1}{u_n - x_2})^2$ 等价于

$$\dfrac{au_n^2 + (b - ex_1)u_n + (e - a)x_1^2 - bx_1}{au_n^2 + (b - ex_2)u_n + (e - a)x_2^2 - bx_2} = \dfrac{u_n^2 - 2x_1 u_n + x_1^2}{u_n^2 - 2x_2 u_n + x_2^2} \Leftrightarrow$$

$$\dfrac{u_n^2 + \dfrac{b - ex_1}{a}u_n + \dfrac{(e - a)x_1^2 - bx_1}{a}}{u_n^2 + \dfrac{b - ex_2}{a}u_n + \dfrac{(e - a)x_2^2 - bx_2}{a}} = \dfrac{u_n^2 - 2x_1 u_n + x_1^2}{u_n^2 - 2x_2 u_n + x_2^2} \Leftrightarrow$$

$$\begin{cases} \dfrac{b - ex_1}{a} = -2x_1 \\ \dfrac{b - ex_2}{a} = -2x_2 \end{cases} \Leftrightarrow \begin{cases} b + (2a - e)x_1 = 0 \\ b + (2a - e)x_2 = 0 \end{cases}$$

又 $\begin{vmatrix} 1 & x_1 \\ 1 & x_2 \end{vmatrix} \neq 0$，则方程组有唯一解 $b = 0, e = 2a$.

例 4 已知数列 $\{a_n\}$ 中，$a_1 = 2, a_{n+1} = \dfrac{a_n^2 + 2}{2a_n}, n \in \mathbf{N}_+$，求数列 $\{a_n\}$ 的通项.

解 构作函数 $f(x) = \dfrac{x^2 + 2}{2x}$，解方程 $f(x) = x$，得 $f(x)$ 的两个不动点为 $\pm\sqrt{2}$. $f(x)$ 满足推论 2 的所有条件，故有 $\dfrac{a_{n+1} - \sqrt{2}}{a_{n+1} + \sqrt{2}} = (\dfrac{a_n - \sqrt{2}}{a_n + \sqrt{2}})^2$，再经过反复迭代，得

$$\dfrac{a_n - \sqrt{2}}{a_n + \sqrt{2}} = (\dfrac{a_{n-1} - \sqrt{2}}{a_{n-1} + \sqrt{2}})^2 = (\dfrac{a_{n-2} - \sqrt{2}}{a_{n-2} + \sqrt{2}})^{2^2} = \cdots = (\dfrac{a_1 - \sqrt{2}}{a_1 + \sqrt{2}})^{2^{n-1}} = (\dfrac{2 - \sqrt{2}}{2 + \sqrt{2}})^{2^{n-1}}$$

由此解得

$$a_n = \sqrt{2} \cdot \dfrac{(2 + \sqrt{2})^{2^{n-1}} + (2 - \sqrt{2})^{2^{n-1}}}{(2 + \sqrt{2})^{2^{n-1}} - (2 - \sqrt{2})^{2^{n-1}}}$$

其实不动点法除了解决上面所考虑的求数列通项的几种情形，还可以解决如下问题：

例 5 已知 $a_1 > 0, a_1 \neq 1$ 且 $a_{n+1} = \dfrac{a_n^4 + 6a_n^2 + 1}{4a_n(a_n^2 + 1)}$，求数列 $\{a_n\}$ 的通项.

解 作函数为 $f(x) = \dfrac{x^4 + 6x^2 + 1}{4x(x^2 + 1)}$，解方程 $f(x) = x$ 得 $f(x)$ 的不动点为 $x_1 = -1, x_2 = 1$, $x_3 = -\dfrac{\sqrt{3}}{3}i, x_4 = \dfrac{\sqrt{3}}{3}i$. 取 $p = 1, q = -1$，作如下代换

$$\dfrac{a_{n+1} + 1}{a_{n+1} - 1} = \dfrac{\dfrac{a_n^4 + 6a_n^2 + 1}{4a_n(a_n^2 + 1)} + 1}{\dfrac{a_n^4 + 6a_n^2 + 1}{4a_n(a_n^2 + 1)} - 1} = \dfrac{a_n^4 + 4a_n^3 + 6a_n^2 + 4a_n + 1}{a_n^4 - 4a_n^3 + 6a_n^2 - 4a_n + 1} = (\dfrac{a_n + 1}{a_n - 1})^4$$

逐次迭代后得

$$a_n = \dfrac{(a_1 + 1)^{4^{n-1}} + (a_1 - 1)^{4^{n-1}}}{(a_1 + 1)^{4^{n-1}} - (a_1 - 1)^{4^{n-1}}}$$

22.1.4 利用 $f(x)$ 的不动点讨论数列的单调性

定理 1 已知 x_0 是连续函数 $y=f(x)$ 的一个不动点,数列 $\{a_n\}$ 满足 $a_{n+1}=f(a_n)$.

（Ⅰ）若函数 $y=f(x)$ 在 (p,x_0) 内是增函数,$p<a_1<x_0$ 且 $a_1<a_2$,则 $a_n<a_{n+1}<x_0$;

（Ⅱ）若函数 $y=f(x)$ 在 (x_0,q) 内是增函数,$q>a_1>x_0$ 且 $a_1>a_2$,则 $a_n>a_{n+1}>x_0$.

证明 （Ⅰ）先用数学归纳法证明加强结论
$$p<a_n<a_{n+1}<x_0 \qquad ①$$

(ⅰ) 当 $n=1$ 时,因为函数 $y=f(x)$ 在 (p,x_0) 内是增函数,$p<a_1<x_0$,所以 $f(a_1)<f(x_0)$.

又 $f(a_1)=a_2,f(x_0)=x_0$,所以 $a_2<x_0$.

又 $a_1<a_2$,所以 $p<a_1<a_2<x_0$,知不等式 ① 成立.

(ⅱ) 假设当 $n=k(k\in\mathbf{N}_+)$ 时不等式 ① 成立,即
$$p<a_k<a_{k+1}<x_0 \qquad ②$$

因为函数 $y=f(x)$ 在 (p,x_0) 上是增函数,所以
$$f(a_k)<f(a_{k+1})<f(x_0)$$

又 $f(a_k)=a_{k+1},f(a_{k+1})=a_{k+2},f(x_0)=x_0$,所以 $a_{k+1}<a_{k+2}<x_0$.

又由式 ② 得 $p<a_{k+1}$,所以 $p<a_{k+1}<a_{k+2}<x_0$.

这说明当 $n=k+1$ 时,不等式 ① 成立.

综上所述,对于一切 $n\in\mathbf{N}_+$,不等式 ① 都成立,从而原不等式成立.

（Ⅱ）先用数学归纳法证明加强结论:$q>a_n>a_{n+1}>x_0$.

方法类似于（Ⅰ）的证法（此处从略）,所以原不等式成立.

例 1 （2008 年全国卷 Ⅰ 理 22）设函数 $f(x)=x-x\ln x$. 数列 $\{a_n\}$ 满足 $0<a_1<1$, $a_{n+1}=f(a_n)$.

（Ⅰ）证明:函数 $f(x)$ 在区间 $(0,1)$ 是增函数;

（Ⅱ）证明:$a_n<a_{n+1}<1$;

（Ⅲ）设 $b\in(a_1,1)$,整数 $k\geqslant\dfrac{a_1-b}{a_1\ln b}$. 证明:$a_{k+1}>b$.

分析 （Ⅰ）当 $0<x<1$ 时,$f'(x)=1-\ln x-1=-\ln x>0$,所以函数 $f(x)$ 在区间 $(0,1)$ 是增函数.

（Ⅱ）令 $f(x)=x-x\ln x=x$,则 $x\ln x=0$. 又 $x>0$,所以 $\ln x=0$,所以 $x=1$.

说明 $x_0=1$ 恰是函数 $f(x)$ 的一个不动点.

因为 $f(x)=x-x\ln x,a_{n+1}=f(a_n)$,所以 $a_2=f(a_1)=a_1-a_1\ln a_1$.

因为 $0<a_1<1$,所以 $\ln a_1<0$,所以 $a_1\ln a_1<0$,所以 $-a_1\ln a_1>0$,所以 $a_2=a_1-a_1\ln a_1>a_1$.

又由（Ⅰ）知函数 $f(x)$ 在区间 $(0,1)$ 是增函数,根据定理 1（Ⅰ）得 $a_n<a_{n+1}<1$.

（Ⅲ）略.

例 2 （2006 年高考湖南卷理 19）已知函数 $f(x)=x-\sin x$,数列 $\{a_n\}$ 满足:$0<a_1<1,a_{n+1}=f(a_n),n=1,2,3,\cdots$,证明:（Ⅰ）$0<a_{n+1}<a_n<1$;（Ⅱ）$a_{n+1}<\dfrac{1}{6}a_n^3$.

证明 （Ⅰ）先用定理1（Ⅱ）证明

$$0 < a_{n+1} < a_n \qquad ①$$

令 $f(x) = x - \sin x = x$，易知 $x_0 = 0$ 是方程 $f(x) = x$ 的一个根，这说明 $x_0 = 0$ 恰是函数 $f(x)$ 的一个不动点.

因为 $0 < x < 1$ 时 $f'(x) = 1 - \cos x > 0$，所以 $f(x)$ 在 $(0,1)$ 上是连续的增函数.

因为 $0 < a_1 < 1$，所以 $a_2 = f(a_1) = a_1 - \sin a_1 < a_1$，即 $a_1 > a_2$.

根据定理1（Ⅱ）可得 $0 < a_{n+1} < a_n$.

再用数学归纳法证明

$$0 < a_n < 1 \quad (n = 1,2,3,\cdots) \qquad ②$$

(i) 当 $n = 1$ 时，由已知 $0 < a_1 < 1$，可得结论成立.

(ii) 假设当 $n = k$ 时结论成立，即 $0 < a_k < 1$.

又前面已证 $f(x)$ 在 $(0,1)$ 上是连续的增函数，从而 $f(0) < f(a_k) < f(1)$，即 $0 < a_{k+1} < 1 - \sin 1 < 1$.

故当 $n = k + 1$ 时，结论成立.

由(i)(ii)可知，$0 < a_n < 1$ 对一切正整数都成立.

综合①②可知 $0 < a_{n+1} < a_n < 1$.

（Ⅱ）略.

推论1 已知 x_0 是连续函数 $y = f(x)$ 的一个不动点，函数 $y = f(x)$ 在 (p,q) 上是增函数，数列 $\{a_n\}$ 满足 $a_{n+1} = f(a_n)$，数列 $\{b_n\}$ 满足 $b_{n+1} = f(b_n)$，且 $p < a_1 < x_0 < b_1 < q, a_1 < a_2, b_2 < b_1$，则 $a_n < a_{n+1} < x_0 < b_{n+1} < b_n$.

证明 因为函数 $y = f(x)$ 在 (p,q) 上是增函数，又 $p < a_1 < x_0 < b_1 < q$，所以函数 $y = f(x)$ 在 (p, x_0) 上是增函数.

又因为 x_0 是连续函数 $y = f(x)$ 的一个不动点，数列 $\{a_n\}$ 满足 $a_{n+1} = f(a_n)$，$p < a_1 < x_0$，$a_1 > a_2$，根据定理1（Ⅰ）得 $a_n < a_{n+1} < x_0$.

因为函数 $y = f(x)$ 在 (p,q) 上是增函数，又 $p < a_1 < x_0 < b_1 < q$，所以函数 $y = f(x)$ 在 (x_0, q) 上是增函数.

又因为 x_0 是连续函数 $y = f(x)$ 的一个不动点，数列 $\{b_n\}$ 满足

$$b_{n+1} = f(b_n), x_0 < b_1 < q, b_2 < b_1$$

根据定理1（Ⅱ）得

$$x_0 < b_{n+1} < b_n$$

综上所述，可得 $a_n < a_{n+1} < x_0 < b_{n+1} < b_n$.

推论2 已知 x_1, x_2 是连续函数 $y = f(x)$ 的两个不动点，函数 $y = f(x)$ 在 (x_1, x_2) 上是增函数，数列 $\{a_n\}$ 满足 $a_{n+1} = f(a_n), x_1 < a_1 < x_2$.

（Ⅰ）若 $a_1 < a_2$，则 $x_1 < a_n < a_{n+1} < x_2$；

（Ⅱ）若 $a_2 < a_1$，则 $x_1 < a_{n+1} < a_n < x_2$.

证明 （Ⅰ）因为 x_2 是连续函数 $y = f(x)$ 的一个不动点，函数 $y = f(x)$ 在 (x_1, x_2) 上是增函数，数列 $\{a_n\}$ 满足 $a_{n+1} = f(a_n), x_1 < a_1 < x_2, a_1 < a_2$.

根据定理1（Ⅰ）得

$$a_n < a_{n+1} < x_2 \qquad ①$$

再用数学归纳法证明
$$x_1 < a_n < x_2 \qquad ②$$

(i) 当 $n = 1$ 时,$x_1 < a_1 < x_2$,不等式 ② 成立.

(ii) 假设当 $n = k$ 时,不等式 ② 成立,即 $x_1 < a_k < x_2$.

因为函数 $y = f(x)$ 在 (x_1, x_2) 上是增函数,所以 $f(x_1) < f(a_k) < f(x_2)$.

因为 x_1, x_2 是函数 $y = f(x)$ 的两个不动点,$a_{n+1} = f(a_n)$,所以 $f(x_1) = x_1$,$f(a_k) = a_{k+1}$,$f(x_2) = x_2$.

所以 $x_1 < a_{k+1} < x_2$. 所以当 $n = k + 1$ 时,不等式 ② 也成立.

综合 (i)(ii) 可得,对于一切 $n \in \mathbf{N}_+$,不等式 ② 总成立.

由不等式 ①② 都成立,又可得 $x_1 < a_{n+1} < a_n < x_2$.

(Ⅱ) 方法类似于(Ⅰ) 的证法(此处从略).

定理2 已知 x_0 是连续函数 $y = f(x)$ 的一个不动点,函数 $y = f(x)$ 在 (p, q) 上是减函数,且 $x_0 \in (p, q)$,数列 $\{a_n\}$ 满足 $a_{n+1} = f(a_n)$.

(Ⅰ) 若 $p < a_1 < x_0$,$a_2 < q$,且 $a_1 < a_3$,则 $a_{2n-1} < a_{2n+1} < x_0 < a_{2n+2} < a_{2n}$;

(Ⅱ) 若 $q > a_1 > x_0$,$a_2 > p$,且 $a_1 > a_3$,则 $a_{2n-1} > a_{2n+1} > x_0 > a_{2n+2} > a_{2n}$.

证明 (Ⅰ) 先用数学归纳法证明加强结论
$$p < a_{2n-1} < a_{2n+1} < x_0 < a_{2n+2} < a_{2n} < q \qquad ①$$

(i) 当 $n = 1$ 时,因为函数 $y = f(x)$ 在 (p, q) 上是减函数,且 $p < a_1 < x_0 < q$,所以
$$f(a_1) > f(x_0)$$

由 $f(a_1) = a_2$,$f(x_0) = x_0$,所以 $a_2 > x_0$.

因 $a_2 < q$,$x_0 > q$,所以 $q > a_2 > x_0 > p$.

又因为函数 $y = f(x)$ 在 (p, q) 上是减函数,所以 $f(a_2) < f(x_0)$.

由 $f(a_2) = a_3$,$f(x_0) = x_0$,所以 $a_3 < x_0$.

因 $a_1 < a_3$,$p < a_1$,$x_0 \in (p, q)$,所以
$$p < a_1 < a_3 < x_0 < q \qquad ②$$

又因为函数 $y = f(x)$ 在 (p, q) 上是减函数,所以 $f(a_1) > f(a_3) > f(x_0)$.

由 $f(a_1) = a_2$,$f(a_3) = a_4$,$f(x_0) = x_0$,所以 $a_2 > a_4 > x_0$.

又 $a_2 < q$,所以
$$q > a_2 > a_4 > x_0 \qquad ③$$

由 ②③ 可知:$p < a_1 < a_3 < x_0 < a_4 < a_2 < q$.

所以当 $n = 1$ 时,不等式 ① 成立.

(ii) 假设当 $n = k (k \in \mathbf{N}_+)$ 时不等式 ① 成立,即
$$p < a_{2k-1} < a_{2k+1} < x_0 < a_{2k+2} < a_{2k} < q \qquad ④$$

因为函数 $y = f(x)$ 在 (p, q) 上是减函数,所以
$$f(a_{2k-1}) > f(a_{2k+1}) > f(x_0) > f(a_{2k+2}) > f(a_{2k})$$

又
$$f(a_{2k-1}) = a_{2k}, f(a_{2k+1}) = a_{2k+2}, f(x_0) = x_0, f(a_{2k+2}) = a_{2k+3}, f(a_{2k}) = a_{2k+1}$$

所以
$$a_{2k} > a_{2k+2} > x_0 > a_{2k+3} > a_{2k+1}$$

又由式 ④ 知 $q > a_{2k}$,$a_{2k+3} > p$,所以

$$q > a_{2k} > a_{2k+2} > x_0 > a_{2k+3} > a_{2k+1} > p$$

因为函数 $y = f(x)$ 在 (p,q) 上是减函数,所以

$$f(a_{2k}) < f(a_{2k+2}) < f(x_0) < f(a_{2k+3}) < f(a_{2k+1})$$

由

$$f(a_{2k}) = a_{2k+1}, f(a_{2k+2}) = a_{2k+3}, f(x_0) = x_0, f(a_{2k+3}) = a_{2k+4}, f(a_{2k+1}) = a_{2k+2}$$

所以

$$a_{2k+1} < a_{2k+3} < x_0 < a_{2k+4} < a_{2k+2}$$

又由式 ④ 知 $p < a_{2k+3}, a_{2k+2} < q$,所以

$$p < a_{2k+1} < a_{2k+3} < x_0 < a_{2k+4} < a_{2k+2} < q$$

这说明当 $n = k + 1$ 时,不等式 ① 也成立.

综上所述,对于一切 $n \in \mathbf{N}_+$,不等式 ① 都成立,从而原不等式成立.

(Ⅱ) 先用数学归纳法证明加强结论: $q > a_{2n-1} > a_{2n+1} > x_0 > a_{2n+2} > a_{2n} > p$.
方法类似于(Ⅰ)的证法(略),所以原不等式成立.

例 3 已知曲线 $C: xy = 1$,过 C 上一点 $A_1(x_1, y_1)$ 作斜率为 k_1 的直线,交曲线 C 于另一点 $A_2(x_2, y_2)$,再过 $A_2(x_2, y_2)$ 作斜率为 k_2 的直线,交曲线 C 于另一点 $A_3(x_3, y_3)$,……,过 $A_n(x_n, y_n)$ 作斜率为 k_n 的直线,交曲线 C 于另一点 $A_{n+1}(x_{n+1}, y_{n+1})$,……,其中 $x_1 = 1$, $k_n = -\dfrac{x_n + 1}{x_n^2 + 4x_n}(x \in \mathbf{N}_+)$.

(Ⅰ)求 x_{n+1} 与 x_n 的关系式;

(Ⅱ)判断 x_n 与 2 的大小关系,并证明你的结论.

解 (Ⅰ)由已知过 $A_n(x_n, y_n)$ 斜率为 $k_n = -\dfrac{x_n + 1}{x_n^2 + 4x_n}$ 的直线为 $y - y_n = -\dfrac{x_n + 1}{x_n^2 + 4x_n}(x - x_n)$,直线交曲线 C 于另一点 $A_{n+1}(x_{n+1}, y_{n+1})$,所以

$$y_{n+1} - y_n = -\dfrac{x_n + 1}{x_n^2 + 4x_n}(x_{n+1} - x_n)$$

即

$$\dfrac{1}{x_{n+1}} - \dfrac{1}{x_n} = -\dfrac{x_n + 1}{x_n^2 + 4x_n}(x_{n+1} - x_n), x_{n+1} - x_n \neq 0$$

所以

$$x_{n+1} = \dfrac{x_n + 4}{x_n + 1}(n \in \mathbf{N}_+)$$

(Ⅱ)观察数列 $\{x_n\}$ 递推关系 $x_{n+1} = \dfrac{x_n + 4}{x_n + 1}(n \in \mathbf{N}_+)$ 的结构特征,考虑构造函数 $f(x) = \dfrac{x + 4}{x + 1}$. 令 $f(x) = x$,即 $\dfrac{x + 4}{x + 1} = x$,则 $x = \pm 2$. 所以 $x_0 = 2$ 恰是函数 $f(x)$ 的一个不动点. 因为

$$f(x) = \dfrac{x + 4}{x + 1} = 1 + \dfrac{3}{x + 1}$$

所以函数 $f(x)$ 在 $(-1, +\infty)$ 上是减函数. 因为

$$x_1 = 1, x_{n+1} = \dfrac{x_n + 4}{x_n + 1} \quad (n \in \mathbf{N}_+)$$

所以 $x_2 = \dfrac{x_1 + 4}{x_1 + 1} = \dfrac{5}{2}$,所以 $x_3 = \dfrac{x_2 + 4}{x_2 + 1} = \dfrac{13}{7}$,所以 $x_1 < x_3$.

由 $x_0 = 2, x_1 = 1$,得 $-1 < x_1 < x_0 < +\infty$.

根据定理 2(Ⅰ) 得

$$x_{2n-1} < x_{2n+1} < x_0 < x_{2n+2} < x_{2n}$$

即

$$x_{2n-1} < x_{2n+1} < 2 < x_{2n+2} < x_{2n}$$

(这是一个比所问更强的结论).

说明当 n 是奇数时,$x_n < 2$;当 n 是偶数时,$x_n > 2$.

注 上述内容参见了李春雷老师的文章《用函数不动点原理破解数列单调性》(中学数学研究,2011(6)).

22.1.5 利用 $f(x)$ 的不动点求递推数列的极限

从 22.1.3 小节中的例 2,我们可以看到:递推数列的极限常和不动点有关.下面再看几例.

例1 设无穷数列 $\{x_n\}$ 具有关系式 $x_1 = a, x_{n+1} = px_n + q$(其中 $0 < |p| < 1, n = 1,2,\cdots$).试求 $\lim\limits_{n\to\infty} x_n$.

解 求 $f(x) = px + q$ 的不动点,得 $x_0 = \dfrac{q}{1-p}$.

作代换 $x_n - \dfrac{q}{1-p}$ 得

$$x_n - \frac{q}{1-p} = p\left(x_{n-1} - \frac{q}{1-p}\right) = p^2\left(x_{n-2} - \frac{q}{1-p}\right) = \cdots =$$

$$p^{n-1}\left(x_1 - \frac{q}{1-p}\right) = p^{n-1}\left(a - \frac{q}{1-p}\right)$$

则

$$x_n = \frac{q}{1-p} + \left(a - \frac{q}{1-p}\right) \cdot p^{n-1}$$

故

$$\lim_{n\to\infty} x_n = \frac{q}{1-q}$$

上例的结论是十分重要的,对于一类较复杂的递推数列,常常可以通过适当的变换,转化为上述类型迅速加以求解.

例如,对于 1987 年全国高考理科第七题.

设数列 $a_1, a_2, \cdots, a_n, \cdots$ 的前 n 项的和 S_n 与 a_n 的关系是:$S_n = -b \cdot a_n + 1 - \dfrac{1}{(1+b)^n}$,其中 b 是与 n 无关的常数,且 $b \neq 1$.

(Ⅰ) 求 a_n 和 a_{n-1} 的关系式;

(Ⅱ) 写出用 n 和 b 表示 a_n 的表达式;

(Ⅲ) 当 $0 < b < 1$ 时,求极限 $\lim\limits_{n\to\infty} S_n$.

我们利用适当的变换及上例结论解答如下.

解 (Ⅰ) 由 $a_n = S_n - S_{n-1}$,有 $a_n = \dfrac{b}{1+b}a_{n-1} + \dfrac{b}{(1+b)^{n+1}}(n \geq 2)$;

(Ⅱ) 在(Ⅰ)的结论式两边同乘以 $(1+b)^n$,即

$$(1+b)^n \cdot a_n = b \cdot (1+b)^{n-1} \cdot a_{n-1} + \frac{b}{1+b}$$

令 $(1+b)^n \cdot a_n = C_n$,则上式变为

$$C_n = bC_{n-1} + \frac{b}{1+b} \qquad ①$$

当 $b \neq 1$ 时,求 $f(x) = bx + \frac{b}{1+b}$ 的不动点为

$$x_0 = \frac{b}{(1-b)(1+b)}$$

且

$$b_1 = \frac{b}{1+b}$$

则

$$C_n = \frac{b}{(1-b)(1+b)} + \left[\frac{b}{1+b} - \frac{b}{(1-b)(1+b)}\right] \cdot b^{n-1} = \frac{b - b^{n+1}}{(1-b)(1+b)}$$

即

$$a_n = \frac{b - b^{n+1}}{(1-b)(1+b)^{n+1}}$$

当 $b = 1$ 时,C_n 是首项为 $\frac{1}{2}$,公差为 $\frac{1}{2}$ 的等差数列,即 $C_n = \frac{1}{2}n$,故此时 $a_n = \frac{n}{2^{n+1}}$.

(Ⅲ) 当 $0 < b < 1$ 时,由例1结论,对于式①,可知

$$\lim_{n \to \infty} C_n = \frac{b}{(1-b)(1+b)}$$

由 $(1+b)^n \cdot a_n = C_n$,则 $\lim_{n \to \infty} a_n = 0$.

注意到 $S_n = -b \cdot a_n + 1 - \frac{1}{(1+b)^n}$,故

$$\lim_{n \to \infty} S_n = -b \lim_{n \to \infty} a_n + 1 - \lim_{n \to \infty} \frac{1}{(1+b)^n} = 1$$

例2 设由 $x_n = \sqrt{2x_{n-1} - 3}$ $(n \geq 2)$ 与 $x_1 > 0$ 定义无穷数列,试求 $\lim_{n \to \infty} x_n$.

解 求 $f(x) = \sqrt{2x+3}$ 的不动点得 $x_0 = 3$. 由不动点 $x_0 = 3$ 暗示,作代换 $|x_n - 3|$,则

$$0 \leq |x_n - 3| = |\sqrt{2x_{n-1} + 3} - 3| = \frac{2|x_{n-1} - 3|}{\sqrt{2x_{n-1} + 3} + 3} \leq$$

$$\frac{2}{3}|x_{n-1} - 3| \leq \left(\frac{2}{3}\right)^2 |x_{n-2} - 3| \leq \cdots \leq \left(\frac{2}{3}\right)^{n-1} |x_1 - 3|$$

又由

$$\lim_{n \to \infty} \left(\frac{2}{3}\right)^{n-1} |x_1 - 3| = 0$$

则 $\lim_{n \to \infty} |x_n - 3| = 0$,即 $\lim_{n \to \infty} x_n = 3$.

22.1.6 对有无限多个不动点的函数问题的讨论

下面对有无限多个不动点的函数问题进行讨论.

(Ⅰ) 设 $f(x)$ 是对任何一个实系数多项式 $g(x)$ 都成立,等式 $f[g(x)] = g[f(x)]$ 的实

系数多项式,试确定并证明 $f(x)$ 所应具有的性质.

解 设 g 为一常数函数,例如 $g(x) \equiv a$,则 $f[g(x)] = g[f(x)]$ 化为 $f(a) = a$.
由于 a 可取任意实数,则 $f(x) = x$,故 $f(x)$ 为恒等多项式,定义域为其不动点集.

(Ⅱ) 设 $\{f(n)\}$ 是取正整数值的严格递增序列,已知 $f(2) = 2$,当 m, n 互素时,$f(m \cdot n) = f(m) \cdot f(n)$. 求证 $f(n) = n$.

证明 由 $f(3) \cdot f(7) = f(21) < f(22) = f(2) \cdot f(11) = 2 \cdot f(11) < 2 \cdot f(14) = 2 \cdot f(2) \cdot f(7) = 4 \cdot f(7)$,有 $f(3) < 4$.

但 $f(3) > f(2) = 2$,于是 $f(3) = 3$.

若原命题不真,假设 $f(n) \neq n$ 的最小正整数 n 为 $n_0 \geq 4$,即
$$f(2) = 2, f(3) = 3, \cdots, f(n_0 - 1) = n_0 - 1, f(n_0) \neq n_0 \qquad ①$$

因为 $f(n_0) > f(n_0 - 1) = n_0 - 1$,故只能 $f(n_0) > n_0$,又 $\{f(n)\}$ 是严格增加的,故当 $n \geq n_0$ 时
$$f(n) > n \qquad ②$$

下面分两种情况讨论:

(i) 当 n_0 是奇数时,则 2 和 $n_0 - 2$ 互素,故 $f[2(n_0 - 2)] = f(2) \cdot f(n_0 - 2)$,由式 ① 有 $f(2) = 2, f(n_0 - 2) = n_0 - 2$,故
$$f[2(n_0 - 2)] = 2(n_0 - 2) \qquad ③$$
又因 $n_0 \geq 4$,故 $2(n_0 - 2) \geq n_0$,从而式 ③ 与式 ② 矛盾.

(ii) 当 n_0 是偶数时,则 2 和 $n_0 - 1$ 互素,故同理有
$$f[2(n_0 - 1)] = f(2) \cdot f(n_0 - 1) = 2(n_0 - 1) \qquad ④$$
又因 $n_0 \geq 4$,故 $2(n_0 - 1) \geq n_0$,从而式 ④ 与式 ② 矛盾.

综上所述,无论如何,式 ② 不能成立. 证毕.

(Ⅲ) 试确定符合下列条件的所有多项式
$$p(x): p(x^2 + 1) = [p(x)]^2 + 1, p(0) = 0$$

解 由题设有
$$p(0) = 0$$
$$p(1) = [p(0)]^2 + 1 = 1$$
$$p(2) = [p(1)]^2 + 1 = 2$$
$$p(5) = [p(2)]^2 + 1 = 5$$
$$p(5^2 + 1) = [p(5)]^2 + 1 = 26$$
$$\vdots$$

即 $p(x)$ 有无限多个不动点 $0, 1, 2, 5, 26, \cdots$. 又 $p(x)$ 是多项式,故方程 $p(x) - x = 0$ 是代数方程. 而一元 n 次代数方程只有 n 个根,故 $p(x) - x \equiv 0$,即 $p(x) = x$.

另一方面,$p(x) = x$ 满足 $p(0) = 0$,及 $p(x^2 + 1) = [p(x)]^2 + 1$,故 $p(x) = x$ 为所求的唯一的多项式.

22.2 组合不动点

设集 $\{\pi(1), \pi(2), \cdots, \pi(n)\}$ 是集 $\{1, 2, \cdots, n\}$ 的一个排列,如果 $\pi(i) = i$,则称之是变

换 π 之下的一个组合不动点.

我们用 $P_n(k)$ 表示其不动点的个数为 k 的排列个数,$D_n(k)$ 表示其中有 k 个点的排列个数,于是,有下面的性质.

性质 1 $P_n(k) = C_n^k \cdot D_n(n-k)$.

证明 恰有 k 个不动点的排列可以由以下两个步骤产生:先从 n 个元素中选出 k 个让其不动,即使 $\pi(i) = i(i = i_1, i_2, \cdots, i_k)$;再让其余 $n-k$ 个全动,即使 $\pi(j) \neq j(j = j_1, j_2, \cdots, j_{n-k})$.
则由乘法原理可知
$$P_n(k) = C_n^k \cdot D_n(n-k)$$

性质 2 $\sum_{k=0}^{n} C_n^k \cdot D_n(n-k) = n!.$

证明 因为 n 个元素的全排列可分成恰有零个不动点的排列;恰有一个不动点的排列;……;有 n 个不动点的排列. 故由加法原理可知 $P_n(0) + P_n(1) + \cdots + P_n(n) = n!$,再由性质 1 可得性质 2.

性质 3 $\sum_{k=0}^{n} C_n^k \cdot D_n(n-k) = n!.$

证明 令集合 A_{i_k} 是表示 $\pi(i_k) = i_k$ 的集合,显然 $A_{i_1} \cap A_{i_2} \cap \cdots \cap A_{i_k}$ 的元素个数为 $(n-k)!$,有
$$\sum_{i_1 < i_2 < \cdots < i_k} n(A_{i_1} \cap A_{i_2} \cap \cdots \cap A_{i_k}) = C_n^k \cdot (n-k)! = \frac{n!}{k!}$$

由容斥原理得
$$P_n(0) = D_n(n) = n! \cdot \sum_{k=0}^{n-1} (-1)^k \cdot \frac{1}{k!}$$

下面运用如上概念与性质解答两道例题.

例 1 p 为集合 $S_n = \{1, 2, \cdots, n\}$ 的一个排列,令 f_n 为 S_n 的无不动点的排列个数,g_n 为恰好有一个不动点的排列个数,证明
$$|f_n - g_n| = 1$$

证明 由性质 3,得 $f_n = n! \cdot \sum_{k=0}^{n} (-1)^k \cdot \frac{1}{k!}.$
又由性质 1,得
$$g_n = C_n^1 \cdot f_{n-1} = n \cdot (n-1)! \sum_{k=0}^{n-1} (-1)^k \cdot \frac{1}{k!} = n! \sum_{k=0}^{n-1} (-1)^k \cdot \frac{1}{k!}$$

故
$$|f_n - g_n| = |n! \left(\sum_{k=0}^{n} (-1)^k \cdot \frac{1}{k!} - \sum_{k=0}^{n-1} (-1)^k \cdot \frac{1}{k!} \right)| = |n! (-1)^n \frac{1}{n!}| = |(-1)^n| = 1$$

例 2 设 n 阶行列式主对角线上的元素全为零,其余元素全不为零,求证它的展开式中不为零的项数等于下式的值,即

$$n!\left(1-\frac{1}{1!}+\frac{1}{2!}-\cdots+\frac{(-1)^n}{n!}\right)$$

证明 由定义知 $n\times n$ 矩阵 $\boldsymbol{A}_{ij}=(a_{ij})$ 的行列式的展开式为 $\sum_{\boldsymbol{\pi}}\varepsilon(\boldsymbol{\pi})\cdot a_{1,j_1}\cdot a_{2,j_2}\cdots a_{n,j_n}$,其中 $\boldsymbol{\pi}=\begin{pmatrix}1 & 2 & \cdots & n\\ j_1 & j_2 & \cdots & j_n\end{pmatrix}$ 表示 $\{1,2,\cdots,n\}$ 的所有排列,$\varepsilon(\boldsymbol{\pi})$ 等于 $+1$ 或 -1,由 $\boldsymbol{\pi}$ 为偶排列或奇排列(在一个排列中,如果一对数的前后位置与大小顺序相反,即前面的数大于后面的数,那么它称为一个逆序.一个排列中逆序的总数就称为这个排列的逆序数.逆序数为偶数的排列称为偶排列,逆序数为奇数的排列为奇排列)而定.

由题意知,当且仅当 $\boldsymbol{\pi}$ 的排列中有"不动点"时,行列式的展开式中对应项为零.于是本题化为求 $\boldsymbol{\pi}$ 的排列中没有不动点的排列个数的问题.

由性质 3,知其个数为
$$n!\sum_{k=0}^{n}(-1)^k\cdot\frac{1}{k!}=n!\left(1-\frac{1}{1!}+\frac{1}{2!}-\cdots+\frac{(-1)^n}{n!}\right)$$

22.3 几何不动点

对某些几何问题可利用绕定点旋转巧妙地进行解答.但关键的一步是发现那一个"定点"即不动点.

例 1 设有边长为 1 的正方形,试在这个正方形的内接等边三角形中,找出一个面积最大的和一个面积最小的,并求出这两个面积(证明你的论断).

解 假设 $\triangle EFG$ 为正方形 $ABCD$ 的任一内接正三角形,如图 22.3.1 所示,由于正三角形的三个顶点必落在正方形的三边上,所以不妨设其中的 F,G 是在正方形的一组对边上.

作 $\triangle EFG$ 边 FG 上的高 EK,则 E,K,G,D 四点共圆.连 KD,则有 $\angle KDE=\angle FGK=90°$.同理连 AK,由 E,K,F,A 四点共圆,则有 $\angle KAE=60°$,所以 $\triangle KDA$ 为正三角形,而 K 是它的一个顶点.

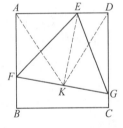

图 22.3.1

由此可见,内接正 $\triangle EFG$ 的边 FG 的中点必是不动点.观察到这一点是十分重要的.

又正三角形面积由边长决定,当 $KF\perp AB$ 时,边长为 1,这时边长最小,面积 $S=\frac{\sqrt{3}}{4}$ 也最小;当 KF 通过点 B 时,边长为 $2\sqrt{2-\sqrt{3}}$,这时边长最大,面积 $S=2\sqrt{3}-3$ 也最大.

例 2 $\triangle ABC$ 是一等边三角形,P 是它内部的一点,且 $PA=a,PB=b,PC=c$.试用 a,b,c 来表示 $\triangle ABC$ 的面积.

此题为 20.1 节例 4.下面我们给出绕定点旋转的简捷解答.

解 如图 22.3.2 所示,因 $AC=AB$,将 $\triangle APC$ 绕定点 A 顺时针旋转 $60°$,使 C 与 B 重合,而点 P 变成了 P',此时

$$PP'=a,S_{\text{四边形}APBP'}=S_{\triangle APP'}+S_{\triangle BPP'}=\frac{\sqrt{3}}{4}a^2+k$$

其中
$$k = \sqrt{l(l-a)(l-b)(l-c)}$$
$$l = \frac{1}{2}(a+b+c)$$

又
$$S_{四边形APBP'} = S_{\triangle ABP} + S_{\triangle ACP} = S_{\triangle ABC} - S_{\triangle PBC}$$

于是
$$S_{\triangle ABC} - S_{\triangle PBC} = \frac{\sqrt{3}}{4}a^2 + k$$

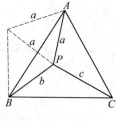

图 22.3.2

同理
$$S_{\triangle ABC} - S_{\triangle PCA} = \frac{\sqrt{3}}{4}b^2 + k$$
$$S_{\triangle ABC} - S_{\triangle PAB} = \frac{\sqrt{3}}{4}c^2 + k$$

上面三式相加并注意到
$$S_{\triangle PBC} + S_{\triangle PCA} + S_{\triangle PAB} = S_{\triangle ABC}$$

故
$$S_{\triangle ABC} = \frac{\sqrt{3}}{8}(a^2+b^2+c^2) + \frac{\sqrt{3}}{2}\sqrt{l(l-a)(l-b)(l-c)}$$

其中
$$l = \frac{1}{2}(a+b+c)$$

22.4 拓扑不动点

拓扑学又称为"橡皮几何学"是几何学的一个分支,是研究拓扑空间(即在某元素间建立了邻域关系的集合)和几何图形在一对一联结变换下不变性质的几何. 著名的拓扑不动点定理是:任意地把一个 n 维球体映入自己的连续映象(即拓扑变换),至少有一个不动点. 这条定理的发现及证明是 1912 年由荷兰数学家布劳维完成的.

关于 n 维球体,特别地,一维球体就是线(不分曲、直)上的一段,二维球体是平面上的圆形区域,三维球体则是通常所说的球,……

本章开头所说的漩涡中心的水也就是一个拓扑不动点. 下面我们再给出两个简单有趣的例证.

例 1 某人进城,早晨 6 点从家里出发,下午 6 点到达. 第二天沿原路返回,早晨 6 点离城,下午 6 点到家. 虽然在路上时快时慢,有时还停下来休息,但途中有一个地点,进城和返回经过那个地点时,所用的时间完全相同,这是为什么?

解 把进城路线看成一维球体. 如果进城经过点 A 与回家经过点 B 的时间相同,我们就说点 A 与点 B 对应. 这种对应关系显然是把此线段变换成了自己 —— 即是把一维球体映入自己的连续映象. 这个变换至少有一个不动点(拓扑不动点定理),就是途中经过的那个进城和返回所用时间完全相同的地方.

例 2 取一个浅纸盒与一张纸,这张纸恰好能盖住盒的底面,把纸拿起来随便揉成一个小纸球,再把小纸球扔进盒里. 不管小纸球是怎样揉的,也不管它落在盒底什么地方,被揉成小纸球的纸上至少有一个这样的点,它恰好处在原来未揉时它对应的盒底上的点的正上方,试证之.

证明 小纸球在盒底的水平投影为区域A,显然,原纸片上和A域内某点相对应的点一定在A的上方. 纸球上原先盖在盒底区域A上的那一部分纸片,被随意卷成纸球的一小部分A'_1,设A'_1在盒底的水平投影为区域A_1,显然$A_1 < A$. 再考虑原先盖在盒底区域A_1上的小纸片,它则被随意卷成纸球中更小的部分A'_2,设A'_2在盒底水平投影为A_2,于是又有$A_2 < A_1$,这样反复作下去(理论上可作无穷多次),得到一连串区域$A > A_1 > A_2 > \cdots > A_n > \cdots$. 这些区域必然一个比一个小(否则,如果有$A_i = A_{i+1}$,即小纸球上有一片与盒底上一片重合,结论显然得证),最后必然缩小到"一点",这一点就是经过拓扑变换后仍变为自己的一个不动点.

在上例的证明中,把点所在的范围步步缩小,最后所证存在的一点便无法逃遁了. 这种证明方法实际上是"缩小原理"的应用.

思 考 题

1. 求函数$f(x) = 3x - 5$的三次迭代函数的解析式.

2. 已知$f(x) = \dfrac{2x-1}{x+1}$,对于$n = 1, 2, \cdots$,定义$f_1(x) = f(x), f_{n+1}(x) = f[f_n(x)]$. 假定$f_{35}(x) = f_5(x)$,求$f_{28}(x)$的解析式.

3. 解方程$e^{-\frac{x}{4}}(2-x) - 1 = 0$.

4. 设无穷数列$\{x_n\}$定义如下:$x_1 = 0, x_2 = 2$,且$3x_{n+1} - x_n - 2x_{n-1} = 0 (n = 2, 3, \cdots)$,试求$\lim\limits_{n \to \infty} x_n$.

5. 设$a_1 > 0, a_{n+1} = \dfrac{3(1+a_n)}{3+a_n}$,求$a_n$.

6. 设$a_1 = 7, a_{n+1} = \dfrac{a_n^2 + 6}{2a_n - 5}$,求$a_n$.

7. 假设一个集合的任一子集X都对应着另一子集$f(X)$,而且X含Y,则$f(X)$也含$f(Y)$. 求证:存在一个子集A,使$f(A) = A$.

8. 求$f(x) = \sqrt{x^2 - p} + 2\sqrt{x^2 - 1}$的所有实数不动点,其中$p$为参数.

思考题参考解答

1. $f(x)$的不动点是$x = \dfrac{5}{2}$,于是$f(f(f(x))) = 3^3\left(x - \dfrac{5}{2}\right) + \dfrac{5}{2} = 27x - 65$.

2. 容易求得$f(x)$的反函数$g(x) = \dfrac{1+x}{2-x}$,又$g[f(x)] = x$,则$g[f_{n+1}(x)] = g\{f[f_n(x)]\} = f_n(x)$ 而 $f_{35}(x) = f_5(x), g[f_{35}(x)] = g[f_5(x)]$. 于是$f_{34}(x) = f_4(x), f_{33}(x) = f_3(x), \cdots, f_{30}(x) = x, f_{29}(x) = g(x), f_{28}(x) = g[g(x)] = \dfrac{1}{1-x}$.

3. $f(x) = e^{-\frac{x}{4}}(2-x) - 1$在0与1之间有一个零点,用牛顿切线法求这零点的近似值. 取$x_0 = 3$,有$x_1 = x_0 - \dfrac{f(x_0)}{f'(x_0)} = -1.155\,999, x_2 = x_1 - \dfrac{f(x_1)}{f'(x_1)} = 0.189\,433, x_3 = x_2 - \dfrac{f(x_2)}{f'(x_2)} =$

0.714 043,还可根据实际需要求得更精确的值.

4. 由 $3x_{n+1} - x_n - 2x_{n-1} = 0$,有 $3x_{n+1} + 2x_n = 3x_n + 2x_{n-1} = 3x_{n-1} + 2x_{n-2} = \cdots = 3x_2 + 2x_1 = 6$. 即 $x_{n+1} = -\frac{2}{3}x_n + 2$. 由 22.1.5 小节中例 1 的结论有 $\lim\limits_{n \to \infty} x_n = \frac{6}{5}$.

5. $f(x) = \dfrac{3(1+x)}{3+x}$ 有两个相异不动点,$x_1 = \sqrt{3}$,$x_2 = -\sqrt{3}$,故

$$a_n = \frac{a_1 + \sqrt{3} + (a_1 - \sqrt{3})(2 - \sqrt{3})^{n-1}}{a_1 + \sqrt{3} + (\sqrt{3} - a_1)(2 - \sqrt{3})^{n-1}} \cdot \sqrt{3}$$

6. $f(x) = \dfrac{x^2 + 6}{2x - 5}$ 有两个不动点 $x_1 = -1$,$x_2 = 6$,则 $\ln \dfrac{a_n + 1}{a_n - 6} = 2^{n-1} \cdot \ln \dfrac{a_1 + 1}{a_1 - 6} = 2^{n-1} \cdot \ln 8$,故 $a_n = \dfrac{6 \cdot 8^{2^{n-1}} + 1}{8^{2^{n-1}} - 1}$.

7. 设 C 是使得 $X \subseteq f(X)$ 的一切 X 全体组成的子集类,则空集 $\varnothing$ 在 C 中,即 C 是非空的,令 T 是 V 中全体子集的并. 那么,对 C 中的一切集合 X,$T \supseteq X$,故 $f(T) \supseteq f(X) \supseteq X$. 从而 $f(T) \supseteq T$. 另一方面,由 $f(T) \supseteq T$,得 $f(f(T)) \supseteq f(T)$,即 $f(T)$ 在 C 中. T 是 C 中全体子集的并,故 $f(T) = T$,综前所述,$f(T) = T$,证得使 $f(A) = A$ 的子集 A 的存在性.

8. 若 $p < 0$,则 $\sqrt{x^2 - p} + 2\sqrt{x^2 - 1} \geqslant \sqrt{x^2 - p} > x$,在这种情形下,$f(x)$ 无不动点. 故可设 $p \geqslant 0$,解方程 $\sqrt{x^2 - p} + 2\sqrt{x^2 - 1} = x$,得 $x^2 = \dfrac{(p-4)^2}{8(2-p)}$. 因 x 是实数,故 $0 \leqslant p < 2$ 时

$$x = \frac{4 - p}{\sqrt{8(2 - p)}} \qquad ①$$

把上面求得的 x 值代入上述方程并化简有 $|3p - 4| = 4 - 3p \Leftrightarrow 3p - 4 \leqslant 0$. 故只有当 $0 \leqslant p \leqslant \dfrac{4}{3}$ 时,$f(x)$ 有实数不动点,可由式 ① 给出.

参考文献

[1] 波利亚 G.怎样解题[M].阎育苏,译.北京:科学出版社,1982.

[2] 李建才,等.中学数学解题研究[M].郑州:河南教育出版社,1990.

[3] 欧阳维诚.初等数学解题方法研究[M].长沙:湖南教育出版社,1986.

[4] 卢正勇.数学解题思路[M].福州:福建教育出版社,1987.

[5] 刘兆明,等.中学数学解题的一般方法[M].北京:学苑出版社,1989.

[6] 吴大梁.换元法的定义、实质与运用[J].福建中学数学,1986(6).

[7] 徐利治.数学方法论选讲[M].武汉:华中理工大学出版社,1983.

[8] 戴再平.数学方法与解题研究[M].北京:高等教育出版社,1996.

[9] 华罗庚.数学归纳法[M].北京:科学出版社,2002.

[10] 华罗庚.从杨辉三角谈起[M].北京:科学出版社,2002.

[11] 姜坤崇.圆锥曲线之间的一个变换[J].数学通报,2003(10):25-26.

[12] 姜坤崇.抛物线到圆锥曲线的另两个变换[J].数学通报,2005(9):44.

[13] 徐信生.谈谈叠加法的延伸运用[J].中学数学月刊,2003(12):26.

[14] 宋海咏.用"叠加"法解数学题[J].中学数学月刊,2005(1):38-40.

[15] 王庆荣.用曲线系方程解题应注意的两个问题[J].数学教学研究,2001(12):40-41.

[16] 罗增儒.常数消去法——从实践到方法提升[J].中学教研(数学),2006(2):13-16.

[17] 邓丽轩.中点问题求差分解法的应用[J].数学教学研究,1995(1):26-27.

[18] 周华生.用消常法解圆锥曲线问题[J].中学数学月刊,2007(2):32-33.

[19] 张景中.消点法浅谈[J].数学教师,1995(1):6-10.

[20] 李康海.一个分式和不等式的推广及应用[J].中学数学研究,1999(3):36-38.

[21] 周春荔.平均数原理[J].中学生数学,1995(1):19-20.

[22] 孙建斌,黄宝玲."互叠法"巧证三角函数不等式[J].中学数学月刊,2005(9):37-38.

[23] 孙建斌.巧用"等叠法"解题[J].中学教研(数学),2005(9):38-39.

[24] 何先俊,李庆普.利用对称性求解根之和[J].中学数学教学,2004(2):27.

[25] 刘文贵.例谈运用相似思维证数学题[J].中学数学月刊,2002(3):36-37.

[26] 张贵钦.圆的性质向椭圆拓展九例[J].数学通讯,2006(8):10.

[27] 周建华.圆上的几个结论在椭圆上的推广[J].数学通报,2003(6):16-17.

[28] 常庚哲,等.高中数学竞赛辅导讲座[M].上海:上海科学技术出版社,1987.

[29] 单墫.覆盖[M].上海:上海教育出版社,1983.

[30] 黄国勋,李炯生.计数[M].上海:上海教育出版社,1983.

[31] 史济怀.母函数[M].上海:上海教育出版社,1981.

作者出版的相关书籍与发表的相关文章目录

书籍类

[1] 中学数学解题方法基础. 哈尔滨:哈尔滨出版社,1997.4.

[2] 中学数学解题典型方法例说. 长沙:湖南师范大学出版社,1996.4.

[3] 解题金钥匙系列·高中数学. 长沙:湖南师范大学出版社,2006.4.

[4] 解题金钥匙系列·初中数学. 长沙:湖南师范大学出版社,2006.4.

[5] 分级精讲与测试系列·高二数学. 长沙:湖南师范大学出版社,2004.10.

[6] 分级精讲与测试系列·高一数学. 长沙:湖南师范大学出版社,2004.10.

[7] 数学精讲巧学点对点(高二下册). 长沙:湖南教育出版社,2006,12.

[8] 平面解析几何(单元复习测试). 长沙:湖南教育出版社,1998,7.

[9] 代数(高二单元复习测试). 长沙:湖南教育出版社,1993.12.

[10] 几何(初二复习测试). 长沙:湖南教育出版社,1992.11.

[11] 平面几何证明方法全书. 哈尔滨:哈尔滨工业大学出版社,2005.9.

[12] 平面几何证明方法全书习题解答(第2版). 哈尔滨:哈尔滨工业大学出版社,2006.12.

[13] 走向国际数学奥林匹克的平面几何试题诠释(上). 哈尔滨:哈尔滨工业大学出版社,2010.2.

[14] 走向国际数学奥林匹克的平面几何试题诠释(下). 哈尔滨:哈尔滨工业大学出版社,2010.2.

[15] 几何瑰宝——平面几何500名题暨1000条定理(上). 哈尔滨:哈尔滨工业大学出版社,2010.7.

[16] 几何瑰宝——平面几何500名题暨1000条定理(下). 哈尔滨:哈尔滨工业大学出版社,2010.7.

[17] 数学眼光透视(第2版). 哈尔滨:哈尔滨工业大学出版社,2017.6.

[18] 数学思想领悟(第2版). 哈尔滨:哈尔滨工业大学出版社,2018.1.

[19] 数学解题引论. 哈尔滨:哈尔滨工业大学出版社,2017.5.

[20] 数学史话览胜(第2版). 哈尔滨:哈尔滨工业大学出版社,2017.2.

[21] 数学应用展观(第2版). 哈尔滨:哈尔滨工业大学出版社,2018.1.

[22] 数学建模尝试. 哈尔滨:哈尔滨工业大学出版社,2018.4.

[23] 数学竞赛采风. 哈尔滨:哈尔滨工业大学出版社,2018.1.

[24] 数学技能操握. 哈尔滨:哈尔滨工业大学出版社,2018.3.

[25] 数学欣赏拾趣. 哈尔滨:哈尔滨工业大学出版社,2018.5.

[26] 数学精神巡礼. 哈尔滨:哈尔滨工业大学出版社,即将出版.

[27] 数学测评探营. 哈尔滨:哈尔滨工业大学出版社,即将出版.

[28] 平面几何图形特性新析(上篇). 哈尔滨:哈尔滨工业大学出版社,即将出版.

[29] 平面几何图形特性新析(下篇).哈尔滨:哈尔滨工业大学出版社,即将出版.
[30] 平面几何范例多解探究(上篇).哈尔滨:哈尔滨工业大学出版社,即将出版.
[31] 平面几何范例多解探究(下篇).哈尔滨:哈尔滨工业大学出版社,即将出版.

文章类

[1] 排序原理. 数学通讯,1988(9):27-30.
[2] 最小数原理. 数学通讯,1988(11):33-35.
[3] 最短长度原理. 数学通讯,1988(12):30-32.
[4] 利用不动点解题. 数学通讯,1989(2):40-43.
[5] 抽屉原理. 数学通讯,1991(8):35-38.
[6] 构造直角形证无理不等式. 数学通讯,1987(7):30-31.
[7] 两条直线平行问题的求解思路. 中学数学,1993(12):30-33.
[8] 两条直线垂直问题的求解思路. 中学数学,1994(1):29-32.
[9] 线段相等问题的若干求解思路. 中学数学,1995(2):37-42.
[10] 角度相等问题的若干求解思路. 中学数学,1995(3):38-43.
[11] 不等式证明的常用方法与技巧. 湖南数学通讯,1991(4):26-31.
[12] 逻辑推理问题. 湖南数学通讯,1991(1):21-23.
[13] 二次函数. 湖南数学通讯,1990(6):28-31.
[14] 代数式的变形. 湖南数学通讯,1990(5):27-29.
[15] 整数的分类、分解及末位数. 湖南数学通讯,1990(4):32-35.
[16] 整数的多项式表示及整除性. 湖南数学通讯,1990(3):32-35.
[17] 图形选择题及解法浅谈. 中学数学研究,1987(9):20-24.
[18] 标准化图形题型例说. 中学数学研究,1989(6):15-18.
[19] ω 的应用. 中学数学研究,1991(4):27-28.
[20] 双人比赛问题的策略漫谈. 中学数学研究,1993(5):32-33.
[21] 1 的 n 次单位根的性质及应用. 中学教研(数学),1993(9):31-35.
[22] 数学竞赛中点共直线问题的若干求解思路. 中学教研(数学),1994(4):9-13.
[23] 解析几何第一、二章综合复习中的几点注意. 中学数学(苏州),1988(3):11-14.
[24] 利用整体构图方法解一道题. 中学数学(苏州),1988(6):40.
[25] "适应性"试题举例. 中学数学(苏州),1989(2):35-37.
[26] 高中数学综合复习测试题. 中学数学(苏州),1990(5):48-50.
[27] 数学竞赛题中的图论方法. 中学数学(苏州),1991(4):41-44.
[28] 射影法及应用. 中学数学(苏州),1991(10):47-50.
[29] 符号"±"趣题例说. 中学数学(苏州),1992(8):19-21.
[30] 数学竞赛中条件多项式的求解方法. 中学数学(苏州),1994(6):41-44.
[31] 也谈一道竞赛试题的别证及其他. 中学数学研究(江西),2002(8):43-44.
[32] 初等函数的简图作法种种. 数学教学通讯,1989(5):21-22.
[33] 构造辅助体解答三棱锥中的问题. 中学数学杂志,1987(5):31-32.
[34] 整数整除性问题的若干证法. 数学园地,1985(10):3-4.
[35] 一题多解,归纳方法. 数学园地,1985(11):3-5.

［36］一题多解. 数学园地,1985(12):4-5.
［37］一个代数恒等式的应用. 中学生导报,1987(47).
［38］一道解析几何题的简解. 中学数学报,1988(3).
［39］从一道例题的证明谈起. 高中数学园地,1986(1):7-9.
［40］一题多证一例. 数学园地,1987-1988(2):15-18.
［41］一类组合趣题及解法漫谈. 数学竞赛第 13 辑:62-70.
［42］数集的划分与覆盖. 数学竞赛第 17 辑:39-54.
［43］向量坐标及其应用. 数学竞赛第 20 辑:32-45.
［44］位似变换及应用. 数学竞赛第 21 辑:63-72.
［45］仿射变换及应用. 数学竞赛第 22 辑:38-46.

编辑手记

沈文选先生是我多年的挚友,我又是这套书的策划编辑,所以有必要在这套书即将出版之际,说上两句.

有人说:"现在,书籍越来越多,过于垃圾,过于商业,过于功利,过于弱智,无书可读."

还有人说:"从前,出书难,总量少,好书就像沙滩上的鹅卵石一样显而易见,而现在书籍的总量在无限扩张,而佳作却无法迅速膨化,好书便如埋在沙砾里的金粉一样细屑不可寻,一读便上当,看书的机会成本越来越大."(无书可读——中国图书业的另类观察,侯虹斌《新周刊》,2003,总166期)

但凡事总有例外,摆在我面前的沈文选先生的大作便是一个小概率事件的结果.文如其人,作品即是人品,现在认认真真做学问,老老实实写著作的学者已不多见.沈先生算是其中一位,用书法大师教育家启功给北京师范大学所题的校训"学为人师,行为世范"来写照,恰如其分.沈先生"从一而终",从教近四十年,除偶有涉及 n 维空间上的单形研究外将全部精力都投入到初等数学的研究中.不可不谓执著,成果也是显著的,称其著作等身并不为过.

目前,国内高校也开始流传美国学界历来的说法"不发表则自毙(Publish or Perish)".于是大量应景之作迭出,但沈先生已退休,并无此压力,只是想将多年研究做个总结,可算封山之作.所以说这套丛书是无书可读时代的可读之书,选读此书可将读书的机会成本降至无穷小.

这套书非考试之用,所以切不可抱功利之心去读.中国最可怕的事不是大众不读书,而是教师不读书,沈先生的书既是给学生读的,又是给教师读的.2001年陈丹青在上海《艺术世界》杂志开办专栏时,他采取读者提问他回答的互动方式.有一位读者直截了当地问:"你认为在艺术中能够得到什么?"陈丹青答道:"得到所谓'艺术',有时自以为得到了,有时发现并没得到."(陈丹青.与陈丹青交谈.上海文艺出版社,2007,第12页).读艺术如此读数学也如此,如果非要给自己一个读的理由,可以用一首诗来说服自己,曾有人将古代五言《神童诗》扩展成七言:

古今天子重英豪,学内文章教尔曹.

世上万般皆下品,人间唯有读书高.

沈先生的书涉猎极广,可以说只要对数学感兴趣的人都会开卷有益,可自学,可竞赛,可教学,可欣赏,可把玩,只是不宜远离.米兰·昆德拉在《小说的艺术》中说:"缺乏艺术细胞并不可怕,一个人完全可以不读普鲁斯特,不听舒伯特,而生活得很平和.但一个蔑视艺术的人不可能平和地生活."(米兰·昆德拉.小说的艺术.董强,译.上海译文出版社,2004,第169页)将艺术换以数学结论也成立.

本套丛书是旨在提高公众数学素养的书,打个比方说它不是药但是营养素与维生素.缺少它短期似无大碍,长期缺乏必有大害.2007年9月初,法国中小学开学之际,法国总统尼古拉·萨科奇发表了长达32页的《致教育者的一封信》,其中他严肃地指出:当前法国教育中的普通文化日渐衰退,而专业化学习经常过细、过早.他认为:"学者、工程师、技术员不能没有文学、艺术、哲学素养;作家、艺术家、哲学家不能没有科学、技术、数学素养."

最后我们祝沈老师退休生活愉快,为数学工作了一辈子,教了那么多学生,写了那么多论文和书,你太累了,也该歇歇了.

刘培杰
2017年5月1日
于哈工大

刘培杰数学工作室
已出版(即将出版)图书目录——初等数学

书 名	出版时间	定 价	编号
新编中学数学解题方法全书(高中版)上卷(第2版)	2018—08	58.00	951
新编中学数学解题方法全书(高中版)中卷(第2版)	2018—08	68.00	952
新编中学数学解题方法全书(高中版)下卷(一)(第2版)	2018—08	58.00	953
新编中学数学解题方法全书(高中版)下卷(二)(第2版)	2018—08	58.00	954
新编中学数学解题方法全书(高中版)下卷(三)(第2版)	2018—08	68.00	955
新编中学数学解题方法全书(初中版)上卷	2008—01	28.00	29
新编中学数学解题方法全书(初中版)中卷	2010—07	38.00	75
新编中学数学解题方法全书(高考复习卷)	2010—01	48.00	67
新编中学数学解题方法全书(高考真题卷)	2010—01	38.00	62
新编中学数学解题方法全书(高考精华卷)	2011—03	68.00	118
新编平面解析几何解题方法全书(专题讲座卷)	2010—01	18.00	61
新编中学数学解题方法全书(自主招生卷)	2013—08	88.00	261
数学奥林匹克与数学文化(第一辑)	2006—05	48.00	4
数学奥林匹克与数学文化(第二辑)(竞赛卷)	2008—01	48.00	19
数学奥林匹克与数学文化(第二辑)(文化卷)	2008—07	58.00	36′
数学奥林匹克与数学文化(第三辑)(竞赛卷)	2010—01	48.00	59
数学奥林匹克与数学文化(第四辑)(竞赛卷)	2011—08	58.00	87
数学奥林匹克与数学文化(第五辑)	2015—06	98.00	370
世界著名平面几何经典著作钩沉——几何作图专题卷(上)	2009—06	48.00	49
世界著名平面几何经典著作钩沉——几何作图专题卷(下)	2011—01	88.00	80
世界著名平面几何经典著作钩沉(民国平面几何老课本)	2011—03	38.00	113
世界著名平面几何经典著作钩沉(建国初期平面三角老课本)	2015—08	38.00	507
世界著名解析几何经典著作钩沉——平面解析几何卷	2014—01	38.00	264
世界著名数论经典著作钩沉(算术卷)	2012—01	28.00	125
世界著名数学经典著作钩沉——立体几何卷	2011—02	28.00	88
世界著名三角学经典著作钩沉(平面三角卷Ⅰ)	2010—06	28.00	69
世界著名三角学经典著作钩沉(平面三角卷Ⅱ)	2011—01	38.00	78
世界著名初等数论经典著作钩沉(理论和实用算术卷)	2011—07	38.00	126
发展你的空间想象力	2017—06	38.00	785
走向国际数学奥林匹克的平面几何试题诠释(上、下)(第1版)	2007—01	68.00	11,12
走向国际数学奥林匹克的平面几何试题诠释(上、下)(第2版)	2010—02	98.00	63,64
平面几何证明方法全书	2007—08	35.00	1
平面几何证明方法全书习题解答(第1版)	2005—10	18.00	2
平面几何证明方法全书习题解答(第2版)	2006—12	18.00	10
平面几何天天练上卷·基础篇(直线型)	2013—01	58.00	208
平面几何天天练中卷·基础篇(涉及圆)	2013—01	28.00	234
平面几何天天练下卷·提高篇	2013—01	58.00	237
平面几何专题研究	2013—07	98.00	258

刘培杰数学工作室
已出版(即将出版)图书目录——初等数学

书　名	出版时间	定　价	编号
最新世界各国数学奥林匹克中的平面几何试题	2007—09	38.00	14
数学竞赛平面几何典型题及新颖解	2010—07	48.00	74
初等数学复习及研究(平面几何)	2008—09	58.00	38
初等数学复习及研究(立体几何)	2010—06	38.00	71
初等数学复习及研究(平面几何)习题解答	2009—01	48.00	42
几何学教程(平面几何卷)	2011—03	68.00	90
几何学教程(立体几何卷)	2011—07	68.00	130
几何变换与几何证题	2010—06	88.00	70
计算方法与几何证题	2011—06	28.00	129
立体几何技巧与方法	2014—04	88.00	293
几何瑰宝——平面几何500名题暨1000条定理(上、下)	2010—07	138.00	76,77
三角形的解法与应用	2012—07	18.00	183
近代的三角形几何学	2012—07	48.00	184
一般折线几何学	2015—08	48.00	503
三角形的五心	2009—06	28.00	51
三角形的六心及其应用	2015—10	68.00	542
三角形趣谈	2012—08	28.00	212
解三角形	2014—01	28.00	265
三角学专门教程	2014—09	28.00	387
图天下几何新题试卷.初中(第2版)	2017—11	58.00	855
圆锥曲线习题集(上册)	2013—06	68.00	255
圆锥曲线习题集(中册)	2015—01	78.00	434
圆锥曲线习题集(下册·第1卷)	2016—10	78.00	683
圆锥曲线习题集(下册·第2卷)	2018—01	98.00	853
论九点圆	2015—05	88.00	645
近代欧氏几何学	2012—03	48.00	162
罗巴切夫斯基几何学及几何基础概要	2012—07	28.00	188
罗巴切夫斯基几何学初步	2015—06	28.00	474
用三角、解析几何、复数、向量计算解数学竞赛几何题	2015—03	48.00	455
美国中学几何教程	2015—04	88.00	458
三线坐标与三角形特征点	2015—04	98.00	460
平面解析几何方法与研究(第1卷)	2015—05	18.00	471
平面解析几何方法与研究(第2卷)	2015—06	18.00	472
平面解析几何方法与研究(第3卷)	2015—07	18.00	473
解析几何研究	2015—01	38.00	425
解析几何学教程.上	2016—01	38.00	574
解析几何学教程.下	2016—01	38.00	575
几何学基础	2016—01	58.00	581
初等几何研究	2015—02	58.00	444
十九和二十世纪欧氏几何学中的片段	2017—01	58.00	696
平面几何中考.高考.奥数一本通	2017—07	28.00	820
几何学简史	2017—08	28.00	833
四面体	2018—01	48.00	880
平面几何图形特性新析.上篇	即将出版		911
平面几何图形特性新析.下篇	2018—06	88.00	912
平面几何范例多解探究.上篇	2018—04	48.00	913
平面几何范例多解探究.下篇	即将出版		914
从分析解题过程学解题:竞赛中的几何问题研究	2018—07	68.00	946

刘培杰数学工作室
已出版(即将出版)图书目录——初等数学

书　　名	出版时间	定　价	编号
俄罗斯平面几何问题集	2009—08	88.00	55
俄罗斯立体几何问题集	2014—03	58.00	283
俄罗斯几何大师——沙雷金论数学及其他	2014—01	48.00	271
来自俄罗斯的5000道几何习题及解答	2011—03	58.00	89
俄罗斯初等数学问题集	2012—05	38.00	177
俄罗斯函数问题集	2011—03	38.00	103
俄罗斯组合分析问题集	2011—01	48.00	79
俄罗斯初等数学万题选——三角卷	2012—11	38.00	222
俄罗斯初等数学万题选——代数卷	2013—08	68.00	225
俄罗斯初等数学万题选——几何卷	2014—01	68.00	226
463个俄罗斯几何老问题	2012—01	28.00	152
谈谈素数	2011—03	18.00	91
平方和	2011—03	18.00	92
整数论	2011—05	38.00	120
从整数谈起	2015—10	28.00	538
数与多项式	2016—01	38.00	558
谈谈不定方程	2011—05	28.00	119
解析不等式新论	2009—06	68.00	48
建立不等式的方法	2011—03	98.00	104
数学奥林匹克不等式研究	2009—08	68.00	56
不等式研究(第二辑)	2012—02	68.00	153
不等式的秘密(第一卷)	2012—02	28.00	154
不等式的秘密(第一卷)(第2版)	2014—02	38.00	286
不等式的秘密(第二卷)	2014—01	38.00	268
初等不等式的证明方法	2010—06	38.00	123
初等不等式的证明方法(第二版)	2014—11	38.00	407
不等式·理论·方法(基础卷)	2015—07	38.00	496
不等式·理论·方法(经典不等式卷)	2015—07	38.00	497
不等式·理论·方法(特殊类型不等式卷)	2015—07	48.00	498
不等式探究	2016—03	38.00	582
不等式探秘	2017—01	88.00	689
四面体不等式	2017—01	68.00	715
数学奥林匹克中常见重要不等式	2017—09	38.00	845
同余理论	2012—05	38.00	163
[x]与{x}	2015—04	48.00	476
极值与最值.上卷	2015—06	28.00	486
极值与最值.中卷	2015—06	38.00	487
极值与最值.下卷	2015—06	28.00	488
整数的性质	2012—11	38.00	192
完全平方数及其应用	2015—08	78.00	506
多项式理论	2015—10	88.00	541
奇数、偶数、奇偶分析法	2018—01	98.00	876

刘培杰数学工作室
已出版（即将出版）图书目录——初等数学

书　名	出版时间	定价	编号
历届美国中学生数学竞赛试题及解答(第一卷)1950—1954	2014—07	18.00	277
历届美国中学生数学竞赛试题及解答(第二卷)1955—1959	2014—04	18.00	278
历届美国中学生数学竞赛试题及解答(第三卷)1960—1964	2014—06	18.00	279
历届美国中学生数学竞赛试题及解答(第四卷)1965—1969	2014—04	28.00	280
历届美国中学生数学竞赛试题及解答(第五卷)1970—1972	2014—06	18.00	281
历届美国中学生数学竞赛试题及解答(第六卷)1973—1980	2017—07	18.00	768
历届美国中学生数学竞赛试题及解答(第七卷)1981—1986	2015—01	18.00	424
历届美国中学生数学竞赛试题及解答(第八卷)1987—1990	2017—05	18.00	769
历届 IMO 试题集(1959—2005)	2006—05	58.00	5
历届 CMO 试题集	2008—09	28.00	40
历届中国数学奥林匹克试题集(第 2 版)	2017—03	38.00	757
历届加拿大数学奥林匹克试题集	2012—08	38.00	215
历届美国数学奥林匹克试题集:多解推广加强	2012—08	38.00	209
历届美国数学奥林匹克试题集:多解推广加强(第 2 版)	2016—03	48.00	592
历届波兰数学竞赛试题集.第 1 卷,1949～1963	2015—03	18.00	453
历届波兰数学竞赛试题集.第 2 卷,1964～1976	2015—03	18.00	454
历届巴尔干数学奥林匹克试题集	2015—05	38.00	466
保加利亚数学奥林匹克	2014—10	38.00	393
圣彼得堡数学奥林匹克试题集	2015—01	38.00	429
匈牙利奥林匹克数学竞赛题解.第 1 卷	2016—05	28.00	593
匈牙利奥林匹克数学竞赛题解.第 2 卷	2016—05	28.00	594
历届美国数学邀请赛试题集(第 2 版)	2017—10	78.00	851
全国高中数学竞赛试题及解答.第 1 卷	2014—07	38.00	331
普林斯顿大学数学竞赛	2016—06	38.00	669
亚太地区数学奥林匹克竞赛题	2015—07	18.00	492
日本历届(初级)广中杯数学竞赛试题及解答.第 1 卷(2000～2007)	2016—05	28.00	641
日本历届(初级)广中杯数学竞赛试题及解答.第 2 卷(2008～2015)	2016—05	38.00	642
360 个数学竞赛问题	2016—08	58.00	677
奥数最佳实战题.上卷	2017—06	38.00	760
奥数最佳实战题.下卷	2017—05	58.00	761
哈尔滨市早期中学数学竞赛试题汇编	2016—07	28.00	672
全国高中数学联赛试题及解答:1981—2017(第 2 版)	2018—05	98.00	920
20 世纪 50 年代全国部分城市数学竞赛试题汇编	2017—05	28.00	797
高中数学竞赛培训教程:平面几何问题的求解方法与策略.上	2018—05	68.00	906
高中数学竞赛培训教程:平面几何问题的求解方法与策略.下	2018—06	78.00	907
高中数学竞赛培训教程:整除与同余以及不定方程	2018—01	88.00	908
高中数学竞赛培训教程:组合计数与组合极值	2018—04	48.00	909
国内外数学竞赛题及精解:2016～2017	2018—07	45.00	922
高考数学临门一脚(含密押三套卷)(理科版)	2017—01	45.00	743
高考数学临门一脚(含密押三套卷)(文科版)	2017—01	45.00	744
新课标高考数学题型全归纳(文科版)	2015—05	72.00	467
新课标高考数学题型全归纳(理科版)	2015—05	82.00	468
洞穿高考数学解答题核心考点(理科版)	2015—11	49.80	550
洞穿高考数学解答题核心考点(文科版)	2015—11	46.80	551

刘培杰数学工作室
已出版(即将出版)图书目录——初等数学

书　名	出版时间	定　价	编号
高考数学题型全归纳:文科版.上	2016—05	53.00	663
高考数学题型全归纳:文科版.下	2016—05	53.00	664
高考数学题型全归纳:理科版.上	2016—05	58.00	665
高考数学题型全归纳:理科版.下	2016—05	58.00	666
王连笑教你怎样学数学:高考选择题解题策略与客观题实用训练	2014—01	48.00	262
王连笑教你怎样学数学:高考数学高层次讲座	2015—02	48.00	432
高考数学的理论与实践	2009—08	38.00	53
高考数学核心题型解题方法与技巧	2010—01	28.00	86
高考思维新平台	2014—03	38.00	259
30分钟拿下高考数学选择题、填空题(理科版)	2016—10	39.80	720
30分钟拿下高考数学选择题、填空题(文科版)	2016—10	39.80	721
高考数学压轴题解题诀窍(上)(第2版)	2018—01	58.00	874
高考数学压轴题解题诀窍(下)(第2版)	2018—01	48.00	875
北京市五区文科数学三年高考模拟题详解:2013～2015	2015—08	48.00	500
北京市五区理科数学三年高考模拟题详解:2013～2015	2015—09	68.00	505
向量法巧解数学高考题	2009—08	28.00	54
高考数学万能解题法(第2版)	即将出版	38.00	691
高考物理万能解题法(第2版)	即将出版	38.00	692
高考化学万能解题法(第2版)	即将出版	28.00	693
高考生物万能解题法(第2版)	即将出版	28.00	694
高考数学解题金典(第2版)	2017—01	78.00	716
高考物理解题金典(第2版)	即将出版	68.00	717
高考化学解题金典(第2版)	即将出版	58.00	718
我一定要赚分:高中物理	2016—01	38.00	580
数学高考参考	2016—01	78.00	589
2011～2015年全国及各省市高考数学文科精品试题审题要津与解法研究	2015—10	68.00	539
2011～2015年全国及各省市高考数学理科精品试题审题要津与解法研究	2015—10	88.00	540
最新全国及各省市高考数学试卷解法研究及点拨评析	2009—02	38.00	41
2011年全国及各省市高考数学试题审题要津与解法研究	2011—10	48.00	139
2013年全国及各省市高考数学试题解析与点评	2014—01	48.00	282
全国及各省市高考数学试题审题要津与解法研究	2015—02	48.00	450
新课标高考数学——五年试题分章详解(2007～2011)(上、下)	2011—10	78.00	140,141
全国中考数学压轴题审题要津与解法研究	2013—04	78.00	248
新编全国及各省市中考数学压轴题审题要津与解法研究	2014—05	58.00	342
全国及各省市5年中考数学压轴题审题要津与解法研究(2015版)	2015—04	58.00	462
中考数学专题总复习	2007—04	28.00	6
中考数学较难题、难题常考题型解题方法与技巧.上	2016—01	48.00	584
中考数学较难题、难题常考题型解题方法与技巧.下	2016—01	58.00	585
中考数学较难题常考题型解题方法与技巧	2016—09	48.00	681
中考数学难题常考题型解题方法与技巧	2016—09	48.00	682
中考数学选择填空压轴好题妙解365	2017—05	38.00	759

刘培杰数学工作室
已出版(即将出版)图书目录——初等数学

书　名	出版时间	定　价	编号
中考数学小压轴汇编初讲	2017—07	48.00	788
中考数学大压轴专题微言	2017—09	48.00	846
北京中考数学压轴题解题方法突破(第3版)	2017—11	48.00	854
助你高考成功的数学解题智慧:知识是智慧的基础	2016—01	58.00	596
助你高考成功的数学解题智慧:错误是智慧的试金石	2016—04	58.00	643
助你高考成功的数学解题智慧:方法是智慧的推手	2016—04	68.00	657
高考数学奇思妙解	2016—04	38.00	610
高考数学解题策略	2016—05	48.00	670
数学解题泄天机(第2版)	2017—10	48.00	850
高考物理压轴题全解	2017—04	48.00	746
高中物理经典问题25讲	2017—05	28.00	764
高中物理教学讲义	2018—01	48.00	871
2016年高考文科数学真题研究	2017—04	58.00	754
2016年高考理科数学真题研究	2017—04	78.00	755
初中数学、高中数学脱节知识补缺教材	2017—06	48.00	766
高考数学小题抢分必练	2017—10	48.00	834
高考数学核心素养解读	2017—09	38.00	839
高考数学客观题解题方法和技巧	2017—10	38.00	847
十年高考数学精品试题审题要津与解法研究.上卷	2018—01	68.00	872
十年高考数学精品试题审题要津与解法研究.下卷	2018—01	58.00	873
中国历届高考数学试题及解答.1949—1979	2018—01	38.00	877
数学文化与高考研究	2018—03	48.00	882
跟我学解高中数学题	2018—07	58.00	926
中学数学研究的方法及案例	2018—05	58.00	869
高考数学抢分技能	2018—07	68.00	934
新编640个世界著名数学智力趣题	2014—01	88.00	242
500个最新世界著名数学智力趣题	2008—06	48.00	3
400个最新世界著名数学最值问题	2008—09	48.00	36
500个世界著名数学征解问题	2009—06	48.00	52
400个中国最佳初等数学征解老问题	2010—01	48.00	60
500个俄罗斯数学经典老题	2011—01	28.00	81
1000个国外中学物理好题	2012—04	48.00	174
300个日本高考数学题	2012—05	38.00	142
700个早期日本高考数学试题	2017—02	88.00	752
500个前苏联早期高考数学试题及解答	2012—05	28.00	185
546个早期俄罗斯大学生数学竞赛题	2014—03	38.00	285
548个来自美苏的数学好问题	2014—11	28.00	396
20所苏联著名大学早期入学试题	2015—02	18.00	452
161道德国工科大学生必做的微分方程习题	2015—05	28.00	469
500个德国工科大学生必做的高数习题	2015—06	28.00	478
360个数学竞赛问题	2016—08	58.00	677
200个趣味数学故事	2018—02	48.00	857
德国讲义日本考题.微积分卷	2015—04	48.00	456
德国讲义日本考题.微分方程卷	2015—04	38.00	457
二十世纪中叶中、英、美、日、法、俄高考数学试题精选	2017—06	38.00	783

刘培杰数学工作室
已出版(即将出版)图书目录——初等数学

书　　名	出版时间	定　价	编号
中国初等数学研究　2009卷(第1辑)	2009—05	20.00	45
中国初等数学研究　2010卷(第2辑)	2010—05	30.00	68
中国初等数学研究　2011卷(第3辑)	2011—07	60.00	127
中国初等数学研究　2012卷(第4辑)	2012—07	48.00	190
中国初等数学研究　2014卷(第5辑)	2014—02	48.00	288
中国初等数学研究　2015卷(第6辑)	2015—06	68.00	493
中国初等数学研究　2016卷(第7辑)	2016—04	68.00	609
中国初等数学研究　2017卷(第8辑)	2017—01	98.00	712
几何变换(Ⅰ)	2014—07	28.00	353
几何变换(Ⅱ)	2015—06	28.00	354
几何变换(Ⅲ)	2015—01	38.00	355
几何变换(Ⅳ)	2015—12	38.00	356
初等数论难题集(第一卷)	2009—05	68.00	44
初等数论难题集(第二卷)(上、下)	2011—02	128.00	82,83
数论概貌	2011—03	18.00	93
代数数论(第二版)	2013—08	58.00	94
代数多项式	2014—06	38.00	289
初等数论的知识与问题	2011—02	28.00	95
超越数论基础	2011—03	28.00	96
数论初等教程	2011—03	28.00	97
数论基础	2011—03	18.00	98
数论基础与维诺格拉多夫	2014—03	18.00	292
解析数论基础	2012—08	28.00	216
解析数论基础(第二版)	2014—01	48.00	287
解析数论问题集(第二版)(原版引进)	2014—05	88.00	343
解析数论问题集(第二版)(中译本)	2016—04	88.00	607
解析数论基础(潘承洞,潘承彪著)	2016—07	98.00	673
解析数论导引	2016—07	58.00	674
数论入门	2011—03	38.00	99
代数数论入门	2015—03	38.00	448
数论开篇	2012—07	28.00	194
解析数论引论	2011—03	48.00	100
Barban Davenport Halberstam 均值和	2009—01	40.00	33
基础数论	2011—03	28.00	101
初等数论100例	2011—05	18.00	122
初等数论经典例题	2012—07	18.00	204
最新世界各国数学奥林匹克中的初等数论试题(上、下)	2012—01	138.00	144,145
初等数论(Ⅰ)	2012—01	18.00	156
初等数论(Ⅱ)	2012—01	18.00	157
初等数论(Ⅲ)	2012—01	28.00	158

刘培杰数学工作室
已出版(即将出版)图书目录——初等数学

书　名	出版时间	定　价	编号
平面几何与数论中未解决的新老问题	2013—01	68.00	229
代数数论简史	2014—11	28.00	408
代数数论	2015—09	88.00	532
代数、数论及分析习题集	2016—11	98.00	695
数论导引提要及习题解答	2016—01	48.00	559
素数定理的初等证明.第2版	2016—09	48.00	686
数论中的模函数与狄利克雷级数(第二版)	2017—11	78.00	837
数论:数学导引	2018—01	68.00	849
数学眼光透视(第2版)	2017—06	78.00	732
数学思想领悟(第2版)	2018—01	68.00	733
数学方法溯源(第2版)	2018—08	68.00	734
数学解题引论	2017—05	48.00	735
数学史话览胜(第2版)	2017—01	48.00	736
数学应用展观(第2版)	2017—08	68.00	737
数学建模尝试	2018—04	48.00	738
数学竞赛采风	2018—01	68.00	739
数学技能操握	2018—03	48.00	741
数学欣赏拾趣	2018—02	48.00	742
从毕达哥拉斯到怀尔斯	2007—10	48.00	9
从迪利克雷到维斯卡尔迪	2008—01	48.00	21
从哥德巴赫到陈景润	2008—05	98.00	35
从庞加莱到佩雷尔曼	2011—08	138.00	136
博弈论精粹	2008—03	58.00	30
博弈论精粹.第二版(精装)	2015—01	88.00	461
数学 我爱你	2008—01	28.00	20
精神的圣徒　别样的人生——60位中国数学家成长的历程	2008—09	48.00	39
数学史概论	2009—06	78.00	50
数学史概论(精装)	2013—03	158.00	272
数学史选讲	2016—01	48.00	544
斐波那契数列	2010—02	28.00	65
数学拼盘和斐波那契魔方	2010—07	38.00	72
斐波那契数列欣赏(第2版)	2018—08	58.00	948
Fibonacci数列中的明珠	2018—06	58.00	928
数学的创造	2011—02	48.00	85
数学美与创造力	2016—01	48.00	595
数海拾贝	2016—01	48.00	590
数学中的美	2011—02	38.00	84
数论中的美学	2014—12	38.00	351

— 8 —

刘培杰数学工作室
已出版(即将出版)图书目录——初等数学

书 名	出版时间	定 价	编号
数学王者　科学巨人——高斯	2015—01	28.00	428
振兴祖国数学的圆梦之旅:中国初等数学研究史话	2015—06	98.00	490
二十世纪中国数学史料研究	2015—10	48.00	536
数字谜、数阵图与棋盘覆盖	2016—01	58.00	298
时间的形状	2016—01	38.00	556
数学发现的艺术:数学探索中的合情推理	2016—07	58.00	671
活跃在数学中的参数	2016—07	48.00	675
数学解题——靠数学思想给力(上)	2011—07	38.00	131
数学解题——靠数学思想给力(中)	2011—07	48.00	132
数学解题——靠数学思想给力(下)	2011—07	38.00	133
我怎样解题	2013—01	48.00	227
数学解题中的物理方法	2011—06	28.00	114
数学解题的特殊方法	2011—06	48.00	115
中学数学计算技巧	2012—01	48.00	116
中学数学证明方法	2012—01	58.00	117
数学趣题巧解	2012—03	28.00	128
高中数学教学通鉴	2015—05	58.00	479
和高中生漫谈:数学与哲学的故事	2014—08	28.00	369
算术问题集	2017—03	38.00	789
张教授讲数学	2018—07	38.00	933
自主招生考试中的参数方程问题	2015—01	28.00	435
自主招生考试中的极坐标问题	2015—04	28.00	463
近年全国重点大学自主招生数学试题全解及研究.华约卷	2015—02	38.00	441
近年全国重点大学自主招生数学试题全解及研究.北约卷	2016—05	38.00	619
自主招生数学解证宝典	2015—09	48.00	535
格点和面积	2012—07	18.00	191
射影几何趣谈	2012—04	28.00	175
斯潘纳尔引理——从一道加拿大数学奥林匹克试题谈起	2014—01	28.00	228
李普希兹条件——从几道近年高考数学试题谈起	2012—10	18.00	221
拉格朗日中值定理——从一道北京高考试题的解法谈起	2015—10	18.00	197
闵科夫斯基定理——从一道清华大学自主招生试题谈起	2014—01	28.00	198
哈尔测度——从一道冬令营试题的背景谈起	2012—08	28.00	202
切比雪夫逼近问题——从一道中国台北数学奥林匹克试题谈起	2013—04	38.00	238
伯恩斯坦多项式与贝齐尔曲面——从一道全国高中数学联赛试题谈起	2013—03	38.00	236
卡塔兰猜想——从一道普特南竞赛试题谈起	2013—06	18.00	256
麦卡锡函数和阿克曼函数——从一道前南斯拉夫数学奥林匹克试题谈起	2012—08	18.00	201
贝蒂定理与拉姆贝克莫斯尔定理——从一个拣石子游戏谈起	2012—08	18.00	217
皮亚诺曲线和豪斯道夫分球定理——从无限集谈起	2012—08	18.00	211
平面凸图形与凸多面体	2012—10	28.00	218
斯坦因豪斯问题——从一道二十五省市自治区中学数学竞赛试题谈起	2012—07	18.00	196

刘培杰数学工作室
已出版(即将出版)图书目录——初等数学

书　名	出版时间	定价	编号
纽结理论中的亚历山大多项式与琼斯多项式——从一道北京市高一数学竞赛试题谈起	2012—07	28.00	195
原则与策略——从波利亚"解题表"谈起	2013—04	38.00	244
转化与化归——从三大尺规作图不能问题谈起	2012—08	28.00	214
代数几何中的贝祖定理(第一版)——从一道IMO试题的解法谈起	2013—08	18.00	193
成功连贯理论与约当块理论——从一道比利时数学竞赛试题谈起	2012—04	18.00	180
素数判定与大数分解	2014—08	18.00	199
置换多项式及其应用	2012—10	18.00	220
椭圆函数与模函数——从一道美国加州大学洛杉矶分校(UCLA)博士资格考题谈起	2012—10	28.00	219
差分方程的拉格朗日方法——从一道2011年全国高考理科试题的解法谈起	2012—08	28.00	200
力学在几何中的一些应用	2013—01	38.00	240
高斯散度定理、斯托克斯定理和平面格林定理——从一道国际大学生数学竞赛试题谈起	即将出版		
康托洛维奇不等式——从一道全国高中联赛试题谈起	2013—03	28.00	337
西格尔引理——从一道第18届IMO试题的解法谈起	即将出版		
罗斯定理——从一道前苏联数学竞赛试题谈起	即将出版		
拉克斯定理和阿廷定理——从一道IMO试题的解法谈起	2014—01	58.00	246
毕卡大定理——从一道美国大学数学竞赛试题谈起	2014—07	18.00	350
贝齐尔曲线——从一道全国高中联赛试题谈起	即将出版		
拉格朗日乘子定理——从一道2005年全国高中联赛试题的高等数学解法谈起	2015—05	28.00	480
雅可比定理——从一道日本数学奥林匹克试题谈起	2013—04	48.00	249
李天岩-约克定理——从一道波兰数学竞赛试题谈起	2014—06	28.00	349
整系数多项式因式分解的一般方法——从克朗耐克算法谈起	即将出版		
布劳维不动点定理——从一道前苏联数学奥林匹克试题谈起	2014—01	38.00	273
伯恩赛德定理——从一道英国数学奥林匹克试题谈起	即将出版		
布查特-莫斯特定理——从一道上海市初中竞赛试题谈起	即将出版		
数论中的同余数问题——从一道普特南竞赛试题谈起	即将出版		
范·德蒙行列式——从一道美国数学奥林匹克试题谈起	即将出版		
中国剩余定理:总数法构建中国历史年表	2015—01	28.00	430
牛顿程序与方程求根——从一道全国高考试题解法谈起	即将出版		
库默尔定理——从一道IMO预选试题谈起	即将出版		
卢丁定理——从一道冬令营试题的解法谈起	即将出版		
沃斯滕霍姆定理——从一道IMO预选试题谈起	即将出版		
卡尔松不等式——从一道莫斯科数学奥林匹克试题谈起	即将出版		
信息论中的香农熵——从一道近年高考压轴题谈起	即将出版		
约当不等式——从一道希望杯竞赛试题谈起	即将出版		
拉比诺维奇定理	即将出版		
刘维尔定理——从一道《美国数学月刊》征解问题的解法谈起	即将出版		
卡塔兰恒等式与级数求和——从一道IMO试题的解法谈起	即将出版		
勒让德猜想与素数分布——从一道爱尔兰竞赛试题谈起	即将出版		
天平称重与信息论——从一道基辅市数学奥林匹克试题谈起	即将出版		
哈密尔顿—凯莱定理:从一道高中数学联赛试题的解法谈起	2014—09	18.00	376
艾思特曼定理——从一道CMO试题的解法谈起	即将出版		

刘培杰数学工作室
已出版(即将出版)图书目录——初等数学

书　名	出版时间	定　价	编号
阿贝尔恒等式与经典不等式及应用	2018—06	98.00	923
迪利克雷除数问题	2018—07	48.00	930
贝克码与编码理论——从一道全国高中联赛试题谈起	即将出版		
帕斯卡三角形	2014—03	18.00	294
蒲丰投针问题——从2009年清华大学的一道自主招生试题谈起	2014—01	38.00	295
斯图姆定理——从一道"华约"自主招生试题的解法谈起	2014—01	18.00	296
许瓦兹引理——从一道加利福尼亚大学伯克利分校数学系博士生试题谈起	2014—08	18.00	297
拉姆塞定理——从王诗宬院士的一个问题谈起	2016—04	48.00	299
坐标法	2013—12	28.00	332
数论三角形	2014—04	38.00	341
毕克定理	2014—07	18.00	352
数林掠影	2014—09	48.00	389
我们周围的概率	2014—10	38.00	390
凸函数最值定理:从一道华约自主招生题的解法谈起	2014—10	28.00	391
易学与数学奥林匹克	2014—10	38.00	392
生物数学趣谈	2015—01	18.00	409
反演	2015—01	28.00	420
因式分解与圆锥曲线	2015—01	18.00	426
轨迹	2015—01	28.00	427
面积原理:从常庚哲命的一道CMO试题的积分解法谈起	2015—01	48.00	431
形形色色的不动点定理:从一道28届IMO试题谈起	2015—01	38.00	439
柯西函数方程:从一道上海交大自主招生的试题谈起	2015—02	28.00	440
三角恒等式	2015—02	28.00	442
无理性判定:从一道2014年"北约"自主招生试题谈起	2015—02	38.00	443
数学归纳法	2015—03	18.00	451
极端原理与解题	2015—04	28.00	464
法雷级数	2014—08	18.00	367
摆线族	2015—01	38.00	438
函数方程及其解法	2015—05	38.00	470
含参数的方程和不等式	2012—09	28.00	213
希尔伯特第十问题	2016—01	38.00	543
无穷小量的求和	2016—01	28.00	545
切比雪夫多项式:从一道清华大学金秋营试题谈起	2016—01	38.00	583
泽肯多夫定理	2016—03	38.00	599
代数等式证题法	2016—01	28.00	600
三角等式证题法	2016—01	28.00	601
吴大任教授藏书中的一个因式分解公式:从一道美国数学邀请赛试题的解法谈起	2016—06	28.00	656
易卦——类万物的数学模型	2017—08	68.00	838
"不可思议"的数与数系可持续发展	2018—01	38.00	878
最短线	2018—01	38.00	879
幻方和魔方(第一卷)	2012—05	68.00	173
尘封的经典——初等数学经典文献选读(第一卷)	2012—07	48.00	205
尘封的经典——初等数学经典文献选读(第二卷)	2012—07	38.00	206
初级方程式论	2011—03	28.00	106
初等数学研究(Ⅰ)	2008—09	68.00	37
初等数学研究(Ⅱ)(上、下)	2009—05	118.00	46,47

刘培杰数学工作室
已出版(即将出版)图书目录——初等数学

书　名	出版时间	定　价	编号
趣味初等方程妙题集锦	2014—09	48.00	388
趣味初等数论选美与欣赏	2015—02	48.00	445
耕读笔记(上卷):一位农民数学爱好者的初数探索	2015—04	28.00	459
耕读笔记(中卷):一位农民数学爱好者的初数探索	2015—05	28.00	483
耕读笔记(下卷):一位农民数学爱好者的初数探索	2015—05	28.00	484
几何不等式研究与欣赏.上卷	2016—01	88.00	547
几何不等式研究与欣赏.下卷	2016—01	48.00	552
初等数列研究与欣赏·上	2016—01	48.00	570
初等数列研究与欣赏·下	2016—01	48.00	571
趣味初等函数研究与欣赏.上	2016—09	48.00	684
趣味初等函数研究与欣赏.下	即将出版		685
火柴游戏	2016—05	38.00	612
智力解谜.第1卷	2017—07	38.00	613
智力解谜.第2卷	2017—07	38.00	614
故事智力	2016—07	48.00	615
名人们喜欢的智力问题	即将出版		616
数学大师的发现、创造与失误	2018—01	48.00	617
异曲同工	即将出版		618
数学的味道	2018—01	58.00	798
数贝偶拾——高考数学题研究	2014—04	28.00	274
数贝偶拾——初等数学研究	2014—04	38.00	275
数贝偶拾——奥数题研究	2014—04	48.00	276
钱昌本教你快乐学数学(上)	2011—12	48.00	155
钱昌本教你快乐学数学(下)	2012—03	58.00	171
集合、函数与方程	2014—01	28.00	300
数列与不等式	2014—01	38.00	301
三角与平面向量	2014—01	28.00	302
平面解析几何	2014—01	38.00	303
立体几何与组合	2014—01	28.00	304
极限与导数、数学归纳法	2014—01	38.00	305
趣味数学	2014—04	28.00	306
教材教法	2014—04	68.00	307
自主招生	2014—05	58.00	308
高考压轴题(上)	2015—01	48.00	309
高考压轴题(下)	2014—10	68.00	310
从费马到怀尔斯——费马大定理的历史	2013—10	198.00	I
从庞加莱到佩雷尔曼——庞加莱猜想的历史	2013—10	298.00	II
从切比雪夫到爱尔特希(上)——素数定理的初等证明	2013—07	48.00	III
从切比雪夫到爱尔特希(下)——素数定理100年	2012—12	98.00	III
从高斯到盖尔方特——二次域的高斯猜想	2013—10	198.00	IV
从库默尔到朗兰兹——朗兰兹猜想的历史	2014—01	98.00	V
从比勃巴赫到德布朗斯——比勃巴赫猜想的历史	2014—02	298.00	VI
从麦比乌斯到陈省身——麦比乌斯变换与麦比乌斯带	2014—02	298.00	VII
从布尔到豪斯道夫——布尔方程与格论漫谈	2013—10	198.00	VIII
从开普勒到阿诺德——三体问题的历史	2014—05	298.00	IX
从华林到华罗庚——华林问题的历史	2013—10	298.00	X

刘培杰数学工作室
已出版(即将出版)图书目录——初等数学

书　　名	出版时间	定　价	编号
美国高中数学竞赛五十讲.第1卷(英文)	2014—08	28.00	357
美国高中数学竞赛五十讲.第2卷(英文)	2014—08	28.00	358
美国高中数学竞赛五十讲.第3卷(英文)	2014—09	28.00	359
美国高中数学竞赛五十讲.第4卷(英文)	2014—09	28.00	360
美国高中数学竞赛五十讲.第5卷(英文)	2014—10	28.00	361
美国高中数学竞赛五十讲.第6卷(英文)	2014—11	28.00	362
美国高中数学竞赛五十讲.第7卷(英文)	2014—12	28.00	363
美国高中数学竞赛五十讲.第8卷(英文)	2015—01	28.00	364
美国高中数学竞赛五十讲.第9卷(英文)	2015—01	28.00	365
美国高中数学竞赛五十讲.第10卷(英文)	2015—02	38.00	366
三角函数(第2版)	2017—04	38.00	626
不等式	2014—01	38.00	312
数列	2014—01	38.00	313
方程(第2版)	2017—04	38.00	624
排列和组合	2014—01	28.00	315
极限与导数(第2版)	2016—04	38.00	635
向量(第2版)	2018—08	58.00	627
复数及其应用	2014—08	28.00	318
函数	2014—01	38.00	319
集合	即将出版		320
直线与平面	2014—01	28.00	321
立体几何(第2版)	2016—04	38.00	629
解三角形	即将出版		323
直线与圆(第2版)	2016—11	38.00	631
圆锥曲线(第2版)	2016—09	48.00	632
解题通法(一)	2014—07	38.00	326
解题通法(二)	2014—07	38.00	327
解题通法(三)	2014—05	38.00	328
概率与统计	2014—01	28.00	329
信息迁移与算法	即将出版		330
IMO 50年.第1卷(1959—1963)	2014—11	28.00	377
IMO 50年.第2卷(1964—1968)	2014—11	28.00	378
IMO 50年.第3卷(1969—1973)	2014—09	28.00	379
IMO 50年.第4卷(1974—1978)	2016—04	38.00	380
IMO 50年.第5卷(1979—1984)	2015—04	38.00	381
IMO 50年.第6卷(1985—1989)	2015—04	58.00	382
IMO 50年.第7卷(1990—1994)	2016—01	48.00	383
IMO 50年.第8卷(1995—1999)	2016—06	38.00	384
IMO 50年.第9卷(2000—2004)	2015—04	58.00	385
IMO 50年.第10卷(2005—2009)	2016—01	48.00	386
IMO 50年.第11卷(2010—2015)	2017—03	48.00	646

刘培杰数学工作室
已出版(即将出版)图书目录——初等数学

书　名	出版时间	定　价	编号
数学反思(2007—2008)	即将出版		915
数学反思(2008—2009)	即将出版		916
数学反思(2010—2011)	2018—05	58.00	917
数学反思(2012—2013)	即将出版		918
数学反思(2014—2015)	即将出版		919
历届美国大学生数学竞赛试题集.第一卷(1938—1949)	2015—01	28.00	397
历届美国大学生数学竞赛试题集.第二卷(1950—1959)	2015—01	28.00	398
历届美国大学生数学竞赛试题集.第三卷(1960—1969)	2015—01	28.00	399
历届美国大学生数学竞赛试题集.第四卷(1970—1979)	2015—01	18.00	400
历届美国大学生数学竞赛试题集.第五卷(1980—1989)	2015—01	28.00	401
历届美国大学生数学竞赛试题集.第六卷(1990—1999)	2015—01	28.00	402
历届美国大学生数学竞赛试题集.第七卷(2000—2009)	2015—08	18.00	403
历届美国大学生数学竞赛试题集.第八卷(2010—2012)	2015—01	18.00	404
新课标高考数学创新题解题诀窍:总论	2014—09	28.00	372
新课标高考数学创新题解题诀窍:必修1～5分册	2014—08	38.00	373
新课标高考数学创新题解题诀窍:选修2－1,2－2,1－1, 1－2分册	2014—09	38.00	374
新课标高考数学创新题解题诀窍:选修2－3,4－4,4－5分册	2014—09	18.00	375
全国重点大学自主招生英文数学试题全攻略:词汇卷	2015—07	48.00	410
全国重点大学自主招生英文数学试题全攻略:概念卷	2015—01	28.00	411
全国重点大学自主招生英文数学试题全攻略:文章选读卷(上)	2016—09	38.00	412
全国重点大学自主招生英文数学试题全攻略:文章选读卷(下)	2017—01	58.00	413
全国重点大学自主招生英文数学试题全攻略:试题卷	2015—07	38.00	414
全国重点大学自主招生英文数学试题全攻略:名著欣赏卷	2017—03	48.00	415
劳埃德数学趣题大全.题目卷.1:英文	2016—01	18.00	516
劳埃德数学趣题大全.题目卷.2:英文	2016—01	18.00	517
劳埃德数学趣题大全.题目卷.3:英文	2016—01	18.00	518
劳埃德数学趣题大全.题目卷.4:英文	2016—01	18.00	519
劳埃德数学趣题大全.题目卷.5:英文	2016—01	18.00	520
劳埃德数学趣题大全.答案卷:英文	2016—01	18.00	521
李成章教练奥数笔记.第1卷	2016—01	48.00	522
李成章教练奥数笔记.第2卷	2016—01	48.00	523
李成章教练奥数笔记.第3卷	2016—01	38.00	524
李成章教练奥数笔记.第4卷	2016—01	38.00	525
李成章教练奥数笔记.第5卷	2016—01	38.00	526
李成章教练奥数笔记.第6卷	2016—01	38.00	527
李成章教练奥数笔记.第7卷	2016—01	38.00	528
李成章教练奥数笔记.第8卷	2016—01	48.00	529
李成章教练奥数笔记.第9卷	2016—01	28.00	530

刘培杰数学工作室
已出版(即将出版)图书目录——初等数学

书　　名	出版时间	定价	编号
第19～23届"希望杯"全国数学邀请赛试题审题要津详细评注(初一版)	2014—03	28.00	333
第19～23届"希望杯"全国数学邀请赛试题审题要津详细评注(初二、初三版)	2014—03	38.00	334
第19～23届"希望杯"全国数学邀请赛试题审题要津详细评注(高一版)	2014—03	28.00	335
第19～23届"希望杯"全国数学邀请赛试题审题要津详细评注(高二版)	2014—03	38.00	336
第19～25届"希望杯"全国数学邀请赛试题审题要津详细评注(初一版)	2015—01	38.00	416
第19～25届"希望杯"全国数学邀请赛试题审题要津详细评注(初二、初三版)	2015—01	58.00	417
第19～25届"希望杯"全国数学邀请赛试题审题要津详细评注(高一版)	2015—01	48.00	418
第19～25届"希望杯"全国数学邀请赛试题审题要津详细评注(高二版)	2015—01	48.00	419
物理奥林匹克竞赛大题典——力学卷	2014—11	48.00	405
物理奥林匹克竞赛大题典——热学卷	2014—04	28.00	339
物理奥林匹克竞赛大题典——电磁学卷	2015—07	48.00	406
物理奥林匹克竞赛大题典——光学与近代物理卷	2014—06	28.00	345
历届中国东南地区数学奥林匹克试题集(2004～2012)	2014—06	18.00	346
历届中国西部地区数学奥林匹克试题集(2001～2012)	2014—07	18.00	347
历届中国女子数学奥林匹克试题集(2002～2012)	2014—08	18.00	348
数学奥林匹克在中国	2014—06	98.00	344
数学奥林匹克问题集	2014—01	38.00	267
数学奥林匹克不等式散论	2010—06	38.00	124
数学奥林匹克不等式欣赏	2011—09	38.00	138
数学奥林匹克超级题库(初中卷上)	2010—01	58.00	66
数学奥林匹克不等式证明方法和技巧(上、下)	2011—08	158.00	134,135
他们学什么:原民主德国中学数学课本	2016—09	38.00	658
他们学什么:英国中学数学课本	2016—09	38.00	659
他们学什么:法国中学数学课本.1	2016—09	38.00	660
他们学什么:法国中学数学课本.2	2016—09	28.00	661
他们学什么:法国中学数学课本.3	2016—09	38.00	662
他们学什么:苏联中学数学课本	2016—09	28.00	679
高中数学题典——集合与简易逻辑·函数	2016—07	48.00	647
高中数学题典——导数	2016—07	48.00	648
高中数学题典——三角函数·平面向量	2016—07	48.00	649
高中数学题典——数列	2016—07	58.00	650
高中数学题典——不等式·推理与证明	2016—07	38.00	651
高中数学题典——立体几何	2016—07	48.00	652
高中数学题典——平面解析几何	2016—07	78.00	653
高中数学题典——计数原理·统计·概率·复数	2016—07	48.00	654
高中数学题典——算法·平面几何·初等数论·组合数学·其他	2016—07	68.00	655

刘培杰数学工作室
已出版(即将出版)图书目录——初等数学

书　　名	出版时间	定　价	编号
台湾地区奥林匹克数学竞赛试题.小学一年级	2017—03	38.00	722
台湾地区奥林匹克数学竞赛试题.小学二年级	2017—03	38.00	723
台湾地区奥林匹克数学竞赛试题.小学三年级	2017—03	38.00	724
台湾地区奥林匹克数学竞赛试题.小学四年级	2017—03	38.00	725
台湾地区奥林匹克数学竞赛试题.小学五年级	2017—03	38.00	726
台湾地区奥林匹克数学竞赛试题.小学六年级	2017—03	38.00	727
台湾地区奥林匹克数学竞赛试题.初中一年级	2017—03	38.00	728
台湾地区奥林匹克数学竞赛试题.初中二年级	2017—03	38.00	729
台湾地区奥林匹克数学竞赛试题.初中三年级	2017—03	28.00	730
不等式证题法	2017—04	28.00	747
平面几何培优教程	即将出版		748
奥数鼎级培优教程.高一分册	2018—09	88.00	749
奥数鼎级培优教程.高二分册.上	2018—04	68.00	750
奥数鼎级培优教程.高二分册.下	2018—04	68.00	751
高中数学竞赛冲刺宝典	即将出版		883
初中尖子生数学超级题典.实数	2017—07	58.00	792
初中尖子生数学超级题典.式、方程与不等式	2017—08	58.00	793
初中尖子生数学超级题典.圆、面积	2017—08	38.00	794
初中尖子生数学超级题典.函数、逻辑推理	2017—08	48.00	795
初中尖子生数学超级题典.角、线段、三角形与多边形	2017—07	58.00	796
数学王子——高斯	2018—01	48.00	858
坎坷奇星——阿贝尔	2018—01	48.00	859
闪烁奇星——伽罗瓦	2018—01	58.00	860
无穷统帅——康托尔	2018—01	48.00	861
科学公主——柯瓦列夫斯卡娅	2018—01	48.00	862
抽象代数之母——埃米·诺特	2018—01	48.00	863
电脑先驱——图灵	2018—01	58.00	864
昔日神童——维纳	2018—01	48.00	865
数坛怪侠——爱尔特希	2018—01	68.00	866
当代世界中的数学.数学思想与数学基础	2018—04	38.00	892
当代世界中的数学.数学问题	即将出版		893
当代世界中的数学.应用数学与数学应用	即将出版		894
当代世界中的数学.数学王国的新疆域(一)	2018—04	38.00	895
当代世界中的数学.数学王国的新疆域(二)	即将出版		896
当代世界中的数学.数林撷英(一)	即将出版		897
当代世界中的数学.数林撷英(二)	即将出版		898
当代世界中的数学.数学之路	即将出版		899

刘培杰数学工作室
已出版(即将出版)图书目录——初等数学

书　　名	出版时间	定　价	编号
105 个代数问题:来自 AsesomeMath 夏季课程	即将出版		956
106 个几何问题:来自 AsesomeMath 夏季课程	即将出版		957
107 个几何问题:来自 AsesomeMath 全年课程	即将出版		958
108 个代数问题:来自 AsesomeMath 全年课程	2018—09	68.00	959
109 个不等式:来自 AsesomeMath 夏季课程	即将出版		960
数学奥林匹克中的 110 个几何问题	即将出版		961
111 个代数和数论问题	即将出版		962
112 个组合问题:来自 AsesomeMath 夏季课程	即将出版		963
113 个几何不等式:来自 AsesomeMath 夏季课程	即将出版		964
114 个指数和对数问题:来自 AsesomeMath 夏季课程	即将出版		965
115 个三角问题:来自 AsesomeMath 夏季课程	即将出版		966
116 个代数不等式:来自 AsesomeMath 全年课程	即将出版		967

联系地址:哈尔滨市南岗区复华四道街 10 号　哈尔滨工业大学出版社刘培杰数学工作室
网　　址:http://lpj.hit.edu.cn/
邮　　编:150006
联系电话:0451—86281378　　13904613167
E-mail:lpj1378@163.com